Die Grundlehren der mathematischen Wissenschaften

in Einzeldarstellungen
mit besonderer Berücksichtigung
der Anwendungsgebiete

Band 199

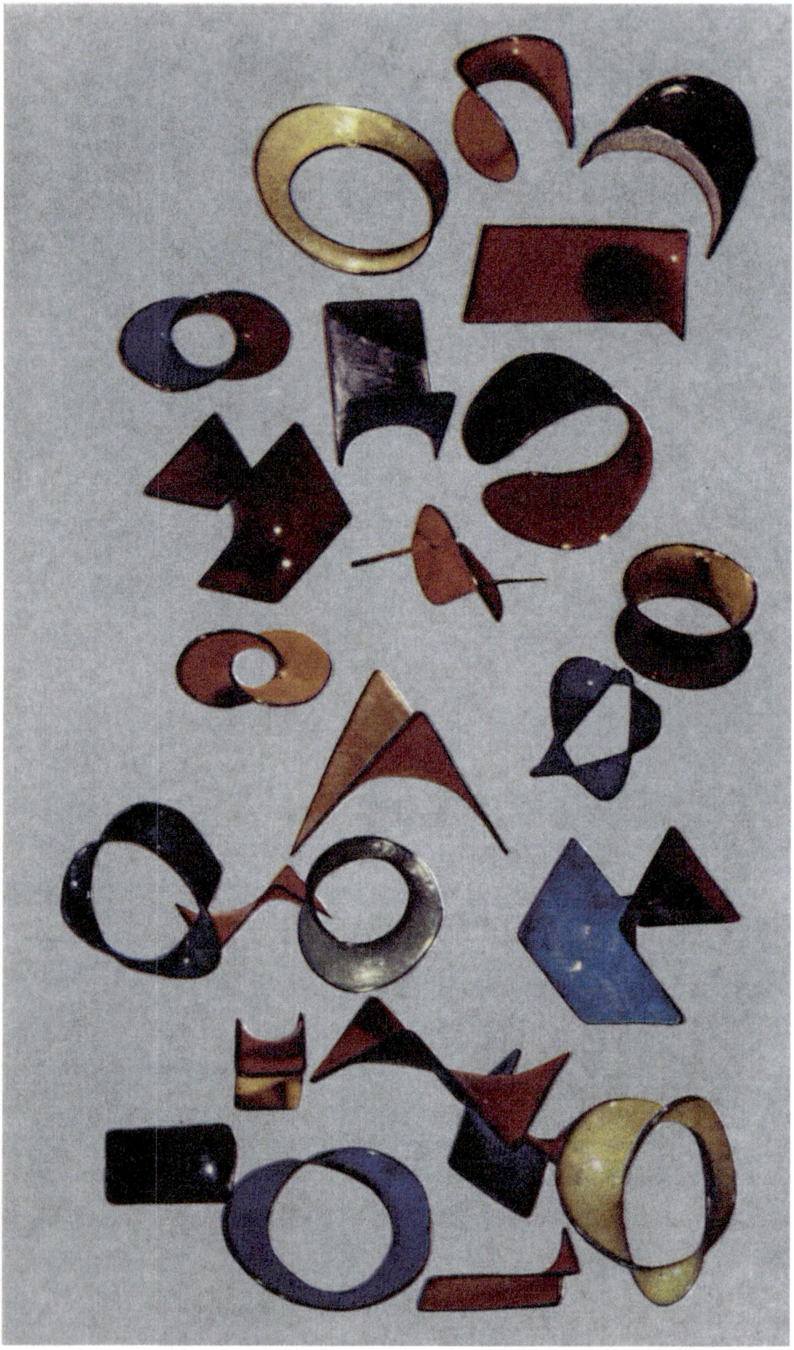

Johannes C. C. Nitsche

Vorlesungen über Minimalflächen

Springer-Verlag
Berlin Heidelberg New York 1975

Johannes C. C. Nitsche
University of Minnesota,
Minneapolis, Minn., U.S.A.

Mit 86 zum Teil mehrfarbigen Abbildungen

AMS Subject Classifications (1970)

Primary 49 F 10, 53 A 10

Secondary 53-02, 53-03, 53 A 05, 53 A 25, 53 B 20, 53 C 99, 35 B 45, 35 J 15, 35 J 20, 35 J 60, 30 A 30, 30 A 44, 30 A 46, 30 A 48, 30 A 78, 49-02, 49-03, 49 A 20, 49 B 25, 49 F 15, 49 F 25, 26 A 54, 26 A 63, 26 A 69

ISBN-13:978-3-642-65620-0 e-ISBN-13:978-3-642-65619-4
DOI: 10.1007/978-3-642-65619-4

Library of Congress Cataloging in Publication Data

Nitsche, Johannes C. C. 1925–. Vorlesungen über Minimalflächen.

(Die Grundlehren der mathematischen Wissenschaften in Einzeldarstellungen mit besonderer Berücksichtigung der Anwendungsgebiete, Bd, 199)
Bibliography: p.
1. Surfaces, Minimal, I. Title. II. Series: Die Grundlehren der mathematischen Wissenschaften in Einzeldarstellungen, Bd. 199.
QA644. N57 516'.36 74-12373

Dem Andenken
an meinen Vater gewidmet

Vorwort

Seit den Anfängen der Theorie der Minimalflächen vor mehr als zwei Jahrhunderten sind viele große Geister aller Epochen von ihrem Reize fasziniert worden. Diese Anziehungskraft liegt nicht nur in dem geometrischen Gehalt der Theorie und in ihren inspirierenden Einwirkungen auf die Entwicklung mathematischen Gedankenguts begründet, sie erklärt sich auch durch die in der Mathematik wohl nur selten erreichte Vielschichtigkeit, mit welcher in ihr sowohl experimenteller Augenschein und die Verfolgung konkreter Einzelprobleme als auch die fortschreitende Abstraktion ursprünglich anschaulicher Begriffe und die Durchschlagskraft allgemein anwendbarer Methoden erfolgreich zum Tragen kommen. Es bestehen innige Zusammenhänge mit der lokalen und globalen Differentialgeometrie, mit der Funktionentheorie, der Variationsrechnung und der Theorie partieller Differentialgleichungen und zugleich fruchtbare Beziehungen zu vielen mathematischen Gebieten, so etwa zur Topologie, zur Maßtheorie und zur algebraischen Geometrie. Auch der Forscher in anderen Disziplinen, beispielsweise in der Elastizitätstheorie, der Strömungslehre und in allen Gebieten, bei denen die Erscheinung der Kapillarität eine Rolle spielt, wird von seiner Vertrautheit mit Minimalflächen profitieren. Vor allem aber handelt es sich um eine ästhetisch vollkommene Materie.

Mit Ausnahme einiger spärlich gehaltenen Andeutungen befaßt sich die vorliegende Monographie ausschließlich mit zweidimensionalen reellen Parameterflächen im dreidimensionalen Euklidischen Raum. Eine solche Begrenzung schien aus Platzgründen und im Hinblick auf den Wunsch nach Stoffeinheitlichkeit unerläßlich. Der Kritiker kann hier freilich jedes Wort als lästige Einschränkung empfinden, wird aber hoffentlich zugestehen, daß die schönsten Perlen der Theorie dennoch in Erscheinung treten. Ich habe jedenfalls versucht, innerhalb des abgesteckten Rahmens einigermaßen Vollständigkeit zu erzielen. In das Literaturverzeichnis sind dementsprechend aber auch lediglich diejenigen Arbeiten aufgenommen worden, welche im Text – übrigens präziser als häufig in Büchern üblich – benutzt oder zitiert sind. Auch so beläuft sich die Primär- und Sekundärliteratur noch auf 1232 Eintragungen. Der Fragenkreis des Plateauschen Problems nimmt naturgemäß einen zentralen Platz ein. Mir war aber darüber hinaus daran gelegen, die geometrischen Aspekte der Theorie und die Verwandtschaft mit den elliptischen Differentialgleichungen zu ihren Rechten kommen zu lassen und manche der jetzt als historisch angesehenen (oder vergessenen) Entdeckungen darzustellen. Mathematischer Fortschritt beruht ja auf einem Zusammenspiel zwischen neuen Erkenntnissen und einer Weiterbildung der Ideen der Vergangenheit.

Als Leser habe ich mir zwar auch den Spezialisten vorgestellt, der über den gegenwärtigen Stand eines Problems unterrichtet sein will und an neuen strafferen oder weiterreichenden Beweisen bekannter Resultate interessiert ist – ich hoffe, er wird manches finden –; im Grunde ist das Buch jedoch zur Lektüre für den Studenten und den Nichtspezialisten bestimmt. Daher sind auch an vielen Stellen, insbesondere im vierten Kapitel, Dinge besprochen und entwickelt, deren allgemeine Kenntnis ich nicht voraussetzen wollte. Manche Abschnitte des Manuskriptes haben mir als Unterlage für Vorlesungen gedient, welche ich wiederholt in Minneapolis, Hamburg, Wien und Puerto Rico gehalten habe. Ein im Zusammenhang mit meinem 1964 vor der American Mathematical Society in Chicago gehaltenen Vortrag verfaßter Bericht diente als erste Gliederung. Es war wohl meine Absicht, die bekannten und an geeigneter Stelle gehörig zitierten Bücher und Berichte zu ergänzen; ersetzt werden sollen und können diese nicht. Die wirkungsvollen Methoden der geometrischen Maßtheorie, ohne Zweifel einer der vielversprechendsten neuen Entwicklungen, konnten leider kaum erwähnt, geschweige denn verwendet werden. Der Leser wird darüber aber durch die ebenfalls in der „Gelben Sammlung" erschienenen Lehrbücher von C. B. Morrey (Grundlehren, Band 130) und H. Federer (Grundlehren, Band 153) vollständig unterrichtet. Die Existenz der jüngsten hochinteressanten Untersuchungen über Flächen variabler mittlerer Krümmung im selben Sinne und mit dem Ziele gleicher Vollständigkeit kann hier nur festgestellt werden. Eine Aufgabensammlung im neunten Kapitel wird, so hoffe ich, von der Vitalität unseres Gegenstandes zeugen. Der Text ist durchparagraphiert. Auswahl, Anordnung und Allgemeinheit der einzelnen Paragraphen waren vielmals durch die Rolle diktiert, welche ihnen bei einer systematischen Herleitung der wichtigsten Sätze zugestanden werden mußte.

Es war mein Bemühen, bei der Betonung des Stoffes und vielleicht auch im Stil dem Vorbild von Meistern wie W. Blaschke, S. Bernstein, R. Courant, J. Douglas, H. Hopf und T. Radó zu folgen und meiner Darstellung etwas von ihrem Geiste mitzugeben. Sie lebten alle noch, als mir Professor Heinz Hopf vor vierzehn Jahren freundlicherweise nahelegte, dieses Buch zu schreiben. Ich sah damals noch nicht voraus, daß sogleich danach, oder vermutlich besser: gerade deswegen, eine neue Periode überaus reger Forschungstätigkeit auf dem Gebiete der Minimalflächen einsetzen sollte. Viele der offenen Fragen, so etwa über das Randverhalten, über zweifach zusammenhängende Flächen und über die Minimalflächengleichung, wurden bald zu einem befriedigenden Abschluß gebracht und konnten in die Darstellung einbezogen werden. Andere wichtige Dinge, beispielsweise die Ossermanschen Ideen im Zusammenhang mit Verzweigungspunkten, an denen auch jetzt noch gearbeitet wird, und die Hindernisprobleme, kamen zu spät. Wären nicht zeitraubende administrative Verflichtungen dazwischengetreten, so hätte das Manuskript, welches schon seit mehreren Jahren im wesentlichen vorliegt, dem Verlage viel eher übergeben werden können.

Die menschliche Dimension in der Entwicklung unserer Theorie ist voller interessanter Einzelheiten; persönliche Rivalitäten standen hier mehr als anderswo oft im Vordergrund. Ich hielt es für geboten, entsprechende Bemerkungen, die in jedem Falle nur Anekdotenwert besäßen, fast gänzlich zu unterdrücken. Zwei in der Literatur über Minimalflächen auftretende Behauptungen, deren Ursprünge an dieser Stelle verschwiegen seien, möchte ich hier wiederholen. „Die ordnungsgemäß erledigten Probleme sind nicht so häufig, wie gewisse Schriftsteller uns glauben machen wollen.“ „Wenn man etwa die erste und die letzte dieser Darstellungen (nämlich die in unserem Literaturverzeichnis aufgeführten Berichte [3] von E. Beltrami und [I] von T. Radó) vergleicht, so kann man die stürmische Jugend einer geometrischen Frage ihrem müden Alter gegenüberstellen.“ Ich denke, daß beide Sätze inhaltslos geworden sind.

Die vorangehenden Zeilen schrieb ich am zweiten Advent des Jahres 1972 nach der vollständigen Ablieferung des Manuskriptes an den Verlag; wir haben diesen Abschluß durch das Öffnen einer köstlichen Flasche 1953er Niersteiner Auflangen Beerenauslese gefeiert. In der Zwischenzeit sind nahezu zwei Jahre verstrichen, und manche neue Entwicklung hat stattgefunden. Die mit dem Nichtauftreten von Verzweigungspunkten zusammenhängenden Fragen sind durch die Untersuchungen von Osserman, Gulliver, Alt und Royden nun weitgehend erledigt. Die Hindernisprobleme haben mittlerweile bereits ein Verdünnungsstadium erreicht. Angesichts der Unmöglichkeit, die neuesten Entwicklungen noch im Text geziemend zu berücksichtigen, habe ich alle Resultate, von denen ich Kenntnis erhielt, und mit deren Veröffentlichung in Kürze gerechnet werden konnte, jedenfalls noch in das Literaturverzeichnis aufgenommen und in einem schon seinerzeit konzipierten Anhang stichwortartig besprochen.

Für mich persönlich stellt das Erscheinen dieses Buches eine Zäsur dar; denn ich sollte mich von nun an auch wieder anderen Dingen zuwenden. Allerdings möchte ich mich gern noch an der Untersuchung einiger der 95 Forschungsaufgaben des Kapitels IX.2 beteiligen, insbesondere an der Lösung der vielleicht interessantesten dieser Aufgaben: Man beweise, daß eine vernünftige Jordankurve nur endlich viele Lösungen des Plateauschen Problems beranden kann, und man schätze die Anzahl dieser Lösungen durch die geometrischen Eigenschaften der Randkurve ab. Meine neuen Arbeiten [43], [44] und Tomis Satz [4] können als erste Schritte in dieser Richtung aufgefaßt werden.

Meiner Universität, der University of Minnesota, und auch dem Sonderforschungsbereich der Universität Bonn bin ich für manche Gelegenheit zur Forschung verbunden. Frau Charlotte Austin verdanke ich die makellose Reinschrift mehrerer hundert Manuskriptseiten. Meine Frau hat nicht nur bei der Herstellung der Modelle mitgeholfen und die langwierige Zusammenstellung der nun im Schriftenverzeichnis erscheinenden Seitenhinweise vorgenommen; ihre Sorge um andere Dinge hat überhaupt erst das Klima geschaffen, in welchem es mir möglich war, dieses Buch fertigzustellen. Den Mitarbeitern des Springer-Verlages gebührt mein Dank für die mir entgegengebrachte Unterstützung und Geduld und für das bereitwillige Eingehen auf meine Wünsche. Der Druckerei bin ich für den erstklassigen Satz des drucktechnisch oft schwierigen Materials zu Dank verpflichtet.

Minneapolis, im August 1974

Johannes C. C. Nitsche

Inhaltsverzeichnis

Kapitel I. Einleitung 1

Kapitel II. Kurven und Flächen 13

1. Kurven 13
2. Flächen 25
3. Differentialgeometrische Flächen 39
4. Minimalflächen 53
5. Spezielle Minimalflächen I 61
   5.1. Kettenfläche, Wendelfläche, Schraubenfläche, Scherksche Fläche 61
   5.2. Minimalflächen der Form $f(x) + g(y) + h(z) = 0$ 64
   5.3. Die Ennepersche Minimalfläche 75
   5.4. Zyklische Minimalflächen 81
6. Die zweite Variation des Flächeninhaltes 86

Kapitel III. Konforme Abbildung von Minimalflächen 110

1. Konforme Abbildung offener nichtparametrischer Flächen . . 110
   1.1. Konforme Abbildung im Kleinen. Eigenschaften der Lösungen der Minimalflächengleichung 110
   1.2. Konforme Abbildung im Großen 120
   1.3. Funktionentheoretische Hilfssätze 123
   1.4. Das asymptotische Verhalten der Lösungen der Minimalflächengleichung 130
2. Konforme Abbildung offener parametrischer Minimalflächen . . 133
   2.1. Allgemeine Sätze 133
   2.2. Spezielle Minimalflächen II. Die Flächen von Catalan, Enneper und Henneberg 137
   2.3. Die Weierstraß-Enneperschen Darstellungsformeln . . . 142
   2.4. Spezielle Minimalflächen III. Verallgemeinerte Scherksche Flächen 147
   2.5. Algebraische Minimalflächen 156

2.6. Spezielle Minimalflächen IV. Minimalflächen mit ebenen Krümmungslinien 160
2.7. Assoziierte Minimalflächen 164
3. Konforme Abbildung von Minimalflächen, welche von Jordankurven berandet sind 168

Kapitel IV. Hilfssätze der Analysis 176

1. Funktionen der Klasse $\mathfrak{M}$ 177
2. Flächen der Klasse $\mathfrak{M}$ 197
3. Eigenschaften harmonischer Funktionen 201
4. Abbildungen mit beschränktem Dirichlet-Integral 205
5. Der topologische Index einer geschlossenen ebenen Kurve . . . 214
6. Das lineare Maß ebener Punktmengen 219
7. Punktmengen verschwindender logarithmischer Kapazität . . 235

Kapitel V. Der Fragenkreis des Plateauschen Problems 240

1. Lösung des Plateauschen Problems 240
1.1. Spezielle Minimalflächen V. Die Riemann-Schwarzsche Minimalfläche 240
1.2. Historische Vorbemerkungen 247
1.3. Existenzbeweis. Erste Eigenschaften der Lösungen . . . 258
1.4. Die Abstiegsmethode 275
1.5. Das Douglassche und das Shiffmansche Funktional . . 277
2. Eigenschaften der Lösungen des Plateauschen Problems . . 281
2.1. Randverhalten 281
2.2. Verzweigungspunkte 326
2.3. Ein- und Mehrdeutigkeit 348
3. Das nichtparametrische Problem 362
4. Existenz instabiler Minimalflächen 378
4.1. Vorbemerkungen 378
4.2. Existenzbeweis 383
4.3. Beispiele 395
5. Das Problem des kleinsten Flächeninhaltes 398
5.1. Minimalflächen mit gemeinsamen Punkten 398
5.2. Zur Frage des absoluten Minimums für den Flächeninhalt 405
6. Die Struktur der Flächen kleinsten Inhaltes 414
6.1. Fast-konforme Abbildung 414
6.2. Über die Regularität der Flächen kleinsten Inhaltes . . . 419

Kapitel VI. Allgemeinere Randwertprobleme 431

1. Historische Vorbemerkungen und Übersicht 431
2. Minimalflächen mit freiem Rand 447

3. Zweifach zusammenhängende Minimalflächen 474
3.1. Die Ausdehnung zweifach zusammenhängender Minimalflächen 474
3.2. Die Sätze von Shiffman 498
3.3. Minimalflächen der Klasse $\mathfrak{S}$ 505
3.4. Die isoperimetrische Ungleichung 515
4. Das Douglassche Problem im Falle zweier Randkurven . . . 520

Kapitel VII. Die Minimalflächengleichung 536

1. Vorbemerkungen 536
2. Das Maximumprinzip und seine Folgerungen 539
3. Analytizität schwacher Lösungen 560
4. A-priori-Abschätzungen 564
5. Die konjugierte Funktion 580
6. Kompaktheitssätze 583
7. Das Dirichletsche Problem und seine Verallgemeinerungen . . 587
7.1. Der Haarsche Existenzbeweis 587
7.2. Die Perronsche Methode und ihre Anwendungen 593
7.3. Das Dirichletsche Problem bei lückenhaften Randwerten 604
7.4. Das Dirichletsche Problem bei unendlichen Randwerten . . 609

Kapitel VIII. Vollständige Minimalflächen 617

Kapitel IX. Lehrsätze und Aufgaben 633

1. Hinweise und Lehrsätze 633
2. Aufgaben 685

Anhang. Hinweise zur neuesten Literatur 701

Literaturverzeichnis 710

Sachverzeichnis 766

Kapitel I

Einleitung

§ 1. Die Geschichte der Minimalflächen beginnt mit J. L. Lagrange. In seinem berühmten 1762 erschienenen Memoire [1] „Essai d'une nouvelle méthode pour déterminer les maxima et les minima des formules intégrales indéfinies" entwickelt Lagrange seinen Algorithmus für die Variationsrechnung, eine Methode, welche auch bei mehrdimensionalen Problemen anwendbar ist und die heute sogenannten Euler-Lagrangeschen Differentialgleichungen hervorbringt. Ein von Lagrange für den Fall von Doppelintegralen herangezogenes Beispiel ist das folgende. Im dreidimensionalen Euklidischen Raum sei eine geschlossene Kurve gegeben. Es soll die von dieser Kurve berandete Fläche kleinstmöglichen Inhaltes gefunden werden. Es sei C die Projektion der Raumkurve auf die (x, y)-Ebene und D ihr Inneres. Angenommen, die Lösungsfläche sei durch die Gleichung $z = z(x, y)$ gegeben. Wenn dann neben $z(x, y)$ eine benachbarte Fläche $\bar{z}(x, y) = z(x, y) + \varepsilon\zeta(x, y)$ mit derselben Randkurve betrachtet wird, wobei $\zeta(x, y)$ eine beliebige auf C verschwindende Funktion und ε eine kleine Zahl bedeuten, dann kann natürlich der Flächeinhalt von $\bar{z}$ nicht kleiner als der von z sein, so daß das Integral $I(\varepsilon) = \iint\limits_D \sqrt{1 + \bar{z}_x^2 + \bar{z}_x^2}\, dx\, dy$, als Funktion von ε aufgefaßt, für $\varepsilon = 0$ ein Minimum haben muß: $I'(0) = 0$. Indem man unter dem Integralzeichen nach ε differenziert und hernach $\varepsilon = 0$ setzt, findet man

$$I'(0) = \iint\limits_D \frac{z_x \zeta_x + z_y \zeta_y}{\sqrt{1 + z_x^2 + z_y^2}}\, dx\, dy = 0.$$

Dieses Integral kann durch partielle Integration umgeformt werden. Unter Benutzung der Tatsache, daß $\zeta(x, y)$ auf C verschwindet, ergibt sich

$$I'(0) = \\ - \iint\limits_D \left\{ \frac{\partial}{\partial x}\left(\frac{z_x}{\sqrt{1 + z_x^2 + z_y^2}}\right) + \frac{\partial}{\partial y}\left(\frac{z_y}{\sqrt{1 + z_x^2 + z_y^2}}\right) \right\} \zeta(x, y)\, dx\, dy = 0.$$

Da nun $\zeta(x, y)$ in D willkürlich wählbar war, schließt man auf das Verschwinden des Ausdruckes in der geschweiften Klammer in ganz D und erhält somit eine partielle Differentialgleichung als notwendige Bedingung für die eingangs postulierte Lösungsfläche:

$$\frac{\partial}{\partial x}\left(\frac{z_x}{\sqrt{1+z_x^2+z_y^2}}\right)+\frac{\partial}{\partial y}\left(\frac{z_y}{\sqrt{1+z_x^2+z_y^2}}\right)=0. \tag{1}$$

Diese Differentialgleichung kann als Integrabilitätsbedingung aufgefaßt werden, und Lagrange gelangt daher zu der Behauptung: „Das Problem kommt also darauf zurück, p und q unter der Bedingung zu suchen, daß

$$p\,dx + q\,dy \quad \text{und} \quad \frac{p\,dy - q\,dx}{\sqrt{1+p^2+q^2}}$$

beide vollständige Differentiale sind.“ Dabei ist natürlich abkürzungsweise $p = z_x(x, y)$ und $q = z_y(x, y)$ gesetzt. Die Gl. (1) wurde wenige Jahre später – 1767 – auch von J. C. Borda ([1], pp. 562–563) abgeleitet.

Es ist bemerkenswert, daß Lagrange diese lediglich die ersten Ableitungen der Funktion $z(x, y)$ benötigende Formulierung derjenigen vorzieht, welche man erhält, indem man die Differentiationen ausführt:

$$\begin{aligned}\frac{\partial}{\partial x}\left(\frac{z_x}{\sqrt{1+z_x^2+z_y^2}}\right)&+\frac{\partial}{\partial y}\left(\frac{z_y}{\sqrt{1+z_x^2+z_y^2}}\right)\\ &=\frac{1}{\sqrt{1+z_x^2+z_y^2}^{\,3}}\{(1+z_y^2)\,z_{xx}-2z_x z_y z_{xy}+(1+z_x^2)\,z_{yy}\}=0\end{aligned} \tag{2}$$

und welche auf die heutzutage als Minimalflächengleichung bezeichnete quasi-lineare elliptische Differentialgleichung zweiter Ordnung

$$(1+z_y^2)\,z_{xx}-2z_x z_y z_{xy}+(1+z_x^2)\,z_{yy}=0 \tag{3}$$

führt. Diese Gleichung findet man bei Lagrange nicht ausgeschrieben. Lagrange fährt fort: „Es ist klar, daß man diesen Bedingungen genügt, wenn man p und q konstant macht, was irgendeine Ebene für die gesuchte Oberfläche ergibt. Dies ist jedoch nur ein ganz besonderer Fall; denn die allgemeine Lösung muß so beschaffen sein, daß der Umfang der Oberfläche willkürlich angenommen werden kann.“

§ 2. Den Mathematikern sollte sehr bald klar werden, daß hier ein Problem von außerordentlicher Schwierigkeit aber auch von nahezu unbegrenzten Möglichkeiten vorlag, und viele der größten Geister sind von seinem Reize angezogen worden. Eine zufriedenstellende Lösung ließ in der Tat 170 Jahre auf sich warten und ist erst 1930–1931 nahezu gleichzeitig von T. Radó und von J. Douglas gegeben worden. Selbst heute jedoch kann man wohl nicht behaupten, daß das durch die weitreichenden Untersuchungen der letzten Jahrzehnte erläuterte, vertiefte und in seiner Fassung vervollständigte Problem erschöpfend und in angemessener Allgemeinheit behandelt worden sei. Manche offene Frage ist unbeantwortet überliefert worden, neue Aufgaben sind hinzugekommen. Was auf geometrisch-physikalischem Nährboden erwuchs, in der Folgezeit Einzelergebnisse hervorbrachte, welche zu den herrlichsten Früchten der Geometrie gehören, was wie wenige andere Fragestellungen in der Geschichte der Mathematik die Forschung in weit auseinanderliegenden Bereichen zusammenzog und zugleich befruchtete, aber freilich oftmals auch den herkömmlichen Behandlungsverfahren immun gegenüberstand, das mußte unausbleiblich zu einer erheblichen Verallgemeinerung und Verschärfung der ursprünglichen Begriffe und zu einer beträchtlichen Abstraktion der Methoden führen. Vor hundert Jahren so selbstverständliche Begriffe wie Funktion, Differentialquotient, Integral, Fläche, Flächeninhalt, ja selbst der des Raumes als Träger der Geometrie sind seither tiefgreifenden Analysen und umfassenden Neuinterpretationen unterworfen worden; und diese Entwicklung hat gerade vor unserem Gegenstand keineswegs haltgemacht. Man hat einmal – gewiß zu Unrecht – den Werdegang der Theorie der Minimalflächen mit der Entwicklung einer geometrischen Frage von ihrer stürmischen Jugend bis zu ihrem müden Alter verglichen (siehe W. Blaschke und H. Reichardt [I], S. 118). Die gelegentlich geäußerte Behauptung, die Theorie der Minimalflächen sei ausschließlich mit dem Studium des von Lagrange gestellten Problems in seinen verschiedenen Fassungen identisch, ist natürlich unzutreffend.

§ 3. Merkwürdigerweise hat Lagrange selbst keine weiteren Untersuchungen in dieser Richtung angestellt. Das mag sich dadurch erklären lassen, daß sein Interesse weniger den Beispielen als dem Herausstellen der Allgemeinheit und der Macht seines neuen Kalküls gewidmet war. Eine nichttriviale Lösung seiner Differentialgleichung hätte Lagrange freilich schon L. Eulers 1744 erschienener Methodus inveniendi entnehmen können. Euler zeigt dort ([I], Kap. V, §§ 44, 45) in etwas anderem Zusammenhang, daß die Kettenlinie bei der Rotation um ihre Achse eine Fläche kleinsten Inhaltes, die Kettenfläche (auch Alysseid oder, seit J. Plateau, Katenoid genannt), erzeugt. 1776 entdeckte J. B. M. C. Meusnier [1], daß auch die Wendelfläche (oder gemeine Schraubenfläche) eine den Bedingungen Lagranges genügende Fläche ist. Es war auch Meusnier, welcher diese Bedingungen in der Form (2), (3) geometrisch deutete. Er bemerkte nämlich, daß sie das Verschwinden der heutzutage als mittlere Krümmung H bezeichneten geometrischen Größe ausdrücken. Die rechte Seite der Gl. (2) ist gerade das Doppelte der mittleren Krümmung der Fläche $z = z(x, y)$. Auf Grund ihrer Herkunft hat man dann Flächen mit verschwindender mittlerer Krümmung den Namen Minimalflächen beigelegt, und dieser Sprachgebrauch hat sich eingebürgert ungeachtet der Tatsache, daß solche Flächen oft gar kein Minimum, nicht einmal ein relatives, des Flächeninhaltes besitzen.

§ 4. G. Monge [1], [I] als erster (1784), A. Legendre [1] (1787) und später S. F. Lacroix, A. M. Ampère u. a. befaßten sich erstmalig mit der Integration der Lagrangeschen Differentialgleichung und leiteten Formeln zur Erzeugung des Ortsvektors von Minimalflächen mit Hilfe analytischer Funktionen her. J. D. Gergonne [1] formulierte 1816 eine Reihe konkreter Probleme und lenkte damit die Aufmerksamkeit der Mathematiker besonders wieder auf das Studium der Minimalflächen hin. In den Jahren 1831–1835, also nahezu sechzig Jahre nach der Entdeckung der Kettenfläche und der Wendelfläche als Minimalflächen, gab H. F. Scherk [1] explizite Gleichungen für weitere fünf reelle Minimalflächen bekannt, welche er mit Hilfe der Monge-Legendreschen Darstellungsformeln und auf Grund gewisser eine Separation der Variablen ermöglichender Annahmen gefunden hatte. Von diesen Flächen sind die drei mit den Gleichungen $e^z = \cos y/\cos x$, $\sin z = \mathfrak{Sin}\, x\, \mathfrak{Sin}\, y$ und

$$(4) \quad z = a \log\left[\sqrt{r^2 + b^2} + \sqrt{r^2 - a^2}\right] - b \arctan \frac{a\sqrt{r^2 + b^2}}{b\sqrt{r^2 - a^2}} + b\vartheta + c$$

besonders einfach. Die dritte ist in Zylinderkoordinaten angeschrieben und reduziert sich für $a = 0$ auf die Wendelfläche und für $b = 0$ auf die Kettenfläche. Die beiden anderen Scherkschen Minimalflächen finden sich in §§ 719, 720. M. Roberts [2] (man sehe auch F. Padula [1]) bestimmte 1850 in ähnlicher Weise weitere spezielle Minimalflächen.

Und nun kommen in rascher Aufeinanderfolge Entdeckungen und Veröffentlichungen – das goldene Zeitalter (etwa 1855–1890) in der Theorie der Minimalflächen hat begonnen. Genannt werden müssen hier die großen Geometer E. Catalan, O. Bonnet, J. A. Serret, B. Riemann, K. Weierstraß, A. Enneper, H. A. Schwarz, J. Weingarten, E. Beltrami, A. Ribaucour, E. R. Neovius, G. Darboux, L. Bianchi, S. Lie, A. Schoenflies und viele andere mehr. Eine Darstellung der Geschichte der Entwicklung und ausführliche Hinweise auf die Literatur und die Errungenschaften dieser Epoche – eine große Zahl der Ergebnisse wird in diesem Buche zur Sprache kommen – findet man z. B. in den folgenden Werken: E. Beltrami [3]; L. Bianchi [I], pp. 356–417; M. Cantor [I], insbes. pp. 547–550, 569–571, 1010, 1013; G. Darboux [I], pp. 319 bis 601; H. Hancock [2]; R. v. Lilienthal [3], pp. 307–333; J. Plateau [I], insbes. pp. 213–240 des 1. Bandes; A. Ribaucour [1]; B. Riemann und K. Hattendorff [1], Einleitung; G. Scheffers [I], pp. 307–328; H. A. Schwarz [I], an vielen Stellen im 1. Bande seiner gesammelten mathematischen Abhandlungen, insbes. pp. 109–125, 168–189, 317 bis 338; I. Todhunter [I], pp. 340–345, 471–473, 487–493, 496–497, 499–501; sowie in vielen Büchern über Differentialgeometrie.

Eine zweite goldene Periode, d. h. ein Zeitabschnitt vergleichbarer Aktivität und ähnlich bahnbrechender und befruchtender Errungenschaften, fällt auf das Jahrzehnt von etwa 1930 bis etwa 1940; eine dritte hat in den jüngsten Jahren begonnen.

§ 5. Die stillschweigenden Voraussetzungen des Lagrangeschen Lösungsansatzes waren mannigfaltig, angefangen mit der Frage, ob die Berandung der zu findenden Fläche eine Jordankurve sein solle oder nicht. Selbst für Jordankurven ergeben sich sogleich Komplikationen. Man kann nämlich Beispiele solcher Kurven konstruieren, in welche keine einzige Fläche endlichen Inhaltes eingespannt werden kann. Diese Kurven haben allerdings unendliche Länge; für rektifizierbare Kurven liegt die Situation günstiger. Auch andere Schwierigkeiten bedürfen der Erläuterung. Es ist z. B. gar nicht gesagt, daß sich in eine Jordankurve des dreidimensionalen Euklidischen Raumes eine Fläche der besonderen Darstellung $z = z(x, y)$ einspannen ließe. Man wird nicht umhinkönnen, mit Flächen in der parametrischen Darstellung $\mathfrak{x} = \mathfrak{x}(u, v)$ zu rechnen, wo die Komponenten x, y und z des Ortsvektors $\mathfrak{x}$ Funktionen zweier Parameter u, v sind. Für die mittlere Krümmung gilt dann die Formel

$$H = \frac{EN - 2FM + GL}{2W^2}. \tag{5}$$

Dabei sind E, F, G und L, M, N die aus der Differentialgeometrie bekannten Koeffizienten der ersten bzw. zweiten Fundamentalform der Fläche. Der Ausdruck für H kann natürlich nur hingeschrieben werden, wenn die Komponenten des Ortsvektors zweimal (stetig) differenzierbare Funktionen sind, und falls $W = \sqrt{EG - F^2} > 0$ ist. Diese und oft noch weitergehende Voraussetzungen werden in der Differentialgeometrie gemacht und sollen bei lokalen Untersuchungen auch hier zugrunde gelegt werden. Der Begriff einer (Parameter-) Fläche selbst ist natürlich allgemeiner und benötigt im Grunde nur – oder nicht einmal – die Stetigkeit der sie darstellenden Funktionen. Die Definition des Inhaltes einer solchen allgemeinen Fläche bedarf dann zusätzlicher Ausführungen und beruht auf ihrer Approximation durch Polyeder; siehe § 35.

Es ist somit einleuchtend, daß eine grundsätzliche Schwierigkeit bei der Lösung des Lagrange vorschwebenden Problems, eine von einer vorgegebenen Kurve berandete Fläche kleinstmöglichen Inhaltes zu bestimmen, in folgendem besteht: Wenn man, um die mit der Definition des Flächeninhaltes verbundenen Unannehmlichkeiten zu umgehen, nur die Klasse der differentialgeometrischen Flächen betrachtet, dann liegt die Hauptaufgabe in dem Beweis der Tatsache, daß eine solche Fläche kleinsten Inhaltes überhaupt existiert. Wenn man andererseits allgemeine stetige Flächen oder womöglich Flächen in der Form gewisser Punktmengen zur Konkurrenz zuläßt, dann kann das Geschütz der Differentialgeometrie nicht angewendet werden; die Lösungsfläche muß als Grenzfläche von Polyedern oder noch allgemeiner als Grenzstruktur von Mengenfolgen gewonnen werden, und es erhebt sich nachträglich die Aufgabe, so viel wie möglich über die Regularitätseigenschaften und über die topologische Gestalt der „Lösungsfläche" auszusagen.

§ 6. Minimalflächen lassen sich durch Seifenhäutchen physikalisch realisieren. Wenn man ein von einer oder mehreren geschlossenen Kurven gebildetes Gestell aus dünnem Draht – oder allgemeiner einen aus festen Drähten, beweglichen Fäden vorgeschriebener Länge und als Stütze dienenden festen Oberflächen bestehenden Rahmen – in eine geeignet vorbehandelte Seifenlösung taucht, so erhält man bei einigem Geschick beim Herausziehen des Gestells ein von den Fäden und Drähten berandetes Seifenhäutchen oder mehrere solche Häutchen, deren Gestalt mit großer Genauigkeit die von Minimalflächen approximiert. Eine gespannte Haut oder Flüssigkeitslamelle besitzt zwei eng benachbarte Oberflächen, in welchen die Oberflächenspannungen angreifen, und auf Grund der verschwindend geringen Masse darf der Einfluß der Gravitationskräfte vernachlässigt werden. Man kann sich über diese Fragen etwa bei H. Minkowski [2], G. Bakker [I], A. Gyemant [1], N. K. Adam [I], [1], C. W. Foulk [1], A. W. Porter [1], A. W. Adamson [I], K. L. Wolf [I], [II] informieren. Die Oberflächenspannungen in einer nichtgeschlossenen Flüssigkeitslamelle bewirken, daß eine eingespannte Haut eine Lage einnimmt, in welcher ihr Flächeninhalt ein absolutes oder zumindest doch ein relatives Minimum ist; d. h. bei kleinen Verformungen, welche man beispielsweise durch vorsichtiges Blasen gegen die Seifenhaut bewerkstelligen kann, vergrößert sich der Flächeninhalt. Wir werden später allgemeiner sehen, daß der Inhalt einer Minimalfläche bei beliebigen Variationen stationär ist.

Nach den grundlegenden Untersuchungen von J. Plateau (1801 bis 1883) [I], dessen ausgedehntes Studium des Phänomens der Oberflächenspannung und dessen Experimente mit Seifenhäutchen und Seifenblasen in der Mitte des neunzehnten Jahrhunderts Berühmtheit erlangten – ihrem Schöpfer war es nach dem Verlust seines Sehvermögens im Jahre 1843 nicht mehr gegeben, sie wie andere mit eigenen Augen zu bewundern (1829 hatte er einmal länger als 25 Sekunden direkt in die Sonne geblickt) –, ist es üblich geworden, die Bestimmung einer von einer vorgegebenen Jordankurve berandeten Minimalfläche vom Typ der Kreisscheibe als Plateausches Problem zu bezeichnen. Plateau hat in der Tat nicht nur beschrieben, wie man eine durch mathematische Gleichungen definierte Minimalfläche zu realisieren hätte ([I], pp. 213–214 des 1. Bandes); er hat auch klar ausgesprochen, was ihm sowohl die mathematischen Resultate der Geometer als auch seine eigenen Experimente zu bestätigen schienen, daß nämlich zu einer beliebig vorgegebenen Kontur stets eine von dieser Kontur in ihrer ganzen Ausdehnung berandete Minimalfläche existiert ([I], pp. 237–240 des 1. Bandes). Experimenteller Augenschein kann natürlich niemals einen mathematischen Existenzbeweis ersetzen. Wie schon erwähnt, stellte aber dieser Existenzbeweis die Mathematiker vor außerordentlich schwierige Fragen, über die manches in diesem Buche zu berichten sein wird.

Schönheit und Reiz der oft bizarren experimentell erhaltenen Flächen sind vielmals beschrieben und gepriesen worden, so z. B. in G. Van der Mensbrugghes Nachruf auf Plateau ([4], S. 433): „Il n'y a pas, à notre connaissance, d'exemple où l'observation ait appuyé la théorie sous des formes plus ravissantes! Quoi de plus beau, aux yeux d'un mathématicien, que ces légères figures parées des plus brillantes couleurs, et douées malgré leur fragilité extrème, d'une étomante persistance." Eine Beschreibung von Experimenten mit Seifenhäutchen und Diskussionen der zugrunde liegenden mathematischen, physikalischen und experimentellen Fragen findet man außer in Plateaus Werk u. a. in den Büchern von C. V. Boys [I]; A. S. C. Lawrence [I]; K. J. Mysels, K. Shinoda and S. Frankel [I] und bei C. A. Bliss [I], pp. 119–127; R, Courant [7] und [I], pp. 119–121, 141–142; R. Courant and H. Robbins [I], pp. 385–389; H. A. Schwarz [I], pp. 92–108, 116–167 des 1. Bandes; M. E. Sinclair [1]; H. Steinhaus [I], pp. 268–271; C. L. Stong [1]; H. Tallquist [2], p. 77, Tafel 2; D. W. Thompson [I], chapter VII; G. Van der Mensbrugghe [1]; K. L. Wolf [I], [II]. Jeder, der sich mit Minimalflächen zu beschäftigen gedenkt, sollte solche Experimente ausgeführt oder zumindest gesehen haben. In manchen Museen der Technik, z. B. im Chicagoer Museum of Science and Industry, gehören einfache Experimente mit Seifenhäutchen zu den beliebten Attraktionen.

Man kann auch zeitbeständige Modelle herstellen, indem man z. B. statt von einer Seifenglyzerinlösung von einer Mischung aus Azeton (Vorsicht, Vergiftungsgefahr!) und einem Klebstoff wie Uhu oder Duco Cement ausgeht und die im Drahtgestell entstehende Haut durch Anstreichen mit schnell trocknendem Fingernagellack spannt. Dank der Mode sind solche Lacke heute in allen Farbtönen erhältlich, und orientierbare und nicht-orientierbare Minimalflächen lassen sich dann farblich sehr schön unterscheiden. Weitere geeignete Mischungen basieren auf anderen Klebstoffen und sind unter verschiedenen Namen, z. B. Flow-Film, Forma-Film, Dippity Glas (Akrylharze und Keton in aromatischen Lösungsmitteln) oder Flexible Collodion (Kollodium und ähnliche Stoffe in Äther gelöst) im Handel erhältlich. Rezepte für brauchbare Lösungen findet man auch bei R. Boettger [1]; D. Gernez [1] (Äther, Alkohol Schießbaumwolle, Rizinusöl); J. Plateau [I], pp. 117–120 des 2. Bandes; G. Scheffers [I], Fußnote auf p. 301; E. Lamarle [2], p. 86 und R. Courant [7], p. 168 und K. L. Wolf [II], pp. 23–24 beschrieben. Anweisungen zur Herstellung von außerordentlich dauerhaften Häuten und die Beschreibung vielfältiger Experimente wurden von A. L. Kuehner [1], [2]; C. L. Stong [1] und insbesondere von A. V. Grosse [1], [2] [3] vorgelegt. Die Anfertigung von Gipsmodellen beschreibt auch E. Stenius [1], p. 71. Die Sammlungen der mathematischen Institute vieler Universitäten enthalten schöne Gips-, Blech- und Fadenmodelle von Minimalflächen. Auch in zahlreichen Veröffentlichungen kann man vortreffliche Abbildungen finden. Wir werden auf manche noch hinweisen.

Das Spiel mit Seifenblasen ist vielleicht so alt wie die Menschheit selbst. H. Berthoud ([1], p. 265) berichtet, daß sich im Louvre eine alte etruskische Vase befindet, auf der abgebildet ist, wie sich Kinder vergnügen, mit Schalmeien im Munde Seifenblasen hervorzubringen. Ähnliche Szenen sind wiederholt in der Kunst, so in Gemälden von B. E. Murillo, J. v. Oost d. J., J. B. S. Chardin, W. Hamilton, C. Spitzweg, E. Manet, R. Last, anzutreffen. Man sehe dazu die Angaben in § 697.

Die Trennungswände zwischen anorganisch kristallinischer und organisch amorpher Substanz in den Skeletten der Stachelhäuter besitzen eine bemerkenswerte Ähnlichkeit mit den in §§ 279, 818 erwähnten periodischen Minimalflächen. Die Aggregate aus Minimalflächen, auf welche wir in den Paragraphen 478–480 zu sprechen kommen werden, kann man ebenfalls in der Biologie und der Zoologie als Trennungswände bei den verschiedensten Zellgeweben entdecken. Auch beim Zusammenschrumpfen austrocknender Gelatine entstehen Gebilde, welche eine große Ähnlichkeit mit derartigen Minimalflächensystemen haben.

§ 7. Die Statik der biegsamen und unausdehnbaren Häute, bei welcher auch die Minimalflächen eine Rolle spielen, ist nach den Untersuchungen von J. L. Lagrange ([I], insbes. pp. 129–143 des 1. Bandes), S. D. Poisson ([1], insbes. pp. 173–192), T. Cisa de Gresy [1] und J. H. Jellett [2] besonders von L. Lecornu [1] und E. Beltrami [5] entwickelt worden. W. Blaschke ([1]; [II], pp. 244–245) hat gezeigt, wie sich die in die graphische Statik von J. C. Maxwell eingeführten reziproken Kräftepläne auch zur Bestimmung der Spannungen in einer biegsamen Haut anwenden lassen. Man kommt dabei von neuer Seite auf die von L. Bianchi ([I], Kap. XI; siehe auch § 176) zum Studium der Flächendeformationen benutzten „assoziierten" Flächen.

Es gibt auch andere physikalische Charakterisierungen von Minimalflächen. Nach J. J. Stoker ([1], pp. 266–267) kann man eine Minimalfläche als elastische Membran auffassen, in welcher keine Schubkräfte vorhanden und die äußeren Volumenkräfte Null sind. S. Finsterwalder ([1], pp. 58–59) zeigt, wie man eine Minimalfläche als Geflecht aus Lamellen, welche gegen die Fläche hochkant gestellt sind, herstellen kann. Nach H. Graf und H. Thomas [1] lassen sich verschiedene Minimalflächen auch als Trägerflächen gewisser Rückungsnetze ansehen. Kinematische Erzeugungsweisen von Minimalflächen sind mannigfaltig; man denke an Minimalflächen als Umdrehungsflächen, Regelflächen, Schraubenflächen, Spiralflächen, Schiebflächen, zyklische Flächen.

Die eine Minimalfläche kennzeichnenden Gleichungen und viele ihrer speziellen Eigenschaften tauchen überhaupt in den verschiedensten mathematisch-physikalisch-technischen Zusammenhänge auf. Obwohl diesen Dingen im vorliegenden Buch nicht weiter nachgegangen wird, so sollen doch in den folgenden Paragraphen 8–11 noch einige derartige Beispiele angegeben werden. Sie zeigen deutlich, daß die Theorie der Minimalflächen weit über den eigentlichen Fragenkreis hinaus, der sich mit den geometrischen Eigenschaften, dem Plateauschen Problem usw., aber auch grundsätzlich mit den Begriffen Fläche, Inhalt u. a. befaßt, von Wichtigkeit ist, so daß ein eingehendes Studium der Minimalflächen selbst ganz besonders gerechtfertigt erscheint.

§ 8. Jeder in einem Gebiete des (ξ, η, ζ)-Raumes eindeutigen Potentialfunktion $f(\xi, \eta, \zeta)$ entspricht bekanntlich eine in diesem Gebiete mögliche stationäre Strömung einer äußeren Kräften nicht unterworfenen homogenen inkompressiblen Flüssigkeit. Für diese Strömung deren Geschwindigkeitspotential die Funktion $f(\xi, \eta, \zeta)$ ist, sind die Flächen gleichen hydrodynamischen Druckes zugleich Flächen gleicher Geschwindigkeit der in ihnen befindlichen Flüssigkeitsteilchen. Bei der Suche nach Potentialfunktionen, die Geschwindigkeitspotentiale von Strömungen sind, für welche eine Fläche gleichen Druckes zugleich Stromfläche ist, d. h. von Stromlinien erzeugt wird, entdeckte J. Weingarten [6] einen Zusammenhang zwischen Potentialfunktionen und Minimalflächen:

Wenn zwischen den ersten partiellen Ableitungen $x = f_\xi$, $y = f_\eta$, $z = f_\zeta$ einer Potentialfunktion $f(\xi, \eta, \zeta)$ eine nicht-lineare Gleichung $\Phi(x, y, z) = 0$ besteht, so daß die Hessesche Determinante der Funktion $f(\xi, \eta, \zeta)$ identisch verschwindet, so kann man diese Ableitungen als die Koordinaten der Punkte einer Fläche im (x, y, z)-Raum auffassen. Diese Fläche ist stets eine Minimalfläche, und der Ausdruck $h = x\xi + y\eta + z\zeta - f(\xi, \eta, \zeta)$, aufgefaßt als Funktion von x, y, z, ist eine Lösung der Gleichung $\Delta h = 0$. Dabei ist Δ der zur Fläche $\Phi(x, y, z) = 0$ gehörige zweite Beltramische Differentialoperator; siehe § 61.

Umgekehrt gilt folgendes: Es seien $\Phi(x,y,z)=0$ die Gleichung einer Fläche, $\mathfrak{X}=\{X,Y,Z\}$ ihr Normalenvektor und $h(x,y,z)$ eine der Differentialgleichung $\Delta h=0$ genügende Funktion. Aus den Gleichungen $h_x+pX=\xi$, $h_y+pY=\eta$, $h_z+pZ=\zeta$ und $\Phi=0$ berechne man die vier Größen x, y, z und p und setze die erhaltenen Werte in den Ausdruck $f=x\xi+y\eta+z\zeta-h(x,y,z)$ ein. f kann dann als Funktion von ξ, η, ζ aufgefaßt werden, und es gilt $f_\xi=x$, $f_\eta=y$, $f_\zeta=z$. Wenn die Gleichung $\Phi(x,y,z)=0$ eine Minimalfläche darstellt, dann ist $f(\xi,\eta,\zeta)$ eine Potentialfunktion.

Andere Beweise der Weingartenschen Sätze wurden von G. Frobenius [1] und H. Lewy [11], pp. 518–522, gegeben. Weingarten erhielt weiter folgende Resultate: Jeder Minimalfläche, welche eine sphärische Asymptotenlinie besitzt, lassen sich Potentialfunktionen zuordnen, denen eine Flüssigkeitsströmung entspricht, für die eine abwickelbare Fläche gleichzeitig Stromfläche und Fläche konstanten Druckes der Flüssigkeit wird. Die Flüssigkeitsteilchen dieser Fläche bewegen sich alle mit derselben konstanten Geschwindigkeit längs geodätischer Linien. Jeder Minimalfläche, die von einer Kugel längs einer Kurve berührt wird, wie z. B. der Kettenfläche, lassen sich unendlich viele Potentialfunktionen zuordnen, denen Flüssigkeitsströmungen entsprechen, für welche eine Regelfläche gleichzeitig Stromfläche und Fläche konstanten hydrodynamischen Druckes wird.

Die im Vorangehenden geschilderte Beziehung ist nicht die einzige, welche zwischen Minimalflächen, Potentialfunktionen und Hydrodynamik besteht. Mit W. C. Graustein [1] wollen wir eine mit Hilfe einer harmonischen Funktion $F(x,y,z)$ dargestellte Minimalfläche $F(x,y,z)=\text{const}$ harmonisch nennen. Wenn wir $F(x,y,z)$ wie vorhin als Geschwindigkeitspotential einer Strömung auffassen, so entspricht einer harmonischen Minimalfläche gemäß (14′) eine Strömung, bei welcher die Geschwindigkeit längs jeder Stromlinie konstant ist. Die außerordentlich schwierige Bestimmung aller derartigen (reellen) Strömungen bzw. aller (reellen und komplexen) harmonischen Minimalflächen ist von G. Hamel [2] und W. C. Graustein [1] geleistet worden. Außer der Ebene sind nur noch die Wendelflächen, welche in einem geeigneten Koordinatensystem eine Darstellung $F(x,y,z)\equiv z-\arctan(y/x)=\text{const}$ besitzen, reelle harmonische Minimalflächen. Ein erfolgloser Versuch, den Hamelschen Beweis zu vereinfachen, wurde 1953 von L. N. Howard [1] unternommen.

§ 9. Eine Minimalfläche läßt sich zumindest lokal stets in der Form $z=z(x,y)$ darstellen; die Funktion $z(x,y)$ genügt dann der Minimalflächengleichung (3). Unabhängig von ihrer differentialgeometrischen

Herkunft hat die Minimalflächengleichung in den letzten Jahrzehnten eine ganz besondere Aufmerksamkeit genossen.

Es ist wohlbekannt und durch schlagende Beispiele belegt, daß sich die Lösungen nicht-linearer Differentialgleichungen oft ganz anders als die Lösungen linearer Differentialgleichungen verhalten. Als quasilineare (aber nicht gleichmäßig) elliptische Differentialgleichung ist die Minimalflächengleichung der bekannteste Vertreter solcher Erscheinungen und ist sowohl um ihrer selbst willen als auch besonders als Vorbild für allgemeinere Klassen nicht-linearer Differentialgleichungen ausgiebig untersucht worden. Wir erwähnen in diesem Zusammenhang die folgenden Autoren, deren einschlägige Arbeiten im Literaturverzeichnis am Ende des Buches angegeben sind: S. Bernstein, L. Bers, Y. W. Chen, E. DeGiorgi, R. Finn, D. Gilbarg, A. Haar, E. Heinz, J. O. Herzog, E. Hopf, H. Jenkins, A. Korn, J. Leray, L. Lichtenstein, E. J. Mickle, M. Miranda, C. H. Müntz, A. J. Nitsche, J. C. C. Nitsche, R. Osserman, T. Radó, J. Schauder, J. Serrin, G. Stampacchia, L. Tonelli, G. Zwirner. Das Kapitel VII ist einer Diskussion der Minimalflächengleichung gewidmet.

§ 10. Im Jahre 1902 bemerkte S. A. Tschaplygin [1], daß die Minimalflächengleichung (3) als Differentialgleichung einer (ebenen, stationären, wirbelfreien, adiabatischen) Potentialströmung eines reibungslosen kompressiblen Gases aufgefaßt werden kann, dessen Geschwindigkeit $q = \sqrt{z_x^2 + z_y^2}$ und Dichte ϱ durch die Beziehung $\varrho^2(1 + q^2) = 1$ verknüpft sind. Obgleich diese Beziehung das physikalisch unmögliche Druck-Dichte-Gesetz $p = a + b/\varrho$ voraussetzt, hat es sich gezeigt, daß „Tschaplygin-Strömungen" gute Approximationen für nicht zu schnelle Unterschallströmungen eines wirklichen Gases darstellen. Für ein ideales Gas mit dem Druck-Dichte-Gesetz $p = \text{const} \cdot \varrho^\gamma$ gilt z. B.

$$\varrho = \left(1 - \frac{\gamma - 1}{2} q^2\right)^{\frac{1}{\gamma - 1}} = 1 - \frac{1}{2} q^2 + \frac{2 - \gamma}{8} q^4 - \cdots,$$

während für ein Tschaplygin-Gas

$$\varrho = (1 + q^2)^{-\frac{1}{2}} = 1 - \frac{1}{2} q^2 + \frac{3}{8} q^4 - \cdots$$

ist. Die beiden Entwicklungen für $\varrho = \varrho(q)$ stimmen also bei kleinen Werten von q sehr gut überein. Nicht ganz fünfzig Jahre später, als das Interesse an der mathematischen Behandlung von Gasströmungen durch die Umstände wieder beträchtlich gestiegen war, sind dann von L. Bers [1], [2], Y. W. Chen [2], [3], P. Germain [1] u. a. eine Reihe von Randwertaufgaben für die Minimalflächengleichung formuliert und gelöst worden, welche die Strömung eines Tschaplygin-Gases um einen Flügel beschreiben, und zwar ehe die Behandlung der korrekten Gleichungen für die Strömung eines realen Gases vollständig gelungen war; man sehe dazu noch F. I. Frankl' und M. V. Keldysh [1], M. Shiffman [9], L. Bers [8] und R. Finn und D. Gilbarg [1], [2]. Weitere Diskussionen und ausgedehnte Literaturangaben finden sich in dem Artikel [1] von M. Schiffer und dem Buche [I] von L. Bers. Überhaupt hat die Möglichkeit der strömungstechnischen Deutung der Minimalflächengleichung auch zu neuen fruchtbaren Fragestellungen für Minimalflächen geführt.

§ 11. Als ein weiteres Anwendungsgebiet, in welchem die Minimalflächengleichung von Bedeutung ist, sei die nicht-lineare Elastizitätstheorie genannt. In Kapitel X seines Buches [I] diskutiert H. Neuber einige spezielle Probleme der Elastizitäts- und Plastizitätstheorie unter Zugrundelegung eines nicht-linearen Spannungs-Dehnungs-Gesetzes welches die Spannungs-Dehnungs-Kurve eines ideal elastoplastischen Körpers annähert, aber, anders als in der Theorie der ideal elastoplastischen Körper, eine umkehrbar eindeutige Beziehung zwischen Spannung σ und Dehnung ε vermittelt: $E\,\varepsilon = \sigma/\sqrt{1 - (\sigma/\sigma^*)^2}$. Dieser Ansatz führt bei konkreten technischen Problemen auf die Minimalflächengleichung und zugehörige Randwertprobleme, vornehmlich das Neumannsche Problem. Weitere derartige Aufgaben sind z. B. von A. Langenbach [1] behandelt worden.

Kapitel II

Kurven und Flächen

1. Kurven

§ 12. Eine Parameterkurve oder kurz Kurve $\mathcal{C}$ im dreidimensionalen Euklidischen Raum ist die durch einen reellwertigen stetigen nicht identisch konstanten Vektor $\mathfrak{x}(t) = \{x(t), y(t), z(t)\}$ vermittelte Abbildung eines Intervalles $a \leqq t \leqq b$ in diesen Raum. Diese Abbildung braucht keineswegs eineindeutig zu sein; wenn sie es aber ist, dann sprechen wir von einer einfachen Kurve oder einem Jordanbogen. Offensichtlich gibt es unendlich viele andere Abbildungen, welche unsere Anschauung als Darstellung derselben Kurve anzusprechen wünscht. Dieser Umstand kann folgendermaßen präzisiert werden. Gegeben seien zwei Kurven $\mathcal{C}_1 = \{\mathfrak{x} = \mathfrak{x}_1(t);\ a_1 \leqq t \leqq b_1\}$ und $\mathcal{C}_2 = \{\mathfrak{x} = \mathfrak{x}_2(t);\ a_2 \leqq t \leqq b_2\}$. Es sei $\tau(t)$ eine topologische Abbildung des Intervalls $[a_1, b_1]$ auf das Intervall $[a_2, b_2]$ und $M_\tau = \max\limits_{a_1 \leqq t \leqq b_1} |\mathfrak{x}_1(t) - \mathfrak{x}_2(\tau(t))|$. Die untere Grenze der Zahlen M_τ für alle möglichen solche Homöomorphismen $\tau(t)$ wird mit $||\mathcal{C}_1, \mathcal{C}_2||$ bezeichnet und heißt der Abstand im Sinne von M. Fréchet ([1]; [I], pp. 92, 154) der beiden Abbildungen oder Kurven. Zwei Abbildungen mit verschwindendem Fréchetschen Abstand werden als identisch angesehen, und wir haben oben dann lediglich zwei verschiedene Darstellungen derselben Kurve. Mit anderen Worten: Die Gleichungen $\{\mathfrak{x} = \mathfrak{x}_1(t),\ a_1 \leqq t \leqq b_1\}$, und $\{\mathfrak{x} = \mathfrak{x}_2(t),\ a_2 \leqq t \leqq b_2\}$, werden als Darstellungen derselben Kurve betrachtet, wenn es zu jedem $\varepsilon > 0$ eine topologische Abbildung $\tau = \tau(t)$ des Intervalles $[a_1, b_1]$ auf das Intervall $[a_2, b_2]$ gibt, so daß $\max\limits_{a_1 \leqq t \leqq b_1} |\mathfrak{x}_1(t) - \mathfrak{x}_2(\tau(t))| < \varepsilon$ ausfällt. Genau gesprochen erscheint eine Kurve also als maximale Klasse Fréchet-äquivalenter Abbildungen. Die Konvergenz von Kurven wird dann im Sinne der Fréchetschen Abstandsdefinition verstanden. Der Fréchetsche Abstand erfüllt die Dreiecksungleichung, so daß eine Folge von Kurven höchstens gegen eine Grenzkurve konvergieren kann.

Die Kurve $\mathcal{C}$ als Punktmenge im Raume aufgefaßt, d. h. die Gesamtheit der Bildpunkte des Parameterintervalls $a \leqq t \leqq b$ unter der Abbildung durch den Vektor $\mathfrak{x}(t)$, wird durch das Symbol $[\mathcal{C}]$ gekennzeichnet.

§ 13. Der Darstellung $\{\mathfrak{x} = \mathfrak{x}(t);\ a \leqq t \leqq b\}$ wohnen zwei durch wachsendes bzw. abnehmendes t festgelegte natürliche Orientierungen inne. Zwei Abbildungen wie in § 12 heißen orientierungsgleich im Fréchetschen Sinne, wenn es zu jedem $\varepsilon > 0$ eine orientierungserhaltende topologische (d. h. streng monoton wachsende) Abbildung $\tau(t)$ des Intervalls $[a_1, b_1]$ auf das Intervall $[a_2, b_2]$ gibt, so daß $\max\limits_{a_1 \leqq t \leqq b_1} |\mathfrak{x}_1(t) - \mathfrak{x}_2(\tau(t))| < \varepsilon$ gilt. Eine orientierte Kurve erscheint dann genau genommen als maximale Klasse im Fréchetschen Sinne orientierungsgleicher Abbildungen. So sind z. B. die beiden Abbildungen $\{x = t,\ y = 0;\ 0 \leqq t \leqq 1\}$ und $\{x = 1 - t,\ y = 0;\ 0 \leqq t \leqq 1\}$ Darstellungen derselben Kurve, aber nicht derselben orientierten Kurve.

§ 14. Es sei eine Kurve $\mathscr{C}$ in einer ihrer Darstellungen $\{\mathfrak{x} = \mathfrak{x}(t);\ a \leqq t \leqq b\}$ gegeben. Durch die Teilpunkte $a = t_0 < t_1 < \cdots < t_{n+1} = b$ werde eine endliche Zerlegung $\mathfrak{Z}$ des Intervalls $[a, b]$ bestimmt. Die Summe $L(\mathfrak{x}; \mathfrak{Z}) = \sum\limits_{k=0}^{n} |\mathfrak{x}(t_{k+1}) - \mathfrak{x}(t_k)|$ drückt dann die Länge des der Kurve in den Punkten $\mathfrak{x}(t_k)$ einbeschriebenen Polygonzuges $\Pi = \Pi(\mathfrak{x}; \mathfrak{Z})$ aus. Dieser Polygonzug hat eine Darstellung $\{\mathfrak{x} = \hat{\mathfrak{x}}(t);\ a \leqq t \leqq b\}$, wobei die Komponenten des Vektors $\hat{\mathfrak{x}}(t)$ in jedem Teilintervall $[t_k, t_{k+1}]$ lineare Funktionen von t sind und wo $\hat{\mathfrak{x}}(t_k) = \mathfrak{x}(t_k)$ gilt. Die endliche oder unendliche obere Grenze der Summen $L(\mathfrak{x}; \mathfrak{Z})$ für alle Zerlegungen $\mathfrak{Z}$ wird die Jordansche Länge $L(\mathscr{C})$ der Kurve $\mathscr{C}$ genannt. Die Länge einer Kurve ist natürlich von der zu ihrer Berechnung benutzten speziellen Darstellung unabhängig. Das kann man sich leicht überlegen.

Als Norm der Zerlegung $\mathfrak{Z}$ bezeichnet man die Länge des größten Teilintervalls $(t_{k+1} - t_k)$. $L(\mathscr{C})$ kann dann auch als Grenzwert der Summen $L(\mathfrak{x}; \mathfrak{Z}_n)$ für jede Zerlegungsfolge $\{\mathfrak{Z}_n\}$ mit nach Null gehender Norm gedeutet werden. Zum Beweise dafür beachte man, daß die Polygonzüge $\Pi_n = \Pi(\mathfrak{x}; \mathfrak{Z}_n)$ gegen die Kurve $\mathscr{C}$ konvergieren, so daß neben der Ungleichung $L(\Pi_n) \leqq L(\mathscr{C})$ auch die (aus der in § 17 zu beweisenden Unterhalbstetigkeit der Länge folgende) Ungleichung $L(\mathscr{C}) \leqq \liminf\limits_{n\to\infty} L(\Pi_n)$ gilt.

Es gibt noch andere – äquivalente – Definitionen für die Länge $L(\mathscr{C})$ einer Kurve. Erhard Schmidt [1] hat z. B. gezeigt, daß für einen Jordanbogen $L(\mathscr{C})$ gleich der Länge der kürzesten auf ihn „dehnungslos" abbildbaren Strecke ist.

§ 15. Die Kurve $\mathscr{C}$ heißt rektifizierbar, wenn ihre Länge endlich ausfällt. Man kann dann die Bogenlänge $s(t) = L(\mathscr{C}_{at})$ einführen, welche die Länge des dem Intervalle $[a, t]$ entsprechenden Kurvenstückes $\mathscr{C}_{at} = \{\mathfrak{x} = \mathfrak{x}(\tau);\ a \leqq \tau \leqq t\}$ ausdrückt. $s(t)$ ist stetig (das folgt aus der Stetigkeit von $\mathfrak{x}(t)$), monoton nicht abnehmend, und es gilt $|\mathfrak{x}(t_2) - \mathfrak{x}(t_1)| \leqq |s(t_2) - s(t_1)|$. Natürlich kann die Funktion $s(t)$ Konstanzintervalle haben. Wenn wir den Vektor $\mathfrak{y}(s)$ durch die Festlegung $\mathfrak{y}(s(t)) = \mathfrak{x}(t)$, $a \leqq t \leqq b$, definieren, dann ist $\{\mathfrak{x} = \mathfrak{y}(s);\ 0 \leqq s \leqq L(\mathscr{C})\}$ eine Darstellung der rektifizierbaren Kurve $\mathscr{C}$.

Wir hätten die zwei Darstellungen in § 12 äquivalent nennen können, wenn es eine topologische Abbildung $\tau(t)$ des Intervalls $[a_1, b_1]$ auf das Intervall $[a_2, b_2]$ gibt, unter welcher in $a_1 \leqq t \leqq b_1$ die Gleichheit $\mathfrak{x}_1(t) = \mathfrak{x}_2(\tau(t))$ gilt, und eine Kurve als Klasse in diesem Sinne äquivalenter Abbildungen auffassen können. Das hätte den Nachteil, daß bei einer rektifizierbaren Kurve, deren Ortsvektor ein Teilintervall der t-Achse auf einen Punkt abbildet, die Bogenlänge keinen brauchbaren Parameter abgäbe.

§ 16. Wir schreiben auch $L(\mathscr{C}) = \int_a^b |d\mathfrak{x}(t)| = V[\mathfrak{x}]$, wo $V[\mathfrak{x}]$ die totale Variation des Vektors $\mathfrak{x}(t)$ im Intervalle $[a, b]$ ist. Aus der Definition der Länge folgen die Ungleichungen $V[x], V[y], V[z] \leqq L(\mathscr{C}) \leqq V[x] + V[y] + V[z]$, in welchen $V[x]$, $V[y]$ und $V[z]$ gleicherweise die totalen Variationen der Funktionen $x(t)$, $y(t)$ und $z(t)$ im Intervall $[a, b]$ bedeuten. Man sieht daraus, daß die Komponenten des Ortsvektors einer Kurve $\mathscr{C} = \{\mathfrak{x} = \mathfrak{x}(t),\ a \leqq t \leqq b\}$ dann und nur dann von beschränkter Schwankung sind, wenn die Kurve rektifizierbar ist. In diesem Falle existiert die Ableitung $\mathfrak{x}'(t)$ fast überall, und einem bekannten Satz von L. Tonelli zufolge ([I], pp. 52–68, 227–235 des 1. Bandes) gilt $\int_a^b |\mathfrak{x}'(t)|\,dt \leqq L(\mathscr{C})$. Dabei trifft die Gleichheit genau dann zu, wenn alle drei Komponenten des Vektors $\mathfrak{x}(t)$ absolut stetige Funktionen sind, oder, wie wir der Kürze halber sagen wollen, wenn der Vektor $\mathfrak{x}(t)$ absolut stetig ist.

Die Länge einer halboffenen Kurve, d. h. der durch einen stetigen Vektor $\mathfrak{x}(t)$ vermittelten Abbildung eines halboffenen Intervalls $[a, b)$, ist der endliche oder unendliche Grenzwert $\lim_{t \to b-0} L(\mathscr{C}_{at})$.

§ 17. *Wenn die Folge von Kurven* $\mathscr{C}_n = \{\mathfrak{x} = \mathfrak{x}_n(t);\ a_n \leqq t \leqq b_n\}$ $(n = 1, 2, \ldots)$ *gegen die Kurve* $\mathscr{C} = \{\mathfrak{x} = \mathfrak{x}(t);\ a \leqq t \leqq b\}$ *konvergiert, dann gilt* $L(\mathscr{C}) \leqq \liminf_{n\to\infty} L(\mathscr{C}_n)$. Diese Eigenschaft wird die (Unter-) Halbstetigkeit der Länge genannt.

Beweis: Andernfalls gäbe es eine Teilfolge $\{\mathscr{C}_{n_i}\}$, für welche $L_0 = \lim_{i\to\infty} L(\mathscr{C}_{n_i})$ existierte und kleiner als $L(\mathscr{C})$ bzw. endlich wäre, je nachdem ob $L(\mathscr{C}) < \infty$ oder $L(\mathscr{C}) = \infty$. Wir nehmen eine positive

Zahl ε und wählen eine Zerlegung $\mathfrak{Z}$ des Intervalls $[a, b]$, bei der $L(\mathfrak{x}; \mathfrak{Z}) > L(\mathscr{C}) - \frac{\varepsilon}{3}$, falls $L(\mathscr{C}) < \infty$, und $L(\mathfrak{x}; \mathfrak{Z}) > \frac{1}{\varepsilon}$, falls $L(\mathscr{C}) = \infty$. $\mathfrak{Z}$ möge N innere Teilpunkte besitzen. Für hinreichend großes n_i gilt $L(\mathscr{C}_{n_i}) < L_0 + \frac{\varepsilon}{3}$ und $\|\mathscr{C}_{n_i}, \mathscr{C}\| < \varepsilon/6(N+1)$. Es gibt dann eine topologische Abbildung $\tau = \tau_{n_i}(t)$ von $a \leqq t \leqq b$ auf $a_{n_i} \leqq \tau \leqq b_{n_i}$, so daß $|\mathfrak{x}(t) - \mathfrak{x}_{n_i}(\tau_{n_i}(t))| < \varepsilon/6(N+1)$. Wenn $\mathfrak{Z}_{n_i}$ die bei dieser Abbildung der Zerlegung $\mathfrak{Z}$ entsprechende Zerlegung des Intervalls $[a_{n_i}, b_{n_i}]$ ist, so gilt $L(\mathfrak{x}_{n_i}, \mathfrak{Z}_{n_i}) > L(\mathfrak{x}; \mathfrak{Z}) - \frac{\varepsilon}{3}$. Aus $L(\mathfrak{x}_{n_i}; \mathfrak{Z}_{n_i}) \leqq L(\mathscr{C}_i)$ ergibt sich dann für hinreichend kleines ε ein Widerspruch.

§ 18. Die Kurve $\mathscr{C}$ heißt zur Klasse C^m gehörig, $m \geqq 1$, bzw. analytisch, wenn sie eine Darstellung $\{\mathfrak{x} = \mathfrak{x}(t);\ a \leqq t \leqq b\}$ besitzt, bei welcher die Komponenten des Ortsvektors in $[a, b]$ m-mal stetig differenzierbar bzw. analytisch sind. Wenn die Komponenten des Ortsvektors $\mathfrak{x}(t)$ in $[a, b]$ m-mal stetig differenzierbar sind, und wenn ihre m-ten Ableitungen einer Hölderbedingung genügen, so daß also

$$|\mathfrak{x}^{(m)}(t_2) - \mathfrak{x}^{(m)}(t_1)| \leqq M|t_2 - t_1|^\alpha, 0 < \alpha \leqq 1$$

für alle t_1 und t_2 aus $[a, b]$ gilt, dann gehört die Kurve $\mathscr{C}$ zur Klasse $C^{m,\alpha}$.

$\mathscr{C}$ heißt regulär, wenn der Ortsvektor in $[a, b]$ die Regularitätsforderung $\mathfrak{x}'(t) \neq \mathfrak{o}$ erfüllt, welche die Existenz der Tangente sicherstellt. Die Neilsche Parabel $\{x = t^2,\ y = t^3,\ z = 0;\ |t| \leqq 1\}$ kann als Beispiel einer analytischen nicht-regulären Kurve dienen. Eine reguläre Kurve der Klasse C^1 heißt glatt. Eine reguläre Kurve der Klasse C^m, $m \geqq 2$, hat Anrecht auf die Bezeichnung differentialgeometrische Kurve.

Falls sich das Intervall $[a, b]$ in endlich viele Teilintervalle zerlegen läßt und der Ortsvektor in jedem dieser Teilintervalle eine Kurve der Klasse C^m oder $C^{m,\alpha}$ bzw. eine analytische oder differentialgeometrische Kurve darstellt, so nennen wir die Kurve $\mathscr{C}$ stückweise zur Klasse C^m oder $C^{m,\alpha}$ gehörig bzw. stückweise analytisch oder differentialgeometrisch.

§ 19. Eine geschlossene Kurve Γ ist die durch einen stetigen mit der Periode 2π periodischen und nicht identisch konstanten Vektor $\mathfrak{x}(\vartheta)$ vermittelte Abbildung des Einheitskreises $\{u = \cos\vartheta,\ v = \sin\vartheta;\ 0 \leqq \vartheta \leqq 2\pi\}$ in den dreidimensionalen Raum. Die Definitionen für den Abstand zweier geschlossener Kurven, die Länge einer geschlossenen Kurve, den Begriff einer orientierten geschlossenen Kurve usw. übertragen sich sinngemäß von dem Vorhergehenden.

Die Struktur rektifizierbarer geschlossener Kurven ist von W. Damköhler [1] untersucht worden.

Eine geschlossene Kurve mit einer Darstellung $\{\mathfrak{x} = \mathfrak{x}(\vartheta);\ 0 \leqq \vartheta \leqq 2\pi\}$, deren Ortsvektor eine topologische Abbildung vermittelt, heißt einfach geschlossen oder eine Jordankurve. Die Darstellung wird auch topologisch genannt. Wenn $\tau(\vartheta)$ eine stetige und (nicht notwendigerweise streng) monotone, der Bedingung $\tau(2\pi) = \tau(0) + 2\pi$ oder $\tau(2\pi) = \tau(0) - 2\pi$ genügende Funktion ist, so heißt $\{\mathfrak{x} = \mathfrak{y}(\vartheta);\ 0 \leqq \vartheta \leqq 2\pi\}$, wo $\mathfrak{y}(\vartheta) = \mathfrak{x}(\tau(\vartheta))$, eine monotone Darstellung dieser Jordankurve. Es kann dann vorkommen, daß ein abgeschlossenes ϑ-Intervall, nicht aber der ganze Einheitskreis, auf ein und denselben Punkt im Raume abgebildet wird. Im Falle einer orientierten Jordankurve sprechen wir von einer orientierungsgleichen monotonen Darstellung, wenn $\tau(2\pi) = \tau(0) + 2\pi$ ist. Wir können auch den Begriff zweier orientierungsgleicher monotoner Darstellungen einer Jordankurve einführen.

§ 20. Eine reguläre Jordankurve Γ der Klasse $C^{m,\alpha}$, $m \geqq 1$, hat die folgende Eigenschaft. Man betrachte einen beliebigen Punkt auf Γ und wähle ein Koordinatensystem mit diesem Punkt als Ursprung, dessen x-Achse mit der Tangente an Γ zusammenfällt. Es gibt dann zwei positive Konstanten x_0 und N derart, daß der den Ursprung enthaltende und in der Scheibe $|x| \leqq x_0$ des (x, y, z)-Raumes verlaufende zusammenhängende Teilbogen von Γ eine Darstellung $\{y = \psi(x),\ z = \chi(x);\ |x| \leqq x_0\}$ besitzt. Die Funktionen $\psi(x)$ und $\chi(x)$ sind m-mal stetig differenzierbar und genügen den Bedingungen $\psi(0) = \psi'(0) = \chi(0) = \chi'(0) = 0$ und

$$|\psi^{(k)}(x)| \leqq N, \quad |\chi^{(k)}(x)| \leqq N, \quad k = 0, 1, \ldots, m,$$

$$|\psi^{(m)}(x_2) - \psi^{(m)}(x_1)| \leqq N\,|x_2 - x_1|^\alpha, \ |\chi^{(m)}(x_2) - \chi^{(m)}(x_1)| \leqq N\,|x_2 - x_1|^\alpha$$

für $-x_0 \leqq x,\ x_1,\ x_2 \leqq x_0$. Die Konstanten x_0 und N sind von der Wahl des Punktes auf Γ *unabhängig*.

§ 21. Es sei eine Folge geschlossener Kurven $\Gamma_n = \{\mathfrak{x} = \mathfrak{x}_n(\vartheta);\ 0 \leqq \vartheta \leqq 2\pi\}$ $(n = 1, 2, \ldots)$ gegeben, welche gegen eine Jordankurve Γ mit der topologischen Darstellung $\{\mathfrak{x} = \mathfrak{y}(\tau);\ 0 \leqq \tau \leqq 2\pi\}$ konvergieren; und für drei verschiedene Werte $\vartheta_1, \vartheta_2, \vartheta_3$ aus $0 \leqq \vartheta < 2\pi$ und drei verschiedene Punkte $\mathfrak{y}_1,\ \mathfrak{y}_2,\ \mathfrak{y}_3$ auf Γ gelte $\lim\limits_{n\to\infty} \mathfrak{x}_n(\vartheta_i) = \mathfrak{y}_i$ $(i = 1, 2, 3)$.

Für jedes n gibt es dann eine topologische Abbildung $\tau = \tau_n(\vartheta)$ des ϑ-Einheitskreises auf den τ-Einheitskreis, bei welcher $\tau_n(\vartheta)$ eine streng monotone den Ungleichungen $0 \leqq \tau_n(0) = \tau_n(2\pi) - 2\pi < 2\pi$ oder $0 \leqq \tau_n(0) = \tau_n(2\pi) + 2\pi < 2\pi$ genügende Funktion ist, so daß $\lim\limits_{n\to\infty} \max\limits_{0 \leqq \vartheta \leqq 2\pi} |\mathfrak{x}_n(\vartheta) - \mathfrak{y}(\tau_n(\vartheta))| = 0$. Zufolge des Hellyschen Auswahlsatzes existiert eine Teilfolge $\{\tau_{n_k}(\vartheta)\}$ der $\tau_n(\vartheta)$, deren Funktionen für alle ϑ im Intervall $0 \leqq \vartheta \leqq 2\pi$ gegen eine monotone Grenzfunktion $\tau(\vartheta)$ konvergieren. Ohne Beschränkung der Allgemeinheit nehmen wir an, daß $\tau(2\pi) = \tau(0) + 2\pi$ gilt. Für festes ϑ ist dann $\lim\limits_{k\to\infty} \tau_{n_k}(\vartheta) = \tau(\vartheta)$ und wegen der Stetigkeit von $\mathfrak{y}(\tau)$ auch $\lim\limits_{k\to\infty} \mathfrak{y}(\tau_{n_k}(\vartheta)) = \mathfrak{y}(\tau(\vartheta))$. Aus dem Vorangehenden ergibt sich $\lim\limits_{k\to\infty} \mathfrak{x}_{n_k}(\vartheta) = \mathfrak{y}(\tau(\vartheta))$ für $0 \leqq \vartheta \leqq 2\pi$ und insbesondere $\mathfrak{y}(\tau(\vartheta_i)) = \mathfrak{y}_i$ $(i = 1, 2, 3)$. Da die drei Punkte $\mathfrak{y}_i$ verschieden sind, muß dasselbe von den Zahlen $\tau(\vartheta_i)$ modulo 2π gelten.

In jedem Punkte ϑ_0 existieren die einseitigen Grenzwerte $\tau(\vartheta_0 - 0)$ und $\tau(\vartheta_0 + 0)$. (Im Falle $\vartheta_0 = 0$ meinen wir natürlich $\tau(-0) = \lim\limits_{\vartheta\to 2\pi - 0} \tau(\vartheta) - 2\pi$ usw.) In jedem Stetigkeitspunkt der Funktion $\tau(\vartheta)$ sind diese Grenzwerte gleich. In einem Unstetigkeitspunkt muß $0 < \tau(\vartheta_0 + 0) - \tau(\vartheta_0 - 0) < 2\pi$ gelten. Die Beziehung $\tau(\vartheta_0 + 0) - \tau(\vartheta_0 - 0) = 2\pi$ kann nämlich nicht statthaben. Andernfalls müßte $\tau(\vartheta) = \tau(\vartheta_0 - 0)$ in $0 \leqq \vartheta < \vartheta_0$ und $\tau(\vartheta) = \tau(\vartheta_0 + 0)$ in $\vartheta_0 < \vartheta \leqq 2\pi$ sein. Das aber steht im Widerspruch zu der Tatsache, daß die drei Werte $\tau(\vartheta_i)$ modulo 2π verschieden sind. Da der Vektor $\mathfrak{y}(\tau)$ eine topologische Abbildung vermittelt, sind die Punkte $\mathfrak{y}(\tau(\vartheta_0 - 0))$ und $\mathfrak{y}(\tau(\vartheta_0 + 0))$ somit in einem Unstetigkeitspunkt ϑ_0 der Funktion $\tau(\vartheta)$ voneinander verschieden.

Wenn, wie es in späteren Anwendungen der Fall sein wird, die Funktion $\tau(\vartheta)$ im ganzen Intervalle $0 \leqq \vartheta \leqq 2\pi$ stetig ist, dann muß die Konvergenz der $\tau_n(\vartheta)$ gegen $\tau(\vartheta)$ einem bekannten Satz der Analysis zufolge sogar gleichmäßig sein (siehe z. B. G. Pólya und G. Szegö [I], Aufg. 127 auf S. 63 des 1. Bandes).

§ 22. Es seien $\{\mathfrak{x} = \mathfrak{y}(\varphi); 0 \leqq \varphi \leqq 2\pi\}$ und $\{\mathfrak{x} = \mathfrak{z}(\vartheta); 0 \leqq \vartheta \leqq 2\pi\}$ zwei orientierungsgleiche monotone Darstellungen der Jordankurve Γ. Dann gibt es eine monoton wachsende Funktion $\tau(\vartheta)$ mit $\tau(\vartheta + 2\pi) = \tau(\vartheta) + 2\pi$, so daß $\mathfrak{y}(\tau(\vartheta)) = \mathfrak{z}(\vartheta)$ ist für $0 \leqq \vartheta \leqq 2\pi$. Diese Funktion wird u. U. unstetig ausfallen. Wir definieren sie als linksstetige Funktion folgendermaßen:

Für einen Punkt $\mathfrak{y}$ von Γ seien $\varphi_1 \leqq \varphi \leqq \varphi_2$ und $\vartheta_1 \leqq \vartheta \leqq \vartheta_2$ die (möglicherweise auf einen Punkt zusammenschrumpfenden) maximalen Intervalle, welche von den Vektoren $\mathfrak{y}(\varphi)$ bzw. $\mathfrak{z}(\vartheta)$ auf $\mathfrak{y}$ abgebildet werden.

1. Im Falle $\varphi_2 - \varphi_1 = 0$, $\vartheta_2 - \vartheta_1 = 0$ setzen wir $\tau(\vartheta_1) = \varphi_1$.
2. Im Falle $\varphi_2 - \varphi_1 = 0$, $\vartheta_2 - \vartheta_1 > 0$ setzen wir $\tau(\vartheta) = \varphi_1$ für alle ϑ in $\vartheta_1 \leqq \vartheta \leqq \vartheta_2$.

3. Im Falle $\varphi_2 - \varphi_1 > 0$, $\vartheta_2 - \vartheta_1 = 0$ setzen wir $\tau(\vartheta_1) = \varphi_1$ und geben der Funktion $\tau(\vartheta)$ im Punkte ϑ_1 einen Sprung vom Betrage $\varphi_2 - \varphi_1$.
4. Im Falle $\varphi_2 > \varphi_1 - 0$, $\vartheta_2 - \vartheta_1 > 0$ setzen wir

$$\tau(\vartheta) = \varphi_1 + \frac{\varphi_2 - \varphi_1}{\vartheta_2 - \vartheta_1}(\vartheta - \vartheta_1)$$

für ϑ in $\vartheta_1 \leqq \vartheta \leqq \vartheta_2$.

Analog gibt es eine monoton wachsende Funktion $\bar{\tau}(\varphi)$ mit der Eigenschaft, daß $\mathfrak{y}(\varphi) = \mathfrak{z}(\bar{\tau}(\varphi))$ gilt für $0 \leqq \varphi \leqq 2\pi$. Wir haben $\mathfrak{y}(\tau(\bar{\tau}(\varphi))) = \mathfrak{y}(\varphi)$ und $\mathfrak{z}(\bar{\tau}(\tau(\vartheta))) = \mathfrak{z}(\vartheta)$. Wenn $\tau(\vartheta)$ stetig ist, gilt $\tau(\bar{\tau}(\varphi)) = \varphi$; wenn $\bar{\tau}(\varphi)$ stetig ist, gilt $\bar{\tau}(\tau(\vartheta)) = \vartheta$. Im allgemeinen sind diese Beziehungen aber nicht richtig. Abb. 1 soll die Situation am Beispiel des Falles $\varphi_2 - \varphi_1 > 0$, $\vartheta_2 - \vartheta_1 = 0$ erläutern.

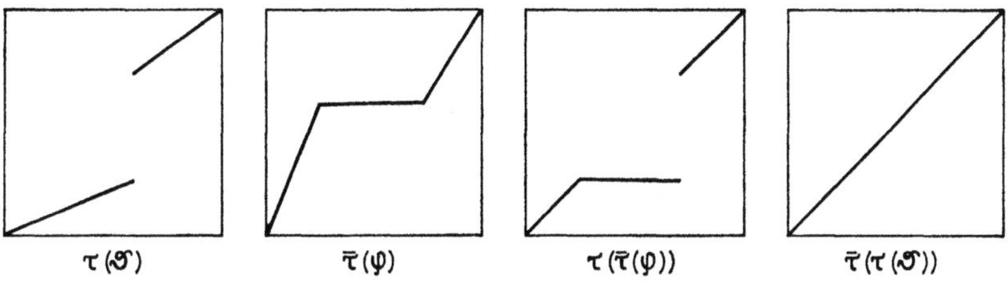

Abb. 1

§ **23.** Zwei auf einer Jordankurve Γ gelegene Punkte im Abstand $\varepsilon > 0$ bestimmen zwei Teilbögen von Γ, einen „kürzeren" und einen „längeren". Der Durchmesser des kürzeren Teilbogens muß mit ε nach Null gehen. Zum Zwecke einer sauberen Formulierung der anschaulichen Definition des kürzeren Teilbogens gehen wir folgendermaßen vor: Wir wählen ein für allemal drei verschiedene Punkte $\mathfrak{y}_1$, $\mathfrak{y}_2$, $\mathfrak{y}_3$ auf Γ. d_0 sei der kleinste der drei Abstände $|\mathfrak{y}_1 - \mathfrak{y}_2|$, $|\mathfrak{y}_2 - \mathfrak{y}_3|$, $|\mathfrak{y}_3 - \mathfrak{y}_1|$. Wir betrachten dann nur Punkte $\mathfrak{x}_1$ und $\mathfrak{x}_2$ auf Γ, deren Abstand schon kleiner als d_0 ist. Der kürzere der beiden von $\mathfrak{x}_1$ und $\mathfrak{x}_2$ auf Γ bestimmten Bögen ist nun definitionsgemäß derjenige abgeschlossene Teilbogen $\Gamma(\mathfrak{x}_1, \mathfrak{x}_2)$, welcher höchstens einen der Punkte $\mathfrak{y}_1$, $\mathfrak{y}_2$, $\mathfrak{y}_3$ enthält. Der Durchmesser des längeren Teilbogens ist dann niemals kleiner als d_0.

Mit $\eta(\varepsilon)$ bezeichnen wir das Maximum der Durchmesser von $\Gamma(\mathfrak{x}_1, \mathfrak{x}_2)$ für alle Lagen zweier Punkte $\mathfrak{x}_1$, $\mathfrak{x}_2$ auf Γ, deren Abstand den Wert ε, $0 < \varepsilon < d_0$, nicht übersteigt. $\eta(\varepsilon)$ ist eine monoton wachsende Funktion von ε. Außer der trivialen Ungleichung $\eta(\varepsilon) \geqq \varepsilon$ gilt offensichtlich auch die Beziehung $\lim_{\varepsilon \to 0} \eta(\varepsilon) = 0$.

Unter weitergehenden Regularitätsvoraussetzungen hinsichtlich des Ortsvektors $\mathfrak{x}(\vartheta)$ der Kurve $\Gamma = \{\mathfrak{x} = \mathfrak{x}(\vartheta);\ 0 \leqq \vartheta \leqq 2\pi\}$ lassen sich genauere Aussagen über das Wachstumsverhalten der Funktion $\eta(\varepsilon)$ machen. Im Falle einer glatten Jordankurve gilt bei hinreichend kleinem ε insbes. die Gleichheit $\eta(\varepsilon) = \varepsilon$. In der Tat! Wir bezeichnen mit $\mu_1(\delta)$, $\mu_2(\delta)$, $\mu_3(\delta)$ die Stetigkeitsmoduln der Komponenten $x'(\vartheta)$, $y'(\vartheta)$ und $z'(\vartheta)$ des Vektors $\mathfrak{x}'(\vartheta)$ und setzen $\mu(\delta) = [\mu_1^2(\delta) + \mu_2^2(\delta) + \mu_3^2(\delta)]^{1/2}$. Für $|\mathfrak{x}(\vartheta_2) - \mathfrak{x}(\vartheta_1)| = \varepsilon$ und $|\vartheta_2 - \vartheta_1| = \delta$ erhalten wir dann die Ungleichungen

$$\delta(|\mathfrak{x}'(\vartheta_1)| - \mu(\delta)) \leqq \varepsilon \leqq \delta(|\mathfrak{x}'(\vartheta_1)| + \mu(\delta)).$$

Eine leichte Überlegung lehrt nun, daß $\eta(\varepsilon)$ nicht größer als ε sein kann, wenn ε so klein gewählt ist, daß aus $|\mathfrak{x}(\vartheta_2) - \mathfrak{x}(\vartheta_1)| = \varepsilon$ stets $|\vartheta_2 - \vartheta_1| = \delta$ mit $\mu(\delta) \leqq m \equiv \min\limits_{0 \leqq \vartheta \leqq 2\pi} |\mathfrak{x}'(\vartheta)|$ folgt.

Für eine reguläre Jordankurve der Differenzierbarkeitsklasse C^2 gilt natürlich $\mu(\delta) \leqq \delta M \sqrt{3}$, wo $M = \max\limits_{0 \leqq \vartheta \leqq 2\pi} |\mathfrak{x}''(\vartheta)|$ ist, und die Gleichheit $\eta(\varepsilon) = \varepsilon$ trifft dann gewiß für alle $\varepsilon \leqq m^2/4M\sqrt{3}$ zu.

§ 24. Wir sagen, daß die Jordankurve Γ eine BS-Bedingung (kurz für Bogen-Sehnen-Bedingung) mit der Konstanten $c > 0$ erfülle, wenn es eine positive Zahl $\varepsilon < d_0$ derart gibt, daß für alle Punkte $\mathfrak{x}_1, \mathfrak{x}_2$ von Γ, deren Abstand den Wert ε nicht übersteigt, die Ungleichung $L(\Gamma(\mathfrak{x}_1, \mathfrak{x}_2)) \leqq (1 + c)|\mathfrak{x}_2 - \mathfrak{x}_1|$ zutrifft. Dabei bedeutet $L(\Gamma(\mathfrak{x}_1, \mathfrak{x}_2))$ die Länge des Bogens $\Gamma(\mathfrak{x}_1, \mathfrak{x}_2)$.

Eine glatte Jordankurve genügt einer BS-Bedingung mit jeder, insbes. jeder beliebig kleinen, positiven Konstanten.

§ 25. Die rektifizierbare Jordankurve Γ mit der topologischen Darstellung $\{\mathfrak{x} = \mathfrak{x}(\vartheta);\ 0 \leqq \vartheta \leqq 2\pi\}$ besitzt die Eigenschaft (*), falls es eine (von der Darstellung abhängige) positive Zahl δ gibt, mit welcher folgendes gilt: Für alle $|\vartheta - \varphi| < \delta$ und alle positiven (oder alle negativen) die Ungleichungen $|\Delta\vartheta| < \delta$, $|\Delta\varphi| < \delta$ erfüllenden Zuwüchse $\Delta\vartheta$ und $\Delta\varphi$ ist

$$[\mathfrak{x}(\vartheta + \Delta\vartheta) - \mathfrak{x}(\vartheta)] \cdot [\mathfrak{x}(\varphi + \Delta\varphi) - \mathfrak{x}(\varphi)] \geqq 0.$$

Mit $|\vartheta - \varphi|$ bezeichnen wir hier die Länge des kürzeren der beiden Bögen auf dem Einheitskreise, welche durch die Punkte ϑ und φ bestimmt sind.

Wenn die Kurve Γ bezüglich einer topologischen Darstellung die Eigenschaft (*) besitzt, so hat sie diese Eigenschaft auch bezüglich aller ihrer monotonen (und natürlich auch aller ihrer topologischen) Darstellungen. Es handelt sich also um eine der Kurve unabhängig von der (monotonen) Darstellung zukommende Eigenschaft.

Eine stückweise glatte Jordankurve, deren (gleichsinnig orientierte) Tangentenvektoren in den Ecken spitze Winkel bilden, ist ein Beispiel einer Kurve mit der Eigenschaft (*).

§ **26.** Als Totalkrümmung $\varkappa(\Gamma)$ einer Jordankurve Γ definiert man die obere Grenze der Zahlen $\tilde{\varkappa}(\Pi)$, wenn Π alle der Kurve Γ einbeschriebenen Polygone durchläuft, und wo $\tilde{\varkappa}(\Pi)$ für ein geschlossenes Polygon mit den Eckpunkten $\mathfrak{p}_0, \mathfrak{p}_1, \ldots, \mathfrak{p}_{m-1}, \mathfrak{p}_m$ $(\mathfrak{p}_m = \mathfrak{p}_0, \mathfrak{p}_{m+1} = \mathfrak{p}_1$, usw.). die Summe der Außenwinkel, d. h. der Winkel α_j $(0 \leqq \alpha_j \leqq \pi)$ zwischen den Vektoren $\mathfrak{p}_j - \mathfrak{p}_{j-1}$ und $\mathfrak{p}_{j+1} - \mathfrak{p}_j$ für $j = 1, 2, \ldots, m$ bezeichnet. Für ein geschlossenes Polygon Π gilt natürlich $\varkappa(\Pi) = \tilde{\varkappa}(\Pi)$.

Wenn die Jordankurve durch ihre Bogenlänge in der Form $\{\mathfrak{x} = \mathfrak{x}(s);$ $0 \leqq s \leqq L\}$ dargestellt ist und wenn der Ortsvektor $\mathfrak{x}(s)$ dabei zweimal stetig differenzierbar ist, dann beweist man leicht, daß die Zahl $\varkappa(\Gamma)$ mit der in der Differentialgeometrie eingeführten Totalkrümmung $\int\limits_0^L |\mathfrak{x}''(s)|\, ds$ übereinstimmt.

Die Jordankurve Γ liege jetzt wieder in einer monotonen Darstellung $\{\mathfrak{x} = \mathfrak{x}(\vartheta);\ 0 \leqq \vartheta \leqq 2\pi\}$ vor. $\mathfrak{a}$ sei ein Einheitsvektor. Mit $\mu(\Gamma; \mathfrak{a})$ werde die Zahl der relativen Maxima der Funktion $\mathfrak{a} \cdot \mathfrak{x}(\vartheta)$ auf dem Einheitskreise bezeichnet, d. h. die (möglicherweise unendliche) Zahl der Parameterwerte ϑ_0, so daß $\mathfrak{a} \cdot \mathfrak{x}(\vartheta_0) \geqq \mathfrak{a} \cdot \mathfrak{x}(\vartheta)$ gilt für alle ϑ in einer Umgebung des Punktes ϑ_0 auf dem Einheitskreise. Mit J. W. Milnor [1] nennen wir das über alle Einheitsvektoren $\mathfrak{a}$ genommene Minimum von $\mu(\Gamma; \mathfrak{a})$ die Verbogenheit (crookedness) $\mu(\Gamma)$ der Jordankurve Γ.

Zufolge Milnor existiert das Lebesguesche Integral $\iint\limits_{|\mathfrak{a}|=1} \mu(\Gamma; \mathfrak{a})\, dS$, bei dem $\mathfrak{a}$ über der Einheitskugel variiert, und es gilt

$$\int\limits_{|\mathfrak{a}|=1} \mu(\Gamma; \mathfrak{a})\, dS = 2\varkappa(\Gamma). \tag{6}$$

Da ja unter allen Umständen $\mu(\Gamma; \mathfrak{a}) \geqq 1$ ist, folgt aus dieser Beziehung die bekannte W. Fenchelsche [1] Ungleichung $\varkappa(\Gamma) \geqq 2\pi$. Das Gleichheitszeichen kann dabei nur zutreffen, wenn Γ eine ebene konvexe Kurve ist.

I. Fary [1] und J. Milnor [1] haben auch bewiesen, daß die Totalkrümmung jedes Knotens sogar die Ungleichung $\varkappa(\Gamma) > 4\pi$ erfüllt und daß die Verbogenheit eines Knotens niemals kleiner als 2π sein kann. Man sehe dazu noch H. Liebmann [1]; B. Segre [1]; K. Borsuk [1]; H. Rutishauser et H. Samelson [1]; W. Fenchel [2]; K. Voss [1]; S. S. Chern [4], pp. 29–35; M. Rochowski [1]; R. A. Horn [1]; J. Szenthe [1].

§ **27.** Eine Jordankurve $\Gamma = \{\mathfrak{x} = \mathfrak{x}(\vartheta);\ 0 \leqq \vartheta \leqq 2\pi\}$ kann von rektifizierbaren Jordankurven $\Gamma_n = \{\mathfrak{x} = \mathfrak{x}_n(\vartheta);\ 0 \leqq \vartheta \leqq 2\pi\}$ – in der Tat von einfach geschlossenen Polygonen – so approximiert werden, daß gleichmäßig in $0 \leqq \vartheta \leqq 2\pi$ die Beziehung $\lim\limits_{n\to\infty} |\mathfrak{x}_n(\vartheta) - \mathfrak{x}(\vartheta)| = 0$

gilt. Man erhält solche Polygone, wenn man von Polygonzügen ausgeht, welche der Kurve einbeschrieben sind, und dann mögliche Selbstschneidungen durch geringfügige Verrückungen gewisser Eckpunkte beseitigt. Falls Γ rektifizierbar ist, läßt es sich dabei so einrichten, daß $L(\Gamma_n) \to L(\Gamma)$ gilt. Durch Abrunden der Ecken kann man die Vektoren $\mathfrak{x}_n(\vartheta)$ auch stetig differenzierbar machen.

Wenn Γ eine reguläre Jordankurve der Klasse C^m, $m \geqq 2$, ist, dann läßt sich eine Folge regulärer analytischer Jordankurven $\Gamma_n = \{\mathfrak{x} = \mathfrak{x}_n(\vartheta);\ 0 \leqq \vartheta \leqq 2\pi\}$ so finden, daß für $k = 0, 1, \ldots, m$ gleichmäßig im Intervall $0 \leqq \vartheta \leqq 2\pi$ die Beziehungen $\lim\limits_{n\to\infty} |\mathfrak{x}_n^{(k)}(\vartheta) - \mathfrak{x}^{(k)}(\vartheta)| = 0$ gelten. Um das zu beweisen approximiere man zunächst, was nach dem Weierstraßschen Approximationssatz möglich ist, die Komponenten des Vektors $\mathfrak{x}(\vartheta)$ mitsamt ihren Ableitungen bis zur m-ten Ordnung gleichmäßig durch trigonometrische Polynome $x_n(\vartheta)$, $y_n(\vartheta)$ und $z_n(\vartheta)$. Daß die Kurven Γ_n mit den Ortsvektoren $\mathfrak{x}_n(\vartheta) = \{x_n(\vartheta), y_n(\vartheta), z_n(\vartheta)\}$ für hinreichend große n tatsächlich Jordankurven sind, läßt sich folgendermaßen einsehen. Für hinreichend großes n gibt es eine nur von (oberen und unteren) Schranken von $\mathfrak{x}'(\vartheta)$ und $\mathfrak{x}''(\vartheta)$ abhängige positive Zahl ε mit der Eigenschaft, daß, und zwar gleichmäßig für alle n und ϑ_0, der dem Intervall $|\vartheta - \vartheta_0| \leqq \varepsilon$ entsprechende Teilbogen von Γ_n keine Selbstschneidungen besitzt. Wir setzen $\delta = \min\limits_{|\vartheta''-\vartheta'| \geqq \varepsilon} |\mathfrak{x}(\vartheta'') - \mathfrak{x}(\vartheta')|$ und wählen n_0 so groß, daß für alle $n \geqq n_0$ auch noch die Ungleichung $|\mathfrak{x}_n(\vartheta) - \mathfrak{x}(\vartheta)| < \delta/2$ zutrifft. Angenommen nun, die den Parameterwerten ϑ_1 und ϑ_2 entsprechenden Punkte von Γ_n fielen zusammen. Es müßte dann $|\vartheta_1 - \vartheta_2| \geqq \varepsilon$ gelten. Wegen $0 = |\mathfrak{x}_n(\vartheta_2) - \mathfrak{x}_n(\vartheta_1)| \geqq |\mathfrak{x}(\vartheta_2) - \mathfrak{x}(\vartheta_1)| - |\mathfrak{x}_n(\vartheta_2) - \mathfrak{x}(\vartheta_2)| - |\mathfrak{x}_n(\vartheta_1) - \mathfrak{x}(\vartheta_1)| > \delta - 2 \cdot \delta/2 \geqq 0$ ergäbe sich ein Widerspruch.

Eine ebene Jordankurve $\Gamma = \{x = x(\vartheta),\ y = y(\vartheta);\ 0 \leqq \vartheta \leqq 2\pi\}$ kann durch in ihrem Innern verlaufende einfach geschlossene Polygone oder auch reguläre analytische Jordankurven $\Gamma_n = \{x = x_n(\vartheta), y = y_n(\vartheta);\ 0 \leqq \vartheta \leqq 2\pi\}$ so approximiert werden, daß $\lim\limits_{n\to\infty} \{|x_n(\vartheta) - x(\vartheta)| + |y_n(\vartheta) - y(\vartheta)|\} = 0$ gilt gleichmäßig in $0 \leqq \vartheta \leqq 2\pi$. Man gewinnt solche Kurven am einfachsten, indem man den Einheitskreis $|w| < 1$ einer komplexen w-Ebene umkehrbar eindeutig und konform auf das Innere von Γ abbildet und für Γ_n dann die Bildkurven der konzentrischen Kreise $|w| = r$ bzw. diesen einbeschriebene einfach geschlossene Polygonzüge nimmt. Wenn Γ rektifizierbar ist, so gilt dabei auch $\lim\limits_{n\to\infty} L(\Gamma_n) = L(\Gamma)$. Das folgt aus den Eigenschaften der Abbildungsfunktion mit Hilfe eines Satzes von F. Riesz [1]; siehe auch G. M. Golusin [I], pp. 353–361.

§ 28. Die rektifizierbaren geschlossenen Kurven $\Gamma_n = \{\mathfrak{x} = \mathfrak{x}_n(\vartheta);\ 0 \leqq \vartheta \leqq 2\pi\}$ mögen gegen die rektifizierbare geschlossene Kurve $\Gamma = \{\mathfrak{x} = \mathfrak{x}(\vartheta);\ 0 \leqq \vartheta \leqq 2\pi\}$ so konvergieren, daß gleichmäßig in $0 \leqq \vartheta \leqq 2\pi$ die Beziehung $\lim\limits_{n\to\infty} |\mathfrak{x}_n(\vartheta) - \mathfrak{x}(\vartheta)| = 0$ gilt. Mit $L_n(\vartheta_1, \vartheta_2)$ und $L(\vartheta_1, \vartheta_2)$ bezeichnen wir die Längen der dem Intervall $[\vartheta_1, \vartheta_2]$ entsprechenden Teilbögen von Γ_n bzw. Γ.

Wenn die Längen $L_n(0, 2\pi)$ der Kurven Γ_n gegen die Länge $L(0, 2\pi)$ der Kurve Γ konvergieren, dann gilt $\lim\limits_{n\to\infty} L_n(\vartheta_1, \vartheta_2) = L(\vartheta_1, \vartheta_2)$ gleichmäßig für alle ϑ_1, ϑ_2.

Beweis: Wegen der Stetigkeit von $L(0, \vartheta)$ gäbe es anderenfalls eine Teilfolge $\{n_i\}$, zwei Zahlenfolgen $\vartheta_1^{n_i} \to \vartheta_1$, $\vartheta_2^{n_i} \to \vartheta_2$ und eine Zahl $\varepsilon > 0$, so daß $|L_{n_i}(\vartheta_1^{n_i}, \vartheta_2^{n_i}) - L(\vartheta_1, \vartheta_2)| \geqq \varepsilon$ oder, wegen der Unterhalbstetigkeit der Länge, $L_{n_i}(\vartheta_1^{n_i}, \vartheta_2^{n_i}) \geqq L(\vartheta_1, \vartheta_2) + \varepsilon$ wäre. Für die Länge der komplementären Bögen ergäbe sich dann aber die unmögliche Beziehung

$$L(\vartheta_2, \vartheta_1) \leqq \liminf_{n_i\to\infty} L_{n_i}(\vartheta_2^{n_i}, \vartheta_1^{n_i}) = \lim_{n_i\to\infty} L_{n_i}(0, 2\pi) - \limsup_{n_i\to\infty} L_{n_i}(\vartheta_1^{n_i}, \vartheta_2^{n_i})$$
$$\leqq L(0, 2\pi) - L(\vartheta_1, \vartheta_2) - \varepsilon = L(\vartheta_2, \vartheta_1) - \varepsilon.$$

§ 29. *Zu jedem inneren Punkte $\mathfrak{x}_0 = \mathfrak{x}(t_0)$, $a < t_0 < b$, einer regulären Kurve $\mathscr{C} = \{\mathfrak{x} = \mathfrak{x}(t);\ a \leqq t \leqq b\}$ der Klasse C^m, $m \geqq 1$, existiert eine Zahl ε, $0 < \varepsilon < \max(t_0 - a, b - t_0)$, für welche folgendes zutrifft: Es gibt eine umkehrbar eindeutige und in beiden Richtungen m-mal stetig differenzierbare Abbildung des gesamten (x, y, z)-Raumes auf einen (ξ, η, ζ)-Raum derart, daß der Bildbogen des dem Intervall $|t - t_0| < \varepsilon$ entsprechenden Teilbogens von $\mathscr{C}$ im (ξ, η, ζ)-Raum mit einem Stücke der ζ-Achse zusammenfällt.*

Beweis: Der Beweis werde für den Fall $m = 1$ ausgeführt. Wir wählen den Punkt $\mathfrak{x}_0$ zum Ursprung und die Tangente an $\mathscr{C}$ in diesem Punkte zur z-Achse unseres Koordinatensystems. Es gibt dann eine Zahl h_0 derart, daß ein gewisser Teil $\mathscr{C}_{h_0} = \{\mathfrak{x} = \mathfrak{x}(t);\ t_0 - \delta_1 < t < t_0 + \delta_2\}$ von $\mathscr{C}$ in der Form $\{x = f(z),\ y = g(z);\ |z| < h_0\}$ dargestellt werden kann. Die Funktionen $f(z)$ und $g(z)$ sind dabei in $|z| < h_0$ stetig differenzierbar und genügen den Bedingungen $f(0) = g(0) = f'(0) = g'(0) = 0$. Wir wählen $h > 0$ kleiner als h_0 und so klein, daß

$$\mu(h) \equiv \max_{|z|\leqq h} (|f'(z)|, |g'(z)|) < 1/6$$

wird.

$\varphi(\tau)$ sei eine für $0 \leqq \tau < \infty$ erklärte stetig differenzierbare Funktion mit den Eigenschaften: $\varphi(\tau) = 1$ für $0 \leqq \tau \leqq \frac{h}{2}$, $\varphi(\tau) = 0$ für

$h \leqq \tau < \infty$, $0 \leqq \varphi(\tau) \leqq 1$ und $|\varphi'(\tau)| \leqq 3/h$ für $0 \leqq \tau < \infty$. Die Funktion

$$\varphi(\tau) = \begin{cases} 1 & h \leqq \tau \leqq \frac{h}{2} \\ 1 - \frac{12}{h^2}\left(\tau - \frac{h}{2}\right)^2 + \frac{16}{h^3}\left(\tau - \frac{h}{2}\right)^3 & \frac{h}{2} \leqq \tau \leqq h \\ 0 & h \leqq \tau \leqq \infty \end{cases}$$

beispielsweise erfüllt alle diese Forderungen. Mit Hilfe der Funktion $\varphi(\tau)$ und mit der Abkürzung $r = \sqrt{x^2 + y^2 + z^2}$ definieren wir nun die Transformation

$$\xi = x - f(z) \cdot \varphi(r)$$
$$\eta = y - g(z) \cdot \varphi(r)$$
$$\zeta = z$$

und behaupten, daß sie die gewünschten Eigenschaften besitzt.

Angenommen, diese Transformation führte zwei Punkte (x_1, y_1, z_1) und (x_2, y_2, z_2) in denselben Punkt im (ξ, η, ζ)-Raume über. Wenn der Abstand beider Punkte vom Ursprung größer als h ist, gilt $\varphi(r_1) = \varphi(r_2) = 0$ und $x_2 = x_1$, $y_2 = y_1$, $z_2 = z_1$. Andernfalls wäre jedenfalls $z_1 = z_2$, $|z_1| \leqq h$ und weiterhin

$$\begin{aligned} |x_2 - x_1| + |y_2 - y_1| &= (|f(z_1)| + |g(z_1)|) \cdot |\varphi(r_2) - \varphi(r_1)| \\ &\leqq 2h\,\mu(h)\,|\varphi'(\tilde{r})|\,|r_2 - r_1| \\ &\leqq 6\mu(h)\,(|x_2 - x_1| + |y_2 - y_1|). \end{aligned}$$

Wegen $6\mu(h) < 1$ ergäbe sich wiederum $x_2 = x_1$, $y_2 = y_1$, $z_2 = z_1$. Die Abbildung ist also eineindeutig. Die Differenzierbarkeitseigenschaften der Umkehrfunktionen folgen aus der Tatsache, daß die Funktionaldeterminante $\partial(\xi, \eta, \zeta)/\partial(x, y, z) = 1 - f(z)\,\varphi_x - g(z)\,\varphi_y$ wegen $|f(z)\,\varphi_x + g(z)\,\varphi_y| \leqq h\,\mu(h)\,(|\varphi_x| + |\varphi_y|) \leqq 6\mu(h) < 1$ überall positiv ist.

Die Zahl ε wird nun so klein gewählt, daß der dem Intervalle $|t - t_0| < \varepsilon$ entsprechende Teilbogen von $\mathscr{C}$ ein Teilbogen des in der Kugel $x^2 + y^2 + z^2 < h^2/4$ verlaufenden Stückes von $\mathscr{C}_{h_0}$ ist. Das Bild des ersteren Teilbogens im (ξ, η, ζ)-Raume liegt dann tatsächlich auf der ζ-Achse.

§ 30. Im Hinblick auf eine spätere Anwendung in § 351 treffen wir noch eine Feststellung hinsichtlich der symmetrischen Matrix A, deren Elemente a_{ij} aus den Ableitungen der Umkehrfunktionen der in § 29 betrachteten Transformation nach der Vorschrift

$$a_{ij}(\xi_1, \xi_2, \xi_3) = \sum_{k=1}^{3} (\partial x_k/\partial \xi_i)\,(\partial x_k/\partial \xi_j)$$

gebildet sind. (Wir haben hier einfachheitshalber die Koordinaten x, y, z und ξ, η, ζ durch x_1, x_2, x_3 bzw. ξ_1, ξ_2, ξ_3 ersetzt.)

Mit der Abkürzung $\Delta = \xi_x \eta_y - \xi_y \eta_x = 1 - f(z)\,\varphi_x - g(z)\,\varphi_y$ gilt

$$a_{11} = (\eta_x^2 + \eta_y^2)/\Delta^2, \qquad a_{12} = -(\xi_x \eta_x + \xi_y \eta_y)/\Delta^2,$$
$$a_{22} = (\xi_x^2 + \xi_y^2)/\Delta^2, \qquad a_{13} = -(a_{11}\,\xi_z + a_{12}\,\eta_z),$$
$$a_{23} = -(a_{12}\,\xi_z + a_{22}\,\eta_z), \quad a_{33} = 1 + a_{11}\,\xi_z^2 + 2a_{12}\,\xi_z\,\eta_z + a_{22}\,\eta_z^2.$$

Nach einer geläufigen Matrixabschätzung liegen die Eigenwerte von A zwischen den Schranken $\min\limits_{1 \leq i \leq 3} \{|a_{ii}| - \sum\limits_{j \neq i} |a_{ij}|\}$ und $\max\limits_{1 \leq i \leq 3} \{\sum\limits_{j} |a_{ij}|\}$. Auf Grund der Ungleichungen $1 - 3\mu(h) \leqq |\xi_x|, |\eta_y| \leqq 1 + 3\mu(h)$; $|\xi_y|, |\eta_x| \leqq 3\mu(h)$; $|\xi_z|, |\eta_z| \leqq 4\mu(h)$ läßt es sich daher durch hinreichend kleine Wahl von $\mu(h)$, d. h. durch hinreichend kleine Wahl von h, einrichten, daß die Eigenwerte der Matrix A zwischen den Schranken k^{-1} und k liegen, wo k eine beliebig vorgebbare Zahl größer als Eins ist.

2. Flächen

§ 31. Eine Parameterfläche oder kurz Fläche $S = \{T; P\}$ im dreidimensionalen Euklidischen Raum ist die durch einen reellwertigen stetigen und nicht identisch konstanten Vektor $\mathfrak{x}(u, v) = \{x(u, v), y(u, v), z(u, v)\}$ vermittelte Abbildung T einer zusammenhängenden Punktmenge P der (u, v)-Ebene in diesen Raum.

Wir werden P oft als die Parametermenge der Fläche bezeichnen. Die betrachteten Punktmengen P, von denen immer vorausgesetzt wird, daß ihr Inneres nicht-leer und zusammenhängend ist, werden i. a. entweder offene Mengen — vornehmlich beschränkte Gebiete, d. h. beschränkte offene zusammenhängende Mengen — oder von einer endlichen Anzahl punktfremder i. a. als analytisch oder zumindest stückweise glatt angenommener Jordankurven $\gamma_1, \gamma_2, \ldots, \gamma_r$ berandete kompakte Bereiche sein. Im ersten Falle wird die Fläche S unberandet oder offen genannt; im zweiten Falle heißt sie von den Bildkurven $\Gamma_1, \Gamma_2, \ldots, \Gamma_r$ der Kurven γ_i unter der Abbildung T berandet. Besonders wichtig ist dabei der Fall, daß diese Kurven Γ_i selbst punktfremde Jordankurven sind und daß jede Kurve γ_i vom Vektor $\mathfrak{x}(u, v)$ in monotoner Weise (mit oder ohne vorgeschriebene Orientierung) auf die entsprechende Kurve Γ_i abgebildet wird. Als Rand oder Berandung einer Fläche bezeichnen wir allgemein die Gesamtheit aller Häufungspunkte der Punktfolgen $\{\mathfrak{x}(u_n, v_n)\}$ für alle gegen den Rand von P konvergierenden Punktfolgen $\{(u_n, v_n)\}$ aus P. In Kapitel VI werden wir auch allgemeinere Punktmengen P_1 zu betrachten haben, wo $P^0 \subset P_1 \subset \bar{P}$ ist. Mit P^0 bezeichnen wir dabei die Gesamtheit der inneren Punkte einer Menge P, während das Symbol $\bar{P}$ die Abschließung einer Menge P bzw. einen Bereich der oben beschriebenen Art kennzeichnet. Die Gesamtheit der Randpunkte einer Menge P wird mit P^* oder, wenn der Rand aus Jordankurven besteht, auch mit ∂P bezeichnet.

Der Abstand zweier Flächen $S_1 = \{\mathfrak{x} = \mathfrak{x}_1(u, v);\ (u, v) \in P_1\}$ und $S_2 = \{\mathfrak{x} = \mathfrak{x}_2(u, v);\ (u, v) \in P_2\}$ mit topologisch äquivalenten Parametermengen wird wie im Falle von Kurven definiert. Es seien $\tau: u' = u'(u, v),\ v' = v'(u, v)$ eine topologische Abbildung von P_1 auf P_2 und $M_\tau = \sup_{(u,v)\in P_1} |\mathfrak{x}_1(u, v) - \mathfrak{x}_2(u'(u, v), v'(u, v))|$. Die untere Grenze der Zahlen M_τ für alle möglichen solchen Homöomorphismen wird mit $\|S_1, S_2\|$ bezeichnet und heißt der Abstand im Sinne von M. Fréchet der beiden Abbildungen oder Flächen ([1]; [I], pp. 93–94). Zwei Abbildungen mit verschwindendem Abstand werden als identisch angesehen, und wir haben oben dann lediglich zwei Darstellungen derselben Fläche. In diesem Sinne erscheint eine Fläche streng genommen als maximale Klasse Fréchet-äquivalenter Abbildungen. Ähnlich wie in § 13 läßt sich auch der Begriff einer orientierten Fläche definieren.

Den einer Teilmenge B von P entsprechenden Teil der Fläche S werden wir gelegentlich auch durch $S[B]$ bezeichnen. Die Fläche S als Punktmenge im Raume betrachtet, d. h. die Gesamtheit der Bildpunkte der Parametermenge P unter der Abbildung T, wird durch das Symbol $[S]$ gekennzeichnet.

Notwendig, aber keineswegs hinreichend dafür, daß S_1 und S_2 oben zwei Darstellungen derselben Fläche sind, ist die topologische Äquivalenz der beiden Parametermengen P_1 und P_2 und im Falle kompakter Parametermengen auch die Identität der Bildmengen $[S_1]$ und $[S_2]$. Man sehe zu diesem Fragenkreis J. W. T. Youngs [1], [3].

Wenn zwei Komponenten des Ortsvektors mit den Parametern zusammenfallen, z. B. $x(u, v) = u$ und $y(u, v) = v$, so erscheint die Gleichung der Fläche in der Form $\{z = z(x, y);\ (x, y) \in P\}$. Für eine solche Darstellung hat sich, vermutlich deshalb, weil man die geometrischen Größen x und y nicht zu bloßen Parametern degradieren möchte, der Name nichtparametrisch eingebürgert.

§ 32. Eine Fläche S heißt ein (nicht-ausgeartetes) Polyeder, wenn sie eine Darstellung $\{\mathfrak{x} = \mathfrak{x}(u, v);\ (u, v) \in \bar{P}\}$ mit den folgenden Eigenschaften besitzt: Der beschränkte abgeschlossene Parameterbereich $\bar{P}$ ist von endlich vielen punktfremden Jordankurven $\gamma_1, \gamma_2, \ldots, \gamma_r$ berandet und kann in eine endliche Anzahl krummliniger, d. h. von Jordanbögen, welche untereinander und mit ∂P höchstens Endpunkte gemeinsam haben, berandeter, nicht überlappender Dreiecke $\delta_1, \delta_2, \ldots, \delta_m$ zerlegt werden. Jedes dieser Dreiecke δ_k wird von $\mathfrak{x}(u, v)$ topologisch auf ein geradlinig begrenztes ebenes nicht-ausgeartetes

Dreieck Δ_k im Raume abgebildet. Jede Kurve γ_i geht dabei in einen geschlossenen Polygonzug im Raume über. Diese Polygone brauchen weder einfach noch gegenseitig punktfremd zu sein.

Man überzeugt sich, daß es eine topologische Abbildung des Parameterbereiches $\bar{P}$ auf einen von einfach geschlossenen punktfremden Polygonen $\gamma'_1, \gamma'_2, \ldots \gamma'_r$ berandeten entsprechend eingeteilten Bereich $\bar{P}'$ gibt, bei welcher die krummlinigen Dreiecke δ_k in Euklidische Dreiecke und die sie berandenden Jordanbögen in gerade Strecken übergehen.

Der elementare Flächeninhalt $I_e(S)$ des Polyeders ist definitionsgemäß nichts anderes als die Summe der Flächeninhalte der Dreiecke Δ_k, berechnet gemäß „Grundlinie mal Höhe durch Zwei". Die dieser Definition stillschweigend zugrunde liegende und zutreffende Tatsache, daß der elementare Inhalt eines Polyeders von der zu seiner Berechnung herangezogenen speziellen (polyedrischen) Darstellung unabhängig ist, bedarf natürlich eines Beweises.

§ 33. Wir sagen, daß eine Folge von Polyedern $\Sigma_n = \{T_n; \bar{\Pi}_n\}$ $(n = 1, 2, \ldots)$ gegen eine Fläche $S = \{T; P\}$ konvergiert, wenn es eine Folge von Mengen $P_n (n = 1, 2, \ldots)$ mit den Eigenschaften

1. P_n ist zu $\bar{\Pi}_n$ homöomorph,
2. $P_1 \subset P_2 \subset \cdots \subset P$,
3. jeder Punkt von P^0 ist im Inneren P_n^0 eines der P_n enthalten

gibt, so daß $\lim_{n\to\infty} \| S[P_n], \Sigma_n \| = 0$ ist.

Wir wollen uns davon überzeugen, daß jede Fläche $S = \{\mathfrak{x} = \mathfrak{x}(u, v);$ $(u, v) \in P\}$ durch Polyeder approximiert werden kann. Zu diesem Zwecke überdecken wir für jede natürliche Zahl n die (u, v)-Ebene durch ein von den Geraden $u = k \cdot 2^{-n}$, $v = l \cdot 2^{-n} (k, l = 0, \pm 1, \pm 2, \ldots)$ gebildetes Netz $\mathfrak{N}_n$. Mit $\bar{Q}_n$ bezeichnen wir die Vereinigungsmenge aller abgeschlossenen Quadrate dieses Netzes, welche sowohl in P^0 als auch im Quadrat $\{u, v;\ |u| \leqq n,\ |v| \leqq n\}$ enthalten sind. Das Innere Q_n besteht aus endlich vielen Komponenten, deren Ränder entweder punktfremd sind oder in Ecken zusammenstoßen. Die Abb. 2 beschreibt besser als Worte, wie man durch Hinzufügen gewisser Quadrate eines feineren Netzes $\mathfrak{N}_{n'}$ zu Q_n einen von endlich vielen einfach geschlossenen Polygonzügen mit achsenparallelen Strecken berandeten Bereich $\bar{\Pi}_n$ gewinnen kann, welcher in P^0 enthalten ist und selbst ein zusammenhängendes Inneres besitzt.

$\bar{\Pi}_n$ wird nun noch durch die Geraden eines feineren Netzes $\mathfrak{N}_{n''}$ in Quadrate und jedes dieser Quadrate durch Ziehen einer Diagonale in Dreiecke zerlegt. In jedem dieser Dreiecke ersetzen wir die Komponenten des Vektors $\mathfrak{x}(u, v)$ durch diejenigen linearen Funktionen, welche in den Eckpunkten dieselben Werte wie die Komponenten von $\mathfrak{x}(u, v)$ haben. Auf diese Weise erhalten wir in $\bar{\Pi}_n$ einen Vektor $\hat{\mathfrak{x}}_n(u, v)$ mit stückweise linearen Komponenten. Da die Komponenten des Vektors $\mathfrak{x}(u, v)$ in $\bar{\Pi}_n$ gleichmäßig stetig sind, können wir es durch hinreichend große Wahl von n'' erreichen, daß die Differenz $|\hat{\mathfrak{x}}_n(u, v) - \mathfrak{x}(u, v)|$ gleichmäßig in $\bar{\Pi}_n$ beliebig klein, etwa kleiner als $1/n$ wird.

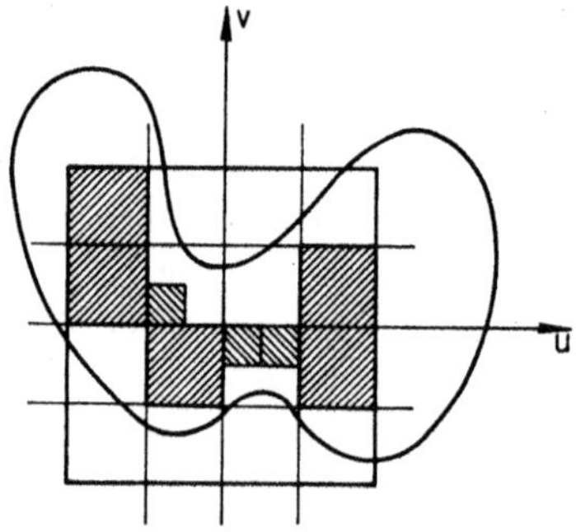

Abb. 2

Die Fläche $\{\mathfrak{x} = \hat{\mathfrak{x}}_n(u, v);\ (u, v) \in \bar{\Pi}_n\}$ wird i. a. noch kein Polyeder sein, da der Vektor $\hat{\mathfrak{x}}_n(u, v)$ möglicherweise gewisse Dreiecke der Unterteilung von $\bar{\Pi}_n$ in ausgeartete Dreiecke im Raume abbildet. Durch geringfügige Abänderung des Vektors $\hat{\mathfrak{x}}_n$ zu einem Vektor $\tilde{\mathfrak{x}}_n$ in gewissen Eckpunkten läßt sich dieser Übelstand beheben.

Eine Teilfolge $\{\Sigma_{n_i}\}$ der Polyeder $\Sigma_n = \{\mathfrak{x} = \tilde{\mathfrak{x}}_n(u, v);\ (u, v) \in \bar{\Pi}_n\}$, die so ausgewählt ist, daß $\bar{\Pi}_{n_i} \subset \Pi_{n_{i+1}}$ gilt, liefert schließlich die gewünschte Approximation.

§ **34.** Es sei $S = \{\mathfrak{x} = \mathfrak{x}(u, v);\ (u, v) \in \bar{P}\}$ ein Polyeder mit einem Jordanbereich als Parametermenge. Auf Grund eines schon von H. A. Schwarz bewiesenen fundamentalen Satzes über die konforme Abbildung von Polyedern ([I], insbes. pp. 81–82, 139–140 des 2. Bandes; siehe auch L. Lichtenstein [5], pp. 263–267; O. Mengoni [1]; C. Carathéodory [II], insbes. pp. 98–102) existiert eine Darstellung von S, welche zusätzlich zu den in § 32 angeführten die folgenden Eigenschaften hat:

1. Der Parameterbereich ist der Einheitskreis $u^2 + v^2 \leqq 1$.
2. Die Seiten der krummlinigen Dreiecke δ_k sind (mit Einschluß ihrer Endpunkte) analytische Jordanbögen, und alle Innenwinkel sind größer als Null und kleiner als π.
3. Die Komponenten des Vektors $\mathfrak{x}(u, v)$ sind in jedem δ_k^0 analytische Funktionen, und es gilt dort $E = G$, $F = 0$, d. h. $\mathfrak{x}_u^2 = \mathfrak{x}_v^2$, $\mathfrak{x}_u \cdot \mathfrak{x}_v = 0$.

4. Drei verschiedene beliebig auf $u^2 + v^2 = 1$ vorgegebene Punkte p_1, p_2, p_3 werden auf drei verschiedene beliebig auf der Randkurve von S gewählte Punkte $\mathfrak{y}_1, \mathfrak{y}_2, \mathfrak{y}_3$ abgebildet.

Entsprechende Aussagen gelten für Polyeder, deren Parameterbereiche mehrfach zusammenhängend (oder von höherem topologischem Typ, siehe §§ 41, 42) sind. Bei einem ebenen zweifach zusammenhängenden Parameterbereich erhält man z. B. eine Darstellung des Polyeders mit den obigen Eigenschaften und einem Kreisring $0 < r^2 \leqq u^2 + v^2 \leqq 1$ als Parametermenge.

Während aber der Schwarzsche Satz durch Lösen endlich vieler Verschmelzungsaufgaben der Theorie der konformen Abbildung bewiesen werden kann, muß zum Beweis im allgemeinen Falle das schwerere Geschütz der Uniformisierungstheorie herangezogen werden.

§ 35. Einer brauchbaren Definition für den Inhalt einer Fläche ist bei weitem nicht so einfach beizukommen wie derjenigen für die Länge einer Kurve, und tatsächlich vorhandene Analogien mit den in §§ 14–16 angedeuteten Verhältnissen im eindimensionalen Falle liegen ganz und gar nicht auf der Hand. Die im vorigen Jahrhundert weitverbreitete Ansicht, daß die obere Grenze für die elementaren Inhalte der einer vernünftigen Fläche einbeschriebenen Polyeder endlich sei und daß sich der Inhalt einer Fläche folglich als obere Grenze der Inhalte der ihr einbeschriebenen Polyeder definieren lasse, ist von H. A. Schwarz im Jahre 1880 (und unabhängig 1882 von G. Peano) mit einem elementaren Beispiel widerlegt worden. Man sehe dazu H. A. Schwarz [I], pp. 309–311 und pp. 369–370 des 2. Bandes und G. Peano [1]. Der grundlegende Irrtum bestand wohl in der ungeprüften Annahme, die Ebene durch drei benachbarte Flächenpunkte habe beim Zusammenrücken der Punkte die Tangentialebene als Grenzlage.

H. A. Schwarz betrachtet das Stück eines Kreiszylindermantels $S = \{x = \cos 2\pi u,\ y = \sin 2\pi u,\ z = v;\ 0 \leqq u,\ v \leqq 1\}$ vom Flächeninhalt 2π. Für $m, n = 1, 2, \ldots$ sei Σ_{mn} das der Fläche S einbeschriebene Polyeder, dessen Eckpunkte Bilder der Punkte $\left\{\frac{\mu}{m}, \frac{\nu}{n}\right\}$ für $\mu = 0, 1, \ldots, m;\ \ \nu = 0, 1, \ldots, n$ und $\left\{\frac{2\mu+1}{2m}, \frac{2\nu+1}{2n}\right\}$ für $\mu = 0, 1, \ldots, m-1;\ \nu = 0, 1, \ldots, n-1$ sind. In Abb. 3 ist die Triangulierung des Parameterquadrates für Σ_{43} skizziert. Σ_{mn} besteht aus $4mn$ kongruenten gleichschenkligen Dreiecken, deren Grundlinie und Höhe die Längen $2\sin(\pi/m)$ bzw. $\sqrt{\frac{1}{4n^2} + \left(1 - \cos\frac{\pi}{m}\right)^2}$ haben.

Der Gesamtflächeninhalt von Σ_{mn} ist folglich

$$I_e(\Sigma_{mn}) = 4mn\sin\frac{\pi}{m}\sqrt{\frac{1}{4n^2} + 4\sin^4\frac{\pi}{2m}}.$$

Wenn man nun m und n derart nach Unendlich gehen läßt, daß der Quotient n/m^2 gegen eine Zahl $a \geqq 0$ konvergiert, so konvergiert der Flächeninhalt von Σ_{mn} gegen den Grenzwert $2\pi\sqrt{1 + \pi^4 a^2}$, für den man je nach Wahl von a jeden Wert $M \geqq 2\pi$ oder $M = \infty$ vorschreiben kann.

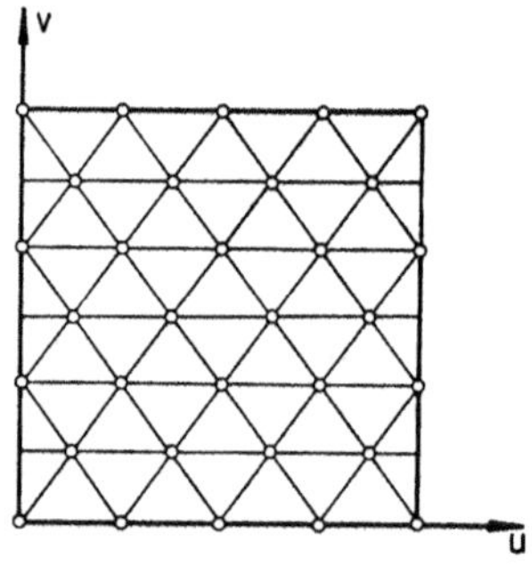

Abb. 3

M. Fréchet [2] hat später gezeigt, daß man bei der Schwarzschen Konstruktion den Zylindermantel selbst durch ein Polyeder ersetzen kann, so daß sich bei dem Gegenbeispiel für die approximierte und für die approximierenden Flächen derselbe elementare Inhaltsbegriff verwenden läßt.

Da die im vorigen Jahrhundert betrachteten Flächen aber stets reguläre Flächen waren, führte dieser Trugschluß hinsichtlich der Inhaltsdefinition allerdings nie auf falsche Resultate bei konkreten Inhaltsbestimmungen. Die Schwarzsche Entdeckung löste aber nun weitreichende Untersuchungen über Flächen und den Begriff des Flächeninhaltes aus, an welchen sich eine große Zahl erstrangiger Mathematiker beteiligte: A. S. Besicovitch, J. C. Burkill, H. Busemann, R. Caccioppoli, L. Cesari, E. De Giorgi, H. Federer, W. H. Fleming, M. Fréchet, Z. De Geöcze, C. Goffman, H. Lebesgue, E. J. McShane, C. B. Morrey, T. Radó, P. V. Reichelderfer, E. R. Reifenberg, A. G. Sigalov, E. Silverman, L. Tonelli, L. C. Young, W. H. Young, J. W. T. Youngs, um nur einige zu nennen. Von den vielen vorgeschlagenen Inhaltsdefinitionen haben sich vor allem zwei bewährt: Die von H. Lebesgue im vierten Kapitel seiner 1902 erschienenen Dissertation [2] des „Lebesgue-Inhaltes“ einer Fréchet-Fläche und das in Verallgemeinerung einer Carathéodoryschen Begriffsbildung 1919 von F. Hausdorff [1] entwickelte zweidimensionale Maß einer Punktmenge im Raum. Während wir dem Hausdorffschen Maß in einem speziellen Zusammenhang hauptsächlich in §§ 586–593 begegnen werden, ist für uns die Lebesguesche Inhaltsdefinition, welche sich schon an Hand des Schwarzschen Beispiels motivieren läßt, von besonderer Bedeutung:

Der Inhalt $I(S)$ *einer Fläche* S *ist die (endliche oder unendliche) untere Grenze des* $\liminf_{n\to\infty} I_e(\Sigma_n)$ *für alle Folgen von gegen* S *konvergierenden Polyedern* $\Sigma_n (n = 1, 2, \ldots)$.

Für hinreichend reguläre Flächen liefern beide Maße denselben Wert des Inhaltes; siehe H. Federer [3] und auch § 227. Für allgemeine Flächen liegen die Dinge verwickelter. Wenn bei der Fläche $S = \{T; P\}$ die Abbildung T der Parametermenge P auf die Punktmenge $[S]$ im Raume nicht eineindeutig ist, so muß man, um den Lebesgueschen Inhalt von S mit dem zweidimensionalen Hausdorffschen Maß von $[S]$ überhaupt vergleichen zu können, natürlich ähnlich wie in § 252 das „gewogene" zweidimensionale Maß $\lambda_2(A_1) + 2 \cdot \lambda_2(A_2) + 3 \cdot \lambda_2(A_3) + \cdots + \infty \cdot \lambda_2(A_\infty)$ einführen. Dabei bedeutet $A_n (n = 1, 2, \ldots)$ die Teilmenge derjenigen Punkte von $[S]$, welche Bildpunkte genau n verschiedener Punkte von P sind. Man sehe dazu A. S. Besicovitch [8], p. 19; E. R. Reifenberg [1], p. 688; H. Federer [3], p. 316. H. M. Reimann [1] hat das Beispiel einer Fläche gefunden, deren Ortsvektor zur Klasse $\mathfrak{M}$ gehört (siehe §§ 194–197), für welche jedoch der Lebesguesche Inhalt und das zweidimensionale Hausdorffsche Maß nicht übereinstimmen. Seine Konstruktion bedient sich einer ebenen Jordankurve positiven zweidimensionalen Maßes. Beispiele solcher Kurven sind von W. F. Osgood [1] und von J. R. Kline [1] angegeben worden.

§ 36. Aus der Lebesgueschen Definition ergeben sich unmittelbar zwei Folgerungen. Erstens: Zu jeder Fläche S existiert eine gegen diese Fläche konvergierende Folge von Polyedern $\{\Sigma_n\}$ derart, daß $I(S) = \lim_{n\to\infty} I_e(\Sigma_n)$ ist. Zweitens: Wenn $\{S_n\}$ eine gegen die Fläche S konvergierende Folge von Flächen ist, so gilt $I(S) \leqq \liminf_{n\to\infty} I(S_n)$. (Ähnlich wie in § 33 sagen wir dabei, eine Folge von Flächen $S_n = \{T_n; Q_n\}$ $(n = 1, 2, \ldots)$ konvergiere gegen eine Fläche $S = \{T; P\}$, wenn es eine Folge von Mengen $P_n (n = 1, 2, \ldots)$ mit den Eigenschaften: 1. P_n ist zu Q_n homöomorph, 2. $P_1 \subset P_2 \subset \cdots \subset P$, 3. Jeder Punkt von P^0 ist im Inneren P_n^0 eines der P_n enthalten, gibt, so daß $\lim_{n\to\infty} \|S[P_n], S_n\| = 0$ gilt.) Die letztere Eigenschaft wird als die Unterhalbstetigkeit des Flächeninhaltes bezeichnet.

Eine eingehende Erörterung der Theorie des Flächeninhaltes würde den Rahmen dieses Buches überschreiten. Wir verweisen den Leser auf die Lektüre der großen Lehrbücher von T. Radó [III] und von

L. Cesari [I] (weiter T. Radó [8] und Cesari [3]), in denen sich auch ausgiebige Literaturhinweise finden. Wir stellen hier nur folgendes fest: Der Lebesguesche Inhalt $I(\Sigma)$ eines Polyeders Σ stimmt, wie zu erwarten, mit seinem elementaren Inhalt $I_e(\Sigma)$ überein. Aus $\|S_1, S_2\| = 0$ folgt $I(S_1) = I(S_2)$. Wenn die Komponenten des Ortsvektors $\mathfrak{x}(u, v)$ der Fläche S im Inneren der Parametermenge P stetig differenzierbar sind, so kann der Flächeninhalt durch die klassische Formel der Differentialgeometrie

$$I(S) = \iint\limits_{P^0} |\mathfrak{x}_u \times \mathfrak{x}_v| \, du \, dv \tag{7}$$

ausgedrückt werden. Das Integral ist dabei als uneigentliches Integral im Sinne einer Ausschöpfung der Parametermenge von innen zu verstehen. Auf Grund berühmter Sätze von L. Tonelli ([I], pp. 432–455 des 1. Bandes – 1926, für nichtparametrische Flächen) und von C. B. Morrey [1], [2], [5] und E. J. McShane [2] (1933, für parametrische Flächen) trifft dasselbe auch zu, wenn die Fläche S lediglich der im Kapitel IV einzuführenden Klasse $\mathfrak{M}$ angehört; siehe §§ 224–227. Ein verwandtes Resultat stammt von A. S. Besicovitch [10].

§ 37. Im allgemeinen muß man der Formel (7) mit großer Vorsicht gegenübertreten, selbst wenn das in ihr auftretende Integral sinnvoll sein sollte. Wie J. W. T. Youngs in [2] gezeigt hat, besitzt beispielsweise *jede* Fläche $S = \{T; \bar{P}\}$, $\bar{P}$ die abgeschlossene Kreisscheibe $u^2 + v^2 \leqq 1$, eine Darstellung $\{\mathfrak{x} = \mathfrak{x}(u, v);\ (u, v) \in \bar{P}\}$, bei welcher die Komponenten des Vektorproduktes $\mathfrak{x}_u \times \mathfrak{x}_v$ fast überall in P existieren und summierbar sind, wo aber das Integral $\iint\limits_{P} |\mathfrak{x}_u \times \mathfrak{x}_v| \, du \, dv$ keineswegs den korrekten Wert des Flächeninhaltes $I(S)$, sondern den Wert Null liefert. In allgemeinen Fällen stößt man überhaupt auf überraschende Paradoxa, z. B. auf Flächen S verschwindenden Lebesgueschen Inhaltes, für welche jedoch das dreidimensionale Maß der Bildpunktmenge $[S]$ positiv ist. Für eine Fläche $S = \{T; P\}$ gilt eben definitionsgemäß die Beziehung $I(S) = I(S[P^0])$, aus welcher folgt, daß das Verhalten der Abbildung T auf der Randpunktmenge P^* für den Wert des Lebesgueschen Inhaltes von S ohne Bedeutung ist, selbst wenn P abgeschlossen ist und wenn die Bildpunktmenge von P^* unter der Abbildung T eine Menge positiven dreidimensionalen Maßes sein sollte. Diese Paradoxa sind nur scheinbar und liegen im Wesen der Sache – sie sind eine Folge der hier zugrunde liegenden Auffassung einer Fläche S als Parameterfläche, welche mit dem Begriff der Fläche als Punktmenge $[S]$ im Raume i. a. nichts gemein hat. (Man sehe aber z. B. das in § 227 erwähnte Resultat von A. S. Besicovitch und H. Federer.) Wir werden uns jedoch mit solchen Anomalien, welche freilich die ganzen einer

Definition des Flächenbegriffes und einer Theorie des Flächeninhaltes innewohnenden Komplexitäten deutlich machen, nicht weiter zu beschäftigen haben und verweisen den Leser lediglich noch auf A. S. Besicovitch [11].

§ 38. *Der Inhalt einer Fläche ist gegenüber Verschiebungen und Drehungen invariant.*

Damit ist folgendes gemeint: $\{\mathfrak{x} = \mathfrak{x}(u, v);\ (u, v) \in P\}$ sei eine Darstellung der Fläche S. $\mathfrak{a}$ sei ein konstanter Vektor und $\mathfrak{D}$ eine konstante orthogonale Matrix. Wir setzen $\hat{\mathfrak{x}}(u, v) = \mathfrak{a} + \mathfrak{D}\,\mathfrak{x}(u, v)$ und betrachten die Fläche $\hat{S} = \{\mathfrak{x} = \hat{\mathfrak{x}}(u, v);\ (u, v) \in P\}$. Dann gilt $I(\hat{S}) = I(S)$.

Beweis: Es sei $\{\Sigma_n\}$ eine Folge von gegen S konvergierender Polyeder mit der Eigenschaft, daß $I(S) = \lim\limits_{n\to\infty} I_e(\Sigma_n)$ ist. Die aus den Σ_n genauso wie $\hat{S}$ aus S gewonnenen Polyeder $\hat{\Sigma}_n$ konvergieren gegen $\hat{S}$; es gilt auch $I_e(\hat{\Sigma}_n) = I_e(\Sigma_n)$. Daher wird

$$I(\hat{S}) \leqq \lim_{n\to\infty} I_e(\hat{\Sigma}_n) = \lim_{n\to\infty} I_e(\Sigma_n) = I(S).$$

Wegen $\mathfrak{x}(u, v) = -\mathfrak{D}^{-1}\,\mathfrak{a} + \mathfrak{D}^{-1}\,\hat{\mathfrak{x}}(u, v)$ steht S zu $\hat{S}$ in entsprechender Beziehung wie $\hat{S}$ zu S. Eine zu der obigen analoge Schlußweise ergibt also $I(S) \leqq I(\hat{S})$, w. z. b. w.

§ 39. Obwohl bei der in § 35 gegebenen Inhaltsdefinition die approximierenden Polyeder keiner Einschränkung hinsichtlich ihres topologischen Types unterliegen, hätte man in vielen konkreten Fällen ohne weiteres gewisse diesbezügliche Verfügungen treffen können, ohne daß dadurch der Wert für den Flächeninhalt beeinflußt worden wäre. Wir wollen hier etwa zeigen, daß man sich bei der Bestimmung des Inhaltes einer Fläche vom Typ der Kreisscheibe (siehe § 42) auf deren Approximation durch ebensolche Polyeder, d. h. durch Polyeder mit Jordanbereichen als Parametermenge, beschränken kann.

Es sei also $\Sigma_n = \{T_n; \Pi_n\} = \{\mathfrak{x} = \mathfrak{z}_n(\alpha, \beta);\ (\alpha, \beta) \in \bar{\Pi}_n\}$ eine Folge von Polyedern, welche die Fläche $S = \{T; \bar{P}\}$, $\bar{P} = \{u, v;\ u^2 + v^2 \leqq 1\}$, im Sinne der §§ 33, 35 so approximieren, daß $\| S[P_n], \Sigma_n \| < 1/n$ und $I_e(\Sigma_n) < I(S) + 1/n$ gilt. (Wegen der Unterhalbstetigkeit des Flächeninhaltes dürfen wir von vornherein $I(S) < \infty$ annehmen). Zu jedem $n = 1, 2, \ldots$ gibt es dann einen Homöomorphismus $\tau_n : \alpha = \alpha_n(u, v)$, $\beta = \beta_n(u, v)$ zwischen P_n und $\bar{\Pi}_n$, so daß $|\mathfrak{x}(u, v) - \mathfrak{z}_n(\alpha_n(u, v), \beta_n(u, v))| < 2/n$ ist für $(u, v) \in P_n$. Für $m = 2, 3, \ldots$ sei $P^{(m)}$ die Kreisscheibe $P^{(m)} = \{u, v;\ u^2 + v^2 < (1 - 1/m)^2\}$. Bei festem m gibt es dann eine kleinste Zahl $N = N(m) \geqq m$ mit der Eigenschaft, daß $\bar{P}^{(m+1)} \subset P_n^0$ ist für $n = N(m)$. Mit $Q^{(m)}$ und $Q^{(m+1)}$ bezeichnen wir die Bilder von $\bar{P}^{(m)}$ bzw. $\bar{P}^{(m+1)}$ unter dem Homöomorphismus $\tau_{N(m)}$. $Q^{(m)}$ und $Q^{(m+1)}$

sind in $\Pi_{N(m)}$ enthaltene Jordanbereiche. Wir verfeinern nun die (krummlinige) Triangulierung von $\bar{\Pi}_{N(m)}$ hinreichend – eine solche Verfeinerung wird durch geradlinige Unterteilung der Dreiecksflächen Δ_k des Polyeders $\Sigma_{N(m)}$ in hinreichend kleine Dreiecke induziert –, so daß wir als Vereinigungsmenge gewisser der Dreiecke δ_k der verfeinerten Triangulierung von $\bar{\Pi}_{N(m)}$ einen zwischen $Q^{(m)}$ und $Q^{(m+1)}$ gelegenen Jordanbereich $\Pi^{(m)}$ erhalten können. P'_m sei das Bild von $\Pi^{(m)}$ unter der topologischen Abbildung $\tau_{N(m)}$. Für die Folge der Polyeder $\Sigma'_m = \{T_{N(m)}; \Pi^{(m)}\}$ $(m = 2, 3, \ldots)$ gilt dann $\|S[P'_m], \Sigma'_m\| < 2/N(m) \leqq 2/m$, d. h. wegen $\bar{P}^{(m)} \subset P'_m \subset \bar{P}$ konvergieren die Σ'_m im Sinne des § 33 gegen S. Aus $I_e(\Sigma'_m) \leqq I_e(\Sigma_{N(m)}) < I(S) + 1/N(m) < I(S) + 1/m$ folgt nun unsere Behauptung.

§ 40. Einer Fläche werden ungeachtet ihrer Erscheinung als Punktmenge im Raum die topologischen Eigenschaften der Parametermenge zugeschrieben. Diese Vereinbarung ist in der Tat für den Begriff einer Parameterfläche kennzeichnend: Die Parameterwerte definieren die Flächenpunkte. So ist z. B. die durch die Abbildung

$$\{x = \operatorname{Cof} u \cos v,\ y = \operatorname{Cof} u \sin v,\ z = u;\ u^2 + v^2 < \infty\}$$

definierte Fläche S_1 einfach zusammenhängend, während die durch die Abbildung

$$\left\{x = \frac{1 + u^2 + v^2}{2(u^2 + v^2)}\,u,\ y = \frac{1 + u^2 + v^2}{2(u^2 + v^2)}\,v,\ z = \frac{1}{2}\log(u^2 + v^2);\right.$$
$$\left. 0 < u^2 + v^2 < \infty\right\}$$

definierte Fläche S_2 zweifach zusammenhängend ist. Als Punktmengen im Raum betrachtet definieren beide dieselbe Fläche, nämlich die Kettenfläche $\sqrt{x^2 + y^2} = \operatorname{Cof} z$. Die zweite Abbildung liefert eine global eineindeutige Beziehung. Die erste Abbildung dagegen bewirkt eine unendliche Überlagerung, bei welcher jeder Streifen $2n\pi \leqq v < 2(n + 1)\pi$ der (u, v)-Ebene umkehrbar eindeutig auf das Katenoid bezogen ist.

Um diese dem Begriff der Parameterfläche innewohnende Vagheit zu differenzieren, ohne jedoch gleichzeitig Selbstschneidungen der Fläche zurückzuweisen, werden wir sagen, daß der Fläche S eine topologische Eigenschaft ihrer Parametermenge echt zukomme, wenn die Abbildung T von P auf die Punktmenge $[S]$ die folgenden anschaulich einleuchtenden Bedingungen erfüllt:

1. Jeder Punkt (u_0, v_0) von P hat eine Umgebung $U_0 \subset P$, welche von T topologisch auf eine den Bildpunkt $\mathfrak{x}(u_0, v_0)$ enthaltende Teilmenge von $[S]$ abgebildet wird.

2. Wenn zwei verschiedene Punkte (u_1, v_1) und (u_2, v_2) aus P mit zugehörigen Umgebungen U_1 und U_2 denselben Bildpunkt im Raume haben, so soll keine Umgebung $U_1' \subset U_1$ von (u_1, v_1) ganz im Bilde von U_2 und keine Umgebung $U_2' \subset U_2$ von (u_2, v_2) ganz im Bilde von U_1 enthalten sein.

Diese Bedingungen sind insbes. dann erfüllt, wenn die Fläche S in den Raum eingebettet ist, d. h., wenn die Zuordnung zwischen den Punkten der Parametermenge P und den Punkten der Menge $[S]$ eineindeutig ist.

In diesem Sinne ist die obige Fläche echt von zweifachem Zusammenhang.

§ 41. Die in § 31 gegebene Definition einer Fläche ist für unsere Zwecke meistens allgemein genug. In gewissen Situationen wird man aber die Parametermenge durch eine abstrakte (hinreichend oft differenzierbare) Fläche P ohne (oder mit) Rand zu ersetzen haben. Damit ist folgendes gemeint: P soll ein zusammenhängender Hausdorffscher Raum, ausgestattet mit einer abzählbaren Überdeckung durch offene Mengen O und diesen zugehörigen Abbildungen μ, der folgenden Art sein:

1. O wird durch μ topologisch auf die Einheitskreisscheibe $|w| < 1$ einer komplexen w-Ebene abgebildet.

2. Gehört ein Punkt p von P zu zwei Mengen O und O' mit den zugehörigen Abbildungen μ und μ', dann haben die zusammengesetzten Abbildungen $w' = \mu' \mu^{-1}(w)$ (d. h. $u' = u'(u, v)$, $v' = v'(u, v)$) und $w = \mu \mu'^{-1}$ (d. h. $u = u(u', v')$, $v = v(u', v')$) – die sog. Nachbarrelationen – in $\mu(O \cap O')$ bzw. $\mu'(O \cap O')$ stetige Ableitungen einer vorgeschriebenen Ordnung. Dann gilt auch $\partial(u', v')/\partial(u, v) \neq 0$ bzw. $\partial(u, v)/\partial(u', v') \neq 0$.

Wenn P orientierbar ist, kann man es so einrichten, daß alle Nachbarrelationen eine positive Funktionaldeterminante besitzen. Sozusagen um auszudrücken, daß P unsere Welt ist, nennt man auch jedes Paar (O, μ) eine Karte und die Gesamtheit aller Karten einen Atlas der abstrakten Fläche P.

Eine offene oder unberandete Fläche $S = \{T; P\}$ ist dann die durch einen reellwertigen, nicht identisch konstanten Vektor $\mathfrak{x}$ vermittelte Abbildung von P in den dreidimensionalen Raum mit der Eigenschaft, daß, wenn O eine Menge der Überdeckung von P und μ die zugehörige Abbildung auf die Parameterumgebung $|w| < 1$ sind, die Komponenten des Vektors $\mathfrak{x}(u, v) = T\mu^{-1}(w)$ in $\mu(O)$ stetig ausfallen. In dieser Weise erscheint die Fläche S aus Flächenstücken $\tilde{S} = \{T\mu^{-1}; \mu(O)\}$ der in § 31 besprochenen Art zusammengesetzt. Wir nennen u und v auch lokale Koordinaten. Wenn der Durchschnitt zweier Mengen O und O' nicht leer ist, so werden dabei durch $\{T\mu^{-1};\ \mu(O \cap O')\}$ und $\{T\mu'^{-1};\ \mu'(O \cap O')\}$ zwei Darstellungen derselben Fläche gegeben.

Bei einer orientierbaren Parameterfläche läßt sich der Begriff einer orientierten Fläche ähnlich wie in § 13 erklären.

Im Falle einer berandeten Parameterfläche werden gewisse Mengen der Überdeckung von P auf die relativ zur Halbebene $v \geqq 0$ offene Halbkreisscheibe $\{w;\ |w| < 1,\ v \geqq 0\}$ abgebildet. Die Urbilder der Punkte mit positiver Ordinate sind innere Punkte von P; die Urbilder der Punkte des Durchmessers sind Punkte des Randes von P, den wir i. a. aus endlich vielen Komponenten, den Randkurven oder Konturen, bestehend annehmen, und ihre Bilder unter der Abbildung T definieren Randpunkte der Fläche S.

Der Begriff eines Polyeders läßt sich sinngemäß auf die hier besprochene allgemeinere Situation übertragen.

§ 42. Der topologische Typ $\mathfrak{T}[S]$ einer von endlich vielen Kurven berandeten Fläche mit kompakter Parametermenge bzw. -fläche ist durch die folgenden drei Angaben hinsichtlich ihrer Parameterfläche festgelegt: Orientierbarkeitscharakter ε ($\varepsilon = +1$ bedeutet Orientierbarkeit, $\varepsilon = -1$ Nichtorientierbarkeit), Anzahl r der Randkurven oder Konturen, Eulersche Charakteristik χ. χ ist die Zahl $\alpha_2 - \alpha_1 + \alpha_0$, wo α_0 die Anzahl der Ecken, α_1 die Anzahl der Kanten und α_2 die Anzahl der Dreiecke in einer regulären Triangulierung der Parameterfläche im Sinne der kombinatorischen Topologie bedeuten. Wir schreiben auch $\mathfrak{T}[S] = [\varepsilon, r, \chi]$ und sprechen allgemein von einem endlichen topologischen Typ. Von zwei Flächen mit denselben Randkurven schreiben wir derjenigen den höheren topologischen Typ zu, für welche der Wert $-\chi$ größer ist.

Das Geschlecht g einer orientierbaren Fläche ist durch die Beziehung $\chi = 2 - 2g - r$ definiert, das Geschlecht p einer nichtorientierbaren Fläche durch $\chi = 2 - p - r$. Die Zahl $h = 2 - \chi$ wird als Zusammenhangszahl der (orientierbaren oder nicht-orientierbaren) Fläche bezeichnet. Wegen der vorstehenden Begriffe sehe man B. v. Kerékjártó [I].

Im allgemeinen denken wir uns die Parameterfläche in einer der klassischen Normalformen (Kreisbereich, Schlitzbereich, Schlitzbereich mit Identifikation gewisser Ufer, Kugel mit Löchern und aufgesetzten Henkeln oder Kreuzhauben usw.) vorgelegt. Der Kürze halber ist es dann oft üblich, die Fläche S mit einem Stichwort durch die topologischen Eigenschaften ihrer Parameterfläche zu kennzeichnen. So sprechen wir von einer Fläche vom Typ der Kreisscheibe ($\mathfrak{T}[S] = [1, 1, 1]$), einer Fläche vom Typ des Kreisringes ($\mathfrak{T}[S] = [1, 2, 0]$) und allgemeiner

einer Fläche vom Typ eines schlichtartigen k-fach zusammenhängenden Bereiches ($\mathfrak{T}[S] = [1, k, 2 - k]$), weiter einer Fläche vom Typ der Kreisscheibe mit g Henkeln – oder auch vom Typ des Torus mit einem Loch für $g = 1$, vom Typ der Brezel mit einem Loch für $g = 2$ usw. – ($\mathfrak{T}[S] = [1, 1, 1 - 2g]$), von einer Fläche vom Typ des Möbiusbandes ($\mathfrak{T}[S] = [-1, 1, 0]$) usw.

In ähnlicher Weise sind im Falle einer unberandeten Parameterfläche der topologische Typ $\mathfrak{T}[S]$ sowie die Bezeichnungen „Fläche vom Typ der offenen Kreisscheibe“, „Fläche vom Typ des offenen Kreisringes“ usw. zu verstehen. Das Geschlecht bzw. die Zusammenhangszahl einer offenen Fläche sind als Grenzwerte der entsprechenden Größen g bzw. h bei einer monotonen Ausschöpfung der Parameterfläche durch kompakte berandete Flächen definiert.

Durch Herausnahme von r verschiedenen Punkten aus einer kompakten Fläche vom Typ $[1, 0, \chi]$ erhält man beispielsweise eine offene Fläche vom Typ $[1, r, \chi - r]$. Das Geschlecht g ist für beide Flächen dieselbe Zahl.

§ 43. Es ist durchaus möglich, daß in ein gegebenes System von punktfremden Jordankurven im Raum Flächen verschiedenen topologischen Typs gespannt werden können. Ein Beispiel dafür ist in Abb. 4 gegeben, wo eine Jordankurve orientierbare Flächen verschiedener Charakteristik berandet.

Wir können uns die Kurve a dieses Beispiels auf einem Torus verlaufend vorstellen; siehe Abb. 55.

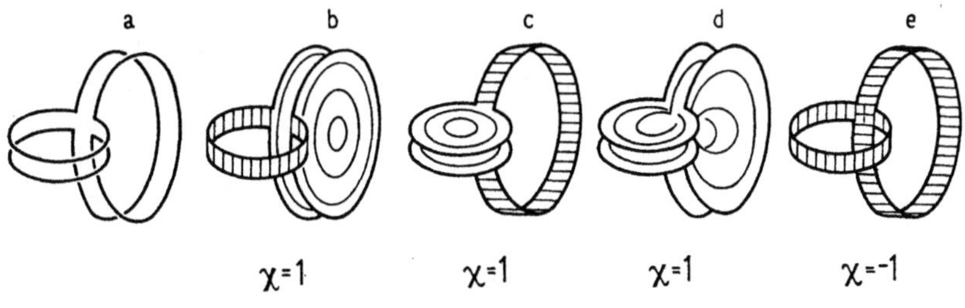

Abb. 4

§ 44. Die durch den Vektor $\mathfrak{x}(u, v)$ vermittelte Abbildung T wird i. a. nicht einmal im Kleinen eineindeutig sein. Man muß sich vielmehr darauf gefaßt machen, daß Flächen, als Punktmengen im Raume betrachtet, nicht immer so aussehen, wie man es sich vielleicht wünschen möchte. So wird der Parameterbereich z. B. durch die Gleichungen $x = h(u, v)$, $y = h(u, v)$, $z = h(u, v)$ in eine einzige Gerade abgebildet.

Ein folgenreicheres und weniger triviales Beispiel geht auf H. Lebesgue zurück. Die Funktionen

$$\begin{cases} x = 0, & y = 0, \qquad z = (1 - 4\varrho^2)^n; \quad 0 \leqq \varrho \leqq \tfrac{1}{2} \\ x = 2^n(\varrho - \tfrac{1}{2})^n \cos\vartheta, & y = 2^n(\varrho - \tfrac{1}{2})^n \sin\vartheta, \quad z = 0; \quad \tfrac{1}{2} \leqq \varrho \leqq 1, \end{cases}$$

bei denen (ϱ, ϑ) Polarkoordinaten in der (u, v)-Ebene bedeuten, bilden den Einheitskreis der (u, v)-Ebene auf eine Punktmenge im Raume ab, welche aus der Kreisscheibe $\{x^2 + y^2 \leqq 1,\ z = 0\}$ und dem in ihrer Mitte herausragenden Dorn oder Haar oder, wie wir später sagen werden, Auswuchs $\{x = y = 0,\ 0 \leqq z \leqq 1\}$ besteht. Dabei sind die Funktionen $x(u, v)$, $y(u, v)$, $z(u, v)$ in $u^2 + v^2 \leqq 1$ sogar $(n - 1)$-mal stetig differenzierbar. Für den Flächeninhalt, welcher sich nach dem in § 36 Gesagten mit Hilfe der klassischen Integralformel berechnen läßt, findet man den Wert π. Das ist der kleinstmögliche Wert für den Inhalt einer in die Kreislinie $\{x^2 + y^2 = 1, z = 0\}$ eingespannten Fläche vom Typ der Kreisscheibe; und doch ist die hier vorgelegte Fläche vom Einheitskreis verschieden, welcher ja auch den Flächeninhalt π besitzt.

In ähnlicher Weise kann man jede vorgegebene Fläche S durch Aufsetzen einer, endlich vieler oder sogar unendlich vieler derartiger Borsten verunstalten, ohne daß sich bei dieser Modifikation der Flächeninhalt änderte.

§ 45. Ähnlich wie in § 24 sagen wir, daß die Fläche S eine BS-Bedingung mit der Konstanten $c > 0$ erfülle, wenn es eine Zahl $\varepsilon > 0$ derart gibt, daß zwei beliebige Punkte $\mathfrak{x}_1$ und $\mathfrak{x}_2$ von S im Abstand $|\mathfrak{x}_2 - \mathfrak{x}_1| < \varepsilon$ stets auf S durch eine Kurve verbunden werden können, deren Länge kleiner als $(1 + c)\,|\mathfrak{x}_2 - \mathfrak{x}_1|$ ist.

Das Beispiel einer keiner BS-Bedingung genügenden Fläche erhalten wir wie folgt. Wir denken uns die (x, y)-Ebene als Berandung des Halbraumes $z < 0$ und kerben nun aus diesem Halbraum längs der Kurve $y = f(x) = \mathfrak{Tan}\, x$ eine Furche aus. Die in der (x, y)-Ebene gelegenen Ränder dieser Furche seien durch die Kurven $y = f_1(x) = f(x) - a\,e^{-x^2}$ und $y = f_2(x) = f(x) + a\,e^{-x^2}$ gegeben, und in jeder Ebene $x = x_0$ sei ihr Querschnitt ein Trapez mit den Eckpunkten $(x_0, f_1(x_0), 0)$, $(x_0, f_1(x_0) - b\,e^{-c|x_0|}, -d\,e^{-c|x_0|})$, $(x_0, f_2(x_0) + b\,e^{-c|x_0|}, -d\,e^{-c|x_0|})$, $(x_0, f_2(x_0), 0)$. Dabei sind a, b, c, d positive Konstanten. Mit S bezeichnen wir die Oberfläche des so gefurchten Halbraumes.

Der räumliche Abstand der zwei Punkte $(x, f_1(x), 0)$ und $(x, f_2(x), 0)$ auf S ist $2a\,e^{-x^2}$. Jede die Punkte auf S verbindende Kurve hat aber etwa die Länge $2a\,e^{-x^2} + 2\left(b + \sqrt{b^2 + d^2}\right) e^{-c|x|}$. Da der Quotient dieser beiden Entfernungen mit $|x| \to \infty$ nach Unendlich geht, kann die Fläche S keine BS-Bedingung erfüllen.

Wenn man jetzt den über dem Streifen $|y| < 2$ liegenden Teil von S um einen Zylinder, etwa den Kreiszylinder $x^2 + (z + 1)^2 = 1$, herumwickelt, so erhält man bei geeigneter Wahl der Konstanten a, b, c, d auch eine geschlossene Fläche mit einer spiralförmigen Furche. Auch diese Fläche genügt keiner BS-Bedingung.

§ 46. Wenn S eine im Raume eingebettete geschlossene (d. h. kompakte) reguläre Fläche der Klasse C^1 ist (siehe §§ 47, 54), dann erfüllt S eine BS-Bedingung mit jeder positiven Konstanten c. Auch viele unbeschränkte Flächen der Klasse C^1 haben diese Eigenschaft. Weiterhin gilt der Satz:

Jede beschränkte konvexe Fläche, d. h. die Berandung jeder beschränkten konvexen Menge (mit inneren Punkten) genügt einer BS-Bedingung.

Beweis: Bekanntlich (siehe z. B. H. Busemann [I], pp. 6–7 oder C. B. Morrey [I], p. 20) gibt es zu einer konvexen Fläche zwei positive Zahlen r und M mit den folgenden Eigenschaften. Ein beliebiger Punkt der Fläche S besitzt auf dieser eine Umgebung, welche in einem geeigneten Koordinatensystem in der Form $\{z = f(x, y);\ x^2 + y^2 < r^2\}$ dargestellt werden kann. Der fragliche Punkt liegt dabei im Ursprung, und es gilt $f(0, 0) = 0$, $f(x, y) \geqq 0$. Die Funktion $f(x, y)$ ist stetig in $x^2 + y^2 < r^2$ und genügt dort einer Lipschitzbedingung mit der Konstanten M.

Wir wählen $\varepsilon = r$ und betrachten zwei Punkte $\mathfrak{x}_1$ und $\mathfrak{x}_2$ auf S, beziehen uns aber sogleich auf ein Koordinatensystem, in welchem auf den ersten Punkt die eben gemachten Aussagen zutreffen und wo der zweite Punkt die Koordinaten $(x_2, 0, f(x_2, 0))$ besitzt, wobei $0 < x_2 < r$ ist. Da die Funktion $f(x, y)$ Lipschitzstetig ist, gilt für die Länge der die Punkte $\mathfrak{x}_1$ und $\mathfrak{x}_2$ auf S verbindenden Kurve $\{x = t,\ y = 0,\ z = f(t, 0); 0 \leqq t \leqq x_2\}$

$$\int_0^{x_2} \sqrt{1 + f_x^2(x, 0)}\, dx \leqq x_2 \sqrt{1 + M^2}.$$

Andererseits ist $|\mathfrak{x}_2 - \mathfrak{x}_1| = \sqrt{x_2^2 + f^2(x_2, 0)} \geqq x_2$. Man erkennt also, daß die Fläche S einer BS-Bedingung mit der Konstanten $\sqrt{1 + M^2}$ genügt.

3. *Differentialgeometrische Flächen*

§ 47. Durch zusätzliche Forderungen kann man es erzwingen, daß eine Fläche wenigstens lokal die der Anschauung vorschwebende Gestalt hat. Selbstdurchdringungen, Selbstberührungen, Überlagerungen und gewisse andere unerwartete Eigentümlichkeiten sind damit noch nicht ausgeschlossen. Man gelangt in dieser Weise zu dem der Differentialgeometrie und vielen Zweigen der Analysis zugrunde liegenden Begriff einer Fläche.

Die Fläche S wird eine differentialgeometrische Fläche der Klasse C^m bzw. eine analytische differentialgeometrische Fläche genannt, wenn sie eine den folgenden zwei Bedingungen genügende Darstellung $\{\mathfrak{x} = \mathfrak{x}(u, v);\ (u, v) \in P\}$ – eine reguläre Darstellung – besitzt:

1. Die Komponenten des Ortsvektors $\mathfrak{x}(u, v)$ sind in P^0 m-mal stetig differenzierbar ($m \geqq 2$) bzw. analytisch.

2. In allen Punkten von P^0 ist die Regularitätsforderung $\mathfrak{x}_u \times \mathfrak{x}_v \neq \mathfrak{o}$, welche die Existenz der Tangentialebene sicherstellt, erfüllt.

Fortan arbeiten wir mit einer solchen regulären Darstellung. Der Einheitsvektor $\mathfrak{X}(u, v) = |\mathfrak{x}_u \times \mathfrak{x}_v|^{-1} (\mathfrak{x}_u \times \mathfrak{x}_v)$ heißt der Normalenvektor der Fläche. Seine Komponenten werden mit $X(u, v)$, $Y(u, v)$ und $Z(u, v)$ bezeichnet.

§ 48. Eine Abbildung der in § 47 beschriebenen Art ist lokal ein Homöomorphismus. In der Tat! Wegen $\mathfrak{x}_u \times \mathfrak{x}_v \neq \mathfrak{o}$ können nicht alle drei Funktionaldeterminanten $\partial(x, y)/\partial(u, v)$, $\partial(y, z)/\partial(u, v)$ und $\partial(z, x)/\partial(u, v)$ gleichzeitig verschwinden. In einem inneren Punkte (u_0, v_0) von P, und daher in einer ganzen Umgebung dieses Punktes, sei etwa $\partial(x, y)/\partial(u, v) \neq 0$. Dann gibt es eine (möglicherweise kleinere) Umgebung U von (u_0, v_0), welche umkehrbar eindeutig auf ein Gebiet der (x, y)-Ebene abgebildet wird, wobei die diese Abbildung vermittelnden Funktionen in beiden Richtungen m-mal stetig differenzierbar sind. In diesem Gebiet erscheint dann z als eine Funktion von x und y der Differenzierbarkeitsklasse C^m. Daraus ersieht man, daß verschiedene Punkte der Umgebung U auf verschiedene Punkte im Raume abgebildet werden.

Auf Grund dieser Eigenschaft der Abbildung T werden wir, ohne Verwirrungen befürchten zu müssen, besonders wenn es sich um lokale Fragen handelt, eine differentialgeometrische Fläche gelegentlich auch als Punktmenge im Raume auffassen.

§ 49. Gegeben sei eine differentialgeometrische Fläche $S = \{\mathfrak{x} = \mathfrak{x}(u, v);\ (u, v) \in P\}$. Eine topologische Abbildung $u = u(u', v')$, $v = v(u', v')$ der Parametermenge P auf eine Menge P' einer (u', v')-Ebene heißt eine zulässige Parametertransformation, wenn sowohl die Funktionen $u(u', v')$ und $v(u', v')$ als auch ihre Umkehrfunktionen $u'(u, v)$ und $v'(u, v)$ im Inneren ihrer Definitionsbereiche die Regularitätseigenschaften des Ortsvektors $\mathfrak{x}(u, v)$ besitzen, d. h. m-mal stetig differenzierbar bzw. analytisch sind, und wenn die Funktionaldeterminanten $\partial(u, v)/\partial(u', v')$ und $\partial(u', v')/\partial(u, v)$ nicht verschwinden. Die durch den Vektor $\mathfrak{x}'(u', v') = \mathfrak{x}(u(u', v'), v(u', v'))$ vermittelte Abbildung von P' ist dann eine andere die Bedingungen des § 47 befriedigende Darstellung derselben Fläche S. Die Regularitätsbedingung ist wegen $\mathfrak{x}_{u'} \times \mathfrak{x}_{v'} = \dfrac{\partial(u, v)}{\partial(u', v')} (\mathfrak{x}_u \times \mathfrak{x}_v) \neq \mathfrak{o}$ erfüllt.

§ 50. Die in § 47 gegebene Definition einer differentialgeometrischen Fläche erstreckt sich ohne Schwierigkeit auch auf den in § 41 erörterten allgemeinen Fall, in welchem die ebene Parametermenge durch eine abstrakte Fläche zu ersetzen ist. Wir verlangen einfach, daß für jede Menge O die Komponenten des Vektors $\mathfrak{x}(u, v) = T\mu^{-1}(w)$ in allen inneren Punkten von $\mu(O)$ m-mal stetig differenzierbar bzw. analytisch sind und daß dort $\mathfrak{x}_u \times \mathfrak{x}_v \neq \mathfrak{o}$ gilt. (Wir nehmen dabei an, daß die Parameterfläche mindestens die Differenzierbarkeitsklasse der differentialgeometrischen Fläche besitzt.) Wenn O und O' zwei Mengen der Überdeckung mit nicht-leerem Durchschnitt sind, so stellt $w' = \mu'\mu^{-1}(w)$ eine zulässige Parametertransformation zwischen $\mu(O \cap O')$ und $\mu'(O \cap O')$ dar.

§ 51. Die lokal definierte erste Grundform $ds^2 = E(u, v)\,du^2 + 2F(u, v)\,du\,dv + G(u, v)\,dv^2$, wo $E = \mathfrak{x}_u^2$, $F = \mathfrak{x}_u \cdot \mathfrak{x}_v$, $G = \mathfrak{x}_v^2$, ist gegenüber zulässigen Parametertransformationen invariant: Wenn zwei lokale Koordinatensysteme u, v und u', v', in einem Punkte von P^0 übereinandergreifen und E, F, G bzw. E', F', G' die zugehörigen Koeffizienten der ersten Grundform sind, so gilt $E\,du^2 + 2F\,du\,dv + G\,dv^2 = E'\,du'^2 + 2F'\,du'\,dv' + G'\,dv'^2$. Man kann daher die Länge einer durch eine Abbildung $\{p = p(t);\ a \leqq t \leqq b\}$ eines t-Intervalls in die Parametermenge auf S definierten Kurve, bei welcher $w(t) = \mu(p(t))$ in jedem lokalen Koordinatensystem stetig differenzierbar oder zumindest absolut stetig sein soll, unabhängig vom Koordinatensystem als Integral über die Wurzel der ersten Grundform definieren.

Für den Normalenvektor hat man bei der obigen Transformation $\mathfrak{X}' = \pm\mathfrak{X}$, je nachdem ob die Funktionaldeterminante $\partial(u', v')/\partial(u, v)$ größer oder kleiner als Null ist. Die mittlere Krümmung transformiert sich gemäß $H' = \pm H$, so daß jedenfalls die Beziehung $H = 0$ bezüglich zulässigen Parametertransformationen invariante Bedeutung hat. Die Gaußsche Krümmung ist invariant: $K' = K$.

Auf Grund des Zusammenhanges $2H = \varkappa_1 + \varkappa_2$, $K = \varkappa_1\varkappa_2$ mit den Hauptkrümmungen ist die Ungleichung $H^2 - K \geqq 0$ stets erfüllt. Gleichheit in dieser kennzeichnet die Nabelpunkte, in denen $\varkappa_1 = \varkappa_2$ ist. In einem Nabelpunkte sind erste und zweite Grundform einander proportional: $L = \varrho E$, $M = \varrho F$, $N = \varrho G\ (0 \leqq \varrho < \infty)$.

Die Ableitungen des Normalenvektors sind mit den Ableitungen des Ortsvektors durch die Weingartenschen Formeln

$$(8)\qquad \begin{aligned} \mathfrak{X}_u &= \frac{1}{W^2}\{(FM - GL)\,\mathfrak{x}_u + (FL - EM)\,\mathfrak{x}_v\} \\ \mathfrak{X}_v &= \frac{1}{W^2}\{(FN - GM)\,\mathfrak{x}_u + (FM - EN)\,\mathfrak{x}_v\} \end{aligned}$$

verknüpft. W^2 steht dabei als Abkürzung für die Diskriminante $EG - F^2 = |\mathfrak{x}_u \times \mathfrak{x}_v|^2$. Aus den Weingartenschen Formeln folgen die Beziehungen

$$(9)\qquad e \equiv \mathfrak{X}_u^2 = 2HL - KE, \quad f \equiv \mathfrak{X}_u \cdot \mathfrak{X}_v = 2HM - KF, \quad g \equiv \mathfrak{X}_v^2 = 2HN - KG,$$

welche man mit den Abkürzungen I, II und III für die erste, zweite und dritte Grundform der Fläche oft auch symbolisch in der Form $\mathrm{III} - 2H\,\mathrm{II} + K\,\mathrm{I} = 0$ schreibt.

§ 52. Auf Grund des in § 48 Gesagten kann man sich für alle lokalen Untersuchungen einer differentialgeometrischen Fläche einer nichtparametrischen Darstellung bedienen. Das ist ein ausgiebig benutzter Kunstgriff. Wenn die Fläche in der Darstellung $\{z = z(x, y);\ (x, y) \in P\}$ vorliegt, so findet man für ihre mittlere Krümmung den Ausdruck

$$(10)\qquad H = \frac{(1 + q^2)\,r - 2p\,q\,s + (1 + p^2)\,t}{2\sqrt{1 + p^2 + q^2}^{\,3}}.$$

Dabei sind die üblichen Abkürzungen p, q, r, s, t für $z_x, z_y, z_{xx}, z_{xy}, z_{yy}$ benutzt.

Es ist überhaupt so, daß spezielle Darstellungen einer Fläche, bei welchen die Parametermenge oder die Koeffizienten der ersten oder zweiten Grundform oder alle zusammen eine einfache Gestalt annehmen, zur Entscheidung vieler Fragen besonders vorteilhaft sind. Wenn $E = G$, $F = 0$ ist, so spricht man von einer konformen oder isothermen Darstellung oder einer Darstellung durch isotherme Parameter, wenn $F = M = 0$ ist, von einer Darstellung durch Krümmungslinienparameter, wenn $L = N = 0$ ist, von einer Darstellung durch Asymptotenlinienparameter usw. Bei der Benutzung von isothermen Parametern vereinfachen sich die Ausdrücke für mittlere und Gaußsche Krümmungen zu

$$(11)\qquad H = \frac{L + N}{2E}, \quad K = \frac{LN - M^2}{E^2} = -\frac{1}{2E}\Delta \log E.$$

Die Weingartenschen Formeln (8) reduzieren sich auf

$$(12)\qquad \mathfrak{X}_u = -\frac{L}{E}\mathfrak{x}_u - \frac{M}{E}\mathfrak{x}_v, \quad \mathfrak{X}_v = -\frac{M}{E}\mathfrak{x}_u - \frac{N}{E}\mathfrak{x}_v,$$

und die Mainardi-Codazzischen Gleichungen lauten dann

(13) $$L_v - M_u = E_v H, \quad M_v - N_u = -E_u H$$

oder, unter Benutzung von (11),

(13') $$(L - N)_u + 2M_v = 2EH_u, \quad (L - N)_v - 2M_u = -2EH_v.$$

Wenn die Fläche lokal in einer impliziten nichtparametrischen Darstellung $\Phi(x, y, z) = 0$ vorliegt, wobei die Funktion $\Phi(x, y, z)$ in einem gewissen Gebiet des Raumes zweimal stetig differenzierbar sein und der Bedingung $\Phi_x^2 + \Phi_y^2 + \Phi_z^2 > 0$ genügen soll, dann ergibt sich für die mittlere Krümmung der Ausdruck

(14) $$H = \frac{1}{2}\left\{\frac{\partial}{\partial x}\left(\frac{\Phi_x}{\sqrt{\Phi_x^2 + \Phi_y^2 + \Phi_z^2}}\right) + \frac{\partial}{\partial y}\left(\frac{\Phi_y}{\sqrt{\Phi_x^2 + \Phi_y^2 + \Phi_z^2}}\right) + \frac{\partial}{\partial z}\left(\frac{\Phi_z}{\sqrt{\Phi_x^2 + \Phi_y^2 + \Phi_z^2}}\right)\right\}.$$

Mit der Abkürzung $V = \log \sqrt{\Phi_x^2 + \Phi_y^2 + \Phi_z^2}$ läßt sich die Gl. (14) in der Form

(14') $$\Delta\Phi - (\Phi_x V_x + \Phi_y V_y + \Phi_z V_z) = 0$$

schreiben.

§ 53. Gegeben sei eine offene differentialgeometrische Fläche $S = \{T; P\}$. Ausgestattet mit der hinsichtlich lokaler Koordinaten invarianten ersten Grundform von S wird P zu einer Riemannschen Mannigfaltigkeit. Alle inneren Eigenschaften der Fläche – Länge von, geodätische Krümmung von und Winkel zwischen Kurven auf S, Gaußsche Krümmung, Gesamtkrümmung eines Teiles der Fläche usw. – können auf dieser Riemannschen Mannigfaltigkeit ohne Bezugnahme auf die Einbettung der Fläche S im Euklidischen Raume erörtert werden.

Wenn P orientierbar ist, also speziell im Falle eines einfach zusammenhängenden Parametergebietes, läßt es sich, wie schon bemerkt, dabei so einrichten, daß alle Nachbarrelationen eine positive Funktionaldeterminante besitzen.

Im allgemeinen setzen wir in der Tat stillschweigend voraus, daß P – und gemäß § 40 damit auch S – orientierbar seien. Wenn die Parametermenge P nicht-orientierbar ist, so können wir sie übrigens durch eine zweiblättrige orientierbare Überlagerungsfläche ersetzen, wie das z. B. bei H. Weyl ([I], p. 48) beschrieben ist.

§ 54. Eine auf einer offenen differentialgeometrischen Fläche $S = \{T; P\}$ durch eine Abbildung $\{p = p(t);\ 0 \leq t < 1\}$ des halboffenen Einheitsintervalls in die Parametermenge definierte halboffene Kurve heißt auf S divergent, falls jeder Punktfolge $t_n \uparrow 1$ eine in P divergente Punktfolge $p(t_n)$ entspricht. Falls P nicht selbst eine „geschlossene" oder „kompakte" Fläche wie die Kugel, der Torus usw.

ist — ein Fall, der im weiteren keine Rolle spielen wird —, können wir auch fordern, es solle zu jeder kompakten Teilmenge Q von P eine Zahl $t(Q) < 1$ geben, so daß der Punkt $p(t)$ für $t > t(Q)$ in $P \backslash Q$ liegt. Wir sagen dann auch, die Kurve führe zum Rande von P. Der Abstand eines Punktes der Fläche S von ihrem Rande ist dann als untere Grenze der Längen aller von diesem Punkte ausgehenden auf S divergierenden halboffenen Kurven definiert.

Nach H. Hopf und W. Rinow heißt die (wie in § 53 als Riemannsche Mannigfaltigkeit aufgefaßte) Fläche vollständig, wenn jede auf ihr divergierende halboffene Kurve unendliche Länge besitzt. Die Vollständigkeit einer Fläche besagt, grob gesprochen, daß uns diese Fläche bereits global, d. h. in ihrer Gesamtausdehnung, vorliegt. In ihrer grundlegenden Arbeit [1] haben Hopf und Rinow die folgenden Tatsachen für vollständige Flächen bewiesen: Auf jedem geodätischen Strahl läßt sich von dessen Anfangspunkt aus jede Strecke abtragen. (Eine Rückkehr zum Anfangspunkt und Wiederholungen sind dabei möglich.) Zwei gegebene Punkte der Fläche lassen sich auf ihr stets durch eine geodätische Linie verbinden, welche zugleich eine kürzeste Verbindung der beiden Punkte ist.

Vollständigkeit ist eine innere Eigenschaft der Fläche, d. h. eine Eigenschaft der in § 53 definierten Riemannschen Mannigfaltigkeit, und hat nichts mit ihrer Einbettung im Raume zu tun.

§ 55. Die der Fläche in § 53 zugeschriebene Metrik ergibt sich ganz natürlich im Hinblick auf die Einbettung der Fläche in den Raum. Man kann aber von dieser Einbettung ganz absehen; und in der Tat kann ein und dasselbe Parametergebiet (bzw. ein und dieselbe Parameterfläche) P verschiedene Metriken tragen. Bezüglich mancher mag sie vollständig sein, bezüglich anderer nicht. Wir denken uns diese Metriken stets als hinreichend regulär.

Zwischen dem topologischen Charakter einer vollständigen Fläche, d. h. den topologischen Eigenschaften ihres Parametergebietes (oder ihrer Parameterfläche) P einerseits und den differentialgeometrischen und auch den konformen Eigenschaften der aus P durch Aufprägen einer Metrik entstehenden Riemannschen Mannigfaltigkeit andererseits existieren bemerkenswerte Zusammenhänge. Wir geben die folgenden Beispiele an; hinsichtlich der allgemeinen Fragestellung sehe man H. Hopf [1], [2].

1. Wenn die Gesamtkrümmung $\iint K\,do$ *einer offenen vollständigen Fläche endlichen Zusammenhangs existiert, so gilt*

$$\iint K\,do \leqq 2\pi\chi,$$

wo χ *die in § 42 definierte Eulersche Charakteristik der Fläche bedeutet.*

Dieser Satz wurde von S. Cohn-Vossen ([1], p. 79) und in größerer Allgemeinheit später von A. Huber ([4], p. 55) bewiesen. In den Arbeiten dieser Autoren und weiterhin bei R. Finn [10] findet man auch eine Diskussion von Fällen, in denen Gleichheit eintritt, sowie Aussagen metrisch-geometrischer Natur, die das Eintreten der Ungleichheit interpretieren.

2. *Wenn die Fläche S vollständig ist und wenn der negative Teil* $\iint K^- do$ *ihrer Gesamtkrümmung* ($K^- = \max(-K, 0)$) *endlich ausfällt, so ist S von endlichem Zusammenhang.* (A. Huber [4], insbes. p. 61.)

3. *Eine offene vollständige Fläche mit endlichem Integral* $\iint K^- do$ *ist von konform parabolischem Typ im Sinne der Paragraphen 268–270.*

Für einfach zusammenhängende Flächen stammt dieser Satz von C. Blanc et F. Fiala [1], für allgemeine orientierbare Flächen von A. Huber [4], insbes. p. 71. Für den Fall $K \leqq 0$ findet sich ein kurzer Beweis bei R. Osserman [10], pp. 395–396.

Die vorstehenden Aussagen sind das Resultat tiefliegender Untersuchungen. Eines der dabei benutzten Hilfsmittel ist das „Länge-Inhalt-Prinzip", welches von L. V. Ahlfors [1], [2] zur Bestimmung des Typs einer Riemannschen Fläche eingeführt worden war. Ein anderer Beweisgedanke ist der folgende. Unter der Annahme, daß eine der Aussagen nicht zutrifft, versucht man, einen zum Rande der Fläche führenden Weg endlicher Länge zu konstruieren. Dieser Gedanke wird für uns in Kapitel VIII eine Rolle spielen. Im Falle von Minimalflächen, wo $K^+ = \max(K, 0) = 0$ ist und wo wir es stets mit einer analytischen isothermen Metrik zu tun haben werden, finden wir derartige Wege unter Berufung auf die in II.1.3 bewiesenen funktionentheoretischen Hilfssätze.

Noch eine Bemerkung zum ersten Satze. Für die Kettenfläche S_2 aus § 40 vom Typ [1, 2, 0] ergibt eine kurze Rechnung $\iint K\, do = -4\pi$. Für die Ennepersche Fläche (48) aus § 88 vom Typ [1, 1, 1] findet man ebenfalls $\iint K\, do = -4\pi$. In § 688 werden wir erkennen, daß für vollständige Minimalflächen allgemein die verschärfte Ungleichung

$$\iint K\, do \leqq 2\pi(\chi - r)$$

zutrifft, wo r wie in § 42 die Anzahl der Randkomponenten bedeutet.

§ 56. Die sphärische Abbildung eines Teiles $S[Q]$ von S, $Q \subset P$, z. B. einer Kurve auf der Fläche S, ist die durch den Normalenvektor $\mathfrak{X}(u, v)$ vermittelte Abbildung von $S[Q]$ oder, was nach § 48 auf dasselbe hinausläuft, von Q, in die Oberfläche der Einheitskugel. Im Falle $Q = P$

sprechen wir von der sphärischen Abbildung der Fläche. Diese Abbildung ist nicht einmal immer im Kleinen eineindeutig. Wegen $\mathfrak{X}_u \times \mathfrak{X}_v = K(\mathfrak{x}_u \times \mathfrak{x}_v)$ stellt die sphärische Abbildung einer differentialgeometrischen Fläche der Klasse C^m eine ebensolche Fläche der Klasse C^{m-1} dar, falls $K \neq 0$ ist. Jeder Punkt, in welchem $\mathfrak{X}_u \times \mathfrak{X}_v \neq \mathfrak{o}$ ist, heißt ein regulärer Punkt der sphärischen Abbildung.

Unter dem sphärischen Bilde oder dem Normalenbilde verstehen wir die Bildpunktmenge auf der Einheitskugel unter der Abbildung durch den Normalenvektor.

Es ist oft üblich, die Einheitskugel durch stereographische Projektion von ihrem Nordpol aus auf ihre (σ, τ)-Äquatorebene abzubilden. Diese Abbildung geschieht vermöge der Formeln $\sigma = X/(1-Z)$, $\tau = Y/(1-Z)$. Die Umkehrformeln sind

$$(15) \quad X = \frac{2\sigma}{\sigma^2+\tau^2+1}, \qquad Y = \frac{2\tau}{\sigma^2+\tau^2+1}, \qquad Z = \frac{\sigma^2+\tau^2-1}{\sigma^2+\tau^2+1}.$$

Wir setzen $\omega = \sigma + i\,\tau$. Dabei denken wir uns die volle (d. h. die durch Hinzufügen des Punktes $\omega = \infty$ kompaktifizierte) ω-Ebene mit der Topologie der Einheitskugel ausgestattet.

Durch eine direkte Rechnung überzeugt man sich von der Richtigkeit der Beziehung

$$(16) \qquad \frac{\partial(\sigma,\tau)}{\partial(u,v)} = -\frac{1}{4} K W (1+\sigma^2+\tau^2)^2.$$

§ 57. Aus § 56 geht hervor, daß das Integral

$$\iint_{S[Q]} |K|\, do = \iint_{Q} |K|\, |\mathfrak{x}_u \times \mathfrak{x}_v|\, du\, dv$$

den Flächeninhalt des sphärischen Bildes von $S[Q]$ wiedergibt. Wir werden uns übrigens nur mit dem Fall $K \leqq 0$ zu befassen haben. Wenn die sphärische Abbildung eineindeutig ist, so gilt

$$\left| \iint_{S[Q]} K\, do \right| \leqq 4\pi.$$

Im allgemeinen ist die fragliche Abbildung natürlich nicht eineindeutig. Jeder Punkt der Einheitskugel erscheint dann bei der Flächenberechnung so oft, wie er als Bild auftritt, und die Gesamtkrümmung kann unendlich ausfallen.

§ 58. Eine zulässige Abbildung $P \leftrightarrow P'$ der Parametermengen zweier differentialgeometrischer Flächen $S = \{T; P\}$ und $S' = \{T'; P'\}$ stellt eine Abbildung zwischen diesen beiden Flächen her.

Die Abbildung heißt isometrisch oder längentreu, falls die Linienelemente der Flächen in entsprechenden Punkten gleich sind, d. h. wenn die auf die gleichen Parameter bezogenen ersten Grundformen in entsprechenden Punkten identisch sind: $E' = E$, $F' = F$, $G' = G$, so daß die Längen aller sich entsprechenden Kurven übereinstimmen. Zwei Flächen heißen isometrisch, wenn sie durch eine isometrische Abbildung aufeinander bezogen werden können. So sind z. B. die Kettenfläche $S = \{x = \mathfrak{Cof}\, u \cos v,\ y = \mathfrak{Cof}\, u \sin v,\ z = u;\ u^2 + v^2 < \infty\}$ mit dem Linienelement $ds^2 = \mathfrak{Cof}^2 u (du^2 + dv^2)$ und die Wendelfläche $S' = \{x = u' \cos v',\ y = u' \sin v',\ z = v';\ u'^2 + v'^2 < \infty\}$ mit dem Linienelement $ds'^2 = du'^2 + (1 + u'^2)\, dv'^2$ isometrisch; denn die Abbildung $u' = \pm \mathfrak{Sin}\, u$, $v' = v$ führt die Linienelemente in entsprechenden Punkten ineinander über. Die Gaußsche Krümmung isometrischer Flächen hat in entsprechenden Punkten denselben Wert.

Die Flächen S und S' heißen (isometrische) Verbiegungen oder Biegeflächen voneinander, wenn sie aufeinander abwickelbar sind, d. h. wenn es eine einparametrische Schar isometrischer Flächen

$$S_t = \{x = x(u, v; t);\ (u, v) \in P(t)\},\quad 0 \leqq t \leqq 1,$$

derart gibt, daß $S_0 = S$ und $S_1 = S'$ ist und daß sowohl der Vektor $\mathfrak{x}(u, v; t)$ als auch die die isometrischen Abbildungen zwischen S und S_t vermittelnden Parametertransformationen sowie deren Umkehrungs-

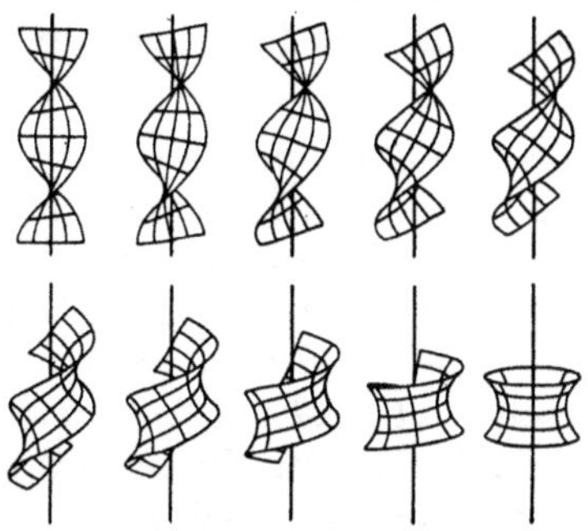

Abb. 5

funktionen von allen Argumenten m-mal stetig differenzierbar bzw. analytisch abhängen. So sind die Kettenfläche S und die Wendelfläche S' oben als Endglieder der Flächenschar

$$S_t = \left\{\begin{aligned} x &= \mathfrak{Cof}\, u \cos v \cos\left(\frac{\pi t}{2}\right) + \mathfrak{Sin}\, u \sin v \sin\left(\frac{\pi t}{2}\right) \\ y &= \mathfrak{Cof}\, u \sin v \cos\left(\frac{\pi t}{2}\right) - \mathfrak{Sin}\, u \cos v \sin\left(\frac{\pi t}{2}\right);\ u^2 + v^2 < \infty \\ z &= u \cos\left(\frac{\pi t}{2}\right) + v \sin\left(\frac{\pi t}{2}\right) \end{aligned}\right\},$$

$$0 \leqq t \leqq 1,$$

mit dem Linienelement $ds_t^2 = \mathfrak{Cof}^2 u (du^2 + dv^2)$ Beispiele analytischer isometrischer Verbiegungen. Es gibt Modelle, an denen man verfolgen kann, wie ein dünnes Blech von der Form eines Stückes einer Kettenfläche ohne Längenänderung zu einem Stück einer Wendelfläche verbogen werden kann. Die aus G. Scheffers [I], p. 363 entnommene Abb. 5 illustriert diesen Biegungsvorgang.

§ 59. Die Abbildung zwischen den Flächen S und S' heißt konform, wenn die auf die gleichen Parameter bezogenen ersten Grundformen in entsprechenden Punkten proportional sind: $E' = \varrho E$, $F' = \varrho F$, $G' = \varrho G$, so daß die auf den Flächen gemessenen Winkel zwischen entsprechenden Kurven übereinstimmen. Der Proportionalitätsfaktor $\varrho (0 < \varrho < \infty)$ braucht dabei natürlich keine Konstante zu sein. Jede isometrische Abbildung ist konform. Sowohl konforme als auch isometrische Abbildungen sind bereits für reguläre Flächen der Klasse C^1 erklärt.

Aus (9) folgt, daß die Abbildung einer differentialgeometrischen Fläche auf ihr sphärisches Bild in einem regulären Punkte des letzteren dann und nur dann konform ist, wenn der Flächenpunkt selbst ein Nabelpunkt ist oder wenn dort $H = 0$ gilt. (In einem regulären Punkte des sphärischen Bildes schließen sich diese beiden Möglichkeiten aus.) Zu dieser Aussage vergleiche man auch E. B. Christoffel [1].

§ 60. Wir wollen versuchen, auf der differentialgeometrischen Fläche $S = \{\mathfrak{x} = \mathfrak{x}(u, v);\ (u, v) \in P\}$ isotherme Parameter (u', v') einzuführen, d. h. eine zulässige Parametertransformation $(u, v) \to (u', v')$ so zu finden, daß das in den neuen Parametern angeschriebene Linienelement der Fläche die Form $ds^2 = E'(u', v')\,(du'^2 + dv'^2)$ annimmt. Die Einführung isothermer Parameter auf S ist mit der konformen Abbildung von S auf die mit der Euklidischen Metrik ausgestattete Parametermenge bzw. -fläche P' (siehe § 49) gleichbedeutend.

Auf Grund der Transformationseigenschaften der Koeffizienten der ersten Grundform werden die Bedingungen $E' = G'$, $F' = 0$ durch die Gleichungen

$$E\,u_v'^2 - 2F\,u_u' u_v' + G\,u_u'^2 = E\,v_v'^2 - 2F\,v_u' v_v' + G\,v_u'^2$$
$$E\,u_v' v_v' - F(u_u' v_v' + u_v' v_u') + G\,u_u' v_u' = 0$$

ausgedrückt. Diese sind nur scheinbar nicht-linear. Wenn man die zweite Gleichung in der Form $(E\,v_v' - F\,v_u')\,u_v' + (-F\,v_v' + G\,v_u')\,u_u' = 0$ schreibt, sieht man nämlich, daß $u_u' = \varrho(-F\,v_u' + E\,v_v')$, $u_v' = \varrho(-G\,v_u' + F\,v_v')$ gilt, wobei sich der Proportionalitätsfaktor durch Einsetzen dieser Beziehungen in die erste Gleichung zu $\varrho = \pm 1/W$ bestimmt. Indem wir uns für das Pluszeichen entscheiden, erhalten wir die Bedingungen für die isothermen Parameter $u' = u'(u, v)$,

$v' = v'(u, v)$ in der Form eines elliptischen Systems zweier linearer Differentialgleichungen erster Ordnung, welches eine Verallgemeinerung der Canchy-Riemannschen Differentialgleichungen darstellt und als Beltramisches System bezeichnet wird:

(17)
$$\frac{\partial u'}{\partial u} = \frac{1}{W}\left[-F\frac{\partial v'}{\partial u} + E\frac{\partial v'}{\partial v}\right], \quad \frac{\partial u'}{\partial v} = \frac{1}{W}\left[-G\frac{\partial v'}{\partial u} + F\frac{\partial v'}{\partial v}\right].$$

Der Existenzbeweis für die Lösungen von (17), welcher für viele Fragen der Analysis grundlegende Bedeutung besitzt, ist heutzutage unter außerordentlich geringen Voraussetzungen über die Koeffizienten $E(u, v)$, $F(u, v)$ und $G(u, v)$ möglich. Neben der berühmten grundlegenden Untersuchung von C. F. Gauß ([I], pp. 193–216 des 4. Bandes) und den klassischen Ergebnissen von É. Picard [I], pp. 27–28; E. E. Levi [1]; A. Korn [2]; L. Lichtenstein [2], [4], [5], pp. 263–267 und [8], pp. 1294–1297 erwähnen wir hier die Arbeiten der folgenden Autoren: L. V. Ahlfors [4]; L. V. Ahlfors and L. Bers [1]; L. Bers [5]; L. Bers and L. Nirenberg [1]; B. V. Boyarskii [1]; R. Caccioppoli [2] (siehe dazu G. Scorza Dragoni [1]); S. S. Chern [1]; S. S. Chern, P. Hartman and A. Wintner [1]; R. Courant and D. Hilbert [I], pp. 350–357 des 2. Bandes; P. Hartman [1]; P. Hartman and A. Wintner [1], [3]; A. Huber [5]; A. Hurwitz und R. Courant [I], pp. 540–550; M. A. Lavrent'ev [1]; C. B. Morrey [6]; J. C. C. Nitsche [1]; Ju. G. Rešetnjak [1], [2], [3]; O. Teichmüller [1]; I. N. Vekua [1] und [I], pp. 76–129; A. Wintner [1], [2], [3]. Wie wir in III.1.1 sehen werden, ist die konforme Abbildung einer Minimalfläche lokal in elementarer Weise und ohne jede Bezugnahme auf die allgemeinen Existenzsätze möglich. Man sehe dazu noch C. H. Müntz [2], T. Radó [1] und J. C. C. Nitsche [3]. Globale Abbildungssätze können aus lokalen Sätzen mit Hilfe des Uniformisierungsprinzipes geschlossen werden; siehe § 132.

Die durch die Gleichungen $u'(u, v) = \text{const}$ bzw. $v'(u, v) = \text{const}$ definierten Kurvenscharen auf der Fläche heißen isotherme Kurvenscharen. Sie bilden ein isothermes Netz auf der Fläche. Eine geometrische Deutung isothermer Kurvennetze findet sich bei W. Blaschke [III], pp. 325–331.

§ 61. Der folgende Satz läßt sich durch Benutzung von (17) leicht verifizieren:

Notwendig und hinreichend dafür, daß das Funktionenpaar $\xi(u, v)$, $\eta(u, v) \in C^1(P^0)$ *eine Lösung des Beltramischen Systems darstelle, ist die Bedingung, die komplexwertige Funktion* $\xi(u(u', v'), v(u', v')) + i\,\eta(u(u', v'), v(u', v'))$ *solle in* P^0 *eine analytische Funktion der kom-*

plexen Veränderlichen $u' + i v'$ sein. (u' und v' sind die in § 60 eingeführten isothermen Parameter.)

$\xi + i\eta$ heißt dann eine analytische Funktion auf der Fläche, und die Funktionen $\xi(u, v)$ und $\eta(u, v)$, welche die gleichen Regularitätseigenschaften wie die Fläche S haben, werden als (konjugiert) harmonische Funktionen auf der Fläche bezeichnet. Beide erfüllen die Differentialgleichung

$$(18) \quad \Delta\zeta \equiv \frac{1}{W}\left\{\frac{\partial}{\partial u}\left(\frac{G\zeta_u - F\zeta_v}{W}\right) + \frac{\partial}{\partial v}\left(\frac{-F\zeta_u + E\zeta_v}{W}\right)\right\} = 0,$$

welche sich für den Fall, daß die Fläche auf isotherme Parameter bezogen ist, auf $\Delta\zeta = \frac{1}{E}(\zeta_{uu} + \zeta_{vv}) = \frac{1}{E}\Delta\zeta = 0$ reduziert. Δ wird der zweite Beltramische Differentialoperator genannt.

Für eine Fläche in nichtparametrischer Darstellung $z = z(x, y)$ findet man

(19)
$$\Delta\zeta = \frac{1}{W^2}[(1+q^2)\zeta_{xx} - 2pq\zeta_{xy} + (1+p^2)\zeta_{yy}] - \frac{2H}{W}[p\zeta_x + q\zeta_y],$$

wo hier $W = \sqrt{EG - F^2} = \sqrt{1 + p^2 + q^2}$ ist.

Unter Beachtung des am Anfang von § 52 Gesagten folgt dann aus (10) und (19) die von E. Beltrami ([3], p. 443, [4], p. 581) aufgestellte allgemeingültige Beziehung

$$(20) \qquad \Delta\mathfrak{x} = 2H\,\mathfrak{X}.$$

Einen Ausdruck für den auf eine Funktion $f(x, y, z)$ angewendeten zweiten Beltramischen Differentialoperator findet man z. B. bei E. Beltrami [4], p. 581.

§ 62. Allgemein ist der einer positiv definiten quadratischen Differentialform $Q \equiv a(u, v)\,du^2 + 2b(u, v)\,du\,dv + c(u, v)\,dv^2$ zugeordnete und gegenüber zulässigen Parametertransformationen (bei welchen sich die Koeffizienten a, b, c wie ein kovarianter Tensor zweiter Stufe verhalten) invariante zweite Differentialoperator Δ^Q gemäß

$$\Delta^Q\zeta \equiv \frac{1}{\sqrt{ac - b^2}}\left\{\frac{\partial}{\partial u}\left(\frac{c\zeta_u - b\zeta_v}{\sqrt{ac - b^2}}\right) + \frac{\partial}{\partial v}\left(\frac{-b\zeta_u + a\zeta_v}{\sqrt{ac - b^2}}\right)\right\}$$

definiert. In der Tensorschreibweise mit $Q = g_{ij}\,du^i\,du^j$ schreibt sich das einfacher als

$$\Delta^Q\zeta \equiv \frac{1}{\sqrt{g}}\frac{\partial}{\partial u^i}\left(\sqrt{g}\,g^{ij}\frac{\partial\zeta}{\partial u^j}\right), \quad g = g_{11}g_{22} - g_{12}^2.$$

Außer dem zur ersten Grundform $\mathrm{I} \equiv E\,du^2 + 2F\,du\,dv + G\,dv^2$ der Fläche gehörigen Beltramischen Operator $\Delta \equiv \Delta^{\mathrm{I}}$ wird für uns der für die dritte Grundform $\mathrm{III} \equiv e\,du^2 + 2f\,du\,dv + g\,dv^2$ (siehe § 51) zu berechnende Operator Δ^{III} eine Rolle spielen, welcher nach § 56 sinnvoll ist, wenn $K \neq 0$ gilt. Bezogen auf die in § 56 eingeführten Parameter σ, τ des sphärischen Bildes lautet dieser Operator

$$\Delta^{\mathrm{III}} \equiv \frac{1}{4}(1+\sigma^2+\tau^2)^2\left(\frac{\partial^2}{\partial\sigma^2}+\frac{\partial^2}{\partial\tau^2}\right).$$

Für eine Fläche verschwindender mittlerer Krümmung hat man gemäß (9) die Beziehung $\Delta^{\mathrm{I}} = |K|\,\Delta^{\mathrm{III}}$.

§ 63. Zur Darstellung in Ebenenkoordinaten fassen wir ein (nicht abwickelbares, d. h. $K \neq 0$) Flächenstück $S = \{\mathfrak{x} = \mathfrak{x}(u, v);\ (u, v) \in P\}$ als Einhüllende seiner Tangentialebenen auf. Die Entfernung p einer Tangentialebene sei in ihrer Abhängigkeit vom Normaleneinheitsvektor $\mathfrak{X} = \{X, Y, Z\}$ der Fläche gegeben: $p = p(X, Y, Z)$. Wir setzen $P(u, v) = p(X(u, v), Y(u, v), Z(u, v))$ und

$$\bar{P}(\xi_1, \xi_2, \xi_3) = \sqrt{\xi_1^2+\xi_2^2+\xi_3^2}\,p\left(\frac{\xi_1}{\sqrt{\xi_1^2+\xi_2^2+\xi_3^2}}, \frac{\xi_2}{\sqrt{\xi_1^2+\xi_2^2+\xi_3^2}}, \frac{\xi_3}{\sqrt{\xi_1^2+\xi_2^2+\xi_3^2}}\right).$$

Die positiv homogene Funktion ersten Grades $\bar{P}(\xi_1, \xi_2, \xi_3)$ ist Minkowskis Stützfunktion. Für die Summe der Hauptkrümmungsradien R_1 und R_2 der Fläche gelten die Gleichungen

$$R_1 + R_2 = \frac{\partial^2\bar{P}}{\partial\xi_1^2} + \frac{\partial^2\bar{P}}{\partial\xi_2^2} + \frac{\partial^2\bar{P}}{\partial\xi_3^2}\bigg|_{(\xi_1,\xi_2,\xi_3)=(X,Y,Z)}$$

(siehe T. J. I'A. Bromwich [1], p. 279; H. W. Richmond [3], pp. 239 bis 240; W. Blaschke [I], p. 140, und [II], p. 203) und

$$R_1 + R_2 = \Delta^{\mathrm{III}} P + 2P$$

(siehe J. Weingarten [3], p. 42). Wir bemerken hier schon, daß für ein auf die in § 56 eingeführten Parameter σ, τ des sphärischen Bildes bezogenes nabelpunktfreies Minimalflächenstück $P(u, v)$ also eine Lösung der Differentialgleichung (68) ist. Man sehe dazu § 116.

§ 64. Nach G. Cimmino [1] kann man die mittlere Krümmung einer differentialgeometrischen Fläche folgendermaßen bestimmen. Um einen inneren Punkt p der Fläche beschreibe man eine (räumliche) Kugel vom Halbmesser r. Für hinreichend kleines r durchschneidet unsere Fläche die Kugel in einer geschlossenen Kurve $\mathscr{C}_r$, welche die Kugeloberfläche in zwei Teile zerlegt. Der Flächeninhalt desjenigen Teiles, durch den der Normalenvektor der Fläche stößt, habe den Wert $\sigma_p(r)\cdot r^2$. $\sigma(r)$ wird dabei nahezu gleich 2π sein. *Für die mittlere Krümmung H_p der*

Fläche im Punkte p gilt nun

$$H_p = \frac{1}{\pi} \lim_{r \to 0} \frac{2\pi - \sigma(r)}{r}.$$

Für eine Minimalfläche — d. h. eine Fläche mit $H \equiv 0$, siehe § 65 — ist insbesondere $\sigma_p(r) = 2\pi + o(r)$.

Zum Beweis dieser Beziehung dürfen wir von vornherein annehmen, daß unsere Fläche in der Umgebung des fraglichen Punktes, welchen wir zum Koordinatenursprung machen, eine Darstellung der Form $z = z(x, y)$ besitzt, wo $z(x, y)$ eine in einer Umgebung des Nullpunktes zweimal stetig differenzierbare und den Bedingungen $z(0,0) = z_x(0,0) = z_y(0,0) = z_{xy}(0,0) = 0$ genügende Funktion ist. Unter Verwendung räumlicher Polarkoordinaten $x = r\cos\varphi\sin\vartheta$, $y = r\sin\varphi\sin\vartheta$, $z = r\cos\vartheta$ ergibt sich die Gleichung der Kurve $\mathscr{C}_r$ aus der Beziehung $r\cos\vartheta = z(r\cos\varphi\sin\vartheta,\ r\sin\varphi\sin\vartheta)$, aus welcher hervorgeht, daß der Winkel ϑ für kleine Werte von r nahezu gleich $\frac{\pi}{2}$ ist, so daß die Beziehung in der Form $\vartheta = \vartheta(r, \varphi)$ aufgelöst werden kann. Wegen $z(x, y) = \frac{1}{2}x^2 z_{xx}(0,0) + \frac{1}{2}y^2 z_{yy}(0,0) + o(x^2 + y^2)$ folgt dann $\cos\vartheta = \frac{r}{2}[z_{xx}(0,0)\cos^2\varphi + z_{yy}(0,0)\sin^2\varphi] + \varepsilon(r, \varphi)$, wobei, und zwar gleichmäßig für $0 \leqq \varphi \leqq 2\pi$, $\lim\limits_{r \to 0} \frac{\varepsilon(r, \varphi)}{r} = 0$ gilt. Wir erhalten nun

$$\sigma_0(r)\, r^2 = r^2 \int_0^{2\pi} d\varphi \int_0^{\vartheta(r,\varphi)} d\vartheta \sin\vartheta = r^2 \int_0^{2\pi} [1 - \cos\vartheta(r, \varphi)]\, d\varphi$$

und daher $\sigma_0(r) = 2\pi - \int\limits_0^{2\pi} \cos\vartheta(r, \varphi)\, d\varphi$ und weiter

$$\lim_{r \to 0} \frac{2\pi - \sigma_0(r)}{r}$$
$$= \lim_{r \to 0} \frac{1}{r} \int_0^{2\pi} \cos\vartheta(r, \varphi)\, d\varphi = \frac{\pi}{2}\big(z_{xx}(0,0) + z_{yy}(0,0)\big) = \pi H_0,$$

wo H_0 die mittlere Krümmung unserer Fläche im Punkte $(0, 0, 0)$ bedeutet. W. z. b. w.

Wenn die Funktion $z(x, y)$ weitergehende Differenzierbarkeitseigenschaften hat, lassen sich weitergehende Aussagen machen. Im Falle, daß $z(x, y)$ fünfmal stetig differenzierbar ist, findet man beispielsweise die von der speziellen Darstellung der Fläche unabhängige Beziehung

$$\sigma_0(r) = 2\pi - r\,\pi H_0 - r^3 \frac{\pi}{16}[\Delta H + 2H(H^2 - K)]_0 + o(r^4).$$

4. Minimalflächen

§ 65. Eine Minimalfläche ist eine differentialgeometrische Fläche der Klasse C^2, deren mittlere Krümmung H in allen inneren Punkten der Parametermenge bzw. -fläche verschwindet. Wenn wir das Erfülltsein der Regularitätsforderung besonders betonen wollen, sprechen wir auch von einer regulären Minimalfläche.

§ 66. Die Theorie der Minimalflächen braucht keineswegs auf das Reelle beschränkt zu werden. Die gemeinsame Behandlung reeller und komplexer Flächen führt zu weitreichenden Resultaten und ermöglicht die einheitliche Behandlung mancher Fragestellungen. Nach § 148 läßt sich jede (i. a. komplexe) Minimalfläche ja als Schiebfläche oder, wie man seit A. Voss und S. Lie auch sagt, Translationsfläche zweier isotroper Kurven erzeugen. Trotzdem werden wir uns im vorliegenden Buche nahezu ausschließlich mit reellen Minimalflächen im reellen Euklidischen Raum befassen. Die Benutzung des Komplexen ist damit selbstverständlich nicht eliminiert; die Theorie der Funktionen einer komplexen Veränderlichen wird vielmehr an vielen Stellen eine ausgezeichnete Rolle spielen.

Die ersten tiefgreifenden Untersuchungen von Minimalflächen unter ausgiebiger Benutzung der imaginären Geometrie verdankt man S. Lie [I] und A. Ribaucour [1]. Man sehe weiter L. Henneberg [4]; R. Sturm [1]; C. F. Geiser [1], [2]; E. Study [1], [2]; K. Strubecker [1]; M. Pinl [3]; R. Roşca [1] und die in § 171 zitierten Arbeiten sowie die Darstellungen bei G. Darboux [I], pp. 397–526; W. Blaschke [II], pp. 235 bis 248; K. Strubecker [I], pp. 211–239. S. Lie machte 1879 die folgende Bemerkung ([I], p. 123 des 2. Bandes): „Nach dem Vorgange von Riemann und Weierstraß untersucht man jetzt häufig eine reelle Minimalfläche, indem man ihre reellen Punkte in der bekannten Weise auf die reellen Punkte einer $(x + i\,y)$-Ebene bezieht. So schön, einfach und fruchtbar diese Methode auch sein mag, so scheint es mir doch eine Unvollkommenheit derselben zu sein, daß sie nur die reellen Punkte der reellen Minimalflächen in Betracht zieht. Obgleich ich daher den bleibenden Wert der Riemann-Weierstraßschen Methode unbedingt anerkenne, wage ich doch zu glauben, daß es nützlich sein wird, Methoden zu entwickeln, die nicht allein die reellen, sondern auch die imaginären Punkte der Minimalflächen berücksichtigen." Wir werden die fraglichen Weierstraßschen Darstellungen in §§ 155, 156, 159 kennenlernen. Lies Kritik an der Sonderbehandlung des Reellen bezieht sich freilich nicht nur auf die Minimalflächen. In einem Briefe an F. Klein im Zusammenhange mit der Helmholtzschen Arbeit „Über die Tatsachen, die der Geometrie zugrunde liegen" bemerkt er z. B. ([I],

p. 931 der Anmerkungen zum 2. Bande): „Helmholtz' Resultate sind richtig. Eine andere Sache ist, daß sie mich insofern nicht befriedigen, wie er einen Unterschied zwischen Reellem und Imaginärem einführt, der kaum zweckmäßig ist."

§ 67. *Eine differentialgeometrische Fläche* $S = \{\mathfrak{x} = \mathfrak{x}(u, v); (u, v) \in P\}$ *ist dann und nur dann eine Minimalfläche, wenn die Komponenten des Ortsvektors* $\mathfrak{x}(u, v)$ *harmonische Funktionen auf ihr sind.*

Das folgt aus (20).

§ 68. Nach § 51 sind auf einer Minimalfläche die Nabelpunkte mit den Nullstellen der Gaußschen Krümmung identisch. Infolge § 56 können wir also sagen, daß das sphärische Bild eines von Nabelpunkten freien Teiles einer Minimalfläche eine reguläre C^1-Fläche ist. Vorwegnehmend stellen wir hier schon fest, daß die Nabelpunkte auf einer nicht-ebenen Minimalfläche isoliert sind. (Das folgt z. B. aus Formel (74) oder aus § 155.) Gemäß § 59 ist die Abbildung einer Minimalfläche auf ihr sphärisches Bild in allen Punkten, die keine Nabelpunkte sind, konform und lokal eineindeutig. Der konforme Charakter dieser Abbildung drückt sich analytisch durch die Tatsache aus, daß die komplexwertige Funktion $\sigma + i\tau = (X + iY)/(1 - Z)$ auf einer Minimalfläche analytisch ist, eine Tatsache, die man unter Zuhilfenahme der Weingartenschen Formeln (8) auch direkt beweisen kann, indem man die für jede differentialgeometrische Fläche gültigen Beziehungen

$$\sigma_u = \frac{-F\tau_u + E\tau_v}{W} - \frac{2H}{(1-Z)^2}\left\{x_u - \frac{-F y_u + E y_v}{W}\right\}$$

$$\sigma_v = \frac{-G\tau_u + F\tau_v}{W} - \frac{2H}{(1-Z)^2}\left\{x_v - \frac{-G y_u + F y_v}{W}\right\}$$

herleitet. Aus ihnen geht im Hinblick auf §§ 56, 60 hervor, daß σ und τ in der Umgebung jedes von einem Nabelpunkte verschiedenen Punktes isotherme Parameter auf der Minimalfläche sind.

Nach (19) genügt eine auf einer Minimalfläche in nichtparametrischer Darstellung $z = z(x, y)$ definierte harmonische Funktion $\zeta(x, y)$ der elliptischen Differentialgleichung

$$(21) \qquad (1 + q^2)\,\zeta_{xx} - 2pq\,\zeta_{xy} + (1 + p^2)\,\zeta_{yy} = 0.$$

§ 69. *Wenn eine Minimalfläche von einer Schar paralleler, nirgends zu ihr tangentialer Ebenen geschnitten wird, so ist der Winkel* ψ, *welchen die Schnittkurven mit einer festen zu diesen Ebenen parallelen Richtung bilden, eine harmonische Funktion auf der Fläche.*

Beweis: Die Ebenenschar sei durch die Gleichung $z = \text{const}$ gegeben. Der Vektor $\{X, Y, 0\}$ steht dann in jedem Flächenpunkte auf der durch ihn hindurchgehenden Schnittkurve senkrecht. Es gilt also lokal $\psi \equiv \text{const} + \arctan(Y/X)$, oder nach § 56 $\psi \equiv \text{const} + \arctan(\tau/\sigma)$ und, unter Benutzung von Polarkoordinaten (ϱ, ϑ) in der ω-Ebene, $\psi \equiv \text{const} + \vartheta$. ϑ ist aber eine harmonische Funktion von σ und τ, und σ und τ sind konjugiert harmonische Funktionen auf der Fläche. W. z. b. w.

Der Beweis dieses Satzes, bei dem es sich ja um eine lokale Aussage handelt, ergibt sich auch aus der durch Einsetzen in das Beltramische System leicht verifizierbaren Tatsache, daß die komplexwertige Funktion

$$\arctan q \pm i\,\mathfrak{ArCof}\frac{\sqrt{1 + p^2 + q^2}}{\sqrt{1 + q^2}} \tag{22}$$

unter der Voraussetzung $p \neq 0$ auf einer Minimalfläche in nichtparametrischer Darstellung $z = z(x, y)$ analytisch ist. Der Realteil dieser Funktion ist aber nichts anderes, als der Winkel zwischen der y-Achse und den Schnittkurven der Minimalfläche mit den Ebenen $x = \text{const}$.

Der obige Satz ist ein Spezialfall des folgenden von E. Kasner and J. DeCicco [1] bewiesenen Satzes:

Eine auf einer Minimalfläche $S = \{\mathfrak{x} = \mathfrak{x}(u, v);\ (u, v) \in P\}$ *verlaufende Kurvenschar ist dann und nur dann isotherm, d. h. mit einer auf* S *harmonischen Funktion* $h(u, v)$ *in der Form* $h(u, v) = \text{const}$ *darstellbar, wenn der Winkel zwischen den Scharkurven und den Schnittkurven von* S *mit einer beliebigen Schar paralleler Ebenen eine harmonische Funktion auf* S *ist.*

§ 70. *Eine Minimalfläche* $S = \{\mathfrak{x} = \mathfrak{x}(u, v);\ (u, v) \in P\}$ *verläuft ganz in der konvexen Hülle ihrer Berandung.*

Beweis: Wenn $\mathfrak{a} \cdot \mathfrak{x} + b = 0$ die Gleichung einer beliebigen Stützebene dieser konvexen Hülle ist, so gilt $\mathfrak{a} \cdot \mathfrak{x} + b \geqq 0$ in allen Punkten der Berandung von S. Mit der Bezeichnung $h(u, v) = \mathfrak{a} \cdot \mathfrak{x}(u, v) + b$ wird also $\liminf h(u, v) \geqq 0$ bei Annäherung an jeden Randpunkt von P. Nach § 67 ist $h(u, v)$ eine harmonische Funktion auf S und genügt somit in P^0 der Beltramischen Differentialgleichung (18). Aus dem Maximumprinzip für die Lösungen elliptischer Differentialgleichungen (siehe § 580) folgt daher die in ganz P gültige Ungleichung $h(u, v) \geqq 0$. W. z. b. w.

Wir bemerken hier schon, daß die obige Aussage auch für eine verallgemeinerte Minimalfläche im Sinne der Definition des § 283 zutrifft, solange diese in einer Darstellung vermittels isothermer Parameter vorliegt. Die im Beweise auftretende Funktion $h(u, v)$ ist dann sogar eine harmonische Funktion der Veränderlichen u und v.

§ 71. *Eine differentialgeometrische Fläche* $S = \{x = x(u, v); (u, v) \in P\}$ *ist dann und nur dann eine Minimalfläche, wenn die Komponenten des Vektorproduktes* $\mathfrak{X} \times d\mathfrak{x}$ *vollständige Differentiale sind.*

Der Beweis ergibt sich vermöge der aus den Weingartenschen Formeln (8) folgenden Beziehung $(\mathfrak{X} \times \mathfrak{x}_u)_v - (\mathfrak{X} \times \mathfrak{x}_v)_u = (\mathfrak{X}_v \times \mathfrak{x}_u) - (\mathfrak{X}_u \times \mathfrak{x}_v) = 2WH$. Wir können diesen von H. A. Schwarz stammenden Satz ([I], p. 176 des 1. Bandes) auch so aussprechen:

Eine differentialgeometrische Fläche ist dann und nur dann eine Minimalfläche, wenn das Wegintegral $\int^{(u,v)} \mathfrak{X} \times d\mathfrak{x}$ *in jedem einfach zusammenhängenden Teilgebiet von P wegunabhängig ist.*

Man könnte diese Eigenschaft in der Tat zur Definition einer Minimalfläche erheben. Sie hätte den Vorzug, schon auf C^1-Flächen anwendbar zu sein.

§ 72. Wenn wir uns ein einfach zusammenhängendes Stück der Minimalfläche S als Flüssigkeitshaut vorstellen, so können wir uns mit P. Funk ([I], p. 26) den Integranden des längs einer geschlossenen Kurve genommenen Integrals $\oint \mathfrak{X} \times d\mathfrak{x}$ physikalisch als eine auf das Linienelement wirkende Kraft vorstellen. In der Flüssigkeitshaut herrscht also ein Spannungszustand, wobei auf jedes Linienelement, und zwar senkrecht zu diesem und in der Fläche, die Spannung Eins wirkt. Dieser Spannungszustand entspricht einem Gleichgewichtszustand. Auf Grund der nach § 71 gültigen Beziehung $\oint \mathfrak{X} \times d\mathfrak{x} = \mathfrak{o}$ und der aus

$$\frac{\partial}{\partial u}[\mathfrak{x} \times (\mathfrak{X} \times \mathfrak{x}_v)] - \frac{\partial}{\partial v}[\mathfrak{x} \times (\mathfrak{X} \times \mathfrak{x}_u)]$$
$$= \mathfrak{x} \times [\mathfrak{X}_u \times \mathfrak{x}_v - \mathfrak{X}_v \times \mathfrak{x}_u] = 2WH(\mathfrak{X} \times \mathfrak{x}) = \mathfrak{o}$$

folgenden Beziehung $\oint \mathfrak{x} \times (\mathfrak{X} \times d\mathfrak{x}) = \mathfrak{o}$ ist nämlich die Resultante sowohl der Kräfte als auch der Momente Null.

Hinsichtlich einer anderen mechanischen Deutung der Beziehung $\oint \mathfrak{X} \times d\mathfrak{x} = \mathfrak{o}$ sehe man W. Blaschke [1] und [II], pp. 244–245, und § 7.

§ 73. *Auf einer Minimalfläche* $S = \{\mathfrak{x} = \mathfrak{x}(u, v); (u, v) \in P\}$ *sind die komplexwertigen Komponenten des Vektors* $\mathfrak{x} - i\int \mathfrak{X} \times d\mathfrak{x}$ *analytische Funktionen.*

Beweis: Wegen

$$\frac{\partial}{\partial u}\left[\int^{(u,v)} \mathfrak{X}\times d\mathfrak{x}\right] = \mathfrak{X}\times\mathfrak{x}_u = \frac{1}{W}(\mathfrak{x}_u\times\mathfrak{x}_v)\times\mathfrak{x}_u = \frac{1}{W}(-F\,\mathfrak{x}_u + E\,\mathfrak{x}_v)$$

$$\frac{\partial}{\partial v}\left[\int^{(u,v)} \mathfrak{X}\times d\mathfrak{x}\right] = \mathfrak{X}\times\mathfrak{x}_v = \frac{1}{W}(\mathfrak{x}_u\times\mathfrak{x}_v)\times\mathfrak{x}_v = \frac{1}{W}(-G\,\mathfrak{x}_u + F\,\mathfrak{x}_v)$$

folgt die Behauptung aus §§ 61, 67.

§ 74. Es sei $\bar{P}_0$ ein von einer glatten Jordankurve berandeter in P^0 enthaltener Bereich und $S_0 = S[\bar{P}_0]$ das ihm entsprechende Stück der Minimalfläche $S = \{\mathfrak{x} = \mathfrak{x}(u, v);\ (u, v) \in P\}$. Mit einem beliebigen konstanten Vektor $\mathfrak{a}$ gilt dann gemäß § 71

$$\int_{\partial P_0} (\mathfrak{X}, \mathfrak{x} + \mathfrak{a}, d\mathfrak{x}) = \int_{\partial P_0} (\mathfrak{X}, \mathfrak{x}, d\mathfrak{x}) = \iint_{P_0} \{(\mathfrak{X}, \mathfrak{x}, \mathfrak{x}_v)_u - (\mathfrak{X}, \mathfrak{x}, \mathfrak{x}_u)_v\}\, du\, dv.$$

Mit Hilfe der Weingartenschen Ableitungsgleichungen findet man nun

$$(\mathfrak{X}, \mathfrak{x}, \mathfrak{x}_v)_u - (\mathfrak{X}, \mathfrak{x}, \mathfrak{x}_u)_v = 2(\mathfrak{X}, \mathfrak{x}_u, \mathfrak{x}_v) + (\mathfrak{X}_u, \mathfrak{x}, \mathfrak{x}_v) - \\ - (\mathfrak{X}_v, \mathfrak{x}, \mathfrak{x}_u) = 2W[1 + H(\mathfrak{x}\cdot\mathfrak{X})].$$

Daher wird

$$I(S_0) = \tfrac{1}{2}\int_{\partial P_0} (\mathfrak{X}, \mathfrak{x} + \mathfrak{a}, d\mathfrak{x}). \tag{23}$$

Diese Formel für den Flächeninhalt einer Minimalfläche ist auf anderem Wege von H. A. Schwarz hergeleitet worden; siehe [I], p. 178 des 1. Bandes; weiter auch E. Carvallo [1], Max Müller [1].

§ 75. Wir beschließen diesen Abschnitt mit Hinweisen auf einige weitere interessante Eigenschaften von Minimalflächen.

Die auf eine Rotationsfläche abwickelbaren Minimalflächen wurden zuerst von E. Bour [1] im Jahre 1862 bestimmt und seither oft als B-Flächen bezeichnet. In der Darstellung (95) ergeben sie sich alle, wenn man $R(\omega) = c\,\omega^{m-2}$ setzt, wo c eine beliebige komplexe und m eine beliebig reelle Konstante bedeuten. Diese und ihnen verwandte Minimalflächen sind in der Literatur eingehend untersucht worden; man sehe insbes. H. A. Schwarz [I], pp. 184–185 des 1. Bandes; A. Ribaucour [1], pp. 215–224; G. Darboux [I], pp. 392–395; A. Thybaut [1]; L. Bianchi [I], pp. 373–374; A. Demoulin [1]; J. Haag [1], [2]; E. Stübler [1]; J. K. Whittemore [2]; B. Gambier [1]; G. Calugaréano [1]. Es besteht auch ein Zusammenhang mit den von A. Enneper in [4] untersuchten Flächen. Für $m = 2$ ist jede der fraglichen Flächen mit ihren assoziierten Flächen der Gestalt nach identisch, wie wir das von der Enneperschen Minimalfläche (48), die offensichtlich auch hierher gehört, in § 180 sehen werden. Für $m = 0$ erhalten wir die allgemeine Schraubenfläche (4); siehe auch § 80.

Die Theorie der infinitesimalen Flächenverbiegungen wird in den Lehrbüchern der Differentialgeometrie ausführlich behandelt; bei Minimalflächen sehe man noch J. Zillig [1].

§ 76. Gegeben sei eine Minimalfläche $S = \{z = z(x, y);\ (x, y) \in P\}$. Die Bedingung (1) läßt sich liniengeometrisch deuten. Das Strahlensystem

$$\{x, y, 0\} + t \frac{1}{\sqrt{1 + z_x^2 + z_y^2}} \{z_y, -z_x, 1\}$$

oder kurz $\mathfrak{x} = \mathfrak{y} + t\mathfrak{z}$ ist wegen $\mathfrak{y}_x \cdot \mathfrak{z}_y - \mathfrak{y}_y \cdot \mathfrak{z}_x = 0$ ein Normalensystem. Jede zu den Strahlen dieses Systems orthogonale Fläche erhält man in der Form $\mathfrak{x} = \mathfrak{y}(x, y) + t(x, y)\,\mathfrak{z}(x, y)$ durch Integration der Beziehung

$$dt = -(\mathfrak{y}_x \cdot \mathfrak{z})\,dx - (\mathfrak{y}_y \cdot \mathfrak{z})\,dy = \frac{z_x\,dy - z_y\,dx}{\sqrt{1 + z_x^2 + z_y^2}}$$

(siehe W. Blaschke [I], p. 105; L. Bianchi [I], p. 268), d. h. nach § 121 in der Form $\mathfrak{x} = \mathfrak{y}(x, y) + z^*(x, y)\,\mathfrak{z}(x, y)$.

Allgemeines über Liniengeometrie und Strahlensysteme findet der Leser z. B. bei L. Bianchi [I], Kap. 10; W. Blaschke [I], Kap. 9; W. Haack [I], pp. 51–128; E. E. Kummer [1]; V. Hlavatý [I]. Die Theorie der Strahlensysteme wurde zuerst von A. Ribaucour [1] mit der Lehre von den Minimalflächen in Verbindung gebracht. Ribaucour bewies z. B. ([1], pp. 50–51), daß die Mittenhüllfläche eines isotropen Strahlensystems i. a., nämlich wenn sie nicht entartet ist, eine Minimalfläche ist. Diese Eigenschaft ist für die isotropen Strahlensysteme allerdings nicht charakteristisch. Das sieht man schon an dem Strahlensystem

$$\frac{1}{3}\{2u, -2v, u^2 - v^2\} + t \frac{1}{u^2 + v^2 + 1}\{2u, 2v, u^2 + v^2 - 1\}$$

oder kurz $\mathfrak{x} = \mathfrak{y} + t\,\mathfrak{X}$, welches wir in § 88 zur Erzeugung der Enneperschen Fläche heranziehen werden. Seine beiden Brennflächen zerfallen in die am Anfang von § 88 angeschriebenen Fokalparabeln, und die Ennepersche Fläche erscheint als seine Mittenhüllfläche. Wegen

$$\mathfrak{X}_u^2 = \mathfrak{X}_v^2 = \frac{4}{(u^2 + v^2 + 1)^2}, \qquad \mathfrak{X}_u \cdot \mathfrak{X}_v = 0,$$

$$\mathfrak{X}_u \cdot \mathfrak{y}_u = -\mathfrak{X}_v \cdot \mathfrak{y}_v = \frac{4}{3}\frac{1}{u^2 + v^2 + 1}, \qquad \mathfrak{X}_u \cdot \mathfrak{y}_v = \mathfrak{X}_v \cdot \mathfrak{y}_u = 0$$

ist dieses Strahlensystem nicht isotrop (siehe L. Bianchi [I], pp. 257, 261). Auf Grund der Beziehung $\mathfrak{X}_u \cdot \mathfrak{y}_v = \mathfrak{X}_v \cdot \mathfrak{y}_u$ handelt es sich aber um ein Normalensystem. K. Kommerell [1] hat später gezeigt, daß ein und dieselbe Minimalfläche als Mittenhüllfläche einer sehr großen Klasse nicht-isotroper Strahlensysteme, und zwar auch unendlich vieler Normalensysteme, erzeugt werden kann und hat diesen Zusammenhang eingehend untersucht. Weitere Untersuchungen über M-Strahlensysteme, d. h. nicht-zylindrische Strahlensysteme, deren Mittenhüllfläche eine Minimalfläche ist, findet man bei N. K. Stephanidis [1]. Man sehe auch noch J. Weingarten [6] und H. Jonas [2].

A. Demoulin ([1], p. 245) bewies den folgenden Satz: Eine Minimalfläche sei als Mittenhüllfläche eines Strahlensystems gegeben. Notwendig und hinreichend dafür, daß den (geradlinigen) Hauptflächen dieses Strahlensystems auf der Minimalfläche die Krümmungslinien entsprechen, ist die Bedingung, die Minimalfläche solle auf eine Rotationsfläche abwickelbar sein; siehe § 75 und A. Thybaut [1], B. Gambier [2].

Weiteres über den Zusammenhang zwischen Minimalflächen und Strahlensystemen findet man bei F. C. Clapier [1]; W. Dechert [1]; A. Delgleize [2], [3]; R. Ritter [1]; S. Rossinski [1]; P. Vincensini [1].

§ 77. Auf der Wendelfläche $S = \{\mathfrak{x} = \mathfrak{x}(u, v);\ -\infty < u, v < \infty\}$ mit dem Ortsvektor $\mathfrak{x}(u, v) = \{u \cos v,\ u \sin v,\ k v\}$ liegen neben den ∞^1 Bahnschraubenlinien $\gamma_u = \{\mathfrak{x} = \mathfrak{x}(u, v);\ -\infty < v < \infty\}$ mit der Ganghöhe $2\pi k$ noch ∞^2 Schraubenlinien mit der Ganghöhe πk. Wenn wir nämlich $u = 2a \cos \frac{\alpha - \varphi}{2}$, $v = \frac{\alpha + \varphi}{2}$ setzen, wo a und α Konstanten sind und φ eine neue Veränderliche bezeichnet, so erhalten wir

$$x = a \cos\alpha + a \cos\varphi, \quad y = a \sin\alpha + a \sin\varphi, \quad z = \frac{k\alpha}{2} + \frac{k}{2}\varphi.$$

Die Schraubenlinien der zweiten Art sind somit die Schnittkurven der Wendelfläche S mit allen ihre Achse als Mantellinie enthaltenden Kreiszylindern.

Aus der leicht nachprüfbaren Beziehung

$$\mathfrak{x}(u, v_1) + \mathfrak{x}(u, v_2) = 2\mathfrak{x}\left(\cos u \frac{v_1 - v_2}{2}, \frac{v_1 + v_2}{2}\right)$$

erkennt man, daß der Mittelpunkt jeder Sehne einer beliebigen Bahnschraubenlinie γ_u wieder auf S liegt. S läßt sich also auf unendlich viele Weisen als Schiebfläche, und zwar als Schiebfläche zylindrischer Schraubenlinien der Ganghöhe πk, erzeugen.

Wie S. Lie entdeckte ([I], insbes. pp. 414–439 des 1. Bandes), gilt eine entsprechende Aussage für die Scherksche Minimalfläche $z = \log \cos y - \log \cos x$, welche wir schon in § 4 angetroffen haben und später wiederholt diskutieren werden. Diese Fläche ist in der Tat die Sehnenmittenfläche irgendeiner ihrer (nicht-ausgearteten) Asymptotenlinien. Der Beweis dieses Satzes sei dem Leser als Aufgabe gestellt. Wenn man im Reellen verbleibt, so liefert die Konstruktion allerdings nicht die Scherksche Fläche in ihrer ganzen Ausdehnung, sondern nur einen die erzeugende Asymptotenlinie enthaltenden Streifen der Fläche. H. Jonas [1] bewies darüber hinaus folgendes: Der Mittelpunkt einer Sehne, deren Endpunkte p_1 und p_2 auf einer festen Asymptotenlinie bleiben, beschreibt eine Asymptotenlinie der gleichen oder der anderen Schar, wenn p_1 und p_2 einmal in konstantem Bogenabstande und das andere Mal in Gegenbewegung mit der gleichen konstanten Geschwindigkeit die erzeugende Asymptotenlinie durchlaufen.

Außer der Wendelfläche und der Scherkschen Minimalfläche gibt es keine weiteren Minimalflächen, welche neben ihrer Darstellung vermittels der Minimalkurven gemäß § 148 auf unendlich viele Arten als Schiebflächen erzeugt werden; siehe P. Stäckel [3], [4]; G. Scheffers [2]; G. Darboux [I], pp. 360–364. Eine eingehende Diskussion der Wendelfläche und der Scherkschen Minimalfläche als Trägerflächen gewisser „Rükkungsnetze" und auch schöne Abbildungen findet man bei H. Graf und H. Thomas [1]. Allgemein sehe man auch noch J. Blank [1].

Die Bestimmung aller Flächen, welche sich auf mehr als zwei bzw. auf unendlich viele Weisen als Schiebflächen erzeugen lassen, wurde von S. Lie geleistet; siehe [I], insbes. pp. 450–467, 526–579 des 2. Bandes und pp. 326–360 des 7. Bandes. Bei seinen Untersuchungen dieses rein geometrischen Problems entdeckte Lie einen merkwürdigen Zusammenhang mit dem Theorem für algebraische Kurven vierter Ordnung seines fünfzig Jahre vorher verstorbenen Landsmannes N. H. Abel.

Auf die vorliegende Situation zugeschnitten besagt dieses Theorem folgendes. Es sei $f(x, y)$ ein irreduzibles Polynom vierten Grades. Die Gleichung $f(x, y) = 0$ definiert y als algebraische Funktion $y(x)$ von x. Mit beliebigen Konstanten A, B, C setze man

$$\Phi(\xi) = \int^{\xi} \frac{A\,x + B\,y(x) + C}{f_y(x, y(x))}\,dx.$$

Wenn $(x_1, y_1), \ldots, (x_4, y_4)$ die Koordinaten der vier Schnittpunkte einer beliebigen Geraden mit der durch die Gleichung $f(x, y) = 0$ gegebenen algebraischen Kurve sind, so bleibt die Summe $\sum_{k=1}^{4} \Phi(x_k)$ ungeändert, wenn die schneidende Gerade ihre Lage kontinuierlich ändert.

Die Koordinaten der fraglichen Fläche lassen sich als Abelsche Integrale darstellen. Lie betrachtet auch den Fall eines reduziblen Polynoms $f(x, y)$. Zu dem ganzen Fragenkreis sehe man weiter noch R. Kummer [1]; G. Wiegner [1]; G. Scheffers [1], [3]; H. Poincaré [1], [2]; K. Reidemeister [1]; W. Blaschke [2]; [IV], pp. 209–216,

239–240; G. Darboux [I], pp. 151–161; W. Wirtinger [1], insbes. pp. 409–411; B. Gambier [3]. In den beiden erstgenannten Arbeiten finden sich Abbildungen von Modellen. Die schwierige Ausdehnung der Lieschen Untersuchungen auf den Fall höher-dimensionaler Mannigfaltigkeiten in höher-dimensionalen Räumen gelang 1938 W. Wirtinger [1].

5. *Spezielle Minimalflächen I*

5.1. Kettenfläche, Wendelfläche, Schraubenfläche, Scherksche Fläche

§ 78. *Die Kettenflächen sind die einzigen nicht-ebenen Drehflächen, welche zugleich Minimalflächen sind.* (O. Bonnet [7], pp. 233–234.)

Beweis: Eine Drehfläche, deren Achse wir als z-Achse wählen wollen, hat die Darstellung $\{x = f(u)\cos v, y = f(u)\sin v, z = g(u); u_1 < u < u_2, 0 \leqq v \leqq 2\pi\}$, bei welcher die Funktionen $f(u)$ und $g(u)$ zweimal stetig differenzierbar sind. Das Verschwinden der mittleren Krümmung wird durch die Differentialgleichung $(f'^2 + g'^2) f^2 g' + f^3(f' g'' - f'' g') = 0$ ausgedrückt. Wegen $(\mathfrak{x}_u \times \mathfrak{x}_v)^2 = f^2(f'^2 + g'^2) \neq 0$ sieht man, daß das Produkt $f f'$ in der Umgebung einer Nullstelle von g' von Null verschieden ist. Die Differentialgleichung kann daher dort in die Form $g''(u) = F(u) \cdot g'(u)$ gesetzt werden. Da die Ableitung $g'(u)$ nicht identisch verschwinden kann, folgt daraus, daß sie überhaupt nicht Null wird. Wir können also f als Funktion von g betrachten. Indem wir die Differentiation bezüglich g durch einen Punkt bezeichnen, werden wir so zu der Differentialgleichung $(1 + \dot{f}^2) - f \ddot{f} = 0$ geführt, deren allgemeine Lösung durch $f = a\,\mathfrak{Cof}\left(\frac{g - b}{a}\right)$ gegeben ist. Es findet sich also in der Tat eine Kettenfläche $\sqrt{x^2 + y^2} = a\,\mathfrak{Cof}\left(\frac{z - b}{a}\right)$. W. z. b. w.

Ließe man auch komplexwertige Ortsvektoren zu, so käme neben der reellen Kettenfläche auch noch die komplexe Geisersche Fläche mit einer Minimalgeraden als Rotationsachse in Betracht, welche in einem geeigneten Koordinatensystem die Gleichung $(x - i y)^4 + 3(x^2 + y^2 + z^2) = 0$ hat; siehe C. F. Geiser [2].

§ 79. *Die Wendelflächen sind die einzigen windschiefen Regelflächen, welche zugleich Minimalflächen sind.* (E. Catalan [1]; siehe auch O. Bonnet [7], pp. 234–238.)

Beweis: Die Regelfläche sei durch $\{\mathfrak{x} = \mathfrak{x}(u, v) = \mathfrak{y}(v) + u\,\mathfrak{z}(v); -\infty < u < \infty, v_1 < v < v_2\}$ gegeben, wobei der Vektor $\mathfrak{y}(v)$ und der Einheitsvektor $\mathfrak{z}(v)$ zweimal stetig differenzierbar sind. Der windschiefe Charakter wird durch die Bedingung $(\mathfrak{z}', \mathfrak{z}, \mathfrak{y}') \neq 0$ ausgedrückt. Wegen $\mathfrak{z}'(v) \neq \mathfrak{o}$ läßt sich der Parameter v noch so wählen, daß $\mathfrak{z}'^2(v) = 1$ ist. Man kann auch – und zwar ist das im Großen möglich – eine orthogonale Trajektorie der Erzeugenden als Leitlinie benutzen, so daß weiterhin $\mathfrak{y}' \cdot \mathfrak{z} = 0$ gilt. Das Verschwinden der mittleren Krümmung wird dann durch die Beziehung $(\mathfrak{y}'', \mathfrak{z}, \mathfrak{y}') + [(\mathfrak{z}'', \mathfrak{z}, \mathfrak{y}') + (\mathfrak{y}'', \mathfrak{z}, \mathfrak{z}')] u + (\mathfrak{z}, \mathfrak{z}', \mathfrak{z}'') u^2 = 0$ ausgedrückt, aus welcher sich die drei Bedingungen

1. $(\mathfrak{z}, \mathfrak{z}', \mathfrak{z}'') = 0$
2. $(\mathfrak{z}'', \mathfrak{z}, \mathfrak{y}') + (\mathfrak{y}'', \mathfrak{z}, \mathfrak{z}') = 0$
3. $(\mathfrak{y}'', \mathfrak{z}, \mathfrak{y}') = 0$

ergeben. Wenn man $\mathfrak{z}(v)$ als Tangentenvektor einer Raumkurve mit dem Ortsvektor $\mathfrak{Z}(v)$, der Krümmung $\varkappa(v)$ und der Windung $\sigma(v)$ auffaßt, bei welcher v die Rolle der Bogenlänge spielt, dann folgt neben $\varkappa = |\mathfrak{z}'| = 1$ aus 1. die Gleichung $(\mathfrak{z}, \mathfrak{z}', \mathfrak{z}'') = \varkappa^2 \sigma = 0$. Die von $\mathfrak{Z}(v)$ beschriebene Kurve ist also ein Einheitskreis, und $\mathfrak{z}(v)$ hat die Form $\mathfrak{z}(v) = \mathfrak{a} \cos v + \mathfrak{b} \sin v$. Dabei bedeuten $\mathfrak{a}$ und $\mathfrak{b}$ zwei konstante zueinander senkrechte Einheitsvektoren. Wir setzen $\mathfrak{c} = \mathfrak{a} \times \mathfrak{b}$. Wegen $\mathfrak{z}'' = -\mathfrak{z}$ reduziert sich 2. auf $\mathfrak{y}'' \cdot \mathfrak{c} = 0$, d. h. $\mathfrak{y}' \cdot \mathfrak{c} = c = \text{const.}$ Zufolge $(\mathfrak{z}', \mathfrak{z}, \mathfrak{y}') \neq 0$ gilt $c \neq 0$. Die Leitlinie ist also eine Böschungslinie. Wegen $\mathfrak{y}' \cdot \mathfrak{z} = 0$ können wir $\mathfrak{y}'(v) = c\,\mathfrak{c} + d(v)\,\mathfrak{z}'(v)$ einsetzen und finden aus 3., daß $d(v)$ eine Konstante sein muß, so daß $\mathfrak{y}(v) = (\mathfrak{y}_0 + c\,\mathfrak{c}\,v) + d\,\mathfrak{z}(v)$ oder $\mathfrak{x}(u, v) = (\mathfrak{y}_0 + c\,\mathfrak{c}\,v) + (d + u)(\mathfrak{a} \cos v + \mathfrak{b} \sin v)$ ist. Das ist die Darstellung einer Wendelfläche. W. z. b. w.

Ließe man auch komplexwertige Ortsvektoren zu, so käme neben der reellen Wendelfläche noch die komplexe Liesche Minimalfläche in Betracht, welche in einem geeigneten Koordinatensystem die Gleichung $2(x - i y)^3 - 6i(x - i y) z - 3(x + i y) = 0$ hat; siehe S. Lie [I], p. 147 des 2. Bandes; C. F. Geiser [2], p. 680; E. Study [2].

Andere Beweise des Catalanschen Satzes wurden u. a. von E. Beltrami [1], [2]; E. G. Björling [1]; O. Bonnet [8]; A. Cayley [2]; U. Dini [1]; M. Roberts [1], pp. 307–309; J. A. Serret [1]; O. E. Simon [1]; P. L. Wantzel [1] gegeben. Sie zeugen von dem Interesse, welches man dem Catalanschen Satze seinerzeit entgegenbrachte.

§ 80. Eine allgemeine Schraubenfläche entsteht durch Schraubung einer Raumkurve um eine Achse, kann also in einem geeigneten Koordinatensystem in der Form

$$\{x = f(u) \cos v,\ y = f(u) \sin v,\ z = g(u) + a\,v;\ u_1 < u < u_2,\ -\infty < v < \infty\}$$

dargestellt werden. Für eine Minimalfläche, welche zugleich Schraubenfläche ist, ergibt sich dann die Differentialgleichung

$$f(a^2 + f^2)(f' g'' - f'' g') + 2a^2 f'^2 g' + f^2 g'(f'^2 + g'^2) = 0.$$

In einem Punkte, wo die Ableitung $f'(u)$ verschwindet, muß wegen $(\mathfrak{x}_u \times \mathfrak{x}_v)^2 = (a^2 + f^2) f'^2 + f^2 g'^2$ gewiß $f g' \neq 0$ und daher $f f'' = f^2 g'^2 (a^2 + f^2)^{-1}$ gelten. Daraus schließt man, daß $f'(u)$ höchstens in einem Punkte verschwinden kann. In einem der Teilintervalle, in welchem $f(u)$ monoton verläuft, können wir also g als Funktion von f auffassen oder, was dasselbe ist, $f(u) = u$ setzen. Die Lösung der resultierenden Bernoullischen Differentialgleichung ist

$$g(u) = b \log\left\{\sqrt{u^2 + a^2} + \sqrt{u^2 - b^2}\right\} - a \arctan\left\{\frac{b}{a} \frac{\sqrt{u^2 + a^2}}{\sqrt{u^2 - b^2}}\right\} + c.$$

Wir werden also auf die Scherksche Minimalfläche (4) aus § 4 geführt (H. F. Scherk [1], G. Darboux [I], pp. 328–329; siehe auch E. Lamarle [1]). Mit

$$u = \sqrt{b^2 \operatorname{Cof}^2\eta + a^2 \operatorname{Sin}^2\eta}, \quad a \tan(v - \xi) = b \operatorname{Cot}\eta,$$
$$c = c_0 - b \log \sqrt{a^2 + b^2}$$

ergibt sich die günstigere Darstellung

$$(24) \qquad \begin{cases} x = a \operatorname{Sin}\eta \cos\xi - b \operatorname{Cof}\eta \sin\xi \\ y = a \operatorname{Sin}\eta \sin\xi + b \operatorname{Cof}\eta \cos\xi \\ z = a\,\xi + b\,\eta + c_0 \end{cases}$$

(O. Bonnet [7], p. 224). Für $a = 0$ erhält man den Grenzfall der Kettenfläche, für $b = 0$ den der Wendelfläche.

Man überzeugt sich leicht, daß man die Formeln (24) erhält, wenn man in der Weierstraßschen Darstellung (95) für $R(\omega)$ den Ausdruck $R(\omega) = (b - i\,a)/2\omega^2$ nimmt und hernach $\omega = -i\,e^{\eta + i\xi}$ setzt.

Eine eingehende Erörterung der Minimalschraubenflächen findet man z. B. bei W. Wunderlich [2]. Dort wird auch der folgende Satz bewiesen: Wird ein „Kettenzylinder“ $x = a \operatorname{Cof}(z/a)$ um die z-Achse verschraubt, so hüllt er stets eine Minimalschraubenfläche ein. Man sehe weiter P. Stäckel [2], pp. 3–12 und M. Falci [1].

§ 81. In einem schiefwinkligen (ξ, η)-Koordinatensystem, dessen ξ- und η-Achse mit der x-Achse die Winkel $-\alpha$ bzw. $+\alpha$ bilden $\left(0 < \alpha < \frac{\pi}{2}\right)$, so daß also

$$\xi = \frac{1}{2}\left(\frac{x}{\cos\alpha} - \frac{y}{\sin\alpha}\right), \quad \eta = \frac{1}{2}\left(\frac{x}{\cos\alpha} + \frac{y}{\sin\alpha}\right)$$

gilt, nimmt die Minimalflächengleichung nach Multiplikation mit dem Faktor $\sin^2 2\alpha$ die Form

$$(25) \qquad (1 + z_\eta^2)\, z_{\xi\xi} - 2(z_\xi z_\eta + \cos 2\alpha)\, z_{\xi\eta} + (1 + z_\xi^2)\, z_{\eta\eta} = 0$$

an. Durch Einsetzen in (25) und Integration der sich ergebenden Differentialgleichung erhält man dann ohne Mühe alle Minimalflächen mit einer Darstellung $z = f(\xi) + g(\eta)$ bei geeigneter Verfügung über additive Integrationskonstanten in der Gestalt

$$(26)\quad z = \frac{a}{2}\left\{\log\cos\left[\frac{1}{a}\left(\frac{x}{\cos\alpha} - \frac{y}{\sin\alpha}\right)\right] - \log\cos\left[\frac{1}{a}\left(\frac{x}{\cos\alpha} + \frac{y}{\sin\alpha}\right)\right]\right\}$$

oder

$$(26')\qquad \mathfrak{Tan}\left(\frac{z}{a}\right) = \tan\left(\frac{x}{a\cos\alpha}\right)\tan\left(\frac{y}{a\sin\alpha}\right).$$

Diese von H. F. Scherk [1] gefundene Fläche, gegeben in der nicht-parametrischen Darstellung (26), ist natürlich nur über den „weißen" Feldern"

$$\left\{x, y;\left|\frac{x}{\cos\alpha} - \frac{y}{\sin\alpha} - 2m a\pi\right| < \frac{a\pi}{2}, \left|\frac{x}{\cos\alpha} + \frac{y}{\sin\alpha} - 2n a\pi\right| < \frac{a\pi}{2}\right\}$$

$(m, n = 0, \pm 1, \pm 2, \ldots)$ eines die (x, y)-Ebene überdeckenden unendlichen rhombischen Schachbrettes reell.

Insbesondere ergibt sich für $\alpha = \frac{\pi}{4}$, $a = 2/b$ nach einer Drehung des Koordinatensystems um 45° die Minimalfläche $e^{bz}\cos(b\,x) = \cos(b\,x)$ oder

$$(27)\qquad z = \frac{1}{b}\{\log\cos(b\,y) - \log\cos(b\,x)\}.$$

5.2. Minimalflächen der Form $f(x) + g(y) + h(z) = 0$

§ 82. Mit J. Weingarten [5] und M. Fréchet [3] wollen wir jetzt allgemeiner alle durch eine Gleichung der Form $f(x) + g(y) + h(z) = 0$ darstellbaren Minimalflächen auffinden. Dabei bedeuten $f(\xi)$, $g(\eta)$ und $h(\zeta)$ drei in gewissen Intervallen (ξ_1, ξ_2), (η_1, η_2) und (ζ_1, ζ_2) definierte reell-analytische Funktionen mit nicht-verschwindender erster Ableitung, deren Wertbereiche so aufeinander abgestimmt sein sollen, daß die Werte von $-(f(\xi) + g(\eta))$ im Wertbereich von $h(\zeta)$ liegen usw.

Nach (14) wird das Verschwinden der mittleren Krümmung durch die unter der Bedingung $f(x) + g(y) + h(z) = 0$ gültige Beziehung

$$[g'^2(y) + h'^2(z)]\,f''(x) + [h'^2(z) + f'^2(x)]\,g''(y) + [f'^2(x) + g'^2(y)]\,h''(z) = 0$$

ausgedrückt, welche nach Einführung der neuen Veränderlichen $u = f(x)$, $v = g(y)$, $w = h(z)$ und mit den Abkürzungen $X(u) = f'^2(x)$,

$Y(v) = g'^2(y)$, $Z(w) = h'^2(z)$ in

$$(28) \qquad A \equiv (Y + Z)\, X' + (Z + X)\, Y' + (X + Y)\, Z' = 0, \quad u + v + w = 0$$

übergeht.

Wenn eine Funktion $F(u, v, w)$ für alle der Bedingungen $u + v + w = 0$ genügenden Tripel (u, v, w) in den Wertebereichen der Funktionen $f(x)$, $g(y)$ und $h(z)$ verschwinden soll, so muß für diese Tripel $F_u = F_v = F_w$ gelten. Auf (28) angewendet, zieht diese Bemerkung die drei Gleichungen

$$(29) \qquad \begin{cases} B_1 \equiv A_v - A_w = (Z + X)\, Y'' - (X + Y)\, Z'' + (Y' - Z')\, X' = 0 \\ B_2 \equiv A_w - A_u = (X + Y)\, Z'' - (Y + Z)\, X'' + (Z' - X')\, Y' = 0 \\ B_3 \equiv A_u - A_v = (Y + Z)\, X'' - (Z + X)\, Y'' + (X' - Y')\, Z' = 0 \end{cases}$$

nach sich. Jede ist eine Folge der beiden anderen. Auflösung von (28), (29) nach $Y + Z$, $Z + X$ und $X + Z$ gibt

$$(30) \qquad \Delta (Y + Z)\, X' = X' Y' Z' \{(Z' - X')\, Y'' - (X' - Y')\, Z''\}$$

und zwei analoge durch zyklische Vertauschung der Symbole hervorgehende Beziehungen. Dabei ist $\Delta = X'\, Y''\, Z'' + Y'\, Z''\, X'' + Z'\, X''\, Y''$ gesetzt. Indem wir die zu (29) führende Schlußweise auf (29) selbst anwenden, erhalten wir eine Reihe von Gleichungen: $B_{2_v} - B_{2_u} = 0$ usw., d. h. $(Y + Z)\, X''' + (Z' - X')\, Y'' - (X' - Y')\, Z'' = 0$ usw. Wegen $Y + Z \neq 0$ usw. ergeben sich aus Gl. (30) und den analogen Gleichungen dann die Beziehungen

$$(31) \qquad \begin{cases} X' Y' Z'\, X''' + \Delta\, X' = 0 \\ X' Y' Z'\, Y''' + \Delta\, Y' = 0 \\ X' Y' Z'\, Z''' + \Delta\, Z' = 0. \end{cases}$$

Im Hinblick auf (28) liegt nun die folgende Situation vor: Entweder alle oder genau eine oder keine der drei Funktionen X', Y' und Z' verschwinden identisch.

1. Wenn keine der Funktionen X', Y' und Z' identisch verschwindet, folgen aus (31) die bis auf isolierte Werte gültigen Beziehungen $X'''/X' = Y'''/Y' = Z'''/Z'$; d. h. die Konstanz dieser Ausdrücke. Mit einer reellen Zahl $\varkappa$ gilt dann $X''' = \varkappa X'$, $Y''' = \varkappa Y'$, $Z''' = \varkappa Z'$. Im Falle $\varkappa \neq 0$ ergibt sich

$$(32) \qquad \begin{cases} X(u) = a_1 + b_1\, e^{\sqrt{\varkappa} u} - c_1\, e^{-\sqrt{\varkappa} u}, \\ Y(v) = a_2 + b_2\, e^{\sqrt{\varkappa} v} + c_2\, e^{-\sqrt{\varkappa} v}, \\ Z(w) = a_3 + b_3\, e^{\sqrt{\varkappa} w} + c_3\, e^{-\sqrt{\varkappa} w}. \end{cases}$$

Dabei sind a_1, a_2, a_3 reelle Konstanten, und die Paare (b_1, c_1), (b_2, c_2) und (b_3, c_3) müssen, je nachdem ob $\varkappa > 0$ oder $\varkappa < 0$ ist, reell oder konjugiert komplex sein. Nach Einsetzen in (28) und unter Beachtung des Zusammenhanges $w = -u - v$ ergeben sich durch einen etwas langwierigen Vergleich die folgenden Beziehungen zwischen den Koeffizienten als Bedingungen:

$$(33)\quad \begin{aligned} &(a_2 + a_3)\, b_1 = 2c_2\, c_3,\ (a_3 + a_1)\, b_2 = 2c_3\, c_1,\ (a_1 + a_2)\, b_3 = 2c_1\, c_2 \\ &(a_2 + a_3)\, c_1 = 2b_2\, b_3,\ (a_3 + a_1)\, c_2 = 2b_3\, b_1,\ (a_1 + a_2)\, c_3 = 2b_1\, b_2. \end{aligned}$$

Man erkennt leicht, daß, wenn A, B, C drei beliebige und λ, μ, ν drei durch die Beziehung $\lambda\,\mu\,\nu = 1$ verknüpfte Größen sind, die Zahlen

$$(34)\quad \begin{cases} a_1 = B + C - A, & b_1 = C\,\lambda^{-2}, \quad c_1 = B\,\lambda^2 \\ a_2 = C + A - B, & b_2 = A\,\mu^{-2}, \quad c_2 = C\,\mu^2 \\ a_3 = A + B - C, & b_3 = B\,\nu^{-2}, \quad c_3 = A\,\nu^2 \end{cases}$$

den Bedingungen (33) genügen.

Die Funktionen $f(x)$, $g(y)$ und $h(z)$ bestimmen sich nun als Umkehrfunktionen der elliptischen Integrale

$$(35)\quad x = \pm \int^{u} \frac{du}{\sqrt{X(u)}}, \quad y = \pm \int^{v} \frac{dv}{\sqrt{Y(v)}}, \quad z = \pm \int^{w} \frac{dw}{\sqrt{Z(w)}},$$

in denen das obere oder untere Vorzeichen zu wählen ist, je nachdem ob die Ableitungen $f'(x)$ bzw. $g'(y)$ bzw. $h'(z)$ positiv oder negativ sind.

Der Fall $\varkappa = 0$ kann entsprechend behandelt werden. Man erhält hier

$$(36)\quad \begin{cases} X(u) = a_1 + b_1\, u + c_1\, u^2, \\ Y(v) = a_2 + b_2\, v + c_2\, v^2, \\ Z(v) = a_3 + b_3\, w + c_3\, w^2 \end{cases}$$

und die folgenden Bedingungsgleichungen

$$(37)\quad \begin{cases} (a_1 + a_2)\, b_3 + (a_2 + a_3)\, b_1 + (a_3 + a_1)\, b_2 = 0, \\ 2(a_1 + a_2)\, c_3 - b_1\, b_2 = 2(a_2 + a_3)\, c_1 - b_2\, b_3 = 2(a_3 + a_1)\, c_2 - b_3\, b_1, \\ (b_1 - b_2)\, c_3 = (b_2 - b_3)\, c_1 = (b_3 - b_1)\, c_2,\ c_1\, c_2 + c_2\, c_3 + c_3\, c_1 = 0. \end{cases}$$

2. Wenn genau eine der Funktionen X', Y' und Z', etwa X', identisch verschwindet, erhalten wir aus (28), (29) die Beziehung $Y' Z'' + Y'' Z' = 0$, d. h. $Y'' = \lambda\, Y'$ und $Z'' = -\lambda\, Z'$ mit $\lambda \neq 0$. Wir kommen also zum ersten Falle zurück, wobei wir diesmal $\sqrt{\varkappa} = |\lambda|$, $b_1 = c_1 = 0$ und $b_3 = c_2 = 0$ bzw. $b_2 = c_3 = 0$ zu nehmen haben.

3. Wenn alle drei Funktionen X', Y' und Z' identisch verschwinden, ergibt sich $f(x) = a_1 + b_1\, x$, $g(y) = a_2 + b_2\, y$, $h(z) = a_3 + b_3\, z$, also eine Ebene als zugehörige Minimalfläche.

§ 83. Die Formeln (32)–(37) sind eine ergiebige Quelle für die Bestimmung spezieller Minimalflächen. Es ist klar, daß neben den Ebenen auch die Wendelflächen, die Kettenflächen und die Scherkschen Minimalflächen alle hierher gehören.

Die Konstantenwahl $a_1 = a_2 = a_3 = b_1 = b_2 = b_3 = c_1 = c_2 = c_3 = 1$ bzw. $A = B = C = \lambda = \mu = \nu = 1$ genügt den Gl. (33) bzw. (34). Mit $\varkappa = 4$ erhalten wir aus (32), (35) also eine Minimalfläche, deren Gleichung bei geeigneter Wahl der Integrationskonstanten die Form $\log \mathscr{E}(x) + \log \mathscr{E}(y) + \log \mathscr{E}(z) = 0$ oder

$$\mathscr{E}(x)\,\mathscr{E}(y)\,\mathscr{E}(z) = 1 \tag{38}$$

und übrigens bei anderer Vorzeichenwahl auch

$$\mathscr{E}(x)\,\mathscr{E}(y) = \mathscr{E}(z) \tag{38'}$$

besitzt. Dabei bedeutet $t = \mathscr{E}(\xi)$ die Umkehrfunktion des elliptischen Integrals $\xi = \int\limits_0^t [1 + \tau^2 + \tau^4]^{-1/2}\, d\tau$. Dieses Integral läßt sich mit Hilfe der Transformation $\tau = \left(\tan\varphi - \sqrt{3}\right)/\left(\tan\varphi + \sqrt{3}\right)$ auf die Legendresche Normalform bringen.

Wir bemerken noch, daß eine Änderung des Wertes von $\varkappa$ oder eine Änderung der unteren Grenze dieses elliptischen Integrals lediglich eine Ähnlichkeitstransformation bzw. eine Translation der dargestellten Minimalfläche zur Folge hat.

Mit den Substitutionen $\tau = (\sigma - 1)/(\sigma + 1)$ und $t = (s - 1)/(s + 1)$ wird

$$\xi = \int^t \frac{d\tau}{\sqrt{1 + \tau^2 + \tau^4}} = \int^s \frac{d\sigma}{\sqrt{\frac{3}{4} + \frac{5}{2}\sigma^2 + \frac{3}{4}\sigma^4}}.$$

Wenn wir die Umkehrfunktion des zweiten elliptischen Integrals mit $s = \mathscr{F}(\xi)$ bezeichnen, so gilt $\mathscr{E}(\xi) = (\mathscr{F}(\xi) - 1)/(\mathscr{F}(\xi) + 1)$, und die Gl. (38) geht in

$$\mathscr{F}(y)\,\mathscr{F}(z) + \mathscr{F}(z)\,\mathscr{F}(x) + \mathscr{F}(x)\,\mathscr{F}(y) + 1 = 0 \tag{39}$$

über.

Die Minimalfläche (38) ist eine spezielle Fläche der einparametrischen Schar von Minimalflächen, welche man bei der Konstantenwahl $\varkappa = 4$, $a_1 = 2p^2 - 1$, $a_2 = a_3 = b_2 = b_3 = c_1 = 1$, $b_1 = p^4$, $c_2 = c_3 = p^2$ erhält.

Mit $\varkappa = 4$ und der die Bedingungen (33) befriedigenden Konstantenwahl $a_1 = a_2 = -a_3 = b_3 = c_1 = c_2 = 1$, $b_1 = b_2 = c_3 = 0$ finden wir eine Minimalfläche, deren Gleichung sich bei geeigneter Verfügung über die Integrationskonstanten in die Form

$$\sin z = \mathfrak{Sin}\, x \cdot \mathfrak{Sin}\, y \tag{40}$$

setzen läßt. Sie ist uns von § 4 her bekannt.

Mit $\varkappa = 0$ und der die Bedingungen (37) befriedigenden Konstantenwahl $a_1 = -\alpha^4\beta^2$, $a_2 = -\alpha^2\beta^4$, $a_3 = \alpha^2\beta^2$, $b_1 = b_2 = b_3 = 0$,

$c_1 = \beta^2$, $c_2 = \alpha^2$, $c_3 = -\alpha^2\beta^2$, wobei $\alpha^2 + \beta^2 = 1$ sein muß, finden wir aus (35), (36) bei geeigneter Verfügung über die Integrationskonstanten eine einparametrische Schar von Minimalflächen mit der Gleichung

$$\alpha^2 \operatorname{Cof} \beta x - \beta^2 \operatorname{Cof} \alpha y = \cos(\alpha \beta z), \quad \alpha^2 + \beta^2 = 1. \tag{41}$$

Im Spezialfalle $\alpha = \beta = 1/\sqrt{2}$ geht (41) nach Ersetzung von x, y, z durch $\sqrt{2}(x+y)$, $\sqrt{2}(x-y)$ bzw. $2z - \pi$ in (40) über.

Die Gesamtheit der in der Form $f(x) + g(y) + h(z) = 0$ darstellbaren Minimalflächen läßt sich mit Hilfe elliptischer Funktionen ausdrücken, welche alle Umkehrfunktionen gewisser elliptischer Integrale erster Gattung sind, und die sich übrigens u. U. auf trigonometrische oder hyperbolische Funktionen reduzieren können. Wir geben noch einige konkrete Beispiele, bei welchen zwei der elliptischen Integrale in geschlossener Form auswertbar sind, und von deren Richtigkeit sich der Leser auch durch Einsetzen in die Minimalflächengleichung direkt überzeugen kann.

1. Es sei $t = M(\varphi)$ die Umkehrfunktion des elliptischen Integrals $\varphi = \int\limits_0^t (1-\tau^4)^{-1/2}\, d\tau$. Dann sind

$$M\left(\frac{z}{\sqrt{2}}\right) = \frac{\cos y}{\operatorname{Sin} x} \quad \text{bzw.} \quad \operatorname{Sin} z = \frac{\cos y}{M\left(\frac{x}{\sqrt{2}}\right)} \tag{42}$$

Gleichungen von Minimalflächen.

2. Für $0 < k < 1$ sei $t = N(\varphi; k)$ die Umkehrfunktion des elliptischen Integrals $\varphi = \int\limits_{1/k}^t [(\tau^2 - 1)(k^2\tau^2 - 1)]^{-1/2}\, d\tau$. Dann ist

$$\operatorname{Cof} z = \cos y\, N\left(\frac{x}{\sqrt{1-k^2}}; k\right) \tag{43}$$

die Gleichung einer Minimalfläche.

3. Für $0 \leqq k < 1$ sei $t = P(\varphi; k)$ die Umkehrfunktion des elliptischen Integrals $\varphi = \int\limits_0^t [(1+\tau^2)(1+k^2\tau^2)]^{-1/2}\, d\tau$. Dann ist

$$\operatorname{Sin} z = \frac{\cos y}{P\left(\frac{x}{\sqrt{1-k^2}}; k\right)} \tag{44}$$

die Gleichung einer Minimalfläche. Wegen $P(\varphi; 0) = \operatorname{Sin}\varphi$ geht (44) für $k = 0$ $\left(\text{nach Ersetzen von } z \text{ durch } y \text{ und von } y \text{ durch } z - \frac{\pi}{2}\right)$ in (40) über.

Mit der Substitution $\tau = \tan\sigma$ wird

$$\int_0^t \frac{d\tau}{\sqrt{(1+\tau^2)(1+k^2\tau^2)}} = \int_0^{\operatorname{arc}\tan t} \frac{d\sigma}{\sqrt{1-(1-k^2)\sin^2\sigma}}$$
$$= F\left(\sqrt{1-k^2}, \operatorname{arc}\tan t\right),$$

wobei F die Legendresche Normalform des elliptischen Integrals erster Gattung bedeutet. Die elliptische Funktion $P\left(\frac{x}{\sqrt{1-k^2}}; k\right)$ geht also monoton von Null nach Unendlich, wenn x von Null bis zum Werte $\xi(k) = \sqrt{1-k^2}\, \mathsf{K}\left(\sqrt{1-k^2}\right)$ wächst. $\left(\mathsf{K}(\lambda) = F\left(\lambda, \frac{\pi}{2}\right)\right.$ ist das vollständige elliptische Integral erster Gattung.$\left.\right)$ Wenn k von Eins nach Null abnimmt, wächst die Funktion $\xi(k)$ von Null bis Unendlich. Für kleine Werte von k hat $\xi(k)$ eine Entwicklung

$$\xi(k) = \Lambda - \frac{1}{4}(\Lambda + 1)k^2 -$$
$$- \frac{7}{64}\left(\Lambda + \frac{5}{14}\right)k^4 - \frac{17}{256}\left(\Lambda + \frac{107}{102}\right)k^6 - \cdots.$$

Dabei ist $\Lambda = \log(4/k)$. (Siehe E. Jahnke und F. Emde [I], p. 73.)

§ 84. Die Klasse der im Vorangehenden betrachteten Minimalflächen ist von einem etwas anderen Gesichtspunkt aus, und zwar vor Weingarten und Fréchet, von H. A. Schwarz eingehend studiert worden; siehe [I], pp. 1—148 des 1. Bandes. Etwas später bestimmte A. Cayley [1] die Gesamtheit der Minimalflächen mit einer Gleichung der Gestalt (39) unter der Annahme, daß $\mathcal{F}(\xi)$ die Umkehrfunktion eines gewissen elliptischen Integrals erster Gattung sei, nämlich einer Differentialgleichung $\mathcal{F}'^2 = a\mathcal{F}^4 + b\mathcal{F}^2 + c$ genüge.

Man erkennt leicht, daß der durch die Ungleichungen

$$0 \leqq x, y, z \leqq p_0 = \int_0^\infty [1 + \tau^2 + \tau^4]^{-1/2}\, d\tau = \frac{2}{3}\mathsf{K}\left(\frac{2}{3}\sqrt{2}\right) = 1{,}68575$$

definierte Teil der Minimalfläche (38′) ein durch sechs von zwei gegenüberliegenden Eckpunkten eines Würfels der Kantenlänge p_0 ausgehenden Kanten berandetes Minimalflächenstück ist. Ein Bild dieses Flächenstückes ist in Abb. 6 wiedergegeben. Die Minimalfläche enthält übrigens außer den Würfelkanten weitere Geraden, nämlich die drei in Abb. 6 stark ausgezogenen Geraden mit den Gleichungen

$$y - z = 0,\ 2x = p_0; \quad z - x = 0,\ 2y = p_0; \quad x + y = p_0,\ 2z = p_0.$$

Um beispielsweise zu zeigen, daß die Gerade $y - z = 0$, $2x = p_0$ auf der Minimalfläche liegt, bemerken wir zunächst, daß

$$\int_0^1 \frac{d\tau}{\sqrt{1+\tau^2+\tau^4}} = \int_1^\infty \frac{d\tau}{\sqrt{1+\tau^2+\tau^4}} = \frac{p_0}{2}$$

gilt. Für $x = p_0/2$ ist also $\mathscr{E}(x) = 1$. Die Schnittkurve der Ebene $x = p_0/2$ mit unserer Minimalfläche hat daher die Gleichung $\mathscr{E}(y) = \mathscr{E}(z)$; und daraus folgt tatsächlich $y - z = 0$.

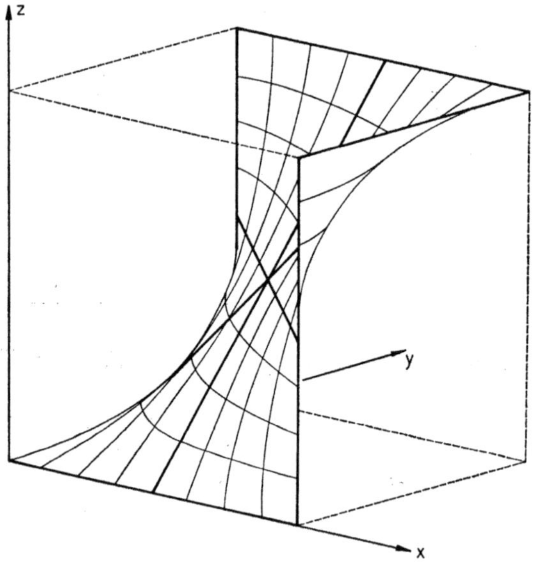

Abb. 6

Um die durch (39) dargestellte Minimalfläche zu untersuchen, bezeichnen wir jetzt mit $s = \mathscr{F}(\varphi)$ die Umkehrfunktion des Integrals $\varphi = \int_0^s [\frac{3}{4} + \frac{5}{2}\sigma^2 + \frac{3}{4}\sigma^4]^{-1/2}\, d\sigma$. Mit Hilfe der Beziehung

$$2p_0 \equiv \int_0^\infty \frac{d\sigma}{\sqrt{\frac{3}{4}+\frac{5}{2}\sigma^2+\frac{3}{4}\sigma^4}} = \int_0^s \frac{d\sigma}{\sqrt{\frac{3}{4}+\frac{5}{2}\sigma^2+\frac{3}{4}\sigma^4}} - \int_0^{-1/s} \frac{d\sigma}{\sqrt{\frac{3}{4}+\frac{5}{2}\sigma^2+\frac{3}{4}\sigma^4}}$$

sehen wir diesmal ohne Mühe, daß der durch die Ungleichungen $0 \leqq x$, $y \leqq 2p_0$, $-2p_0 \leqq z \leqq 0$ definierte Teil der Minimalfläche (39) ein im Würfel $0 \leqq x, y, z + 2p_0 \leqq 2p_0$ verlaufendes und von den (nach Entfernen eines Paares gegenüberliegender Kanten verbleibenden) vier Kanten eines regelmäßigen Tetraeders berandetes Flächenstück ist. Sowohl dieses in Abb. 7 dargestellte Flächenstück als auch seine analytischen Fortsetzungen sind von H. A. Schwarz besonders sorgfältig

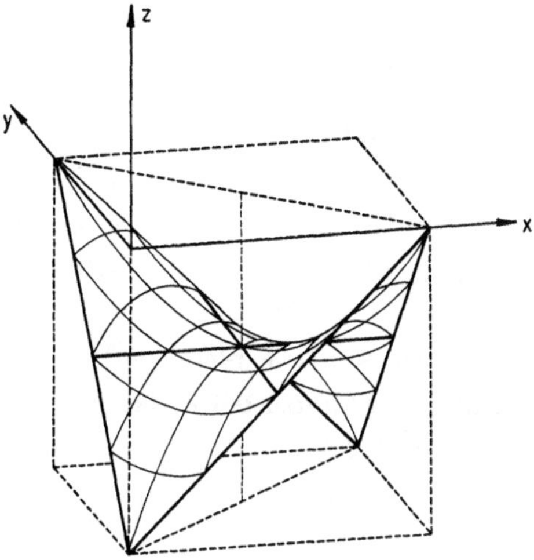

Abb. 7

untersucht worden; siehe [I], pp. 1–125 des 1. Bandes. Das Flächenstück, auf welchem die beiden Geraden mit den Gleichungen $x = p_0$, $z = -p_0$ und $y = p_0$, $z = -p_0$ liegen, läßt sich in vier kongruente von geradlinigen Segmenten berandete Teile zerlegen. Die Minimalfläche der Abb. 6 ist aus sechs solchen kongruenten Teilen zusammengesetzt.

§ 85. Wenn wir mit (32), (34) und der lediglich den Maßstab festlegenden Annahme $\varkappa = 4$ in (35) eingehen, so erhalten wir nach den Substitutionen $\xi = e^u$, $\eta = e^v$ und $\zeta = e^w$ unsere Fläche in der Darstellung

$$(45) \qquad \left\{ \begin{aligned} x &= \int^{e^u} \frac{\lambda\, d\xi}{\sqrt{B\lambda^4 + (B + C - A)\lambda^2\xi^2 + C\xi^4}} \\ y &= \int^{e^v} \frac{\mu\, d\eta}{\sqrt{C\mu^4 + (C + A - B)\mu^2\eta^2 + A\eta^4}} \\ z &= \int^{e^w} \frac{\nu\, d\zeta}{\sqrt{A\nu^4 + (A + B - C)\nu^2\zeta^2 + B\zeta^4}} \end{aligned} \right.$$

mit $u + v + w = 0$. Indem wir in diesen Integralen bzw. die Substitutionen $\xi = \lambda i(1 + \omega^2)/2\omega$, $\eta = \mu 2\omega/(1 - \omega^2)$, $\zeta = \nu(1 - \omega^2)/[i(1 + \omega^2)]$ vornehmen, werden wir nach einer kurzen Rechnung auf die Formeln

$$x = \int^{w} (1 - \omega^2) R(\omega)\, d\omega$$

$$y = \int^{w} i(1 + \omega^2) R(\omega)\, d\omega$$

$$z = \int^{w} 2\omega R(\omega)\, d\omega$$

geführt, in denen $R(\omega) = 2/\sqrt{P(\omega)}$ und

$$\begin{aligned} P(\omega) &= A(2\omega)^2[i(1 + \omega^2)]^2 + B(2\omega)^2[1 - \omega^2]^2 + C[1 - \omega^2]^2[i(1 + \omega^2)]^2 \\ &= -C + 4(B - A)\omega^2 + 2(C - 4A - 2B)\omega^4 + 4(B - A)\omega^6 - C\omega^8 \end{aligned}$$

ist. Im Falle der Minimalflächen (38), (38'), (39), wo $A = B = C = \lambda = \mu = \nu = 1$ gilt, haben wir insbesondere

$$P(\omega) = -(1 + 14\omega^4 + \omega^8).$$

Es ist nun sehr interessant festzustellen, daß die Minimalflächen (45) mit den durch die Gleichungen

$$\text{(46)} \qquad \left\{ \begin{aligned} x &= \operatorname{Re} \int^{w} (1 - \omega^2) R(\omega)\, d\omega \\ y &= \operatorname{Re} \int^{w} i(1 + \omega^2) R(\omega)\, d\omega \\ z &= \operatorname{Re} \int^{w} 2\omega R(\omega)\, d\omega \end{aligned} \right.$$

definierten Minimalflächen nach einer geeigneten Translation, d. h. bei geeigneter Verfügung über die Integrationskonstanten, identisch sind (siehe auch H. A. Schwarz [I], pp. 138–145 des 1. Bandes). Wir werden den Gl. (46), welche von K. Weierstraß und A. Enneper zur Erzeugung von Minimalflächen mit Hilfe analytischer Funktionen aufgestellt worden sind, – daß sie tatsächlich eine Minimalfläche darstellen, läßt sich leicht direkt verifizieren – in Kapitel III wiederholt begegnen.

Wir wollen diese Übereinstimmung von (45) und (46) hier für den Fall der Minimalfläche (38), bei welcher $A = B = C = \lambda = \mu = \nu = 1$ ist, nachweisen, müssen dazu allerdings vorwegnehmend einige Aussagen der §§ 149, 156 heranziehen.

Der Normalenvektor der Minimalfläche (38) ist zum Vektor $\{\mathcal{E}'(x)\,\mathcal{E}(y)\,\mathcal{E}(z),\ \mathcal{E}(x)\,\mathcal{E}'(y)\,\mathcal{E}(z),\ \mathcal{E}(x)\,\mathcal{E}(y)\,\mathcal{E}'(z)\}$ der Länge $[3 + \mathcal{E}^2(x) + \mathcal{E}^2(y) + \mathcal{E}^2(z) + \mathcal{E}^2(y)\mathcal{E}^2(z) + \mathcal{E}^2(z)\mathcal{E}^2(x) + \mathcal{E}^2(x)\mathcal{E}^2(y)]^{1/2}$ parallel. Längs der auf der Fläche (38) liegenden Geraden $y = 0$, $z = p_0$

ist $\mathscr{E}(y) = 0$, $\mathscr{E}(z) = \infty$. In einem Punkte auf dieser Geraden mit der Abszisse x, $0 < x < p_0$, ist der Normaleneinheitsvektor also durch

$$\left\{0, \frac{\mathscr{E}(x)}{\sqrt{1+\mathscr{E}^2(x)}}, \frac{1}{\sqrt{1+\mathscr{E}^2(x)}}\right\}$$

gegeben. Aus der in § 156 festgestellten geometrischen Bedeutung der Veränderlichen ω folgt andererseits, daß die erste Komponente des Normalenvektors der durch (46) dargestellten Fläche für $\omega = i\varrho$ bei reellem ϱ verschwindet. Der Normaleneinheitsvektor ist dann durch $\{0, 2\varrho/(1+\varrho^2), (\varrho^2-1)/(1+\varrho^2)\}$ gegeben. Wegen $R(i\varrho) = 2i/ /\sqrt{1+14\varrho^4+\varrho^8}$ wird dann

$$x = \operatorname{Re}\int^{\omega}(1-\omega^2)\,R(\omega)\,d\omega = -\int^{\varrho}\frac{2(1+\varrho^2)\,d\varrho}{\sqrt{1+14\varrho^4+\varrho^8}},$$

während die Integrale $\int^{\omega} i(1+\omega^2)\,R(\omega)\,d\omega$ und $\int^{\omega} 2\omega\,R(\omega)\,d\omega$ rein imaginär ausfallen. Mit abnehmendem ϱ nimmt x also zu, und y und z sind Null.

Es gilt nun aber

$$-\int^{\varrho}\frac{2(1+\varrho^2)\,d\varrho}{\sqrt{1+14\varrho^4+\varrho^8}} = \int^{\tau}\frac{d\tau}{\sqrt{1+\tau^2+\tau^4}}, \qquad \tau = \frac{2\varrho}{\varrho^2-1}.$$

Man sieht das am einfachsten, indem man zunächst $\varrho = \left[1+\sqrt{1+\tau^2}\right]/\tau$ und $1 + 14\varrho^8 + \varrho^4 = (2\varrho)^2\,(1+\varrho^2)^2 - (2\varrho)^2\,(1-\varrho^2)^2 + (1-\varrho^2)^2 \times \times (1+\varrho^2)^2 = (2\varrho)^4(1+\tau^{-2}+\tau^{-4})$ schreibt. Da $2\varrho/(1+\varrho^2) = \tau/\sqrt{1+\tau^2}$ und $(\varrho^2-1)/(1+\varrho^2) = 1/\sqrt{1+\tau^2}$ ist, erkennen wir, daß die Minimalfläche (38) nach einer geeigneten Translation mit der Minimalfläche (46) nicht nur die Gerade $y = z = 0$ gemeinsam hat, sondern daß längs dieser Geraden auch die Normalenvektoren beider Flächen übereinstimmen. Nach einem in § 149 zu beweisenden Satze müssen unter diesen Umständen die beiden Minimalflächen (in der neuen Lage) identisch sein.

§ 86. Als letztes Beispiel betrachten wir die Minimalfläche mit der Gleichung

$$Q(x-\varphi_0)\,R(z-\psi_0) + Q(y-\varphi_0) = 0. \tag{47}$$

Dabei sind $t = Q(\varphi)$ und $t = R(\psi)$ für festes $\varkappa > 0$ die Umkehrfunktionen der Integrale

$$\varphi = \int_0^t \frac{d\tau}{\sqrt{\varkappa-\tau^2-\tau^4}}, \qquad \psi = \int_0^t \frac{d\tau}{\sqrt{\varkappa+(1+2\varkappa)\,\tau^2+\varkappa\,\tau^4}}$$

und, mit $t_0^2 = \frac{1}{2}\left[\sqrt{1+4\varkappa} - 1\right]$, $4\varkappa + 1 = \lambda^2$,

$$\varphi_0 = \int\limits_0^{t_0} \frac{d\tau}{\sqrt{\varkappa - \tau^2 - \tau^4}} = \frac{1}{\sqrt{\lambda}} \mathsf{K}\left(\sqrt{\frac{\lambda - 1}{2\lambda}}\right)$$

$$\psi_0 = \int\limits_0^{1} \frac{d\tau}{\sqrt{\varkappa + (1 + 2\varkappa)\tau^2 + \varkappa\tau^4}} = \frac{1}{2}\sqrt{\frac{\lambda - 1}{\lambda + 1}} \mathsf{K}\left(\frac{2\sqrt{\lambda}}{\lambda + 1}\right).$$

Der durch die Ungleichungen $0 \leqq x, y \leqq 2\varphi_0$, $0 \leqq z \leqq 2\psi_0$ definierte Teil der Minimalfläche (47) verläuft in dem quadratischen Prisma $0 \leqq x, y \leqq 2\varphi_0$, $0 \leqq z \leqq 2\psi_0$. Auf der Grundfläche $z = 0$ ist er wegen $R(-\psi_0) = -1$ und der aus $Q(x - \varphi_0) - Q(y - \varphi_0) = 0$ folgenden Gleichung $y = x$ von der Diagonale $y = x$, $z = 0$ berandet. Auf der Deckfläche $z = 2\psi_0$ ist er wegen $R(\psi_0) = 1$ und der aus $Q(x - \varphi_0) + Q(y - \varphi_0) = 0$ folgenden Gleichung $x + y = 2\varphi_0$ von der anders gerichteten Diagonale $x + y = 2\varphi_0$, $z = 2\psi_0$ berandet. Der Normalenvektor der Minimalfläche ist zum Vektor $\{Q'(x - \varphi_0)\, R(z - \psi_0),\; Q'(y - \varphi_0),\; Q(x - \varphi_0)\, R'(z - \psi_0)\}$ parallel. Die Ableitungen Q' und R' berechnen sich dabei gemäß

$$Q'^2 = \varkappa - Q^2 - Q^4, \qquad R'^2 = \varkappa + (1 + 2\varkappa) R^2 + \varkappa R^4.$$

Auf der Schnittkurve der Minimalfläche mit der Seitenfläche $y = 0$ haben wir $Q(-\varphi_0) = -t_0$ und somit $Q'(-\varphi_0) = 0$. Der Normalenvektor der Minimalfläche liegt also in der Ebene $y = 0$; d. h. unsere Minimalfläche schneidet die Ebene $y = 0$ senkrecht. Ebenso sehen wir, daß unsere Minimalfläche die Seitenfläche $y = 2\varphi_0$ senkrecht schneidet.

Wenn $\varphi_0 = \psi_0$ ist, so wird das quadratische Prisma insbesondere ein Würfel. Für diesen Fall ist die Minimalfläche in Abb. 8 wiedergegeben.

Der numerische Wert der Konstanten $\varkappa$, für welche $\varphi_0 = \psi_0$ wird, ist $\varkappa = 6{,}606$. Es ist dann $\varphi_0 = \psi_0 = 0{,}778$.

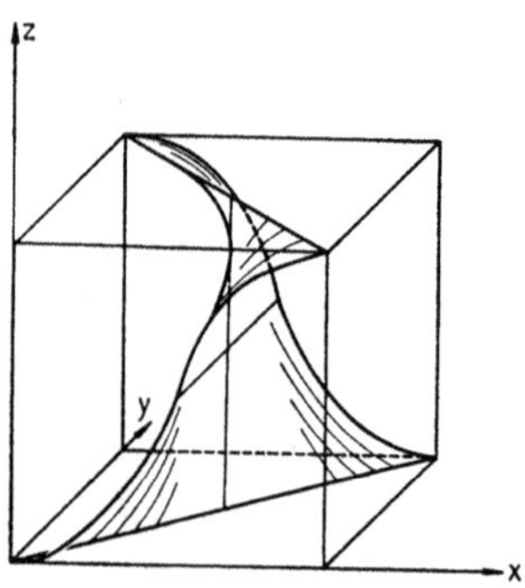

Abb. 8

§ 87. Mit der in § 82 auseinandergesetzten Methode kann man spezielle Lösungen der Minimalflächengleichung auch in mehr Veränderlichen gewinnen. Für den Fall dreier Veränderlichen geben wir die folgenden Beispiele von Lösungen $u = u(x, y, z)$ der Minimalflächengleichung an:

$$u(x, y, z) = \frac{x y}{z}.$$

Bezogen auf die neuen Veränderlichen $x_1 = x + y$, $x_2 = z + u$, $x_3 = x - y$, $x_4 = z - u$ erscheint diese Minimalfläche in der Form

$$x_1^2 + x_2^2 = x_3^2 + x_4^2.$$

Das ist das 3-dimensionale Analogon des in § 130 betrachteten 7-dimensionalen Kegels.

$$u(x, y, z) = \frac{1}{a} \log \cos(a\, y/b) - \frac{1}{a} \log \cos(a\, x/b) + \frac{z}{b} \sqrt{1 - b^2}$$

oder

$$u(x, y, z) = \frac{1}{a} \log \cos(a\, b\, y) - \frac{1}{a} \log \cos(a\, b\, x) + z \sqrt{b^2 - 1}.$$

Eine weitere Lösung ist

$$u(x, y, z) = 2a \int^{r} \frac{d\varrho}{\sqrt{\varrho^4 - 2a^2}} + z, \qquad r = x^2 + y^2, a > 0.$$

5.3. Die Ennepersche Minimalfläche

§ 88. Es seien zwei Fokalparabeln, d. h. Parabeln in zueinander senkrechten Ebenen mit wechselseitig zusammenfallenden Scheiteln und Brennpunkten, gegeben, etwa

$$\left\{x^2 = \frac{8}{3} z + \frac{8}{9},\ y = 0\right\}$$

und

$$\left\{y^2 = -\frac{8}{3} z + \frac{8}{9},\ x = 0\right\},$$

oder in Parameterdarstellung

$$\left\{x = \frac{4}{3} u,\ y = 0,\ z = -\frac{1}{3} + \frac{2}{3} u^2;\ -\infty < u < \infty\right\}$$

und

$$\left\{x = 0,\ y = -\frac{4}{3} v,\ z = \frac{1}{3} - \frac{2}{3} v^2,\ -\infty < v < \infty\right\}.$$

Wenn man zwei Punkte auf diesen Parabeln wandern läßt, so umhüllen die zugehörigen Symmetrieebenen eine Fläche, deren Gleichung wir bestimmen wollen.

Die Gleichung der Symmetrieebene zweier durch die Parameterwerte u und v definierten Punkte auf den Parabeln ist

$$\Phi \equiv 2u\,x + 2v\,y + (u^2 + v^2 - 1)\,z - \tfrac{1}{3}(u^4 - v^4 + 3u^2 - 3v^2) = 0.$$

Die aus den Bedingungen $\Phi = \Phi_u = \Phi_v = 0$ gewonnene Einhüllende der Symmetrieebenen besitzt daher die Parameterdarstellung

$$(48)\quad \{x = u + u v^2 - \tfrac{1}{3}u^3,\ y = -v - u^2 v + \tfrac{1}{3}v^3,\ z = u^2 - v^2;\ u^2 + v^2 < \infty\}.$$

Durch Einsetzen in den Ausdruck für die mittlere Krümmung überzeugt man sich leicht davon, daß (48) die Darstellung einer Minimalfläche ist. Sie wurde von A. Enneper ([1], p. 108) entdeckt. Die hier benutzte Erzeugungsweise stammt von G. Darboux ([I], pp. 375–376). Die Abb. 9 zeigt den (der Klarheit halber in positiver z-Richtung verschobenen) Teil der Enneperschen Fläche, welcher dem Kreise $u^2 + v^2 \leqq 1$ entspricht. Andere Darstellungen finden sich bei G. Darboux [I], p. 375 und K. Leichtweiß [2], p. 19.

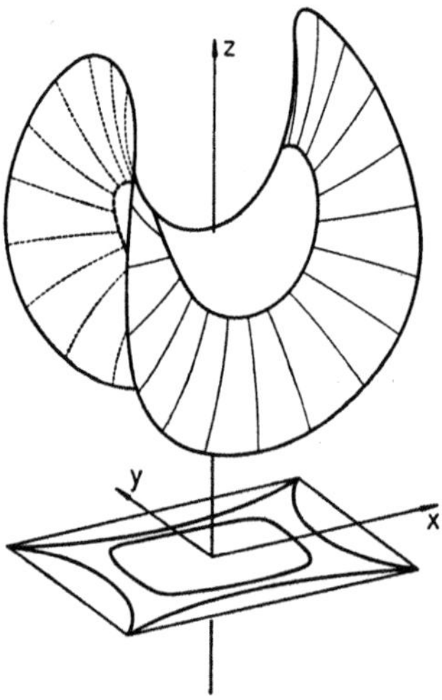

Abb. 9

Die Normalebenen der Fokalparabeln in den den Parameterwerten u bzw. v entsprechenden Punkten haben die Gleichungen $x + u\,z = u(1 + \tfrac{2}{3}u^2)$ bzw. $y + v\,z = -v(1 + \tfrac{2}{3}v^2)$. Der Berührungspunkt der Symmetrieebene mit der Minimalfläche wird auf ihr also gerade durch die beiden Normalebenen ausgeschnitten.

Wir bemerken noch, daß die zwei Scharen der Krümmungslinien nach §§ 157, 172 durch die Bedingungen $u = \text{const}$ bzw. $v = \text{const}$ gekennzeichnet sind. Die Krümmungslinien sind also ebene Kurven, und zwar verlaufen sie gerade in den Normalebenen der Fokalparabeln.

Aus der Form des Linienelementes $ds^2 = (1 + u^2 + v^2)^2\,(du^2 + dv^2)$ ist ersichtlich, daß u und v isotherme Parameter auf der Fläche sind.

Für den Normalenvektor findet man $\mathfrak{X}(u, v) = (1 + u^2 + v^2)^{-1} \times \times \{2u, 2v, u^2 + v^2 - 1\}$, so daß die Beziehung zwischen u, v und der in § 56 eingeführten Veränderlichen ω des sphärischen Bildes einfach durch $u + iv = \omega$ gegeben ist. Damit ist die geometrische Bedeutung der Parameter u und v geklärt.

Unter Benutzung von Polarkoordinaten nimmt die Darstellung der Fläche die Form

$$(48')\quad \begin{cases} x = \varrho \cos\vartheta - \frac{1}{3}\varrho^3 \cos 3\vartheta = \varrho\cos\vartheta\left[1 + \varrho^2 - \frac{4}{3}\varrho^2\cos^2\vartheta\right] \\ y = -\varrho\sin\vartheta - \frac{1}{3}\varrho^3\sin 3\vartheta = -\varrho\sin\vartheta\left[1 + \varrho^2 - \frac{4}{3}\varrho^2\sin^2\vartheta\right] \\ z = \varrho^2\cos 2\vartheta \end{cases}$$

an.

§ 89. Ein gewisser den Punkt (0, 0, 0) enthaltender Teil der Enneperschen Fläche läßt sich in der Form $z = z(x, y)$ darstellen (siehe § 48), und die Funktion $z(x, y)$ hat eine Potenzreihenentwicklung

$$z(x, y) = x^2 - y^2 + \frac{2}{3}x^4 - \frac{2}{3}y^4 + \frac{7}{9}x^6 - x^4y^2 + x^2y^4 - \\ - \frac{7}{9}y^6 + \frac{10}{9}x^8 - \frac{4}{3}x^6y^2 + \frac{4}{3}x^2y^6 - \frac{10}{9}y^8 + \cdots.$$

Überraschenderweise läßt sich die Gleichung der Fläche aber sogar in geschlossener (impliziter) Form anschreiben. Durch Elimination von ϱ aus den beiden Beziehungen

$$(49)\quad \begin{aligned} x^2 + y^2 + \frac{4}{3}z^2 &= \frac{1}{9}\varrho^2(3 + \varrho^2)^2, \\ y^2 - x^2 + z + \frac{4}{9}z^3 &= \frac{1}{3}\varrho^2(2 + \varrho^2)\,z, \end{aligned}$$

welche eine Folge von (48′) sind, findet man die kartesische Gleichung der Enneperschen Fläche:

$$(50)\quad \left[y^2 - x^2 + \frac{4}{3}z + \frac{4}{9}z^3\right]^3 \\ - 3z\left[y^2 - x^2 + \frac{8}{9}z - z\left(x^2 + y^2 + \frac{8}{9}z^2\right)\right]^2 = 0.$$

Aus ihr geht hervor, daß es sich um eine algebraische Fläche neunter Ordnung handelt. Man kann nämlich leicht einsehen, daß Gl. (50) irreduzibel ist. Die Fläche geht in sich selbst über, wenn man x durch $-x$ oder y durch $-y$ oder auch x, y, z durch $y, x, -z$ ersetzt.

Die Tangentialebene im Flächenpunkte (u, v) in laufenden Koordinaten x, y, z heißt $X(u, v)\,x + Y(u, v)\,y + Z(u, v)\,z + P(u, v) = 0$, wobei $P(u, v) = (v^2 - u^2)(1 + \frac{1}{3}u^2 + \frac{1}{3}v^2)(1 + u^2 + v^2)^{-1}$ ist. Daher ergeben sich für die inhomogenen Ebenenkoordinaten $\bar{u} = X/P$, $\bar{v} = Y/P$ und $\bar{w} = Z/P$ die Beziehungen

$$\bar{u} = \frac{2u}{(v^2 - u^2)(1 + \frac{1}{3}u^2 + \frac{1}{3}v^2)},$$

$$\bar{v} = \frac{2v}{(v^2 - u^2)(1 + \frac{1}{3}u^2 + \frac{1}{3}v^2)},$$

$$\bar{w} = \frac{u^2 + v^2 - 1}{(v^2 - u^2)(1 + \frac{1}{3}u^2 + \frac{1}{3}v^2)}.$$

Durch Elimination von u und v findet man die Gleichung der Enneperschen Minimalfläche in Ebenenkoordinaten

$$(51)\quad (\bar{v}^2 - \bar{u}^2)^2\,[4\bar{u}^2 + 4\bar{v}^2 + 3\bar{w}^2] + \\ + 6\bar{w}(\bar{v}^2 - \bar{u}^2)\,[3\bar{u}^2 + 3\bar{v}^2 + 2\bar{w}^2] - 9(\bar{u}^2 + \bar{v}^2)^2 = 0.$$

Gl. (51) ist irreduzibel; die Klasse der Enneperschen Fläche ist daher sechs.

§ 90. *Das dem Kreise $u^2 + v^2 < 3$ entsprechende Stück der Enneperschen Minimalfläche (48) hat keine Selbstdurchschneidungen.*

Beweis: Aus (49_1) erkennt man zunächst, daß zwei Punkte auf verschiedenen konzentrischen Kreisen um den Ursprung in der (u, v)-Ebene gewiß nicht auf denselben Raumpunkt abgebildet werden können. Angenommen nun, zwei Punkte mit den Polarkoordinaten (ϱ, ϑ_1) und (ϱ, ϑ_2), wo $0 < \varrho < \sqrt{3}$ und $0 \leqq \vartheta_1 \leqq \vartheta_2 < 2\pi$, würden auf denselben Punkt im Raume abgebildet. Gl. $(48'_3)$ gäbe dann $\cos 2\vartheta_2 = \cos 2\vartheta_1$, d. h. $\cos^2\vartheta_2 = \cos^2\vartheta_1$ und $\sin^2\vartheta_2 = \sin^2\vartheta_1$. Da nun $1 + \varrho^2 - \frac{4}{3}\varrho^2 \times \cos^2\vartheta \geqq 1 - \frac{1}{3}\varrho^2 > 0$, $1 + \varrho^2 - \frac{4}{3}\varrho^2 \sin^2\vartheta \geqq 1 - \frac{1}{3}\varrho^2 > 0$ ist, folgte aus $(48'_{1,2})$, daß $\cos\vartheta_2 = \cos\vartheta_1$ und $\sin\vartheta_2 = \sin\vartheta_1$, d. h. $\vartheta_2 = \vartheta_1$ sein müßte. W. z. b. w.

Die Bildkurve des Kreises $u^2 + v^2 = 3$ hat aber einen Doppelpunkt $x = y = 0$, $z = -3$, welcher den Punkten $(u = 0,\ v = \sqrt{3})$ und $(u = 0,\ v = -\sqrt{3})$ entspricht.

§ 91. Die Bildkurve des Kreises $u^2 + v^2 = \varrho^2$ unter der Abb. (48) bezeichnen wir mit Γ_ϱ. Gemäß (49_1) liegt jede Kurve Γ_ϱ auf einem Ellipsoid. Die Orthogonalprojektion von Γ_ϱ auf die (x, y)-Ebene sei γ_ϱ. Abb. 9 zeigt die (in positiver z-Richtung verschobenen) Kurven Γ_ϱ für $\varrho = 1/\sqrt{3}$ und $\varrho = 1$ sowie ihre Orthogonalprojektionen. In Abb. 10 sind die Kurve Γ_ϱ für $\varrho = 3/2$ und ihre Orthogonalprojektionen auf die drei Koordinatenebenen wiedergegeben.

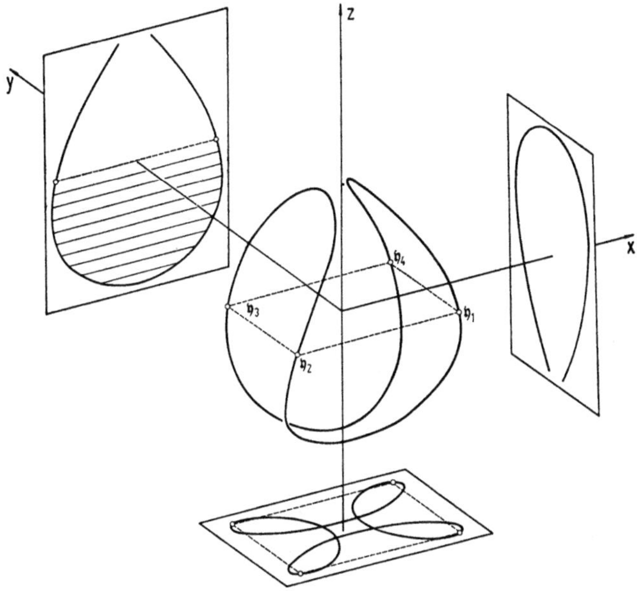

Abb. 10

Die Kurven γ_ϱ *sind konvex für* $0 < \varrho \leqq 1/\sqrt{3}$ *und sternförmig bezüglich des Nullpunktes für* $0 < \varrho \leqq 1$.

Beweis: Die Bedingung $x = y = 0$ zieht die Gleichung $\varrho(1 - \frac{1}{3}\varrho^2) = 0$ nach sich, so daß von der Kreisscheibe $u^2 + v^2 < 3$ lediglich der Punkt $u = v = 0$ in den Nullpunkt der (x, y)-Ebene übergeht. Die erste Behauptung läßt sich von dem Ausdruck

$$\frac{(1 + \varrho^2)(1 - 3\varrho^2) + 4\varrho^2 \sin^2 2\vartheta}{\varrho[1 + 2\varrho^2 \cos 4\vartheta + \varrho^4]^{3/2}}$$

für die Krümmung der Kurven γ_ϱ ablesen.

Angenommen nun, die Bildpunkte (x_1, y_1) und (x_2, y_2) zweier Punkte (ϱ, ϑ_1) bzw. (ϱ, ϑ_2), $0 \leqq \vartheta_1 < \vartheta_2 < 2\pi$, lägen auf derselben Ursprungsgeraden in der (x, y)-Ebene. Dann wäre

$$0 = x_1 y_2 - x_2 y_1 = \varrho^2 \sin(\vartheta_1 - \vartheta_2) \times$$
$$\times \left[1 - \frac{1}{3}\varrho^4 + \frac{2}{3}\varrho^2 \cos 2(\vartheta_1 + \vartheta_2) + \frac{4}{9}\varrho^4 \sin^2(\vartheta_1 - \vartheta_2)\right].$$

Für $0 < \varrho \leqq 1$ und $\sin(\vartheta_1 - \vartheta_2) \neq 0$ könnte die eckige Klammer nicht verschwinden. Für $\sin(\vartheta_1 - \vartheta_2) = 0$, d. h. $\vartheta_2 = \vartheta_1 + \pi$, ergäbe sich $x_2 = -x_1$, $y_2 = -y_1$. Die Punkte (x_1, y_1) und (x_2, y_2) befänden sich also auf entgegengesetzten Halbstrahlen in derselben Entfernung vom Ursprung. Damit ist alles bewiesen.

§ 92. *Durch die Funktionen $x = x(u, v)$, $y = y(u, v)$ der ersten beiden Formeln (48) wird die Kreisscheibe $u^2 + v^2 \leqq 1$ umkehrbar eindeutig auf den von der asteroiden-ähnlichen zwischen den konzentrischen Quadraten der Seitenlängen $4/3$ und $4\sqrt{3}/3$ verlaufenden Kurve $\{x = \cos\vartheta - \frac{1}{3}\cos 3\vartheta,\ y = -\sin\vartheta - \frac{1}{3}\sin 3\vartheta;\ 0 \leqq \vartheta \leqq 2\pi\}$ berandeten sternförmigen Bereich abgebildet; siehe Abb. 9. Die Funktionen $x(u, v)$, $y(u, v)$ und ihre Umkehrfunktionen $u(x, y)$, $v(x, y)$ sind stetig in ihren Definitionsbereichen und analytisch in deren inneren Punkten.*

Beweis: Aus $x^2 + y^2 = \varrho^2 - \frac{2}{3}\varrho^4 \cos 4\vartheta + \frac{1}{9}\varrho^6$ und

$$\frac{d}{d(\varrho^2)}(x^2 + y^2) = 1 - \frac{4}{3}\varrho^2 \cos 4\vartheta + \frac{1}{3}\varrho^4 = (1 - \varrho^2)\left(1 - \frac{1}{3}\varrho^2\right) + \\ + \frac{8}{3}\varrho^2 \sin^2 2\vartheta$$

folgt, daß sich verschiedene Kurven γ_ϱ nicht schneiden können, solange $\varrho \leqq 1$ ist. Die behaupteten Regularitätseigenschaften ergeben sich nach bekannten Eliminationssätzen, da die Funktionaldeterminante $x_u y_v - x_v y_u$ den Wert $\varrho^4 - 1$ hat.

Aus dem Vorangehenden schließen wir noch:

Der die Kreisscheibe $u^2 + v^2 \leqq 1$ entsprechende Teil der Enneperschen Minimalfläche kann in nichtparametrischer Form $z = z(x, y)$ dargestellt werden.

§ 93. Neben der in § 88 beschriebenen auf G. Darboux zurückgehenden Erzeugung der Enneperschen Minimalfläche als Mittenhüllfläche eines gewissen Strahlensystems (siehe § 76 und G. Darboux [I], p. 374) gibt es noch andere Erzeugungsweisen dieser Fläche.

Es sei p ein Punkt auf dem gleichseitig hyperbolischen Paraboloid $z = \frac{3}{4}(x^2 - y^2)$, $\mathfrak{g}$ die zur z-Achse senkrechte Gerade durch p und $\mathfrak{g}'$ die an der Tangentialebene des Paraboloids im Punkte p gespiegelte Gerade. $\mathfrak{g}'$ ist eine Tangente an die Ennepersche Minimalfläche. Ihr Berührungspunkt mit dieser Fläche wird erhalten, indem man auf $\mathfrak{g}'$ das Doppelte des Stückes zwischen der (x, y)-Ebene und dem Paraboloid über p hinaus abträgt. (H. Jonas [2], insbes. p. 20 – unsere Konstanten sind verschieden.)

Eine dritte Konstruktion verfährt wie folgt. Spannt man von zwei frei beweglichen Punkten p_1 und p_2 der Fokalparabeln des § 88 zwei Fäden nach einem Punkte p des Raumes, so daß infolge der Fadenspannung die Fäden an den Fokalparabeln Gleichgewichtslage einnehmen (siehe Abb. 11), so wird bei gleichlangen Fäden der Punkt p auf der Minimalfläche von Enneper beweglich. Die Symmetrieebene beider Fäden ist Tangentialebene der Enneperschen Fläche (W. Böhm [1]). W. Böhm zeigt auch, daß die drei Konstruktionsarten auseinander hervorgehen.

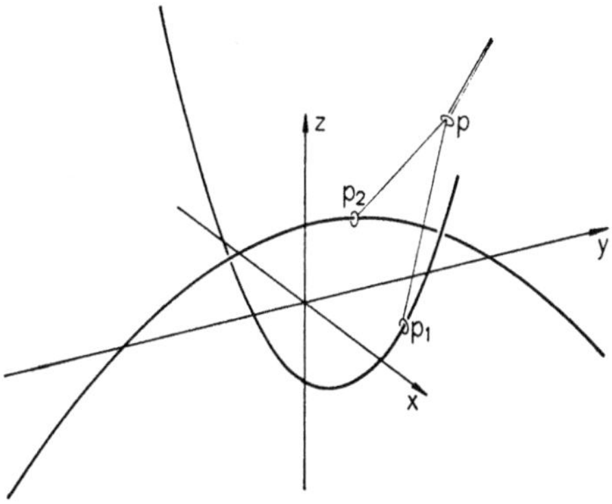

Abb. 11

Nach K. Strubecker [2] läßt sich die Ennepersche Minimalfläche in einem indefiniten quasielliptischen Raum als Cliffordsche Schiebfläche erzeugen, wobei ihre kubischen Asymptotenlinien als Schiebkurven dienen.

Die Ennepersche Minimalfläche spielt auch in einer Untersuchung O. Rozets [1] eine Rolle.

5.4. Zyklische Minimalflächen

§ 94. Nach dem Vorgange von B. Riemann ([I], pp. 329–333) und A. Enneper [3] wollen wir schließlich noch alle von einer einparametrischen Schar von Kreisen erzeugten Minimalflächen bestimmen. Der Scharparameter heiße u. Es seien $\mathfrak{z}(u)$ der Ortsvektor der Mittelpunkte, $R(u) > 0$ der Radius und $\mathfrak{N}(u)$ der Stellungseinheitsvektor der Ebenen der Kreise. Die Gleichung der Fläche kann dann in der Form

$$\{\mathfrak{x} = \mathfrak{x}(u, v) = \mathfrak{z}(u) + R(u) \cos v\, \mathfrak{y}_1(u) + R(u) \sin v\, \mathfrak{y}_2(u);$$
$$u_1 < u < u_2,\ 0 \leqq v \leqq 2\pi\}$$

angesetzt werden, wo $\mathfrak{y}_1$, $\mathfrak{y}_2$ zwei zueinander und zu $\mathfrak{N}$ senkrechte Einheitsvektoren bedeuten. Alle vorkommenden Funktionen werden als zweimal stetig differenzierbar vorausgesetzt.

Mit A. Enneper [3] (siehe auch H. A. Schwarz [I], pp. 186–187, 330–331 des 1. Bandes; C. F. Geiser [2], p. 683; G. Darboux [2]) behaupten wir zunächst den folgenden Satz:

Die Ebenen der Kreise müssen parallel sein, d. h. $\mathfrak{N}(u)$ muß ein konstanter Vektor sein.

Beweis: Angenommen, $\mathfrak{N}$ sei nicht konstant, d. h. $\mathfrak{N}' \neq \mathfrak{o}$ in der Umgebung eines Wertes u. Man kann dann $\mathfrak{N}$ dort als Tangentenvektor $\mathfrak{t}$ einer gekrümmten Raumkurve mit der Bogenlänge u ansehen und $\mathfrak{y}_1$ und $\mathfrak{y}_2$ mit deren Hauptnormalenvektor $\mathfrak{n}$ bzw. Binormalenvektor $\mathfrak{b}$ zusammenfallen lassen. Krümmung und Windung dieser Raumkurve seien mit $\varkappa > 0$ und σ bezeichnet. Wir setzen noch $\mathfrak{z}' = \alpha\,\mathfrak{t} + \beta\,\mathfrak{n} + \gamma\,\mathfrak{b}$. Nach einer direkten, allerdings recht langwierigen, Rechnung, deren Durchführung dem Leser überlassen bleiben muß, ergibt sich

$$(52)\quad \begin{aligned} 0 = 2W^3H &= E(\mathfrak{x}_{vv}, \mathfrak{x}_u, \mathfrak{x}_v) - 2F(\mathfrak{x}_{uv}, \mathfrak{x}_u, \mathfrak{x}_v) + G(\mathfrak{x}_{uu}, \mathfrak{x}_u, \mathfrak{x}_v) \\ &= a\cos 3v + b\sin 3v + c\cos 2v + d\sin 2v + e\cos v \\ &\qquad + f\sin v + g, \end{aligned}$$

wobei insbesondere

$$(52')\quad \begin{cases} a = -\tfrac{1}{2}\varkappa R^3[\varkappa^2 R^2 + \beta^2 - \gamma^2] \\ b = -\beta\gamma\varkappa R^3 \\ c = \tfrac{1}{2}R^3[5\alpha\varkappa^2 R + \beta'\varkappa R - \beta\varkappa' R - 6\beta\varkappa R'] \\ d = \tfrac{1}{2}R^3[\gamma'\varkappa R - \gamma\varkappa' R - 6\gamma\varkappa R'] \end{cases}$$

ist. Wegen $R > 0$, $\varkappa > 0$ zieht die Forderung $b = 0$ die Bedingung $\beta\gamma = 0$ nach sich. Zufolge $a = 0$ muß daher $\beta = 0$ und $\gamma^2 = \varkappa^2 R^2$ sein. Aus $c = 0$ folgt dann $\alpha = 0$ und aus $d = 0$ schließlich $R' = 0$. Wenn man nun mit der Annahme $R > 0$, $R' = 0$, $\varkappa > 0$, $\alpha = \beta = 0$, $\gamma^2 = \varkappa^2 R^2$ noch einmal in die Formeln (52) eingeht, so ergibt sich nach einiger Rechnung

$$a = b = c = d = f = 0, \qquad e = -3\varkappa^3 R^5, \qquad g = -\gamma\varkappa\sigma R^4.$$

Daher müßte dann doch $\varkappa = 0$ sein, was ein Widerspruch ist. Damit ist die Behauptung bewiesen.

§ 95. O. B. d. A. können wir nunmehr annehmen, daß die Ebenen der erzeugenden Kreise zur (x, y)-Ebene parallel sind. Die fraglichen Minimalflächen werden dann eine Gleichung $\Phi(x, y, z) \equiv (x - \alpha(z))^2 + (y - \beta(z))^2 - R^2(z) = 0$ haben. Das Verschwinden der mittleren Krümmung wird gemäß (14) durch die Differentialgleichung

$$(53)\qquad \left(\frac{\Phi_z}{R^2}\right)_z + \frac{2}{R^2} = 0$$

ausgedrückt, deren Integral die Form

$$\frac{\Phi_z(x, y, z)}{R^2(z)} + 2\int\limits_{z_0}^{z} \frac{d\zeta}{R^2(\zeta)} + f(x, y) = 0$$

hat. Da Φ_z in x und y linear ist, gilt dasselbe von $f(x, y)$, und wir erhalten mit drei Konstanten

$$\frac{1}{R^2(z)}\,\Phi_z(x, y, z) + 2\int_{z_0}^{z} \frac{d\zeta}{R^2(\zeta)} + 2a\,x + 2b\,y + \text{const} = 0.$$

Ein Vergleich mit dem Ausdruck für Φ_z zeigt, daß $\alpha'(z) = a\,R^2(z)$, $\beta'(z) = b\,R^2(z)$ oder $\alpha(z) = a\,m(z) + \alpha_0$, $\beta(z) = b\,m(z) + \beta_0$ sein müssen, wo $m(z) = \int_{z_0}^{z} R^2(\zeta)\,d\zeta$ ist. Einsetzen dieser Werte in (53) liefert die gewöhnliche Differentialgleichung für $R^2(z)$

$$R^2(R^2)'' - [(R^2)']^2 - 2R^2 - 2(a^2 + b^2)\,R^6 = 0,$$

deren erstes Integral — zur Integration nehme man $(R^2)'$ und R^2 als neue abhängige bzw. unabhängige Veränderliche — mit Hilfe einer neuen Konstanten c durch

$$[(R^2)']^2 = 4[(a^2 + b^2)\,R^6 + 2c\,R^4 - R^2]$$

gegeben ist, so daß

$$dz = \frac{dR}{\Delta}, \quad dm = \frac{R^2\,dR}{\Delta}, \quad \Delta = \sqrt{(a^2 + b^2)\,R^4 + 2c\,R^2 - 1}$$

wird. Nach einer geringfügigen Abänderung der Bezeichnungen haben wir damit die Darstellung der gesuchten Minimalflächen in der Form

$$(54) \qquad \begin{cases} x = \alpha_0 + a\,m(u) + u\cos v \\ y = \beta_0 + b\,m(u) + u\sin v \\ z = \gamma_0 + \int^{u} \frac{dt}{\Delta(t)} \end{cases}$$

gewonnen. Dabei ist

$$m(u) = \int^{u} \frac{t^2\,dt}{\Delta(t)}, \quad \Delta(t) = \sqrt{(a^2 + b^2)\,t^4 + 2c\,t^2 - 1}.$$

Der Ausnahmefall $a = b = 0$, in welchem die Konstante c positiv sein muß, führt wegen

$$\int^{u} \frac{dt}{\Delta(t)} = \frac{1}{\sqrt{2c}}\,\mathfrak{Ar}\mathfrak{Cof}\left(\sqrt{2c}\,u\right) + \text{const}$$

auf eine Kettenfläche. Im allgemeinen ist die Auswertung der Formeln (54) unter Benutzung elliptischer Integrale möglich. Die Abb. 12 zeigt einen Teil der Fläche bei der Konstantenwahl $\alpha_0 = \beta_0 = \gamma_0 = a = c = 0$, $b = 1$.

Die Formeln (54) stellen die Gesamtheit der von einer einparametrischen Schar von Kreisen erzeugten Minimalflächen dar. Ob es zu zwei in parallelen Ebenen gelegenen Kreisen eine von diesen berandete zweifach zusammenhängende Minimalfläche dieser Gesamtheit gibt, d. h. ob sich die Konstanten $\alpha_0, \beta_0, \gamma_0, a, b, c$ aus den resultierenden

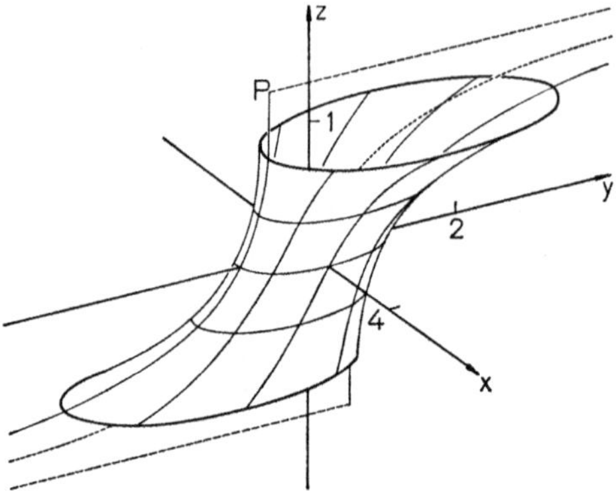

Abb. 12

transzendenten Bedingungsgleichungen geeignet bestimmen lassen, ist eine andere Frage. So erhält man z. B. im Falle, daß die beiden Randkreise koaxial sind, d. h., daß ihre Mittelpunkte auf einer zu ihren Ebenen senkrechten Geraden liegen, entweder zwei verschiedene oder genau eine oder überhaupt keine passende Kettenfläche. Wir werden auf diese Fragen in Kapitel VI zurückkommen.

§ 96. Im Falle $a^2 + b^2 > 0$ können wir es durch eine Translation des Koordinatensystems und eine Drehung um die z-Achse einrichten, daß $\alpha_0 = \beta_0 = \gamma_0 = b = 0$ werden. Wenn wir dann noch die Konstanten $\left[\sqrt{a^2 + c^2} + |c|\right]/a^2$ und $\left[\sqrt{a^2 + c^2} - |c|\right]/a^2$ mit a und b bezeichnen, so geht die Darstellung (54) in die übersichtlichere Darstellung

$$(55) \qquad x = \int_b^u \frac{t^2\,dt}{\Delta(t)} + u\cos v, \qquad y = u\sin v, \qquad z = a\,b\int_b^u \frac{dt}{\Delta(t)}$$

über, wo jetzt

$$\Delta(t) = \sqrt{(t^2 + a^2)(t^2 - b^2)} \quad \text{und} \quad 0 < b \leq a$$

ist. Man sieht, daß b der Radius des „Kehlkreises“, d. h. des kleinsten auf der Minimalfläche gelegenen Kreises, ist, welcher bei der Darstellung (55) in der Ebene $z = 0$ verläuft. Die Integrale sind, genauso wie $\mathfrak{Ar}\,\mathfrak{Cos}\,u$, zweiwertig. Die Mittelpunkte der erzeugenden Kreise vom

Radius u liegen auf der Kurve

$$(56) \qquad x = \int_b^u \frac{t^2\,dt}{\Delta(t)}, \qquad y = 0, \qquad z = a\,b \int_b^u \frac{dt}{\Delta(t)}.$$

Eine zu (55) äquivalente Darstellung mit Hilfe anderer Parameter werden wir in § 529 kennenlernen.

Aus der Ungleichung

$$\int_b^u \frac{t^2\,dt}{\Delta(t)} < \int_b^u \frac{t\,dt}{\sqrt{t^2 - b^2}} = \sqrt{u^2 - b^2} < u$$

ziehen wir die Folgerung:

Die horizontale Entfernung der Mittelpunkte zweier beliebiger erzeugender Kreise ist kleiner als die Summe ihrer Halbmesser; d. h. die Orthogonalprojektionen zweier beliebiger erzeugender Kreise auf die (x, y)-Ebene müssen stets überlappen.

Wenn die z-Koordinate der Kurve (56) von $-z_0$ bis z_0 wächst, wo

$$z_0 = a\,b \int_b^\infty \frac{dt}{\sqrt{(t^2 + a^2)(t^2 - b^2)}} = \frac{a\,b}{\sqrt{a^2 + b^2}}\,\mathsf{K}\left(\frac{a}{\sqrt{a^2 + b^2}}\right)$$

ist, so nimmt die Veränderliche u monoton von ∞ bis b ab und wächst dann wieder monoton von b bis ∞. Unsere Minimalfläche verläuft also in der „Scheibe" $|z| < z_0$ des Raumes. Für $u \to \infty$ und $v = \pi - k/u$ bei beliebiger Wahl der Konstanten k wird

$$\lim_{u\to\infty} x(u, v) = \lim_{u\to\infty} \left\{\int_b^u \frac{t^2\,dt}{\Delta(t)} - u\right\} = -b - \int_b^\infty \frac{(a^2 - b^2)\,t^2 - a^2\,b^2}{\Delta(t)\,\bigl(t^2 + \Delta(t)\bigr)}\,dt \equiv$$
$$\equiv -b - x_0$$

und $\lim_{u\to\infty} y(u, v) = k$, $\lim_{u\to\infty} z(u, v) = z_0$. Unsere Minimalfläche enthält also die Geraden $x = \pm(b + x_0)$, $z = \pm z_0$. In §§ 150, 314 werden wir sehen, daß eine Minimalfläche über eine auf ihr liegende Gerade hinaus durch Spiegelung analytisch fortgesetzt werden kann. Die durch wiederholte derartige Spiegelungen erhaltene Minimalfläche in ihrer Gesamtausdehnung ist also in z-Richtung periodisch.

§ 97. Aus der v-Unabhängigkeit des Vektors $\mathfrak{k}(u) \equiv \mathfrak{x}(u, v) - u\,\mathfrak{x}_u(u, v)$

$$= \left\{\int_b^u \frac{t^2\,dt}{\Delta(t)} - \frac{u^3}{\Delta(u)},\ 0,\ a\,b \int_b^u \frac{dt}{\Delta(t)} - \frac{a\,b\,u}{\Delta(u)}\right\}$$

ersieht man, daß die Flächentangenten in u-Richtung längs jedes erzeugenden Kreises durch denselben Punkt im Raume mit dem Ortsvektor $\mathfrak{k}(u)$ gehen. Die Minimalfläche wird also längs des erzeugenden Kreises in jeder Ebene $z = z(u)$ von einem elliptischen Kegel $\mathfrak{K}(u)$ berührt. Der Vektor $\mathfrak{a}(u)$ der Achse dieses Kegels berechnet sich zu $\mathfrak{a}(u) = \{\alpha(u)\,B(u) + \beta(u)\,A(u),\ 0,\ a\,b(A(u) + B(u))\}$. Dabei ist abkürzungsweise $\alpha(u) = u^2 + \Delta(u)$, $\beta(u) = u^2 - \Delta(u)$, $A(u) = \sqrt{\alpha^2 + a^2 b^2}$, $B(u) = \sqrt{\beta^2 + a^2 b^2}$ gesetzt. Der Winkel $\vartheta(u)$ zwischen $\mathfrak{a}(u)$ und der positiven z-Richtung ist durch $\tan\vartheta(u) = [\alpha(u)\,B(u) + \beta(u)\,A(u)]/a\,b[A(u) + B(u)]$ gegeben. Neben der Ebenenschar $z = \text{const}$ schneidet natürlich auch die durch die Gleichung $x\sin\vartheta(u) + z\cos\vartheta(u) = \text{const}$ definierte Schar paralleler Ebenen den Kegel $\mathfrak{K}(u)$ in Kreisen. Man findet

$$\tan 2\vartheta = \frac{2\tan\vartheta}{1 - \tan^2\vartheta} = \frac{2a\,b(A + B)\,(\alpha B + \beta A)}{a^2 b^2 (A + B)^2 - (\alpha B + \beta A)^2}$$
$$= \frac{a\,b(\alpha + \beta)}{a^2 b^2 + \alpha\beta}.$$

Nun ist aber $\alpha + \beta = 2u^2$, $a^2 b^2 - \alpha\beta = a^2 b^2 - u^4 + \Delta^2(u) = (a^2 - b^2)\,u^2$, also $\tan 2\vartheta(u) = 2a\,b/(a^2 - b^2)$. Die Gleichung der zweiten Ebenenschar vereinfacht sich daher zu $2a\,b\,x + (a^2 - b^2)\,z = \text{const}$. Damit haben wir das folgende Ergebnis erhalten (siehe H. A. Schwarz [I], pp. 186–187, 190–204 des 1. Bandes):

Bei den zyklischen Minimalflächen (mit Ausnahme der Kettenflächen) werden alle Kegel $\mathfrak{K}(u)$ von denselben, d. h. von u unabhängigen, zwei Scharen paralleler Ebenen in Kreisen geschnitten.

Man nennt eine solche Schar von Kegeln auch konzyklisch.

6. *Die zweite Variation des Flächeninhaltes*

§ 98. Wir wollen hier noch einmal auf die bereits in § 1 der Einleitung besprochene Variation des Flächeninhaltes zurückkommen und die Frage näher untersuchen, ob und unter welchen Umständen der Flächeninhalt einer von einer gegebenen Kurve berandeten Minimalfläche, verglichen mit dem Inhalt anderer Flächen durch dieselbe Randkurve, ein Minimum ist.

Im Falle, daß sowohl die Minimalfläche S als auch die Vergleichsflächen in nichtparametrischer Darstellung vorliegen, ist die Situation einfach. Es sei P ein von endlich vielen rektifizierbaren Jordankurven berandetes Gebiet in der (x, y)-Ebene. Die Lösung $z(x, y) \in C^2(P) \cap C^0(\bar{P})$ per Minimalflächengleichung (3) in P definiere die Minimalfläche S

endlichen Flächeninhaltes. Die Funktion $\hat{z}(x, y)$ der Klasse $C^2(P) \frown C^0(\bar{P})$ oder – unter vorgreifender Benutzung einiger Eigenschaften der in Kapitel IV einzuführenden Funktionenklassen – allgemeiner der Klasse $\mathfrak{M}^1(\bar{P})$ definiere eine Vergleichsfläche durch dieselbe Randkurve, so daß also $\hat{z} = z$ ist längs ∂P. Es sei Q die zu P maßgleiche Teilmenge derjenigen Punkte von P, in denen die Ableitungen $\hat{z}_x$, $\hat{z}_y$ existieren und endlich sind; siehe § 194. Mit den Abkürzungen $W = \sqrt{1 + p^2 + q^2}$, $\hat{W} = \sqrt{1 + \hat{p}^2 + \hat{q}^2}$ und $\zeta = \hat{z} - z$ erhalten wir auf Grund des Taylorschen Satzes in jedem Punkt (x, y) von Q die Beziehung

(57)

$$\hat{W} = W + \frac{p\,\zeta_x + q\,\zeta_y}{W} + \frac{1}{2\tilde{W}^3}\left[(1 + \tilde{q}^2)\,\zeta_x^2 - 2\tilde{p}\tilde{q}\,\zeta_x\zeta_y + (1 + \tilde{p}^2)\,\zeta_y^2\right].$$

Dabei ist $\tilde{p} = p + \theta(\hat{p} - p)$, $\tilde{q} = q + \theta(\hat{q} - q)$ gesetzt, wo θ eine von x und y abhängige Größe zwischen Null und Eins bedeutet. Wegen der aus (57) folgenden Ungleichungen

$$0 \leqq \frac{1}{2\tilde{W}^3}\left[(1 + \tilde{q}^2)\,\zeta_x^2 - 2\tilde{p}\,\tilde{q}\,\zeta_x\,\zeta_y + (1 + \tilde{p}^2)\,\zeta_y^2\right] \leqq$$
$$\leqq |\hat{z}_x| + |\hat{z}_y| + |\zeta_x| + |\zeta_y|$$

ist der dritte Ausdruck auf der rechten Seite in (57) über P summierbar.

Wir schöpfen nun, was nach § 27 möglich ist, das Gebiet P durch Gebiete P_n $(n = 1, 2, \ldots)$, welche von regulären analytischen Jordankurven berandet sind, so aus, daß der Abstand zwischen ∂P_n und ∂P mit $n \to \infty$ nach Null geht und daß dabei die Länge von ∂P_n gegen die von ∂P konvergiert.

Angenommen, die Flächen $\hat{S}$ und S seien verschieden. Nach § 202 gibt es dann eine Teilmenge Q' von Q positiven Maßes, in deren Punkten $\zeta_x^2 + \zeta_y^2 > 0$ gilt. Wir dürfen annehmen, daß Q' für hinreichend große n in P_n enthalten ist. Da die in (57) in der eckigen Klammer rechts auftretende quadratische Form die Eigenwerte 1 und $\tilde{W}^2$ besitzt und folglich durch $\zeta_x^2 + \zeta_y^2$ nach unten abgeschätzt werden kann, gilt also gewiß

$$\iint_{P_n} \hat{W}\,dx\,dy \geqq \iint_{P_n} W\,dx\,dy + \iint_{P_n} \frac{p\,\zeta_x + q\,\zeta_y}{W}\,dx\,dy + m,$$

wo

$$m = \iint_{Q'} \frac{\zeta_x^2 + \zeta_y^2}{2\tilde{W}^3}\,dx\,dy > 0$$

ist. Wenn wir mit $S[P_n]$ bzw. $\hat{S}[P_n]$ die über dem Gebiete P_n liegenden Teile von S und $\hat{S}$ bezeichnen, so erhalten wir nach § 227 für hinreichend große n die Ungleichung

$$I(\hat{S}[P_n]) \geqq I(S[P_n]) + \iint_{P_n} \frac{p\,\zeta_x + q\,\zeta_y}{W}\,dx\,dy + m.$$

Das Integral läßt sich wegen der nach §§ 1, 194, in fast allen Punkten von Q gültigen Beziehungen $p\,\zeta_x/W + q\,\zeta_y/W = (p\,\zeta/W)_x + (q\,\zeta/W)_y - \zeta[(p/W)_x + (q/W)_y] = (p\,\zeta/W)_x + (q\,\zeta/W)_y$ ähnlich wie in § 203 durch partielle Integration umformen:

$$\left|\iint_{P_n} \frac{p\,\zeta_x + q\,\zeta_y}{W}\,dx\,dy\right| = \left|\int_{\partial P_n} \zeta\,\frac{p\,dy - q\,dx}{W}\right| \leqq \int_{\partial P_n} |\zeta|\,ds.$$

Da die Funktion ζ auf ∂P_n mit $n \to \infty$ gleichmäßig nach Null geht, folgt nach einem Grenzübergang die Ungleichung $I(\hat{S}) > I(S)$.

Der Flächeninhalt der Minimalfläche $S = \{z = z(x, y);\ (x, y) \in \bar{P}\}$ *ist also ein striktes absolutes Minimum verglichen mit den Inhalten aller Flächen* $\hat{S} = \{z = \hat{z}(x, y);\ (x, y) \in \bar{P}\}$ *der Klasse* $\mathfrak{M}^1(\bar{P})$ *(und erst recht der Klasse* $C^2(P) \cap C^0(\bar{P})$*) mit derselben Randkurve.*

Das Wort „strikt" deutet an, daß die Gleichheit $I(\hat{S}) = I(S)$ die Identität $\hat{z}(x, y) \equiv z(x, y)$ nach sich zieht.

Wir bemerken noch, daß die Annahme der Endlichkeit von $I(S)$ hier überflüssig ist. Das erkennt man wie folgt:

$$I(S[P_n]) = \iint_{P_n} W\,dx\,dy = \iint_{P_n} W^{-1}\,dx\,dy + \iint_{P_n} W^{-1}(p^2 + q^2)\,dx\,dy.$$

Mit einer beliebigen Konstanten c gilt nun

$$W^{-1}(p^2+q^2) = [(z-c)\,p/W]_x + [(z-c)\,q/W]_y - (z-c)\,[(p/W)_x + (q/W)_y].$$

Wegen (2) ergibt sich durch partielle Integration

$$I(S[P_n]) \leqq |P_n| + \int_{\partial P_n} (z-c)\,\frac{p\,dy - q\,dx}{W} \leqq |P_n| + \int_{\partial P_n} |z-c|\,ds.$$

$|P_n|$ bedeutet hier den Flächeninhalt des Gebietes P_n. Im Grenzübergang $n \to \infty$ wird

(58) $$I(S) \leqq |P| + \int_{\partial P} |z-c|\,ds.$$

§ 99. Es ist bemerkenswert, daß der Inhalt von S sogar in der Klasse *aller* Flächen $\hat{S} = \{z = \hat{z}(x, y);\ (x, y) \in \bar{P}\}$ mit derselben Randkurve ein striktes absolutes Minimum darstellt.

Der Beweis dafür kann hier nur angedeutet werden; für ein Rechteck als Grundgebiet findet er sich bei E. J. McShane [1]. Nach einer Konstruktion von T. Radó ([8], pp. 159–163; [III], p. 524) gibt es für festes n eine Folge von Funktionen $z_n^k(x, y) \in C^1(\bar{P}_n)$, welche mit

$k \to \infty$ gleichmäßig in $\bar{P}_n$ gegen $\hat{z}(x,y)$ konvergieren und für welche $\lim_{k\to\infty} \iint_{P_n} W_n^k \, dx\, dy \leqq I(\hat{S}[P_n])$ ist. Wir vergleichen wie vorher nun zunächst z mit z_n^k und finden im Grenzübergang $k \to \infty$ die Ungleichung $I(\hat{S}) \geqq I(\hat{S}[P_n]) \geqq I(S[P_n]) - \int_{\partial P_n} |\hat{z} - z| \, ds$ und für $n \to \infty$ dann $I(\hat{S}) \geqq I(S)$. $I(S)$ ist also das absolute Minimum. Wenn unter der Annahme $\hat{z} \not\equiv z$ doch $I(\hat{S}) = I(S)$ wäre, so müßte auf einer Menge positiven Maßes $\zeta_x^2 + \zeta_y^2 > 0$ sein, da anderenfalls $I(S) = \iint_P W \, dx\, dy = \iint_P \hat{W} \, dx\, dy = I(\hat{S})$ gölte und $\hat{z}(x,y)$ nach § 227 im Widerspruch zu dem Vorangehenden zur Klasse $\mathfrak{M}^1(\bar{P})$ gehören müßte. Wir setzen nun $\bar{S} = \{z = \bar{z}(x,y);\ (x,y) \in \bar{P}\}$, wo $\bar{z}(x,y) = \frac{1}{2}[z(x,y) + \hat{z}(x,y)]$ gewiß zu $\hat{\mathfrak{M}}^1(\bar{P})$ gehört (siehe § 197), und fassen das Gebiet P in geeigneter Weise als Vereinigungsmenge von Rechtecken $R_1, R_2, \ldots$ auf, nämlich so, daß $I(\bar{S}) = I(\bar{S}[\bigcup_i R_i]) = \sum_i I(S[R_i])$ gilt. Nach E. J. McShane ([1], pp. 126–129) ist $I(\bar{S}[R_i]) \leqq \frac{1}{2}\{I(S[R_i]) + I(\hat{S}[R_i])\}$, wobei in mindestens einem Rechteck die Ungleichheit eintreten muß. Aus $I(\bar{S}) < \frac{1}{2}\sum_i I(S[R_i]) + \frac{1}{2}\sum I(\hat{S}[R_i]) \leqq I(S)$ ergibt sich dann wiederum ein Widerspruch.

Zu dem hier angeschnittenen Fragenkreis sehe man noch A. Haar [2], der seinen Beweis der Minimumseigenschaft des Flächeninhaltes (unter weitergehenden Regularitätsannahmen) auf die Konvexität des Inhaltes der Flächenfamilie $S_\lambda = \{z = (1-\lambda)\, z(x,y) + \lambda\, \hat{z}(x,y),\ (x,y) \in \bar{P}\}$ als Funktion von λ gestützt hat. Für den Fall $\lambda = 1/2$ kommt man dabei zu einer berühmten Aussage J. Steiners ([I], p. 298), welcher freilich weder genaue Angaben über die Regularitätseigenschaften der betrachteten Flächen noch über den verwendeten Begriff des Flächeninhaltes macht. Die fragliche Stelle bei Steiner lautet folgendermaßen: „Wird ein Körper von einer beliebigen krummen Fläche begrenzt, und giebt es irgendeine Richtung, nach welcher jede Gerade die Oberfläche in nicht mehr als zwei Puncten trifft, so liegen die Mitten aller nach dieser Richtung gezogenen Geraden in irgendeiner krummen Fläche, welche den Körper hälftet und kleiner ist als die halbe Oberfläche. Aus diesem Satze zieht man beiläufig eine Folgerung in Bezug auf die kleinste Fläche zwischen gegebenen Grenzen, nämlich: Dass im Allgemeinen zwischen gegebenen Grenzen nur eine einzige Fläche möglich sei, welche ein Minimum ist.“ Steiners Satz wurde verallgemeinert und präzisiert von E. J. McShane [1]. Weitere Behandlungen der Frage des Minimums für den Flächeninhalt und allgemeinere Variationsprobleme finden sich bei D. Hilbert [I], pp. 38–55, 323–328; O. Bolza [I], pp. 679–687;

L. Lichtenstein [6], [7]; A. Haar [5]; C. Miranda [1], W. Karush [1]; M. R. Hestenes [1]; J. Serrin [1]; M. Miranda [2], [3]. Historisch gesehen überhaupt die ersten hinreichenden Bedingungen für Extrema von Doppelintegralen wurden von H. A. Schwarz im Jahre 1885 für den Fall von Minimalflächen in Parameterdarstellung entwickelt. Man sehe [I], pp. 223–269 des 1. Bandes und die Ausführungen der nachfolgenden Paragraphen, insbes. § 109; weiter G. Kobb [1]; A. Kneser [I], pp. 305 bis 370; M. Kerner [1]; G. A. Bliss [II].

Man kann schließlich noch weiter gehen – bis zu einem gewissen Grade werden wir das in §§ 109, 415 tun – und den Inhalt der Minimalfläche S mit den Inhalten aller, auch parametrischen, Flächen vergleichen, sofern S in ein Feld von Minimalflächen eingebettet ist und die Vergleichsflächen ganz in diesem Felde verlaufen. In einer sehr allgemeinen Fassung findet man das bei W. H. Fleming [4] diskutiert. Wenn sich die Funktion $z(x, y)$ beispielsweise als zweimal stetig differenzierbare Lösung der Minimalflächengleichung in ein den Bereich P enthaltendes Gebiet Q der (x, y)-Ebene fortsetzen läßt, so bildet die Flächenschar $z = z(x, y) + h$ ein den über Q errichteten Zylinder ausfüllendes Feld von Minimalflächen.

§ 100. Da sich jede differentialgeometrische Fläche lokal in nichtparametrischer Form darstellen läßt, hat jedes hinreichend kleine Stück einer Minimalfläche S die im vorangehenden Paragraphen bewiesene Eigenschaft. Wenn man dieses Stück aber durch Hinzufügen weiterer Teile von S beständig vergrößert, so kann es einen kritischen Augenblick geben, in welchem der minimierende Charakter verlorengeht. Um das genauer zu verfolgen, gehen wir zur Untersuchung des allgemeinen Falles über. Wie wir schon in § 44 gesehen haben, gibt es unendlich viele (nicht-reguläre) Flächen gleichen Inhaltes mit derselben Randkurve. Um zu sinnvollen Aussagen zu gelangen, beschränken wir uns daher jetzt auf die Betrachtung differentialgeometrischer Vergleichsflächen.

Gegeben sei die differentialgeometrische Fläche $S = \{\mathfrak{x} = \mathfrak{x}(u, v); (u, v) \in P\}$ der Klasse C^3. Es seien $\bar{P}_0$ ein von stückweise glatten Kurven berandetes im Inneren von P enthaltener Bereich der (u, v)-Ebene und $S_0 = S[\bar{P}_0]$ das ihm entsprechende Stück von S. Für einen gegebenen Wert von ε heiße ein auf ∂P_0 verschwindender Vektor $\mathfrak{y}(u, v) = \varepsilon[\alpha(u, v)\,\mathfrak{x}_u + \beta(u, v)\,\mathfrak{x}_v + \gamma(u, v)\,\mathfrak{X}]$ eine (schwache) ε-Variation, wenn die in $\bar{P}_0$ stetig differenzierbaren Funktionen α, β, γ auf ∂P_0 verschwinden und in $\bar{P}_0$ den Ungleichungen $|\alpha|, |\beta|, \ldots, |\gamma_v| \leqq m < \infty$ mit einer von ε unabhängigen Konstanten m genügen.

Neben S_0 betrachten wir nun auch die vermittels einer ε-Variation variierte Fläche $S_0(\varepsilon) = \{\mathfrak{x} = \mathfrak{x}^{(\varepsilon)}(u, v); (u, v) \in \bar{P}_0\}$, wo wir $\mathfrak{x}^{(\varepsilon)}(u, v) =$

$= \mathfrak{x}(u, v) + \mathfrak{y}(u, v) = \mathfrak{x}(u, v) + \varepsilon[\alpha(u, v)\,\mathfrak{x}_u + \beta(u, v)\,\mathfrak{x}_v + \gamma(u, v)\,\mathfrak{X}]$
gesetzt haben. Der Flächeninhalt von $S_0(\varepsilon)$ hat für kleine ε eine Entwicklung

$$I(S_0(\varepsilon)) = I(S_0) + \varepsilon I_1(S_0) + \frac{\varepsilon^2}{2} I_2(S_0) + \cdots.$$

Man nennt $I_1(S_0) = \frac{\partial}{\partial\varepsilon} I(S_0(\varepsilon))\Big|_{\varepsilon=0}$ und $I_2(S_0) = \frac{\partial^2}{\partial\varepsilon^2} I(S_0(\varepsilon))\Big|_{\varepsilon=0}$ die erste bzw. zweite Variation des Flächeninhaltes.

Es sei nochmals betont, daß hier und in den nachfolgenden Paragraphen 101–110 sowohl die Fläche S_0 als auch die Vergleichsflächen $S_0(\varepsilon)$ über dem (abgeschlossenen) Bereich $\bar{P}_0$ als differentialgeometrische Flächen vorausgesetzt sind.

§ 101. Zunächst wollen wir die erste Variation des Flächeninhaltes berechnen. Mit Hilfe der Ableitungsgleichungen der Flächentheorie finden wir

$$\mathfrak{x}_u^{(\varepsilon)} = \mathfrak{x}_u + \varepsilon\{a_1\,\mathfrak{x}_u + b_1\,\mathfrak{x}_v + c_1\,\mathfrak{X}\}, \qquad \mathfrak{x}_v^{(\varepsilon)} = \mathfrak{x}_v + \varepsilon\{a_2\,\mathfrak{x}_u + b_2\,\mathfrak{x}_v + c_2\,\mathfrak{X}\}.$$

Dabei gilt z. B.

$$a_1 = \alpha_u + \alpha\begin{Bmatrix}1 & 1\\ & 1\end{Bmatrix} + \beta\begin{Bmatrix}1 & 2\\ & 1\end{Bmatrix} + \gamma\frac{FM - GL}{W^2}$$

$$b_2 = \beta_v + \alpha\begin{Bmatrix}1 & 2\\ & 2\end{Bmatrix} + \beta\begin{Bmatrix}2 & 2\\ & 2\end{Bmatrix} + \gamma\frac{FM - EN}{W^2}.$$

Es ergibt sich nun

$$E^{(\varepsilon)} = E + 2\varepsilon\{a_1 E + b_1 F\} + \cdots$$
$$F^{(\varepsilon)} = F + \varepsilon\{a_2 E + (a_1 + b_2) F + b_1 G\} + \cdots$$
$$G^{(\varepsilon)} = G + 2\varepsilon\{a_2 F + b_2 G\} + \cdots,$$

wo die Punkte Ausdrücke der Ordnung $O(\varepsilon^2)$ bedeuten, und weiterhin

$$E^{(\varepsilon)} G^{(\varepsilon)} - F^{(\varepsilon)2} = (EG - F^2)\{1 + 2\varepsilon(a_1 + b_2) + \cdots\},$$

so daß

$$W^{(\varepsilon)} = W\{1 + \varepsilon(a_1 + b_2) + \cdots\}$$

wird. Aus den obigen Formeln finden wir für die Summe $a_1 + b_2$ bei Einsetzen der Werte für die Christoffel-Symbole den Ausdruck

$$a_1 + b_2 = \frac{1}{W}\{(\alpha W)_u + (\beta W)_v\} - 2\gamma H.$$

Nach einer partiellen Integration ergibt sich die schon von C. F. Gauß im Jahre 1829 aufgestellte Formel ([I], p. 65 des 5. Bandes; siehe weiter auch E. Carvallo [1], Max Müller [1])

$$(59)\qquad I_1(S_0) = -\oint_{\partial P_0} W(\beta\,du - \alpha\,dv) - 2\iint_{P_0} \gamma H W\,du\,dv$$
$$= -\oint_{\partial P_0} (\mathfrak{y}, \mathfrak{X}, d\mathfrak{x}) - 2\iint_{P_0} H(\mathfrak{y}, \mathfrak{x}_u, \mathfrak{x}_v)\,du\,dv.$$

Da die Funktionen α und β auf dem Rande von P_0 verschwinden, erhalten wir schließlich

(59′) $$I_1(S_0) = -2\iint\limits_{P_0} \gamma H W\, du\, dv.$$

Die erste Variation des Flächeninhaltes hängt also überhaupt nicht von α und β, sondern nur von γ ab.

Aus der Forderung, der Flächeninhalt von S_0 solle stationär sein, folgt das Verschwinden der ersten Variation für alle Funktionen $\gamma(u, v)$ mit den angegebenen Eigenschaften. Daraus schließt man in der üblichen Weise auf das identische Verschwinden der mittleren Krümmung. S_0 muß also eine Minimalfläche sein. Ob der Flächeninhalt von S_0 nun aber gegenüber hinreichend kleinen Variationen tatsächlich ein Minimum ist, hängt i. a. von dem Verhalten der zweiten Variation ab.

§ 102. Indem in den Ausführungen des § 101 auch die in ε quadratischen Glieder berücksichtigt werden, ergibt sich für die zweite Variation des Flächeninhaltes der Ausdruck

$$I_2(S_0) = \iint\limits_{P_0} \left[2(a_1 b_2 - a_2 b_1) + \frac{E c_2^2 - 2F c_1 c_2 + G c_1^2}{W^2}\right] W\, du\, dv.$$

Durch eine direkte, aber recht ausgedehnte Rechnung unter Benutzung sowohl der Beziehung $H = 0$ als auch der Gaußschen und Mainardi-Codazzischen Ableitungsgleichungen, welche hier aus Platzgründen unterdrückt werden muß, findet man die Beziehung

$$\begin{aligned}
W\left(2(a_1 b_2 - a_2 b_1) + \frac{E c_2^2 - 2F c_1 c_2 + G c_1^2}{W^2}\right) &= \frac{\partial}{\partial u}\Bigg[W(\alpha\beta_v - \beta\alpha_v) + \\
&+ W\left(\begin{Bmatrix}1 & 2\\ & 2\end{Bmatrix}\alpha^2 + \left[\begin{Bmatrix}2 & 2\\ & 2\end{Bmatrix} - \begin{Bmatrix}1 & 2\\ & 1\end{Bmatrix}\right]\alpha\beta - \begin{Bmatrix}2 & 2\\ & 1\end{Bmatrix}\beta^2\right) + \\
&+ \frac{FM - EN}{W}\, 2\alpha\gamma + \frac{GM - FN}{W}\, 2\beta\gamma\Bigg] + \frac{\partial}{\partial v}\Bigg[W(\beta\alpha_u - \alpha\beta_u) + \\
&+ W\left(-\begin{Bmatrix}1 & 1\\ & 2\end{Bmatrix}\alpha^2 + \left[\begin{Bmatrix}1 & 1\\ & 1\end{Bmatrix} - \begin{Bmatrix}1 & 2\\ & 2\end{Bmatrix}\right]\alpha\beta + \begin{Bmatrix}1 & 2\\ & 1\end{Bmatrix}\beta^2\right) + \\
&+ \frac{EM - FL}{W}\, 2\alpha\gamma + \frac{EN - FM}{W}\, 2\beta\gamma\Bigg] + \\
&+ \left[2K\gamma^2 + \frac{E\gamma_v^2 - 2F\gamma_u\gamma_v + G\gamma_u^2}{W^2}\right] W.
\end{aligned}$$

Da die Funktionen α und β auf dem Rande des Gebietes P_0 verschwinden, folgt aus dieser Beziehung der Satz:

Die zweite Variation des Flächeninhaltes ist von den Funktionen $\alpha(u, v)$ und $\beta(u, v)$ unabhängig, d. h., die Funktionen $\alpha(u, v)$ und $\beta(u, v)$ treten in $I_2(S_0)$ nicht auf.

Bei der Herleitung dieses Satzes, dessen Endaussage lediglich die ersten Ableitungen von γ enthält, haben wir stillschweigend angenommen, daß die Funktionen $\alpha(u, v)$ und $\beta(u, v)$ in P_0 zweimal stetig differenzierbar sind. Durch ein einfaches Approximationsargument kann man sich jedoch sowohl von dieser Annahme als auch von der Voraussetzung, unsere Fläche solle zur Klasse C^3 gehören, befreien.

Der Satz ist einleuchtend; denn unter unseren Voraussetzungen läßt sich i. a. jede Vergleichsfläche $S_0(\varepsilon)$ durch eine geeignete Variation $\varepsilon \mathfrak{p} \mathfrak{X}$ der Punkte von S_0 ausschließlich längs der Flächennormalen erhalten. Für eine Variation mit $\gamma = 0$, d. h. eine Variation, bei welcher jeder Punkt von S_0 nahezu in der Fläche verbleibt, ist die (von α und β abhängige) Funktion $\mathfrak{p}$ selbst von der Größenordnung ε. Immerhin ist es überraschend, daß die Funktionen $\alpha(u, v)$ und $\beta(u, v)$ dabei im Ausdruck für die zweite Variation nicht in Erscheinung treten. Bei den höheren Variationen $I_3(S_0)$, $I_4(S_0)$, ... werden sie jedoch sichtbar. Wie eine längere Rechnung zeigt, ist für eine Variation der speziellen Form $\varepsilon(\alpha(u, v)\,\mathfrak{x}_u + \beta(u, v)\,\mathfrak{x}_v)$ allerdings auch noch die dritte Variation

$$I_3(S_0) = 3\iint_{P_0} [(a_1 - b_2)(c_2^2 - c_1^2) - 2(a_2 + b_1)\, c_1 c_2]\, du\, dv$$

gleich Null.

§ 103. Wir können uns nun aber jedenfalls bei der Betrachtung der zweiten Variation des Flächeninhaltes einer Minimalfläche auf „normale" Variationen $\varepsilon\gamma(u, v)\,\mathfrak{X}(u, v)$ beschränken und haben

$$(60)\qquad I_2(S_0) = \iint_{P_0} \left\{2K\gamma^2 + \frac{E\gamma_v^2 - 2F\gamma_u\gamma_v + G\gamma_u^2}{W^2}\right\} W\, du\, dv.$$

Der Bruch im Integranden ist nichts anderes als der erste Beltramische Differentialoperator $\nabla(\gamma, \gamma)$. Durch partielle Integration und Berücksichtigung des Verschwindens von γ auf dem Rande von P_0 läßt sich (60) zu

$$(60')\qquad I_2(S_0) = -\iint_{P} \gamma\{\Delta\gamma - 2K\gamma\}\, W\, du\, dv$$

umformen. Dabei ist Δ der zweite Beltramische Differentialoperator aus (18).

Außer der in § 102 angeschriebenen dritten Variation, in welcher

$$a_1 = \frac{FM - GL}{W^2}\gamma, \qquad b_1 = \frac{FL - EM}{W^2}\gamma, \qquad c_1 = \gamma_u$$

$$a_2 = \frac{FN - GM}{W^2}\gamma, \qquad b_2 = \frac{FM - EN}{W^2}\gamma, \qquad c_2 = \gamma_v$$

zu setzen ist, ergibt sich für die vierte Variation der Ausdruck

$$I_4(S_0) = -3\iint_{P_0} [8K\gamma^2 + \nabla(\gamma,\gamma)]\,\nabla(\gamma,\gamma)\,W\,du\,dv.$$

§ 104. Angenommen, es gebe eine in $\bar{P}_0$ nirgends verschwindende Lösung $\xi(u, v)$ der Differentialgleichung

$$\Delta\xi - 2K\xi = 0. \tag{61}$$

Dann kann der Integrand von (60) in der Form

$$\nabla(\gamma,\gamma) + 2\gamma^2 K = \xi^2\nabla\left(\frac{\gamma}{\xi}, \frac{\gamma}{\xi}\right) +$$
$$+\frac{1}{W}\left[\frac{\partial}{\partial u}\left(\frac{G\,\xi_u - F\,\xi_v}{W}\,\frac{\gamma^2}{\xi}\right) + \frac{\partial}{\partial v}\left(\frac{-F\,\xi_u + E\,\xi_v}{W}\,\frac{\gamma^2}{\xi}\right)\right]$$

geschrieben werden. Nach partieller Integration unter Berücksichtigung des Verschwindens von γ auf ∂P_0 erhalten wir daher den folgenden Ausdruck für die zweite Variation

$$I_2(S_0) = \iint_{P_0} \xi^2\,\nabla\left(\frac{\gamma}{\xi}, \frac{\gamma}{\xi}\right) W\,du\,dv.$$

Für $\gamma \not\equiv 0$ ist $I_2(S_0)$ offensichtlich positiv, da das Verschwinden von $I_2(S_0)$ die unmögliche Beziehung $\xi(u, v) = \text{const}\cdot\gamma(u, v)$ nach sich zöge.

Der Flächeninhalt unserer Minimalfläche stellt also ein relatives schwaches Minimum dar. (Siehe H. A. Schwarz [I], p. 157 des 1. Bandes.) Das Minimum wird relativ genannt, weil nur Vergleichsflächen in hinreichend enger Nachbarschaft herangezogen werden. Das Wort schwach deutet an, daß auch noch die ersten Ableitungen des Ortsvektors jeder Vergleichsfläche sich wenig von den entsprechenden Ableitungen des Ortsvektors der Minimalfläche S_0 unterscheiden.

Hier, wie übrigens auch in den nachfolgenden §§ 105–108 und 110–115 wird natürlich angenommen, daß die Vergleichsflächen nicht nur dieselbe Berandung und denselben topologischen Typ wie S_0 haben, sondern daß sie auch in stetiger Weise in das Minimalflächenstück S_0 übergeführt werden können. Im Grunde wird der Inhalt von S_0 also nur den Inhalten von Vergleichsflächen einer einparametrischen Schar gegenübergestellt, und die Ungleichung $I_2(S_0) > 0$ erweist sich für das Eintreten eines relativen Minimums zwar als notwendig, gestattet jedoch nicht ohne weiteres eine Aussage über den Inhalt jeder zu S_0 benachbarten Fläche mit demselben Rande. (Man sehe dazu die Bemerkung von H. A. Schwarz [I], pp. 234–235 des 1. Bandes.) Wie wir aber sogleich erkennen werden, ist der positive Charakter der zweiten Variation mit der Bedingung $\lambda_{\min}(P_0) > 0$ gleichbedeutend, bei deren Erfülltsein sich die Fläche S_0 i. a. in ein Feld von Minimalflächen einbetten läßt, so daß die Kleinsteigenschaft ihres Flächeninhaltes dann wie in §§ 109, 415 bewiesen werden kann und in der Tat, wie in den Sätzen der nachfolgenden Paragraphen formuliert, ein echtes relatives Minimum vorliegt. Durch Abänderung des topologischen Typs kann man oftmals, beispielsweise immer dann, wenn S_0 Selbstschneidungen besitzt, den Flächeninhalt verringern. Man sehe dazu die Ausführungen der §§ 443, 444.

§ 105. Durch eine einfache Rechnung mit Hilfe von § 51 überzeugt man sich davon, daß der Normalenvektor unserer Minimalfläche der Differentialgleichung (61), d. h. $\Delta\mathfrak{X} - 2K\,\mathfrak{X} = \mathfrak{o}$ genügt. Die im vorangehenden Paragraphen formulierte Bedingung ist daher beispielsweise erfüllt, wenn eine Linearkombination der Komponenten des Normalenvektors in $\bar{P}_0$ nicht verschwindet.

Mit H. A. Schwarz ([I], p. 335 des 1. Bandes) können wir daher den Satz aussprechen:

Falls das sphärische Bild der Minimalfläche S_0 ganz im Inneren einer Halbkugel enthalten ist, stellt $I(S_0)$ ein (relatives schwaches) Minimum unter den Inhalten aller benachbarten Flächen mit demselben Rande dar.

§ 106. Mit einem konstanten Vektor $\mathfrak{a}$ setzen wir $\xi(u,v) = (\mathfrak{x}(u,v) - \mathfrak{a})\cdot\mathfrak{X}(u,v)$. Wir erhalten dann $\xi_u = (\mathfrak{x}-\mathfrak{a})\cdot\mathfrak{X}_u$, $\xi_v = (\mathfrak{x}-\mathfrak{a})\cdot\mathfrak{X}_v$ und weiterhin $\Delta\xi = (\mathfrak{x}-\mathfrak{a})\cdot\Delta\mathfrak{X} + \nabla(\mathfrak{x},\mathfrak{X})$. Wegen $\nabla(\mathfrak{x},\mathfrak{X}) = -2H = 0$ und § 105 gilt also $\Delta\xi - 2K\,\xi = 0$, d. h. die Funktion $\xi(u,v)$, welche nichts anderes als den Abstand der Tangentialebene der Minimalfläche vom Punkte $\mathfrak{a}$ darstellt, ist eine Lösung der Differentialgleichung (61).

Damit erhalten wir eine weitere geometrische Deutung des Kriteriums aus § 104 (H. A. Schwarz [I], pp. 188, 239 des 1. Bandes):

Der Flächeninhalt der Minimalfläche S_0 stellt ein (relatives schwaches) Minimum unter den Inhalten aller benachbarten Flächen mit demselben Rande dar, falls es einen Punkt p im Raume gibt, welcher von den Tangentialebenen der Fläche S_0 nicht getroffen wird.

§ 107. Wir wollen das Kriterium des § 106 auf ein durch Umdrehung der Kettenlinie $y = y(x) = a\,\mathfrak{Cof}[(x-b)/a]$ um die x-Achse gewonnenes zwischen den Ebenen $x = x_1$ und $x = x_2 > x_1$ liegendes Stück S_0 einer Kettenfläche anwenden. S_0 ist von zwei Kreisen K_1 und K_2 berandet, welche von den Punkten $p_1 = (x_1, y_1 = y(x_1))$ und $p_2 = (x_2, y_2 = y(x_2))$ beschrieben werden. Die Tangenten an die Kettenfläche in den Punkten p_1 und p_2 mögen sich im Punkte $(\bar{x}, \bar{y})$ schneiden.

Wenn die Punkte p_1 und p_2 so nahe beieinander liegen, daß $\bar{y} > 0$ ist, d. h. daß sich die Tangenten oberhalb der x-Achse schneiden, dann gibt es Punkte auf der x-Achse, welche in keiner Tangentialebene von S_0 enthalten sind. Der Flächeninhalt von S_0 ist dann ein Minimum, verglichen mit dem Inhalt aller hinreichend benachbarten von den Kreisen K_1 und K_2 berandeten Flächen, insbesondere aller Rotationsflächen, deren Erzeugende die Punkte p_1 und p_2 verbindet und in hinreichend enger Nachbarschaft unserer Kettenlinie verlaufen.

Der Flächeninhalt verliert diese Eigenschaft, wenn $\bar{y} \leqq 0$ wird, d. h. wenn das Flächenstück S_0 so groß ist, daß sich die Tangenten auf oder unterhalb der x-Achse schneiden. Man überzeugt sich in der Tat leicht davon, daß der Punkt p_2 im Sinne der Variationsrechnung gerade dann zum Punkte p_1 konjugiert ist, d. h. daß unsere Kettenlinie die Einhüllende der einparametrischen Schar aller durch den Punkt p_1 gehenden Kettenlinien der obigen Gestalt gerade im Punkte p_2 berührt, wenn sich die Tangenten auf der x-Achse schneiden. Diese Tatsache liegt der bekannten L. Lindelöfschen Konstruktion konjugierter Punkte auf der Kettenlinie zugrunde; siehe L. Lindelöf et F. Moigno [I], p. 210; O. Bolza [I], p. 80; G. A. Bliss [I], p. 94. Die Minimumseigenschaft des Flächeninhaltes gewisser Zonen der Kettenfläche ist besonders von L. Lindelöf [2] untersucht worden; man sehe auch die Darstellungen bei L. Lindelöf et F. Moigno [I], pp. 204–214 und bei G. A. Bliss [I], pp. 85–121.

§ 108. Das Vorzeichen der zweiten Variation und die Existenz einer in § 104 postulierten positiven Lösung der Differentialgleichung hängen eng mit dem Eigenwertproblem

$$\begin{aligned} \Delta\eta + (-2K + \lambda)\,\eta &= 0 \quad \text{in} \quad P_0 \\ \eta &= 0 \quad \text{auf} \quad \partial P_0 \end{aligned} \tag{62}$$

zusammen. (Man bedenke, daß $-2K$ eine nicht-negative Funktion ist.) Dieses Eigenwertproblem, oder genauer, das sich nach der Transformation auf die Koordinaten σ, τ des sphärischen Bildes ergebende schönere Eigenwertproblem (65), ist in der Tat von H. A. Schwarz zur Grundlage seiner Untersuchungen der zweiten Variation gemacht worden; man sehe insbesondere [I], pp. 223–269, 332–338 des 1. Bandes. Für einen Eigenwert λ_0 und eine zugehörige Eigenfunktion $\eta_0(u, v)$ wird $I_2(S_0) = \lambda_0 \iint\limits_{P_0} \eta_0^2\, W\, du\, dv$. Es ist also entscheidend, ob das Problem (62) negative Eigenwerte hat. Der kleinste Eigenwert $\lambda_{\min} = \lambda_{\min}(P_0)$ läßt sich bekanntlich als die untere Grenze des Ausdruckes $I_2(S_0)$ aus (60) für alle in $\bar{P}_0$ stetig differenzierbaren, auf ∂P_0 verschwindenden und durch $\iint\limits_{P_0} \gamma^2\, W\, du\, dv = 1$ normierten Funktionen $\gamma(u, v)$ kennzeichnen. $\lambda_{\min}$ hängt stetig und monoton vom Gebiet ab: Für $Q_0 \subset P_0$ ist $\lambda_{\min}(Q_0) \geqq \lambda_{\min}(P_0)$.

Zur allgemeinen Orientierung über derartige Eigenwertprobleme sehe man etwa H. Weyl [1]; R. Courant [1]; R. Courant and D. Hilbert [I], Vol. 1; G. Fichera [I]; S. H. Gould [I]; E. Hellinger und O. Toeplitz [1]; L. Lichtenstein [6], [7], [8], insbes. pp. 1310–1319; H. A. Schwarz [I], insbes. pp. 241–265 des 1. Bandes; I. Babuška and R. Výborný [1]. Wenn Q_0 ein echtes Teilgebiet von P_0 ist, so gilt sogar $\lambda_{\min}(Q_0) > \lambda_{\min}(P_0)$. Der korrekte Beweis dieser Tatsache ist aber keineswegs einfach und muß sich auf die Regularitätssätze für die schwachen Lösungen elliptischer Differentialgleichungen stützen.

Wir wollen jetzt annehmen, daß $\lambda_{\min}(P_0) > 0$ ist. Es gibt dann ein die Abschließung $\bar{P}_0$ enthaltendes und von glatten regulären Kurven berandetes Gebiet P_1, $\bar{P}_1 \subset P$, für welches auch noch $\lambda_{\min}(P_1) > 0$ ist. Das Dirichletsche Problem der Differentialgleichung (61) für P_1 ist unter diesen Umständen eindeutig lösbar. Es sei $\xi(u, v; \varepsilon)$ die Lösung der Differentialgleichung (61) mit den Randwerten $\varepsilon > 0$. Wir behaupten, daß in $\bar{P}_1$ die Ungleichung $\xi(u, v; \varepsilon) \geqq \varepsilon$ zutrifft. Im Falle $K \equiv 0$ müßte $\xi(u, v; \varepsilon) - \varepsilon \equiv 0$ sein. Im allgemeinen Falle gäbe es andernfalls einen Punkt (u_0, v_0) in P_1, wo $0 < \xi(u_0, v_0; \varepsilon) = \varepsilon_0 < \varepsilon$ wäre. Die Funktion $\eta(u, v) = \xi(u, v; \varepsilon) - (\varepsilon + \varepsilon_0)/2$ genügte dann der Differentialgleichung $\Delta\eta - 2K\eta = (\varepsilon + \varepsilon_0) K$, wäre in einer offenen Teilmenge Q von P_1 negativ und in einem Randstreifen positiv. Für die gewiß einer Lipschitzbedingung genügende Abschnittsfunktion $\bar{\eta}(u, v) = \min(0, \eta(u, v))$ ergäbe sich unter Berücksichtigung der Aussage des § 196 nach partieller Integration

$$\iint_{P_1} \{2K\bar{\eta}^2 + \nabla(\bar{\eta}, \bar{\eta})\}\, W\, du\, dv = -(\varepsilon + \varepsilon_0) \iint_{Q} K\bar{\eta}\, W\, du\, dv < 0.$$

Die partielle Integration muß hier mit Sorgfalt vorgenommen werden. Da die Funktion $\xi(u, v; \varepsilon)$ die Lösung einer elliptischen Differentialgleichung ist, können ihre ersten Ableitungen bekanntlich nur in isolierten Punkten des Gebietes P_1 gleichzeitig verschwinden, wo sie dann ein wohldefiniertes asymptotisches Verhalten haben; siehe z. B. P. Hartman and A. Wintner [2]. Die offene Menge $Q = \{u, v; (u, v) \in P_1, \eta(u, v) < 0\}$ ist also von stückweise glatten Bögen berandet. Da $\eta(u, v)$ auf diesen Bögen verschwindet, fällt das bei der partiellen Integration erscheinende Randintegral weg.

Da $\bar{\eta}$ durch glatte Funktionen approximiert werden könnte, welche in einem Randstreifen verschwinden, folgte nach dem oben Gesagten $\lambda_{\min}(P_1) < 0$ im Widerspruch zu unserer Annahme. Wir können also den folgenden Satz aussprechen:

Wenn $\lambda_{\min}(P_0) > 0$ ist, so stellt der Flächeninhalt $I(S_0)$ unserer Minimalfläche ein relatives schwaches Minimum dar. Für $\lambda_{\min}(P_0) < 0$ ist $I(S_0)$ aber gewiß kein Minimum.

Der Grenzfall $\lambda_{\min}(P_0) = 0$ bedarf weitergehender individueller Untersuchungen. Es gibt Beispiele, z. B. Teile einer Kettenfläche, wo $I(S_0)$ für $\lambda_{\min}(P_0) = 0$ kein Minimum mehr ist (siehe die in § 107 zitierte Literatur), und andere, z. B. Teile einer Wendelfläche, wo $I(S_0)$ für $\lambda_{\min}(P_0) = 0$ doch noch ein Minimum darstellt (siehe § 112).

Man überzeugt sich übrigens noch leicht, daß die partielle Ableitung $\xi_\varepsilon(u, v; \varepsilon)$ gerade mit der Lösung $\xi(u, v; 1)$ zusammenfällt, so daß in P_1 die Ungleichung $\xi_\varepsilon(u, v; \varepsilon) \geqq 1$ zutrifft.

§ 109. Unter der Voraussetzung des § 106 können wir ein unser Minimalflächenstück $S_0 = S[\bar{P}_0]$ enthaltendes etwas größeres Minimalflächenstück $S_1 = S[\bar{P}_1]$, $\bar{P}_0 \subset P_1$, $\bar{P}_1 \subset P$, i. a. in ein Feld von Minimalflächen einbetten, welche einfach durch eine Ähnlichkeitstransformation vom Punkte p aus erhalten werden.

Um im einzelnen zu verfolgen, wie diese Einbettungsmöglichkeit tatsächlich die minimierende Eigenschaft von $I(S_0)$ gewährleistet, wollen wir allgemein davon ausgehen, daß eine unser Flächenstück S_0 enthaltende Minimalfläche $S_1 = S[\bar{P}_1]$, $\bar{P}_0 \subset P_1$, $\bar{P}_1 \subset P$ (siehe § 100) sich in ein Feld von Minimalflächen $S(t) = \{\mathfrak{x} = \mathfrak{x}(u, v; t);\ (u, v) \in \bar{P}_1,\ |t| < \tau\}$ einbetten lasse. Die Fläche S_1 falle dabei mit der Fläche $S(0)$ zusammen. Der Ortsvektor $\mathfrak{x}(u, v; t)$ sei hinsichtlich aller Argumente zweimal stetig differenzierbar, und es gelte $\mathfrak{X}(u, v; t) \cdot \mathfrak{x}_t(u, v; t) \neq 0$. Damit durch jeden Punkt des Raumes in einer Umgebung von S_1 genau eine Fläche der Schar hindurchgehe und sich dort dann eine umkehrbar eindeutige Zuordnung zwischen den Koordinaten x, y, z und den Parameterwerten u, v, t herstellen lasse, nehmen wir weiterhin an, daß weder S_1 noch die Flächen $S(t)$ Selbstschneidungen oder Selbstberührungen haben. Zur Vermeidung umfangreicher Rechnungen nehmen wir unter Heranziehung der orthogonalen Trajektorien der Minimalflächenschar zunächst eine Umparametrisierung vor, welche bewirkt, daß die Vektoren $\mathfrak{X}(u, v; t)$ und $\mathfrak{x}_t(u, v; t)$ parallel sind. Das Gebiet P_1 und die Schranke τ müssen dabei u. U. modifiziert werden. Mit der Abkürzung $A = |\mathfrak{x}_t|$ gilt dann $\mathfrak{X} = A^{-1}\,\mathfrak{x}_t$.

Es sei nun $\Sigma = \{\mathfrak{x} = \mathfrak{y}(\alpha, \beta);\ (\alpha, \beta) \in \bar{\Pi}\}$ eine der Fläche S_0 hinreichend benachbarte Fläche mit demselben Rande. Die Normalenvektoren von S_0 und Σ sollen so gerichtet sein, daß sie beide auf dem Flächenrande dieselbe Orientierung induzieren. Nach dem Vorangehenden dürfen wir dann $\mathfrak{y}(\alpha, \beta) = \mathfrak{x}(u(\alpha, \beta), v(\alpha, \beta), t(\alpha, \beta))$ schreiben. Wegen

$$\mathfrak{y}_\alpha \times \mathfrak{y}_\beta = (\mathfrak{x}_u \times \mathfrak{x}_v)\frac{\partial(u, v)}{\partial(\alpha, \beta)} + (\mathfrak{x}_u \times \mathfrak{x}_t)\frac{\partial(u, t)}{\partial(\alpha, \beta)} + (\mathfrak{x}_v \times \mathfrak{x}_t)\frac{\partial(v, t)}{\partial(\alpha, \beta)}$$

und $(\mathfrak{x}_t, \mathfrak{y}_\alpha, \mathfrak{y}_\beta) > 0$ gilt $\partial(u, v)/\partial(\alpha, \beta) \neq 0$, so daß wir α und β als Funktionen von u und v auffassen können. Die Fläche Σ erscheint dann in einer Darstellung $\{\mathfrak{x} = \bar{\mathfrak{y}}(u, v);\ (u, v) \in \bar{P}_0\}$ mit Hilfe der Parameter u und v, wobei $\bar{\mathfrak{y}}(u, v) = \mathfrak{y}(\alpha(u, v), \beta(u, v)) = \mathfrak{x}(u, v; \bar{t}(u, v))$ mit $\bar{t}(u, v) = t(\alpha(u, v), \beta(u, v))$ ist. Mit $\omega = \omega(u, v)$ werde der (spitze) Winkel zwischen dem Normalenvektor der Fläche Σ in einem ihrer Punkte und dem Normalenvektor der durch diesen Punkt hindurchgehenden Minimalfläche unserer Schar bezeichnet. Es gilt dann $|\bar{\mathfrak{y}}_u \times \bar{\mathfrak{y}}_v| \cos\omega = W(u, v; t)$. Wegen $\mathfrak{x}_t = A\,\mathfrak{X}$ folgt nun aber aus (8)

$$\begin{aligned}\frac{\partial}{\partial t} W^2 &= E_t G + E G_t - 2FF_t\\ &= 2\{E(\mathfrak{x}_v \cdot \mathfrak{x}_{vt}) - F[(\mathfrak{x}_u \cdot \mathfrak{x}_{vt}) + (\mathfrak{x}_v \cdot \mathfrak{x}_{ut})] + G(\mathfrak{x}_u \cdot \mathfrak{x}_{ut})\}\\ &= -2A\{EN - 2FM + GL\} = 0.\end{aligned}$$

(Siehe auch § 718.) Wir können also $|\bar{\mathfrak{y}}_u \times \bar{\mathfrak{y}}_v| \cos\omega = W(u, v; t) = W(u, v; 0)$ schreiben und erhalten folglich

(63) $$I(\Sigma) - I(S_0) = \iint\limits_{P_0} (1 - \cos\omega)\,|\bar{\mathfrak{y}}_u \times \bar{\mathfrak{y}}_v|\,du\,dv = \iint\limits_{\Pi} (1 - \cos\omega)\,|\mathfrak{y}_\alpha \times \mathfrak{y}_\beta|\,d\alpha\,d\beta.$$

Das ist die Fundamentalformel von H. A. Schwarz ([I], pp. 224–234, 332–334 des 1. Bandes; siehe auch G. Kobb [1]; M. Kerner [1]). Es gilt also stets $I(\Sigma) \geqq I(S_0)$. Die Flächeninhalte können dabei nur dann übereinstimmen, wenn $\omega \equiv 0$ ist, d. h. wenn die Fläche Σ in jedem ihrer Punkte die durch diesen Punkt hindurchgehende Minimalfläche der Schar berührt. Σ muß dann natürlich mit S_0 identisch sein.

Die Gl. (63) in der Form $I(\Sigma) - I(S_0) = \iint\limits_{\pi} (1 - \cos\omega)\,|\mathfrak{y}_\alpha \times \mathfrak{y}_\beta|\,d\alpha\,d\beta$ gilt allgemein für jede Fläche Σ mit demselben Rande und demselben topologischen Typ wie S_0, welche ganz in dem von den Minimalflächen des Feldes ausgefüllten Raumteil verläuft. Die Einzelheiten des Beweises dafür seien aber dem Leser überlassen.

In § 415 werden wir sehen, daß sich eine Minimalfläche $S_1 = \{\mathfrak{x} = \mathfrak{x}(u, v);\ (u, v) \in \bar{P}_1\}$ ohne Selbstschneidungen in ein Feld von Minimalflächen mit den obigen Eigenschaften einbetten läßt, solange $\lambda_{\min}(P_1) > 0$ ist. Die Flächen des Feldes erscheinen in der Form $\{\mathfrak{x} = \mathfrak{x}(u, v; t) = \mathfrak{x}(u, v) + \zeta(u, v; t)\,\mathfrak{X}(u, v);\quad (u, v) \in \bar{P}_1\}$, wobei $\zeta(u, v; t)$ die Lösung der Differentialgleichung (162) mit den Randwerten t ist. (61) ist gerade der lineare Teil dieser Differentialgleichung. Aus dem am Ende von § 108 Gesagten schließt man, daß $\mathfrak{x}_t \cdot \mathfrak{X} = \xi_t(u, v; t) > 0$ ist.

Die notwendigen Modifikationen der Feldeinbettung von S_1 beim Vorliegen von Selbstschneidungen sowie die Herleitung und Anwendung der der Gl. (63) entsprechenden Beziehung in diesem Fall findet man bei J. C. C. Nitsche [43].

§ 110. Im weiteren befassen wir uns mit dem Fall, daß die Minimalfläche S_0 keinen Nabelpunkt enthält. Dann können wir die zweite Variation auf die in § 56 eingeführten Parameter σ und τ beziehen. Gemäß § 62 und (16) ergibt sich

$$I_2(S_0) = \iint\limits_{P_0'} \left\{\gamma_\sigma^2 + \gamma_\tau^2 - \frac{8\gamma^2}{(1+\sigma^2+\tau^2)^2}\right\} d\sigma\, d\tau. \tag{64}$$

Dabei ist P_0' das Bild von P_0 unter der Abbildung $(u, v) \to (\sigma, \tau)$. Diese Abbildung ist lokal eineindeutig. Unter Umständen kann P_0' aber auf einer über der (σ, τ)-Ebene ausgebreiteten Riemannschen Fläche liegen.

Es ist bemerkenswert, daß diese Form der zweiten Variation lediglich von der Gestalt des sphärischen Bildes P_0' abhängt, jede andere Spur der besonderen Minimalfläche, von der wir ausgegangen sind, jedoch verschwunden ist. Die Formel (64) ist von H. A. Schwarz im Jahre 1872 angegeben worden; siehe [I], p. 156 des 1. Bandes. Durch partielle Integration läßt sich (64) zu

$$I_2(S_0) = -\iint\limits_{P_0'} \gamma \left\{\Delta\gamma + \frac{8\gamma}{(1+\sigma^2+\tau^2)^2}\right\} d\sigma\, d\tau \tag{64'}$$

umformen. An die Stelle des Eigenwertproblems (62) tritt jetzt das Eigenwertproblem

$$\begin{aligned} \Delta\eta + \left[\frac{8}{(1+\sigma^2+\tau^2)^2} + \lambda\right]\eta &= 0 \quad \text{in } P_0' \\ \eta &= 0 \quad \text{auf } \partial P_0'. \end{aligned} \tag{65}$$

Wir können auch wieder den zu dem in § 108 formulierten analogen Satz aussprechen.

§ 111. Als Beispiel werde der Fall eines Wendelflächenstückes $S_0 = \{x = u\cos v,\ y = u \sin v,\ z = v;\ |u| \leqq r,\ |v| \leqq \alpha\pi\}$ betrachtet. Wir erhalten hier $\sigma = \left(\sqrt{1+u^2} + u\right)\sin v$ und $\tau = -\left(\sqrt{1+u^2}+u\right) \times \cos v$. Die Abbildung von S_0 in die (σ, τ)-Ebene ist gewiß für $|\alpha| < 1$ eineindeutig; P_0' ist das von den beiden Kreisen $\sigma^2 + \tau^2 = \left(\sqrt{1+r^2} \pm r\right)^2$ und den beiden Geraden $\sigma\cos(\alpha\pi) \pm \tau\sin(\alpha\pi) = 0$ berandete ein Stück der negativen τ-Achse enthaltende Gebiet. Wenn wir die Variable $s = \frac{1}{2}\log(\sigma^2+\tau^2)$ einführen, geht P_0' in das Rechteck $R_0' = \{s, v;\ |s| \leqq s_0,\ |v| \leqq \alpha\pi\}$ der (s, v)-Ebene über, wobei $s_0 = \mathfrak{Ar}\,\mathfrak{Sin}\, r$ ist; und die Differentialgleichung (65_1) für $\lambda = 0$ wird

$$\xi_{ss} + \xi_{vv} + \frac{2}{\mathfrak{Cof}^2 s}\,\xi = 0. \tag{66}$$

Die Abbildung $(u, v) \to (s, v)$ ist auch im Großen, d. h. für alle Werte von α, eineindeutig. Man überzeugt sich, daß (66) durch die auf den

Geraden $v = \pm \alpha \pi$ verschwindende Funktion

$$(67) \qquad \xi = \frac{1}{\mathfrak{Cof}\, s} [\varkappa\, \mathfrak{Cof}\, \varkappa s\, \mathfrak{Cof}\, s - \mathfrak{Sin}\, \varkappa s\, \mathfrak{Sin}\, s] \cos \varkappa v, \varkappa = 1/2\alpha$$

gelöst wird. Wenn die in ihrer Abhängigkeit von s gerade Funktion $F(s, \varkappa) = \varkappa\, \mathfrak{Cof}\, \varkappa s\, \mathfrak{Cof}\, s - \mathfrak{Sin}\, \varkappa s\, \mathfrak{Sin}\, s$ für einen Wert s mit $|s| < s_0$ verschwindet, so folgt nach § 108, daß der kleinste Eigenwert $\lambda_{\min}(P'_0)$ des Problems (65) für unseren Fall negativ sein muß.

Eine einfache Diskussion der Funktion $F(s, \varkappa)$ unter Beachtung der Beziehung $F_s(s, \varkappa) = (\varkappa^2 - 1)\, \mathfrak{Sin}\, \varkappa s\, \mathfrak{Cof}\, s$ zeigt nun, daß $F(s, \varkappa)$ für $\varkappa \geqq 1$ niemals Null werden kann. Wenn aber $\varkappa < 1$, d. h. wenn $\alpha > 1/2$ ist, dann gibt es genau einen Wert $s_1 = s_1(\alpha)$ mit der Eigenschaft, daß $F(s_1, \varkappa) = F(-s_1, \varkappa) = 0$. Falls $s_0 > s_1$ ist, d. h. falls $r > r(\alpha) \equiv \mathfrak{Sin}\, s_1(\alpha)$, wird $\lambda_{\min}(P'_0) < 0$. Da wir, solange $r < r(\alpha)$ ist, durch geringfügige Vergrößerung von α aus (67) eine in ganz $\bar{P}_0$ positive Lösung der Differentialgleichung (66) gewinnen können, haben wir damit zufolge §§ 104, 108, 110 das Ergebnis erhalten (H. A. Schwarz [I], p. 163 des 1. Bandes):

Der Inhalt $I(S_0)$ der Wendelfläche $S_0 = \{x = u \cos v,\ y = u \sin v,\ z = v;\ |u| \leqq r,\ |v| \leqq \alpha\pi\}$ besitzt, verglichen mit den Inhalten aller benachbarten Flächen durch dieselbe Randkurve, ein relatives schwaches Minimum für $\alpha \leqq 1/2$ und für $\alpha > 1/2$, $r < r(\alpha)$. $I(S_0)$ ist aber gewiß kein Minimum für $\alpha > 1/2$ und $r > r(\alpha)$.

Wir bemerken, daß das sphärische Bild von S_0 für $\alpha < 1/2$ in einer Halbkugel Platz findet.

In Abb. 13 ist der Verlauf der Funktion $r(\alpha)$ wiedergegeben. Für $\alpha = 3/4,\ 1,\ 3/2$ hat $r(\alpha)$ bzw. die Werte $= 2,\ \sqrt{3},\ \left[(1 + \sqrt{3})/2\right]^2$. Es gilt $\lim_{\alpha \to 1/2+0} r(\alpha) = +\infty$ und $\lim_{\alpha \to \infty} r(\alpha) = \bar{r} = \mathfrak{Sin}\, \bar{s} = 1{,}50888\ldots$ Dabei ist $\bar{s}$ die positive Wurzel der transzendenten Gleichung $\bar{s}\, \mathfrak{Tan}\, \bar{s} = 1$.

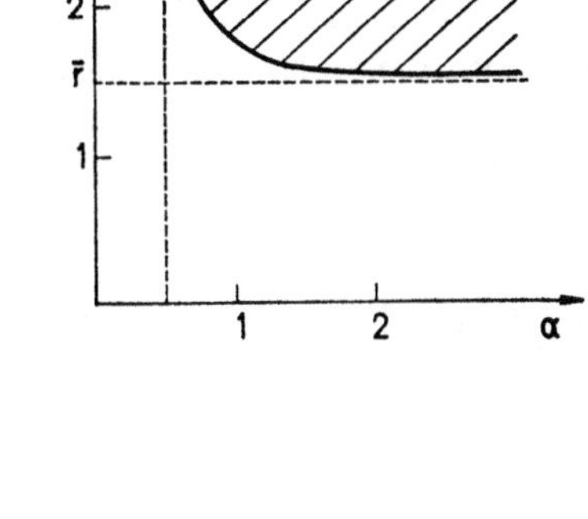

Abb. 13

§ 112. Der Satz des vorangehenden Paragraphen enthält keine Aussage für den Grenzfall $\alpha > 1/2$, $r = r(\alpha)$, in dem $\lambda_{\min}(P_0') = 0$ ist. Hier müssen die höheren Variationen herangezogen werden. Wir dürfen uns dabei auf normale Variationen beschränken, da, wie in § 102 bemerkt, jede Variation durch eine geeignete normale Variation ersetzt werden kann. Zunächst müssen wir uns aber davon überzeugen, daß die Funktion $\xi = \xi(s, v; \varkappa)$ aus (67) die einzige Funktion ist, welche der zweiten Variation

$$I_2(S_0) = \iint\limits_{R_0'} \left[\xi_s^2 + \xi_v^2 - \frac{2}{\mathfrak{Cof}^2 s}\,\xi^2\right] ds\,dv,$$

$R_0' = \{s, v;\ |s| < s_1(\alpha),\ |v| < \alpha\pi\}$, die wir jetzt vorübergehend auch durch $I[\xi]$ bezeichnen, den Wert Null verleihen kann.

Das ist eine Konsequenz des tiefliegenden Satzes, daß der kleinste Eigenwert immer einfach ist, welcher seinerseits wieder aus der Tatsache folgt, daß eine zum kleinsten Eigenwert gehörige Eigenfunktion in R_0' nicht Null werden kann. Wenn es zwei linear unabhängige Eigenfunktionen gäbe, so ließe sich nämlich eine Linearkombination – selbst wieder eine Eigenfunktion – bilden, welche in R_0' Werte beider Vorzeichen annähme. Der Beweis dafür, daß jede auf $\partial R_0'$ verschwindende Lösung $\eta(s, v)$ der Differentialgleichung (66) in R_0' von Null verschieden sein muß, kann hier nur angedeutet werden.

Wir betrachten die Funktion $\zeta(s, v) = |\eta(s, v)|$. Sie genügt einer Lipschitzbedingung, und gemäß § 196 gilt $|\zeta_s| = |\eta_s|$, $|\zeta_v| = |\eta_v|$ fast überall in R_0', so daß $I[\zeta] = I[\eta] = 0$ ist. Genauso wie in § 1 folgt daraus, daß $\zeta(s, v)$ für alle hinreichend regulären auf $\partial R_0'$ verschwindenden Funktionen $\varphi(s, v)$ der „Variationsgleichung"

$$\iint\limits_{R_0'} \left[\zeta_s\,\varphi_s + \zeta_v\,\varphi_v - \frac{2}{\mathfrak{Cof}^2 s}\,\zeta\varphi\right] ds\,dv = 0$$

genügen oder, wie man in der Theorie der partiellen Differentialgleichungen sagt, eine schwache Lösung der Differentialgleichung (66) sein muß. Den Regularitätssätzen der Theorie der elliptischen Differentialgleichungen zufolge – man sehe dieserhalb etwa S. Agmon [I], G. Fichera [I], C. Miranda [I], C. B. Morrey [II] – muß $\zeta(s, v)$ dann in R_0' sogar zweimal stetig differenzierbar (im vorliegenden Falle sogar reell-analytisch) und somit eine klassische Lösung der Differentialgleichung (66) sein. Wenn nun $\eta(s, v)$ in R_0' nicht von Null verschieden wäre, so hätte $\zeta(s, v)$ dort eine Nullstelle. Das aber steht im Widerspruch zum Maximumprinzip des § 580.

Für die dritte und vierte Variation des Flächeninhaltes $I(S_0)$ bei normaler Variation $\varepsilon\,\xi\,\mathfrak{X}$ mit Hilfe der Funktion $\xi(s, v; \varkappa)$ aus (67) ergeben sich nach einiger Rechnung die folgenden Ausdrücke:

$$I_3(S_0) = -12 \iint_{R_0'} \xi\xi_s\xi_v \,\mathfrak{Cos}^{-2} s\, ds\, dv = 0.$$

$$I_4(S_0) = 3 \iint_{R_0'} (\xi_s^2 + \xi_v^2)\,[8\xi^2 - \mathfrak{Cos}^2 s\,(\xi_s^2 + \xi_v^2)]\,\mathfrak{Cos}^{-4} s\, ds\, dv.$$

Indem wir $\xi(s, v; \varkappa) = f(s; \varkappa) \cos\varkappa v$ mit $f(s; \varkappa) = \varkappa\,\mathfrak{Cos}\,\varkappa s - \mathfrak{Sin}\,\varkappa s \times \times \mathfrak{Tan}\, s$ setzen und in v-Richtung integrieren, erhalten wir

$$I_4(S_0) = \frac{3\pi}{4\varkappa} \int_0^{s_1(\alpha)} \{24 f^2 f'^2 + 8\varkappa^2 f^4 - 3\,\mathfrak{Cos}^2 s\, f'^4 - 2\varkappa^2\,\mathfrak{Cos}^2 s\, f^2 f'^2 - - 3\varkappa^4\,\mathfrak{Cos}^2 s\, f^4\}\,\mathfrak{Cos}^{-4} s\, ds.$$

Der Ausdruck in der geschweiften Klammer unter dem Integralzeichen werde mit $G(s; \varkappa)$ bezeichnet. Für große Werte von s findet man

$$G(s; \varkappa) = -2\varkappa^4 (1-\varkappa)^4 e^{(4\varkappa-2)s}\big(1 + O(e^{-\varkappa s})\big).$$

Für $\varkappa \to 1$, d. h. $\alpha \to \frac{1}{2} + 0$, geht $s_1(\alpha)$ nach Unendlich. Dabei besteht die Beziehung $\varkappa = \mathfrak{Tan}\, s_1(\alpha)\,\mathfrak{Tan}\,\varkappa\, s_1(\alpha)$, aus welcher $1 - \varkappa = O(e^{-2\varkappa s_1(\alpha)})$ folgt. Wenn also $s_1(\alpha) > A > 0$ ist, so gilt

$$\int_A^{s_1(\alpha)} |G(s; \varkappa)|\, ds = O(e^{-(4\varkappa+2)s_1(\alpha)}).$$

Das Integral $\int_A^{s_1(\alpha)} G(s; \varkappa)\, ds$ ist also eine stetige Funktion von $\varkappa = 1/2\alpha$ für $\varkappa \to 1$.

Für $\varkappa = 1$, d. h. $\alpha = 1/2$, wird $f(s; \varkappa) = 1/\mathfrak{Cos}\, s$, $s_1(\alpha) = \infty$, und wir finden

$$I_4(S_0) = \frac{3\pi}{4} \int_0^{\infty} \{-27\,\mathfrak{Cos}^{-10} s + 40\,\mathfrak{Cos}^{-8} s - 8\,\mathfrak{Cos}^{-6} s\}\, ds = \frac{208}{35}\pi.$$

Aus Stetigkeitsgründen ist dann $I_4(S_0) > 0$ auch noch für hinreichend nahe bei Eins gelegene Werte $\varkappa < 1$. Ohne also die vierte Variation weiter studieren zu müssen, können wir die vorangehenden Überlegungen als heuristische Begründung des folgenden Satzes heranziehen:

Der Flächeninhalt $I(S_0)$ der Wendelfläche S_0 stellt auch im Grenzfalle $\alpha > 1/2$, $r = r(\alpha)$ ein relatives schwaches Minimum dar, solange α nicht zu groß ist.

Ein Beweis dieses Satzes wurde von H. A. Schwarz gegeben; siehe [I], pp. 222–269, insbes. pp. 268–269, des 1. Bandes.

§ 113. Wenn das Gebiet P_0' den Einheitskreis $\sigma^2 + \tau^2 \leqq 1$ enthält, dann gilt $\lambda_{\min}(P_0') < 0$. Die Funktion $\eta(\sigma, \tau) = (1 - \sigma^2 - \tau^2)/(1 + \sigma^2 + \tau^2)$ ist nämlich eine Eigenlösung des Problems (65) für den Einheitskreis zum Eigenwert $\lambda = 0$. Es gibt dann übrigens eine

Zahl $r > 1$ derart, daß die Kreisscheibe $\bar{P}_0'' = \{\sigma, \tau; \sigma^2 + \tau^2 \leqq r^2\}$ noch ganz in P_0' enthalten ist. Wir betrachten sodann die Funktion $\gamma = \gamma(\sigma, \tau; r) = (1 - \sigma^2 - \tau^2)/(1 + \sigma^2 + \tau^2) + (r^2 - 1)/(r^2 + 1)$, welche in P_0'' positiv ist und auf $\partial P_0''$ verschwindet. Man berechnet

$$\Delta\gamma + \frac{8\gamma}{(1 + \sigma^2 + \tau^2)^2} = \frac{8}{(1 + \sigma^2 + \tau^2)^2} \frac{r^2 - 1}{r^2 + 1}$$

und

$$\iint\limits_{P_0''} \left\{\gamma_\sigma^2 + \gamma_\tau^2 - \frac{8\gamma^2}{(1 + \sigma^2 + \tau^2)^2}\right\} d\sigma\, d\tau$$

$$= -8\, \frac{r^2 - 1}{r^2 + 1} \iint\limits_{P_0''} \frac{\gamma}{(1 + \sigma^2 + \tau^2)^2}\, d\sigma\, d\tau = -8\pi r^4 \frac{r^2 - 1}{(r^2 + 1)^3}.$$

Nach dem in § 108 Gesagten gilt also $\lambda_{\min}(P_0') \leqq \lambda_{\min}(P_0'') < 0$. Auf Grund der Invarianzeigenschaft des Integrals (64) haben wir damit den Satz:

Falls das sphärische Bild der Minimalfläche S_0 eine (abgeschlossene) Halbkugel in seinem Inneren enthält, kann $I(S_0)$ kein Minimum unter den Inhalten aller Flächen mit dem gleichen Rande wie S_0 sein.

§ 114. Ein Anwendungsbeispiel für das Kriterium des § 113 liefert die in §§ 88–92 betrachtete Ennepersche Minimalfläche (48). Der Teil dieser Fläche, welcher einer Kreisscheibe $u^2 + v^2 \leqq r^2$ in der Parameterebene vom Radius $r > 1$ entspricht und für $r < \sqrt{3}$ von einer analytischen Jordankurve berandet ist, kann, verglichen mit allen von derselben Kurve berandeten Flächen vom Typ der Kreisscheibe, kein Minimum des Flächeninhaltes besitzen.

Ähnlich wie in § 112 ist die Situation im Grenzfalle $r = 1$ noch unentschieden, da dann $I_2(S_0) = 0$ ist. Hier geben wieder die höheren Variationen Auskunft. Für die Funktion $\gamma = \gamma(\sigma, \tau;\, 1)$ aus § 113 findet man

$$I_3(S_0) = 12 \iint\limits_{\sigma^2+\tau^2 \leqq 1} \frac{\gamma(\gamma_\tau^2 - \gamma_\sigma^2)}{(1 + \sigma^2 + \tau^2)^2}\, d\sigma\, d\tau = 0$$

$$I_4(S_0)$$

$$= 3 \iint\limits_{\sigma^2+\tau^2 \leqq 1} \frac{\gamma_\sigma^2 + \gamma_\tau^2}{(1 + \sigma^2 + \tau^2)^2} \left[\frac{32}{(1 + \sigma^2 + \tau^2)^2}\gamma^2 - \gamma_\sigma^2 - \gamma_\tau^2\right] d\sigma\, d\tau = \frac{263}{21\,504}.$$

Es ist also heuristisch einleuchtend, obwohl streng nicht ohne Schwierigkeiten zu beweisen, *daß der Flächeninhalt $I(S_0)$ der Enneperschen Fläche S_0 im Grenzfalle $r = 1$ immer noch ein schwaches relatives Minimum darstellt.*

§ 115. Die im vorangehenden Paragraphen festgestellte Eigenschaft der Enneperschen Minimalfläche läßt sich, zumindest für hinreichend nahe bei $\sqrt{3}$ gelegene Werte von r, auch auf dem folgenden Wege beweisen (J. C. C. Nitsche [26], p. 6):

Der der Kreisscheibe $u^2 + v^2 \leqq r^2$ entsprechende Teil S_r der Enneperschen Fläche ist von der Jordankurve

$$\Gamma_r = \Big\{x = x(\vartheta) = r\cos\vartheta - \frac{r^3}{3}\cos 3\vartheta, y = y(\vartheta) =$$
$$= -r\sin\vartheta - \frac{r^3}{3}\sin 3\vartheta,\ z = z(\vartheta) = r^2\cos 2\vartheta;\ 0 \leqq \vartheta \leqq 2\pi\Big\}$$

berandet. Sein Flächeninhalt ist $I(S_r) = \pi r^2(1 + r^2 + \frac{1}{3}r^4)$. Wir betrachten nun die ebenfalls von Γ_r berandete zylindrische Vergleichsfläche $\Sigma_r = \{x = x(\vartheta),\ y = y(\vartheta) + \eta, z = z(\vartheta);\ 0 \leqq \vartheta \leqq \pi, 0 \leqq \eta \leqq \leqq 2|y(\vartheta)|\}$. Ihr Inhalt ist

$$I(\Sigma_r) = \int_0^\pi 2|y(\vartheta)|\sqrt{x'^2(\vartheta) + z'^2(\vartheta)}\,d\vartheta.$$

Nach einer kurzen Rechnung unter Benutzung der Substitution $\cos\vartheta = t$ findet man

$$I(\Sigma_r) = 4r^2\int_0^1\Big[\Big(1 - \frac{1}{3}r^2\Big) +$$
$$+ \frac{4}{3}r^2t^2\Big]\sqrt{1 - t^2}\sqrt{(1 + r^2)^2 - 8r^2(r^2 - 1)t^2 + 16r^4t^4}\,dt.$$

Für $r = \sqrt{3}$ ergibt sich insbeondere

$$I(\Sigma_{\sqrt{3}}) = 96\int_0^1\sqrt{\tau - 4\tau^2 + 12\tau^3 - 9\tau^4}\,d\tau,\ \tau = t^2.$$

Das elliptische Integral läßt sich in bekannter Weise auf tabulierte Normalintegrale zurückführen. Man erhält $I(\Sigma_{\sqrt{3}}) = 54{,}120229$. Andererseits ist $I(S_r) = 21\pi = 65{,}97345$. Wür Werte von r hinreichend nahe bei $\sqrt{3}$ haben wir also aus Stetigkeitsgründen $I(\Sigma_r) < I(S_r)$. Eine ausführlichere Rechnung lehrt, daß $I(\Sigma_r)$ für $r > 1{,}26988$ kleiner als $I(S_r)$ ist. Die vorliegenden Betrachtungen zeigen dann, daß die Enneepersche Minimalfläche jedenfalls für $r > 1{,}26988$ kein Minimum des Flächeninhaltes unter allen von Γ_r berandeten Flächen liefern kann.

§ 116. Noch ein Wort zur Differentialgleichung

$$\Delta\xi + \frac{8}{(1 + \sigma^2 + \tau^2)^2}\xi = 0, \tag{68}$$

auf welche wir ja übrigens schon in § 63 aufmerksam geworden waren.

Aus §§ 63, 106 wissen wir, daß die auf die Parameter σ und τ bezogene Funktion $\xi(\sigma, \tau) = (\mathfrak{x} - \mathfrak{a}) \cdot \mathfrak{X}$ eine Lösung dieser Differentialgleichung ist. Gemäß §§ 56, 155, 156 ist $\mathfrak{X} = \frac{1}{1 + |\omega|^2} \operatorname{Re}\{2\omega,\ 2i\,\bar{\omega},\ \omega\bar{\omega} - 1\}$. Wenn wir nun den Ortsvektor $\mathfrak{x}$ durch die Weierstraßschen Formeln (96) mit Hilfe einer analytischen Funktion $\varphi(\omega)$ darstellen und noch $\mathfrak{a} = \{a,\ b,\ c\}$ setzen, so finden wir für $\xi(\sigma, \tau)$ den Ausdruck

$$(69) \qquad \xi(\sigma, \tau) = \operatorname{Re}\left(f'(\omega) - \frac{2\omega}{1 + |\omega|^2} f(\omega)\right), \qquad \omega = \sigma + i\tau,$$

wobei $f(\omega) = 2\varphi(\omega) + c\,\omega + \frac{a + i\,b}{2}$ zu setzen ist; siehe H. A. Schwarz [I], p. 159 des 1. Bandes.

Es läßt sich auch leicht direkt verifizieren, daß jede analytische Funktion $f(\omega)$ mit Hilfe der Vorschrift (69) eine Lösung der Differentialgleichung (68) erzeugt. $f(\omega) = \omega$ führt auf die in § 113 benutzte Lösung $\xi(\sigma, \tau) = (1 - \sigma^2 - \tau^2)/(1 + \sigma^2 + \tau^2)$. Für $f(\omega) = 1$ und $f(\omega) = \omega^2$ ergibt sich $\xi(\sigma, \tau) = \mp 2\sigma/(1 + \sigma^2 + \tau^2)$ und mit $f(\omega) = \omega^3$ die bei der Bestimmung der Enneperschen Minimalfläche in § 89 auftretende Abstandsfunktion $\xi(\sigma, \tau) = (\sigma^4 - \tau^4 + 3\sigma^2 - 3\tau^2)/(1 + \sigma^2 + \tau^2)$.

Nach J. Weingarten ([6], p. 323) kann man die allgemeine Lösung der Differentialgleichung (68) auch in der äquivalenten Form

$$(69') \qquad \xi(\varrho, \tau) = \psi_{\sigma\tau} - \frac{2\tau}{1 + \sigma^2 + \tau^2}\,\psi_\sigma - \frac{2\sigma}{1 + \sigma^2 + \tau^2}\,\psi_\tau$$

schreiben. Dabei ist $\psi(\sigma, \tau)$ eine beliebige Potentialfunktion. Man braucht nur $f(\omega) = g'(\omega)$ und $g(\omega) = \varphi + i\,\psi$ zu setzen.

Da ein Flächenstück als Einhüllende seiner Tangentialebenen aufgefaßt werden kann, läßt sich das Dirichletsche Problem der elliptischen Differentialgleichung (68) nach § 106 geometrisch so deuten: Zu bestimmen ein von Nabelpunkten freies Minimalflächenstück mit vorgeschriebenem sphärischem Bilde, für welches in jedem Punkte seiner (bei der Lösung mitzufindenden) Randkurve die Tangentialebene nach Stellung und Abstand vom Ursprung vorgeschrieben ist. Für den Fall, daß das Grundgebiet der Kreis $\sigma^2 + \tau^2 < R^2$ ist, gibt es, worauf die Aussagen der §§ 104, 113 schon hindeuten, für $R < 1$ stets eine eindeutig bestimmte Lösung, für $R > 1$ unendlich viele Lösungen und für $R = 1$ i. a. keine Lösung; siehe C. Agostinelli [1].

§ 117. Wenn, wie es z. B. bei den in Kapitel V zu besprechenden Lösungen des Plateauschen Problems der Fall sein wird, die Minimalfläche S_0 in isothermer Darstellung mit einem harmonischen Ortsvektor vorliegt, wo dann der Flächeninhalt auch durch das Dirichletsche Integral $D[\mathfrak{x}] = \frac{1}{2} \iint\limits_{P_0} (\mathfrak{x}_u^2 + \mathfrak{x}_v^2)\,du\,dv$ ausgedrückt werden kann, so liegt es nahe, neben den Variationen des Flächeninhaltes auch Variationen des Dirichletschen Integrals ins Auge zu fassen. Vergleichsflächen der in § 100 verwendeten Form mit dem Ortsvektor $\mathfrak{x}^{(\varepsilon)}(u, v) = \mathfrak{x}(u, v) + \varepsilon[\alpha(u, v)\,\mathfrak{x}_u + \beta(u, v)\,\mathfrak{x}_v + \gamma(u, v)\,\mathfrak{X}]$ sind hier allerdings ohne Nutzen, da für solche Variationen die einfache endliche Entwicklung

$$D[\mathfrak{x}^{(\varepsilon)}] = D[\mathfrak{x}] + \varepsilon V_1[\mathfrak{x}] + \frac{\varepsilon^2}{2} V_2[\mathfrak{x}]$$

vorliegt, bei welcher $V_1[\mathfrak{x}]$ verschwindet und (mit den Bezeichnungen des § 101)

$$V_2[\mathfrak{x}] = \iint\limits_{P_0} [(a_1^2 + a_2^2 + b_1^2 + b_2^2)\,E + (c_1^2 + c_2^2)]\,du\,dv$$

ist, also in jedem Falle $V_2[\mathfrak{x}] \geqq 0$ ausfällt.

Brauchbarer erweist sich eine andere Klasse von Variationen. Wir wollen sie am Beispiel der über der Kreisscheibe $\bar{P}_r = \{\varrho, \vartheta;\ \varrho \leqq r,\ 0 \leqq \vartheta \leqq 2\pi\}$ definierten Enneperschen Minimalfläche $S_r = \{\mathfrak{x} = \mathfrak{x}(\varrho, \vartheta);\ (\varrho, \vartheta) \in \bar{P}_r\}$, $1 < r < \sqrt{3}$, der Gl. (48′) erläutern. Wir bestimmen eine Schar benachbarter Vergleichsflächen in der folgenden Weise. Es seien $\lambda(\vartheta)$ eine beliebige periodische analytische Funktion und $\mathfrak{x}^{(\varepsilon)}(\varrho, \vartheta)$ der in $\bar{P}_r$ harmonische Vektor mit den Randwerten $\mathfrak{x}^{(\varepsilon)}(r, \vartheta) = \mathfrak{x}(r, \vartheta + \varepsilon\lambda(\vartheta)) = \mathfrak{x}(r, \vartheta) + \varepsilon\lambda(\vartheta)\,\mathfrak{x}_\vartheta(r, \vartheta) + \frac{1}{2}\varepsilon^2\lambda^2(\vartheta)\,\mathfrak{x}_{\vartheta\vartheta}(r, \vartheta) + \cdots$. Die Flächen $S_r(\varepsilon)$ mit dem Ortsvektor $\mathfrak{x}^{(\varepsilon)}$ bilden dann eine Schar von zu S_r benachbarten Flächen, welche, genauso wie S_r, von der Jordankurve $\Gamma_r = \{\mathfrak{x} = \mathfrak{x}(r, \vartheta);\ 0 \leqq \vartheta \leqq 2\pi\}$ berandet sind. Für das über P_r erstreckte Dirichletintegral des Vektors $\mathfrak{x}^{(\varepsilon)}(\varrho, \vartheta)$ ergibt sich eine Entwicklung

$$D[\mathfrak{x}^{(\varepsilon)}] = D[\mathfrak{x}] + \varepsilon V_1[\mathfrak{x}; \lambda] + \frac{\varepsilon^2}{2} V_2[\mathfrak{x}; \lambda] + \cdots,$$

in welcher $V_1[\mathfrak{x}; \lambda]$ verschwindet, da $\mathfrak{x}(r, \vartheta)$ der Ortsvektor einer Minimalfläche ist. In der Tat! Unter Verwendung der für harmonische Vektoren $\mathfrak{y}(\varrho, \vartheta)$ und $\mathfrak{z}(\varrho, \vartheta)$ gültigen Beziehung $D_{P_r}[\mathfrak{y}, \mathfrak{z}] = \frac{r}{2}\int\limits_0^{2\pi} \mathfrak{y}(r, \vartheta) \cdot \mathfrak{z}_r(r, \vartheta)\,d\vartheta$ finden wir $V_1[\mathfrak{x}; \lambda] = r\int\limits_0^{2\pi} \lambda(\vartheta)\,\mathfrak{x}_\vartheta(r, \vartheta) \cdot \mathfrak{x}_r(r, \vartheta)\,d\vartheta = 0$.

Für die spezielle Funktion $\lambda(\vartheta) = \sin 2\vartheta$ ergibt sich beispielsweise

$$\begin{aligned} x^{(\varepsilon)}(\varrho, \vartheta) = x(\varrho, \vartheta) &+ \frac{\varepsilon}{2r^2}[r^2(r^2 - 1)\,\varrho\cos\vartheta + \varrho^3\cos 3\vartheta - \\ &- \varrho^5\cos 5\vartheta] + \frac{\varepsilon^2}{8r^4}[-r^4(2 + 3r^2)\,\varrho\cos\vartheta + \\ &+ r^2(1 + 6r^2)\,\varrho^3\cos 3\vartheta + \varrho^5\cos 5\vartheta - 3\varrho^7\cos 7\vartheta] + \cdots \end{aligned}$$

$$y^{(\varepsilon)}(\varrho,\vartheta) = y(\varrho,\vartheta) - \frac{\varepsilon}{2r^2}[r^2(1-r^2)\,\varrho\sin\vartheta + \varrho^3\sin 3\vartheta +$$
$$+ \varrho^5\sin 5\vartheta] + \frac{\varepsilon^2}{8r^4}[r^4(2+3r^2)\,\varrho\sin\vartheta +$$
$$+ r^2(1+6r^2)\,\varrho^3\sin 3\vartheta - \varrho^5\sin 5\vartheta - 3\varrho^7\sin 7\vartheta] + \cdots$$
$$z^{(\varepsilon)}(\varrho,\vartheta) = z(\varrho,\vartheta) + \frac{\varepsilon}{r^2}[-r^4 + \varrho^4\cos 4\vartheta] +$$
$$+ \frac{\varepsilon^2}{2r^4}[-r^4\varrho^2\cos 2\vartheta + \varrho^6\cos 6\vartheta] + \cdots.$$

Die zweite Variation des Dirichletschen Integrals berechnet sich dann zu

$$V_2[\mathfrak{x};\,\sin 2\vartheta] = \pi r^2(1-r^2).$$

Für hinreichend kleine ε gilt also $I(S_r(\varepsilon)) \leqq D[\mathfrak{x}^{(\varepsilon)}] < D[\mathfrak{x}] = I(S_r)$. Der Flächeninhalt $I(S_r)$ – und im vorliegenden Falle darüber hinaus auch das Dirichletsche Integral $D[\mathfrak{x}]$ – stellen also keine Minima unter den entsprechenden Ausdrücken für benachbarte Flächen mit derselben Randkurve dar. Das steht natürlich im Einklang mit der Aussage der §§ 114, 115.

Wie man aus $\mathfrak{x}_\varrho^{(\varepsilon)}(\varrho,\vartheta)\cdot\mathfrak{x}_\vartheta^{(\varepsilon)}(\varrho,\vartheta) = \varepsilon(1-r^2)\,\varrho\sin 2\vartheta + \cdots$ ersieht, sind die Flächen S_r natürlich keine Minimalflächen mehr.

§ 118. Wenn man $\lambda(\vartheta)$ in der Form einer Fourierreihe $\lambda(\vartheta) = \frac{a_0}{2} + \sum_{n=1}^{\infty}(a_n\cos n\vartheta + b_n\sin n\vartheta)$ vorgibt, so lassen sich die Variationen $V_k[\mathfrak{x};\lambda]$ des Dirichletintegrals durch die Fourierkoeffizienten und durch r ausdrücken. Im Falle $r = 1$ z. B. ergibt eine Rechnung, welche hier nicht wiedergegeben werden kann, daß

$$V_2[\mathfrak{x};\,\lambda] = 4\pi\left\{\tfrac{1}{2}a_2^2 + \sum_{n=3}^{\infty}(n-2)\,(a_n^2+b_n^2)\right\}$$

ist. Die zweite Variation verschwindet also für $\lambda(\vartheta) = \frac{a_0}{2} + a_1\cos\vartheta + b_1\sin\vartheta + b_2\sin 2\vartheta$ bei beliebigen $a_0,\ a_1,\ b_1,\ b_2$. Für eine solche Funktion $\lambda(\vartheta)$ zeigt eine längere Rechnung, daß auch die dritte Variation Null ist, wogegen sich unter der unwesentlichen Annahme $a_0 = 0$ für $V_4[\mathfrak{x};\lambda]$ der Ausdruck

$$V_4[\mathfrak{x};\,\lambda] = 3\pi\{2a_1^2b_1^2 + 16a_1^2b_2^2 + 16b_1^2b_2^2 + 11b_2^4\}$$

ergibt.

Aus diesen Bemerkungen folgt allerdings nicht, daß das Dirichletsche Integral der Enneperschen Fläche S_r im Falle $r = 1$ ein relatives Minimum darstellte. Zur Untersuchung dieser Frage müßte man der Fläche S_r Vergleichsflächen gegenüberstellen, deren jede in der in § 117 beschriebenen Weise von einer anderen individuellen Funktion $\lambda(\vartheta)$ mit hinreichend kleinem absolutem Betrag erzeugt wird. Wir spalten die Funktion $\lambda(\vartheta)$ zu diesem Zwecke gemäß $\lambda(\vartheta) = \lambda_1(\vartheta) + \lambda_2(\vartheta)$ auf, wo $\lambda_1(\vartheta) = \frac{a_0}{2} + a_1\cos\vartheta + b_1\sin\vartheta + b_2\sin 2\vartheta$ und $\lambda_2(\vartheta) = a_2\cos 2\vartheta + \sum_{n=3}^{\infty}(a_n\cos n\vartheta + b_n\sin n\vartheta)$ ist, und bezeichnen mit $\mathfrak{x}^{(k)}(\varrho,\vartheta)$ bzw. $\mathfrak{x}^{(k)}_{k-l,l}(\varrho,\vartheta)$ $(l = 0, 1, \ldots, k)$ die in $\varrho \leqq 1$ harmonischen Vektoren mit den Randwerten

$$\mathfrak{x}^{(k)}(1,\vartheta) = \frac{1}{k!}\lambda^k(\vartheta)\frac{\partial^k}{\partial\vartheta^k}\mathfrak{x}(1,\vartheta)$$

bzw.

$$\mathfrak{x}^{(k)}_{k-l,l}(1,\vartheta) = \frac{1}{(k-l)!\,l!}\lambda_1^{k-l}(\vartheta)\,\lambda_2^l(\vartheta)\frac{\partial^k}{\partial\vartheta^k}\mathfrak{x}(1,\vartheta).$$

Dabei gilt $\mathfrak{x}^{(0)}(\varrho,\vartheta) = \mathfrak{x}(\varrho,\vartheta)$. Die k-te Variation $V_k[\mathfrak{x};\lambda] = k! \times \sum_{l=0}^{k} D[\mathfrak{x}^{(k-l)},\mathfrak{x}^{(l)}]$ läßt sich dann gemäß $V_k[\mathfrak{x};\lambda] = \sum_{l=0}^{k} V^{(k)}_{k-l,l}[\mathfrak{x};\lambda]$ aufspalten, wobei

$$V^{(k)}_{k-l,l}[\mathfrak{x};\lambda] = k! \times \sum_{\substack{0\leqq m\leqq k\\ \max(0,l-m)\leqq n\leqq\min(l,k-m)}} D[\mathfrak{x}^{(k-m)}_{k-m-n,n},\mathfrak{x}^{(m)}_{m+n-l,l-n}]$$

ist. Eine ausgedehnte Rechnung zeigt dann (immer im Falle $r = 1$, $a_0 = 0$) z. B.

$$V^{(3)}_{3,0}[\mathfrak{x};\lambda] = 0, \quad V^{(3)}_{2,1}[\mathfrak{x};\lambda] = -3\pi\{2a_1b_1a_2 + 8a_1b_2a_3 + 8b_1b_2b_3 + 9b_2^2b_4\}.$$

Die Untersuchung der Enneperschen Fläche S_r im Falle $r = 1$ ist von diesem Gesichtspunkt aus von J. C. C. Nitsche [28] weitergeführt worden. Insbes. beweist Nitsche den Satz, *daß die Ennepersche Fläche S_1 isoliert liegt, d. h. daß der Abstand (im Sinne von* § 419) *jeder anderen möglicherweise existierenden Lösung des Plateauschen Problems für die Randkurve Γ_1 eine universelle Konstante nicht unterschreiten kann.*

§ 119. Eine Minimalfläche, deren Flächeninhalt im Vergleich mit dem benachbarter Flächen derselben Berandung kein Minimum ist, wird oft als instabil bezeichnet. In den vorangehenden Paragraphen 111, 114, 115, 117 haben wir Beispiele solcher Minimalflächen kennengelernt. Da es in der Nachbarschaft jeder Minimalfläche natürlich andere Flächen mit derselben Berandung und größerem Flächeninhalt gibt, liefert eine instabile Minimalfläche also zwar einen stationären Wert aber weder ein Minimum noch ein Maximum des Flächeninhaltes.

Eine in isothermer Darstellung vorgelegte Minimalfläche, für die das Dirichletsche Integral ihres Ortsvektors im Vergleich zu dessen Wert für benachbarte Flächen mit derselben Berandung kein Minimum ist, heißt kritisch. Eine kritische Minimalfläche ist instabil. Die Präzisierung des Begriffes einer kritischen Minimalfläche und eine eingehende Beschäftigung mit solchen Flächen wird in V.4.2 erfolgen.

Kapitel III

Konforme Abbildung von Minimalflächen

1. Konforme Abbildung offener nichtparametrischer Flächen

1.1. Konforme Abbildung im Kleinen. Eigenschaften der Lösungen der Minimalflächengleichung

§ 120. In diesem und in den folgenden Paragraphen 121–131 ist angenommen, daß die Minimalfläche S in der nichtparametrischen Darstellung $\{z = z(x, y);\ (x, y) \in P\}$ vorliegt, wobei P ein den Nullpunkt enthaltendes beschränktes oder unbeschränktes konvexes Gebiet in der (x, y)-Ebene ist.

Mit dem Normalenvektor $\mathfrak{X} = \left\{-\frac{p}{W}, -\frac{q}{W}, \frac{1}{W}\right\}$ findet man für die Komponenten ω_1, ω_2, ω_3 des Vektors $\mathfrak{x} - i\int \mathfrak{X} \times d\mathfrak{x}$ die Ausdrücke

$$
(70)\qquad \begin{cases}
\omega_1 = x + i \displaystyle\int\limits_{(0,0)}^{(x,y)} \frac{1}{W}\,[p\,q\,dx + (1 + q^2)\,dy]\\[2ex]
\omega_2 = y - i \displaystyle\int\limits_{(0,0)}^{(x,y)} \frac{1}{W}\,[(1 + p^2)\,dx + p\,q\,dy]\\[2ex]
\omega_3 = z(x, y) + i \displaystyle\int\limits_{(0,0)}^{(x,y)} \frac{1}{W}\,[p\,dy - q\,dx].
\end{cases}
$$

Die Integrale sind gemäß § 71 wegunabhängig, und nach § 73 sind $\omega_1, \omega_2, \omega_3$ analytische Funktionen auf S.

Die Funktionen ω_1 und ω_2 sind dabei schlicht in P. Angenommen nämlich, ω_1 habe für zwei Punkte (x_1, y_1) und (x_2, y_2) denselben Wert. Aus der Gleichheit der Realteile folgte $x_1 = x_2$, und die Gleichheit der Imaginärteile ergäbe dann $\displaystyle\int\limits_0^{y_1} \frac{1+q^2}{W}\,dy = \int\limits_0^{y_2} \frac{1+q^2}{W}\,dy$, d. h. $y_1 = y_2$. Eine entsprechende Schlußweise ist auf ω_2 anwendbar.

§ 121. Die Funktion $z^*(x,y) = \int\limits_{(0,0)}^{(x,y)} W^{-1}[p\,dy - q\,dx]$, d. h. der Imaginärteil der analytischen Funktion ω_3 aus (70), wird als die zur Lösung $z(x,y)$ konjugierte Funktion bezeichnet. Sie genügt der Differentialgleichung

$$(1 - z_y^{*2})\, z_{xx}^* + 2 z_x^* z_y^* z_{xy}^* + (1 - z_x^{*2})\, z_{yy}^* = 0,$$

welche wegen $z_x^{*2} + z_y^{*2} < 1$ elliptisch ist. Auf Grund derselben Ungleichung läßt sich $z^*(x,y)$ in jedem beschränkten (konvexen oder nicht konvexen) Gebiet mit hinreichend regulärer Berandung in eindeutiger Weise zu einer in der Abschließung stetigen und einer Lipschitzbedingung genügenden Funktion fortsetzen. Selbst im Falle eines Jordangebietes ist diese Fortsetzung in eindeutiger Weise möglich und liefert in allen durch einen Weg endlicher Länge erreichbaren Randpunkten endliche Werte.

Wenn $\mathscr{C}$ eine glatte reguläre Kurve mit der durch die wachsende Bogenlänge s gegebenen Orientierung ist, so gilt $W \dfrac{\partial z^*}{\partial s} = -\dfrac{\partial z}{\partial n}$. Dabei bedeutet $\dfrac{\partial}{\partial n}$ die Ableitung in der durch Drehung der positiven Tangentenrichtung um $\pi/2$ erhaltenen Normalenrichtung.

Für das Beispiel der im Quadrat $Q = \{x, y;\ |x| < \pi/2,\ |y| < \pi/2\}$ definierten Scherkschen Fläche $z(x,y) = \log\cos y - \log\cos x$ ergibt sich $z^*(x,y) = \arcsin[\sin x \cdot \sin y]$. Auf eine später in allgemeinerem Zusammenhange zu betrachtende Eigenschaft sei hier schon hingewiesen: Wenn β ein auf einer Seite des im Gegenuhrzeigersinne orientierten Randes ∂Q gelegenes orientiertes Segment der Länge $|\beta|$ mit den Endpunkten a' und a'' ist, so daß also längs β entweder $x = \pi/2$ oder $y = \pi/2$ gilt, so ist $z^*(a'') - z^*(a')$ entweder gleich $|\beta|$ oder gleich $-|\beta|$, je nachdem, ob β auf einer Seite liegt, bei deren Annäherung z nach $+\infty$ oder nach $-\infty$ geht.

§ 122. Mit J. C. C. Nitsche [3] führen wir jetzt die auf S analytische Funktion $\zeta = \omega_1 + i\,\omega_2$ ein und setzen $\zeta = \xi + i\,\eta$, so daß

$$\xi = \xi(x,y) = x + \int\limits_{(0,0)}^{(x,y)} \frac{1}{W}\left[(1 + p^2)\,dx + p\,q\,dy\right] \equiv x + A(x,y)$$

(71)

$$\eta = \eta(x,y) = y + \int\limits_{(0,0)}^{(x,y)} \frac{1}{W}\left[p\,q\,dx + (1 + q^2)\,dy\right] \equiv y + B(x,y).$$

Es gilt dann der Satz:

Die Abbildung $(x, y) \to (\xi, \eta)$ *des konvexen Parametergebietes* P *in die* (ξ, η)*-Ebene vergrößert Abstände und ist daher insbesondere eineindeutig.* (J. C. C. Nitsche [3].)

Beweis: Es seien (x_1, y_1) und (x_2, y_2) zwei verschiedene Punkte in P. Wir setzen $h = x_2 - x_1$, $k = y_2 - y_1$ und wenden den Mittelwertsatz der Differentialrechnung auf die Funktion

$$f(t) = h[A(x_1 + t h, y_1 + t k) - A(x_1, y_1)] + k[B(x_1 + t h, y_1 + t k) - B(x_1, y_1)]$$

an:

$$\begin{aligned} f(1) - f(0) &= (x_2 - x_1)[A(x_2, y_2) - A(x_1, y_1)] + \\ &\quad + (y_2 - y_1)[B(x_2, y_2) - B(x_1, y_1)] \\ &= h^2 \tilde{A}_x + h k(\tilde{A}_y + \tilde{B}_x) + k^2 \tilde{B}_y \\ &= \frac{1}{W}[(1 + \tilde{p}^2) h^2 + 2\tilde{p}\tilde{q} h k + (1 + \tilde{q}^2) k^2]. \end{aligned}$$

Die Tilden deuten an, daß die fraglichen Funktionen in einem Punkte auf der Verbindungsstrecke von (x_1, y_1) und (x_2, y_2) zu nehmen sind. Der letzte Ausdruck ist nun eine positiv definite quadratische Form. Daher gilt

$$\begin{aligned} 0 &< (x_2 - x_1)(A_2 - A_1) + (y_2 - y_1)(B_2 - B_1) \\ &< (x_2 - x_1)[(\xi_2 - \xi_1) - (x_2 - x_1)] + (y_2 - y_1)[(\eta_2 - \eta_1) - (y_2 - y_1)] \end{aligned}$$

oder

$$\begin{aligned} (x_2 - x_1)^2 + (y_2 - y_1)^2 &< (x_2 - x_1)(\xi_2 - \xi_1) + (y_2 - y_1)(\eta_2 - \eta_1) < \\ &< \sqrt{(x_2 - x_1)^2 + (y_2 - y_1)^2} \cdot \sqrt{(\xi_2 - \xi_1)^2 + (\eta_2 - \eta_1)^2}. \end{aligned}$$

Die Behauptung folgt aus der letzten Ungleichung.

§ 123. Das Bild Π des konvexen Parametergebietes P unter der Abb. (71) braucht selbst nicht konvex zu sein. Das sieht man am Beispiel der im Quadrat $Q = \{x, y;\ |x| < \pi/2,\ |y| < \pi/2\}$ definierten Scherkschen Minimalfläche $z(x, y) = \log\cos y - \log\cos x$. Die Integrale in (71) lassen sich hier in geschlossener Form auswerten:

$$\xi(x, y) = x + \log\{\cos y \tan x + \sqrt{1 + \cos^2 y \tan^2 x}\}$$

$$\eta(x, y) = y + \log\{\cos x \tan y + \sqrt{1 + \cos^2 x \tan^2 y}\}.$$

Man erkennt, daß Π jetzt das in Abb. 14 angedeutete sich ins Unendliche erstreckende kreuzförmige Gebiet ist. Die ganze Kurve ABC entspricht dabei dem Punkte $x = y = \pi/2$ und ist durch die Gleichung

$$\eta = \pi/2 + \log \operatorname{Cot}(\xi/2 - \pi/4), \quad \pi/2 < \xi < \infty$$

gegeben. Entsprechendes gilt von den anderen Randkurven von Π.

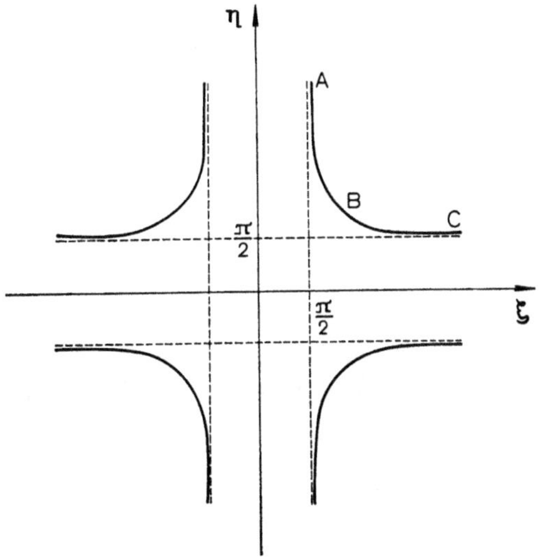

Abb. 14

§ 124. Vermöge § 122 können ξ und η als zulässige Parameter auf S verwendet werden. Durch Differenzieren ergibt sich

$$\Omega(\zeta) \equiv \omega_3'(\zeta) = z_\xi - i\, z_\eta = \frac{p - i\,q}{1 + W}, \tag{72}$$

also

$$p = \frac{\Omega + \bar{\Omega}}{1 - |\Omega|^2}, \quad q = i\,\frac{\Omega - \bar{\Omega}}{1 - |\Omega|^2}, \quad p^2 + q^2 = \frac{2|\Omega|}{1 - |\Omega|^2}. \tag{72'}$$

Wegen $|\Omega(\zeta)|^2 = (W - 1)/(W + 1)$ ist es klar, daß $|\Omega(\zeta)|$ immer kleiner als Eins ist. Die geometrische Bedeutung der analytischen Funktion $\Omega(\zeta)$ geht aus der Beziehung $\Omega(\zeta) = -1/(\sigma + i\,\tau)$ hervor; siehe § 56. Eine direkte Rechnung zeigt, daß

$$\begin{aligned} ds^2 &= dx^2 + dy^2 + dz^2 = (1 + p^2)\,dx^2 + 2p\,q\,dx\,dy + (1 + q^2)\,dy^2 \\ &= \left(\frac{W}{W+1}\right)^2 (d\zeta^2 + d\eta^2) = \frac{1}{4}\,(1 + |\Omega(\zeta)|^2)^2\,|d\zeta|^2. \end{aligned} \tag{73}$$

ξ und η sind also isotherme Parameter auf S; siehe § 60. Weiterhin gilt

$$\left(1 + \frac{1}{W}\right)^2 (dx^2 + dy^2) \leqq d\xi^2 + d\eta^2 \leqq (W + 1)^2\,(dx^2 + dy^2). \tag{73'}$$

Für die Gaußsche Krümmung berechnet man den Ausdruck

$$K = -|\Omega'(\zeta)|^2 \left(1 + \frac{1}{W}\right)^4. \tag{74}$$

§ 125. Die Nabelpunkte der Fläche S sind durch die Bedingung $K = 0$, d. h. $r\,t - s^2 = 0$ gekennzeichnet. Aus (74) schließt man daher, *daß die Nabelpunkte der Fläche S als Nullstellen der analytischen Funktion $\Omega'(\zeta)$ isolierte Punkte sind.*

Aus

$$0 = r[(1+q^2)\,r - 2p\,q\,s + (1+p^2)\,t] = (1+q^2)\,r^2 - 2p\,q\,r\,s + \\ + (1+p^2)\,s^2 + (1+p^2)\,(r\,t - s^2)$$

folgt

$$(r\,t - s^2) = -(1+p^2)^{-1}\,[(1+q^2)\,r^2 - 2p\,q\,r\,s + (1+p^2)\,s^2].$$

Wegen des positiv definiten Charakters der quadratischen Form auf der rechten Seite sind die Beziehungen $r\,t - s^2 = 0$ und $r = s = t = 0$ gleichbedeutend.

§ 126. Wenn eine Funktion $f(x, y)$ von x und y vermöge der Transformationsformeln (71) als Funktion von ξ und η aufgefaßt wird, so ergibt eine direkte Rechnung die Beziehung

$$(75)\quad (1+q^2)\,f_{xx} - 2p\,q\,f_{xy} + (1+p^2)\,f_{yy} = (1+W)^2\,(f_{\xi\xi} + f_{\eta\eta}),$$

welche sich auch von (19), (73) ablesen läßt.

Wegen

$$(1+q^2)\,f_x^2 - 2p\,q\,f_x\,f_y + (1+p^2)\,f_x^2 = (1+W)^2\,(f_\xi^2 + f_\eta^2)$$

verschwinden die Ableitungen f_x und f_y in einem Punkt (x, y) genau dann gleichzeitig, wenn dasselbe von den Ableitungen f_ξ und f_η im Bildpunkt (ξ, η) zutrifft.

§ 127. *Das Bild Π des konvexen Parametergebietes P unter der Abb.* (71) *enthält eine Kreisscheibe $\xi^2 + \eta^2 < \varrho^2$, wobei gewiß $\varrho \geqq d/f(a)$, $a = |\Omega(0)|$ gilt. Dabei ist d der auf der Minimalfläche $S = \{z = z(x, y);\ (x, y) \in P\}$ gemessene Abstand des Punktes* $(0, 0, z(0, 0))$ *vom Rande von S, und*

$$f(a) = \frac{1}{2}\int_0^1 \left\{1 + \left(\frac{a+t}{1+a\,t}\right)^2\right\} dt,$$

bzw. nach Ausführung der Integration

$$f(a) = \begin{cases} \dfrac{2}{3}, & a = 0 \\[2ex] \dfrac{1}{2a^3}\,[2a - a^2 + a^4 - 2(1-a^2)\log(1+a)], & a > 0. \end{cases}$$

(R. Ossermann [7].)

Beweis: Es seien ϱ der Abstand des Nullpunktes der ζ-Ebene vom Komplement von Π und ζ_0 ein Punkt aus diesem Komplement, für welchen $|\zeta_0| = \varrho$ gilt. Das halboffene Segment $\{\zeta = t\zeta_0;\ 0 \leqq t < 1\}$ werde mit λ, sein Bild in der (x, y)-Ebene mit l bezeichnet. Gemäß (73) haben wir dann

$$d \leqq \int_l ds = \tfrac{1}{2} \int_\lambda (1 + |\Omega(\zeta)|^2)\, |d\zeta|.$$

Beide Integrale sind dabei hinsichtlich ihrer oberen Grenze als uneigentliche Integrale aufzufassen. Gemäß § 124 ist der Betrag der in Π und erst recht in der Kreisscheibe $|\zeta| < \varrho$ analytischen Funktion $\Omega(\zeta)$ kleiner als Eins. Nach einer in der Funktionentheorie geläufigen Abschätzung folgt daraus die in $|\zeta| < \varrho$ gültige Ungleichung

$$|\Omega(\zeta)| \leqq \frac{a\varrho + |\zeta|}{\varrho + a|\zeta|}, \qquad a = |\Omega(0)|.$$

Damit wird

$$\frac{1}{2} \int_\lambda (1 + |\Omega(\zeta)|^2)\, |d\zeta| \leqq \frac{\varrho}{2} \int_0^1 \left\{1 + \left(\frac{a + t}{1 + at}\right)^2\right\} dt = \varrho f(a).$$

W. z. b. w.

Für spätere Zwecke sei hier eine kleine Tabelle für die numerischen Werte der Funktion $f(a)$ aufgeführt.

a	$f(a)$	a	$f(a)$	a	$f(a)$
0,00	0,66667	0,35	0,76761	0,70	0,88755
0,05	0,67949	0,40	0,78380	0,75	0,90577
0,10	0,69292	0,45	0,80034	0,80	0,92421
0,15	0,70691	0,50	0,81721	0,85	0,94287
0,20	0,72141	0,55	0,83438	0,90	0,96172
0,25	0,73639	0,60	0,85184	0,95	0,98077
0,30	0,75180	0,65	0,86957	1,00	1,00000

§ 128. Einen Spezialfall des eben bewiesenen Resultates enthält die folgende Aussage:

Es sei $z(x, y)$ eine über der Kreisscheibe $x^2 + y^2 < R^2$ definierte zweimal stetig differenzierbare Lösung der Minimalflächengleichung. Das Bild dieser Kreisscheibe unter der Abb. (71) *enthält eine Kreisscheibe $\xi^2 + \eta^2 < \varrho^2$, wobei gewiß $\varrho \geqq R/f(a)$, $a = |\Omega(0)|$ gilt.*

Wir haben ja $R \leqq d$.

Wenn darüber hinaus in der konzentrischen Kreisscheibe $x^2 + y^2 \leqq \leqq r^2 < R^2$ die Ungleichung $p^2 + q^2 \leqq m^2 < 4$ erfüllt ist, dann enthält das Bild der Kreisscheibe $x^2 + y^2 \leqq r^2$ unter der Abb. (71) *gewiß die Kreisscheibe $\sqrt{\xi^2 + \eta^2} \leqq 2r\left(1 - \frac{m^2}{4}\right)$.*

Beweis: Wegen

$$\left[\left(\frac{1+p^2}{W}-1\right)\cos\alpha+\frac{p\,q}{W}\sin\alpha\right]^2+\left[\frac{p\,q}{W}\cos\alpha+\right.$$
$$\left.+\left(\frac{1+q^2}{W}-1\right)\sin\alpha\right]^2\leqq\frac{(W-1)^2}{W^2}\times$$
$$\times\left[(1+p^2)\cos^2\alpha+2p\,q\cos\alpha\sin\alpha+(1+q^2)\sin^2\alpha\right]\leqq$$
$$\leqq(W-1)^2\leqq\frac{m^4}{4}$$

folgt aus (71) für $x^2+y^2=r^2$ nach Anwendung der Schwarzschen Ungleichung $|[\xi(x,y)-2x]\cos\alpha+[\eta(x,y)-2y]\sin\alpha|\leqq m^2 r/2$. Wenn $\xi^2+\eta^2<4r^2$ ist, so können wir wegen

$$[\xi(x,y)-2x]^2+[\eta(x,y)-2y]^2=\xi^2+\eta^2-4(x\,\xi+y\,\eta)+$$
$$+4r^2\geqq(2r-\sqrt{\xi^2+\eta^2})^2>0$$

den Winkel α gemäß

$$\cos\alpha=\varrho[\xi(x,y)-2x],\qquad \sin\alpha=\varrho[\eta(x,y)-y]$$

bestimmen und erhalten dann

$$2r-\sqrt{\xi^2+\eta^2}\leqq m^2 r/2.$$

Daraus folgt die Behauptung.

§ 129. Das Bild Π des konvexen Parametergebietes P unter der Abb. (71) ist einfach zusammenhängend. Wenn P die ganze endliche (x,y)-Ebene ist, dann muß Π die ganze endliche ζ-Ebene sein. Das folgt aus § 122. Wenn P dagegen nicht mit der (x,y)-Ebene zusammenfällt, dann kann Π nicht die ganze endliche ζ-Ebene sein. Andernfalls wäre nämlich die in Π beschränkte analytische Funktion $\Omega(\zeta)$ eine Konstante. Wegen $p=\text{const}$, $q=\text{const}$ müßte unsere Minimalfläche S dann eine Ebene sein; $\xi(x,y)$ und $\eta(x,y)$ wären lineare Funktionen und könnten das Gebiet P nicht auf die ganze Ebene abbilden.

Zufolge des Riemannschen Abbildungssatzes können wir also, falls P nicht die ganze (x,y)-Ebene ist, das Gebiet Π umkehrbar eindeutig und konform auf das Innere des Einheitskreises einer komplexen γ-Ebene abbilden, wo $\gamma=\alpha+i\beta$ gesetzt ist. Gemäß §§ 60, 61 sind α und β zulässige isotherme Parameter auf der Fläche S. Die Komponenten des Ortsvektors werden harmonische Funktionen von α und β, und der Flächeninhalt von S berechnet sich wegen $\mathfrak{x}_\alpha^2=\mathfrak{x}_\beta^2$, $\mathfrak{x}_\alpha\cdot\mathfrak{x}_\beta=0$ zu $I(S)=\frac{1}{2}\iint\limits_{|\gamma|<1}(\mathfrak{x}_\alpha^2+\mathfrak{x}_\beta^2)\,d\alpha\,d\beta$. Eine einfache Rechnung zeigt, daß

$$\left|\frac{d\zeta}{d\gamma}\right|^2=\frac{(1+W)^2}{1+W^2}(x_\alpha^2+x_\beta^2+y_\alpha^2+y_\beta^2).$$

§ 130. Aus § 129 und der Beschränktheit von $\Omega(\zeta)$ schließen wir:

Wenn das Parametergebiet P die ganze (x, y)*-Ebene ist, dann muß die Minimalfläche S eine Ebene sein.* Oder, anders formuliert: *Eine für alle Werte von x und y definierte zweimal stetig differenzierbare Lösung der Minimalflächengleichung muß eine lineare Funktion sein.*

Dieser berühmte Satz wurde auf andere Weise von S. Bernstein [7] im Jahre 1916 bewiesen. Er erinnert an den hier seinem Beweise zugrunde liegenden Liouvilleschen Satz der Funktionentheorie. Während die Konstanz einer „ganzen", d. h. in der ganzen Ebene definierten Lösung $z = z(x, y)$ der Potentialgleichung aber nur (und zwar mit Hilfe der Harnackschen Ungleichung) unter der Voraussetzung ihrer einseitigen Beschränktheit bewiesen werden kann, ergibt sich die Linearität einer ganzen Lösung der Minimalflächengleichung als Folge ihrer bloßen Existenz ohne jede Beschränktheitsannahme. Dieser bemerkenswerte Umstand findet seine Erklärung in der starken Nicht-Linearität der Minimalflächengleichung. Der Bernsteinsche Satz war in der Tat eine der ersten Illustrationen für die Erkenntnis, daß die Nicht-Linearität einer partiellen Differentialgleichung einschneidende Veränderungen in dem vom linearen Falle her gewohnten Verhalten der Lösungen hervorrufen kann. Weitere Beispiele werden wir später kennenlernen.

Der Bernsteinsche Satz hat wie wenige andere Aussagen das Interesse der Analytiker gefesselt. Bernstein selbst erhielt ihn als Anwendung eines allgemeineren Satzes über elliptische Differentialgleichungen, demzufolge jede in der ganzen (x, y)-Ebene zweimal stetig differenzierbare und beschränkte Lösung $z(x, y)$ einer elliptischen Differentialgleichung $\mathscr{L}[z] \equiv a\, z_{xx} + 2b\, z_{xy} + c\, z_{yy} = 0$ eine Konstante sein muß. (E. Hopf [2], man sehe auch [4], hat durch Beispiele gezeigt, daß in diesem Satze weder das Wort „beschränkt" durch „überall positiv" noch die Gleichung $\mathscr{L}[z] = 0$ durch die Ungleichung $\mathscr{L}[z] \geqq 0$ noch die Variablenzahl Zwei durch eine größere Zahl ersetzt werden dürfen.) Im Falle der Minimalflächengleichung sind, wie wir aus § 69 wissen, die Funktionen $\operatorname{arc}\tan x$ und $\operatorname{arc}\tan y$ solche beschränkte Lösungen. Eine Lücke in Bernsteins ursprünglichem Beweis wurde unabhängig voneinander von E. Hopf [6] und E. J. Mickle [2] geschlossen. Im Laufe der Zeit ist eine große Anzahl verschiedener Beweise gegeben worden, welche teilweise auch auf allgemeinere Differentialgleichungen Anwendung finden können. Man sehe L. Bers [3], [6]; S. S. Chern [5]; R. Finn [4], [5]; W. H. Fleming [4], p. 83; E. Heinz [1]; E. Hopf [8], [9]; H. Jenkins [1]; K. Jörgens [1]; J. C. C. Nitsche [2], [3], [7]; R. Osserman [4], [6], [7]; T. Radó [6]. Verallgemeinerungen in verschiedenen Richtungen stammen von E. Calabi [1]; H. Flanders [1]; S. S. Chern

[3]; S. S. Chern and R. Osserman [1]; R. Osserman [11], [13], [14]; M. Miranda [5]; K. Nomizu and B. Smith [1].

Die Ausdehnung des Bernsteinschen Satzes auf höhere Dimensionszahlen, d. h. der Beweis der Tatsache, daß jede im ganzen $(x_1, x_2, \ldots, x_n)$-Raum zweimal stetig differenzierbare Lösung $z(x_1, \ldots, x_n)$ der „Minimalflächengleichung"

$$\sum_{i=1}^{n} \frac{\partial}{\partial x_i}\left(\frac{z_{x_i}}{\sqrt{1 + z_{x_1}^2 + \cdots + z_{x_n}^2}}\right) = 0 \tag{76}$$

eine lineare Funktion sein muß, ist erst ganz kürzlich von E. DeGiorgi [3] für den Fall $n = 3$, dann von F. J. Almgren [3] für den Fall $n = 4$ und zuletzt von J. Simons ([1] und [2], insbes. pp. 102–105) für die Fälle $n = 5, 6, 7$ geleistet worden. Es war dann eine der überraschenden Entdeckungen in der Theorie der partiellen Differentialgleichungen, als E. Bombieri, E. DeGiorgi and E. Giusti [1] im Jahre 1969 bewiesen, daß der Bernsteinsche Satz für $n > 7$ nicht richtig ist, daß dann also nicht-lineare ganze Lösungen der Differentialgleichung (76) existieren. Das asymptotische Verhalten derartiger Lösungen ist bislang noch nicht vollständig erkannt. E. A. Ruh [1] bewies aber den folgenden Satz: Es sei φ der Winkel zwischen der Normalen der Minimalhyperfläche S mit der nicht-parametrischen Darstellung $z = z(x_1, \ldots, x_n)$ im $(n + 1)$-dimensionalen $(x_1, \ldots, x_n, z)$-Raum und der z-Achse. Bei geeigneter Orientierung ist $0 \leqq \varphi < \pi/2$. Weiterhin bezeichne $D(r)$ den Durchschnitt von S mit der Kugel $x_1^2 + \cdots + x_n^2 + z^2 = r^2$. Wenn dann S keine Hyperebene ist, so muß der über $D(r)$ genommene Mittelwert des Winkels φ mit $r \to \infty$ nach $\pi/2$ konvergieren.

Das Bombieri-DeGiorgi-Giustische Ergebnis hängt damit zusammen, daß n-dimensionale Hyperflächen kleinsten Inhaltes im $(n + 1)$-dimensionalen Raum zwar für $n < 7$ regulär sein müssen (W. H. Fleming [4]; E. DeGiorgi [3]; F. J. Almgren [3] und insbes. J. Simons [2]), für $n \geqq 7$ jedoch Singularitäten besitzen können. Der 7-dimensionale Kegel $x_1^2 + x_2^2 + x_3^2 + x_4^2 = x_5^2 + x_6^2 + x_7^2 + x_8^2$ im 8-dimensionalen $(x_1, \ldots, x_8)$-Raume, dessen Flächeninhalt, wie in der Arbeit der drei Autoren gezeigt ist, ein absolutes Minimum darstellt, besitzt in einem Punkte, seiner Spitze, eine Singularität. H. Federer [7] zeigte daraufhin in großer Allgemeinheit, daß die Hausdorffsche Dimension der Singularitätenmenge einer n-dimensionalen Hyperfläche kleinsten Inhaltes im $(n + 1)$-dimensionalen Raum nie größer als $n - 7$ sein kann.

H. Flanders [4] gab eine andere Version der Almgrenschen und Simonsschen Rechnungen.

Es sei allgemein M^k, $1 \leqq k \leqq n - 2$, eine k-dimensionale Minimaluntermannigfaltigkeit der im n-dimensionalen Euklidischen Raume eingebetteten Standardsphäre $S^{n-1}: x_1^2 + \cdots + x_n^2 = 1$. Der aus den

Ursprungsstrahlen durch die Punkte von M^k bestehende $(k+1)$-dimensionale Kegel ist dann bis auf seine Spitze eine reguläre Minimalhyperfläche.

Die Dimensionszahl 7 spielt auch in der Differentialtopologie eine eigentümliche und entscheidende Rolle. J. W. Milnor [2], [3] entdeckte 1956, daß die 7-dimensionale Sphäre S^7 mehrere verschiedene differenzierbare Strukturen tragen kann, während man die Sphären S^n für $n = 1, 2, \ldots, 6$ nur jeweils mit einer (bis auf Diffeomorphismen) einzigen Struktur ausstatten kann. Genauer: Es gibt 28 verschiedene differenzierbare Mannigfaltigkeiten, welche alle zur Sphäre S^7 homöomorph, aber untereinander nicht diffeomorph sind. Die 27 derart von der Standardsphäre verschiedenen Sphären werden auch exotisch genannt. In höheren Dimensionen existieren beispielsweise eine exotische 8-dimensionale Sphäre, 7 exotische 9-dimensionale Sphären, 991 exotische 11-dimensionale Sphären, aber schon mehr als 16 Millionen exotische 31-dimensionale Sphären.

Ob zwischen diesem Sachverhalt der Differentialtopologie und dem Bernsteinschen Satze eine Beziehung besteht, und welche, ist bislang noch nicht geklärt.

§ 131. *Eine Minimalfläche* $S = \{z = z(x, y);\ (x, y) \in P\}$ *ist analytisch.* Mit anderen Worten: *Eine in einem Gebiet P zweimal stetig differenzierbare Lösung der Minimalflächengleichung ist dort sogar reell-analytisch.*

Beweis: Gegeben sei ein Punkt $(x_0, y_0) \in P$, welchen wir O. B. d. A. als Koordinatenursprung annehmen können. Der Kreis $x^2 + y^2 < R^2$ liege in P. Π sei das Bild dieses Kreises unter der Abb. (71) mit Hilfe der Funktionen $\xi = \xi(x, y)$, $\eta = \eta(x, y)$.

Wegen $\partial(\xi, \eta)/\partial(x, y) = (1 + W)^2/W$ sind sowohl die Umkehrfunktionen $x = f(\xi, \eta)$, $y = g(\xi, \eta)$ als auch die Funktion $z(f(\xi, \eta), g(\xi, \eta)) = h(\xi, \eta)$ in Π zweimal stetig differenzierbar. Da aber ξ und η gemäß § 124 isotherme Parameter sind, müssen $f(\xi, \eta)$, $g(\xi, \eta)$ und $h(\xi, \eta)$ nach §§ 60, 61, 73 in Π harmonische, d. h. insbesondere reell-analytische, Funktionen von ξ und η sein. Als Umkehrfunktionen von $x = f(\xi, \eta)$ und $y = g(\xi, \eta)$ sind die Funktionen $\xi(x, y)$ und $\eta(x, y)$ dann selbst reell-analytisch, und dasselbe gilt dann von der Funktion $z(x, y) = h(\xi(x, y), \eta(x, y))$. W. z. b. w.

Der vorangehende Satz ist ein Spezialfall des Satzes über die Analytizität der Lösungen elliptischer Differentialgleichungen bzw. über die Analytizität der Extremalen regulärer Variationsprobleme mit analytischen Integranden, welcher mit den Namen S. Bernstein [1], [9]; R. Caccioppoli [1]; M. Gevrey [1], [2], [3]; G. Giraud [1], [2]; A. Haar [2], [3], [5]; J. Hadamard [I], pp. 487–528; D. Hilbert [I], pp. 320 bis 321; E. Hopf [3], [5]; E. E. Levi [1]; H. Lewy [2], [3], [5]; L. Lichtenstein [3] und [8], pp. 1320–1324; C. B. Morrey [6], [7], [I], [II]; L. Nirenberg [1]; É. Picard [1], [2], [3]; T. Radó [5]; M. Shiffman [7] verknüpft sind. Auf Grund der vorteilhaften Eigenschaften der Parameter ξ und η aus (71) ist der Beweis im Falle der Minimalflächengleichung ungleich einfacher als im allgemeinen Falle. Ähnliche Beweise findet man noch bei C. H. Müntz [2], bei T. Radó [1], [3] und bei P. R. Garabedian and M. Schiffer [1]. In § 605 werden wir noch eine allgemeinere Formulierung dieses Satzes kennenlernen.

1.2. Konforme Abbildung im Großen

§ 132. Die konforme Abbildung, d. h. die globale Einführung isothermer Parameter auf einer Minimalfläche $S = \{z = z(x, y);\ (x, y) \in P\}$ mit konvexem Parametergebiet ist nach §§ 122, 124, 129 in elementarer Weise möglich. Für ein beliebiges Parametergebiet gilt dasselbe; freilich muß zum Beweis dafür jetzt schwereres funktionentheoretisches Geschütz aufgefahren werden.

Es seien P ein beliebiges Gebiet in der (x, y)-Ebene und $S = \{z = z(x, y);\ (x, y) \in P\}$ eine über P erklärte Minimalfläche. Nach dem Vorangehenden lassen sich auf S lokal isotherme Parameter einführen, d. h. jeder Punkt von S besitzt eine Umgebung – Bild einer offenen Teilmenge U des Parametergebietes –, welche sich durch eine Abbildung $\{\alpha = \alpha(x, y),\ \beta = \beta(x, y);\ (x, y) \in U\}$ umkehrbar eindeutig und konform bezüglich der Metrik von S auf das Innere des Einheitskreises einer komplexen γ-Ebene abbilden läßt $(\gamma = \alpha + i\beta)$. Wenn zwei Umgebungen U_1 und U_2 dabei übereinandergreifen, so sind die zusammengesetzten Abbildungen $\gamma_1 \to \gamma_2$ und $\gamma_2 \to \gamma_1$ in ihren Definitionsgebieten direkt konform.

Auf Grund dieser Eigenschaften kann das mit der durch die Fläche S induzierten Metrik ds ausgestattete Parametergebiet P als eine Riemannsche Fläche aufgefaßt werden. Man beweist in der Funktionentheorie (siehe auch § 268), daß sich auf S global isotherme Parameter einführen lassen, d. h. daß sich die ganze Fläche S vermittels einer einzigen Abbildung $\{\alpha = \alpha(x, y),\ \beta = \beta(x, y);\ (x, y) \in P\}$ umkehrbar eindeutig und konform auf ein gewisses Normalgebiet Π der γ-Ebene beziehen läßt. Wenn P einfach zusammenhängend ist, kommt als Normalgebiet entweder das Innere des Einheitskreises $|\gamma| < 1$ (hyperbolischer Fall) oder die endliche Ebene $|\gamma| < \infty$ (parabolischer Fall) in Frage; letzteres gemäß § 129 aber nur dann, wenn P mit der (x, y)-Ebene zusammenfällt. (Der elliptische Fall der vollen γ-Ebene als Normalgebiet kann hier nicht eintreten, da die Komponenten des Vektors $\mathfrak{x}$ als harmonische Funktionen von α und β dann Konstante sein müßten.) Wenn P ein Gebiet endlichen Zusammenhanges ist, so kann das Normalgebiet Π als ein von gewissen Kreisen berandetes Gebiet gewählt werden, insbesondere, falls P zweifach zusammenhängend ist, als ein Kreisring $\{\gamma;\ \varrho_1 < |\gamma| < \varrho_2\}$, wobei $0 \leqq \varrho_1 < \varrho_2 \leqq \infty$ gilt und wo die beiden Kreise $|\gamma| = \varrho_1$ und $|\gamma| = \varrho_2$ je einem Randkontinuum von P entsprechen.

§ 133. Die in § 120 definierten Funktionen ω_1, ω_2, ω_3, welche natürlich auch als analytische Funktionen von γ aufgefaßt werden können, sind i. a. nicht mehr eindeutig. Ihre Zweige unterscheiden sich aber lediglich um rein imaginäre Konstanten. Wegen $\partial(\xi, \eta)/\partial(x, y) = (1 + W)^2/W$ ergibt sich

$$\begin{aligned} dx = x_\xi\, d\xi + x_\eta\, d\eta &= (\eta_y\, d\xi - \xi_y\, d\eta)\, \frac{\partial(x, y)}{\partial(\xi, \eta)} \\ &= \frac{1}{(1+W)^2}\,[(1 + q^2 + W)\, d\xi - p\, q\, d\eta] \\ &= \frac{1}{(1+W)^2}\,\{[(1 + q^2 + W)\, \xi_\alpha - p\, q\, \eta_\alpha]\, d\alpha + \\ &\qquad + [(1 + q^2 + W)\, \xi_\beta - p\, q\, \eta_\beta]\, d\xi\} \\ &= \mathrm{Re}\{\tfrac{1}{2}\zeta'(\gamma)\,(1 - \Omega^2(\gamma))\, d\gamma\} \end{aligned}$$

und genauso

$$dy = \mathrm{Re}\left\{-\frac{i}{2}\zeta'(\gamma)\,(1 + \Omega^2(\gamma))\, d\gamma\right\}.$$

In einer gegenüber §§ 120, 124 leicht abgeänderten Bezeichnung erhalten wir somit die folgende Darstellung

$$(77)\quad \begin{cases} x = x_0 + \mathrm{Re}\,F_1(\gamma), & F_1(\gamma) = \frac{1}{2}\displaystyle\int_{\gamma_0}^{\gamma} (1 - \Omega^2(\gamma))\, \zeta'(\gamma)\, d\gamma \\ y = y_0 + \mathrm{Re}\,F_2(\gamma), & F_2(\gamma) = -\dfrac{i}{2}\displaystyle\int_{\gamma_0}^{\gamma} (1 + \Omega^2(\gamma))\, \zeta'(\gamma)\, d\gamma \\ z = z_0 + \mathrm{Re}\,F_3(\gamma), & F_3(\gamma) = \displaystyle\int_{\gamma_0}^{\gamma} \Omega(\gamma)\, \zeta'(\gamma)\, d\gamma, \end{cases}$$

bei welcher der Punkt $(x_0, y_0, z_0 = z(x_0, y_0))$ dem Punkt γ_0 von Π entspricht. Die analytische Funktion $\zeta'(\gamma)$ wird dabei in Π nirgends Null. Es gelten die Beziehungen $\zeta'(\gamma) = F_1'(\gamma) + i\,F_2'(\gamma)$ und

$$(78)\qquad \frac{\partial(x, y)}{\partial(\alpha, \beta)} = \frac{\partial(x, y)}{\partial(\xi, \eta)} \cdot \frac{\partial(\xi, \eta)}{\partial(\alpha, \beta)} = \frac{1}{4}\,|\zeta'(\gamma)|^2\,(1 - |\Omega(\gamma)|^4).$$

Gemäß (73) berechnet sich das Linienelement der Fläche zu

$$(79)\qquad ds = \tfrac{1}{2}(1 + |\Omega(\gamma)|^2)\, |\zeta'(\gamma)|\, |d\gamma| \leqq |\zeta'(\gamma)|\, |d\gamma|.$$

§ 134. Wie man sich durch eine direkte Rechnung überzeugt, gilt umgekehrt folgendes: Die Funktionen $\Omega(\gamma)$ und $\zeta'(\gamma)$ seien in einem den Punkt γ_0 enthaltenden Gebiet Π der komplexen γ-Ebene eindeutig und analytisch, und es gelte dort $|\Omega(\gamma)| < 1$ und $\zeta'(\gamma) \neq 0$. Das Gebiet Π werde vermöge der durch die ersten beiden Formeln von (77) gegebenen Abbildung umkehrbar eindeutig auf ein Gebiet P in der (x, y)-Ebene abgebildet. Dann ist die durch die dritte Formel von (77) definierte Funktion z, aufgefaßt als Funktion von x und y, eine in P definierte Lösung der Minimalflächengleichung.

§ 135. Auf die in § 134 beschriebene Weise lassen sich spezielle Minimalflächen erzeugen. Wir wollen für den Einheitskreis $|\gamma| < 1$ als Gebiet Π den speziellen Fall betrachten, wo $\gamma_0 = 0$, $x_0 = y_0 = z_0 = 0$, $\Omega(\gamma) = \gamma$ und $\zeta'(\gamma) = \frac{4}{1-\gamma^4}$ sind. Eine leichte Rechnung ergibt

$$(80)\qquad \left\{\begin{aligned} x &= \operatorname{Re}\left\{\frac{1}{i}\log\frac{i-\gamma}{i+\gamma}\right\} = \operatorname{arc\,tan}\left(\frac{2r\cos\vartheta}{1-r^2}\right)\\ y &= \operatorname{Re}\left\{\frac{1}{i}\log\frac{1+\gamma}{1-\gamma}\right\} = \operatorname{arc\,tan}\left(\frac{2r\sin\vartheta}{1-r^2}\right)\\ z &= \operatorname{Re}\left\{\log\frac{1+\gamma^2}{1-\gamma^2}\right\} = \frac{1}{2}\log\left(\frac{(1-r^2)^2+4r^2\cos^2\vartheta}{(1-r^2)^2+4r^2\sin^2\vartheta}\right). \end{aligned}\right.$$

Dabei haben wir $\gamma = r\,e^{i\vartheta}$ gesetzt.

Die durch die ersten beiden Formeln von (80) definierte Abbildung von Π in die (x, y)-Ebene lassen sich leicht geometrisch deuten. Es ist nämlich (siehe Abb. 15)

$$(81)\qquad x = \pi - \varphi_2 - \varphi_3, \qquad y = \varphi_1 + \varphi_2 - \pi.$$

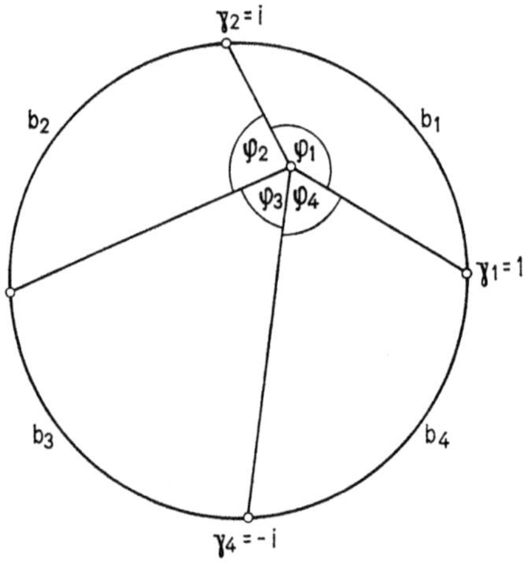

Abb. 15

Da also x auf jedem Kreise durch die Punkte $\gamma = i$ und $\gamma = -i$ konstant ist und y auf jedem Kreise durch die Punkte $\gamma = 1$ und $\gamma = -1$ konstant ist, haben wir in (81) eine eineindeutige Abbildung des Einheitskreises Π in die (x, y)-Ebene vor uns.

Bei Annäherung aus Π heraus an die (offenen) Randbögen b_1, b_2, b_3 und b_4 (siehe Abb. 15) nähert sich der Bildpunkt (x, y) bzw. den Punkten $(\pi/2, \pi/2)$, $(-\pi/2, \pi/2)$, $(-\pi/2, -\pi/2)$ und $(\pi/2, -\pi/2)$. Bei Annäherung an γ_1 geht x nach $\pi/2$, während y alle zwischen $-\pi/2$ und $\pi/2$ gelegenen Werte als Grenzwerte hat. Ähnliches gilt bei Annäherung an die Punkte γ_2, γ_3 und γ_4. Man überzeugt sich daher leicht, daß das Bild P des Einheitskreises Π das Quadrat $|x| < \pi/2$, $|y| < \pi/2$ in der (x, y)-Ebene ist.

Bei Annäherung an die Punkte γ_1 und γ_3 geht z nach $+\infty$; bei Annäherung an die Punkte γ_2 und γ_4 geht z nach $-\infty$. Durch Elimination von r und ϑ aus (80) findet man die nicht-parametrische Darstellung $z = \log\cos y - \log\cos x$. Unsere Fläche ist somit keine andere als die schon in § 81 besprochene Scherksche Minimalfläche.

1.3. Funktionentheoretische Hilfssätze

§ 136. Die ersten beiden Formeln (77) definieren eine sog. harmonische Abbildung $x = x(\alpha, \beta)$, $y = y(\alpha, \beta)$, d. h. eine Abbildung, bei welcher $x(\alpha, \beta)$ und $y(\alpha, \beta)$ zwar harmonische aber, anders als bei konformen Abbildungen, nicht notwendigerweise konjugiert harmonische Funktionen sind. Für uns sind die in diesem und dem nachfolgenden Paragraphen formulierten Eigenschaften harmonischer Abbildungen von Bedeutung.

Zunächst wollen wir einen von H. Lewy [4] stammenden Satz beweisen:

Die Funktionen $F_1(\gamma)$ und $F_2(\gamma)$ seien im Punkte $\gamma = \gamma_0$ analytisch. Die harmonischen Funktionen $x = x(\alpha, \beta) = \operatorname{Re} F_1(\gamma)$ und $y = y(\alpha, \beta) = \operatorname{Re} F_2(\gamma)$ definieren dann und nur dann eine umkehrbar eindeutige Abbildung einer Umgebung von γ_0, wenn die Funktionaldeterminante $\Delta(\gamma) = x_\alpha y_\beta - x_\beta y_\alpha = \operatorname{Im}(F_1' \overline{F_2'})$ im Punkte γ_0 nicht verschwindet.

Beweis: Die Bedingung ist offensichtlich hinreichend. Für den Nachweis ihrer Notwendigkeit können wir o. B. d. A. $\gamma_0 = 0$ setzen. Angenommen, es sei $\Delta(0) = 0$. Dann verschwänden entweder $F_1'(0)$ oder $F_2'(0)$ oder beide, oder es gölten Entwicklungen $x = a\alpha + b\beta + \cdots$, $y = \varkappa a\alpha + \varkappa b\beta + \cdots$, wobei $a, b, \varkappa$ den Bedingungen $a^2 + b^2 \neq 0$, $\varkappa \neq 0$ genügende reelle Zahlen sind. Im ersten Falle könnte die Abbildung nicht eineindeutig sein, weil mehr als eine Kurve $\operatorname{Re} F_1(\gamma) = 0$ oder $\operatorname{Re} F_2(\gamma) = 0$ durch den Punkt $\gamma = 0$ liefe und es dann zwei verschiedene Punkte in der (α, β)-Ebene gäbe, welche auf denselben Punkt in der (x, y)-Ebene abgebildet würden. (Der Leser überlege sich das im einzelnen.) Im zweiten Falle setze man $G_1(\gamma) = \varkappa F_1(\gamma) - F_2(\gamma)$, $G_2(\gamma) = \varkappa F_1(\gamma) + F_2(\gamma)$. Wegen $G_1'(0) = 0$ könnte die Abbildung

$x' = \operatorname{Re} G_1(\gamma)$, $y' = \operatorname{Re} G_2(\gamma)$ nach der eben angewendeten Schlußweise nicht eineindeutig sein, und wegen $x' = \varkappa x - y$, $y' = \varkappa x + y$ gölte dasselbe auch von der ursprünglichen Abbildung. W. z. b. w.

Die Ausdehnung des Satzes auf höhere Dimensionen ist schwierig. H. Lewy [11] bewies ihn kürzlich für den Fall harmonischer Abbildungen $x_i = x_i(\alpha_1, \alpha_2, \alpha_3)$, $(i = 1, 2, 3)$, bei welchen die Funktionen x_i selbst Ableitungen $\partial u/\partial \alpha_i$ einer harmonischen Funktion $u(\alpha_1, \alpha_2, \alpha_3)$ sind. Δ ist dann die Hessische Determinante $\det(\partial^2 u/\partial \alpha_i \partial \alpha_j)$. Frühere Resultate stammen von B. Segre [2] und H. Lewy [6], siehe auch [12].

§ 137. *Durch $x = x(\alpha, \beta) = \operatorname{Re} F_1(\gamma)$, $y = y(\alpha, \beta) = \operatorname{Re} F_2(\gamma)$ werde eine umkehrbar eindeutige harmonische Abbildung des Gebietes $\varrho_1 < |\gamma| < \infty$ auf das Gebiet $r_1^2 < x^2 + y^2 < \infty$ vermittelt. Dann besitzen die Funktionen $F_1(\gamma)$ und $F_2(\gamma)$ Entwicklungen der Form*

$$F_j(\gamma) = a^{(j)} \gamma + \sum_{n=1}^{\infty} a_n^{(j)} \gamma^{-n} + \varkappa^{(j)} \log \gamma \quad (j = 1, 2).$$

Dabei sind die $\varkappa^{(j)}$ reelle Konstanten, und es gilt $a^{(1)} \neq 0$, $a^{(2)} \neq 0$, $\operatorname{Im}(a^{(1)} \overline{a^{(2)}}) \neq 0$. (L. Bers [3], pp. 371–373.)

Beweis: Es gilt gewiß $F_j(\gamma) = F_j^{(0)}(\gamma) + \lambda_j \log \gamma$, wobei die $F_j^{(0)}(\gamma)$ eindeutige analytische Funktionen und die λ_j reelle Zahlen sind. Falls $\lambda_1 \neq 0$ ist, setzen wir

$$G_1(\gamma) = \frac{1}{\sqrt{\lambda_1^2 + \lambda_2^2}} (\lambda_2 F_1(\gamma) - \lambda_1 F_2(\gamma)),$$

$$G_2(\gamma) = \frac{1}{\sqrt{\lambda_1^2 + \lambda_2^2}} (\lambda_1 F_1(\gamma) + \lambda_2 F_2(\gamma)).$$

Falls $\lambda_1 = 0$ ist, setzen wir $G_1(\gamma) = F_1(\gamma)$, $G_2(\gamma) = F_2(\gamma)$. In jedem Falle wird dann durch $x' = \operatorname{Re} G_1(\gamma)$, $y' = \operatorname{Re} G_2(\gamma)$ eine umkehrbar eindeutige harmonische Abbildung des Gebietes $\varrho_1 < |\gamma| < \infty$ auf das Gebiet $r_1^2 < x'^2 + y'^2 < \infty$ gegeben, bei welcher die Funktion $G_1(\gamma)$ eindeutig ist.

Zufolge § 136 gilt $\operatorname{Im}(G_1' \overline{G_2'}) = -|G_1'(\gamma)|^2 \operatorname{Im}[G_2'(\gamma)/G_1'(\gamma)] \neq 0$. Es ist also $G_1'(\gamma) \neq 0$, und die eindeutige Funktion $G_2'(\gamma)/G_1'(\gamma)$ muß im Punkte $\gamma = \infty$ analytisch und von Null verschieden sein. Für $\gamma \to \infty$ kann $G_1(\gamma)$ nicht beschränkt bleiben. Andernfalls gölte $\lim\limits_{\gamma \to \infty} G_1(\gamma) = c_1$ und, nach dem eben Gesagten, $\lim\limits_{\gamma \to \infty} G_2(\gamma) = c_2$. Das Bild in der (x, y)-Ebene des Äußeren eines hinreichend großen Kreises der γ-Ebene wäre dann in einer Kreisscheibe $(x - \operatorname{Re} c_1)^2 + (y - \operatorname{Re} c_2)^2 < \varepsilon^2$ enthalten, und das ist aus topologischen Gründen unmöglich, da das Urbild jeder den Punkt $x = y = 0$ im Inneren enthaltenen Jordankurve in

$r_1^2 < x^2 + y^2 < \infty$ eine den Punkt $\gamma = 0$ im Inneren enthaltende Jordankurve in $\varrho_1 < |\gamma| < \infty$ sein muß.

Wegen $G_1'(\gamma) \neq 0$ ist die Ableitung von $\operatorname{Im} G_1(\gamma)$ längs der Kurve $\operatorname{Re} G_1(\gamma) = x_0'$ in der γ-Ebene für $|x_0'| > r_1$ von Null verschieden. $\operatorname{Im} G_1(\gamma)$ nimmt daher längs dieser Kurve jeden reellen Wert höchstens einmal an. Daraus folgt, daß die Funktion $G_1(\gamma)$ jeden komplexen Wert a mit $|\operatorname{Re} a| > r_1$ in $\varrho_1 < |\gamma| < \infty$ höchstens einmal annehmen kann. $G_1(\gamma)$ besitzt bei $\gamma = \infty$ folglich einen Pol: $G_1(\gamma) = a_k \gamma^k + a_{k-1}\gamma^{k-1} + \cdots$, wo $k \geqq 1$, $a_k \neq 0$. Nach dem Obigen hat dann $G_2(\gamma)$ einen Pol derselben Ordnung: $G_2(\gamma) = b_k \gamma^k + b_{k-1}\gamma^{k-1} + \cdots + {}$ $+ \varkappa \log \gamma$, wobei $\operatorname{Im}(a_k \overline{b_k}) \neq 0$ ist. Die Ordnung k des Poles muß gleich Eins sein, da die Abbildung $(\alpha, \beta) \to (x, y)$ andernfalls nicht eineindeutig sein könnte.

Die Behauptung ergibt sich aus diesen Tatsachen.

§ 138. Harmonische Abbildungen sind in der Literatur viel untersucht worden. Wir wollen hier kurz auf die Klasse $\mathfrak{H}$ der harmonischen Abbildungen $x = x(\alpha, \beta)$, $y = y(\alpha, \beta)$ zu sprechen kommen, welche die Kreisscheibe $\alpha^2 + \beta^2 < 1$ umkehrbar eindeutig auf die Kreisscheibe $x^2 + y^2 < 1$ abbilden, und zwar so, daß sich die Nullpunkte dabei entsprechen.

Obwohl die Funktionaldeterminante $\Delta(\alpha, \beta) = x_\alpha y_\beta - x_\beta y_\alpha$ gemäß § 136 nirgends verschwindet, so kann sie doch – anders als bei konformen Abbildungen, wo $x(\alpha, \beta)$ und $y(\alpha, \beta)$ konjugiert harmonische Funktionen sind – für geeignet gewählte Abbildungen der Klasse $\mathfrak{H}$ beliebig klein werden. Wie E. Heinz [1] gezeigt hat, gibt es jedoch eine universelle Konstante $\mu_1 > 0$ derart, daß der Wert der Quadratsumme $\Phi(\alpha, \beta) = x_\alpha^2 + x_\beta^2 + y_\alpha^2 + y_\beta^2$ für jede Abbildung der Klasse $\mathfrak{H}$ der Ungleichung $\Phi(0, 0) \geqq \mu_1$ genügt. Die ursprüngliche Heinzsche Abschätzung $\mu_1 \geqq 0{,}358$ wurde im Laufe der Jahre von J. C. C. Nitsche [5], [9], [14] und H. L. De Vries [1] verbessert. Unter Benutzung einer Ungleichung von H. Sachs [1] für das Trägheitsmoment von Eilinien gab H. L. De Vries [2] die bisher beste Abschätzung $\mu_1 \geqq 1{,}282$. Der genaue Wert der universellen Konstanten

$$\mu_1^{(0)} = \inf_{\mathfrak{H}} \Phi(0, 0)$$

ist aber noch unbekannt. Vermutlich gilt $\mu_1^{(0)} = 27/2\pi^2 = 1{,}367$.

E. Heinz [5] bewies auch die Ungleichung $\Phi(\alpha, \beta) \geqq 2/\pi^2$ für alle Abbildungen der Klasse $\mathfrak{H}$ in der ganzen Kreisscheibe $\alpha^2 + \beta^2 < 1$. Auch der numerische Wert der universellen Konstanten

$$\mu_2^{(0)} = \inf_{\mathfrak{H}} \left\{ \inf_{\alpha^2 + \beta^2 < 1} \Phi(\alpha, \beta) \right\}$$

ist bis heute nicht bekannt.

Ähnliche Ungleichungen gelten auch für allgemeinere Abbildungen, welche durch die Lösungen gewisser elliptischer Differentialgleichungssysteme definiert werden; siehe E. Heinz [3], [4], [6], [7] und P. Berg [1]. Weitere Untersuchungen über harmonische Abbildungen findet man bei K. Jörgens [2], O. Martio [1], J. C. C. Nitsche [12], R. M. Redheffer [1], J. L. Ullman and C. J. Titus [1] und K. Shibata [1], A. Yanushauskas [1].

§ 139. Dieser und die nachfolgenden Paragraphen 140–142 bringen eine Reihe von Aussagen über die Existenz bzw. Nicht-Existenz von Wegen, welche in einer geeigneten Maßbestimmung endliche Länge haben. Sätze dieser Art sind zuerst von A. Huber [4] zur Untersuchung vollständiger Riemannscher Mannigfaltigkeiten bewiesen und benutzt worden. Für den uns interessierenden Fall von Minimalflächen reduzieren sie sich auf einfache konkrete Behauptungen über das Verhalten analytischer Funktionen.

Auch wenn das nicht jedesmal betont wird, sind die betrachteten Wege stets als lokal rektifizierbar vorausgesetzt.

Die Funktion $f(\zeta)$ sei in der Kreisscheibe $|\zeta| < 1$ analytisch und von Null verschieden. Es gibt einen zum Rande von $|\zeta| < 1$ führenden analytischen Weg λ (siehe § 54) mit der Eigenschaft, daß $\int_\lambda |f(\zeta)|\,|d\zeta| \leqq |f(0)|$ gilt. (R. Ossermann [8], p. 71; A. Huber [4], insbes. Theorem II auf p. 20.)

Beweis: Es sei $\zeta = G(w)$ der durch die Bedingung $G(0) = 0$ festgelegte Zweig der Umkehrfunktionen von $w = F(\zeta) = \int_0^\zeta f(\xi)\,d\xi$. $G(w)$ ist wegen $F'(\zeta) = f(\zeta) \neq 0$ gewiß in einer Umgebung von $w = 0$ definiert und muß wegen $|G(w)| < 1$ einen endlichen Konvergenzradius haben. Daher muß es einen auf $|w| = R$ gelegenen singulären Punkt w_0 von $G(w)$ geben. Es sei Λ der den Ursprung der w-Ebene mit w_0 verbindende, aber w_0 nicht enthaltende, halboffene geradlinige Weg und λ das durch $\zeta = G(w)$ vermittelte Bild von Λ in $|\zeta| < 1$. λ muß zum Rande von $|\zeta| < 1$ führen. Andernfalls gäbe es nämlich eine Folge von gegen w_0 konvergierenden Punkten w_n in $|w| < R$, so daß $\zeta_n = G(w_n) \to \zeta_0$, $|\zeta_0| < 1$. Wegen $w_n = F(\zeta_n) \to F(\zeta_0)$ wäre dann $w_0 = F(\zeta_0)$. Wegen $F'(\zeta_0) = f(\zeta_0) \neq 0$ würde eine Umgebung von ζ_0 durch $w = F(\zeta)$ umkehrbar eindeutig auf eine Umgebung von w_0 abgebildet, so daß sich $G(w)$ analytisch in eine Umgebung von w_0 fortsetzen ließe und w_0 folglich kein singulärer Punkt sein könnte. Somit führt λ in der Tat zum Rande von $|\zeta| < 1$, und $\int_\lambda |f(\zeta)|\,|d\zeta| = \int_\Lambda |dw| = R < \infty$. Die Anwendung des Schwarzschen Lemmas ergibt $|G'(0)| \leqq \frac{1}{R}$. Daraus folgt die Behauptung.

§ 140. *Die Funktion $f(\zeta)$ sei im Kreisring $P = \{\zeta;\ R^{-1} < |\zeta| < R\}$, $1 < R < \infty$, analytisch und von Null verschieden. Es gibt einen vom Punkte $\zeta = 1$ ausgehenden zum Rande von P führenden analytischen Weg λ in P mit der Eigenschaft, daß*

$$\int_\lambda |f(\zeta)|\,|d\zeta| \leqq \frac{4}{\pi}\log R\,|f(1)| < \infty$$

gilt.

Beweis: Durch die Funktion $w' = \dfrac{\pi}{2}\dfrac{\log\zeta}{\log R}$ wird eine konforme und unendlich-eindeutige Abbildung des Kreisringes P auf den Streifen $|\mathrm{Re}\,w'| < \dfrac{2}{\pi}$ vermittelt. Dieser Streifen wird durch die Funktion $w = (e^{iw'} - 1)/(e^{iw'} + 1)$ umkehrbar eindeutig und konform auf das Innere des Einheitskreises der w-Ebene abgebildet. Wir setzen $F(w) = f(\zeta(w))\,\zeta'(w)$, wo $\zeta(w)$ die durch

$$\zeta = \zeta(w) = \left(\frac{1-w}{1+w}\right)^{\frac{2i\log R}{\pi}}, \qquad \zeta(0) = 1$$

gegebene eindeutige Abbildung $w \to \zeta$ bedeutet. Für einen in $|w| < 1$ verlaufenden Weg Λ und sein Bild λ in der ζ-Ebene gilt dann

$$\int_\Lambda |F(w)|\,|dw| = \int_\lambda |f(\zeta)|\,|d\zeta|.$$

Nach § 139 gibt es einen zum Rande von $|w| < 1$ führenden Weg Λ, so daß

$$\int_\Lambda |F(w)|\,|dw| \leqq |F(0)| < \infty$$

ist. Für sein Bild λ gilt dann

$$\int_\lambda |f(\zeta)|\,|d\zeta| \leqq \frac{4}{\pi}\log R\,|f(1)|.$$

Wir müssen beweisen, daß λ zum Rande von P führt (siehe § 54).

Gesetzt, das sei nicht der Fall. Angesichts der Tatsache, daß der Weg Λ zum Rande von $|w| < 1$ führt, gäbe es dann eine Zahl $\varepsilon\,(0 < \varepsilon < R - 1)$ mit der Eigenschaft, daß sich der Weg λ in P unendlich oft um den Nullpunkt herumwände, ohne jemals den Kreisring $P_\varepsilon = \{\zeta;\ (R-\varepsilon)^{-1} < |\zeta| < R - \varepsilon\}$ für immer zu verlassen. Es seien ζ_0 ein Punkt von λ in diesem Kreisring, $m > 0$ das Minimum von $|f(\zeta)|$ im Kreisring $P_{\varepsilon/2}$ und λ_0 der den Punkt ζ_0 enthaltende zusammenhängende Teil von λ im Kreise $|\zeta - \zeta_0| < \varepsilon/2R^2$. Dann gilt $\int_{\lambda_0} |f(\zeta)|\,|d\zeta| \geqq m\,\varepsilon/R^2$. Nach dem eben Bemerkten könnte das Integral $\int_\lambda |f(\zeta)|\,|d\zeta|$ nicht endlich ausfallen. Der Weg λ führt also tatsächlich zum Rande von P. W. z. b. w.

§ 141. *Die Funktion $f(\zeta)$ sei im Kreisring $P = \{\zeta;\ 0 \leqq \varrho_1 < |\zeta| < < \varrho_2 < \infty\}$ analytisch und von Null verschieden. Es gibt einen von einem Punkte $\zeta_0 \in P$ ausgehenden zur äußeren Randkomponente $|\zeta| = \varrho_2$ von P führenden analytischen Weg λ in P, längs dessen das Integral $\int\limits_\lambda |f(\zeta)|\,|d\zeta|$ endlich ausfällt.* (R. Ossermann [10], p. 397; siehe auch J. C. C. Nitsche [18], p. 250.)

Unter einem zum Rande $|\zeta| = \varrho_2$ führenden Weg verstehen wir dabei das Bild des halboffenen Einheitsintervalls $0 \leqq t < 1$ in P, wobei es zu jedem positiven $\varepsilon < \varrho_2 - \varrho_1$ eine positive Zahl $t_0 < 1$ mit der Eigenschaft gibt, daß das dem Intervalle $t_0 < t < 1$ entsprechende Stück des Weges ganz außerhalb des Kreises $|\zeta| \geqq \varrho_2 - \varepsilon$ verläuft.

Beweis: Wir wählen eine Zahl $\varkappa$ aus dem Intervalle $\sqrt{\varrho_1\varrho_2} < \varkappa < \varrho_2$ und führen die Veränderliche $w = \zeta/\varkappa$ ein. Die Funktion $g(w) = f(\varkappa w)$ ist dann für $R = \varrho_2/\varkappa$ gewiß im halboffenen Kreisring $P' = \{w;\ R^{-1} \leqq |w| < R\}$ analytisch. Wir setzen noch $h(w) = g(w)\,g\left(\frac{1}{w}\right)$. Nach § 140 gibt es einen zum Rande von P' führenden Weg $\lambda' = \{w = w(t);\ 0 \leqq t < 1\}$, so daß

$$\int\limits_{\lambda'} |h(w)|\,|dw| \leqq \frac{4}{\pi}\log R\,|h(1)| = \frac{4}{\pi}\log R\,|g(1)|^2.$$

λ' führt entweder zum Rande $|w| = R$ oder zum Rande $|w| = \frac{1}{R}$.

Im ersten Falle sei die Zahl t_0 so gewählt, daß der Weg $\lambda_0 = \{w = w(t);\ t_0 \leqq t < 1\}$ ganz in $|w| \geqq 1$ verläuft. Auf λ_0 gilt dann $|h(w)| \geqq m\,|g(w)|$, wo $m = \min\limits_{R^{-1} \leqq |w| \leqq 1} |g(w)|$ gesetzt ist, und daher

$$\int\limits_{\lambda_0} |g(w)|\,|dw| \leqq \frac{1}{m}\int\limits_{\lambda_0} |h(w)|\,|dw| \leqq \frac{1}{m}\int\limits_{\lambda'} |h(w)|\,|dw| \leqq$$

$$\leqq \frac{4}{\pi m}\log R\,|g(1)|^2.$$

Im zweiten Falle sei die Zahl t_1 so gewählt, daß der Weg $\lambda_1 = \{w = w(t);\ t_1 \leqq t < 1\}$ ganz in $|w| \leqq 1$ verläuft. Es sei λ_0 das Bild von λ_1 unter der Transformation $\omega = \frac{1}{w}$. Dann gilt

$$\int\limits_{\lambda_1} |h(w)|\,|dw| = \int\limits_{\lambda_0} |g(\omega)|\left|g\left(\frac{1}{\omega}\right)\right|\frac{|d\omega|}{|\omega|^2} \geqq \frac{m}{R^2}\int\limits_{\lambda_0} |g(\omega)|\,|d\omega|$$

und daher

$$\int_{\lambda_0} |g(w)|\,|dw| \leqq \frac{R^2}{m} \int_{\lambda_1} |h(w)|\,|dw| \leqq \frac{R^2}{m} \int_{\lambda'} |h(w)|\,|dw| \leqq$$

$$\leqq \frac{4R^2}{\pi m} \log R\, |g(1)|^2.$$

Der Weg λ_0 führt zum Rande $|w| = R$.

Da die Randkomponente $|w| = R$ der Randkomponente $|\zeta| = \varrho_2$ entspricht, folgt die Behauptung nach Rückkehr zur Variablen ζ.

§ 142. *Die Funktion $f(\zeta)$ sei im Kreisring $0 < \varrho_1 < |\zeta| < \infty$ analytisch und von Null verschieden. Wenn $f(\zeta)$ bei $\zeta = \infty$ eine wesentliche Singularität besitzt, so gibt es einen zum Punkte $\zeta = \infty$ führenden Weg λ, längs dessen $\int_\lambda |f(\zeta)|\,|d\zeta| < \infty$ ist.*

Dieser Satz wurde unabhängig voneinander von G. R. MacLane [1] und K. Voss [2] angekündigt. Der Verfasser besitzt eine Kopie des (handgeschriebenen) Beweises von MacLane. Der hier gegebene Beweis ist dem bei R. Osserman ([I], pp. 83–85) erschienenen, der seinerseits Ideen von A. Huber ([4], pp. 52–53) und R. Finn ([10], pp. 27–28) benutzt, nachgebildet.

Beweis: Wir nehmen an, daß das Integral $\int_\lambda |f(\zeta)|\,|d\zeta|$ für alle derartigen Wege λ unendlich ausfällt, und beweisen, daß $f(\zeta)$ dann bei $\zeta = \infty$ höchstens einen Pol haben kann.

Die in $\varrho_1 < |\zeta| < \infty$ harmonische Funktion $\log|f(\zeta)|$ hat eine Entwicklung

$$\log|f(\zeta)| = \varkappa \log\varrho + \left\{\frac{a_0}{2} + \sum_{n=1}^{\infty} \varrho^n (a_n \cos n\,\vartheta + b_n \sin n\,\vartheta)\right\} +$$

$$+ \left\{\sum_{n=1}^{\infty} \varrho^{-n} (a_{-n} \cos n\,\vartheta - b_{-n} \sin n\,\vartheta)\right\}$$

$$= \varkappa \log|\zeta| + h_1(\zeta) + h_2(\zeta).$$

Dabei ist die in $|\zeta| > \varrho_1$ harmonische Funktion $h_2(\zeta)$ für $|\zeta| \geqq \varrho_2 > \varrho_1$ gleichmäßig beschränkt: $|h_2(\zeta)| \leqq \log M$. $h_1(\zeta)$ sei der Realteil der ganzen Funktion $g(\zeta)$. Wenn k eine natürliche Zahl größer als $\varkappa$ ist, gilt dann

$$|f(\zeta)| \leqq M\,|\zeta^k e^{g(\zeta)}| \quad \text{für} \quad \varrho_2 \leqq |\zeta| < \infty.$$

Ähnlich wie in § 139 führen wir die Funktion

$$F(\zeta) = \int_0^\zeta \hat{\zeta}^k e^{g(\hat{\zeta})}\, d\hat{\zeta} = \frac{1}{k+1} e^{g(0)} \zeta^{k+1} + \cdots$$

ein. $w = W(\zeta)$ sei ein in einer Umgebung von $\zeta = 0$ eindeutiger Zweig der Wurzel $[F(\zeta)]^{1/k+1}$. Die Umkehrfunktion $\zeta = G(w)$ ist wegen $W'(0) \neq 0$ gewiß in einer Umgebung von $w = 0$ definiert.

Wir betrachten nun zunächst den Fall, daß der Konvergenzradius R von $G(w)$ endlich ist. Es gibt dann einen auf $|w| = R$ gelegenen singulären Punkt w_0 von $G(w)$. Der Bildweg λ in der ζ-Ebene des Weges $\Lambda = \{w = t\,w_0;\ 0 \leqq t < 1\}$ hat die Eigenschaft, daß

$$\int_\lambda |\zeta^k e^{g(\zeta)}|\,|d\zeta| = \int_\lambda |F'(\zeta)|\,|d\zeta| = (k+1)\int_\Lambda |w|^k\,|dw| = R^{k+1}.$$

Wenn der Weg λ zum Punkte $\zeta = \infty$ führte, so läge er bis auf einen endlichen Teilweg λ_1 in $|\zeta| > \varrho_2$, so daß im Widerspruch zu unserer Annahme

$$\int_\lambda |f(\zeta)|\,|d\zeta| \leqq \int_{\lambda_1} |f(\zeta)|\,|d\zeta| + M\int_\lambda |\zeta^k e^{g(\zeta)}|\,|d\zeta| = \int_{\lambda_1} |f(\zeta)|\,|d\zeta| + R^{k+1}$$

sein müßte.

Da λ also nicht nach $\zeta = \infty$ führen kann, gibt es auf λ eine gegen einen im Endlichen gelegenen Punkt $\zeta_0 \neq 0$ konvergierende Punktfolge $\{\zeta_n\}$ derart, daß die Bildpunkte $w_n = W(\zeta_n)$ gegen den Punkt w_0 konvergieren. Wegen $F'(\zeta_0) \neq 0$ würde eine Umgebung von ζ_0 durch $w = W(\zeta)$ umkehrbar eindeutig auf eine Umgebung von w_0 abgebildet, so daß sich $G(w)$ analytisch in eine Umgebung von w_0 fortsetzen ließe und w_0 folglich kein singulärer Punkt sein könnte. Das wäre ein Widerspruch zur Annahme $R < \infty$. Wir können also sagen, daß die Funktion $G(w)$ in der ganzen w-Ebene definiert ist.

Aus $G(w_1) = G(w_2)$ folgt $F(G(w_1)) = F(G(w_2))$ und daraus $w_1^{k+1} = w_2^{k+1}$. Da die ganze Funktion $G(w)$ somit jeden Wert höchstens $(k+1)$-mal annehmen kann, muß sie ein Polynom sein. Dieses Polynom hat die Form $A\,w^m$, wo A eine komplexe Konstante und $m \leqq k+1$ eine natürliche Zahl bedeuten; denn die Gleichung $G(w) = 0$ hat $w = 0$ zur Folge. Wegen $G'(0) \neq 0$ muß $A \neq 0$ und $m = 1$ sein. Daraus folgt $F(\zeta) = (\zeta/A)^{k+1}$. Die ganze Funktion $g(\zeta)$ muß also eine Konstante sein. Für $\varrho_2 < |\zeta| < \infty$ gilt dann die Abschätzung

$$|f(\zeta)| \leqq M_1\,|\zeta|^k, \qquad M_1 = M\,e^{h_1(0)},$$

aus welcher hervorgeht, daß $f(\zeta)$ bei $\zeta = \infty$ höchstens einen Pol haben kann. W. z. b. w.

1.4. Das asymptotische Verhalten der Lösungen der Minimalflächengleichung

§ 143. Es sei jetzt eine über dem Kreisring $P = \{x, y;\ 0 \leqq r_1^2 < x^2 + y^2 < r_2^2 \leqq \infty\}$ definierte Minimalfläche $S = \{z = z(x, y);\ (x, y) \in P\}$ vorgelegt. Nach § 132 ist das Normalgebiet Π ein Kreisring

$\{\gamma; \varrho_1 < |\gamma| < \varrho_2\}$, wobei die Randkontinua $|\gamma| = \varrho_1$ und $x^2 + y^2 = r_1^2$ bzw. $|\gamma| = \varrho_2$ und $x^2 + y^2 = r_2^2$ einander entsprechen.

Man kann sich die Aufgabe stellen, metrische Bedingungen für das Gebiet P anzugeben, unter welchen sich eine Aussage über den konformen Modul des Gebietes Π machen läßt. Im Sinne dieses Typenproblems gelten z. B. die folgenden beiden Sätze:

Wenn $r_2 = \infty$ ist, so muß auch $\varrho_2 = \infty$ sein.

Beweis: Nach § 141, angewendet auf die Funktion $\zeta'(\gamma)$, gäbe es gemäß (79) andernfalls nämlich einen zum Randkontinuum $x^2 + y^2 = \infty$ führenden Weg endlicher Länge auf der Fläche; und das ist offensichtlich unmöglich.

Wenn $r_1 = 0$ ist, so muß auch $\varrho_1 = 0$ sein.

Diese Aussage ist eine direkte Folge des in § 591 zu beweisenden Satzes über hebbare Unstetigkeiten. Ein funktionentheoretischer Beweis findet sich bei L. Bers [3]; siehe insbes. Lemmas 2.2, 5.1 und Theorem IX.

§ 144. Wir wollen den Fall $r_2 = \infty$, und damit auch $\varrho_2 = \infty$, noch etwas weiter verfolgen. Die beschränkte eindeutige Funktion Ω besitzt dann eine Entwicklung $\Omega = \sum_{n=0}^{\infty} b_n \gamma^{-n}$, wobei zufolge des Maximumprinzipes $|b_0| < 1$ sein muß. Gemäß §§ 133, 137 haben wir weiter $\zeta' = \sum_{n=0}^{\infty} c_n \gamma^{-n}$. Einsetzen in (77) ergibt dann

$$F_1(\gamma) = \tfrac{1}{2}(1 - b_0^2)\, c_0\, \gamma + \varkappa^{(1)} \log\gamma + \sum_{n=1}^{\infty} a_n^{(1)} \gamma^{-n} + \text{const}$$

$$F_2(\gamma) = -\frac{i}{2}(1 + b_0^2)\, c_0\, \gamma + \varkappa^{(2)} \log\gamma + \sum_{n=1}^{\infty} a_n^{(2)} \gamma^{-n} + \text{const}$$

$$F_3(\gamma) = b_0\, c_0\, \gamma + \varkappa^{(3)} \log\gamma + \sum_{n=1}^{\infty} a_n^{(3)} \gamma^{-n} + \text{const.}$$

Dabei ist $\varkappa^{(1)} = [\tfrac{1}{2}(1 - b_0^2)\, c_1 - b_0\, b_1\, c_0]$, $\varkappa^{(2)} = -i[\tfrac{1}{2}(1 + b_0^2)\, c_1 + b_0\, b_1\, c_0]$, $\varkappa^{(3)} = [b_0\, c_1 + b_1\, c_0]$. Die Konstanten $\varkappa^{(j)}$ müssen reell sein. Aus § 137 schließen wir auch, daß $c_0 \neq 0$ ist.

Indem wir $b_0 = b' + i\, b''$, $\tfrac{1}{2} c_0\, \gamma = w = u + i\, v$ und $|w| = \varrho$ setzen, erhalten wir für große ϱ die Entwicklungen

$$\begin{aligned} x &= (1 - b'^2 + b''^2)\, u + 2b'\, b''\, v + \varkappa^{(1)} \log\varrho + O(1) \\ y &= 2b'\, b''\, u + (1 + b'^2 - b''^2)\, v + \varkappa^{(2)} \log\varrho + O(1) \\ z &= 2b'\, u - 2b''\, v + \varkappa^{(3)} \log\varrho + O(1). \end{aligned}$$

Wir betrachten nun zunächst den Fall $b_0 \neq 0$. Durch Elimination von u und v erhalten wir dann nach kurzer Rechnung

$$z = \frac{2b'}{1-|b_0|^2}\,x - \frac{2b''}{1-|b_0|^2}\,y + \frac{1+|b_0|^2}{1-|b_0|^2}\,b_1\,c_0\log\varrho + \cdots,$$

wo die Punkte Glieder andeuten, welche für $\varrho \to \infty$ beschränkt bleiben. Andererseits wird

$$r^2 \equiv x^2+y^2 = (1+b'^2+b''^2)^2(u^2+v^2) - 4(b'u-b''v)^2 + O(\varrho\log\varrho),$$

d. h., nach Berechnung der Eigenwerte der quadratischen Form auf der rechten Seite,

$$(1-|b_0|^2)^2\varrho^2 + O(\varrho\log\varrho) \leqq r^2 \leqq (1+|b_0|^2)^2\varrho^2 + O(\varrho\log\varrho).$$

Daraus folgen die für $r \to \infty$ gültigen Ungleichungen

$$\frac{r}{1+|b_0|^2} + O(\log r) \leqq \varrho \leqq \frac{r}{1-|b_0|^2} + O(\log r).$$

Wir können also die Entwicklung für $z(x,y)$ in der Form

$$z(x,y) = A\,x + B\,y + C\log(x^2+y^2) + \Phi(x,y)$$

schreiben, und es gilt dabei $\Phi(x,y) = O(1)$ für $x^2+y^2 \to \infty$. Gemäß (72) haben wir

$$\begin{aligned} z_x - i\,z_y = \frac{2\Omega}{1-|\Omega|^2} &= \frac{2b_0}{1-|b_0|^2} + \frac{2b_1}{(1-|b_0|^2)^2}\,\frac{1}{\gamma} + \\ &\qquad + \frac{2b_0^2\,\bar b_1}{(1-|b_0|^2)^2}\,\frac{1}{\bar\gamma} + \cdots \\ &= \frac{2b_0}{1-|b_0|^2} + \frac{b_1\,c_0}{(1-|b_0|^2)^2}\,\frac{\bar w + b_0^2\,w}{\varrho^2} + \cdots. \end{aligned}$$

Daraus schließen wir, daß sich $\Phi_x(x,y)$ und $\Phi_y(x,y)$ wie $O\left(\frac{1}{r}\right)$ verhalten.

Der Fall $b_0 = 0$ liegt einfacher. Hier sind $\varkappa^{(1)} = \frac{1}{2}c_1$ und $\varkappa^{(2)} = -\frac{i}{2}c_1$. Da die $\varkappa^{(j)}$ reell sein müssen, haben wir also $c_1 = 0$. Somit wird

$$x = u + x_0 + O\left(\frac{1}{\varrho}\right)$$

$$y = v + y_0 + O\left(\frac{1}{\varrho}\right)$$

$$z = b_1\,c_0\log\varrho + z_0 + O\left(\frac{1}{\varrho}\right).$$

Diesmal ist sogar $\varrho = r + O(1)$, und wir erhalten eine ähnliche (aber kürzere) Entwicklung für $z(x,y)$ wie vorher.

Zusammenfassend können wir sagen:

Gegeben sei eine Minimalfläche $S = \{z = z(x, y); r_1^2 < x^2 + y^2 < \infty\}$. *Der Normalenvektor der Fläche konvergiert für* $x^2 + y^2 \to \infty$ *gegen einen nicht-horizontalen Grenzvektor; d. h. die Grenzwerte* $\lim\limits_{x^2+y^2\to\infty} z_x(x, y)$ *und* $\lim\limits_{x^2+y^2\to\infty} z_y(x, y)$ *existieren und sind endlich. Die Funktion* $z(x, y)$ *hat für große* x, y *eine Entwicklung*

$$z(x, y) = A\,x + B\,y + C\log(x^2 + y^2) + \Phi(x, y).$$

Dabei gilt $\Phi(x, y) = O(1)$ *und* $\Phi_x(x, y), \Phi_y(x, y) = O\left((x^2 + y^2)^{-1/2}\right)$.

Dieser Satz ist von L. Bers gefunden worden; siehe [3], p. 385. Eine genauere asymptotische Entwicklung für die Lösung $z(x, y)$ werden wir noch in § 760 angeben. Entsprechende Entwicklungen für Unterschallströmungen finden sich bei M. Schiffer [1], insbes. pp. 98–102.

Wenn $z(x, y)$ beschränkt bleiben soll, muß neben b_0 auch b_1 verschwinden (dann gilt $A = B = C = 0$), und wir haben den Zusatz:

$z(x, y)$ *sei eine in* $P = \{x, y;\ r_1^2 < x^2 + y^2 < \infty\}$ *definierte zweimal stetig differenzierbare Lösung der Minimalflächengleichung. Wenn* $z(x, y)$ *in* P *beschränkt ist, so gelten die asymptotischen Beziehungen*

$$z(x, y) = z_0 + O\left((x^2 + y^2)^{-1/2}\right), \qquad z_x - i\,z_y = O\left((x^2 + y^2)^{-1}\right)$$

für $x^2 + y^2 \to \infty$.

2. *Konforme Abbildung offener parametrischer Minimalflächen*

2.1. Allgemeine Sätze

§ 145. Ähnlich wie in § 132 läßt sich auch die konforme Abbildung einer allgemeinen Minimalfläche $S = \{T, P\}$ behandeln. Wir wollen zunächst den Fall einer einfach zusammenhängenden offenen Minimalfläche weiter verfolgen. S läßt sich wiederum vermittels einer globalen Abbildung $\{\gamma = f(p),\ p \in P\}$ konform auf eines der beiden Normalgebiete $|\gamma| < 1$ oder $|\gamma| < \infty$ beziehen.

Die Komponenten des Vektors $\mathfrak{x}$ sind im Normalgebiet Π harmonische Funktionen von α und β. Es gibt daher einen in Π analytischen Vektor $\mathfrak{F}(\gamma) = \{\varphi_1(\gamma), \varphi_2(\gamma), \varphi_3(\gamma)\}$, d. h. einen Vektor, dessen Komponenten analytische Funktionen sind, so daß $\mathfrak{x}_\alpha - i\,\mathfrak{x}_\beta = \mathfrak{F}(\gamma)$ gilt. Die Funktion $J(\gamma) = \mathfrak{F}^2(\gamma) = (\mathfrak{x}_\alpha^2 - \mathfrak{x}_\beta^2) - 2i\,\mathfrak{x}_\alpha \cdot \mathfrak{x}_\beta = (E - G) - 2i\,F$, welche auf Grund der Harmonizität des Vektors $\mathfrak{x}$ analytisch ist, verschwindet wegen des isothermen Charakters der Parameter α und β. Die differentialgeometrische Regularität drückt sich durch die Forderung $\mathfrak{F}(\gamma) \neq \{0, 0, 0\}$ aus. Wir haben damit den Satz gewonnen:

Jede einfach zusammenhängende offene Minimalfläche S mit dem Normalgebiet Π kann in der Form

$$\left\{\mathfrak{x} = \mathfrak{x}(\alpha, \beta) = \mathfrak{x}_0 + \operatorname{Re} \int_0^\gamma \mathfrak{F}(\gamma)\, d\gamma;\ \gamma \in \Pi\right\} \tag{82}$$

dargestellt werden, wo $\mathfrak{F}(\gamma)$ *ein in Π nicht-verschwindender und der Bedingung* $\mathfrak{F}^2(\gamma) = \varphi_1^2(\gamma) + \varphi_2^2(\gamma) + \varphi_3^2(\gamma) = 0$ *genügender analytischer Vektor ist. Umgekehrt erzeugt jeder solche Vektor eine bis auf Translationen eindeutig bestimmte offene einfach zusammenhängende Minimalfläche.*

Der Normalenvektor $\mathfrak{X}$ unserer Fläche ergibt sich aus der leicht zu bestätigenden Beziehung $\mathfrak{x}_\alpha \times \mathfrak{x}_\beta = \operatorname{Im}\{\varphi_2\,\overline{\varphi_3}, \varphi_3\,\overline{\varphi_1}, \varphi_1\,\overline{\varphi_2}\}$. Für das Linienelement findet man $ds^2 = \frac{1}{2}(|\varphi_1|^2 + |\varphi_2|^2 + |\varphi_3|^2)\,|d\gamma|^2$. Wie eine kurze Rechnung zeigt, stimmt der gemäß § 73 auf S analytische Vektor $\mathfrak{x}(\alpha, \beta) - i\int_0^\gamma \mathfrak{X} \times d\mathfrak{x}$ mit $\mathfrak{x}(0, 0) + \int_0^\gamma \mathfrak{F}(\gamma)\, d\gamma$ überein.

§ 146. In einer Umgebung, in welcher $\varphi_1(\gamma) \neq 0$ ist, können wir gemäß $\dfrac{d\zeta}{d\gamma} = \varphi_1(\gamma)$ eine neue Veränderliche ζ einführen. Indem wir dann noch $\varphi_2(\gamma)/\varphi_1(\gamma) = f'(\zeta)$ setzen, reduziert sich die Darstellung (82) auf

$$\mathfrak{x} = \mathfrak{x}_0 + \operatorname{Re}\left\{\zeta, f(\zeta), i\int_{\zeta_0}^{\zeta} \sqrt{1 + f'^2(\zeta)}\, d\zeta\right\}. \tag{83}$$

Diese der Darstellung (82) zumindest lokal gleichwertige Darstellung – und historisch gesehen überhaupt die erste Darstellung des Ortsvektors einer Minimalfläche mit Hilfe einer analytischen Funktion – ist im Jahre 1784 von G. Monge ([1], p. 118) angegeben worden. Seine ursprüngliche Herleitung war nicht ganz einwandfrei; und er hat sie später durch Anwendung des von ihm erfundenen Verfahrens zur Integration partieller Differentialgleichungen auf die Minimalflächengleichung, die als elliptische Differentialgleichung natürlich komplexe Charakteristiken hat, berichtigt; siehe [I], pp. 211–222. Allerdings wurden die Mongeschen Methoden der Charakteristiken und der Erzeugung von Integralflächen partieller Differentialgleichungen durch Enveloppenbildung, welche den Zeitgenossen als „metaphysische Prinzipien" erschienen, anfangs mit Zurückhaltung aufgenommen. A. Legendre ([1], p. 309) mit welchem Monge in Verbindung stand, leitete die Mongeschen und weitere Darstellungsformeln 1787 dann gleichzeitig in einer leichter verständlichen Weise mit Hilfe der heute nach ihm benannten Transformationen her.

Wenn wir (wieder unter der Voraussetzung $\varphi_1(\gamma) \neq 0$) in (82) die Veränderliche $\zeta = \varphi_2(\gamma)/\varphi_1(\gamma)$ und die Beziehung $\int\limits_0^\gamma \varphi_1(\gamma)\, d\gamma = f'(\zeta)$ einführen, erhalten wir noch eine andere, auch von Monge und Legendre stammende lokale Form der Darstellung (82):

$$\mathfrak{x} = \mathfrak{x}_0 + \mathrm{Re}\left\{f'(\zeta), \zeta f'(\zeta) - f(\zeta), i \int\limits_{\zeta_0}^{\zeta} \sqrt{1+\zeta^2}\, f''(\zeta)\, d\zeta\right\}. \tag{84}$$

§ 147. Bei der Betrachtung allgemeiner offener Minimalflächen $S = \{T, P\}$ stehen zwei verschiedene Möglichkeiten zur Verfügung. Entweder man geht, jedenfalls wenn die abstrakte Parameterfläche orientierbar ist, ähnlich wie in §§ 132, 133 vor. Dann erhält man für S eine Darstellung (82), wo Π jetzt durch eine gewisse Normalfläche, z. B. einen Schlitzbereich mit Identifikation der Ränder gewisser Schlitze zu ersetzen ist. Das Integral $\int^{\gamma} \mathfrak{F}(\gamma)\, d\gamma$ ist dann i. a. nicht mehr eindeutig; seine Zweige unterscheiden sich aber nur um rein imaginäre Konstante.

Oder man führt die universelle Überlagerungsfläche $\hat{P}$ von P ein. Diese ist einfach zusammenhängend, und man erhält eine einfach zusammenhängende Minimalfläche $\hat{S} = \{\hat{T}, \hat{P}\}$, die universelle Überlagerungsfläche von S, durch die folgende Verabredung: Wenn ein Punkt $\hat{p}$ von $\hat{P}$ auf den Grundpunkt p von P projiziert wird, dann gelte $\hat{T}\hat{p} = Tp$. Auf $\hat{S}$ trifft nun die Aussage des § 145 unverändert zu. Die Abbildung $\hat{T}$ von $\hat{P}$ in den Raum ist jetzt freilich i. a. nicht mehr eineindeutig, selbst wenn das bei der ursprünglichen Abbildung T von P der Fall gewesen sein sollte. Ein Beispiel für diese Situation findet sich in § 40.

Auf $\hat{S}$ wird durch „Heraufheben" (oder „Durchdrücken") in natürlicher Weise eine Metrik induziert. Man überzeugt sich ohne Mühe, daß der Abstand eines Punktes $\hat{p}$ vom Rande von $\hat{S}$ mit dem Abstand seines Grundpunktes p vom Rande von S übereinstimmt. *Insbesondere sind S und $\hat{S}$ gleichzeitig vollständig* (*im Sinne des* § 54) *oder nicht.*

Das sphärische Bild der Fläche $\hat{S}$, genauer die Bildpunktmenge auf der Einheitskugel unter der Abbildung durch den Normalenvektor, ist mit dem sphärischen Bild der Fläche S identisch. Andere geometrische (und, wie in § 269 bemerkt, topologische und konforme) Invarianten können aber durchaus verschieden ausfallen. So hat z. B. die Gesamtkrümmung der Fläche S_2 in § 40 den Wert 4π, während die Gesamtkrümmung ihrer Überlagerungsfläche S_1 unendlich ist.

§ 148. Aus der Darstellung (82) kann eine einfache Folgerung gezogen werden. Die durch den Vektor $\mathfrak{y}(\gamma) = \frac{1}{2}\mathfrak{x}_0 + \frac{1}{2}\int\limits_0^\gamma \mathfrak{F}(\gamma)\,d\gamma$ definierte komplexe Kurve ist wegen $\mathfrak{y}'^2(\gamma) = \frac{1}{4}\mathfrak{F}^2(\gamma) = 0$ isotrop. Man nennt eine solche Kurve auch Minimalkurve. Der Ortsvektor von S läßt sich aber in der Form $\mathfrak{x}(\alpha, \beta) = \mathfrak{y}(\gamma) + \overline{\mathfrak{y}(\gamma)}$ schreiben. Daher können wir sagen (siehe S. Lie [I], insbes. p. 136 des 2. Bandes):

Eine (reelle) Minimalfläche kann als Schiebfläche einer isotropen Kurve und der zu ihr konjugiert komplexen Kurve aufgefaßt werden.

Der Begriff der Minimalfläche ist aber älter als der Begriff der Minimalkurve, welcher in allen Arbeiten über Minimalflächen bis zu denen von S. Lie [I] nur implizite auftritt. Erst Lie führte den Namen Minimalkurven ein und arbeitete mit diesen Kurven geometrisch.

Wir bemerken hier, daß nach S. Lie ([I], p. 131 des 2. Bandes) abgesehen von den dem Kugelkreis umschriebenen abwickelbaren Flächen, jede (i. a. komplexe) Minimalfläche eine Darstellung der Form $\mathfrak{x} = \mathfrak{y}(w) + \mathfrak{z}(\omega)$ besitzt, wo $\mathfrak{y}(w)$ und $\mathfrak{z}(\omega)$ zwei Minimalkurven sind. Umgekehrt ist jede solche Schiebfläche zweier Minimalkurven auch eine Minimalfläche.

Zur Wahl des gängigen Begriffes Schiebfläche bemerkt G. Scheffers folgendes ([3], p. 138): „Statt ‚Schiebflächen' sage ich lieber ‚Schiebungsflächen'. Nach dem deutschen Sprachgebrauch deutet ein Zeitwort, mit dessen Stamm ein zusammengesetztes Hauptwort gebildet wird, niemals eine Entstehungsart, sondern immer eine Zweckbestimmung oder etwas Ähnliches an."

§ 149. Auf Grund der Beziehung $d\mathfrak{x} - i\,\mathfrak{X} \times d\mathfrak{x} = \mathfrak{F}\,d\gamma$ läßt sich die nach dem schwedischen Mathematiker E. G. Björling genannte Aufgabe (siehe [1], p. 301), *das einen vorgegebenen analytischen Streifen enthaltende Minimalflächenstück zu bestimmen,* auf einem von H. A. Schwarz eingeschlagenen Wege recht einfach lösen. ([I], pp. 179–181 des 1. Bandes.)

Der Streifen sei durch den reell-analytischen Ortsvektor $\mathfrak{z}(\alpha)$ seiner (differentialgeometrischen) Trägerkurve und durch den reell-analytischen Stellungseinheitsvektor $\mathfrak{n}(\alpha)$ seiner Ebenenelemente gegeben. Ortsvektor und Normalenvektor der in der Form (82) gesuchten Minimalfläche sollen sich für $\beta = 0$ auf $\mathfrak{z}(\alpha)$ und $\mathfrak{n}(\alpha)$ reduzieren, d. h. $\mathfrak{z}'(\alpha) - i\,\mathfrak{n}(\alpha) \times \mathfrak{z}'(\alpha) = \mathfrak{F}(\alpha)$. Nach einer Integration und Fortsetzung ins Komplexe erhalten wir daher

$$\mathfrak{x}(\alpha, \beta) = \operatorname{Re}\left\{\mathfrak{z}(\gamma) - i\int\limits_0^\gamma \mathfrak{n}(\gamma) \times d\mathfrak{z}(\gamma)\right\}. \tag{85}$$

Da sich $\mathfrak{z}(\gamma)$ und $\mathfrak{n}(\gamma)$ für reelle γ auf reelle Vektoren reduzieren, wird $\mathfrak{x}(\alpha, 0) = \mathfrak{z}(\alpha)$, $\mathfrak{x}_\alpha(\alpha, 0) = \mathfrak{z}'(\alpha)$, $\mathfrak{x}_\beta(\alpha, 0) = \mathfrak{n}(\alpha) \times \mathfrak{z}'(\alpha)$, so daß (85) tatsächlich die Lösung des Björlingschen Problems darstellt.

Die Lösungsvorschrift ist also die folgende: Man berechne das Integral $\mathfrak{z}(\alpha) - i\int\limits_0^\alpha \mathfrak{n}(\alpha) \times d\mathfrak{z}(\alpha)$, ersetze darauf die reelle Veränderliche α durch die komplexe Veränderliche $\gamma = \alpha + i\beta$ und nehme den Realteil. Das ist der Ortsvektor der gesuchten Fläche.

Das Vektorenpaar $\tilde{\mathfrak{z}}(\alpha) = \mathfrak{z}(\alpha)$, $\tilde{\mathfrak{n}}(\alpha) = -\mathfrak{n}(\alpha)$ definiert denselben Streifen; und wir würden jetzt als Lösung des Björlingschen Problems eine Minimalfläche $\mathfrak{x} = \tilde{\mathfrak{x}}(\alpha, \beta)$ erhalten, welche wieder durch die Gl. (85), diesmal aber mit einem Pluszeichen in der geschweiften Klammer, dargestellt wird. Da sich $\mathfrak{z}(\gamma)$ und $\mathfrak{n}(\gamma)$ für reelle γ auf reelle Vektoren reduzieren, gilt $\tilde{\mathfrak{x}}(\alpha, \beta) = \mathfrak{x}(\alpha, -\beta)$; d. h. die beiden durch die Ortsvektoren $\mathfrak{x}(\alpha, \beta)$ und $\tilde{\mathfrak{x}}(\alpha, \beta)$ dargestellten Minimalflächen sind identisch. Wie aus der obigen Konstruktion hervorgeht, bestimmt der gegebene Streifen die Minimalfläche folglich in der Tat eindeutig.

§ 150. Aus der Eindeutigkeit der Lösung des Björlingschen Problems und dem uns von §§ 131, 145 her bekannten analytischen Charakter fließen die von H. A. Schwarz aufgestellten Sätze ([I], pp. 111, 130, 181 des 1. Bandes; siehe auch E. Goursat [1], p. 300):

Jede auf einer Minimalfläche liegende Gerade ist eine Symmetrieachse der Fläche.

Schneidet eine Ebene eine Minimalfläche senkrecht, so ist sie Symmetrieebene der Fläche.

Im ersten Falle können wir o. B. d. A. $\mathfrak{z}(\alpha) = \{\alpha, 0, 0\}$ und $\mathfrak{n}(\alpha) = \{0, n_2(\alpha), n_3(\alpha)\}$ wählen, wo $n_2(\alpha)$ und $n_3(\alpha)$ gewisse reell-analytische Funktionen sind. Mit $N_k(\alpha) = \int\limits_0^\alpha n_k(\alpha)\, d\alpha$ wird dann $\mathfrak{x}(\alpha, \beta) = \{x(\alpha, \beta), y(\alpha, \beta), z(\alpha, \beta)\} = \operatorname{Re}\{\gamma, -i N_3(\gamma), i N_2(\gamma)\}$ und $\mathfrak{x}(\alpha, -\beta) = \operatorname{Re}\{\bar{\gamma}, -i N_3(\bar{\gamma}), i N_2(\bar{\gamma})\} = \operatorname{Re}\{\bar{\gamma}, -i\overline{N_3(\gamma)}, i\overline{N_2(\gamma)}\}$ $= \{x(\alpha, \beta), -y(\alpha, \beta), -z(\alpha, \beta)\}$. Im zweiten Falle gehen wir analog vor.

2.2. Spezielle Minimalflächen II. Die Flächen von Catalan, Enneper und Henneberg

§ 151. Schon O. Bonnet ([4], [6] und [7], pp. 248–252) hat festgestellt, daß die Lösung des Björlingschen Problems insbes. auch die Bestimmung derjenigen Minimalflächen ermöglicht, welche eine vorgegebene Kurve als geodätische Linie, Asymptotenlinie oder Krümmungslinie enthalten. Längs einer geodätischen Linie fallen ja der Flächennormalenvektor $\mathfrak{X}$

und der Hauptnormalenvektor der als Raumkurve aufgefaßten Geodätischen zusammen. Längs einer Asymptotenlinie sind es der Vektor $\mathfrak{X}$ und der Binormalenvektor der Kurve. Als Anwendung der Formel (85) wollen wir uns hier mit der speziellen Aufgabe befassen, eine Minimalfläche zu bestimmen, welche eine vorgegebene (nicht geradlinige) ebene analytische Kurve als geodätische oder allgemeiner als Krümmungslinie enthält.

In der Differentialgeometrie beweist man, daß eine auf einer differentialgeometrischen Fläche S verlaufende ebene differentialgeometrische Kurve genau dann eine Krümmungslinie der Fläche ist, wenn der Winkel φ zwischen dem Stellungseinheitsvektor $\mathfrak{a}$ der Kurvenebene und der Flächennormalen längs der Kurve konstant bleibt. Für $\varphi = \frac{\pi}{2}$ fallen Flächennormale und Kurvenhauptnormale zusammen, und die Krümmungslinie ist dann zugleich eine geodätische Linie auf S.

Die Kurve sei in der Form $\mathfrak{x} = \mathfrak{z}(\alpha)$ vorgelegt, und der Winkel φ sei gegeben. Wegen $\mathfrak{X}^2 = 1$, $\mathfrak{X} \cdot \mathfrak{z}' = 0$, $\mathfrak{X} \cdot \mathfrak{a} = \cos\varphi$ gilt $\mathfrak{X}(\alpha, 0) = \cos\varphi\, \mathfrak{a} \pm \frac{\sin\varphi}{|\mathfrak{z}'(\alpha)|}\, \mathfrak{z}'(\alpha) \times \mathfrak{a}$. Wir können das Pluszeichen wählen, da das Minuszeichen beim Ersetzen von φ durch $-\varphi$ erhalten wird. Die Gleichung der Minimalfläche ergibt sich gemäß (85) zu

$$\text{(86)} \quad \mathfrak{x}(\alpha, \beta) = \operatorname{Re}\left\{\mathfrak{z}(\gamma) - i\left[\cos\varphi(\mathfrak{a} \times \mathfrak{z}(\gamma)) + \sin\varphi\left(\int_0^\gamma \sqrt{\mathfrak{z}'^2(\gamma)}\, d\gamma\right)\mathfrak{a}\right]\right\}.$$

Wenn man die Kurvenebene als (x, y)-Ebene wählt und $\mathfrak{z}(\alpha) = \{x_0(\alpha), y_0(\alpha), 0\}$ setzt, so erhält man z. B. im Falle $\varphi = \frac{\pi}{2}$, d. h. im Falle, daß die ebene Kurve eine geodätische Linie auf der Fläche sein soll, die Darstellung

$$\text{(87)} \qquad \mathfrak{x}(\alpha, \beta) = \left\{\operatorname{Re} x_0(\gamma), \quad \operatorname{Re} y_0(\gamma), \quad \operatorname{Im} \int_0^\gamma \sqrt{x_0'^2(\gamma) + y_0'^2(\gamma)}\, d\gamma\right\}.$$

§ 152. Als erstes Beispiel bestimmen wir die Minimalfläche, welche die Zykloide $\{x_0(\alpha) = \alpha - \sin\alpha,\ y_0(\alpha) = 1 - \cos\alpha,\ z_0(\alpha) = 0\}$ als geodätische Linie enthält. Durch Einsetzen in (87) finden wir für die Komponenten des Ortsvektors die Formeln

$$\text{(88)} \quad \left\{x = \alpha - \sin\alpha \operatorname{Cof}\beta, \quad y = 1 - \cos\alpha \operatorname{Cof}\beta, \quad z = 4\sin\frac{\alpha}{2}\operatorname{Sin}\frac{\beta}{2}\right\}.$$

In dem neuen — von α abhängigen — System der Koordinaten

$$\begin{aligned}
\bar{x} &= x\sin\alpha + y\cos\alpha + (1 - \cos\alpha - \alpha\sin\alpha)\\
\bar{y} &= -x\cos\alpha + y\sin\alpha + (-\sin\alpha + \alpha\cos\alpha)\\
\bar{z} &= z,
\end{aligned}$$

dessen Ursprung auf der Zykloide wandert und dessen $\bar{x}$-Achse den Zykloidenpunkt mit dem zugehörigen Mittelpunkt des rollenden Kreises verbindet (siehe Abb. 16) nehmen die Gl. (88) nach Elimination von β die einfache Form

$$\bar{z}^2 = 4(\cos\alpha - 1)\,\bar{x}, \qquad \bar{y} = 0 \tag{89}$$

an. Die Minimalfläche wird also von einer einparametrischen Schar veränderlicher Parabeln erzeugt. Der Scheitel jeder Parabel liegt auf der Zykloide, während ihre Ebene auf der Ebene der Zykloide senkrecht steht und die Gerade enthält, welche den Scheitel mit dem zugehörigen

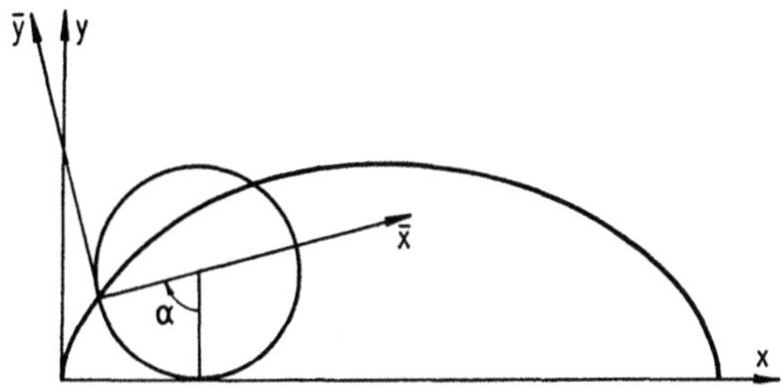

Abb. 16

Mittelpunkt des rollenden Kreises verbindet. Diese Minimalfläche ist im Jahre 1855 auf anderem Wege von E. Catalan [4], [6] gefunden worden. Sie enthält gerade Linien, welche in der (x, y)-Ebene liegen und zur y-Achse parallel sind. Sie besteht aus sich periodisch wiederholenden und ins Unendliche erstreckenden kongruenten Teilen.

Aus der Beziehung $|\mathfrak{x}_\alpha \times \mathfrak{x}_\beta| = (1 + \operatorname{Cos}\beta)(\operatorname{Cos}\beta - \cos\alpha)$ folgt, daß die differentialgeometrische Regularität der Fläche nur in den Punkten $\alpha = 2\pi n$, $\beta = 0 (n = 0, \pm 1, \ldots)$, d. h. in den Spitzen der Zykloide, verletzt ist.

§ 153. Die Catalansche Fläche (88) ist keineswegs die allgemeinste Minimalfläche, welche eine einparametrische Schar von Parabeln enthält. Vielmehr hat auch die von A. Enneper [5] gefundene Fläche

$$\left\{\begin{aligned} x &= a\alpha - a\sin\alpha\operatorname{Cos}\beta + b\sin\frac{\alpha}{2}\operatorname{Sin}\frac{\beta}{2} \\ y &= a - a\cos\alpha\operatorname{Cos}\beta + b\cos\frac{\alpha}{2}\operatorname{Sin}\frac{\beta}{2} \\ z &= 4a\sin\frac{\alpha}{2}\operatorname{Sin}\frac{\beta}{2} - \frac{b}{2}\alpha, \end{aligned}\right. \tag{90}$$

wo a und b reelle Konstanten sind, diese Eigenschaft. Man überzeugt sich ohne Mühe, daß (90) tatsächlich die Darstellung einer Minimalfläche ist, welche sich für $a = 1$, $b = 0$ auf die Catalansche Fläche (88) und für $a = 0$, $b \neq 0$ auf eine Wendelfläche reduziert.

A. Enneper erhielt die Fläche (90) bei der Bestimmung aller Minimalflächen, bei welchen den Meridianen auf der Einheitskugel des sphärischen Bildes ebene Kurven entsprechen. Sie ist als Grenzfall unter den von H. A. Schwarz bestimmten Minimalflächen, welche von einer Schar von Kegeln zweiten Grades eingehüllt werden, enthalten; siehe [I], pp. 190–204 des 1. Bandes.

In dem – von α abhängigen – System der Koordinaten

$$\bar{x} = \sin\alpha\, x + \cos\alpha\, y + a[1 - \cos\alpha - \alpha\sin\alpha]$$

$$\bar{y} = \frac{4a\cos\alpha}{\sqrt{16a^2 + b^2}}\, x + \frac{4a\sin\alpha}{\sqrt{16a^2 + b^2}}\, y - \frac{b}{\sqrt{16a^2 + b^2}} + \frac{1}{\sqrt{16a^2 + b^2}} \times$$
$$\times\, [4a^2(-\sin\alpha + \alpha\cos\alpha) - \tfrac{1}{2}b^2\,\alpha]$$

$$\bar{z} = \frac{b\cos\alpha}{\sqrt{16a^2 + b^2}}\, x + \frac{b\sin\alpha}{\sqrt{16a^2 + b^2}}\, y + \frac{4a}{\sqrt{16a^2 + b^2}} + \frac{a\,b}{\sqrt{16a^2 + b^2}} \times$$
$$\times\, [2\alpha - \sin\alpha + \cos\alpha]$$

nehmen die Gl. (90) die einfache Gestalt

$$(91) \qquad (16a^2 + b^2)(\cos\alpha - 1)\,\bar{x} = 4a\,\bar{z}^2 - b\sin\alpha\sqrt{16a^2 + b^2}\,\bar{z}$$

an. Die Minimalfläche (90) wird also tatsächlich von einer einparametrischen Schar von Parabeln erzeugt. Die Fläche ist auch von H. Tallquist [1] eingehend diskutiert worden. In der Tallquistschen Arbeit findet sich ein Bild der Fläche.

§ 154. Als zweites Beispiel bestimmen wir die Minimalfläche, welche die Neilsche Parabel $(z - 2)^3 = 9x^2$ in der Ebene $y = 0$ – oder in Parameterdarstellung $\left\{x_0(\alpha) = -\frac{8}{3}\mathfrak{Sin}^3\alpha,\, y_0(\alpha) = 0,\, z_0(\alpha) = 2\mathfrak{Cof}\,2\alpha\right\}$ – als geodätische Linie enthält. Die gesuchte Fläche ist analog zu (87) durch

$$(87') \qquad \mathfrak{x}(\alpha,\beta) = \left\{\mathrm{Re}\,x_0(\gamma),\, \mathrm{Im}\int_0^\gamma \sqrt{x_0'^2(\gamma) + z_0'^2(\gamma)}\, d\gamma,\, \mathrm{Re}\,z_0(\gamma)\right\}$$

gegeben, und eine kurze Rechnung führt zu der Darstellung

$$(92) \qquad \begin{cases} x = 2\mathfrak{Sin}\,\alpha\cos\beta - \dfrac{2}{3}\mathfrak{Sin}\,3\alpha\cos 3\beta \\[2ex] y = 2\mathfrak{Sin}\,\alpha\sin\beta + \dfrac{2}{3}\mathfrak{Sin}\,3\alpha\sin 3\beta \\[2ex] z = 2\mathfrak{Cof}\,2\alpha\cos 2\beta. \end{cases}$$

Die Fläche (92) ist 1875 von L. Henneberg [1], [2] bestimmt und ebenfalls von A. Herzog [1] und C. Schilling [1] untersucht worden. In der

Schillingschen Dissertation findet sich auch ein Stereoskopbild. Für $\beta = \frac{\pi}{2}$ ergibt sich $x = 0$, $y = -\frac{8}{3}\mathfrak{Sin}^3\alpha$, $z = -2\mathfrak{Cos}\,2\alpha$. Die Fläche enthält also auch die Neilsche Parabel $(z + 2)^3 = 9y^2$ in der Ebene $x = 0$, welche wie die andere eine geodätische Linie ist.

Aus $|\mathfrak{x}_\alpha \times \mathfrak{x}_\beta| = 4\mathfrak{Cos}^2\alpha(\mathfrak{Sin}^2 2\alpha + \sin^2 2\beta)$ folgt, daß die differentialgeometrische Regularität der Fläche nur in den Punkten $\alpha = 0, \beta = \frac{n\pi}{2}$ $(n = 0, \pm 1, \ldots)$ unterbrochen ist. Der Normalenvektor ist $\mathfrak{X} = (\mathfrak{Cos}\,\alpha)^{-1}\{\cos\beta, -\sin\beta, \mathfrak{Sin}\,\alpha\}$. Die Gleichung der Tangentialebene im Punkte (α, β) in laufenden Koordinaten x, y, z heißt $X(\alpha,\beta)\, x + Y(\alpha,\beta)\, y + Z(\alpha,\beta)\, z + P(\alpha,\beta) = 0$, wobei $P(\alpha,\beta) = -\frac{1}{3}(6 + 4\mathfrak{Sin}^2\alpha)\,\mathfrak{Tan}\,\alpha\,\cos^2\beta$ ist. Daher ergeben sich für die inhomogenen Ebenenkoordinaten $u = X/P$, $v = Y/P$, $w = Z/P$ die Beziehungen

$$u = \frac{-3\cos\beta}{\mathfrak{Sin}\,\alpha\,(6 + 4\mathfrak{Sin}^2\alpha)\cos^2\beta},$$

$$v = \frac{3\sin\beta}{\mathfrak{Sin}\,\alpha\,(6 + 4\mathfrak{Sin}^2\alpha)\cos^2\beta},$$

$$w = \frac{-3}{(6 + 4\mathfrak{Sin}^2\alpha)\cos 2\beta}.$$

Durch Elimination von α und β findet man die Gleichung der Hennebergschen Minimalfläche in Ebenenkoordinaten:

$$2w(u^2 - v^2)(3u^2 + 3v^2 + 2w^2) + 3(u^2 + v^2)^2 = 0. \tag{93}$$

Sie ist also eine algebraische Fläche der fünften Klasse. Es ist nämlich leicht einzusehen, daß die Gl. (93) irreduzibel ist. Die Ordnung der Hennebergschen Minimalfläche ist 15. Der Beweis dieser Tatsache, d. h. die Herstellung der algebraischen Beziehung zwischen x, y und z und der Nachweis ihrer Irreduzibilität, ist aber bei weitem nicht so einfach wie bei der Enneperschen Minimalfläche (48), wo eine kurze Elimination zur Gl. (50) führte. (Henneberg selbst hatte als Ordnungszahl fälschlicherweise 17 angegeben.)

Wegen $\mathfrak{x}(-\alpha, \beta + \pi) = \mathfrak{x}(\alpha, \beta)$, $\mathfrak{X}(-\alpha, \beta + \pi) = -\mathfrak{X}(\alpha, \beta)$ können wir folgendes sagen: Wenn wir in der Parameterebene längs eines die Punkte $\alpha = 0$, $\beta = \frac{n\pi}{2}$ vermeidenden Weges von einem Punkt (α, β) zum Punkt $(-\alpha, \beta + \pi)$ gehen, dann beschreiben wir im Raum eine geschlossene Kurve. Der Normalenvektor ändert aber beim Durchlaufen dieser seine Orientierung. Als Punktmenge im Raum betrachtet ist die Hennebergsche Fläche also eine einseitige Fläche. In Abb. 17b ist das dem in Abb. 17a angegebenen Parameterbereich $ABCDEFA$ entsprechende Stück der Hennebergschen Fläche skizziert. Dieses

Stück liegt in der Tat als Möbiussches Band im Raume. Wenn wir den Parameterbereich durch Identifizierung der Seiten AB und DE in der durch die Pfeile angegebenen Orientierung zu einer nicht-orientierbaren abstrakten Fläche machen, dann erscheint das besprochene Stück der Hennebergschen Fläche als Minimalfläche vom Typ des Möbiusbandes im Sinne der Paragraphen 40–42.

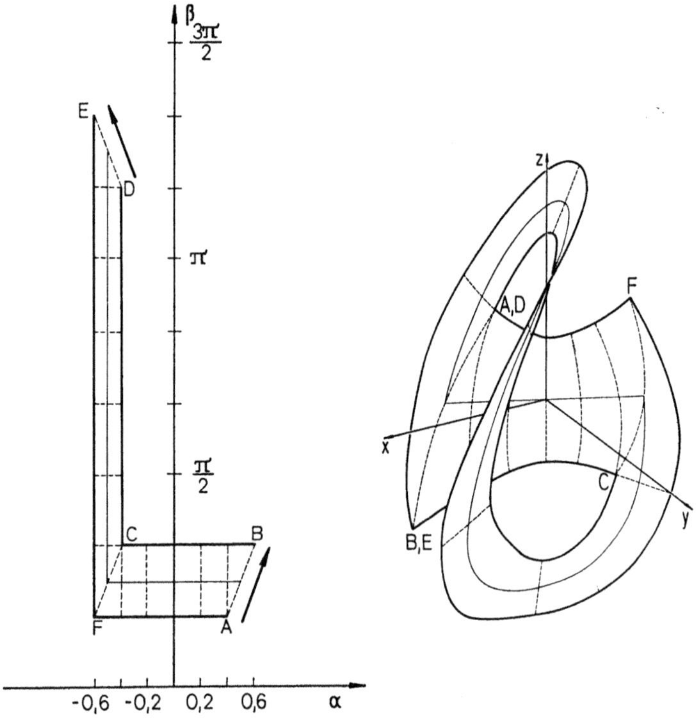

a b

Abb. 17

2.3. Die Weierstraß-Enneperschen Darstellungsformeln

§ 155. Die Bestimmung der Gesamtheit aller einfach zusammenhängenden offenen Minimalflächen läuft nach § 145 auf die Bestimmung aller in Π analytischen Vektoren $\mathfrak{F}(\gamma)$ mit den dort angegebenen Eigenschaften hinaus. Es ist oft vorteilhaft, statt mit den durch die Beziehung $\varphi_1^2 + \varphi_2^2 + \varphi_3^2 = 0$ gekoppelten Funktionen $\varphi_1(\gamma)$, $\varphi_2(\gamma)$ und $\varphi_3(\gamma)$ mit den Funktionen $\Phi(\gamma) = \sqrt{\frac{1}{2}(\varphi_1(\gamma) - i\,\varphi_2(\gamma))}$ und $\Psi(\gamma) = \sqrt{\frac{1}{2}(\varphi_1(\gamma) + i\,\varphi_2(\gamma))}$ zu arbeiten. Auf den ersten Blick sieht es so aus, als ob die Berechnung der Wurzeln in den Nullstellen der Radikanten Schwierigkeiten machen könnte. Es gilt aber $-\varphi_3^2 = \varphi_1^2 + \varphi_2^2 = (\varphi_1 + i\varphi_2)(\varphi_1 - i\varphi_2)$. An einer Nullstelle von $\varphi_1 - i\varphi_2$ muß demnach auch φ_3 verschwinden, während $\varphi_1 + i\varphi_2$ wegen $|\varphi_1|^2 + |\varphi_2|^2 + |\varphi_3|^2 > 0$ nicht Null werden kann. Daraus folgt, daß eine etwaige Nullstelle von $\varphi_1 - i\varphi_2$ stets von gerader Ordnung sein muß. Entsprechendes gilt für die Nullstellen von $\varphi_1 + i\varphi_2$. Man erhält also $\Phi(\gamma)$ und $\Psi(\gamma)$ als eindeutige Funktionen in Π. Die Zweige der Wurzeln sind dabei so zu wählen, daß immer $2\Phi\Psi = \varphi_3$ ist. Nach dem Vorangehenden dürfen $\Phi(\gamma)$ und $\Psi(\gamma)$ keine gemeinsamen Nullstellen haben. Durch Auflösen der Formeln für $\Phi(\gamma)$ und $\Psi(\gamma)$ nach φ_1, φ_2 und φ_3 gelangen wir somit zu dem Satz:

Zu jeder einfach zusammenhängenden offenen Minimalfläche *S* ***mit dem Normalgebiet*** Π ***existieren zwei in*** Π ***analytische Funktionen*** $\Phi(\gamma)$, $\Psi(\gamma)$ ***ohne gemeinsame Nullstellen, mit deren Hilfe*** *S* ***in der Form***

$$(94)\qquad \begin{cases} x = x_0 + \operatorname{Re}\int\limits_0^\gamma (\Phi^2 - \Psi^2)\, d\gamma \\ y = y_0 + \operatorname{Re}\int\limits_0^\gamma i(\Phi^2 + \Psi^2)\, d\gamma, \qquad \gamma \in \Pi \\ z = z_0 + \operatorname{Re}\int\limits_0^\gamma 2\Phi\Psi\, d\gamma \end{cases}$$

dargestellt werden kann. Umgekehrt erzeugt jedes Funktionenpaar $\Phi(\gamma)$, $\Psi(\gamma)$ ***mit den angegebenen Eigenschaften eine bis auf Translationen eindeutig bestimmte offene einfach zusammenhängende Minimalfläche.***

Die Darstellung (94) stammt von K. Weierstraß ([I], p. 42) aus dem Jahre 1866. Gleichwertige Darstellungen sind aber um die gleiche Zeit von anderen Mathematikern, so z. B. A. Enneper ([1], p. 107) und B. Riemann ([I], p. 310) verwendet worden.

In einem Punkte, in welchem die Funktion $\Phi(\gamma)$ verschwindet, ist die Flächennormale zur positiven z-Achse parallel. Denn für $\varphi_1 - i\varphi_2 = 0, \varphi_3 = 0$ (aber $\varphi_1 \neq 0, \varphi_2 \neq 0$) wird nach § 145 $\mathfrak{x}_\alpha \times \mathfrak{x}_\beta = \{0, 0, |\varphi_1^2|\}$. Durch eine direkte Rechnung unter Benutzung der in (11) und am Ende von § 145 gegebenen Formeln überzeugt man sich weiter von der Richtigkeit der folgenden Tatsachen: Der Quotient $\Psi(\gamma)/\Phi(\gamma)$ ist mit der in § 56 eingeführten komplexen Veränderlichen $\omega = \sigma + i\tau$ des sphärischen Bildes identisch. Das Linienelement von *S* hat die Form $ds = (|\Phi(\gamma)|^2 + |\Psi(\gamma)|^2)\,|d\gamma|$. Die Gaußsche Krümmung ist durch $K = -4|\Phi\Psi' - \Psi\Phi'|^2/(|\Phi|^2 + |\psi|^2)^4$ gegeben. Wenn man gemäß $\Phi(\gamma) = e^{i\mu/2}\,\hat{\Phi}(\gamma)$, $\Psi(\gamma) = e^{-i\mu/2}\,\hat{\Psi}(\gamma)$ neue Funktionen $\hat{\Phi}$ und $\hat{\Psi}$ in (94) einführt; so erhält man $\hat{x} = x\cos\mu + y\sin\mu$, $\hat{y} = -x\sin\mu + y\cos\mu$, $\hat{z} = z$. Die Ersetzung von Φ und Ψ durch $e^{i\mu/2}\,\Phi$ bzw. $e^{-i\mu/2}\,\Psi$

hat also eine Drehung der Fläche um die z-Achse um den Winkel μ zur Folge. Man sieht auch ohne Mühe ein, daß die durch (94) dargestellte Fläche genau dann eben ist, wenn zwischen den Funktionen $\Phi(\gamma)$ und $\Psi(\gamma)$ eine lineare homogene Beziehung mit nicht gleichzeitig verschwindenden komplexen Konstanten besteht.

Auf die Darstellung allgemeiner Minimalflächen in der Form (94) treffen wiederum die Ausführungen des § 147 zu.

§ 156. Wir setzen $\omega(\gamma) = \Psi(\gamma)/\Phi(\gamma)$. Die Abbildung $\gamma \to \omega$ ist i. a. nicht umkehrbar eindeutig. Hingegen hat jeder Flächenpunkt γ_0, der kein Nabelpunkt ist, wo also $K \neq 0$ gilt, wegen $|\Phi\Psi' - \Psi\Phi'| \neq 0$ eine Umgebung, welche sich durch $\omega = \Psi(\gamma)/\Phi(\gamma)$ umkehrbar eindeutig auf eine Umgebung der ω-Ebene abbilden läßt (im Falle $\Phi(\gamma_0) = 0$ auf eine Umgebung des Punktes $\omega = \infty$). Wenn wir annehmen, daß $\Phi(\gamma_0) \neq 0$ ist, d. h. daß die Normale im Flächenpunkte γ_0 nicht die Richtung der positiven z-Achse hat – eine Voraussetzung, welche notfalls nach Umbenennen der Koordinatenachsen zutrifft – und wenn wir dann noch gemäß der Beziehung $\Phi^2(\gamma)\,d\gamma = R(\omega)\,d\omega$ eine Funktion $R(\omega)$ einführen, gelangen wir zu dem Satz:

Jede Minimalfläche kann in der Umgebung eines inneren Punktes, welcher kein Nabelpunkt ist, – notfalls nach Umbenennung der Koordinatenachsen – mit Hilfe einer nicht-verschwindenden analytischen Funktion $R(\omega)$ in der Form

$$(95)\qquad \begin{cases} x = x_0 + \operatorname{Re}\displaystyle\int_{\omega_0}^{\omega} (1 - \omega'^2)\, R(\omega')\, d\omega' \\ y = y_0 + \operatorname{Re}\displaystyle\int_{\omega_0}^{\omega} i(1 + \omega'^2)\, R(\omega')\, d\omega' \\ z = z_0 + \operatorname{Re}\displaystyle\int_{\omega_0}^{\omega} 2\omega' R(\omega')\, d\omega' \end{cases}$$

dargestellt werden.

$\omega = \sigma + i\tau$ ist dabei die in § 56 eingeführte Veränderliche des sphärischen Bildes. Es sei daran erinnert, daß die Nabelpunkte auf einer nicht-ebenen Minimalfläche isoliert liegen. Die Darstellung (95) geht auf A. Enneper ([1], p. 108) und K. Weierstraß ([I], p. 43) zurück. Für das Längenelement ergibt sich hier $ds = (1 + |\omega|^2)\,|R(\omega)|\,|d\omega|$ und für die Gaußsche Krümmung $K = -4|R(\omega)|^{-2}(1 + |\omega|^2)^{-4}$. Der Zusammenhang zwischen der zweiten Grundform der Fläche und der Funktion $R(\omega)$ wird durch die Beziehungen $N = -L = 2\operatorname{Re} R(\omega)$, $M = 2\operatorname{Im} R(\omega)$ hergestellt, so daß also insbes. $(N - L) + 2i\,M = 4R(\omega)$ gilt.

Die Darstellung (95) hat vor den ähnlichen Darstellungen (83) und (84) den Vorzug, daß die komplexe Veränderliche ω eine naheliegende und wichtige geometrische Bedeutung besitzt.

§ 157. Es ist klar, daß eine vorgelegte Minimalfläche S i. a. keine globale Darstellung der Form (95) besitzt, solange wie in § 156 das Definitionsgebiet der Veränderlichen ω als einfach zusammenhängendes ebenes Gebiet und die Funktion $R(\omega)$ als singularitätenfrei vorausgesetzt sind. Trotzdem sind die Formeln (95) oft verwendet worden und insbes. als Quelle für die explizite Bestimmung spezieller Minimalflächen nützlich. Der Nachweis vieler Eigenschaften einer Minimalfläche, selbst wenn es sich um ihre Gültigkeit im Großen handelt, braucht wegen der Analytizität der Fläche ja oft nur im Kleinen geführt zu werden und kann sich daher auf die günstige Darstellung (95) stützen. Man überzeugt sich ohne Mühe von der Richtigkeit der folgenden Beispiele:

$R(\omega) = 1$ führt auf die Ennepersche Minimalfläche (48).

$R(\omega) = \varkappa/2\omega^2$, $\varkappa$ reell, führt auf die Kettenfläche $\sqrt{x^2 + y^2} = |\varkappa| \operatorname{Cof}(z/\varkappa)$.

$R(\omega) = i\,\varkappa/2\omega^2$, $\varkappa$ reell, führt auf die Wendelfläche $x = y \tan(z/\varkappa)$.

$R(\omega) = \varkappa\, e^{i\alpha}/2\omega^2$ führt auf die allgemeine Schraubenfläche (4); siehe auch §§ 58, 80.

$R(\omega) = 2/(1 - \omega^4)$ führt auf die Scherksche Minimalfläche (27) mit $b = 1$.

$R(\omega) = -2a\,i \sin 2\alpha/[1 + 2\omega^2 \cos 2\alpha + \omega^4]$, $0 < \alpha < \pi/2$, $a > 0$, führt auf die Scherksche Minimalfläche (26).

$R(\omega) = 1 - \omega^{-4}$ führt (nach Ersetzen von y durch $-y$) auf die Hennebergsche Minimalfläche (92).

$R(\omega) = i\,a(\omega^2 - 1)/\omega^3 - i\,b/2\omega^2$, a und b reell, führt, wenn $\omega = e^{-i\gamma/2}$ gesetzt wird, auf die Ennepersche Fläche (90) und für $a = 1$, $b = 0$ auf die Catalansche Fläche (88).

$R(\omega) = (1 - 14\omega^4 + \omega^8)^{-1/2}$ führt auf die in § 85 besprochene und in §§ 276–280 weiter zu diskutierende Minimalfläche von H. A. Schwarz und B. Riemann.

§ 158. Wenn zwei Funktionen $R(\omega)$ und $R_1(\omega)$ vermöge (95) auf dasselbe Minimalflächenstück führen, so müssen in zwei auf denselben Flächenpunkt abgebildeten Punkten ω und ω_1 die zugehörigen Normalenvektoren gleiche oder entgegengesetzte Richtung haben, d. h., es muß entweder $\omega_1 = \omega$ oder $\omega_1 = -1/\bar{\omega}$ gelten. Im ersten Falle erhalten wir aus (95) durch Vergleich der Koordinatendifferentiale die Beziehung $R_1(\omega) = R(\omega)$, im zweiten Falle die Beziehung $R_1(\omega) = -\frac{1}{\omega^4}\bar{R}\left(-\frac{1}{\omega}\right)$. (Wenn $R(\omega) = a_0 + a_1(\omega - \omega_0) + \cdots$ ist, so ist dabei $\bar{R}(\omega)$ gemäß $\bar{R}(\omega) = \bar{a}_0 + \bar{a}_1(\omega - \omega_0) + \cdots$ erklärt.) Wir sehen also, daß die beiden i. a. verschiedenen Funktionen $R(\omega)$ und $R_1(\omega)$ $= -\frac{1}{\omega^4}\bar{R}\left(-\frac{1}{\omega}\right)$ vermöge (95) kongruente Minimalflächenstücke erzeugen.

Besonders interessant ist der Fall, in welchem die beiden Funktionen $R(\omega)$ und $R_1(\omega)$ – wie z. B. bei der Hennebergschen Minimalfläche (92), wo $R(\omega) = 1 - 1/\omega^4$ ist, – übereinstimmen. Dann läßt sich das einer Umgebung des Punktes $-1/\bar{\omega}$ entsprechende Flächenstück entweder durch eine Translation mit dem einer Umgebung des Punktes ω entsprechenden Flächenstück zur Deckung bringen, oder es fällt mit diesem von vornherein zusammen. S. Lie hat solchen Minimalflächen den Namen Doppelflächen gegeben ([I], p. 138 des 2. Bandes). Da die Fläche im ersten Falle eine Verschiebung in sich gestattet, somit periodisch ist und nicht algebraisch sein kann, liegt insbes. bei einer algebraischen Doppelfläche der zweite Fall vor. Beschreiben wir dann in der ω-Ebene einen Weg, der von einem Punkt ω zu seinem „Antipodenpunkt" $-1/\bar{\omega}$ führt und längs dessen $R(\omega)$ niemals Null ist, so besteht sein Bildweg auf der Minimalfläche aus einer geschlossenen Kurve, bei deren Durchlaufen jedoch der Normalenvektor seine Orientierung wechselt. Als Punktmenge im Raum betrachtet ist jeder einen derartigen Weg enthaltende Teil einer solchen Fläche also einseitig. Man sehe dazu die am Ende von § 154 beschriebene Situation bei der Hennebergschen Fläche.

Am Beispiel der Hennebergschen Minimalfläche (92) hat B. M. Sen [1] gezeigt, daß die Assoziierten (siehe § 176) einer Minimaldoppelfläche nicht einseitige Flächen sind. J. K. Whittemore bewies ([5], p. 224), daß mit Ausnahme der symmetrischen Fläche ($\lambda = \pi$ in § 176) keine zu einer reellen Minimaldoppelfläche assoziierte Minimalfläche eine Doppelfläche sein kann. Zur Untersuchung reeller Minimaldoppelflächen sehe man insbes. noch R. v. Lilienthal [4].

§ 159. Wenn wir $R(\omega)$ als dritte Ableitung einer Funktion $\varphi(\omega)$ ansetzen, dann lassen sich die Integrale in (95) auswerten, und wir erhalten die Darstellung (95) in der von K. Weierstraß angegebenen integrallosen Form ([I], p. 46)

$$(96)\quad \begin{cases} x = \mathrm{Re}\{(1-\omega^2)\,\varphi''(\omega) + 2\omega\,\varphi'(\omega) - 2\varphi(\omega)\} \equiv \mathrm{Re} f_1(\omega) \\ y = \mathrm{Re}\{i(1+\omega^2)\,\varphi''(\omega) - 2i\,\omega\,\varphi'(\omega) + 2i\,\varphi(\omega)\} \equiv \mathrm{Re} f_2(\omega) \\ z = \mathrm{Re}\{2\omega\,\varphi''(\omega) - 2\varphi'(\omega)\} \equiv \mathrm{Re} f_3(\omega). \end{cases}$$

Der Zusammenhang zwischen $\varphi(\omega)$ und den Funktionen $f_1(\omega)$, $f_2(\omega)$ und $f_3(\omega)$ ist durch die Beziehung

$$(96')\quad \varphi(\omega) = \frac{1}{4}(\omega^2 - 1)\,f_1(\omega) - \frac{i}{4}(\omega^2 + 1)\,f_2(\omega) - \frac{1}{2}\omega\,f_3(\omega)$$

gegeben.

§ 160. Es sei bemerkt, daß A. Legendre ([1], p. 314) schon im Jahre 1787 eine integrallose Darstellung angegeben hatte, welche er erhielt, indem er in (84) $f(\zeta) = (1 + \zeta^2)^{3/2} F'(\zeta)$ setzte:

$$(97)\quad \begin{cases} x = x_0 + \operatorname{Re}\{\sqrt{1+\zeta^2}\,[3\zeta F'(\zeta) + (1+\zeta^2) F''(\zeta)]\} \\ \qquad\qquad \equiv x_0 + \operatorname{Re} g_1(\zeta) \\ y = y_0 + \operatorname{Re}\{\sqrt{1+\zeta^2}\,[(2\zeta^2 - 1) F'(\zeta) + \zeta(1+\zeta^2) F''(\zeta)]\} \\ \qquad\qquad \equiv y_0 + \operatorname{Re} g_2(\zeta) \\ z = z_0 + \operatorname{Re}\{i[F(\zeta) + 2\zeta(1+\zeta^2) F'(\zeta) + (1+\zeta^2)^2 F''(\zeta)]\} \\ \qquad\qquad \equiv z_0 + \operatorname{Re} g_3(\zeta). \end{cases}$$

Der Zusammenhang zwischen der Funktion $F(\zeta)$ und den Funktionen $g_1(\zeta)$, $g_2(\zeta)$ und $g_3(\zeta)$ ist dabei durch die Beziehung

$$(97')\qquad F(\zeta) = -\frac{1}{\sqrt{1+\zeta^2}}\, g_1(\zeta) - \frac{\zeta}{\sqrt{1+\zeta^2}}\, g_2(\zeta) - i\, g_3(\zeta)$$

gegeben.

Die Weierstraßsche Darstellung (96) hat aber den Vorzug leichter Anwendbarkeit (siehe z. B. §§ 168–171) und geometrischer Deutbarkeit.

2.4. Spezielle Minimalflächen III. Verallgemeinerte Scherksche Flächen

§ 161. Bei den Scherkschen Flächen (27) und (26) hat die Funktion $R(\omega)$ zufolge § 157 in den Punkten $\omega = \pm 1, \pm i$ bzw. $\omega = \pm i\, e^{\pm i\alpha}$ einfache Pole. Wir wollen jetzt etwas allgemeiner diejenigen Minimalflächen betrachten – wir werden sie verallgemeinerte Scherksche Flächen nennen –, bei welchen die Funktion $R(\omega)$ in vier Punkten $\omega_k = e^{i\alpha_k}$ $(k = 1, 2, 3, 4)$ einfache Pole besitzt, wobei die α_k vier beliebige den Ungleichungen $\alpha_1 < \alpha_2 < \alpha_3 < \alpha_4 < \alpha_5 \equiv 2\pi + \alpha_1$ genügende Winkel sind. Dazu gehen wir mit dem Ansatz

$$(98)\qquad R(\omega) = \frac{-2i\, e^{i\frac{\alpha_1+\alpha_2+\alpha_3+\alpha_4}{2}}}{(\omega-\omega_1)(\omega-\omega_2)(\omega-\omega_3)(\omega-\omega_4)}$$

in die Darstellungsgleichungen (95) ein, in denen wir ω zunächst auf die Einheitskreisscheibe $P = \{\omega;\, |\omega| < 1\}$ beschränken wollen. (Die spezielle Wahl des Zählers bei der Funktion $R(\omega)$ in (98) führt auf eine einer nicht-parametrischen Darstellung fähige Fläche der Schar derjenigen Minimalflächen, welche zu der von der Funktion $R_0(\omega) = 2[(\omega-\omega_1)(\omega-\omega_2)(\omega-\omega_3)(\omega-\omega_4)]^{-1}$ erzeugten Minimalfläche assoziiert sind; siehe § 176.) Nach einer Partialbruchzerlegung und

Integration ergibt sich

$$(99)\qquad \begin{cases} x = x_0 + \operatorname{Re}\left\{i \sum_{k=1}^{4} A_k \log(\omega - \omega_k)\right\} \\ y = y_0 + \operatorname{Re}\left\{i \sum_{k=1}^{4} B_k \log(\omega - \omega_k)\right\} \\ z = z_0 + \sum_{k=1}^{4} \lambda_k \log|\omega - \omega_k|. \end{cases}$$

Dabei sind $A_k = -\lambda_k \sin\alpha_k$, $B_k = \lambda_k \cos\alpha_k$, und unter Verwendung der Abkürzung $s_{kl} = \sin\frac{\alpha_k - \alpha_l}{2}$ haben wir

$$\lambda_1 = [2s_{12}\, s_{13}\, s_{14}]^{-1} < 0, \quad \lambda_2 = [2s_{21}\, s_{23}\, s_{24}]^{-1} > 0,$$
$$\lambda_3 = [2s_{31}\, s_{32}\, s_{34}]^{-1} < 0, \quad \lambda_4 = [2s_{41}\, s_{42}\, s_{43}]^{-1} > 0$$

gesetzt. Die Koeffizienten A_k, B_k und λ_k genügen den Beziehungen

$$(100)\qquad \sum_{k=1}^{4} A_k = 0, \sum_{k=1}^{4} B_k = 0, \sum_{k=1}^{4} \lambda_k = 0,$$

von deren Richtigkeit man sich durch direktes Verifizieren überzeugen kann. Es läßt sich also schreiben

$$\sum_{k=1}^{4} A_k \log(\omega - \omega_k) = A_1 \log\frac{\omega - \omega_1}{\omega - \omega_2} + (A_1 + A_2) \log\frac{\omega - \omega_2}{\omega - \omega_3} + $$
$$+ (A_1 + A_2 + A_3) \log\frac{\omega - \omega_3}{\omega - \omega_4},$$

so daß

$$x = x_0 + A_1\, \varphi_1 + (A_1 + A_2)\, \varphi_2 + (A_1 + A_2 + A_3)\, \varphi_3$$

wird. (Die Bedeutung der Winkel φ_k ist in Abb. 18 erläutert.) Wenn wir die Integrationskonstante x_0 gemäß $x_0 = \sum A_k \alpha_k$ wählen und

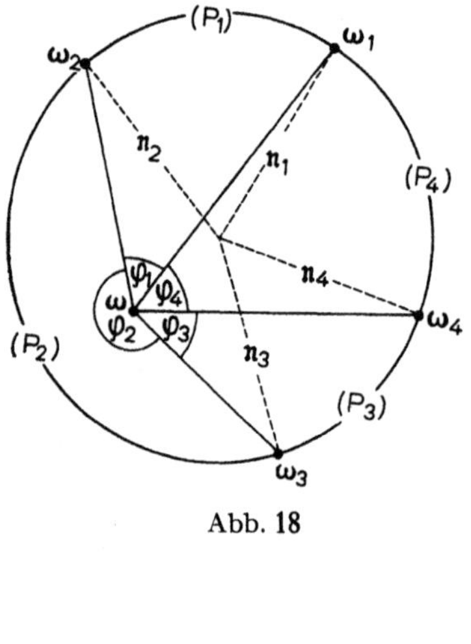

Abb. 18

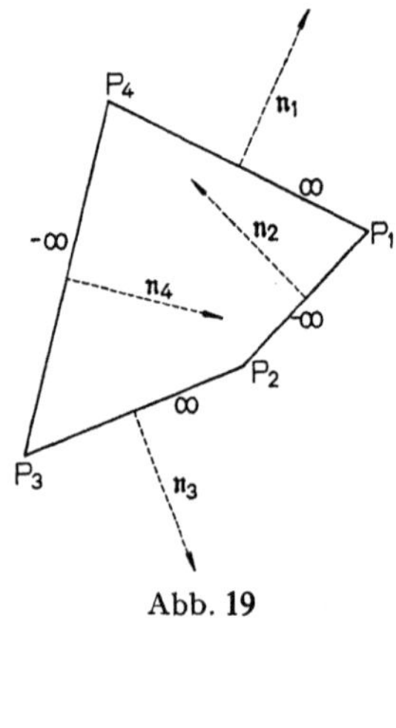

Abb. 19

noch $A_k = \frac{1}{\pi}(x_k - x_{k-1})$ setzen, wo $x_4 = x_0$ zu nehmen ist, und wenn wir hinsichtlich der y-Koordinate entsprechend verfahren und insbes. $B_k = \frac{1}{\pi}(y_k - y_{k-1})$ setzen, so erhalten wir schließlich

$$(101)\quad \begin{aligned} x &= \frac{1}{\pi}\left\{x_1\left[\varphi_1 - \frac{\alpha_2-\alpha_1}{2}\right] + x_2\left[\varphi_2 - \frac{\alpha_3-\alpha_2}{2}\right] + \right. \\ &\quad \left. + x_3\left[\varphi_3 - \frac{\alpha_4-\alpha_3}{2}\right] + x_4\left[\varphi_4 - \frac{2\pi+\alpha_1-\alpha_4}{2}\right]\right\} \\ y &= \frac{1}{\pi}\left\{y_1\left[\varphi_1 - \frac{\alpha_2-\alpha_1}{2}\right] + y_2\left[\varphi_2 - \frac{\alpha_3-\alpha_2}{2}\right] + \right. \\ &\quad \left. + y_3\left[\varphi_3 - \frac{\alpha_4-\alpha_3}{2}\right] + y_4\left[\varphi_4 - \frac{2\pi+\alpha_1-\alpha_4}{2}\right]\right\}. \end{aligned}$$

§ 162. Wir wollen nun die durch die gemäß (101) definierten in P harmonischen und beschränkten Funktionen $x = x(\sigma, \tau)$ und $y = y(\sigma, \tau)$ vermittelte Abbildung genauer untersuchen. Da in P die Bedingungen $\varphi_k - \frac{\alpha_{k+1}-\alpha_k}{2} > 0$ und $\sum_{k=1}^{4}\left(\varphi_k - \frac{\alpha_{k+1}-\alpha_k}{2}\right) = \pi$ erfüllt sind, ist das Bild von P im Inneren der konvexen Hülle der vier Punkte $P_k = (x_k, y_k)$ enthalten. Die Funktionen $x(\sigma, \tau)$, $y(\sigma, \tau)$ sind, abgesehen von den Punkten ω_k, auch auf dem Rande von P stetig. Auf dem Teilbogen $\widehat{\omega_1\omega_2}$ gilt dabei z. B. $\varphi_1 = \pi + \frac{\alpha_2-\alpha_1}{2}$ und $\varphi_k = \frac{\alpha_{k+1}-\alpha_k}{2}$ $(k = 2, 3, 4)$. Dieser ganze Bogen wird folglich auf den Punkt P_1 abgebildet. Entsprechendes gilt von den anderen Teilbögen $\widehat{\omega_k\omega_{k+1}}$. Das Verhalten von $x(\sigma, \tau)$, $y(\sigma, \tau)$ in den Punkten ω_k hängt von der Annäherungsrichtung ab. Auf einem Kreis durch die Punkte ω_1 und ω_2 ist der Winkel φ_1 konstant, etwa $\varphi_1 = \frac{\alpha_2-\alpha_1}{2} + t$, und durch geeignete Wahl des Kreises läßt sich für t jeder zwischen 0 und π gelegene Wert erreichen. Wenn α längs dieses Kreises gegen ω_2 konvergiert, so haben die φ_k die folgenden Grenzwerte φ_k^0:

$$\varphi_1^0 = \frac{\alpha_2-\alpha_1}{2} + t,\ \varphi_3^0 = \frac{\alpha_4-\alpha_3}{2},\ \varphi_4^0 = \frac{2\pi+\alpha_1-\alpha_4}{2}$$

und, wegen $\varphi_1 + \varphi_2 + \varphi_3 + \varphi_4 = 2\pi$,

$$\varphi_2^0 = \frac{\alpha_3-\alpha_2}{2} + \pi - t.$$

Als Grenzwerte x^0, y^0 für x und y ergeben sich daher

$$x^0 = \frac{1}{\pi}\{x_1 t + (\pi - t)\, x_2\},\quad y^0 = \frac{1}{\pi}\{y_1 t + (\pi - t)\, y_2\}.$$

Bei geeigneter Annäherung an die Punkte ω_k erhält man also alle Punkte der Geraden $P_{k-1} P_k$ als Grenzwerte ($P_0 = P_4$). Wegen $(x_k - x_{k-1}) \times \times \cos\alpha_k + (y_k - y_{k-1}) \sin\alpha_k = \pi A_k \cos\alpha_k + \pi B_k \sin\alpha_k = 0$ ist die Gerade $P_{k-1} P_k$ zur Richtung ω_k orthogonal.

Aus den im Vorangehenden erwähnten Eigenschaften in Verbindung mit der Tatsache, daß in P die Funktionaldeterminante $\frac{\partial(x, y)}{\partial(\sigma, \tau)} = |R(\omega)|^2 (|\omega^4| - 1)$ nicht verschwindet, schließt man nun, daß die Kreisscheibe P durch die Funktionen $x(\sigma, \tau)$ und $y(\sigma, \tau)$ aus (101) in umkehrbar eindeutiger Weise auf das Viereck $P_1 P_2 P_3 P_4$ abgebildet wird. Den Randbögen $\widehat{\omega_k \omega_{k+1}}$ entsprechen dabei bzw. die Eckpunkte P_k, und den Punkten ω_k entsprechen die Seiten $P_{k-1} P_k$. Man kann die Punkte ω_k auch als das durch die wie in Abb. 19 orientierten Normalenvektoren $\mathfrak{n}_k$, welche die Winkel α_k bestimmen, vermittelte „sphärische Bild" unseres Vierecks $P_1 P_2 P_3 P_4$ auffassen. Die Innenwinkel dieses Vierecks sind $\alpha_2 - \alpha_1$, $\alpha_3 - \alpha_2$, $\alpha_4 - \alpha_3$, $\alpha_5 - \alpha_4$. Wenn $\alpha_2 + \alpha_4 = \alpha_1 + \alpha_3 + \pi$ gilt, dann ist die Summe gegenüberliegender Innenwinkel gleich π, und das Viereck ist dann einem Kreise einbeschrieben (und übrigens konvex).

Für die Länge der Seiten $P_{k-1} P_k$ gilt $|P_{k-1} P_k| = [(x_k - x_{k-1})^2 + (y_k - y_{k-1})^2]^{1/2} = \pi \sqrt{A_k^2 + B_k^2} = \pi |\lambda_k|$. Aus (100) folgt daher die Beziehung

$$(102) \qquad |P_1 P_2| + |P_3 P_4| = |P_2 P_3| + |P_4 P_1|,$$

welche besagt, daß die Summe der Längen der beiden Gegenseitenpaare unseres Vierecks gleich sind. Ein der Bedingung (102) genügendes Viereck hat bekanntlich einen Inkreis, d. h. ist einem Kreise umschrieben. (Im Falle eines nichtkonvexen Vierecks muß man dabei die in der konkaven Ecke zusammenstoßenden Seiten verlängert denken.)

§ 163. Auf Grund der Eineindeutigkeit der Abb. (101) kann man die Koordinate z in (99_3) im Viereck $P_1 P_2 P_3 P_4$ auch als reell-analytische Funktion von x und y – und folglich als Lösung der Minimalflächengleichung – auffassen, obwohl eine explizite Darstellung mit Hilfe elementarer Funktionen nur in speziellen Fällen, wie z. B. bei den Scherkschen Flächen (26) und (27), möglich sein wird. Bei Annäherung an die Seiten $P_2 P_3$ und $P_4 P_1$ geht z nach $+\infty$; bei Annäherung an die Seiten $P_1 P_2$ und $P_3 P_4$ geht z nach $-\infty$. Bei Annäherung an die Eckpunkte besitzt z je nach der Annäherungsrichtung alle Werte zwischen $-\infty$ und $+\infty$ als Grenzwerte. Da die Funktion $z(\sigma, \tau)$ in (99_3) bis auf die Punkte ω_k auch in $\bar{P}$ analytisch ist und da für $\omega = e^{i\alpha}$, $\alpha_k < \alpha < \alpha_{k+1}$ die Beziehung $\frac{dz}{d\alpha} = (-1)^k 4 |R(e^{i\alpha})|$ gilt, wächst z

nämlich beim Durchlaufen der Bögen $\widehat{\omega_2 \omega_3}$ und $\widehat{\omega_4 \omega_1}$ monoton von $-\infty$ bis $+\infty$ und nimmt auf den Bögen $\widehat{\omega_1 \omega_2}$ und $\widehat{\omega_3 \omega_4}$ monoton von $+\infty$ bis $-\infty$ ab.

§ 164. Jedem Viereck $P_1 P_2 P_3 P_4$ ist in der in § 162 und in den Abb. 18, 19 beschriebenen Weise eindeutig ein sphärisches Bild zugeordnet. Umgekehrt existieren zu vorgegebenen Punkten $\omega_k = e^{i\alpha_k}$ $(k = 1, 2, 3, 4;\ \alpha_1 < \alpha_2 < \alpha_3 < \alpha_4 < \alpha_5 \equiv 2\pi + \alpha_1)$ natürlich viele Vierecke, welche gerade diese Punkte als sphärisches Bild haben. Man überzeugt sich hingegen ohne Mühe, daß es unter allen diesen ein (bis auf eine Parallelverschiebung und einen Größenfaktor) eindeutig bestimmtes Viereck $P_1 P_2 P_3 P_4$ gibt, welches die Bedingung (102) erfüllt, d. h. bei welchem die Summen der Längen der Gegenseitenpaare gleich sind.

Auf Grund dieser Eindeutigkeit der Zuordnung gibt uns die im Vorangehenden durchgeführte Konstruktion auch die Möglichkeit, im Innern eines beliebigen der Bedingung (102) genügenden Vierecks $P_1 P_2 P_3 P_4$ eine (i. a. freilich nur parametrisch anschreibbare) Lösung $z = z(x, y)$ der Minimalflächengleichung zu bestimmen, welche bei Annäherung an die Seiten $P_2 P_3$ und $P_4 P_1$ nach $+\infty$ und bei Annäherung an die Seiten $P_1 P_2$ und $P_3 P_4$ nach $-\infty$ geht.

Diese Lösung $z(x, y)$ ist bis auf eine additive Konstante eindeutig bestimmt.

Beweis: Der Beweis ist eine vereinfachte Version des in § 664 notwendigen Beweises, bedient sich allerdings einiger erst später bewiesener Tatsachen. Zu beliebigen positiven Zahlen ε, δ sei $V_{\varepsilon\delta}$ die Menge derjenigen Punkte unseres Vierecks, deren Abstand von den Seiten größer als δ und von den Ecken größer als ε ist; siehe Abb. 20. $z_1(x, y)$ und $z_2(x, y)$ seien zwei Lösungen unseres Problems. Q sei eine beliebige

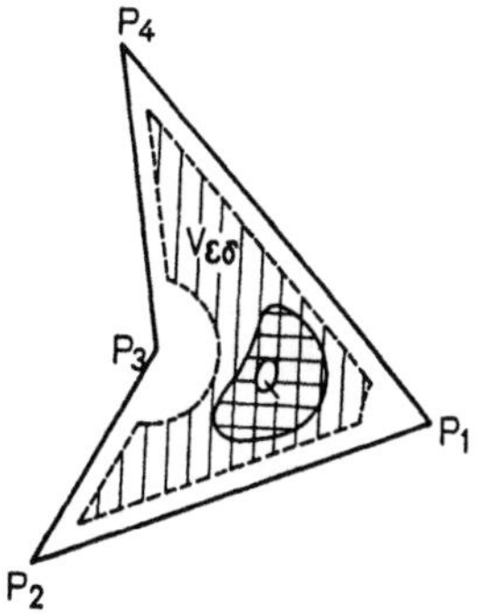

Abb. 20

kompakte Menge im Viereck $P_1P_2P_3P_4$. Es gelte $|z_2(x, y) - z_1(x, y)| < M$ in Q. Ähnlich wie in § 586 führen wir die Abschnittsfunktion $z(x, y) = [z_2(x, y)]_{z_1(x,y)-M}^{z_1(x,y)+M}$ ein. ε und δ seien so klein gewählt, daß Q in $V_{\varepsilon\delta}$ enthalten ist. Da nach §§ 196, 199 fast überall entweder $p = p_1$, $q = q_1$ oder $p = p_2$, $q = q_2$ gilt, finden wir im Hinblick auf § 585 und

$$I \equiv \iint\limits_{Q} \left[(p_2 - p_1)\left(\frac{p_2}{W_2} - \frac{p_1}{W_1}\right) + (q_2 - q_1)\left(\frac{q_2}{W_2} - \frac{q_1}{W_1}\right)\right] dx\,dy$$

$$\leqq \iint\limits_{V_{\varepsilon\delta}} \left[(p - p_1)\left(\frac{p_2}{W_2} - \frac{p_1}{W_1}\right) + (q - q_1)\left(\frac{q_2}{W_2} - \frac{q_1}{W_1}\right) dx\,dy\right]$$

$$= \int\limits_{\partial V_{\varepsilon\delta}} (z - z_1 + M)\left[\left(\frac{p_2}{W_2} - \frac{p_1}{W_1}\right) dy - \left(\frac{q_2}{W_2} - \frac{q_1}{W_1}\right) dx\right].$$

Bei fest gewähltem ε sei $d = d(\varepsilon, \delta)$ eine untere Schranke für den Abstand eines Punktes auf einem geradlinigen Teil des Randes $\partial V_{\varepsilon\delta}$ von den übrigen geradlinigen Teilen dieses Randes. Für hinreichend kleines δ gilt auf den geradlinigen Teilen des Randes von $V_{\varepsilon\delta}$ nach § 601 dann die Ungleichung

$$\left|\left(\frac{p_2}{W_2} - \frac{p_1}{W_1}\right) dy - \left(\frac{q_2}{W_2} - \frac{q_1}{W_1}\right) dx\right| \leqq 3\frac{\delta^2}{d^2} ds.$$

Wegen $0 \leqq z - z_1 + M \leqq 2M$ wird daher

$$I \leqq 2M\left\{4\pi\varepsilon + 3\frac{\delta^2}{d^2}(|P_1P_2| + |P_2P_3| + |P_3P_4| + |P_4P_1|)\right\}.$$

Indem wir erst δ und dann ε nach Null gehen lassen, finden wir $I = 0$. Nach § 585 folgt nun $p_2 = p_1$, $q_2 = q_1$ in Q, d. h. $z_2 = z_1 + \text{const.}$ Da Q beliebig war, ist hiermit alles bewiesen.

§ 165. Wir wollen die Darstellung der Lösung noch in zwei konkreten Beispielen angeben.

1. Im Viereck der Abb. 21, wo $\alpha > 0$, $\beta > 0$, $\alpha + \beta < \pi$ und $\omega_1 = i\,e^{-i\alpha}$, $\omega_2 = i\,e^{i\alpha}$, $\omega_3 = -i\,e^{-i\beta}$, $\omega_4 = -i\,e^{i\beta}$ gilt, erhält man bei richtiger Konstantenwahl

$$x = \frac{2}{\pi\sin(\alpha+\beta)}\,\mathrm{Re}\left\{-\cos\alpha\sin\beta\left[\alpha + \frac{\pi}{2} + i\log\frac{\omega-\omega_2}{\omega-\omega_1}\right] + \right.$$

$$\left. + \cos\beta\sin\alpha\left[\beta + \frac{\pi}{2} + i\log\frac{\omega-\omega_4}{\omega-\omega_3}\right]\right\}$$

$$= \frac{2}{\pi\sin(\alpha+\beta)}\left\{-\cos\alpha\sin\beta\left[\alpha + \frac{\pi}{2} - \varphi_1\right] + \cos\beta\sin\alpha\left[\beta + \frac{\pi}{2} - \varphi_3\right]\right.$$

$$y = \frac{2\sin\alpha\sin\beta}{\pi\sin(\alpha+\beta)}\,\mathrm{Re}\left\{i\log\frac{(\omega-\omega_3)(\omega-\omega_4)}{(\omega-\omega_1)(\omega-\omega_2)}\right\} = \frac{2\sin\alpha\sin\beta}{\pi\sin(\alpha+\beta)}\{\varphi_4-\varphi_2\}$$

$$z = \frac{2}{\pi\sin(\alpha+\beta)}\left\{\sin\beta\log\left|\frac{\omega-\omega_2}{\omega-\omega_1}\right| + \sin\alpha\log\left|\frac{\omega-\omega_4}{\omega-\omega_3}\right|\right\}.$$

Im Falle $\alpha+\beta=\pi/2$ ergibt sich ein dem Einheitskreise einbeschriebenes Viereck $P_1P_2P_3P_4$ in der (x, y)-Ebene als Definitionsgebiet der Minimalfläche $z=z(x, y)$. Für $\alpha=\beta=\pi/4$ reduziert sich diese Fläche insbesondere auf die Scherksche Minimalfläche.

2. Die Eckpunkte des Vierecks $P_1P_2P_3P_4$ der Abb. 22 mit $0<\alpha\leqq\pi/2$ haben die Koordinaten $x_1=x_4=1$, $x_2=x_3=0$; $y_4=-y_1=\frac{1}{2}\tan\frac{\alpha}{2}$, $y_3=-y_2=\frac{1}{2}\cot\frac{\alpha}{2}$. Der Mittelpunkt P_m seines Umkreises hat die Koordinaten $x_m=(1-\cos\alpha-\cos^2\alpha)/2\sin^2\alpha$, $y_m=0$ und liegt für $\alpha\leqq\alpha_0=0{,}9046$ $\left(\text{wo }\cos\alpha_0=\frac{1}{2}(\sqrt{5}-1)\right)$ nicht im Inneren des Vierecks. Hier ergibt sich $\omega_1=1, \omega_2=-e^{-i\alpha}, \omega_3=-1$ $\omega_4=-e^{i\alpha}$ und

$$x = 1+\frac{\alpha}{\pi}+\frac{1}{\pi}\,\mathrm{Re}\left\{i\log\frac{\omega-\omega_4}{\omega-\omega_2}\right\}$$

$$y = \tan\frac{\alpha}{2}+\frac{1}{\pi}\,\mathrm{Re}\left\{i\cot\alpha\log\frac{(\omega-\omega_1)(\omega-\omega_3)}{(\omega-\omega_2)(\omega-\omega_4)} + {}\right.$$
$$\left. {}+\frac{i}{\sin\alpha}\log\frac{\omega-\omega_3}{\omega-\omega_1}\right\}$$

$$z = \frac{1}{\pi}\left\{-\tan\frac{\alpha}{2}\log|\omega-\omega_1| - \cot\frac{\alpha}{2}\log|\omega-\omega_3| + {}\right.$$
$$\left. {}+\frac{1}{\sin\alpha}\log\left(|\omega-\omega_2|\,|\omega-\omega_4|\right)\right\}.$$

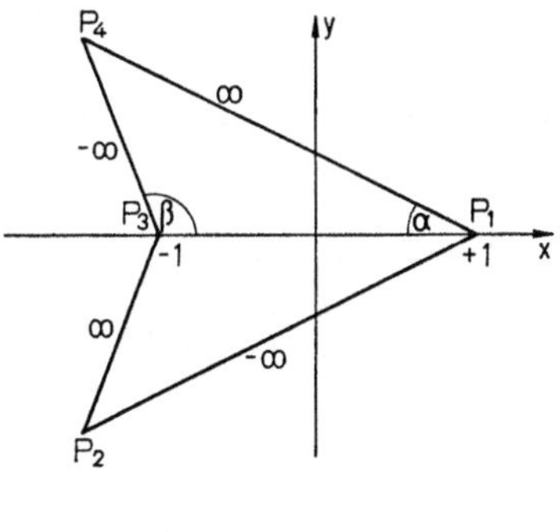

Abb. 21

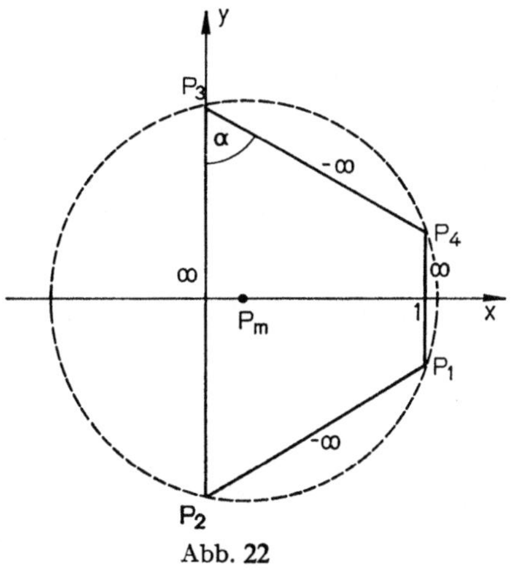

Abb. 22

§ 166. Bis jetzt haben wir uns auf die Betrachtung desjenigen Teiles S unserer Minimalfläche beschränkt, welcher Bild des Kreises $|\omega| < 1$ ist und über dem Viereck $P_1 P_2 P_3 P_4$ eine nicht-parametrische Darstellung $z = z(x, y)$ zuläßt. Die Koordinaten der Fläche sind aber höchstens in den Punkten ω_k singulär und lassen sich insbes. über die Bögen $\widehat{\omega_k \omega_{k+1}}$ fortsetzen. Auf jedem dieser Bögen sind $x(\sigma, \tau)$ und $y(\sigma, \tau)$ konstant, während $z(\sigma, \tau)$ jeden Wert zwischen $-\infty$ und $+\infty$ genau einmal annimmt. Unsere Minimalfläche enthält also ganz die vertikalen, d. h. zur z-Achse parallelen Geraden durch die Punkte P_1, P_2, P_3 und P_4 in der (x, y)-Ebene. Der Fortsetzung der Koordinaten über den Bogen $\widehat{\omega_k \omega_{k+1}}$ entspricht die Spiegelung von S an der vertikalen Geraden durch P_k im Raume. Dem Punkt $\omega = \infty$ entspricht dabei offensichtlich ein regulärer Punkt des gespiegelten Flächenstückes.

Durch fortgesetzte derartige Spiegelungen erhalten wir unsere Minimalfläche $\hat{\mathcal{S}}$ in ihrer Gesamtausdehnung als Bild einer Riemannschen Fläche $\hat{\mathfrak{R}}$, nämlich der universellen Überlagerungsfläche der in den vier Punkten ω_k punktierten vollen komplexen Zahlenebene $\mathfrak{R}$.

Die Minimalfläche $\hat{\mathcal{S}}$ ist vollständig im Sinne des § 54.

Beweis: Es sei $\hat{\mathscr{C}}$ ein halboffener divergierender Weg auf $\hat{\mathfrak{R}}$. Sein Spurweg $\mathscr{C}$ in $\mathfrak{R}$ hat entweder unendliche (Euklidische) Länge, kann dabei aber nicht gegen den Punkt $\omega = \infty$ konvergieren, oder er konvergiert gegen einen der Punkte ω_k. Die nach § 156 durch die Formel $\int_{\hat{\mathscr{C}}} ds = \int_{\mathscr{C}} (1 + |\omega|^2)\, |R(\omega)|\, |d\omega|$ gegebene Länge des Bildes von $\hat{\mathscr{C}}$ auf $\hat{\mathcal{S}}$ muß im Hinblick auf die Bauart (98) der Funktion $R(\omega)$ in beiden Fällen unendlich sein. W. z. b. w. Man sehe dazu auch die Bemerkungen in §§ 678, 679.

§ 167. Da $\hat{\mathfrak{R}}$ einfach zusammenhängend ist, gilt dasselbe definitionsgemäß von $\hat{\mathcal{S}}$. Dieses ist aber i. a. keine echte topologische Aussage im Sinne des § 40. Im allgemeinen wird es schwächere unverzweigte unbegrenzte Überlagerungsflächen der punktierten Ebene $\mathfrak{R}$ geben, auf welchen die Koordinaten x, y, z der Minimalfläche, d. h. auf welchen die Funktionen

$$\operatorname{Re} i \left(A_1 \log \frac{\omega - \omega_1}{\omega - \omega_2} + (A_1 + A_2) \log \frac{\omega - \omega_2}{\omega - \omega_3} + \right.$$
$$\left. + (A_1 + A_2 + A_3) \log \frac{\omega - \omega_3}{\omega - \omega_4} \right)$$

und

$$\operatorname{Re} i \left(B_1 \log \frac{\omega - \omega_1}{\omega - \omega_2} + (B_1 + B_2) \log \frac{\omega - \omega_2}{\omega - \omega_3} + \right.$$
$$\left. + (B_1 + B_2 + B_3) \log \frac{\omega - \omega_3}{\omega - \omega_4} \right),$$

schon eindeutig sind. Es handelt sich dann darum, den topologischen Typ dieser Überlagerungsflächen zu bestimmen.

Wir wollen das am Beispiel der Scherkschen Minimalfläche $z = \log\cos y - \log\cos x$, bei welcher $R(\omega) = -2(\omega^4 - 1)^{-1}$ ist, im einzelnen verfolgen. S ist hier der über dem Quadrat $\left\{x, y;\ |x| < \frac{\pi}{2},\ |y| < \frac{\pi}{2}\right\}$ definierte Teil der Fläche. Eine Spiegelung von S an der vertikalen Geraden durch den Punkt $x = y = \pi/2$ liefert den über dem Quadrat $\left\{x, y;\ |x - \pi| < \frac{\pi}{2},\ |y - \pi| < \frac{\pi}{2}\right\}$ definierten Teil der Fläche, und durch wiederholte geeignete Spiegelungen erhält man die gesamte über allen „weißen Feldern" $\left\{x, y;\ |x - (m + n)\pi| < \frac{\pi}{2},\ |y - (m - n)\pi| < \frac{\pi}{2}\right\}$ eines unendlichen Schachbretts auf der (x, y)-Ebene definierte Scherksche Fläche $\hat{S}_0$.

Die schwächste Überlagerungsfläche $\hat{\mathfrak{R}}_0$ von $\mathfrak{R}$, auf welcher die Koordinaten x, y, z, d. h. im vorliegenden Falle, auf welcher die Funktionen $\mathrm{Re}\left[i \log \frac{\omega + i}{\omega - i}\right]$ und $\mathrm{Re}\left[i \log \frac{\omega + 1}{\omega - 1}\right]$ eindeutig sind, läßt sich aus der universellen Überlagerungsfläche $\hat{\mathfrak{R}}$ dadurch gewinnen, daß man durchgehend Punkte von $\hat{\mathfrak{R}}$, in denen x und y denselben Wert haben (und die natürlich alle denselben Spurpunkt in $\mathfrak{R}$ besitzen), identifiziert. Die Scherksche Minimalfläche $\hat{S}_0$ ist das umkehrbar eindeutige Bild von $\hat{\mathfrak{R}}_0$. So wie $\hat{\mathfrak{R}}$ nun auch die universelle Überlagerungsfläche von $\hat{\mathfrak{R}}_0$ ist, ist $\hat{S}$ die universelle Überlagerungsfläche von $\hat{S}_0$; siehe § 147. Die echten topologischen Eigenschaften der Scherkschen Minimalfläche $\hat{S}_0$ im Sinne des § 40 sind diejenigen der Überlagerungsfläche $\hat{\mathfrak{R}}_0$. Wir behaupten:

Die Überlagerungsfläche $\hat{\mathfrak{R}}_0$, und damit auch die Scherksche Minimalfläche $\hat{S}_0$, ist von unendlichem Geschlecht. (R. Ossermann [12], p. 571.)

Beweis: $\hat{\mathscr{C}}_1$ und $\hat{\mathscr{C}}_2$ seien diejenigen Kurven in $\hat{\mathfrak{R}}_0$, deren Bilder $\hat{\gamma}_1$ und $\hat{\gamma}_2$ auf $\hat{S}_0$ sich auf die in Abb. 23 skizzierten Kurven γ_1 bzw. γ_2 in der (x, y)-Ebene projizieren. $\hat{\mathscr{C}}_1$ und $\hat{\mathscr{C}}_2$ sind einfach geschlossene Kurven, welche genau einen Punkt, nämlich den Urbildpunkt $\hat{P}_4$ des Punktes $(\pi/2, \pi/2, 0)$ von $\hat{S}_0$, gemeinsam haben. Da die Kurve $\hat{\gamma}_2$ in der Umgebung von $(\pi/2, \pi/2, 0)$ von einem Gebiet, in welchem $z < 0$ ist, zu einem Gebiet, in welchem $z > 0$ ist, übergeht, durchsetzen sich die Kurven $\hat{\mathscr{C}}_1$ und $\hat{\mathscr{C}}_2$ im Punkte $\hat{P}_4$. Sie bilden folglich ein paar konjugierter Rückkehrschnitte auf $\hat{\mathfrak{R}}_0$. Die Behauptung folgt nun aus der Tatsache, daß es auf $\hat{\mathfrak{R}}_0$ unendlich viele verschiedene solche Paare konjugierter Rückkehrschnitte gibt.

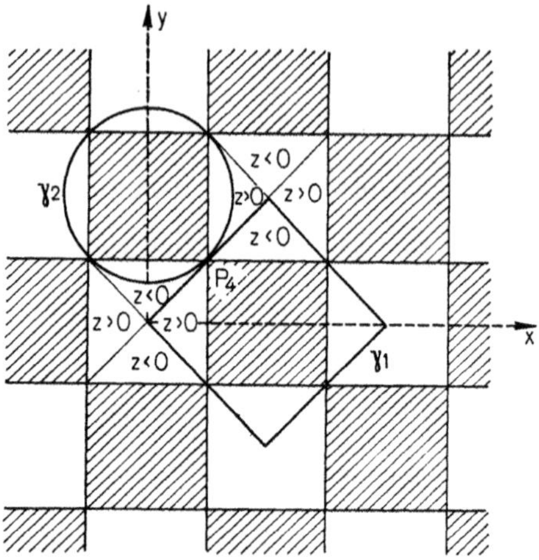

Abb. 23

2.5. Algebraische Minimalflächen

§ 168. Die Formeln (96) eignen sich besonders zum Studium algebraischer Minimalflächen und sind von K. Weierstraß, L. Henneberg, S. Lie u. a. zu diesem Zwecke verwendet worden. Es ist klar, daß einer algebraischen Funktion $\varphi(\omega)$ eine algebraische Minimalfläche entspricht; so z. B. der Funktion $\varphi(\omega) = \frac{1}{6}\omega^3$ die Ennepersche Minimalfläche oder der Funktion $\varphi(\omega) = \frac{1}{6}\omega(\omega^2 + \omega^{-2})$ die Hennebergsche Minimalfläche. Wie schon in § 157 bemerkt, geben die Formeln (96) i. a. nur eine lokale Darstellung. Um zu einer globalen Darstellung zugelangen, müßte man das Parametergebiet zur Riemannschen Fläche der algebraischen Funktion $\varphi(\omega)$ erweitern und u. U. gewisse Singularitäten zulassen.

Die Umkehrung der obigen Bemerkung, nämlich die Aussage, *daß die einer (nicht-ebenen) algebraischen Minimalfläche zugeordnete Funktion $\varphi(\omega)$ algebraisch sein muß*, ist von K. Weierstraß folgendermaßen bewiesen worden. ([I], pp. 48–49; siehe auch S. Lie [I], pp. 133, 137 des 2. Bandes.) Die Komponenten des Ortsvektors einer algebraischen Fläche sind algebraische Funktionen zweier reeller Hilfsveränderlicher, und dasselbe gilt auch von den Komponenten X, Y, Z des Normalenvektors und schließlich auch von den Größen $\sigma = X/(1 - Z)$ und $\tau = Y/(1 - Z)$. Es bestehen also algebraische Relationen zwischen σ, τ und jeder der drei Koordinaten x, y und z. Die letzteren sind aber die Realteile der analytischen Funktionen $f_1(\omega)$, $f_2(\omega)$ und $f_3(\omega)$. Nach dem im nächsten Paragraphen zu beweisenden funktionentheoretischen Hilfssatz müssen $f_1(\omega)$, $f_2(\omega)$ und $f_3(\omega)$ daher selbst algebraische Funktionen ihrer Veränderlichen sein, und dasselbe trifft dann wegen (96′) auch auf $\varphi(\omega)$ zu.

§ 169. *Die Funktion* $w = f(\zeta)$, *wo* $\zeta = \xi + i\eta$ *und* $w = u + iv$ *gesetzt ist, sei in* $|\zeta - \zeta_0| < r$ *analytisch, und es bestehe dort eine reelle algebraische Beziehung* $P(\xi, \eta, u) = 0$. *Dann ist* $f(\zeta)$ *eine algebraische Funktion ihres Argumentes.* (*K. Weierstraß* [*I*], *p.* 48).

Beweis: O. B. d. A. können wir $\zeta_0 = 0$ annehmen. Wir setzen $w = a_0 + a_1\zeta + \cdots$ und $a_k = a_k' + i\,a_k''$ $(k = 0, 1, \ldots)$. Für den Realteil u ergibt sich die gewiß für $|\xi| < \frac{r}{\sqrt{2}}$, $|\eta| < \frac{r}{\sqrt{2}}$ konvergierende Entwicklung $u = a_0' + \frac{1}{2}(a_1' + i\,a_1'')(\xi + i\eta) + \frac{1}{2}(a_1' - i\,a_1'') \times$ $\times (\xi - i\eta) + \cdots = a_0' + a_1'\xi - a_1''\eta + \cdots$. Wenn wir diese in die Polynomgleichung $P(\xi, \eta, u) = 0$ einsetzen und den Ausdruck $P(\xi, \eta, u)$ nach Potenzen von ξ und η umordnen, so müssen die Koeffizienten jedes einzelnen Gliedes der gefundenen Entwicklung verschwinden. Die gewonnene Potenzreihe behält den Wert Null, wenn wir anstelle der reellen Veränderlichen ξ und η komplexe Veränderliche $\hat{\xi}$ und $\hat{\eta}$ einsetzen, solange $|\hat{\xi}| < \frac{r}{\sqrt{2}}$, $|\hat{\eta}| < \frac{r}{\sqrt{2}}$ ist. Für $\hat{\xi} = \frac{1}{2}(\xi + i\eta) =$ $= \frac{1}{2}\zeta, \hat{\eta} = \frac{1}{2i}(\xi + i\eta) = \frac{1}{2i}\zeta$ wird insbesondere $u = a_0' + \frac{1}{2}(w - a_0)$, und $P(\hat{\xi}, \hat{\eta}, u) = 0$ geht in eine algebraische Beziehung zwischen w und ζ über, und diese Beziehung behält in ganz $|\zeta - \zeta_0| < r$ Gültigkeit. W. z. b. w.

§ 170. Der Schnitt einer algebraischen Minimalfläche mit einer Ebene ist eine algebraische Kurve. In gewissen Situationen läßt sich mehr sagen. So gilt z. B. der von L. Henneberg [3], [4] bewiesene Satz:

Die Minimalfläche S enthalte eine nicht-geradlinige ebene (differentialgeometrische) Kurve $\mathscr{C}$ *als geodätische Linie. Wenn S algebraisch ist, so müssen auch die Evolventen von* $\mathscr{C}$ *algebraisch sein, d. h.* $\mathscr{C}$ *muß die Evolute einer algebraischen Kurve sein. Wenn* $\mathscr{C}$ *die Evolute einer transzendenten Kurve ist, so muß S transzendent sein.*

Die Evolventen einer Zykloide oder eines Kreises sind beispielsweise transzendente Kurven. Minimalflächen, welche eine Zykloide oder einen Kreis als geodätische Linie enthalten, müssen daher transzendent sein. Im Falle der Zykloide ergibt sich die Catalansche Fläche aus § 152; im Falle eines Kreises erhalten wir natürlich eine Kettenfläche. Dagegen sind z. B. Neilsche Parabel und Asteroide Evoluten algebraischer Kurven: Die Neilsche Parabel $(z - 2)^3 = 9x^2$ ist Evolute der Parabel $z = -\frac{2}{3} + \frac{3}{16}x^2$; die Asteroide $x^{2/3} + y^{2/3} = (8/3)^{2/3}$ ist Evolute der Kurve $(x^2 + y^2 - 64/9)^3 + 48x^4 = 0$. Der Hennebergsche Satz schließt also nicht aus, daß diese Kurven als geodätische Linien auf algebraischen Minimalflächen erscheinen können. Wie wir aus §§ 154, 179 ersehen, tun sie das tatsächlich.

Zum *Beweise* des Satzes wählen wir das Koordinatensystem so, daß die Kurve $\mathscr{C}$ in die (x, z)-Ebene zu liegen kommt und daß die Flächennormale nicht in die positive z-Richtung weist. In den Punkten von $\mathscr{C}$ gilt dann $Y = 0$, $Z < 1$. Somit wird $\omega = \frac{X + iY}{1 - Z}$ reell. Wir schreiben nun $\varphi(\omega) = \varphi_1(\omega) + i\,\varphi_2(\omega)$, wo $\varphi_1(\omega)$ und $\varphi_2(\omega)$ die analytischen Funktionen sind, welche für reelle Werte von ω reell werden. Für die Koordinaten von $\mathscr{C}$ erhalten wir dann gemäß (96)

$$\begin{aligned} x &= (1 - \sigma^2)\,\varphi_1''(\sigma) + 2\sigma\,\varphi_1'(\sigma) - 2\varphi_1(\sigma) \equiv x_0(\sigma) \\ z &= 2\sigma\,\varphi_1''(\sigma) - 2\varphi_1'(\sigma) \qquad\qquad\qquad\;\; \equiv z_0(\sigma), \end{aligned}$$

und es wird $dx_0 = (1 - \sigma^2)\,\varphi_1'''(\sigma)\,d\sigma$, $dz_0 = 2\sigma\,\varphi_1'''(\sigma)\,d\sigma$. Da die Kurve $\mathscr{C}$ als differentialgeometrisch und nicht-geradlinig vorausgesetzt war und da $\varphi_1'''(\sigma)$ nicht verschwindet, kann σ als Parameter auf $\mathscr{C}$ gewählt werden. Wir setzen nun noch

$$s(\sigma) = (1 + \sigma^2)\,\varphi_1''(\sigma) - 2\sigma\,\varphi_1'(\sigma) + 2\varphi_1(\sigma).$$

Wegen $ds = (1 + \sigma^2)\,\varphi_1'''(\sigma)\,d\sigma$ gilt dann $ds^2 = dx_0^2 + dz_0^2$. Die Funktion $s(\sigma)$ ist also die Bogenlänge auf $\mathscr{C}$. Für eine Evolvente von $\mathscr{C}$ erhalten wir nun

$$\begin{aligned} x_1(\sigma) &= x_0(\sigma) + \frac{dx_0}{ds}[k - s(\sigma)] = \mathrm{x}_0(\sigma) + \frac{1 - \sigma^2}{1 + \sigma^2}[k - s(\sigma)] \\ z_1(\sigma) &= z_0(\sigma) + \frac{dz_0}{ds}[k - s(\sigma)] = z_0(\sigma) + \frac{2\sigma}{1 + \sigma^2}[k - s(\sigma)]. \end{aligned}$$

Wenn nun die Minimalfläche S algebraisch ist, so ist gemäß § 168 $\varphi(\omega)$ eine algebraische Funktion von ω, und $\varphi_1(\sigma)$ muß eine algebraische Funktion von σ sein. Dann sind $x_0(\sigma)$, $z_0(\sigma)$ und $s(\sigma)$ und infolgedessen auch $x_1(\sigma)$ und $x_2(\sigma)$ algebraische Funktionen von σ; d. h. die Evolvente von $\mathscr{C}$ ist eine algebraische Kurve.

Ist dagegen die Evolvente $\mathscr{C}_1$ eine transzendente Kurve, so ist jedenfalls eine der Größen $x_0(\sigma)$, $z_0(\sigma)$, $s(\sigma)$ eine transzendente Funktion von σ. Das ist nur möglich, wenn $\varphi_1(\sigma)$ und daher auch $\varphi(\omega)$ transzendente Funktionen sind, d. h. wenn die Minimalfläche S selbst transzendent ist. W. z. b. w. Man sehe dazu noch L. Henneberg [3] und S. Lie [I], p. 226 des 2. Bandes.

Genauso beweist man den Satz:

Eine Minimalfläche S werde von einem Zylinder berührt. Wenn S algebraisch ist, so muß der Orthogonalschnitt $\mathscr{C}$ des Zylinders die Evolute einer algebraischen Kurve sein. Wenn dagegen $\mathscr{C}$ die Evolute einer transzendenten Kurve ist, so muß S transzendent sein.

§ 171. Die Klasse der in § 154 besprochenen algebraischen Minimalfläche ist fünf. L. Henneberg [4] (siehe auch S. Lie [I], insbes. p. 148 des 2. Bandes) bewies, *daß Fünf überhaupt die kleinste Klassenzahl einer (reellen) nicht-ebenen algebraischen Minimalfläche ist.* Es gibt algebraische Minimalflächen dritter und vierter Klasse; diese sind aber nicht reell. Für ein weiteres Studium algebraischer Minimalflächen, und zwar sowohl reeller als auch komplexer Flächen, verweisen wir den Leser auf die Untersuchungen von G. Darboux [I], pp. 397–489; C. F. Geiser [1], [2]; R. Glaser [1]; E. Goursat [1]; J. Haag [2]; J. Hadamard [1]; R. v. Lilienthal [4]; A. Ribaucour [1]; H. W. Richmond [1], [2]; C. Schilling [1]; R. Sturm [1]; J. Wellstein [1] und besonders auf die großen Arbeiten von S. Lie, welche in den ersten beiden Bänden seiner Gesammelten Abhandlungen [I], insbes. auf pp. 122–266 des 2. Bandes, zusammmengefaßt sind. Hochinteressant ist übrigens auch die Lektüre der Anmerkungen zu diesen Bänden. In einem Brief an F. Engel schrieb Lie ([I], p. 779 der Anmerkungen zum 1. Bande): „In den Jahren 1871–1876 lebte ich nur in Transformationsgruppen und Integrationsproblem. Da aber kein Mensch sich für diese Sachen interessierte, ging ich ein bißchen müde, und wandte mich für einige Zeit zur Geometrie.“ Seine Abhandlungen über Minimalflächen sind dieser Wendung zu verdanken. Lie bestimmt alle Minimalflächen, deren Klasse gleich einer beliebig vorgegebenen Primzahl oder dem Doppelten einer solchen Primzahl ist, befaßt sich mit der Aufgabe der Bestimmung aller algebraischen Minimalflächen einer vorgegebenen Ordnung und diskutiert ganz allgemein die Eigenschaften algebraischer Minimalflächen. Wir beschränken uns hier auf die Erwähnung dreier konkreter Sätze: *Die Summe der Ordnung und Klasse einer (reellen) algebraischen Minimalfläche ist immer größer als* 14. Weiter: *Gibt es (reelle) algebraische Minimalflächen, deren Ordnung niedriger als neun ist, so muß ihre Ordnung gleich sechs und ihre Klasse gleich neun sein.* Und: *Die Ordnung aller (reellen) algebraischen Minimalflächen fünfter Klasse ist* 15. Die in §§ 88–93 besprochene Ennepersche Minimalfläche neunter Ordnung und sechster Klasse gehört zu den bekanntesten unter den algebraischen Minimalflächen.

Die Lieschen Untersuchungen sind mit geringfügigen Ungenauigkeiten behaftet. Wie H. W. Richmond ([2], p. 80) bemerkt, gibt es beispielsweise die von Lie in einer Tabelle (p. 194 im 1. Teil des 2. Bandes) aufgeführten reellen Minimalflächen der Ordnung 12 und Klasse 18 nicht, sondern nur eine Minimalfläche der Ordnung 12, deren Klasse 12 ist.

E. Goursat [1] beschäftigt sich mit der Bestimmung von Flächen, welche alle Symmetrien eines regulären Polyeders besitzen, insbes. mit Minimalflächen dieser Art. Er erhielt für seine Untersuchungen den Grand Prix des Sciences Mathématiques für das Jahr 1886 (siehe C. R. Acad. Sci. Paris **103** (1886), pp. 1302–1304; die Kommissare waren dabei Bertrand, Darboux, Hermite und Jordan). Reelle Minimalflächen mit allen Symmetrien des regulären Tetraeders ergeben sich z. B., wenn man in der Darstellung (95)

$$R(\omega) = \frac{1}{g'(\omega)}\,\Psi_1(g(\omega)) \text{ oder } R(\omega) = \frac{g(\omega)}{g'(\omega)}\,\Psi_2\left(g(\omega) + \frac{1}{g(\omega)}\right)$$

setzt. Dabei ist Ψ_1 irgendeine „reelle" Funktion, d. h. eine analytische Funktion ihres Argumentes mit reellen Koeffizienten, und Ψ_2 ist eine beliebige analytische Funktion. Wenn man für Ψ_2 eine reelle Funktion wählt, so wird die zugehörige Minimalfläche eine Doppelfläche; siehe § 158. $g(\omega)$ ist die Funktion

$$g(\omega) = \left[\frac{1}{\omega}\,\frac{2\sqrt{2}\,\omega^3 - 1}{2\sqrt{2} + \omega^3}\right]^3$$

mit der Eigenschaft $g(-1/\omega) = 1/g(\omega)$. Für $\Psi_2 = -6\sqrt{2}$, d. h.

$$R(\omega) = -6\sqrt{2}\,\frac{g(\omega)}{g'(\omega)} = \frac{\omega(2\sqrt{2}\,\omega^3 - 1)(2\sqrt{2} + \omega^3)}{\omega^6 - 5\sqrt{2}\,\omega^3 - 1},$$

erhält man so eine algebraische Minimaldoppelfläche der Ordnung 135 und der Klasse 13. Es ist dies übrigens die einzige Minimalfläche 13. Klasse mit den Symmetrien des regulären Tetraeders.

2.6. Spezielle Minimalflächen IV. Minimalflächen mit ebenen Krümmungslinien

§ 172. Durch Einsetzen der am Ende von § 156 niedergelegten Beziehungen geht die Differentialgleichung der Krümmungslinien $(ME - LF)\times$ $\times\, d\sigma^2 + (NE - LG)\, d\sigma\, d\tau + (NF - MG)\, d\tau^2 = 0$ in $\operatorname{Im}(R(\omega)\, d\omega^2) =$ $= 2\operatorname{Re}\left(\sqrt{R(\omega)}\, d\omega\right)\operatorname{Im}\left(\sqrt{R(\omega)}\, d\omega\right) = 0$ über. Die Krümmungslinien einer vermöge der Formeln (95) dargestellten Minimalfläche sind also durch die Gleichungen

$$\text{(103)}\qquad \operatorname{Re}\left\{\int_{\omega_0}^{\omega} \sqrt{R(\omega')}\, d\omega'\right\} = \text{const}, \quad \operatorname{Im}\left\{\int_{\omega_0}^{\omega} \sqrt{R(\omega')}\, d\omega'\right\} = \text{const}$$

gegeben. Ähnlich findet man die Gleichungen der Asymptotenlinien in der Form

$$\text{(104)}\quad \operatorname{Re}\left\{\int_{\omega_0}^{\omega} \sqrt{i\,R(\omega')}\, d\omega'\right\} = \text{const}, \quad \operatorname{Im}\left\{\int_{\omega_0}^{\omega} \sqrt{i\,R(\omega')}\, d\omega'\right\} = \text{const}.$$

Nach §§ 60, 61 sind die durch $U + i\,V = \int_{\omega_0}^{\omega} \sqrt{R(\omega')}\, d\omega'$ lokal definierten Krümmungslinienparameter $U = U(\sigma, \tau)$ und $V = V(\sigma, \tau)$ gleichzeitig isotherme Parameter auf der Minimalfläche. Daß die Krümmungslinien Isothermen sind, sprach zuerst O. Bonnet [3] aus. Daß sich sowohl die Krümmungslinien als auch die Asymptotenlinien auf einer Minimalfläche überhaupt durch Quadraturen bestimmen lassen, fand M. Roberts [1]; siehe auch O. Bonnet [7], p. 228.

§ 173. Die Formeln (103) sind zur Untersuchung von Minimalflächen mit ebenen Krümmungslinien geeignet. Wir betrachten zunächst eine Minimalfläche S (genauer – und für die nachfolgenden Betrachtungen ausreichend – ein hinreichend kleines von Nabelpunkten freies und durch die Formeln (95) dargestelltes Stück dieser Fläche), bei welcher alle Krümmungslinien der einen Schar ebene Kurven sind. Nach dem am Anfang von § 151 Bemerkten haben diese Krümmungslinien Kreise auf der Zahlenkugel als sphärische Bilder. Die sphärischen Bilder der Krümmungslinien der anderen Schar sind dem vorigen Paragraphen und § 68 zufolge die orthogonalen Trajektorien dieser Kreise und daher, wie man in der Differentialgeometrie beweist, selbst Kreise. Da längs einer Krümmungslinie die Differentiale $d\mathfrak{x}$ und $d\mathfrak{X}$ proportional sind, schließt man daraus, daß die Krümmungslinien der anderen Schar gleichfalls ebene Kurven sein müssen. Falls S eine Ebene ist, ist das von vornherein klar. Wir haben damit den Satz:

Wenn auf einer Minimalfläche die Krümmungslinien der einen Schar ebene Kurven sind, so müssen auch die Krümmungslinien der anderen Schar ebene Kurven sein.

§ 174. Diese Aussage folgt auch aus dem auf A. Enneper zurückgehenden Satz ([6], p. 119):

In einem von einem Nabelpunkte verschiedenen Punkt einer Minimalfläche seien $\varkappa_1$, $\varkappa_2$ und σ_1, σ_2 die Krümmungen bzw. Windungen der beiden durch diesen Punkt verlaufenden Krümmungslinien. Dann gilt $\sigma_1 \varkappa_1^2 = \sigma_2 \varkappa_2^2$.

Beweis: Nach der Bemerkung am Ende von § 172 können wir die Umgebung des fraglichen Punktes auf isotherme Krümmungslinienparameter u, v beziehen. Es gilt dann $E = G$, $F = M = 0$ und (wegen $H = 0$) $L = -N$. Aus dem Mainardi-Codazzischen Gl. (13) folgt weiterhin, daß L eine (von Null verschiedene) Konstante sein muß. Eine einfache Rechnung zeigt nun, daß

$$\sigma_1 \varkappa_1^2 = \frac{(\mathfrak{x}_u, \mathfrak{x}_{uu}, \mathfrak{x}_{uuu})}{(\mathfrak{x}_u^2)^3} = \frac{L}{4}\left(2E_{uv} - \frac{E_u E_v}{E}\right) = \frac{(\mathfrak{x}_v, \mathfrak{x}_{vv}, \mathfrak{x}_{vvv})}{(\mathfrak{x}_v^2)^3} = \sigma_2 \varkappa_2^2$$

ist. W. z. b. w.

§ 175. Die Gesamtheit der orthogonalen Kreissysteme auf der Kugel ist bekannt; sie entsteht als Schnitt der Kugel mit zwei Ebenenbüscheln, deren Achsen reziproke Polaren bezüglich der Kugel sind. In einem geeigneten Koordinatensystem handelt es sich daher entweder um die Ebenenbüschel $x\cos\lambda - (z-a)\sin\lambda = 0$ und $y\cos\mu - \left(z - \frac{1}{a}\right)\sin\mu = 0$ mit den Parametern λ und $\mu \left(0 \leqq \lambda < \pi, |\tan\mu| < \frac{a}{\sqrt{1-a^2}}\right)$, wobei a eine Zahl im Intervalle $0 < a \leqq 1$ ist, oder (im Grenzfalle $a = 0$) um die Ebenenbüschel $x\cos\lambda - z\sin\lambda = 0$ und $y = \mu$, bzw. bei geeigneter Lage der Kugel $x\cos\lambda - y\sin\lambda = 0$ und $z = \mu$. Wir wollen die Fälle $a = 1$, $a = 0$ und $0 < a < 1$ getrennt diskutieren.

Im Falle $a = 1$ sind die achsenparallelen Geraden $\sigma = \text{const}$ und $\tau = \text{const}$ in der ω-Ebene die sphärischen Bilder der Krümmungslinien. Da sich diese zufolge § 172 in der Form $\operatorname{Re}\left(\sqrt{R(\omega)}\,d\omega\right) = 0$ und $\operatorname{Im}\left(\sqrt{R(\omega)}\,d\omega\right) = 0$ schreiben lassen, muß die Funktion $R(\omega)$ gleich einer reellen Konstanten sein. Der Wert dieser Konstanten beeinflußt lediglich die Größenverhältnisse der Fläche. Für $R(\omega) = 1$ erhalten wir die Ennepersche Fläche (48):

$$x = x(\sigma,\tau) = \sigma + \sigma\tau^2 - \tfrac{1}{3}\sigma^3, \qquad y = y(\sigma,\tau) = -\tau - \sigma^2\tau + \tfrac{1}{3}\tau^3,$$
$$z = z(\sigma,\tau) = \sigma^2 - \tau^2.$$

Aus den für $\sigma = \sigma_0 = \text{const}$ bzw. $\tau = \tau_0 = \text{const}$ sich ergebenden Beziehungen

$$x(\sigma_0,\tau) + \sigma_0\, z(\sigma_0,\tau) - \sigma_0 - \tfrac{2}{3}\sigma_0^3 = 0$$

und

$$y(\sigma,\tau_0) + \tau_0\, z(\sigma,\tau_0) + \tau_0 + \tfrac{2}{3}\tau_0^3 = 0$$

erkennt man direkt, daß die beiden Scharen von Krümmungslinien tatsächlich aus ebenen Kurven bestehen.

Im Falle $a = 0$ sind die Ursprungsgeraden $\sigma\cos\lambda - \tau\sin\lambda = 0$ und die konzentrischen Kreise $\sigma^2 + \tau^2 = \text{const}$ in der ω-Ebene die sphärischen Bilder der Krümmungslinien. Da sich diese wiederum in der Form $\operatorname{Re}\left(\sqrt{R(\omega)}\,d\omega\right) = 0$ und $\operatorname{Im}\left(\sqrt{R(\omega)}\,d\omega\right) = 0$ schreiben lassen müssen, schließen wir diesmal, daß die Funktion $R(\omega)$ gleich $\varkappa/\omega^2$ sein muß, wobei $\varkappa \neq 0$ eine reelle Konstante bedeutet. Nach § 157 ist die zugehörige Fläche eine Kettenfläche. Auch im Falle einer Kettenfläche ist es von vornherein klar, daß die Krümmungslinien eben sind.

Im Falle $0 < a < 1$ erweist es sich als vorteilhaft, die Ebenenbüschel in der Form

$$x\sqrt{1-a^2}\cos\lambda - (z-a)\sin\lambda = 0$$

und

$$y\sqrt{1-a^2}\operatorname{Cof}\mu - a\left(z - \frac{1}{a}\right)\operatorname{Sin}\mu = 0$$

anzusetzen, wo λ in einem Teilintervall von $0 \leqq \lambda < \pi$ und μ in einem Teilintervall von $-\infty < \mu < \infty$ variieren. Wir können dann natürlich λ und μ als Krümmungslinienparameter auf der Fläche wählen. Die Gleichungen $X\sqrt{1-a^2}\cos\lambda - (Z-a)\sin\lambda = 0$, $Y\sqrt{1-a^2}\,\mathfrak{Cof}\,\mu - (aZ-1)\,\mathfrak{Sin}\,\mu = 0$ und $X^2+Y^2+Z^2 = 1$ für die Komponenten des Normalenvektors $\mathfrak{X}$ werden durch

$$X = \pm\frac{\sqrt{1-a^2}\sin\lambda}{\mathfrak{Cof}\,\mu \pm a\cos\lambda}, \quad Y = -\frac{\sqrt{1-a^2}\,\mathfrak{Sin}\,\mu}{\mathfrak{Cof}\,\mu \pm a\cos\lambda},$$

$$Z = \frac{a\,\mathfrak{Cof}\,\mu \pm \cos\lambda}{\mathfrak{Cof}\,\mu \pm a\cos\lambda}$$

aufgelöst, und man berechnet, daß

$$d\mathfrak{X}^2 = (1-a^2)(\mathfrak{Cof}\,\mu \pm a\cos\lambda)^{-2}(d\lambda^2 + d\mu^2)$$

gilt. Aus dieser Beziehung und (9) folgt, daß λ und μ zugleich isotherme Parameter auf der Fläche sind, so daß neben $F = M = 0$ auch $E = G$ und (wegen $H = 0$) $N = -L$ gilt. Die Weingartenschen Formeln (8) vereinfachen sich dann zu

$$\mathfrak{X}_\lambda = \frac{N}{E}\mathfrak{x}_\lambda, \quad \mathfrak{X}_\mu = -\frac{N}{E}\mathfrak{x}_\mu,$$

und aus den Mainardi-Codazzischen Gl. (13) schließt man, wie schon in § 174, daß N eine (von Null verschiedene) Konstante sein muß; wir setzen $N = b$. Nunmehr ergibt sich

$$(1-a^2)(\mathfrak{Cof}\,\mu \pm a\cos\lambda)^{-2} = \mathfrak{X}_\lambda^2 = \frac{N^2}{E^2}\mathfrak{x}_\lambda^2 = \frac{b^2}{E},$$

also

$$\mathfrak{x}_\lambda = \frac{b}{1-a^2}(\mathfrak{Cof}\,\mu \pm a\cos\lambda)^2\,\mathfrak{X}_\lambda)\,\mathfrak{x}_\mu = \frac{-b}{1-a^2}(\mathfrak{Cof}\,\mu \pm a\cos\lambda)^2\,\mathfrak{X}_\mu,$$

d. h.

$$\mathfrak{x}_\lambda = \frac{b}{\sqrt{1-a^2}}\{a \pm \cos\lambda\,\mathfrak{Cof}\,\mu,\ \mp a\sin\lambda\,\mathfrak{Sin}\,\mu,\ \mp\sqrt{1-a^2}\sin\lambda\,\mathfrak{Cof}\,\mu\}$$

$$\mathfrak{x}_\mu = \frac{b}{\sqrt{1-a^2}}\{\pm\sin\lambda\,\mathfrak{Sin}\,\mu,\ 1 \pm a\cos\lambda\,\mathfrak{Cof}\,\mu,\ \pm\sqrt{1-a^2}\cos\lambda\,\mathfrak{Sin}\,\mu\}.$$

Nach einer Integration und Verfügen über die auftretenden Integrationskonstanten wird schließlich

$$\mathfrak{x}(\lambda,\mu) = \frac{b}{\sqrt{1-a^2}}\{a\lambda \pm \sin\lambda\,\mathfrak{Cof}\,\mu,\ \mu \pm a\cos\lambda\,\mathfrak{Sin}\,\mu,$$

$$\pm\sqrt{1-a^2}\cos\lambda\,\mathfrak{Cof}\,\mu\}.$$

Für $a = 0$ reduziert sich diese Fläche übrigens auf die Kettenfläche $\sqrt{x^2 + z^2} = |b| \operatorname{Cof} \frac{y}{b}$. Wir haben damit den Satz gewonnen:

Die Gesamtheit der nicht-ebenen Minimalflächen mit ebenen Krümmungslinien besteht – nach einer Bewegung und einer Streckung – aus der Enneperschen Fläche (48), *der Kettenfläche* $\sqrt{x^2 + y^2} = \operatorname{Cof} z$ *und (für* $0 < a < 1$*) der Flächenschar*

$$S_a = \left\{ \begin{aligned} x &= \frac{a\lambda \pm \sin\lambda \operatorname{Cof}\mu}{\sqrt{1-a^2}} \\ y &= \frac{\mu \pm a\cos\lambda \operatorname{Sin}\mu}{\sqrt{1-a^2}}\,; \quad -\infty < \lambda, \mu < \infty \\ z &= \pm \cos\lambda \operatorname{Cof}\mu . \end{aligned} \right\} \tag{105}$$

Die Flächenschar (105) ist 1855 von O. Bonnet gefunden worden; siehe [5] und [7], pp. 238–244; auch A. Enneper [1], pp. 111–125 und [6], pp. 40–47. Daß auch die Ennepersche Minimalfläche (48) ebene Krümmungslinien besitzt, war Bonnet entgangen.

2.7. Assoziierte Minimalflächen

§ 176. Ersetzt man in der Darstellung (82) den Vektor $\mathfrak{F}(\gamma)$ durch $e^{i\lambda}\mathfrak{F}(\gamma)$ (oder in der Darstellung (94) die Funktionen $\Phi(\gamma)$ und $\Psi(\gamma)$ durch $e^{i\frac{\lambda}{2}}\Phi(\gamma)$ bzw. $e^{i\frac{\lambda}{2}}\Psi(\gamma)$ oder in der Darstellung (95) die Funktion $R(\omega)$ durch $e^{i\lambda} R(\omega)$), wo λ ein reeller Parameter ist, so erhält man eine einparametrische Schar von Minimalflächen $S_\lambda = \{\mathfrak{x} = \mathfrak{x}(\alpha, \beta; \lambda); \gamma \in \Pi\}$, welche alle in entsprechenden Punkten, d. h. Bildpunkten desselben Punktes von Π, dasselbe Bogenelement haben und daher analytische Verbiegungen voneinander sind; siehe § 58. Irgend zwei Minimalflächen der Schar heißen zueinander assoziiert. Zwei Flächen, deren Scharparameter sich um den Wert $\pi/2$ unterscheiden, werden dabei nach O. Bonnet [1], [2], welcher sich mit diesen Verbiegungen zuerst beschäftigt hat, zueinander adjungiert genannt. Wie man aus § 58 ersieht, bilden z. B. Kettenfläche und Wendelfläche bei geeigneter Konstantenwahl ein Paar adjungierter Minimalflächen.

§ 177. Nach H. A. Schwarz gilt auch die folgende Umkehrung ([I], p. 175 des 1. Bandes):

Jede zu einer einfach zusammenhängenden offenen Minimalfläche S isometrische ebensolche Minimalfläche S′ ist einer zu S assoziierten Minimalfläche kongruent, d. h. durch eine Bewegung oder Umlegung in diese überführbar.

Beweis: Falls S eben ist, muß auch S' eben sein. Wir nehmen daher jetzt an, daß S keine Ebene ist. Die Fläche S möge in der Darstellung (94) vorliegen: $S = \{\mathfrak{x} = \mathfrak{x}(\alpha, \beta);\ \gamma \in \Pi\}$. $\mathfrak{x}(\alpha_0, \beta_0)$ sei ein von einem Nabelpunkt verschiedener Punkt von S. Da eine Drehung der Fläche S dieselbe Drehung der zu ihr assoziierten Flächen zur Folge hat, dürfen wir annehmen, daß die Normale im Punkte $\mathfrak{x}(\alpha_0, \beta_0)$ die Richtung der negativen z-Achse hat. Durch eine Bewegung oder Umlegung der Fläche S' läßt es sich erreichen, daß die sphärischen Bilder des Punktes γ_0 von S und des diesem unter der Isometrie entsprechenden Punktes von S' zusammenfallen. Die Fläche S' sei in der neuen Lage nun auch in der Form (94) dargestellt: $S' = \{\mathfrak{x} = \mathfrak{x}'(\alpha', \beta');\ \gamma' \in \Pi'\}$. Die isometrische Abbildung wird durch eine zulässige Parametertransformation $\alpha' = \alpha'(\alpha, \beta)$, $\beta' = \beta'(\alpha, \beta)$ vermittelt. Auf Grund der aus der Isometrie folgenden Konformalität der Abbildung müssen die Normalgebiete Π und Π' vom gleichen konformen Typ sein. Nach einer geeigneten linearen Transformation der γ'-Ebene, die uns noch zur Verfügung steht, muß dann $\gamma' = \gamma$ gelten, und wir können beide Flächen auf dieselben Parameter α und β beziehen. Wir setzen $\omega = \Psi(\gamma)/\Phi(\gamma)$ und $\omega' = \Psi'(\gamma)/\Phi'(\gamma)$. (Die Striche bedeuten hier ausnahmsweise keine Ableitungen.) Die zusammengesetzte Abbildung $\omega \to \omega'$ ist in einer hinreichend kleinen Umgebung Q des Punktes $\omega_0 = \Psi(\gamma_0)/\Phi(\gamma_0) = 0$ der ω-Ebene eineindeutig und konform. Es gilt nun $ds = ds'$, d. h. $|\Phi|^2 + |\Psi|^2 = |\Phi'|^2 + |\Psi'|^2$ oder $|\Phi|^2(1 + |\omega|^2) = |\Phi'|^2(1 + |\omega'|^2)$ und wegen der Invarianz der Gaußschen Krümmung bei isometrischen Abbildungen auch $K = K'$, so daß $\left|\frac{\partial\omega'}{\partial\omega}\right| = (1 + |\omega'|^2)/(1 + |\omega|^2)$ ist. Die einzige der Bedingung $\omega'(0) = 0$ genügende Lösung $\omega' = \omega'(\omega)$ dieser Differentialgleichung ist aber $\omega' = e^{i\mu}\omega$ (μ eine reelle Konstante) oder, wenn wir die Fläche S' noch einer der am Ende von § 155 beschriebenen Drehungen um die z-Achse unterwerfen, $\omega' = \omega$. Aus den obigen Gleichungen folgen nunmehr die in einer Umgebung des Punktes γ_0 gültigen Beziehungen $|\Phi'(\gamma)| = |\Phi(\gamma)|$, $|\Psi'(\gamma)| = |\Psi(\gamma)|$ und $\Psi'(\gamma)/\Phi'(\gamma) = \Psi(\gamma)/\Phi(\gamma)$. Aus diesen und aus der Analytizität der betrachteten Funktionen schließt man, daß überall in Π $\Phi'(\gamma) = e^{i\frac{\lambda}{2}}\Phi(\gamma)$, $\Psi'(\gamma) = e^{i\frac{\lambda}{2}}\Psi(\gamma)$ (λ eine reelle Konstante) gilt. Das war zu beweisen.

§ 178. Aus

$$\mathfrak{x}(\alpha, \beta; \lambda) = \mathfrak{x}_0 + \operatorname{Re}\left\{e^{i\lambda}\int_0^\gamma \mathfrak{F}(\gamma)\, d\gamma\right\} = \mathfrak{x}_0 + \cos\lambda\,(\mathfrak{x}(\alpha, \beta; 0) - \mathfrak{x}_0) + \\ + \sin\lambda\left(\mathfrak{x}\left(\alpha, \beta; \frac{\pi}{2}\right) - \mathfrak{x}_0\right)$$

ersieht man, daß die einzelnen Punkte assoziierter Minimalflächen bei dem durch Variieren von λ erzeugten Biegungsvorgang Ellipsen beschreiben, welche den Punkt $\mathfrak{x}_0$ als Mittelpunkt und die Vektoren $\mathfrak{x}(\alpha,\beta;0) - \mathfrak{x}_0$ und $\mathfrak{x}(\alpha,\beta;\pi/2) - \mathfrak{x}_0$ als konjugierte Durchmesser besitzen. Eine genaue Untersuchung dieser Ellipsen findet man bei J. K. Whittemore [4].

Die Normalen in entsprechenden Punkten assoziierter Minimalflächen sind parallel. Aus der leicht zu bestätigenden Beziehung

$$d\mathfrak{x}(\alpha,\beta;\lambda_1)\cdot d\mathfrak{x}(\alpha,\beta;\lambda_2) = \cos(\lambda_2-\lambda_1)\,|d\mathfrak{x}(\alpha,\beta;\lambda_1)|\,|d\mathfrak{x}(\alpha,\beta;\lambda_2)|$$

folgt weiterhin, daß entsprechende Linienelemente in entsprechenden Punkten zweier zueinander assoziierter Flächen einen konstanten Winkel miteinander bilden, dessen Wert die Differenz der Scharparameter beträgt.

Es seien U_1, V_1 und U_2, V_2 die in § 172 definierten Krümmungslinienparameter zweier assoziierter Flächen S_{λ_1} und S_{λ_2}. Dann gilt

$$\begin{aligned} U_2 &= \operatorname{Re}\left\{\int_{\omega_0}^{\omega}\sqrt{e^{i\lambda_2}R(\omega)}\,d\omega\right\} = \operatorname{Re}\left\{e^{i\frac{\lambda_2-\lambda_1}{2}}\int_{\omega_0}^{\omega}\sqrt{e^{i\lambda_2}R(\omega)}\,d\omega\right\} \\ &= U_1\cos\frac{\lambda_2-\lambda_1}{2} - V_1\sin\frac{\lambda_2-\lambda_1}{2} \end{aligned}$$

und entsprechend $V_2 = U_1\sin\frac{\lambda_2-\lambda_1}{2} + V_1\cos\frac{\lambda_2-\lambda_1}{2}$. Auf Grund der Konformalität der Abbildungen $S \leftrightarrow (\sigma,\tau) \leftrightarrow (U, V)$ folgt daraus, daß die (in einem von Nabelpunkten freien Gebiet verlaufenden) Krümmungslinien der beiden Flächen S_{λ_1} und S_{λ_2} sich unter konstantem Winkel schneiden. Daraus – oder einfacher direkt aus (103) und (104) – schließt man auch, daß beim Übergang von einer Minimalfläche zu ihrer Adjungierten das Netz der Krümmungslinien (bzw. der Asymptotenlinien) der ersten in das Netz der Asymptotenlinien (bzw. der Krümmungslinien) der zweiten übergeht. Am Beispiel des Paares Kettenfläche - Wendelfläche, bei welchem der Übergang durch die allgemeinen Schraubenflächen führt, kann man die Einzelheiten der Abwicklung gut verfolgen; siehe § 58.

§ 179. Die zur Hennebergschen Minimalfläche (92) adjungierte Minimalfläche ergibt sich nach § 157, indem man in der Darstellung (95) $R(\omega) = -i(1-\omega^{-4})$ setzt. Man erhält dann die von L. Henneberg [1], [2] und A. Herzog [1] untersuchte algebraische Fläche

$$(106)\qquad \begin{cases} x = 2\operatorname{Cos}\alpha\sin\beta - \frac{2}{3}\operatorname{Cos}3\alpha\sin3\beta \\ y = 2\operatorname{Cos}\alpha\cos\beta + \frac{2}{3}\operatorname{Cos}3\alpha\cos3\beta \\ z = 2\operatorname{Sin}2\alpha\sin2\beta. \end{cases}$$

Für $\alpha = 0$ ergibt sich

$$\begin{cases} x = 2\sin\beta - \frac{2}{3}\sin 3\beta = \frac{8}{3}\sin^3\beta \\ y = 2\cos\beta + \frac{2}{3}\cos 3\beta = \frac{8}{3}\cos^3\beta \\ z = 0 \end{cases}$$

oder

$$x^{2/3} + y^{2/3} = \left(\frac{8}{3}\right)^{2/3}, \qquad z = 0.$$

Diese auf der Fläche gelegene Asteroide ist zugleich eine geodätische Linie.

§ 180. Die zu einer Minimalfläche S assoziierten Flächen S_λ brauchen der Gestalt nach nicht von S verschieden zu sein. Das sieht man am Beispiel der Enneperschen Minimalfläche (48), wo

$$S_\lambda = \left\{\mathfrak{x} = \mathfrak{x}(\sigma, \tau; \lambda) = \operatorname{Re}\left(e^{i\lambda}\left(\omega - \frac{\omega^3}{3}\right), i\,e^{i\lambda}\left(\omega + \frac{\omega^3}{3}\right), e^{i\lambda}\,\omega^2\right); \quad |\omega| < \infty\right\}$$

ist. Nach einer durch die Formeln $x' = x\cos\frac{\lambda}{2} - y\sin\frac{\lambda}{2}$, $y' = x\sin\frac{\lambda}{2} + y\cos\frac{\lambda}{2}$ gegebenen Drehung des Koordinatensystems um die z-Achse ergibt sich die Darstellung von S_λ in der Form

$$\{\operatorname{Re}(\omega_\lambda - \tfrac{1}{3}\omega_\lambda^3, i(\omega_\lambda + \tfrac{1}{3}\omega_\lambda^3), \omega_\lambda^2); |\omega_\lambda| < \infty\}.$$

Dabei ist $\omega_\lambda = e^{i\lambda/2}\,\omega$ gesetzt. Die Fläche S_λ wird also aus S durch eine Drehung um die z-Achse erhalten.

Das Beispiel der Enneperschen Fläche

$$S_0 = \{x = u + u v^2 - \tfrac{1}{3}u^3,\ y = -v - u^2 v + \tfrac{1}{3}v^3,\ z = u^2 - v^2; u^2 + v^2 < \infty\}$$

und ihrer Adjungierten

$$S_{\pi/2} = \{x = -v + u^2 v - \tfrac{1}{3}v^3,\ y = -u + u v^2 - \tfrac{1}{3}u^3,\ z = -2uv;\ u^2 + v^2 < \infty\}$$

illustriert auch die Tatsache, daß die Assoziierten eines Minimalflächenstückes ohne Selbstschneidungen durchaus Selbstschneidungen besitzen können. Ein das Segment $\{u = v;\ |u| \leqq \sqrt{3/2}\}$ enthaltendes schmales Gebiet definiert einen Teil von S_0 ohne Selbstschneidungen. Der Ortsvektor von $S_{\pi/2}$ bildet aber die beiden Punkte $(u, v) = \left(-\sqrt{3/2}, -\sqrt{3/2}\right)$ und $(u, v) = \left(\sqrt{3/2}, \sqrt{3/2}\right)$ dieses Gebietes auf denselben Raumpunkt $(0, 0, -3)$ ab.

3. *Konforme Abbildung von Minimalflächen, welche von Jordankurven berandet sind*

§ 181. Eine in einer offenen Menge B der (α, β)-Ebene erklärte stetige Funktion $f(\alpha, \beta)$ heißt dort *subharmonisch*, wenn es zu jedem Punkt (α_0, β_0) von B eine Zahl $\varrho_0 > 0$ gibt, so daß die Kreisscheibe $(\alpha - \alpha_0)^2 + (\beta - \beta_0)^2 < \mu_0^2$ ganz in B liegt und daß für alle $\varrho < \varrho_0$ die Ungleichung

$$(107) \qquad f(\alpha_0, \beta_0) \leqq L(f; \alpha_0, \beta_0; \varrho) \equiv \frac{1}{2\pi} \int_0^{2\pi} f(\alpha_0 + \varrho \cos\vartheta, \beta_0 + \varrho \sin\vartheta)\, d\vartheta$$

erfüllt ist.

Aus der Definition folgt unmittelbar das Maximumprinzip: Eine in B nicht-konstante subharmonische Funktion kann in B kein Maximum annehmen. In anderer Formulierung: Wenn bei Annäherung an jeden Randpunkt von B $\limsup f(\alpha, \beta) \leqq M$ ist, so gilt in jeder Komponente von B entweder $f(\alpha, \beta) < M$ oder $f(\alpha, \beta) \equiv M$.

Für die Subharmonizität einer in B zweimal stetig differenzierbaren Funktion $f(\alpha, \beta)$ ist die Ungleichung $\Delta f \geqq 0$ notwendig und hinreichend. Das folgt einerseits aus der für $\varrho \to 0$ gültigen Beziehung $L(f; \alpha_0, \beta_0; \varrho) = f(\alpha_0, \beta_0) + \frac{1}{4}\varrho^2 \Delta f|_{(\alpha_0, \beta_0)} + o(\varrho^2)$, andererseits aus den Gleichungen $L(f; \alpha_0, \beta_0; 0) = f(\alpha_0, \beta_0)$, $\frac{d}{d\varrho} L(f; \alpha_0, \beta_0; \varrho)|_{\varrho=0} = 0$ und

$$\frac{d}{d\varrho}\left[\varrho \frac{d}{d\varrho} L(f; \alpha_0, \beta_0; \varrho)\right] = \frac{\varrho}{2\pi} \int_0^{2\pi} [\Delta f]_{(\alpha_0 + \varrho\cos\vartheta, \beta_0 + \varrho\sin\vartheta)}\, d\vartheta .$$

Es sei $\bar{Q}$ ein in B enthaltener Jordanbereich und $h(\alpha, \beta) \in C^2(Q) \cap C^0(\bar{Q})$ die in Q harmonische und auf ∂Q mit $f(\alpha, \beta)$ übereinstimmende Funktion. Da mit $f(\alpha, \beta)$ auch die Differenz $f(\alpha, \beta) - h(\alpha, \beta)$ in Q subharmonisch ist, gilt $f(\alpha, \beta) \leqq h(\alpha, \beta)$ in allen Punkten von $\bar{Q}$. Das Erfülltsein dieser Ungleichung für alle in B enthaltenen Jordanbereiche ist eine notwendige und hinreichende Bedingung für den subharmonischen Charakter von $f(\alpha, \beta)$ in B.

§ 182. Es sei bemerkt, daß die Literatur eine etwas allgemeinere Definition der Subharmonizität kennt. Eine in einem Gebiet B der (α, β)-Ebene definierte Funktion $f(\alpha, \beta)$, welche den Wert $-\infty$, aber nicht den Wert ∞ annehmen darf, heißt in B subharmonisch, wenn sie die folgenden Bedingungen erfüllt:

1. $f(\alpha, \beta)$ ist in B nicht identisch gleich $-\infty$.
2. $f(\alpha, \beta)$ ist in B oberhalbstetig, d. h. $\limsup_{(\alpha,\beta)\to(\alpha_0,\beta_0)} f(\alpha, \beta) \leqq f(\alpha_0, \beta_0)$.

(Falls $f(\alpha_0, \beta_0) = -\infty$ ist, bedeutet das natürlich $\lim_{(\alpha,\beta)\to(\alpha_0,\beta_0)} f(\alpha, \beta) = -\infty$.)

3. Für jedes Teilgebiet B' von B und jede in B' harmonische Funktion $h(\alpha,\beta)$ ist die Differenz $f(\alpha,\beta) - h(\alpha,\beta)$ in B' entweder konstant oder besitzt dort kein Maximum.

Man sehe den Bericht [II] von T. Radó, wo sich ausführliche Literaturhinweise finden, und weiter L. V. Ahlfors and L. Sario [I], pp. 135 bis 138.

Wir werden uns auf diese allgemeine Definition in IV.7 und VIII berufen. Für unsere gegenwärtigen Zwecke ist die in § 181 gegebene Definition ausreichend.

§ 183. Der Ortsvektor $\mathfrak{x}(\alpha,\beta)$ einer auf isotherme Parameter α, β bezogenen Minimalfläche genügt den Beziehungen $\mathfrak{x}_\alpha^2 = \mathfrak{x}_\beta^2$, $\mathfrak{x}_\alpha \cdot \mathfrak{x}_\beta = 0$, $\Delta\mathfrak{x} \equiv \mathfrak{x}_{\alpha\alpha} + \mathfrak{x}_{\beta\beta} = 0$. Man nennt seine Komponenten $x(\alpha,\beta)$, $y(\alpha,\beta)$ und $z(\alpha,\beta)$ oft auch ein Tripel konjugiert harmonischer Funktionen. Wenn eine Komponente, etwa $z(\alpha,\beta)$, identisch verschwindet, dann ist $x(\alpha,\beta) + i\,y(\alpha,\beta)$ eine analytische Funktion der komplexen Veränderlichen γ (oder $\bar{\gamma}$) mit nicht-verschwindender Ableitung. Während der Logarithmus des absoluten Betrages einer analytischen Funktion selbst harmonisch ist, so ist, wie wir in § 189 sehen werden, bei einer Minimalfläche der Logarithmus der entsprechenden Funktion $p(\alpha,\beta) = |\mathfrak{x}(\alpha,\beta)|$, oder allgemeiner $p(\alpha,\beta) = |\mathfrak{x}(\alpha,\beta) - \mathfrak{a}|$ lediglich subharmonisch (genauer, zur Klasse *PL* gehörig; siehe § 184). Trotzdem lassen sich weitgehende Analogien entwickeln. Wir wollen jetzt einige für das Folgende nützliche Aussagen beweisen. Sie stellen Verallgemeinerungen von funktionentheoretischen Sätzen dar, welche hauptsächlich mit den Namen P. Koebe, E. Lindelöf und F. und R. Nevanlinna verknüpft sind und besonders von E. F. Beckenbach und T. Radó [1] (siehe auch E. F. Beckenbach [2], [3], [9]; A. F. Monna [1], [2]) zum Studium von Minimalflächen herangezogen worden sind.

§ 184. Eine in einem Gebiete B definierte Funktion $p(\alpha,\beta)$ heißt zur Klasse $PL(B)$ gehörig (d. h. ist positiv mit subharmonischem Logarithmus), wenn sie die folgenden Eigenschaften hat:

1. $p(\alpha,\beta)$ ist in B stetig und nicht negativ.
2. $\log p(\alpha,\beta)$ ist in jedem Punkt der Menge $B' = \{\alpha,\beta;\ (\alpha,\beta)\in B,\ p(\alpha,\beta) > 0\}$ subharmonisch.

§ 185. *Eine zur Klasse $PL(B)$ gehörige Funktion $p(\alpha,\beta)$ ist in B selbst subharmonisch.*

Beweis: In den Nullstellen von $p(\alpha,\beta)$ ist die Ungleichung (107) trivialerweise erfüllt. Es seien jetzt (α_0,β_0) ein Punkt von B' und ϱ eine hinreichend kleine positive Zahl. Mit $q(\alpha,\beta) = \log p(\alpha,\beta)$ gilt dann

$$p(\alpha_0, \beta_0) = e^{q(\alpha_0,\beta_0)} \leqq e^{\frac{1}{2\pi}\int_0^{2\pi} q(\alpha_0+\varrho\cos\vartheta,\beta_0+\varrho\sin\vartheta)d\vartheta} \leqq$$

$$\leqq \frac{1}{2\pi}\int_0^{2\pi} p(\alpha_0 + \varrho\cos\vartheta, \beta_0 + \varrho\sin\vartheta)\, d\vartheta.$$

Dabei haben wir die bekannte Beziehung

$$\frac{1}{2\pi}\int_0^{2\pi} \log g(\vartheta)\, d\vartheta \leqq \log\frac{1}{2\pi}\int_0^{2\pi} g(\vartheta)\, d\vartheta,\ g(\vartheta) > 0$$

benutzt; siehe z. B. F. Riesz [2]. Damit ist die Behauptung bewiesen.

Sowohl das Produkt endlich vieler Funktionen der Klasse PL als auch jede Potenz mit positivem Exponenten einer Funktion der Klasse PL sind wieder Funktionen dieser Klasse.

Die Klasse PL ist unter konformer Abbildung invariant: Wenn das Gebiet B in der (α, β)-Ebene umkehrbar eindeutig und konform auf ein Gebiet C in der (ξ, η)-Ebene abgebildet wird, so transformiert sich jede Funktion $p(\alpha, \beta)$ der Klasse $PL(B)$ in eine Funktion $q(\xi, \eta)$ der Klasse $PL(C)$. Das folgt aus der am Ende von § 181 gemachten Bemerkung.

§ 186. B sei ein Jordangebiet; sein Rand werde durch zwei Punkte γ_1 und γ_2 in zwei offene Bögen b_1 und b_2 unterteilt. Für $k = 1, 2$ bezeichnen wir mit $\omega(\alpha, \beta; b_k, B)$ das harmonische Maß des Bogens b_k, d. h. die eindeutig bestimmte, in B harmonische und beschränkte (genauer, zwischen den Werten Null und Eins gelegene) und in $B \cup b_1 \cup b_2$ stetige Funktion, deren Werte auf dem Bogen b_k gleich Eins und auf dem komplementären Bogen gleich Null sind. Es gilt dann der Satz:

$p(\alpha, \beta)$ sei eine beschränkte Funktion der Klasse $PL(B)$. Bei Annäherung aus B heraus an jeden Punkt von b_k gelte $\limsup p(\alpha, \beta) \leqq \leqq M_k < \infty$ $(k = 1, 2)$. *Dann gilt in ganz B die Ungleichung*

$$p(\alpha, \beta) \leqq M_1^{\omega(\alpha,\beta;b_1,B)}\, M_2^{\omega(\alpha,\beta;b_2,B)}.$$

Beweis: Die zu beweisende Ungleichung kann höchstens in Punkten der Menge $B' = \{\alpha, \beta;\ (\alpha, \beta) \in B,\ p(\alpha, \beta) > 0\}$ verletzt sein. Dort betrachten wir die subharmonische Funktion

$$q(\alpha, \beta) = \log p(\alpha, \beta) - \omega(\alpha, \beta; b_1, B)\log M_1 -$$
$$- \omega(\alpha, \beta; b_2, B)\log M_2 -$$
$$- \varepsilon \log\frac{d^2}{|\gamma - \gamma_1|\,|\gamma - \gamma_2|},\ \gamma = \alpha + i\beta.$$

d bedeutet dabei den Durchmesser von B, und ε ist eine kleine positive Zahl. Wegen der Beschränktheit von $p(\alpha, \beta)$ haben wir $\limsup q(\alpha, \beta) \leqq 0$

bei Annäherung an jeden Randpunkt von B'. Zufolge des Maximumprinzipes aus § 181 gilt daher in allen Punkten von B die Ungleichung

$$p(\alpha,\beta) \leqq M_1^{\omega(\alpha,\beta;b_1,B)} M_2^{\omega(\alpha,\beta;b_2,B)} \left(\frac{d^2}{|\gamma-\gamma_1|\,|\gamma-\gamma_2|}\right)^{\varepsilon}.$$

Die Behauptung folgt nun für $\varepsilon \to 0$.

Wir vermerken noch den folgenden Spezialfall:

$p(\alpha,\beta)$ sei eine beschränkte Funktion der Klasse $PL(B)$ in einem Jordangebiet B. Bei Annäherung aus B heraus an einen offenen Teilbogen des Randes von B gelte $\lim p(\alpha,\beta) = 0$. *Dann verschwindet $p(\alpha,\beta)$ in B identisch.*

§ 187. *$p(\alpha,\beta)$ sei eine beschränkte Funktion der Klasse $PL(B)$ im Halbkreis $B = \{\alpha,\beta;\ \alpha^2+\beta^2<1,\ \beta>0\}$, noch stetig in $B \cup \{\alpha,\beta;\ 0<\alpha<1,\ \beta=0\}$, und es gelte* $\lim\limits_{\alpha\to+0} p(\alpha,0) = 0$. *Bei beliebigem $\eta>0$ konvergiert dann $p(\alpha,\beta)$ gleichmäßig gegen Null, wenn der Punkt (α,β) im Winkelraum $W_\eta = \{\alpha,\beta;\ 0<\varrho<1,\ 0\leqq\vartheta\leqq\pi-\eta\}$ gegen den Nullpunkt strebt. (ϱ und ϑ bedeuten wie immer Polarkoordinaten.)*

Beweis: O. B. d. A. können wir $p(\alpha,\beta)<1$ annehmen. Gesetzt, die Behauptung sei falsch. Es gäbe dann eine positive Zahl $\delta<1$ und eine gegen den Nullpunkt konvergierende Folge von Punkten (α_n,β_n) in W_η, so daß $p(\alpha_n,\beta_n)\geqq\delta$ gölte. Wir wählen dann eine positive Zahl ε kleiner als $\delta^{\pi/\eta}$ und eine Zahl r so klein, daß $p(\alpha,0)<\varepsilon$ ist für $0<\alpha<r$. B_r sei der Halbkreis $\{\alpha,\beta;\ \alpha^2+\beta^2<r^2,\ \beta>0\}$ und b_r der Teilbogen $\{\alpha,\beta;\ 0<\alpha<r,\ \beta=0\}$ seines Randes. Nach § 186 haben wir

$$p(\alpha,\beta) \leqq \varepsilon^{\omega(\alpha,\beta;b_r,B_r)}.$$

Eine leichte Rechnung lehrt, daß

$$\omega(\alpha,\beta;b_r,B_r) = 1 - \frac{1}{\pi}\arg\left[\frac{\frac{\gamma}{r}}{\left(1-\frac{\gamma}{r}\right)^2}\right]$$

ist. Wenn $\gamma=\alpha+i\beta$ im Winkelraum W_η gegen den Nullpunkt konvergiert, so gilt $\liminf\omega(\alpha,\beta;b_r,B_r)\geqq 1-\frac{1}{\pi}(\pi-\eta)=\frac{\eta}{\pi}$. Wir haben dann $\limsup p(\alpha,\beta)\leqq\varepsilon^{\eta/\pi}<\delta$. Die obige Annahme ist daher nicht haltbar, die Behauptung also als richtig erwiesen.

§ 188. *$p(\alpha,\beta)$ sei eine beschränkte Funktion der Klasse $PL(B)$ im Einheitskreis $B=\{\gamma;\ |\gamma|<1\}$. $\gamma^{(1)}=e^{i\vartheta(1)}$ und $\gamma^{(2)}=e^{i\vartheta(2)}$, $(0\leqq\vartheta^{(1)}<\vartheta^{(2)}<2\pi)$, seien zwei verschiedene Randpunkte von B. $\{\gamma_n^{(1)}\}$ sei eine Folge von Punkten in B, die gegen $\gamma^{(1)}$ konvergiert, und*

$\{\gamma_n^{(2)}\}$ sei eine Folge von Punkten in B, die gegen $\gamma^{(2)}$ konvergiert. Für $n = 1, 2, \ldots$ sei $\mathscr{C}_n$ eine die Punkte $\gamma_n^{(1)}$ und $\gamma_n^{(2)}$ verbindende im Kreisring $\{\gamma; 1 - \varepsilon_n < |\gamma| < 1\}$ verlaufende Kurve. Dabei gelte $\varepsilon_n > 0$, $\lim_{n\to\infty} \varepsilon_n = 0$. Auf $\mathscr{C}_n$ sei $p(\alpha, \beta) < \eta_n$, wo $\eta_n > 0$ und $\lim_{n\to\infty} \eta_n = 0$ ist. Dann verschwindet $p(\alpha, \beta)$ in B identisch.

Beweis: Es gelte $p(\alpha, \beta) \leqq M$. Ohne die Voraussetzungen zu beeinträchtigen, können wir jede Kurve $\mathscr{C}_n$ durch einen Polygonzug $\mathscr{C}'_n$ ohne Selbstschneidungen ersetzen. Für ein vorgegebenes hinreichend kleines positives δ und für hinreichend große n trifft dann jeder Polygonzug $\mathscr{C}'_n$ entweder alle Radien des Sektors $W_1 = \{\gamma; |\gamma| < 1, \vartheta^{(1)} + \delta \leqq \leqq \vartheta \leqq \vartheta^{(2)} - \delta\}$ oder alle Radien des Sektors $W_2 = \{\gamma; |\gamma| < 1, \vartheta^{(2)} + \delta \leqq \vartheta \leqq \vartheta^{(1)} - \delta + 2\pi\}$. Durch mindestens einen dieser Sektoren, etwa W_1, verlaufen daher unendlich viele der Polygonzüge $\mathscr{C}'_n$. Unter Weglassung der anderen bezeichnen wir die Folge dieser Polygonzüge wieder mit $\mathscr{C}'_n$. Der Peripheriebogen des Sektors W_1 wird von Teilbögen der $\mathscr{C}'_n$ gleichmäßig approximiert.

Wenn $p(\alpha, \beta)$ nicht identisch verschwindet, dann können wir – notfalls nach einer konformen Abbildung des Einheitskreises B auf sich selbst, welche das Wesen der dem Satze zugrunde liegenden Voraussetzungen nicht beeinflußt – annehmen, daß $p(0, 0) > 0$ ist. Unter dieser Annahme wählen wir nun einen Teilsektor W'_1 von W_1 mit dem Öffnungswinkel $2\pi/m$ (m eine natürliche Zahl). Durch eine Drehung des Koordinatensystems können wir es so einrichten, daß W'_1 der Sektor $\left\{\gamma; |\gamma| < 1, -\frac{\pi}{m} \leqq \vartheta \leqq \frac{\pi}{m}\right\}$ ist. Wir nehmen von jedem Polygonzug $\mathscr{C}'_n$ einen Teilbogen $\mathscr{C}''_n$, welcher die Schenkel des Sektors $W''_1 = \left\{\gamma; |\gamma| < 1, 0 \leqq \vartheta \leqq \frac{\pi}{m}\right\}$ verbindet und bis auf seine Endpunkte ganz im Innern dieses Sektors verläuft. Durch Spiegelung an der α-Achse setzen wir $\mathscr{C}''_n$ zu einem Polygonzug $\mathscr{C}'''_n$ fort, welcher die Schenkel des Sektors W'_1 verbindet und bis auf seine Endpunkte, welche übrigens gleichen Abstand vom Ursprung haben, im Innern von W'_1 verläuft. Auf den Bögen $\mathscr{C}'''_n$ strebt die Funktion $q(\alpha, \beta) = p(\alpha, \beta)\, p(\alpha, -\beta)$ für $n \to \infty$ nach Null; denn es gilt ja $q(\alpha, \beta) < M\eta_n$ auf $\mathscr{C}'''_n$. Auf den Sektor W'_1 und die in ihm verlaufenden Polygonzüge $\mathscr{C}'''_n$ üben wir nun eine Drehung um den Winkel $2\pi/m$ und ihre Wiederholungen aus. Aus $\mathscr{C}'''_n$ entsteht dadurch ein im Kreisring $1 - \varepsilon_n < |\gamma| < 1$ verlaufendes einfaches Polygon $\mathscr{C}^{\text{IV}}_n$. Nunmehr betrachten wir die Funktion $\hat{q}(\alpha, \beta) = q_0(\alpha, \beta) \cdot q_1(\alpha, \beta) \cdots q_{m-1}(\alpha, \beta)$, wobei $q_k(\alpha, \beta) = = q\left(\alpha \cos\frac{2\pi k}{m} + \beta \sin\frac{2\pi k}{m}, \alpha \sin\frac{2\pi k}{m} - \beta\cos\frac{2\pi k}{m}\right)$ gesetzt ist. $\hat{q}(\alpha, \beta)$ ist beschränkt und gehört zur Klasse $PL(B)$. In jedem Punkt von $\mathscr{C}_n^{IV}$ ist mindestens einer der Faktoren von $\hat{q}(\alpha, \beta)$ kleiner als $M\,\eta_n$, während die anderen Faktoren den Wert M^2 nicht übersteigen. Daher gilt $\hat{q}(\alpha, \beta) < \eta_n M^{2m-1}$ auf $\mathscr{C}_n^{IV}$ und dem Maximumprinzip zufolge auch im Innern von $\mathscr{C}_n^{IV}$. Folglich ist $\hat{q}(0, 0) = [p(0, 0)]^{2m} < \eta_n M^{2m-1}$. Für $n \to \infty$ ergibt sich $p(0, 0) = 0$ im Widerspruch zu unserer Annahme $p(\alpha, \beta) \not\equiv 0$. Daraus folgt die Behauptung.

§ 189. $\mathfrak{x}(\alpha, \beta)$ *sei der Ortsvektor einer auf isotherme Parameter bezogenen Minimalfläche* $S = \{\mathfrak{x} = \mathfrak{x}(\alpha, \beta);\ (\alpha, \beta) \in B\}$. *Für jeden konstanten Vektor* $\mathfrak{a}$ *ist dann die Funktion* $p(\alpha, \beta) = |\mathfrak{x}(\alpha, \beta) - \mathfrak{a}|$ *zur Klasse* $PL(B)$ *gehörig.*

Beweis: In einem Punkte (α, β), wo $p(\alpha, \beta) > 0$ ist, gilt

$$\Delta \log p = |\mathfrak{x} - \mathfrak{a}|^{-4} \{(\mathfrak{x}_\alpha^2 + \mathfrak{x}_\beta^2)(\mathfrak{x} - \mathfrak{a})^2 - 2[(\mathfrak{x} - \mathfrak{a}) \cdot \mathfrak{x}_\alpha]^2 - \\ - 2[(\mathfrak{x} - \mathfrak{a}) \cdot \mathfrak{x}_\beta]^2\}.$$

Wegen $\mathfrak{x}_\alpha^2 = \mathfrak{x}_\beta^2 = E > 0$ sind die Vektoren $\mathfrak{x}_\alpha$ und $\mathfrak{x}_\beta$ keine Nullvektoren, und wegen $\mathfrak{x}_\alpha \cdot \mathfrak{x}_\beta = 0$ sind sie orthogonal. Wir können dann $\mathfrak{x} - \mathfrak{a} = a\,\mathfrak{x}_\alpha + b\,\mathfrak{x}_\beta + c\,\mathfrak{x}_\alpha \times \mathfrak{x}_\beta$ schreiben und finden $|\mathfrak{x} - \mathfrak{a}|^4 \Delta \log p = 2E^3 c^2 \geqq 0$. Daraus folgt die Behauptung gemäß § 181.

Wir bemerken, daß die obige Aussage auch für verallgemeinerte Minimalflächen zutrifft, d. h. auch dann noch richtig bleibt, wenn wir Punkte zulassen, in welchen E verschwindet. In diesen Punkten gilt $\Delta \log p = 0$.

§ 190. *Vorgelegt seien ein Jordangebiet* B *in der* (α, β)*-Ebene und ein Punkt* γ_0 *auf seinem Rande.* $\{\mathfrak{x} = \mathfrak{x}(\alpha, \beta);\ (\alpha, \beta) \in B\}$ *sei die isotherme Darstellung einer Minimalfläche* S. *Der Vektor* $\mathfrak{x}(\alpha, \beta)$ *sei in* $B \setminus \gamma_0$ *stetig, und* $|\mathfrak{x}(\alpha, \beta)|$ *sei in* B *beschränkt. Es gelte* $\lim \mathfrak{x}(\alpha, \beta) = \mathfrak{x}_1$ *bei Annäherung längs des Randes* ∂B *an* γ_0 *von der einen Seite und* $\lim \mathfrak{x}(\alpha, \beta) = \mathfrak{x}_2$ *bei Annäherung längs des Randes* ∂B *an* γ_0 *von der anderen Seite. Dann ist* $\mathfrak{x}_1 = \mathfrak{x}_2$, *und es gilt* $\lim \mathfrak{x}(\alpha, \beta) = \mathfrak{x}_1$ *bei beliebiger Annäherung aus* $\bar{B}$ *heraus an den Punkt* γ_0.

Beweis: Das folgt nach einer konformen Abbildung des Gebietes B auf die Halbebene, in dem man die Aussage des § 187 einmal auf die PL-Funktion $|\mathfrak{x} - \mathfrak{x}_1|$ und einmal auf die PL-Funktion $|\mathfrak{x} - \mathfrak{x}_2|$ anwendet.

§ 191. Wir wollen nun zunächst den Fall einer von einer Jordankurve Γ berandeten Minimalfläche $S = \{\mathfrak{x} = \hat{\mathfrak{x}}(u, v);\ (u, v) \in \bar{P}\}$ vom Typ der Kreisscheibe im Sinne der Paragraphen 31, 42, 65 besprechen. Der Ortsvektor $\hat{\mathfrak{x}}(u, v) \in C^2(P) \cap C^0(\bar{P})$ genügt im Einheitskreis $P = \{u, v;\ u^2 + v^2 < 1\}$ den Beziehungen $\hat{\mathfrak{x}}_u \times \hat{\mathfrak{x}}_v \neq 0$, $H = 0$ und bildet überdies den Rand ∂P in monotoner Weise auf die Kurve Γ ab.

Nach § 145 besitzt $S[P]$ eine isotherme Darstellung $\{\mathfrak{x} = \mathfrak{x}(\alpha, \beta); (\alpha, \beta) \in \Pi\}$. Da die Komponenten des nicht-konstanten Ortsvektors $\hat{\mathfrak{x}}(u, v)$ in $\bar{P}$ beschränkte Funktionen sind, muß jetzt das Normalgebiet Π der Einheitskreis sein.

Wir wollen zeigen, daß der Vektor $\mathfrak{x}(\alpha, \beta)$ zu einem in $\bar{\Pi}$ stetigen Vektor erweitert werden kann, welcher den Rand $\partial\Pi$ in topologischer Weise auf die Jordankurve Γ abbildet, und betrachten dazu die Abbildung $\alpha = \alpha(u, v), \beta = \beta(u, v)$ – oder kurz $\gamma = \gamma(w)$ – von P auf Π.

Wir behaupten zunächst, daß bei dieser Abbildung Punktfolgen, welche gegen einen und denselben Randpunkt von P konvergieren, ebensolche Punktfolgen in Π entsprechen. Zum Beweise seien $\{w'_n\}$ und $\{w''_n\}$ zwei gegen denselben Randpunkt w_0 von P konvergierende Punktfolgen, deren Bildfolgen γ'_n bzw. γ''_n gegen verschiedene Randpunkte von Π konvergieren. Für $n = 1, 2, \ldots$ sei $\{c_n\}$ eine Folge in P verlaufender, die Punkte w'_n und w''_n verbindender und für $n \to \infty$ auf den Punkt w_0 zusammenschrumpfender Jordanbögen und $\{\mathscr{C}_n\}$ die Folge ihrer Bildkurven in Π. Wenn wir den Satz des § 188 auf die Funktion $p(\alpha, \beta) = |\mathfrak{x}(\alpha, \beta) - \hat{\mathfrak{x}}(u_0, v_0)|$ anwenden, so sehen wir, daß der Vektor $\mathfrak{x}(\alpha, \beta)$ und somit auch der Vektor $\hat{\mathfrak{x}}(u, v)$ im Widerspruch zu den Tatsachen konstant sein müßten. Daraus ergibt sich die Behauptung.

Wir können also die Abbildung $\gamma = \gamma(w)$ zu einer Abbildung von $\bar{P}$ auf $\bar{\Pi}$ erweitern. Es ist durchaus möglich, daß dabei verschiedene Punkte w_1 und w_2 von ∂P einen und denselben Punkt γ_0 von $\partial\Pi$ zum Bilde haben. In diesem Falle sei c ein die Punkte w_1 und w_2 verbindender und bis auf seine Endpunkte in P verlaufender Jordanbogen. Sein Bild ist eine den Punkt γ_0 enthaltende und bis auf diesen Punkt in Π verlaufende Jordankurve $\mathscr{C}$. Aus § 190 folgt dann, daß $\hat{\mathfrak{x}}(u_1, v_1) = \hat{\mathfrak{x}}(u_2, v_2)$ gilt, daß also einer der beiden von den Punkten w_1 und w_2 auf ∂P bestimmten Bögen ein Konstanzintervall des Vektors $\hat{\mathfrak{x}}(u, v)$ sein muß.

Wenn die Folgen $\{w'_n\}$ und $\{w''_n\}$ aus P heraus gegen zwei Randpunkte w' und w'' von P konvergieren, welche in einem Konstanzintervall des Vektors $\hat{\mathfrak{x}}(u, v)$ auf ∂P liegen, so zeigt man genauso wie eingangs, daß ihre Bildfolgen aus Π heraus gegen denselben Randpunkt von Π konvergieren.

Aus dem Vorangehenden schließt man nun, daß die erweiterte Abbildung $\gamma = \gamma(w)$ von $\bar{P}$ auf $\bar{\Pi}$ in $\bar{P}$ stetig ist und eine umkehrbar eindeutige Beziehung zwischen den Punkten und Konstanzintervallen des Vektors $\hat{\mathfrak{x}}(u, v)$ auf ∂P und den Punkten von $\partial\Pi$ herstellt. Für einen Randpunkt γ von Π setzen wir $\mathfrak{x}(\alpha, \beta) = \lim \hat{\mathfrak{x}}(u_n, v_n)$, wo $\{w_n\}$ das Urbild einer von Π heraus gegen den Punkt γ konvergierenden Punktfolge ist, wobei der Grenzwert existiert und unabhängig von der gegen γ konvergierenden Folge ist.

Indem wir zu unserer alten Bezeichnung zurückkehren, haben wir damit den Satz bewiesen (E. F. Beckenbach und T. Radó [1], p. 661):

Eine von einer Jordankurve Γ berandete Minimalfläche S vom Typ der Kreisscheibe besitzt eine Darstellung $\{\mathfrak{x} = \mathfrak{x}(u, v);\ (u, v) \in \bar{P}\}$ mit den folgenden Eigenschaften:

1. *Der Ortsvektor $\mathfrak{x}(u, v)$ ist in $P = \{u, v;\ u^2 + v^2 < 1\}$ harmonisch und in $\bar{P}$ stetig.*
2. *In P sind die Beziehungen $E = G > 0$, $F = 0$ d. h. $\mathfrak{x}_u^2 = \mathfrak{x}_v^2 > 0$, $\mathfrak{x}_u \cdot \mathfrak{x}_v = 0$* erfüllt.
3. *$\mathfrak{x}(u, v)$ bildet den Rand ∂P topologisch auf die Jordankurve Γ ab.*

§ 192. Die konforme Abbildung von Minimalflächen anderen topologischen Typs läßt sich ganz analog behandeln. Für eine Fläche vom Typ des offenen Kreisringes findet man gemäß § 147 z. B. eine isotherme Darstellung $\{\mathfrak{x} = \mathfrak{x}(\alpha, \beta);\ (\alpha, \beta) \in \Pi\}$, bei welcher das Normalgebiet jetzt ein (möglicherweise ausgearteter) Kreisring $0 \leqq r_1^2 < \alpha^2 + \beta^2 < r_2^2 \leqq \infty$ ist. Wir haben schon in § 143 Situationen besprochen, wo die Grenzfälle $r_1 = 0$ oder $r_2 = \infty$ eintreten.

Angenommen, S sei eine von zwei punktfremden Jordankurven Γ_1 und Γ_2 berandete Minimalfläche vom Typ des Kreisringes. Das zugehörige Normalgebiet muß jetzt ein echter Kreisring sein, d. h. es muß $0 < r_1 < r_2 < \infty$ gelten. Im Falle $r_1 = 0$ z. B. müßte nämlich der beschränkte harmonische Vektor $\mathfrak{x}(\alpha, \beta)$ bei Annäherung des Punktes (α, β) an den Nullpunkt auf Grund des Satzes über hebbare Unstetigkeiten im Widerspruch zu den Tatsachen gegen einen konstanten Vektor konvergieren. Über das Randverhalten des Vektors $\mathfrak{x}(\alpha, \beta)$ gelten entsprechende Aussagen wie in § 191. Man erkennt das am einfachsten, wenn man den Kreisring $r_1^2 \leqq \alpha^2 + \beta^2 \leqq r_2^2$ durch einen geeigneten Schnitt in ein einfach zusammenhängendes Gebiet verwandelt. Wenn man bedenkt, daß die Rollen des inneren und äußeren Randkreises von Π durch eine konforme Abbildung vertauscht werden können, so erkennt man die Richtigkeit des Satzes:

Eine von zwei punktfremden Jordankurven Γ_1 und Γ_2 berandete Minimalfläche vom Typ der Kreisscheibe besitzt eine Darstellung mit den folgenden Eigenschaften:

1. *Der Ortsvektor $\mathfrak{x}(u,v)$ ist in $P = \{u,v;\ 0 < r_1^2 < u^2 + v^2 < r_2^2 < \infty\}$ harmonisch und in $\bar{P}$ stetig.*
2. *In P sind die Beziehungen $E = G > 0$, $F = 0$ d. h. $\mathfrak{x}_u^2 = \mathfrak{x}_v^2 > 0$, $\mathfrak{x}_u \cdot \mathfrak{x}_v = 0$ erfüllt.*
3. *$\mathfrak{x}(u, v)$ bildet den Kreis $u^2 + v^2 = r_1^2$ topologisch auf Γ_1 und den Kreis $u^2 + v^2 = r_2^2$ topologisch auf Γ_2 ab.*

Kapitel IV

Hilfssätze der Analysis

§ 193. In den bisherigen Ausführungen haben wir uns des öfteren auf Tatsachen aus Analysis, Geometrie und Topologie berufen, welche als grundsätzlich bekannt vorausgesetzt werden durften, so daß bei ihrer Benutzung bloße Feststellungen oder Hinweise auf die einschlägige Literatur häufig ausreichten. Im Nachfolgenden benötigen wir nun eine Reihe weiterer spezieller Resultate hauptsächlich aus den Gebieten der reellen Analysis und der Topologie der Punktmengen. Obwohl diese alle – meistens handelt es sich um Spezialfälle allgemeiner Sätze – prinzipiell aus der vorhandenen Literatur herausgelesen werden können, so bereitet es doch oft erhebliche Schwierigkeiten, für die Hilfssätze in der genauen hier benötigten Form ein Literaturzitat anzugeben. Da überdies der Leser dieses Buches möglicherweise nicht mit allen diesen Dingen vertraut ist, so erscheint es als ratsam, die später erforderlichen Tatsachen in diesem Kapitel zusammenzustellen, und zwar größtenteils mit ihren vollständigen Beweisen, welche oft viel kürzer sind als die Beweise derselben Tatsachen in ihrer allgemeinsten Gültigkeit. Eine systematische Lektüre ist nicht unbedingt erforderlich. Der Leser wird vielmehr von Fall zu Fall hierher zurückkommen.

Die in IV.1 besprochenen Funktionenräume gehen auf die Untersuchungen von B. Levi, G. C. Evans, L. Tonelli, S. L. Sobolev, E. J. McShane, C. B. Morrey, J. W. Calkin, K. O. Friedrichs und vielen anderen zurück und gehören heutzutage zum unerläßlichen Rüstzeug für jeden, der sich mit partiellen Differentialgleichungen beschäftigt. Wenn wir auf die Stetigkeit verzichteten, so hätten wir es mit den Sobolevschen Räumen H_p^m zu tun. Wir haben die Bezeichnung $\mathfrak{M}^p$ der schwerfälligeren $C^0 \cap H_p^1$ vorgezogen. Der Buchstabe $\mathfrak{M}$ soll daran erinnern, daß E. J. McShane und C. B. Morrey als erste gezeigt haben, daß der Flächeninhalt einer Fläche der Klasse $\mathfrak{M}^2$ – und allgemeiner der Klasse $\mathfrak{M}^{p,q}$, $p^{-1} + q^{-1} = 1$ – durch das klassische Integral der Differentialgeometrie ausgedrückt werden kann. L. Tonelli hatte schon vorher den entsprechenden Satz für nichtparametrisch dargestellte Flächen bewiesen; man sehe dazu §§ 36, 225, 227. Eingehende Darstellungen dieser Funktionenräume und weitere Literaturangaben findet der Leser etwa bei S. Agmon [I]; N. Aronszajn and K. T. Smith [1]; J. W. Calkin [1];

G. Fichera [I]; A. Friedman [I]; K. O. Friedrichs [2], [3]; L. Hörmander [I]; C. B. Morrey [I], [II], [1], [2], [6], [8]; T. Radó and P. V. Reichelderfer [I]; Ju. G. Rešetnjak [5]; S. L. Sobolev [I], [1]; P. Szeptycki [1].

Die Sätze der Paragraphen 233–235 haben ihren Ursprung in einem äußerst fruchtbaren Gedanken H. Lebesgues ([3], p. 388), welcher später wiederholt aufgenommen, in vieler Weise abgewandelt und besonders von R. Courant, E. Heinz, J. Lelong-Ferrand, E. J. McShane, C. B. Morrey, L. Tonelli, J. Wolf, L. C. Young u. a. in der Funktionentheorie, in der Theorie der partiellen Differentialgleichungen, beim Dirichletschen und beim Plateauschen Problem, beim Darstellungsproblem von Flächen usw. mit großem Erfolg angewendet worden ist. Einige Literaturhinweise findet man z. B. bei J. Lelong-Ferrand [I]. Die Sätze der Paragraphen 237–239 stammen von R. Courant, siehe z. B. [I], der Satz des § 240 von C. B. Morrey ([6], p. 134). Weitere Bemerkungen zur Literatur finden sich in den Paragraphen 223, 225, 227, 231 und in IV.6, IV.7.

1. Funktionen der Klasse $\mathfrak{M}$

§ 194. In der $(u, v$-Ebene seien ein beschränktes Gebiet B und eine zwischen B und seiner Abschließung $\bar{B}$ gelegene, d. h. eine aus B durch Hinzufügen gewisser Randpunkte gewonnene Punktmenge B_1 gegeben. In den späteren Anwendungen wird B der Einheitskreis oder ein von glatten Jordankurven berandetes Gebiet sein, und B_1 wird entweder mit $\bar{B}$ zusammenfallen oder aus $\bar{B}$ durch Weglassen eines Teilbogens des Randes entstehen. Den Darlegungen der nächsten Paragraphen denken wir uns immer eine solche Situation zugrunde gelegt.

Die Funktion $f(u, v)$ wird linear absolut stetig in B_1, kurz $LAS(B_1)$ oder zu $LAS(B_1)$ gehörig, genannt, wenn sie die nachfolgenden zwei Bedingungen erfüllt:

1. $f(u, v)$ ist in B_1 stetig.

2. In jedem in B gelegenen „achsenparallelen" Rechteck $\bar{R} = \{u, v;\ a \leqq u \leqq b,\ c \leqq u \leqq d\}$ gilt folgendes: Für fast alle Werte v aus dem Intervall $c \leqq v \leqq d$ ist $f(u, v)$, aufgefaßt als Funktion der einen Veränderlichen u, absolut stetig; und für fast alle Werte u aus dem Intervall $a \leqq u \leqq b$ ist $f(u, v)$, aufgefaßt als Funktion der einen Veränderlichen v, absolut stetig.

Grundlegenden Sätzen der Theorie der reellen Funktionen zufolge besitzt eine solche Funktion fast überall (bezüglich des zweidimensionalen Maßes) in B endliche partielle Ableitungen, welche selbst in B meßbare Funktionen sind. Summe, Differenz, Produkt und (falls der Nenner von Null verschieden ist) Quotient zweier $LAS(B_1)$-Funktionen

$f(u, v)$ und $g(u, v)$ sind wieder zu $LAS(B_1)$ gehörig. Dabei gilt insbesondere fast überall in B die übliche Produktregel der Differentialrechnung $(fg)_u = f g_u + f_u g$, $(fg)_v = f g_v + f_v g$.

Der Bezug auf achsenparallele Rechtecke in der obigen Definition ist bequem, aber, wie aus den Ausführungen des § 218 hervorgehen wird, unwesentlich.

Wenn wir in Teil 2 der Definition einer LAS-Funktion die Forderung der absoluten Stetigkeit durch die schwächere Forderung der beschränkten Variation ersetzt hätten, so hätten wir die Klasse der Funktionen, welche in B_1 linear von beschränkter Schwankung sind, kurz die Klasse der $LBS(B_1)$-Funktionen, erhalten.

§ 195. Es seien endlich oder abzählbar unendlich viele $LAS(B_1)$-Funktionen $f_m(u, v)$ vorgegeben. Wir sagen, daß die f_m in B denselben Modul der linearen absoluten Stetigkeit zulassen oder daß sie gleichgradig $LAS(B_1)$ sind, wenn folgendes gilt:

Für jedes Rechteck $\bar{R}$ wie in § 194, jede Gerade $v = v_0$ $(c \leqq v_0 \leqq d)$, auf derem in $\bar{R}$ verlaufenden Teile alle Funktionen $f_m(u, v_0)$ der Veränderlichen u absolut stetig sind, und jedes $\varepsilon > 0$ gibt es eine von m unabhängige positive Zahl $\delta = \delta(\varepsilon, R, v_0)$ mit der Eigenschaft, daß für jedes endliche System nicht überlappender offener Intervalle (a_k, b_k) $(k = 1, 2, \ldots, N)$ aus (a, b), deren Gesamtlänge die Zahl δ nicht übersteigt, und für alle m die Ungleichung $\sum_{k=1}^{N} |f_m(b_k, v_0) - f_m(a_k, v_0)| < \varepsilon$ zutrifft. Genauso soll die analoge durch Vertauschen der Rollen von u und v entstehende Bedingung erfüllt sein.

Es gilt dann der Satz:

Die Folge der Funktionen $\{f_n(u, v)\}$ sei gleichgradig $LAS(B_1)$ und konvergiere gleichmäßig in B_1 gegen eine Grenzfunktion $f(u, v)$. Dann ist auch $f(u, v)$ zu $LAS(B_1)$ gehörig und läßt denselben Modul der linearen absoluten Stetigkeit zu.

§ 196. *Es seien zwei $LAS(B_1)$-Funktionen $f(u, v)$ und $g(u, v)$ gegeben, und auf einer meßbaren Teilmenge D von B_1 gelte $f(u, v) = g(u, v)$. Dann sind die partiellen Ableitungen f und g, deren Existenz fast überall in B gesichert ist, in einer Teilmenge D_0 von D, welche sich von D höchstens um eine Nullmenge unterscheidet, gleich.*

Beweis: Da sich eine meßbare Menge in B als Vereinigung einer Nullmenge und abzählbar vieler abgeschlossener Mengen auffassen läßt, ist es genügend anzunehmen, D sei abgeschlossen.

Zu einem Punkt (u_0, v_0) von B, welcher der Menge D nicht anzugehören braucht, betrachten wir für $h, k > 0$ die beiden linear Lebesguemeßbaren Mengen $D_1(u_0, v_0; h, k) = \{u, v; u_0 - h < u < u_0 + k, v = v_0, (u, v) \in D\}$ und $D_2(u_0, v_0; h, k) = \{u, v; u = u_0, v_0 - h < v < < v_0 + k, (u, v) \in D\}$. Wenn die Beziehungen $\liminf_{h,k\to 0} m\, D_1(u_0, v_0; h, k)/(h + k) = \liminf_{h,k\to 0} D_2(u_0, v_0; h, k)/(h + k) = 1$ gelten, wo m das lineare Lebesguesche Maß bezeichnet, dann heißt der Punkt (u_0, v_0) ein Punkt größter linearer Dichte in u-Richtung und in v-Richtung der Menge D. In der Theorie der reellen Funktionen beweist man (siehe S. Saks [I], p. 298), daß fast alle Punkte einer abgeschlossenen Menge Punkte größter linearer Dichte in beiden Achsenrichtungen dieser Menge sind. Es sei nun D_0 die Teilmenge aller derjenigen Punkte von D, welche derartige Verdichtungspunkte von D sind, und in denen zur gleichen Zeit alle partiellen Ableitungen f_u, f_v, g_u, g_v existieren und endlich sind. D_0 unterscheidet sich von D höchstens um eine Nullmenge. Die partiellen Ableitungen der Funktion $F(u, v) = f(u, v) - g(u, v)$ existieren in allen Punkten von D_0.

Es sei (u_0, v_0) ein beliebiger Punkt von D_0. Es ist klar, daß es für geeignete positive Werte h und k auf der Geraden $v = v_0$ eine Folge von gegen den Punkt (u_0, v_0) konvergierenden, aber von diesem verschiedenen Punkten $(u_n, v_0) \in D_1(u_0, v_0; h, k)$ gibt. Für die Funktion $F(u, v)$, welche überall in D verschwindet, findet man dann $F_u(u_0, v_0) = \lim_{n\to\infty} [F(u_n, v_0) - F(u_0, v_0)]/(u_n - u_0) = 0$, d. h. $f_u(u_0, v_0) = g_u(u_0, v_0)$. Genauso beweist man, daß $f_v(u_0, v_0) = g_v(u_0, v_0)$. W. z. b. w.

§ 197. Mit $\mathfrak{M}(B_1)$ bezeichnen wir die Gesamtheit aller $LAS(B_1)$-Funktionen $f(u, v)$, deren erste Ableitungen in B quadratisch summierbar sind, so daß ihr Dirichletsches Integral $D_B[f] = \frac{1}{2} \iint_B (f_u^2 + f_v^2)\, du\, dv$ endlich ausfällt.

In $\mathfrak{M}(B_1)$ wird die Norm

(108) $$|||f|||_{B_1} = \sup_{(u,v)\in B_1} |f(u, v)| + \sqrt{D_B[f]}$$

definiert, welche allerdings unendlich sein kann, wenn B_1 nicht mit $\bar{B}$ zusammenfällt, und daher nur im Falle $B_1 = \bar{B}$ eine echte Norm ist. Ausgestattet mit dieser Norm wird $\mathfrak{M}(\bar{B})$ ein Banachscher Raum. Das folgt aus § 213 weiter unten.

Allgemein bezeichnen wir mit $\mathfrak{M}^p(B_1)$ $(1 \leqq p \leqq \infty)$ die Gesamtheit aller $LAS(B_1)$-Funktionen $f(u, v)$, deren erste Ableitungen in B zur p-ten Potenz summierbar sind. Für $p = \infty$ bedeutet das, daß die ersten Ableitungen im wesentlichen beschränkt sind, d. h. daß es eine Konstante $M < \infty$ gibt, mit der fast überall in B die Ungleichungen $|f_u| \leqq M$ und $|f_v| \leqq M$ gelten. $\mathfrak{M}(B_1)$ ist also nur eine Abkürzung für

$\mathfrak{M}^2(B_1)$. Weiterhin sei $\mathfrak{M}^{p,q}(B_1)$, wo p und q zwei der Beziehung $1/p + 1/q = 1$ genügende Exponenten nicht kleiner als Eins sind, die Gesamtheit aller derjenigen $LAS(B_1)$-Funktionen $f(u, v)$, bei denen die Ableitungen f_u und f_v in B zur p-ten bzw. q-ten Potenz summierbar sind.

Eine Funktion, welche in B einer Lipschitzbedingung genügt, gehört allen Räumen $\mathfrak{M}^p(B)$, $(1 \leqq p \leqq \infty)$, an. Allgemein gehört eine Funktion aus $\mathfrak{M}^p(B)$ zu allen Räumen $\mathfrak{M}^{p'}(B)$ für $1 \leqq p' \leqq p$. Das folgt aus der Schwarzschen Ungleichung auf Grund der Beschränktheit des Gebietes B.

Die Gesamtheit der $LBS(B_1)$-Funktionen, deren erste Ableitungen in B zur p-ten Potenz summierbar sind, wird mit $\hat{\mathfrak{M}}^p(B_1)$ bezeichnet. Offensichtlich gilt $\mathfrak{M}^p(B_1) \subset \hat{\mathfrak{M}}^p(B_1)$. Außer in §§ 99, 227 werden die $\hat{\mathfrak{M}}(B_1)$-Funktionen für uns aber keine Rolle spielen.

Man überzeugt sich leicht davon – im einzelnen sei das dem Leser überlassen –, daß die Gegenstücke der meisten der in den nachfolgenden Paragraphen zu beweisenden Sätze über den Funktionenraum $\mathfrak{M}$ auch für die Räume $\mathfrak{M}^p$ zutreffen. Auf Grund der in diesen Sätzen festgestellten Eigenschaften wird eine Funktion $f(u, v)$ aus $\mathfrak{M}^p(B)$ oder allgemeiner eine $LAS(B)$-Funktion, deren partielle Ableitungen lokal, d. h. in jedem kompakten Teilbereich von B, zur p-ten Potenz summierbar sind, oft als im verallgemeinerten (§ 203) – oder auch, je nach Wahl der zur Definition erhobenen Eigenschaft, im starken (§§ 215–217) oder im schwachen (§ 204) – L^p-Sinne differenzierbar bezeichnet.

§ 198. Beispiele von Funktionen des Raumes $\mathfrak{M}(B)$ mit unendlicher Norm lassen sich leicht konstruieren. B sei etwa der Einheitskreis $u^2 + v^2 < 1$. Mit Hilfe von Polarkoordinaten (ϱ, ϑ) definieren wir die Funktion

$$f = f(\varrho, \vartheta) = \sum_{n=2}^{\infty} a_n \varrho^n \cos n\vartheta, \qquad a_n = \frac{1}{n \log n}.$$

Eine geläufige Rechnung zeigt, daß

$$D_B[f] = \frac{\pi}{2} \sum_{n=2}^{\infty} n a_n^2 = \frac{\pi}{2} \sum_{n=2}^{\infty} \frac{1}{n \log^2 n} < 2\pi$$

ist, während

$$f(\varrho, 0) = \sum_{n=2}^{\infty} \frac{1}{n \log n} \varrho^n$$

für $\varrho \to 1$ nach Unendlich geht, so daß $|||f|||_B = \infty$ wird.

Der Randpunkt $(u = 1, v = 0)$ von B ist aber ein Ausnahmepunkt. Aus den Ungleichungen

$$\int_0^{2\pi} \left\{ \int_{\frac{1}{2}}^{1} |f_\varrho(\varrho, \vartheta)| \, d\varrho \right\}^2 d\vartheta \leqq \log 2 \int_0^{2\pi} \int_{\frac{1}{2}}^{1} f_\varrho^2(\varrho, \vartheta) \, \varrho \, d\varrho \, d\vartheta \leqq$$
$$\leqq \log 2 \, D_B[f] < \infty$$

folgt ja, daß die Integrale $\int\limits_{\frac{1}{2}}^{1} |f_\varrho(\varrho, \vartheta)|\, d\varrho$ für fast alle Werte von ϑ endlich sind. Für alle diese Werte von ϑ existiert also der radiale Grenzwert $f(1, \vartheta) = \lim\limits_{\varrho \to 1} f(\varrho, \vartheta)$.

Man nennt die derart definierten Randwerte $f(1, \vartheta)$ auch die Spur der Funktion f auf dem Rande ∂B.

Aus

$$f(r, \vartheta) = f(\tfrac{1}{2}, \vartheta) + \int\limits_{\frac{1}{2}}^{r} f_\varrho(\varrho, \vartheta)\, d\vartheta$$

folgt

$$\int\limits_0^{2\pi} f^2(r, \vartheta)\, d\vartheta \leqq 2 \int\limits_0^{2\pi} f^2(\tfrac{1}{2}, \vartheta)\, d\vartheta + 2 \log 2 D_B[f] \equiv M < \infty .$$

Im Grenzübergang $r \to 1$ ergibt sich daher mit Hilfe des Lebesgueschen Konvergenzsatzes

$$\int\limits_0^{2\pi} f^2(1, \vartheta)\, d\vartheta \leqq M .$$

Die Spur der Funktion $f \in \mathfrak{M}(B)$ ist also auf ∂B quadratisch summierbar.

Für die Definition der Spur einer $\mathfrak{M}^p(B)$-Funktion, $1 \leqq p \leqq \infty$, und für die Herleitung ihrer Eigenschaften ist es ausreichend, daß B ein Lipschitzgebiet im Sinne des § 222 ist. Man sehe dazu etwa E. Gagliardo [1] und die dort zitierte Literatur.

§ 199. Nach dem Vorangehenden ist es klar, daß die gemäß

$$[f]_h^k = \begin{cases} k & \text{in allen Punkten } (u, v) \in B_1, \text{ wo } f(u, v) > k \\ f(u, v) & \text{in allen Punkten } (u, v) \in B_1, \text{ wo } h \leqq f(u, v) \leqq k \\ h & \text{in allen Punkten } (u, v) \in B_1, \text{ wo } f(u, v) < h \end{cases}$$

definierte Abschnittsfunktion $[f]_h^k$ einer zu $\mathfrak{M}(B_1)$ gehörigen Funktion $f(u, v)$ für jedes Zahlenpaar $h, k (-\infty \leqq h \leqq k \leqq \infty)$ ebenfalls zu $\mathfrak{M}(B_1)$ gehört. Zufolge § 196 gilt dabei $|||[f]_h^k|||_{B_1} \leqq |||f|||_{B_1}$.

Wir bedienen uns auch der Abkürzungen $[f]_{-\infty}^k = [f]^k$ und $[f]_h^\infty = [f]_h$.

In $\mathfrak{M}(B_1)$ seien drei Funktionen $f(u, v)$, $g_1(u, v)$, $g_2(u, v)$ gegeben, und es gelte $g_1(u, v) < g_2(u, v)$. Dann ist auch die Abschnittsfunktion

$$[f]_{g_1}^{g_2} = \begin{cases} g_2(u, v) & \text{in allen Punkten } (u, v) \in B_1, \text{ wo } f(u, v) > g_2(u, v) \\ f(u, v) & \text{in allen Punkten } (u, v) \in B_1, \text{ wo } g_1(u, v) \leqq f(u, v) \leqq \\ & \leqq g_2(u, v) \\ g_1(u, v) & \text{in allen Punkten } (u, v) \in B_1, \text{ wo } f(u, v) < g_1(u, v) \end{cases}$$

zu $\mathfrak{M}(B_1)$ gehörig. Man kann ja $[f]_{g_1}^{g_2} = g_1 + [g_2 - g_1 + [f - g_2]^0]_0$ schreiben, und die Summe zweier $\mathfrak{M}(B_1)$-Funktionen ist natürlich wieder eine $\mathfrak{M}(B_1)$-Funktion.

§ 200. *Die Funktion $f(u, v)$ gehöre zu $\mathfrak{M}(B_1)$. Es sei B_0 eine mit ihrer Abschließung $\bar{B}_0$ in B enthaltene offene Menge, auf deren Rande $f(u, v) = c =$ const ist. Die neue Funktion*

$$f_1(u, v) = \begin{cases} f(u, v) & \text{für} \quad (u, v) \in B_1 \setminus B_0 \\ c & \text{für} \quad (u, v) \in B_0 \end{cases}$$

gehört dann ebenfalls zu $\mathfrak{M}(B_1)$, und es gilt $D_B[f_1] \leqq D_B[f]$ und $|||f_1|||_{B_1} \leqq |||f|||_{B_1}$.

Beweis: Es ist klar, daß $f_1(u, v)$ zu $LAS(B_1)$ gehört. In der offenen Menge B_0 ist $\frac{\partial f_1}{\partial u} = \frac{\partial f_1}{\partial v} = 0$. In der Menge $B \backslash B_0$ gilt nach § 196 fast überall $\frac{\partial f_1}{\partial u} = \frac{\partial f}{\partial u}, \frac{\partial f_1}{\partial v} = \frac{\partial f}{\partial v}$. Daher ist mit $f(u, v)$ auch $f_1(u, v)$ zu $\mathfrak{M}(B_1)$ gehörig, und es ist $\sup_{B_1} |f_1(u, v)| \leqq \sup_{B_1} |f(u, v)|$, $D_B[f_1] = D_{B \backslash B_0}[f] \leqq D_B[f]$.

§ 201. *Die Funktion $f(u, v)$ gehöre zu $\mathfrak{M}(B_1)$. Es seien $\bar{K} \subset B$ eine abgeschlossene Kreisscheibe und $f_0(u, v)$ eine Funktion aus $\mathfrak{M}(\bar{K})$, deren Werte auf ∂K mit denen von $f(u, v)$ übereinstimmen. Die neue Funktion*

$$f_1(u, v) = \begin{cases} f_0(u, v) & \text{für} \quad (u, v) \in \bar{K} \\ f(u, v) & \text{für} \quad (u, v) \in B_1 \setminus \bar{K} \end{cases}$$

gehört dann wieder zu $\mathfrak{M}(B_1)$, und es gilt $D_B[f_1] = D_K[f_0] + D_{B \backslash K}[f]$.

Beweis: Wie wir in § 221 zeigen werden, kann die Funktion $f_0(u, v)$ in einen die Kreisscheibe $\bar{K}$ enthaltenden größeren Kreis K_1 so festgesetzt werden, daß die erweiterte Funktion zu $\mathfrak{M}(\bar{K}_1)$ gehört. Gestützt auf diese Kenntnis läßt sich die lineare absolute Stetigkeit der Funktion $f_1(u, v)$ in B_1 leicht beweisen. Weiterhin gilt dann $D_B[f_1] = D_K[f_0] + D_{B \backslash K}[f]$.

§ 202. *Wenn die zu $\mathfrak{M}(B_1)$ gehörige Funktion $f(u, v)$ ein verschwindendes Dirichlet-Integral besitzt, dann gilt $f(u, v) \equiv$ const in B_1.*

Beweis: Aus $D_B[f] = 0$ folgt das Verschwinden der partiellen Ableitungen von f fast überall in B, so daß dem Fubinischen Satze zufolge für jedes in B gelegene Rechteck $\bar{R} = \{u, v; a \leqq u \leqq b, c \leqq v \leqq d\}$ die Beziehungen

$$\iint_R \{|f_u| + |f_v|\}\, du\, dv = \int_a^b du \int_c^d dv \{|f_u| + |f_v|\}$$
$$= \int_c^d dv \int_a^b du \{|f_u| + |f_v|\} = 0$$

gelten. Daher müssen die partiellen Ableitungen fast überall (diesmal im Sinne des linearen Maßes) auf den in B verlaufenden Stücken fast aller achsenparallelen Geraden verschwinden. Es sei (u_0, v_0) ein fest gewählter Punkt aus B. Jeder andere Punkt $(u_1, v_1) \in B$ kann mit (u_0, v_0) durch einen aus endlich vielen achsenparallelen Geradenstücken bestehenden Polygonzug verbunden werden. Durch beliebig geringe Parallelverschiebungen der Geraden kann man einen Polygonzug erhalten, auf dessen Seiten die Funktion $f(u, v)$, jeweils als Funktion einer Veränderlichen betrachtet, sowohl absolut stetig ist als auch fast überall verschwindende Ableitungen hat. Ein solcher Polygonzug beginnt in einem Punkte $(\tilde{u}_0, \tilde{v}_0)$ beliebig nahe (u_0, v_0) und endet in einem Punkte $(\tilde{u}_1, \tilde{v}_1)$ beliebig nahe (u_1, v_1). Da man längs dieses Polygonzuges die Formeln der Integralrechnung anwenden darf, ergibt sich $f(\tilde{u}_1, \tilde{v}_1) = f(\tilde{u}_0, \tilde{v}_0)$ und wegen der Stetigkeit der Funktion $f(u, v)$ dann auch $f(u_1, v_1) = f(u_0, v_0)$. W. z. b. w.

§ 203. *Wenn die partielle Ableitung f_u einer $LAS(B)$-Funktion $f(u, v)$ in B summierbar ist, so gilt für jedes Rechteck $\bar{R} = \{u, v;\ a \leqq u \leqq b,\ c \leqq v \leqq d\} \subset B$ die Beziehung*

$$\iint_R f_u\, du\, dv = \int_c^d [f(b, v) - f(a, v)]\, dv.$$

Eine entsprechende Aussage trifft für die partielle Ableitung f_v zu.

Beweis: Das fragliche Doppelintegral ist dem Fubinischen Satze zufolge gleich dem Integral $\int_b^d dv \int_a^b du\, f_u(u, v)$. Für fast alle v in $c \leqq v \leqq d$, nämlich für alle diejenigen v, für welche $f(u, v)$, aufgefaßt als Funktion der Veränderlichen u, in $a \leqq u \leqq b$ absolut stetig ist, gilt aber $\int_a^c f_u(u, v)\, du = f(b, v) - f(a, v)$. W. z. b. w.

Auch die folgende Umkehrung dieses Satzes ist richtig:

Die Funktion $f(u, v)$ sei stetig in B. Es gebe zwei über B summierbare Funktionen $p(u, v)$ und $q(u, v)$ mit der Eigenschaft, daß für jedes Rechteck $\bar{R} = \{u, v;\ a \leqq u \leqq b,\ c \leqq v \leqq d\} \subset B$ die Beziehungen

$$\iint_R p(u, v)\, du\, dv = \int_c^d [f(b, v) - f(a, v)]\, dv,$$

$$\iint_R q(u, v)\, du\, dv = \int_a^b [f(u, d) - f(u, c)]\, du$$

erfüllt sind. Dann gehört $f(u, v)$ zu $\mathfrak{M}^1(B)$, und fast überall in B gilt $f_u = p$, $f_v = q$.

§ 204. *$f(u,v)$ und $g(u,v)$ seien zwei Funktionen aus $\mathfrak{M}^1(B)$, und $g(u,v)$ habe einen kompakten Träger in B, d. h. $g(u,v) \equiv 0$ außerhalb einer kompakten Teilmenge $B_0 \subset B$ (wir schreiben dafür auch $g(u,v) \in \in \mathfrak{M}_0^1(B)$). Dann gilt*

$$\iint_B f\, g_u\, du\, dv = -\iint_B f_u\, g\, du\, dv.$$

Beweis: Wir überdecken den Träger von $g(u,v)$ durch endlich viele in B enthaltene abgeschlossene „achsenparallele" Rechtecke ohne gemeinsame innere Punkte und wenden das Resultat des § 203 wiederholt auf die $\mathfrak{M}(B)$-Funktion $f(u,v)\,g(u,v)$ an.

Auch die folgende Umkehrung dieses Satzes ist richtig:

Die Funktion $f(u,v)$ sei stetig in B. Es gebe zwei über B summierbare Funktionen $p(u,v)$ und $q(u,v)$ mit der Eigenschaft, daß für alle Funktionen $g(u,v) \in \mathfrak{M}_0^1(B)$ die Beziehungen

$$\iint_B f\, g_u\, du\, dv = -\iint_B p\, g\, du\, dv,$$

$$\iint_B f\, g_v\, du\, dv = -\iint_B q\, g\, du\, dv$$

erfüllt sind. Dann gehört $f(u,v)$ zu $\mathfrak{M}^1(B)$, und fast überall in B gilt $f_u = p$, $f_v = q$.

§ 205. Zur Untersuchung der Eigenschaften allgemeiner Funktionen empfiehlt sich deren Approximation durch regulärere Funktionen. Wir werden solche approximierenden Funktionen durch einen gewissen Mittelungsprozeß erhalten. Das Glätten oder Regularisieren von Funktionen durch Bilden gewisser Integralmittelwerte ist ein in der Analysis außerordentlich häufig benutztes Hilfsmittel. Bei den nächsten Überlegungen stützen wir uns dazu auf eine für alle Werte einer Veränderlichen t erklärte nicht-negative und stetig differenzierbare Funktion $\varphi(t)$, welche außerhalb des Intervalls $|t| \leqq 1$, ihrem Träger, verschwindet und so normiert ist, daß $\int_{-\infty}^{+\infty} \varphi(t)\, dt = 1$ gilt. Wir können z. B. die (sogar unendlich oft differenzierbare) Funktion $\varphi(t) = a \exp\{(t^2-1)^{-1}\}$ für $|t| < 1$ und $\varphi(t) = 0$ für $|t| \geqq 1$ wählen, indem wir die Konstante a geeignet bestimmen.

Ausgehend von einer solchen Funktion $\varphi(t)$ definieren wir dann für $n = 1, 2, \ldots$ die Folge der Funktionen $\varphi^{(n)}(u,v) = n^2\,\varphi(n\,u)\,\varphi(n\,v)$. Die nicht-negativen Funktionen $\varphi^{(n)}(u,v)$ verschwinden außerhalb des Quadrates $Q(0,0;1/n)$, und bei Integration über die ganze (u,v)-Ebene R^2 gilt $\iint_{R^2} \varphi^{(n)}(u,v)\, du\, dv = 1$. Dabei bedeutet allgemein $Q(u_0, v_0; l)$ das offene achsenparallele Quadrat mit dem Mittelpunkt

(u_0, v_0) und der Seitenlänge $2l$. Auf Grund ihrer in den nächsten Paragraphen darzulegenden glättenden Eigenschaften werden die Funktionen $\varphi^{(n)}(u, v)$ einem Sprachgebrauch K. O. Friedrichs [2] folgend oft auch mollifiers (zu deutsch: Besänftiger) genannt.

Es sei jetzt $g(u, v)$ irgendeine in B summierbare Funktion. Wir betrachten dann die Konvolution

$$g^{(n)}(u, v) = \varphi^{(n)} * g(u, v) = \iint\limits_{R^2} \varphi^{(n)}(u - u', v - v')\, g(u', v')\, du'\, dv'$$

$$= \iint\limits_{R^2} \varphi^{(n)}(u', v')\, g(u - u', v - v')\, du'\, dv'.$$

Die Integration ist über die ganze Ebene zu erstrecken, findet aber in Wirklichkeit lediglich über dem Quadrat $Q(u, v; 1/n)$ bzw. $Q(0, 0; 1/n)$ statt und liefert daher in jedem Punkte von B für hinreichend großes n einen sinnvollen Wert.

§ 206. *Die Funktion $g(u, v)$ sei in B stetig. In B, und zwar gleichmäßig in jedem kompakten Teilbereich von B, gilt dann* $\lim\limits_{n\to\infty} g^{(n)}(u, v) = g(u, v)$.

Beweis: B_0 sei ein kompakter Teilbereich, D ein mit seiner Abschließung $\bar{D}$ in B gelegenes den Bereich B_0 enthaltendes Gebiet und δ der Abstand zwischen B_0 und dem Rande von D. Die natürliche Zahl N sei so groß gewählt, daß $N\delta > \sqrt{2}$ ist. Für $n \geqq N$ und $(u, v) \in B_0$ gilt

$$g^{(n)}(u,v) - g(u,v) = \iint [g(u - u', v - v') - g(u, v)]\, \varphi^{(n)}(u', v')\, du'\, dv'.$$

Die Behauptung folgt wegen der gleichmäßigen Stetigkeit von g in $\bar{D}$.

§ 207. $g(u, v)$ sei jetzt wieder nur als in B summierbar vorausgesetzt. Es sei (u_0, v_0) ein Punkt von B. Wir behaupten, *daß die Ableitungen $g_u^{(n)}(u, v)$ und $g_v^{(n)}(u, v)$ für genügend große n in einer Umgebung des Punktes (u_0, v_0) existieren und stetig sind.*

Zum *Beweise* wählen wir die natürliche Zahl N so groß, daß das Quadrat $Q(u_0, v_0; 3/N)$ ganz in B liegt. Für jedes $n \geqq N$, jedes $h \leqq 1/N$ und jeden Punkt (u, v) in $Q(u_0, v_0; 1/N)$ gilt dann

$$\frac{1}{h}[g^{(n)}(u + h, v) - g^{(n)}(u, v)] = \iint g(u', v')\frac{1}{h} \times$$

$$\times\ [\varphi^{(n)}(u + h - u', v - v') - \varphi^{(n)}(u - u', v - v')]\, du'\, dv'.$$

Der Integrand ist nur in einem im Quadrat $Q(u_0, v_0; 3/N)$ enthaltenen Gebiet von Null verschieden. Wegen der gleichmäßigen Stetigkeit der Ableitung $\varphi_u^{(n)}$ gilt $\lim\limits_{h\to 0} (1/h)[\varphi^{(n)}(u + h - u',\ v - v') - \varphi^{(n)}(u - u',$

$v - v')] = \varphi_u^{(n)}(u - u', v - v')$ gleichmäßig in u' und v'. Für $h \to 0$ ergibt sich daher

$$g_u^{(n)}(u, v) = \iint \varphi_u^{(n)}(u - u', v - v')\, g(u', v')\, du'\, dv'.$$

Die Stetigkeit von $g_u^{(n)}(u, v)$ im Quadrat $Q(u_0, v_0; 1/N)$ folgt aus der Stetigkeit von $\varphi_u^{(n)}$ in ähnlicher Weise. – Analoge Aussagen treffen für die Ableitung $\varphi_v^{(n)}$ zu. W. z. b. w.

§ 208. *Die Funktion $g(u, v)$ sei in B quadratisch summierbar. Für jeden kompakten Teilbereich B_0 von B gilt dann*

$$\lim_{h^2+k^2 \to 0} \iint_{B_0} [g(u + h, v + k) - g(u, v)]^2\, du\, dv = 0.$$

Zum *Beweise* sei D ein mit seiner Abschließung $\bar{D}$ in B gelegenes den Bereich B_0 enthaltendes Gebiet. Man bedenke dann, daß $g(u, v)$ in $\bar{D}$ im Quadratmittel durch stetige Funktionen approximiert werden kann und daß jede dieser Funktionen in $\bar{D}$ gleichmäßig stetig ist.

§ 209. *Die Funktion $g(u, v)$ sei in B quadratisch summierbar. Für jeden kompakten Teilbereich B_0 von B gilt dann*

$$\lim_{n \to \infty} \iint_{B_0} [g^{(n)}(u, v) - g(u, v)]^2\, du\, dv = 0.$$

Beweis: Es sei (u, v) ein Punkt von B_0, in welchem $g(u, v)$ endlich ist. Die Zahl n sei hinreichend groß genommen. Wie in § 206 gilt

$$g^{(n)}(u, v) - g(u, v) = \iint [g(u - u', v - v') - g(u, v)]\, \varphi^{(n)}(u', v')\, du'\, dv'.$$

Indem der absolute Wert des Integranden in der Form $|[\ ]|\, \sqrt{\varphi^{(n)}}\, \sqrt{\varphi^{(n)}}$ aufgespaltet wird, ergibt die Anwendung der Schwarzschen Ungleichung unter Berücksichtigung von $\iint \varphi^{(n)}(u', v')\, du'\, dv' = 1$ die Beziehung

$$[g^{(n)}(u, v) - g(u, v)]^2 \leqq \iint_{Q\left(0, 0; \frac{1}{n}\right)} [g(u - u', v - v') - g(u, v)]^2 \times \\ \times \varphi^{(n)}(u', v')\, du'\, dv'.$$

Nach nochmaliger Integration und einer erlaubten Vertauschung der Integrationsfolge finden wir

$$\iint_{B_0} [g^{(n)}(u, v) - g(u, v)]^2\, du\, dv \leqq \\ \leqq \iint_{Q\left(0, 0; \frac{1}{n}\right)} \left\{ \iint_{B_0} [g(u - u', v - v') - g(u, v)]^2\, du\, dv \right\} \varphi^{(n)}(u', v')\, du'\, dv'.$$

Die Behauptung folgt für $n \to \infty$ nach § 208.

§ 210. Wegen $\varphi^{(n)}(u, v) = n^2 \varphi(n u) \varphi(n v) \leqq n^2 \left(\max\limits_{|t| \leqq 1} \varphi(t)\right)^2$ hätten wir in § 209 das Quadrat der Differenz $g^{(n)}(u, v) - g(u, v)$ mit der Bezeichnung $|Q(0, 0; 1/n)| = 4/n^2$ auch gemäß

$$[g^{(n)}(u, v) - g(u, v)]^2 \leqq \left(2 \max_{|t| \leqq 1} \varphi(t)\right)^2 \frac{1}{\left|Q\left(0, 0; \frac{1}{n}\right)\right|} \times$$

$$\times \iint\limits_{Q\left(0,0;\frac{1}{n}\right)} [g(u - u', v - v') - g(u, v)]^2 \, du' \, dv'$$

abschätzen können. Die Grenzbeziehung

$$\lim_{n \to \infty} \frac{1}{\left|Q\left(0, 0; \frac{1}{n}\right)\right|} \iint\limits_{Q\left(0,0;\frac{1}{n}\right)} [g(u - u', v - v') - g(u, v)]^2 \, du' \, dv' = 0$$

trifft nun aber bekanntlich fast überall in B, nämlich genau in allen sogenannten Lebesgue-Punkten (präziser: den L^2-Lebesgue-Punkten) der Funktion $g(u, v)$ zu. Wir haben damit insbesondere den Satz:

Die Funktion $g(u, v)$ sei in B quadratisch summierbar. In fast allen Punkten von B gilt dann $\lim\limits_{n \to \infty} g^{(n)}(u, v) = g(u, v)$.

§ 211. *Die Funktion $f(u, v)$ sei ein Element des Raumes $\mathfrak{M}(B)$. Es sei (u, v) ein Punkt von B. Für hinreichend großes n gilt dann $f_u^{(n)}(u, v) = = \frac{\partial}{\partial u} (\varphi^{(n)} * f(u, v)) = \varphi^{(n)} * f_u(u, v)$.*

Beweis: Die natürliche Zahl N sei so groß gewählt, daß das Quadrat $Q(u, v; 2/N)$ ganz in B liegt. Für $n > N$ gilt dann gemäß §§ 204, 207

$$\begin{aligned}
\frac{\partial}{\partial u} f^{(n)}(u, v) &= \iint \varphi_u^{(n)}(u - u', v - v') \, f(u', v') \, du' \, dv' \\
&= - \iint \varphi_{u'}^{(n)}(u - u', v - v') \, f(u', v') \, du' \, dv' \\
&= \iint \varphi^{(n)}(u - u', v - v') \, f_{u'}(u', v') \, du' \, dv' \\
&= \varphi^{(n)} * f_u(u, v).
\end{aligned}$$

§ 212. *Die Funktion $f(u, v)$ sei ein Element des Raumes $\mathfrak{M}(B)$. Für jeden kompakten Teilbereich B_0 von B gilt dann*

$$\lim_{n \to \infty} \iint\limits_{B_0} [(f_u^{(n)} - f_u)^2 + (f_v^{(n)} - f_v)^2] \, du \, dv = 0.$$

Das folgt aus §§ 209, 211. Ganz entsprechend beweist man:

Die Funktion $f(u,v)$ sei ein Element des Raumes $\mathfrak{M}^p(B)$, $1 \leqq p < \infty$. Für jeden kompakten Teilbereich B_0 von B gilt dann

$$\lim_{n\to\infty} \iint\limits_{B_0} [(f_u^{(n)} - f_u)^2 + (f_v^{(n)} - f_v)^2]^{p/2}\, du\, dv = 0.$$

Der Beweis für den Fall $p = 1$ ist dabei besonders einfach.

§ 213. *Die zu $\mathfrak{M}(\bar{B})$ gehörigen Funktionen $f^n(u,v)$ $(n = 1, 2, \ldots)$ mögen in $\bar{B}$ gleichmäßig konvergieren, und es gelte $D_B[f^n] \leqq M < \infty$. Dann gehört die in $\bar{B}$ stetige Grenzfunktion $f(u,v)$ der $f^n(u,v)$ auch zu $\mathfrak{M}(\bar{B})$, und es gilt $|||f|||_B \leqq \liminf\limits_{n\to\infty} |||f^n|||_B$.*

Diese Eigenschaft drückt die Unterhalbstetigkeit der Norm $|||\ |||$ aus.

Beweis: Wir wählen zunächst eine Teilfolge $\{f^{n_i}(u,v)\}$ der $f^n(u,v)$ derart aus, daß die Grenzwerte $\lim\limits_{i\to\infty} \iint\limits_B f(_u^{n_i})^2\, du\, dv$ und $\lim\limits_{i\to\infty} \iint\limits_B (f_v^{n_i})^2\, du\, dv$ beide existieren und daß $\lim\limits_{i\to\infty} D_B[f^{n_i}] = \liminf\limits_{n\to\infty} D_B[f^n]$ ist. Auf Grund der schwachen Kompaktheit des Raumes $L^2(B)$ gibt es eine Teilfolge der f^{n_i}, die wir mit $\{f^m(u,v)\}$ bezeichnen wollen, und zwei in B quadratisch summierbare Funktionen $g(u,v)$ und $h(u,v)$, so daß für jede in B quadratisch summierbare Funktion $p(u,v)$ die Beziehungen

$$(109)\qquad \begin{aligned} \lim_{m\to\infty} \iint\limits_B f_u^m\, p\, du\, dv &= \iint\limits_B g\, p\, du\, dv, \\ \lim_{m\to\infty} \iint\limits_B f_v^m\, p\, du\, dv &= \iint\limits_B h\, p\, du\, dv \end{aligned}$$

zutreffen. Indem wir $p = g$ bzw. $p = h$ setzen und die Schwarzsche Ungleichung anwenden, erhalten wir

$$(110)\qquad \tfrac{1}{2} \iint\limits_B (g^2 + h^2)\, du\, dv \leqq \lim_{m\to\infty} D[f^m] = \liminf_{n\to\infty} D[f^n].$$

Es sei $\bar{R} = \{u, v;\ a \leqq u \leqq b,\ c \leqq v \leqq d\}$ ein in B gelegenes Rechteck und $\bar{R}'$ das Rechteck $\{u, v;\ \alpha \leqq v \leqq \beta,\ \gamma \leqq v \leqq \delta\}$, wo $a \leqq \alpha \leqq \beta \leqq b$ und $c \leqq \gamma \leqq \delta \leqq d$. Wir schreiben (109) mit der charakteristischen Funktion $p(u,v)$ des Rechtecks R' an:

$$\lim_{m\to\infty} \iint\limits_{R'} f_u^m\, du\, dv = \lim_{m\to\infty} \int\limits_\gamma^\delta dv \int\limits_\alpha^\beta du\, f_u^m\,(u,v)$$

$$= \lim_{m\to\infty} \int\limits_\gamma^\delta dv [f^m(\beta, v) - f^m(\alpha, v)] = \iint\limits_{R'} g\, du\, dv = \int\limits_\gamma^\delta dv \left[\int\limits_\alpha^\beta g(u,v)\, du\right].$$

Hier ist der Fubinische Satz benutzt und ähnlich wie in § 203 von der Zugehörigkeit der Funktionen f^m zu $\mathfrak{M}(\bar{B})$ Gebrauch gemacht worden. Wegen der gleichmäßigen Konvergenz der $f^{(m)}$ folgt nunmehr

$$\int_{\gamma}^{\delta}\left[f(\beta, v) - f(\alpha, v) - \int_{\alpha}^{\beta} g(u, v)\, du\right] dv = 0.$$

Für fast alle v im Intervalle $[c, d]$ ist $g(u, v)$ als Funktion von u allein auf $[a, b]$ summierbar. Wir betrachten nur solche Werte von v. Es sei nun $\beta_1, \beta_2, \ldots$ eine im Intervalle $[a, b]$ überall dichte Punktfolge. Wegen der Willkür in der Wahl von γ und δ ergibt sich bei festem β nach einer geläufigen Schlußweise für jedes v im Intervall $[c, d]$ mit Ausnahme einer Menge vom (eindimensionalen) Maße Null die Beziehung

$$f(\beta_n, v) - f(a, v) = \int_{a}^{\beta_n} g(u, v)\, du$$

Wenn v keiner der erwähnten Nullmengen angehört, so besteht diese Beziehung gleichzeitig für alle β_n. Da nun aber das Integral rechts eine stetige Funktion seiner oberen Grenze ist, folgt überhaupt

$$f(\beta, v) - f(a, v) = \int_{a}^{\beta} g(u, v)\, du, \quad a \leqq \beta \leqq b.$$

Für alle diese Werte von v ist $f(u, v)$ daher, als Funktion der Veränderlichen u im Intervalle $a \leqq u \leqq v$ betrachtet, absolut stetig, und es gilt fast überall (im eindimensionalen Sinne) in diesem Intervalle $f_u(u, v) = g(u, v)$. Somit wird

$$\iint_R g^2\, du\, dv = \int_c^d dv \int_a^b du\, g^2(u, v) = \int_c^d dv \int_a^b du\, f_u^2(u, v) = \iint_R f_u^2\, du\, dv.$$

Eine analoge Aussage trifft hinsichtlich der Abhängigkeit der Funktion $f(u, v)$ von v zu.

Die Grenzfunktion ist daher zu $\mathfrak{M}(\bar{B})$ gehörig, und gemäß (110) gilt $D_B[f] \leqq \liminf_{n\to\infty} D_B[f^n]$. Wegen der gleichmäßigen Konvergenz folgt weiterhin $\lim_{n\to\infty} \max_{(u,v)\in\bar{B}} |f^n(u, v)| = \max_{(u,v)\in\bar{B}} |f(u, v)|$. Daraus folgt die Behauptung.

§ 214. Die vorangehenden Überlegungen beweisen auch den folgenden Hilfssatz:

Die zu $\mathfrak{M}(B)$ gehörigen Funktionen $f^n(u, v)$ $(n = 1, 2, \ldots)$ mögen in jedem in B enthaltenen kompakten Teilbereich B_0 gleichmäßig konvergieren, und es gelte $D_B[f^n] \leqq M < \infty$. Dann ist die in B stetige Grenzfunktion $f(u, v)$ der $f^n(u, v)$ ebenfalls zu $\mathfrak{M}(B)$ gehörig, und es gilt $D_B[f] \leqq \liminf_{n\to\infty} D_B[f^n]$.

§ 215. *Für jede Funktion $f(u, v)$ des Raumes $\mathfrak{M}(B)$ gibt es eine Folge von in B stetig differenzierbaren Funktionen $f^n(u, v)$ $(n = 1, 2, \ldots)$ mit der Eigenschaft, daß für jeden in B enthaltenen kompakten Bereich B_0 die Beziehung* $\lim\limits_{n\to\infty} |||f^n - f|||_{B_0} = 0$ *gilt.*

Wir wählen $f^{(n)}(u, v) = \varphi^{(n)} * f(u, v)$. Der Beweis ergibt sich dann aus den Resultaten der Paragraphen 206, 212.

Wie wir im folgenden Paragraphen zeigen werden, gilt in Wirklichkeit eine weiterreichende Aussage.

§ 216. *Für jede Funktion $f(u, v)$ des Raumes $\mathfrak{M}(B)$ gibt es eine Folge von in B stetig differenzierbaren Funktionen $f^n(u, v)$ $(n = 1, 2, \ldots)$ mit der Eigenschaft, daß* $\lim\limits_{n\to\infty} |||f^n - f|||_B = 0$.

Beweis: O. B. d. A. dürfen wir annehmen, daß es in B Punkte gibt, deren Abstand vom Rande von B größer als Eins ist. Wir bezeichnen mit B_k die offene Teilmenge aller derjenigen Punkte von B, deren Abstand vom Rande von B größer als $1/k$ ist, und mit $d_k > 0$ den Abstand der Mengen B_{k-1} und $B \backslash B_k$. Bequemlichkeitshalber wollen wir dabei unter B_{-1} und B_0 die leere Menge verstehen und $d_{-1} = d_0 = 0$ setzen. Es seien $g_k(u, v)$ die charakteristischen Funktionen der „Ringe" $B_k \backslash B_{k-1}$. Wir setzen $h_k(u, v) = \varphi^{(1/\delta_k)} * g_k(u, v)$ (siehe § 205), wo $\delta_k = \frac{1}{\sqrt{2}} \min(d_{k-1}, d_{k-1})$ ist. Die Funktionen $h_k(u, v)$ sind nicht-negativ und stetig differenzierbar. Es sei $h(u, v) = \sum\limits_{k=1}^{\infty} h_k(u, v)$. Die Summe ist nur scheinbar unendlich; denn in jedem Punkt von B sind höchstens drei der $h_k(u, v)$ von Null verschieden. Da aber andererseits in jedem Punkte von B mindestens eines der $h_k(u, v)$ wirklich von Null verschieden ist, gilt $h(u, v) > 0$ überall in B. Die Funktionen $h'_k(u, v) = h_k(u, v)/h(u, v)$ bilden daher eine abzählbar unendliche Zerlegung der Einheit, d. h. überall in B und für alle $k = 1, 2, \ldots$ gilt $0 \leqq h'_k(u, v) \leqq 1$ und $\sum\limits_{k=1}^{\infty} h'_k(u, v) = 1$. Trivialerweise haben wir dann $f(u, v) = \sum\limits_{k=1}^{\infty} h'_k(u, v) f(u, v)$.

Da die einzelnen Funktionen $h'_k(u, v) f(u, v)$ außerhalb kompakter Teilbereiche von B verschwinden, können wir zufolge § 215 zu jeder natürlichen Zahl n so kleine positive Zahlen $\eta_{k,n}$ bestimmen, daß $\eta_{k,n} \leqq \frac{1}{\sqrt{2}} \min(d_{k-2}, d_{k+2})$ ist und daß die geglätteten Funktionen $h''_{k,n}(u, v) = \varphi^{(1/\eta_{k,n})} * [h'_k(u, v) f(u, v)]$ $(k = 1, 2, \ldots)$ die Ungleichungen $|||h''_{k,n} - h' f|||_B \leqq 1/n 2^{k+1}$ erfüllen. $h''_{k,n}(u, v)$ verschwindet dann außerhalb der Menge $B_{k+2} \backslash B_{k-3}$, so daß auf die Summe $h''_n(u, v) =$

$= \sum_{k=1}^{\infty} h''_{k,n}(u, v)$ die früheren Bemerkungen zutreffen. Die Funktion $h''_n(u, v)$ ist in B stetig differenzierbar.

Wir behaupten nun, daß die Funktionen $h''_n(u, v)$ die im Satze genannten Eigenschaften der Funktionen $f^n(u, v)$ haben. Dazu nehmen wir eine aufsteigende Folge im Gebiet B enthaltener und dieses Gebiet von innen ausschöpfender kompakter Bereiche $Q_l (l = 1, 2, \ldots)$ her. Für festes l wählen wir die Zahl k_0 so groß, daß Q_l in B_{k_0-3} enthalten ist. Dann finden wir

$$\begin{aligned} |||h''_n - f|||_{Q_l} &= \left|\left|\left| \sum_{k=1}^{k_0} (h''_{n,k} - h'_k f) \right|\right|\right|_{Q_l} \\ &\leqq \left|\left|\left| \sum_{k=1}^{k_0} (h''_{n,k} - h'_k f) \right|\right|\right|_B \\ &\leqq \sum_{k=1}^{k_0} |||h''_{n,k} - h'_k f||| \leqq \frac{1}{n}. \end{aligned}$$

Die Behauptung folgt aus den Beziehungen

$$\sup_B |h''_n - f| \leqq \lim_{l \to \infty} \sup_{Q_l} |h''_n - f|$$
$$D_B[h''_n - f] \leqq \lim_{l \to \infty} D_{Q_l}[h''_n - f].$$

Der vorstehende Beweis folgt dem von N. G. Meyers and J. B. Serrin [1] gegebenen. Im allgemeinen werden die approximierenden Funktionen $f^n(u, v)$ nicht in $\bar{B}$ stetig sein, selbst wenn $f(u, v)$ zu $\mathfrak{M}(\bar{B})$ gehören sollte. Die Approximierbarkeit in der Abschließung des Gebietes B hängt vielmehr von der Beschaffenheit des Randes von B ab und wird in § 221 behandelt werden.

§ 217. Mit Hilfe der Paragraphen 203, 213, 214 beweist man die folgende Umkehrung des vorangehenden Satzes:

Die im Gebiet B stetig differenzierbaren Funktionen $f^n(u, v)$ $(n = 1, 2, \ldots)$ mögen dort gleichmäßig konvergieren. Es gebe zwei in B quadratisch summierbare Funktionen $g(u, v)$ und $h(u, v)$ mit der Eigenschaft, daß

$$\lim_{n \to \infty} \iint_B (f^n_u - g)^2 \, du \, dv = 0, \quad \lim_{n \to \infty} \iint_B (f^n_v - h)^2 \, du \, dv = 0.$$

Dann gehört die Grenzfunktion $f(u, v)$ der $f^n(u, v)$ zu $\mathfrak{M}(B)$, und es gilt $f_u = g$, $f_v = h$ fast überall in B.

§ 218. Durch $u = u(x, y)$ und $v = v(x, y)$ werde ein Homöomorphismus zwischen B und einem beschränkten Gebiet $\mathcal{G}$ in der (x, y)-Ebene definiert. Wir nehmen an, daß die Funktionen $u(x, y)$, $v(x, y)$

und ihre Umkehrfunktionen in $\mathcal{G}$ bzw. in B stetig differenzierbar sind, und daß die Funktionaldeterminante $\partial(u,v)/\partial(x,y)$ positiv ist. Man bezeichnet als Dilatation der Abbildung in einem Punkte den Quotienten $(ds_2/ds_1)_{\max} : (ds_2/ds_1)_{\min}$ für die beiden Metriken $ds_1^2 = dx^2 + dy^2$ und $ds_2^2 = du^2 + dv^2 = (u_x^2 + v_x^2)\,dx^2 + 2(u_x u_y + v_x v_y)\,dx\,dy + (u_y^2 + v_y^2)\,dy^2$, d. h. den größeren Eigenwert der quadratischen Form

$$Q_1(u,v;\alpha,\beta) \equiv \left[\frac{\partial(x,y)}{\partial(u,v)}\right]^{-1} \{(x_v^2 + y_v^2)\,\alpha^2 - 2(x_u x_v + y_u y_v)\,\alpha\beta + (x_u^2 + y_u^2)\,\beta^2\}$$

oder, was dasselbe ist, der quadratischen Form

$$Q_2(x,y;\alpha,\beta) \equiv \left[\frac{\partial(u,v)}{\partial(x,y)}\right]^{-1} \{(u_y^2 + v_y^2)\,\alpha^2 - 2(u_x u_y + v_x v_y)\,\alpha\beta + (u_x^2 + v_x^2)\,\beta^2\}.$$

Mit der Abkürzung

$$\mathcal{E} = \frac{1}{2}\left[\frac{\partial(x,y)}{\partial(u,v)}\right]^{-1} \{x_u^2 + x_v^2 + y_u^2 + y_v^2\} = \frac{1}{2}\left[\frac{\partial(u,v)}{\partial(x,y)}\right]^{-1} \{u_x^2 + u_y^2 + v_x^2 + v_y^2\} \geqq 1$$

haben die Eigenwerte dieser Formen die Werte $\mathcal{E} + \sqrt{\mathcal{E}^2 - 1}$ und $\mathcal{E} - \sqrt{\mathcal{E}^2 - 1} = \left[\mathcal{E} + \sqrt{\mathcal{E}^2 - 1}\right]^{-1}$.

Die Funktion $f(u,v)$ gehöre zum Raume $\mathfrak{M}(B)$. Für jedes mit seiner Abschließung in $\mathcal{G}$ gelegene Gebiet $\mathcal{G}_0$ gehört dann die Funktion $F(x,y) = f(u(x,y), v(x,y))$ zu $\mathfrak{M}(\overline{\mathcal{G}}_0)$. Fast überall in $\mathcal{G}$ gelten die Beziehungen

$$\text{(111)}\quad \begin{aligned} F_x(x,y) &= f_u(u(x,y), v(x,y))\, u_x(x,y) + f_v(u(x,y), v(x,y))\, v_x(x,y) \\ F_y(x,y) &= f_u(u(x,y), v(x,y))\, u_y(x,y) + f_v(u(x,y), v(x,y))\, v_y(x,y). \end{aligned}$$

Wenn B_0 das Bild von $\mathcal{G}_0$ bezeichnet, so ist

$$D_{B_0}[f] = \tfrac{1}{2} \iint_{\mathcal{G}_0} Q_2(x,y; F_x(x,y), F_y(x,y))\,dx\,dy.$$

Insbesondere gilt also

$$\frac{1}{M(B_0)} D_{\mathcal{G}_0}(F) \leqq D_{B_0}[f] \leqq M(B_0)\, D_{\mathcal{G}_0}(F).$$

Dabei bedeutet $M(B_0)$ eine Schranke für die Dilatation der Abbildung in $\overline{B}_0$.

Beweis: Nach § **216** gibt es eine Folge von Funktionen $f^n(u,v) \in C^1(B)$ so daß $\lim_{n\to\infty} |||f^n - f|||_B = 0$ gilt. Die Funktionen $F^n(x,y) = f^n(u(x,y), v(x,y))$ sind in $\mathcal{G}$ stetig differenzierbar. Gleichmäßig in $\overline{\mathcal{G}}_0$

gilt $\lim F^{(n)}(x, y) = F(x, y)$ und wegen

$$[(F_x^n)^2 + (F_y^n)^2] \frac{\partial(x, y)}{\partial(u, v)} = Q_1(u, v; f_u^n, f_v^n) \leqq M(B_0) [(f_u^n)^2 + (f_v^n)^2]$$

weiterhin $D_{\mathcal{G}_0}[F^n] \leqq M(\mathcal{G}_0) D_{B_0}[f^n]$. Gemäß § 213 ist $F(x, y)$ daher zu $\mathfrak{M}(\overline{\mathcal{G}}_0)$ gehörig.

In der Theorie der reellen Funktionen beweist man den folgenden Satz: Wenn die Funktion $k(u, v)$ in B_0 summierbar ist, so ist die Funktion $k(u(x, y), v(x, y)) [\partial(u, v)/\partial(x, y)]$ von x und y, also auch die Funktion $k(u(x, y), v(x, y))$, in $\mathcal{G}_0$ summierbar, und es gilt

$$\iint\limits_{\mathcal{G}_0} k(u(x, y), v(x, y)) \frac{\partial(u, v)}{\partial(x, y)} dx\,dy = \iint\limits_{B_0} k(u, v)\, du\, dv.$$

Gestützt auf diesen Satz finden wir nun

$$\begin{aligned}\iint\limits_{\mathcal{G}_0} \big(F_x^n(x, y) - [f_u(u(x, y), v(x, y))\, u_x(x, y) + {}&\\ + f_v(u(x, y), v(x, y))\, v_x(x, y)]\big)^2\, dx\, dy&\\ = \iint\limits_{\mathcal{G}_0} ([f_u^n - f_u]\, u_x + [f_v^n - f_v]\, v_x)^2\, dx\, dy&\\ = \iint\limits_{B_0} \big([f_u^n(u, v) - f_u(u, v)]\, y_v(u, v) - {}&\\ - [f_v^n(u, v) - f_v(u, v)]\, y_u(u, v)\big)^2 \left[\frac{\partial(x, y)}{\partial(u, v)}\right]^{-1} du\, dv&\\ \leqq c\, D_{B_0}[f^n - f].&\end{aligned}$$

Die Konstante c hängt dabei von den Umkehrfunktionen $x(u, v)$ und $y(u, v)$ der Funktionen $u(x, y)$ und $v(x, y)$ ab. Wegen $\lim\limits_{n\to\infty} D_{B_0}[f^n - f] = 0$ folgt die zweite Behauptung des Satzes nach § 217. In allen Punkten von B_0, in denen die Ableitungen f_u und f_v endlich sind und gleichzeitig die Beziehungen (111) gelten, haben wir

$$f_u^2(u, v) + f_v^2(u, v) = Q_2(x, y; F_x(x, y), F_y(x, y)) \frac{\partial(x, y)}{\partial(u, v)}.$$

Daraus folgen die übrigen Behauptungen. W. z. b. w.

Aus dem vorangehenden Beweise in Verbindung mit § 214 ergibt sich noch die Richtigkeit des Zusatzes:

Wenn die Dilatation der Abbildung in ganz B beschränkt ist, dann gehört $F(x, y)$ zu $\mathfrak{M}(\mathcal{G})$.

§ 219. Die Folgerungen des vorangehenden Paragraphen gelten unter allgemeineren Voraussetzungen über die Abbildung $u = u(x, y)$, $v = v(x, y)$. Wie wir hier ohne Beweis feststellen wollen, wäre es beispielsweise ausreichend gewesen anzunehmen, daß die Funktionen $u(x, y)$, $v(x, y)$ und ihre Umkehrfunktionen gleichmäßig in $\mathcal{G}$ bzw. B

eine Lipschitzbedingung erfüllen. Insbesondere gilt der Satz:

Durch $u = u(x, y)$, $v = v(x, y)$ *werde eine umkehrbar eindeutige Abbildung zwischen* B *und* $\mathcal{G}$ *(oder* $\bar{B}$ *und* $\bar{\mathcal{G}}$*) definiert. Die Funktionen* $u(x, y)$, $v(x, y)$ *und ihre Umkehrfunktionen seien in* $\mathcal{G}$ *bzw. in* B *(oder in* $\bar{\mathcal{G}}$ *bzw. in* $\bar{B}$*) stetig und mögen gleichmäßig in* $\mathcal{G}$ *bzw.* B *eine Lipschitzbedingung erfüllen. Wenn die Funktion* $f(u, v)$ *zum Raume* $\mathfrak{M}^p(B)$ *(oder* $\mathfrak{M}^p(\bar{B})$*) gehört,* $1 \leqq p < \infty$, *so gehört die Funktion* $F(x, y) = f(u(x, y), v(x, y))$ *zum Raume* $\mathfrak{M}^p(\mathcal{G})$ *(oder* $\mathfrak{M}^p(\bar{\mathcal{G}})$*).*

Wir werden diesen Satz u. a. in der folgenden Situation anzuwenden haben. $\mathcal{G}$ sei ein von einer konvexen Kurve $\mathcal{C}$ berandetes und den Nullpunkt der (x, y)-Ebene enthaltendes Gebiet. Die Gleichung von $\mathcal{C}$ in Polarkoordinaten (r, φ) sei $r = R(\varphi)$. (ϱ, ϑ) seien Polarkoordinaten in der (u, v)-Ebene. Durch $\varrho = \varrho(r, \varphi) = r/R(\varphi)$, $\vartheta = \vartheta(r, \varphi) = \varphi$ wird eine Abbildung $u = u(x, y)$, $v = v(x, y)$ zwischen $\bar{\mathcal{G}}$ und dem Einheitskreis $\bar{B}$ der (u, v)-Ebene hergestellt. Da $\mathcal{C}$ konvex ist, sind die Funktionen $u(x, y)$, $v(x, y)$ und ihre Umkehrfunktionen gleichmäßig in $\mathcal{G}$ bzw. B Lipschitzstetig. Wenn also $f(u, v)$ zu $\mathfrak{M}^p(\bar{B})$ gehört, so gehört $F(x, y)$ zu $\mathfrak{M}^p(\bar{\mathcal{G}})$.

§ 220. Indem man berücksichtigt, daß die Dilatation einer konformen Abbildung überall gleich Eins ist, erkennt man die Richtigkeit des Satzes:

Wenn die Abbildung $u = u(x, y)$, $v = v(x, y)$ *unter den Voraussetzungen des Satzes aus* § 218 *konform ist, so gilt zusätzlich zu den Aussagen jenes Satzes (und seines Zusatzes) die Beziehung* $D_{\mathcal{G}}[F] = D_B[f]$.

§ 221. *Der Rand des Gebietes* B *bestehe aus glatten regulären Kurven, und die Funktion* $f(u, v)$ *gehöre zu* $\mathfrak{M}(\bar{B})$. *Es ist dann möglich, die Funktion* $f(u, v)$ *in ein Gebiet* $D \supset \bar{B}$ *so fortzusetzen, daß die erweiterte Funktion zu* $\mathfrak{M}(\bar{D})$ *gehört. Und es gibt weiterhin eine Folge von Funktionen* $f^n(u, v) \in C^1(\bar{B})$ $(n = 1, 2, \ldots)$, *so daß* $\lim\limits_{n\to\infty} |||f^n - f|||_B = 0$ *ist.*

Beweis: Wir beweisen zunächst die folgende Behauptung: *Um jeden Punkt* $p \in \bar{B}$ *gibt es ein achsenparalleles Quadrat* Q *und eine Folge von Funktionen* $\hat{f}^n(u, v) \in C^1(\bar{Q})$, *so daß* $\lim\limits_{n\to\infty} |||\hat{f}^n - \hat{f}|||_Q = 0$ *ist. Dabei ist* $\hat{f}(u, v)$ *eine* $\mathfrak{M}(\bar{Q})$*-Funktion, welche in* $\bar{Q} \cap \bar{B}$ *mit* $f(u, v)$ *übereinstimmt.*

Für einen Punkt von B ist das nach § 215 klar. Es sei nun p ein Punkt auf ∂B. Wir machen p zum Ursprung eines (ξ, η)-Koordinatensystems, dessen ξ- und η-Achsen mit der Tangente bzw. der äußeren Normale des Randes in p zusammenfallen. $\xi = \xi(u, v)$ und $\eta = \eta(u, v)$ sind lineare Funktionen von u und v, und ∂B hat dann lokal eine Darstellung $\eta = t(\xi)$, $t'(0) = 0$. Es gibt eine hinreichend kleine Umgebung $U(p)$, welche durch die Funktionen $x = x(u, v) = \xi(u, v)$, $y = y(u, v) = \eta(u, v) - t(\xi(u, v))$ umkehrbar eindeutig auf ein Quadrat $Q_0 = \{x, y; |x| < a, |y| < a\}$ abgebildet wird, wobei das Rechteck $R = \{x, y; |x| < a, -a < y < 0\}$ dem Gebiete $U(p) \cap B$ und das Segment $\mathcal{G} = \{x, y; |x| < a, y = 0\}$ dem Stück $U(p) \cap \partial B$ des Randes entspricht. Die Funktionen $x(u, v)$, $y(u, v)$ sind in $\overline{U(p)}$ stetig differenzierbar, und dasselbe gilt von ihren Umkehrfunktionen in $\bar{Q}_0$. Gemäß des Zusatzes aus § 218 gehört $F(x, y) = f(u(x, y), v(x, y))$ zu $\mathfrak{M}(R)$. Wir setzen nun die in $\bar{R}$ definierte Funktion $F(x, y)$ durch Spiegelung an der Geraden $\mathcal{G}$ in das ganze Quadrat $\bar{Q}_0$ fort. Die erweiterte in $\bar{R}$ mit $F(x, y)$ übereinstimmende Funktion $\hat{F}(x, y)$ gehört offensichtlich zu $LAS(\bar{Q}_0)$ und zu $\mathfrak{M}(\bar{Q}_0)$. Indem wir wieder zur (u, v)-Ebene zurückgehen, sehen wir auf Grund derselben Schlußweise, daß die erweiterte Funktion $\hat{f}(u, v) = \hat{F}(x(u, v), y(u, v))$, welche in $\bar{U}(p) \cap \bar{B}$ mit $f(u, v)$ identisch ist, zu $\mathfrak{M}(\bar{U})$ gehört. Es sei Q ein mit seiner Abschließung in $U(p)$ enthaltenes achsenparalleles Quadrat mit p als Mittelpunkt. Nach § 215 gibt es eine Folge von Funktionen $\hat{f}^n(u, v) \in C^1(U(p))$ derart, daß $\lim_{n\to\infty} |||\hat{f}^n - \hat{f}|||_Q = 0$. Damit ist die Behauptung bewiesen.

Es gibt nun endlich viele Quadrate $Q_i (i = 1, 2, \ldots, N)$ der beschriebenen Art, welche den Bereich $\bar{B}$ überdecken, und zugehörige Funktionenfolgen $\hat{f}_i^n(u, v) \in C^1(\bar{Q}_i)$ mit der Eigenschaft, daß $\lim_{n\to\infty} |||\hat{f}_i^n - \hat{f}_i|||_{Q_i} = 0$ ist. Dabei gilt $\hat{f}_i(u, v) = f(u, v)$ in $\bar{B} \cap \bar{Q}_i$.

Wir nehmen jetzt eine glatte Zerlegung der Einheit bezüglich dieser Quadrate Q_i her, d. h. wir bestimmen N stetig differenzierbare nichtnegative Funktionen $\alpha_i(u, v)$, wo jedes $\alpha_i(u, v)$ nur im zugehörigen Q_i von Null verschieden ist, so daß für alle Punkte der Vereinigungsmenge $\bigcup_{i=1}^{N} Q_i$ die Beziehung $\sum_{i=1}^{N} \alpha_i(u, v) = 1$ gilt. Mit Hilfe der Funktion $\varphi(t)$ aus § 205 können wir beispielsweise $\alpha_i(u, v) = k^{-1}(u, v)\, \varphi\left(\frac{u - u_i}{l_i}\right) \varphi\left(\frac{v - v_i}{l_i}\right)$ nehmen. (u_i, v_i) bedeutet dabei den Mittelpunkt des Quadrates Q_i, $2l_i$ seine Seitenlänge und $k(u, v) = \sum_{i=1}^{N} \varphi\left(\frac{u - u_i}{l_i}\right) \varphi\left(\frac{v - v_i}{l_i}\right)$. Indem wir $\hat{f}(u, v) = \sum_{i=1}^{N} \alpha_i(u, v)\, \hat{f}_i(u, v)$, $\hat{f}^n(u, v) = \sum_{i=1}^{N} \alpha_i(u, v)\, \hat{f}_i^n(u, v)$ setzen, finden wir $|||\hat{f}^n - \hat{f}|||_B \leqq c \cdot \sum_{i=1}^{N} |||\hat{f}_i^n - \hat{f}_i|||_{Q_i}$. Die Konstante c hängt dabei vom Maximum der α_i und dem ihrer ersten Ableitungen ab.

Für $n \to \infty$ ergibt sich die Behauptung des Approximationssatzes, wenn wir bedenken, daß die $\hat{f}^n(u, v)$ in $\bar{B}$ stetig differenzierbar sind und daß $\hat{f}(u, v) = f(u, v)$ ist für $(u, v) \in \bar{B}$.

§ 222. Ohne Beweis wollen wir anmerken, daß der Approximationssatz des § 221 auch dann noch gilt, wenn der Rand von B aus stückweise glatten Kurven ohne Spitzen, insbesondere aus Polygonen, besteht oder allgemeiner die folgende Bedingung erfüllt: Zu jedem Punkt $p \in \partial B$ gebe es eine Umgebung $U(p)$, welche sich durch eine umkehrbar eindeutige und in beiden Richtungen gleichmäßig Lipschitzstetige Transformation so auf das Quadrat $\{x, y; |x| < 1, |y| < 1\}$ abbilden läßt, daß $U(p) \cap B$ in das Rechteck $\{x, y; |x| < 1, -1 < y < 0\}$ und $U(p) \cap \partial B$ in das Segment $\{x, y; |x| < 1, y = 0\}$ übergeht. Man vergleiche hierzu etwa N. Aronszajn, R. Adams, and K. T. Smith [1] und die dort angegebene Literatur.

Wir nennen ein Gebiet mit den angegebenen Eigenschaften ein Lipschitzgebiet.

§ 223. *Die Funktion $f(u, v)$ gehöre zu $\mathfrak{M}(B)$ und habe einen kompakten Träger in B. Die Funktion $g(u, v)$ sei in B summierbar, und für alle Kreisscheiben $R(w_0; r) = \{u, v; (u - u_0)^2 + (v - v_0)^2 < r^2\}$ gelte*

$$\iint_{B \cap R(w_0; r)} |g(u, v)| \, du \, dv \leqq M r^\beta, \quad 0 < \beta \leqq 2.$$

Dann ist die Funktion $g(u, v) f^2(u, v)$ in B summierbar, und für $0 < \lambda < \beta$ und alle $R(w_0; r)$ gilt

$$\iint_{B \cap R(w_0; r)} |g(u, v)| \, f^2(u, v) \, du \, dv \leqq \mathscr{C}(\beta, \lambda) \, M \, |B|^{\lambda/2} r^{\beta - \lambda} D_B[f].$$

Dabei ist $|B|$ der Flächeninhalt von B und $\mathscr{C}(\beta, \lambda) = \beta \pi^{-1-\lambda/2} / \lambda(\beta - \lambda)$. (Siehe C. B. Morrey [II], p. 144.)

Beweis: Gemäß §§ 215, 216 genügt es, den Beweis für Funktionen $f(u, v) \in C_0^1(B)$, d. h. für stetig differenzierbare Funktionen mit kompaktem Träger in B, zu führen. Wir dürfen auch annehmen, daß der Rand von B aus glatten Kurven besteht. Aus der Darstellungsformel

$$f(u, v) = \frac{1}{2\pi} \iint_B \log r \, \Delta f(\xi, \eta) \, d\xi \, d\eta, \quad r = \sqrt{(u - \xi)^2 + (v - \eta)^2},$$

in welcher wegen des Verschwindens von $f(u, v)$ nahe des Randes von B keine Randglieder auftreten, ergibt sich durch partielle Integration

$$f(u, v) = \frac{1}{2\pi} \iint_B \frac{1}{r^2} [(u - \xi) f_\xi(\xi, \eta) + (v - \eta) f_\eta(\xi, \eta)] \, d\xi \, d\eta.$$

Das Integral ist absolut konvergent. Mit Hilfe der Schwarzschen Ungleichung wird

$$f^2(u, v) \leqq \frac{1}{4\pi^2} \iint_B r^{\lambda - 2} \, d\xi \, d\eta \iint_B r^{-\lambda} (f_\xi^2 + f_\eta^2) \, d\xi \, d\eta.$$

Es sei $R(w; b)$ die Kreisscheibe vom Flächeninhalt $|B|$ um den Punkt $w = u + i\,v$. Offensichtlich ist

$$\iint\limits_{B} r^{\lambda-2}\, d\xi\, d\eta = \iint\limits_{B\cap R(w;b)} r^{\lambda-2}\, d\xi\, d\eta + \iint\limits_{B\setminus R(w;b)} r^{\lambda-2}\, d\xi\, d\eta$$

$$\leqq \iint\limits_{B\cap R(w;b)} r^{\lambda-2}\, d\xi\, d\eta + \iint\limits_{B\setminus R(w;b)} b^{\lambda-2}\, d\xi\, d\eta$$

$$\leqq \iint\limits_{R(w;b)} r^{\lambda-2}\, d\xi\, d\eta = 2\pi \int\limits_0^b r^{\lambda-1}\, dr = 2\lambda^{-1}\, \pi^{1-\frac{\lambda}{2}} |B|^{\frac{\lambda}{2}}.$$

Somit haben wir

$$\iint\limits_{B\cap R(w_0;r)} |g(u,v)|\, f^2(u,v)\, du\, dv \leqq$$

$$\leqq \frac{1}{2\lambda}\, \pi^{-1-\frac{\lambda}{2}} |B|^{\frac{\lambda}{2}} \iint\limits_{B\cap R(w_0;r)} du\, dv\, |g(u,v)| \iint\limits_{B} r^{-\lambda} (f_\xi^2 + f_\eta^2)\, d\xi\, d\eta.$$

Zur Abschätzung der rechten Seite ziehen wir die Hilfsfunktion

$$\psi(\varrho; \xi, \eta) = \iint\limits_{B\cap R(w_0;r)\cap R(\zeta;\varrho)} |g(u,v)|\, du\, dv, \qquad \zeta = \xi + i\,\eta$$

heran. Es gilt sowohl $\psi(\varrho; \xi, \eta) \leqq M\, r^\beta$ als auch $\psi(\varrho; \xi, \eta) \leqq M\, \varrho^\beta$. Aus der für feste ξ, η gültigen Ungleichung

$$\iint\limits_{B\cap R(w_0;r)} r^{-\lambda}\, |g(u,v)|\, du\, dv \leqq \int\limits_0^\infty \varrho^{-\lambda}\, \psi_\varrho(\varrho; \xi, \eta)\, d\varrho,$$

welche für ein glatt berandetes Gebiet leicht zu beweisen ist (man vergleiche dazu die Ausführungen in § 233) folgt durch partielle Integration

$$\iint\limits_{B\cap R(w_0;r)} r^{-\lambda}\, |g(u,v)|\, du\, dv \leqq \lambda \int\limits_0^\infty \varrho^{-\lambda-1}\, \psi(\varrho; \xi, \eta)\, d\varrho$$

$$\leqq M\,\lambda \left\{ \int\limits_0^r \varrho^{\beta-\lambda-1}\, d\varrho + r^\beta \int\limits_r^\infty \varrho^{-\lambda-1}\, d\varrho \right\}$$

$$\leqq \frac{M\,\beta}{\beta-\lambda}\, r^{\beta-\lambda}.$$

Die behauptete Ungleichung ergibt sich nunmehr durch Einsetzen.

2. *Flächen der Klasse* $\mathfrak{M}$

§ 224. Es sei P ein beschränktes Gebiet in der (u, v)-Ebene und P_1 eine zwischen P und seiner Abschließung $\bar{P}$ gelegene Punktmenge der in § 194 beschriebenen Art. Die Fläche S heißt zur Klasse $\mathfrak{M}(P_1)$ gehörig oder eine $\mathfrak{M}(P_1)$-Fläche, falls sie eine Darstellung $S = \{\mathfrak{x} = \mathfrak{x}(u, v); (u, v) \in P_1\}$ besitzt, bei welcher die Komponenten des Ortsvektors $\mathfrak{x}(u, v)$ Elemente des Funktionenraumes $\mathfrak{M}(P_1)$ sind. In analoger Weise sind Flächen der Klasse $\mathfrak{M}^p(P_1)$, $1 \leqq p \leqq \infty$ und Flächen der Klasse $\mathfrak{M}^{p,q}(P_1)$, $p \geqq 1$, $q \geqq 1$, $p^{-1} + q^{-1} = 1$ erklärt.

§ 225. Wie wir schon in § 36 erwähnt hatten, ist der Flächeninhalt einer Fläche der Klasse $\mathfrak{M}(P_1)$, oder allgemeiner der Klasse $\mathfrak{M}^{p,q}(P_1)$, durch die klassische Integralformel

$$(112) \qquad I(S) = \iint\limits_P |\mathfrak{x}_u \times \mathfrak{x}_v| \, du \, dv = \iint\limits_P \sqrt{E\,G - F^2} \, du \, dv$$

gegeben. Auf den Nachweis dieser von E. J. McShane [2] und C. B. Morrey [1], [2], [4], [5] entdeckten Tatsache müssen wir verzichten. Da die Komponenten des Ortsvektors in jedem kompakten Teilbereich von P im Sinne der $\mathfrak{M}$-Norm durch stückweise lineare Funktionen approximiert werden können, so wird man auf Grund der Ausführungen der Paragraphen 211, 214 und der Unterhalbstetigkeit des Flächeninhaltes die Ungleichung $I(S) \leqq \iint\limits_P \sqrt{EG - F^2} \, du \, dv$ unschwer einsehen. Der Beweis der entgegengesetzten Ungleichung bedarf jedoch langwierigerer Vorbereitungen. Man sehe dazu insbesondere die schon zitierten Lehrbücher von T. Radó [III] und L. Cesari [I] und, für den höher-dimensionalen Fall, weiter C. Goffman and W. P. Ziemer [1]. Im vorliegenden Buche wird der durch (112) ausgedrückte Sachverhalt nur an ganz wenigen, allerdings wesentlichen, Stellen heranzuziehen sein. Ansonsten könnten wir, sozusagen per Verfügung, die Beziehung (112) überhaupt zur Definition des Flächeninhaltes erheben.

Selbst wenn die Fläche S nicht zur Klasse $\mathfrak{M}(P_1)$ gehört, ist die Beziehung (112) richtig, vorausgesetzt, der Vektor $\mathfrak{x}(u, v)$ liegt für jede offene Menge $Q \subset P$ in $\mathfrak{M}(Q)$ und der Integrand $|\mathfrak{x}_u \times \mathfrak{x}_v|$ ist über P summierbar. Einen Beweis für diese Tatsache findet man z. B. bei L. Cesari [I], p. 45.

In allen Punkten, in denen die partiellen Ableitungen $\mathfrak{x}_u$ und $\mathfrak{x}_v$ existieren, und das ist fast überall in P der Fall, gilt $\sqrt{EG - F^2} \leqq \leqq \sqrt{EG} \leqq \frac{1}{2}(E + G)$. Daher ist $I(S) \leqq D_P[\mathfrak{x}]$. Wir haben dabei die Abkürzung $D_P[\mathfrak{x}] = D_P[x] + D_P[y] + D_P[z]$ benützt. Gleichheit kann dabei nur eintreten, wenn fast überall in P die Beziehungen $E = G$, $F = 0$ erfüllt sind, d. h. wenn, wie wir in § 453 sagen werden, die Darstellung der Fläche fast-konform ist. Die Invarianz des Inhaltes einer $\mathfrak{M}$-Fläche gegenüber Verschiebungen und Drehungen folgt einfacher als in § 38 aus der Invarianz des Ausdruckes $|\mathfrak{x}_u \times \mathfrak{x}_v|$ unter solchen Transformationen.

Wenn B ein mit seiner Abschließung in P gelegenes von einer rektifizierbaren Jordankurve berandetes Gebiet ist — oder allgemeiner ein Gebiet, dessen Randpunkte eine Menge verschwindenden zweidimensionalen Maßes ausmachen —, so gilt offensichtlich $I(S) = I(S[B]) + I(S[P_1 \backslash B])$.

§ 226. *Der Inhalt der Fläche* $S = \{\mathfrak{x} = \mathfrak{x}(u,v);\ (u,v) \in \bar{P}\}$, *wo* $\bar{P}$ *die Abschließung der Einheitskreisscheibe* $P = \{u, v;\ u^2 + v^2 < 1\}$ *bedeutet, sei endlich. Es gibt dann eine Folge von* $\mathfrak{M}(\bar{P})$*-Flächen* $S_m = \{\mathfrak{x} = \mathfrak{x}_m(u,v);\ (u,v) \in \bar{P}\}$ *mit gleichmäßig beschränktem Dirichletschen Integral*: $D_P[\mathfrak{x}_m] \leqq M < \infty$ *derart, daß* $\lim\limits_{m\to\infty} \|S, S_m\| = 0$ *und* $\lim\limits_{m\to\infty} I(S_m) = \lim\limits_{m\to\infty} D_P[\mathfrak{x}_m] = I(S)$ *ist.*

Beweis: Gemäß §§ 33, 35, 39 gibt es eine Folge von Polyedern $\Sigma_n = \{T_n;\ \bar{\Pi}_n\}$, $(n = 1, 2, \ldots)$, deren Parametermengen Jordanbereiche sind, und eine Folge von Mengen P_n $(n = 1, 2, \ldots)$ mit den in § 33 angegebenen Eigenschaften, so daß $\|S[P_n], \Sigma_n\| < 1/n$ und $|I(S) - I_e(\Sigma_n)| < 1/n$ gilt. Nach § 34 hat jedes Polyeder Σ_n eine Darstellung $\Sigma_n = \{\mathfrak{x} = \mathfrak{y}_n(\alpha,\beta);\ (\alpha,\beta) \in \bar{P}\}$ mit den dort formulierten Eigenschaften; und nach §§ 36, 225 ist dann insbesondere $I_e(\Sigma_n) = I(\Sigma_n) = D_P[\mathfrak{y}_n] < I(S) + 1 \equiv M < \infty$. Für jedes $n = 1, 2, \ldots$ gibt es eine topologische Abbildung τ_n: $\alpha = \alpha_n(u,v)$, $\beta = \beta_n(u,v)$ von P_n auf $\bar{P}$, so daß $|\mathfrak{x}(u,v) - \mathfrak{y}_n(\alpha_n(u,v), \beta_n(u,v))| < 2/n$ ist für alle $(u,v) \in P_n$. Zu jeder natürlichen Zahl m bestimmen wir eine positive Zahl $\varepsilon_m < 1$ derart, daß der in $\bar{P}$ gleichmäßig stetige Ortsvektor der Fläche S für alle Punktepaare $(u_1, v_1), (u_2, v_2) \in \bar{P}$ im Abstand $\leqq \varepsilon_m$ der Ungleichung $|\mathfrak{x}(u_2, v_2) - \mathfrak{x}(u_1, v_1)| < 1/m$ genügt. Wir führen noch die Abbildung $\sigma_m: u' = f_m(u,v) \equiv (1 - \varepsilon_m)\, u,\ v' = g_m(u,v) \equiv (1 - \varepsilon_m)\, v$ von $\bar{P}$ auf $\overline{P^{(m)}} = \{u', v';\ u'^2 + v'^2 \leqq (1 - \varepsilon_m)^2\}$ ein, welche keinen Punkt von $\bar{P}$ um mehr als die Entfernung ε_m verschiebt. Zu gegebenem m gibt es eine kleinste Zahl $N = N(m) \geqq m$ mit der Eigenschaft, daß $\overline{P^{(m)}}$ für $n \geqq N(m)$ in P_n^0 enthalten ist. Im folgenden wollen wir uns immer $n = N(m)$ eingesetzt denken. Es sei $\overline{\Pi^{(m)}}$ der der Kreisscheibe $\overline{P^{(m)}}$ unter dem Homöomorphismus τ_n entsprechende Bereich. Die zusammengesetzte Abbildung $\tau_n\,\sigma_m$ stellt eine topologische Beziehung zwischen $\bar{P}$ und $\overline{\Pi^{(m)}}$ her. Schließlich sei $\varrho_m: \xi = \xi_m(\alpha,\beta)$, $\eta = \eta_m(\alpha,\beta)$ eine umkehrbar eindeutige und konforme Abbildung des Jordanbereiches $\overline{\Pi^{(m)}}$ in der (α,β)-Ebene auf den Einheitskreis $\bar{P}$ in der (ξ,η)-Ebene. Wir setzen $\mathfrak{z}_m(\xi,\eta) = \mathfrak{y}_n(\alpha,\beta)$. Gemäß § 220 gilt

$$D_P[\mathfrak{z}_m] = D_{\Pi^{(m)}}[\mathfrak{y}_n] \leqq D_P[\mathfrak{y}_n] \leqq M\,.$$

Für $m = 1, 2, \ldots$ (und, man erinnere sich, $n = N(m)$) sei S_m die Fläche $S_m = \{T_n\,\varrho_m^{-1};\ \bar{P}\}$. Für einen Punkt $(u,v) \in \bar{P}$ und den ihm unter dem zusammengesetzten Homöomorphismus $\varrho_m \tau_n \sigma_m$ entsprechenden Punkt $(\xi, \eta) \in \bar{P}$ haben wir

$$
\begin{aligned}
|\mathfrak{x}(u,v) - \mathfrak{z}_m(\xi,\eta)| &= |\mathfrak{x}(u,v) - \mathfrak{y}_n(\alpha,\beta)| \\
&\leqq |\mathfrak{x}(u,v) - \mathfrak{x}(u',v')| + |\mathfrak{x}(u',v') - \mathfrak{y}_n(\alpha_n(u',v'), \beta_n(u',v'))| \\
&\leqq \frac{1}{m} + \frac{2}{m} \leqq \frac{3}{m}.
\end{aligned}
$$

Somit ist $\|S, S_m\| < 3/m$. Wegen der Unterhalbstetigkeit des Flächeninhaltes und der nach § 225 gültigen Ungleichung $I(S_m) \leqq D_P[\mathfrak{z}_m]$ folgt weiterhin

$$I(S) \leqq \lim_{m\to\infty} I(S_m) \leqq \lim_{m\to\infty} D_P[\mathfrak{z}_m] \leqq \lim_{m\to\infty} D_P[\mathfrak{y}_{N(m)}] = \lim_{m\to\infty} I_e(\Sigma_{N(m)}) = I(S).$$

Damit ist alles bewiesen.

§ 227. Für eine Fläche S in nichtparametrischer Darstellung $S = \{z = f(x,y); 0 \leqq x, y \leqq 1\}$ hat L. Tonelli ([I], pp. 432–455) folgendes bewiesen (und man könnte sowohl hier als auch in den weiter unten zitierten Resultaten das Quadrat $\bar{Q} = \{x, y; 0 \leqq x, y \leqq 1\}$ ohne weiteres durch eine allgemeinere Parametermenge ersetzen): Der Flächeninhalt $I(S)$ ist dann und nur dann endlich, wenn $f(x,y)$ zur Klasse $\hat{\mathfrak{M}}^1(\bar{Q})$ gehört. Wenn $I(S) < \infty$ ist, dann gilt

$$\iint_Q \sqrt{1 + f_x^2 + f_y^2}\, dx\, dy \leqq I(S). \tag{113}$$

Dabei trifft die Gleichheit genau dann zu, wenn $f(x,y)$ zu $\mathfrak{M}^1(\bar{Q})$ gehört. Man beachte die Analogie mit den in § 16 erwähnten Tonellischen Sätzen für Kurven! (Diese Analogie wurde möglich durch die „korrekte" Verallgemeinerung des Begriffes der absoluten Stetigkeit von einer auf zwei Dimensionen.) An Hand konkreter Beispiele – das einfachste konstruiert man mit Hilfe der in § 605 herangezogenen monotonen Funktion mit fast überall verschwindender Ableitung – läßt sich illustrieren, daß in (113) i. a. die Ungleichheit eintritt. Neben den schon in §§ 35, 36, 225 angegebenen Lehrbüchern und Originalarbeiten sehe man zu diesem ganzen Fragenkreis noch H. Federer [I]; W. H. Fleming [3]; C. Goffman [1]; C. Goffman and J. Serrin [1]; K. Krickeberg [1], Kap. 9; T. Radó [8]; S. Saks [I], Ch. V; J. Serrin [2], [3], [4]; W. P. Ziemer [2], [3] und die dort zitierte Literatur.

Unter der Voraussetzung, daß die Funktion $f(x,y)$ zu $\mathfrak{M}^1(\bar{Q})$ gehört, hat A. S. Besicovitch [5] gezeigt, daß der Lebesguesche Inhalt der Fläche S mit dem zweidimensionalen Hausdorffschen Maß der Punktmenge $[S]$ übereinstimmt; siehe § 31 und §§ 35, 249. H. Federer [1], [3] hat dasselbe unter alleiniger Annahme der Stetigkeit von $f(x,y)$ bewiesen. Ein anderer Beweis des Federschen Resultates ist von E. J.

Mickle and T. Radó [1] gegeben worden. Die Verallgemeinerung auf „linear stetige" Funktionen stammt von C. Goffman [2].

Die sich an Formel (112) anschließenden Bemerkungen aus § 225 übertragen sich sinngemäß auch auf den nichtparametrischen Fall.

3. *Eigenschaften harmonischer Funktionen*

§ 228. *B sei der Einheitskreis $\{u, v; u^2 + v^2 < 1\}$, und $f(u, v)$ gehöre dem Raume $\mathfrak{M}(\bar{B})$ an. $g(u, v)$ sei die in B harmonische und in $\bar{B}$ stetige Funktion mit denselben Randwerten wie $f(u, v)$. Dann gehört $g(u, v)$ auch zu $\mathfrak{M}(\bar{B})$, und es gilt $D_B[g] \leqq D_B[f]$. Das Gleichheitszeichen trifft dabei nur im Falle $f \equiv g$ zu.*

Beweis: Wir führen Polarkoordinaten (ϱ, ϑ) ein, bezeichnen mit a_k, b_k die Fourierkoeffizienten der Funktion $f(1, \vartheta)$ und setzen $g^{(n)} = \frac{a_0}{2} + \sum_{k=1}^{n} \varrho^k (a_k \cos k\vartheta + b_k \sin k\vartheta)$ und $\zeta^{(n)} = f - g^{(n)}$. Dann ergibt sich $D_B[f] = D_B[g^{(n)}] + D_B[\zeta^{(n)}] + 2 D_B[g^{(n)}, \zeta^{(n)}]$. Die Greensche Formel, welche auf Grund derselben Überlegungen wie in §§ 203, 204 anwendbar ist (man bedenke, daß die Funktionen $g^{(n)}$ in $\bar{B}$ analytisch sind) liefert

$$2D[g^{(n)}, \zeta^{(n)}] = \int_0^{2\pi} \zeta^{(n)} \left[\frac{\partial g^{(n)}}{\partial \varrho}\right]_{\varrho=1} d\vartheta - \iint_B \zeta^{(n)} \Delta g^{(n)} \, du \, dv .$$

Das erste Integral verschwindet, weil die ersten $2n + 1$ Fourierkoeffizienten von $\zeta^{(n)}(1, \vartheta)$ Null sind, während höchstens die ersten $2n + 1$ Fourierkoeffizienten von $g_\varrho^{(n)}(1, \vartheta)$ von Null verschieden sein können. Das zweite Integral verschwindet wegen der Harmonizität von $g^{(n)}$. Daher gilt $D_B[g^{(n)}] = D_B[f] - D_B[\zeta^{(n)}] \leqq D_B[f]$. Die Konvergenz der $g^{(n)}(u, v)$ gegen die in $\bar{B}$ stetige Funktion $g(u, v)$ ist in jedem kompakten Teilbereich von B gleichmäßig. Zufolge § 214 ist $g(u, v)$ daher zu $\mathfrak{M}(\bar{B})$ gehörig, und es gilt $D_B[g] \leqq \liminf_{n\to\infty} D_B[g^{(n)}] \leqq D_B[f] - \limsup_{n\to\infty} D_B[\zeta^{(n)}] \leqq D_B[f]$. Damit ist die erste Behauptung bewiesen.

Für jede auf ∂B verschwindende Funktion $h(u, v)$ aus $\mathfrak{M}(\bar{B})$ gilt nun aber $D_B[g, h] = 0$. Das folgt aus der Tatsache, daß nach dem eben Bewiesenen für jede Zahl ε $D_B[g] \leqq D_B[g + \varepsilon h] = D_B[g] + 2\varepsilon D_B[g, h] + \varepsilon^2 D_B[h]$, d. h. $2\varepsilon D_B[g, h] + \varepsilon^2 D_B[h] \geqq 0$ sein muß. Diese Ungleichung kann nur erfüllt sein, wenn $D_B[g, h] = 0$ ist.

Indem wir $h = f - h$ wählen, finden wir $D_B[f] = D_B[g + h] = D_B[g] + D_B[h]$, so daß eine Gleichheit nur im Falle $D_B[h] \equiv 0$

gelten kann. Nach § 202 muß dann wegen des Verschwindens von h auf ∂B $h(u, v) \equiv 0$, d. h. $f(u, v) \equiv g(u, v)$ gelten. W. z. b. w.

Die hier ausgesprochene Eigenschaft der harmonischen Funktion trägt den Namen *Dirichletsches Prinzip für den Einheitskreis.*

§ 229. Wegen der Invarianz des Dirichletschen Integrals bei konformen Abbildungen und auf Grund der Paragraphen 218, 220 kann im vorangehenden Satze der Einheitskreis durch ein Jordangebiet ersetzt werden. Das Dirichletsche Prinzip gilt aber allgemeiner für Bereiche, die von endlich vielen punktfremden Jordankurven berandet sind. Für einen Kreisring läßt sich der Beweis noch ähnlich wie hier führen und sei dem Leser als Aufgabe gestellt. Der allgemeine Beweis gehört zur Theorie der konformen Abbildung. Man lese dazu etwa die Darstellung im ersten Kapitel von R. Courants Buch [I] nach.

Wenn wir mit $d_B[f]$ die untere Grenze der Werte des Dirichletschen Integrals $D_B[k]$ für alle auf ∂B mit $f(u, v)$ übereinstimmenden Funktionen $k(u, v) \in \mathfrak{M}(\bar{B})$ bezeichnen, so könnten wir die Harmonizität übrigens in einer verallgemeinerungsfähigen Weise so definieren: Eine Funktion $f(u, v) \in \mathfrak{M}(\bar{B})$ ist in B harmonisch, falls $D_B[f] = d_B[f]$ gilt.

§ 230. Es seien B die offene Halbkreisscheibe $\{u, v;\ u^2 + v^2, v > 0\}$ und B_1 die Punktmenge $\{u, v;\ u^2 + v^2 \leqq 1, v > 0\}$. Die Funktion $f(u, v)$ sei ein Element des Raumes $\mathfrak{M}(B_1)$, für welche die auf dem Kreise $u^2 + v^2 = 1$ genommenen Grenzwerte $\lim\limits_{\vartheta \to +0} f(\cos\vartheta, \sin\vartheta) = f(1, 0)$ und $\lim\limits_{\vartheta \to \pi - 0} f(\cos\vartheta, \sin\vartheta) = f(-1, 0)$ existieren. Mit $g(u, v)$ bezeichnen wir die eindeutig bestimmte in $\bar{B}$ stetige und in $\{u, v;\ u^2 + v^2 < 1, v \geqq 0\}$ harmonische Funktion, deren Werte auf dem Bogen $\{u, v;\ u^2 + v^2 = 1, v > 0\}$ mit denen von $f(u, v)$ übereinstimmen und deren Normalableitung auf dem Segment $\{u, v;\ |u| < 1, v = 0\}$ verschwindet. $g(u, v)$ kann folgendermaßen erhalten werden: Wir definieren die Funktion $F(u, v)$ durch die Festsetzung $F(u, v) = f(u, v)$ für $v > 0$ und $F(u, v) = f(u, -v)$ für $v < 0$. $G(u, v)$ sei die im Einheitskreise $P = \{u, v;\ u^2 + v^2 < 1\}$ harmonische in $\bar{P}$ stetige Funktion, deren Werte auf ∂P mit denen von $F(u, v)$ übereinstimmen. $G(u, v)$ ist bezüglich der u-Achse symmetrisch, so daß $G_v(0, v) = 0$ gilt. $g(u, v)$ ist die Beschränkung von $G(u, v)$ auf $\bar{B}$.

Die Funktion $g(u, v)$ gehört zu $\mathfrak{M}(B_1)$, und es gilt $D_B[g] \leqq D_B[f]$. Das Gleichheitszeichen kann dabei nur im Falle $f(u, v) \equiv g(u, v)$ zutreffen.

Beweis: $B_\varepsilon (0 < \varepsilon < 1)$ sei das Gebiet $\{\xi, \eta;\ \xi^2 + \eta^2 < 1, \eta > \varepsilon\}$ in der ζ-Ebene, $\zeta = \xi + i\eta$. Die Funktion $\zeta = W_\varepsilon(w) = U_\varepsilon(u, v) + i V_\varepsilon(u, v)$, wo $w = u + iv$ gesetzt ist, bilde B umkehrbar eindeutig und konform so auf B_ε ab, daß die Punkte $w = -1$, $w = 0$ und $w = 1$ in die Punkte $\zeta = -\sqrt{1-\varepsilon^2} + i\varepsilon$, $\zeta = i\varepsilon$ bzw. $\zeta = \sqrt{1-\varepsilon^2} + i\varepsilon$ übergehen. Diese Funktion kann explizit angegeben werden:

$$\zeta = W_\varepsilon(w) = i\varepsilon + \sqrt{1-\varepsilon^2}\,\frac{t-1}{t+1}, \qquad t = \left(\frac{1+w}{1-w}\right)^{1-\frac{2}{\pi}\arctan\frac{\varepsilon}{\sqrt{1-\varepsilon^2}}}.$$

Man überzeugt sich, daß gleichmäßig in $\bar{B}$ die Beziehung $\lim\limits_{\varepsilon\to 0} W_\varepsilon(w) = w$ statt hat. (Auf Grund der Symmetrie von $W_\varepsilon(w)$ bezüglich der imaginären Achse braucht man das nur für $\operatorname{Re} w \leqq 0$ nachzuweisen.) Wir setzen $f_\varepsilon(u,v) = f(U_\varepsilon(u,v), V_\varepsilon(u,v))$ und definieren die Funktion $F_\varepsilon(u,v)$ durch die Festsetzung $F_\varepsilon(u,v) = f_\varepsilon(u,v)$ für $v \geqq 0$ und $F_\varepsilon(u,v) = f_\varepsilon(u,-v)$ für $v \leqq 0$. $F_\varepsilon(u,v)$ gehört zu $\mathfrak{M}(\bar{P})$. Mit $G_\varepsilon(u,v)$ bezeichnen wir die in P harmonische und in $\bar{P}$ stetige Funktion, deren Werte auf ∂P mit denen von $F_\varepsilon(u,v)$ übereinstimmen. Auf Grund der Symmetrie der Funktionen $F_\varepsilon(u,v)$ und $G_\varepsilon(u,v)$ folgt gemäß §§ 220, 228

$$D_B[G_\varepsilon] = \tfrac{1}{2} D_P[G_\varepsilon] \leqq \tfrac{1}{2} D_P[F_\varepsilon] = D_B[f_\varepsilon] = D_{B_\varepsilon}[f] \leqq D_B[f].$$

Auf ∂P gilt gleichmäßig $\lim\limits_{\varepsilon\to 0} F_\varepsilon(u,v) = F(u,v)$, so daß $G_\varepsilon(u,v)$ gleichmäßig in $\bar{P}$ gegen eine in P harmonische und in $\bar{P}$ stetige Funktion $G(u,v)$ konvergiert. In B_1 gilt dann $G(u,v) = g(u,v)$. Nach § 213 haben wir $D_B[g] \leqq \liminf\limits_{\varepsilon\to 0} D_B[G_\varepsilon] \leqq D_B[f]$, also die erste Behauptung.

Der Fall der Gleichheit kann wie in § 228 mit Hilfe der Tatsache erledigt werden, daß das Integral $D_B[g,h]$ für jede auf $\{u,v;\, u^2+v^2=1,\ v>0\}$ verschwindende Funktion $h(u,v) \in \mathfrak{M}(B_1)$, für welche die Grenzwerte $\lim\limits_{\vartheta\to\pi+0} h(\cos\vartheta, \sin\vartheta) = 0$ und $\lim\limits_{\vartheta\to\pi-0} h(\cos\vartheta, \sin\vartheta) = 0$ existieren, Null ist.

§ 231. *Wenn die m-ten Ableitungen* ($m \geqq 2$) *einer im Einheitskreis* $B = \{u,v;\, u^2+v^2<1\}$ *harmonischen Funktion* $f(u,v)$ *über* B *quadratisch integrierbar sind, so gehört* $f(u,v)$ *zur Klasse* $C^{m-2,\mu}(\bar{B})$, (μ *beliebig*, $0<\mu<1$); *d. h. die Funktion* $f(u,v)$ *und alle ihre Ableitungen bis zu denen* $(m-2)$*-ter Ordnung lassen sich als stetige Funktionen auf* $\bar{B}$ *fortsetzen, und die* $(m-2)$*-ten Ableitungen genügen in* $\bar{B}$ *einer Hölderbedingung mit jedem Exponenten* μ *im Intervalle* $0<\mu<1$.

Beweis: Wir führen den Beweis für den Fall $m = 2$ durch. Der Fall $m > 2$ läßt sich ganz analog behandeln. Als Realteil einer analytischen Funktion hat die Funktion $f(u,v)$, für welche wir unter Benutzung von Polarkoordinaten auch $f(\varrho,\vartheta)$ schreiben, für $\varrho < 1$ eine Darstellung $f(\varrho,\vartheta) = \dfrac{a_0}{2} + \sum\limits_{n=1}^{\infty} \varrho^n (a_n \cos n\vartheta + b_n \sin n\vartheta)$. Wegen

$f_{\varrho\varrho}^2 \leqq f_{uu}^2 + 2f_{uv}^2 + f_{vv}^2$ und $(2/\pi) \iint\limits_P f_{\varrho\varrho}^2 \, du\, dv = \sum\limits_{n=2}^{\infty} n^2(n-1)(a_n^2 + b_n^2)$ ist dann $\sum\limits_{n=1}^{\infty} n^3(a_n^2+b_n^2) \equiv M^2 \leqq |f_u(0,0)|^2 + |f_v(0,0)|^2 + 2\sum\limits_{n=2}^{\infty} n^2(n-1) \times$ $\times (a_n^2 + b_n^2) < \infty$. Aus den Ungleichungen $\left|\frac{a_0}{2}\right| + \sum\limits_{n=1}^{\infty}(|a_n| + |b_n|) \leqq$ $\leqq \frac{1}{2}|f(0,0)| + \sqrt{2}\sum\limits_{n=1}^{\infty}\sqrt{a_n^2+b_n^2} \leqq \frac{1}{2}|f(0,0)| + \sqrt{2}\left[\sum\limits_{n=1}^{\infty} n^3(a_n^2+b_n^2)\right]^{\frac{1}{2}} \times$ $\times \left[\sum\limits_{n=1}^{\infty}\frac{1}{n^3}\right]^{\frac{1}{2}}$ folgt, daß die unendliche Reihe oben sogar in $\bar{P}$ gleichmäßig konvergiert, so daß die durch sie dargestellte Funktion f sogar in $\bar{P}$ stetig ist.

Für zwei Punkte (ϱ_1, ϑ_1) und (ϱ_2, ϑ_2) im Abstande $\varDelta = \left[(\varrho_2 - \varrho_1)^2 + 4\varrho_1\varrho_2 \sin^2\left(\frac{\vartheta_2 - \vartheta_1}{2}\right)\right]^{\frac{1}{2}}$ wird nun

$$|f(\varrho_2, \vartheta_2) - f(\varrho_1, \vartheta_1)| \leqq$$

$$\leqq \sum_{n=1}^{\infty} \sqrt{a_n^2 + b_n^2} \sqrt{(\varrho_2^n - \varrho_1^n)^2\, 4\varrho_1^n \varrho_2^n \sin^2\left[\frac{n(\vartheta_2 - \vartheta_1)}{2}\right]} \leqq$$

$$\leqq \left[\sum_{n=1}^{\infty} n^3(a_n^2 + b_n^2)\right]^{\frac{1}{2}} \left[\sum_{n=1}^{\infty} \frac{(\varrho_2^n - \varrho_2^n)^2 + 4\varrho_1^n\varrho_2^n \sin^2\left[\frac{n(\vartheta_2-\vartheta_1)}{2}\right]}{n^3}\right]^{\frac{1}{2}}.$$

Wegen $(\varrho_2^n - \varrho_1^n)^2 + 4\varrho_1^n\varrho_2^n \sin^2\left[\frac{n(\vartheta_2 - \vartheta_1)}{2}\right] \leqq \min(4, n^2\varDelta^2)$ läßt sich die zweite Summe folgendermaßen abschätzen:

$$S \equiv \sum_{n=1}^{\infty} \frac{1}{n^3}\left\{(\varrho_2^n - \varrho_1^n)^2 + 4\varrho_1^n\varrho_2^n \sin^2\left[\frac{n(\vartheta_2-\vartheta_1)}{2}\right]\right\} = \sum_{n=1}^{N} + \sum_{n=N+1}^{\infty} \leqq$$

$$\leqq \varDelta^2 \sum_{n=1}^{N}\frac{1}{n} + 4\sum_{n=N+1}^{\infty}\frac{1}{n^3} \leqq (1 + \log N)\,\varDelta^2 + \frac{2}{N^2}.$$

Zu vorgegebenem μ, $(0 < \mu < 1)$, wählen wir für N nun die im Intervalle $\varDelta^{-\mu} \leqq N < \varDelta^{-\mu} + 1$ liegende natürliche Zahl und erhalten

$$S \leqq \varDelta^{2\mu}\{\varDelta^{2(1-\mu)}[1 + \log(1 + \varDelta^{-\mu})] + 2\} \leqq c_\mu^2 \varDelta^{2\mu}.$$

Dabei ist

$$c_u^2 = 2 + \max_{0 \leqq d \leqq 2}\{d^{2(1-\mu)}[1 + \log(1 + d^{-\mu})]\}$$

eine nur von μ abhängige Konstante.

Damit haben wir die Ungleichung

$$|f(\varrho_2, \vartheta_2) - f(\varrho_1, \vartheta_1)| \leqq c_\mu M \varDelta^\mu \quad (0 < \mu < 1)$$

bewiesen.

Wir bemerken, daß der Satz dieses Paragraphen nicht nur für harmonische Funktionen, sondern ganz allgemein für Funktionen gilt, deren (verallgemeinerte) Ableitungen der Ordnungen $0, 1, \ldots, m$ in einem einer sogenannten starken Kegelbedingung genügenden Gebiet quadratisch integrierbar sind. Man beweist das normalerweise entweder mit Hilfe einer Ungleichung von S. L. Sobolev und eines Hilfssatzes von C. B. Morrey (siehe z. B. L. Nirenberg [2], insbesondere p. 125 und p. 144) oder dadurch, daß man die Funktion $f(u, v)$ unter Erhaltung ihrer Eigenschaften über geeignete kompakte Teilmengen des Grundgebietes hinaus in einen Kreis oder ein Quadrat fortsetzt und dann eine der obigen entsprechende Schlußweise anwendet. Der hier gegebene Beweis ist dem bei J. C. C. Nitsche and J. A. Nitsche ([3], Lemma 1) nachgebildet.

§ 232. *Die Funktion $f(u, v)$ sei im Gebiete B harmonisch. $w_0 = u_0 + i v_0$ sei ein Punkt von B, und die Kreisscheibe $R(w_0; r) = \{w;\, |w - w_0| < r\}$ sei in B enthalten. Dann gilt*

$$D_{R(w_0;\varrho)}[f] \leqq \left(\frac{\varrho}{r}\right)^2 D_{R(w_0;r)}[f], \quad 0 < \varrho < r.$$

Beweis: Indem wir Polarkoordinaten um den Punkt w_0 einführen, können wir die Funktion f in der Form

$$f(u, v) = \tfrac{1}{2} a_0 + \sum_{n=1}^{\infty} \varrho^n (a_n \cos n\vartheta + b_n \sin n\vartheta)$$

ansetzen. Eine einfache Rechnung zeigt nun, daß

$$\begin{aligned} D_{R(w_0;\varrho)}[f] &= \frac{\pi}{2} \sum_{n=1}^{\infty} n \varrho^{2n} (a_n^2 + b_n^2) \leqq \left(\frac{\varrho}{r}\right)^2 \frac{\pi}{2} \sum_{n=1}^{\infty} n\, r^{2n} (a_n^2 + b_n^2) \\ &= \left(\frac{\varrho}{r}\right)^2 D_{R(w_0;r)}[f] \end{aligned}$$

ist für $0 < \varrho < r$. W. z. b. w.

4. *Abbildungen mit beschränktem Dirichlet-Integral*

§ 233. P sei ein beschränktes Gebiet in der w-Ebene, $w = u + iv$. Mit $C(w_0; \varrho)$ bezeichnen wir den Kreis $|w - w_0| = \varrho$, mit $C'(w_0; \varrho)$ den Durchschnitt $P \cap C(w_0; \varrho)$, mit $R(w_0; \varrho)$ bzw. $R(w_0; \varrho_1, \varrho_2)$, wo $0 \leqq \varrho_1 < \varrho_2 < \infty$ ist, die Kreisscheibe $|w - w_0| < \varrho$ bzw. den Kreisring $\varrho_1 < |w - w_0| < \varrho_2$ und mit $R'(w_0; \varrho)$, $R'(w_0; \varrho_1, \varrho_2)$ die entsprechenden Durchschnitte mit P.

$\mathfrak{y}(u, v)$, oder kurz $\mathfrak{y}(w)$, sei ein Vektor mit einer beliebigen endlichen Anzahl zum Raume $\mathfrak{M}(P)$ gehöriger Komponenten, und es gelte $D_P[\mathfrak{y}] < M < \infty$. Zu jeder positiven Zahl $\delta < 1$ und jedem Punkt w_0 der w-Ebene gibt es eine Zahl δ^* im Intervalle $[\delta, \sqrt{\delta}]$ derart, daß der Durch-

schnitt $C'(w_0; \delta^*)$ *entweder leer ist, oder daß für zwei beliebige auf ein und derselben Komponente* $\tilde{C}'(w_0; \delta^*)$ *von* $C'(w_0; \delta^*)$ *gelegene Punkte* $w^{(1)}$ *und* $w^{(2)}$ *die Ungleichung*

$$|\mathfrak{y}(w^{(2)}) - \mathfrak{y}(w^{(1)})| \leqq \int\limits_{\tilde{C}'(w_0;\delta^*)} |d\mathfrak{y}(w)| \leqq \sqrt{\frac{8\pi M}{\log(1/\delta)}} \tag{114}$$

gilt.

Wenn wir allgemein mit $\operatorname{osc}[\mathfrak{z}(w); D]$ die Schwankung eines Vektors $\mathfrak{z}(w)$ auf einer Punktmenge D, d. h. die obere Grenze der Werte $|\mathfrak{z}(w_2) - \mathfrak{z}(w_1)|$ für $w_1, w_2 \in D$ bezeichnen, so können wir die Ungleichung (114) in der Form

$$\operatorname{osc}[\mathfrak{y}(w); \tilde{C}'(w_0; \delta^*)] \leqq \sqrt{\frac{8\pi M}{\log(1/\delta)}} \tag{114'}$$

schreiben.

Beweis: Im Falle, daß der Ring $R(w_0; \delta, \sqrt{\delta})$ mit P keinen Punkt gemein hat, ist nichts zu beweisen. Es sei daher angenommen, daß der Durchschnitt $P \frown R(w_0; \delta, \sqrt{\delta})$ nicht leer ist. Wir schöpfen dann das Gebiet P durch eine aufsteigende Folge von achsenparallelen Strekken berandeter Gebiete P_m, $(m = 1, 2, \ldots)$, aus und setzen $C_m(w_0; \varrho) = \bar{P}_m \frown C(w_0; \varrho)$, $R_m = R_m(w_0; \delta, \sqrt{\delta}) = \bar{P}_m \frown R(w_0; \delta, \sqrt{\delta})$. Für hinreichend großes m ist R_m nicht leer. Nach § 218 gilt

$$D_{R_m}[\mathfrak{y}] = \frac{1}{2}\iint\limits_{R_m}\left(\mathfrak{y}_\varrho^2 + \frac{1}{\varrho^2}\mathfrak{y}_\vartheta^2\right)\varrho\, d\varrho\, d\vartheta = \frac{1}{2}\int\limits_\delta^{\sqrt{\delta}} \varrho\,\psi_m(\varrho)\frac{d\varrho}{\varrho} \leqq M.$$

Dabei haben wir

$$\psi_m(\varrho) = \int\limits_{C_m(w_0;\varrho)} \left(\mathfrak{y}_\varrho^2 + \frac{1}{\varrho^2}\mathfrak{y}_\vartheta^2\right)\varrho\, d\vartheta$$

gesetzt. $\psi_m(\varrho)$ ist im Intervall $[\delta, \sqrt{\delta}]$ summierbar und fast überall endlich. Angenommen, es gölte fast überall in diesem Intervall $\varrho\,\psi_m(\varrho) \geqq$ $\geqq a > 0$. Dann wäre

$$M \geqq \frac{1}{2}\int\limits_\delta^{\sqrt{\delta}} \varrho\,\psi_m(\varrho)\frac{d\varrho}{\varrho} \geqq \frac{a}{2}\int\limits_\delta^{\sqrt{\delta}}\frac{d\varrho}{\varrho} = \frac{a}{4}\log\left(\frac{1}{\delta}\right).$$

Wenn wir noch bedenken, daß $\mathfrak{y}(w)$ zufolge § 218 für fast alle ϱ im Intervall $[\delta, \sqrt{\delta}]$, für welche $C_m(w_0; \varrho)$ nicht leer ist, absolut stetig ist, können wir also sagen: Es gibt einen Wert $\varrho = \varrho_m$ im Intervall $[\delta, \sqrt{\delta}]$ mit der Eigenschaft, daß $C_m(w_0; \varrho_m)$ entweder leer ist, oder daß $\mathfrak{y}(w)$ auf $C_m(w_0; \varrho_m)$ absolut stetig ist und $\varrho_m\,\psi_m(\varrho_m) \leqq 4M/\log(1/\delta)$ gilt.

Im zweiten Falle haben wir

$$\int\limits_{C_m(w_0;\varrho_m)} |d\mathfrak{y}| = \int\limits_{C_m(w_0;\varrho_m)} |\mathfrak{y}_\vartheta|\, d\vartheta \leqq \int\limits_{C_m(w_0;\varrho_m)} \sqrt{\mathfrak{y}_\varrho^2 + \frac{1}{\varrho^2}\mathfrak{y}_\vartheta^2}\, \varrho\, d\vartheta \leqq$$

$$\leqq \left[\left(\int\limits_{C_m(w_0;\varrho_m)} d\vartheta\right) \varrho_m \left(\int\limits_{C_m(w_0;\varrho_m)} \left(\mathfrak{y}_\varrho^2 + \frac{1}{\varrho^2}\mathfrak{y}_\vartheta^2\right) \varrho\, d\vartheta\right)\right]^{\frac{1}{2}} \leqq$$

$$\leqq \sqrt{2\pi \varrho_m \psi_m(\varrho_m)} \leqq \sqrt{\frac{8\pi M}{\log(1/\delta)}}.$$

Wir wählen nun eine gegen eine Zahl δ^* im Intervall $[\delta, \sqrt{\delta}]$ konvergierende Teilfolge $\{\varrho_{m_j}\}$ der ϱ_m aus. Wiederum sind zwei Fälle zu unterscheiden.

1. $C'(w_0; \delta^*)$ ist leer. Dann ist nichts mehr zu beweisen.

2. $C'(w_0; \delta^*)$ ist nicht leer. Für hinreichend großes j ist dann auch $C_{m_j}(w_0; \varrho_{m_j})$ nicht leer. Es seien $w^{(1)}$ und $w^{(2)}$ zwei beliebige Punkte auf ein und derselben Komponente von $C'(w_0; \delta^*)$. Mit $w_j^{(1)}$ und $w_j^{(2)}$ bezeichnen wir die Punkte, in welchen die von w_0 ausgehenden die Punkte $w^{(1)}$ bzw. $w^{(2)}$ enthaltenden Strahlen den Kreis $C(w_0; \varrho_{m_j})$ schneiden. Für hinreichend großes j liegen $w_j^{(1)}$ und $w_j^{(2)}$ auf ein und derselben Komponente von $C_{m_j}(w_0; \varrho_{m_j})$. Wir finden dann

$$|\mathfrak{y}(w^{(2)}) - \mathfrak{y}(w^{(1)})| \leqq |\mathfrak{y}(w^{(2)}) - \mathfrak{y}(w_j^{(2)})| + |\mathfrak{y}(w_j^{(1)}) - \mathfrak{y}(w_j^{(1)})| + \\ + \int\limits_{C_{m_j}(w_0;\varrho_{m_j})} |d\mathfrak{y}|.$$

Die Behauptung folgt nun für $j \to \infty$ aus den vorangehenden Abschätzungen in Verbindung mit der Stetigkeit von $\mathfrak{y}(w)$ in P. W. z. b. w.

Wir bemerken, daß das Integral $\int\limits_{C_m(w_0;\varrho_m)} d\vartheta$ weiter oben u. U. besser abgeschätzt werden kann. Wenn beispielsweise P ein Kreis ist und w_0 auf seinem Rande liegt, dann ist dieses Integral kleiner als π anstatt 2π. Die Zahl 8 in (114) kann dann durch die Zahl 4 ersetzt werden.

Übrigens hätten wir an Stelle konzentrischer Kreise um w_0 genauso gut mit konzentrischen Quadraten oder anderen Kurven arbeiten können.

§ 234. *P sei der Einheitskreis $|w| < 1$. Die Vektoren $\mathfrak{x}^{(n)}(u, v)$, oder kurz $\mathfrak{x}^{(n)}(w)$, $(n = 1, 2, \ldots)$, mögen zum Raume $\mathfrak{M}(\bar{P})$ gehören, und gleichmäßig für alle n gelte $D_P[\mathfrak{x}^{(n)}] < M < \infty$. w_0 sei ein Punkt auf $|w| = 1$, und $w_1(\varrho)$ und $w_2(\varrho)$ seien die beiden auf $|w| = 1$ liegenden Punkte im Abstand ϱ von w_0. Für jede Zahl δ, $0 < \delta < 1$, ist dann $\liminf\limits_{n\to\infty} [\mathfrak{x}^{(n)}(w_2(\varrho)) - \mathfrak{x}^{(n)}(w_1(\varrho))]^2$ in $[\delta, \sqrt{\delta}]$ summierbar, und es gilt*

$$(115) \qquad \frac{1}{2\pi}\int\limits_{\delta}^{\sqrt{\delta}} \left\{\liminf_{n\to\infty} [\mathfrak{x}^{(n)}(w_2(\varrho)) - \mathfrak{x}^{(n)}(w_1(\varrho))]^2\right\} \frac{d\varrho}{\varrho} \leqq M.$$

Beweis: Wir setzen

$$\psi_n(\varrho) = \int\limits_{\substack{|w-w_0|=\varrho \\ |w|<1}} \left(\mathfrak{x}_\varrho^{(n)2} + \frac{1}{\varrho^2}\mathfrak{x}_\vartheta^{(n)2}\right)\varrho\, d\vartheta .$$

Ähnlich wie in § 233 sieht man, daß die Funktionen $\psi_n(\varrho)$ im Intervall $[\delta, \sqrt{\delta}]$ summierbar und nicht-negativ sind und daß $\int\limits_\delta^{\sqrt{\delta}} \psi_n(\varrho)\, d\varrho < 2M$ gilt. Für jeden Wert ϱ, für welchen $\psi_n(\varrho)$ endlich ist, haben wir wegen der Stetigkeit von $\mathfrak{x}^{(n)}(w)$ ähnlich wie in § 233

$$\varphi_n(\varrho) \equiv \frac{1}{2\pi\varrho}|\mathfrak{x}^{(n)}(w_2(\varrho)) - \mathfrak{x}^{(n)}(w_1(\varrho))|^2 = \frac{1}{2\pi\varrho}\left|\lim_{r\to 1-0} \int\limits_{\substack{|w-w_0|=\varrho \\ |w|\leqq r}} d\mathfrak{x}^{(n)}\right|^2$$

$$\leqq \frac{1}{2\pi\varrho}\left[\lim_{r\to 1-0} \int\limits_{\substack{|w-w_0|=\varrho \\ |w|\leqq r}} \sqrt{\mathfrak{x}_\varrho^{(n)2} + \frac{1}{\varrho^2}\mathfrak{x}_\vartheta^{(n)2}}\;\varrho\, d\vartheta\right]^2$$

$$\leqq \frac{1}{2\pi\varrho}\left[\varrho\left(\int\limits_{\substack{|w-w_0|=\varrho \\ |w|<1}} d\vartheta\right)\left(\int\limits_{\substack{|w-w_0|=\varrho \\ |w|<1}} \left(\mathfrak{x}_\varrho^{(n)2} + \frac{1}{\varrho^2}\mathfrak{x}_\vartheta^{(n)2}\right)\varrho\, d\vartheta\right)\right]$$

$$\leqq \frac{1}{2}\psi_n(\varrho).$$

Nach dem Fatouschen Satz ist nun $\liminf\limits_{n\to\infty} \varphi_n(\varrho)$ summierbar, und es gilt

$$\int\limits_\delta^{\sqrt{\delta}} \liminf_{n\to\infty} \varphi_n(\varrho)\, d\varrho \leqq \liminf_{n\to\infty} \int\limits_\delta^{\sqrt{\delta}} \varphi_n(\varrho)\, d\varrho \leqq M.$$

W. z. b. w.

§ 235. *P sei der Einheitskreis $|w| < 1$. Die Vektoren $\mathfrak{x}^{(n)}(u, v)$, oder kurz $\mathfrak{x}^{(n)}(w)$, $(n = 1, 2, \ldots)$, mögen zum Raume $\mathfrak{M}(\bar{P})$ gehören, und gleichmäßig für alle n gelte $D_P[\mathfrak{x}^{(n)}] < M < \infty$. Die Kurven $\Gamma_n = \{\mathfrak{x} = \hat{\mathfrak{x}}^{(n)}(\vartheta);\ 0 \leqq \vartheta \leqq 2\pi\}$, wo $\hat{\mathfrak{x}}^{(n)}(\vartheta) = \mathfrak{x}^{(n)}(\cos\vartheta, \sin\vartheta) = \mathfrak{x}^{(n)}(e^{i\vartheta})$ gesetzt ist, mögen gegen eine Jordankurve Γ mit der topologischen Darstellung $\{\mathfrak{x} = \mathfrak{y}(\tau);\ 0 \leqq \tau \leqq 2\pi\}$ konvergieren, und für drei verschiedene Werte ϑ_j aus $0 \leqq \vartheta \leqq 2\pi$ und drei verschiedene Punkte $\mathfrak{y}_j$ auf Γ gelte $\lim\limits_{n\to\infty} \hat{\mathfrak{x}}^{(n)}(\vartheta_j) = \mathfrak{y}_j$ $(j = 1, 2, 3)$.*

Es ist dann möglich, eine monotone Darstellung $\{\mathfrak{x} = \mathfrak{y}(\tau(\vartheta));\ 0 \leqq \vartheta \leqq 2\pi\}$ von Γ und eine Teilfolge $\{\mathfrak{x}^{(n_k)}(w)\}$ so zu finden, daß gleichmäßig im Intervall $0 \leqq \vartheta \leqq 2\pi$ die Beziehung $\lim\limits_{k\to\infty} \hat{\mathfrak{x}}^{(n_k)}(\vartheta) = \mathfrak{y}(\tau(\vartheta))$ gilt.

Beweis: Es liegt die in § 21 beschriebene Situation vor. Der Beweis wird erbracht sein, wenn wir zeigen können, daß die dort bestimmte Funktion $\tau(\vartheta)$ stetig ist.

Angenommen, der Punkt ϑ_0, den wir o. B. d. A. im Inneren des Intervalls $[0, 2\pi]$ annehmen dürfen, sei ein Unstetigkeitspunkt der Funktion $\tau(\vartheta)$. Nach § 21 gilt dann $|\mathfrak{y}(\tau(\vartheta_0 + 0)) - \mathfrak{y}(\tau(\vartheta_0 - 0))| = \varepsilon > 0$. Wegen der Stetigkeit von $\mathfrak{y}(\tau)$ und der Existenz der Grenzwerte $\tau(\vartheta_0 - 0)$ und $\tau(\vartheta_0 + 0)$ gibt es eine Zahl $\eta > 0$, welche wir so klein nehmen, daß $0 < \vartheta_0 - \eta < \vartheta_0 + \eta < 2\pi$ ist, derart, daß $|\mathfrak{y}(\tau(\vartheta_0 - 0)) - \mathfrak{y}(\tau(\vartheta))| < \varepsilon/3$ für $\vartheta_0 - \eta < \vartheta < \vartheta_0$ und $|\mathfrak{y}(\tau(\vartheta)) - \mathfrak{y}(\tau(\vartheta_0 + 0))| < \varepsilon/3$ für $\vartheta_0 < \vartheta < \vartheta_0 + \eta$. Für alle ϑ', ϑ'' in $\vartheta_0 - \eta < \vartheta' < \vartheta_0 < \vartheta'' < \vartheta_0 + \eta$ gilt daher $|\mathfrak{y}(\tau(\vartheta'')) - \mathfrak{y}(\tau(\vartheta'))| > \varepsilon/3$, d. h. $\lim\limits_{k\to\infty} |\hat{\mathfrak{x}}^{(n_k)}(\vartheta'') - \hat{\mathfrak{x}}^{(n_k)}(\vartheta')| > \varepsilon/3$. Wir wählen jetzt ϑ' und ϑ'' so, daß $\vartheta'' - \vartheta_0 = \vartheta_0 - \vartheta'$ ist. Gemäß § 234 gilt dann mit $w_0 = e^{i\vartheta_0}$ für jedes $\delta < 4\sin^2(\eta/2)$

$$M \geqq \frac{1}{2\pi} \int_{\delta}^{\sqrt{\delta}} \left[\liminf_{k\to\infty} |\mathfrak{x}^{(n_k)}(w_2(\varrho)) - \mathfrak{x}^{(n_k)}(w_1(\varrho))|^2\right] \frac{d\varrho}{\varrho}$$

$$\geqq \frac{\varepsilon^2}{18\pi} \int_{\delta}^{\sqrt{\delta}} \frac{d\varrho}{\varrho} = \frac{\varepsilon^2}{36\pi} \log\frac{1}{\delta}.$$

Für hinreichend kleines δ ergibt sich daher ein Widerspruch. Die Gleichmäßigkeit der Konvergenz folgt nun gemäß § 21. W. z. b. w.

§ 236. *Die Funktionen* $x = x(u, v)$, $y = y(u, v)$, *kurz* $z = z(w)$, *mögen zu* $\mathfrak{M}(\bar{P})$, $\bar{P} = \{w; |w| \leqq 1\}$, *gehören und die Kreisscheibe* $\bar{P}$ *umkehrbar eindeutig auf die Kreisscheibe* $|z| \leqq R$ *abbilden. Es gelte* $z(0) = 0$ *und* $D_P[z] < M < \infty$. *Jede Kreisscheibe* $|w| \leqq 1 - \delta$, $0 < \delta < \exp\{-\pi M/R^2\}$, *wird dann auf einen Bereich abgebildet, welcher die Kreisscheibe* $|z| \leqq R - \sqrt{\pi M/\log(1/\delta)}$ *enthält.*

Beweis: w_1 sei ein Punkt des Kreises $|w| = 1 - \delta$, und $w_0 \in \partial P$ sei der Punkt auf demselben Radiusvektor wie w_1. Es seien weiterhin δ^* die in § 233 auftretende Zahl und Q^* das Bild des Bereiches $Q = \bar{R}'(w_0; \delta^*)$ unter der Abbildung $z = z(w)$. Wegen $\delta^* \leqq \sqrt{\delta} < 1$ gehört der Punkt $w = 0$ nicht zu Q und folglich der Punkt $z = 0$ nicht zu Q^*. Das Bild Γ^* des Bogens $\Gamma = C'(w_0; \delta^*)$ schneidet den Kreis $|z|$ in zwei Punkten. Nach § 233 ist die Länge von Γ^* nicht größer als $2\sqrt{\pi M/\log(1/\delta)}$. Daher kann kein Punkt von Γ^* weiter als $\sqrt{\pi M/\log(1/\delta)} < R$ vom Kreise $|z| = R$ entfernt sein. Q^* ist der den Punkt $z = 0$ nicht enthaltende von Γ^* aus der Kreisscheibe $|z| \leqq R$ ausgeschnittene Bereich. Für den Bildpunkt z_1 von w_1 folgt daher $|z_1| \geqq R - \sqrt{\pi M/\log(1/\delta)}$. W. z. b. w.

§ 237. *P sei ein beschränktes Gebiet in der w-Ebene. Der Vektor $\mathfrak{x}(w)$ gehöre zu $\mathfrak{M}(P)$, und es gelte $|\mathfrak{x}(w)| < M$, $D_P[\mathfrak{x}] < M$, $M < \infty$. Zu jedem Punkt $w_0 \in P$ und jedem $\varepsilon > 0$ gibt es eine positive Zahl $\delta = \delta(\varepsilon, M) < 1$ und einen Vektor $\mathfrak{y}(w) \in \mathfrak{M}(P)$ mit den folgenden Eigenschaften:*

1. $\mathfrak{y}(w) = \mathfrak{x}(w)$ für $\{w;\, w \in P,\, |w - w_0| \geqq \delta\}$.
2. $\mathfrak{y}(w) = \mathfrak{o}$ für $\{w;\, w \in P,\, |w - w_0| \leqq \delta^2\}$.
3. $D_P[\mathfrak{y}] \leqq D_P[\mathfrak{x}] + \varepsilon$.

Beweis: Wir definieren die Funktion

$$g(w) = g^{(\delta)}(w) = \begin{cases} 0 & \text{für } |w - w_0| \leqq \delta^2 \\ \dfrac{\log(\delta^2/|w - w_0|)}{\log\delta} & \text{für } \delta^2 < |w - w_0| < \delta \\ 1 & \text{für } |w - w_0| \geqq \delta \end{cases}$$

und setzen $\mathfrak{y}(w) = g(w)\,\mathfrak{x}(w)$. Sowohl die Funktion $g(w)$ als auch die Komponenten des Vektors $\mathfrak{x}(w)$ sind $LAS(P)$-Funktionen. Wegen $|g(w)| \leqq 1$ gilt gemäß §§ 194, 196

$$D_P[\mathfrak{y}] = \tfrac{1}{2}\iint_P g^2(\mathfrak{x}_u^2 + \mathfrak{x}_v^2)\,du\,dv + \tfrac{1}{2}\iint_P \mathfrak{x}^2(g_u^2 + g_v^2)\,du\,dv +$$

$$+ \iint_P g(g_u\mathfrak{x}\cdot\mathfrak{x}_u + g_v\mathfrak{x}\cdot\mathfrak{x}_v)\,du\,dv \leqq D_P[\mathfrak{x}] + M^2 D_P[g] + 2M\sqrt{D_P[\mathfrak{x}]\,D_P[g]}\,.$$

Da, wie man leicht nachrechnet, $D_P[g]$ den Wert $\pi/2\log(1/\delta)$ nicht übersteigt, kann man es durch hinreichend kleine Wahl von δ erreichen, daß $D_P[\mathfrak{y}] \leqq D_P[\mathfrak{x}] + \varepsilon$ wird. Das gewählte δ hängt nur von M und von ε ab. W. z. b. w.

Wenn der Vektor $\mathfrak{x}(w)$ in der Abschließung $\bar{P}$ stetig ist, so gilt dasselbe vom Vektor $\mathfrak{y}(w)$.

§ 238. Für eine Zahl δ in $0 < \delta < 1$ betrachten wir die Funktion

$$h(r) = h^{(\delta)}(r) = \begin{cases} 0 & \text{für } r \leqq \delta^2 \\ \dfrac{\log(\delta^2/r)}{\log\delta} & \text{für } \delta^2 < r < \delta \\ 1 & \text{für } r \geqq \delta. \end{cases}$$

Die durch $\mathfrak{x}' = h^{(\delta)}(|\mathfrak{x} - \mathfrak{x}_0|)\,\mathfrak{x}$ gegebene Transformation des (x, y, z)-Raumes in einen (x', y', z')-Raum, welche die Kugel vom Radius δ^2 um den Punkt $\mathfrak{x}_0$ auf den Nullpunkt abbildet und alle Punkte außerhalb der Kugel vom Radius δ um $\mathfrak{x}_0$ ungeändert läßt, wollen wir mit R. Courant als eine δ-Kneipung (pinching) bezüglich des Punktes $\mathfrak{x}_0$ bezeichnen. Die Funktion $h^{(\delta)}$ ist von der in § 237 benutzten Funktion $g^{(\delta)}$ verschieden, da ihr Argument die Rolle der Entfernung im Raume und nicht im Parametergebiet spielt.

Ähnlich definieren wir eine δ-Kneipung bezüglich Unendlich durch die Transformation $\mathfrak{x}' = h^{(\delta)}(1/|\mathfrak{x}|)\,\mathfrak{x}$. Dabei ist definitionsgemäß $h^{(\delta)}(1/r) = 1$ für $r \leqq 1/\delta$. Diese Transformation bildet das Äußere der Kugel vom Radius $1/\delta^2$ um den Nullpunkt auf diesen ab, während sie die Punkte in der Kugel vom Radius $1/\delta$ um den Nullpunkt nicht antastet.

§ 239. *P sei ein beschränktes Gebiet in der w-Ebene. Der Vektor $\mathfrak{x}(w)$ gehöre zu $\mathfrak{M}(P)$. Zu jeder Zahl $\varepsilon > 0$ und jedem beliebigen konstanten Vektor $\mathfrak{x}_0$ (bzw. Unendlich) existiert eine positive Zahl $\delta = \delta(\varepsilon)$ mit der Eigenschaft, daß der vermöge der δ-Kneipung bezüglich $\mathfrak{x}_0$ (bzw. bezüglich Unendlich) aus $\mathfrak{x}(w)$ hervorgehende Vektor $\mathfrak{y}(w) = h^{(\delta)}(|\mathfrak{x}(w) - \mathfrak{x}_0|)\,\mathfrak{x}(w)$ (bzw. $\mathfrak{y}(w) = h^{(\delta)}(1/|\mathfrak{x}(w)|)\,\mathfrak{x}(w)$) zu $\mathfrak{M}(P)$ gehört und daß $D_P[\mathfrak{y}] \leqq \leqq (1+\varepsilon)\,D_P[\mathfrak{x}]$ gilt.*

Beweis: Als Lipschitzstetige Funktionen der Komponenten des Vektors $\mathfrak{x}(w)$ gehören die Komponenten von $\mathfrak{y}(w)$ zu $LAS(P)$. Wir führen nun den Beweis etwa für $\mathfrak{x}_0 = \mathfrak{o}$ durch. Unter Anwendung von §§ 194, 196 ergibt sich

$$\begin{aligned} D_P[\mathfrak{y}] &= D_A[\mathfrak{y}] + D_B[\mathfrak{y}] + D_C[\mathfrak{y}] \\ &= D_C[\mathfrak{y}] + \tfrac{1}{2}\iint\limits_B h^2(\mathfrak{x}_u^2 + \mathfrak{x}_v^2)\,du\,dv + \tfrac{1}{2}\iint\limits_B \mathfrak{x}^2(h_u^2 + h_v^2)\,du\,dv + \\ &\quad + \iint\limits_B h(h_u\,\mathfrak{x}\cdot\mathfrak{x}_u + h_v\,\mathfrak{x}\cdot\mathfrak{x}_v)\,du\,dv. \end{aligned}$$

Dabei bedeuten A, B und C die meßbaren Mengen der Punkte von P, wo $|\mathfrak{x}(w)| \leqq \delta^2$, $\delta^2 < |\mathfrak{x}(w)| < \delta$ bzw. $|\mathfrak{x}(w)| \geqq \delta$ gilt, und h steht als Abkürzung für $h^{(\delta)}(|\mathfrak{x}(w)|)$. Vermöge der in B gültigen Ungleichungen

$$|h| < 1, \quad |h_u| \leqq \frac{1}{\log(1/\delta)}\,\frac{|\mathfrak{x}_u|}{|\mathfrak{x}|}, \quad |h_v| \leqq \frac{1}{\log(1/\delta)}\,\frac{|\mathfrak{x}_v|}{|\mathfrak{x}|}$$

folgt

$$\begin{aligned} D_P[\mathfrak{y}] &\leqq D_{B\cup C}[\mathfrak{x}] + \frac{1}{\log^2(1/\delta)}\,D_B[\mathfrak{x}] + \frac{2}{\log(1/\delta)}\,D_B[\mathfrak{x}] \\ &\leqq \left(1 + \frac{1}{\log(1/\delta)}\right)^2 D_P[\mathfrak{x}]. \end{aligned}$$

Für hinreichend kleines δ ergibt sich die Behauptung. W. z. b. w.

Wenn der Vektor $\mathfrak{x}(w)$ in der Abschließung $\bar{P}$ stetig ist, so gilt dasselbe vom Vektor $\mathfrak{y}(w)$.

§ 240. Es sei B ein beschränktes Gebiet vom Durchmesser d. Die Zahl $\delta > 0$ und der Winkel α_0, $0 < \alpha_0 \leqq \pi/4$, seien so gewählt, daß für zwei beliebige Punkte w_1 und w_2 aus B, deren Abstand den Wert δ nicht übersteigt, mindestens eines der beiden über der Verbindungsstrecke $w_1 w_2$ errichteten gleichschenkligen Dreiecke, welche in den

Eckpunkten w_1 und w_2 die Innenwinkel α_0 besitzen, ganz zu B gehört. Für einen Kreis vom Radius R kann man $\delta = 2R$, $\alpha_0 = \pi/4$ wählen.

Der Vektor $\mathfrak{y}(u, v)$, oder kurz $\mathfrak{y}(w)$, sei zu $\mathfrak{M}(B)$ gehörig, und es gebe eine Konstante μ, $0 < \mu < 1$, so daß

$$D_{R'(w_0;\varrho)}[\mathfrak{y}] \leqq M\,\varrho^{2\mu}$$

gilt für alle Punkte $w_0 \in B$ und alle ϱ, $0 \leqq \varrho \leqq \delta$. Dabei ist $R'(w_0;\varrho)$ wie in § 233 das Gebiet $\{w;\, w \in B,\, |w - w_0| < \varrho\}$. Für zwei beliebige Punkte w_1, w_2 aus B gilt dann

$$|\mathfrak{y}(w_2) - \mathfrak{y}(w_1)| \leqq \mathscr{C}\,|w_2 - w_1|^{\mu},$$

$$\mathscr{C} = \left(1 + \frac{d}{\delta}\right)^{1-\mu} \frac{4}{(2\cos\alpha_0)^{\mu}} \sqrt{\frac{M}{\alpha_0\,\mu}}.$$

Der Vektor $\mathfrak{y}(w)$ läßt sich also als stetiger Vektor auf die Abschließung $\bar{B}$ fortsetzen, und der erweiterte Vektor genügt in $\bar{B}$ einer Hölderbedingung mit dem Exponenten μ.

Beweis: Wir betrachten zunächst zwei verschiedene Punkte w_1 und w_2 aus B, deren Abstand $|w_2 - w_1| = 2h$ den Wert δ nicht übersteigt. In einem geeigneten Koordinatensystem handele es sich um die Punkte $w_1 = -h$ und $w_2 = h$, und das Dreieck mit den Eckpunkten w_1, w_2 und $w_3 = i\,h\tan\alpha_0$ sei in B enthalten. Wenn w' den Punkt $i\,h\tan\vartheta$ bezeichnet, so haben wir für fast alle ϑ in $0 \leqq \vartheta \leqq \alpha_0$

$$\begin{aligned}\mathfrak{y}(w_2) - \mathfrak{y}(w_1) &= [\mathfrak{y}(w') - \mathfrak{y}(w_1)] - [\mathfrak{y}(w') - \mathfrak{y}(w_2)]\\ &= \int_0^{\frac{h}{\cos\vartheta}} \mathfrak{y}_\varrho\,(-h + \varrho\,e^{i\vartheta})\,d\varrho - \int_0^{\frac{h}{\cos\vartheta}} \mathfrak{y}_\varrho(h - \varrho\,e^{-i\vartheta})\,d\varrho\end{aligned}$$

und somit

$$|\mathfrak{y}(w_2) - \mathfrak{y}(w_1)| \leqq \int_0^{\frac{h}{\cos\vartheta}} |\mathfrak{y}_\varrho\,(-h + \varrho\,e^{i\vartheta})|\,d\varrho + \int_0^{\frac{h}{\cos\vartheta}} |\mathfrak{y}_\varrho\,(h - \varrho\,e^{-i\vartheta})\,|d\varrho.$$

Indem wir beide Seiten über ϑ zwischen den Grenzen $\vartheta = 0$ und $\vartheta = \alpha_0$ integrieren, wird daraus

$$\begin{aligned}\alpha_0\,|\mathfrak{y}(w_2) - \mathfrak{y}(w_1)| &\leqq \int_0^{\alpha_0} d\vartheta \int_0^{\frac{h}{\cos\vartheta}} d\varrho\,|\mathfrak{y}_\varrho\,(-h + \varrho\,e^{i\vartheta})| \,+\\ &+ \int_0^{\alpha_0} d\vartheta \int_0^{\frac{h}{\cos\vartheta}} d\varrho\,|\mathfrak{y}_\varrho\,(h - \varrho\,e^{-i\vartheta})|\,.\end{aligned}$$

Wir setzen vorübergehend

$$D(r) = \frac{1}{2}\int_0^r\int_0^{\alpha_0} |\nabla\,\mathfrak{y}\,(-h + \varrho\,e^{i\vartheta})|^2\,\varrho\,d\varrho\,d\vartheta, \quad |\nabla\,\mathfrak{y}|^2 = \mathfrak{y}_\varrho^2 + \frac{1}{\varrho^2}\,\mathfrak{y}_\vartheta^2.$$

Nach Voraussetzung ist gewiß $D(r) \leqq M r^{2\mu}$ für $0 \leqq r \leqq h/\cos\alpha_0$, und für fast alle diese Werte r gilt

$$D'(r) = \tfrac{1}{2}\int_0^{\alpha_0} |\nabla \mathfrak{y}(-h + r e^{i\vartheta})|^2 r\, d\vartheta.$$

Das erste Integral auf der rechten Seite oben läßt sich nun folgendermaßen abschätzen:

$$\int_0^{\alpha_0} d\vartheta \int_0^{\frac{h}{\cos\vartheta}} d\varrho\, |\mathfrak{y}_\varrho(-h + \varrho e^{i\vartheta})| \leqq$$

$$\leqq \left\{\int_0^{\frac{h}{\cos\alpha_0}} \int_0^{\alpha_0} \varrho^{\mu-1}\, d\varrho\, d\vartheta\right\}^{\frac{1}{2}} \left\{\int_0^{\frac{h}{\cos\alpha_0}} \int_0^{\alpha_0} \mathfrak{y}_\varrho^2(-h + \varrho e^{i\vartheta})\, \varrho^{1-\mu}\, d\varrho\, d\vartheta\right\}^{\frac{1}{2}}.$$

Weiter ist

$$\int_0^{\frac{h}{\cos\alpha_0}} \int_0^{\alpha_0} \varrho^{\mu-1}\, d\varrho\, d\vartheta = \frac{\alpha_0}{\mu}\left(\frac{h}{\cos\alpha_0}\right)^{\mu},$$

$$\int_0^{\frac{h}{\cos\alpha_0}} \int_0^{\alpha_0} \mathfrak{y}_\varrho^2(-h + \varrho e^{i\vartheta})\, \varrho^{1-\mu}\, d\varrho\, d\vartheta$$

$$\leqq 2\int_0^{\frac{h}{\cos\alpha_0}} \varrho^{-\mu} D'(\varrho)\, d\varrho$$

$$\leqq 2D\left(\frac{h}{\cos\alpha_0}\right)\left(\frac{h}{\cos\alpha_0}\right)^{-\mu} + 2\mu\int_0^{\frac{\alpha}{\cos\alpha_0}} \varrho^{-\mu-1} D(\varrho)\, d\varrho$$

$$\leqq 2M\left(\frac{h}{\cos\alpha_0}\right)^{\mu} + 2M\mu\int^{\frac{h}{\cos\alpha_0}} \varrho^{\mu-1}\, d\varrho$$

$$\leqq 4M\left(\frac{h}{\cos\alpha_0}\right)^{\mu}.$$

Das andere Integral kann in derselben Weise abgeschätzt werden. Wir erhalten daher insgesamt

$$|\mathfrak{y}(w_2) - \mathfrak{y}(w_1)| \leqq \frac{2}{\alpha_0}\left\{\frac{\alpha_0}{\mu}\left(\frac{h}{\cos\alpha_0}\right)^{\mu} 4M\left(\frac{h}{\cos\alpha_0}\right)^{\mu}\right\}^{\frac{1}{2}}$$

$$\leqq \frac{4}{(2\cos\alpha_0)^{\mu}}\sqrt{\frac{M}{\alpha_0\,\mu}}\,|w_2 - w_1|^{\mu}.$$

Damit ist die behauptete Ungleichung für den Fall $|w_2 - w_2| \leqq \delta$ bewiesen. Wenn $\delta < |w_2 - w_1| < d$ gilt, so wenden wir die eben aufgestellte Ungleichung mehrere Male, aber nie mehr als $(1 + [d/\delta])$-mal, an.

5. *Der topologische Index einer geschlossenen ebenen Kurve*

§ 241. Es sei eine geschlossene orientierte, d. h. mit dem durch wachsendes ϑ gegebenen Durchlaufssinn versehene Kurve $\mathscr{C} = \{x = x(\vartheta),\ y = y(\vartheta);\ 0 \leqq \vartheta \leqq 2\pi\}$ in der (x, y)-Ebene vorgelegt. Aus Bequemlichkeitsgründen werden wir uns gelegentlich auch der komplexen Schreibweise bedienen und $x(\vartheta) + i\,y(\vartheta) = z(\vartheta)$ usw. setzen. Für einen nicht auf $\mathscr{C}$ gelegenen Punkt $z_0 = x_0 + i\,y_0$ ist der Zuwachs des Winkels, welchen der Radiusvektor $z(\vartheta) - z_0$ mit einer festen Richtung bildet, beim Durchlaufen von $\mathscr{C}$ ein ganzzahliges Vielfaches $2\pi N$ von 2π. Die Zahl $N = N(x_0, y_0; \mathscr{C})$ heißt der topologische Index der Kurve $\mathscr{C}$ bezüglich des Punktes z_0. In der Darstellung $z(\vartheta) - z_0 = \varrho(\vartheta)\, e^{i\omega(\vartheta)}$ ist der Winkel $\omega(\vartheta)$ nur bis auf ein ganzzahliges Vielfaches von 2π bestimmt. Wir können aber für $\vartheta = 0$ eine Festlegung für den Wert $\omega(0)$ treffen und hernach die Bestimmung von $\omega(\vartheta)$ in eindeutiger Weise durch stetige Fortsetzung aus der von $\omega(0)$ gewinnen. Unabhängig von dieser Wahl gilt $N(x_0, y_0; \mathscr{C}) = \dfrac{1}{2\pi}[\omega(2\pi) - \omega(0)]$. Für einen auf $\mathscr{C}$ gelegenen Punkt z_1 gilt definitionsgemäß $N(x_1, y_1; \mathscr{C}) = 0$. Der Index $N(x_0, y_0; \mathscr{C})$ präzisiert die intuitive Zählung der Male, die sich die Kurve $\mathscr{C}$ um den Punkt z_0 herumwindet; siehe Abb. 24.

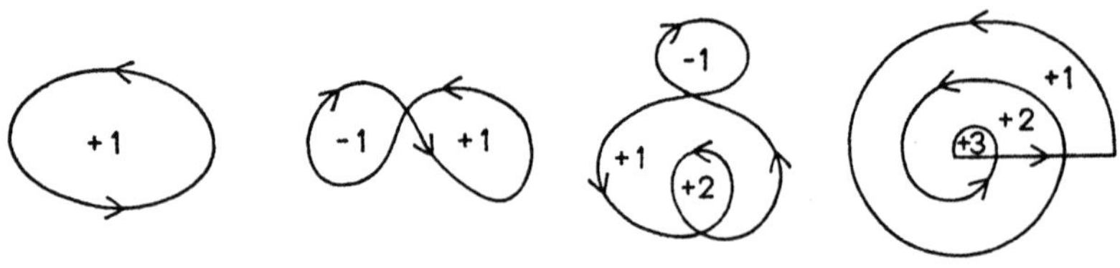

Abb. 24

§ 242. Der Punkt z_0 liege nicht auf der Kurve $\mathscr{C}$. Wir betrachten noch eine zweite Kurve $\mathscr{C}_1 = \{z = z_1(\vartheta);\ 0 \leqq \vartheta \leqq 2\pi\}$, welche so nahe bei $\mathscr{C}$ verläuft, daß $\max\limits_{0 \leqq \vartheta \leqq 2\pi} |z(\vartheta) - z_1(\vartheta)| < \min\limits_{0 \leqq \vartheta \leqq 2\pi} |z(\vartheta) - z_0| \equiv d$ ist und behaupten, daß dann $N(x_0, y_0; \mathscr{C}_1) = N(x_0, y_0; \mathscr{C})$ gilt.

Beweis: Wegen $|z_1(\vartheta) - z_0| \geqq |z(\vartheta) - z_0| - |z_1(\vartheta)| - z(\vartheta)| > 0$ liegt z_0 nicht auf $\mathscr{C}_1$. Durch die Festlegungen $\Omega(\vartheta) \equiv \omega_1(\vartheta) - \omega(\vartheta)$ (mod 2π), $-\pi \leqq \Omega(\vartheta) < \pi$ definieren wir eine Funktion $\Omega(\vartheta)$. Da sich für $|\Omega(\vartheta)| \geqq \pi/2$ wegen $|z(\vartheta) - z_1(\vartheta)| = |\varrho(\vartheta) - \varrho_1(\vartheta)\, e^{i\Omega(\vartheta)}| \geqq$

$\geqq \varrho(\vartheta) \geqq d$ ein Widerspruch ergäbe, gilt also für alle ϑ in $0 \leqq \vartheta \leqq 2\pi$ $|\Omega(\vartheta)| < \pi/2$. Wir haben $\omega_1(\vartheta) - \omega(\vartheta) = 2\pi m + \Omega(\vartheta)$. m ist eine ganze Zahl, von welcher wir zeigen wollen, daß sie nicht von ϑ abhängt. Wir zerlegen dazu das Intervall $0 \leqq \vartheta \leqq 2\pi$ in so kleine Teilintervalle, daß die Schwankung der stetigen Funktion $\omega_1(\vartheta) - \omega(\vartheta)$ in jedem Teilintervall kleiner als $\pi/2$ ausfällt. Dann kann die Schwankung von $m = \frac{1}{2\pi}[\omega_1(\vartheta) - \omega(\vartheta)] - \frac{1}{2\pi}\Omega(\vartheta)$ in keinem dieser Teilintervalle größer als 3/4 sein. Daher ist m in jedem abgeschlossenen Teilintervall und folglich auch im ganzen Intervall $0 \leqq \vartheta \leqq 2\pi$ konstant, d. h. dieselbe ganze Zahl. Nunmehr wird $2\pi|N(x_0, y_0; \mathscr{C}_1) - N(x_0, y_0; \mathscr{C})|$ $= |[\omega_1(2\pi) - \omega_1(0)] - [\omega(2\pi) - \omega(0)]| = |\Omega(2\pi) - \Omega(0)| < \pi$. Da aber der Index N eine ganze Zahl sein muß, ergibt sich daraus, wie behauptet, $N(x_0, y_0; \mathscr{C}_1) = N(x_0, y_0; \mathscr{C})$. W. z. b. w.

Wir bemerken, daß die Behauptung allgemeiner unter der Voraussetzung $\|\mathscr{C}_1, \mathscr{C}_2\| < d \equiv \min\limits_{0 \leqq \vartheta \leqq 2\pi} |z(\vartheta) - z_0|$ richtig ist. Der Beweis dafür ist nahezu der gleiche.

§ 243. Wenn die Kurve $\mathscr{C}$ der einfach durchlaufene Rand $\partial\Delta$ eines nicht-ausgearteten offenen Dreieckes Δ ist, so überzeugt man sich leicht, daß $N(x, y; \partial\Delta) = \pm 1$ für $(x, y) \in \Delta$ und $N(x, y; \partial\Delta) = 0$ für $(x, y) \notin \Delta$. Als Funktion von x und y betrachtet ist der Index N daher summierbar, und es gilt

$$\iint\limits_{-\infty}^{+\infty} N(x, y; \partial\Delta)\, dx\, dy = \pm |\Delta|, \tag{116}$$

je nachdem, ob $\partial\Delta$ im positiven oder negativen Sinne durchlaufen wird. Das Symbol $|\Delta|$ bedeutet den (positiven) Flächeninhalt von Δ. Unter allen Umständen ist

$$\iint\limits_{-\infty}^{+\infty} |N(x, y; \partial\Delta)|\, dx\, dy = |\Delta|. \tag{117}$$

Die Beziehungen (116) und (117) behalten natürlich auch für ein ausgeartetes Dreieck, dessen Eckpunkte auf einer Geraden liegen und dessen Flächeninhalt Null ist, ihre Gültigkeit.

§ 244. Gegeben seien ein von einem einfach geschlossenen Polygon ∂B berandetes Jordangebiet B in der (u, v)-Ebene und eine Triangulierung $\mathfrak{T}$ von B in offene Dreiecke δ_i $(i = 1, 2, \ldots, m)$. Die Triangulierung braucht dabei nicht regulär im Sinne der kombinatorischen Topologie zu sein; es ist vielmehr erlaubt, daß ein Eckpunkt eines Dreieckes innerer Punkt der Seite eines anderen ist. (Jede solche Triangulierung kann aber durch weitere Unterteilung zu einer regulären verfeinert werden.) Die Funktionen $x = x(u, v)$ und $y = y(u, v)$ seien stetig in $\bar{B}$ und linear in jedem Dreieck δ_i, so daß jedes δ_i auf ein (möglicherweise ausgeartetes) Dreieck $\bar{\Delta}_i$ und ∂B auf eine geschlossene polygonale Kurve $\mathscr{C}$ in der (x, y)-Ebene abgebildet werden. Die Dreiecke Δ_i können natürlich überlappen. Wenn man alle Dreiecke δ_i im positiven Sinne umläuft, dann werden alle nicht auf ∂B liegenden Teile der Seiten der Triangulierung $\mathfrak{T}$ zweimal im entgegengesetzten Sinne durchlaufen. Wenn wir die Durchlaufssinne der Dreiecke Δ_i als die durch die Abbildung $(u, v) \to (x, y)$ induzierte festsetzen, ist daher leicht einzusehen, daß für jeden Punkt (x, y), welcher auf keiner der Seiten der Dreiecke Δ_i liegt, die Beziehungen

$$N(x, y; \mathscr{C}) = \sum_{i=1}^{m} N(x, y; \partial\Delta_i) \quad \text{und} \quad |N(x, y; \mathscr{C})| \leqq \sum_{i=1}^{m} |N(x, y; \partial\Delta_i)|$$

gelten. Der absolute Betrag $|N(x, y; \mathscr{C})|$, aufgefaßt als Funktion von x und y, ist folglich summierbar, und gemäß (117) gilt

$$(118) \qquad \iint_{-\infty}^{+\infty} |N(x, y; \mathscr{C})|\, dx\, dy \leqq \sum_{i=1}^{m} |\Delta_i|.$$

§ 245. Es liege die in § 244 beschriebene Situation vor; von den Funktionen $x(u, v)$ und $y(u, v)$, die diesmal jedoch nicht als stückweise linear vorausgesetzt sind, sei lediglich bekannt, daß sie in $\bar{B}$ stetig differenzierbar sind. Das Polygon ∂B wird auf eine geschlossene Kurve $\mathscr{C}$ in der (x, y)-Ebene abgebildet. *Angenommen, jeder Punkt der Kreisscheibe $x^2 + y^2 \leqq R^2$ habe bezüglich $\mathscr{C}$ einen von Null verschiedenen Index. Dann gilt*

$$\iint_B \left|\frac{\partial(x, y)}{\partial(u, v)}\right| du\, dv \geqq \pi R^2.$$

Beweis: Es sei M eine Schranke für die absoluten Werte von x, y, x_u, x_v, y_u, y_v in $\bar{B}$ und $\mu(r)$ der Stetigkeitsmodul für die Ableitungen x_u, x_v, y_u, y_v, so daß $|x_u(u_2, v_2) - x_u(u_1, v_1)| \leqq \mu(r)$ ist für alle (u_1, v_1), $(u_2, v_2) \in \bar{B}$ mit $(u_2 - u_1)^2 + (v_2 - v_1)^2 \leqq r^2$ usw. Wir teilen zunächst jedes der Dreiecke δ_i, welches nicht rechtwinklig ist, durch Ziehen einer Höhe in zwei rechtwinklige Dreiecke und erhalten so eine neue Triangulierung $\mathfrak{T}'$. Die positive Zahl $\alpha \leqq \pi/4$ sei eine untere Schranke für die Innenwinkel aller Dreiecke der Triangulierung $\mathfrak{T}'$. Wir verfeinern $\mathfrak{T}'$ zu einer Triangulierung $\mathfrak{T}'_1$, indem wir innerhalb jedes Dreieckes die Mittelpunkte der Seiten verbinden. So fortfahrend erhalten wir eine Verfeinerung $\mathfrak{T}'_2$ von $\mathfrak{T}'_1$, eine Verfeinerung $\mathfrak{T}'_3$ von $\mathfrak{T}'_2$ usw. Aus Ähnlichkeitsgründen ist es klar, daß die Innenwinkel aller neu gewonnenen Dreiecke nicht kleiner als α sein können. Der Verfeinerungsprozeß wird so weit getrieben, bis alle Dreiecke δ_λ $(\lambda = 1, 2, \ldots, l)$ der letzten Triangulierung einen Durchmesser $\leqq \varepsilon$ haben. Dabei ist ε eine noch festzulegende positive Zahl. Wir bestimmen Funktionen

$\xi = \xi(u, v)$ und $\eta = \eta(u, v)$, welche in den Eckpunkten der endgültigen Triangulierung mit $x(u, v)$ bzw. $y(u, v)$ übereinstimmen und in jedem Dreieck δ_λ lineare Funktionen von u und v sind. ∂B wird von den Funktionen $\xi(u, v)$, $\eta(u, v)$ auf ein geschlossenes Polygon Γ in der (x, y)-Ebene abgebildet.

Es sei (u, v) ein Punkt auf einer Seite eines der Dreiecke δ_λ. Wenn (u_1, v_1) und (u_2, v_2) die Endpunkte dieser Seite sind, so ist $u = (1 - t) u_1 + t u_2$, $v = (1 - t) v_1 + t v_2$, $0 \leqq t \leqq 1$ und $\xi(u, v) - x(u, v) = (1 - t) [x(u_1, v_1) - x(u, v)] + t[x(u_2, v_2) - x(u, v)] = t(1 - t) \{(u_2 - u_1)(\tilde{x}_u - \hat{x}_u) + (v_2 - v_1)(\tilde{x}_v - \hat{x}_v)\}$. Dabei bedeuten die Tilde einen Zwischenwert auf der Strecke mit den Endpunkten (u, v) und (u_2, v_2) und das Dach einen Zwischenwert auf der Strecke mit den Endpunkten (u_1, v_1) und (u, v). Wir finden also $|\xi(u, v) - x(u, v)| \leqq \varepsilon M \frac{1}{\sqrt{2}}$ und entsprechend $|\eta(u, v) - y(u, v)| \leqq \varepsilon M \frac{1}{\sqrt{2}}$. Für den Abstand der Kurven $\mathscr{C}$ und Γ gilt also die Ungleichung $\|\mathscr{C}, \Gamma\| \leqq \varepsilon M$.

Es sei jetzt δ_λ irgendein Dreieck mit den Eckpunkten (u_p, v_p), (u_q, v_q), (u_r, v_r) und den Seitenlängen $l_{pq} = \sqrt{(u_q - u_p)^2 + (v_q - v_p)^2}$, $l_{pr} = \sqrt{(u_r - u_q)^2 + (v_r - v_q)^2}$. Aus $|\Delta_\lambda| = \frac{1}{2}|(x_q - x_p)(y_r - y_p) - (x_r - x_p)(y_q - y_p)|$ findet man durch Anwenden des Mittelwertsatzes die Abschätzung

$$\left| |\Delta_\lambda| - |\delta_\lambda| \left|\left[\frac{\partial(x, y)}{\partial(u, v)}\right]_p\right| \right| \leqq 2\mu(\varepsilon)\,(2M + \mu(\varepsilon))\, l_{pq}\, l_{pr}$$

$$\leqq 4\mu(\varepsilon)\,(2M + \mu(\varepsilon)) \frac{|\delta_\lambda|}{\sin\alpha}.$$

Ferner gilt

$$\left| \iint\limits_{\delta_\lambda} \left|\frac{\partial(x, y)}{\partial(u, v)}\right| du\, dv - \left|\left[\frac{\partial(x, y)}{\partial(u, v)}\right]_p\right| |\delta_\lambda| \right| \leqq 2\mu(\varepsilon)\,(2M + \mu(\varepsilon))\,|\delta_\lambda|.$$

Daher wird

$$\left| \sum_{\lambda=1}^{l} |\Delta_\lambda| - \iint\limits_B \left|\frac{\partial(x, y)}{\partial(u, v)}\right| du\, dv \right| \leqq 2\mu(\varepsilon)\,(2M + \mu(\varepsilon)) \left(1 + \frac{2}{\sin\alpha}\right) |B|.$$

Gemäß § 242 gilt für jeden Punkt (x, y) in $x^2 + y^2 \leqq R^2$ und hinreichend kleines ε gewiß $N(x, y; \Gamma) = N(x, y; \mathscr{C})$. Aus (118) folgt daher

$$\pi R^2 \leqq \iint\limits_{x^2+y^2 \leqq R^2} |N(x, y; \Gamma)|\, dx\, dy \leqq \iint\limits_{-\infty}^{+\infty} |N(x, y; \Gamma)|\, dx\, dy \leqq \sum_{\lambda=1}^{l} |\Delta_\lambda|$$

$$\leqq \iint\limits_B \left|\frac{\partial(x, y)}{\partial(u, v)}\right| du\, dv + 2\mu(\varepsilon)\,(2M + \mu(\varepsilon)) \left(1 + \frac{2}{\sin\alpha}\right) |B|.$$

Für $\varepsilon \to 0$ ergibt sich die Behauptung.

§ 246. *Gegeben seien ein Jordangebiet B in der (u, v)-Ebene und zwei Funktionen $x(u, v)$, $y(u, v) \in \mathfrak{M}(\bar{B})$. Wenn jeder Punkt der Kreisscheibe $x^2 + y^2 \leqq R^2$ bezüglich der Bildkurve $\mathscr{C}$ von ∂B unter der Abbildung $x = x(u, v)$, $y = y(u, v)$ einen von Null verschiedenen Index hat, dann gilt*

$$\iint_B \left|\frac{\partial(x, y)}{\partial(u, v)}\right| du\, dv \geqq \pi R^2.$$

Beweis: Der Abstand der Kreisscheibe $x^2 + y^2 \leqq R^2$ von der als Punktmenge aufgefaßten Kurve $\mathscr{C}$ sei $d > 0$. Wir bestimmen, was nach § 27 möglich ist, ein in B liegendes Jordanpolygon B_0, dessen Rand $\partial B_0 \subset B$ so nahe bei ∂B verläuft, daß die Bildkurven von ∂B und ∂B_0 unter der Abbildung $x = x(u, v)$, $y = y(u, v)$ einen Abstand kleiner als $d/2$ haben. In $\bar{B}_0$ approximieren wir die Funktionen $x(u, v)$ und $y(u, v)$ gemäß § 215 durch stetig differenzierbare Funktionen $\bar{x}(u, v)$ bzw. $\bar{y}(u, v)$ derart, daß $|||\bar{x} - x|||_{B_0} < \varepsilon$, $|||\bar{y} - y|||_{B_0} < \varepsilon$ gilt, wo ε eine der Bedingung $0 < \varepsilon < d/2$ genügende Zahl ist. Nach § 242 hat jeder Punkt der Kreisscheibe $x^2 + y^2 \leqq R^2$ bezüglich der Bildkurve von ∂B_0 unter der Abbildung $x = \bar{x}(u, v)$, $y = \bar{y}(u, v)$ denselben Index wie bezüglich der Kurve $\mathscr{C}$. Auf Grund von § 245 gilt daher

$$\iint_{B_0} \left|\frac{\partial(\bar{x}, \bar{y})}{\partial(u, v)}\right| du\, dv \geqq \pi R^2.$$

Nun haben wir fast überall in B_0

$$\begin{aligned}\left|\frac{\partial(x, y)}{\partial(u, v)}\right| \geqq \left|\frac{\partial(\bar{x}, \bar{y})}{\partial(u, v)}\right| &- \{|\bar{y}_v - y_v|\,|x_u| + |\bar{y}_u - y_u|\,|x_v| + \\ &+ |\bar{x}_v - x_v|\,|y_u| + |\bar{x}_u - x_u|\,|y_v| + \\ &+ |\bar{x}_u - x_u|\,|\bar{y}_v - y_v| + |\bar{x}_v - x_v|\,|\bar{y}_u - y_u|\}\end{aligned}$$

und daher mit Hilfe der Schwarzschen Ungleichung

$$\begin{aligned}\iint_B \left|\frac{\partial(x, y)}{\partial(u, v)}\right| du\, dv &\geqq \iint_{B_0} \left|\frac{\partial(x, y)}{\partial(u, v)}\right| du\, dv \\ &\geqq \iint_{B_0} \left|\frac{\partial(\bar{x}, \bar{y})}{\partial(u, v)}\right| du\, dv - \\ &\qquad -2\sqrt{\varepsilon}\,\{\sqrt{|||x|||_{B_0}} + \sqrt{|||y|||_{B_0}} + \sqrt{\varepsilon}\} \\ &\geqq \pi R^2 - 2\sqrt{\varepsilon}\,\{\sqrt{|||x|||_B} + \sqrt{|||y|||_B} + \sqrt{\varepsilon}\}.\end{aligned}$$

Die Behauptung folgt für $\varepsilon \to 0$.

§ 247. Genauso wie die Sätze der Paragraphen 245 und 246 beweist man auch den folgenden Satz:

Gegeben seien ein Jordangebiet B in der (u, v)-Ebene und zwei Funktionen $x(u, v)$, $y(u, v) \in \mathfrak{M}(\bar{B})$. $Q_k (k = 1, 2, \ldots, n)$ seien n paarweise punktfremde Gebiete vom Flächeninhalt $I_k (k = 1, 2, \ldots, n)$. Für $k = 1, 2, \ldots, n$ habe jeder Punkt des Gebietes Q_k bezüglich der Bildkurve $\mathscr{C}$ von ∂B unter der Abbildung $x = x(u, v)$, $y = y(u, v)$ einen Index, dessen absoluter Betrag nicht kleiner als eine Zahl $N_k \geqq 1$ ist. Dann gilt

$$\iint_B \left| \frac{\partial(x, y)}{\partial(u, v)} \right| du\, dv \geqq \sum_{k=1}^{n} I_k N_k .$$

6. *Das lineare Maß ebener Punktmengen*

§ 248. Es gibt viele Maße, mit deren Hilfe man messen kann, wie dünn oder wie umfangreich eine vorgelegte Punktmenge ist. Für unsere Zwecke ist die Bestimmung der „Länge" einer Punktmenge von besonderer Bedeutung. Das Lebesguesche Längenmaß ist nur für lineare Punktmengen, d. h. für Mengen, welche auf einer Geraden liegen, erklärt. Zur Definition der Länge einer allgemeineren Punktmenge bedienen wir uns des folgenden Verfahrens, welches, wie wir sogleich sehen werden, auch schon die Bestimmung der Länge einer Jordankurve ohne jegliche Bezugnahme auf ihre Parameterdarstellung ermöglicht.

Es sei A eine beliebige Punktmenge in der (x, y)-Ebene. Für eine Zahl $\varrho > 0$ betrachten wir eine Überdeckung von A durch endlich oder abzählbar unendlich viele offene Kreisscheiben K_i vom Durchmesser $d_i < \varrho$. Die untere Grenze der Summen $\sum_i d_i$ für alle solchen Überdeckungen, die auch unendlich ausfallen kann, bezeichnen wir mit $\lambda_1^{(\varrho)}(A)$. Wenn ϱ abnimmt, so werden die Bedingungen, welchen die Kreise K_i genügen müssen, schärfer. Die Zahl $\lambda_1^{(\varrho)}(A)$ kann sich daher nicht verkleinern und konvergiert für $\varrho \to 0$ gegen einen endlichen oder unendlichen Grenzwert. Dieser Grenzwert $\lambda_1^*(A) = \lim_{\varrho \to 0} \lambda_1^{(\varrho)}(A)$ heißt das äußere lineare (Carathéodorysche oder Hausdorffsche) Maß der Menge A.

§ 249. Dieses Maß ist von Carathéodory [3] erdacht und von F. Hausdorff [1] weiter entwickelt worden. Ein ähnliches lineares Maß ist schon im Jahre 1901 von H. Minkowski [1] definiert und von W. Groß [2], T. Estermann [1] u. a. weiter untersucht und mit dem Carathéodoryschen Maße verglichen worden. In den letzten 65 Jahren ist der Längenbegriff überhaupt auf vielerlei Arten zu Begriffen linearer Maße verallgemeinert worden, deren Definitionsbereiche außer den (Jordan-) Bögen auch allgemeinere Punktmengen enthalten, so von C. Carathéodory, J. Favard, D. C. Gillespie, W. Groß, F. Hausdorff, O. Janzen, A. Kolmogoroff, W. Maak, K. Menger, H. Minkowski, H. Steinhaus, W. H. Young und G. C. Young u. a. Diese Maße sind nicht nur formal stark voneinander verschieden, sondern sie können für eine Menge A sogar verschiedene Werte liefern, selbst wenn A kompakt ist. Mit geringfügigen Ausnahmen liefern sie aber alle für jedes Kontinuum denselben Wert; siehe G. Nöbeling [1], [2]. Für unsere Zwecke ist das lineare Carathéodory-Hausdorffsche Maß besonders geeignet.

Eng mit dem Begriff des linearen Maßes zusammenhängend, obgleich nicht mit ihm äquivalent, ist der für die Funktionentheorie und die Potentialtheorie grundlegende Begriff der logarithmischen Kapazität einer Punktmenge, den wir im nächsten Abschnitt besprechen werden. Hinsichtlich der Definition und der Eigenschaften des Kapazitätsbegriffes sehe man etwa L. Carleson [I]; G. Choquet [1]; O. Frostman [2]; R. Nevanlinna [I], insbesondere Kap. V; M. Tsuji [I], insbesondere pp. 63–71; C. de la Vallée-Poussin [I]. Von besonderem Interesse sind die Punktmengen verschwindender Kapazität, genauso wie für uns die Punktmengen der Länge Null eine besondere Rolle spielen werden. Andere ebenfalls nahe verwandte Maße, wie das in den Paragraphen 264–265 genauer betrachtete, sind von J. Deny et J. L. Lions [1]; W. H. Fleming [3]; L. Hörmander et J. L. Lions [1]; W. Littman [1]; N. G. Meyers [1]; A. P. Morse and J. F. Randolph [1]; J. C. C. Nitsche [16]; Ju. G. Rešetnjak [6]; J. Serrin [6], [7]; H. Wallin [1]; u. a. benutzt und untersucht worden.

Anstatt von der Summe $\sum d_i$ hätten wir allgemeiner von einer Summe $\sum h(d_i)$ ausgehen können, wo $h(t)$ eine für $t \geqq 0$ erklärte, stetige, monotone und der Bedingung $h(0) = 0$ genügende Funktion ist. Wir hätten dann das von der Maßfunktion $h(t)$ erzeugte äußere Hausdorffsche Maß der Menge A erhalten (siehe F. Hausdorff [1]), insbesondere in den Fällen $h(t) = t^\alpha$, $\alpha > 0$, und $h(t) = 1/\log\frac{1}{t}$ das α-dimensionale bzw. das logarithmische Maß.

Es sei bemerkt, daß der Begriff des Hausdorffschen Maßes keineswegs auf ebene Punktmengen beschränkt ist. Wenn man eine Punktmenge im R^3 durch offene Kugeln K_i vom Durchmesser $d_i < \varrho$ überdeckt, so wird man, ausgehend von der Summe $\frac{\pi}{4}\sum d_i^2$, insbesondere auf das äußere zweidimensionale Maß im R^3 geführt.

§ 250. Das in § 248 definierte äußere Maß ist eine nichtnegative Mengenfunktion, welche, wie man sich leicht überzeugt, den Axiomen der Carathéodoryschen Maßtheorie genügt (siehe C. Carathéodory [3] und [I], Kap. V; S. Saks [I], Kap. II):

1. Für die leere Menge ϕ ist $\lambda_1^*(\phi) = 0$.
2. Aus $A \subset B$ folgt $\lambda_1^*(A) \leqq \lambda_1^*(B)$.
3. Für jede Mengenfolge A_n gilt $\lambda_1^*(\cup A_n) \leqq \sum \lambda_1^*(A_n)$.
4. Für zwei Punktmengen A, B positiven Abstandes ist $\lambda_1^*(A \cup B) = \lambda_1^*(A) + \lambda_1^*(B)$.

Eine Menge A heißt dann (linear) meßbar, wenn für beliebige Mengen B die Beziehung $\lambda_1^*(B) = \lambda_1^*(A \cap B) + \lambda_1^*(B \backslash A \cap B)$ zutrifft. Ist die Punktmenge A linear meßbar, so bezeichnen wir $\lambda_1^*(A)$ als ihr lineares Maß oder ihre Länge $\lambda_1(A)$.

Punktmengen verschwindenden linearen Maßes sind offensichtlich meßbar: Wegen $0 \leqq \lambda_1^*(A \cap B) \leqq \lambda_1^*(A) = 0$ und $0 \leqq \lambda_1^*(B \backslash A \cap B) \leqq \leqq \lambda_1^*(B)$ muß ja in den Ungleichungen $\lambda_1^*(B) \leqq \lambda_1^*(A \cap B) + + \lambda_1^*(B \backslash A \cap B) \leqq \lambda_1^*(B)$ das Gleichheitszeichen gelten. Es folgt aber bereits aus den Axiomen, daß alle Borelsche Mengen und allgemeiner alle Suslinsche oder analytische Mengen (möglicherweise und sogar i. a. mit unendlichem linearen Maße) linear meßbar sind und daß für endlich oder abzählbar unendlich viele linear meßbare Punktmengen A_n, von denen keine zwei einen gemeinsamen Punkt besitzen, die Beziehung $\lambda_1(\cup A_n) = \sum \lambda_1(A_n)$ zutrifft.

§ 251. Auch das fünfte Carathéodorysche Axiom, welches das äußere lineare Maß als ein reguläres kennzeichnet, ist erfüllt:

5. Für jede Menge A ist $\lambda_1^*(A)$ gleich der unteren Grenze der linearen Maße $\lambda_1(B)$ aller A enthaltenden linear meßbaren Mengen B.

Da für jede solche Menge B die Ungleichung $\lambda_1^*(A) \leqq \lambda_1^*(B) = \lambda_1(B)$ gilt, genügt es zum Nachweis dieses Axioms, unter der Annahme $\lambda_1^*(A) < \infty$ eine meßbare Menge $B \supset A$ anzugeben, für welche $\lambda_1^*(A) = \lambda_1(B)$ ist. Zu diesem Zwecke sei $\varrho_1, \varrho_2, \ldots$ eine monoton gegen Null abnehmende Folge positiver Zahlen. Sukzessiv für $k = 1, 2, \ldots$ überdecken wir die Menge A durch Kreisscheiben $K_{k1}, K_{k2}, \ldots$, deren Durchmesser d_{kl} sämtlich $< \varrho_k$ sind und die außerdem die Eigenschaft haben, daß $\sum\limits_l d_{kl} \leqq \lambda^{(\varrho_k)}(A) + \varrho_k \leqq \lambda_1^*(A) + \varrho_k$ ist. Sowohl diese Kreisscheiben als auch ihre Vereinigungsmengen $V_k = \bigcup\limits_l K_{kl}$ und deren Durchschnitt $B = \bigcap\limits_k V_k$ sind linear meßbar. Da A in B enthalten ist, gilt natürlich $\lambda_1^*(A) \leqq \lambda_1(B)$. Andererseits wird aber B als Teilmenge von V_k durch die Folge der Kreisscheiben $K_{k1}, K_{k2}, \ldots$ überdeckt, so daß für jedes $k = 1, 2, \ldots$ $\lambda^{(\varrho_k)}(B) \leqq \sum\limits_l d_{kl} \leqq \lambda_1^*(A) + \varrho_k$ gilt. Für $k \to \infty$ folgt daraus $\lambda_1(B) \leqq \lambda_1^*(A)$ und in Verbindung mit der schon bewiesenen Ungleichung $\lambda_1(B) = \lambda_1^*(A)$.

Mit $B_l = \bigcup_{k=1}^{l} V_k$ läßt sich das eben Bewiesene auch so aussprechen:

5'. Zu jeder Menge A gibt es eine den Bedingungen $B_1 \supset B_2 \supset \supset B_3 \supset \cdots \supset A$ genügende Folge offener Mengen $B_1, B_2, \ldots$ derart, daß $\lambda_1^*(A) = \lim_{l\to\infty} \lambda_1(B_l)$ ist.

Das äußere lineare Maß erfüllt also auch das fünfte Axiom in der Fassung von H. Hahn [I], p. 444. Insbesondere läßt sich jede linear meßbare Punktmenge A als Differenz $A = A_1 \backslash A_2$ zweier Mengen auffassen, wobei A_1 der Durchschnitt abzählbar vieler offener Mengen ist und A_2 eine Menge verschwindenden linearen Maßes bedeutet.

§ 252. Die Deutung des linearen Maßes als Länge findet ihre Berechtigung in der folgenden Aussage:

Das äußere lineare Maß eines Jordanbogens $\mathscr{C}$ ist gleich seiner Jordanschen Länge, d. h. $\lambda_1^*([\mathscr{C}]) = L(\mathscr{C})$. Als abgeschlossene Menge ist die Punktmenge $[\mathscr{C}]$ übrigens linear meßbar.

Beweis: Der Jordanbogen habe die Darstellung $\mathscr{C} = \{\mathfrak{x} = \mathfrak{x}(t) \equiv \equiv \{x(t), y(t)\};\ a \leqq t \leqq b\}$. Wir wollen zunächst die Ungleichung $\lambda_1^*([\mathscr{C}]) \geqq L(\mathscr{C})$ beweisen. Für $\varrho > 0$ sei die Punktmenge $[\mathscr{C}]$ durch offene Kreisscheiben K_l vom Durchmesser $d_l < \varrho$ so überdeckt, daß $\sum d_l \leqq \lambda_1^{(\varrho)}([\mathscr{C}]) + \varrho \leqq \lambda_1^*([\mathscr{C}]) + \varrho$ gilt. Wegen der Abgeschlossenheit von $[\mathscr{C}]$ darf von vornherein angenommen werden, daß dabei nur endlich viele Kreisscheiben $K_1, K_2, \ldots, K_m$ Verwendung finden. Wir wählen nun in der jetzt zu beschreibenden Weise eine Teilmenge $\{K_j'\}$ dieser Kreisscheiben aus. Der Punkt $\mathfrak{x}_0 \equiv \mathfrak{x}(a)$ liegt in einer der Kreisscheiben K_l, welche wir mit K_1' bezeichnen. $\mathfrak{x}_1$ sei beim Durchlaufen von $\mathscr{C}$ der letzte Punkt von $\mathscr{C}$, der auf dem Rande von K_1' liegt. $\mathfrak{x}_1$ ist in einer der Kreisscheiben K_l enthalten, die wir K_2' nennen. $\mathfrak{x}_2$ sei der letzte Punkt von $\mathscr{C}$, der auf dem Rande von K_2 liegt. Er ist in einer Kreisscheibe enthalten, die wir K_3' nennen, usw. Wir gewinnen auf diese Weise ein aus endlich vielen Seiten bestehendes dem Bogen $\mathscr{C}$ einbeschriebenes Polygon $\Pi^{(\varrho)}$ mit den Eckpunkten $\mathfrak{x}_0 = \mathfrak{x}(a), \mathfrak{x}_1, \mathfrak{x}_2, \ldots, \mathfrak{x}_N, \mathfrak{x}_{N+1} = \mathfrak{x}(b)$, dessen Länge nicht größer ist als die Summe der Durchmesser $d_1', d_2', \ldots, d_{N+1}'$ der Kreise K_j'; denn die K_j' sind nach Konstruktion alle voneinander verschieden. Es gilt also $L(\Pi^{(\varrho)}) = \sum_{k=0}^{N} |\mathfrak{x}_{k+1} - \mathfrak{x}_k| \leqq \leqq \sum_{j=1}^{N+1} d_j' \leqq \sum d_l \leqq \lambda_1^*([\mathscr{C}]) + \varrho$. Die auf der Kurve $\mathscr{C}$ liegenden Punkte $\mathfrak{x}_k$ entsprechen in umkehrbar eindeutiger Weise den Punkten t_k einer Zerlegung $\mathfrak{Z}$: $a = t_0 < t_1 < \cdots < t_{N+1} = b$ des Parameterintervalls $[a, b]$. Da die Norm dieser Zerlegung mit $\varrho \to 0$ nach Null geht, folgt gemäß § 14 $L(\mathscr{C}) = \lim_{\varrho\to 0} L(\Pi^{(\varrho)}) \leqq \lambda_1^*([\mathscr{C}])$.

Zum Beweise der Ungleichung $\lambda_1^*([\mathscr{C}]) \leqq L(\mathscr{C})$ darf $L(\mathscr{C}) < \infty$ angenommen werden. Für $\varrho > 0$ teilen wir $\mathscr{C}$ in $N > \frac{2}{\varrho} L(\mathscr{C})$ Teilbögen gleicher Länge $l = \frac{1}{N} L(\mathscr{C})$ ein. Jeder dieser Teilbögen liegt gewiß in einer offenen Kreisscheibe vom Durchmesser $l + \frac{\varepsilon}{N}$ um seinen (bezüglich der Bogenlänge genommenen) Mittelpunkt. Dabei ist ε eine beliebige Zahl im Intervall $0 < \varepsilon < L(\mathscr{C})$. Dann gilt $\lambda_1^{(\varrho)}([\mathscr{C}]) \leqq$ $\leqq N\left(l + \frac{\varepsilon}{N}\right) = L(\mathscr{C}) + \varepsilon$ und daher auch $\lambda_1^*([\mathscr{C}]) \leqq L(\mathscr{C}) + \varepsilon$. Wegen der Willkür von ε folgt somit schließlich $\lambda_1^*([\mathscr{C}]) \leqq L(\mathscr{C})$.

Damit ist die Behauptung bewiesen.

Für eine allgemeine Kurve $\mathscr{C} = \{x = x(t), y = y(t); a \leqq t \leqq b\}$, bei welcher, wenn t das Intervall $[a, b]$ durchläuft, der Bildpunkt $(x(t), y(t))$ die Menge $[\mathscr{C}]$ ja u. U. wiederholt überstreichen kann, und deren gemäß § 14 definierte Länge man daher gewissermaßen als Durchlaufungslänge bezeichnen kann, gilt i. a. natürlich nur die Ungleichung $\lambda_1^*([\mathscr{C}]) \leqq L(\mathscr{C})$. Man kann aber der durch die Abbildung $x = x(t)$, $y = y(t)$ verursachten Vieldeutigkeit folgendermaßen Rechnung tragen (G. Nöbeling [3]): Für $n = 1, 2, \ldots, \infty$ sei A_n die Teilmenge derjenigen Punkte $(\bar{x}, \bar{y})$ von $[\mathscr{C}]$, für welche es im Intervall $a \leqq t \leqq b$ genau n verschiedene Parameterwerte t mit $\bar{x} = x(t)$, $\bar{y} = y(t)$ gibt. Dann gilt $L(\mathscr{C}) = \lambda_1(A_1) + 2 \cdot \lambda_1(A_2) + 3 \cdot \lambda_1(A_3) + \cdots + \infty \cdot \lambda_1(A_\infty)$. Verabredungsgemäß bedeutet dabei $\infty \cdot \lambda = 0$ für $\lambda = 0$ und $\infty \cdot \lambda = \infty$ für $\lambda > 0$.

Daß die Mengen A_n Borelsche Mengen und daher linear meßbar sind, sieht man folgendermaßen ein. Wenn B_n die Teilmenge derjenigen Punkte von $[\mathscr{C}]$ bezeichnet, welche mindestens n verschiedene Urbildpunkte im Intervall $a \leqq t \leqq b$ besitzen, so gilt $A_n = B_n \backslash B_{n+1}$. Für jede natürliche Zahl m sei nun $B_n(m)$ die Teilmenge derjenigen Punkte von $[\mathscr{C}]$, deren Urbildmenge mindestens n Punkte enthält, welche paarweise einen Abstand $\geqq 1/m$ besitzen. Jede Menge $B_n(m)$ ist abgeschlossen, und es ist $B_n = \bigcup_{m=1}^{\infty} B_n(m)$. Jede der Mengen A_n $(n = 1, 2, \ldots)$ ist somit eine Borelsche Menge, und wegen $A_\infty = [\mathscr{C}] \backslash \bigcup_{k=1}^{\infty} A_n$ gilt dasselbe von A_∞.

§ 253. *Es sei A eine auf einen rektifizierbaren Jordanbogen $\mathscr{C}$ gelegene Punktmenge und $m_{\mathscr{C}}^*(A)$ ihr bezüglich der Bogenlänge s von $\mathscr{C}$ genommenes äußeres lineares Lebesguesche Maß. Dann gilt $\lambda_1^*(A) = m_{\mathscr{C}}^*(A)$.*

Beweis: A läßt sich durch abzählbar viele in $[\mathscr{C}]$ offene Bögen $\mathscr{C}_k$ beliebig kleiner Länge $L(\mathscr{C}_k)$ so überdecken, daß die Summe $\sum L(\mathscr{C}_k)$ den Wert $m_{\mathscr{C}}^*(A)$ beliebig wenig übertrifft. Um den (bezüglich der Bogenlänge genommenen und auf $\mathscr{C}$ gelegenen) Mittelpunkt jedes Teilbogens $\mathscr{C}_k$ beschreiben wir die offene Kreisscheibe K_k vom Durchmesser $d_k = L(\mathscr{C}_k)$. $\mathscr{C}_k$ ist dann gewiß in K_k enthalten, und die Gesamtheit der Kreisscheiben K_k liefert eine Überdeckung der Menge A mit möglicher Ausnahme der beiden Endpunkte des Bogens $\mathscr{C}$. Für jedes $\varrho > 0$ gilt also $\lambda_1^{(\varrho)}(A) \leqq m_{\mathscr{C}}^*(A)$ und daher auch $\lambda_1^*(A) \leqq m_{\mathscr{C}}^*(A)$.

Zum Nachweis der komplementären Ungleichung $\lambda_1^*(A) \geqq m_{\mathscr{C}}^*(A)$ bestimmen wir wie in § 251 eine die Menge A enthaltende Borelsche Menge B derart, daß $\lambda_1^*(A) = \lambda_1(B)$ gilt. Für den auch hinsichtlich des äußeren Maßes $m_{\mathscr{C}}^*$ Lebesguemeßbaren Durchschnitt $D = B \frown [\mathscr{C}]$ gilt dann sowohl $\lambda_1(D) = \lambda_1^*(A)$ als auch $m_{\mathscr{C}}^*(D) = m_{\mathscr{C}}(D)$. Aus der Beziehung $m_{\mathscr{C}}(D) + m_{\mathscr{C}}([\mathscr{C}]\backslash D) = m_{\mathscr{C}}([\mathscr{C}]) = L(\mathscr{C}) = \lambda_1([\mathscr{C}]) = \lambda_1(D) + {}$ $+ \lambda_1([\mathscr{C}]\backslash D)$ in Verbindung mit den schon bewiesenen Ungleichungen $0 \leqq \lambda_1(D) \leqq m_{\mathscr{C}}(D)$ und $0 \leqq \lambda_1([\mathscr{C}]\backslash D) \leqq m_{\mathscr{C}}([\mathscr{C}]\backslash D)$ folgt dann insbesondere $\lambda_1(D) = m_{\mathscr{C}}(D)$. Wegen $\lambda_1^*(A) = \lambda_1(D) = m_{\mathscr{C}}(D) \geqq m_{\mathscr{C}}^*(A)$ ergibt sich nun die gewünschte Ungleichung.

§ 254. In der (x, y)-Ebene sei die Menge A vorgelegt. Mit A_α bezeichnen wir die lineare Menge, welche durch orthogonale Projektion der Punkte von A auf die mit der positiven x-Richtung den Winkel α bildende gerichtete Ursprungsgerade g_α erhalten wird. Wenn man alle Kreisscheiben einer Überdeckung von A in Projektionsrichtung so verschiebt, daß ihre Mittelpunkte auf die Gerade g_α zu liegen kommen, so bilden die Kreisscheiben in der neuen Lage gewiß eine Überdeckung der Menge A_α. Daher gilt $\lambda_1^*(A_\alpha) \leqq \lambda_1^*(A)$.

A sei jetzt darüber hinaus als kompakt vorausgesetzt. Wir nehmen eine Folge monoton nach Null abnehmender Zahlen $\varrho_1, \varrho_2, \ldots$ her, wählen willkürlich ein $\varepsilon > 0$ und setzen noch $\varphi_n(\alpha) = \lambda_1^{(\varrho_n)}(A_\alpha)$. Es gilt dann $\varphi(\alpha) \equiv \lambda_1(A_\alpha) = \lim\limits_{n\to\infty} \varphi_n(\alpha)$. Für feste n und α_0 sei $K_1, K_2, \ldots$ eine Folge die Menge A_{α_0} überdeckender offener Kreisscheiben mit Durchmessern $d_k < \varrho_n$ derart, daß $\sum d_k \leqq \varphi_n(\alpha_0) + \varepsilon$ gilt. Als kompakte Menge wird A_{α_0} bereits von endlich vielen der K_k überdeckt. Daraus folgt, daß die Kreisscheiben K_k auch die Mengen A_α überdecken, wenn α nahe genug bei α_0 liegt. Es gilt also $\varphi_n(\alpha) \leqq \sum d_k \leqq \varphi_n(\alpha_0) + \varepsilon$ und wegen der Willkür von ε, $\limsup\limits_{\alpha\to\alpha_0} \varphi_n(\alpha) \leqq \varphi_n(\alpha_0)$. Die Funktionen $\varphi_n(\alpha)$ sind daher halbstetig nach oben und insbesondere Lebesguemeßbar. Als Grenzfunktion einer Folge Lebesguemeßbarer Funktionen ist $\varphi(\alpha)$ selbst auch Lebesguemeßbar. Nach dem Obigen wird dann

$$\int_0^{2\pi} \lambda_1(A_\alpha)\, d\alpha \leqq 2\pi\, \lambda_1(A). \tag{119}$$

Ohne Beweis bemerken wir, daß in Wirklichkeit die schärfere Ungleichung

$$\int_0^{2\pi} \lambda_1(A_\alpha)\, d\alpha \leqq 4\lambda_1(A) \tag{119'}$$

gilt; Gleichheit in ihr trifft z. B. für ein geradliniges Segment zu. Die Ungleichung (119′) ist in den Untersuchungen von A. S. Besicovitch [1], [2], [3] enthalten. Sie folgt auch aus zwischen dem Hausdorffschen und dem Favardschen Maße bestehenden Beziehungen; man sehe dazu H. Federer [3], insbesondere p. 312; weiter A. P. Morse and J. F. Randolph [1], G. Freilich [1] und J. M. Marstrand [1].

Es gibt Beispiele kompakter Mengen A positiven oder sogar unendlichen linearen Maßes mit der überraschenden Eigenschaft, daß $\lambda_1(A_\alpha) = 0$ ist für alle Werte von α. Man sehe dazu beispielsweise W. Groß [2]; S. Mazurkiewicz et S. Saks [1]; S. Saks [1]; A. S. Besicovitch [1], insbesondere pp. 431–434, [2], [3], insbesondere p. 357; J. Gillis [1] und (bei Zentralprojektion) [2]; und die dort angegebene Literatur.

§ 255. Struktur und geometrische Eigenschaften linear meßbarer Punktmengen sind in der Literatur ausgiebig untersucht worden. Man sehe dazu etwa A. S. Besicovitch [1], [2], [3]; A. P. Morse and J. F. Randolph [2] und allgemein das von H. Federer in [2] zusammengestellte Literaturverzeichnis. Eine Menge A endlichen äußeren linearen Maßes ist eine Nullmenge, d. h. ihr äußeres zweidimensionales Lebesguesches Maß $m_2^*(A)$ verschwindet. Für jedes $\varrho > 0$ läßt sich nämlich eine Überdeckung von A durch abzählbar viele Kreisscheiben $K_1, K_2, \ldots$ mit Durchmessern $d_k < \varrho$ so finden, daß $\sum d_k \leqq \lambda_1^*(A) + 1$ ist. Es gilt aber gewiß $m_2^* A) \leqq \sum \frac{\pi}{4} d_k^2 \leqq \frac{\pi}{4} \varrho \sum d_k \leqq \frac{\pi}{4} \varrho (\lambda_1^*(A) + 1)$. Die Behauptung ergibt sich beim Grenzübergang $\varrho \to 0$. Aus $m_2^*(A) = 0$ schließt man mit Hilfe des Satzes von Fubini, daß die linearen Maße der linearen Mengen $A(x_0) = \{x, y;\ (x, y) \in A,\ x = x_0\}$ für fast alle Werte von x_0, d. h. bis auf eine lineare Nullmenge von x_0-Werten verschwinden. Nach W. Groß ([1], pp. 174–176; siehe auch J. Schauder [1], pp. 6–10; A. S. Besicovitch [3], p. 354) enthalten die Mengen $A(x_0)$ für fast alle Werte von x_0 aber sogar nur endlich viele Punkte; d. h. eine Menge A mit $\lambda_1^*(A) = 0$ hat mit fast allen Geraden einer Schar paralleler Geraden höchstens endlich viele Punkte gemeinsam.

Die notwendige und hinreichende Bedingung dafür, daß die Länge eines Kontinuums endlich sei, ist die Endlichkeit der Integrale $\int_{-\infty}^{+\infty} N_1(x)\, dx$ und $\int_{-\infty}^{+\infty} N_2(y)\, dy$ (G. Nöbeling [2], S. Banach [1]). Dabei bedeutet die ganzzahlige (und meßbare) Funktion $N_1(x)$ die Anzahl der Punkte in der vertikalen Schnittmenge $A(x)$, ($N_1(x) = \infty$, wenn diese Zahl unendlich ist), und $N_2(y)$ ist die den horizontalen Schnittmengen $A(y_0) = \{x, y;\, (x, y) \in A,\, y = y_0\}$ entsprechend zugeordnete Funktion.

§ 256. Noch dünner – allerdings immer noch umfangreicher als die in der Funktionentheorie wichtigen Mengen verschwindender logarithmischer Kapazität (siehe § 271) – sind die Mengen vom äußeren linearen Maße Null, welche für uns besondere Bedeutung haben werden. Zufolge § 254 werden diese von fast allen Geraden einer Schar paralleler Geraden überhaupt nicht getroffen.

Vorgelegt seien eine Menge A in der (x, y)-Ebene und ein beliebiger nicht in A gelegener Punkt dieser Ebene, welchen wir o. B. d. A. sogleich als Koordinatenursprung annehmen dürfen. Θ_A sei die Menge derjenigen Werte ϑ, für welche der Ursprungsstahl, der mit der positiven x-Richtung den Winkel ϑ bildet, die Menge A mindestens in einem Punkte trifft. Θ_A ist also eine Teilmenge des linearen Intervalls $0 \leqq \vartheta \leqq 2\pi$. Eine Ungleichung $\lambda_1^*(\Theta_A) \leqq c\, \lambda_1^*(A)$ mit einer universellen Konstanten kann hier offensichtlich nicht gelten (es sei denn, die Menge A habe einen positiven Abstand vom Ursprung). Wir behaupten aber, daß das Verschwinden des äußeren linearen Maßes von A das Verschwinden des äußeren linearen Maßes von Θ_A nach sich zieht.

Zum Beweise schreiben wir A als Vereinigungsmenge der Mengen $A_n = \{x, y;\, (x, y) \in A,\, 2^n < \sqrt{x^2 + y^2} \leqq 2^{n+1}\}$ ($n = 0, \pm 1, \pm 2, \ldots$), wo dann Θ_A in der Vereinigung der Bildmengen Θ_{A_n} enthalten ist. Für feste n und ϱ ($0 < \varrho < 2^{n-1}$) und beliebiges $\varepsilon > 0$ sei $K_1, K_2, \ldots$ eine Folge die Menge A_n überdeckender offener Kreisscheiben vom Durchmesser $d_k < \varrho$ derart, daß $\sum d_k < \varepsilon$ gilt. Wenn ein Punkt $(x = r\cos\varphi,\, y = r\sin\varphi)$ von A_n in einer Kreisscheibe K_k um den Punkt $(x_0 = r_0\cos\varphi_0,\, y_0 = r_0\sin\varphi_0)$ enthalten ist, so liegt der Bildpunkt $(\hat{x} = \cos\varphi,\, \hat{y} = \sin\varphi)$ gewiß in einer Kreisscheibe $\hat{K}_k$ vom Durchmesser $\hat{d}_k = 2^{\frac{1}{2}-n} d_k$. Es gilt also $\lambda_1^{((\frac{1}{2}-n)\varrho)}(\Theta_{A_n}) \leqq \sum \hat{d}_k \leqq 2^{\frac{1}{2}-n} \sum d_k < 2^{\frac{1}{2}-n}\varepsilon$ und wegen der Willkür von ε auch $\lambda_1^{((\frac{1}{2}-n)\varrho)}(\Theta_{A_n}) = 0$. Daraus folgt $\lambda_1^*(\Theta_{A_n}) = 0$ und schließlich $\lambda_1^*(\Theta_A) \leqq \sum_{n=-\infty}^{\infty} \lambda_1^*(\Theta_{A_n}) = 0$.

§ 257. Man kann die in § 256 herausgestellten Eigenschaften der Mengen vom äußeren linearen Maße Null vielleicht noch aufschlußreicher durch die folgende Aussage beleuchten:

In der (x, y)-Ebene seien ein Gebiet P und eine „Ausnahmemenge" A gegeben. Wenn $\lambda_1^*(A)$ verschwindet, dann ist mit P auch noch die Menge $P \backslash A$ zusammenhängend. Durch Punktmengen positiven linearen Maßes, wie z. B. einen Querschnitt oder eine Kreislinie, wird ein Gebiet aber natürlich i. a. zerlegt. Der entsprechende Satz für kompakte Mengen verschwindender logarithmischer Kapazität ist wohlbekannt; siehe z. B. M. Brelot [1] und § 271.

Beweis: p und q seien zwei Punkte in $P\backslash A$. Wir verbinden sie zunächst in P durch einen Polygonzug mit den Ecken $p = p_1, p_2, \ldots, p_{2n+1} = q$. Nach § 256 sind fast alle Geraden durch p und durch q von Punkten der Ausnahmemenge frei. In beliebigen Nachbarschaften der Punkte p_2 und p_{2n} gibt es also Punkte p_2' bzw. p_{2n}' mit der Eigenschaft, daß die Segmente $p_1 p_2'$ und $p_{2n}' p_{2n+1}$ in $P\backslash A$ und die Segmente $p_2' p_3$ und $p_{2n-1} p_{2n}'$ in P verlaufen. Durch wiederholte Anwendung dieser Schlußweise erhalten wir nach endlich vielen Schritten einen ganz in $P\backslash A$ verlaufenden Polygonzug mit den Ecken $p = p_1, p_2', \ldots, p_{2n}', p_{2n+1} = q$. W. z. b. w.

§ 258. *In der (x, y)-Ebene seien ein Gebiet P und eine Ausnahmemenge A verschwindenden linearen Maßes gegeben. p sei ein beliebiger Punkt von $P\backslash A$. In jeder Umgebung von p gibt es eine in $P\backslash A$ verlaufende konvexe Kurve, die p in ihrem Inneren enthält.*

Beweis: p sei der Ursprung des Koordinatensystems, und die Kreisscheibe $x^2 + y^2 < 4r^2$ sei sowohl in P als auch in der fraglichen Umgebung enthalten. p_1 sei ein von p verschiedener Punkt der Menge $P\backslash A$ in der Kreisscheibe $x^2 + y^2 < r^2$. Wir dürfen annehmen, daß p_1 die Koordinaten $(x_1, 0)$ hat, wobei $x_1 > 0$ ist. k sei eine Zahl im Intervalle $-\frac{r}{2}\left(\sqrt{7} - 1\right) < k < 0$, die so gewählt ist, daß die vertikale Gerade $x = k$ keinen Punkt der Menge A trifft. Weiterhin wählen wir, was nach § 256 möglich ist, zwei Winkel α_2 und α_3 in den Intervallen $3\pi/4 < \alpha_2 < \pi$ bzw. $0 < \alpha_3 < \pi/4$ derart, daß die Geraden $y = (x - x_1) \times \tan\alpha_2$ und $y = (x - x_1)\tan\alpha_3$ ebenfalls keinen Punkt von A treffen. Diese Geraden schneiden die Vertikale $x = k$ in zwei Punkten $p_2 = (k, (k - x_1)\tan\alpha_2)$ und $p_3 = (k, (k - x_1)\tan\alpha_3)$. Das Dreieck mit den Eckpunkten p_1, p_2, p_3 hat alle geforderten Eigenschaften. W. z. b. w.

§ 259. *Das lineare Maß einer kompakten Punktmenge A ist dann und nur dann Null, wenn es zu jeder Zahl $\varepsilon > 0$ eine A enthaltende beschränkte offene Menge B mit $\lambda_1(B^*) < \varepsilon$ gibt.* (B^* ist der Rand von B; siehe § 31.)

Beweis: Es sei $\lambda_1(A) = 0$, und $\varepsilon > 0$ sei vorgegeben. Wegen der Kompaktheit von A gibt es endlich viele offene Kreisscheiben K_1, $K_2, \ldots, K_n$ mit Durchmessern $d_k < \varepsilon/2$, welche A derart überdecken, daß $\sum_{k=1}^{n} d_k < \lambda_1^{(\varepsilon/2)}(A) + \varepsilon/2 \leqq \varepsilon/2$ ist. Für $k = 1, 2, \ldots, n$ sei K'_k die zu K_k konzentrische offene Kreisscheibe mit dem Durchmesser $d'_k = 2d_k$. Die offene Menge $B = \bigcup_{k=1}^{n} K_k$ enthält A und ist ihrerseits mitsamt ihrem Rande in der Vereinigungsmenge der K'_k enthalten. Insbesondere gilt somit $\lambda_1^{(\varepsilon)}(B^*) \leqq \sum_{k=1}^{n} d'_k = 2\sum_{k=1}^{n} d_k < \varepsilon$.

Die Umkehrung beruht auf den Aussagen der folgenden Paragraphen 260–262, welche wir hier vorwegnehmen. Unter unserer jetzigen Annahme existiert zu vorgegebenem $\varepsilon > 0$ eine beschränkte offene Menge $B \supset A$ mit $\lambda_1(B^*) < \varepsilon/26$. Gemäß § 262 läßt sich B durch eine Folge offener Kreisscheiben $K_1, K_2, \ldots$ mit Durchmessern $d_1, d_2, \ldots$ so überdecken, daß die Ungleichung $\sum_k d_k \leqq 26\lambda_1(B^*) < \varepsilon$ zutrifft. Für alle $k = 1, 2, \ldots$ ist dann notwendigerweise $d_k < \varepsilon$ und somit $\lambda_1^{(\varepsilon)}(B) < \varepsilon$. Für $\varepsilon \to 0$ ergibt sich $\lambda_1(B) = 0$ und daraus wegen $\lambda_1(A) \leqq \lambda_1(B)$ auch $\lambda_1(A) = 0$. Damit ist der Beweis geführt.

§ 260. *Jeder Punkt (x, y) der beschränkten Menge A sei Mittelpunkt einer offenen Kreisscheibe K_{xy} vom Radius r_{xy}, und es gelte $0 < r_{xy} \leqq R < \infty$ für alle $(x, y) \in A$. K'_{xy} sei die zu K_{xy} konzentrische offene Kreisscheibe vom Radius $r'_{xy} = a\, r_{xy} (a > 2$, beliebig). Es gibt dann eine Teilfolge der K_{xy}, welche aus paarweise punktfremden Kreisscheiben $K_1, K_2, \ldots$ mit der Eigenschaft besteht, daß die zugehörigen größeren Kreisscheiben $K'_1, K'_2, \ldots$ die Menge A überdecken.* (Man sehe dazu A. P. Morse [2], Theorem 3.5.)

Beweis: Es sei $R_1 = \sup_{(x,y)\in A} r_{xy}$, und (x_1, y_1) sei ein Punkt von A, für welchen $r_1 \equiv r_{x_1 y_1} > \frac{1}{a-1} R_1$ ist. Wir wählen $K_1 = K_{x_1 y_1}$ und $K'_1 = K'_{x_1 y_1}$ und betrachten die Menge $A_1 = A \backslash K'_1$. Wenn diese Menge leer ist, sind wir fertig. Andernfalls seien $R_2 = \sup_{(x,y)\in A_1} r_{xy}$ und (x_2, y_2) ein Punkt von A_1, für welchen $r_2 \equiv r_{x_2 y_2} > \frac{1}{a-1} R_2$ ist. Wir nehmen dann $K_2 = K_{x_2 y_2}$ und $K'_2 = K'_{x_2 y_2}$. Wegen $R_2 \leqq R_1$ und auch

$$\sqrt{(x_2 - x_1)^2 + (y_2 - y_1)^2} \geqq a\, r_1 = r_1 + (a-1)\, r_1 > r_1 + R_1 \geqq r_1 + r_2$$

sind die Kreisscheiben K_1 und K_2 punktfremd. Wenn die Menge $A_2 = A \backslash (K'_1 \cup K'_2)$ leer ist, ist das Verfahren abgeschlossen. Andernfalls fahren wir in der beschriebenen Weise fort. Wenn keine der Mengen $A_1, A_2, \ldots$ leer ist – sonst wären wir nach endlich vielen Schritten fertig –, erhalten wir eine Folge $K_1, K_2, \ldots$ paarweise punktfremder

Kreisscheiben. Alle liegen in einer beschränkten Menge, deren Durchmesser den von A und höchstens $2R$ übersteigt. Die Reihe $\sum_{i=1}^{\infty} \pi r_i^2$ muß also konvergieren, so daß gewiß $\lim_{i\to\infty} r_i = 0$ und auch $\lim_{i\to\infty} R_i = 0$ ist.

Wir müssen nun zeigen, daß die größeren Kreisscheiben $K'_1, K'_2, \ldots$ die Menge A überdecken. Wenn das nicht der Fall wäre, so gäbe es wegen $A_1 \supset A_2 \supset A_3 \ldots$ einen in allen Mengen $A_1, A_2, \ldots$ aber in keiner Kreisscheibe $K'_1, K'_2, \ldots$ gelegenen Punkt (x_0, y_0). Aus $0 < r_{x_0 y_0} \leqq R_i = \sup_{(x,y)\in A_i} r_{xy}$ und $\lim_{i\to\infty} R_i = 0$ folgte dann ein Widerspruch. W. z. b. w.

§ 261. *A und B seien kompakte Mengen in der (x, y)-Ebene, und die Vereinigungsmenge $A \cup B$ sei eine konvexe Menge vom Durchmesser δ. Für die zweidimensionalen Lebesgueschen Maße $m_2(A)$ und $m_2(B)$ gilt dann die Ungleichung*

$$m_2(A)\, m_2(B) \leqq 2\delta^3 \lambda_1 (A \cap B).$$

(H. Federer [5], pp. 436–437.)

Beweis: $\varphi(x, y)$ und $\psi(x, y)$ seien die charakteristischen Funktionen der Mengen A bzw. B. Durch Integration über die ganze Ebene R^2 ergibt sich dann

$$\begin{aligned} m_2(A)\, m_2(B) &= \iint_{R^2} \iint_{R^2} \varphi(x, y)\, \psi(\xi, \eta)\, dx\, dy\, d\xi\, d\eta \\ &= \iint_{R^2} \iint_{R^2} \varphi(x, y)\, \psi(x + \xi, y + \eta)\, dx\, dy\, d\xi\, d\eta \\ &= \iint_{\xi^2+\eta^2 \leqq \delta^2} m_2(\{x, y;\, (x, y) \in A,\, (x + \xi, y + \eta) \in B\})\, d\xi\, d\eta . \end{aligned}$$

Wir setzen vorübergehend $Q(\xi, \eta) = \{x, y;\, (x, y) \in A,\, (x + \xi, y + \eta) \in B\}$. Für feste $(\xi, \eta) \neq (0, 0)$ sei g_α die zum Ursprungsstrahl durch (ξ, η) orthogonale Ursprungsgerade. Da jede zwei Punkte $(x, y) \in A$ und $(x + \xi, y + \eta) \in B$ verbindende Strecke den Durchschnitt $A \cap B$ treffen muß, gilt gewiß $\lambda_1(Q_\alpha(\xi, \eta)) \leqq \lambda_1((A \cap B)_\alpha)$ und folglich $m_2(Q(\xi, \eta)) \leqq \delta\, \lambda_1((A \cap B)_\alpha)$. Mit Hilfe von (119') wird daher

$$\begin{aligned} m_2(A)\, m_2(B) &\leqq \delta \iint_{\xi^2+\eta^2 \leqq \delta^2} \lambda_1((A \cap B)_\alpha)\, d\xi\, d\eta = \tfrac{1}{2}\delta^3 \int_0^{2\pi} \lambda_1((A \cap B)_\alpha)\, d\alpha \\ &\leqq 2\delta^3 \lambda_1 (A \cap B). \end{aligned}$$

Das war zu beweisen.

§ 262. *Jede beschränkte offene Punktmenge Q kann durch eine Folge offener Kreisscheiben mit Durchmessern $d_1, d_2, \ldots$ so überdeckt werden,* *daß die Ungleichung* $\sum_{i=1}^{\infty} d_i \leqq 26\lambda_1(Q^*)$ *erfüllt ist.* Q^* ist der Rand von Q, siehe § 31. (Siehe W. Gustin [1], H. Federer [5].)

Beweis: $K(x, y; r)$ sei die offene Kreisscheibe vom Radius r um den Punkt $(x, y) \in Q$. Der Quotient $h(r) = m_2(Q \frown K(x, y; r))/\pi r^2$ hängt stetig von r ab, ist gleich Eins für kleine r und geht nach Null mit $r \to \infty$. Wegen $m_2(Q \frown K(x, y; r)) \leqq m_2(Q)$ ist $h(r) < 1/2$ für $r > R \equiv \sqrt{\frac{2}{\pi} m_2(Q)}$. Wir wählen nun um jeden Punkt (x, y) von Q diejenige Kreisscheibe $K_{xy} = K(x, y; r)$ mit dem Halbmesser $r = r_{xy} \leqq R$, für welche der obige Quotient gerade den Wert 1/2 hat. $K_1, K_2, \ldots$ sei eine Teilfolge dieser Kreisscheiben mit den in § 260 niedergelegten Eigenschaften. Für festes i genügen die Mengen $A = \bar{Q} \frown K_i$ und $B = K_i \backslash Q$ den Voraussetzungen des § 261. Wegen $m_2(A) = m_2(B) = \frac{1}{2} \pi r_i^2$ gilt also $\frac{\pi^2}{4} r_i^4 \leqq 2(2r_i)^3 \lambda_1(A \frown B)$ oder, da $A \frown B = Q^* \frown K_i$ ist, $r_i \leqq \frac{64}{\pi^2} \lambda_1(Q^* \frown K_i)$. Nach § 250 ist somit

$$\sum_{i=1}^{\infty} (2a\, r_i) \leqq \frac{128a}{\pi^2} \sum_{i=1}^{\infty} \lambda_1(Q^* \frown K_i) \leqq \frac{128a}{\pi^2} \lambda_1(Q^*).$$

Die Behauptung folgt für $a = 26\pi^2/128 = 2{,}004 \cdots > 2$.

§ 263. A sei eine kompakte Punktmenge vom linearen Maße Null. Zu jedem $\varepsilon > 0$ gibt es dann eine Überdeckung von A durch endlich viele offene Kreisscheiben K_i $(i = 1, 2, \ldots, n = n(\varepsilon))$ vom Durchmesser d_i derart, daß $\sum d_i < \varepsilon$ gilt. Mit δ_ε bezeichnen wir den kleinsten der Durchmesser d_i. K_i' und K_i'' seien die zu K_i konzentrischen offenen Kreisscheiben mit den Durchmessern $d_i' = d_i + \delta_\varepsilon$ bzw. $d_i'' = d_i + 2\delta_\varepsilon$. Mit $A(\varepsilon)$, $A'(\varepsilon)$ und $A''(\varepsilon)$ bezeichnen wir weiter die Vereinigungsmengen $\smile K_i$, $\smile K_i'$ bzw. $\smile K_i''$. Wir greifen jetzt auf eine Funktion $\varphi(t)$ mit den in § 205 niedergelegten Eigenschaften zurück und setzen

$$\psi^{(\varepsilon)}(x, y) = \frac{2}{\delta_\varepsilon^2} \iint\limits_{A'(\varepsilon)} \varphi\left(\frac{\sqrt{2}}{\delta_\varepsilon}(x - \xi)\right) \varphi\left(\frac{\sqrt{2}}{\delta_\varepsilon}(y - \eta)\right) d\xi\, d\eta.$$

Die Funktion $\psi^{(\varepsilon)}(x, y)$ ist in der ganzen (x, y)-Ebene definiert und stetig differenzierbar. Es gilt überall $0 \leqq \psi^{(\varepsilon)}(x, y) \leqq 1$; und es gilt $\psi^{(\varepsilon)}(x, y) = 1$ in $A(\varepsilon)$, $\psi^{(\varepsilon)}(x, y) = 0$ außerhalb $A''(\varepsilon)$ und $|\psi_x^{(\varepsilon)}(x, y)| \leqq 2\sqrt{2} m/\delta_\varepsilon$, $|\psi_y^{(\varepsilon)}(x, y)| \leqq 2\sqrt{2} m/\delta_\varepsilon$ in allen anderen Punkten von $A''(\varepsilon)$. Dabei ist $m = \max|\varphi'(t)|$ gesetzt. Da der Flächeninhalt von $A''(\varepsilon) \backslash A(\varepsilon)$ wegen $\delta_\varepsilon \leqq d_i$ und $\sum d_i < \varepsilon$ gewiß nicht größer als

$$\sum \frac{\pi}{4} [(d_i + 2\delta_\varepsilon)^2 - d_i^2] = \pi \sum (d_i \delta_\varepsilon + \delta_\varepsilon^2) \leqq 2\pi\, \delta_\varepsilon \sum d_i < 2\pi\, \varepsilon\, \delta_\varepsilon$$

ist, ergibt sich mit der Abkürzung $[\psi_x^2(x,y) + \psi_y^2(x,y)]^{\frac{1}{2}} = |\operatorname{grad}\psi(x,y)|$

$$\iint_{R^2} |\operatorname{grad}\psi^{(\varepsilon)}(x,y)|\,dx\,dy \leqq 8m\pi\varepsilon.$$

Das Integral ist dabei über die ganze Ebene erstreckt. Es gilt also

$$\lim_{\varepsilon\to 0}\iint_{R^2} |\operatorname{grad}\psi^{(\varepsilon)}(x,y)|\,dx\,dy = 0.$$

§ 264. Es sei $\mathfrak{K}_A$ die Klasse aller Funktionen $\psi(x,y)\in C_0^1(R^2)$, d. h. aller in der ganzen (x,y)-Ebene erklärten und stetig differenzierbaren Funktionen mit kompaktem Träger, welche in einer (von Funktion zu Funktion verschiedenen) Umgebung einer vorgegebenen kompakten Punktmenge A den Wert Eins annehmen und im übrigen den Ungleichungen $0 \leqq \psi(x,y) \leqq 1$ genügen. Das Ergebnis des vorangehenden Paragraphen legt es nahe, die untere Grenze

$$\gamma_1(A) = \inf_{\psi\in\mathfrak{K}_A}\iint_{R^2} |\operatorname{grad}\psi(x,y)|\,dx\,dy$$

als ein Maß für den Umfang der Menge A zu betrachten. (Wir schreiben $\gamma_1(A)$, weil wir als Integranden auch $|\operatorname{grad}\psi|^\alpha$, $\alpha > 1$, hätten nehmen können und dann auf ein Maß $\gamma_\alpha(A)$ geführt worden wären.)

Bei der Definition von $\gamma_1(A)$ spielt es übrigens keine Rolle, ob wir anstelle der Funktionenklasse $\mathfrak{K}_A$ die umfangreichere Klasse $\mathfrak{K}_A^+$ aller Funktionen $\chi(x,y)\in C_0^{0,1}(R^2)$, d. h. aller in der ganzen (x,y)-Ebene erklärten und Lipschitzstetigen Funktionen mit kompaktem Träger, welche in den Punkten der kompakten Menge A die Ungleichung $\chi(x,y) \geqq 1$ befriedigen, benutzen. Das läßt sich folgendermaßen einsehen. Wenn wir vorübergehend

$$\gamma_1^+(A) = \inf_{\chi\in\mathfrak{K}_A^+}\iint_{R^2} |\operatorname{grad}\chi(x,y)|\,dx\,dy$$

setzen, so gilt wegen $\mathfrak{K}_A \subset \mathfrak{K}_A^+$ zunächst offensichtlich $\gamma_1^+(A) \leqq \gamma_1(A)$. Es sei jetzt $\chi(x,y)$ eine Funktion aus $\mathfrak{K}_A^+$. Für $\varepsilon > 0$ und hinreichend großes n, etwa $n > N = N(\chi,\varepsilon)$, ist die gemäß § 199 abgeschnittene und anschließend gemäß § 205 geglättete Funktion $\psi_{\varepsilon,n}(x,y) = \varphi^{(n)} * * [(1+\varepsilon)\chi(x,y)]^1$ offensichtlich zu $\mathfrak{K}_A$ gehörig. Nach §§ 199, 212 ist weiterhin

$$\limsup_{n\to\infty}\iint_{R^2} |\operatorname{grad}\psi_{\varepsilon,n}|\,dx\,dy \leqq (1+\varepsilon)\iint_{R^2} |\operatorname{grad}\chi|\,dx\,dy +$$

$$+ \limsup_{n\to\infty}\iint_{R^2} |\operatorname{grad}(\psi_{\varepsilon,n} - [(1+\varepsilon)\chi]^1)|\,dx\,dy \leqq$$

$$\leqq (1+\varepsilon)\iint_{R^2} |\operatorname{grad}\chi|\,dx\,dy.$$

Wegen der Willkür von ε schließt man daraus auf die Ungleichung $\gamma_1(A) \leqq \gamma_1^+(A)$. Insgesamt gilt also $\gamma_1(A) = \gamma_1^+(A)$ für jede kompakte Menge A.

§ 265. *Für eine kompakte Menge A sind die Aussagen $\lambda_1(A) = 0$ und $\gamma_1(A)$ äquivalent.* (W. H. Fleming [3], p. 457.)

Beweis: Daß das Verschwinden von $\lambda_1(A)$ das von $\gamma_1(A)$ nach sich zieht, haben wir in § 263 gesehen. Zum Nachweis des umgekehrten Zusammenhanges ziehen wir die Aussagen der folgenden Paragraphen 266 und 267 heran. Wir nehmen $\gamma_1(A) = 0$ an und wählen in beliebiger Weise eine Zahl $\varepsilon > 0$. Es gibt dann eine Funktion $\psi(x, y) \in \mathfrak{K}_A$ – ihr Träger sei etwa in der Kreisscheibe $x^2 + y^2 \leqq R^2$ enthalten –, für welche das Integral $\iint\limits_{R^2} |\operatorname{grad}\psi(x, y)|\, dx\, dy$ kleiner als $\pi\varepsilon/4$ ausfällt. Gemäß § 267 gilt folglich $\int\limits_0^1 \lambda_1(E_t)\, dt < \varepsilon$. Es gibt also einen Wert $t = t_0$ im Intervall $0 < t_0 < 1$, für welche $\lambda_1(E_{t_0}) < \varepsilon$ ist. Der Rand $B_{t_0}^*$ der offenen Punktmenge $B_{t_0} = \{x, y;\ \psi(x, y) > t_0\}$ ist in der Menge E_{t_0} enthalten, so daß $\lambda_1(B_{t_0}^*) \leqq \lambda_1(E_{t_0}) < \varepsilon$ ist. Wegen $A \subset B_{t_0}$ und wegen der Willkür von ε folgt nun nach § 259 $\lambda_1(A) = 0$. W. z. b. w.

§ 266. *$f(x, y)$ sei eine für alle Werte von x und y stetige Funktion. Für jedes reelle t sei E_t die „Niveaumenge" $E_t = \{x, y;\ f(x, y) = t\}$. A sei eine beliebige kompakte Menge. Die Funktion $\varphi(t) = \lambda_1(A \cap E_t)$ ist dann linear Lebesguemeßbar.*

Beweis: Wir nehmen eine Folge $\varrho_1, \varrho_2, \ldots$ monoton nach Null abnehmender Zahlen her, wählen willkürlich ein $\varepsilon > 0$ und setzen noch $\varphi_n(t) = \lambda_1^{(\varrho_n)}(A \cap E_t)$. Es gilt dann $\varphi(t) = \lim\limits_{n\to\infty} \varphi_n(t)$. Für feste n und t sei $K_1, K_2, \ldots$ eine die Menge $A \cap E_t$ überdeckende Folge offener Kreisscheiben mit Durchmessern $d_i < \varrho_n$ derart, daß $\sum d_i \leqq \leqq \varphi_n(t) + \varepsilon$ gilt. Da $A \cap E_t$ kompakt ist, überdecken bereits endlich viele der K_i die Menge $A \cap E_t$. Aus der Stetigkeit von $f(x, y)$ schließt man, daß die Menge $A \cap E_\tau$ für beliebiges $\delta > 0$ in einer δ-Umgebung der Menge $A \cap E_t$ liegt, wenn die Differenz $\tau - t$ hinreichend klein ist. Die Kreisscheiben K_i werden daher auch die Mengen $A \cap E_\tau$ überdecken, sobald τ hinreichend nahe bei t liegt. Es gilt also $\varphi_n(\tau) \leqq \sum d_i \leqq \varphi_n(t) + \varepsilon$ und wegen der Willkür von ε $\limsup\limits_{\tau\to t} \varphi_n(\tau) \leqq \varphi_n(t)$. Die Funktionen $\varphi_n(t)$ sind daher halbstetig nach oben und insbesondere Lebesguemeßbar. Als Grenzfunktion einer Folge Lebesguemeßbarer Funktionen hat $\varphi(t)$ selbst diese Eigenschaft.

§ 267. *Die Funktion $f(x,y)$ sei für alle x, y stetig differenzierbar und verschwinde außerhalb der Kreisscheibe $\bar{S} = \{x, y;\, x^2 + y^2 \leqq R^2\}$. Es sei wieder E_t die Niveaumenge $E_t = \{x, y;\, f(x,y) = t\}$. Dann gilt*

$$\int\limits_{-\infty}^{+\infty} \lambda_1(E_t)\, dt \leqq \frac{4}{\pi} \iint\limits_S \sqrt{f_x^2 + f_y^2}\, dx\, dy.$$

Beweis: Zur Abkürzung setzen wir $F(x,y) = \sqrt{f_x^2(x,y) + f_y^2(x,y)}$ und $M = \max\limits_{(x,y)\in\bar{S}} F(x,y)$. $\mu(r)$ sei der Stetigkeitsmodul der ersten Ableitungen von $f(x,y)$, so daß für alle Punktepaare (x_1, y_1) und (x_2, y_2), deren Abstand den Wert r nicht übersteigt, die Ungleichung $[(f_x(x_2,y_2) - f_x(x_1,y_1))^2 + (f_y(x_2,y_2) - f_y(x_1,y_1))^2]^{\frac{1}{2}} \leqq \mu(r)$ und natürlich $\lim\limits_{r\to 0} \mu(r) = 0$ gilt.

Die positiven Zahlen ϱ und ε seien beliebig vorgegeben. Nach dem Vitalischen Überdeckungssatz können wir endlich viele paarweise punktfremde abgeschlossene Kreisscheiben $\bar{K}_i$ $(i = 1, 2, \ldots, n = n(\varrho, \varepsilon))$ mit den Mittelpunkten (x_i, y_i) und Durchmessern $d_i < \varrho$ so finden, daß $(\pi/4)\sum\limits_{i=1}^{n} d_i^2 \leqq \pi(R^2 + 1)$ wird, und daß das zweidimensionale Lebesguesche Maß $m_2\left(\bar{S} \setminus \bigcup\limits_{i=1}^{n} \bar{K}_i\right) \leqq \varepsilon$ ausfällt. Wir setzen $A = \bigcup\limits_{i=1}^{n} \bar{K}_i$, $A_t = A \cap E_t$ und $B = \bar{S} \setminus \bigcup\limits_{i=1}^{n} K_i$, $B_t = B \cap E_t$. Die Mengen A, A_t, B, B_t sind kompakt.

Für $(x,y) \in \bar{K}_i$ ist $|f(x,y) - f(x_i,y_i)| \leqq \frac{1}{2} d_i (F(x_i,y_i) + \mu(\varrho/2)) \equiv \gamma_i$. Der Durchschnitt $E_t \cap \bar{K}_i$ ist also leer für alle Werte von t, welche nicht der Ungleichung $|t - f(x_i,y_i)| \leqq \gamma_i$ genügen. Da offensichtlich $\lambda_1^{(\varrho)}(E_t \cap \bar{K}_i) \leqq \lambda_1^{(\varrho)}(\bar{K}_i) \leqq (1 + \varepsilon)\, d_i$ ist — $\bar{K}_i$ läßt sich ja durch eine offene Kreisscheibe vom Durchmesser $> d_i$ überdecken —, wird somit

$$\int\limits_{-\infty}^{+\infty} \lambda_1^{(\varrho)}(E_t \cap \bar{K}_i)\, dt \leqq \int\limits_{f(x_i,y_i)-\gamma_i}^{f(x_i,y_i)+\gamma_i} (1+\varepsilon)\, d_i\, dt = 2\gamma_i(1+\varepsilon)\, d_i$$
$$= d_i^2 \left(F(x_i,y_i) + \mu\left(\frac{\varrho}{2}\right)\right)(1+\varepsilon)$$

und

$$\int\limits_{-\infty}^{+\infty} \lambda_1^{(\varrho)}(A_t)\, dt \leqq \sum_{i=1}^{n} \int\limits_{-\infty}^{+\infty} \lambda_1^{(\varrho)}(E_t \cap \bar{K}_i)\, dt$$
$$\leqq (1+\varepsilon) \sum_{i=1}^{n} d_i^2 \left(F(x_i,y_i) + \mu\left(\frac{\varrho}{2}\right)\right).$$

Aus $|F(x,y) - F(x_i,y_i)| \leqq \mu(\varrho/2)$ folgt nun aber

$$\frac{\pi}{4} d_i^2\, F(x_i,y_i) \leqq \iint\limits_{K_i} F(x,y)\, dx\, dy + \frac{\pi}{4} d_i^2\, \mu\left(\frac{\varrho}{2}\right).$$

Da $f(x, y)$ außerhalb $\bar{S}$ verschwindet, wird daher

$$\int_{-\infty}^{+\infty} \lambda_1^{(\varrho)}(A_t)\,dt \leqq (1+\varepsilon)\frac{4}{\pi}\iint_A F(x,y)\,dx\,dy + 2(1+\varepsilon)\,\mu\left(\frac{\varrho}{2}\right)\sum_{i=1}^{n} d_i^2$$

$$\leqq (1+\varepsilon)\frac{4}{\pi}\iint_S F(x,y)\,dx\,dy + {}$$

$$+ 8(1+R^2)(1+\varepsilon)\,\mu\left(\frac{\varrho}{2}\right).$$

Nunmehr überdecken wir die kompakte Menge B durch endlich viele offene Kreisscheiben K_i' ($i = 1, 2, \ldots, N = N(\varrho, \varepsilon)$) mit Durchmessern $d_i' < \varrho$ um Punkte (x_i', y_i') – die K_i' brauchen nicht punktfremd zu sein – derart, daß $\frac{\pi}{4}\sum d_i'^2 \leqq 2\varepsilon$ ist. Ähnlich wie vorher finden wir dann

$$\int_{-\infty}^{+\infty} \lambda_1^{(\varrho)}(B_t) \leqq (1+\varepsilon)\sum_{i=1}^{N} d_i'^2\left(F(x_i, y_i) + \mu\left(\frac{\varrho}{2}\right)\right)$$

$$\leqq \frac{8\varepsilon}{\pi}(1+\varepsilon)\left(M + \mu\left(\frac{\varrho}{2}\right)\right).$$

Für $t \neq 0$ ist nun E_t in $A_t \cup B_t$ enthalten. Folglich wird

$$\int_{-\infty}^{+\infty} \lambda_1^{(\varrho)}(E_t)\,dt \leqq \int_{-\infty}^{+\infty} \lambda_1^{(\varrho)}(A_t)\,dt + \int_{-\infty}^{+\infty} \lambda_1^{(\varrho)}(B_t)\,dt$$

$$\leqq (1+\varepsilon)\frac{4}{\pi}\iint_S F(x,y)\,dx\,dy + {}$$

$$+ (1+\varepsilon)\left\{\left(1 + \frac{\varepsilon}{\pi} + R^2\right)\mu\left(\frac{\varrho}{2}\right) + \frac{M\varepsilon}{\pi}\right\}.$$

Die Behauptung ergibt sich nun nach dem Grenzübergang $\varrho \to 0$ wegen der Willkür von ε.

Indem man $\bar{S}$ als Vereinigungsmenge zweier Mengen $S_h^{(1)} = \{x, y;\, (x, y) \in \bar{S}, F(x, y) \geqq h\}$ und $S_h^{(2)} = \{x, y;\, (x, y) \in \bar{S}, F(x, y) \leqq h\}$ schreibt, welche man getrennt behandelt, und indem man in $S_h^{(1)}$ anstelle der Ungleichung $\lambda_1^{(\varrho)}(E_t \cap \bar{K}_i) \leqq (1+\varepsilon)\,d_i$ eine verfeinerte Abschätzung benutzt, erhält man für $h \to 0$ die bessere Ungleichung

$$\int_{-\infty}^{+\infty} \lambda_1(E_t)\,dt \leqq \iint_S \sqrt{f_x^2 + f_y^2}\,dx\,dy.$$

Wir bemerken, daß in Wirklichkeit sogar die Gleichheit

$$\int_{-\infty}^{+\infty} \lambda_1(E_t)\, dt = \iint_S \sqrt{f_x^2 + f_y^2}\, dx\, dy$$

gilt, bei welcher man $f(x, y)$ überdies nur als Lipschitzstetig anzunehmen braucht. Der Beweis dafür ist aber beträchtlich komplizierter als der im Text gegebene; siehe L. C. Young [5] und H. Federer [4], insbes. pp. 426–432 und [I], p. 248. Die Gleichheitsbeziehung wird oft als Coarea-Formula bezeichnet.

7. *Punktmengen verschwindender logarithmischer Kapazität*

§ 268. Eine Riemannsche Fläche ist eine mit einer konformen Struktur ausgestattete abstrakte Fläche, d. h. eine offene orientierbare Fläche im Sinne des § 41, bei welcher alle Nachbarrelationen direkt konform sind.

Nach dem Koebe-Poincaréschen Uniformisierungstheorem läßt sich jede einfach zusammenhängende Riemannsche Fläche umkehrbar eindeutig und konform auf eines der folgenden Normalgebiete in der $\zeta = \xi + i\eta$-Ebene abbilden:

1. Den Einheitskreis $|\zeta| < 1$ (hyperbolischer Fall).

2. Die endliche Ebene $|\zeta| < \infty$, d. h. die punktierte Riemannsche Zahlenkugel (parabolischer Fall).

3. Die volle Ebene, d. h. die Riemannsche Zahlenkugel (elliptischer Fall).

Für uns werden nur die offenen Riemannschen Flächen (d. h. die nicht geschlossenen oder kompakten Flächen, wie es Kugel oder Torus sind; siehe § 54) von Bedeutung sein. Für diese kann lediglich einer der beiden ersten Fälle eintreten. *Eine offene einfach zusammenhängende Riemannsche Fläche ist vom hyperbolischen oder parabolischen Typ, je nachdem ob es auf ihr eine nicht-konstante negative subharmonische Funktion* (§§ 181, 182) *gibt oder nicht.*

Im hyperbolischen Fall, wo das Normalgebiet der Einheitskreis $|\zeta| < 1$ ist, ist $p(\xi, \eta) = \xi - m$, $m \geqq 1$, eine solche Funktion. Angenommen, es gäbe im parabolischen Falle mit der endlichen Ebene $|\zeta| < \infty$ als Normalgebiet eine solche Funktion $p(\xi, \eta)$. Im Kreisring $0 < \varrho_1 < |\zeta| < \varrho_2 < \infty$ betrachten wir dann die harmonische Funktion

$$h(\xi, \eta) = \log \frac{|\zeta|}{\varrho_1} \Big/ \log \frac{\varrho_2}{\varrho_1}.$$

Wenn wir $m(\varrho_1) = \max_{|\zeta| \leqq \varrho_1} p(\xi, \eta)$ setzen, sehen wir, daß $p(\xi, \eta) \leqq \leqq m(\varrho_1)[1 - h(\xi, \eta)]$ ist auf den beiden Kreisen $|\zeta| = \varrho_1$ und $|\zeta| = \varrho_2$ und nach dem Maximumprinzip somit auch im ganzen Kreisring $\varrho_1 \leqq |\zeta| \leqq \varrho_2$. Bei Festhalten des Punktes (ξ, η) ergibt sich für $\varrho_2 \to \infty$ die Ungleichung $p(\xi, \eta) \leqq m(\varrho_1)$, und zwar nunmehr für alle (ξ, η). Da die Funktion $p(\xi, \eta)$ ihr Maximum also im Inneren des Definitionsgebietes annimmt, muß sie eine Konstante sein.

§ 269. Existenz oder Nicht-Existenz einer nicht-konstanten negativen subharmonischen Funktion können aber nun ganz allgemein zur Definition des hyperbolischen bzw. parabolischen Typs einer offenen Riemannschen Fläche erhoben werden; siehe z. B. L. V. Ahlfors and L. Sario [I], p. 204. In der Umgebung eines Flächenpunktes ist die fragliche Funktion natürlich stets mit Hilfe der jeweiligen Ortsuniformisierenden dargestellt. Die Subharmonizität hat aber invariante Bedeutung. Anstelle der Bezeichnungen parabolisch und hyperbolisch sind auch die Bezeichnungen nullberandet bzw. nicht nullberandet im Gebrauch.

Mit Hilfe der Konstruktion des § 268 erkennt man ohne weiteres, daß die an isolierten Stellen (und, wie wir sogleich sehen werden, in den Punkten einer Menge verschwindender Kapazität) punktierte Zahlenkugel vom parabolischen Typ ist. Außer für die endliche Ebene und die punktierte endliche Ebene, d. h. die zweimal punktierte Riemannsche Zahlenkugel, ist die – einfach zusammenhängende – universelle Überlagerungsfläche einer offenen Riemannschen Fläche aber stets vom hyperbolischen Typ.

§ 270. Eine äquivalente Kennzeichnung des konformen Typs ist in der folgenden Aussage enthalten:

Eine offene Riemannsche Fläche ist genau dann vom hyperbolischen Typ, wenn auf ihr die Greensche Funktion existiert.

Die Greensche Funktion $g_B(\xi, \eta; \xi_0, \eta_0)$ – oder kurz $g_B(\zeta, \zeta_0)$ – eines von endlich vielen Jordankurven berandeten Gebietes B mit dem Pol $\zeta_0 \in B$ ist die in B harmonische Funktion mit der Singularität $-\log|\zeta - \zeta_0|$ (oder, falls $\zeta_0 = \infty$, $\log|\zeta|$), welche auf dem Rande von B den Wert Null hat.

Für ein allgemeines Gebiet B wird die Greensche Funktion, falls sie existiert, als für $\zeta \neq \zeta_0$ endliche Grenzfunktion einer aufsteigenden Folge $g_{B_n}(\zeta, \zeta_0)$ definiert, wobei die $g_{B_n}(\zeta, \zeta_0)$ die Greenschen Funktionen einer Folge von regulär berandeten Gebieten B_n, $(n = 1, 2, \ldots)$, sind, die B von innen ausschöpfen. Bei dem Versuch, die Greensche Funktion einer parabolischen Riemannschen Fläche zu bestimmen, erkennt man, daß die Werte $g_{B_n}(\zeta, \zeta_0)$ bei diesem Ausschöpfungsprozeß überall nach Unendlich gehen.

In B gilt $g_B(\zeta, \zeta_0) > 0$ und $\inf g_B(\zeta, \zeta_0) = 0$. $g_B(\zeta, \zeta_0)$ ist die untere Grenze derjenigen harmonischen Funktionen $h(\xi, \eta)$, welche in $B \setminus \zeta_0$ harmonisch und positiv sind und in der Umgebung des Punktes ζ_0 eine Entwicklung $h(\xi, \eta) = -\log|\zeta - \zeta_0| + h_0(\xi, \eta)$ besitzen, wobei $h_0(\xi, \eta)$ in der Umgebung von ζ_0 harmonisch ist.

Die Existenz der Greenschen Funktion ist von der Wahl des Poles unabhängig.

§ 271. Wir betrachten jetzt eine abgeschlossene Punktmenge auf der Riemannschen Zahlenkugel mit nicht-leerem Komplement. Durch stereographische Projektion von einem geeigneten Punkte aus erhalten wir als Bildmenge eine kompakte Punktmenge A in der komplexen ζ-Ebene. Mit B bezeichnen wir die den Punkt $\zeta = \infty$ enthaltende Komponente der Komplementärmenge.

Ohne uns nun allgemein mit der Definition der Kapazität einer Punktmenge zu beschäftigen, stellen wir hier folgendes fest:

Die (logarithmische) Kapazität der Menge A verschwindet genau dann, wenn das Gebiet B keine Greensche Funktion besitzt, d. h. wenn B, als Riemannsche Fläche aufgefaßt, parabolisch ist.

Auf Grund dieser Tatsache erkennt man ohne weiteres die Richtigkeit der in § 257 gemachten Bemerkung, daß die Einheitskugel durch die Herausnahme der Punkte einer kompakten Menge verschwindender Kapazität nicht zerlegt werden kann. Das Komplement des Gebietes B enthielte sonst ja die ganze Umgebung eines Punktes, so daß B gewiß nicht vom konform parabolischen Typ sein könnte.

Das stereographische Bild einer abgeschlossenen Punktmenge auf der Riemannschen Zahlenkugel ist natürlich i. a. nur in der induzierten sphärischen Metrik kompakt. Das Verschwinden der logarithmischen Kapazität dieser Punktmenge ist aber von der Wahl des Projektionszentrums unabhängig.

Jede abgeschlossene Teilmenge einer abgeschlossenen Punktmenge verschwindender logarithmischer Kapazität auf der Einheitskugel besitzt natürlich selbst verschwindende logarithmische Kapazität.

Unter Bezug auf den Riemannschen Abbildungssatz erkennt man auch, *daß die (zusammenhängenden) Komponenten einer abgeschlossenen Menge verschwindender logarithmischer Kapazität auf der Einheitskugel einpunktig sein müssen.* Andernfalls betrachte man eine mehrpunktige Komponente A_0, deren Kapazität nach dem eben Gesagten Null wäre, und ihre Komplementärmenge B_0. Das Innere jeder in B_0 verlaufenden Jordankurve müßte entweder die gesamte Komponente A_0 oder keinen ihrer Punkte enthalten. B_0 wäre somit einfach zusammenhängend und könnte daher umkehrbar eindeutig und konform auf das Innere des Einheitskreises abgebildet werden.

§ 272. Eine Erörterung des Kapazitätsbegriffes und weitere Literaturhinweise findet der Leser etwa in den Arbeiten von G. Pólya und G. Szegö [2] und O. Frostman [1], [2] und in den folgenden Büchern: L. V. Ahlfors and L. Sario [I], L. Carleson [I], R. Nevanlinna [I], L. Sario and M. Nakai [I], C. de la Vallée Poussin [I], M. Tsuji [I]. Wir beschränken uns hier auf die Feststellung der folgenden Tatsachen hinsichtlich der metrischen Struktur von Mengen verschwindender Kapazität. Eine Menge verschwindender Kapazität kann, wie schon erwähnt, kein Kontinuum, also gewiß nicht die ganze Umgebung eines Punktes, enthalten. Eine abgeschlossene Menge verschwindender Kapazität hat verschwindendes (sphärisches) Lebesguesches Maß. Eine auf einem rektifizierbaren Jordanbogen gelegene Menge verschwindender Kapazität hat verschwindendes (durch die Bogenlänge des Jordanbogens gemessenes) lineares Maß. Eine Menge verschwindender logarithmischer Kapazität hat auch verschwindendes lineares Maß (§§ 248, 250). Wie Beispiele zeigen, gibt es aber Mengen vom äußeren linearen Maße Null, deren Kapazität positiv ist; siehe z. B. L. Carleson [I], pp. 34–35; L. Sario and M. Nakai [I], pp. 32–34, 336–339. Beispielsweise ist die lineare Cantorsche Menge, deren lineares Lebesguesches Maß ja verschwindet, von positiver Kapazität.

§ 273. *B sei ein Gebiet in der ζ-Ebene. Seine (auf der Riemannschen Zahlenkugel betrachtete) Komplementärmenge A ist genau dann von verschwindender logarithmischer Kapazität, wenn die Funktion* $\log(1 + |\zeta|^2)$ *in B keine harmonische Majorante besitzt.* (R. Osserman [11], p. 353; [I], p. 70.)

Beweis: Angenommen, in B existiere eine harmonische Funktion $h(\xi, \eta)$ – oder kurz $h(\zeta)$ – derart, daß dort überall $\log(1 + |\zeta|^2) \leqq \leqq h(\zeta)$ gilt. Dann kann $h(\zeta)$ nicht konstant sein, und $-h(\zeta)$ ist eine negative subharmonische Funktion in B. Die Kapazität der Menge A ist dann nicht Null.

Wenn die Kapazität der Menge A nicht verschwindet, so ist das Gebiet B, als Riemannsche Fläche aufgefaßt, vom hyperbolischen Typ, und nach § 271 existiert die Greensche Funktion $g_B(\zeta, \zeta_0)$ mit einem beliebigen, aber fest gewählten Pol $\zeta_0 \in B$. Die Funktion $h(\zeta) = = g_B(\zeta, \zeta_0) + \log|\zeta - \zeta_0|$ ist in B harmonisch, und wegen $g_B(\zeta, \zeta_0) > 0$ gilt $h(\zeta) > \log|\zeta - \zeta_0|$. Auf der Menge A hat die dort stetige Funktion $\log\{(1 + |\zeta|^2)\backslash|\zeta - \zeta_0|^2\}$, die für $\zeta \to \infty$ nach Null geht, natürlich ein endliches Maximum M. Bei Annäherung aus B heraus an einen Randpunkt ζ_1 von B gilt daher

$$\limsup_{\zeta\to\zeta_1}\{\log(1+|\zeta|^2)-2h(\zeta)\}\leqq\limsup_{\zeta\to\zeta_1}\log\{(1+|\zeta|^2)-$$
$$-2\log|\zeta-\zeta_0|\}\leqq M.$$

Da die Funktion $\log(1+|\zeta|^2)$ in B subharmonisch ist, folgt aus dem Maximumprinzip die in B gültige Ungleichung $\log(1+|\zeta|^2)\leqq$ $\leqq 2h(\zeta)+M$, d. h., $\log(1+|\zeta|^2)$ hat eine harmonische Majorante. W. z. b. w.

§ 274. *Eine Riemannsche Fläche von endlichem Zusammenhang und konform parabolischem Typ ist zu einer kompakten unberandeten Riemannschen Fläche, aus welcher endlich viele Punkte entfernt sind, konform äquivalent.* (H. L. Royden [1], pp. 60–63.)

Beweis: Daß die Riemannsche Fläche P von endlichem Zusammenhange ist, bedeutet folgendes: Es gibt eine von einer endlichen Anzahl r punktfremder Jordankurven $j_1,\ldots,j_r$ berandete kompakte Teilmenge P_0 von P derart, daß die offene Menge $P\setminus P_0$ aus r verschiedenen zweifach zusammenhängenden Komponenten $P_1,\ldots,P_r$ besteht, wobei P_k die Kurve j_k als Randkomponente besitzt. Für jedes $k=1,2,\ldots,r$ existiert eine umkehrbar eindeutige und konforme Abbildung von P_k auf einen Kreisring $R_k=\{\gamma_k;\,0\leqq\varrho_k<|\gamma_k|<1\}$ in einer komplexen γ_k-Ebene, bei welcher die Kurve j_k dem Kreise $|\gamma_k|=1$ entspricht.

Wir behaupten, daß alle inneren Radien ϱ_k gleich Null sein müssen. Angenommen nämlich, es sei etwa $\varrho_1>0$. Wir bestimmen dann die in R_1 harmonische und in $\bar{R}_1$ stetige Funktion $h(\gamma_1)$ mit den Randwerten $h(\gamma_1)=0$ auf $|\gamma_1|=\varrho_1$ und $h(\gamma_1)=-1$ auf $|\gamma_1|=1$. Die nicht-konstante negative stetige Funktion

$$h_1(p)=\begin{cases}h(\gamma_1(p)), & p\in P_1\\ -1 & p\in P\setminus P_1\end{cases}$$

ist auf unserer Fläche (in der Umgebung jedes Punktes als Funktion der lokalen Parameter) subharmonisch im Sinne der §§ 181, 182. Nach § 269 müßte die Fläche den Voraussetzungen entgegen daher von konform hyperbolischem Typ sein.

Es zeigt sich also, daß unsere Fläche P aus einer kompakten unberandeten Riemannschen Fläche $\bar{P}$ durch Weglassen endlich vieler Punkte $p_1,\ldots,p_r$ entsteht. Ortsuniformisierende in der Umgebung eines der Punkte p_k ist dabei die komplexe Veränderliche γ_k, und p_k selbst entspricht dem Werte $\gamma_k=0$.

Kapitel V

Der Fragenkreis des Plateauschen Problems

§ 275. Als Plateausches Problem bezeichnet man die Bestimmung einer von einer vorgegebenen Jordankurve Γ berandeten Minimalfläche vom Typ der Kreisscheibe; siehe §§ 6, 42. In den Anfängen der Entwicklung bestand das Hauptanliegen der Mathematiker darin, eine explizite Darstellung der fraglichen Minimalfläche zu gewinnen, oder zumindest Verfahren zu entwickeln, welche die explizite Bestimmung ermöglichen sollten. Im Hinblick auf die bizarre Gestalt mancher Konturen ist es verständlich, daß einem solchen Unterfangen i. a. kein Erfolg beschieden sein konnte. Es war erst notwendig, die Frage nach der Existenz einer Lösung ganz von der Aufgabe ihrer expliziten Bestimmung zu scheiden, und den Existenzbeweis dahin zu spezialisieren, daß nicht nach irgendeiner von Γ berandeten Minimalfläche, sondern lediglich nach einer solchen mit absolut kleinstem Flächeninhalt gesucht wurde, ehe grundlegende Fortschritte erzielt werden konnten. In der Tat hat es bis ungefähr zum Jahre 1930 gedauert, bis das Plateausche Problem in zufriedenstellender Allgemeinheit behandelt worden ist. Bis zum letzten Drittel des neunzehnten Jahrhunderts war das Problem überhaupt für keine einzige nicht-ebene Kontur gelöst worden, obwohl J. D. Gergonne [1] die Aufmerksamkeit der Mathematiker 1816 ausdrücklich auf derartige Aufgaben, insbes. auf die Bestimmung einer von einem windschiefen Vierseit und einer von der Schnittkurve zweier Kreiszylinder berandeten Minimalfläche, hingelenkt hatte.

1. Lösung des Plateauschen Problems

1.1. Spezielle Minimalflächen V. Die Riemann-Schwarzsche Minimalfläche

§ 276. Die erste, und zwar explizite, Lösung des Plateauschen Problems gelang H. A. Schwarz im Jahre 1865 für den Fall, daß Γ ein aus vier Kanten eines regulären Tetraeders der Seitenlänge l bestehendes windschiefes Viereck *ABCD* wie in Abb. 25 ist; siehe [I], pp. 6–125 des ersten Bandes. Es war Schwarz damals nicht bekannt, daß ungefähr zur gleichen Zeit, vermutlich sogar etwas früher, B. Riemann dasselbe

Problem angegriffen hatte; siehe [I], pp. 326–329. Kurz darauf wurde das Problem für ein windschiefes Vierseit mit zwei gleichlangen Seitenpaaren unter Benutzung der Riemannschen Grundformeln in der Form gewisser Reihenentwicklungen von A. Schondorff [1] gelöst.

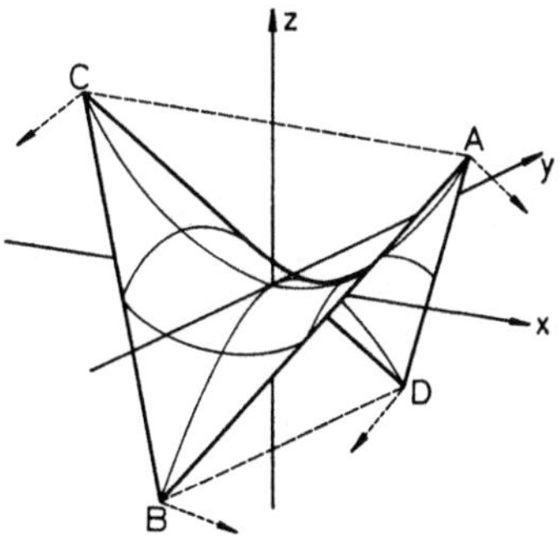

$A = (\frac{l}{2}, 0, \frac{l}{2\sqrt{2}})$, $B = (0, -\frac{l}{2}, -\frac{l}{2\sqrt{2}})$

$C = (-\frac{l}{2}, 0, \frac{l}{2\sqrt{2}})$, $D = (0, \frac{l}{2}, -\frac{l}{2\sqrt{2}})$

Abb. 25

Der Erfolg der Schwarzschen Methode beruht z. T. auf dem Erfülltsein zweier stillschweigend gemachten Voraussetzungen:

1. Die gesuchte Fläche S solle singularitätenfrei sein, womit etwa gemeint ist, daß ihr Ortsvektor und ihr Normalenvektor überall, d. h. mit Einschluß der Seiten und Ecken, stetig oder sogar in allen Punkten bis auf die Eckpunkte analytisch sind (so daß sich S gemäß §§ 149, 150 durch Spiegelung über die geradlinigen Seiten hinweg analytisch fortsetzen läßt).

2. Die Abbildung der Fläche auf ihr sphärisches Bild solle eineindeutig sein (so daß die Benutzung der Darstellungsformeln (95) gerechtfertigt ist).

Die fragliche Fläche – um den Winkel 45° bzgl. der z-Achse gedreht und um den Betrag $p_0/2 = l/2\sqrt{2}$ in der positiven x-, der positiven y- und der negativen z-Achse verschoben – ist schon in § 84 diskutiert worden. Ihr Bild findet sich dort in Abb. 7. Wir wollen jetzt aber den Zufall ignorieren, daß sie auch ein Spezialfall der Minimalflächen mit einer Darstellung der Form $f(x) + g(y) + h(z) = 0$ ist, und unabhängig davon, aus Platzgründen allerdings nur auf eine etwas heuristische Weise, den von Schwarz, Riemann und später Weierstraß, Darboux u. a. ausgebildeten allgemeinen Lösungsweg im vorliegenden Falle nachzeichnen.

§ 277. Da der Normalenvektor der zu bestimmenden Fläche S sich längs jedes geradlinigen Stückes von Γ stets parallel zu einer auf diesem senkrecht stehenden Ebene bewegt, muß das sphärische Bild von S in der ω-Ebene ein Kreisbogenviereck sein. Eine geometrische Überlegung lehrt, daß es sich in der vorliegenden Situation um die von den vier Kreisen $\left(\sigma \pm 1/\sqrt{2}\right)^2 + \left(\tau \pm 1/\sqrt{2}\right)^2 = 2$ begrenzte in Abb. 26 dargestellte Figur $abcd$ handelt. Dabei ist a der Punkt $\left(\sqrt{3} - 1\right)/\sqrt{2}$, b der Punkt $i\left(\sqrt{3} - 1\right)/\sqrt{2}$, usw. Wenn wir auf dem Kreise $\left(\sigma + 1/\sqrt{2}\right)^2 + \left(\tau + 1/\sqrt{2}\right)^2 = 2$ von a nach b gehen, d. h. wenn ω die Form $\omega = -\frac{1+i}{\sqrt{2}} + \sqrt{2}e^{i\vartheta}, \frac{\pi}{6} \leqq \vartheta \leqq \frac{\pi}{3}$ hat, dann bewegen wir uns auf

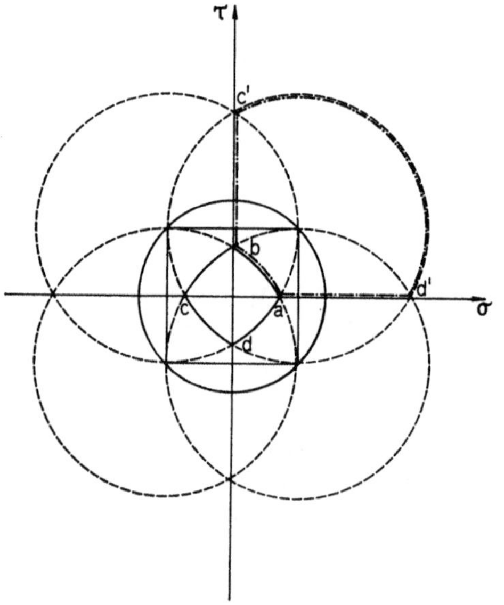

Abb. 26

der zu bestimmenden Minimalfläche S entlang der geraden Linie mit den Richtungskosinussen $\left(-\frac{1}{2}, -\frac{1}{2}, -\frac{1}{\sqrt{2}}\right)$. Auf Grund der Formeln (95) gilt daher

$$dx + i\,dy = -\omega^2 R(\omega)\,d\omega + \overline{R(\omega)}\,d\bar{\omega} = -\frac{1+i}{2}\,ds$$

$$dx - i\,dy = R(\omega)\,d\omega - \bar{\omega}^2\,\overline{R(\omega)}\,d\bar{\omega} = -\frac{1-i}{2}\,ds$$

und folglich

$$(1 - i\omega^2)\,R(\omega)\,d\omega + (i - \bar{\omega}^2)\,\overline{R(\omega)}\,d\bar{\omega} = 0.$$

Einsetzen des Wertes von ω ergibt

$$\frac{\overline{R(\omega)}}{R(\omega)} = -e^{4i\vartheta} \text{ auf } \widehat{ab}, \text{ d. h. für } \omega = -\frac{1+i}{\sqrt{2}} + \sqrt{2}e^{i\vartheta}, \quad \frac{\pi}{6} \leqq \vartheta \leqq \frac{\pi}{3}. \tag{120}$$

Analoge Beziehungen findet man auf den anderen Randbögen des Kreisbogenvierecks $abcd$.

§ 278. Die Funktion $R(\omega)$ ist im Inneren des Kreisbogenvierecks $abcd$ und auf den Bögen $\widehat{ab}, \ldots, \widehat{da}$ analytisch, wird aber in den Eckpunkten nunmehr zu bestimmende Singularitäten besitzen. In der Nähe des Punktes a versuchen wir unser Glück dazu beispielsweise mit dem Ansatz $R(\omega) = (a - \omega)^{\varkappa}[1 + \cdots]$, wo in der eckigen Klammer eine Potenzreihe in $a - \omega$ steht, und wo der Wert des Exponenten $\varkappa$ gefunden werden muß. Dabei denken wir uns die ω-Ebene längs der positiven σ-Achse von $\sigma = a$ nach $\sigma = \infty$ aufgeschnitten.

Wenn wir uns für festes α $\left(|\alpha| \leqq \frac{\pi}{3}\right)$ in der ω-Ebene längs eines Strahles $\omega = a - \varrho e^{i\alpha}$, $\varrho \geqq 0$, bewegen, so finden wir auf Grund der Formeln des § 156 nach kurzer Rechnung im Punkte a, d. h. für $\varrho = 0$,

$$\left(\frac{dx}{ds}\right)_a = -\frac{1}{\sqrt{3}}\cos(\varkappa + 1)\alpha, \quad \left(\frac{dy}{ds}\right)_a = \sin(\varkappa + 1)\alpha,$$

$$\left(\frac{dz}{ds}\right)_a = -\frac{\sqrt{2}}{\sqrt{3}}\cos(\varkappa + 1\,\alpha.$$

Diese Zahlen müssen für $\alpha = -\frac{\pi}{3}$ die Richtungskosinusse $\left(-\frac{1}{2}, -\frac{1}{2}, -\frac{1}{\sqrt{2}}\right)$ des Segmentes AB und für $\alpha = \frac{\pi}{3}$ die Richtungskosinusse $\left(-\frac{1}{2}, \frac{1}{2}, -\frac{1}{\sqrt{2}}\right)$ des Segmentes AD sein. Mit der Wahl $\varkappa = -\frac{1}{2}$ lassen sich diese Bedingungen befriedigen.

Aus Symmetriegründen muß die Funktion $R(\omega)$ in der Nähe der Punkte b, c und d dasselbe Verhalten haben. Wie man leicht nachprüft, erfüllt der Ansatz $R(\omega) = f(\omega)\,[(\omega - a)(\omega - b)(\omega - c)(\omega - d)]^{-\frac{1}{2}}$ aber die Bedingung (120) nicht. Wir bedenken nun, daß wir die zu bestimmende Minimalfläche durch Spiegelung am Segment AB analytisch fortsetzen können. Das sphärische Bild der so erhaltenen Fläche ist das durch Spiegelung des Kreisbogenvierecks $abcd$ am Kreise $\left(\sigma + \frac{1}{\sqrt{2}}\right)^2 + \left(\tau + \frac{1}{\sqrt{2}}\right)^2 = 2$ hervorgehende Kreisbogenviereck $abc'd'$;

siehe Abb. 26. Daher muß $R(\omega)$ in $c' = i\,\dfrac{\sqrt{3}+1}{\sqrt{2}}$ und aus Symmetriegründen natürlich auch in den entsprechenden Punkten das beschriebene singuläre Verhalten haben. Aus diesem Grunde machen wir nun den Ansatz $R(\omega) = f(\omega)\prod_{j=1}^{8}(\omega - \omega_j)^{-\frac{1}{2}}$. Dabei bedeuten ω_j die acht auf den Koordinatenachsen gelegenen Schnittpunkte der Kreise $\left(\sigma \pm \frac{1}{\sqrt{2}}\right)^2 + \left(\tau \pm \frac{1}{\sqrt{2}}\right)^2 = 2$. Die Funktion $f(\omega)$ wird sich aus Symmetriegründen als Konstante herausstellen. Nach Einsetzen der numerischen Werte für die Punkte ω_j haben wir dann

$$R(\omega) = \frac{\varkappa}{\sqrt{1 - 14\omega^4 + \omega^8}}, \varkappa > 0. \tag{121}$$

Dabei entscheiden wir uns für denjenigen Zweig der Wurzel, welcher im Punkte $\omega = 0$ den Wert 1 annimmt.

Die Funktion $R(\omega)$ aus (121) erfüllt nun in der Tat die Bedingung (120). Auf dem Bogen $\widehat{ab}$, d. h. für $\omega = -\dfrac{1+i}{\sqrt{2}} + \sqrt{2}e^{i\vartheta}$, $\dfrac{\pi}{6} \leqq \vartheta \leqq \dfrac{\pi}{3}$ gilt, wie eine längere Rechnung zeigt, beispielsweise die Beziehung

$$\sqrt{1 - 14\omega^4 + \omega^8} = -4ie^{2i\vartheta}\sqrt{\Phi(\vartheta)},$$

wo

$$\Phi(\vartheta) = 21 - 28(\cos\vartheta + \sin\vartheta) + 28\sin 2\vartheta + 8(\cos 3\vartheta - \sin 3\vartheta) - 2\cos 4\vartheta.$$

Das trigonometrische Polynom $\Phi(\vartheta)$ ist für $\pi/6 < \vartheta < \pi/3$ positiv und verschwindet für $\vartheta = \pi/6$ und $\vartheta = \pi/3$. Die Bedingung (120) ist also erfüllt.

§ 279. Auf Grund der im Vorangehenden und in § 156 abgeleiteten Beziehungen ist es nun die Sache einer nachträglichen Verifikation zu zeigen, daß das durch die gefundenen Gleichungen analytisch bestimmte Minimalflächenstück S allen Bedingungen der gestellten Aufgabe genügt, d. h. insbes., daß die Gln. (95) mit der Funktion $R(\omega)$ aus (121) bei der Konstantenwahl $x_0 = y_0 = z_0 = \omega_0 = 0$ tatsächlich den Rand des Kreisbogenvierecks $abcd$ umkehrbar eindeutig auf das windschiefe Viereck $ABCD$ abbilden. Die Einzelheiten dieses Nachweises seien dem Leser als Aufgabe überlassen. Die Konstante $\varkappa$ bestimmt die Größe des Tetraeders und ist mit dessen Seitenlänge l durch die Beziehung

$$l = 2\sqrt{2}\left[z\left(\frac{\sqrt{3}-1}{\sqrt{2}}, 0\right) - z(0,0)\right] = 2\sqrt{2}\varkappa \int_0^{\frac{\sqrt{3}-1}{\sqrt{2}}} \frac{2\sigma\, d\sigma}{\sqrt{1 - 14\sigma^4 + \sigma^8}}$$

$$= \varkappa 2\sqrt{2}(2 - \sqrt{3})\,\mathrm{K}(7 - 4\sqrt{3}) = \varkappa \cdot 1{,}192$$

verknüpft. K bedeutet dabei wieder das vollständige elliptische Integral erster Gattung.

Die eben bestimmte Fläche, welche, wie schon erwähnt, auf ein anderes Koordinatensystem bezogen, in Abb. 7 dargestellt ist, hat bemerkenswerte Symmetrieeigenschaften. Sie enthält den Mittelpunkt des Tetraeders, in dem sich die Verbindungslinien der Mittelpunkte der drei Gegenkantenpaare des Tetraeders schneiden. Zwei dieser Verbindungslinien verlaufen auf der Fläche – sie sind, wie leicht ersichtlich, die Bilder der Winkelhalbierenden in der ω-Ebene, auf denen $R(\omega)$ ja positiv ist – während die dritte auf ihr senkrecht steht.

Die Minimalfläche kann durch Spiegelung über die geradlinigen Segmente ihres Randes hinweg analytisch fortgesetzt werden. Sechs in einer Ecke zusammenstoßende Exemplare bilden eine in einen Würfel der Kantenlänge $\sqrt{2}l$ einbeschriebene Minimalfläche vom Typ der Kreisscheibe; siehe Abb. 27 und Tafel 2 bei H. A. Schwarz [I], Band 1. Ihr Mittelpunkt ist ein sog. Affensattel, d. h. ein Flachpunkt, um den herum drei Erhöhungen und drei Einsenkungen abwechselnd aufeinander folgen, so daß jedem Gebirge eine Senkung gegenüberliegt. (Die Bezeichnung rührt daher, daß der Mensch zum Reiten einen Sattel mit zwei Vertiefungen benutzt, während ein Affe noch einen weiteren für seinen Schwanz benötigt.) Das sphärische Bild einer kleinen Jordankurve um einen solchen Flachpunkt ist eine zweimal durchlaufene Kurve um das sphärische Bild des Flachpunktes. Das sphärische Bild des Affensattels ist also eine Riemannsche Fläche über der Einheitskugel, welche im Bilde des Flachpunktes einen Windungspunkt hat.

Man kann die sechs Exemplare aber auch anders zusammenfügen und erhält dann eine in einen Würfel der Kantenlänge $\sqrt{2}l$ einbeschriebene Minimalfläche vom Typ des Kreisringes, welche in Abb. 28 dargestellt ist.

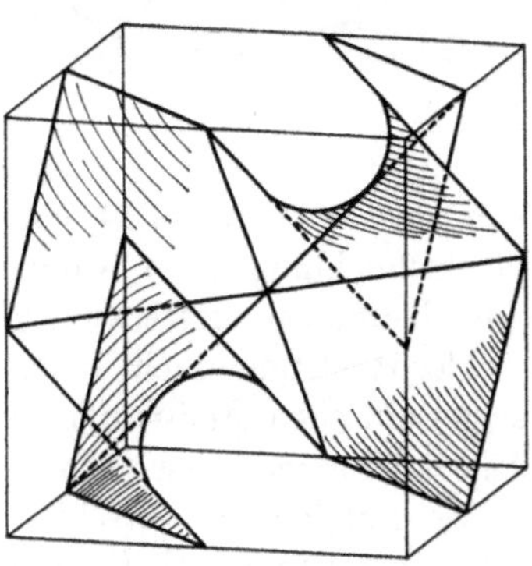

Abb. 27

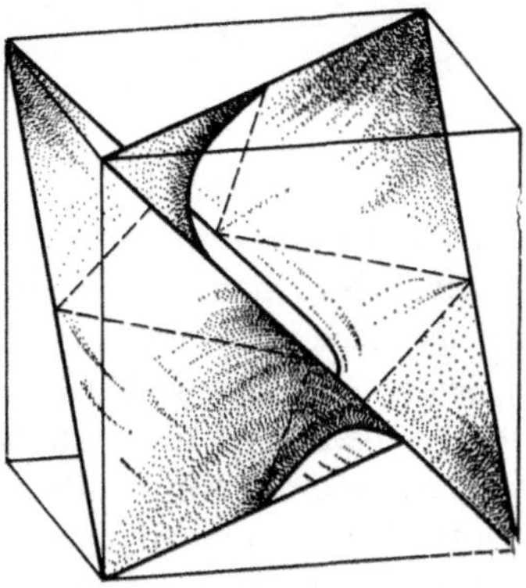

Abb. 28

Durch weiteres Fortsetzen erhält man außerordentlich interessante Gebilde. Abb. 29 stellt eine auf diese Weise aus 18 Exemplaren der Schwarzschen Fläche zusammengesetzte Minimalfläche dar. Sie ist vom topologischen Typ [1, 4, −2]. Ihre Berandung liegt ganz auf der Oberfläche eines Würfels und auch ganz auf der Oberfläche eines Tetraeders.

Abb. 29

Unbegrenzte Fortsetzung führt zu einer im Sinne von § 54 vollständigen Minimalfläche, welche ohne Selbstschneidungen im Raume liegt und sich nach allen Richtungen hin ins Unendliche erstreckt. Auf ihr liegen unendlich viele Geraden; ihr Geschlecht ist unendlich. Historisch gesehen ist sie das erste Beispiel einer periodischen Minimalfläche. Diese periodische Minimalfläche ohne Selbstschneidungen bewirkt eine eigentümliche Unterteilung des Raumes in zwei miteinander verschlungene punktfremde Gebiete unendlichen Zusammenhanges. G. Donnay and D. L. Pawson [1] haben kürzlich die interessante Beobachtung gemacht, daß die Trennungswände zwischen anorganisch kristallinischer und organisch amorpher Substanz in den Skeletten der Stachelhäuter (Echinoderme) eine bemerkenswerte Ähnlichkeit mit periodischen Minimalflächen haben. Schöne Bilder solcher Trennflächen findet man auch bei H. U. Nissen [1].

Die Schwarzsche Fläche, welche auch eine nicht-parametrische Darstellung $\{z = z(z, y);\ 2|x \pm y| \leqq l\}$ zuläßt, wird durch das ebenfalls von Γ berandete hyperbolische Parboloid $\left\{z = \frac{\sqrt{2}}{l}(x^2 - y^2);\ 2|x \pm y| \leqq l\right\}$ außerordentlich gut approximiert. Für das Verhältnis der Inhalte beider Flächen findet man z. B. den Wert 1,0012. Die Minimalfläche hat dabei natürlich den kleineren Flächeninhalt; siehe § 98.

§ 280. Schon H. A. Schwarz hatte – allerdings ohne Beweis – festgestellt, daß die von vier Kanten eines Tetraeders berandete Minimalfläche vom Typ der Kreisscheibe eindeutig bestimmt ist; siehe [I], p. 111 des 1. Bandes. Der Eindeutigkeitsbeweis mit den von Schwarz, Riemann, Weierstraß und Darboux entwickelten Methoden wurde 1951 von R. Garnier [3] erbracht. T. Radó (siehe [13] und §§ 399, 402) hatte freilich schon vorher auf anderem Wege den allgemeineren Satz bewiesen, daß die Lösung des Plateauschen Problems für jede Kontur eindeutig bestimmt ist, welche durch Parallel- oder Zentralprojektion umkehrbar eindeutig auf eine ebene konvexe Kurve abgebildet werden kann.

1.2. Historische Vorbemerkungen

§ 281. In prinzipiell ähnlicher Weise kann das Plateausche Problem für andere polygonale Konturen Γ und allgemeiner für sog. Schwarzsche Ketten angegriffen werden, bei denen die Berandung aus Polygonzügen und in vorgegebenen Ebenen liegenden „freien Rändern", d. h. Kurven, längs derer die gesuchte Minimalfläche senkrecht auf die gegebenen Ebenen treffen muß, besteht. Längs eines freien Randes bewegt sich der Normalenvektor ja auch parallel zu einer festen Ebene, so daß das sphärische Bild der zu bestimmenden Minimalfläche wiederum ein Kreisbogenpolygon ist.

In der Literatur sind die folgenden Aufgaben untersucht und in mehr oder weniger expliziter Form gelöst worden: Bestimmung eines Minimalflächenstückes S, dessen Berandung von

zwei windschiefen Geraden;

zwei von einem Punkte ausgehenden Halbgeraden und einer zur Ebene dieser parallelen Geraden;

drei paarweise windschiefen Geraden;

zwei sich nicht schneidenden Halbgeraden und der Verbindungsstrecke ihrer im Endlichen gelegenen Endpunkte;

einem windschiefen Vierseit;

zwei geradlinigen Strecken durch einen Punkt und einer Ebene, welche von S unter rechtem Winkel geschnitten wird;

zwei sich schneidenden oder kreuzenden Geraden und einer Ebene, welche von S unter einem beliebig gegebenen konstanten Winkel geschnitten wird;

den Seitenflächen einer regelmäßigen Säule, auf welchen S senkrecht steht;

zwei in parallelen Ebenen liegenden geradlinig begrenzten Winkeln;

zwei in parallelen Ebenen gelegenen konvexen Polygonen, insbes. koaxialen regulären Polygonen gleicher Eckenzahl (hauptsächlich Quadraten und gleichseitigen Dreiecken), bei denen entsprechende Seiten parallel sind, — S ist hier zweifach zusammenhängend —

gebildet wird. Weiterhin wurde eine ganze Reihe von Minimalflächen bestimmt, welche von gewissen Kanten oder Seitendiagonalen eines Quaders — spezieller eines Würfels, allgemeiner eines schiefwinkligen Parallelepipeds — berandet sind bzw. auf gewisse Seiten senkrecht auftreffen, mit Einschluß der Grenzfälle, in denen eine der Kanten ins Unendliche rückt. Auch die Scherksche Minimalfläche (26) gehört hierher. Die meisten dieser Minimalflächen lassen sich mit Hilfe elliptischer Integrale in der Form $f(x) + g(y) + h(z) = 0$ darstellen, und ihre Eigenschaften können aus dieser expliziten Darstellung direkt abgelesen werden. Wir haben solche Flächen in §§ 83, 84, 86 diskutiert; Bilder finden sich in den Abb. 6, 7, 8. Besonders interessante Ergebnisse liegen auch für diejenigen Minimalflächen vor, deren durch Spiegelung an einem geradlinigen Stücke der Berandung bzw. an einer berandenden Ebene bewirkte analytische Fortsetzung studiert worden ist.

Man findet die hier erwähnten Untersuchungen an den folgenden Stellen: J. A. Serret [3]; O. Bonnet [3], pp. 244—248; B. Riemann [I], pp. 301—329, 445—454; H. A. Schwarz [I], pp. 1—150, 221—222, 270—316 des 1. Bandes; K. Weierstraß [I], pp. 219—247; A. Schondorff [1]; B. A. Niewenglowski [1]; E. R. Neovius [1]—[6]; F. Bohnert [1]; G. Tenius [1]; H. Tallquist [2]; E. Stenius [1]; A. Schoenflies [1], [2]; J. C. Kluyver [1]; M. Fainberg [1]; G. Darboux [I], pp. 490—601; B. Steßmann [1]; R. Garnier [4], [5].

Beispielsweise ist das sich ins Unendliche erstreckende einfach zusammenhängende Minimalflächenstück, dessen Begrenzung aus drei paarweise aufeinander senkrechten Geraden mit paarweise gleichem

Abstand besteht, durch die Formeln

$$x = \operatorname{Re} i\left\{2\sqrt{\frac{w-1}{w}} + 2\sqrt{\frac{w}{w-1}} + 5\log\left[-i\,\frac{\sqrt{w-1}+\sqrt{w}}{\sqrt{w-1}-\sqrt{w}}\right]\right\}$$

$$y = \operatorname{Re} i\left\{2\sqrt{\frac{1}{1-w}} + 2\sqrt{1-w} + 5\log\left[-i\,\frac{1+\sqrt{1-w}}{1-\sqrt{1-w}}\right]\right\}$$

$$z = \operatorname{Re} i\left\{2\sqrt{w} + 2\sqrt{\frac{1}{w}} + 5\log\left[-i\,\frac{\sqrt{w}+1}{\sqrt{w}-1}\right]\right\}$$

gegeben. Dabei variiert die komplexe Veränderliche $w = u + i\,v$ in der oberen Halbebene. Den Intervallen $0 < u < 1$, $1 < u < \infty$, $-\infty < u < 0$ der reellen Achse entsprechen die begrenzenden Geraden, welche bzw. der x-Achse, y-Achse und z-Achse parallel sind. (E. R. Neovius [3], p. 600.)

§ 282. Die Behandlung komplizierterer Fälle auf dem beschriebenen Wege, besonders wenn der Existenzbeweis mit dem Auffinden expliziter Gleichungen der Form (94) oder (95) für die gesuchte Minimalfläche verkoppelt wird, ist jedoch außerordentlich schwierig. Die Funktionen $\Phi(w)$ und $\Psi(w)$ in der Darstellung (94) der zu bestimmenden Fläche – wir nennen die Veränderliche jetzt $w = u + i\,v$ anstatt γ wie in § 155 – genügen einer linearen gewöhnlichen Differentialgleichung zweiter Ordnung mit rationalen Koeffizienten. Sowohl die in dieser Differentialgleichung vorkommenden als auch die durch den Integrationsprozeß eingeführten Konstanten hängen von den geometrischen Eigenschaften der Berandung ab, und die Bestimmung dieser Konstanten erfordert die Lösung komplizierter transzendenter Gleichungen.

Es ist übrigens bis zum heutigen Tage nicht vollständig geklärt, ob die unausgesprochene Voraussetzung, die Minimalfläche solle in ihrem Inneren frei von Singularitäten sein, stets erfüllbar ist; siehe aber §§ 365, 372, 889. Natürlich muß das Wesen der möglicherweise zuzulassenden Singularitäten genau abgegrenzt werden. Falls beispielsweise, was natürlich nicht geschehen soll, Kanten auf den betrachteten Flächen erlaubt würden, dann müßte jedes von Γ berandete Polyeder als Lösung anerkannt werden. Die in der Literatur meistens, und zwar notgedrungenerweise, ins Auge gefaßte Verallgemeinerung der ursprünglichen Fragestellung bezieht sich vielmehr auf die Zulassung von „Verzweigungspunkten", d. h. Punkten, in denen die Regularitätsforderung $\mathfrak{x}_u \times \mathfrak{x}_v \neq \mathfrak{o}$ verletzt ist. Solche Ausnahmepunkte treten auf, wenn man in den Darstellungen (82) oder (94) gemeinsame Nullstellen der Funktionen $\varphi_1'(w)$, $\varphi_2'(w)$, $\varphi_3'(w)$ bzw. $\Phi(w)$, $\Psi(w)$ zuläßt.

§ 283. Die folgende Definition ist dieser Situation angepaßt (J. C. C. Nitsche [18], p. 232). Die Fläche S wird eine verallgemeinerte differentialgeometrische Fläche der Klasse C^m genannt, wenn sie eine den nachfolgenden zwei Bedingungen genügende Darstellung $S = \{\mathfrak{x} = \mathfrak{x}(u, v); (u, v) \in P\}$ besitzt:

1: Die Komponenten des Ortsvektors $\mathfrak{x}(u, v)$ sind in P stetig und in P^0 m-mal stetig differenzierbar.

2: Die Regularitätsforderung $\mathfrak{x}_u \times \mathfrak{x}_v \neq \mathfrak{o}$ ist bis auf isolierte Punkte überall in P^0 erfüllt.

Ganz analog ist der Begriff einer verallgemeinerten Minimalfläche erklärt.

Der Begriff einer verallgemeinerten differentialgeometrischen Fläche ist gegenüber den in § 49 eingeführten zulässigen Parametertransformationen invariant.

§ 284. Besonders K. Weierstraß und G. Darboux schenkten der Behandlung des Plateauschen Problems bei einer Schwarzschen Kette als Berandung ihre Beachtung. Weierstraß schrieb 1866 (siehe [I], p. 219): „Die kleinste Fläche, welche von einer einfachen — d. h. durch keinen Punkt mehr als einmal gehenden — geschlossenen Linie begrenzt wird, ... kann ... durch die in meiner früheren Mitteilung angegebenen Gleichungen dargestellt werden. Die Bestimmung der in diesen Gleichungen vorkommenden Funktionen $G(u)$, $H(u)$ [unsere Funktionen $\Phi(w)$, $\Psi(w)$] ist aber, bei vorgeschriebener Begrenzung der Fläche, im Allgemeinen mit unüberwindlichen Schwierigkeiten verknüpft. Ich habe mich daher darauf beschränkt, den Fall, wo die Begrenzung aus geraden Strecken zusammengesetzt ist, genauer zu untersuchen, ...". Und noch 1914 mußte Darboux bemerken (siehe [I], p. 490): „L'Analyse mathématique n'a pu, jusqu'ici, imaginer aucune méthode générale permettant de commencer l'étude de cette belle question."

In Durchführung und Weiterentwicklung des von K. Weierstraß ([I], pp. 219–239) und G. Darboux ([I], pp. 527–572) skizzierten Programmes und gestützt auf Untersuchungen von G. Birkhoff [1], [2] und seine vorangegangene Lösung [1] des sog. Riemannschen Problems für lineare Differentialgleichungen zweiter Ordnung hat R. Garnier im Jahre 1928 in einer großen Arbeit [2] die Lösung des Plateauschen Problems in der Form (94) durch die Bestimmung der Funktionen $\Phi(w)$ und $\Psi(w)$, deren singuläres Verhalten in den den Ecken der Berandung entsprechenden Punkten durch die geometrische Natur der Schwarzschen Kette bestimmt ist, erzwingen können. Das Auftreten isolierter gemeinsamer Nullstellen der Funktionen $\Phi(w)$ und $\Psi(w)$ ist dabei allerdings nicht ausgeschlossen. Durch einen Grenzübergang gelang es ihm, auch unverknotete aus endlich vielen Bögen beschränkter Krümmung bestehende Jordankurven Γ zuzulassen. Auf Grund des in § 303 zu beweisenden Douglasschen Approximationssatzes könnten dann übrigens auch viel allgemeinere Randkurven in Betracht gezogen werden. Garniers Leistung war erstrangig; durch die darauffolgenden Beweise von T. Radó und J. Douglas (siehe § 286) geriet sie freilich etwas in den Schatten. Auch ist der Verfasser keinem einzigen Mathematiker begegnet, der behaupten konnte, die langen Arbeiten Garniers gelesen zu haben. (Dasselbe trifft übrigens auch auf die letzten großen Douglasschen Veröffentlichungen zu.)

§ 285. Der spezielle Fall des sog. nicht-parametrischen Plateauschen Problems, bei welchem die Randkurve Γ eine eineindeutige Orthogonalprojektion auf eine (konvexe) Kurve in der (x, y)-Ebene besitzt, und wo die gesuchte Minimalfläche in der Form $z = z(x, y)$ erscheint, war schon vorher durch die Bemühungen verschiedener Mathematiker sowohl mit den Hilfsmitteln der partiellen Differentialgleichungen als auch mit den direkten Methoden der Variationsrechnung in steigender Allgemeinheit und zunehmender Strenge erledigt worden. Man sehe dazu S. D. Poisson [2]; S. Bernstein [2], [3], [4], [5], [7], [8] und Notizen in den Comptes Rendus Bänden 139, 140, 144, 150; A. Korn [1]; C. H. Müntz [1], [2]; L. Lichtenstein [6], [7], [8], pp. 1324–1327; A. Haar [3]; sowie die polemischen Bemerkungen bei S. Bernstein [6]; T. Radó [7]; C. H. Müntz [3]; L. Lichtenstein [8], Fußnote 127 auf p. 1326. Das nichtparametrische Plateausche Problem – es ist ja nichts anderes als das erste Randwertproblem für die Minimalflächengleichung – war auch in den nachfolgenden Jahren Gegenstand mancher Untersuchungen und erfuhr weitgehende Verallgemeinerungen. Man sehe dazu u. a. I. Ya. Bakel'man [1]; R. Caccioppoli [1], [3]; E. De Giorgi [2]; R. Finn [3], [7]; W. H. Fleming [4]; D. Gilbarg [2]; G. Giraud [1], [2], [3]; A. Haar [5]; P. Hartman and G. Stampacchia [1]; H. Jenkins and J. Serrin [2], [3], [4]; A. I. Košelev [1], [2], [3]; O. A. Ladyzhenskaya and N. N. Ural'tseva [I], [1], [2]; J. Leray [1], [2]; J. Leray et J. Schauder [1]; C. Miranda [I]; M. Miranda [1], [2], [3]; S. F. Morozov [2]; L. Nirenberg [1]; J. C. C. Nitsche [16], [18], pp. 201–215, [19]; T. Radó [9], [11], pp. 795–796, [13]; J. Schauder [4], [5], [6]; J. Serrin [9], [11]; A. G. Sigalov [1], [2], [3], [4]; G. Stampacchia [1], [2]; L. Tonelli [I], pp. 108–159 und 357–364 des 3. Bandes; G. Zwirner [1]. Wir werden in Kapitel VII auf dieses Problem und seine mannigfachen Verallgemeinerungen zurückkommen.

§ 286. Obwohl mit Garniers Arbeit nun endlich eine Lösung des Plateauschen Problems vorlag, so konnte seine Methode doch kaum als endgültig empfunden werden. Bei kompliziert geformten, möglicherweise verknoteten, Randkurven waren sein Verfahren, und erst recht das der Mathematiker des neunzehnten Jahrhunderts, entweder überhaupt nicht anwendbar oder jedenfalls überaus schwerfällig und kaum verallgemeinerungsfähig. Gegen Ende der zwanziger Jahre ist es aber dann J. Douglas und T. Radó unabhängig voneinander gelungen, einfachere und in gewissem Sinne zugleich weittragendere Lösungswege zu entwickeln, die in berühmten Arbeiten (T. Radó [10], [11]; J. Douglas [3], [4], auch [7]) niedergelegt sind, und mit deren Hilfe sie das Plateausche Problem in einer Weise erledigen konnten, welche für die damaligen Verhältnisse vollkommen war. In den nachfolgenden Jahren hat Douglas [5], [9], [10], [11], [13] erhebliche Verallgemeinerungen der ursprünglichen Fragestellung konzipiert und behandelt. In der Zwischenzeit haben freilich vielerlei Untersuchungen sowohl zur Weiterbildung des Plateauschen Problems als auch zu neuen Ansprüchen geführt. Wesentliche Fragen sind in der Tat noch heute offen, und an der allgemeinsten Fassung des Problems – sie hat schon längst nur noch wenig mit der ursprünglichen Fragestellung gemein – wird noch in diesen Tagen gefeilt.

Während Radós Methode die konforme Abbildung von Polyedern benutzt und die gesuchte Minimalfläche als Grenzfläche der Lösungsflächen gewisser Näherungsprobleme gewinnt, bedient sich Douglas der direkten Methode der Variationsrechnung. Er wurde für seine Beiträge zum Plateauschen Problem auf dem Internationalen Mathematikerkongreß in Oslo 1936 durch die Verleihung einer der beiden damals zum ersten Male vergebenen Fields-Medaillen (der andere Empfänger war L. Ahlfors) geehrt; man sehe p. 45 und Carathéodórys Würdigung auf pp. 310–314 in C. R. Congr. Internat. Math. Oslo 1936. Douglas stellt ein gewisses Funktional A auf und zeigt, daß die Lösung des Variationsproblems $A = \min!$ die gesuchte (verallgemeinerte) Minimalfläche definiert. Viele Mathematiker waren damals von der Einfachheit des Gedankens so überrascht, daß sie seiner Durchführbarkeit anfangs nicht recht Glauben schenken wollten. 1933 gelangte E. J. McShane [3] durch Ausbau und Vervollkommnung eines schon von H. Lebesgue stammenden Lösungsansatzes zu einer dritten Lösung des Plateauschen Problems.

Das Douglassche Funktional hängt eng mit dem leichter zu handhabenden Dirichletschen Integral zusammen, und letzteres ist in Verbindung mit einem Hilfssatz von H. Lebesgue ([3], p. 388) und einem auf T. Radó [12] zurückgehenden Variationsansatz 1936 fast gleichzeitig von R. Courant [2], [3], [4] und L. Tonelli ([I], pp. 328–341 des 3. Bandes) zur Grundlage einer noch durchsichtigeren Lösung gemacht und in der Folgezeit besonders von Courant und seinen Schülern zur Behandlung allgemeinerer Fragestellungen herangezogen worden; man sehe z. B. R. Courant [I], [5], [6], [8], [10]; R. Courant and N. Davids [1]; N. Davids [1]; M. Kruskal [1]; I. F. Ritter [1]; M. Shiffman [1], [2]; und auch H. Lewy [I]. A. Lonseth [1] und C. B. Morrey ([9], [II], Ch. 9) lösten später das Plateausche Problem in seiner ursprünglichen und in erweiterten Fassungen anstatt im Euklidischen Raum auch in allgemeineren Riemannschen Räumen, und E. Heinz and S. Hildebrandt [2] stellten Sätze über das Randverhalten auf. Als eine Variante dieser Verfahren ist die in §§ 308–309 dargestellte Abstiegsmethode anzusehen. In den Jahren 1948–1954 führte A. S. Besicovitch [6], [9], [12] (siehe dazu auch noch [7], [8] und die Bemerkung von H. Federer in Math. Rev. **10** (1949), p. 520) einen neuen Existenzbeweis für eine von einer beliebigen geschlossenen Kurve berandete Fläche kleinsten Inhaltes vom Typ der Kreisscheibe, vorausgesetzt, daß diese Kurve überhaupt eine Fläche endlichen Inhaltes berandet.

§ 287. Der Kern der Douglas-Courant-Tonellischen Methode ist leicht beschrieben. Es seien P die offene Einheitskreisscheibe in der (u, v)-Ebene und $S = \{\mathfrak{x} = \mathfrak{x}(u, v);\, (u, v) \in \bar{P}\}$ eine von der vorgelegten Jordankurve Γ berandete Fläche vom Typ der Kreisscheibe. Gemäß § 225 gilt $I(S) \leqq D_P[\mathfrak{x}]$. Gleichheit kann dabei nur eintreten, wenn die Beziehungen $E = G$ und $F = 0$ erfüllt sind, d. h. wenn u und v isotherme Parameter auf der Fläche darstellen. Anders als der Flächeninhalt $I(S)$ hängt das Dirichletsche Integral $D[\mathfrak{x}]$ also von der Wahl der Parameter ab und wird am kleinsten für isotherme Parameter. Der Vektor, welcher dem Dirichletschen Integral den kleinsten Wert erteilt und dann automatisch eine von Γ berandete Fläche kleinsten Inhaltes bestimmt, ist also nicht nur ein harmonischer Vektor – das ist er zufolge des Dirichletschen Prinzips aus § 228 –, sondern er erfüllt auch die Beziehungen $E = G$, $F = 0$. Nach §§ 61, 67 definiert aber ein solcher Vektor, jedenfalls solange E positiv ist, eine Minimalfläche.

Das Lösungsprogramm ist also folgendes: Wir gehen von einer monotonen Darstellung $\{\mathfrak{x} = \mathfrak{y}(\vartheta);\, 0 \leqq \vartheta \leqq 2\pi\}$ der Jordankurve Γ aus. Mit Hilfe des Poissonschen Integrales bestimmen wir den in P harmonischen Vektor $\mathfrak{x}(u, v)$, welcher auf ∂P mit $\mathfrak{y}(\vartheta)$ übereinstimmt: $\mathfrak{x}(\cos\vartheta, \sin\vartheta) = \mathfrak{y}(\vartheta)$. Die ganze Schwierigkeit besteht nun im Auffinden der richtigen Abbildung $\mathfrak{x} = \mathfrak{y}(\vartheta)$ der Kreislinie ∂P auf die Jordankurve Γ. Das Dirichletsche Integral $D[\mathfrak{x}]$ hängt ja über den Vektor $\mathfrak{x}$ von der benutzten Darstellung der Jordankurve ab, und wir müssen eine Darstellung finden, für welche $D[\mathfrak{x}]$ ein Minimum wird. In den folgenden Paragraphen werden wir beweisen, daß eine solche Darstellung existiert und daß die durch den zugehörigen Vektor $\mathfrak{x}(u, v)$ gegebene Fläche in der Tat eine von Γ berandete (verallgemeinerte)

Minimalfläche ist. Anschließend werden wir die Eigenschaften dieser Minimalfläche untersuchen.

Wie wir sehen werden, schließt der zu erbringende Existenzbeweis eine sehr einfache Lösung des Riemannschen Abbildungssatzes der Funktionentheorie ein, aus welcher die Osgood-Carathéodorysche Ränderzuordnung ohne Zusatzüberlegung herausspringt, da die Methode gerade im Aufsuchen der richtigen Randabbildung besteht, während die Verhältnisse im Inneren durch das Poissonsche Integral geregelt werden.

Die McShanesche Lösungsmethode ist, wenn auch nicht in der Durchführung, so doch begrifflich vielleicht noch einfacher. Man geht von einer Folge von Flächen aus, welche von Γ berandet sind und deren Inhalte gegen die untere Grenze der Flächeninhalte aller von Γ berandeten Flächen konvergieren. Jede Fläche der Folge wird dann durch gewisse inhaltsverkleinernde Retraktionen zu einer „Sattelfläche„ (siehe § 455) abgeändert, und es wird gezeigt, daß eine Teilfolge dieser Sattelflächen gegen eine von Γ berandete Grenzfläche konvergiert. Aus der Minimumeigenschaft der Grenzfläche in Verbindung mit ihrer Eigenschaft als Sattelfläche folgt dann, daß sie eine verallgemeinerte Minimalfläche sein muß. Glättungsoperationen liegen auch dem Beweis von Besicovitch zugrunde.

Alle Beweismethoden kranken freilich an derselben Unzulänglichkeit, auf die bereits in §§ 282, 283 hingewiesen wurde: Sie können das Vorhandensein isolierter differentialgeometrischer Singularitäten auf der Lösungsfläche, sog. Verzweigungspunkte, nicht ausschließen. In dieser Frage sind erst in allerjüngster Zeit Fortschritte erzielt worden.

§ 288. Die Entwicklung hat bei den bisher beschriebenen Ergebnissen nicht haltgemacht. 1935 bewies E. J. McShane [5] einen Existenzsatz für die Lösungen positiv-definiter und semiregulärer Variationsprobleme der Form $\iint F(\bar{X}, \bar{Y}, \bar{Z})\, du\, dv = \min!$, wo $\bar{X}(u,v)$, $\bar{Y}(u,v)$ und $\bar{Z}(u,v)$ Abkürzungen für die Komponenten des Vektorproduktes $\mathfrak{x}_u \times \mathfrak{x}_v$ bedeuten. Das Plateausche Problem entspricht dem Spezialfall $F(\bar{X}, \bar{Y}, \bar{Z}) = \sqrt{\bar{X}^2 + \bar{Y}^2 + \bar{Z}^2}$. 1951 bzw. 1952 wurde ein entsprechender Satz für Variationsprobleme mit einem Integranden der allgemeineren Gestalt $F(x, y, z, \bar{X}, \bar{Y}, \bar{Z})$ von A. G. Sigalov [1] bzw. J. M. Danskin [1] und L. Cesari [2] aufgestellt. Man sehe auch noch V. E. Bononcini [1]. Eine vereinfachte Darstellung findet sich bei C. B. Morrey [10] und [II], Ch. 9.

Die Beschränkung der zulässigen Flächen auf solche vom Typ der Kreisscheibe oder allgemeiner auf solche endlichen topologischen Typs wurde bald als unangemessen empfunden. Die physikalischen Ursprünge des Plateauschen Problems, nämlich die Suche nach der Gestalt, welches ein in einen Rahmen eingespanntes Seifenhäutchen annimmt, lassen eine derartige Beschränkung in der Tat oft als nicht gerechtfertigt erscheinen. Die erste Beobachtung dieses Sachverhaltes scheint E. R. Neovius gemacht zu haben (siehe [2], p. 532): „Hierbei soll nicht verschwiegen werden, daß bei einigen speziellen Fällen einer verknoteten Begrenzungslinie, die ich untersucht habe, den einfach zusammenhängenden Flächenstücken kleinsten Flächeninhaltes andere Flächenstücke benachbart sind, welche nicht mehr einfach, sondern zweifach zusammenhängend sind, und welche kleineren Flächeninhalt haben als jene.“ Wir werden weiter unten zeigen, daß jedesmal, wenn die Lösung des Plateauschen Problems eine Selbstschneidung oder einen Verzweigungspunkt besitzt, was insbes. bei einer verknoteten Randkurve der Fall sein wird, benachbarte Flächen von höherem topologischem Typus und möglicherweise nicht-orientierbarem Charakter existieren, welche kleineren Flächeninhalt besitzen. In solchen Fällen wird das sich bildende Seifenhäutchen die Gestalt der letzteren Flächen einnehmen. Ein Beispiel ist in Abb. 30 skizziert. Ein integral current (siehe § 289) absolut kleinsten Inhaltes ist – jedenfalls in seinem Inneren (hinsichtlich des Randes ist diese Frage allgemein bislang noch nicht geklärt) – stets eine Fläche ohne Selbstschneidungen.

Selbst die Forderung, die gesuchte Fläche solle von der ganzen Kontur berandet sein, ist u. U. unrealistisch. Wie Experimente zeigen, schließt sich das Seifenhäutchen manchmal gar nicht längs der gesamten Randkurve an diese an, sondern ist teilweise von einem freien Rande begrenzt, längs welches drei Flächenteile unter einem Winkel von 120° zusammenstoßen. Die Abb. 31, 32 sollen eine Vorstellung von diesen

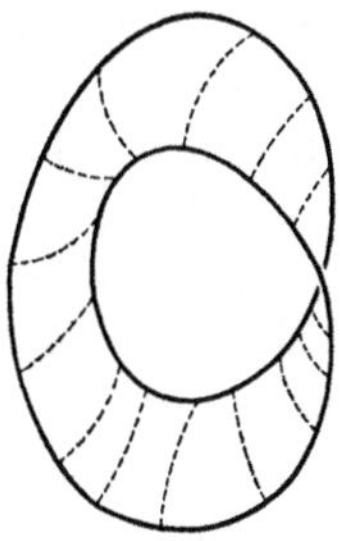

Abb. 30

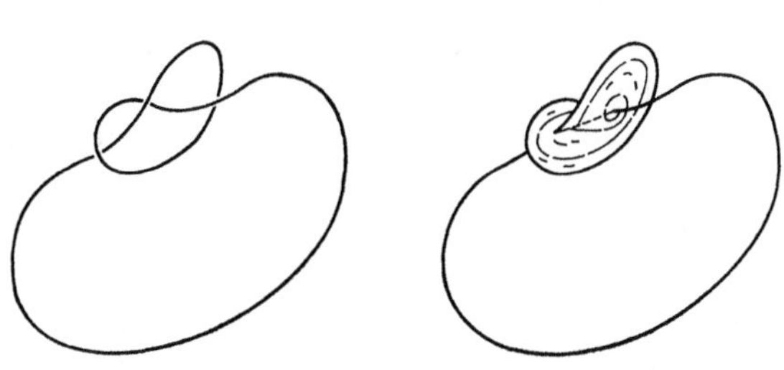

Abb. 31

Möglichkeiten geben. Man beachte aber die Bemerkungen in § 815. In der Kontur der Abb. 32 kann man mit einigem Geschick (siehe § 478) auch eine Minimalfläche vom Typ der Kreisscheibe oder eine Minimalfläche vom Typ des Möbiusbandes – beide ohne Selbstschneidungen –

experimentell erzeugen. Den Leser wird die Herstellung dieser Flächen amüsieren.

Jordankurven sind ohnehin vielleicht nicht die korrekte Abstraktion realistischer Konturen. Die in den Experimenten mit Seifenhäutchen verwendeten Drähte haben ja immer einen endlichen Durchmesser, der ungleich größer ist als die Dicke der Häutchen, und sind daher

Abb. 32

keine mathematischen Kurven, sondern Kanalflächen, d. h. verhältnismäßig glatte torusartige Mannigfaltigkeiten. Genaugenommen müßte man beim Plateauschen Problem also ein freies Randwertproblem lösen, bei welchem gefordert wird, daß der Rand der gesuchten Minimalfläche auf der Kanalfläche aufsitzen solle. Derartige Probleme sind von R. Courant und N. Davids betrachtet worden; man sehe R. Courant [I], pp. 213–218; R. Courant and N. Davids [1]; N. Davids [1]. L. J. Lipkin [1] hat diese Untersuchungen auf allgemeinere Variationsprobleme ausgedehnt.

§ 289. W. H. Fleming [1] konstruierte 1956 eine Jordankurve, für welche die Aufgabe der Bestimmung einer Fläche kleinsten Inhaltes keine Lösung endlichen topologischen Typs besitzt, für welche also die untere Grenze der Inhalte aller Flächen einer gegebenen Eulerschen Charakteristik χ mit abnehmendem χ tatsächlich abnimmt.

Mit den klassischen Methoden, welche im Grunde nur den Vergleich zwischen Flächen desselben topologischen Typs gestatten, läßt sich einer solchen Situation schwerlich Rechnung tragen. Dieser Umstand hat eine erhebliche Verallgemeinerung der Grundbegriffe veranlaßt. Der Begriff der Parameterfläche wurde in verschiedener Weise durch den verallgemeinerter Flächen (L. C. Young [2], [3], [4], [6]; A. G. Sigalov [3], [4]) oder den gewisser Punktmengen – sog. integral currents („ganze Ströme"), varifolds usw. – (F. J. Almgren [I], [1]; E. De Giorgi [2]; H. Federer [I]; H. Federer and W. H. Fleming [1]; W. H. Fleming [5]; E. R. Reifenberg [2]; W. P. Ziemer [1]) ersetzt. Der Begriff des Inhaltes dieser neuen Strukturen bedurfte seiner Schaffung. Die Frage, unter welchen Umständen eine solche Struktur von einer gegebenen Punktmenge vernünftigerweise als berandet angesehen werden kann, verursachte dabei besondere Schwierigkeiten. An die Stelle zweidimensionaler Flächen im dreidimensionalen Raum traten dann auch k-dimensionale Strukturen im n-dimensionalen Raum.

In bahnbrechenden Untersuchungen gelang es vor wenigen Jahren, den Beweis der Existenz einer Struktur minimalen Inhaltes mit gegebener Berandung zu erbringen (E. De Giorgi [2]; H. Federer and W. H. Fleming [1]; W. H. Fleming [4]; E. R. Reifenberg [2]), die Analytizität der Lösungsstruktur bzw. ihre Analytizität unter Ausschluß der Berandung oder gewisser Ausnahmemengen zu beweisen (F. J. Almgren [3]; E. De Giorgi [1], [2]; H. Federer [I], Ch. 5.4; M. Miranda [3], [4]; C. B. Morrey [II], Ch. 9, 10; J. Moser [1]; E. R. Reifenberg [3], [4]; D. Triscari [1]), zu zeigen, daß die Lösung lokal zumindest fast überall (im zweidimensionalen Falle überall) den Charakter einer differentialgeometrischen Hyperfläche besitzt (W. H. Fleming [4]; E. R. Reifenberg [2]) und auch Aussagen über das Randverhalten der Lösungsstruktur zu machen (W. K. Allard [1]). J. Simons [1]; C. B. Morrey [11], [II], Ch. 5; A. T. Fomenko [1] – [6] betrachteten das Problem in Riemannschen anstatt Euklidischen Räumen. F. J. Almgren [4], [5]; H. Federer [I], Ch. 5; C. B. Morrey [12], [13]; E. Giusti [1]; E. Giusti e M. Miranda [1] dehnten die Untersuchungen auf Variationsprobleme mit allgemeineren Integranden aus, bei denen sich allerdings im Hinblick auf die kürzlich veröffentlichten Gegenbeispiele von E. De Giorgi [4] und E. Giusti e M. Miranda [2] gewisse Komplikationen ergaben.

Für welche Berandungen Lösungsstrukturen endlichen topologischen Typs existieren, wann die bei höheren Dimensionszahlen prinzipiell zuzulassenden Singularitäten nicht auftreten können, unter welchen Umständen Eindeutigkeit vorliegt bzw. wieviele Lösungen existieren — dieses und vieles mehr führt zu Fragen, über welche heute nur wenig bekannt ist.

Es verdient besonders hervorgehoben zu werden, daß sich mit einigen der hier erwähnten maßtheoretischen Methoden, insbes. mit der von W. H. Fleming entwickelten Behandlung [4] des orientierten Plateauschen Problems, die Existenz von (lokal regulären) Lösungsstrukturen ohne Selbstschneidungen beweisen läßt. Wie beispielsweise in §§ 288, 370, 441 bemerkt ist, lassen sich bei den Lösungen des klassischen Plateauschen Problems Selbstschneidungen i. a. nicht ausschließen. Solche Lösungen sind experimentell instabil; wie wir in §§ 443, 444 zeigen werden, gibt es ihnen benachbarte Flächen kleineren Inhaltes.

§ 290. Es gibt berühmte Beispiele, die zeigen, daß eine durch Seifenhäutchen experimentell leicht herstellbare Minimalfläche zwar ein relatives aber kein absolutes Minimum des Flächeninhaltes verwirklicht.

Wenn man also die Lösung des Plateauschen Problems mit der Suche nach einer Fläche kleinsten Inhaltes verwechselt, so löst man u. U. nur eine Teilaufgabe. Die Bestimmung von Minimalflächen mit gegebener Berandung, deren Inhalt kein absolutes, nicht einmal ein relatives, Minimum ist, wurde unter Anwendung der von M. Morse entwickelten Theorie in der globalen Variationsrechnung (siehe M. Morse [I]; H. Seifert und W. Threlfall [I]; J. W. Milnor [I]), welche vorher u. a. bei der Untersuchung geodätischer Linien auf Mannigfaltigkeiten schlagende Erfolge buchen konnte, im Jahre 1939 nahezu gleichzeitig, aber unabhängig voneinander, von M. Morse and C. Tompkins [1] und von M. Shiffman [3] geleistet. Weitere Beiträge stammen von M. Morse [1]; M. Morse and C. Tompkins [2], [3], [4]; M. Shiffman [4], [5], [6]; R. Courant [9], [I], pp. 223–243; I. Marx [1] und, für Flächen konstanter mittlerer Krümmung, von E. Heinz [11]. Leider gibt es nur ganz wenige konkrete Beispiele, auf welche die entwickelten Theorien anwendbar sind. Die gefundenen Minimalflächen sind instabil (siehe § 119), so daß ihre experimentelle Verwirklichung durch statische Seifenhäutchen schwerlich gelingt: Die kleinste Störung, der kleinste Lufthauch würden das Häutchen veranlassen, in die Gestalt einer Fläche überzuspringen, deren Inhalt ein relatives Minimum ist.

Eine Methode, die Anzahl aller von einer vorgegebenen Kurve berandeten Minimalflächen abzuschätzen, geschweige denn, alle diese Flächen zu bestimmen, gibt es bislang nicht. Für den Fall einer polygonalen Kontur hat T. Radó [14] ein Iterationsverfahren beschrieben, welches bei geeigneter Wahl einer harmonischen Ausgangsfläche gegen jede Lösung des Plateauschen Problems konvergiert. Wenn man insbes. von irgendeiner Lösung des Plateauschen Problems selbst ausgeht, so liefert das Verfahren genau diese Lösung. Da die Lösungen des Plateauschen Problems aber eben unbekannt sind, und da es als sicher erscheint, daß das Verfahren bei jeder anderen Ausgangsfläche stets gegen eine Lösung kleinsten Flächeninhaltes oder zumindest gegen eine Lösung relativ kleinsten Flächeninhaltes (sofern solche Lösungen überhaupt existieren sollten) konvergiert, ist es für die obigen Zwecke nicht brauchbar. Dasselbe ist in diesem Zusammenhange von der in §§ 308–309 zu besprechenden Abstiegsmethode zu sagen.

1.3. Existenzbeweis. Erste Eigenschaften der Lösungen

§ 291. Im Anschluß an das im Vorangehenden Gesagte formulieren wir jetzt das Plateausche Problem endgültig in der folgenden Weise:

Es soll eine von einer vorgegebenen Jordankurve Γ berandete verallgemeinerte Minimalfläche $S = \{\mathfrak{x} = \mathfrak{x}(u, v);\ (u, v) \in \bar{P}\}$, P der Einheits-

kreis $u^2 + v^2 < 1$, *gefunden werden. Der Ortsvektor* $\mathfrak{x}(u, v)$ *soll in* P *die Beziehungen* $E = G$ *und* $F = 0$, *d. h.* $\mathfrak{x}_u^2 = \mathfrak{x}_v^2$ *und* $\mathfrak{x}_u \cdot \mathfrak{x}_v = 0$, *erfüllen und soll* ∂P *monoton auf* Γ *abbilden.*

§ 292. Wir werden zunächst versuchen, die fragliche Minimalfläche unter den $\mathfrak{M}$-Flächen zu finden und betrachten daher Vektoren $\mathfrak{x}(u, v) \in \mathfrak{M}(\bar{P})$, welche den Kreis ∂P monoton auf die Jordankurve Γ abbilden. Wie wir aus § 220 wissen, ist das Dirichletsche Integral unter jeder (von einer linearen Transformation bewirkten) konformen Abbildung des Einheitskreises auf sich selbst invariant. Aus jedem Vektor $\mathfrak{x}$ mit den angegebenen Eigenschaften läßt sich durch eine solche Transformation also ein anderer Vektor mit denselben Eigenschaften und demselben Werte des Dirichletschen Integrales erhalten. Um diese Vieldeutigkeit zu beseitigen und um zu gewährleisten, daß die Konvergenz der zu konstruierenden Minimalfolge nicht auf Grund des möglichen Ausartens der linearen Transformationen scheitere, stellen wir die folgende *Normalitätsforderung*:

Der Vektor $\mathfrak{x}$ *soll drei verschiedene ein für allemal gewählte Punkte* w_1, w_2, w_3 *von* ∂P *auf drei verschiedene fest gewählte Punkte* $\mathfrak{y}_1, \mathfrak{y}_2, \mathfrak{y}_3$ *von* Γ *abbilden.*

Um etwas Konkretes vor Augen zu haben, wollen wir die Punkte w_1, w_2, w_3 mit den Randpunkten $w = 1, e^{2\pi i/3}, e^{4\pi i/3}$ identifizieren und als ihre Bildpunkte auf Γ die in § 23 auftretenden Punkte $\mathfrak{y}_1, \mathfrak{y}_2, \mathfrak{y}_3$ wählen.

Ein Vektor $\mathfrak{x}(u, v) \in \mathfrak{M}(\bar{P})$, welcher den Kreis ∂P monoton auf Γ abbildet und diese Normalitätsforderung erfüllt, wird zulässig genannt. $d = d(\Gamma)$ sei die untere Grenze der Werte des Dirichletschen Integrales $D_P[\mathfrak{x}]$ für alle zulässigen Vektoren. Auf Grund der in § 287 auseinandergesetzten heuristischen Überlegungen stellen wir nun das folgende *Variationsproblem*:

Einen zulässigen Vektor zu finden, für welchen $D_P[\mathfrak{x}] = d$ *ist.*

§ 293. Von vornherein ist es nicht klar, ob dieses Variationsproblem sinnvoll ist, d. h. ob überhaupt zulässige Vektoren existieren. Das hängt ganz von der Jordankurve Γ ab. Es gibt in der Tat Jordankurven, welche keine einzige zulässige Fläche beranden.

Wir wollen hier das Beispiel einer Jordankurve konstruieren, welche keine $\mathfrak{M}$-Fläche vom Typ der Kreisscheibe berandet. Im Hinblick auf das in § 458 Bewiesene ist es klar, daß Γ überhaupt keine Fläche vom Typ der Kreisscheibe endlichen Inhaltes berandet.

Wir gehen von einem in der (x, y)-Ebene verlaufenden spiralförmigen Polygonzug $A_1 A_2 A_3 \ldots$ mit nach Null konvergierenden

Seitenlängen a_n wie in Abb. 33 aus, welcher einen die Punkte A_1 und 0 verbindenden Jordanbogen $\mathscr{C}_0$ der möglicherweise unendlichen Länge $\frac{7}{2}a_1 + 4(a_2 + a_3 + \cdots)$ definiert. Diesen Jordanbogen ergänzen wir durch Hinzufügen der geradlinigen Strecke $0A_1$ zu einer geschlossenen Kurve $\mathscr{C}$. Während der Punkt (x, y) die Spirale $\mathscr{C}_0$ durchläuft, lassen

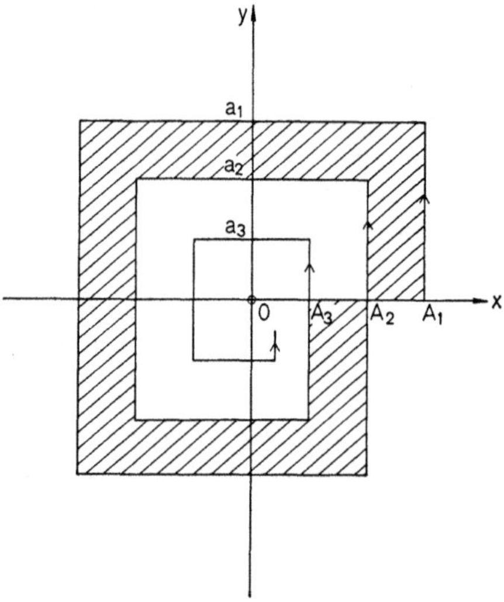

Abb. 33

wir die Koordinate z, welcher wir im Punkte A_1 den Wert Null beilegen, linear anwachsen: Über dem Streckenzug A_1A_2 um den Betrag $\frac{1}{2}$, über dem Streckenzug A_2A_3 um den Betrag $\frac{1}{4}$, usw. Über dem Endpunkt 0 von $\mathscr{C}_0$ hat z dann den Wert Eins. Der so gewonnenen räumlichen Spirale fügen wir die die Punkte $(0, 0, 1)$ und 0 verbindende Strecke und die Strecke $0A_1$ hinzu und erhalten auf diese Weise eine Jordankurve Γ.

Es sei $S = \{\mathfrak{x} = \mathfrak{x}(u, v);\ (u, v) \in \bar{P}\}$, P der Einheitskreis, eine von Γ berandete $\mathfrak{M}$-Fläche. Durch die zwei ersten Komponenten $x = x(u, v)$ und $y = y(u, v)$ wird der Rand ∂P auf die Kurve $\mathscr{C}$ abgebildet. Das schraffierte Gebiet in Abb. 33, dessen Punkte bzgl. $\mathscr{C}$ den Index $+1$ besitzen, hat den Flächeninhalt $(\frac{3}{4}a_1 + a_2)(a_1 - a_2) + \frac{1}{4}a_2(a_2 - a_3)$. Es läßt sich also gewiß ein in diesem Gebiete enthaltener Bereich Q_1 vom Flächeninhalte $\frac{3}{4}a_1(a_1 - a_2)$ finden. Im nächsten Gebiet, dessen Punkte bzgl. $\mathscr{C}$ den Index $+2$ haben, läßt sich ein Bereich Q_2 vom Flächeninhalt $\frac{3}{4}a_2(a_2 - a_3)$ finden, usw. Nach § 247 gilt also

$$I(S) \geqq \iint\limits_P \left|\frac{\partial(x, y)}{\partial(u, v)}\right| du\, dv \geqq \frac{3}{4}\sum_{n=1}^{\infty} n\, a_n(a_n - a_{n+1}).$$

Die Reihe auf der rechten Seite ist z. B. für die Wahl $a_n = 1/\sqrt{n}$ divergent. Dann kann $I(S)$ und wegen $I(S) \leqq D_P[\mathfrak{x}]$ auch $D_P[\mathfrak{x}]$ nicht endlich sein. Γ berandet also keine $\mathfrak{M}$-Fläche.

Andere Beispiele von Jordankurven, welche keine Fläche endlichen Inhaltes beranden, stammen von J. Douglas and P. Franklin [1] und von J. Douglas [8].

§ 294. Während also eine Jordankurve i. a. keine zulässige Fläche zu beranden braucht, gibt es spezielle Klassen von Jordankurven, für welche das doch der Fall ist. Hier ist insbes. die Klasse der rektifizierbaren Jordankurven zu nennen.

Zum Beweise sei $\Gamma = \{\mathfrak{x} = \mathfrak{x}(\vartheta);\ 0 \leqq \vartheta \leqq 2\pi\}$ eine rektifizierbare Jordankurve der Länge L und $s(\vartheta)$ die Länge des dem Intervalle $[0, \vartheta]$ entsprechenden Stückes von Γ. Durch $\sigma(\vartheta) = 2\pi\, s(\vartheta)/L$ wird eine topologische Abbildung des Intervalles $0 \leqq \vartheta \leqq 2\pi$ auf das Intervall $0 \leqq \sigma \leqq 2\pi$ gegeben; $\vartheta = \vartheta(\sigma)$ sei ihre Umkehrung. $\{\mathfrak{x} = \mathfrak{x}(\vartheta(\sigma));$ $0 \leqq \sigma \leqq 2\pi\}$ ist dann eine Darstellung von Γ. Nach § 15 genügen die Komponenten des Vektors $\mathfrak{y}(\sigma) = \mathfrak{x}(\vartheta(\sigma))$ einer Lipschitzbedingung und sind daher insbes. absolut stetig. Gemäß § 16 gilt dann $s(\vartheta) = \int_0^{\sigma(\vartheta)} |\mathfrak{y}'(\sigma)|\, d\sigma$ und somit fast überall $|\mathfrak{y}'(\sigma)| = L/2\pi$. Wenn $(\mathfrak{a}_n, \mathfrak{b}_n)$ die (vektorwertigen) Fourierkoeffizienten des Vektors $\mathfrak{y}(\sigma)$ bezeichnen, so folgt dann aus der Parsevalschen Gleichung die Beziehung $\sum_{n=1}^{\infty} n^2(\mathfrak{a}_n^2 + \mathfrak{b}_n^2) = L^2/2\pi^2$. Es sei $\mathfrak{z}(\varrho, \vartheta)$ der im Einheitskreise $\varrho < 1$ harmonische Vektor, dessen Werte für $\varrho = 1$ mit denen von $\mathfrak{y}(\vartheta)$ übereinstimmen. Für das Dirichletsche Integral des Vektors $\mathfrak{z}$ findet man

$$D[\mathfrak{z}] = \frac{1}{2} \iint\limits_{\varrho<1} \left(\mathfrak{z}_\varrho^2 + \frac{1}{\varrho^2}\mathfrak{z}_\vartheta^2\right) \varrho\, d\varrho\, d\vartheta = \frac{\pi}{2}\sum_{n=1}^{\infty} n\left(\mathfrak{a}_n^2 + \mathfrak{b}_n^2\right) \leqq \frac{L^2}{4\pi}.$$

Die über $\bar{P}$ definierte Fläche mit dem Ortsvektor $\mathfrak{z}$ hat somit die gewünschte Eigenschaft.

Das Gleichheitszeichen in der obigen Ungleichung kann übrigens nur gelten, wenn $\mathfrak{a}_n = \mathfrak{b}_n = 0$ für $n = 2, 3, \ldots$, d. h. wenn Γ ein Kreis ist.

§ 295. Ein anderer Spezialfall ist in dem folgenden Satze enthalten: *Wenn die Kurve Γ, ohne notwendigerweise rektifizierbar zu sein, eine umkehrbar eindeutige Orthogonalprojektion auf eine konvexe Kurve in der (x, y)-Ebene besitzt, wobei dann die z-Koordinate des Ortsvektors von Γ eine stetige Funktion über dieser Kurve ist, dann berandet Γ eine Fläche vom Typ der Kreisscheibe endlichen Inhaltes.* Im Hinblick auf § 458 berandet Γ dann auch eine $\mathfrak{M}$-Fläche vom Typ der Kreisscheibe.

Wir wollen zunächst den Fall betrachten, daß die Projektion von Γ ein Kreis ist, und den folgenden auf E. Gagliardo ([1], pp. 299–302) zurückgehenden Satz beweisen:

Auf dem Rande des Einheitskreises P in der (x, y)-Ebene sei eine stetige periodische Funktion $v(\vartheta)$ $(0 \leqq \vartheta \leqq 2\pi)$ vorgegeben. Für beliebiges $\varepsilon > 0$ gibt es dann eine Funktion $z(x, y) \in C^1(P) \frown C^0(\bar{P})$, welche auf ∂P mit v übereinstimmt, und für die

$$\iint_P \sqrt{1 + z_x^2 + z_y^2}\, dx\, dy \leqq \pi + \varepsilon + \int_0^{2\pi} |v(\vartheta)|\, d\vartheta \tag{122}$$

gilt.

Beweis: Falls $v(\vartheta) \equiv 0$ ist, wählen wir $z(x, y) \equiv 0$. Es sei jetzt $v(\vartheta) \not\equiv 0$. Wir bestimmen dann eine Folge analytischer periodischer Funktionen $v_n(\vartheta)$ $(n = 0, 1, 2, \ldots)$ so, daß

$$v_0(\vartheta) \equiv 0 \quad \text{und} \quad \max_{0 \leqq \vartheta \leqq 2\pi} |v_n(\vartheta) - v(\vartheta)| \leqq \delta\, 2^{-n} \int_0^{2\pi} |v(\vartheta)|\, d\vartheta$$
$$\text{für} \quad n = 1, 2, \ldots$$

Dabei ist δ eine später zu bestimmende positive Zahl. Es sei weiterhin eine auch später noch genauer zu bestimmende monoton nach Eins aufsteigende Zahlenfolge $\{\varrho_n\}$ gegeben. Wir definieren eine Funktion $\tilde{z}(r, \vartheta)$ durch die folgenden Festsetzungen:

$$\tilde{z}(r, \vartheta) = 0 \qquad \text{für} \quad r \leqq \varrho_0.$$
$$\tilde{z}(\varrho_n, \vartheta) = v_n(\vartheta) \quad \text{für} \quad n = 0, 1, \ldots.$$
$$\tilde{z}\big((1 - \lambda)\, \varrho_n + \lambda\, \varrho_{n+1}, \vartheta\big) = (1 - \lambda)\, v_n(\vartheta) + \lambda\, v_{n+1}(\vartheta) \quad \text{für} \quad 0 \leqq \lambda \leqq 1,$$
$$n = 0, 1, \ldots.$$

Wegen $\lim\limits_{r \to 1, \vartheta \to \vartheta_0} \tilde{z}(r, \vartheta) = v(\vartheta_0)$ ist $\tilde{z}(r, \vartheta)$ in $\bar{P}$ stetig. In jedem Kreisring $\bar{P}_n = \{r, \vartheta;\ \varrho_n \leqq r \leqq \varrho_{n+1}, 0 \leqq \vartheta \leqq 2\pi\}$ ist $\tilde{z}(r, \vartheta)$ analytisch. In $\bar{P}_n$ gilt $\tilde{z}_r(r, \vartheta) = [v_{n+1}(\vartheta) - v_n(\vartheta)]/(\varrho_{n+1} - \varrho_n)$. Mit der Abkürzung $M = \int_0^{2\pi} |v(\vartheta)|\, d\vartheta$ haben wir somit

$$\begin{aligned}
\iint_{P_n} |\tilde{z}_r|\, r\, dr\, d\vartheta &\leqq \iint_{P_n} |\tilde{z}_r|\, dr\, d\vartheta = \int_0^{2\pi} d\vartheta \int_0^1 d\lambda\, |v_{n+1}(\vartheta) - v_n(\vartheta)| \\
&\leqq \int_0^{2\pi} |v_{n+1}(\vartheta) - v_n(\vartheta)|\, d\vartheta \\
&\leqq \int_0^{2\pi} \{|v_{n+1}(\vartheta) - v(\vartheta)| + |v_n(\vartheta) - v(\vartheta)|\}\, d\vartheta \\
&\leqq \begin{cases} (1 + \pi\,\delta)\, M & \text{für} \quad n = 0 \\ \dfrac{3\pi\,\delta M}{2^n} & \text{für } n \geqq 1. \end{cases}
\end{aligned}$$

Wir stellen fest, daß diese Abschätzung unabhängig von der Wahl der Folge $\{\varrho_n\}$ gilt. Weiter haben wir

$$\iint_{P_n} \frac{1}{r} |\mathfrak{z}_\vartheta| \, r \, dr \, d\vartheta = \int_{\varrho_n}^{\varrho_{n+1}} dr \int_0^{2\pi} d\vartheta \, |\mathfrak{z}_\vartheta| \leqq$$

$$\leqq (\varrho_{n+1} - \varrho_n) \int_0^1 d\lambda \left\{(1-\lambda) \int_0^{2\pi} |v_n'(\vartheta)| \, d\vartheta + \lambda \int_0^{2\pi} |v_{n+1}'(\vartheta)| \, d\vartheta\right\}$$

$$\leqq \tfrac{1}{2}(\varrho_{n+1} - \varrho_n) \int_0^{2\pi} \{|v_n'(\vartheta)| + |v_{n+1}'(\vartheta)|\} \, d\vartheta .$$

Wir wählen nun sukzessiv die Differenzen $\varrho_1 - \varrho_0, \varrho_2 - \varrho_1, \ldots$ so klein, daß

$$\frac{1}{2} (\varrho_{n+1} - \varrho_n) \int_0^{2\pi} \{|v_n'(\vartheta)| + |v_{n+1}'(\vartheta)|\} \, d\vartheta \leqq \frac{\pi M \delta}{2^n} \qquad (n = 0, 1, \ldots)$$

ausfällt. Dann gibt es zwei Möglichkeiten: Entweder es gilt $\lim\limits_{n\to\infty} \varrho_n = 1$. In diesem Falle behalten wir die Folge $\{\varrho_n\}$ bei. Oder es gilt $\lim\limits_{n\to\infty} \varrho_n = \bar{\varrho} < 1$. Dann nehmen wir statt der Folge $\{\varrho_n\}$ die Folge $\{\bar{\varrho}_n\}$, wo $\bar{\varrho}_n = \varrho_n + (1 - \bar{\varrho})$, bezeichnen die letztere aber der Einfachheit halber wieder mit $\{\varrho_n\}$. Dann haben wir wieder $\lim\limits_{n\to\infty} \varrho_n = 1$.

Da die Ableitungen von $\mathfrak{z}(r, \vartheta)$ nur auf den Kreisen $r = \varrho_n$ unstetig sind, existiert das Integral $\iint\limits_P \sqrt{1 + \mathfrak{z}_x^2 + \mathfrak{z}_y^2} \, dx \, dy$, und es gilt

$$\iint_P \sqrt{1 + \mathfrak{z}_x^2 + \mathfrak{z}_y^2} \, dx \, dy = \iint_P \sqrt{1 + \mathfrak{z}_r^2 + \frac{1}{r^2} \mathfrak{z}_\vartheta^2} \, r \, dr \, d\vartheta$$

$$= \pi \varrho_0^2 + \sum_{n=0}^{\infty} \iint_{P_n} \sqrt{1 + \mathfrak{z}_r^2 + \frac{1}{r^2} \mathfrak{z}_\vartheta^2} \, r \, dr \, d\vartheta$$

$$\leqq \pi \varrho_0^2 + \sum_{n=0}^{\infty} \iint_{P_n} \left\{1 + |\mathfrak{z}_r| + \frac{1}{r} |\mathfrak{z}_\vartheta|\right\} r \, dr \, d\vartheta$$

$$\leqq \pi + \left\{(1 + \pi\delta) M + \sum_{n=1}^{\infty} \frac{3\pi\delta M}{2^n} + \sum_{n=0}^{\infty} \frac{\pi\delta M}{2^n}\right\}$$

$$= \pi + M + 6\pi\delta M .$$

Schließlich glätten wir noch die in $\bar{P}$ stetige und in P stückweise analytische Funktion $\mathfrak{z}(r, \vartheta)$ durch Abänderung in schmalen Ringen $\varrho_n - \eta_n \leqq r \leqq \varrho_n + \eta_n$ $(\eta_n < \tfrac{1}{2} \min(\varrho_n - \varrho_{n-1}, \varrho_{n+1} - \varrho_n))$ derart zu einer Funktion $z(x, y) \in C^1(P) \cap C^0(\bar{P})$, daß die Ungleichungen

$$\int_0^{2\pi} d\vartheta \int_{\varrho_n-\eta_n}^{\varrho_n+\eta_n} r\,dr \left\{|\tilde{z}_r - z_r| + \frac{1}{r}|\tilde{z}_\vartheta - z_\vartheta|\right\} \leqq \frac{\pi\delta M}{2^n} \quad (n = 0, 1, \ldots)$$

erfüllt sind. Dann finden wir

$$\iint_P \sqrt{1 + z_x^2 + z_y^2}\, dx\, dy \leqq \pi + M + 8\pi\delta M.$$

Die Behauptung ergibt sich nun, indem wir $\delta = \varepsilon/8\pi M$ wählen. W. z. b. w.

Der Fall einer konvexen Kurve als Projektion von Γ läßt sich mit Hilfe der am Ende von § 219 beschriebenen Transformation auf den eben behandelten Fall zurückführen. Nach (122) und § 219 ist die transformierte Funktion $z(x, y)$ zu $\mathfrak{M}^1(\bar{P})$ gehörig. Zufolge § 227 hat die durch sie dargestellte Fläche also einen endlichen Inhalt. Unser Satz gilt schließlich auch noch dann, wenn die Projektion der Kurve Γ ein Lipschitzgebiet (siehe § 222) berandet; siehe E. Gagliardo [1].

§ 296. Wir schreiten jetzt zur Lösung unseres Variationsproblems. Nach den vorangehenden Bemerkungen setzen wir um weiterzukommen vorläufig ausdrücklich voraus, daß zumindest ein zulässiger Vektor existiere.

Aus der Bedeutung von d ergibt sich die Existenz einer Minimalfolge, d. h. einer Folge $\{\mathfrak{x}_n\}$ von zulässigen Vektoren mit der Eigenschaft, daß $\lim_{n\to\infty} D[\mathfrak{x}_n] = d$ ist. Im allgemeinen kann man nun aber *nicht* schließen, daß die Vektoren $\mathfrak{x}_n$ gegen einen Grenzvektor konvergieren. Es ist jedoch unsere Absicht zu zeigen, wie man diese Konvergenz durch Auswahl einer geeigneten Teilfolge und durch eine gewisse Modifikation der Vektoren dieser Teilfolge erzwingen kann.

Zunächst ersetzen wir dazu jeden Vektor $\mathfrak{x}_n(u, v)$ durch einen mit Hilfe des Poissonschen Integrales dargestellten zulässigen harmonischen Vektor mit denselben Randwerten. Auf Grund des Dirichletschen Prinzips aus § 228 bildet die neue Vektorfolge, welche wir der Kürze halber wieder mit $\{\mathfrak{x}_n\}$ bezeichnen wollen, wiederum eine Minimalfolge.

§ 297. *Die Randwerte* $\mathfrak{x}(\vartheta) \equiv \mathfrak{x}(\cos\vartheta, \sin\vartheta)$ *aller die Ungleichung* $D_P[\mathfrak{x}] \leqq M < \infty$ *befriedigenden zulässigen Vektoren sind gleichgradig stetig.*

Beweis: Die Zahl $\varepsilon > 0$ sei beliebig vorgegeben. Wir wählen eine Zahl δ_0 im Intervalle $0 < \delta_0 < 1$ so, daß $\eta\left(2\sqrt{\pi M/\log(1/\delta_0)}\right) < \varepsilon$ und $\eta\left(2\sqrt{\pi M/\log(1/\delta_0)}\right) < d_0$ gilt, wo η die in § 23 definierte Funktion ist und $d_0 = \min(|\mathfrak{y}_1 - \mathfrak{y}_2|, |\mathfrak{y}_2 - \mathfrak{y}_3|, |\mathfrak{y}_3 - \mathfrak{y}_1|)$ bedeutet. Es seien nun w' und w'' zwei beliebige Punkte auf ∂P, deren Abstand den Wert δ_0 nicht übersteigt, und w_0 derjenige Punkt auf ∂P, für welchen $|w' - w_0| = |w'' - w_0| = \delta < \delta_0$ gilt. Für einen beliebigen Vektor $\mathfrak{x}(w)$ mit den oben angegebenen Eigenschaften bezeichnen wir mit w_1 und w_2 die Punkte, welche der Kreis $|w - w_0| = \delta^*$ mit ∂P gemein hat. δ^* ist dabei die in § 233 auftretende Zahl. Der den Punkt w_0 enthaltende von w_1 und w_2 berandete Teilbogen von ∂P kann höchstens einen der Randpunkte $w = 1, e^{2\pi i/3}, e^{4\pi i/3}$ enthalten. Sein Bild ist daher der kürzere der von $\mathfrak{x}(w_1)$ und $\mathfrak{x}(w_2)$ auf Γ bestimmten Teilbögen. Aus §§ 23, 233 folgt daher

$$|\mathfrak{x}(w'') - \mathfrak{x}(w')| \leqq \eta(|\mathfrak{x}(w_2) - \mathfrak{x}(w_1)|) \leqq \eta\left(2\sqrt{\pi M/\log(1/\delta)}\right) < \varepsilon.$$

Diese Ungleichung drückt die zu beweisende gleichgradige Stetigkeit aus.

§ 298. Die Vektoren der Minimalfolge $\{\mathfrak{x}_n\}$ besitzen gleichmäßig beschränkte Dirichletintegrale. Ihre Randwerte sind nach dem eben Bewiesenen gleichgradig stetig. Wir können daher eine Teilfolge $\{\mathfrak{x}_{n_k}\}$ auswählen, deren Werte auf ∂P gleichmäßig konvergieren. Auf Grund des Maximumprinzipes für harmonische Funktionen ist die Konvergenz der $\mathfrak{x}_{n_k}(u, v)$ aber sogar in $\bar{P}$ gleichmäßig. Der in $\bar{P}$ stetige und zufolge des ersten Harnackschen Satzes in P harmonische Grenzvektor $\mathfrak{x}(u, v)$ bildet den Kreis ∂P monoton auf Γ ab und ist daher nach § 213 selbst zulässig. Es gilt dabei $D_P[\mathfrak{x}] \leqq \lim\limits_{k\to\infty} D_P[\mathfrak{x}_{n_k}] = d$. Aus der Bedeutung von d folgt $D_P[\mathfrak{x}] = d$. Der Vektor $\mathfrak{x}(u, v)$ ist also eine Lösung unseres Variationsproblems.

§ 299. Wir müssen nun beweisen, daß die durch den Vektor $\mathfrak{x}(u, v)$ dargestellte Fläche $S = \{\mathfrak{x} = \mathfrak{x}(u, v);\ (u, v) \in \bar{P}\}$ tatsächlich eine verallgemeinerte Minimalfläche ist. Gemäß §§ 61, 67, 283 genügt es zu zeigen, daß die Funktion $\Phi(w) = (\mathfrak{x}_u - i\,\mathfrak{x}_v)^2 = (E - G) - 2i\,F$, welche auf Grund der Harmonizität von $\mathfrak{x}(u, v)$ eine analytische Funktion der komplexen Veränderlichen $w = u + i\,v$ ist, in P identisch verschwindet. Zum Nachweis dieser Tatsache ziehen wir die sog. Methode der Variation der unabhängigen Veränderlichen heran.

Wir betrachten eine Parametertransformation

$$(123)\quad \begin{aligned} \alpha &= \alpha(u, v) = u\cos[\varepsilon\,\varphi(u, v)] - v\sin[\varepsilon\,\varphi(u, v)] = \varrho\cos(\vartheta + \varepsilon\,\varphi) \\ \beta &= \beta(u, v) = u\sin[\varepsilon\,\varphi(u, v)] + v\cos[\varepsilon\,\varphi(u, v)] = \varrho\sin(\vartheta + \varepsilon\,\varphi) \end{aligned}$$

mit einer in $\bar{P}$ zweimal stetig differenzierbaren Funktion $\varphi(u, v)$. Für $|\varepsilon| < 1/m$, wo $m = \max\limits_{(u,v)\in\bar{P}} \sqrt{\varphi_u^2 + \varphi_v^2}$, definieren die Funktionen (123) eine umkehrbar eindeutige Abbildung des Kreises $u^2 + v^2 \leqq 1$ auf den Kreis $\alpha^2 + \beta^2 \leqq 1$, bei welcher konzentrische Kreise ineinander übergehen. Wir nennen die Umkehrfunktionen $u = u(\alpha, \beta)$, $v = v(\alpha, \beta)$ und setzen $\hat{\mathfrak{x}}(\alpha, \beta) = \mathfrak{x}(u(\alpha, \beta), v(\alpha, \beta))$. Durch eine elementare konforme Transformation $\alpha = \alpha(\xi, \eta)$, $\beta = \beta(\xi, \eta)$ des Kreises $\alpha^2 + \beta^2 \leqq 1$ auf den Kreis $\xi^2 + \eta^2 \leqq 1$ können wir es erreichen, daß die in § 292 gewählten Punkte w_1, w_2, w_3 bei der zusammengesetzten Abbildung $(u, v) \to (\xi, \eta)$ fest bleiben. Wir setzen noch $\mathfrak{x}^{(\varepsilon)}(\xi, \eta) = \hat{\mathfrak{x}}(\alpha(\xi, \eta), \beta(\xi, \eta))$. Der Vektor $\mathfrak{x}^{(\varepsilon)}(u, v)$, in dem wir jetzt ξ, η wieder durch u, v ersetzt haben, ist zulässig. Wegen der Invarianz des Dirichletschen Integrales unter konformer Abbildung gilt

$$D_P[\mathfrak{x}^{(\varepsilon)}] = \frac{1}{2} \iint\limits_{\xi^2+\eta^2<1} (\mathfrak{x}_\xi^{(\varepsilon)2} + \mathfrak{x}_\eta^{(\varepsilon)2})\, d\xi\, d\eta = \frac{1}{2} \iint\limits_{\alpha^2+\beta^2<1} (\hat{\mathfrak{x}}_\alpha^2 + \hat{\mathfrak{x}}_\beta^2)\, d\alpha\, d\beta =$$

$$= \frac{1}{2} \iint\limits_{u^2+v^2<1} \{E(\alpha_v^2 + \beta_v^2) - 2F(\alpha_u \alpha_v + \beta_u \beta_v) + G(\alpha_u^2 + \beta_u^2)\} \times$$

$$\times \frac{\partial(u, v)}{\partial(\alpha, \beta)}\, du\, dv.$$

Dabei ist $E = E(u, v) = \mathfrak{x}_u^2(u, v)$ usw. Eine direkte Rechnung unter Benutzung der Formeln (123), welche dem Leser als Aufgabe gestellt sei, zeigt nun, daß $D_P[\mathfrak{x}^{(\varepsilon)}]$ eine Entwicklung

$$D_P[\mathfrak{x}^{(\varepsilon)}] = D_P[\mathfrak{x}] + \varepsilon V_1[\mathfrak{x}; \varphi] + \frac{\varepsilon^2}{2} V_2[\mathfrak{x}; \varphi] + \frac{\varepsilon^3}{6} R_3$$

besitzt. Die Ausdrücke V_1 und V_2 sind dabei die ersten und zweiten Variationen:

$$V_1[\mathfrak{x}; \varphi] = \tfrac{1}{2} \iint\limits_P \{(E - G)(v\,\varphi_u + u\,\varphi_v) - 2F(u\,\varphi_u - v\,\varphi_v)\}\, du\, dv,$$

$$V_2[\mathfrak{x}; \varphi] = \iint\limits_P (E\,v^2 - 2F\,u\,v + G\,u^2)(\varphi_v^2 + \varphi_u^2)\, du\, dv.$$

Es gilt $0 \leqq V_2[\mathfrak{x}; \varphi] \leqq 2m^2 D_P[\mathfrak{x}]$. Der absolute Betrag von R_3 läßt sich durch $C(m)\, D_P[\mathfrak{x}]$ abschätzen, wo die Konstante $C(m)$ für genügend kleine ε nur von m und insbesondere nicht vom Vektor $\mathfrak{x}$ abhängt. Für $|\varepsilon| \leqq 1/2m$ z. B. finden wir $|R_3| \leqq 96 m^3 D_P[\mathfrak{x}]$. Für $|\varepsilon| \leqq 1/2m$ gilt also

$$D_P[\mathfrak{x}^{(\varepsilon)}] = D_P[\mathfrak{x}] + \varepsilon V_1[\mathfrak{x}; \varphi] + \frac{\varepsilon^2}{2} R_2, \qquad |R_2| \leqq 18 m^2\, D_P[\mathfrak{x}].$$

Da $D_P[\mathfrak{x}] = d$ ist und natürlich $D[\mathfrak{x}^{(\varepsilon)}] \geqq d$ gelten muß, schließt man auf das Verschwinden der ersten Variation $V_1[\mathfrak{x}; \varphi]$ für jede Funktion $\varphi(u, v) \in C^2(\bar{P})$. Aus der Analytizität von $\Phi(w)$ folgt die Beziehung $\frac{\partial}{\partial u}[v(E - G) - 2u\,F] + \frac{\partial}{\partial v}[u(E - G) + 2v\,F] = 0$. Partielle Integration ergibt daher

$$\begin{aligned} 0 &= 2V_1[\mathfrak{x};\varphi] \\ &= \lim_{\varrho\to 1} \iint\limits_{u^2+v^2\leqq\varrho^2} \left([v(E-G)-2uF]\,\varphi_u + [u(E-G)+2vF]\,\varphi_v\right) du\,dv \\ &= \lim_{\varrho\to 1} \int\limits_{u^2+v^2=\varrho^2} \varphi(u,v)\left(-[u(E-G)+2vF]\,du + [v(E-G)-2uF]\right) dv \\ &= \lim_{\varrho\to 1} \int\limits_{u^2+v^2=\varrho^2} \varphi(u,v)\,\mathrm{Im}[w^2\,\Phi(w)]\,d\vartheta. \end{aligned}$$

Wenn wir $\Phi(w) = \sum_{k=0}^{\infty} (a_k + i\,b_k)\,w^k$ setzen, wo a_k, b_k reelle Zahlen sind, ergibt sich

$$\lim_{\varrho\to 1} \int_0^{2\pi} \varphi(\varrho\cos\vartheta, \varrho\sin\vartheta) \left\{\sum_{k=0}^{\infty} \varrho^{k+2}[b_k\cos(k+2)\,\vartheta + a_k\sin(k+2)\,\vartheta]\right\} d\vartheta = 0.$$

Indem wir nun in diese Beziehung der Reihe nach $\varphi = \varrho^l\cos(l\,\vartheta)$ und $\varphi = \varrho^l\sin(l\,\vartheta)$ $(l = 2, 3, \ldots)$ einsetzen, finden wir $a_k = b_k = 0$ für $k = 0, 1, 2, \ldots$ Das war zu beweisen.

Bei Flächen höheren topologischen Typs ist der Nachweis der Tatsache, daß die Lösungen des Variationsproblems verallgemeinerte Minimalflächen darstellen, komplizierter. Man sehe dazu § 562 und bei allgemeineren Fällen M. Morse [2] und R. Courant [I], pp. 105–115, 165–166.

§ 300. *Der Vektor $\mathfrak{x}(u, v)$ bildet den Kreis ∂P nicht nur monoton, sondern sogar topologisch auf Γ ab.*

Beweis: Da die Randwerte eines jeden Vektors $\mathfrak{x}_{n_k}(u, v)$ eine monotone Abbildung von ∂P auf Γ definieren, gilt dasselbe von den Randwerten des Vektors $\mathfrak{x}(u, v)$. Angenommen nun, ein offener Bogen γ von ∂P ginge in einen einzigen Punkt $\mathfrak{x}_0$ von Γ über. Nach dem Spiegelungsprinzip für harmonische Funktionen wäre dann der Vektor $\mathfrak{x}(u, v)$ auch auf γ analytisch, und die Beziehungen $E = G$, $F = 0$ gölten auch auf γ. Aus $\mathfrak{x}(u, v) = \mathfrak{x}_0$ auf γ folgte dann $\mathfrak{x}_\vartheta = -\sin\vartheta\,\mathfrak{x}_u + \cos\vartheta\,\mathfrak{x}_v = \mathfrak{o}$, d. h. $\mathfrak{x}_\vartheta^2 = E = 0$. Daher hätten wir auf γ die Beziehungen $\mathfrak{x}_u = \mathfrak{x}_v = \mathfrak{o}$. Der komplexwertige Vektor $\mathfrak{x}_u - i\,\mathfrak{x}_v$, dessen Komponenten analytische Funktionen von $w = u + i\,v$ sind, müßte also auf γ und somit in ganz P identisch verschwinden, d. h. es wäre $\mathfrak{x}(u, v) = \mathfrak{x}_0$ in $\bar{P}$. Das widerspräche aber der Tatsache, daß der Vektor $\mathfrak{x}(u, v)$ die drei Punkte w_1, w_2, w_3 in drei verschiedene Punkte $\mathfrak{y}_1, \mathfrak{y}_2, \mathfrak{y}_3$ von Γ überführt. W. z. b. w.

§ 301. Eine Schlußweise, welche der in den vorangehenden Paragraphen benutzten verwandt ist, führt zu einem etwas allgemeineren Resultat, das in gewissem Sinne die Unterhalbstetigkeit der unteren

Grenze d ausdrückt:

Es sei $S_n = \{\mathfrak{x} = \mathfrak{x}_n(u, v);\ (u, v) \in \bar{P}\}$ $(n = 1, 2, \ldots)$ *eine Folge von* $\mathfrak{M}$*-Flächen, deren (nicht notwendigerweise einfach geschlossene) Randkurven* Γ_n *gegen* Γ *konvergieren. Dann gilt* $d \leqq \liminf\limits_{n\to\infty} D_P[\mathfrak{x}_n]$.

Beweis: Da die Randkurven Γ_n gegen Γ konvergieren, können wir auf jeder Kurve Γ_n drei verschiedene Punkte $\mathfrak{y}_1^{(n)}$, $\mathfrak{y}_2^{(n)}$, $\mathfrak{y}_3^{(n)}$ auswählen, die mit $n \to \infty$ gegen die Punkte $\mathfrak{y}_1, \mathfrak{y}_2, \mathfrak{y}_3$ konvergieren. Durch eine elementare konforme Abbildung des Einheitskreises auf sich selbst, welche nach § 220 den Wert des Dirichletschen Integrales ungeändert läßt, und bei welcher die Folge $\{\mathfrak{x}_n(u, v)\}$ in eine neue der Bequemlichkeit halber wieder mit $\{\mathfrak{x}_n(u, v)\}$ bezeichnete Folge von $\mathfrak{M}(\bar{P})$-Vektoren übergeht, läßt es sich einrichten, daß jeder Vektor $\mathfrak{x}_n$ die Punkte w_1, w_2, w_3 von ∂P auf die Punkte $\mathfrak{y}_1^{(n)}, \mathfrak{y}_2^{(n)}, \mathfrak{y}_3^{(n)}$ abbildet. Wir wählen eine Teilfolge $\{\mathfrak{x}_{n_k}\}$, so daß $\lim\limits_{k\to\infty} D_P[\mathfrak{x}_{n_k}] = \liminf\limits_{n\to\infty} D_P[\mathfrak{x}_n]$. Da die Dirichletschen Integrale $D_P[\mathfrak{x}_{n_k}]$ beschränkt sind, können wir nach § 235 eine Teilfolge $\{\mathfrak{y}_n\}$ der $\mathfrak{x}_{n_k}$ auswählen, deren Randwerte auf ∂P gleichmäßig konvergieren, wobei der Grenzvektor eine monotone Darstellung von Γ vermittelt. Wir ersetzen jeden Vektor $\mathfrak{y}_n(u, v)$ durch den in P harmonischen und in $\bar{P}$ stetigen Vektor $\mathfrak{z}_n(u, v)$, dessen Werte auf ∂P mit denen von $\mathfrak{y}_n(u, v)$ übereinstimmen. Wie in § 298 schließen wir nun, daß die Vektoren $\mathfrak{z}_n$ gleichmäßig in $\bar{P}$ gegen einen zulässigen Vektor $\mathfrak{z}(u, v)$ konvergieren, wobei $D_P[\mathfrak{z}] \leqq \liminf\limits_{n\to\infty} D_P[\mathfrak{z}_n] \leqq \liminf\limits_{n\to\infty} D_P[\mathfrak{y}_n] =$ $= \lim\limits_{k\to\infty} D_P[\mathfrak{x}_{n_k}] = \liminf\limits_{n\to\infty} D_P[\mathfrak{x}_n]$. Wegen der Bedeutung von d muß aber $D_P[\mathfrak{z}] \geqq d$ gelten. Daraus folgt die Behauptung.

§ 302. *Die durch den Lösungsvektor* $\mathfrak{x}(u, v)$ *unseres Variationsproblems definierte verallgemeinerte Minimalfläche* S *hat unter allen von* Γ *berandeten Flächen vom Typ der Kreisscheibe den kleinsten Inhalt. Sie ist also gleichzeitig eine Lösung des Problems, eine von der gegebenen Jordankurve* Γ *berandete Fläche vom Typ der Kreisscheibe kleinsten Inhaltes zu bestimmen.* (Wir erinnern an die Voraussetzung, die Kurve Γ solle mindestens eine Fläche endlichen Inhaltes beranden.)

Beweis: Es sei S' eine solche Fläche kleineren Inhaltes: $I(S') <$ $< I(S) = D_P[\mathfrak{x}]$. Nach § 39 gibt es eine Folge von gegen S' konvergierenden Polyedern Σ_n mit Jordanbereichen als Parametermengen, so daß $I(S') = \lim\limits_{n\to\infty} I(\Sigma_n)$ gilt. Gemäß § 34 besitzt jedes dieser Polyeder eine Darstellung $\Sigma_n = \{\mathfrak{x} = \mathfrak{x}_n(u, v);\ (u, v) \in \bar{P}\}$ mit den dort beschriebenen Eigenschaften. Jedes Σ_n ist also eine $\mathfrak{M}$-Fläche, wobei insbes.

$I(\Sigma_n) = D_P[\mathfrak{x}_n]$ gilt. Gemäß §301 finden wir nun $d \leqq \liminf_{n\to\infty} D_P[\mathfrak{x}_n]$ $= \lim_{n\to\infty} I(\Sigma_n) = I(S') < I(S) = D_P[\mathfrak{x}]$. Wegen $D_P[\mathfrak{x}] = d$ ist das ein Widerspruch. Das war zu beweisen.

§ 303. Die Lösung des Plateauschen Problems für eine allgemeine Jordankurve, welche, wie wir wissen, keine einzige Fläche endlichen Inhaltes zu beranden braucht, ist auf Grund des folgenden Approximationssatzes möglich, den man J. Douglas verdankt ([3], pp. 302–306; siehe auch E. F. Beckenbach [4]):

Wenn die Folge von Jordankurven Γ_n gegen die Jordankurve Γ konvergiert, und wenn das Plateausche Problem für jede Kurve Γ_n lösbar ist, so ist es auch für die Kurve Γ lösbar.

Da jede Jordankurve nach § 27 Grenzkurve rektifizierbarer Jordankurven ist, ist es also in der Tat ausreichend, das Plateausche Problem für solche Kurven zu lösen.

Beweis: Es sei $\{\mathfrak{x} = \mathfrak{y}(\tau);\, 0 \leqq \tau \leqq 2\pi\}$ eine topologische Darstellung von Γ. Wir wählen, wie schon so oft, drei verschiedene Punkte $w_k = e^{i\vartheta_k}$ $(k = 1, 2, 3)$ auf $|w| = 1$ und setzen $\mathfrak{y}(\vartheta_k) = \mathfrak{y}_k$. Da die Kurven Γ_n gegen Γ konvergieren, können wir auf jeder Kurve Γ_n drei verschiedene Punkte $\mathfrak{y}_1^{(n)}, \mathfrak{y}_2^{(n)}, \mathfrak{y}_3^{(n)}$ bestimmen, die mit $n \to \infty$ gegen die Punkte $\mathfrak{y}_1, \mathfrak{y}_2, \mathfrak{y}_3$ konvergieren. Es sei $S_n = \{\mathfrak{x} = \mathfrak{x}_n(u, v);\; (u, v) \in \bar{P}\}$ eine Lösung des Plateauschen Problems für die Kurve Γ_n, deren Ortsvektor $\mathfrak{x}_n$ die Punkte w_k in die Punkte $\mathfrak{y}_k^{(n)}$ überführt. Wir haben jetzt wieder die in § 21 beschriebene Situation. Es gibt also eine Teilfolge der S_n, welche wir der Kürze halber wieder mit $\{S_n\}$ bezeichnen, und eine der Bedingung $0 \leqq \tau(0) = \tau(2\pi) - 2\pi < 2\pi$ genügende monotone Funktion $\tau(\vartheta)$, so daß $\lim_{n\to\infty} \mathfrak{x}_n(\vartheta) = \mathfrak{y}(\tau(\vartheta))$ ist für alle ϑ in $0 \leqq \vartheta \leqq 2\pi$. Dabei ist wieder $\mathfrak{x}_n(\cos\vartheta, \sin\vartheta) = \mathfrak{x}_n(\vartheta)$ gesetzt. Es sei $\mathfrak{x}(u, v)$ der durch das Poissonsche Integral $\mathfrak{x}(u, v) = \int_0^{2\pi} K(\varrho, \varphi - \vartheta) \times$ $\times\, \mathfrak{y}(\tau(\varphi))\, d\varphi$ dargestellte in P harmonische Vektor. Wir benutzen hier Polarkoordinaten. $K(\varrho, \alpha) = \dfrac{1}{2\pi}\, \dfrac{1 - \varrho^2}{1 - 2\varrho\cos\alpha + \varrho^2}$ ist der Poissonsche Kern. Man beachte, daß die Komponenten von $\mathfrak{y}(\tau(\vartheta))$ gewiß beschränkte summierbare Funktionen sind, und daß bis auf abzählbar viele Werte ϑ die Beziehung $\mathfrak{x}(\vartheta) = \lim_{\varrho\to 1} \mathfrak{x}(\varrho\cos\vartheta, \varrho\sin\vartheta) = \mathfrak{y}(\tau(\vartheta))$ gilt. Wir werden zeigen, daß die Fläche mit dem Ortsvektor $\mathfrak{x}(u, v)$ eine Lösung des Plateauschen Problems für die Kurve Γ ist. Der Beweis dieser Tatsache besteht aus zwei Teilen.

1. Wenn das Symbol ∂ irgendeine partielle Ableitung bedeutet, so ergibt sich auf Grund des Lebesgueschen Konvergenzsatzes für alle Punkte (u, v) von P die Beziehung

$$\begin{aligned}\lim_{n\to\infty} \partial \mathfrak{x}_n(u, v) &= \lim_{n\to\infty} \int_0^{2\pi} \partial K(\varrho, \varphi - \vartheta)\, \mathfrak{x}_n(\varphi)\, d\varphi \\ &= \int_0^{2\pi} \partial K(\varrho, \varphi - \vartheta) \left[\lim_{n\to\infty} \mathfrak{x}_n(\varphi)\right] d\varphi \\ &= \int_0^{2\pi} \partial K(\varrho, \varphi - \vartheta)\, \mathfrak{y}(\tau(\varphi))\, d\varphi = \partial \mathfrak{x}(u, v).\end{aligned}$$

Aus den in P gültigen Beziehungen $E_n = G_n$, $F_n = 0$ folgt daher $E = G$, $F = 0$, so daß die Fläche S mit dem Ortsvektor $\mathfrak{x}(u, v)$ eine verallgemeinerte Minimalfläche ist.

2. Wir müssen nun das Verhalten des Vektors $\mathfrak{x}(u, v)$ auf ∂P untersuchen. Angenommen, die Funktion $\tau(\vartheta)$ sei in einem Punkte ϑ_0 unstetig. O. B. d. A. können wir $\vartheta_0 = 0$ annehmen. Nach § 21 ist dann $\mathfrak{y}(\tau(+0)) \neq \mathfrak{y}(\tau(-0))$. Wir nehmen nun eine Spiegelung an dem zum Einheitskreis orthogonalen Kreise um einen außerhalb $\bar{P}$ auf der positiven u-Achse gelegenen Punkt p vor; siehe Abb. 34. Diese Transformation $r \to r''$ bewirkt eine konforme Abbildung $\omega = f(w)$ des Ein-

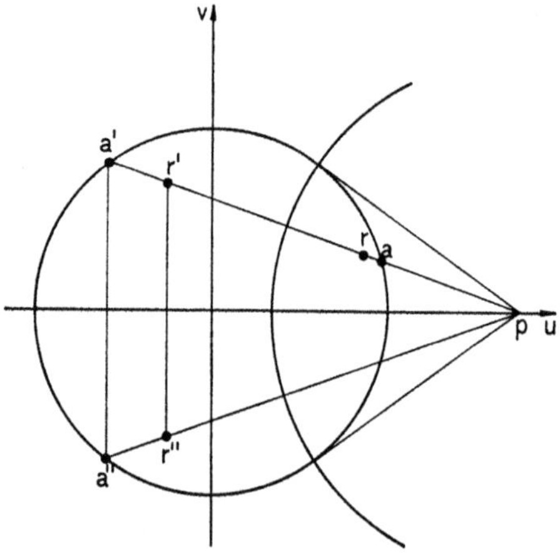

Abb. 34

heitskreises auf sich selbst. Der Vektor $\mathfrak{x}(w)$ — Abkürzung für $\mathfrak{x}(u, v)$ — geht dabei in einen Vektor $\hat{\mathfrak{x}}(\omega) = \mathfrak{x}(f^{-1}(\omega))$ über. Der Vektor $\hat{\mathfrak{x}}(w)$ ist in P harmonisch, und es gilt dort $\hat{E} = \hat{G}$, $\hat{F} = 0$. Auf Grund der Transformationseigenschaft des Poissonschen Integrales hat man auch

$$\hat{\mathfrak{x}}(u,v) = \int_0^{2\pi} K(\varrho, \varphi - \vartheta)\, \hat{\mathfrak{x}}(\varphi)\, d\varphi, \quad \text{wo } \hat{\mathfrak{x}}(\varphi) = \mathfrak{x}(f^{-1}(e^{i\varphi}))\,.$$

Nunmehr lassen wir den Punkt p eine Folge von Punkten p_n durchlaufen, deren Abstand vom Punkte $w = 1$ den Wert $1/n$ hat. Für jeden Mittelpunkt p_n erhalten wir einen Vektor $\hat{\mathfrak{x}}_n$. Es ist leicht zu sehen, daß der Grenzwert $\hat{\mathfrak{x}}_0(\vartheta) = \lim\limits_{n\to\infty} \hat{\mathfrak{x}}_n(\vartheta)$ für alle ϑ in $0 < \vartheta < \pi$ mit möglicher Ausnahme abzählbar vieler Werte gleich $\mathfrak{y}(\tau(-0))$ und für alle ϑ in $\pi < \vartheta < 2\pi$ mit möglicher Ausnahme abzählbar vieler Werte gleich $\mathfrak{y}(\tau(+0))$ wird. Da die Komponenten der Vektoren $\hat{\mathfrak{x}}_n(\vartheta)$ summierbare Funktionen sind, und da die Folge $\{\hat{\mathfrak{x}}_n(\vartheta)\}$ gleichmäßig beschränkt ist, finden wir wie früher, daß die harmonischen Vektoren $\hat{\mathfrak{x}}_n(u,v)$ und ihre Ableitungen in jedem Punkte von P gegen den harmonischen Vektor $\hat{\mathfrak{x}}_0(u,v) = \int_0^{2\pi} K(\varrho, \varphi - \vartheta)\, \hat{\mathfrak{x}}_0(\varphi)\, d\varphi$ und seine entsprechenden Ableitungen konvergieren. Auf Grund der einfachen Form von $\hat{\mathfrak{x}}_0(\vartheta)$ kann das Integral mit Hilfe der Beziehungen

$$\tfrac{1}{2} + \sum_{n=1}^{\infty} \varrho^n \cos n\alpha = \pi K(\varrho, \alpha)$$

$$2\sum_{n=0}^{\infty} \varrho^{2n+1} \frac{\sin(2n+1)\vartheta}{2n+1} = \operatorname{Im}\log\frac{1+w}{1-w}$$

ausgewertet werden. Es ergibt sich

$$\hat{\mathfrak{x}}_0(u,v) = \frac{1}{2}[\mathfrak{y}(\tau(-0)) + \mathfrak{y}(\tau(+0))] + \\ + \frac{1}{\pi}[\mathfrak{y}(\tau(-0)) - \mathfrak{y}(\tau(+0))]\operatorname{Im}\log\frac{1+w}{1-w}, \quad w = u + iv.$$

Eine direkte Rechnung zeigt dann, daß

$$0 = \Phi_0(w) = \hat{E}_0 - \hat{G}_0 - 2i\hat{F}_0 = \frac{-4}{\pi^2(1-w^2)^2}[\mathfrak{y}(\tau(-0)) - \mathfrak{y}(\tau(+0))]^2$$

ist. Aus dieser Beziehung folgt $\mathfrak{y}(\tau(-0)) = \mathfrak{y}(\tau(+0))$ im Widerspruch zu unserer Annahme.

Die Funktion $\tau(\vartheta)$ muß also stetig sein. Die Konvergenz der $\mathfrak{x}_n(u,v)$ gegen $\mathfrak{x}(u,v)$ ist dann gemäß § 21 auf ∂P und (wegen der Harmonizität der $\mathfrak{x}_n$) folglich in ganz $\bar{P}$ gleichmäßig, so daß der Vektor $\mathfrak{x}(u,v)$ in $\bar{P}$ stetig ist und ∂P monoton auf Γ abbildet. Daß $\mathfrak{x}(u,v)$ sogar eine topologische Abbildung zwischen ∂P und Γ vermittelt, folgt wie in § 300.

§ 304. Damit ist es uns gelungen, eine Lösung des Plateauschen Problems für allgemeine Jordankurven zu gewinnen. Der Ortsvektor $\mathfrak{x}(u,v)$ der gefundenen verallgemeinerten Minimalfläche $S = \{\mathfrak{x} = \mathfrak{x}(u,v);\ (u,v) \in \bar{P}\}$ (P der Einheitskreis) hat dabei, teilweise über die ursprünglichen Forderungen hinausgehend, die folgenden Eigenschaften:

1. $\mathfrak{x}(u,v)$ ist harmonisch in P und stetig in $\bar{P}$.
2. In P sind die Gleichungen $E(u,v) = G(u,v)$, $F(u,v) = 0$ erfüllt. $E(u,v)$ kann höchstens in isolierten Punkten verschwinden.
3. $\mathfrak{x}(u,v)$ bildet den Rand ∂P topologisch auf die Jordankurve Γ ab.

Die drei Komponenten des Vektors $\mathfrak{x}(u,v)$, welche den Differentialgleichungen $\Delta x = \Delta y = \Delta z = 0$ und den Bedingungen $x_u^2 + y_u^2 + z_u^2 = x_v^2 + y_v^2 + z_v^2$, $x_u x_v + y_u y_v + z_u z_v = 0$ genügen, werden gelegentlich auch als ein Tripel konjugiert harmonischer Funktionen bezeichnet. Die Theorie solcher Tripel, die in der Literatur ausgiebig untersucht worden ist, erinnert in vielen Punkten an die Theorie der Paare konjugiert harmonischer Funktionen. Letztere ist natürlich nichts anderes als die Theorie der Funktionen einer komplexen Veränderlichen.

§ 305. Die rektifizierbaren Jordankurven Γ_n $(n = 1, 2, \ldots)$ gleichmäßig beschränkter Länge mögen gegen die rektifizierbare Jordankurve Γ konvergieren, und $d_n = d(\Gamma_n)$ habe dieselbe Bedeutung für Γ_n wie $d = d(\Gamma)$ für Γ. Aus § 301 folgt dann, daß $d \leqq \liminf_{n\to\infty} d_n$ sein muß. *In Wirklichkeit gilt aber mehr, nämlich* $d = \liminf_{n\to\infty} d_n$. Mit anderen Worten: Wenn S_n $(n = 1, 2, \ldots)$ und S die in den vorangehenden Paragraphen bestimmten von Γ_n bzw. Γ berandeten verallgemeinerten Minimalflächen kleinsten Flächeninhaltes sind, so gilt $I(S) = \liminf_{n\to\infty} I(S_n)$, d. h., es gibt eine Teilfolge $\{S_{n_i}\}$ der S_n, deren Flächeninhalte $I(S_{n_i})$ gegen $I(S)$ konvergieren.

Beweis: $S_n = \{\mathfrak{x} = \mathfrak{x}_n(u,v);\ (u,v) \in \bar{P}\}$ $(n = 1, 2, \ldots)$ und $S = \{\mathfrak{x} = \mathfrak{x}(u,v);\ (u,v) \in \bar{P}\}$ seien Darstellungen der fraglichen Flächen. Einfachheitshalber führen wir Polarkoordinaten (ϱ, ϑ) ein und schreiben auch $\mathfrak{x} = \mathfrak{x}(\varrho, \vartheta)$ usw. Nach einem in § 321 zu beweisenden Satze sind die Komponenten der Randwerte $\mathfrak{x}_n(1, \vartheta)$ $(n = 1, 2, \ldots)$ und $\mathfrak{x}(1, \vartheta)$ absolut stetige Funktionen der Veränderlichen ϑ. Angenommen, es sei $d < \liminf_{n\to\infty} d_n$. Es gibt dann eine Zahl $\varepsilon > 0$ und eine natürliche Zahl n_1, so daß $d_n \geqq d + \varepsilon$ ist für $n \geqq n_1$. Da die Kurven Γ_n gegen Γ konvergieren, gibt es zu jeder Zahl $\delta > 0$ eine natürliche Zahl $n_2 = n_2(\delta)$ mit der Eigenschaft, daß für jedes $n \geqq n_2$ ein Homöomorphismus $\tau = \tau_n(\vartheta)$ derart existiert, daß $|\mathfrak{x}_n(1, \tau_n(\vartheta)) - \mathfrak{x}(1, \vartheta)| < \delta$ ist für $0 \leqq \vartheta \leqq 2\pi$. Da jede Funktion $\tau_n(\vartheta)$ streng monoton zunimmt (oder abnimmt), sind die Komponenten des Vektors $\mathfrak{x}_n(1, \tau_n(\vartheta)) = \mathfrak{y}_n(\vartheta)$ einem bekannten Satze zufolge wiederum absolut stetig. Für festes $\delta > 0$ gibt es weiterhin auch eine Zahl $\bar{\varrho} = \bar{\varrho}(\delta)$, $0 < \bar{\varrho} < 1$, so daß $|\mathfrak{x}(\varrho, \vartheta) - \mathfrak{x}(1, \vartheta)| \leqq \delta$ für $0 \leqq \vartheta \leqq 2\pi$ und $\bar{\varrho} \leqq \varrho \leqq 1$.

Für $n \geqq n_3(\vartheta) = \max(n_1, n_2(\delta))$ betrachten wir nun die Flächen $S_n' = \{\mathfrak{x} = \mathfrak{z}^{(n)}(u, v);\ (u, v) \in \bar{P}\}$, deren Ortsvektoren durch die Festsetzung

$$\mathfrak{z}^{(n)} = \begin{cases} \mathfrak{x}(\varrho, \vartheta) & \text{in } \bar{P}_n = \{u, v;\ u^2 + v^2 \leqq \varrho_n^2\} \\ \dfrac{1-\varrho}{1-\varrho_n}\,\mathfrak{x}(\varrho_n, \vartheta) + \dfrac{\varrho - \varrho_n}{1-\varrho_n}\,\mathfrak{y}_n(\vartheta) & \text{in } \bar{P} \setminus \bar{P}_n \end{cases}$$

gegeben sind. Jede Fläche S_n' ist von der entsprechenden Kurve Γ_n berandet. Sie entsteht, grob gesprochen, indem wir einen Randstreifen der Fläche S durch einen außen von der Kurve Γ_n berandeten Streifen ersetzen. Die Komponenten der Vektoren $\mathfrak{z}^{(n)}(\varrho, \vartheta)$, als Funktionen von ϱ und ϑ betrachtet, gehören zum Raume $\mathfrak{M}^{\infty,1}(\bar{P})$; siehe § 197. Nach § 225 gilt

$$I(S_n') = I(S[\bar{P}_n]) + \iint\limits_{\varrho_n < \varrho < 1} |\mathfrak{z}_\varrho^{(n)} \times \mathfrak{z}_\vartheta^{(n)}|\, d\varrho\, d\vartheta .$$

In $\varrho_n < \varrho < 1$ haben wir $\mathfrak{z}_\varrho^{(n)}(\varrho, \vartheta) = \dfrac{1}{1-\varrho_n}[\mathfrak{y}_n(\vartheta) - \mathfrak{x}(\varrho_n, \vartheta)]$ und für hinreichend große n folglich $|\mathfrak{z}_\varrho^{(n)}(\varrho, \vartheta)| \leqq 2\delta/(1-\varrho_n)$.

In allen Punkten, in denen die Ableitung $\mathfrak{y}'(\vartheta)$ existiert, finden wir für hinreichend große n (so daß $\bar{\varrho} \leqq \varrho_n < 1$ ist) somit

$$|\mathfrak{z}_\varrho^{(n)} \times \mathfrak{z}_\vartheta^{(n)}| \leqq \frac{2\delta}{(1-\varrho_n)^2}\{(1-\varrho)\,|\mathfrak{x}_\vartheta(\varrho_n, \vartheta)| + (\varrho - \varrho_n)\,|\mathfrak{y}_n'(\vartheta)|\}$$

und

$$\iint\limits_{\varrho_n < \varrho < 1} |\mathfrak{z}_\varrho^{(n)} \times \mathfrak{z}_\vartheta^{(n)}|\, d\varrho\, d\vartheta \leqq \delta \int\limits_0^{2\pi} |\mathfrak{x}_\vartheta(\varrho_n, \vartheta)|\, d\vartheta + \delta \int\limits_0^{2\pi} |\mathfrak{y}_n'(\vartheta)|\, d\vartheta .$$

In § 316 werden wir beweisen, daß das erste Integral auf der rechten Seite, welches die Länge der Bildkurve des Kreises $u^2 + v^2 = \varrho_n^2$ auf S ausdrückt, kleiner als die Länge $L(\Gamma)$ der Kurve Γ ist. Wegen $I(S[\bar{P}_n]) \leqq I(S) = d$ wird also

$$I(S_n') \leqq d + \delta\big(L(\Gamma) + L(\Gamma_n)\big) .$$

Andererseits muß natürlich $I(S_n') \geqq d_n \geqq d + \varepsilon$ gelten. Für hinreichend kleines δ (und entsprechend großes n) ergibt sich nun ein Widerspruch. Es gilt also tatsächlich $d = \liminf\limits_{n\to\infty} d_n$. W. z. b. w.

§ 306. Es ist von prinzipiellem Interesse festzustellen, welche Hilfsmittel, insbesondere welche Tatsachen aus der Funktionentheorie, zur Lösung des Plateauschen Problems herangezogen worden sind. Beim nochmaligen Durchsehen der vorangehenden Paragraphen erkennt man, daß, abgesehen von elementaren Dingen – wie z. B. der konformen Abbildung des Einheitskreises auf sich selbst, der Lösung der ersten Randwertaufgabe der Potentialgleichung für den Einheitskreis mit Hilfe des Poissonschen Integrales und des ersten Harnackschen Satzes –, tieferliegende Sätze aus der Theorie der konformen Abbildung lediglich in § 302 ins Spiel kamen. Der in § 302 bewiesene Satz hat aber gar nichts mit dem Existenzbeweis für das Plateausche Problem zu tun; er drückt vielmehr eine Eigenschaft der Lösung aus. Wir können also, ohne einen Zirkelschluß befürchten zu müssen, die Lösung des Plateauschen Problems zur Behandlung konformer Abbildungen heranziehen.

Angenommen, die Jordankurve Γ liege in der (x, y)-Ebene und $\{\mathfrak{x} = \mathfrak{x}(u, v)\ (u, v) \in \bar{P}\}$ sei eine Lösung des Plateauschen Problems. Zufolge des Maximumprinzips muß die in P harmonische, in $\bar{P}$ stetige und auf ∂P verschwindende Funktion $z(u, v)$ identisch gleich Null sein. Daher gelten die Beziehungen $x_u^2 + y_u^2 = x_v^2 + y_v^2$, $x_u x_v + y_u y_v = 0$, welche besagen, daß die komplexwertige Funktion $x(u, v) + i\, y(u, v)$ eine in P analytische und in $\bar{P}$ stetige Funktion $f(w)$ der komplexen Veränderlichen $w = u + i\, v$ oder $w = u - i\, v$ ist. Der zweite Fall kann durch eine Spiegelung der (u, v)-Ebene an der u-Achse auf den ersten Fall zurückgeführt werden. Da die Beziehung zwischen ∂P und Γ topologisch ist, folgt nach einer in der Funktionentheorie geläufigen Schlußweise (siehe z. B. W. F. Osgood [I], pp. 397–399), daß die Funktion $f(w)$ den Kreis P eineindeutig auf das Innere der Jordankurve Γ abbildet und daß die Ableitung $f'(w)$ in keinem Punkte von P verschwinden kann.

Die Lösung des Plateauschen Problems führt also mit einem Schlage nicht nur zum Riemannschen Abbildungssatz, sondern auch zu seiner von C. Carathéodory und W. F. Osgood stammenden Ergänzung hinsichtlich des Randverhaltens der Abbildungsfunktion. Man sehe diesbezüglich C. Carathéodory [1], [2]; W. F. Osgood [2]; W. F. Osgood and E. H. Taylor [1]; P. Koebe [1]; L. Lichtenstein [5], pp. 365–377; A. Hurwitz und R. Courant [I], pp. 407–412; J. Douglas [3], pp. 312 bis 318; G. M. Golusin [I], pp. 36–37. Wegen

$$D_P[\mathfrak{x}] = \iint\limits_P (x_u^2 + y_u^2)\, du\, dv = \iint\limits_{|w|<1} |f'(w)|^2\, du\, dv = \iint\limits_{(\Gamma)^0} dx\, dy,$$

wo $(\Gamma)^0$ das Innere der Jordankurve Γ bedeuten soll, ist es klar, daß $d(\Gamma) < \infty$ ausfällt.

§ 307. In unserer Formulierung des Plateauschen Problems sind wir von Vergleichsflächen $S = \{\mathfrak{x} = \mathfrak{x}(u, v);\ (u, v) \in \bar{P}\}$ ausgegangen, deren Ortsvektor die Kreislinie ∂P in monotoner Weise auf die Jordankurve Γ abbildet. Diese Forderung ist naheliegend und durch den Erfolg des Existenzbeweises gerechtfertigt; man mag sie aber als geometrisch zu einschränkend und physikalisch unrealistisch empfinden und vorziehen, mit Vergleichsflächen $S = \{\mathfrak{x} = \mathfrak{x}(u, v); (u, v); \in P\}$ der Klasse $\mathfrak{M}(P)$ zu arbeiten, von denen lediglich gefordert wird, daß ihr Rand auf Γ liegen soll. Damit ist gemeint, daß alle Häufungspunkte des jetzt nur noch in P als stetig vorausgesetzten Vektors $\mathfrak{x}(u, v)$ für $u^2 + v^2 \to 1$ auf Γ liegen (siehe auch §§ 31, 483). In den Experimenten mit Seifenhäutchen wird die Kurve Γ ja durch einen Draht, d. h. eine dünne torusartige Mannigfaltigkeit, verwirklicht, und die neue Bedingung drückt aus, daß der Rand von S auf dieser Mannigfaltigkeit liegen soll. Damit eine Vergleichsfläche S nun nicht in einen Punkt entarte, sondern tatsächlich das „Loch" in der Kurve Γ (oder der Mannigfaltigkeit) überspanne, ist natürlich noch eine topologische Bedingung notwendig. Da der Vektor $\mathfrak{x}(u, v)$ auf ∂P selbst nicht stetig ist, ist es am einfachsten zu verlangen, daß für ein beliebiges mit Γ einfach verschlungenes Jordanpolygon die Bildkurven der Kreise $u^2 + v^2 = r^2$ für hinreichend nahe bei Eins gelegene Werte von r ebenfalls mit diesem Polygon einfach verschlungen sind.

Zur Lösung des derart verallgemeinerten Plateauschen Problems wird man das Dirichletsche Integral in der umfangreicheren Klasse der die neuen Randforderungen erfüllenden Vergleichsflächen minimieren. Der Existenzbeweis (für stückweise glatte Kurven Γ) ist von R. Courant erbracht worden; man sehe [8] und [I], pp. 213–218; R. Courant and N. Davids [1]; N. Davids [1]. Es stellt sich heraus, daß die untere Grenze der Werte des Dirichletschen Integrales für das allgemeinere Problem mit der für das speziellere (hier behandelte) Problem identisch ist. Jede Lösung des spezielleren Problems ist eo ipso eine Lösung des allgemeineren Problems. Ein Beispiel, welches es nahelegt, daß die Umkehrung dieses Sachverhaltes i. a. nicht richtig ist, ist von R. Courant skizziert worden; siehe [8], pp. 46–47.

1.4. Die Abstiegsmethode

§ 308. Der Schlußweise des § 299 läßt sich eine quantitative Wendung geben. Wenn die durch den zulässigen, in P harmonischen Vektor $\mathfrak{x}(u, v)$ dargestellte Fläche $S = \{\mathfrak{x} = \mathfrak{x}(u, v); (u, v) \in \bar{P}\}$ keine verallgemeinerte Minimalfläche ist, dann kann die zugehörige analytische Funktion $\Phi(w)$ nicht identisch verschwinden. In ihrer Potenzreihenentwicklung sei etwa der Koeffizient $a_l + i b_l$ von Null verschieden. Wir wählen dann die Funktion

$$\varphi = -\frac{2}{\pi(a_l^2 + b_l^2)} \operatorname{Im}[(a_l + i b_l) w^{l+2}]$$
$$= -\frac{2}{\pi(a_l^2 + b_l^2)} \varrho^{l+2} [b_l \cos(l + 2)\vartheta + a_l \sin(l + 2)\vartheta],$$

für welche $m = \max_{(u,v)\in\bar{P}} \sqrt{\varphi_u^2 + \varphi_v^2} = \frac{2(l+2)}{\pi\sqrt{a_l^2 + b_l^2}}$ gilt, und finden $V_1[\mathfrak{x};\varphi] = -1$. Wenn $D_P[\mathfrak{x}] \leqq N$ ist, so haben wir gemäß § 299 also für alle $\varepsilon \leqq \min\left(\frac{1}{2m}, \frac{1}{18m^2N}\right)$ die Ungleichung

$$D_P[\mathfrak{x}^{(\varepsilon)}] \leqq D_P[\mathfrak{x}] - \tfrac{1}{2}\varepsilon.$$

Einer einfachen funktionentheoretischen Abschätzung zufolge gilt nun für alle w in $|w| < 1$ gewiß

$$\max_{l=1,2,\ldots} \left|\frac{a_l + i b_l}{l+2}\right| \geqq \frac{1}{2}(1 - |w|)^2 |\Phi(w)|.$$

Wenn also $\max_{|w| \leqq r < 1} |\Phi(w)| \geqq \eta$ ist, so gibt es eine lediglich von r, η und N abhängige Zahl $\delta = \delta(r, \eta, N)$, nämlich

$$\delta = \min\left(\frac{\pi}{8}(1-r)^2\eta, \frac{\eta^2}{288N}(1-r)^4\eta^2\right),$$

mit der Eigenschaft, daß

$$D_P[\mathfrak{x}^{(\delta)}] \leqq D_P[\mathfrak{x}] - \tfrac{1}{2}\delta$$

wird.

§ 309. Die letzte Ungleichung legt die folgende „Abstiegsmethode" zur Konstruktion einer Lösung des Plateauschen Problems nahe, die sicher immer dann anwendbar ist, wenn mindestens ein zulässiger Vektor existiert, also insbes. wenn die Jordankurve Γ rektifizierbar ist.

Wir beginnen mit einem zulässigen Vektor $\mathfrak{z}_1$, welchen wir sogleich durch einen vermittels des Poissonschen Integrales dargestellten zulässigen harmonischen Vektor $\mathfrak{x}_1$ mit denselben Randwerten ersetzen. Es gilt dann $D_P[\mathfrak{x}_1] \leqq D_P[\mathfrak{z}_1]$. Sollte die erste Variation $V_1[\mathfrak{x}_1; \varphi]$ für alle Funktionen $\varphi \in C^2(\bar{P})$ verschwinden, so ist die analytische Funktion $\Phi = \left(\frac{\partial \mathfrak{x}_1}{\partial u} - i\frac{\partial \mathfrak{x}_1}{\partial v}\right)^2$ identisch Null und $\mathfrak{x}_1(u, v)$ ist Ortsvektor einer von Γ berandeten verallgemeinerten Minimalfläche. Andernfalls gibt es eine positive Zahl δ_1 mit der Eigenschaft, daß der nach der Vorschrift des § 299 gebildete Vektor $\mathfrak{x}_1^{(\delta_1)} = \mathfrak{z}_2$ der Ungleichung $D_P[\mathfrak{z}_2] \leqq D_P[\mathfrak{x}_1] - \frac{1}{2}\delta_1$ genügt. Wir ersetzen den Vektor $\mathfrak{z}_2$ durch einen zulässigen harmonischen Vektor $\mathfrak{x}_2$ mit denselben Randwerten. Wenn $\mathfrak{x}_2$ nicht Ortsvektor einer von Γ berandeten verallgemeinerten Minimalfläche ist, so gibt es eine positive Zahl δ_2 mit der Eigenschaft, daß für den Vektor $\mathfrak{z}_3 = \mathfrak{x}_2^{(\delta_2)}$ die Ungleichung $D_P[\mathfrak{z}_3] \leqq D_P[\mathfrak{x}_2] - \frac{1}{2}\delta_2$ zutrifft.

So fortfahrend gelangen wir entweder nach endlich vielen Schritten zu einem eine von Γ berandete verallgemeinerte Minimalfläche definierenden Ortsvektor oder zu einer unendlichen Folge zulässiger harmonischer Vektoren $\{\mathfrak{x}_n\}$, welche der Ungleichung

$$0 \leqq D_P[\mathfrak{x}_{n+1}] \leqq D_P[\mathfrak{z}_1] - \delta_1 - \delta_2 - \cdots - \delta_n$$

genügen. Die Zahlenfolge $\{\delta_n\}$ muß also eine Nullfolge sein. Zufolge § 297 existiert eine Teilfolge $\{\mathfrak{x}_{n_i}\}$, deren Vektoren auf ∂P und daher (siehe § 298) in ganz $\bar{P}$ gegen einen zulässigen in P harmonischen Grenzvektor $\mathfrak{x}(u, v)$ konvergieren. Da die Konvergenz der Vektoren $\mathfrak{x}_{n_i}$ und ihrer Ableitungen in jedem kompakten Teilbereich von P gleichmäßig ist, und da $\{\delta_n\}$ eine Nullfolge ist, so muß gemäß dem am Ende von § 308 Gesagten die in P analytische Funktion $\Phi(w) = (\mathfrak{x}_u - i\,\mathfrak{x}_v)^2$ identisch verschwinden. Der Grenzvektor $\mathfrak{x}(u, v)$ ist folglich der Ortsvektor einer von Γ berandeten verallgemeinerten Minimalfläche.

1.5. Das Douglassche und das Shiffmansche Funktional

§ 310. Wie schon in § 286 bemerkt, hat J. Douglas seine Lösung des Plateauschen Problems nicht auf das Dirichletsche Integral, sondern auf ein anderes Funktional gegründet, welches wir hier kurz besprechen wollen.

Gegeben sei eine Jordankurve Γ im Raume und eine monotone Darstellung $\{\mathfrak{x} = \mathfrak{y}(\vartheta);\ 0 \leqq \vartheta \leqq 2\pi\}$ von Γ. Mit J. Douglas definieren wir das Funktional

$$\bar{A}[\mathfrak{y}] = \frac{1}{4\pi}\int_0^{2\pi}\int_0^{2\pi} \frac{[\mathfrak{y}(\vartheta_2) - \mathfrak{y}(\vartheta_1)]^2}{4\sin^2\dfrac{\vartheta_2 - \vartheta_1}{2}}\,d\vartheta_1\,d\vartheta_2.$$

Das Argument in diesem Funktional ist also eine variable monotone Darstellung der Kurve Γ. Der Integrand in $\bar{A}[\mathfrak{y}]$ läßt sich leicht geometrisch deuten: Er ist nichts anderes als der Quotient $(\lambda/l)^2$, wo l die Länge der durch die beiden Punkte $e^{i\vartheta_1}$ und $e^{i\vartheta_2}$ bestimmten Sekante des Einheitskreises und λ die Länge der die Punkte $\mathfrak{y}(\vartheta_1)$ und $\mathfrak{y}(\vartheta_2)$ verbindenden Sekante der Kurve Γ ist.

Eine rektifizierbare Kurve Γ hat gewiß monotone Darstellungen mit einem Lipschitzstetigen Ortsvektor, z. B. die in § 294 betrachtete, so daß das Funktional $\bar{A}$ im Falle einer rektifizierbaren Kurve bestimmt zumindest für gewisse Darstellungen endlich ausfällt.

§ 311. *Es sei* $\mathfrak{x}(u, v)$ *der in* $P = \{u, v;\ u^2 + v^2 < 1\}$ *harmonische und in* $\bar{P}$ *stetige Vektor mit den Randwerten* $\mathfrak{x}(\cos\vartheta, \sin\vartheta) = \mathfrak{y}(\vartheta)$. *Dann gilt* $D_P[\mathfrak{x}] = \bar{A}[\mathfrak{y}]$.

Beweis: Wir haben

$$\mathfrak{x}(u, v) = \tfrac{1}{2}\mathfrak{a}_0 + \sum_{n=1}^{\infty} \varrho^n(\mathfrak{a}_n \cos n\vartheta + \mathfrak{b}_n \sin n\vartheta),$$

wo

$$\mathfrak{a}_n = \frac{1}{\pi}\int\limits_0^{2\pi} \mathfrak{y}(\vartheta)\cos n\vartheta\, d\vartheta, \qquad \mathfrak{b}_n = \frac{1}{\pi}\int\limits_0^{2\pi} \mathfrak{y}(\vartheta)\sin n\vartheta\, d\vartheta$$

ist. Mit der Bezeichnung $P_r = \{u, v;\, u^2 + v^2 < r^2\}$ ergibt sich also für $r < 1$

$$D_{P_r}[\mathfrak{x}] = \frac{\pi}{2}\sum_{n=1}^{\infty} n\, r^{2n}(\mathfrak{a}_n^2 + \mathfrak{b}_n^2).$$

Es gilt nun

$$\mathfrak{a}_n^2 + \mathfrak{b}_n^2 = \frac{1}{\pi^2}\int\limits_0^{2\pi}\int\limits_0^{2\pi} \mathfrak{y}(\vartheta)\cdot\mathfrak{y}(\varphi)\cos[n(\vartheta-\varphi)]\, d\vartheta\, d\varphi$$

$$= -\frac{1}{2\pi^2}\int\limits_0^{2\pi}\int\limits_0^{2\pi} [\mathfrak{y}(\vartheta)-\mathfrak{y}(\varphi)]^2\cos[n(\vartheta-\varphi)]\, d\vartheta\, d\varphi$$

und daher

$$D_{P_r}[\mathfrak{x}] = -\frac{1}{4\pi}\sum_{n=1}^{\infty} n\, r^{2n}\int\limits_0^{2\pi}\int\limits_0^{2\pi} [\mathfrak{y}(\vartheta)-\mathfrak{y}(\varphi)]^2\cos[n(\vartheta-\varphi)]\, d\vartheta\, d\varphi.$$

Unter Benutzung der Formel

$$-\sum_{n=1}^{\infty} n\, r^{2n}\cos n\alpha = r^2\,\frac{(1+r^2)^2\sin^2\frac{\alpha}{2} - (1-r^2)^2\cos^2\frac{\alpha}{2}}{\left[(1+r^2)^2\sin^2\frac{\alpha}{2} + (1-r^2)^2\cos^2\frac{\alpha}{2}\right]^2}$$

$$\equiv \bar{B}(r,\alpha),$$

welche man leicht durch Aufspalten $2\cos\alpha = e^{i\alpha} + e^{-i\alpha}$ und Summieren der zwei entstehenden Reihen gewinnen kann, und unter Berücksichtigung der gleichmäßigen Konvergenz der unendlichen Reihe ergibt sich für $r < 1$

$$D_{P_r}[\mathfrak{x}] = \frac{1}{4\pi}\int\limits_0^{2\pi}\int\limits_0^{2\pi} \bar{B}(r, \vartheta-\varphi)\,[\mathfrak{y}(\vartheta)-\mathfrak{y}(\varphi)]^2\, d\vartheta\, d\varphi.$$

Für $\alpha \not\equiv 0 (\operatorname{mod} 2\pi)$ und $r < 1$ gilt

$$\frac{|\bar{B}(r,\alpha)|}{\bar{B}(1,\alpha)} = \frac{4r^2\sin^2\frac{\alpha}{2}}{(1+r^2)^2\sin^2\frac{\alpha}{2} + (1-r^2)^2\cos^2\frac{\alpha}{2}} \times$$

$$\times \frac{\left|(1+r^2)^2\sin^2\frac{\alpha}{2} - (1-r^2)^2\cos^2\frac{\alpha}{2}\right|}{(1+r^2)^2\sin^2\frac{\alpha}{2} + (1-r^2)^2\cos^2\frac{\alpha}{2}}.$$

Bei jedem der beiden Brüche auf der rechten Seite ergibt sich durch Subtraktion des Zählers vom Nenner eine positive Zahl. Wir haben also die Beziehungen

$$|\bar{B}(r, \alpha)| < \bar{B}(1, \alpha) = \frac{1}{4\sin^2\frac{\alpha}{2}}$$

$$\lim_{r\to 1} \bar{B}(r, \alpha) = \bar{B}(1, \alpha).$$

Wir betrachten nun zwei Fälle:

1. Es sei $\bar{A}[\mathfrak{y}] < \infty$. Dann ist $\bar{B}(1, \vartheta - \varphi)\,[\mathfrak{y}(\vartheta) - \mathfrak{y}(\varphi)]^2$ eine summierbare Funktion der Veränderlichen ϑ und φ, und nach dem Lebesgueschen Konvergenzsatze folgt

$$D_P[\mathfrak{x}] = \lim_{r\to 1} D_{P_r}[\mathfrak{x}] = \lim_{r\to 1} \frac{1}{4\pi}\int_0^{2\pi}\int_0^{2\pi} \bar{B}(r, \vartheta - \varphi)\,[\mathfrak{y}(\vartheta) - \mathfrak{y}(\varphi)]^2\, d\vartheta\, d\varphi$$

$$= \frac{1}{4\pi}\int_0^{2\pi}\int_0^{2\pi} [\lim_{r\to 1} \bar{B}(r, \vartheta - \varphi)]\,[\mathfrak{y}(\vartheta) - \mathfrak{y}(\varphi)]^2\, d\vartheta\, d\varphi = \bar{A}[\mathfrak{y}].$$

2. Es sei $D_P[\mathfrak{x}] < \infty$. Dann gilt für $0 < \varepsilon_1 < \varepsilon_2 < 2\pi$

$$\iint\limits_{\varepsilon_1 \leqq |\vartheta - \varphi| \leqq \varepsilon_2} \bar{B}(1, \vartheta - \varphi)\,[\mathfrak{y}(\vartheta) - \mathfrak{y}(\varphi)]^2\, d\vartheta\, d\varphi$$

$$= \lim_{r\to 1} \iint\limits_{\varepsilon_1 \leqq |\vartheta - \varphi| \leqq \varepsilon_2} \bar{B}(r, \vartheta - \varphi)\,[\mathfrak{y}(\vartheta) - \mathfrak{y}(\varphi)]^2\, d\vartheta\, d\varphi \leqq$$

$$\leqq \lim_{r\to 1} \int_0^{2\pi}\int_0^{2\pi} \bar{B}(r, \vartheta - \varphi)\,[\mathfrak{y}(\vartheta) - \mathfrak{y}(\varphi)]^2\, d\vartheta\, d\varphi \leqq 4\pi D_P[\mathfrak{x}].$$

Mit $|\vartheta - \varphi|$ haben wir hier wie in § 25 die Länge des kürzeren der beiden durch ϑ und φ auf dem Einheitskreise bestimmten Bögen bezeichnet. Indem wir ε_1 nach Null und ε_2 nach π gehen lassen, sehen wir, daß $\bar{A}[\mathfrak{y}]$ endlich ist. Wie vorher folgt nun wieder, daß $\bar{A}[\mathfrak{y}] = D_P[\mathfrak{x}]$ ist.

$\bar{A}[\mathfrak{y}]$ und $D_P[\mathfrak{x}]$ sind also entweder beide endlich — und dann gleich — oder beide unendlich. W. z. b. w.

Warum Douglas, der den Zusammenhang zwischen den Funktionalen $\bar{A}$ und D selbst hervorgehoben hat, seiner Lösung des Plateauschen Problems das zweifellos mühsam zu handhabende Funktional $\bar{A}$ vorangestellt hat, ist schwer zu sagen. Vermutlich sah er keinen Weg, das Dirichletsche Integral, dessen Anwendbarkeit natürlich u. a. auf dem Lemma des § 233 beruht, nutzbar zu machen.

§ 312. Wenn die rektifizierbare Jordankurve Γ die Eigenschaft (*) besitzt (siehe § 25), dann äßt sich das Dirichletsche Integral auch noch durch ein anderes nützliches Funktional darstellen, nämlich (siehe

M. Shiffman [3], pp. 840–842)

$$D_P[\mathfrak{x}] = A[\mathfrak{y}] = \frac{1}{4\pi}\int_0^{2\pi}\int_0^{2\pi} \log\frac{1}{\sin^2\left(\frac{\vartheta-\varphi}{2}\right)}\,d\mathfrak{y}(\vartheta)\cdot d\mathfrak{y}(\varphi).$$

Um das einzusehen, formen wir die Fourierkoeffizienten $\mathfrak{a}_n$ und $\mathfrak{b}_n$ in § 311 durch partielle Integration um:

$$\mathfrak{a}_n = \frac{1}{\pi n}\int_0^{2\pi} \sin n\vartheta\, d\mathfrak{y}(\vartheta), \quad \mathfrak{b}_n = -\frac{1}{\pi n}\int_0^{2\pi} \cos n\vartheta\, d\mathfrak{y}(\vartheta).$$

In ähnlicher Weise wie vorher erhalten wir dann zunächst für $r < 1$

$$D_{P_r}[\mathfrak{x}] = \frac{1}{4\pi}\int_0^{2\pi}\int_0^{2\pi} B(r, \vartheta-\varphi)\, d\mathfrak{y}(\vartheta)\cdot d\mathfrak{y}(\varphi),$$

wo wir

$$B(r, \alpha) = -\log\left[\left(\frac{1-r^2}{2r}\right)^2 + \sin^2\frac{\alpha}{2}\right]$$

gesetzt und die Beziehung $\int_0^{2\pi}\int_0^{2\pi} d\mathfrak{y}(\vartheta)\cdot d\mathfrak{y}(\varphi) = 0$ berücksichtigt haben. Wir betrachten nun zwei Fälle:

1. Es sei $A[\mathfrak{y}] < \infty$. Wir schreiben dann (siehe § 25)

$$D_{P_r}[\mathfrak{x}] = \frac{1}{4\pi}\left(\iint\limits_{|\vartheta-\varphi|\geqq\delta} + \iint\limits_{|\vartheta-\varphi|<\delta}\right) B(r, \vartheta-\varphi)\, d\mathfrak{y}(\vartheta)\cdot d\mathfrak{y}(\varphi).$$

Im ersten Integral kann der Grenzübergang $r \to 1$ unter dem Integralzeichen vorgenommen werden. Beim zweiten Integral gilt $d\mathfrak{y}(\vartheta)\cdot d\mathfrak{y}(\varphi) \geqq 0$ und, für r in hinreichender Nähe von 1,

$$0 < B(r, \vartheta-\varphi) < B(1, \vartheta-\varphi) = \log\frac{1}{\sin^2\left(\frac{\vartheta-\varphi}{2}\right)}.$$

Nach dem Konvergenzsatz von Lebesgue kann der Grenzübergang $r \to 1$ daher auch beim zweiten Integral unter dem Integralzeichen vollzogen werden. Dann wird

$$D_P[\mathfrak{x}] = \lim_{r\to 1} D_{P_r}[\mathfrak{x}] = A[\mathfrak{y}].$$

2. Es sei $D_P[\mathfrak{x}] < \infty$. Für $0 < \delta' < \delta$ gilt dann

$$\begin{aligned}\iint\limits_{\delta'\leqq|\vartheta-\varphi|<\delta} & B(1, \vartheta-\varphi)\, d\mathfrak{y}(\vartheta)\cdot d\mathfrak{y}(\varphi)\\ &= \lim_{r\to 1}\iint\limits_{\delta'\leqq|\vartheta-\varphi|<\delta} B(r, \vartheta-\varphi)\, d\mathfrak{y}(\vartheta)\cdot d\mathfrak{y}(\varphi)\\ &\leqq \lim_{r\to 1}\iint\limits_{|\vartheta-\varphi|<\delta} B(r, \vartheta-\varphi)\, d\mathfrak{y}(\vartheta)\cdot d\mathfrak{y}(\varphi),\end{aligned}$$

weil der Integrand für $|\vartheta - \varphi| < \delta' < \delta$ positiv ist. Da $D_P[\mathfrak{x}]$ endlich ist, muß auch der letzte Grenzwert endlich sein. Indem wir nun δ' nach Null gehen lassen, sehen wir, daß

$$\iint\limits_{|\vartheta-\varphi|<\delta} B(1, \vartheta - \varphi)\, d\mathfrak{y}(\vartheta) \cdot d\mathfrak{y}(\varphi) < \infty,$$

so daß auch

$$A[\mathfrak{y}] = \frac{1}{4\pi} \int\limits_0^{2\pi} \int\limits_0^{2\pi} B(1, \vartheta - \varphi)\, d\mathfrak{y}(\vartheta) \cdot d\mathfrak{y}(\varphi) < \infty.$$

Genauso wie vorher zeigen wir nun, daß $D_P[\mathfrak{x}] = A[\mathfrak{y}]$ ist.

Wir bemerken noch folgendes. Sollte der Vektor $\mathfrak{y}(\vartheta)$ die Randwerte $\mathfrak{x}(\cos\vartheta, \sin\vartheta)$ eines Lösungsvektors $\mathfrak{x}(u, v)$ des Plateauschen Problems darstellen, dann ist er nach § 321 absolut stetig, und für fast alle der Ungleichung $|\vartheta - \varphi| < \delta$ genügende Werte von ϑ und φ gilt $\mathfrak{y}'(\vartheta) \cdot \mathfrak{y}'(\varphi) \geqq 0$. Das Shiffmansche Funktional läßt sich dann auch in der Form

$$D_P[\mathfrak{x}] = A[\mathfrak{y}] = \frac{1}{4\pi} \int\limits_0^{2\pi} \int\limits_0^{2\pi} B(1, \vartheta - \varphi)\, \mathfrak{y}'(\vartheta) \cdot \mathfrak{y}'(\varphi)\, d\vartheta\, d\varphi$$

schreiben.

2. *Eigenschaften der Lösungen des Plateauschen Problems*

2.1. Randverhalten

§ 313. Der Vektor $\mathfrak{x}(u, v)$, für den wir unter Benutzung von Polarkoordinaten (ϱ, ϑ) wie schon früher gelegentlich auch $\mathfrak{x}(\varrho, \vartheta)$ schreiben, sei eine Lösung (nicht notwendigerweise eine solche kleinsten Flächeninhaltes) des Plateauschen Problems für die Jordankurve Γ mit den in § 304 niedergelegten Eigenschaften. Wenn, was wir im folgenden voraussetzen wollen, die Kurve Γ rektifizierbar ist, dann ist der Vektor $\mathfrak{x}(1, \vartheta)$ von beschränkter Schwankung. $\mathfrak{x}^*$ sei der vorläufig nur in P erklärte und bis auf eine additive Konstante bestimmte zu $\mathfrak{x}$ konjugiert harmonische Vektor. Mit $L(\varrho; \vartheta_1, \vartheta_2)$, wobei wir abkürzend $L(\varrho; 0, 2\pi) = L(\varrho)$ setzen, bezeichnen wir die Länge der Kurve $\{\mathfrak{x} = \mathfrak{x}(\varrho, \vartheta); \vartheta_1 \leqq \vartheta \leqq \vartheta_2\}$ und mit $V(\vartheta; \varrho_1, \varrho_2)$ die Länge der Kurve $\{\mathfrak{x} = \mathfrak{x}(\varrho, \vartheta); \varrho_1 \leqq \varrho \leqq \varrho_2\}$. Die Ausdrücke $L^*(\varrho; \vartheta_1, \vartheta_2)$ und $V^*(\vartheta; \varrho_1, \varrho_2)$ sind analog erklärt. Für $\varrho < 1$ gilt

$$\mathfrak{x}(\varrho, \vartheta) = \int\limits_0^{2\pi} K(\varrho, \varphi - \vartheta)\, \mathfrak{x}(1, \varphi)\, d\varphi.$$

Dabei ist $K(\varrho, \alpha)$ wie in § 303 der Poissonsche Kern

$$K(\varrho, \alpha) = \frac{1}{2\pi} \frac{1 - \varrho^2}{1 - 2\varrho \cos\alpha + \varrho^2}.$$

§ 314. *Wenn die Kurve Γ ein offenes Geradenstück Γ_0 enthält, welches dem Teilbogen γ_0 von ∂P entspricht, dann ist der Vektor $\mathfrak{x}(u, v)$ in P mit Einschluß der Punkte von γ_0 analytisch und kann über γ_0 hinweg analytisch fortgesetzt werden.* Mit anderen Worten: *Die Minimalfläche $S = \{\mathfrak{x} = \mathfrak{x}(u, v);\ (u, v) \in \bar{P}\}$ kann, und zwar durch Spiegelung an dem Geradenstück Γ_0, über Γ_0 hinweg analytisch als Minimalfläche fortgesetzt werden.*

Beweis: O. B. d. A. können wir annehmen, daß Γ_0 ein Stück der z-Achse sei. Wir bilden den Einheitskreis P umkehrbar eindeutig und konform so auf die obere Halbebene einer ζ-Ebene ($\zeta = \xi + i\eta$) ab, daß der Bogen γ_0 in das Segment $|\xi| < 1$ der ξ-Achse übergeht. Auf diesem Segment gilt dann $x(\xi, 0) = y(\xi, 0) = 0$. Nach dem Spiegelungsprinzip für harmonische Funktionen sind die durch die Festsetzung $x(\xi, \eta) = -x(\xi, -\eta)$, $y(\xi, \eta) = -y(\xi, -\eta)$ auf $\eta < 0$ erweiterten Funktionen $x(\xi, \eta)$ und $y(\xi, \eta)$ in ganz $|\zeta| < 1$ harmonisch, und es gilt insbesondere $x_\xi(\xi, 0) = y_\xi(\xi, 0) = 0$. Wegen $x_\xi x_\eta + y_\xi y_\eta + z_\xi z_\eta = 0$ folgt daraus, daß für jede gegen einen Punkt des Segmentes $|\xi| < 1$ der ξ-Achse konvergierende Punktfolge (ξ_n, η_n) mit $\eta_n > 0$ die Beziehung $\lim_{n\to\infty} [z_\xi(\xi_n, \eta_n)\, z_\eta(\xi_n, \eta_n)] = 0$ statthaben muß. Da nun aber $z_\xi^2 = x_\eta^2 + y_\eta^2 + z_\eta^2 - x_\xi^2 - y_\xi^2 \geqq z_\eta^2 - x_\xi^2 - y_\xi^2$ ist, und da $\lim_{n\to\infty} x_\xi(\xi_n, \eta_n) = \lim_{n\to\infty} y_\xi(\xi_n, \eta_n) = 0$ ist, muß, und zwar gleichmäßig in jedem Intervall $|\xi| \leqq \xi_0 < 1$, $\lim_{n\to\infty} z_\eta(\xi_n, \eta_n) = 0$ gelten. Indem wir das Spiegelungsprinzip nunmehr auf die für $\eta > 0$ harmonische Funktion $Z(\xi, \eta) = z_\eta(\xi, \eta)$ anwenden, sehen wir, daß die durch die Festsetzungen $Z(\xi, 0) = 0$ und $Z(\xi, \eta) = -Z(\xi, -\eta)$ auf $\eta \leqq 0$ erweiterte Funktion $Z(\xi, \eta)$ in ganz $|\zeta| < 1$ harmonisch ist. Es gilt dann $z(\xi, -\eta) = z(\xi, \eta)$. Wir haben dann in ganz $|\zeta| < 1$ die Beziehungen $\mathfrak{x}_\xi^2 = \mathfrak{x}_\eta^2$, $\mathfrak{x}_\xi \cdot \mathfrak{x}_\eta = 0$. W. z. b. w.

Zum Problem der analytischen Fortsetzung einer Minimalfläche sehe man auch E. F. Beckenbach [7], [8].

§ 315. Im Falle einer ebenen, etwa in der Ebene $z = 0$ gelegenen, Jordankurve Γ ist die die Normalitätsforderung des § 292 befriedigende Lösung des Plateauschen Problems eindeutig bestimmt. Ihr Ortsvektor hat nach § 306 die Form $\mathfrak{x}(u, v) = \{x(u, v), y(u, v), 0\}$, wobei $x(u, v)$ und $y(u, v)$ Real- und Imaginärteil der analytischen Funktion $f(w)$

sind, welche die konforme (oder anti-konforme) Abbildung des Einheitskreises P auf das Innere von Γ bewerkstelligt. Die Regularität der Riemannschen Abbildungsfunktion $f(w)$ hängt bekanntlich von den Regularitätseigenschaften der Kurve Γ ab. Es gibt einen ausgedehnten Zweig der Funktionentheorie, welcher sich mit der Untersuchung dieses Zusammenhanges beschäftigt. Die erste Aussage dieser Art geht auf P. Painlevé [1] zurück, der bewies, daß die Abbildungsfunktion $f(w)$ zur Klasse $C^m(\bar{P})$ gehört, wenn die Randkurve ∂P des Gebietes P eine im Sinne des § 18 reguläre Kurve der Klasse C^{m+2} ist. Pailevés Resultat wurde von L. Lichtenstein ([1], insbes. pp. 561–563) verbessert und schließlich von O. D. Kellogg [1] (siehe auch [2] und L. Lichtenstein [5], insbes. pp. 242–244, 253–255) in die folgende Form gesetzt: Wenn ∂P eine reguläre Kurve der Klasse $C^{m,\alpha}$ ist $(m \geqq 1,\ 0 < \alpha < 1)$, dann gehört die Abbildungsfunktion $f(w)$ zur Klasse $C^{m,\alpha}(\bar{P})$, d. h., ihre m-ten Ableitungen genügen für alle $w_1, w_2 \in P$ einer Ungleichung $|f^{(m)}(w_2) - f^{(m)}(w_1)| \leqq M\,|w_2 - w_1|^\alpha$. In den Monographien von G.M. Golusin [I] und M. Tsuji [I] kann man viele weitere einschlägige Hinweise finden.

Im Jahre 1951 bewies H. Lewy [8] den ersten analogen Satz für Minimalflächen: Der Ortsvektor $\mathfrak{x}(u, v)$ ist noch auf jedem Teilbogen von ∂P analytisch, welcher einem analytischen regulären Teilbogen Γ_0 von Γ entspricht. Diese Tatsache ist bemerkenswert, weil ein analytischer Bogen neben analytischen Darstellungen ja auch unendlich viele nicht-analytische Darstellungen besitzt, so daß die Analytizität der speziellen gerade durch den Vektor $\mathfrak{x}(u, v)$ vermittelten Darstellung von Γ_0 von vornherein gar nicht auf der Hand liegt.

Eines der Ziele der nachfolgenden Paragraphen besteht im Beweise des Lewyschen Satzes. (Wegen der Methode siehe auch H. Lewy [7].) Darüber hinaus soll das Randverhalten der Lösungen $S = \{\mathfrak{x} = \mathfrak{x}(u, v);\ (u, v) \in \bar{P}\}$ des Plateauschen Problems auch im Falle allgemeinerer Berandungen untersucht werden. Die Entwicklungen werden im Beweis des folgenden Satzes gipfeln, der die genaue Verallgemeinerung des Kelloggschen Satzes auf den Fall der Minimalflächen darstellt und zudem der i. a. vieldeutigen Lösbarkeit des Plateauschen Problems Rechnung trägt:

Wenn Γ eine reguläre Jordankurve der Klasse $C^{m,\alpha}$ ist $(m \geqq 1,\ 0 < \alpha < 1)$, dann gehört der Ortsvektor $\mathfrak{x}(u, v)$ zur Klasse $C^{m,\alpha}(\bar{P})$. Die Hölderkonstante der m-ten Ableitungen von $\mathfrak{x}(u, v)$ ist dabei für alle Lösungen des Plateauschen Problems dieselbe.

Nach einer in der Theorie der partiellen Differentialgleichungen üblichen Bezeichnung heißt der Vektor $\mathfrak{x}(u, v)$ dabei zur Klasse $C^{m,\alpha}(\bar{P})$ gehörig, wenn seine Komponenten in $\bar{P}$ stetige Ableitungen bis zur

m-ten Ordnung besitzen und wenn die m-ten Ableitungen einer Hölderbedingung genügen, so daß für alle Punktepaare (u_1, v_1), (u_2, v_2) aus P die Ungleichungen

$$|\partial^m \mathfrak{x}(u_2, v_2) - \partial^m \mathfrak{x}(u_1, v_1)| \leqq M[(u_2 - u_1)^2 + (v_2 - v_1)^2]^{\alpha/2}$$

gelten. ∂^m bedeutet irgendeine Ableitung m-ter Ordnung nach u und v.

Dieser Satz und sein in den §§ 336–348 wiedergegebener Beweis stammen von J. C. C. Nitsche [30], [32] aus dem Jahre 1969. Für die Fälle $m \geqq 4$ war er im selben Jahre schon von S. Hildebrandt [4] bewiesen worden. Ähnliche Aussagen gehen weiterhin auf S. Hildebrandt [1], [3], E. Heinz und F. Tomi [1] und E. Heinz [8], [10] zurück. Ein weiterer Beweis für den ersten Teil des Satzes (d. h. ohne den Nachweis des universellen Charakters der Hölderkonstanten) stammt von D. Kinderlehrer [2].

Wenn man bedenkt, daß die in der Literatur vorhandenen Beweise des Kelloggschen Satzes, zumal für die höheren Ableitungen – sofern diese überhaupt behandelt werden –, alle ziemlich langwierig sind, so wird man nach Durchsicht der §§ 342–347 den hier gegebenen Beweis vielleicht sogar für den Spezialfall der funktionentheoretischen Situation vorziehen.

Die Methoden von Hildebrandt, Heinz und Tomi liefern i. a. etwas schwächere Resultate und bedienen sich zugleich komplizierterer Hilfsmittel. Sie haben aber den Vorzug, nicht nur auf Minimalflächen, sondern allgemeiner auf Flächen beschränkter mittlerer Krümmung anwendbar zu sein, wenn diese bereits in einer isothermen Darstellung vorliegen. Eine eingehende Darstellung würde den Rahmen dieses Buches überschreiten. Da das Randverhalten von Minimalflächen aber gerade in den letzten Jahren ganz besonders im Mittelpunkt des Interesses gestanden hat (und noch steht), werden wir immerhin in § 349 das Wesen der Heinzschen Methode skizzieren und in §§ 350–356 die Hildebrandtsche Methode illustrieren. Wie gesagt, scheint letztere nur zu dem obigen Satze für die Fälle $m \geqq 4$ zu führen. Sie muß übrigens auch auf tiefliegende Tatsachen aus der Regularitätstheorie der elliptischen Differentialgleichungen, wie sie sich z. B. bei C. B. Morrey ([II], pp. 277–286) finden, zurückgreifen und macht gewisse von O. A. Ladyzhenskaya und N. N. Ural'tseva erfundene Hilfskonstruktionen für das Dirichletsche Problem quasilinearer elliptischer Differentialgleichungen ([1], pp. 483, 486ff.; [2]) bei der Herleitung von Apriori-Abschätzungen für die Lösungen des Plateauschen Problems nutzbar. Verwandte Abschätzungen sind kürzlich von F. John [1] für die Schalentheorie aufgestellt worden. Wir werden einen speziellen Satz beweisen, der jedoch Hildebrandts Hauptschritt darstellt, und bei welchem das Wesen des Beweisganges schon klar sichtbar wird:

Wenn Γ eine reguläre Jordankurve der Klasse C^3 *ist, dann sind die zweiten Ableitungen des Ortsvektors jeder Lösung des Plateauschen Problems über P quadratisch integrierbar.*

Auf Grund von § 231 folgt daraus:

Wenn Γ eine reguläre Jordankurve der Klasse C^3 *ist, dann gehört der Ortsvektor jeder von Γ berandeten Lösung* $S = \{\mathfrak{x} = \mathfrak{x}(u, v);\ (u, v) \in \bar{P}\}$ *des Plateauschen Problems zur Klasse* $C^{0,\mu}(\bar{P})$. *Dabei ist μ eine beliebige Zahl im Intervall* $0 < \mu < 1$.

§ 316. *$L(\varrho)$ wächst im Intervalle $0 \leqq \varrho \leqq 1$ monoton.*

Beweis: Wir beweisen die in $0 \leqq \varrho_1 < \varrho_2 \leqq 1$ gültige Ungleichung $L(\varrho_1) \leqq L(\varrho_2)$ für den Fall $\varrho_2 = 1$. Der Beweis für den Fall $\varrho_2 < 1$ verläuft analog mit der Erleichterung, daß auch die Kurve $\{\mathfrak{x} = \mathfrak{x}(\varrho_2, \vartheta);\ 0 \leqq \vartheta \leqq 2\pi\}$ dann analytisch ist.

Wegen $K_\vartheta(\varrho_1, \varphi - \vartheta) = -K_\varphi(\varrho_1, \varphi - \vartheta)$ gilt

$$\mathfrak{x}_\vartheta(\varrho_1, \vartheta) = \int_0^{2\pi} K_\vartheta(\varrho_1, \varphi - \vartheta)\,\mathfrak{x}(1, \varphi)\,d\varphi = -\int_0^{2\pi} K_\varphi(\varrho_1, \varphi - \vartheta)\,\mathfrak{x}(1, \varphi)\,d\varphi.$$

Da der Vektor $\mathfrak{x}(1, \varphi)$ von beschränkter Schwankung ist, können wir partiell integrieren und erhalten

$$\mathfrak{x}_\vartheta(\varrho_1, \vartheta) = \int_0^{2\pi} K(\varrho_1, \varphi - \vartheta)\,d\mathfrak{x}(1, \varphi).$$

Der Kern $K(\varrho_1, \varphi - \vartheta)$ ist positiv, so daß

$$|\mathfrak{x}_\vartheta(\varrho_1, \vartheta)| \leqq \int_0^{2\pi} K(\varrho_1, \varphi - \vartheta)\,|d\mathfrak{x}(1, \varphi)|$$

ist. Nunmehr wird

$$L(\varrho_1) = \int_0^{2\pi} |\mathfrak{x}_\vartheta(\varrho_1, \vartheta)|\,d\vartheta \leqq \int_0^{2\pi} \left\{\int_0^{2\pi} K(\varrho_1, \varphi - \vartheta)\,|d\mathfrak{x}(1, \varphi)|\right\} d\vartheta.$$

Nach erlaubter Vertauschung der Integrationsfolge und Berücksichtigung der Beziehung $\int_0^{2\pi} K(\varrho_1, \varphi - \vartheta)\,d\varphi = 1$ ergibt sich die Behauptung nach § 16.

Ein anderer auf L. Bieberbach [1] und T. Radó ([10], pp. 461–462) zurückgehender Beweis derselben Behauptung verläuft folgendermaßen: Die Zahl $\varepsilon > 0$ sei beliebig vorgegeben. Auf dem Kreise $|w| = \varrho_1$ wähle man endlich viele Punkte $w_1, w_2, \ldots, w_N, w_{N+1} = w_1$ derart, daß $\sum_{n=1}^{N} |\mathfrak{x}(w_{n+1}) - \mathfrak{x}(w_n)| \geqq L(\varrho_1) - \varepsilon$ gilt. In einem Punkte w, wo $\psi_n(w) = \left|\mathfrak{x}\left(\frac{w\,w_{n+1}}{\varrho_1}\right) - \mathfrak{x}\left(\frac{w\,w_n}{\varrho_1}\right)\right| > 0$ ist, findet man $\Delta\psi_n \geqq 0$. Die Funktion $\psi(w) = \sum_{n=1}^{N} \psi_n(w)$ ist also in $|w| \leqq \varrho_2$ stetig und in $|w| < \varrho_2$

subharmonisch. Gemäß § 181 muß sie in $|w| \leqq \varrho_2$ ihr Maximum in einem Punkte w_0 auf dem Kreise $|w| = \varrho_2$ annehmen. Somit wird $L(\varrho_1) \leqq \psi(\varrho_1) + \varepsilon \leqq \psi(w_0) + \varepsilon \leqq L(\varrho_2) + \varepsilon$. Wegen der Willkür von ε muß also $L(\varrho_1) \leqq L(\varrho_2)$ sein.

Wir bemerken noch, daß nach A. F. Monna ([1], p. 683) $\lim\limits_{\varrho\to 1}(1-\varrho)\, L(\varrho) = 0$ gilt, falls die Minimalfläche $\{\mathfrak{x} = \mathfrak{x}(u, v);\, (u, v) \in P\}$ lediglich über der offenen Kreisscheibe P definiert ist, vorausgesetzt, die in der Darstellung $\mathfrak{x}(u, v) = \operatorname{Re}\{\varphi_1(w), \varphi_2(w), \varphi_3(w)\{$ (siehe §§ 145, 321) auftretenden Funktionen $\varphi_j(w)$ sind in P schlicht.

§ 317. *Gleichmäßig für alle* ϑ_1, ϑ_2 $(0 < \vartheta_2 - \vartheta_1 \leqq 2\pi)$ *gilt* $\lim\limits_{\varrho\to 1} L(\varrho; \vartheta_1, \vartheta_2) = L(1; \vartheta_1, \vartheta_2)$.

Beweis: Da die Kurven $\{\mathfrak{x} = \mathfrak{x}(\varrho, \vartheta);\, \vartheta_1 \leqq \vartheta \leqq \vartheta_2\}$ mit $\varrho \to 1$ gegen die Kurve $\{\mathfrak{x} = \mathfrak{x}(1, \vartheta);\, \vartheta_1 \leqq \vartheta \leqq \vartheta_2\}$ konvergieren, ist es für fest gewählte ϑ_1, ϑ_2 auf Grund der Unterhalbstetigkeit der Länge einer Kurve (siehe § 17) ausreichend, die Beziehung $\limsup\limits_{\varrho\to 1} L(\varrho; \vartheta_1, \vartheta_2) \leqq$ $\leqq L(1; \vartheta_1, \vartheta_2)$ zu beweisen. Wie in § 316 finden wir für $\varrho < 1$

$$L(\varrho; \vartheta_1, \vartheta_2) \leqq \int_0^{2\pi} \left\{\int_{\vartheta_1}^{\vartheta_2} K(\varrho, \varphi - \vartheta)\, d\vartheta\right\} |d\mathfrak{x}(1, \varphi)| \equiv$$

$$\equiv \int_0^{2\pi} h(\varrho, \varphi)\, |d\mathfrak{x}(1, \varphi)|.$$

Die Funktion $h(\varrho, \varphi) = \int\limits_{\vartheta_1}^{\vartheta_2} K(\varrho, \varphi - \vartheta)\, d\vartheta$ ist in $\varrho < 1$ harmonisch und zwischen den Werten Null und Eins gelegen; es gilt $\lim\limits_{\varrho\to 1} h(\varrho, \varphi) = 1$, falls $\vartheta_2 - \vartheta_1 = 2\pi$, und sonst

$$\lim_{\varrho\to 1} h(\varrho, \varphi) = \begin{cases} 1 & \text{für } \vartheta_1 < \varphi < \vartheta_2 \\ \tfrac{1}{2} & \text{für } \varphi = \vartheta_1,\ \varphi = \vartheta_2 \\ 0 & \text{für } \varphi \text{ außerhalb des Intervalles } [\vartheta_1, \vartheta_2]. \end{cases}$$

Für $\vartheta_2 - \vartheta_1 = 2\pi$ ergibt sich $\limsup\limits_{\varrho\to 1} L(\varrho) \leqq L(1)$. Im Falle $\vartheta_2 - \vartheta_1 <$ $< 2\pi$, in dem wir o. B. d. A. $0 < \vartheta_1 < \vartheta_2 < 2\pi$ annehmen können, spalten wir das φ-Intervall unter Zuhilfenahme einer kleinen Zahl δ in $[\vartheta_1 - \delta, \vartheta_1 + \delta]$, $[\vartheta_1 + \delta, \vartheta_2 - \delta]$, $[\vartheta_2 - \delta, \vartheta_2 + \delta]$ und ein restliches Intervall auf und erhalten im Grenzübergang wegen $h(\varrho, \varphi) < 1$ für $\varrho < 1$

$$\limsup_{\varrho\to 1} L(\varrho; \vartheta_1, \vartheta_2) \leqq L(1; \vartheta_1 - \delta, \vartheta_1 + \delta) + L(1; \vartheta_1 + \delta, \vartheta_2 - \delta) +$$
$$+ L(1; \vartheta_2 - \delta, \vartheta_2 + \delta) \leqq$$
$$\leqq L(1; \vartheta_1, \vartheta_2) + L(1; \vartheta_1 - \delta, \vartheta_1) + L(1; \vartheta_2, \vartheta_2 + \delta).$$

Wegen der Stetigkeit von $\mathfrak{x}(1, \vartheta)$ ist die totale Variation $L(1; 0, \vartheta)$ eine stetige Funktion. Da δ willkürlich gewählt werden kann, folgt nun für feste ϑ_1, ϑ_2 die Beziehung $\limsup_{\varrho \to 1} L(\varrho; \vartheta_1, \vartheta_2) \leqq L(1; \vartheta_1, \vartheta_2)$ und nach der obigen Bemerkung somit auch $\lim_{\varrho \to 1} L(\varrho; \vartheta_1, \vartheta_2) = L(1; \vartheta_1, \vartheta_2)$. In Verbindung mit § 316 wissen wir nunmehr insbesondere, daß $\lim_{\varrho \to 1} L(\varrho) = L(1)$ gilt. Die Gleichmäßigkeit der Konvergenz folgt aus § 28. W. z. b. w.

§ 318. *Für* $0 \leqq \varrho_1 < \varrho_2 \leqq 1$ *und für alle* ϑ *gilt*

$$V(\vartheta; \varrho_1, \varrho_2) \leqq \tfrac{1}{2} L(1).$$

Beweis: O. B. d. A. nehmen wir $\vartheta = 0$. Für $\varrho < 1$ gilt

$$\mathfrak{x}(\varrho, 0) = \int_0^{2\pi} K(\varrho, \varphi)\, \mathfrak{x}(1, \varphi)\, d\varphi = \mathfrak{x}(1, 0) - \int_0^{2\pi} \mathfrak{K}(\varrho, \varphi)\, d\mathfrak{x}(1, \varphi).$$

Dabei ist

$$\mathfrak{K}(\varrho, \varphi) = \int_0^{\varphi} K(\varrho, \psi)\, d\psi = \frac{\varphi}{2\pi} + \frac{1}{2\pi i} \log \frac{1 - \varrho\, e^{-i\varphi}}{1 - \varrho\, e^{i\varphi}}.$$

Eine geometrische Deutung des Ausdruckes auf der rechten Seite zeigt, daß für alle φ und $0 \leqq \varrho_1 < \varrho_2 \leqq 1$ die Ungleichung $|\mathfrak{K}(\varrho_2, \varphi) - \mathfrak{K}(\varrho_1, \varphi)| \leqq \frac{1}{2}$ gilt. Nunmehr wird

$$\mathfrak{x}_\varrho(\varrho, 0) = - \int_0^{2\pi} \mathfrak{K}_\varrho(\varrho, \varphi)\, d\mathfrak{x}(1, \varphi).$$

Wie man aus der Beziehung

$$\mathfrak{K}_\varrho(\varrho, \varphi) = \frac{1}{\pi} \frac{\sin\varphi}{1 - 2\varrho\cos\varphi + \varrho^2}$$

ersieht, ist $\mathfrak{K}_\varrho(\varrho, \varphi) \geqq 0$ für $0 \leqq \varphi \leqq \pi$ und $\mathfrak{K}_\varrho(\varrho, \varphi) \leqq 0$ für $\pi \leqq \leqq \varphi \leqq 2\pi$. Daher wird

$$|\mathfrak{x}_\varrho(\varrho, 0)| \leqq \int_0^{\pi} \mathfrak{K}_\varrho(\varrho, \varphi) |d\mathfrak{x}(1, \varphi)| - \int_\pi^{2\pi} \mathfrak{K}_\varrho(\varrho, \varphi)\, |d\mathfrak{x}(1, \varphi)|$$

und für $0 \leqq \varrho_1 < \varrho_2 < 1$

$$\int_{\varrho_1}^{\varrho_2} |\mathfrak{x}_\varrho(\varrho, 0)|\, d\varrho \leqq \int_0^{\pi} [\mathfrak{K}(\varrho_2, \varphi) - \mathfrak{K}(\varrho_1, \varphi)]\, |d\mathfrak{x}(1, \varphi)| +$$
$$+ \int_\pi^{2\pi} [\mathfrak{K}(\varrho_1, \varphi) - \mathfrak{K}(\varrho_2, \varphi)]\, |d\mathfrak{x}(1, \varphi)| \leqq \tfrac{1}{2} \int_0^{2\pi} |d\mathfrak{x}(1, \varphi)| = \tfrac{1}{2} L(1).$$

Daraus folgt die Behauptung.

Es sei hier noch bemerkt, daß die obige Ungleichung für den Fall analytischer Funktionen wohlbekannt (L. Fejér und F. Riesz [1]) und im Laufe der Jahre in den verschiedensten Richtungen – wohl aber noch nicht im Zusammenhange mit Flächen konstanter und beschränkter mittlerer Krümmung – verallgemeinert worden ist. Man sehe R. M. Gabriel [1]–[7]; H. Frazer [1]–[3]; D. V. Widder [1]; F. Riesz [3]; E. F. Beckenbach [5]; F. Carlson [1]; S. Lozinsky [1]; G. E. H. Reuter [1]; M. Riesz [1]; H. Lewy [8], p. 105; B. Andersson [1]; N. du Plessis [1]; A. Huber [2]; P. L. Duren [I], pp. 46–47.

§ 319. *Der Grenzwert* $\mathfrak{x}^*(1,\vartheta) = \lim\limits_{\varrho\to 1}\mathfrak{x}^*(\varrho,\vartheta)$ *existiert für alle* ϑ. $\mathfrak{x}^*(1,\vartheta)$ *ist von beschränkter Schwankung, so daß* $L^*(1) < \infty$ *gilt.*

Beweis: Wegen $\mathfrak{x}_\varrho^2 = \dfrac{1}{\varrho^2}\mathfrak{x}_\vartheta^2$ und $\mathfrak{x}_\varrho = \dfrac{1}{\varrho}\mathfrak{x}_\vartheta^*, \dfrac{1}{\varrho}\mathfrak{x}_\vartheta = -\mathfrak{x}_\varrho^*$ ist $|\mathfrak{x}_\varrho| = |\mathfrak{x}_\varrho^*|$, $|\mathfrak{x}_\vartheta| = |\mathfrak{x}_\vartheta^*|$. Für $0 \leqq \varrho_1 < \varrho_2 < 1$ wird also gemäß § 318

$$|\mathfrak{x}^*(\varrho_2,\vartheta) - \mathfrak{x}^*(\varrho_1,\vartheta)| \leqq \int\limits_{\varrho_1}^{\varrho_2} |\mathfrak{x}_\varrho^*(\varrho,\vartheta)|\,d\varrho = \int\limits_{\varrho_1}^{\varrho_2} |\mathfrak{x}_\varrho(\varrho,\vartheta)|\,d\varrho$$
$$= V(\vartheta;\varrho_1,\varrho_2) \leqq \tfrac{1}{2} L(1).$$

Die Existenz des Grenzwertes $\mathfrak{x}^*(1,\vartheta)$ folgt nun aus der Konvergenz des Integrals $\int\limits_0^1 |\mathfrak{x}_\varrho^*(\varrho,\vartheta)|\,d\varrho$. Die zweite Behauptung ergibt sich aus § 317 wie folgt. Es sei $0 = \vartheta_0 < \vartheta_1 < \cdots < \vartheta_{n-1} < \vartheta_n = 2\pi$ eine Unterteilung des Intervalles $0 \leqq \vartheta \leqq 2\pi$. Dann wird

$$\sum_{k=1}^{n} |\mathfrak{x}^*(1,\vartheta_k) - \mathfrak{x}^*(1,\vartheta_{k-1})| = \lim_{\varrho\to 1}\sum_{k=1}^{n} |\mathfrak{x}^*(\varrho,\vartheta_k) - \mathfrak{x}^*(\varrho,\vartheta_{k-1})| \leqq$$
$$\leqq \lim_{\varrho\to 1}\sum_{k=1}^{n}\int\limits_{\vartheta_{k-1}}^{\vartheta_k} |\mathfrak{x}_\vartheta^*(\varrho,\vartheta)|\,d\vartheta = \lim_{\varrho\to 1}\int\limits_0^{2\pi} |\mathfrak{x}_\vartheta^*(\varrho,\vartheta)|\,d\vartheta$$
$$= \lim_{\varrho\to 1}\int\limits_0^{2\pi} |\mathfrak{x}_\vartheta(\varrho,\vartheta)|\,d\vartheta = \lim_{\varrho\to 1} L(\varrho) = L(1).$$

§ 320. Aus der beschränkten Schwankung von $\mathfrak{x}^*(1,\vartheta)$ folgt, daß die in §§ 316, 317, 318 für L und V bewiesenen Beziehungen gleicherweise für L^* und V^* gelten. Weiterhin sieht man genauso wie in § 319, daß $L^*(\varrho;\vartheta_1,\vartheta_2) = L(\varrho;\vartheta_1,\vartheta_2)$ ist für alle ϱ in $0 \leqq \varrho \leqq 1$.

§ 321. *Die Vektoren* $\mathfrak{x}(1,\vartheta)$ *und* $\mathfrak{x}^*(1,\vartheta)$ *sind im Intervalle* $0 \leqq \vartheta \leqq 2\pi$ *absolut stetig. Fast überall in diesem Intervall gilt* $|\mathfrak{x}_\vartheta(1,\vartheta)| = |\mathfrak{x}_\vartheta^*(1,\vartheta)|$ *und* $\mathfrak{x}_\vartheta(1,\vartheta)\cdot\mathfrak{x}_\vartheta^*(1,\vartheta) = 0$. *Darüber hinaus ist* $\lim\limits_{\varrho\to 1}\int\limits_0^{2\pi} |\mathfrak{x}_\vartheta(\varrho,\vartheta) - \mathfrak{x}_\vartheta(1,\vartheta)|\,d\vartheta = 0$. (M. Tsuji [1].)

Beweis: Wir setzen $w = \varrho\, e^{i\vartheta}$ und führen den komplexwertigen Vektor $\mathfrak{G}(w) = \mathfrak{x} + i\,\mathfrak{x}^*$ ein. $\mathfrak{G}(w)$ ist in $|w| < 1$ analytisch; mit der Bezeichnung des § 145 gilt übrigens $\mathfrak{G}'(w) = \mathfrak{F}(w)$. Für $|w| < 1$ haben wir $\mathfrak{G}'^2(w) = 0$. Wenn wir allgemein für einen komplexwertigen Vektor $\mathfrak{z} = \{z_1, z_2, z_3\}$ die Abkürzung $|\mathfrak{z}| = [|z_1|^2 + |z_2|^2 + |z_3|^2]^{\frac{1}{2}}$ benutzen, so ist $|\mathfrak{G}'(w)| = \sqrt{2}\,|\mathfrak{x}_\varrho| = \frac{\sqrt{2}}{\varrho}|\mathfrak{x}_\vartheta|$. Aus den vorangehenden Ungleichungen folgt daher

$$\lim_{\varrho\to 1}\int_0^{2\pi} |\mathfrak{G}'(\varrho\, e^{i\vartheta})|\, d\vartheta \leqq \sqrt{2} L(1).$$

Jede Komponente des Vektors $\mathfrak{G}'(w)$ gehört somit in der Terminology der Funktionentheorie zur Hardyschen Klasse H_1. Nach einem bekannten Satze von F. Riesz [1] gibt es einen summierbaren Vektor $\mathfrak{G}_0(\vartheta)$ mit der Eigenschaft, daß $\lim\limits_{\varrho\to 1}\int\limits_0^{2\pi} |\mathfrak{G}'(\varrho\, e^{i\vartheta}) - \mathfrak{G}_0(\vartheta)|\, d\vartheta = 0$ und $\lim\limits_{\varrho\to 1}\mathfrak{G}'(\varrho\, e^{i\vartheta}) = \mathfrak{G}_0(\vartheta)$ für fast alle Werte von ϑ.

Aus

$$\mathfrak{G}(\varrho\, e^{i\vartheta_2}) - \mathfrak{G}(\varrho\, e^{i\vartheta_1}) = i\,\varrho\int_{\vartheta_1}^{\vartheta_2} e^{i\vartheta}\,\mathfrak{G}'(\varrho\, e^{i\vartheta})\, d\vartheta$$

$$= i\,\varrho\int_{\vartheta_1}^{\vartheta_2} e^{i\vartheta}[\mathfrak{G}'(\varrho\, e^{i\vartheta}) - \mathfrak{G}_0(\vartheta)]\, d\vartheta + i\,\varrho\int_{\vartheta_1}^{\vartheta_2} e^{i\vartheta}\,\mathfrak{G}_0(\vartheta)\, d\vartheta$$

folgt für $\varrho \to 1$ die Beziehung

$$\mathfrak{G}(e^{i\vartheta_2}) - \mathfrak{G}(e^{i\vartheta_1}) = i\int_{\vartheta_1}^{\vartheta_2} e^{i\vartheta}\,\mathfrak{G}_0(\vartheta)\, d\vartheta,$$

aus welcher sich die absolute Stetigkeit von $\mathfrak{G}(e^{i\vartheta})$ und daher auch die von $\mathfrak{x}(1, \vartheta)$ und $\mathfrak{x}^*(1, \vartheta)$ ablesen läßt. Dabei gilt für fast alle Werte von ϑ

$$\lim_{\varrho\to 1}[\mathfrak{x}_\vartheta(\varrho, \vartheta) + i\,\mathfrak{x}^*_\vartheta(\varrho, \vartheta)] = \mathfrak{x}_\vartheta(1, \vartheta) + i\,\mathfrak{x}^*_\vartheta(1, \vartheta) = \mathfrak{G}_\vartheta(e^{i\vartheta}) = i\, e^{i\vartheta}\,\mathfrak{G}_0(\vartheta).$$

Wegen $\mathfrak{G}'^2(w) = 0$ in $|w| < 1$ ist fast überall $\mathfrak{G}_0^2(\vartheta) = 0$. Daraus folgt der zweite Teil der Behauptungen.

§ 322. Der Vektor $\mathfrak{G}'(w)$ ist in P nicht identisch gleich dem Nullvektor. Nach einem von F. und M. Riesz [1] und R. Nevanlinna ([I], p. 209) stammenden grundlegenden Satze der Funktionentheorie können dann die Randwerte dieses Vektors auf keiner Teilmenge von ∂P positiven Maßes verschwinden. Die Bogenlänge $s = s(\vartheta) = \int\limits_0^{\vartheta} |\mathfrak{x}_\vartheta(1, \vartheta)|\, d\vartheta$

ist also eine absolut stetige streng monoton wachsende Funktion von ϑ, und $|\mathfrak{x}_\vartheta(1,\vartheta)|$ ist fast überall positiv. (In P selbst verschwindet $\mathfrak{x}_\vartheta$ ja sogar höchstens nur in isolierten Punkten; siehe § 304.) Da eine absolut stetige Funktion meßbare Mengen auf meßbare Mengen und Nullmengen auf Nullmengen abbildet, folgt daraus und aus § 321, daß sich bei der durch den Vektor $\mathfrak{x}(1,\vartheta)$ vermittelten Abbildung von ∂P auf Γ Nullmengen einander entsprechen.

§ 323. *Zwischen dem Flächeninhalt $I = I(S)$ der verallgemeinerten Minimalfläche $S = \{\mathfrak{x} = \mathfrak{x}(u,v);\ (u,v) \in \bar{P}\}$ und der Länge $L = L(1)$ ihrer Berandung besteht die Ungleichung $4\pi I \leqq L^2$, und zwar unabhängig davon, ob S eine von Γ berandete Fläche kleinsten Inhaltes ist oder nicht. Das Gleichheitszeichen gilt dabei genau dann, wenn Γ ein Kreis und S eine Kreisscheibe ist.*

Diese isoperimetrische Ungleichung wurde 1921 erstmalig von T. Carleman [1] bewiesen. Im Laufe der nachfolgenden Jahre ist in der Literatur unter den verschiedensten Annahmen hinsichtlich der Darstellungsform und der Regularität der fraglichen Fläche eine große Anzahl verschiedener Beweise dieser Ungleichung sowohl für Minimalflächen als auch für allgemeinere Flächen – sogar unendlich-dimensionale Flächen, d. h. Minimalabbildungen der Kreisscheibe in einen Hilbertraum; siehe A. Dinghas [2] – erschienen. Wir erwähnen hier Beweise von A. D. Aleksandrov und V. V. Strel'cov [1]; E. F. Beckenbach [1], [9]; E. F. Beckenbach and T. Radó [1], [2]; G. Bol [1]; Ju. D. Burago und V. A. Zalgaller [1]; R. Courant [I], pp. 129, 135; F. Fiala [1]; E. Heinz [9]; C. C. Hsiung [1]; A. Huber [1], [3]; V. K. Ionin [1]; S. Lozinsky [1]; M. Morse and C. Tompkins [2], in impliziter Form; W. T. Reid [1]; S. Z. Šefel' [1]; M. Shiffman [6], p. 557, und [8]; T. Takasu [1]–[3]; W. A. Toponogow [1]; L. C. Young [1]. Man sehe ferner H. Busemann [I], pp. 186–188; A. Dinghas [1]; E. Schmidt [2]. Wenn, wie es hier der Fall ist, die Fläche S bereits in einer Darstellung vermittels isothermer Parameter vorliegt, spielen weder das Nichtauftreten von Verzweigungspunkten noch der einfach geschlossene Charakter von Γ eine Rolle. Die Berandung Γ ist dann vielmehr einfach gemäß $\{\mathfrak{x} = \mathfrak{x}(1,\vartheta);\ 0 \leqq \vartheta \leqq 2\pi\}$ definiert. Die unten bei der Herleitung der Gleichung $|\mathfrak{y}'(\sigma)| = L(1)/2\pi$ benutzte fast überall gültige Beziehung $|\mathfrak{x}_\vartheta(1,\vartheta)| > 0$ folgt ja nach § 322 schon aus der in § 321 bewiesenen Tatsache, daß jede Komponente des Vektors $\mathfrak{G}'(w)$ zur Klasse H_1 gehört. Nach § 191 ist die globale Einführbarkeit isothermer Parameter jedenfalls für eine von einer Jordankurve berandete (reguläre) Minimalfläche gewährleistet.

Indem wir nun zum Beweise schreiten, führen wir auf Γ wie in § 294 den Parameter $\sigma = \sigma(\vartheta) = 2\pi L(1;0,\vartheta)/L(1)$ ein. Nullmengen des ϑ-Intervalles und Nullmengen des σ-Intervalles entsprechen einander unter der eineindeutigen Abbildung durch die absolut stetige Funktion $\sigma(\vartheta)$. Wir setzen weiter $\mathfrak{y}(\sigma) = \mathfrak{x}(1, \vartheta(\sigma))$, so daß $|\mathfrak{y}'(\sigma)| = L/2\pi$ ist für fast alle Werte von σ. Der Vektor $\mathfrak{y}(\sigma)$ hat eine Fourierentwicklung $\mathfrak{y}(\sigma) = \frac{1}{2}\mathfrak{a}_0 + \sum_{n=1}^{\infty} (\mathfrak{a}_n \cos n\sigma + \mathfrak{b}_n \sin n\sigma) \equiv \frac{1}{2}\mathfrak{a}_0 + \mathfrak{h}(\sigma)$.

Gemäß § 225 ist $I(S[P_r]) = D_{P_r}[\mathfrak{x}]$, wo P_r die konzentrische Kreisscheibe vom Radius $r < 1$ bedeutet. Anwendung der Greenschen Formel unter Beachtung der Harmonizität von $\mathfrak{x}(\varrho, \vartheta)$ ergibt dann

$$\begin{aligned}
I(S[P_r]) &= \frac{1}{2} \iint_{P_r} (\mathfrak{x}_u^2 + \mathfrak{x}_v^2)\, du\, dv \\
&= \frac{1}{2} \iint_{P_r} \left\{\frac{\partial}{\partial u}((\mathfrak{x} - \mathfrak{a}) \cdot \mathfrak{x}_u) + \frac{\partial}{\partial v}((\mathfrak{x} - \mathfrak{a}) \cdot \mathfrak{x}_v)\right\} du\, dv \\
&= \frac{1}{2} \oint_{\partial P_r} - (\mathfrak{x} - \mathfrak{a}) \cdot \mathfrak{x}_v\, du + (\mathfrak{x} - \mathfrak{a}) \cdot \mathfrak{x}_u\, dv \\
&= \frac{r}{2} \int_0^{2\pi} (\mathfrak{x}(r, \vartheta) - \mathfrak{a}) \cdot \mathfrak{x}_r(r, \vartheta)\, d\vartheta \leqq \frac{r}{2} \int_0^{2\pi} |\mathfrak{x}(r, \vartheta) - \mathfrak{a}|\, |\mathfrak{x}_r(r, \vartheta)|\, d\vartheta \\
&\leqq \frac{1}{2} \int_0^{2\pi} |\mathfrak{x}(r, \vartheta) - \mathfrak{a}|\, |\mathfrak{x}_\vartheta(r, \vartheta)|\, d\vartheta.
\end{aligned}$$

Dabei ist $\mathfrak{a}$ ein beliebiger konstanter Vektor. Man beachte den Zusammenhang mit der Formel (23) aus § 74. Wenn wir $\mathfrak{a} = \frac{1}{2}\mathfrak{a}_0$ wählen, so wird zufolge § 321 und auf Grund der absoluten Stetigkeit der Funktion $\sigma(\vartheta)$ im Grenzübergang $r \to 1$

$$I \leqq \tfrac{1}{2} \int_0^{2\pi} |\mathfrak{x}(1, \vartheta) - \mathfrak{a}|\, |\mathfrak{x}_\vartheta(1, \vartheta)|\, d\vartheta = \tfrac{1}{2} \int_0^{2\pi} |\mathfrak{h}(\sigma)|\, |\mathfrak{y}'(\sigma)|\, d\sigma.$$

Nach dem Obigen gilt weiterhin $L^2 = 2\pi \int_0^{2\pi} \mathfrak{y}'^2(\sigma)\, d\sigma$, so daß

$$\begin{aligned}
L^2 - 4\pi I &\geqq 2\pi \int_0^{2\pi} \left(\mathfrak{y}'^2(\sigma) - |\mathfrak{h}(\sigma)|\, |\mathfrak{y}'(\sigma)|\right) d\sigma \\
&\geqq \pi \int_0^{2\pi} \left[(|\mathfrak{y}'(\sigma)| - |\mathfrak{h}(\sigma)|)^2 + \mathfrak{y}'^2(\sigma) - \mathfrak{h}^2(\sigma)\right] d\sigma \\
&\geqq \pi \int_0^{2\pi} \left(\mathfrak{y}'^2(\sigma) - \mathfrak{h}^2(\sigma)\right) d\sigma = \pi^2 \sum_{n=1}^{\infty} (n^2 - 1)(\mathfrak{a}_n^2 + \mathfrak{b}_n^2).
\end{aligned}$$

Wir finden also in der Tat $4\pi I^2 \leqq L^2$.

Die Gleichheit kann dabei nur dann eintreten, wenn alle Fourierkoeffizienten $\mathfrak{a}_2, \mathfrak{a}_3, \ldots$ und $\mathfrak{b}_2, \mathfrak{b}_3, \ldots$ Nullvektoren sind. Der Vektor $\mathfrak{y}(\sigma) = \frac{1}{2}\mathfrak{a}_0 + \mathfrak{a}_1 \cos\sigma + \mathfrak{b}_1 \sin\sigma$, wo $\mathfrak{a}_1^2 + \mathfrak{b}_1^2 \neq 0$, stellt einen Kreis dar. Nach § 306 muß die Fläche S dann eine Kreisscheibe sein. Für eine solche gilt aber wirklich die isoperimetrische Gleichheit. W.z.b.w.

Es sei schließlich noch auf die ergänzende Bemerkung zur isoperimetrischen Ungleichung in § 823 verwiesen.

§ 324. Aus der Abschätzung für $I(S[P_r])$ in § 323 folgt unmittelbar

$$I(S[P_r]) \leqq \tfrac{1}{2} \max_{0 \leqq \vartheta \leqq 2\pi} |\mathfrak{x}(r, \vartheta) - \mathfrak{a}| \int_0^{2\pi} |\mathfrak{x}_\vartheta(r, \vartheta)|\, d\vartheta,$$

gemäß § 316 somit

$$I(S[P_r]) \leqq \tfrac{1}{2} \Big(\max_{0 \leqq \vartheta \leqq 2\pi} |\mathfrak{x}(r, \vartheta) - \mathfrak{a}|\Big) L(1).$$

Wenn wir etwa $\mathfrak{a} = \mathfrak{x}(r, 0)$ setzen und das am Anfang von § 328 weiter unten Gesagte berücksichtigen, so finden wir

$$I(S[P_r]) \leqq \tfrac{1}{2}\operatorname{osc}[\mathfrak{x}; \bar{P}]\, L(1)$$

und nach dem Grenzübergang $r \to 1$

$$I(S) = D_P[\mathfrak{x}] \leqq \tfrac{1}{2}\operatorname{osc}[\mathfrak{x}; \bar{P}]\, L(1).$$

Mit Hilfe einer geeigneten konformen Abbildung beweist man in ähnlicher Weise die entsprechende Aussage:

Es sei Q ein in P enthaltenes Jordangebiet, und die Bildkurve seines Randes ∂Q auf S habe die endliche Länge L. Dann gilt

$$I(S[Q]) = D_Q[\mathfrak{x}] \leqq \tfrac{1}{2}\operatorname{osc}[\mathfrak{x}; \bar{Q}]\, L.$$

§ 325. *Zu jeder Zahl r in $\frac{1}{2} \leqq r < 1$ und jeder natürlichen Zahl N gibt es N äquidistante Winkel $\vartheta_\nu = \vartheta_0 + 2\pi\nu/N$ $(\nu = 0, 1, \ldots, N-1)$, so daß*

$$V(\vartheta_\nu; r, 1) \leqq \frac{L(1)}{2\pi} \sqrt{N(1-r)}$$

ist.

Beweis: Wir setzen $h(\varrho, \vartheta) = \sum_{\nu=0}^{N-1} \mathfrak{x}_\varrho^2\left(\varrho, \vartheta + \frac{2\pi\nu}{N}\right)$ und finden

$$\int_0^{2\pi/N} d\vartheta \int_r^1 d\varrho\, h(\varrho, \vartheta) = \int_0^{2\pi}\int_r^1 \mathfrak{x}_\varrho^2(\varrho, \vartheta)\, d\varrho\, d\vartheta \leqq 2\int_0^{2\pi}\int_r^1 \mathfrak{x}_\varrho^2(\varrho, \vartheta)\, \varrho\, d\varrho\, d\vartheta \leqq$$

$$\leqq 2 D_P[\mathfrak{x}] \leqq \frac{1}{2\pi} L^2(1).$$

Ähnlich wie in § 233 schließen wir daraus auf die Existenz eines Winkels ϑ_0 mit der Eigenschaft, daß

$$\int_r^1 h(\varrho, \vartheta_0)\, d\varrho \leqq \frac{N}{4\pi^2} L^2(1)$$

gilt. Die Behauptung folgt nun aus der Ungleichung

$$V^2(\vartheta_\nu; r, 1) = \left(\int_r^1 |\mathfrak{x}_\varrho(\varrho, \vartheta_\nu)|\, d\varrho\right)^2 \leqq (1-r)\int_r^1 \mathfrak{x}_\varrho^2(\varrho, \vartheta_\nu)\, d\varrho \leqq$$

$$\leqq (1-r)\int_r^1 h(\varrho, \vartheta_0)\, d\varrho.$$

§ 326. Mit R_r sei der Ring $\{u, v; r^2 < u^2 + v^2 < 1\}$ bezeichnet.

Zu jeder Zahl $\varepsilon > 0$ gibt es eine lediglich von ε und vom Stetigkeitsmodul des Vektors $\mathfrak{x}(u, v)$ abhängige Zahl r im Intervall $0 < r < 1$ derart, daß $D_{R_r}[\mathfrak{x}] < \varepsilon$.

Beweis: Es sei $N > 1$ eine natürliche Zahl. Für $r = r_N = 1 - N^{-3}$ nehmen wir eine Unterteilung des Ringes R_r in N Gebiete $R_{r,\nu} = \{\varrho, \vartheta; r < \varrho < 1, \vartheta_\nu < \vartheta < \vartheta_{\nu+1}\}$ $(\nu = 0, 1, \ldots, N-1)$ vor. Dabei sollen die Winkel $\vartheta_\nu = \vartheta_\nu(N)$ die in § 325 verwendeten Eigenschaften haben. Der Durchmesser jedes Gebietes $R_{r,\nu}$ ist kleiner als $7/N$. Nach § 324, 325 gilt

$$D_{R_{r,\nu}}[\mathfrak{x}] \leqq \tfrac{1}{2}\operatorname{osc}[\mathfrak{x}; \bar{R}_{r,\nu}]\left\{\int_{\vartheta_\nu}^{\vartheta_{\nu+1}} |d\mathfrak{x}(1, \vartheta)| + \int_{\vartheta_\nu}^{\vartheta_{\nu+1}} |d\mathfrak{x}(r, \vartheta)| + \right.$$

$$\left. + V(\vartheta_\nu; r, 1) + V(\vartheta_{\nu+1}; r, 1)\right\} \leqq$$

$$\leqq \tfrac{1}{2}\operatorname{osc}[\mathfrak{x}; \bar{R}_{r,\nu}]\left\{\frac{1}{\pi N} L(1) + \int_{\vartheta_\nu}^{\vartheta_{\nu+1}} (|d\mathfrak{x}(r, \vartheta)| + |d\mathfrak{x}(1, \vartheta)|)\right\}.$$

Wir wählen nun N so groß, daß $\mu(7/N) < 4\varepsilon/5L(1)$ ist. Dann wird $\operatorname{osc}[\mathfrak{x}; \bar{R}_{r,\nu}] < 4\varepsilon/5L(1)$ und

$$D_{R_{r_N}}[\mathfrak{x}] = \sum_{\nu=0}^{N-1} D_{R_{r_N,\nu}}[\mathfrak{x}] \leqq \frac{2\varepsilon}{5L(1)}\left\{\frac{1}{\pi} L(1) + L(r_N) + L(1)\right\} < \varepsilon.$$

W. z. b. w.

Dabei ist der Stetigkeitsmodul $\mu(\delta)$ von $\mathfrak{x}(w)$ wie üblich als das Maximum von $|\mathfrak{x}(w') - \mathfrak{x}(w'')|$ für alle der Ungleichung $|w' - w''| \leqq \delta$ genügenden Punktepaare w', w'' aus $\bar{P}$ definiert.

§ 327. Die Behauptung des § 305, welche eine Aussage über die Flächen kleinsten Inhaltes enthält, läßt sich auf beliebige Lösungen des Plateauschen Problems ausdehnen.

Vorgegeben sei eine Folge von Lösungen $S_n = \{\mathfrak{x} = \mathfrak{x}_n(u, v); (u, v) \in \bar{P}\}$ *des Plateauschen Problems für die rektifizierbaren Jordankurven* Γ_n $(n = 1, 2, \ldots)$ *gleichmäßig beschränkter Länge. Wenn die Vektoren* $\mathfrak{x}_n(u, v)$ *auf* ∂P *gegen den Vektor* $\mathfrak{x}(u, v)$ *konvergieren, dann konvergieren die Flächeninhalte* $I(S_n)$ *gegen* $I(S)$ *oder, was für unsere verallgemeinerte Minimalflächen dasselbe ist, die Dirichletschen Integrale* $D_P[\mathfrak{x}_n]$ *gegen* $D_P[\mathfrak{x}]$.

Dieser wichtige Satz wurde zuerst, und zwar sogar für harmonische Flächen, von M. Morse and C. Tompkins ([2], insbes. pp. 825, 833) unter der zusätzlichen Voraussetzung bewiesen, daß die Längen der Kurven Γ_n gegen die Länge der Kurve Γ konvergieren. Der Fall lediglich beschränkter Längen unter gewissen anderen Voraussetzungen wurde von E. Baiada [1] behandelt. Weitere Beweise für Minimalflächen findet man bei M. Shiffman [5], p. 104, und R. Courant [I], pp. 131 bis 134; für den allgemeineren Fall von Flächen konstanter mittlerer Krümmung unter alleiniger Annahme der gleichmäßigen Beschränktheit der Längen der Kurven Γ_n bei E. Heinz [11], pp. 260–262; verwandte Aussagen schließlich bei V. E. Bononcini [2], pp. 302, 305–309, und H. C. Wente [1], p. 322.

Beweis: Zufolge der isoperimetrischen Ungleichung aus § 323 sind die Dirichletschen Integrale $D_P[\mathfrak{x}_n]$ gleichmäßig beschränkt. Nach § 297 muß die gesamte Folge $\{\mathfrak{x}_n(u, v)\}$ daher auf ∂P sogar gleichmäßig konvergieren. Auf Grund des Maximumprinzips gilt das Gleiche in $\bar{P}$. Die Vektoren $\mathfrak{x}(u, v), \mathfrak{x}_1(u, v), \mathfrak{x}_2(u, v), \ldots$ sind somit in $\bar{P}$ gleichgradig stetig. Nach § 326 gibt es zu jeder Zahl $\varepsilon > 0$ eine Zahl r in $0 < r < 1$ derart, daß alle Dirichletschen Integrale $D_{R_r}[\mathfrak{x}], D_{R_r}[\mathfrak{x}_1], D_{R_r}[\mathfrak{x}_2], \ldots$ kleiner als ε sind. Da die gleichmäßige Konvergenz der Vektoren $\mathfrak{x}_n$ in $\bar{P}$ die gleichmäßige Konvergenz ihrer Ableitungen gegen die entsprechenden Ableitungen des Vektors $\mathfrak{x}$ in jedem kompakten Teilbereich von P nach sich zieht, ist damit alles bewiesen.

§ 328. Wenn für zwei Punkte w_1, w_2 einer Teilmenge D von $\bar{P}$ die Ungleichung $|\mathfrak{x}(w_2) - \mathfrak{x}(w_1)| = \operatorname{osc}[\mathfrak{x}(w); D]$ gilt, dann können weder w_1 noch w_2 innere Punkte von D sein. Angenommen nämlich, w_2 sei ein innerer Punkt von D. Da $\mathfrak{x}(w)$ kein konstanter Vektor ist, wäre dann $|\mathfrak{x}(w_2) - \mathfrak{x}(w_1)| > 0$. Durch eine Drehung des Koordinatensystems, welche den Wert der fraglichen Ausdrücke nicht beeinflußt, könnten wir es dann so einrichten, daß $\mathfrak{x}(w_2) - \mathfrak{x}(w_1)$ ein Vektor in Richtung der positiven z-Achse wäre. Die nicht-positive z-Komponente des Vektors $\mathfrak{x}(w) - \mathfrak{x}(w_2)$, welche natürlich eine harmonische Funktion ist, wäre dann gleich Null im Punkte w_2 und nähme in einer Umgebung dieses Punktes negative Werte an. Das widerspräche aber dem Maximumprinzip für harmonische Funktionen.

Gestützt auf diese Eigenschaft des Vektors $\mathfrak{x}(w)$ führt die Schlußweise der §§ 233, 297, 323 zu Aussagen über das Wachstum des Dirichletschen Integrales und über das Randverhalten von $\mathfrak{x}(w)$. Wir wollen das hier an dem Fall illustrieren, wo Γ eine glatte reguläre Kurve ist.

Wenn $\Gamma = \{\mathfrak{x} = \mathfrak{y}(\vartheta)\,;\, 0 \leqq \vartheta \leqq 2\pi\}$ *eine glatte reguläre Jordankurve ist, dann genügt der Vektor* $\mathfrak{x}(w)$ *in* $\bar{P}$ *einer Hölderbedingung mit jedem positiven Exponenten* $\beta < \frac{1}{2}$; *d. h. für alle Punktepaare* $w_1, w_2 \in \bar{P}$ *gilt* $|\mathfrak{x}(w_2) - \mathfrak{x}(w_1)| \leqq M|w_2 - w_1|^{\beta}$. *Die Schranke* M *hängt dabei von* β, *vom Stetigkeitsmodul des Vektors* $\mathfrak{y}'(\vartheta)$ *und von einer unteren Schranke für* $|\mathfrak{y}'(\vartheta)|$ *ab.*

Beweis: Offensichtlich genügt die Kurve Γ einer BS-Bedingung (siehe § 24) mit jeder beliebigen positiven Konstanten, d. h., zu jeder Zahl $\varepsilon > 0$ gibt es eine Zahl $\delta = \delta(\varepsilon)$ $(0 < \delta < d_0 = \min(|\mathfrak{y}_1 - \mathfrak{y}_2|, |\mathfrak{y}_2 - \mathfrak{y}_3|, |\mathfrak{y}_3 - \mathfrak{y}_1|)$, siehe § 23) derart, daß für zwei beliebige Punkte $\mathfrak{x}_1, \mathfrak{x}_2$ auf Γ im Abstande $|\mathfrak{x}_2 - \mathfrak{x}_1| \leqq \delta$ und die Länge des von ihnen auf Γ bestimmten kürzeren Bogens (siehe § 23) die Ungleichung $\Delta s \leqq (1 + \varepsilon)\,|\mathfrak{x}_2 - \mathfrak{x}_1|$ statthat. $\delta(\varepsilon)$ hängt dabei außer von ε nur von dem Stetigkeitsmodul der Komponenten des Vektors $\mathfrak{y}'(\delta)$ und von einer unteren Schranke für $|\mathfrak{y}'(\vartheta)|$ ab.

Wir wählen eine gegen Eins aufsteigende Folge positiver Zahlen ϱ_m $(m = 1, 2, \ldots)$, bezeichnen mit P_m die Kreisscheiben $|w| < \varrho_m$ und bedienen uns im übrigen der Bezeichnungen des § 233. Nunmehr setzen wir $\varepsilon = \sqrt{\frac{2}{\beta}} - 2$ und bestimmen eine Zahl a im Intervalle $0 < a < 1$ so, daß die Ungleichungen $\eta\left(L(\Gamma)\sqrt{2/\log\left(\frac{1}{a}\right)}\right) \leqq \delta(\varepsilon)$ und $L(\Gamma) \leqq \leqq d_0 \sqrt{\frac{1}{2}\log\frac{1}{a}}$ erfüllt sind, wo $L(\Gamma)$ die Länge von Γ und η die in § 23 definierte Funktion bedeuten. Ähnlich wie in §§ 233, 297 läßt sich dann folgendes schließen: Wenn ein Kreis $C(w_0; r)$, $r \leqq a$, den Kreis ∂P in zwei Punkten w_1 und w_2 schneidet, dann ist der Abstand ihrer Bildpunkte $|\mathfrak{x}(w_2) - \mathfrak{x}(w_1)|$ nicht größer als $\delta(\varepsilon)$.

w_0 sei nun ein beliebiger Punkt von ∂P. $l(\varrho)$ und $l_m(\varrho)$ seien die Längen der den Kreisbögen $C'(w_0; \varrho)$ bzw. $C_m(w_0; \varrho)$ auf S entsprechenden Kurven. Es ist

$$l_m^2(\varrho) = \left(\int\limits_{C_m(w_0;\varrho)} |\mathfrak{x}_\vartheta(w_0 + \varrho\, e^{i\vartheta})|\, d\vartheta\right)^2 \leqq \pi \int\limits_{C_m(w_0;\varrho)} \mathfrak{x}_\vartheta^2(w_0 + \varrho\, e^{i\vartheta})\, d\vartheta =$$

$$= \pi\, \varrho \int\limits_{C_m(w_0;\varrho)} \mathfrak{x}_\varrho^2(w_0 + \varrho\, e^{i\vartheta})\, \varrho\, d\vartheta.$$

Für $m > m_0$ und $1 - \varrho_{m_0} < r \leqq a$ wird daher

$$\int\limits_{1-\varrho_{m_0}}^{r} \frac{l_m^2(\varrho)}{\varrho}\, d\varrho \leqq \pi \iint\limits_{R_m(w_0;1-\varrho_{m_0},r)} \mathfrak{x}_\varrho^2(w)\, du\, dv = \pi I(S[R_m(w_0; 1-\varrho_{m_0}, r)])$$
$$\leqq \pi I(S[R'(w_0; r)]).$$

Wir lassen nun erst m nach Unendlich gehen, wenden den Fatouschen Satz über den Grenzübergang unter dem Integralzeichen an und lassen hernach m_0 nach Unendlich gehen. So erhalten wir

$$\int\limits_0^r \frac{l^2(\varrho)}{\varrho}\, d\varrho \leqq \pi I(S[R'(w_0; r)]).$$

Aus der isoperimetrischen Ungleichung, welche zufolge der Bemerkung am Ende des zweiten Abschnittes von § 323 anwendbar ist, folgt $4\pi I(S[R'(w_0; r)]) \leqq (l(r) + \Delta s)^2$. Dabei ist Δs die Länge desjenigen Teilbogens von Γ, der von den Bildpunkten der Schnittpunkte von $C(w_0; r)$ mit ∂P bestimmt wird. Unter unseren Voraussetzungen ist gewiß $\Delta s \leqq (1+\varepsilon)\, l(r)$. Damit wird

$$f(r) \equiv \int\limits_0^r \frac{l^2(\varrho)}{\varrho}\, d\varrho \leqq \left(\frac{2+\varepsilon}{2}\right)^2 l^2(r) = \frac{1}{2\beta}\, l^2(r).$$

Da $r f'(r) = l^2(r)$ ist für fast alle r in $0 < r \leqq a$, gilt $(r^{-2\beta} f(r))' \geqq 0$ für fast alle r in $0 < r \leqq a$ und somit

$$r^{-2\beta} f(r) \leqq a^{-2\beta} f(a) \leqq a^{-2\beta}\, \pi I(S[R(w_0; a)]) \leqq \pi a^{-2\beta} I(S) \leqq$$
$$\leqq \left(\frac{L(\Gamma)}{2a^\beta}\right)^2 \equiv M_0.$$

Zu jedem $r \leqq a$ existiert eine Zahl r_1 im Intervalle $r/2 \leqq r_1 \leqq r$ derart, daß $l^2(r_1)\log 2 \leqq f(r) \leqq M_0 r^{2\beta}$ oder $l(r_1) \leqq M_1 r^\beta$ ist, $M_0 = M_1^2 \log 2$.

Es sei nun w ein Punkt aus $\bar{P}$ im Abstande $r/2$ von w_0. Nach den Eingangsbemerkungen dieses Paragraphen wird dann unter allen Umständen

$$|\mathfrak{x}(w) - \mathfrak{x}(w_0)| \leqq \operatorname{osc}[\mathfrak{x}(w); R'(w_0; r_1)] \leqq (2+\varepsilon)\, l(r_1) \leqq (2+\varepsilon) M_1 r^\beta \leqq$$
$$\leqq (2+\varepsilon)\, 2^\beta M_1 |w - w_0|^\beta \equiv M_2 |w - w_0|^\beta.$$

Diese Ungleichung gilt für alle w, solange $|w - w_0| \leqq a/2$. Für $|w - w_0| \geqq a/2$ ist natürlich $|\mathfrak{x}(w) - \mathfrak{x}(w_0)|/|w - w_0|^\beta \leqq 2^\beta a^{-\beta} d$, wo d den Durchmesser von Γ bedeutet. Wir bezeichnen jetzt mit M die größere der beiden Zahlen M_2 und $2^\beta a^{-\beta} d$ und haben dann für alle $w \in \bar{P}$, $w_0 \in \partial P$ die Ungleichung $|\mathfrak{x}(w) - \mathfrak{x}(w_0)| \leqq M |w - w_0|^\beta$. Nach einer bekannten Schlußweise der Potentialtheorie (siehe § 338) folgte daraus die Gültigkeit derselben Ungleichung für beliebige Punktepaare $w, w_0 \in \bar{P}$. Damit ist die Behauptung bewiesen.

§ 329. Die einfache Schlußweise des vorangehenden Paragraphen, welche sich wie in anderen ähnlichen Situationen wiederum sowohl auf den nützlichen Hilfssatz des § 233 und auf das in § 55 erwähnte Länge-Inhalt-Prinzip als auch auf die isoperimetrische Ungleichung stützt — bei seinen Untersuchungen über elliptische Differentialgleichungen wurde sie von C. B. Morrey ([6], insbes. pp. 138—139) benutzt, für den spezielleren Fall der konformen Abbildung findet man sie z. B. von J. Ferrand [1], pp. 167—170; J. Lelong-Ferrand [I], pp. 77—78; J. E. Thompson [1], pp. 42—48; S. E. Warschawski [1], [2] angewendet —, führt leider zu keinem Hölderexponenten $\beta \geqq \frac{1}{2}$, selbst wenn man hinsichtlich der Kurve Γ weitergehende Differenzierbarkeitsvoraussetzungen macht. In §§ 330—356 werden wir sehen, wie — allerdings auf Grund bedeutend mühseligerer Betrachtungen — weiterreichende Aussagen möglich sind.

Wir bemerken schließlich noch, daß sich das Dirichletsche Integral $D_{R'(w_0;r)}[\mathfrak{x}]$ unter den Voraussetzungen des Satzes aus § 328 genauso wie vorher das Integral $\int\limits_0^r \frac{l^2(\varrho)}{\varrho}\, d\varrho$ behandeln läßt, wobei man für einen beliebigen Punkt $w_0 \in \partial P$ zur folgenden Ungleichung geführt wird:

$$\pi\, I(S[R'(w_0; r)]) \equiv \pi\, D_{R'(w_0;r)}[\mathfrak{x}] \leqq M_0\, r^{2\beta}, \quad r \leqq a.$$

(Für einen Punkt $w_0 \in P$ ist die Schranke auf der rechten Seite durch $M_0\, a^\beta\, r^\beta$ zu ersetzen.)

§ 330. Wir nehmen nunmehr an, daß der dem Intervalle $|\vartheta| < \alpha$ entsprechende Teilbogen Γ_0 von Γ eine analytische reguläre (offene) Kurve ist. Er kann dann durch eine Gleichung $\mathfrak{x} = \mathfrak{y}(\sigma)$ dargestellt werden, wo σ die vom Punkte $\mathfrak{x}(1, 0)$ aus auf Γ gemessene Bogenlänge bedeutet, und wo die Komponenten des Vektors $\mathfrak{y}(\sigma)$ analytische Funktionen von σ sind. O. B. d. A. können wir den Punkt $\mathfrak{x}(1, 0)$ von Γ als Ursprung des Koordinatensystems annehmen, so daß $\mathfrak{y}(0) = 0$ ist. Es gibt eine eineindeutige Abbildung $\sigma = \tau(\vartheta)$ des Intervalles $|\vartheta| < \alpha$ auf ein Intervall $\sigma' < \sigma < \sigma''$, $\sigma' < 0 < \sigma''$, mit der Eigenschaft, daß $\tau(0) = 0$ und $\mathfrak{x}(1, \vartheta) = \mathfrak{y}(\tau(\vartheta))$ wird.

Wir lassen nun für σ auch komplexe Werte Σ zu, wodurch $\mathfrak{y}$ ein komplexwertiger Vektor $\mathfrak{y}(\Sigma)$ wird. Die Zahlen σ_0, $0 < \sigma_0 < \min(-\sigma', \sigma'')$, und $M < 1/4\sigma_0$ seien so gewählt, daß die Komponenten von $\mathfrak{y}(\Sigma)$ für $|\Sigma| < 2\sigma_0$ analytische Funktionen sind und daß für alle Σ_1, Σ_2 mit $|\Sigma_1| < \sigma_0, |\Sigma_2| < \sigma_0$ die Ungleichungen $|\mathfrak{y}'(\Sigma_2) - \mathfrak{y}'(\Sigma_1)| \leqq M|\Sigma_2 - \Sigma_1|$ – und wegen $|\mathfrak{y}'(0)| = 1$ daher insbesondere auch $|\mathfrak{y}'(\Sigma_1)| > 3/4$ – gelten. (Für die Definition des absoluten Betrages eines komplexwertigen Vektors siehe § 321.) Dem Intervall $|\sigma| \leqq \sigma_0$ entspreche das Intervall $\alpha' \leqq \vartheta \leqq \alpha''$, $\alpha' < 0 < \alpha''$. Für $\alpha' \leqq \vartheta_1, \vartheta_2 \leqq \alpha''$ gilt dann

$$|\mathfrak{x}(1,\vartheta_2) - \mathfrak{x}(1,\vartheta_1)| \geqq |\tau(\vartheta_2) - \tau(\vartheta_1)| \left(1 - \sqrt{3}\, M\, |\tau(\vartheta_2) - \tau(\vartheta_1)|\right) \geqq$$
$$\geqq \left(1 - \tfrac{1}{2}\sqrt{3}\right) |\tau(\vartheta_2) - \tau(\vartheta_1)|.$$

Zufolge § 321 ist die Funktion $\tau(\vartheta)$ also in $\alpha' \leqq \vartheta \leqq \alpha''$ absolut stetig, und für fast alle Werte von ϑ gilt dort die Beziehung $\mathfrak{x}_\vartheta(1,\vartheta) = \tau'(\vartheta)\, \mathfrak{y}'(\tau(\vartheta))$.

Gemäß §§ 317–321 gibt es zu jedem $\varepsilon > 0$ eine Zahl $\delta = \delta(\varepsilon) > 0$ mit der Eigenschaft, daß für alle $w_0 = \varrho_0 e^{i\vartheta_0}$ im Bereiche $\mathfrak{W}_\delta = \{w = \varrho e^{i\vartheta};\ 1 - \delta \leqq \varrho \leqq 1, |\vartheta| \leqq \delta\}$ die Ungleichung $\int_1^{w_0} |d\mathfrak{G}(w)| \leqq \varepsilon$ zutrifft. Die Auswertung des Integrales ist dabei definitionsgemäß in der folgenden Weise vorzunehmen: Man integriere erst längs des Ursprungsstrahles vom Punkte $w = 1$ zum Punkte $w = \varrho_0$ und dann entlang des Kreises $|w| = \varrho_0$ vom Punkte $w = \varrho_0$ zum Punkte w_0.

§ 331. Wir betrachten die Integraltransformation

$$T(w) = T_\Sigma(w) = \int_1^w \frac{\mathfrak{y}'(\Sigma(\omega)) \cdot d\mathfrak{G}(\omega)}{\mathfrak{y}'^2(\Sigma(\omega))}$$

für alle im Bereich $\mathfrak{W}_\delta$ stetigen und im Punkte $w = 1$ verschwindenden komplexwertigen Funktionen $\Sigma(w)$. Das Integral wird dabei wieder in der gerade beschriebenen Weise ausgewertet. Solange $|\Sigma(w)| < \sigma_0$ bleibt, kann $\mathfrak{y}'(\Sigma(w))$ gewiß nicht der Nullvektor werden. Für festes $\Sigma(w)$ ist $T_\Sigma(w)$ dann auch eine in $\mathfrak{W}_\delta$ stetige und im Punkte $w = 1$ verschwindende Funktion von w. Für alle im Inneren des Einheitskreises gelegenen Punkte von $\mathfrak{W}_\delta$ ist das wegen der Analytizität der Funktion $\mathfrak{G}(w)$ in $|w| < 1$ klar. Für Punkte von $\mathfrak{W}_\delta$ auf dem Rande des Einheitskreises folgt es aus § 321.

Wenn bekannt ist, daß die Funktionen $\Sigma(w)$ bzw. $\Sigma_1(w), \Sigma_2(w)$ dem absoluten Betrage nach kleiner als eine Zahl $\sigma_1 \leqq \sigma_0$ sind, dann findet man für alle w in $\mathfrak{W}_\delta$ die Ungleichungen

$$|T_\Sigma(w)| \leqq \frac{1 + M\sigma_1}{(1 - M\sigma_1)^2} \int_1^w |d\mathfrak{G}(w)| \leqq \frac{1 + M\sigma_1}{(1 - M\sigma_1)^2}\, \varepsilon$$

und

$$|T_{\Sigma_2}(w) - T_{\Sigma_1}(w)| \leqq$$

$$\leqq \frac{M}{(1 - M\sigma_1)^2}\left[1 + 2\left(\frac{1 + M\sigma_1}{1 - M\sigma_1}\right)^2\right]\int_1^w |\Sigma_2(w) - \Sigma_1(w)|\,|d\mathfrak{G}(w)|.$$

§ 332. Wir setzen jetzt $\sigma_1 = 2\varepsilon$ und wählen ε so klein, daß die nachfolgenden Ungleichungen erfüllt sind:

$$2\varepsilon \leqq \sigma_0, \frac{1 + 2M\varepsilon}{(1 - 2M\varepsilon)} \leqq 2,$$

$$\frac{M}{(1 - 2M\varepsilon)^2}\left[1 + 2\left(\frac{1 + 2M\varepsilon}{1 - 2M\varepsilon}\right)^2\right]\varepsilon < 1.$$

Dann wird nämlich für die obigen Funktionen

$$|T_\Sigma(w)| \leqq \sigma_1, \max_{w \in \mathfrak{W}_\delta}|T_{\Sigma_2}(w) - T_{\Sigma_1}(w)| < \max_{w \in \mathfrak{W}_\delta}|\Sigma_2(w) - \Sigma_1(w)|.$$

Nach dem sog. Banachschen Fixpunktsatz, welcher bekanntlich die Anwendbarkeit der Iterationsmethode feststellt, gibt es dann genau eine im Bereiche $\mathfrak{W}_{\delta(\varepsilon)}$ stetige, im Punkte $w = 1$ verschwindende und die Bedingung $|\Sigma(w)| \leqq 2\varepsilon$ erfüllende Lösung $\Sigma(w)$ der Integralgleichung

$$\Sigma(w) = \int_1^w \frac{\mathfrak{y}'(\Sigma(\omega)) \cdot d\mathfrak{G}(\omega)}{\mathfrak{y}'^2(\Sigma(\omega))}. \tag{124}$$

Diese Lösung $\Sigma(w)$ ist in allen im Inneren des Einheitskreises liegenden Punkten w_0 von $\mathfrak{W}_\delta$ analytisch. Das kann man auf verschiedene Weise, z. B. folgendermaßen, einsehen. Die Lösung $\Sigma(w)$ erscheint als Grenzfunktion der gleichmäßig konvergierenden Näherungslösungen $\Sigma^{(0)}(w) = 0, \Sigma^{(1)}(w) = \mathfrak{y}'(0) \cdot [\mathfrak{G}(w) - \mathfrak{G}(1)], \Sigma^{(2)}(w), \ldots,$ welche man beim iterativen Auflösen der Integralgleichung (124) erhält. Die sukzessiven Approximationen $\Sigma^{(0)}(w), \Sigma^{(1)}(w), \ldots$ sind alle in $\mathfrak{W}_\delta \cap P$ analytisch. Dasselbe gilt dann von $\Sigma(w)$.

Wir behaupten ferner, daß sich $\Sigma(w)$ für $w = e^{i\vartheta}$, $|\vartheta| \leqq \delta$, auf $\Sigma(e^{i\vartheta}) = \tau(\vartheta)$ reduziert. Es gilt nämlich $\mathfrak{y}'^2(\tau(\vartheta)) = 1$ und nach §§ 321, 322, 330 für fast alle Werte von ϑ die Beziehung $\mathfrak{y}'(\tau(\vartheta)) \cdot [\mathfrak{x}_\vartheta(1, \vartheta) + i\,\mathfrak{x}_\vartheta^*(1, \vartheta)] = \tau'(\vartheta)$. Daher wird

$$\int_1^{e^{i\vartheta_0}} \frac{\mathfrak{y}'(\tau(\vartheta)) \cdot d\mathfrak{G}(e^{i\vartheta})}{\mathfrak{y}'^2(\tau(\vartheta))} = \int_0^{\vartheta_0} \tau'(\vartheta)\,d\vartheta = \tau(\vartheta_0).$$

Die Lösung der sich für $w = e^{i\vartheta}$ auf eine nicht-lineare Volterrasche Integralgleichung reduzierenden Integralgleichung (124) ist aber eindeutig bestimmt.

§ **333.** Im Bereiche $\mathfrak{W}_\delta^{(1)} = \left\{w;\, 1 \leqq \varrho \leqq \frac{1}{1-\delta},\, |\vartheta| \leqq \delta\right\}$ definieren wir einen komplexwertigen Vektor $\mathfrak{G}^{(1)}(w)$ wie folgt:

$$\mathfrak{G}^{(1)}(w) = \overline{2\mathfrak{y}\left(\Sigma\left(\frac{1}{\overline{w}}\right)\right) - \mathfrak{G}\left(\frac{1}{\overline{w}}\right)}, \quad w \in \mathfrak{W}_\delta^{(1)}.$$

Der Vektor $\mathfrak{G}^{(1)}(w)$ ist im Bereiche $\mathfrak{W}_\delta^{(1)}$ stetig und in den außerhalb des Einheitskreises gelegenen Punkten von $\mathfrak{W}_\delta^{(1)}$ analytisch. Für $w = e^{i\vartheta}$ erhalten wir

$$\begin{aligned}\mathfrak{G}^{(1)}(e^{i\vartheta}) &= \overline{2\mathfrak{y}(\Sigma(e^{i\vartheta}))} - \overline{\mathfrak{G}(e^{i\vartheta})}\\ &= \overline{2\mathfrak{y}(\tau(\vartheta)) - [\mathfrak{x}(1,\vartheta) + i\,\mathfrak{x}^*(1,\vartheta)]}\\ &= \mathfrak{x}(1,\vartheta) + i\,\mathfrak{x}^*(1,\vartheta) = \mathfrak{G}(e^{i\vartheta}).\end{aligned}$$

Der zusammengesetzte Vektor

$$\mathfrak{G}^{(0)}(w) = \begin{cases}\mathfrak{G}(w), & w \in \mathfrak{W}_\delta\\ \mathfrak{G}^{(1)}(w), & w \in \mathfrak{W}_\delta^{(1)}\end{cases}$$

ist also in den nicht auf $|w| = 1$ liegenden Punkten von $\mathfrak{W}_\delta^{(0)} = \mathfrak{W}_\delta \cup \mathfrak{W}_\delta^{(1)}$ analytisch und in $\mathfrak{W}_\delta^{(0)}$ stetig. Nach dem allgemeinen Spiegelungsprinzip der Funktionentheorie ist $\mathfrak{G}^{(0)}(w)$ daher sogar in ganz $\mathfrak{W}_\delta^{(0)}$ analytisch. Die Beziehungen $E = G$ und $F = 0$, d. h. $\mathfrak{G}'^2(w) = 0$, gelten natürlich auch für die analytische Fortsetzung des Vektors $\mathfrak{G}(w)$.

§ **334.** Damit haben wir den Satz von H. Lewy [8] bewiesen:

Wenn die rektifizierbare Kurve Γ einen (offenen) analytischen regulären Teilbogen Γ_0 enthält, welcher dem Bogen γ_0 von $|w| = 1$ entspricht, dann ist der Vektor $\mathfrak{x}(u, v)$ in $|w| < 1$ und in allen Punkten von γ_0 analytisch und kann über γ_0 hinaus analytisch fortgesetzt werden. Mit anderen Worten: *Die verallgemeinerte Minimalfläche $S = \{\mathfrak{x} = \mathfrak{x}(u, v);\, (u, v) \in \bar{P}\}$ kann über Γ_0 hinweg als verallgemeinerte Minimalfläche fortgesetzt werden.*

Während die Voraussetzung, die Randkurve Γ der Minimalfläche S solle eine Jordankurve sein, für den Existenzbeweis des Plateauschen Problems erforderlich war, ist sie, wie man beim nochmaligen Durchgehen der Beweise erkennt, weder für die in den vorangehenden Paragraphen hergeleiteten Resultate noch für den Lewyschen Satz nötig. Der Satz bezieht sich allerdings auf Minimalflächen, welche bereits in einer Darstellung durch isotherme Parameter vorliegen, und ist daher, genauso wie die Aussagen der §§ 314–322, in erster Linie als ein Satz über Tripel harmonischer Funktionen anzusprechen.

§ 335. Wir wollen noch zeigen, daß die Voraussetzung der Rektifizierbarkeit der Kurve Γ im Lewyschen Satze überflüssig ist. Angenommen, es sei lediglich bekannt, daß der dem Bogen $\gamma_0 = \{e^{i\vartheta}; |\vartheta| < \alpha < \pi\}$ entsprechende Teilbogen Γ_0 der Jordankurve Γ analytisch und regulär ist. Es sei $e^{i\vartheta_0}$ ein Punkt von γ_0, in dessen Umgebung die Analytizität des Vektors $\mathfrak{x}(\varrho, \vartheta)$ bewiesen werden soll. Wir wählen die positive Zahl ε so klein, daß die Ungleichungen $\varepsilon < \alpha/2$ und $|\vartheta_0| < \alpha - 2\varepsilon$ erfüllt sind. Der dem Intervalle $|\vartheta| \leqq \alpha - \varepsilon$ entsprechende Bogen von Γ ist gewiß rektifizierbar. Wir setzen $\vartheta_1 = -(\alpha - 2\varepsilon)$ und $\vartheta_2 = (\alpha - 2\varepsilon)$. Für $\varrho < 1$ erhalten wir nun ähnlich wie in § 318

$$\mathfrak{x}(\varrho, \vartheta_2) = \int\limits_0^{2\pi} K(\varrho, \varphi - \vartheta_2)\, \mathfrak{x}(1, \varphi)\, d\varphi = \int\limits_{-\pi}^{+\pi} K(\varrho, \varphi)\, \mathfrak{x}(1, \varphi + \vartheta_2)\, d\varphi =$$
$$= \mathfrak{K}(\varrho, \varepsilon)\, \mathfrak{x}(1, \vartheta_2 + \varepsilon) - \mathfrak{K}(\varrho, -\varepsilon)\, \mathfrak{x}(1, \vartheta_2 - \varepsilon) -$$
$$- \int\limits_{-\varepsilon}^{+\varepsilon} \mathfrak{K}(\varrho, \varphi)\, d\mathfrak{x}(1, \varphi + \vartheta_2) + \int\limits_{\varepsilon \leqq |\varphi| \leqq \pi} K(\varrho, \varphi)\, \mathfrak{x}(1, \varphi + \vartheta_2)\, d\varphi.$$

Für $\varepsilon \leqq |\varphi| \leqq \pi$, $\varrho < 1$ gilt

$$K_\varrho(\varrho, \varphi) = \frac{1}{\pi}\, \frac{(1 + \varrho^2)\cos\varphi - 2\varrho}{[1 - 2\varrho\cos\varphi + \varrho^2]^2} \leqq \frac{1}{\pi}\, \frac{(1 + \varrho^2)\cos\varepsilon - 2\varrho}{[1 - 2\varrho\cos\varphi + \varrho^2]^2}.$$

Wenn wir mit $\varrho_0 = \cot\left(\frac{\varepsilon}{2} + \frac{\pi}{4}\right)$ die Wurzel der quadratischen Gleichung $\varrho^2 - \frac{2}{\cos\varepsilon}\varrho + 1 = 0$ bezeichnen, welche kleiner als Eins ist, so sehen wir, daß für $\varrho_0 \leqq \varrho < 1$, $\varepsilon \leqq |\varphi| \leqq \pi$ die Ungleichung $K_\varrho(\varrho, \varphi) \leqq 0$ zutrifft. Eine der der in § 318 durchgeführten ähnliche Abschätzung ergibt dann für $\varrho_0 \leqq \varrho_1 < \varrho_2 < 1$

$$V(\vartheta_2; \varrho_1, \varrho_2) = \int\limits_{\varrho_1}^{\varrho_2} |\mathfrak{x}_\varrho(\varrho, \vartheta_2)|\, d\varrho \leqq \tfrac{1}{2}|\mathfrak{x}(1, \vartheta_2 + \varepsilon)| + \tfrac{1}{2}|\mathfrak{x}(1, \vartheta_2 - \varepsilon)| +$$
$$+ \tfrac{1}{2}L(1; \vartheta_2 - \varepsilon, \vartheta_2 + \varepsilon) +$$
$$+ \int\limits_{\varepsilon \leqq |\varphi| \leqq \pi} [K(\varrho_1, \varphi) - K(\varrho_2, \varphi)]\, |\mathfrak{x}(1, \varphi + \vartheta_2)|\, d\varphi \leqq$$
$$\leqq \max_{0 \leqq \vartheta \leqq 2\pi} |\mathfrak{x}(1, \vartheta)| + \tfrac{1}{2}L(1; -\alpha + \varepsilon, \alpha - \varepsilon) +$$
$$+ \int\limits_{\varepsilon \leqq |\varphi| \leqq \pi} K(\varrho_1, \varphi)\, |\mathfrak{x}(1, \varphi + \vartheta_2)|\, d\varphi \leqq$$
$$\leqq \tfrac{1}{2}L(1; -\alpha + \varepsilon, \alpha - \varepsilon) + 2 \max_{0 \leqq \vartheta \leqq 2\pi} |\mathfrak{x}(1, \vartheta)|.$$

Dieselbe Abschätzung erhalten wir für $V(\vartheta_1; \varrho_1, \varrho_2)$. Damit ist die Beschränktheit der Variationen $V(\vartheta_1; 0, 1)$ und $V(\vartheta_2; 0, 1)$ erwiesen.

Mit Hilfe der (elementaren) konformen Abbildung $\omega = \omega(w)$ – ihre Umkehrfunktion heiße $w = w(\omega)$ – bilden wir nun den Sektor $\{w;\, \varrho < 1, |\vartheta| < \alpha - \varepsilon\}$ auf das Innere des Einheitskreises der ω-Ebene ab. Der Vektor $\mathfrak{z}(\omega) = \mathfrak{x}(w(\omega))$ hat dann in $|\omega| \leqq 1$ dieselben Eigenschaften, welche der Vektor $\mathfrak{x}(w)$ früher in $|w| \leqq 1$ hatte. Insbesondere ist die Kurve $\{\mathfrak{x} = \mathfrak{z}(e^{i\psi});\, 0 \leqq \psi \leqq 2\pi\}$ rektifizierbar. Obwohl diese Kurve keine Jordankurve mehr zu sein braucht, ist ihr dem Bogen $\{w;\, w = e^{i\vartheta}, |\vartheta| \leqq \alpha - \varepsilon\}$ entsprechender Teil immer noch ein Jordanbogen. Wie in § 334 bemerkt, spielt das aber keine Rolle. Wir erhalten so für den Vektor $\mathfrak{z}(\omega)$ dieselben Resultate wie früher. Da die Abbildungsfunktion $\omega = \omega(w)$ auf dem Bogen $\{w;\, w = e^{i\vartheta}, |\vartheta| \leqq \alpha - 2\varepsilon\}$ gewiß analytisch ist und eine nicht-verschwindende Ableitung besitzt, erhalten wir nunmehr den Satz:

Wenn die Jordankurve Γ einen (offenen) analytischen regulären Teilbogen Γ_0 enthält, welcher dem Bogen γ_0 von $|w| = 1$ entspricht, dann ist der Vektor $\mathfrak{x}(u, v)$ in $|w| < 1$ und in allen Punkten von γ_0 analytisch und kann über γ_0 hinweg analytisch fortgesetzt werden. Mit anderen Worten: *Die verallgemeinerte Minimalfläche $S = \{\mathfrak{x} = \mathfrak{x}(u, v);\, (u, v) \in \bar{P}\}$ kann über Γ_0 hinweg als verallgemeinerte Minimalfläche fortgesetzt werden.*

§ 336. Indem wir nunmehr zum Beweis des in § 315 angekündigten allgemeinen Satzes schreiten, stellen wir zunächst die dazu noch erforderlichen Hilfsmittel bereit.

Neben den Bezeichnungen $\mathfrak{x}(u, v)$ und $\mathfrak{x}(\varrho, \vartheta)$ werden wir für den Ortsvektor fortan des öfteren auch die Schreibweise $\mathfrak{x}(w)$ gebrauchen. Gemäß §§ 145, 321 gilt $\mathfrak{x}(w) = \mathrm{Re}\,\mathfrak{G}(w)$, wobei $\mathfrak{G}(w)$ ein der Bedingung

$$(125) \qquad \mathfrak{G}'^2(w) = g_1'^2(w) + g_2'^2(w) + g_3'^2(w) = 0$$

genügender komplexwertiger Vektor $\{g_1(w), g_2(w), g_3(w)\}$ ist. Eine Bewegung des (x, y, z)-Koordinatensystems hat eine lineare Transformation

$$\tilde{g}_j(w) = a_j + \sum_{k=1}^{3} a_{jk}\, g_k(w)$$

des Vektors $\mathfrak{G}(w)$ in einen Vektor $\tilde{\mathfrak{G}}(w)$ zur Folge, bei welcher $\{a_1, a_2, a_3\}$ einen reellwertigen Vektor und $((a_{jk}))$ eine reellwertige orthogonale Matrix bedeuten. Wenn die m-ten Ableitungen ($m \geqq 1$) der drei Funktionen $g_j(w)$ für gewisse Werte von w einer Ungleichung, etwa $|g_j^{(m)}(w)| \leqq M$, genügen, so gilt eine entsprechende Ungleichung, nämlich $|\tilde{g}_j^{(m)}(w)| \leqq \sqrt{3}M$, auch für die drei Funktionen $\tilde{g}_j(w)$. Dieselbe Beziehung besteht für eine Abschätzung der drei Differenzen $|g_j(w) - g_j(w_0)|$. Wir werden uns weiter unten wiederholt auf diesen einfachen Sachverhalt, welchen wir dann kurz als „Sachverhalt $\mathfrak{S}$“ zitieren, zu berufen haben.

§ 337. Wir benötigen weiterhin einige funktionentheoretische Tatsachen, welche hier und in §§ 338–340 zusammengestellt sind. Es handelt sich dabei um wohlbekannte Sätze; man sehe z. B. G. H. Hardy and J. E. Littlewood [1], pp. 426–429; G. M. Golusin [I], Kap. IX, insbes. pp. 361–364; P. L. Duren [I], pp. 74–79. Die Hilfssätze der §§ 337–339 sind übrigens spezielle Folgerungen der in § 341 mit Beweis wiedergegebenen Aussage (J. C. C. Nitsche [30], pp. 320–322). Der Hilfssatz des § 340 benutzt darüber hinaus noch das Spiegelungsprinzip.

Die Funktion $f(w)$ *sei in* $|w| < 1$ *analytisch und genüge dort der Ungleichung* $|f'(w)| \leqq M(1 - |w|)^{\mu-1}$, $0 < \mu \leqq 1$. *Dann existieren die radialen Grenzwerte* $\lim\limits_{\varrho\to 1} f(\varrho\, e^{i\vartheta}) = f(e^{i\vartheta})$ *für alle Werte von* ϑ, *und die erweiterte Funktion* $f(w)$ *ist in* $|w| \leqq 1$ *Hölderstetig, so daß* $|f(w_2) - f(w_1)| \leqq N|w_2 - w_1|^\mu$ *gilt für* $|w_1| \leqq 1$, $|w_2| \leqq 1$. *Die Konstante N hängt dabei nur von M und* μ *ab.*

§ 338. In diesem und den nächsten drei Paragraphen bedeutet $f(w)$ eine in $|w| < 1$ analytische und beschränkte Funktion. Die radialen Grenzwerte $\lim\limits_{\varrho\to 1} f(\varrho\, e^{i\vartheta}) = f(e^{i\vartheta})$ existieren für fast alle Werte von ϑ. Wir setzen $h(\vartheta) = \operatorname{Re} f(e^{i\vartheta})$. $h(\vartheta)$ ist eine summierbare Funktion. Für $|w| < 1$ gilt die Poissonsche Darstellungsformel

$$f(w) = i \operatorname{Im} f(0) + \frac{1}{2\pi} \int_{-\pi}^{\pi} \frac{e^{i\varphi} + w}{e^{i\varphi} - w} h(\varphi)\, d\varphi. \tag{126}$$

Für fast alle Werte von ϑ_1 *und* ϑ_2 *gelte* $|h(\vartheta_2) - h(\vartheta_1)| \leqq M|\vartheta_2 - \vartheta_1|^\mu$, $0 < \mu < 1$. *Dann existieren die radialen Grenzwerte* $\lim\limits_{\varrho\to 1} f(\varrho\, e^{i\vartheta}) = f(e^{i\vartheta})$ *für alle Werte von* ϑ, *und die erweiterte Funktion* $f(w)$ *genügt in* $|w| \leqq 1$ *einer Hölderbedingung*: $|f(w_2) - f(w_1)| \leqq N|w_2 - w_1|^\mu$ *für* $|w_1| \leqq 1$, $|w_2| \leqq 1$. *Die Konstante N hängt dabei nur von M und* μ *ab.*

§ 339. *Es gebe eine Zahl* h_1 *und drei positive Zahlen* $\vartheta_0\, M, m$ *mit der Eigenschaft, daß für fast alle Werte von* ϑ *die Ungleichungen* $|h(\vartheta) - h_1| \leqq M|\vartheta - \vartheta_1|^\mu$, $\mu > 0$, *in* $|\vartheta - \vartheta_1| < \vartheta_0$ *und* $|h(\vartheta)| \leqq m$ *anderweitig zutreffen. Für* $\frac{1}{2} \leqq \varrho < 1$ *gilt dann*

$$|f'(\varrho\, e^{i\vartheta_1})| \leqq \begin{cases} N(1-\varrho)^{\mu-1} & \text{falls } \mu < 1 \\ N \log \dfrac{1}{1-\varrho} & \text{falls } \mu = 1 \\ N & \text{falls } \mu > 1. \end{cases}$$

Die Konstante N hängt dabei nur von μ, M, ϑ_0 *und m ab.*

§ 340. *Es sei* $h(\vartheta) = \vartheta$ *für fast alle Werte von* ϑ *in* $|\vartheta - \vartheta_1| < \vartheta_0$ *und* $|h(\vartheta)| \leqq m$ *fast überall sonst. Dann gilt die Ungleichung* $|f'(\varrho e^{i\vartheta})| \leqq N$ *für* $\frac{1}{2} \leqq \varrho < 1$, $|\vartheta - \vartheta_1| \leqq \vartheta_0/2$ *mit einer allein von* ϑ_0 *und* m *abhängigen Konstanten* N.

§ 341. *Es gebe fünf positive Konstanten* $\mu, \nu, \vartheta_0 \leqq \pi/2$, M *und* m *mit der Eigenschaft, daß für fast alle Werte von* ϑ_1 *und* ϑ_2 *in* $-\vartheta_0 < < \vartheta_1, \vartheta_2 < \vartheta_0$ *die Ungleichung*

$$|h(\vartheta_2) - h(\vartheta_1)| \leqq M\,|\vartheta_2 - \vartheta_1|^{\mu}\,\{\min(|\vartheta_1|^{\nu}, |\vartheta_2|^{\nu}) + |\vartheta_2 - \vartheta_1|^{\nu}\}$$

und anderweitig die Ungleichung $|h(\vartheta_2) - h(\vartheta_1)| \leqq m$ *zutrifft. Dann existieren die radialen Grenzwerte* $\lim\limits_{\varrho\to 1} f(\varrho e^{i\vartheta}) = f(e^{i\vartheta})$ *für alle* ϑ *in* $|\vartheta| \leqq \vartheta_0/2$. *Darüber hinaus gilt für* $\frac{1}{2} \leqq \varrho < 1$ *und* $|\vartheta| \leqq \vartheta_0/2$

$$|f(\varrho) - f(1)| \leqq \begin{cases} N(1-\varrho)^{\mu+\nu} & \text{falls } \mu+\nu<1 \\ N(1-\varrho)\log\dfrac{1}{1-\varrho} & \text{falls } \mu+\nu=1 \\ N(1-\varrho) & \text{falls } \mu+\nu>1 \end{cases}$$

und

$$|f(e^{i\vartheta}) - f(1)| \leqq \begin{cases} N\,|\vartheta|^{\mu+\nu} & \text{falls } \mu+\nu<1 \\ N\,|\vartheta|\log\dfrac{1}{|\vartheta|} & \text{falls } \mu+\nu=1 \\ N\,|\vartheta| & \text{falls } \mu+\nu>1. \end{cases}$$

Die Konstante N *hängt dabei allein von* μ, ν, ϑ_0, M *und* m *ab.*

Beweis: Es sei ϑ ein Wert in $|\vartheta| \leqq \vartheta_0/2$, für welchen der Grenzwert $\lim\limits_{\varrho\to 1} f(\varrho e^{i\vartheta})$ existiert. Differentiation der Beziehung (126) ergibt für $w = \varrho e^{i\vartheta}$

$$f'(w) = \frac{1}{2\pi}\int_{-\pi}^{\pi} \frac{2e^{i\varphi}}{(e^{i\varphi} - w)^2}\,h(\varphi)\,d\varphi$$

$$= \frac{1}{\pi}\int_{-\pi}^{\pi} \frac{h(\varphi+\vartheta) - h(\vartheta)}{(e^{i\varphi} - \varrho)^2}\,e^{i(\varphi-\vartheta)}\,d\varphi.$$

Wir haben dabei die Variablentransformation $\varphi \| \varphi - \vartheta$ benutzt. Es gilt daher

$$|f'(w)| \leqq \frac{1}{\pi}\int_{-\pi}^{\pi} \frac{|h(\varphi+\vartheta) - h(\vartheta)|}{1 - 2\varrho\cos\varphi + \varrho^2}\,d\varphi.$$

Da $\sin\lambda \geqq 2\lambda/\pi$ ist für $0 \leqq \lambda \leqq \pi/2$, kann der Nenner, falls $\varrho \geqq \frac{1}{2}$ ist, gemäß $1 - 2\varrho\cos\varphi + \varrho^2 = (1-\varrho)^2 + 4\varrho\sin^2(\varphi/2) \geqq (1-\varrho)^2 +$

$+ 4\varrho\varphi^2/\pi^2 \geqq (1-\varrho)^2 + 2\varphi^2/\pi^2$ abgeschätzt werden. Für $\frac{1}{2} \leqq \varrho < 1$ und $0 \leqq \vartheta \leqq \vartheta_0/2$ finden wir dann

$$|f'(w)| \leqq \frac{M}{\pi} \int_{-\vartheta_0-\vartheta}^{\vartheta_0-\vartheta} \frac{|\vartheta|^\nu |\varphi|^\mu + |\varphi|^{\mu+\nu}}{(1-\varrho)^2 + \frac{2}{\pi^2}\varphi^2} d\varphi + {}$$

$$+ \frac{m}{\pi}\left[\int_{-\pi}^{-\vartheta_0-\vartheta} + \int_{\vartheta_0-\vartheta}^{\pi}\right] \frac{d\varphi}{(1-\varrho)^2 + \frac{2}{\pi^2}\varphi^2}$$

$$\leqq \frac{2M}{\pi} \int_0^{\frac{3\vartheta_0}{2}} \frac{|\vartheta|^\nu \varphi^\mu + \varphi^{\mu+\nu}}{(1-\varrho)^2 + \frac{2}{\pi^2}\varphi^2} d\varphi + \frac{2\pi m}{\vartheta_0}.$$

Eine entsprechende Ungleichung läßt sich für $-\vartheta_0/2 \leqq \vartheta \leqq 0$ ableiten. Ganz grobe Abschätzungen zeigen, daß

$$\frac{2}{\pi} \int_0^{\frac{3\vartheta_0}{2}} \frac{\varphi^\gamma\, d\varphi}{(1-\varrho)^2 + \frac{2}{\pi^2}\varphi^2} d\varphi \leqq \begin{cases} \frac{6}{1-\gamma}(1-\varrho)^{\gamma-1} & \text{falls } 0 \leqq \gamma < 1 \\ 4\log\frac{1}{1-\varrho} & \text{falls } \gamma = 1 \\ \frac{3^\gamma}{\gamma-1} & \text{falls } \gamma > 1 \end{cases}$$

für $\frac{1}{2} \leqq \varrho < 1$. Da nun $f'(w)$ in $|w| < 1$ stetig ist, folgt für alle $w = \varrho e^{i\vartheta}$ mit $\frac{1}{2} \leqq \varrho < 1$, $|\vartheta| \leqq \vartheta_0/2$

$$|f'(w)| \leqq \begin{cases} M_1 |\vartheta|^\nu (1-\varrho)^{\mu-1} + {} \\ \quad + M_2 (1-\varrho)^{\mu+\nu-1} + M_3 & \text{falls } \mu+\nu < 1 \\ M_1 |\vartheta|^\nu (1-\varrho)^{\mu-1} + {} \\ \quad + M_2 \log\frac{1}{1-\varrho} + M_3 & \text{falls } \mu+\nu = 1 \\ M_1 |\vartheta|^\nu (1-\varrho)^{\mu-1} + {} \\ \quad + M_2 & \text{falls } \mu < 1 \text{ und } \mu+\nu > 1 \\ M_1 |\vartheta|^\nu \log\frac{1}{1-\varrho} + {} \\ \quad + M_2 & \text{falls } \mu = 1 \\ M_1 & \text{falls } \mu > 1. \end{cases}$$

Dabei sind M_1, M_2 und M_3 Konstanten, welche in einfacher Weise von μ, ν, ϑ_0, M und m abhängen.

Die ersten beiden Aussagen des Hilfssatzes folgen aus dieser Ungleichung für $|f'(w)|$. Für $|\vartheta| \leqq \vartheta_0/2$ gilt weiterhin

$$f(e^{i\vartheta}) - f(1) = \int_{\lambda_r} f'(w)\, dw.$$

Dabei ist r eine geeignete Zahl kleiner als Eins, und λ_r bedeutet einen Weg, welcher aus den zwei radialen Strecken mit den Endpunkten r, 1 bzw. $r\, e^{i\vartheta}$, $e^{i\vartheta}$ und aus dem die Punkte r und $r\, e^{i\vartheta}$ verbindenden konzentrischen Kreisbogen besteht. Folglich ist

$$|f(e^{i\vartheta}) - f(1)| \leqq \int_r^1 |f'(\varrho)|\, d\varrho + \left| r \int_0^\vartheta |f'(r\, e^{i\vartheta})|\, d\vartheta \right| + \int_r^1 |f'(\varrho\, e^{i\vartheta})|\, d\varrho.$$

Im ersten Falle $\mu + \nu < 1$ finden wir dann

$$\begin{aligned} |f(e^{i\vartheta}) - f(1)| \leqq {} & \frac{M_2}{\mu + \nu} (1 - r)^{\mu+\nu} + M_3 (1 - r) + \\ & + \frac{M_1}{\nu + 1} r\, |\vartheta|^{\nu+1} (1 - r)^{\mu-1} + \\ & + M_2\, r\, |\vartheta|\, (1 - r)^{\mu+\nu-1} + M_3\, r\, |\vartheta| + \\ & + \frac{M_1}{\mu} |\vartheta|^\nu (1 - r)^\mu + \frac{M_2}{\mu + \nu} (1 - r)^{\mu+\nu} + M_3 (1 - r). \end{aligned}$$

Mit der Wahl $r = 1 - \frac{|\vartheta|}{2} \geqq 1 - \frac{\vartheta_0}{4} > \frac{1}{2}$ wird aus dieser Ungleichung einfach

$$|f(e^{i\vartheta}) - f(1)| \leqq N\, |\vartheta|^{\mu+\nu}.$$

Die anderen Behauptungen des Hilfssatzes folgen in entsprechender Weise. W. z. b. w.

§ 342. Es seien nun Γ eine Jordankurve der Klasse $C^{1,\alpha}$ und $S = \{\mathfrak{x} = \mathfrak{x}(u, v);\ (u, v) \in \bar{P}\}$ eine von Γ berandete Lösung des Plateauschen Problems. Wir betrachten einen Punkt auf dem Rande ∂P und seinen Bildpunkt auf Γ. Ohne Beschränkung der Allgemeinheit der nachfolgenden Entwicklungen dürfen wir annehmen, daß es sich dabei um den Punkt $w = 1$ auf ∂P und wie in § 20 um den Ursprung des (x, y, z)-Koordinatensystems auf Γ handelt, und daß die x-Achse dieses Koordinatensystems mit der Tangente an Γ zusammenfällt.

Zufolge § 328 gibt es einen positiven Winkel $\vartheta_0 \leqq \pi/2$ derart, daß der Teilbogen $\{w = e^{i\vartheta};\ |\vartheta| \leqq \vartheta_0\}$ von ∂P in die Scheibe $|x| \leqq x_0$ des (x, y, z)-Raumes abgebildet wird. Dabei ist x_0 die in § 20 auftretende Zahl. Gemäß § 20 gelten daher für $|\vartheta| \leqq \vartheta_0$ die Beziehungen $y(e^{i\vartheta}) = \psi(x(e^{i\vartheta}))$ und $z(e^{i\vartheta}) = \chi(x(e^{i\vartheta}))$, welche wir mit Hilfe des Vektors $\mathfrak{y}(x) = \{x, \psi(x), \chi(x)\}$ auch in der Form $\mathfrak{x}(e^{i\vartheta}) = \mathfrak{y}(x(e^{i\vartheta}))$ zusammenfassen können. Der Winkel ϑ_0 hängt von dem auf ∂P gewählten speziellen Punkt nicht ab. Im Hinblick auf §§ 304, 321, 322 dürfen wir annehmen, daß die Ableitung $x_\vartheta(e^{i\vartheta})$ der absolut stetigen Funktion $x(e^{i\vartheta})$ fast überall im Intervall $|\vartheta| \leqq \vartheta_0$ positiv ist.

Aus §§ 20, 328 schließt man, daß für $|\vartheta| \leqq \vartheta_0$

$$(127)\quad |y(e^{i\vartheta}) - y(1)| = |\psi(x(e^{i\vartheta}))| \leqq N\,|x(e^{i\vartheta})|^{1+\alpha} \leqq M^{1+\alpha} N\,|\vartheta|^{(1+\alpha)\beta}$$

und für $-\vartheta_0 \leqq \vartheta_1, \vartheta_2 \leqq \vartheta_0$ auch

$$(127')\quad |y(e^{i\vartheta_2}) - y(e^{i\vartheta_1})| \leqq \tfrac{1}{2} L(\Gamma)$$

gilt. Gegenstücke der Ungleichungen (127), (127′) existieren auch für die Funktion $z(e^{i\vartheta})$ zu. Wir setzen $\mathscr{C}_1 = M^{1+\alpha} N$. Die Konstante $\mathscr{C}_1$ hängt nur von β und von den Eigenschaften der Jordankurve Γ ab. In den nachfolgenden Entwicklungen werden weitere derartige Konstanten auftreten. Wir werden sie der Reihe nach mit $\mathscr{C}_2, \mathscr{C}_3, \ldots$ bezeichnen.

Im Hinblick auf spätere Vereinfachungen empfiehlt es sich, mit einem festen Wert $\beta < \frac{1}{2}$ zu arbeiten, für welchen keines der Produkte $(1+\alpha)^n \beta$ $(n = 2, 3, \ldots)$ gleich Eins ist. Es sei k die den Bedingungen $(1+\alpha)^k \beta < 1$, $(1+\alpha)^{k+1} \beta > 1$ genügende Zahl.

Zufolge §§ 336, 339 und (127), (127′) genügen die Ableitungen $g_2'(w)$ und $g_3'(w)$ den Ungleichungen

$$|g_2'(\varrho)| \leqq \mathscr{C}_2 (1-\varrho)^{(1+\alpha)\beta - 1}, \quad |g_3'(\varrho)| \leqq \mathscr{C}_2 (1-\varrho)^{(1+\alpha)\beta-1} \quad \text{für} \quad \tfrac{1}{2} \leqq \varrho < 1.$$

Die Konstante $\mathscr{C}_2$ hängt dabei wiederum lediglich von den Eigenschaften der Kurve Γ ab. Auf Grund der Beziehung (125) aus § 336 gilt eine entsprechende Ungleichung (mit einer modifizierten Konstante) auch für die Ableitung $g_1'(w)$. Indem wir uns daran erinnern, daß der Punkt $w = 1$ für unsere Betrachtungen keine spezielle Lage besaß, schließen wir nun unter Berufung auf den Sachverhalt $\mathfrak{S}$, daß die Ableitungen der drei Funktionen $g_j(w)$ die Ungleichung

$$|g_j'(w)| \leqq 4\mathscr{C}_2 (1 - |w|)^{(1+\alpha)\beta-1} \quad \text{für} \quad |w| < 1; \quad j = 1, 2, 3$$

befriedigen.

Im Hinblick auf § 337 gehören daher sowohl die Funktionen $g_j(w)$ als auch der Vektor $\mathfrak{x}(w)$ der Regularitätsklasse $C^{0,(1+\alpha)\beta}(\bar{P})$ an. Wir können also insbesondere den Exponenten β in (127) durch $(1+\alpha)\beta$ ersetzen.

§ 343. Indem wir die vorangehende Schlußweise nun wiederholt anwenden, finden wir der Reihe nach, daß die Funktionen $g_j(w)$ und der Vektor $\mathfrak{x}(w)$ in $\bar{P}$ Hölderbedingungen mit den Exponenten $(1+\alpha)^2\beta, \ldots, (1+\alpha)^k \beta$ befriedigen.

Der nächste Schritt stützt sich nun auf (127), (127′) und auf den Hilfssatz aus § 339 für den Fall $\mu = (1+\alpha)^{k+1}\beta$. Im Hinblick auf $\mu > 1$ führt der Beweis dieses Hilfssatzes auf die Ungleichungen

$$|g_j'(\varrho)| \leqq \mathscr{C}_3 \quad \text{für} \quad j = 1, 2, 3 \text{ und } \tfrac{1}{2} \leqq \varrho < 1,$$

aus welchen mit Hilfe der Schlußweise $\mathfrak{S}$ und § 337 folgt, daß die Funktionen $g_j(w)$ und der Vektor $\mathfrak{x}(w)$ in $\bar{P}$ einer Lipschitzbedingung genügen. Die ϑ-Ableitungen der Funktionen $g_j(e^{i\vartheta})$, welche gemäß § 321 fast überall existieren, sind also in allen Punkten, in denen sie existieren, ihrem absoluten Betrag nach kleiner als eine gewisse nur von Γ abhängige Konstante $\mathscr{C}_4$.

§ 344. In fast allen Randpunkten $w = e^{i\vartheta}$ existieren sowohl die Ableitungen $\frac{\partial}{\partial\vartheta} g_j(e^{i\vartheta})$ für $j = 1, 2, 3$ als auch die radialen Grenzwerte $\lim_{\varrho\to 1} i\,\varrho\, e^{i\vartheta} g_j'(\varrho\, e^{i\vartheta})$, und beide haben die gleichen endlichen Werte. Für fast alle ϑ in $|\vartheta| \leqq \vartheta_0$ und $w = e^{i\vartheta}$ gilt somit

$$\mathfrak{x}_\varrho(w) \cdot \mathfrak{x}_\vartheta(w) = [x_\varrho(w) + \psi'(x(w))\, y_\varrho(w) + \chi'(x(w))\, z_\varrho(w)]\, x_\vartheta(w) = 0.$$

Da fast überall $x_\vartheta(e^{i\vartheta}) > 0$ gilt, muß fast überall in $|\vartheta| \leqq \vartheta_0$

$$\text{(128)} \qquad \mathfrak{x}_\varrho(e^{i\vartheta}) \cdot \mathfrak{y}'(x(e^{i\vartheta})) = x_\varrho(e^{i\vartheta}) + \psi'(x(e^{i\vartheta}))\, y_\varrho(e^{i\vartheta}) + \chi'(x(e^{i\vartheta}))\, z_\varrho(e^{i\vartheta}) = 0$$

sein.

Angenommen, $w = 1$ sei ein Randpunkt, in welchem sowohl (128) erfüllt ist als auch $\frac{\partial}{\partial\vartheta} g_j(1) = \lim_{\varrho\to 1} i\, g_j'(\varrho)$ gilt. Aus (127) erkennt man, daß $y_\vartheta(1) = z_\vartheta(1) = 0$ ist. Darüber hinaus gilt

$$|y_\vartheta(e^{i\vartheta})| = |y_\vartheta(e^{i\vartheta}) - y_\vartheta(1)| = |\psi'(x(e^{i\vartheta}))|\, |x_\vartheta(e^{i\vartheta})| \leqq$$
$$\leqq N\, |x(e^{i\vartheta})|^\alpha\, |x_\vartheta(e^{i\vartheta})| \leqq N \mathscr{C}_4^{1+\alpha} |\vartheta|^\alpha$$

für fast alle ϑ in $|\vartheta| \leqq \vartheta_0$. Eine entsprechende Ungleichung trifft für die Funktion $z(e^{i\vartheta})$ zu. Aus (128) folgt nun $x_\varrho(1) = 0$ und

$$|x_\varrho(e^{i\vartheta})| = |x_\varrho(e^{i\vartheta}) - x_\varrho(1)| \leqq \mathscr{C}_4\, |\psi'(x(e^{i\vartheta}))| + \mathscr{C}_4\, |\chi'(x(e^{i\vartheta}))| \leqq$$
$$\leqq 2N\, \mathscr{C}_4^{1+\alpha} |\vartheta|^\alpha$$

für fast alle ϑ in $|\vartheta| \leqq \vartheta_0$.

Man bedenke nun, daß $\varrho\, x_\varrho(w) = \mathrm{Re}(w\, g_1'(w))$, $y_\vartheta(w) = \mathrm{Re}(i\, w\, g_2'(w))$ und $z_\vartheta(w) = \mathrm{Re}(i\, w\, g_3'(w))$ gilt. Aus § 339 schließt man dann auf die Richtigkeit der Ungleichungen

$$|g_j''(\varrho)| \leqq \mathscr{C}_5 (1 - \varrho)^{\alpha - 1} \quad \text{für} \quad \tfrac{1}{2} \leqq \varrho < 1 \text{ und } j = 1, 2, 3.$$

Auf Grund des Sachverhaltes $\mathfrak{S}$ gilt dann

$$|g_j''(\varrho\, e^{i\vartheta})| \leqq \sqrt{3}\, \mathscr{C}_5 (1 - \varrho)^{\alpha-1}, \quad \tfrac{1}{2} \leqq \varrho < 1; \quad j = 1, 2, 3$$

für fast alle ϑ und im Hinblick auf die Stetigkeit der Ableitungen $g_j''(w)$ in P für alle ϑ. Zufolge § 337 gehören die Ableitungen $g_j'(w)$ daher zur Klasse $C^{0,\alpha}(\bar{P})$, die Funktionen $g_j(w)$ und auch der Ortsvektor $\mathfrak{x}(w)$ also zur Regularitätsklasse $C^{1,\alpha}(\bar{P})$.

Damit ist der in § 315 angekündigte Satz für den „Ausgangsfall" $m = 1$ vollständig bewiesen.

§ 345. Der Beweis für die höheren Fälle $m \geqq 2$, dem wir uns jetzt zuwenden, ist nun ziemlich einfach. Wir betrachten eine reguläre Jordankurve Γ der Klasse $C^{m+1,\alpha}$, $m \geqq 1$, und nehmen als bekannt an, daß die Funktionen $g_j(w)$ der Regularitätsklasse $C^{m,\alpha}(\bar{P})$ angehören, so daß für $w, w_1, w_2 \in \bar{P}$ die Ungleichungen

$$|g_j'(w)|, |g_j''(w)|, \ldots, |g_j^{(m)}(w)| \leqq \mathscr{C}_6,$$
$$|g_j^{(m)}(w_2) - g_j^{(m)}(w_1)| \leqq \mathscr{C}_6 \, |w_2 - w_1|^\alpha$$

gelten.

Wir bezeichnen die m-te Ableitung hinsichtlich der Veränderlichen ϑ durch ein hochgestelltes (m) und haben dann

$$y^{(m)}(e^{i\vartheta}) = \psi'(x(e^{i\vartheta}))\, x^{(m)}(e^{i\vartheta}) + Y_{1,m}(\vartheta).$$

Die Funktion $Y_{1,m}(\vartheta)$, die nur in den Fällen $m > 1$ in Erscheinung tritt, besitzt dabei Hölderstetige erste Ableitungen. Eine einfache Entwicklung zeigt, daß

$$\psi'(x(e^{i\vartheta}))\, x^{(m)}(e^{i\vartheta}) = \vartheta\, \psi''(0)\, x_\vartheta(1)\, x^{(m)}(1) + Y_{2,m}(\vartheta)$$

gilt, wobei die Funktion $Y_{2,m}(\vartheta)$ für $\vartheta = 0$ verschwindet und für $|\vartheta| \leqq \vartheta_0$ der Abschätzung

$$(129) \qquad |Y_{2,m}(\vartheta)| = |Y_{2,m}(\vartheta) - Y_{2,m}(0)| \leqq \mathscr{C}_7\, |\vartheta|^{1+\alpha}$$

genügt. Die $(m+1)$-te Ableitung $y^{(m+1)}(1) = \psi''(0)\, x_\vartheta(1)\, x^{(m)}(1) + Y_{1,m}'(0)$ existiert daher, und nach §§ 338–341 folgen die Ungleichungen

$$(130) \qquad |g_2^{(m+1)}(\varrho)| \leqq \mathscr{C}_8, \quad |g_3^{(m+1)}(\varrho)| \leqq \mathscr{C}_8 \quad \text{für} \quad \tfrac{1}{2} \leqq \varrho < 1.$$

Dabei bedeutet natürlich $g^{(m+1)}(w) = \dfrac{d^{m+1}}{dw^{m+1}}\, g(w)$. Wir haben auch sowohl die Beziehung

$$\frac{\partial^m}{\partial \vartheta^m}\, y(w) = \mathrm{Re}\left\{\left(i w \frac{d}{dw}\right)^m g_2(w)\right\}$$
$$= \mathrm{Re}\left\{i^m \left[w^m g_2^{(m)}(w) + \binom{m}{2} w^{m-1} g_2^{(m-1)}(w) + \cdots\right]\right\}$$

und die entsprechende Beziehung für $\dfrac{\partial^m}{\partial \vartheta^m}\, z(w)$ als auch die schon vorliegenden Informationen über die Ableitungen $g_2', \ldots, g_2^{(m-1)}$, $g_3', \ldots, g_3^{(m-1)}$ benutzt.

§ 346. Wenn wir die Gl. (128) $(m-1)$-mal nach ϑ differenzieren, finden wir

$$\mathfrak{x}_\varrho^{(m-1)}(e^{i\vartheta}) \cdot \mathfrak{y}'(x(e^{i\vartheta})) = E_m(\vartheta).$$

Dabei ist

$$E_m(\vartheta) = E_m(\mathfrak{y}^{(p)}(x(e^{i\vartheta})), x^{(q)}(e^{i\vartheta}), y_\varrho^{(r)}(e^{i\vartheta}), z_\varrho^{(r)}(e^{i\vartheta}), \quad \begin{array}{l} p = 2, 3, \ldots, m \\ q = 1, 2, \ldots, m-1 \\ r = 0, 1, \ldots, m-2 \end{array}$$

ein Ausdruck, der von den angeführten Argumenten in algebraischer Weise abhängt (man erinnere sich, daß die Ableitungen $\mathfrak{y}'', \mathfrak{y}''', \ldots$ keine erste Komponente besitzen) und für $|\vartheta| \leqq \vartheta_0$ zur Klasse $C^{1,\alpha}$ gehört.

Die Beziehung

(131)

$$x_\varrho^{(m-1)}(e^{i\vartheta}) = -\psi'(x(e^{i\vartheta}))\, y_\varrho^{(m-1)}(e^{i\vartheta}) - \chi'(x(e^{i\vartheta}))\, z_\varrho^{(m-1)}(e^{i\vartheta}) + E_m(\vartheta)$$

zeigt, daß die Ableitung $x_\varrho^{(m)}(1)$ existiert. Wir können in der Tat die Entwicklungen

$$\psi'(x(e^{i\vartheta}))\, y_\varrho^{(m-1)}(e^{i\vartheta}) = \vartheta\psi''(0)\, x_\vartheta(1)\, y_\varrho^{(m-1)}(1) + Y_{3,m}(\vartheta)$$
$$\chi'(x(e^{i\vartheta}))\, z_\varrho^{(m-1)}(e^{i\vartheta}) = \vartheta\chi''(0)\, x_\vartheta(1)\, z_\varrho^{(m-1)}(1) + Z_{3,m}(\vartheta)$$

anschreiben, bei welchen die Funktionen $Y_{3,m}(\vartheta)$ und $Z_{3,m}(\vartheta)$ wiederum der Ungleichung (129) genügen. Aus der Beziehung

$$\varrho\, x_\varrho^{(m-1)}(w) = \mathrm{Re}\left\{i^{m-1}\left(w\frac{d}{dw}\right)^m g_1(w)\right\}$$
$$= \mathrm{Re}\left\{i^{m-1}\left[w^m g_1^{(m)}(w) + \binom{m}{2} w^{m-1} g_1^{(m-1)}(w) + \cdots\right]\right\}$$

und aus §§ 338–341 folgt daher die Ungleichung

$$|g_1^{(m+1)}(\varrho)| \leqq \mathscr{C}_9 \quad \text{für} \quad \tfrac{1}{2} \leqq \varrho < 1\,.$$

In Verbindung mit (130) und unter Berücksichtigung des Sachverhaltes $\mathfrak{S}$ zieht diese Ungleichung die Abschätzungen $|g_j^{(m+1)}(w)| \leqq \mathscr{C}_{10}$ für alle $|w| < 1$ und $j = 1, 2, 3$ nach sich.

§ 347. Angenommen, $w = 1$ sei ein Punkt, in welchem die Ableitungen $\frac{\partial}{\partial\vartheta} g_j^{(m)}(1)$ für $j = 1, 2, 3$ existieren und gleich den radialen Grenzwerten $\lim\limits_{\varrho\to 1} i\, g_j^{(m+1)}(\varrho)$ sind. (Fast alle Punkte auf ∂P haben diese Eigenschaft.) Aus der Beziehung

$$y^{(m+1)}(e^{i\vartheta}) = \psi'(x(e^{i\vartheta}))\, x^{(m+1)}(e^{i\vartheta}) + Y_{1,m+1}(\vartheta),$$

in welcher $Y_{1,m+1}(\vartheta)$ eine Hölderstetige Funktion bezeichnet, folgt für fast alle ϑ in $|\vartheta| \leqq \vartheta_0$ die Ungleichung

(132) $$|y^{(m+1)}(e^{i\vartheta}) - y^{(m+1)}(1)| \leqq \mathscr{C}_{10}\, |\vartheta|^\alpha.$$

Eine entsprechende Ungleichung trifft für $z^{(m+1)}(e^{i\vartheta})$ zu.

Andererseits finden wir durch Differentiation von (131), daß für fast alle ϑ in $|\vartheta| \leqq \vartheta_0$

$$x_\varrho^{(m)}(e^{i\vartheta}) = -\psi'(x(e^{i\vartheta}))\, y_\varrho^{(m)}(e^{i\vartheta}) - \chi'(x(e^{i\vartheta}))\, z_\varrho^{(m)}(e^{i\vartheta}) + E_{m+1}(\vartheta)$$

gilt. Dabei ist $E_{m+1}(\vartheta)$ eine ähnlich wie $E_m(\vartheta)$ gebaute Hölderstetige Funktion. Somit ist

$$|x_\varrho^{(m)}(e^{i\vartheta}) - x_\varrho^{(m)}(1)| \leqq \mathscr{C}_{11}\, |\vartheta|^\alpha \tag{133}$$

für fast alle ϑ in $|\vartheta| \leqq \vartheta_0$.

Im Hinblick auf § 339 können wir von (132), (133) nunmehr auf die Ungleichungen

$$|g_j^{(m+2)}(\varrho)| \leqq \mathscr{C}_{12}(1-\varrho)^{\alpha-1} \quad \text{für} \quad \tfrac{1}{2} \leqq \varrho < 1 \text{ und } j = 1, 2, 3$$

schließen. Eine letzte Berufung auf den Sachverhalt $\mathfrak{S}$, die Stetigkeit der Ableitungen $g_j^{(m+2)}(w)$ in $|w| < 1$ und § 337 zeigen nun, daß die Ableitungen $g_j^{(m+1)}(w)$ zur Klasse $C^{0,\alpha}(\bar{P})$ gehören. Sowohl die Funktionen $g_j(w)$ selbst als auch der Ortsverkehr sind daher der Regularitätsklasse $C^{m+1,\alpha}(\bar{P})$ zugehörig.

Unser Satz ist damit vollkommen bewiesen:

Wenn Γ eine reguläre Jordankurve der Klasse $C^{m,\alpha}$ ist ($m \geqq 1$, $0 < \alpha < 1$), dann gehört der Ortsvektor jeder von Γ berandeten Lösung $S = \{\mathfrak{x} = \mathfrak{x}(u, v);\, (u, v) \in \bar{P}\}$ des Plateauschen Problems zur Klasse $C^{m,\alpha}(\bar{P})$. Die Hölderkonstante der m-ten Ableitungen von $\mathfrak{x}(u, v)$ ist dabei für alle Lösungen dieselbe.

Daß der Satz scharf ist, läßt sich leicht mit Beispielen belegen; siehe J. C. C. Nitsche [30], pp. 315–317.

§ 348. Es ist klar, daß der im Vorangehenden durchgeführte Beweis auch auf lokale Situationen wie in § 335 anwendbar ist:

Wenn die Jordankurve Γ einen offenen regulären Teilbogen derKlasse $C^{m,\alpha}$ enthält, welcher dem Teilbogen $\{w = e^{i\vartheta};\, \vartheta_1 < \vartheta < \vartheta_2\}$ entspricht, dann ist der Vektor $\mathfrak{x}(w)$ in jedem Sektor $\{w = \varrho\, e^{i\vartheta};\, 0 \leqq \varrho \leqq 1,\, \vartheta_1 + \varepsilon \leqq \vartheta \leqq \vartheta_2 - \varepsilon\}$, $\varepsilon > 0$, zu $C^{m,\alpha}$ gehörig.

§ 349. Wir schreiten nun zu einer Skizzierung der Heinzschen Methode.

Γ sei eine reguläre Jordankurve der Klasse C^2, und das Koordinatensystem sei wie in § 342 gewählt, so daß $y(e^{i\vartheta}) = \psi(x(e^{i\vartheta}))$ und $z(e^{i\vartheta}) = \chi(x(e^{i\vartheta}))$ für $|\vartheta| \leqq \vartheta_0$. Mit J. C. C. Nitsche ([30], p. 330) führen wir die Funktionen $\eta(w) = y(w) - \psi(x(w))$ und $\zeta(w) = z(w) - \chi(x(w))$ ein. Diese Funktionen sind in einem Gebiet $Z_r = \{w;\, |w| < 1,\, |w-1| < r\}$ zweimal stetig differenzierbar und in seiner Abschließung $\bar{Z}_r$ stetig (nach § 328 sogar Hölderstetig). r ist dabei eine positive Zahl kleiner als $2\sin(\vartheta_0/2)$. Auf $\partial_1 Z_r = \{w;\, |w| = 1,\, |w-1| \leqq r\}$ gilt dabei $\eta(w) = \zeta(w) = 0$.

Für $w \in Z_r$ ist

$$\Delta\eta = \eta_{uu} + \eta_{vv} = \Delta y - \psi'(x)\,\Delta x - \psi''(x)\,(x_u^2 + x_v^2) = -\psi''(x)\,(x_u^2 + x_v^2)$$

und entsprechend $\Delta\zeta = -\chi''(x)(x_u^2 + x_v^2)$. Aus (125) folgt

$$\begin{aligned} x_u^2 + x_v^2 &\leqq y_u^2 + y_v^2 + z_u^2 + z_v^2 \\ &\leqq [\eta_u + \psi'(x)\,x_u]^2 + \cdots + [\zeta_v + \chi'(x)\,x_v]^2 \\ &\leqq 2(\eta_u^2 + \eta_v^2 + \zeta_u^2 + \zeta_v^2) + 2[\psi'^2(x) + \chi'^2(x)]\,(x_u^2 + x_v^2). \end{aligned}$$

Wir wählen jetzt die positive Zahl r_1 (kleiner als r und) so klein, daß $\psi'^2(x(w)) + \chi'^2(x(w)) \leqq \frac{1}{4}$ gilt für alle $w \in \bar{Z}_{r_1}$. Wegen $x(1) = \psi'(0) = \chi'(0) = 0$ ist das möglich. Dann wird

$$x_u^2 + x_v^2 \leqq 4(\eta_u^2 + \eta_v^2 + \zeta_u^2 + \zeta_v^2).$$

Der Vektor $\mathfrak{z}(w) = \{\eta(w), \zeta(w)\} \in C^2(Z_{r_1}) \cap C^0(\bar{Z}_{r_1})$ genügt also den folgenden Bedingungen (J. C. C. Nitsche [30], p. 331):

$$|\Delta\mathfrak{z}(w)| \leqq \mathscr{C}\,|\operatorname{grad}\mathfrak{z}(w)|^2 \quad \text{für } w \in Z_{r_1}, \qquad \mathfrak{z}(w) = \mathfrak{o} \quad \text{für } w \in \partial_1 Z_{r_1}.$$

Unter Anwendung der von ihm bereits früher in anderem Zusammenhang [4] hergeleiteten Abschätzungen für die Lösungen derartiger nicht-linearer Differentialungleichungen gelingt Heinz der Nachweis, daß der Vektor $\mathfrak{z}(w)$ in jedem Bereich $\bar{Z}_{r_2}$, $r_2 < r_1$, zur Klasse $C^{1,\gamma}$ gehört, wo γ ein beliebiger Exponent im Intervalle $0 < \gamma < 1$ ist. Mit Hilfe einer schon von Heinz und Tomi [1] benutzten Transformation ist dann die Rückkehr zum Ortsvektor $\mathfrak{x}(w)$ möglich, der ebenfalls zur Klasse $C^{1,\gamma}(\bar{Z}_{r_2})$ gehört. So ergibt sich insbesondere der Satz:

Wenn Γ eine reguläre Kurve der Klasse C^2 ist, so gehört der Ortsvektor $\mathfrak{x}(w)$ zur Regularitätsklasse $C^{1,\gamma}(P)$. Dabei ist γ eine beliebige Zahl im Intervalle $0 < \gamma < 1$.

Interessanterweise ist es für die Anwendung der Heinzschen Methode ausreichend, daß der Vektor $\mathfrak{x}(w)$ den Bogen $\partial_1 Z_r$ in den Jordanbogen Γ abbildet. Die Voraussetzung der Monotonie der Abbildung ist überflüssig.

Das Herunterdrücken der an die Kurve Γ zu stellenden Differenzierbarkeitsbedingungen, etwa von C^2 zu $C^{1,\alpha}$, ist hier bislang noch nicht gelungen. Man überzeugt sich aber leicht, daß die Voraussetzung, die Kurve Γ solle zur Klasse $C^{1,1}$ gehören, für die vorangehenden Ausführungen ausreicht und sehe dazu auch § 829.

§ 350. Wie angekündigt, wollen wir weiterhin noch mit dem Beweis des am Ende von § 315 formulierten Satzes die Hildebrandtsche Methode erläutern.

Vorgelegt sei also eine reguläre Jordankurve $\Gamma = \{\mathfrak{x} = \mathfrak{z}(\vartheta);\ 0 \leqq \vartheta \leqq 2\pi\}$ der Klasse C^3. $\mathfrak{y}_1$, $\mathfrak{y}_2$ und $\mathfrak{y}_3$ seien drei verschiedene fest gewählte Punkte auf Γ. Die für die Kurve Γ definierte Funktion $\eta(\varepsilon)$ hat nach der am Ende von § 23 gemachten Bemerkung bei hinreichend kleinem ε den Wert ε, wobei die Schranke für ε lediglich von einer unteren Schranke für $|\mathfrak{z}'(\vartheta)|$ und einer oberen Schranke für $|\mathfrak{z}''(\vartheta)|$ abhängt.

Es sei $S = \{\mathfrak{x} = \mathfrak{x}(u, v);\ (u, v) \in \bar{P}\}$ eine Lösung des Plateauschen Problems für die Kurve Γ mit den in § 304 niedergelegten Eigenschaften. Wie immer schreiben wir anstelle von $\mathfrak{x}(u, v)$ gelegentlich auch $\mathfrak{x}(r, \vartheta)$ oder $\mathfrak{x}(w)$. Der Ortsvektor $\mathfrak{x}(w)$ bilde drei fest gewählte Randpunkte $e^{i\vartheta_1}$, $e^{i\vartheta_2}$, $e^{i\vartheta_3}$ von $\bar{P}$ auf die Punkte $\mathfrak{y}_1$, $\mathfrak{y}_2$ bzw. $\mathfrak{y}_3$ ab. Aus § 323 schließt man, daß das Dirichletsche Integral $D_P[\mathfrak{x}]$ endlich ist. Zufolge § 328 gibt es zwei positive Konstanten $\beta < \frac{1}{2}$ und $M < \infty$ derart, daß für beliebige Punktepaare $w_1, w_2 \in \bar{P}$ die Ungleichung

$$|\mathfrak{x}(w_2) - \mathfrak{x}(w_1)| \leqq M\,|w_2 - w_1|^\beta \tag{134}$$

zutrifft. Wir werden zeigen, daß die zweiten Ableitungen des Vektors $\mathfrak{x}(w)$ über P quadratisch integrierbar sind.

§ 351. $\mathfrak{x}(1, \vartheta_0)$ sei ein beliebiger Punkt auf Γ. Gemäß § 29 und (134) gibt es eine von ϑ_0 unabhängige Zahl $a > 0$ und eine umkehrbar eindeutige und in beiden Richtungen dreimal stetig differenzierbare Abbildung $\xi = \chi_1(x, y, z)$, $\eta = \chi_2(x, y, z)$, $\zeta = \chi_3(x, y, z)$ des gesamten (x, y, z)-Raumes auf einen (ξ, η, ζ)-Raum, unter welcher der Bildbogen des Teilbogens $\{\mathfrak{x} = \mathfrak{x}(1, \vartheta);\ |\vartheta - \vartheta_0| \leqq a\}$ von Γ im (ξ, η, ζ)-Raum mit einem Stück der ζ-Achse zusammenfällt. (134) zeigt dabei insbesondere, daß einem kleinen Bogen von ∂P ein kurzer Bogen von Γ entspricht. Anstelle von x, y, z und ξ, η, ζ schreiben wir fortab x_1, x_2, x_3 bzw. y_1, y_2, y_3 und fassen diese Größen als Komponenten eines Vektors $\mathfrak{x}$ bzw. $\mathfrak{y}$ auf. Die aus den Umkehrfunktionen $x_k = \psi_k(y_1, y_2, y_3)$ gebildete Matrix mit den Elementen $a_{ij}(y_k) = \sum_{l=1}^{3} \frac{\partial \psi_l}{\partial y_i} \frac{\partial \psi_l}{\partial y_j}$ wird im Nachfolgenden eine Rolle spielen. Gemäß § 30 läßt sich a, und zwar wiederum unabhängig von ϑ_0, so klein wählen, daß die Eigenwerte der Matrix A zwischen den Schranken $\frac{1}{2}$ und 2 liegen.

Es handelt sich nun darum, die ersten und zweiten Ableitungen des Vektors $\mathfrak{x}(u, v)$ oder, was, wie wir sehen werden, dasselbe ist, des Vektors $\mathfrak{y}(u, v) = \{\chi_1(x_k(u, v)), \chi_2(x_k(u, v)), \chi_3(x_k(u, v))\}$ abzuschätzen. Dabei ist $\mathfrak{y}(u, v)$ der Ortsvektor der transformierten Fläche S im (y_1, y_2, y_3)-Raum. Zur Vereinfachung der Darstellung ist es ratsam, den nachfolgenden Ausführungen anstelle des Einheitskreises $\bar{P}$ die mit diesem durch eine elementare konforme Abbildung zusammenhängende obere Halbebene $P_0 = \{u, v;\ v \geqq 0\}$ als Parameterbereich zugrunde legen.

§ 352. Es seien $(u_0, 0)$ ein beliebiger Punkt der u-Achse und $\mathfrak{x}(u_0, 0)$ sein Bildpunkt auf Γ. O. B. d. A. können wir $u_0 = 0$ und $\mathfrak{x}(u_0, 0) = \mathfrak{o}$ annehmen. Q_a bezeichne nun das Quadrat $\{u, v;\ |u| \leqq a, |v| \leqq a\}$,

R_a und $R_a^{(\varepsilon)}$ die Rechtecke $\{u, v; |u| \leqq a, 0 \leqq v \leqq a\}$ und $\{u, v; |u| \leqq a, \varepsilon \leqq v \leqq a\}$, γ_a das Intervall $|u| \leqq a$ auf der u-Achse und Γ_a das Bild von γ_a unter der Abbildung durch den Ortsvektor $\mathfrak{x}(u, v)$. Die Transformation $(x_1, x_2, x_3) \to (y_1, y_2, y_3)$ sei so normiert, daß der Punkt $\mathfrak{x} = \mathfrak{o}$ in den Punkt $\mathfrak{y} = \mathfrak{o}$ übergeführt wird. Nach dem oben Gesagten wissen wir weiterhin, daß für alle Vektoren $\{\nu_1, \nu_2, \nu_3\}$ und für alle Werte der Koordinaten y_k die Ungleichungen

$$\frac{1}{2}(\nu_1^2 + \nu_2^2 + \nu_3^2) \leqq \sum_{i,j=1}^{3} a_{ij}(y_k)\, \nu_i \nu_j \leqq 2(\nu_1^2 + \nu_2^2 + \nu_3^2) \tag{135}$$

gelten.

Für die transformierte Fläche mit dem Ortsvektor $\mathfrak{y}(u, v)$ im (y_1, y_2, y_3)-Raum wird

$$D_{P_0}[\mathfrak{x}] = \frac{1}{2} \iint\limits_{P_0} (\mathfrak{x}_u^2 + \mathfrak{x}_v^2)\, du\, dv$$

$$= \frac{1}{2} \iint\limits_{P_0} \sum_{i,j=1}^{3} a_{ij}(y_k) \left(\frac{\partial y_i}{\partial u}\frac{\partial y_j}{\partial u} + \frac{\partial y_i}{\partial v}\frac{\partial y_j}{\partial v}\right) du\, dv$$

und somit $\frac{1}{2} D_{P_0}[\mathfrak{y}] \leqq D_{P_0}[\mathfrak{x}] \leqq 2 D_{P_0}[\mathfrak{y}]$. Die Gleichung $\Delta \mathfrak{x} = 0$ bzw. das äquivalente Gleichungssystem $-2 \sum_{l=1}^{3} \frac{\partial \psi_l}{\partial y_i} \Delta x_l = 0$ geht in

$$-2 \frac{\partial}{\partial u}\left[\sum_{j=1}^{3} a_{ij} \frac{\partial y_j}{\partial u}\right] - 2 \frac{\partial}{\partial v}\left[\sum_{j=1}^{3} a_{ij} \frac{\partial y_j}{\partial v}\right] + \tag{136}$$

$$+ \sum_{j,k=1}^{3} a_{jk,i} \left(\frac{\partial y_j}{\partial u}\frac{\partial y_k}{\partial u} + \frac{\partial y_j}{\partial v}\frac{\partial y_k}{\partial v}\right) = 0 \qquad (i = 1, 2, 3)$$

über, wo $a_{jk,i}(y_l)$ eine Abkürzung für $\frac{\partial}{\partial y_i} a_{jk}(y_l)$ bedeutet. Aus (136) erhalten wir ein Gleichungssystem

$$\frac{\partial^2 y_i}{\partial v^2} = -\frac{\partial^2 y_i}{\partial u^2} + \sum_{j,k=1}^{3} c_{ijk} \left(\frac{\partial y_j}{\partial u}\frac{\partial y_k}{\partial u} + \frac{\partial y_j}{\partial v}\frac{\partial y_k}{\partial v}\right) \quad (i = 1, 2, 3), \tag{137}$$

dessen Koeffizienten c_{ijk} sich mit Hilfe der zur Matrix $A = ((a_{ij}(y_k)))$ inversen Matrix $B = ((b_{ij}(y_k)))$ gemäß

$$c_{ijk} = \sum_{l=1}^{3} b_{il}\left(\tfrac{1}{2} a_{jk,l} - a_{lj,k}\right)$$

bestimmen. Diese Koeffizienten genügen einer Ungleichung

$$|c_{ijk}(y_l)| \leqq \mathscr{C}_1, \tag{138}$$

wo $\mathscr{C}_1$ eine (nach Wahl der Zahl a, die ihrerseits von den ersten beiden Ableitungen des Ortsvektors von Γ abhängt) lediglich von den ersten beiden Ableitungen $\mathfrak{z}'(\vartheta)$ und $\mathfrak{z}''(\vartheta)$ des Ortsvektors der Kurve Γ abhängende Konstante ist. Im Verlaufe der folgenden Rechnungen werden noch weitere derartige Konstanten auftreten, die gelegentlich auch noch von $\mathfrak{z}'''(\vartheta)$ abhängen können. Wir werden diese Konstanten der Reihe nach mit $\mathscr{C}_2, \mathscr{C}_3, \ldots$ bezeichnen.

Aus der Beziehung $\mathfrak{x}_u \cdot \mathfrak{x}_v = 0$ wird $\sum_{i,j=1}^{3} a_{ij} \frac{\partial y_i}{\partial u} \frac{\partial y_j}{\partial v} = 0$. Wegen $y_1(u, 0) = y_2(u, 0) = 0$ gilt zufolge § 321 in fast allen Punkten von γ_a die Beziehung $\sum_{i=1}^{3} a_{3i} \frac{\partial y_i}{\partial v} \frac{\partial y_3}{\partial u} = 0$. Nach § 321 sind die Ableitungen $\frac{\partial y_i}{\partial u}$ und $\frac{\partial y_i}{\partial v}$ auf γ_a integrierbare Funktionen der Veränderlichen u, und nach § 322 gilt $\frac{\partial y_3}{\partial u} > 0$ fast überall auf γ_a. Somit finden wir, daß

$$\sum_{i=1}^{3} a_{3i}(y_k) \frac{\partial y_i}{\partial v} = 0 \quad \text{fast überall auf } \gamma_a. \tag{139}$$

§ 353. Wir sagen, eine Funktion $\varphi(u, v)$ habe einen relativ kompakten Träger in R_a, wenn es ein kleineres Rechteck $R_{a'}$, $0 < a' < a$, gibt, so daß $\varphi(u, v)$ im Komplement $R_a \setminus R_{a'}$ verschwindet. Nunmehr multiplizieren wir das Gleichungssystem (136) skalar mit einem Vektor $\{\varphi_1(u, v), \varphi_2(u, v), \varphi_3(u, v)\}$, dessen Komponenten zum Raume $\mathfrak{M}(R_a)$ gehören und in R_a einen kompakten Träger haben und für welchen außerdem φ_1 und φ_2 auf γ_a verschwinden, während φ_3 dort frei bleibt. Indem wir das Skalarprodukt zunächst über das Teilrechteck $R_a^{(\varepsilon)}$ integrieren, wo ε eine kleine positive Zahl ist, erhalten wir

$$\iint_{R_a^{(\varepsilon)}} \left\{ 2 \sum_{i,j=1}^{3} a_{ij} \left(\frac{\partial y_i}{\partial u} \frac{\partial \varphi_j}{\partial u} + \frac{\partial y_i}{\partial v} \frac{\partial \varphi_j}{\partial v} \right) + \right.$$
$$\left. + \sum_{i,j,k=1}^{3} a_{jk,i} \left(\frac{\partial y_j}{\partial u} \frac{\partial y_k}{\partial u} + \frac{\partial y_j}{\partial v} \frac{\partial y_k}{\partial v} \right) \varphi_i \right\} du\, dv +$$
$$+ 2 \int_{-a}^{a} \sum_{i,j=1}^{3} a_{ij}\big(y_k(u, \varepsilon)\big)\, \varphi_i(u, \varepsilon) \frac{\partial y_j(u, \varepsilon)}{\partial v\, du} = 0,$$

da wegen des Verschwindens von $\varphi_1, \varphi_2, \varphi_3$ auf $\partial R_a \setminus \gamma_a$ kein weiteres Randintegral auftritt. Für $\varepsilon \to 0$ konvergieren die Ausdrücke $a_{ij}\big(y_k(u, \varepsilon)\big)$, $\varphi_1(u, \varepsilon)$, $\varphi_2(u, \varepsilon)$ und $\varphi_3(u, \varepsilon)$ gleichmäßig gegen die Grenzwerte $a_{ij}\big(y_k(u, 0)\big)$, 0, 0 bzw. $\varphi_3(u, 0)$. Gemäß § 321 gilt weiterhin

$$\lim_{\varepsilon \to 0} \int_{-a}^{a} \left| \frac{\partial y_i(u, \varepsilon)}{\partial v} - \frac{\partial y_i(u, 0)}{\partial v} \right| du = 0,$$

wobei die Ableitungen $\frac{\partial y_i(u, 0)}{\partial v}$ integrierbare Funktionen der Veränderlichen u sind. Auf Grund des Lebesgueschen Konvergenzsatzes und der Randbedingung (139) verschwindet das Randintegral im Grenzübergang $\varepsilon \to 0$, und wir erhalten

$$\begin{aligned}(140)\qquad \iint\limits_{R_a} \Big\{ 2 \sum_{i,j=1}^{3} a_{ij} \left(\frac{\partial y_i}{\partial u} \frac{\partial \varphi_j}{\partial u} + \frac{\partial y_i}{\partial v} \frac{\partial \varphi_j}{\partial v} \right) + \\ + \sum_{i,j,k=1}^{3} a_{jk,i} \left(\frac{\partial y_j}{\partial u} \frac{\partial y_k}{\partial u} + \frac{\partial y_j}{\partial v} \frac{\partial y_k}{\partial v} \right) \varphi_i \Big\} \, du \, dv = 0 .\end{aligned}$$

Die soeben beschriebenen Vektoren $\{\varphi_1, \varphi_2, \varphi_3\}$ nennen wir kurz „zulässige Testvektoren".

§ 354. Es seien nun a_1 $(0 < a_1 < a)$ eine später noch genauer festzulegende Zahl und $a_2 = a_1/2$, $a_3 = a_1/4$. $\eta(u, v)$ sei eine im Quadrat Q_{a_2} unendlich oft differenzierbare Funktion mit kompaktem Träger in Q_{a_2}, die den Beziehungen $0 \leqq \eta(u, v) \leqq 1$, $\eta(u, -v) = \eta(u, v)$ genügt und auf Q_{a_3} gleich Eins ist. Es läßt sich dabei einrichten, daß die Ableitungen von $\eta(u, v)$ in ganz Q_{a_2} durch die Schranke $8/a_1$ abgeschätzt werden können.

Es empfiehlt sich jetzt, die Symbole ∂_u und ∂_v der partiellen Ableitungen bezüglich u und v einzuführen. Unter $\partial, \partial^2, \ldots, \partial^m$ verstehen wir im weiteren wie immer irgendeine Ableitung erster, zweiter, ..., m-ter Ordnung nach u und v und unter $\sum\limits_{\partial^m}$ eine Summe über alle Ableitungen m-ter Ordnung. Wir führen die in der Theorie der partiellen Differentialgleichungen üblichen Normen

$$\|\mathfrak{y}\|_{m,R} = \sqrt{\iint\limits_{R} \left(\sum_{i=1}^{3} \sum_{s=0}^{m} \sum_{\partial^s} |\partial^s y_i|^2 \right) du \, dv}$$

und

$$|\mathfrak{y}|_{m,R} = \sup_{(u,v) \in R} \max_{\substack{1 \leqq i \leqq 3 \\ 0 \leqq s \leqq m}} |\partial^s y_i|$$

ein und bedienen uns auch der Abkürzungen $\|\mathfrak{y}\|_{0,R_{a_1}} = \|\mathfrak{y}\|$ und $|\mathfrak{y}|_{0,R_{a_1}} = |\mathfrak{y}|$.

Für hinreichend kleines h $(0 < |h| < a_1/4)$ definieren wir einen Differenzenquotienten durch die übliche Festsetzung $\Delta_h \mathfrak{y}(u, v) = \frac{1}{h} [\mathfrak{y}(u + h, v) - \mathfrak{y}(u, v)]$. Es ist dann klar, daß der Vektor

$$\{\varphi_1, \varphi_2, \varphi_3\} = -\Delta_{-h}(\eta^2 \Delta_h \mathfrak{y})$$

ein zulässiger Testvektor für die Integralbeziehung (140) ist. Einsetzen in (140) ergibt

$$\sum_{\partial} \iint_{R_{a_1}} \left\{ 2 \sum_{i,j=1}^{3} a_{ij} \partial y_i \partial [-\Delta_{-h}(\eta^2 \Delta_h y_j)] + \right.$$

$$\left. + \sum_{i,j,k=1}^{3} a_{jk,i} \partial y_j \partial y_k [-\Delta_{-h}(\eta^2 \Delta_h y_i)] \right\} du\, dv = 0.$$

Das Integral wird mit Hilfe der für jede Funktion $f(u, v)$ mit relativ kompaktem Träger in R_{a_2} und $|h| < a_1/4$ gültige Beziehung

$$\iint_{R_{a_1}} g \Delta_{-h} f\, du\, dv = - \iint_{R_{a_1}} f \Delta_h g\, du\, dv$$

umgewandelt. Sie folgt aus

$$\iint_{R_{a_1}} f \Delta_h g\, du\, dv = \frac{1}{h} \iint_{R_{a_1}} f(u, v) [g(u + h, v) - g(u, v)]\, du\, dv =$$

$$= \frac{1}{h} \iint_{R_{a_1}} f(u - h, v)\, g(u, v)\, du\, dv -$$

$$- \frac{1}{h} \iint_{R_{a_1}} f(u, v)\, g(u, v)\, du\, dv = - \iint_{R_{a_1}} g \Delta_{-h} f\, du\, dv.$$

Dann erhalten wir

$$\sum_{\partial} \iint_{R_{a_1}} \left\{ 2 \sum_{i,j=1}^{3} \Delta_h (a_{ij} \partial y_i) \partial (\eta^2 \Delta_h y_j) + \right.$$

$$\left. + \sum_{i,j,k=1}^{3} \Delta_h (a_{jk,i} \partial y_j \partial y_k)\, \eta^2 \Delta_h y_i \right\} du\, dv = 0.$$

Wir schreiben jetzt Δ anstelle von Δ_h und bedienen uns der folgenden Abkürzungen: $y_i = y_i(u, v)$, $y_i^{(h)} = y_i(u + h, v)$, $a_{ij} = a_{ij}(u_k(u, v))$, $a_{ij}^{(h)} = a_{ij}(y_k(u + h, v))$. Unter Heranziehung der Identitäten

$$\Delta(a\, b) = a^{(h)} \Delta b + b \Delta a$$

$$\Delta(a\, b\, c) = a^{(h)} b^{(h)} \Delta c + a^{(h)} c \Delta b + b c \Delta a$$

folgt aus (135)

$$\sum_{\partial} \|\eta \partial \Delta_h \mathfrak{y}\|^2 \leqq 2 \sum_{\partial} \iint_{R_{a_1}} \eta^2 \sum_{i,j=1}^{3} a_{ij}^{(h)} (\partial \Delta y_i)(\partial \Delta y_j)\, du\, dv$$

$$\leqq I_1 + I_2 + I_3 + I_4 + I_5 + I_6.$$

Dabei sind nun

$$I_1 = -2 \sum_{\partial} \iint_{R_{a_1}} \eta^2 \sum_{i,j=1}^{3} (\Delta a_{ij})(\partial y_i)(\partial \Delta y_j)\, du\, dv$$

$$I_2 = -4 \sum_{\partial} \iint_{R_{a_1}} \eta \partial \eta \sum_{i,j=1}^{3} (\Delta a_{ij})(\partial y_i)(\Delta y_j)\, du\, dv$$

$$I_3 = -4 \sum_{\partial} \iint_{R_{a_1}} \eta \partial \eta \sum_{i,j=1}^{3} a_{ij}^{(h)} (\partial \Delta y_i)(\Delta y_j)\, du\, dv$$

$$I_4 = -\sum_{\mathfrak{d}} \iint_{R_{a_1}} \eta^2 \sum_{i,j,k=1}^{3} (\Delta a_{jk,i}) (\mathfrak{d} y_j) (\mathfrak{d} y_k) (\Delta y_i)\, du\, dv$$

$$I_5 = -\sum_{\mathfrak{d}} \iint_{R_{a_1}} \eta^2 \sum_{i,j,k=1}^{3} a_{jk,i}^{(h)} (\mathfrak{d} \Delta y_j) (\mathfrak{d} y_k) (\Delta y_i)\, du\, dv$$

$$I_6 = -\sum_{\mathfrak{d}} \iint_{R_{a_1}} \eta^2 \sum_{i,j,k=1}^{3} a_{jk,i}^{(h)} (\mathfrak{d} y_j^{(h)}) (\mathfrak{d} \Delta y_k) (\Delta y_i)\, du\, dv.$$

Unter unseren Voraussetzungen über die Kurve Γ gilt

$$|\Delta a_{ij}| \leqq \mathscr{C}_3 \sum_{l=1}^{3} |\Delta y_l|$$

$$|\Delta a_{jk,i}| \leqq \mathscr{C}_4 \sum_{l=1}^{3} |\Delta y_l|.$$

Somit finden wir die folgenden Abschätzungen

$$|I_1| \leqq \mathscr{C}_5 \sum_{\mathfrak{d}} \left\{ \|\eta\, \mathfrak{d} \Delta \mathfrak{y}\| \sum_{i,j=1}^{3} \|\eta\, \mathfrak{d} y_i\, \Delta y_j\| \right\}$$

$$|I_2| \leqq \mathscr{C}_6 |\eta|_{1,R_{a_1}} \|\Delta \mathfrak{y}\| \sum_{\mathfrak{d}} \sum_{i,j=1}^{3} \|\eta\, \mathfrak{d} y_i\, \Delta y_j\|$$

$$|I_3| \leqq \mathscr{C}_7 |\eta|_{1,R_{a_1}} \|\Delta \mathfrak{y}\| \sum_{\mathfrak{d}} \|\eta\, \mathfrak{d} \Delta \mathfrak{y}\|$$

$$|I_4| \leqq \mathscr{C}_8 \sum_{\mathfrak{d}} \sum_{i,j=1}^{3} \|\eta\, \mathfrak{d} y_i\, \Delta y_j\|^2$$

$$|I_5| \leqq \mathscr{C}_9 \sum_{\mathfrak{d}} \left\{ \|\eta\, \mathfrak{d} \Delta \mathfrak{y}\| \sum_{i,j=1}^{3} \|\eta\, \mathfrak{d} y_i\, \Delta y_j\| \right\}$$

$$|I_6| \leqq \mathscr{C}_{10} \sum_{\mathfrak{d}} \left\{ \|\eta\, \mathfrak{d} \Delta \mathfrak{y}\| \sum_{i,j=1}^{3} \|\eta\, \mathfrak{d} y_i^{(h)}\, \Delta y_j\| \right\}.$$

Aus $\Delta \mathfrak{y}(u, v) = \int_0^1 \mathfrak{y}_u(u + t\,h, v)\, dt$ folgt gemäß §§ 323, 352, 353

$$\|\Delta \mathfrak{y}\|^2 = \iint_{R_{a_1}} \left[\int_0^1 \mathfrak{y}_u(u + t\,h, v)\, dt \right]^2 du\, dv \leqq$$

$$\leqq \int_0^1 dt \iint_{R_{a_1}} \mathfrak{y}_u^2 (u + t\,h, v)\, du\, dv \leqq$$

$$\leqq D_{P_0}(\mathfrak{y}) \leqq 2 D_{P_0}[\mathfrak{x}] \leqq \mathscr{C}_{11}.$$

Wir wenden nun die Schwarzsche Ungleichung und bei den Integralen I_1, I_3, I_5, I_6 auch die elementare Ungleichung $|\alpha\beta| \leqq \varepsilon\alpha^2 + \frac{1}{4\varepsilon}\beta^2$ an und finden

$$(141) \quad \sum_{\mathfrak{d}} \|\eta\, \mathfrak{d} \Delta \mathfrak{y}\|^2 \leqq \sum_{v=1}^{6} |I_v| \leqq \mathscr{C}_{12} \Big\{ \varepsilon \sum_{\mathfrak{d}} \|\eta\, \mathfrak{d} \Delta \mathfrak{y}\|^2 + \frac{1}{\varepsilon} |\eta|_{1,R_{a_1}}^2 +$$

$$+ \frac{1}{\varepsilon} \sum_{\mathfrak{d}} \iint_{R_{a_1}} \eta^2 [(\mathfrak{d} \mathfrak{y})^2 + (\mathfrak{d} \mathfrak{y}^{(h)})^2] (\Delta \mathfrak{y})^2\, du\, dv \Big\}.$$

Hier bedarf nun noch das Integral auf der rechten Seite einer weiteren Behandlung. Dazu definieren wir durch die Festsetzungen

$$q(u,v) = \begin{cases} \sum_{\partial} (\partial \mathfrak{y}(u,v))^2 & \text{für} \quad v \geqq 0 \\ \sum_{\partial} (\partial \mathfrak{y}(u,-v))^2 & \text{für} \quad v \leqq 0, \end{cases}$$

$$q^{(h)}(u,v) = \begin{cases} \sum_{\partial} (\partial \mathfrak{y}(u+h,v))^2 & \text{für} \quad v \geqq 0 \\ \sum_{\partial} (\partial \mathfrak{y}(u+h,-v))^2 & \text{für} \quad v \leqq 0, \end{cases}$$

$$U(u,v) = \begin{cases} \eta(u,v)\, \Delta \mathfrak{y}(u,v) & \text{für} \quad v \geqq 0 \\ \eta(u,-v)\, \Delta \mathfrak{y}(u,-v) & \text{für} \quad v \leqq 0 \end{cases}$$

im Quadrat Q_a drei Funktionen q, $q^{(h)}$ und U. U gehört zu $\mathfrak{M}(Q_a)$ und hat in Q_a einen kompakten Träger. Die Funktionen q und $q^{(h)}$ sind in Q_a integrierbar und genügen nach § 329 für alle Mittelpunkte w_0 und alle Radien r einer Ungleichung

$$\iint_{Q_a \cap R(w_0;r)} |q(u,v)|\, du\, dv \leqq \mathscr{C}_{13}\, r^{\beta}, \qquad \iint_{Q_a \cap R(w_0;r)} |q^{(h)}(u,v)|\, du\, dv \leqq \mathscr{C}_{13}\, r^{\beta}.$$

Zufolge § 223 gilt dann, beispielsweise mit der Wahl $\lambda = \beta/2$,

$$\iint_{R_{a_1}} \{|q(u,v)| + |q^{(h)}(u,v)|\}\, U^2(u,v)\, du\, dv \leqq \mathscr{C}_{14}\, a_1^{\beta/2} \sum_{\partial} \|\partial U\|^2,$$

d. h.

(142)

$$\sum_{\partial} \iint_{R_{a_1}} \eta^2 [(\partial \mathfrak{y})^2 + (\partial \mathfrak{y}^{(h)})^2]\, (\Delta \mathfrak{y})^2\, du\, dv \leqq \mathscr{C}_{15}\, a_1^{\beta/2} \Big\{ |\eta|^2_{1,R_{a_1}} + \sum_{\partial} \|\eta\, \partial \Delta \mathfrak{y}\|^2 \Big\}.$$

Die Ungleichung (141) stellt sich nunmehr in der folgenden Form dar:

$$\sum_{\partial} \|\eta\, \partial \Delta \mathfrak{y}\|^2 \leqq \mathscr{C}_{16} \Big\{ (\varepsilon + \varepsilon^{-1} a_1^{\beta/2}) \sum_{\partial} \|\eta\, \partial \Delta \mathfrak{y}\|^2 + \varepsilon^{-1} |\eta|^2_{1,R_{a_1}} \Big\}.$$

Durch geeignete Wahl von (erst) ε und (hernach) a_1 läßt es sich erreichen, daß der Koeffizient von $\sum_{\partial} \|\eta\, \partial \Delta \mathfrak{y}\|^2$ auf der rechten Seite kleiner als $\frac{1}{2}$ wird. Das entsprechende Glied kann dann mit der linken Seite verschmolzen werden. Indem wir schließlich noch die Abschätzung $|\eta|_{1,R_{a_1}} \leqq \max(1, 8/a_1)$ berücksichtigen, können wir sagen: Es gibt eine Zahl $a_1 < a$ und eine Konstante $\mathscr{C}_{17}$, welche beide lediglich vom Ortsvektor $\mathfrak{z}(\vartheta)$ der Kurve Γ und seinen Ableitungen bis zu denen dritter Ordnung abhängen, so daß für alle h mit $|h| \leqq a_1/4$ die Ungleichung

(143) $$\sum_{\partial} \iint_{R_{a_1}} \eta^2 (\partial \Delta \mathfrak{y})^2\, du\, dv \leqq \mathscr{C}_{17}$$

zutrifft.

Da der Vektor $\mathfrak{y}(u, v)$, welcher durch eine dreimal stetig differenzierbare Transformation des in P_0 analytischen Vektors $\mathfrak{x}(u, v)$ hervorgegangen ist, in P_0 selbst dreimal stetig differenzierbar ist, folgt für kleine positive ε aus

$$\sum_{\partial} \iint_{R_{a_1}^{(\varepsilon)}} \eta^2 (\partial \Delta_h \mathfrak{y})^2 \, du \, dv \leqq \mathscr{C}_{17}$$

für $h \to 0$ dann

$$\sum_{\partial} \iint_{R_{a_1}^{(\varepsilon)}} \eta^2 (\partial\, \partial_u \mathfrak{y})^2 \, du \, dv \leqq \mathscr{C}_{17}$$

und im Grenzübergang $\varepsilon \to 0$ schließlich

$$\sum_{\partial} \|\eta\, \partial\, \partial_u \mathfrak{y}\|^2 = \sum_{\partial} \iint_{R_{a_1}} \eta^2 (\partial\, \partial_u \mathfrak{y})^2 \, du \, dv \leqq \mathscr{C}_{17}. \tag{144}$$

§ 355. Nachdem wir in (144) die Normen $\|\eta\, \partial_u \partial_u \mathfrak{y}\|$ und $\|\eta\, \partial_u \partial_v \mathfrak{y}\|$ abgeschätzt haben, benötigen wir jetzt noch eine Schranke für die Norm $\|\eta\, \partial_v \partial_v \mathfrak{y}\|$. Zu ihrer Bestimmung ziehen wir das Gleichungssystem (137) heran, aus welchem wir zunächst die Ungleichung

$$\|\eta\, \partial_v \partial_v \mathfrak{y}\|^2_{0,\, R_{a_1}^{(\varepsilon)}} \leqq \mathscr{C}_{18} \left\{ \|\eta\, \partial_u \partial_u \mathfrak{y}\|^2 + \sum_{\partial} \|\eta (\partial \mathfrak{y})^2\|^2_{0,\, R_{a_1}^{(\varepsilon)}} \right\} \tag{145}$$

gewinnen. Dabei sind a_1 die am Ende von § 354 festgelegte Zahl und ε eine kleine positive Konstante, welche wir später nach Null gehen lassen werden.

Gemäß (142), (143) ist

$$\|\eta (\partial_u \mathfrak{y})^2\|^2_{0,\, R_{a_1}^{(\varepsilon)}} = \lim_{h \to 0} \iint_{R_{a_1}^{(\varepsilon)}} \eta^2 (\partial_u \mathfrak{y})^2 (\Delta_h \mathfrak{y})^2 \, du \, dv \leqq \mathscr{C}_{19}$$

und, da diese Ungleichung gleichmäßig für alle ε zutrifft,

$$\|\eta (\partial_u \mathfrak{y})^2\| \leqq \mathscr{C}_{20}. \tag{146}$$

Die Abschätzung $\|\eta (\partial_v \mathfrak{y})^2\|$ bedarf ausführlicherer Schritte. Wir bezeichnen mit $y(u, v)$ eine beliebige der Komponenten des Vektors $\mathfrak{y}(u, v)$ und definieren zwei Funktionen $\zeta(u, v)$ und $z(u, v)$ wie folgt:

$$\zeta(u, v) = \begin{cases} \eta(u, v) & \text{für } |u| \leqq a_1,\ \varepsilon \leqq v \leqq a_1 \\ \eta(u, 2\varepsilon - v) & \text{für } |u| \leqq a_1,\ -a_1 + 2\varepsilon \leqq v \leqq \varepsilon \end{cases}$$

$$z(u, v) = \begin{cases} y(u, v) & \text{für } |u| \leqq a_1,\ \varepsilon \leqq v \leqq a_1 \\ 2y(u, \varepsilon) - y(u, 2\varepsilon - v) & \text{für } |u| \leqq a_1,\ -a_1 + 2\varepsilon \leqq v \leqq \varepsilon. \end{cases}$$

Bei festem u in $|u| \leqq a_1$ sind ζ, z und z_v in $-a_1 + 2\varepsilon \leqq v \leqq a_1$ stetig, während ζ_v und z_{vv} in $-a_1 + 2\varepsilon \leqq v < \varepsilon$ und $\varepsilon < v \leqq a_1$ stetig sind, aber bei $v = \varepsilon$ einen Sprung haben. Partielle Integration ergibt

$$\int_{-a_1+2\varepsilon}^{a_1} \zeta^2 z_v^4 \, dv = - \int_{-a_1+2\varepsilon}^{a_1} z \{3\zeta^2 z_v^2 z_{vv} + 2\zeta\, \zeta_v z_v^3\} \, dv,$$

da für hinreichend kleine Werte von ε keine Randglieder auftreten können. Mit Hilfe der Schwarzschen Ungleichung wird

$$\int_{-a_1+2\varepsilon}^{a_1} \zeta^2 z_v^4\, dv \leqq 3 \sup|z(u,v)| \sqrt{\int_{-a_1+2\varepsilon}^{a_1} \zeta^2 z_v^4\, dv} \times$$

$$\times \left\{\sqrt{\int_{-a_1+2\varepsilon}^{a_1} \zeta^2 z_{vv}^2\, dv} + \tfrac{2}{3} \sup|\zeta_v(u,v)| \sqrt{\int_{-a_1+2\varepsilon}^{a_1} z_v^2\, dv}\right\}.$$

Unter Verwendung der elementaren Ungleichung $(\alpha+\beta)^2 \leqq \frac{13}{9}\alpha^2 + \frac{13}{4}\beta^2$ wird daher

$$\int_{-a_1+2\varepsilon}^{a_1} \zeta^2 z_v^4\, dv \leqq 117\, |y|_{0,R_{a_1}}^2 \left\{\int_{-a_1+2\varepsilon}^{a_1} \zeta^2 z_{vv}^2\, dv + |\eta|_{1,R_{a_1}}^2 \int_{-a_1+2\varepsilon}^{a_1} z_v^2\, dv\right\}.$$

Wir haben nun

$$\int_{-a_1+2\varepsilon}^{\varepsilon} z_v^2\, dv = \int_{\varepsilon}^{a_1} z_v^2\, dv \quad = \int_{\varepsilon}^{a_1} y_v^2\, dv$$

$$\int_{-a_1+2\varepsilon}^{\varepsilon} \zeta^2 z_v^4\, dv = \int_{\varepsilon}^{a_1} \zeta^2 z_v^4\, dv \quad = \int_{\varepsilon}^{a_1} \eta^2 y_v^4\, dv$$

$$\int_{-a_1+2\varepsilon}^{\varepsilon} \zeta^2 z_{vv}^2\, dv = \int_{\varepsilon}^{a_1} \zeta^2 z_{vv}^2\, dv = \int_{\varepsilon}^{a_1} \eta^2 y_{vv}^2\, dv.$$

Nach einer Integration über u wird daher

$$\iint_{R_{a_1}^{(\varepsilon)}} \eta^2 y_v^4\, du\, dv \leqq 117\, |y|_{0,R_{a_1}}^2 \left\{\iint_{R_{a_1}^{(\varepsilon)}} \eta^2 y_{vv}^2\, du\, dv + |\eta|_{1,R_{a_1}}^2 \iint_{R_{a_1}^{(\varepsilon)}} y_v^2\, du\, dv\right\}$$

und, wenn wir diese Ungleichung zusammen mit (144) und (146) in (145) einsetzen,

$$\begin{aligned} \|\eta\, \partial_v \partial_v \mathfrak{y}\|_{0,R_{a_1}^{(\varepsilon)}} &\leqq \mathscr{C}_{21} + \mathscr{C}_{22}\, |\mathfrak{y}| \left\{\|\eta\, \partial_v \partial_v \mathfrak{y}\|_{0,R_{a_1}^{(\varepsilon)}} + |\eta|_{1,R_{a_1}} \|\partial_v \mathfrak{y}\|^2\right\} \\ &\leqq \mathscr{C}_{22}\, |\mathfrak{y}|\, \|\eta\, \partial_v \partial_v \mathfrak{y}\|_{0,R_{a_1}^{(\varepsilon)}} + \mathscr{C}_{23}. \end{aligned}$$

Da $\mathfrak{y}(0,0) = 0$ ist, läßt sich a_1 nun derart verkleinern, daß $\mathscr{C}_{22}|\mathfrak{y}| \leqq \frac{1}{2}$ wird. (Nach § 328 und (134) bestimmt sich die fragliche Schranke für a_1 ausschließlich aus den Eigenschaften der Kurve Γ.) Wir können dann das erste Glied auf der rechten Seite mit der linken Seite verschmelzen und erhalten nach dem Grenzübergang $\varepsilon \to 0$ die Ungleichung

(147) $$\|\eta\, \partial_v \partial_v \mathfrak{y}\| \leqq \mathscr{C}_{24}.$$

Mit Hilfe von (147) ergibt sich dann übrigens

(148) $$\|\eta (\partial_v \mathfrak{y})^2\| \leqq \mathscr{C}_{25}.$$

Die später ebenfalls auftretenden Normen $\|\eta\, \partial_u y_i\, \partial_v y_j\|$ schließlich lassen sich auf Grund der Ungleichung $\sqrt{2}\, \|\eta\, \partial_u y_i\, \partial_v y_j\| \leqq \|\eta (\partial_u y_i)^2\| + \|\eta (\partial_v y_j)^2\|$ auf (146) und (148) zurückführen.

§ 356. Wir bedenken nun, daß die Funktion $\eta(u, v)$ auf $R_{a_3} = R_{a_1}/4$ gleich Eins ist. Die vorangehenden Ausführungen zeigen dann, daß es zwei positive Konstanten $a_0 < a$ und $\mathscr{C}_{26}$ gibt, welche ausschließlich vom Ortsvektor $\mathfrak{z}(\vartheta)$ der Kurve Γ und seinen Ableitungen bis zu denen dritter Ordnung abhängen, so daß

$$\|\mathfrak{y}\|_{2, R_{a_0}} \leqq \mathscr{C}_{26}$$

ist. Wegen

$$\partial x_i = \sum_{j=1}^{3} \frac{\partial \psi_i}{\partial y_j} \partial y_j, \quad \partial\, \partial' x_i = \sum_{j,k=1}^{3} \frac{\partial^2 \psi_i}{\partial y_j \partial y_k} \partial y_j\, \partial' y_k + \sum_{j=1}^{3} \frac{\partial \psi_i}{\partial y_j} \partial\, \partial' y_j$$

folgt aus § 355 eine entsprechende Ungleichung für den Vektor $\mathfrak{x}(u, v)$:

$$\|\mathfrak{x}\|_{2, R_{a_0}} \leqq \mathscr{C}_{27}. \tag{149}$$

Wir gehen jetzt auch wieder auf den Einheitskreis $\bar{P}$ als Parameterbereich unserer Fläche zurück. In kompakten Teilbereichen von P lassen sich die Ableitungen des Ortsvektors $\mathfrak{x}$ durch $\max\limits_{(u,v)\in\bar{P}} |\mathfrak{x}(u, v)|$, d. h. durch die Länge von Γ, abschätzen. Um jeden Randpunkt von P gibt es zufolge (149) eine Kreisscheibe K, deren Radius nicht von der Lage dieses Punktes abhängt, so daß $\|\mathfrak{x}\|_{2, P\cap K} \leqq$ const gilt. Aus diesen Tatsachen folgt die Ungleichung $\|\mathfrak{x}\|_{2,P} < \infty$.

Damit ist der Beweis zu Ende geführt.

§ 357. Als Letztes wollen wir schließlich noch das Verhalten des Ortsvektors $\mathfrak{x}(u, v)$ in der Nähe einer Ecke der Randkurve untersuchen. Die Jordankurve Γ bestehe aus zwei geradlinigen Segmenten $0A$, $0B$ und einem Jordanbogen AB. Die Segmente $0A$ und $0B$ mögen in 0 unter dem Winkel $\vartheta_0 = \frac{p}{q}\pi$ zusammenstoßen, wo p und $q > p$ zwei teilerfremde natürliche Zahlen sind. Der Bogen AB verlaufe mit Ausnahme seiner Endpunkte ganz auf einer Seite der von den Punkten 0, A und B bestimmten Ebene. O. B. d. A. können wir annehmen, daß dieses die (x, y)-Ebene mit dem Punkt 0 als Ursprung ist, daß die Strecke $0A$ in die positive x-Achse fällt, daß die Strecke $0B$ mit dieser den Winkel ϑ_0 bildet und daß der Bogen AB bis auf seine Endpunkte oberhalb der (x, y)-Ebene liegt.

Mit $S = \{\mathfrak{x} = \mathfrak{x}(u, v);\ (u, v) \in \bar{P}\}$ bezeichnen wir eine Lösung des Plateauschen Problems für die Kurve Γ. Dabei soll $\bar{P}$ diesmal ausnahmsweise die Abschließung der zur Einheitskreisscheibe konform äquivalenten Halbkreisscheibe $P = \{u, v;\, u^2 + v^2 < 1, v > 0\}$ der komplexen w-Ebene sein. Der Vektor $\mathfrak{x}(u, v)$ ist harmonisch in P, stetig in $\bar{P}$, bildet den Rand von P topologisch auf die Kurve Γ ab, wobei wir annehmen dürfen, daß die Punkte B, 0 und A bzw. den Punkten $w = -1$, $w = 0$ und $w = 1$ entsprechen, und genügt in P den Beziehungen $\mathfrak{x}_u^2 = \mathfrak{x}_v^2$, $\mathfrak{x}_u \cdot \mathfrak{x}_v = 0$. Wie in §§ 145, 336 schreiben wir wieder $x(u, v) = \operatorname{Re} g_1(w)$, $y(u, v) = \operatorname{Re} g_2(w)$, $z(u, v) = \operatorname{Re} g_3(w)$, wo dann in allen Punkten von P die Beziehung (125) zutrifft.

§ 358. Die Funktion $z(u, v)$ verschwindet auf dem Durchmesser von P und kann daher nach dem Spiegelungsprinzip für harmonische Funktionen analytisch als harmonische Funktion in die untere w-Halbebene fortgesetzt werden. Zufolge des Maximumprinzipes muß $z(u, v)$ in allen Punkten von P positiv sein. Nach einer bekannten Schlußweise von E. Hopf ([7], siehe auch § 584) gilt dann $z_v(u, 0) > 0$ für $|u| < 1$. Die Funktion $g_3(w)$, bei welcher wir ja noch über eine additive rein imaginäre Größe verfügen können, ist also in $|w| < 1$ analytisch und hat dort eine Entwicklung $g_3(w) = -i\gamma w + \frac{1}{2} c_2 w^2 + \cdots$, $\gamma > 0$.

Indem wir die Fläche S gemäß § 314 am Segment $0B$ spiegeln, erhalten wir eine erweiterte verallgemeinerte Minimalfläche S_1, welche als Bild des längs der positiven u-Achse aufgeschnittenen Einheitskreises in der w-Ebene erscheint. Das Bild der Strecke $0A$ ist dabei eine in der (x, y)-Ebene liegende Strecke $0A_1$, welche mit der Strecke $0A$ den Winkel $2\vartheta_0$ bildet. Die verallgemeinerte Minimalfläche S_1 setzen wir durch Spiegelung an der Strecke $0A_1$ fort. Die Strecke $0A$ geht dabei in eine Strecke $0A_2$ in der (x, y)-Ebene über, welche mit der Strecke $0A$ den Winkel $4\vartheta_0$ einschließt. Das Bild von S_1 bezeichnen wir mit S_2. Die neue Fläche S_2 setzen wir durch Spiegelung an der Strecke $0A_2$ fort. Bei dieser Spiegelung geht die Strecke $0A_1$ in eine Strecke $0A_3$ über, welche mit der Strecke $0A$ den Winkel $6\vartheta_0$ bildet. Das Bild von S_2 bezeichnen wir mit S_3. Nunmehr spiegeln wir S_3 an der Strecke $0A_3$ usw. Nach q-maliger Spiegelung erhalten wir eine analytische Fortsetzung $\tilde{S} = S_1 \cup S_2 \cup \cdots \cup S_q$ des Flächenstückes S als Bild einer über dem Kreise $|w| < 1$ ausgebreiteten Riemannschen Fläche. Das Bild $0A_q$ der Strecke $0A$ bildet mit dieser den Winkel $2q\,\vartheta_0 = 2p\,\pi$, ist also mit $0A$ identisch; d. h., die Funktionen $x(u, v)$ und $y(u, v)$ und ihre Fortsetzungen stimmen längs der positiven u-Achse überein. Die analytischen Funktionen $g_1'(w)$ und $g_2'(w)$ haben daher in $|w| < 1$ Puiseux-Entwicklungen der Form

$$g_1'(w) = a_m w^{\frac{m}{q}} + a_{m+1} w^{\frac{m+1}{q}} + \cdots,$$

$$g_2'(w) = b_n w^{\frac{n}{q}} + b_{n+1} w^{\frac{n+1}{q}} + \cdots,$$

wo $a_m \neq 0$, $b_n \neq 0$. Wenn wir bedenken, daß die das ursprüngliche Flächenstück S definierenden Funktionen $x(u, v)$ und $y(u, v)$ in $\bar{P}$ stetig und daß ihre Fortsetzungen auch nicht unendlichwertig sind, so erkennen wir, daß die Ungleichungen $m > -q$, $n > -q$ gelten müssen.

Aus (125) folgt, daß, falls einer der Exponenten m, n negativ ist, beide gleich sein müssen und daß nicht beide positiv sein können. Wir haben also lediglich die folgenden vier Fälle zu diskutieren.

1. *Fall*: $-q < m = n < 0$,
2. *Fall*: $m = n = 0$,
3. *Fall*: $m = 0$, $n > 0$,
4. *Fall*: $m > 0$, $n = 0$.

§ 359. Für $0 < u < 1$ bezeichnen wir mit $\mathfrak{t}(u)$ und $\mathfrak{t}(-u)$ die Tangenteneinheitsvektoren der Kurve Γ in den Bildpunkten der Punkte $(u, 0)$ und $(-u, 0)$. Es ist klar, daß

$$\mathfrak{t}(u) = \{1, 0, 0\}, \qquad \mathfrak{t}(-u) = \{-\cos\vartheta_0, -\sin\vartheta_0, 0\}$$

ist. Im 3. Falle hätten wir nach (125) $-\gamma^2 + a_0^2 = 0$, d. h. $a_0 = \pm\gamma$. Daraus folgte $\lim\limits_{u\to 0} \mathfrak{t}(-u) = \{\pm 1, 0, 0\}$. Wegen $0 < \vartheta_0 < \pi$ ist das nicht möglich. Genauso erledigt sich der 4. Fall. Im 2. Fall gölte im Widerspruch zu den Tatsachen $\lim\limits_{u\to 0} \mathfrak{t}(u) = \lim\limits_{u\to 0} \mathfrak{t}(-u)$. Bleibt also der 1. Fall.

In diesem Falle folgt aus (125) $a_m^2 + b_m^2 = 0$, d. h. $b_m = \mp i\, a_m$ oder, indem wir $a_m = \alpha + i\beta$ setzen, $b_m = \pm(\beta - i\alpha)$. Für kleine positive Werte von u finden wir dann

$$\mathfrak{t}(u) = \frac{1}{|a_m|}\{\alpha, \pm\beta, 0\} + \text{ein Vektor, dessen Komponenten von der Ordnung } O\left(u^{\frac{1}{q}}\right) \text{ sind,}$$

$$\mathfrak{t}(-u) = \frac{1}{|a_m|}\left\{\left(\alpha\cos\frac{\pi m}{q} - \beta\sin\frac{\pi m}{q}\right),\right.$$
$$\left.\pm\left(\beta\cos\frac{\pi m}{q} + \alpha\sin\frac{\pi m}{q}\right), 0\right\} + \text{ein Vektor, dessen Komponenten von der Ordnung } O\left(u^{\frac{1}{q}}\right) \text{ sind.}$$

Indem wir die Werte von $\mathfrak{t}(u)$ vergleichen, finden wir $\alpha = |a_m| \equiv \lambda$ und $\beta = 0$. Ein Vergleich der Ausdrücke für $\mathfrak{t}(-u)$ ergibt dann

$$\cos\frac{m\pi}{q} = -\cos\vartheta_0 = -\cos\frac{p\pi}{q},$$

$$\pm\sin\frac{m\pi}{q} = -\sin\vartheta_0 = -\sin\frac{p\pi}{q}.$$

Wir wollen $m = -q + m_0$ setzen, wo $0 < m_0 < q$ sein muß. Aus den obigen Formeln folgt dann

$$\cos\frac{m_0\,\pi}{q} = \cos\frac{p\,\pi}{q}, \qquad \pm\sin\frac{m_0\,\pi}{q} = \sin\frac{p\,\pi}{q}.$$

Es muß also das obere Vorzeichen gelten und $m_0 = p$ sein, und die Entwicklungen für die Funktionen $g_j'(w)$ beginnen folgendermaßen:

$$g_1'(w) = \lambda\, w^{\frac{p}{q}-1} + \cdots, \qquad g_2'(w) = -i\,\lambda\, w^{\frac{p}{q}-1} + \cdots,$$
$$g_3'(w) = -i\,\gamma + \cdots.$$

Durch Integration ergibt sich dann unter Benutzung von Polarkoordinaten $w = \varrho\, e^{i\vartheta}$ nach korrekter Konstantenwahl

$$x(u, v) = \operatorname{Re}\left\{\varkappa\, w^{\frac{p}{q}} + \cdots\right\} = \varkappa\,\varrho^{\frac{p}{q}} \cos\frac{p\,\vartheta}{q} + O\left(\varrho^{\frac{p+1}{q}}\right)$$

$$y(u, v) = \operatorname{Re}\left\{-i\,\varkappa\, w^{\frac{p}{q}} + \cdots\right\} = \varkappa\,\varrho^{\frac{p}{q}} \sin\frac{p\,\vartheta}{q} + O\left(\varrho^{\frac{p+1}{q}}\right)$$

$$z(u, v) = \operatorname{Re}\{-i\,\gamma\, w + \cdots\} = \gamma\,\varrho \sin\vartheta + O(\varrho^2).$$

Dabei haben wir $\varkappa = \lambda\, q/p$ gesetzt.

§ 360. Mit Hilfe der letzten Formeln berechnet man leicht, daß der Normalenvektor $\mathfrak{X}(u, v)$ der Fläche in Nähe des Punktes 0 eine Entwicklung

$\mathfrak{X}(u, v) = \{0, 0, 1\}$ + ein Vektor, dessen Komponenten von der Ordnung $O\left(\varrho^{\frac{1}{q}}\right)$ sind,

besitzt.

Angenommen, es sei uns bekannt, daß die Fläche S eine nichtparametrische Darstellung $z = z(x, y)$ besitzt. Aus

$$r(u, v) = \sqrt{x^2(u, v) + y^2(u, v)} = \varkappa\,\varrho^{\frac{p}{q}} \left[1 + O\left(\varrho^{\frac{1}{q}}\right)\right]$$

folgt dann für kleine x, y

$$0 \leqq z(x, y) \leqq \gamma \left(\frac{r}{\varkappa}\right)^{\frac{q}{p}} \left[1 + O\left(r^{\frac{1}{p}}\right)\right].$$

Insbesondere ist dann auch

$$\lim_{k \to 0} \frac{1}{k}\, z(k\,x, k\,y) = 0$$

(man erinnere sich der Voraussetzung $p < q$). Wir werden die letzte Beziehung in §§ 861, 866 anwenden.

2.2. Verzweigungspunkte

§ 361. Bei der in den §§ 291–304 bestimmten Lösung des Plateauschen Problems ist die Möglichkeit von singulären Punkten, d. h. von Punkten, welche inneren Punkten des Parameterbereiches entsprechen und in denen die Regularitätsforderung $\mathfrak{x}_u \times \mathfrak{x}_v \neq \mathfrak{o}$ verletzt ist, nicht ausgeschlossen. Es gibt allerdings verschiedene Fälle – wir werden sie bald besprechen –, wo die Gestalt der Jordankurve Γ das Vorhandensein von singulären Punkten verbietet. Dann ist die verallgemeinerte Minimalfläche $S = \{\mathfrak{x} = \mathfrak{x}(u, v); (u, v) \in \bar{P}\}$ in Wirklichkeit eine (reguläre) Minimalfläche. Man bezeichnet singuläre Punkte oft auch als Verzweigungspunkte, obwohl, wie das in § 364 gegebene Beispiel zeigt, die mit diesem Begriff verknüpfte Vorstellung nicht immer zutrifft.

In einem Verzweigungspunkt verschwinden die ersten Ableitungen des Ortsvektors $\mathfrak{x}(u, v)$ und daher auch die ersten Ableitungen der Komponenten des analytischen Vektors $\mathfrak{G}(w) = \mathfrak{x} + i\,\mathfrak{x}^*$. Wie man sich unter Berücksichtigung von (125) leicht überlegt, läßt es sich durch eine Drehung des Koordinatensystems, welcher eine reelle orthogonale Transformation der (komplexwertigen) Komponenten des Vektors $\mathfrak{G}(w)$ entspricht, erreichen, daß $\mathfrak{G}(w)$ in der Umgebung des Verzweigungspunktes $w_0 = u_0 + i\,v_0$ die Entwicklung

(150)
$$\begin{Bmatrix} x_0 + i\,x_0^* + \varkappa(w - w_0)^m + a_1(w - w_0)^{m+1} + a_2(w - w_0)^{m+2} + \cdots \\ y_0 + i\,y_0^* - i\,\varkappa(w - w_0)^m + b_1(w - w_0)^{m+1} + b_2(w - w_0)^{m+2} + \cdots \\ z_0 + i\,z_0^* + c_n(w - w_0)^{m+n} + \cdots \end{Bmatrix}$$

hat. Dabei sind $\varkappa$ eine positive Konstante, $c_n = c_n' + i\,c_n''$ eine von Null verschiedene Konstante und n eine natürliche Zahl. Weiterhin ist $b_1 = -i\,a_1$ und $2\varkappa\, m(m + 2)\,(a_2 - i\,b_2) + (m + 1)^2\, c_n^2 = 0$ im Falle $n = 1$ und $a_2 - i\,b_2 = 0$ im Falle $n > 1$. Die Punkte deuten Glieder mit fortschreitenden Potenzen von $w - w_0$ an. Die natürliche Zahl $m - 1 > 0$ heißt die Ordnung des Verzweigungspunktes und die ganze Zahl $n - 1 \geqq 0$ sein Index.

Unter Benutzung von Polarkoordinaten $w = w_0 + \varrho\, e^{i\vartheta}$ in der Umgebung von w_0 ergibt sich

$$(150')\quad \begin{cases} x = x_0 + \varkappa\,\varrho^m \cos m\vartheta + \cdots \\ y = y_0 + \varkappa\,\varrho^m \sin m\vartheta + \cdots \\ z = z_0 + \varrho^{m+n}[c_n' \cos(m + n)\,\vartheta - c_n'' \sin(m + n)\vartheta] + \cdots \end{cases}$$

und für kleine ϱ

$$\frac{\mathfrak{x}_\varrho(\varrho, \vartheta_1)}{|\mathfrak{x}_\varrho(\varrho, \vartheta_1)|} \cdot \frac{\mathfrak{x}_\varrho(\varrho, \vartheta_2)}{|\mathfrak{x}_\varrho(\varrho, \vartheta_2)|} = \cos[m(\vartheta_2 - \vartheta_1)] + O(\varrho).$$

Aus dieser Beziehung geht hervor, daß die Abbildung der w-Ebene auf die Fläche S im Punkte w_0 nicht konform ist. Winkel werden vielmehr ver-m-facht.

Für die Komponenten des Normalenvektors in der Umgebung des Verzweigungspunktes, d. h. für hinreichend kleine positive Werte von ϱ, erhält man $X = O(\varrho)$, $Y = O(\varrho)$, $Z = 1 + O(\varrho)$. Die Tangentialebene hat also bei Annäherung an den Verzweigungspunkt eine Grenzlage; in unserem Falle ist dies die Ebene $z = z_0$.

Verzweigungspunkte sind isolierte Punkte der Fläche, d. h., sie entsprechen isolierten Punkten von P.

Der Koeffizient E der ersten Grundform hat die Gestalt

$$E = \varrho^{2m-2}\{\varkappa^2 m^2 + p_1(\vartheta)\,\varrho + p_2(\vartheta)\,\varrho^2 + O(\varrho^3)\}.$$

Dabei ist $p_1(\vartheta) = 2\varkappa\, m(m+1)\,\mathrm{Re}(a_1 e^{i\vartheta})$ und

$$p_2(\vartheta) = \begin{cases} (m+1)^2\,(|a_1|^2 + \tfrac{1}{2}|c_1|^2) + \varkappa\, m(m+2)\,\mathrm{Re}[(a_2 + i\, b_2)\, e^{2i\vartheta}] & \text{falls } n = 1 \\ (m+1)^2\,|a_1|^2 + 2\varkappa\, m(m+2)\,\mathrm{Re}(a_2\, e^{2i\vartheta}) & \text{falls } n > 1. \end{cases}$$

§ 362. Es läßt sich auf verschiedene Weise einsehen, daß die durch die beiden ersten Formeln in (150′) gegebene Abbildung $(u, v) \to (x, y)$ lokal die Eigenschaften der Abbildung $x + i\,y = (x_0 + i\,y_0) + \varkappa(w - w_0)^m$ hat. Insbesondere ist sie ein-m-deutig in dem folgenden Sinne: Es gibt eine Umgebung U des Punktes w_0 in der (u, v)-Ebene mit der Eigenschaft, daß jeder von (x_0, y_0) verschiedene Punkt (x, y) der der Umgebung U unter der Abbildung $(150'_{1,2})$ entsprechenden Umgebung V des Punktes (x_0, y_0) in der (x, y)-Ebene genau m voneinander und von w_0 verschiedene Urbilder $w_\mu = u_\mu + i\, v_\mu$ $(\mu = 1, 2, \ldots, m)$ in U besitzt.

Wenn wir $x + i\,y = x_0 + i\,y_0 + r\,e^{i\varphi}$ setzen, finden wir

$$r = r(\varrho, \vartheta) = \varkappa\,\varrho^m \left\{1 + \sum_{l=1}^{\infty} Q_l(\vartheta)\,\varrho^l\right\}^{\frac{1}{2}}.$$

Dabei ist $Q_1(\vartheta) = \dfrac{1}{\varkappa}\mathrm{Re}[a_1 e^{i\vartheta}]$ usw. Für hinreichend kleine positive ε hat der Kreis $(x - x_0)^2 + (y - y_0)^2 = \varepsilon^2$ als Urbild in der (u, v)-Ebene eine kreisähnliche Kurve $\mathscr{C}_\varepsilon$ mit der polaren Darstellung

$$\varrho = \varrho(\vartheta; \varepsilon) = \left(\frac{\varepsilon}{\varkappa}\right)^{\frac{1}{m}} - \frac{1}{m} Q_1(\vartheta) \left(\frac{\varepsilon}{\varkappa}\right)^{\frac{1}{m}} + \cdots.$$

Aus der Beziehung

$$\frac{d\varphi}{d\vartheta} = m + Q_1(\vartheta)\,\varrho(\vartheta; \varepsilon) + \cdots,$$

bei welcher die Punkte Glieder in den höheren Potenzen von $\varrho(\vartheta; \varepsilon)$ bedeuten, erkennt man, daß der Winkel φ mit ϑ monoton wächst.

Wenn ein Punkt in der (u, v)-Ebene die Kurve $\mathscr{C}_\varepsilon$ einmal durchläuft, so durchläuft sein Bildpunkt in der (x, y)-Ebene den Kreis $(x - x_0)^2 + (y - y_0)^2 = \varepsilon^2$ m-mal.

§ 363. In einer Umgebung des Verzweigungspunktes muß die Fläche entweder Selbstschneidungen besitzen oder eine in gewissem Sinne mehrfach zu zählende Fläche sein. Es gilt in der Tat der Satz:

In einer Umgebung des Verzweigungspunktes w_0 gibt es zwei voneinander und von w_0 verschiedene Punkte, welche vom Ortsvektor $\mathfrak{x}(w)$ der Fläche S in denselben Raumpunkt übergeführt werden.

Das sieht man am einfachsten, indem man den Verlauf der Funktion $z(\varrho(\vartheta; \varepsilon), \vartheta)$ betrachtet. Ein anderer, auf Y. W. Chen ([1], p. 795) zurückgehender Beweis verfährt folgendermaßen: Angenommen, die Behauptung sei falsch. Für jeden Punkt $(x, y) \neq (x_0, y_0)$ aus V wären dann die m Werte $z(u_\mu, v_\mu)$ $(\mu = 1, 2, \ldots, m)$ voneinander verschieden. Wir wollen uns die w_μ so numeriert denken, daß $z(u_1, v_1) < z(u_2, v_2) < \cdots < z(u_m, v_m)$ wird. Dann zerfällt die bei w_0 punktierte Umgebung U durch die folgende Festsetzung in m getrennte nicht-leere Punktmengen U_μ: Der Punkt w gehöre zu U_μ, wenn er in der eben vorgenommenen Anordnung das μ-te Urbild seines Bildes ist. Aus Stetigkeitsgründen müssen die Mengen U_μ offen sein. Das aber steht im Widerspruch zu der Tatsache, daß die bei w_0 punktierte Umgebung U zusammenhängend ist.

§ 364. Wenn man sich auf eine lokale Betrachtung beschränkt, so zeigt schon das triviale Beispiel der m-fach genommenen Enneperschen Fläche

$$x = \operatorname{Re}\left\{w^m - \frac{1}{3} w^{3m}\right\}, \qquad y = \operatorname{Re}\left\{-i\, w^m - \frac{i}{3} w^{3m}\right\}, \qquad z = \operatorname{Re}\left\{w^{2m}\right\},$$

daß eine verallgemeinerte Minimalfläche in der Umgebung des Verzweigungspunktes nicht m verschiedene Blätter zu haben braucht, welche sich längs gewisser Kurven schneiden müßten. Ob das der Fall ist, hängt vielmehr von den Teilbarkeitseigenschaften der Exponenten m und $m + n$ in (150) ab. Y. W. Chen bewies z. B. ([1], p. 795):

Wenn die Zahlen m und $m + n$ teilerfremd sind, dann schneidet sich die Fläche S selbst in $(m - 1)(m + n)$ krummlinigen Strahlen. Diese Strahlen gehen vom Verzweigungspunkt aus und haben dort wohldefinierte Richtungen.

Man diskutiere das am Beispiel der Minimalfläche

(151)
$$x = \operatorname{Re}\left\{w^2 - \frac{1}{2} w^4\right\}, \qquad y = \operatorname{Re}\left\{-i\, w^2 - \frac{i}{2} w^4\right\}, \qquad z = \operatorname{Re}\left\{\frac{4}{3} w^3\right\}$$

oder am Beispiel der allgemeineren Minimalfläche

(152)

$$x = \mathrm{Re}\left\{w^m - \frac{m}{m+2n} w^{m+2n}\right\}, \quad y = \mathrm{Re}\left\{-i\, w^m - i \frac{m}{m+2n} w^{m+2n}\right\},$$

$$z = \mathrm{Re}\left\{\frac{2m}{m+n} w^{m+n}\right\}.$$

Ähnlich wie in § 90 – allerdings etwas mühevoller – überzeugt man sich von der folgenden Tatsache: Wenn zwei verschiedene Punkte w_1 und w_2 in $|w| < 1$ durch die Abbildung (151) in denselben Raumpunkt übergeführt werden, so muß $w_1 = -w_2 = \varrho \exp\left(\frac{2l+1}{6} \pi i\right)$ $(l = 0, 1, \ldots, 5)$, gelten. Es lassen sich also leicht Kurven in $|w| < 1$ angeben, deren Bilder unter der Abbildung (151) Jordankurven im Raume sind. Jede Jordankurve in $|w| < 1$, welche jede der drei Geraden $u = 0$ und $u \pm v\sqrt{3} = 0$ in Punkten verschiedenen Abstandes vom Ursprung schneidet, z. B. der exzentrische Kreis

$K_{\varepsilon,a} = \{w = \varepsilon(i + a\, e^{i\vartheta});\ 0 \leqq \vartheta \leqq 2\pi\}$ mit $a > 1$, $0 < \varepsilon < 1/(1+a)$

hat diese Eigenschaft.

Auf diese Weise gewinnen wir das Beispiel *einer von einer Jordankurve berandeten verallgemeinerten Minimalfläche S vom Typ der Kreisscheibe mit genau einem inneren Verzweigungspunkt.*

Durch die Transformation

$$\zeta = \frac{a\, w}{\varepsilon(a^2 - 1) - i\, w}$$

mit der Umkehrung $w = \varepsilon(a^2 - 1)\,\zeta/(a + i\,\zeta)$ läßt sich das Innere des Kreises $K_{\varepsilon,a}$ umkehrbar eindeutig und konform auf den Einheitskreis $P = \{\zeta;\ |\zeta| < 1\}$ der ζ-Ebene abbilden. Die verallgemeinerte Minimalfläche S mit genau einem (dem Punkte $\zeta = 0$ entsprechenden) Verzweigungspunkt erhält dann eine Darstellung $\{\mathfrak{x} = \mathfrak{x}(\zeta);\ \zeta \in \bar{P}\}$, ist also eine Lösung des Plateauschen Problems im Sinne von § 304.

Die Fläche besitzt längs dreier analytischer Kurven – den Bildern der im Inneren des Kreises $|w| \leqq \varepsilon(a-1)$ liegenden Segmente der Geraden $u = 0$, $u \pm v\sqrt{3} = 0$ – Selbstschneidungen. Diese Kurven entspringen im Verzweigungspunkt und bilden dort paarweise Winkel von 120°. Die Urbilder dieser Kurven im Parameterbereich $\bar{P}$ sind drei Paare vom Punkte $\zeta = 0$ ausgehender Bögen, von denen sich je einer bis zum Rande ∂P erstreckt, der andere jedoch nicht. Die Randkurve von S ist nämlich eine verknotete Kurve, die die Fläche durchsticht. So entspricht beispielsweise dem Segment $\{\zeta = -i\,s;\ 0 \leqq s \leqq 1\}$ das Segment $\{\zeta = i\,t;\ 0 \leqq t \leqq a/(a+2)\}$ vermöge der Zuordnung $t = t(s) = a\,s/(a + 2s)$. Beide Punkte $\zeta = -i\,s$ und $\zeta = i\,t(s)$ werden auf denselben Raumpunkt

$$\left\{x = -\varepsilon^2 (a^2 - 1)^2 \frac{s^2}{(a+s)^2} \left[1 + \frac{1}{2} \varepsilon^2 (a^2 - 1)^2 \frac{s^2}{(a + s)^2}\right], \quad y = 0, \quad z = 0\right\}$$

abgebildet. Die Normalenvektoren dort bilden einen zwischen Null und π gelegenen Winkel, dessen Kosinus gleich

$$1 - 2\left(\frac{2v}{1+v^2}\right)^2, \quad v = v(s) = -\varepsilon(a^2 - 1)\frac{s}{a+s}$$

ist.

§ 365. Für eine (von einer Jordankurve berandete) Lösung des Plateauschen Problems gilt allgemein offensichtlich die folgende Behauptung: *Wenn dem Punkte $w = 0$ ein Verzweigungspunkt entspricht, so können die analytischen Funktionen $g_1(w)$, $g_2(w)$ und $g_3(w)$ nicht alle drei Potenzreihen einer Potenz w^k, $k \geqq 2$, sein.*

Dem Punkte $w = w_0$ von P entspreche ein Verzweigungspunkt der Ordnung $m - 1$ von S. Wenn es eine Transformation $\hat{w} = (w - w_0) + p_1(w - w_0)^2 + \cdots$ gibt, welche eine Umgebung des Punktes $w = w_0$ umkehrbar eindeutig auf eine Umgebung des Punktes $\hat{w} = 0$ abbildet, und wenn die drei auf $\hat{w}$ umgeschriebenen Funktionen g_1, g_2 und g_3 in der letzteren Umgebung alle Potenzreihen einer Potenz $\hat{w}^k$, $k \geqq 2$, werden, so nennen wir den dem Punkte w_0 entsprechenden Punkt der Fläche S einen *uneigentlichen Verzweigungspunkt*. Andernfalls heißt der Verzweigungspunkt *eigentlich*. Im ersten Falle muß k ein Teiler von m sein. Der größte Teiler dieser Art wird als die *Charakteristik* des Verzweigungspunktes bezeichnet. In der Umgebung eines Verzweigungspunktes der Charakteristik k verhält sich S wie eine (m/k)-blättrige Riemannsche Fläche. Ein uneigentlicher Verzweigungspunkt der Charakteristik m ist kein differentialgeometrisch singulärer Punkt der Fläche; er entspricht lediglich einer Singularität der Parametrisierung.

Aus § 442 weiter unten folgt dann der Satz:

Wenn die Jordankurve Γ auf der Berandung eines konvexen Körpers liegt, so kann eine von Γ berandete Lösung des Plateauschen Problems keinen (inneren) uneigentlichen Verzweigungspunkt besitzen.

Vermutlich gilt dieser Satz überhaupt für allgemeine Jordankurven. Er wurde schon einmal von R. Osserman ([15], pp. 562, 566) ausgesprochen. Der Ossermansche Beweis ist aber nicht richtig. Gegenwärtig beschäftigen sich Mathematiker an mehreren Universitäten mit dieser Frage, und zwar nicht nur für Minimalflächen, sondern allgemeiner für gewisse Flächen vorgeschriebener mittlerer Krümmung. Es steht zu erwarten, daß ihre Bemühungen bald Früchte tragen werden; leider zu spät, um hier besprochen werden zu können. Man beachte aber die einschlägigen Bemerkungen zur neuesten Literatur im Anhang.

§ 366. Aus §§ 315, 336–344 ergibt sich, daß man von Verzweigungspunkten auf dem Rande sprechen kann, wenn die Kurve Γ hinreichend regulär ist, z. B. wenn Γ der Regularitätsklasse $C^{1,\alpha}$ angehört. Es läßt sich dann folgendes sagen:

Wenn die Jordankurve Γ der Klasse $C^{1,\alpha}$ auf der Berandung eines konvexen Körpers liegt, so kann auf dem Rande einer von Γ berandeten Lösung des Plateauschen Problems kein – eigentlicher oder uneigentlicher – Verzweigungspunkt liegen.

Beweis: Der Ortsvektor $\mathfrak{x}(u, v)$ der Minimalfläche ist in P stetig differenzierbar. Wir betrachten einen beliebigen Punkt $\mathfrak{x}_0 = \mathfrak{x}(\cos\vartheta_0, \sin\vartheta_0)$ auf Γ und denken uns das Koordinatensystem so gewählt, daß die Ebene $z = 0$ eine Stützebene des konvexen Körpers im Punkte $\mathfrak{x}_0$ ist, wobei Γ ganz in der Halbebene $z \geqq 0$ liege. Nach der schon in § 358 zitierten Schlußweise von E. Hopf [7] gilt dann für die radiale Ableitung der dritten Komponente des Ortsvektors die Ungleichung $z_r(\cos\vartheta_0, \sin\vartheta_0) < < 0$, so daß $|\mathfrak{x}_u(\cos\vartheta_0, \sin\vartheta_0)| > 0$ ist. W. z. b. w.

§ 367. Für lokale Betrachtungen ist es oft günstig, die komplexe Veränderliche w in der Darstellung (150) durch eine andere Veränderliche zu ersetzen. Wir wollen zwei verschiedene derartige Möglichkeiten beschreiben. Vermittels einer linearen Transformation des Einheitskreises P auf sich selbst können wir zunächst den Punkt w_0 in den Nullpunkt werfen. Sein Bild sei der Ursprung des (x, y, z)-Koordinatensystems, so daß nunmehr

$$x = \operatorname{Re} g_1(w), \qquad y = \operatorname{Re} g_2(w), \qquad z = \operatorname{Re} g_3(w)$$

wird, wobei

$$\begin{aligned} g_1(w) &= \quad \varkappa\, w^m + a_1\, w^{m+1} + \cdots \\ g_2(w) &= -i\,\varkappa\, w^m + b_1\, w^{m+1} + \cdots \\ g_3(w) &= \qquad\qquad c_n\, w^{m+n} + \cdots \end{aligned}$$

gilt. Indem wir mit $\hat{w}$ einen in der Umgebung des Punktes $w = 0$ eindeutigen Zweig der m-ten Wurzel $[g_1(w)]^{1/m} = \varkappa^{1/m} w \left[1 + \frac{a_1}{\varkappa} w + \cdots\right]^{1/m}$ bezeichnen, finden wir dann die lokale Darstellung

$$\text{(153)} \qquad \begin{cases} x = \operatorname{Re} \hat{w}^m \\ y = \operatorname{Re}\{-i\,\hat{w}^m + \hat{b}_{2n}\,\hat{w}^{m+2n} + \cdots\} \\ z = \operatorname{Re}\{\hat{c}_n\,\hat{w}^{m+n} + \cdots\}, \end{cases}$$

wobei $\hat{c}_n = \varkappa^{-\left(1+\frac{n}{m}\right)} c_n$ und $2m(m+2n)\,\hat{b}_{2n} = -i(m+n)^2\,\hat{c}_n^2$ gilt. In (153) ist der Ausdruck für die x-Komponente des Ortsvektors besonders einfach.

Zur Herleitung der zweiten Darstellung führen wir die in §§ 155, 156 mit $-\Psi^2$ und $-1/\omega$ bezeichneten Funktionen

$$h(w) = \tfrac{1}{2}[g_1'(w) + i\,g_2'(w)] = \varkappa\, m\, w^{m-1} + \cdots$$

und

$$\omega(w) = \frac{g_3'(w)}{g_1'(w) + i\,g_2'(w)} = \frac{m+n}{2\varkappa\, m}\, c_n\, w^n + \cdots$$

ein, mit denen natürlich die Beziehungen

$$g_1'(w) = h(w)\left(1-\omega^2(w)\right), \quad g_2'(w) = -i\,h(w)\left(1+\omega^2(w)\right),$$
$$g_3'(w) = 2h(w)\,\omega(w)$$

gelten. Der Vergleich mit (95) lehrt, daß ω die in § 56 definierte Veränderliche des sphärischen Bildes unserer Fläche im $(x, -y, z)$-Koordinatensystem, d. h. der an der (x, z)-Ebene gespiegelten Fläche, ist.

Diesmal führen wir nun einen in der Umgebung des Punktes $w = 0$ eindeutigen Zweig der n-ten Wurzel $\omega^{1/n} = \left(\frac{m+n}{2\varkappa\, n}\, c_n\right)^{1/n} w\,[1+\cdots]^{1/n}$ als neue lokale Veränderliche $\hat{w}$ ein. Dann gilt $\omega = \hat{w}^n$, und h wird eine Potenzreihe in $\hat{w}$:

$$h = h_{m-1}\,\hat{w}^{m-1} + h_m\,\hat{w}^m + \cdots.$$

Indem wir die Veränderliche $\hat{w}$ einfachheitshalber wieder mit w bezeichnen – der Ortsvektor der Lösung des Plateauschen Problems ist dann i. a. natürlich nicht mehr global in Abhängigkeit von w gegeben –, erhalten wir die mit den Darstellungen (77), (95) nahezu identischen Darstellungen

$$\text{(154)} \quad \begin{cases} x = \operatorname{Re} \displaystyle\int_0^w h(w)\left(1-\omega^2(w)\right) dw \\ y = \operatorname{Re} \displaystyle\int_0^w -i\,h(w)\left(1+\omega^2(\omega)\right) dw \\ z = \operatorname{Re} \displaystyle\int_0^w 2h(w)\,\omega(w)\, dw \end{cases}$$

mit

$$\text{(154')} \quad \begin{aligned} h(w) &= h_{m-1}\, w^{m-1} + h_m\, w^m + \cdots, \quad h_{m-1} \neq 0,\ m \geqq 2 \\ \omega(w) &= w^n, \quad n \geqq 1. \end{aligned}$$

Insbesondere wird

$$\text{(154'')} \quad x + i\,y = \int_0^w h(w)\, dw - \overline{\int_0^w w^{2n}\, h(w)\, dw} = \sum_{l=m}^{\infty} (A_l\, w^l + B_l\, \bar{w}^l).$$

Dabei sind

$$A_l = \frac{1}{l} h_{l-1} \qquad \text{für} \quad l \geqq m$$

$$B_l = \begin{cases} 0 & \text{für} \quad m \leqq l \leqq m + 2n - 1 \\ -\frac{1}{l} h_{l-2n-1} & \text{für} \quad l \geqq m + 2n. \end{cases}$$

§ 368. Unsere verallgemeinerte Minimalfläche S mit einem Verzweigungspunkt liege nun in der lokalen Darstellung (154), (154′) vor. Es gilt dann die folgende Beobachtung (R. Osserman [15], pp. 559–560):

Die Fläche S genügt einer der beiden Bedingungen:

1) *Der Verzweigungspunkt ist eigentlich. Es gibt eine Zahl $\delta > 0$ mit der Eigenschaft, daß für alle Punkte w_1, w_2 in $0 < |w_1|, |w_2| < \delta$ aus $w_1 \neq w_2$ und $\mathfrak{x}(w_1) = \mathfrak{x}(w_2)$ die Ungleichheit $\mathfrak{X}(w_1) \neq \mathfrak{X}(w_2)$ folgt.*

2) *Der Verzweigungspunkt ist uneigentlich. Für alle w in einer Umgebung des Punktes $w = 0$ gilt $\mathfrak{x}(w) = \mathfrak{x}(e^{2\pi i p/q} w)$. Dabei sind p und $q > p$ teilerfremde natürliche Zahlen. Die unter den Realteilen in* (154) *auftretenden analytischen Funktionen sind Potenzreihen in w^q.*

Beweis: Wir wollen einmal annehmen, der Fall 1) liege nicht vor. Es gibt dann zwei gegen den Nullpunkt konvergierende Punktfolgen $\{w_k\}$ und $\{w_k'\}$ derart, daß für alle $k = 1, 2, \ldots$ die Beziehungen $w_k' \neq w_k$, $\mathfrak{x}(w_k') = \mathfrak{x}(w_k)$, $\mathfrak{X}(w_k') = \mathfrak{X}(w_k)$ oder, nach § 56 damit gleichbedeutend, $\omega(w_k') = \omega(w_k)$, d. h. $w_k'^n = w_k^n$ zutreffen. Dann muß $w_k' = \alpha_k w_k$ gelten, wo α_k eine n-te Einheitswurzel ist. Durch Auswahl einer geeigneten Teilfolge läßt es sich erreichen, daß alle α_k identisch, etwa gleich $\alpha_k = e^{2\pi i \nu/n} \equiv \alpha$, $1 \leqq \nu \leqq n-1$, sind. Aus $\mathfrak{x}(w_k') = \mathfrak{x}(w_k)$ und w_k, $w_k' \to 0$ schließt man nun mit Hilfe von (154″), daß n ein Teiler von $m\nu$ sein muß. Es sei μ die kleinste natürliche Zahl, für welche n ein Teiler von $\mu\nu$ ist. Offensichtlich gilt $2 \leqq \mu \leqq \min(m, n)$.

Wir setzen nun

$$x + iy - \sum_{\substack{l=m \\ l\nu \equiv 0 (\mathrm{mod}\, n)}}^{\infty} (A_l w^l + B_l \bar{w}^l) = \sum_{\substack{l=m \\ l\nu \not\equiv 0 (\mathrm{mod}\, n)}}^{\infty} (A_l w^l + B_l \bar{w}^l) \equiv F(w)$$

und werden zeigen, daß alle auf der rechten Seite auftretenden Koeffizienten A_l und B_l verschwinden müssen.

Andernfalls sei l_1, wo $l_1 > m$ und $\nu l_1 \not\equiv 0 (\mathrm{mod}\, n)$, die kleinste natürliche Zahl, für welche die in $F(w)$ auftretenden Koeffizienten A_{l_1} und B_{l_1} nicht beide verschwinden. Wegen $\mathfrak{x}(w_k') = \mathfrak{x}(w_k)$ muß $F(w_k') = F(w_k)$ gelten. Aus w_k, $w_k' \to 0$ schließt man dann auf

$$A_{l_1}(\alpha^{l_1} - 1) + B_{l_1}(\alpha^{-l_1} - 1) = 0,$$

so daß $A_{l_1} \neq 0$, $B_{l_1} \neq 0$ und, da $B_l = 0$ ist für $l \leqq m + 2n - 1$, insbes. $l_1 > m + 2n$, $h_{l_1-2n-1} \neq 0$ sein müssen. Da nun $(l_1 - 2n)\,\nu \equiv$ $\equiv l_1\,\nu\,(\bmod n) \not\equiv 0\,(\bmod n)$ ist, ergäbe sich $A_{l_1-2n} = (l_1 - 2n)^{-1}\,h_{l_1-2n-1} =$ $= -l_1(l_1 - 2n)^{-1}\,B_{l_1} \neq 0$. Das steht aber im Widerspruch zur Definition von l_1.

Die der Bedingung $l\,\nu \equiv 0\,(\bmod n)$ genügenden Exponenten lassen sich übrigens leicht bestimmen. Es sei r der größte gemeinsame Teiler der Zahlen ν und n, so daß $\nu = p\,r$, $n = q\,r$ ist mit teilerfremden Zahlen p und $q > p$. Aus $l\,\nu \equiv 0\,(\bmod n)$ folgt dann $l\,p \equiv 0\,(\bmod q)$, d. h., l muß ein Vielfaches von q sein. Da n ein Teiler von $m\,\nu$ ist, ist q ein Teiler von $m\,p$. m hat also die Form $m_0\,q$. Alle in der linken Summe oben auftretenden Exponenten l sind also durch die Zahlen $m_0\,q$, $(m_0 + 1)\,q$, $(m_0 + 2)\,q, \ldots$ gegeben. Von den Koeffizienten in der Reihenentwicklung von $h(w)$ können also nur

$$h_{m-1} = h_{m_0 q-1},\ h_{(m_0+1)q-1},\ h_{(m_0+2)q-1},\ \ldots$$

von Null verschieden sein. Die unter den Realteilen in (154) stehenden analytischen Funktionen sind somit Potenzreihen in w^q. Diese Tatsache bedeutet aber, daß der Fall 2) vorliegt. Damit ist alles bewiesen.

§ 369. Das Beispiel der §§ 357—359 lehrt, wie man weitere Minimalflächen mit Verzweigungspunkten konstruieren kann. Das in § 358 beschriebene Fortsetzungsverfahren führt zu einem sich schließenden Kranz $S_1, S_2, \ldots, S_q$ verallgemeinerter Minimalflächen. Wir können also auf der Riemannschen Fläche über $|w| \leqq 1$ die uniformisierende Veränderliche $\omega = w^{1/q}$ einführen, mit deren Hilfe die Fläche $\tilde{S}$ als Bild des Einheitskreises $|\omega| \leqq 1$ erscheint. Dabei haben wir gemäß § 359

$$\tilde{x} = \mathrm{Re}\{\varkappa\,\omega^p + \cdots\},\ \tilde{y} = \mathrm{Re}\{-i\,\varkappa\,\omega^p + \cdots\},\ \tilde{z} = \mathrm{Re}\{-i\,\gamma\,\omega^q + \cdots\}.$$

Der Punkt $\omega = 0$ definiert also auf $\tilde{S}$ einen Verzweigungspunkt der Ordnung $p - 1$ vom Index $q - p - 1$.

Es läßt sich überdies einrichten, daß die Fläche $\tilde{S}$ von einer Jordankurve $\mathscr{C}$ berandet ist. Um das zu erreichen, können wir beispielsweise folgendermaßen vorgehen. Wir nehmen die Längen der Strecken $0A$ und $0B$ verschieden und wählen den Bogen AB so, daß seine Projektion auf die (x, y)-Ebene von jedem Ursprungsstrahl in höchstens einem Punkte geschnitten wird und daß der Abstand des Schnittpunktes vom Nullpunkt beim Durchlaufen dieser Projektion von A nach B sich in monotonem Sinne ändert.

Es seien P_1 ein Punkt auf dem Bogen ABA_1, P_1' seine Projektion auf die (x, y)-Ebene und α der Winkel $\sphericalangle\,(A0P_1')$. Auf dem Teilbogen A_1A_2 des Randes von S_2 gibt es nur einen einzigen Punkt P_2, dessen

Höhe über der (x, y)-Ebene mit der von P_1 übereinstimmt und dessen Projektion P_2' dieselbe Entfernung vom Ursprung hat wie P_1'. Für diesen Punkt gilt $\sphericalangle(A0P_2') = 2\vartheta_0 + \alpha$. Allgemein gibt es auf dem Randbogen $A_{j-1}A_j$ eines jeden Flächenstückes S_j $(j = 2, 3, \ldots, q)$ genau einen solchen Punkt P_j. Er ist durch $\sphericalangle(A0P_j') = 2(j-1)\vartheta_0 + \alpha$ gekennzeichnet. Da die Kongruenz $2r\vartheta_0 \equiv 2s\vartheta_0 (\mathrm{mod}\, 2\pi)$ für alle den Ungleichungen $0 \leqq r, s < q$ genügenden ganzen Zahlen r, s aber nur die eine Lösung $r = s$ besitzt, sind alle Punkte $P_1, P_2, \ldots, P_q$ voneinander verschieden.

Die Randkurve $\mathscr{C}$ von $\tilde{S}$ ist also tatsächlich eine Jordankurve. Wir können sie uns auf einem topologischen Torus verlaufend vorstellen. Sie windet sich p-mal um die Achse und q-mal um die Seele des Torus und ist für $2 \leqq p < q$ (und p, q teilerfremd) verknotet; siehe R. H. Crowell and R. H. Fox [I], p. 92 und K. Reidemeister [I], p. 61.

Im einfachsten Falle $p = 2$, $q = 3$ erhalten wir so für $\mathscr{C}$ eine Kleeblattschlinge; siehe Abb. 35. Die Fläche $\tilde{S}$ hat in diesem Falle Selbstdurchschneidungen längs dreier geradliniger Strahlen, welche gegenseitig den Winkel von 120° einschließen.

Wenn wir bei der Konstruktion unserer Fläche $\tilde{S}$ im Falle $p = 2$, $q = 3$ von dem in Abb. 36 skizzierten Vierseit Γ ausgehen, dessen Ecken in der angegebenen Weise auf der Oberfläche eines Würfels liegen, so erhalten wir eine in der Literatur viel diskutierte periodische verallgemeinerte Minimalfläche; man sehe z. B. E. R. Neovius [1]; B. Steßmann [1]; Y. W. Chen [1].

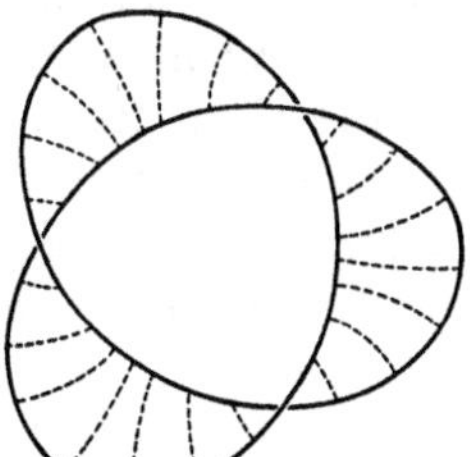

Abb. 35

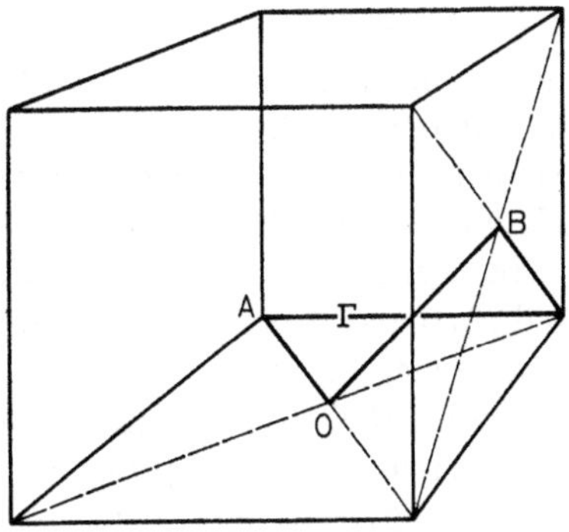

Abb. 36

§ 370. Die Kleeblattschlinge berandet auch eine Minimalfläche vom Typ des Möbiusbandes, welche in Abb. 35 angedeutet ist. Bei Experimenten mit Seifenhäutchen erhält man gewöhnlich diese Fläche. Ihr Flächeninhalt ist ja kleiner als der Flächeninhalt einer von der Kurve $\mathscr{C}$ berandeten Minimalfläche vom Typ der Kreisscheibe.

Diese Erscheinung hat nicht nur mit der Verknotung der Kurve $\mathscr{C}$ etwas zu tun, sondern kann schon an einfacheren Beispielen beobachtet werden. Es sei z. B. Γ die in Abb. 37 skizzierte Jordankurve, welche aus vier in der (x, y)-Ebene gelegenen Halbkreisen mit den Radien $1, 1+\varepsilon, 1+2\varepsilon, 1+3\varepsilon$ und aus einem in der (x, z)-Ebene gelegenen Halbkreis vom Radius 2ε besteht. Es sei weiter $S = \{\mathfrak{x} = \mathfrak{x}(u, v); (u, v) \in \bar{P}\}$ eine von Γ berandete Lösung des Plateauschen Problems. Wenn wir die Schlußweise der §§ 247, 293 auf die Bildkurve des Randes ∂P unter der Abbildung $x = x(u, v)$, $y = y(u, v)$ anwenden, so sehen wir, daß der Flächeninhalt $I(S)$ größer als $2\frac{\pi}{2}[1 + (1+\varepsilon)^2] > 2\pi$ sein muß. Dagegen berandet Γ auch eine Fläche vom Typ des Möbiusbandes, deren Inhalt, wie aus Abb. 37 ersichtlich, gleich $4\pi\varepsilon(1 + 2\varepsilon)$, also für hinreichend kleines ε kleiner als $I(S)$ ist. Eine Kurve mit ähnlichen Eigenschaften ist in Abb. 38 skizziert.

In §§ 445–451 werden wir auf derartige Fragen zurückkommen.

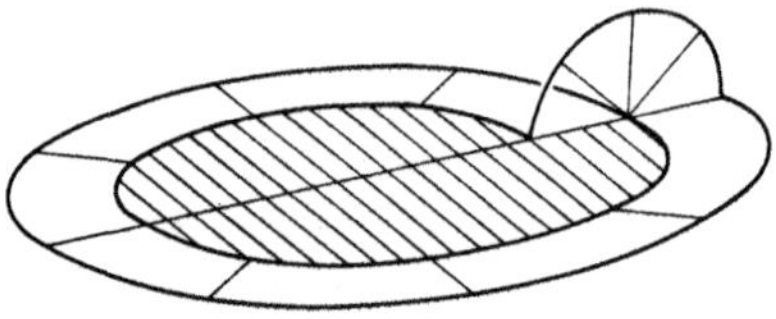

Abb. 37

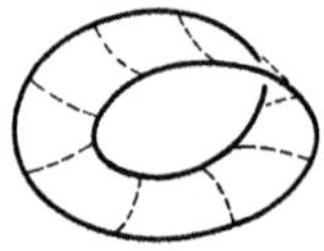

Abb. 38

§ 371. Die in den §§ 364 und 369 betrachteten von verknoteten Jordankurven berandeten Lösungen des Plateauschen Problems besitzen nicht nur kein Minimum des Flächeninhaltes, wenn man sie mit Flächen anderen topologischen Typs vergleicht. Auch in der Klasse aller Flächen vom Typ der Kreisscheibe mit derselben Randkurve ist ihr Flächeninhalt kein Minimum. Diese Tatsache steht im Widerspruch zu einer Bemerkung von R. Courant ([8], p. 46): „... that any simply connected portion of S including the branch point 0 and having piecewise smooth boundary curve furnishes an absolute minimum for the area, is inferred, for sufficiently flat triangles $0AB$, from the classical theory."

Wir wollen unsere Behauptung etwa an der in § 364 diskutierten Minimalfläche, die wir uns in der Form (151) vorgelegt denken, beweisen und bedienen uns dabei einer geistreichen Schlußweise von R. Osserman [15].

Zunächst müssen wir dazu eine aus drei Abbildungen $(\xi, \eta) \to (\alpha, \beta) \to (u, v) \to (x, y, z)$ zusammengesetzte Abbildung des Einheitskreises der (ξ, η)-Ebene in den Raum definieren. Wir betrachten den dem Kreise $|w| \leqq c$, $c \leqq \varepsilon(a-1)$, entsprechenden Teil unserer verallgemeinerten Minimalfläche S. Indem wir w durch w/c ersetzen, erhalten wir ein über dem Einheitskreis $|w| \leqq 1$ definiertes Flächenstück S_c mit der Darstellung

$$(151') \qquad \begin{cases} x = x(u, v) = \operatorname{Re}\left\{c^2 w^2 - \frac{1}{2} c^4 w^4\right\} \\ y = y(u, v) = \operatorname{Re}\left\{-i c^2 w^2 - \frac{i}{2} c^4 w^4\right\} \\ z = z(u, v) = \operatorname{Re}\left\{\frac{4}{3} c^3 w^3\right\}. \end{cases}$$

Punkte $w = \pm i t$ auf der imaginären Achse in gleichem Abstand vom Nullpunkt gehen dabei in denselben Raumpunkt über; die entsprechenden Normalenvektoren sind dort aber nicht parallel. Die Fläche S ist das Bild des Kreises $\left|w - i\frac{\varepsilon}{c}\right| \leqq \frac{a\varepsilon}{c}$ unter der Abbildung (151').

Durch die Transformation $\alpha = 2\xi^2$, $\beta = 2\xi\eta$ für $\xi \geqq 0$ und $\alpha = -2\xi^2$, $\beta = -2\xi\eta$ für $\xi \leqq 0$ wird der Einheitskreis der (ξ, η)-Ebene auf die Vereinigung zweier Einheitskreise $(\alpha - 1)^2 + \beta^2 \leqq 1$ und $(\alpha + 1)^2 + \beta^2 \leqq 1$ in der (α, β)-Ebene so abgebildet, daß die rechte Kreishälfte in den rechten Kreis übergeht und die linke Kreishälfte in den linken Kreis. Das Bild des vertikalen Durchmessers ist der Ursprung. Abb. 39 gibt die Eigenschaften dieser Transformation

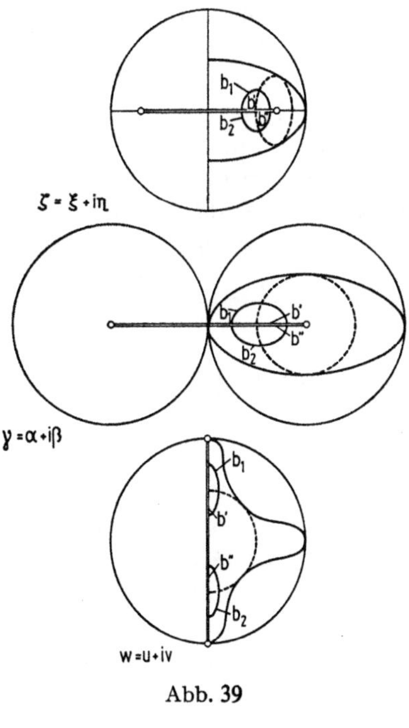

Abb. 39

wieder. Durch eine zweite Transformation $(\alpha, \beta) \to (u, v)$, welche sozusagen den horizontalen Schlitz in einen vertikalen Schlitz verwandelt, gelangen wir zum Einheitskreis der (u, v)-Ebene. Diese Abbildung läßt sich am besten so beschreiben: Ein Punkt $\alpha = 1 + r\cos\varphi$, $\beta = r\sin\varphi$, wo $0 \leqq r \leqq 1$, $-\pi \leqq \varphi \leqq \pi$, geht in den Punkt $u = r\cos\frac{\varphi}{2}$, $v = r\sin\frac{\varphi}{2}$ im rechten Halbkreis über. Ein Punkt $\alpha = -1 + r\cos\varphi$, $\beta = r\sin\varphi$, wo $0 \leqq r \leqq 1$, $0 \leqq \varphi \leqq 2\pi$, geht in den Punkt $u = -r\sin\frac{\varphi}{2}$, $v = r\cos\frac{\varphi}{2}$ im linken Halbkreis über. Die Transformation $(\alpha, \beta) \to (u, v)$ führt also Punkte auf gegenüberliegenden Ufern des Schlitzes $\{\alpha, \beta;\ -1 < \alpha < 1, \beta = 0\}$ in Punkte auf der v-Achse im gleichen Abstande vom Ursprung über; siehe Abb. 39. Diese Punkte werden aber nun durch die Transformation (151′) im Raume wieder zusammengeführt.

Die zusammengesetzte Abbildung $(\zeta, \eta) \to (x, y, z)$, die wir in der Form $x = \bar{x}(\xi, \eta)$, $y = \bar{y}(\xi, \eta)$, $z = \bar{z}(\xi, \eta)$ schreiben wollen, ist somit im ganzen Einheitskreis $\xi^2 + \eta^2 \leqq 1$ stetig. Ihre Analytizität ist höchstens auf der η-Achse und auf dem Schlitz $\left\{\xi, \eta;\ -\frac{1}{\sqrt{2}} \leqq \xi \leqq \frac{1}{\sqrt{2}},\ \eta = 0\right\}$ unterbrochen. Eine sorgfältige Diskussion der Abbildungen $(\xi, \eta) \to (\alpha, \beta) \to (u, v)$ lehrt, daß die Funktionen $\bar{x}(\xi, \eta)$, $\bar{y}(\xi, \eta)$ und $\bar{z}(\xi, \eta)$ linear absolut stetig sind. Nach Lektüre von § 225 überzeugt man sich, daß die Fläche $\bar{S}$ mit dem Ortsvektor $\bar{\mathfrak{x}}(\xi, \eta) = \{\bar{x}(\xi, \eta), \bar{y}(\xi, \eta), \bar{z}(\xi, \eta)\}$ denselben Flächeninhalt wie S_c hat. Da der Rand des Einheitskreises bei der zusammengesetzten Abbildung $(\xi, \eta) \to (u, v)$ punktweise fest bleibt, gilt darüber hinaus $\mathfrak{x}(\cos\vartheta, \sin\vartheta) = \bar{\mathfrak{x}}(\cos\vartheta, \sin\vartheta)$.

Wir nehmen nun das Flächenstück S_c aus der Fläche S heraus und ersetzen es durch das Flächenstück $\bar{S}$, d. h., wir definieren eine neue Fläche $S_1 = \left\{\mathfrak{x} = \mathfrak{x}_1(u, v);\ u^2 + \left(v - \frac{\varepsilon}{c}\right)^2 \leqq \frac{a^2\varepsilon^2}{c^2}\right\}$ mit dem Ortsvektor

$$\mathfrak{x}_1(u, v) = \begin{cases} \mathfrak{x}(u, v), & u^2 + v^2 \geqq 1,\quad u^2 + \left(v - \frac{\varepsilon}{c}\right)^2 \leqq \frac{a^2\varepsilon^2}{c^2} \\ \bar{\mathfrak{x}}(u, v), & u^2 + v^2 < 1. \end{cases}$$

Der Flächeninhalt von S und S_1 ist der gleiche. Um aber das Ergebnis der Umparametrisierung von S_c auf S zu erkennen, sehen wir uns nochmals die Folge der Transformationen $(\xi, \eta) \to (\alpha, \beta) \to (u, v) \to (x, y, z)$ an. Ein kleines Gebiet G, wie das in Abb. 39 von den Bögen b_1 und b_2 berandete Gebiet, wird von der zusammengesetzten Abbildung $(\xi, \eta) \to (u, v)$ in zwei Teile auseinandergerissen. Natürlich werden diese Teile von der Transformation $(u, v) \to (x, y, z)$ im Raume wieder zusammengeführt; ihre Bilder hängen längs eines Segmentes auf der x-Achse zusammen, haben dort aber nicht parallele Normalenvektoren. Die Summe der Flächeninhalte dieser Bilder muß also größer sein als der Flächeninhalt der Lösung $\bar{S}_G$ des Plateauschen Problems durch die aus den Bildern der Bögen b_1 und b_2 bestehenden geschlossenen Kurve, die, wenn man G hinreichend klein und geeignet wählt, gewiß eine Jordankurve mit konvexer Projektion auf eine Ebene ist.

Wenn man also als letzten Schritt aus der Fläche $\bar{S}$ den dem Gebiete G entsprechenden Teil herausnimmt und diesen durch die Fläche $\bar{S}_G$ ersetzt, so erhält man schließlich eine Fläche, welche dieselbe Randkurve wie S, aber kleineren Flächeninhalt besitzt.

Damit ist alles bewiesen.

§ 372. Der springende Punkt bei der vorangehenden Konstruktion war die Tatsache, daß die Fläche S_1 in ihrem Inneren eine Strecke enthielt, längs derer die Ausgangsfläche S eine Selbstschneidung besaß. In der (u, v)-Ebene hatte diese Strecke zwei vom Verzweigungspunkt ausgehende Strecken als Urbilder.

Von einem eigentlichen Verzweigungspunkt in der (u, v)-Ebene gehen nun aber stets mindestens zwei verschiedene Kurven aus, welche vom Ortsvektor der verallgemeinerten Minimalfläche in dieselbe Raumkurve übergeführt werden. Wenn man dieses erst einmal schlüssig bewiesen hat, so läßt sich die Konstruktion des vorangehenden Paragraphen auch in allgemeineren Fällen anwenden, und man erkennt wiederum, *daß eine Lösung des Plateauschen Problems kleinsten Flächeninhaltes keinen eigentlichen inneren Verzweigungspunkt besitzen kann.* Diese bedeutsame Aussage wurde zuerst von R. Osserman [15] formuliert. Der Ossermansche Beweis läßt allerdings noch die wünschenswerte Vollständigkeit vermissen, und wir verweisen auf das am Ende von § 365 und im Anhang Gesagte.

§ 373. Für die weiteren Entwicklungen benötigen wir zwei Hilfssätze, welche wir in diesem und dem nächsten Paragraphen beweisen wollen.

Wenn eine in $P = \{u, v;\ u^2 + v^2 < 1\}$ harmonische und in $\bar{P}$ stetige Funktion $f(u, v)$ mitsamt allen ihren Ableitungen der Ordnungen $1, 2, \ldots, m$ in einem Punkte (u_0, v_0) von P verschwindet, dann hat $f(u, v)$ mindestens $2(m+1)$ verschiedene Nullstellen auf ∂P. (T. Radó [11], pp. 793–794.)

Beweis: Wenn $f(u, v)$ identisch verschwindet, ist das klar. Wir nehmen also an, daß $f(u, v)$ nicht identisch verschwindet. Da $f(u, v)$ als Realteil einer analytischen Funktion $F(w)$, $w = u + i\,v$, angesehen werden kann, deren Potenzreihenentwicklung in der Umgebung von

$w_0 = u_0 + i v_0$ durch $F(w) = i\beta_0 + a_n(w - w_0)^n + \cdots$ gegeben ist, wo $n \geqq m + 1$ und $a_n \neq 0$ sind, erkennt man, daß die Nullstellen von $f(u, v)$ in einer Umgebung von w_0 auf n analytischen Kurvenbögen liegen. Diese Bögen haben den Punkt w_0 gemeinsam und teilen die Umgebung von w_0 in $2n$ offene Sektoren $\sigma_1, \sigma_2, \ldots, \sigma_{2n}$ ein, so daß $f(u, v) < 0$ in $\sigma_1, \sigma_3, \ldots, \sigma_{2n-1}$ und $f(u, v) > 0$ in $\sigma_2, \sigma_4, \ldots, \sigma_{2n}$. Die offene Punktmenge $Q = \{u, v; (u, v) \in P, f(u, v) \neq 0\}$ zerfällt in höchstens abzählbar viele Komponenten. Man bezeichne mit $Q_1, Q_2, \ldots, Q_{2n}$ diejenigen dieser Komponenten, welche bzw. $\sigma_1, \sigma_2, \ldots, \sigma_{2n}$ enthalten. Alle diese Komponenten sind verschieden. Wenn nämlich z. B. Q_{2k} und Q_{2l} zusammenfielen, könnte man σ_{2k} und σ_{2l} in Q_{2k} verbinden. Alle Randpunkte der Komponente Q_{2k-1} oder Q_{2k+1}, in welchen natürlich $f(u, v) = 0$ gilt, müßten dann zufolge des Jordanschen Kurvensatzes in P liegen. Aus dem Maximumprinzip für harmonische Funktionen folgte dann, daß $f(u, v)$ im Widerspruch zu unserer Annahme identisch verschwinden müßte. Genauso sieht man, daß jede Komponente Q_j einen auf ∂P liegenden Randpunkt w_j besitzen muß, in welchem $f(u, v)$ von Null verschieden ist. Aus Stetigkeitsgründen ist $f(u, v)$ in einer Umgebung dieser Punkte w_j von Null verschieden. Jeder Punkt w_j kann also mit w_0 durch einen Polygonzug π_j verbunden werden, welcher außer mit seinen Endpunkten ganz in Q_j verläuft. Wie oben ist es aus topologischen Gründen unmöglich, daß zwei dieser Polygone einen von w_0 verschiedenen Punkt gemeinsam haben. Die Punkte w_j sind also alle verschieden und haben auf ∂P dieselbe Reihenfolge wie die entsprechenden Sektoren um den Punkt w_0. Es gilt $f(u, v) < 0$ in $w_1, w_3, \ldots, w_{2n-1}$ und $f(u, v) > 0$ in $w_2, w_4, \ldots, w_{2n}$. Die Funktion $f(u, v)$ muß also mindestens $2n \geqq 2(m + 1)$ verschiedene Nullstellen auf ∂P haben. W. z. b. w.

§ 374. Ein Punkt $w_0 \in P$, in welchem alle Ableitungen erster bis m-ter Ordnung der harmonischen Funktion $f(u, v)$ verschwinden, während mindestens eine Ableitung $(m + 1)$-ter Ordnung von Null verschieden ist, heiße ein kritischer Punkt m-ter Ordnung von $f(u, v)$.

Die Punkte w_i, $1 \leqq i \leqq N$, aus P seien kritische Punkte mindestens m_i-ter Ordnung ($m_i \geqq 1$) der in P harmonischen und in $\bar{P}$ stetigen Funktion $f(u, v)$. Es gibt dann $m \geqq 1 + \sum_{i=1}^{N} m_i$ punktfremde einfach zusammenhängende Gebiete $R_1, R_2, \ldots, R_m$ in P mit den folgenden Eigenschaften:

1) *Für $w \in P \setminus \bigcup_{j=1}^{m} R_j$ und $w \neq w_i$, $1 \leqq i \leqq N$, ist* $f(u, v) < \max_{1 \leqq i \leqq N} f(u_i, v_i)$.

2) *Für* $j = 1, 2, \ldots, m$ *hat der Durchschnitt* $\partial P \cap R_j^*$ *von* ∂P *mit dem Rande von* R_j *ein nicht-leeres Inneres bezüglich* ∂P; *und in diesem Inneren besitzt die Funktion* $f(\cos\vartheta, \sin\vartheta)$ *ein relatives Maximum.* (R. Schneider [1], pp. 1255–1256.)

Wir führen den Beweis durch vollständige Induktion. Im Falle $N = 1$ ersieht man die Richtigkeit der Behauptung, indem man den Hilfssatz des § 373 auf die Funktion $f(u, v) - f(u_1, v_1)$ anwendet und als die Gebiete R_j die $n \geqq 1 + m_1$ Gebiete wählt, in welche die Menge $P \setminus \bigcup_{j=1}^{n} \pi_{2j-1}$ zerfällt.

Die Behauptung sei nun für ein $N \geqq 1$ als richtig angenommen. P enthalte die $N + 1$ kritischen Punkte w_i, $1 \leqq i \leqq N + 1$, der Ordnungen $\geqq m_i$. Wir richten die Numerierung so ein, daß $f(u_{N+1}, v_{N+1}) \geqq \max_{1 \leqq i \leqq N} f(u_i, v_i)$ ist. Zu den N Punkten $w_1, w_2, \ldots, w_N$ seien $R_1, R_2, \ldots, R_s$, wobei $s \geqq 1 + \sum_{i=1}^{N} m_i$ ist, die nach Induktionsvoraussetzung vorhandenen Gebiete mit den oben genannten Eigenschaften. Wegen Eigenschaft 1) liegt w_{N+1} in einem dieser Gebiete; es sei das etwa R_1. Zu w_{N+1} seien $\pi_1, \pi_2, \ldots, \pi_{2n}$ mit $n \geqq 1 + m_{N+1}$ wieder die im Beweis des auf die Funktion $f(u, v) - f(u_{N+1}, v_{N+1})$ angewendeten Hilfssatzes aus § 373 auftretenden Polygonzüge. Für gerades j und $w \in \pi_j$, $w \neq w_{N+1}$ gilt $f(u, v) > f(u_{N+1}, v_{N+1}) \geqq \geqq \max_{1 \leqq i \leqq N} f(u_i, v_i)$. Daher verläuft jeder Polygonzug $\pi_2, \pi_4, \ldots, \pi_{2n}$ bis auf einen Endpunkt ganz im Gebiet R_1. Die den Punkt w_{N+1} enthaltenden und in R_1 liegenden Komponenten der Polygonzüge $\pi_1, \pi_3, \ldots, \pi_{2n-1}$ zerlegen das Gebiet R_1 in n einfach zusammenhängende Gebiete $R_1', R_2', \ldots, R_n'$. Jedes dieser Gebiete enthält einen der Bögen $\pi_2, \pi_4, \ldots, \pi_{2n}$ bis auf Anfangs- und Endpunkt. Jeder Endpunkt eines dieser Bögen liegt im Inneren eines Teilbogens von ∂P, dessen Randpunkte entweder Endpunkte eines der Polygonzüge $\pi_1, \pi_3, \ldots, \pi_{2n-1}$ oder Punkte auf dem Rande von $\partial P \cap R_1^*$ sind. Da in den Randpunkten von R_1 gewiß $f(u, v) < f(u_{N+1}, v_{N+1})$ gilt, ist es klar, daß die Funktion $f(\cos\vartheta, \sin\vartheta)$ für jedes i in $1 \leqq i \leqq n$ im (bezüglich ∂P genommenen) relativen Inneren von $\partial P \cap R_i'^*$ ein relatives Maximum haben muß. Daher haben die $n + (s - 1) \geqq \geqq 1 + m_{N+1} + \sum_{i=1}^{N} m_i$ Gebiete $R_1', \ldots, R_n', R_2, \ldots, R_s$ die behaupteten Eigenschaften, und damit ist der Induktionsbeweis geführt.

§ 375. Es sei nun wieder wie in § 361 $S = \{\mathfrak{x} = \mathfrak{x}(u, v);\ (u, v) \in \bar{P}\}$ eine Lösung des Plateauschen Problems. Den Punkten $w_\alpha \in P$ $(\alpha = 1, 2, \ldots, a)$ mögen Verzweigungspunkte bzw. der Ordnungen

$m_\alpha - 1 > 0$ entsprechen. Für jeden konstanten Einheitsvektor $\mathfrak{a}$ sind dann die Punkte w_α kritische Punkte mit der Mindestordnung $m_\alpha - 1$ der in P harmonischen und in $\bar{P}$ stetigen Funktion $f(u, v) = \mathfrak{a} \cdot \mathfrak{x}(u, v)$.

Weitere kritische Punkte dieser Funktion sind diejenigen Punkte (u, v) aus P, in denen $|\mathfrak{x}_u(u, v)| > 0$ und $\mathfrak{X}(u, v) = \pm\mathfrak{a}$ gilt. Die Ordnung dieser Punkte ist in Nabelpunkten mindestens Zwei, sonst gleich Eins. Wir bezeichnen mit $\nu(\mathfrak{a})$ die (möglicherweise unendliche) Anzahl derjenigen Punkte $(u, v) \in P$, in denen $|\mathfrak{x}_u(u, v)| > 0$ ist und $\mathfrak{X}(u, v) = \mathfrak{a}$ gilt.

Zufolge §§ 26, 374 haben wir die Ungleichung

$$\mu(\Gamma; \mathfrak{a}) \geqq 1 + \sum_{\alpha=1}^{a} (m_\alpha - 1) + \nu(\mathfrak{a}) + \nu(-\mathfrak{a}).$$

§ 376. Für jede hinreichend kleine positive Zahl ε bezeichnen wir jetzt vorübergehend mit P_ε die Teilmenge derjenigen Punkte aus P, deren Abstand sowohl vom Rande ∂P als auch von allen Verzweigungspunkten in P und allen Nabelpunkten in P größer als ε ist. Ω_ε sei das sphärische Bild von P_ε auf der Einheitskugel Ω. Weiterhin bedeute $\nu_\varepsilon(\mathfrak{a})$ die Anzahl der in $\bar{P}_\varepsilon$ liegenden Urbilder eines durch den Einheitsvektor $\mathfrak{a}$ definierten Punktes von Ω_ε unter der inversen sphärischen Abbildung. Offensichtlich gilt $\nu_\varepsilon(\mathfrak{a}) \leqq \nu(\mathfrak{a})$. Es gibt eine Zahl $\delta = \delta(\varepsilon) > 0$ derart, daß die Entfernung je zweier solcher Urbilder größer als δ ist.

Es seien nun $\mathfrak{a}_0$ ein Punkt von $\Omega_{2\varepsilon}$ und $w^{(1)}, \ldots, w^{(k)}$ seine in $\overline{P_{2\varepsilon}}$ gelegenen Urbilder. Es gibt eine Zahl $\varrho = \varrho(\varepsilon)$ mit der Eigenschaft, daß eine Umgebung U von $\mathfrak{a}_0$ vom sphärischen Durchmesser kleiner als ϱ durch die inverse sphärische Abbildung umkehrbar eindeutig und in beiden Richtungen analytisch auf punktfremde Umgebungen $U^{(1)}, \ldots, U^{(k)}$ bzw. der Punkte $w^{(1)}, \ldots, w^{(k)}$ abgebildet wird, welche in P_ε enthalten sind, und zwar so, daß außerhalb dieser Umgebungen in $\overline{P_{2\varepsilon}}$ kein weiteres Urbild eines Punktes von U existiert. Die Umgebung U wird durch analytische Bögen in Gebiete unterteilt, und in jedem dieser Gebiete hat die Anzahlfunktion $\nu_{2\varepsilon}(\mathfrak{a})$ einen die Zahl $\nu_\varepsilon(\mathfrak{a}_0)$ nicht übersteigenden konstanten Wert. Wenn wir mit $U_{2\varepsilon}$ den Durchschnitt der Vereinigungsmenge $U^{(1)} \cup U^{(2)} \cup \cdots \cup U^{(k)}$ mit $P_{2\varepsilon}$ bezeichnen, so folgt nach § 56 also

$$\iint_{U_{2\varepsilon}} |K|\, |\mathfrak{x}_u \times \mathfrak{x}_v|\, du\, dv = \iint_{U_{2\varepsilon}} |\mathfrak{X}_u \times \mathfrak{X}_v|\, du\, dv = \iint_{U} \nu_{2\varepsilon}(\mathfrak{a})\, d\omega.$$

Etwas anders als in § 26 bezeichnet hier $d\omega$ vorübergehend das Flächenelement auf der Einheitskugel Ω. Wiederholte Anwendung dieser Beziehung führt zu

$$\iint_{\Omega_{2\varepsilon}} \nu_{2\varepsilon}(\mathfrak{a})\, d\omega = \iint_{P_{2\varepsilon}} |K|\, |\mathfrak{x}_u \times \mathfrak{x}_v|\, du\, dv \leqq \iint_{S} |K|\, do.$$

§ 377. Integration der Ungleichung des § 375 unter Berücksichtigung von §§ 26, 376 ergibt eine Beziehung für die Totalkrümmung der Jordankurve Γ, nämlich

$$2\varkappa(\Gamma) = \iint_{\Omega} \mu(\Gamma; \mathfrak{a})\, d\omega = \iint_{\Omega_{2\varepsilon}} \mu(\Gamma; \mathfrak{a})\, d\omega + \iint_{\Omega \setminus \Omega_{2\varepsilon}} \mu(\Gamma; \mathfrak{a})\, d\omega \geqq$$

$$\geqq 4\pi\left[1 + \sum_{\alpha=1}^{a} (m_\alpha - 1)\right] + 2 \iint_{P_{2\varepsilon}} |K|\, |\mathfrak{x}_u \times \mathfrak{x}_v|\, du\, dv.$$

Indem wir nunmehr ε nach Null gehen lassen, erhalten wir schließlich

$$(155) \qquad 1 + \sum_{\alpha=1}^{a} (m_\alpha - 1) + \frac{1}{2\pi} \iint_S |K|\, do \leqq \frac{1}{2\pi} \varkappa(\Gamma).$$

Es sei daran erinnert, daß dem in § 26 zitierten Fenchelschen Satze zufolge stets $\varkappa(\Gamma) \geqq 2\pi$ gilt.

Aus der Ungleichung (155) schließen wir:

Wenn die Totalkrümmung $\varkappa(\Gamma)$ der Jordankurve Γ endlich ist, so muß die Gesamtkrümmung jeder von Γ berandeten Lösung des Plateauschen Problems endlich sein, und diese Lösung kann höchstens endlich viele innere (d. h. inneren Punkten von P entsprechende) Verzweigungspunkte besitzen.

Diese Aussage und Ungleichung (155) stellen gewisse Verallgemeinerungen eines in § 380 zu beweisenden Satzes von S. Sasaki dar und stammen zum Teil von R. Schneider [1].

Aus (155) folgt insbes., *daß S überhaupt keinen inneren Verzweigungspunkt besitzen kann, d. h. eine (reguläre) Minimalfläche ist, falls $\varkappa(\Gamma) \leqq 4\pi$ gilt.*

Beweis: Für $\varkappa(\Gamma) < 4\pi$ ist das klar. Im Falle $\varkappa(\Gamma) = 4\pi$ müßten beim Vorhandensein eines inneren Verzweigungspunktes die Gesamtkrümmung und somit auch die Gaußsche Krümmung verschwinden. Wegen $L = M = N = 0$ wäre dann zufolge der Weingartenschen Ableitungsgleichungen (12) der Normalenvektor ein konstanter Vektor, so daß S ganz in einer festen Ebene liegen müßte, was überhaupt nur möglich wäre, wenn Γ eine ebene Kurve ist. Für eine solche Kurve ist ein innerer Verzweigungspunkt aber nach § 306 ausgeschlossen. W. z. b. w.

§ 378. Unter weitergehenden Voraussetzungen über die Jordankurve Γ läßt sich die Ungleichung (155) verschärfen. Wir kehren zu diesem Zwecke zu den Betrachtungen des § 361 und zu den Formeln (150), (150′) zurück. Sowohl die Gaußsche Krümmung K der Fläche S als auch die Raumkrümmung der durch $\vartheta = \text{const}$ auf S definierten Kurven brauchen bei Annäherung an den Punkt w_0 nicht endlich zu bleiben. Eine auf Gl. (11) und auf die am Ende von § 361 angegebenen Formeln gestützte direkte Rechnung zeigt aber, daß der Ausdruck KE, welcher nach Multiplikation mit $du\,dv$ ja das Element der Gesamtkrümmung unserer Fläche angibt, in der Umgebung von w_0 im Falle $n = 1$ die Form $EK = -\frac{1}{\varkappa^2}\left(1 + \frac{1}{m^2}\right)|c_1|^2 + O(|w - w_0|)$ und im Falle $n > 1$ die Form $EK = O(|w - w_0|)$ hat, also unter allen Umständen beschränkt ist.

Weiter bestätigt man für ein Element der durch $|w - w_0| = \varrho =$ $=$ const auf S definierten Kurve, daß $k_g\, ds = m[1 + O(|w - w_0|)]\, d\vartheta$ gilt. Dabei bedeuten ds das Längenelement und $k_g = (\mathfrak{x}_s, \mathfrak{x}_{ss}, \mathfrak{X}) =$ $= \left(\varrho \sqrt{E}\right)^{-3} (\mathfrak{x}_\vartheta, \mathfrak{x}_{\vartheta\vartheta}, \mathfrak{X})$ die geodätische Krümmung der Kurve.

§ 379. Es sei nunmehr vorausgesetzt, daß die Jordankurve Γ, welche die unseren Betrachtungen zugrunde liegende Lösung des Plateauschen Problems berandet, analytisch und regulär ist. Zufolge §§ 315, 330—335 ist der Vektor $\mathfrak{G}(w)$ dann in $|w| \leqq 1$ analytisch, und die Fläche S kann nur endlich viele Verzweigungspunkte besitzen. w_α $(\alpha = 1, 2, \ldots, a)$ mögen die den Punkten von P entsprechenden Verzweigungspunkte der Ordnungen $m_\alpha - 1$ definieren; W_β $(\beta = 1, 2, \ldots, b)$ mögen die den Punkten von ∂P entsprechenden Verzweigungspunkte der Ordnungen $M_\beta - 1$ definieren. Es ist klar, daß die Menge der w_α oder der W_β leer sein kann.

Wir stellen zunächst fest, daß die Ordnungen $M_\beta - 1$ der Verzweigungspunkte auf dem Rande gerade Zahlen sein müssen, d. h. $M_\beta = 2\bar{M}_\beta + 1$, $\bar{M}_\beta \geqq 1$. Das läßt sich am einfachsten einsehen, wenn man das Parametergebiet P ähnlich wie in § 314 durch die elementare konforme Abbildung

$$\zeta = i\,\frac{W_\beta - w}{W_\beta + w}$$

vorübergehend auf die obere ζ-Halbebene P_0 abbildet. Für w nahe W_β gilt $w - W_\beta = 2i W_\beta \zeta + \cdots$. In einem geeigneten Koordinatensystem, dessen x-Achse mit der Tangente an Γ zusammenfällt, haben wir in einer Umgebung des Nullpunktes gemäß § 361 daher eine entwicklung

$$x = \mathrm{Re}\{\varkappa\, \zeta^{M_\beta} + \cdots\}$$
$$y = \mathrm{Re}\{-i\,\varkappa\, \zeta^{M_\beta} + \cdots\}$$
$$z = \mathrm{Re}\{c\, \zeta^{M_\beta + n} + \cdots\}.$$

Nach der in § 304 festgestellten dritten Eigenschaft des Ortsvektors unserer Minimalfläche muß sich die x-Koordinate monoton verhalten, wenn ζ die reelle Achse in einer Umgebung des Nullpunktes durchläuft. Daraus folgt die Behauptung.

§ 380. Um jeden der Punkte w_α, W_β beschreiben wir einen Kreis von Radius ε, wo ε so klein gewählt ist, daß alle Kreisscheiben getrennt sind und daß die Kreisscheiben um die Punkte w_α ganz in P liegen. In der von der Funktionentheorie her bekannten Weise legen wir Schnitte von den in P befindlichen Kreisen zum Rande von P; siehe Abb. 40, welche den Fall $a = 2$, $b = 1$ illustriert. Dann erhalten wir einen einfach zusammenhängenden Bereich, welcher vom Vektor $\mathfrak{x}(u, v)$ konform auf einen einfach zusammenhängenden orientierbaren analytischen

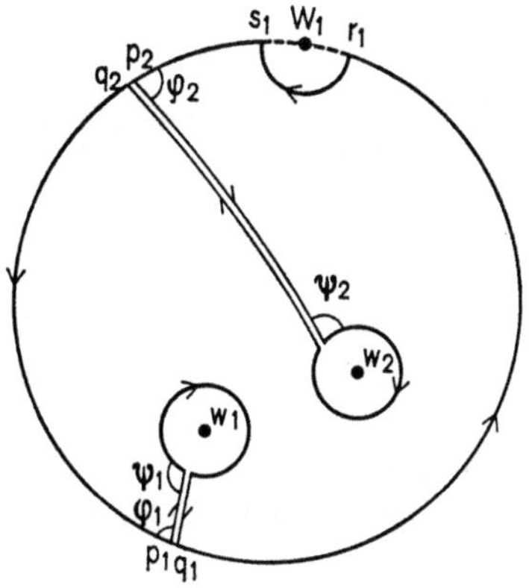

Abb. 40

und von Verzweigungspunkten freien Teil S_ε der Fläche S abgebildet wird. Auf diesen Teil wenden wir den Gauß-Bonnetschen Satz der Differentialgeometrie an. Das von einem Randpunkte kurz vor p_α bis zu einem Randpunkte kurz hinter q_α (siehe Abb. 40) genommene Integral über die geodätische Krümmung liefert auf Grund der Ecken im Integrationsweg nach § 378 den Beitrag

$$(\pi - \varphi_\alpha) + (\pi - \psi_\alpha) - 2\pi\, m_\alpha\big(1 + O(\varepsilon)\big) + [\pi - (\pi - \psi_\alpha)] + \\ + [\pi - (\pi - \varphi_\alpha)] = -2\pi(m_\alpha - 1) + O(\varepsilon).$$

In ähnlicher Weise erhalten wir von einem Punkt W_β den Beitrag

$$\frac{\pi}{2} + O(\varepsilon) - \pi M_\beta\big(1 + O(\varepsilon)\big) + \frac{\pi}{2} + O(\varepsilon) = -\pi(M_\beta - 1) + O(\varepsilon).$$

Wenn wir mit Γ_ε denjenigen Teil von Γ bezeichnen, welcher mit dem Rande von S_ε zusammenfällt, so erhalten wir daher aus dem Gauß-Bonnetschen Satz die Beziehung

$$\int_{\Gamma_\varepsilon} k_g\, ds - 2\pi \sum_{\alpha=1}^{a} (m_\alpha - 1) - \pi \sum_{\beta=1}^{b} (M_\beta - 1) + \iint_{S_\varepsilon} K\, do = 2\pi + O(\varepsilon).$$

Indem wir die Raumkrümmung $k(s)$ der Kurve Γ einführen und bedenken, daß überall auf Γ_ε die Ungleichung $k(s) \geqq |k_g(s)|$ zutrifft, finden wir wegen $K \leqq 0$ für die Totalkrümmung der Kurve Γ die Ungleichung

$$\varkappa(\Gamma) \equiv \int_{\Gamma} k(s)\, ds \geqq \int_{\Gamma_\varepsilon} k(s)\, ds \geqq \int_{\Gamma_\varepsilon} k_g(s)\, ds =$$

$$= 2\pi + \iint_{S_\varepsilon} |K|\, do + 2\pi \sum_{\alpha=1}^{a} (m_\alpha - 1) + \pi \sum_{\beta=1}^{b} (M_\beta - 1) + O(\varepsilon).$$

Wir lassen nun ε nach Null gehen. Auf Grund des in § 378 Festgestellten existiert der Grenzwert $\lim\limits_{\varepsilon\to 0} \iint_{S_\varepsilon} |K|\, do = \iint_{S} |K|\, do$. Somit wird

$$(156)\quad 1 + \sum_{\alpha=1}^{a} (m_\alpha - 1) + \frac{1}{2} \sum_{\beta=1}^{b} (M_\beta - 1) + \frac{1}{2\pi} \iint_{S} |K|\, do \leqq \frac{1}{2\pi} \varkappa(\Gamma).$$

Gemäß § 379 gilt dabei $M_\beta - 1 = 2\bar{M}_\beta$. Eine vergleichbare Formel ist zuerst von S. Sasaki [1] abgeleitet worden. Man sehe auch die Bemerkungen von J. C. C. Nitsche in Math. Rev. **25** (1963), p. 104 sowie [18], pp. 235–236. Auch L. V. Ahlfors [3] hat sich bei der Untersuchung von Überlagerungsflächen einer ähnlichen Erweiterung des Gauß-Bonnetschen Satzes bedient.

Eine gegenüber § 377 verschärfte Folgerung aus der Formel (156) liegt auf der Hand:

Wenn die Jordankurve Γ analytisch und regulär ist und wenn ihre Gesamtkrümmung den Wert 4π nicht übersteigt, so kann eine von Γ berandete Lösungsfläche des Plateauschen Problems weder im Inneren noch auf dem Rande einen Verzweigungspunkt besitzen, ist also eine (reguläre) Minimalfläche.

§ 381. Wir bemerken noch, daß die Analytizität der Jordankurve Γ für die in den vorangehenden Paragraphen durchgeführten Schlüsse nicht gefordert zu werden braucht. Auf Grund des in §§ 336–349 bewiesenen Regularitätsverhaltens der Lösungen des Plateauschen Problems und mit Hilfe eines Satzes von P. Hartman and A. Wintner [2] läßt sich eine den Formeln (150) entsprechende asymptotische Entwicklung des Ortsvektors in der Umgebung eines Verzweigungspunktes auf dem Rande nämlich schon für Jordankurven der Regularitätsklasse C^2 oder auch $C^{1,1}$ herleiten. Diese Entwicklung liegt aber der Beziehung (156) zugrunde. Wegen der Einzelheiten verweisen wir auf die Arbeiten von E. Heinz und F. Tomi [1], J. C. C. Nitsche [30], E. Heinz [10], E. Heinz and S. Hildebrandt [1].

§ 382. Aus (156) oder (155) in Verbindung mit § 26 läßt sich wieder der Satz von W. Fenchel erschließen. Wie schon in § 26 erwähnt, haben J. I. Fary und J. W. Milnor gezeigt, daß die Totalkrümmung einer verknoteten Raumkurve sogar größer als 4π sein muß. Für lange Zeit hat man diese Tatsache als ein Anzeichen dafür genommen, daß eine von einer verknoteten Jordankurve berandete verallgemeinerte Minimalfläche vom Typ der Kreisscheibe immer Verzweigungspunkte haben müßte. Es gibt natürlich keine topologischen Gründe, warum es nicht möglich sein sollte, eine differentialgeometrische Fläche vom Typ der Kreisscheibe in eine verknotete Jordankurve einzuspannen. Für Minimalflächen haben die in §§ 365, 371, 372 besprochenen Resultate in dieser Frage nun endlich Klarheit geschaffen.

§ 383. *Jede Ebene durch einen (einem inneren Punkte von P entsprechenden) Verzweigungspunkt schneidet die Kurve Γ mindestens in vier verschiedenen Punkten.* (T. Radó [11], p. 794.)

Beweis: Der Verzweigungspunkt entspreche dem Punkte (u_0, v_0) von P. Die Gleichung der Ebene kann dann mit Hilfe eines konstanten Vektors $\mathfrak{a}$ in der Form $\mathfrak{a} \cdot [\mathfrak{x} - \mathfrak{x}(u_0, v_0)] = 0$ geschrieben werden. Die harmonische Funktion $f(u, v) = \mathfrak{a} \cdot [\mathfrak{x}(u, v) - \mathfrak{x}(u_0, v_0)]$ erfüllt die Voraussetzungen des Hilfssatzes aus § 373 und hat folglich mindestens vier verschiedene Nullstellen auf ∂P. W. z. b. w.

§ 384. Aus § 383 ergibt sich das folgende Kriterium:

Wenn es eine Gerade ℓ im Raume mit der Eigenschaft gibt, daß jede Ebene durch ℓ die Jordankurve Γ in höchstens drei verschiedenen Punkten schneidet, dann kann eine von Γ berandete Lösungsfläche des Plateauschen Problems in ihrem Inneren keinen Verzweigungspunkt besitzen.

Die Voraussetzung dieses Kriteriums ist z. B. erfüllt, *wenn die Kurve Γ durch Parallel- oder Zentralprojektion eineindeutig auf eine sternförmige Kurve in einer Ebene abgebildet wird.*

§ 385. *Wenn die Fläche S einen (einem inneren Punkte von P entsprechenden) Verzweigungspunkt der Ordnung $m - 1 > 0$ vom Index $n - 1 \geqq 0$ besitzt, so gibt es eine Ebene, welche mit der Kurve Γ $2(m + n)$ – also mindestens sechs – verschiedene Punkte gemeinsam hat.*

Das folgt aus der Darstellung (150) und aus § 373 für die Ebene $z = z_0$.

Es sei in diesem Zusammenhang auf den bekannten geometrischen Satz hingewiesen, daß es zu jeder verknoteten Jordankurve Γ eine Ebene gibt, welche die Kurve Γ in mindestens sechs verschiedenen Punkten schneidet.

§ 386. Wenn Γ eine ebene Kurve ist, so kann S gemäß § 306 natürlich keinen Verzweigungspunkt haben. Da ein einem inneren Punkte von P entsprechender Punkt auf S bei nicht-ebener Kontur dem Maximumprinzip für harmonische Funktionen zufolge im (bzgl. des dreidimensionalen Raumes genommenen) Inneren der konvexen Hülle der Randkurve Γ liegen muß, ergibt sich aus § 385 das folgende Kriterium.

Wenn die Jordankurve Γ entweder eben ist oder von keiner Ebene durch einen inneren Punkt ihrer konvexen Hülle in mehr als fünf verschiedenen Punkten geschnitten wird, dann kann eine von Γ berandete Lösungsfläche des Plateauschen Problems in ihrem Inneren keinen Verzweigungspunkt besitzen.

Jede Jordankurve Γ, welche aus zwei Jordanbögen γ_1 und γ_2 in zwei (identischen oder sich schneidenden) Ebenen $\mathcal{E}_1$ bzw. $\mathcal{E}_2$ zusammengesetzt ist, wobei jeder der Bögen γ_j in seiner Ebene von jeder Geraden in höchstens zwei Punkten geschnitten wird (d. h. wobei jeder Bogen γ_i zusammen mit der Sehne durch seine Endpunkte ein konvexes Gebiet berandet), hat die angeführten Eigenschaften: Eine solche Kurve wird von jeder von $\mathcal{E}_1$ und $\mathcal{E}_2$ verschiedenen Ebene in höchstens vier verschiedenen Punkten geschnitten.

§ 387. Eine entsprechende Aussage gilt für das Nichtvorhandensein von Nabelpunkten.

Wenn Γ eine nicht-ebene Jordankurve ist, welche von keiner Ebene durch einen inneren Punkt ihrer konvexen Hülle in mehr als fünf verschiedenen Punkten geschnitten wird, dann kann eine von Γ berandete Lösungsfläche S des Plateauschen Problems keinen (einem regulären inneren Punkt von P entsprechenden) Nabelpunkt besitzen.

Beweis: In einem solchen Punkte $\mathfrak{x}(u_0, v_0)$, $(u_0, v_0) \in P$, müßten die Koeffizienten L, M, N der zweiten Grundform der Fläche S verschwinden. Es seien $(\mathfrak{x} - \mathfrak{x}(u_0, v_0)) \cdot \mathfrak{X}(u_0, v_0) = 0$ die Gleichung der Tangentialebene von S in diesem Punkte und $h(u, v)$ die in P harmonische und in $\bar{P}$ stetige Funktion $h(u, v) = (\mathfrak{x}(u, v) - \mathfrak{x}(u_0, v_0)) \cdot \cdot \mathfrak{X}(u_0, v_0)$. Im Punkte (u_0, v_0) gölte $h = h_u = h_v = h_{uu} = h_{uv} = h_{vv} = 0$, und nach § 373 ergäbe sich dann ein Widerspruch. W. z. b. w.

Die Schwarz-Riemannsche Minimalfläche aus §§ 84, 276–280 und viele andere spezielle Minimalflächen sind Anwendungsbeispiele für diesen Satz.

2.3. Ein- und Mehrdeutigkeit

§ 388. Im allgemeinen kann keine Rede davon sein, daß eine Jordankurve nur eine einzige verallgemeinerte Minimalfläche vom Typ der Kreisscheibe berandete. Es gibt vielmehr Beispiele einfacher Jordankurven, an denen sich das Gegenteil leicht bestätigen läßt. So berandet

z. B. die schon in § 91 auftretende Kurve

$$\Gamma_r = \begin{cases} x = \bar{x}(r,\vartheta) = r\cos\vartheta - \frac{1}{3}r^3\cos 3\vartheta \\ y = \bar{y}(r,\vartheta) = -r\sin\vartheta - \frac{1}{3}r^3\sin 3\vartheta; \qquad 0 \leqq \vartheta \leqq 2\pi \\ \bar{z} = z(r,\vartheta) = r^2\cos 2\vartheta \end{cases}$$

für $1 < r < \sqrt{3}$ mindestens zwei Lösungen des Plateauschen Problems. Aus § 302 wissen wir nämlich, daß Γ_r eine verallgemeinerte Minimalfläche kleinsten Inhaltes berandet. Die ebenfalls von Γ_r berandete Ennepersche Minimalfläche

$$S_r = \begin{cases} x = r\,u + r^3\,u\,v^2 - \frac{1}{3}r^3\,u^3 \\ y = -r\,v - r^3\,u^2\,v + \frac{1}{3}r^3\,v^3; \qquad u^2 + v^2 \leqq 1 \\ z = r^2(u^2 - v^2) \end{cases}$$

aus § 88 ist aber, da sie, wie wir in § 114 gesehen haben, kein Minimum des Flächeninhaltes liefert, gemäß § 36 von dieser Fläche im Fréchetschen Sinne verschieden.

Auf Grund derselben Überlegungen läßt sich nach § 111 Entsprechendes von der Randkurve eines geeigneten Teiles der Wendelfläche sagen.

§ 389. Eine weitere Jordankurve, welche zwei verschiedene Lösungen des Plateauschen Problems berandet, ist in Abb. 41a skizziert. Sie wurde von N. Wiener angegeben und entsteht in der folgenden Weise. Wir gehen von zwei koaxialen Einheitskreisen aus, deren Abstand zwischen den Werten 1,0554 und 1,3254 liegt. Aus § 515 ist uns bekannt,

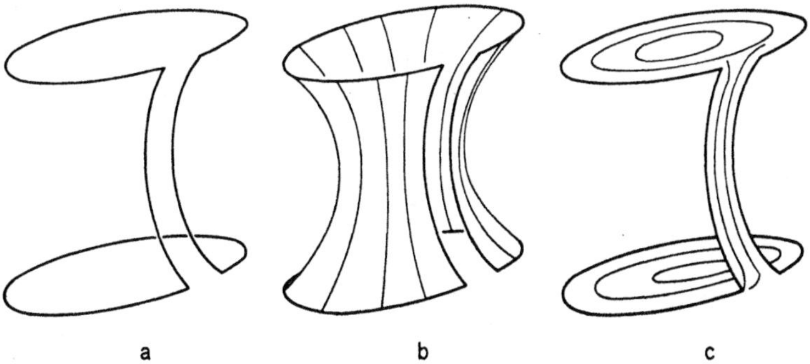

Abb. 41

daß der Flächeninhalt I einer von diesen Kreisen berandeten Kettenfläche größer als der Flächeninhalt der beiden Kreisscheiben, d. h. größer als 2π ist. Zwei Ebenen durch die Achse der Kettenfläche, welche miteinander einen kleinen Winkel ε bilden, schneiden die Kettenfläche in zwei Kettenlinien. Wir verbinden nun die beiden Einheitskreise durch diese Kettenlinien und entfernen gleichzeitig zwei kleine Kreisbögen. Die gewonnene Jordankurve Γ berandet dann natürlich den in Abb. 41b skizzierten Teil S_1 der Kettenfläche. Der Flächeninhalt dieses Teiles beträgt $I(S_1) = I - O(\varepsilon)$. Andererseits läßt sich in Γ ohne weiteres eine aus zwei Kreisscheiben und einem schmalen Streifen bestehende, der in Abb. 41c skizzierten ähnliche Fläche einspannen, deren Inhalt gleich $I' = 2\pi + O(\varepsilon)$ ist. Für hinreichend kleines ε gilt nun $I(S_1) > I'$. Die von Γ berandete verallgemeinerte Minimalfläche S_2 kleinsten Flächeninhaltes muß also von S_1 verschieden sein.

Die Flächen S_1 und S_2 sind dabei nicht nur im Fréchetschen Sinne, sondern auch ihrer geometrischen Erscheinungsform nach verschieden, d. h., die gemäß § 31 definierten Bildpunktmengen $[S_1]$ und $[S_2]$ im Raume sind nicht identisch. Angenommen nämlich, die Menge $[S_2]$ enthielte keinen von $[S_1]$ verschiedenen Punkt. Die Fläche S_2 könnte dann keinen (inneren) Verzweigungspunkt besitzen, und $[S_2]$ müßte mit $[S_1]$ identisch sein. Daraus folgte die Ungleichung $I(S_2) \geqq I(S_1)$, welche im Widerspruch zu den Tatsachen steht.

§ 390. In diesem und den nachfolgenden §§ 391–396 wollen wir zeigen, daß die Kurve Γ_r aus § 388 für gewisse Werte von r sogar drei verschiedene Lösungen des Plateauschen Problems berandet. Wir folgen dabei den Ausführungen in J. C. C. Nitsche [26]. Abb. 10 enthält ein Bild von Γ_r für $r = \frac{3}{2}$. $\mathfrak{y}_1, \mathfrak{y}_2, \mathfrak{y}_3$ und $\mathfrak{y}_4$ seien die den Parameterwerten $\vartheta = \frac{\pi}{4}, \frac{3\pi}{4}, \frac{5\pi}{4}$ und $\vartheta = \frac{7\pi}{4}$ entsprechenden Punkte auf Γ_r. $S = \{\mathfrak{x} = \mathfrak{x}(u, v);\ (u, v) \in \bar{P}\}$ sei eine den Bedingungen des § 304 genügende Lösung des Plateauschen Problems für die Kurve Γ_r, welche die Punkte $w_1 = e^{i\frac{\pi}{4}}$, $w_2 = e^{i\frac{3\pi}{4}}$ und $w_3 = e^{i\frac{5\pi}{4}}$ von ∂P bzw. auf die Punkte $\mathfrak{y}_1$, $\mathfrak{y}_2$ und $\mathfrak{y}_3$ abbildet. Der Punkt $\mathfrak{y}_4$ ist dann Bild eines gewissen Punktes $w_4 = e^{i\vartheta_4}$, wo $\frac{5\pi}{4} < \vartheta_4 < \frac{9\pi}{4}$ gilt. (Für verschiedene Lösungen des Plateauschen Problems kann w_4 möglicherweise verschiedene Lagen einnehmen.)

Nach dem Lewyschen Satz des § 334 ist der Vektor $\mathfrak{x}(u, v)$ in einer $\bar{P}$ enthaltenden offenen Kreisscheibe reell-analytisch. Wie in § 373 folgt daraus, daß jeder Punkt w_0 der abgeschlossenen Menge $D_0 = \{u, v;\ (u, v) \in \bar{P},\ z(u, v) = 0\}$ eine volle Umgebung besitzt, welche von $n \geqq 1$ sich nur im Punkte w_0 schneidenden analytischen Kurvenbögen in $2n \geqq 2$ offene Sektoren $\sigma_1, \sigma_2, \ldots, \sigma_{2n}$ so aufgeteilt wird, daß $z(u, v) > 0$ in $\sigma_1, \sigma_3, \ldots, \sigma_{2n-1}$ und $z(u, v) < 0$ in $\sigma_2, \sigma_4, \ldots, \sigma_{2n}$

gilt, während $z(u, v)$ auf den Kurven selbst verschwindet. Die Zahl n kann von Punkt zu Punkt verschieden sein, kann aber nur in endlich vielen Punkten größer als Eins ausfallen. Wir betrachten nun die in $\bar{P}$ offene Menge $D \equiv \bar{P} \setminus D_0 = \{u, v;\ (u, v) \in \bar{P},\ z(u, v) \neq 0\}$ und bezeichnen mit D_{12}, D_{23}, D_{34} und D_{41} die die offenen Teilbögen $\widehat{w_1 w_2}, \widehat{w_2 w_3}, \widehat{w_3 w_4}$ bzw. $\widehat{w_4 w_1}$ von ∂P enthaltenden Komponenten von D. Diese Komponenten brauchen nicht alle voneinander verschieden zu sein. Da aber $z(u, v)$ in $D_{12} \cup D_{34}$ negativ und in $D_{23} \cup D_{41}$ positiv ist, müssen gewiß zumindest D_{12} und D_{34} oder D_{23} und D_{41} punktfremde Mengen sein. Weitere Komponenten kann die Menge D nicht besitzen. Die einzigen auf ∂P gelegenen Randpunkte einer solchen Komponente müßten nämlich mit einigen der Punkte w_1, w_2, w_3, w_4 zusammenfallen. Da $z(u, v)$ nicht identisch verschwindet, führte das auf einen Widerspruch zum Maximumprinzip für harmonische Funktionen.

Es muß also genau einer der folgenden Fälle vorliegen:

Fall I: a) $D_{12} \equiv D_{34}$, D_{23} und D_{41} sind punktfremd.
b) $D_{23} \equiv D_{41}$, D_{12} und D_{34} sind punktfremd.

Fall II: Alle vier Komponenten $D_{12}, \ldots, D_{41}$ sind punktfremd.

Die Komponenten $D_{12}, \ldots, D_{41}$ sind von stückweise glatten Jordanbögen berandet. Zufolge der Schlußweise der §§ 373, 374 liegt der Fall II genau dann vor, wenn die Ableitungen z_u und z_v in einem oder möglicherweise mehreren Punkten von D_0 gleichzeitig verschwinden. Wir bemerken, daß die Ennepersche Fläche S_r aus § 388 unter Fall II kommt, wobei $D_{n,n+1} = \left\{\varrho, \vartheta;\ 0 < \varrho < 1,\ \frac{2n-1}{4}\pi < \vartheta < \frac{2n+1}{4}\pi\right\}$ und $z_u(0,0) = z_v(0,0) = 0$ gilt.

§ 391. Vorgelegt seien zwei Lösungen $S_1 = \{\mathfrak{x} = \mathfrak{x}_1(w);\ w \in \bar{P}\}$ und $S_2 = \{\mathfrak{x} = \mathfrak{x}_2(\hat{w});\ \hat{w} \in \bar{P}\}$ des Plateauschen Problems, welche bzw. den Fällen Ia und Ib zugehören. Da beide Ortsvektoren $\mathfrak{x}_1(w)$ und $\mathfrak{x}_2(\hat{w})$ die Kreislinie ∂P topologisch auf Γ_r abbilden, existiert ein Homöomorphismus τ_0: $\hat{w} = f_0(w)$, welcher ∂P auf sich selbst abbildet, wobei die Punkte $w_1 = e^{i\frac{\pi}{4}}$, $w_2 = e^{i\frac{3\pi}{4}}$, $w_3 = e^{i\frac{5\pi}{4}}$, $w_4 = w_4^{(1)} = e^{i\vartheta_4^{(1)}}$ bzw. in die Punkte $\hat{w}_1 = w_1$, $\hat{w}_2 = w_2$, $\hat{w}_3 = w_3$, $\hat{w}_4 = w_4^{(2)} = e^{i\vartheta_4^{(2)}}$ übergeführt werden, und für welchen $\mathfrak{x}_2(f_0(w)) = \mathfrak{x}_1(w)$ für $w \in \partial P$ gilt. Wir behaupten:

S_1 und S_2 sind verschiedene Lösungen, d. h., S_1 und S_2 sind Darstellungen verschiedener Fréchet-Flächen.

Zum Beweise nehmen wir das Gegenteil als wahr an. Zu jeder Zahl $\varepsilon > 0$ gäbe es dann einen Homöomorphismus τ_ε: $\hat{w} = f_\varepsilon(w)$ der Kreisscheibe $\bar{P}$ auf sich selbst derart, daß für alle $w \in \bar{P}$ die Ungleichung

$|\mathfrak{x}_1(w) - \mathfrak{x}_2(f_\varepsilon(w))| < \varepsilon$ zuträfe. Für $w \in \partial P$ gölte dabei $|f_\varepsilon(w) - f_0(w)| = o(1)$ für $\varepsilon \to 0$. Es sei nun λ ein in der zu S_1 gehörigen Komponente $D_{12} = D_{34}$ verlaufender Weg, welcher einen Punkt w' des offenen Teilbogens $\widehat{w_1 w_2}$ von ∂P mit einem Punkt des offenen Teilbogens $\widehat{w_3 w_4^{(1)}}$ verbindet. Für alle Punkte w auf λ gilt $z_1(w) \leqq m < 0$. Für hinreichend kleines ε ist das Bild von λ unter dem Homöomorphismus ein Weg $\hat{\lambda}_\varepsilon$, welcher einen Punkt $\hat{w}'_\varepsilon = f_\varepsilon(w')$ auf dem offenen Teilbogen $\widehat{w_1 w_2}$ mit einem Punkt $\hat{w}''_\varepsilon = f_\varepsilon(w'')$ auf dem offenen Teilbogen $\widehat{w_3 w_4^{(2)}}$ verbindet. Wenn ε darüber hinaus kleiner als $|m|$ ist, so gilt auf $\hat{\lambda}_\varepsilon$ darüber hinaus $z_2(\hat{w}) = z_2(f_\varepsilon(w)) < z_1(w) + \varepsilon \leqq m + \varepsilon < 0$. Diese Ungleichung steht im Widerspruch zu der Tatsache, daß Fall Ib für die Fläche S_2 zutrifft.

§ 392. Wir betrachten nunmehr den Fall II. Der Rand ∂D_{12} der Komponente D_{12} besteht aus einer stückweise analytischen Jordankurve. Mit $\mathscr{C}$ bezeichnen wir das Bild dieser Kurve in der (x, z)-Ebene unter der Abbildung $x = x(u, v)$, $z = z(u, v)$. Nur von dem Teilbogen $\widehat{w_1 w_2}$ der Kreislinie ∂P steht es dabei fest, daß er umkehrbar eindeutig abgebildet wird: Wenn sich der Punkt w längs ∂P von w_1 nach w_2 bewegt, so läuft sein Bildpunkt längs der Projektion der Kurve Γ_r auf die (x, z)-Ebene von der Projektion des Punktes $\mathfrak{y}_1$ (oder $\mathfrak{y}_4$) zur Projektion des Punktes $\mathfrak{y}_2$ (oder $\mathfrak{y}_3$); siehe Abb. 10. Wenn der Punkt w den restlichen Teil des Randes ∂D_{12} durchläuft, so verbleibt sein Bildpunkt auf der x-Achse. Alle Punkte des in Abb. 10 schraffierten Gebietes haben bezüglich der Kurve $\mathscr{C}$ also den topologischen Index $N = -1$. Gemäß § 247 ist das Integral $\iint\limits_{D_{12}} \left|\frac{\partial(x, z)}{\partial(u, v)}\right| du\, dv$ daher nicht kleiner als der Flächeninhalt I_{12} dieses schraffierten Gebietes. Man findet

$$I_{12} = \int\limits_{\pi/4}^{\pi/2} [\bar{x}(r, \pi - \vartheta) - \bar{x}(r, \vartheta)]\, d\bar{z}(r, \vartheta) = -2 \int\limits_{\pi/4}^{\pi/2} \bar{x}(r, \vartheta)\, \dot{\bar{z}}(r, \vartheta)\, d\vartheta =$$

$$= 4r^3 \int\limits_{\pi/4}^{\pi/2} \left[\cos\vartheta - \frac{1}{2} r^2 \cos 3\vartheta\right] \sin 2\vartheta\, d\vartheta = \frac{2\sqrt{2}}{15} r^3 (5 + 3r^2).$$

Da für die Komponenten D_{23}, D_{34} und D_{41} entsprechende Ungleichungen zutreffen, ergibt sich schließlich die Ungleichung

$$I(S) = \iint\limits_P |\mathfrak{x}_u \times \mathfrak{x}_v|\, du\, dv > \iint\limits_{D_{12} \cup D_{34}} \left|\frac{\partial(x, z)}{\partial(u, v)}\right| du\, dv +$$

$$+ \iint\limits_{D_{23} \cup D_{41}} \left|\frac{\partial(y, z)}{\partial(u, v)}\right| du\, dv \geqq \frac{8\sqrt{2}}{15} r^3 (5 + 3r^2) \equiv L(r).$$

Damit ist folgendes bewiesen:

Der Flächeninhalt $I(S)$ einer Lösung S des Plateauschen Problems, für welche Fall II zutrifft, genügt der Ungleichung $I(S) \geqq L(r) \equiv \equiv \frac{8\sqrt{2}}{15} r^3(5 + 3r^2)$.

Die Ennepersche Minimalfläche ist ein Beispiel für diesen Satz. Ihr Flächeninhalt berechnet sich zu $I(S_r) = \pi r^2(1 + r^2 + \frac{1}{3}r^4) > L(r)$.

§ 393. Dem Existenzbeweise der §§ 291–304 zufolge gibt es eine von Γ_r berandete verallgemeinerte Minimalfläche vom Typ der Kreisscheibe kleinsten Flächeninhaltes. Ihr Inhalt kann den einer beliebigen von Γ_r berandeten Vergleichsfläche vom Typ der Kreisscheibe nicht übersteigen. Die schon in § 115 auftretende Zylinderfläche

$$\Sigma_r = \{x = \bar{x}(r, \vartheta), y = \bar{y}(r, \vartheta) + \eta, z = \bar{z}(r, \vartheta);$$
$$0 \leqq \vartheta \leqq \pi,\ 0 \leqq \eta \leqq 2\,|y(r, \vartheta)|\}$$

ist eine solche Fläche. Ihr Inhalt wurde in § 115 berechnet. Für $r = \sqrt{3}$ gilt insbesondere

$$I(\Sigma_{\sqrt{3}}) = 96 \int_0^1 \sqrt{\tau - 4\tau^2 + 12\tau^3 - 9\tau^4}\, d\tau = 54{,}120229.$$

Andererseits ist $L(\sqrt{3}) = 8 \cdot 14 \cdot \sqrt{6}/5 = 54{,}868570$. Aus Stetigkeitsgründen gibt es in der Nähe von $\sqrt{3}$ also eine Zahl r_0 derart, daß für $r_0 < r < \sqrt{3}$ die Ungleichung $L(r) > I(\Sigma_r)$ zutrifft. Somit ist bewiesen:

Eine von Γ_r berandete Lösung des Plateauschen Problems kleinsten Flächeninhaltes muß für $r_0 < r < \sqrt{3}$ dem Falle I zugehören.

Wie eine genauere Rechnung zeigt, hat die Wurzel der Gleichung $I(\Sigma_r) = L(r)$ den Wert $r_0 = 1{,}681475$. Durch Verwendung geeigneterer Vergleichsflächen könnte man auch noch bessere numerische Werte für r_0 erhalten. Diese Fragen sind hier aber von untergeordneter Bedeutung.

§ 394. Wir können jetzt den folgenden Satz beweisen:

Für $r_0 < r < \sqrt{3}$ berandet die Jordankurve Γ_r zwei verschiedene Lösungen des Plateauschen Problems. Beide besitzen ein Minimum des Flächeninhaltes unter allen von Γ_r berandeten Flächen vom Typ der Kreisscheibe. Für eine Lösung liegt Fall Ia vor, für die andere Fall Ib.

Beweis: Nach §§ 291–304 gibt es gewiß eine solche Lösung $S_1 = \{\mathfrak{x} = \mathfrak{x}_1(u, v);\ (u, v) \in \bar{P}\}$. Für sie liege etwa der Fall Ia vor. Wir spiegeln die Fläche S_1 an der Ebene $z = 0$ und drehen die gespiegelte Fläche dann noch um den Winkel von 90° um die z-Achse. So erhalten wir eine neue verallgemeinerte Minimalfläche $S_2 = \{\mathfrak{x} = \mathfrak{x}_2(u, v);$ $(u, v) \in \bar{P}\}$ mit dem Ortsvektor $\mathfrak{x}_2(u, v) \equiv \{x_2(u, v), y_2(u, v), z_2(u, v)\}$ $= \{-y_1(u, v), x_1(u, v), -z_1(u, v)\}$. Auf Grund der Symmetrie der Kurve Γ_r ist auch S_2 von Γ_r berandet. Wenn ein Punkt die Kreislinie ∂P im Gegenuhrzeigersinn durchläuft, so bewegen sich seine Bildpunkte bei der Abbildung durch die Ortsvektoren $\mathfrak{x}_1(u, v)$ und $\mathfrak{x}_2(u, v)$ in derselben Richtung längs Γ_r. Der Vektor $\mathfrak{x}_2(u, v)$ bildet insbes. die Punkte w_1, w_2, w_3 und $w_4^{(1)}$ auf die Punkte $\mathfrak{y}_4, \mathfrak{y}_1, \mathfrak{y}_2$ und $\mathfrak{y}_3$ in dieser Reihenfolge ab. Für S_2 sind diejenigen Komponenten der Menge $\{u, v; (u, v) \in \bar{P}, z_2(u, v) \neq 0\}$ identisch, welche die offenen Teilbögen $\widehat{w_1 w_2}$ und $\widehat{w_3 w_4^{(1)}}$ von ∂P enthalten.

Mit Hilfe der durch die Formel

$$\frac{\hat{w} - e^{i\frac{\pi}{4}}}{\hat{w} - e^{i\frac{3\pi}{4}}} = (1 - i)\,\frac{e^{i\frac{5\pi}{4}} - e^{i\vartheta_4^{(1)}}}{e^{i\frac{3\pi}{4}} - e^{i\vartheta_4^{(1)}}}\,\frac{w - e^{i\frac{3\pi}{4}}}{w - e^{i\frac{5\pi}{4}}}$$

gegebenen umkehrbar eindeutigen direkt-konformen Abbildung $w \to \hat{w}$ der Einheitskreisscheibe $\bar{P}$ auf sich selbst können wir eine Darstellung $\{\mathfrak{x} = \mathfrak{x}_2(\hat{u}, \hat{v}); (\hat{u}, \hat{v}) \in \bar{P}\}$ der Fläche S_2 gewinnen, welche auch der in § 390 niedergelegten Normalitätsforderung genügt, für welche also die Punkte $\mathfrak{y}_1, \mathfrak{y}_2, \mathfrak{y}_3$ auf Γ_r wieder Bilder der Punkte w_1, w_2 bzw. w_3 von ∂P sind. $\mathfrak{y}_4$ wird für die Vektoren $\mathfrak{x}_1(u, v)$ und $\mathfrak{x}_2(\hat{u}, \hat{v})$ i. a. Bild verschiedener Punkte $w_4^{(1)}$ und $w_4^{(2)}$ sein. Die Beziehung $w_4^{(1)} = w_4^{(2)}$ gilt in der Tat nur dann, wenn anfangs $w_4^{(1)} = e^{i\frac{7\pi}{4}}$ war. Unter der konformen Abbildung gehen die Punkte $w_1, w_2, w_3, w_4^{(1)}$ bzw. in die Punkte $w_4^{(2)}, w_1, w_2, w_3$ über. Da sich die Zusammenhangsverhältnisse nicht verändern, muß die Fläche S_2 unter Fall Ib fallen. W. z. b. w.

§ 395. Gemäß §§ 392, 393 gelten für $r_0 < r < \sqrt{3}$ die Ungleichungen $I(S_1) = I(S_2) \leqq I(\Sigma_r) < L(r) < I(S_r)$. Somit können wir sagen:

Für $r_0 < r < \sqrt{3}$ berandet die Jordankurve Γ_r mindestens drei verschiedene Lösungen des Plateauschen Problems.

Wir wollen jetzt darüber hinaus noch folgendes beweisen:

Die Flächen S_1, S_2 und S_r sind nicht nur im Fréchetschen Sinne, sondern auch ihrer geometrischen Erscheinungsform im Raume nach verschieden; d. h., die Bildpunktmengen $[S_1]$, $[S_2]$ und $[S_r]$ sind paarweise verschieden.

Beweis: Da die Annahme $[S_1] \subset [S_r]$ wie am Ende von § 389 auf einen Widerspruch führt, besitzt die Menge $[S_1]$ von $[S_r]$ verschiedene Punkte im Raum. Dasselbe gilt von der Menge $[S_2]$.

Wir wollen nunmehr annehmen, die Bildpunktmengen $[S_1]$ und $[S_2]$ seien identisch. Es sei λ ein in P und in der Komponente $D_{12} = D_{34}$ für S_1 verlaufender Weg, dessen Endpunkte w' und w'' auf den offenen Teilbögen $w_1 w_2$ bzw. $w_3 w_4$ von ∂P liegen und dessen Bild unter der Abbildung durch den Ortsvektor $\mathfrak{x}_1(w)$ alle Verzweigungspunkte der Flächen S_1 und S_2 vermeidet. In einem Punkte $w^{(0)}$ von λ gilt $\frac{\partial \mathfrak{x}_1}{\partial u} \times \frac{\partial \mathfrak{x}_1}{\partial v} \neq \mathfrak{o}$. Zufolge § 48 wird dann eine Umgebung $N(w^{(0)})$ in P topologisch auf eine Teilmenge $S_1^{(0)}$ von $[S_1]$ abgebildet. $S_1^{(0)}$ ist Teil einer regulären Minimalfläche. In $\bar{P}$ kann es höchstens endlich viele Punkte $\hat{w}^{(0)}, \hat{w}^{(1)}, \ldots, \hat{w}^{(m)}$ geben, welche vom Ortsvektor $\mathfrak{x}_2(\hat{w})$ in den Raumpunkt $\mathfrak{x}_1(w^{(0)})$ übergeführt werden. Jeder dieser Punkte $\hat{w}^{(j)}$ $(j = 0, 1, \ldots, m)$ besitzt wiederum eine Umgebung $N(\hat{w}^{(j)})$ in P, welche topologisch auf eine Teilmenge $S_2^{(j)}$ von $[S_1]$ abgebildet wird. Die $S_2^{(j)}$ sind wieder Teile regulärer Minimalflächen. Es gibt auch eine positive Zahl ε mit der Eigenschaft, daß für alle Punkte $\hat{w}$ der Komplementärmenge $\bar{P} \setminus \bigcup_{j=0}^{m} N(\hat{w}^{(j)})$ die Ungleichung $|\mathfrak{x}_2(\hat{w}) - \mathfrak{x}_1(w^{(0)})| > \varepsilon$ zutrifft. Die Zahl m, die Lage der Punkte $\hat{w}^{(j)}$ und die Zahl ε hängen natürlich von der Wahl des Punktes $w^{(0)}$ ab.

Gemäß § 89 verläuft die Kurve Γ_r auf dem Ellipsoid

$$E_r = \left\{x, y, z;\, x^2 + y^2 + \frac{4}{3} z^2 = \frac{1}{9} r^2 (3 + r^2)^2\right\},$$

sie ähnelt der Trennungslinie auf einem geringfügig abgeplatteten Tennisball. Wie in § 70 folgt daraus, daß der Ortsvektor einer Lösung des Plateauschen Problems jeden Punkt der offenen Kreisscheibe P in das Innere des Ellipsoids E_r abbildet. Aus dieser Tatsache läßt sich schließen: Wenn sich $w^{(0)}$ nahe beim Punkte w' befindet, so müssen alle Punkte $\hat{w}^{(j)}$ in der Nähe des eindeutig bestimmten Randpunktes $\hat{w}'$ liegen, welcher vom Ortsvektor $\mathfrak{x}_2(\hat{w})$ in den Punkt $\mathfrak{x}_1(w')$ von Γ_r übergeführt wird. Für $w^{(0)}$ nahe w' liegen also alle Punkte $\hat{w}^{(j)}$ gewiß in der Komponente $\hat{D}_{12}$ für S_2. Ebenso müssen alle Punkte $\hat{w}^{(j)}$ in der Komponente $\hat{D}_{34}$ für S_2 liegen, wenn sich $w^{(0)}$ in der Nähe des Punktes w'' befindet.

Mindestens einer der Punkte $\hat{w}^{(j)}$ – es sei dies etwa der Punkte $\hat{w}^{(0)}$ – hat die Eigenschaft, daß gewisse Teilumgebungen $N'(w^{(0)})$ und $N'(\hat{w}^{(0)})$ der Umgebungen $N(w^{(0)})$ bzw. $N(\hat{w}^{(0)})$ auf ein und dieselbe Menge im Raume abgebildet werden. Gemäß § 437 könnten die Minimalflächen $S_2^{(0)}, \ldots, S_2^{(m)}$ mit der Minimalfläche $S_1^{(0)}$ anderenfalls nur gewisse Kurven gemeinsam haben, und auf $S_1^{(0)}$ gäbe es dann Punkte in beliebiger Nähe des Punktes $\mathfrak{x}_1(w^{(0)})$, welche nicht Bildpunkte von Punkten aus $\bar{P}$ unter der Abbildung durch den Ortsvektor $\mathfrak{x}_2(\hat{w})$ sein könnten. D ieseswiderspräche unserer gegenwärtigen Annahme $[S_1] = [S_2]$.

Die zusammengesetzte Abbildung $N'(w^{(0)}) \to [S_1] \to N'(\hat{w}^{(0)})$ definiert nun eine topologische Transformation $\hat{w} = g(w)$ zwischen geeignet gewählten Umgebungen der Punkte $w^{(0)}$ und $\hat{w}^{(0)}$, für welche $\mathfrak{x}_2(g(w)) = \mathfrak{x}_1(w)$ gilt. Da sich in jeder kompakten Teilmenge von P, welche keine Verzweigungspunkten entsprechende Punkte enthält, das Vektorprodukt $\left|\frac{\partial \mathfrak{x}_1}{\partial u} \times \frac{\partial \mathfrak{x}_1}{\partial v}\right|$ nach unten und alle Ableitungen des harmonischen Vektors $\mathfrak{x}_1(w)$ nach oben abschätzen lassen, und da für $\mathfrak{x}_2(\hat{w})$ eine entsprechende Aussage gilt, kann die beschriebene topologische Transformation längs des ganzen Weges λ fortgesetzt werden.

Wenn nun der Punkt $w^{(0)}$ den Weg λ durchläuft, so gilt ohne Unterbrechung $z_1(w^{(0)}) < 0$. Da aber der Bildpunkt $\hat{w}^{(0)}$ anfangs in die Komponente $\hat{D}_{12}$ und später in die Komponente $\hat{D}_{34}$ zu liegen kommt, muß aus topologischen Gründen eine Lage des Punktes $w^{(0)}$ existieren, bei welcher sich der Bildpunkt $\hat{w}^{(0)}$ in der Komponente $\hat{D}_{23} = \hat{D}_{41}$ für S_2 befindet. Dort gilt dann $z_2(\hat{w}^{(0)}) > 0$. Das steht im Widerspruch zu der Beziehung $\mathfrak{x}_2(\hat{w}^{(0)}) = \mathfrak{x}_2(g(w^{(0)})) = \mathfrak{x}_1(w)$, welche eine Konsequenz der Annahme $[S_1] = [S_2]$ war. Diese Annahme muß also fallengelassen werden.

Damit ist alles bewiesen.

§ 396. Es stellen sich hier nun noch mehrere offene Fragen. Für $0 < r < \frac{1}{\sqrt{3}}$ ist die Orthogonalprojektion von Γ_r auf die (x, y)-Ebene gemäß § 91 konvex. Nach dem in § 399 zu beweisenden Satze existiert dann eine eindeutig bestimmte Lösung des Plateauschen Problems, nämlich S_r. Es liegt also die folgende Situation vor: Wenn r nahe beim Werte $\sqrt{3}$ liegt, so berandet Γ_r mindestens drei verschiedene Lösungen des Plateauschen Problems. Für $1 < r < \sqrt{3}$ berandet Γ_r mindestens zwei verschiedene Lösungen des Plateauschen Problems. Für $0 < r < \frac{1}{\sqrt{3}}$ existiert genau eine solche Lösung. Wenn die Zahl r von kleinen Werten zum Werte $\sqrt{3}$ ansteigt, so überschreitet sie somit zwei Schwellen r_1 und r_2, bei welchen Γ_r die Fähigkeit, mindestens zwei bzw. mindestens drei Lösungen des Plateauschen Problems zu beranden, erwirbt. Die genauen Werte dieser Schranken r_1 und r_2 sind noch nicht bekannt. Unentschieden ist insbes. auch die Frage, ob (was vermutlich richtig ist) die Gleichheit $r_1 = r_2$ gilt. Mit Sicherheit können wir hier nur die Ungleichungen $\frac{1}{\sqrt{3}} \leqq r_1 \leqq 1$ und $r_1 \leqq r_2 \leqq r_0 = 1{,}681475$ behaupten.

Auch eine genaue Untersuchung des Verzweigungsprozesses, wenn r die Werte r_1 und r_2 überschreitet, wäre außerordentlich wünschenswert.

§ 397. Die Abb. 42 enthält das Bild einer weiteren Jordankurve, welche mindestens drei verschiedene Lösungen des Plateauschen Problems berandet. Diese Kurve entsteht durch „Aufspalten" zweier gegenüberliegender Kanten eines regelmäßigen Tetraeders und durch geringfügiges „Auseinanderziehen„ der entstandenen Seitenpaare. Einzelheiten findet der Leser bei J. C. C. Nitsche [26].

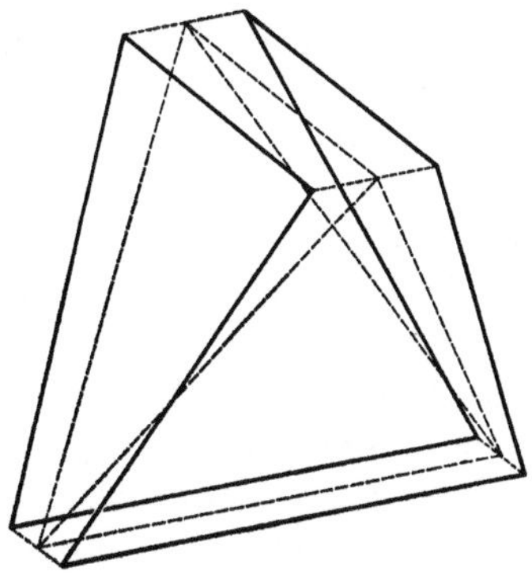

Abb. 42

Eine andere Kontur, die gewiß drei verschiedene verallgemeinerte Minimalflächen vom Typ der Kreisscheibe berandet, ist schon in Abb. 4a skizziert worden und wird uns in §§ 435–436 weiter beschäftigen.

In der Literatur findet man auch heuristische Hinweise auf Beispiele von Jordankurven, welche mehr als drei oder sogar unendlich viele verschiedene Lösungen des Plateauschen Problems beranden; man sehe z. B. P. Lévy [4], [5]; R. Courant [I], pp. 119–122; M. Kruskal [1] und die Bemerkungen bei J. C. C. Nitsche [28], pp. 396–398, sowie §§ 834–836. Beweise für diese Beispiele stehen heutzutage aber noch aus.

Bis heute scheint übrigens auch noch kein einziges Beispiel einer Jordankurve bekannt geworden zu sein, welche zwei verschiedene – und zwar beide durch explizite Darstellungsformeln angebbare – verallgemeinerte Minimalflächen vom Typ der Kreisscheibe berandet.

§ 398. In gewissen Fällen läßt sich freilich doch ein Eindeutigkeitssatz aufstellen. Um das zu sehen, müssen wir zunächst einen Hilfssatz über harmonische Abbildungen beweisen; man sehe dazu T. Radó [2] und [I], pp. 35–36; H. Kneser [1].

Die Funktionen $x(u,v), y(u,v)$ *seien harmonisch in* $P = \{u, v; u^2 + v^2 < 1\}$, *stetig in* $\bar{P}$ *und mögen die Kreislinie* ∂P *in monotoner (bzw. topologischer) Weise auf den Rand* ∂B *eines konvexen Gebietes* B *in der* (x, y)*-Ebene abbilden. Dann wird ganz* P *topologisch auf* B *(bzw. ganz* $\bar{P}$ *topologisch auf* $\bar{B}$*) abgebildet.*

Beweis: Das Bild (x_0, y_0) eines Punktes (u_0, v_0) von P muß in B liegen. Andernfalls sei $a\,x + b\,y + c = 0$ die Gleichung einer Stützgeraden ℓ zu ∂B mit der Eigenschaft, daß (x_0, y_0) entweder ein auf ℓ gelegener Punkt von ∂B ist oder durch ℓ von ∂B getrennt wird. Bei geeigneter Orientierung gilt dann in allen Punkten von ∂P die Ungleichung $f(u,v) \equiv a\,x(u,v) + b\,y(u,v) + c \geqq 0$, während im Punkte (u_0, v_0) $f(u_0, v_0) \leqq 0$ wird. Da die harmonische Funktion $f(u,v)$ in B nicht konstant sein kann, ist das ein Widerspruch zum Maximumprinzip.

Wir behaupten weiter, daß die Funktionaldeterminante $\partial(x,y)/\partial(u,v)$ in allen Punkten von P von Null verschieden ist. Angenommen, in einem Punkte (u_0, v_0) von P sei $\partial(x,y)/\partial(u,v) = 0$. Dann gäbe es zwei nicht gleichzeitig verschwindende Konstanten a und b derart, daß im Punkte (u_0, v_0) die Beziehungen $a\,x_u + b\,y_u = a\,x_v + b\,y_v = 0$ gölten. Die durch den in B gelegenen Punkt $(x_0 = x(u_0, v_0)$, $y_0 = y(u_0\, v_0))$ verlaufende Gerade $a\,x + b\,y = a\,x_0 + b\,y_0$ schneidet die Kurve ∂B in genau zwei Punkten. β_1 und β_2 seien die sich möglicherweise auf einen Punkt reduzierenden maximalen Teilbögen von ∂P, welche bzw. auf diese Punkte abgebildet werden. Auf den zwei getrennten Komplementärbögen von ∂P muß dann $f(u,v) \equiv a\,x(u,v) + b\,y(u,v) - a\,x_0 - b\,y_0 \neq 0$ gelten, und zwar auf einem dieser Bögen $f(u,v) > 0$ und auf dem anderen $f(u,v) < 0$. Die auf die harmonische Funktion $f(u,v)$ angewendete Schlußweise des § 373 führte nun zu einem Widerspruch.

Die Abbildung $(x, y) \to (u, v)$ von P in B ist demnach im Kleinen eineindeutig. Man sieht nun leicht ein, daß sowohl die Teilmenge derjenigen Punkte von B, welche Bildpunkt eines Punktes aus P sind, als auch die zu ihr komplementäre Teilmenge offen sein müssen. Die zweite dieser Mengen muß folglich leer sein: Jeder Punkt von B ist Bildpunkt eines Punktes aus P. Unter Anwendung des Monodromieprinzipes zeigt man nunmehr, daß die Abbildung von P auf B sogar eindeutig ist. W. z. b. w.

§ 399. Nunmehr betrachten wir eine Jordankurve Γ, welche durch Parallelprojektion umkehrbar eindeutig auf eine (nicht notwendigerweise streng) konvexe ebene Kurve abgebildet wird. Wenn wir die Projektionsrichtung als parallel zur z-Achse annehmen, dann wird Γ auch durch Orthogonalprojektion umkehrbar eindeutig auf den Rand ∂B eines konvexen Gebietes B in der (x, y)-Ebene abgebildet.

Es sei $S = \{\mathfrak{x} = \mathfrak{x}(u, v); (u, v) \in \bar{P}\}$ eine Lösung des Plateauschen Problems für die Kurve Γ. Gemäß § 384 kann die Fläche S in ihrem Inneren keine Verzweigungspunkte besitzen und ist folglich eine reguläre Minimalfläche. Für die in $\bar{P}$ definierten Komponenten $x(u, v)$, $y(u, v)$ des Ortsvektors $\mathfrak{x}(u, v)$ sind die Voraussetzungen des Hilfssatzes aus § 398 erfüllt. Die durch diese Funktionen vermittelte Abbildung von $\bar{P}$ auf den Bereich $\bar{B}$ ist daher umkehrbar eindeutig. Die Umkehrfunktionen $u(x, y)$, $v(x, y)$ sind in $\bar{B}$ stetig und wegen der in P gültigen Beziehung $\partial(x, y)/\partial(u, v) \neq 0$ reell-analytisch in B. Die Funktion $z(u(x, y), v(x, y)) = Z(x, y)$ hat dann dieselben Eigenschaften. $\{z = Z(x, y); (x, y) \in \bar{B}\}$ ist eine nichtparametrische Darstellung von S. Nach § 52 ist $Z(x, y)$ eine Lösung der Minimalflächengleichung in B. Auf Grund des Maximumprinzipes für elliptische Differentialgleichungen kann es aber höchstens eine Lösung $Z(x, y) \in C^2(B) \cap C^0(\bar{B})$ dieser Gleichung in B mit vorgeschriebenen stetigen Randwerten auf ∂B geben. Wir haben damit den folgenden Satz gewonnen (T. Radó [11], pp. 795 bis 796; [13], p. 16; [I], pp. 35–36):

Wenn die Jordankurve Γ durch Parallelprojektion umkehrbar eindeutig auf eine ebene (nicht notwendigerweise streng) konvexe Kurve abgebildet wird, dann gibt es genau eine Lösung S des Plateauschen Problems für die Kurve Γ. S ist eine reguläre Minimalfläche und besitzt eine nichtparametrische Darstellung.

§ 400. Als Anwendungsbeispiel von § 399 beweisen wir hier den schon in § 280 erwähnten Satz:

Jedes einfache Vierseit Γ berandet eine eindeutig bestimmte Lösung des Plateauschen Problems.

Beweis: Da das für ein ebenes Vierseit eine Folge von § 306 ist, müssen wir zeigen, daß sich jedes windschiefe Vierseit durch Orthogonalprojektion in einer geeigneten Richtung umkehrbar eindeutig auf ein ebenes konvexes Vierseit abbilden läßt.

In einem geeigneten Koordinatensystem, dessen z-Achse zur kürzesten Verbindungslinie eines Gegenseitenpaares parallel ist, mögen die Eckpunkte von Γ durch $P_1 = (0, 0, 0)$, $P_2 = (x_2, 0, 0)$, $P_3 = (x_3, y_3, h)$ und $P_4 = (x_4, y_4, h)$ gegeben sein, wobei $x_2 > 0$, $h > 0$ und (wegen des windschiefen Charakters) $y_3 \neq y_4$ ist. Wir projizieren Γ nun in Richtung der $\bar{y}$-Achse eines $(\bar{x}, \bar{y}, \bar{z})$-Koordinatensystems, welches gemäß $\bar{x} = x\cos\alpha + y\sin\alpha$, $\bar{y} = -x\sin\alpha + y\cos\alpha$, $\bar{z} = z$ bestimmt ist. Die Bildpunkte $\bar{P}_j$ der P_j in der $(\bar{x}, \bar{z})$-Ebene haben die Koordinaten $\bar{P}_1 = (0, 0)$, $\bar{P}_2 = (x_2\cos\alpha, 0)$, $\bar{P}_3 = (x_3\cos\alpha + y_3\sin\alpha, h)$ und

$\bar{P}_4 = (x_4 \cos\alpha + y_4 \sin\alpha, h)$. Durch geeignete Wahl von α – nämlich $\alpha = \frac{\pi}{2} + \varepsilon(y_4 - y_3)$, $\varepsilon > 0$ klein – läßt sich die Ungleichung $[(x_4 - x_3)\cos\alpha + (y_4 - y_3)\sin\alpha]\cos\alpha < 0$ erfüllen. Die Strecken $\overline{\bar{P}_2\bar{P}_3}$, $\overline{\bar{P}_1\bar{P}_4}$ kreuzen sich dann nicht, und das Viereck $\bar{P}_1\bar{P}_2\bar{P}_3\bar{P}_4$ ist konvex. W. z. b. w.

§ 401. Die Voraussetzung des § 399, Γ solle umkehrbar eindeutig auf die Kurve ∂B abgebildet werden, läßt sich abschwächen. Wenn $\{x = \varphi(\vartheta), y = \psi(\vartheta), z = \chi(\vartheta); 0 \leqq \vartheta \leqq 2\pi\}$ eine topologische Darstellung der Kurve Γ ist, so definiert die Orthogonalprojektion von Γ auf die (x, y)-Ebene die Darstellung $\{x = \varphi(\vartheta), y = \psi(\vartheta); 0 \leqq \vartheta \leqq 2\pi\}$ der konvexen Kurve ∂B.

Wir nehmen jetzt an, daß diese Darstellung vielleicht nicht mehr topologisch, aber doch noch monoton ist. Geometrisch gesprochen lassen wir also nun auch vertikale Segmente bei der Kurve Γ zu. ϑ ist dann eine monotone Funktion der Bogenlänge von ∂B, kann also höchstens in einer abzählbaren Menge A von Punkten des Randes ∂B einen Sprung haben. Über allen anderen Punkten von ∂B ist der Zusammenhang zwischen Γ und ∂B immer noch eineindeutig.

Wiederum unter Berufung auf den Hilfssatz aus § 398 schließen wir wie in § 399, daß eine Lösung S des Plateauschen Problems eine nichtparametrische Darstellung $z = Z(x, y)$ besitzt. Die Funktion $Z(x, y)$ ist in B reell-analytisch, aber diesmal i. a. nur noch in der Menge $\bar{B} \setminus A$ stetig.

Die Eindeutigkeitsaussage des § 399 ist auch im vorliegenden Falle richtig, beruht diesmal aber auf dem tieferliegenden allgemeinen Maximumprinzip des § 586.

§ 402. Von T. Radó ([13], pp. 11–15) stammt auch der folgende die Aussage des § 399 ergänzende Satz:

Wenn die Jordankurve Γ durch Zentralprojektion umkehrbar eindeutig auf eine ebene (nicht notwendigerweise streng) konvexe Kurve abgebildet wird, dann gibt es genau eine Lösung S des Plateauschen Problems für Γ. S ist eine reguläre Minimalfläche.

Beim Beweise können wir uns weitgehend an die Schlußweise der §§ 398, 399 halten. O. B. d. A. dürfen wir annehmen, daß die Projektion vom Punkte $(0, 0, 1)$ vorgenommen wird, daß die konvexe Kurve ∂B in der (x, y)-Ebene liegt und daß die Kurve Γ und somit die betrachtete Lösung $S = \{\mathfrak{x} = \mathfrak{x}(u, v); (u, v) \in \bar{P}\}$ des Plateauschen Problems ganz unterhalb der Ebene $z = 1$ verläuft, d. h. daß in allen Punkten $(u, v) \in \bar{P}$ die Ungleichung $z(u, v) < 1$ zutrifft.

Anstelle mit der Abbildung $x = x(u, v)$, $y = y(u, v)$ haben wir es diesmal mit der Abbildung $x = \xi(u, v)$, $y = \eta(u, v)$ zu tun, wo

$$\xi(u, v) = \frac{x(u, v)}{1 - z(u, v)}, \quad \eta(u, v) = \frac{y(u, v)}{1 - z(u, v)}$$

ist. Daß ein Punkt von P nicht auf einen Punkt außerhalb B abgebildet werden kann, folgt wie in § 398 mit Hilfe des Maximumprinzipes für elliptische Differentialgleichungen. Die Funktionen $\xi(u, v)$ und $\eta(u, v)$ genügen nämlich den aus der Harmonizität von $x(u, v)$, $y(u, v)$, $z(u, v)$ folgenden Differentialgleichungen

$$\Delta\xi - \frac{2z_u}{1-z}\xi_u - \frac{2z_v}{1-z}\xi_v = 0, \quad \Delta\eta - \frac{2z_u}{1-z}\eta_u - \frac{2z_v}{1-z}\eta_v = 0.$$

Wenn die Funktionaldeterminante $\partial(\xi, \eta)/\partial(u, v)$ in einem Punkte (u_0, v_0) von P verschwände, so gäbe es zwei nicht gleichzeitig verschwindende Konstanten a und b derart, daß in diesem Punkte $a\,\xi_u + b\,\eta_u = a\,\xi_v + b\,\eta_v = 0$ oder, damit gleichbedeutend, $f = f_u = {} = f_v = 0$ gölte. Dabei ist

$$f(u, v) = [a\,x(u, v) + b\,y(u, v)]\,\big(z(u_0, v_0) - 1\big) - [a\,x(u_0, v_0) + {} + b\,y(u_0, v_0)]\,\big(z(u, v) - 1\big)$$

gesetzt, so daß $-f_u$ der Zähler in $a\,\xi_u + b\,\eta_u$ ist, usw. Gemäß § 373 müßte $f(u, v)$ dann in mindestens vier verschiedenen Punkten von ∂P verschwinden. Da Γ umkehrbar eindeutig auf ∂B projiziert wird, müßte die Ebene mit der Gleichung

$$(a\,x + b\,y)\,\big(z(u_0, v_0) - 1\big) - (z - 1)\,\big(a\,x(u_0, v_0) + b\,y(u_0, v_0)\big) = 0$$

die Kurve ∂B dann in mindestens vier verschiedenen Punkten schneiden. Da diese Ebene aber auch das Projektionszentrum enthält, ist das nicht möglich.

Wie früher schließt man nun, daß die Funktionen $\xi = \xi(u, v)$, $\eta = \eta(u, v)$ eine umkehrbar eindeutige Abbildung zwischen $\bar{P}$ und $\bar{B}$ vermitteln. (Wir stellen uns das Gebiet B jetzt als in der (ξ, η)-Ebene gelegen vor.) Die Umkehrfunktionen $u = u(\xi, \eta)$, $v = v(\xi, \eta)$ sind in $\bar{B}$ stetig und in B reell-analytisch. Das Gleiche gilt dann von der Funktion $Z(\xi, \eta) = z\big(u(\xi, \eta), v(\xi, \eta)\big)$. Wir setzen einfachheitshalber $1 - Z(\xi, \eta) = e^{\zeta(\xi, \eta)}$ und erhalten für unsere Lösung S dann eine Darstellung

$$S = \{x = \xi\, e^{\zeta(\xi,\eta)}, \quad y = \eta\, e^{\zeta(\xi,\eta)}, \quad z = 1 - e^{\zeta(\xi,\eta)};\ (\xi, \eta) \in \bar{B}\}.$$

Wegen

$$W = \sqrt{E\,G - F^2} = e^{2\zeta}\sqrt{\zeta_\xi^2 + \zeta_\eta^2 + (1 + \xi\,\zeta_\xi + \eta\,\zeta_\eta)^2} > 0$$

ist S eine (reguläre) Minimalfläche. Die Funktion $\zeta(\xi, \eta)$ genügt der quasilinearen elliptischen Differentialgleichung

$$(157)\qquad \begin{aligned}[1 + 2\eta\,\zeta_\eta + (1 + \xi^2 + \eta^2)\,\zeta_\eta^2]\,\zeta_{\xi\xi} - 2[\xi\,\zeta_\eta + \eta\,\zeta_\xi +\\ + (1 + \xi^2 + \eta^2)\,\zeta_\xi\,\zeta_\eta]\,\zeta_{\xi\eta} + [1 + 2\xi\,\zeta_\xi +\\ + (1 + \xi^2 + \eta^2)\,\zeta_\xi^2]\,\zeta_{\eta\eta} - \zeta_\xi^2 - \zeta_\eta^2 = 0\end{aligned}$$

und ist daher durch ihre Randwerte $\zeta = 0$ eindeutig bestimmt.

Die Differentialgleichung (157) ist übrigens die Euler-Lagrangesche Differentialgleichung des Variationsproblems

$$(157')\qquad \delta \iint e^{2\zeta} \sqrt{\zeta_\xi^2 + \zeta_\eta^2 + (1 + \xi\,\zeta_\xi + \eta\,\zeta_\eta)^2}\, d\xi\, d\eta = 0 .$$

3. Das nichtparametrische Problem

§ 403. Als nichtparametrisches Plateausches Problem bezeichnet man gewöhnlich das Dirichletsche Problem für die Minimalflächengleichung (3). Vorgelegt seien ein Jordangebiet B in der (x, y)-Ebene und eine auf seinem Rande ∂B erklärte stetige Funktion $\varphi(x, y)$, welche eine Jordankurve Γ über ∂B im Raume definiert. Das Problem besteht im Auffinden einer Lösung $z(x, y) \in C^2(B) \cap C^0(\bar{B})$ der Minimalflächengleichung in B, deren Werte auf ∂B mit denen der Funktion φ übereinstimmen.

Nach § 399 hat dieses Problem eine eindeutig bestimmte Lösung $z(x, y)$, wenn das Gebiet B konvex ist. (B braucht nicht streng konvex zu sein.) Die durch die Lösung $z(x, y)$ definierte Fläche $S = \{z = z(x, y);\ (x, y) \in \bar{B}\}$ ist eine reguläre Minimalfläche. Zufolge des Maximumprinzipes für elliptische Differentialgleichungen ist die Eindeutigkeit der Lösung übrigens allgemein für ein Jordangebiet B gewährleistet. Wie wir sehen werden, steht es mit der Frage der Existenz anders.

§ 404. Mit Hilfe der in den §§ 373, 387 angewendeten Schlußweisen beweist man den zu der Aussage des § 387 analogen Satz:

Wenn die Kurve Γ nicht eben ist und mit keiner Ebene durch einen inneren Punkt ihrer konvexen Hülle mehr als fünf Punkte gemeinsam hat, dann kann die Minimalfläche S über B keinen Nabelpunkt besitzen, d. h., dann gilt überall in B die Ungleichung $z_{xx}\, z_{yy} - z_{xy}^2 < 0$ oder, was nach § 125 *dasselbe ist, die Ungleichung $z_{xx}^2 + 2z_{xy}^2 + z_{yy}^2 > 0$.*

§ 405. Die in § 401 betrachtete Situation legt beim nichtparametrischen Problem eine Verallgemeinerung hinsichtlich der Randwerte nahe. Vorgelegt seien ein beschränktes konvexes Gebiet B in der (x, y)-Ebene, eine abzählbare Teilmenge A seines Randes ∂B und eine in allen Punkten von $\partial B \setminus A$ erklärte und stetige Funktion $\varphi(x, y)$ mit der Eigenschaft, daß die beiderseitigen Grenzwerte von φ bei Annäherung an jeden Punkt von A aus $\partial B \setminus A$ heraus existieren, wenngleich nicht übereinstimmen.

Das Problem besteht nun im Auffinden einer Lösung $z(x, y) \in \in C^2(B) \cap C^0(\bar{B} \setminus A)$ der Minimalflächengleichung in B, deren Werte in allen nicht zu A gehörigen Punkten von ∂B mit denen der Funktion φ übereinstimmen. Nach § 401 ist die Existenz einer Lösung dieses Problems sichergestellt.

Wir werden das Problem in §§ 654–662 weiter diskutieren und erheblich verallgemeinern.

§ 406. Die Voraussetzung der Konvexität des Gebietes B ist für den Existenzbeweis wesentlich. Das wurde zum ersten Male von S. Bernstein im Jahre 1912 bemerkt und mit Methoden bewiesen, welche für die Entwicklung der Theorie der nicht-linearen elliptischen Differentialgleichungen von unüberschätzbarer Bedeutung waren; man sehe [5], pp. 455–485, insbes. pp. 464–465, 469 und weiterhin die in §§ 130, 285 zitierten Arbeiten. Bernsteins Untersuchungen wurden von J. Leray [2] erweitert und verschärft, und in jüngster Zeit ist die Frage der Lösbarkeit des Dirichletschen Problems für nicht-lineare Differentialgleichungen von R. Finn [9]; H. Jenkins and J. Serrin [3]; J. C. C. Nitsche [19]; J. Serrin [11] u. a. in großer Allgemeinheit wieder aufgenommen worden.

Heute kennt man viele explizite Beispiele unlösbarer Probleme. Wenn man beispielsweise mit T. Radó ([13], pp. 18–20) das windschiefe Vierseit Γ, welches die Riemann-Schwarzsche Minimalfläche der §§ 84, 276–279 berandet, so hält, daß seine Orthogonalprojektion auf die (x, y)-Ebene die Gestalt des in Abb. 43 ausgezogenen Vierecks

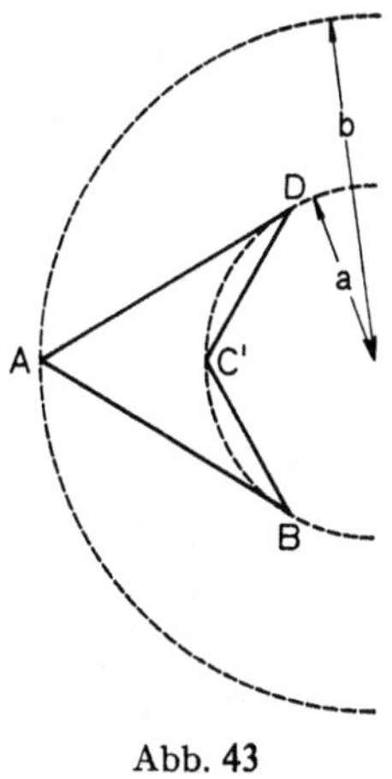

Abb. 43

$ABC'D$ hat, so gibt es im Gebiet B keine Lösung der Minimalflächengleichung in nichtparametrischer Form $z = z(x, y)$, deren Werte über ∂B die Kurve Γ beschrieben; denn die gemäß § 400 einzig existierende von Γ berandete Minimalfläche hat diese Eigenschaft nicht.

Natürlich ist das Dirichletsche Problem unter Umständen auch für nicht-konvexe Gebiete lösbar. Das ist insbes. gewiß dann der Fall, wenn man die Werte einer von vornherein gegebenen Minimalfläche $\{z = z(x, y);\ (x, y) \in R\}$ auf dem Rande eines mit seiner Abschließung in R^0 enthaltenen nicht-konvexen Jordangebietes vorschreibt. Es gilt aber der folgende allgemeine Satz, dessen Beweis die nächsten zwei Paragraphen gewidmet sind:

Zu jedem nicht-konvexen Jordangebiet B gibt es stetige Randwerte, für welche das Dirichletsche Problem der Minimalflächengleichung nicht lösbar ist.

In dieser Form stammt der Satz von R. Osserman und R. Finn; siehe R. Finn [9], p. 146; weiter J. C. C. Nitsche [18], p. 203. Die Rolle der Konvexität des Grundgebietes wird im Raume von einer Eigenschaft der Berandung übernommen, welche wir nach P. Lévy ([2], [3], [5], pp. 13, 17) mittlere oder auch H-Konvexität nennen wollen und welche im Falle einer differentialgeometrischen Berandung (bei nach dem Gebietsinneren hin gerichtetem Normalenvektor) auf das Nicht-negativ-Werden ihrer mittleren Krümmung hinausläuft. Diese interessante Tatsache wurde kürzlich von H. Jenkins und J. Serrin bemerkt; siehe [3] und, im Zusammenhang mit allgemeineren quasilinearen elliptischen Differentialgleichungen, insbes. J. Serrin [11] und N. S. Trudinger [1], [2]. Unsere allgemeine Definition der H-Konvexität findet sich in § 837.

§ 407. *Auf dem Rande eines nicht-konvexen Jordangebietes B liegt ein Punkt p mit der folgenden Eigenschaft: Es gibt eine den Punkt p auf ihrem Rande enthaltende abgeschlossene Kreisscheibe $\bar{K}$ und eine Kreisscheibe K_1 mit p als Mittelpunkt, so daß der Durchschnitt des Äußeren von K mit K_1 außer dem Punkt p nur Punkte von B enthält* (siehe Abb. 44). Wir sagen auch, daß es einen ∂B im Punkte p von innen berührenden Kreis negativer Krümmung gibt.

Beweis: In einem nicht-konvexen Jordangebiet B gibt es drei Punkte q, r, s derart, daß die Strecken $\overline{q\,r}$ und $\overline{r\,s}$ ganz in B verlaufen, während die Strecke $\overline{q\,s}$ Punkte des Äußeren von $\bar{B}$ enthält. Um das einzusehen, gehen wir von zwei Punkten a und b in B aus, deren Verbindungsstrecke nicht ganz in $\bar{B}$ liegt. Wir verbinden diese Punkte durch einen in B verlaufenden Streckenzug mit den Eckpunkten $c_0 = a$, $c_1, c_2, \ldots, c_N = b$. Falls die Strecke $\overline{c_0\,c_2}$ nicht vollständig in B verläuft, können wir den Punkt c_2 geringfügig in einen Punkt c_2' so verschieben, daß die Strecke $\overline{c_0 c_2'}$ sogar Punkte des Äußeren von $\bar{B}$ enthält. Die Punkte c_0, c_1 und c_2' haben dann die oben beschriebenen Eigenschaften. Wenn die Verbindungsstrecke $\overline{c_0 c_2}$ aber ganz in B verläuft, so ersetzen wir den ursprünglichen Streckenzug durch einen

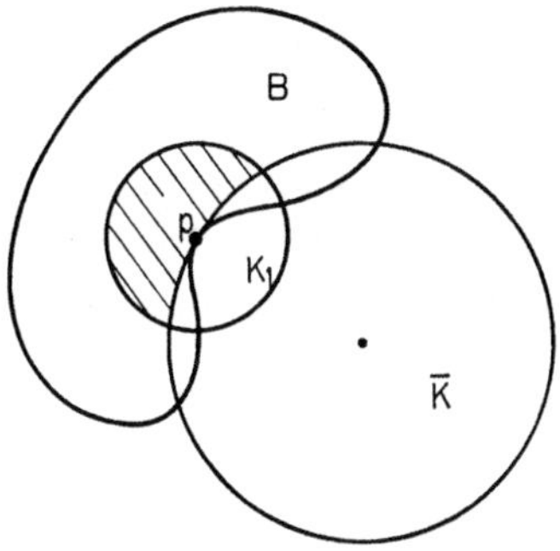

Abb. 44

neuen Streckenzug mit den Eckpunkten $c_0, c_2, c_3, \ldots, c_N$. Indem wir das eben beschriebene Verfahren notfalls wiederholt durchführen, gelangen wir nach höchstens $N - 2$ Schritten zu drei Punkten mit den angegebenen Eigenschaften.

Wenn wir nunmehr eine zu $\overline{q\,s}$ parallele Strecke $\overline{q' s'}$, deren Endpunkte auf den Strecken $\overline{q\,r}$ bzw. $\overline{s\,r}$ liegen, von r nach $\overline{q\,s}$ verschieben, gibt es eine erste Lage, in welcher die Strecke $\overline{q' s'}$ zwar in $\bar{B}$ verläuft, aber mit dem Rand von B einen Punkt gemeinsam hat, während die Punkte q' und s' und darüber hinaus zwei offene Kreisscheiben mit einem positiven Radius ϱ um diese Punkte in B liegen. Durch die Punkte q' und s' legen wir einen Kreis, dessen Mittelpunkt auf derselben Seite von $\overline{q' s'}$ wie die Strecke $\overline{q\,s}$ liegt und dessen Radius so groß ist, daß der Abstand seines Bogens $\widehat{q' s'}$ von der Strecke $\overline{q' s'}$ kleiner als ϱ ist. Wenn wir diesen Kreis nun senkrecht zur Strecke $\overline{q\,s}$ verschieben, so kommen wir erstmalig zu einer Lage, in welcher ein Bogen des verschobenen Kreises in $\bar{B}$ verläuft und in B liegende Endpunkte besitzt, aber mit ∂B einen Punkt p gemeinsam hat. Ein zu diesem Bogen in p tangentialer Kreis mit größerem Radius hat die geforderten Eigenschaften. W. z. b. w.

§ 408. Der Kreis K habe den Radius a. Wir wählen seinen Mittelpunkt als Ursprung eines neuen Koordinatensystems. Das Gebiet B sei in der Kreisscheibe vom Radius $b > a$ um den Ursprung enthalten. Wie in § 597 bezeichnen wir mit B_a bzw. β_a die Teilmengen aller derjenigen Punkte von B bzw. ∂B, welche außerhalb $\bar{K}$ liegen. β_a' sei die

Komplementärmenge von β_a bzgl. ∂B. Wir bemerken, daß β'_a nicht leer ist und insbes. den Punkt p enthält.

Vorgelegt sei nun eine Lösung $z(x, y) \in C^2(B) \cap C^0(\bar{B})$ der Minimalflächengleichung in B. In jedem Punkte von β_a gelte $z(x, y) \leqq M$. Wie wir später in § 597 beweisen werden, trifft dann überall in $\bar{B}_a$ die Ungleichung $z(x, y) \leqq M + \Phi(x, y; a, b)$ zu; insbes. gilt im Punkte p

$$z_p \leqq M + a \log\left(\frac{b}{a} + \sqrt{\frac{b^2}{a^2} - 1}\right).$$

Der Beweis des am Ende von § 406 ausgesprochenen Satzes läßt sich nun einfach so zu Ende führen. Beim Dirichletschen Problem für das Gebiet B schreiben wir Randwerte φ vor, welche auf β_a nicht größer als eine Zahl M sind, im Punkte p aber den Wert $M + a \log\left(\frac{b}{a} + \sqrt{\frac{b^2}{a^2} - 1}\right)$ übersteigen. Nach dem Vorangehenden kann dieses Problem keine Lösung besitzen.

§ 409. Als konkretes Anwendungsbeispiel betrachten wir noch einmal wie schon in § 406 das Dirichletsche Problem im Viereck $ABC'D$ der Abb. 43, welches wie in Abb. 45 als Projektion des die Schwarzsche Minimalfläche berandenden aus vier Kanten eines regulären Tetraeders der Kantenlänge Eins bestehenden windschiefen Vierecks $ABCD$ entsteht. Die Randwerte der gesuchten Lösung der Minimal-

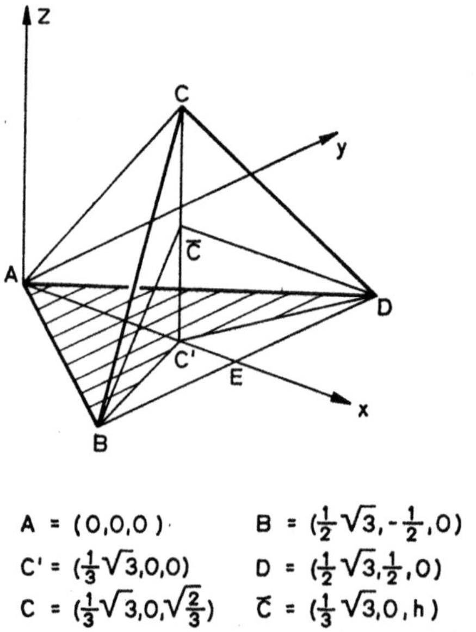

Abb. 45

flächengleichung seien Null auf den Seiten AB und AD und mögen längs der Seiten BC' und DC' linear vom Werte Null zum Werte $h \geqq 0$ ansteigen. Wir wollen dann kurz vom Problem $\mathscr{P}_h$ sprechen. Wenn wir, wie es in Abb. 43 skizziert ist, zwei Kreise ziehen, deren Radien sich zu $a = \frac{1}{3}\sqrt{3}$ und $b = \frac{2}{3}\sqrt{3}$ berechnen, so schließen wir aus den vorangehenden Überlegungen, daß das Problem $\mathscr{P}_h$ für $h > M + \Phi(a; a, b) \equiv$ $\equiv \frac{1}{\sqrt{3}} \log\left(2 + \sqrt{3}\right) = 0{,}760\ldots$ nicht lösbar sein kann. Bei der Schwarzschen Minimalfläche wäre $h = \sqrt{2/3} = 0{,}816\ldots$, so daß das in § 406 erwähnte Resultat nochmals bestätigt ist.

Ein besserer numerischer Wert ergibt sich bei Verwendung der aus (42) abgeleiteten Lösung

$$z(x, y) = \frac{\sqrt{2}}{a} \int\limits_0^{\cos(ay)/\mathfrak{Sin}(ax)} \frac{d\tau}{\sqrt{1 - \tau^4}},$$

welche im Gebiet $\{x, y;\ \mathfrak{Sin}\, a\, x > \cos a\, y,\ |y| < \pi/2a\}$, d. h. im Streifen $|y| < \pi/2a$ rechts von der Kurve $\cos a\, y = \mathfrak{Sin}\, a\, x$ definiert ist. Auf den horizontalen Seiten dieses Streifens gilt $z = 0$. Auf der Kurve $\cos a\, y = \mathfrak{Sin}\, a\, x$ ist

$$z = \frac{\sqrt{2}}{a} \int\limits_0^1 \frac{d\tau}{\sqrt{1 - \tau^4}} = \frac{1}{a} \int\limits_0^{\pi/2} \frac{d\sigma}{\sqrt{1 - \frac{1}{2}\sin^2\sigma}} = \frac{1}{a} \mathsf{K}\left(\frac{1}{\sqrt{2}}\right) = \frac{1{,}8541}{a}$$

(die Umformung des Integrals geschieht dabei mit Hilfe der Substitution $\tau = \sin\sigma\,(2 - \sin^2\sigma)^{-\frac{1}{2}}$), und bei Annäherung an die Kurve $\cos a\, y = \mathfrak{Sin}\, a\, x$ geht die Normalableitung $\partial z/\partial n$ mit z_x nach $-\infty$.

Eine zur vorangehenden analoge Betrachtung zeigt diesmal, daß das Problem $\mathscr{P}_h$ für $h > \frac{1}{a} \mathsf{K}\left(\frac{1}{\sqrt{2}}\right) = 0{,}582$ nicht lösbar sein kann, wo $a = \frac{3\pi}{2} - \sqrt{3}\, \mathfrak{Ar}\mathfrak{Sin}\, 1$ zu nehmen ist; siehe Abb. 46.

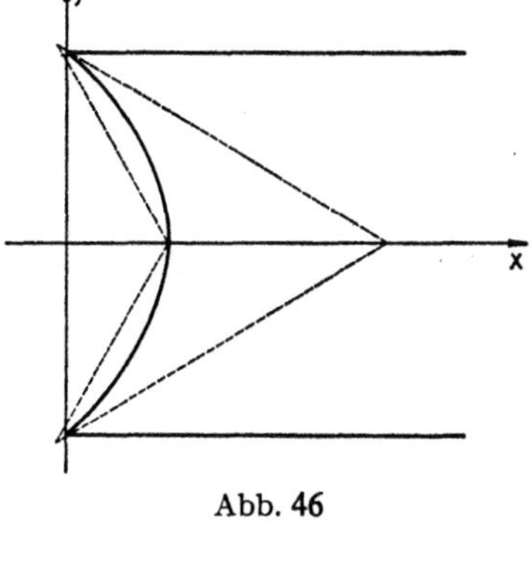

Abb. 46

§ 410. Die im vorangehenden Paragraphen herangezogenen Lösungen der Minimalflächengleichung sind natürlich nur zwei von vielen ähnlich brauchbaren und explizit bekannten Vergleichsfunktionen mit derselben charakteristischen Eigenschaft, nämlich dem Unendlichwerden des Gradienten längs einer konkaven analytischen Kurve. Mit Hilfe geeigneter solcher Funktionen lassen sich weitere numerische Abschätzungen hinsichtlich der Unlösbarkeit des Problems $\mathcal{P}_h$ angeben. Wir wollen jetzt aber sogar folgendes beweisen (J.C.C. Nitsche [19]):

Das Problem $\mathcal{P}_h$ ist für jeden positiven Wert von h unlösbar. (Das Problem $\mathcal{P}_0$ hat natürlich die Lösung $z(x,y) \equiv 0$.)

Beweis: Wir bringen das von den Randwerten einer hypothetischen Lösung beschriebene windschiefe Vierseit $AB\bar{C}D$ in die in Abb. 47 skizzierte Lage. Seine Projektion längs der neuen z-Achse ist eine konvexe Kurve, nämlich das Dreieck $A'BD$. Nach § 399 berandet das Vier-

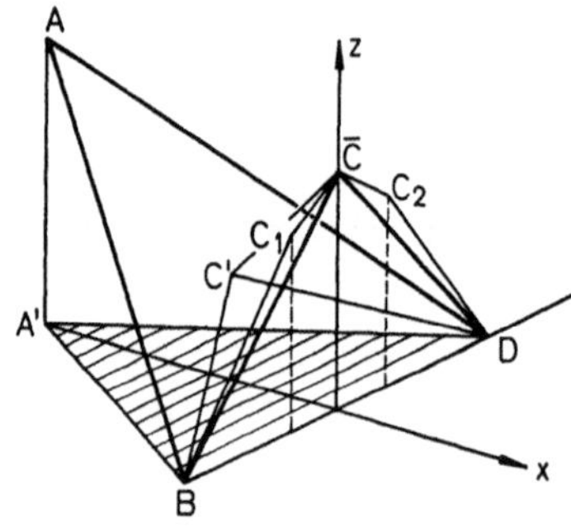

Abb. 47

seit $AB\bar{C}D$ eine eindeutig bestimmte (reguläre) Minimalfläche S_1 vom Typ der Kreisscheibe, welche im Koordinatensystem der Abb. 47 in der Form $z = z_1(x,y)$ darstellbar ist.

Für $h > 0$ liegt der Winkel $\sphericalangle(B, \bar{C}, D)$ zwischen den Werten 0 und $2\pi/3$. Wir ersetzen nun die Strecken $B\bar{C}$ und $D\bar{C}$ durch etwas höhere und bezüglich der Ebene $y = 0$ symmetrische Streckenzüge $BC_1\bar{C}$ und $DC_2\bar{C}$, welche so gewählt sind, daß der Winkel $\sphericalangle(C_1, \bar{C}, C_2)$ gerade gleich $2\pi/3$ ist. Wiederum nach § 399 ist die vom Polygon $ABC_1\bar{C}C_2DA$ berandete Minimalfläche S_2 vom Typ der Kreisscheibe eindeutig bestimmt und in nicht-parametrischer Form $z = z_2(x,y)$ darstellbar. Zufolge des gewöhnlichen Maximumprinzipes für elliptische Differentialgleichungen gilt in allen Punkten des Dreiecks die Ungleichung $z_1(x,y) \leqq z_2(x,y)$.

Aus Symmetriegründen haben wir $z_2(x, -y) = z_2(x, y)$ und folglich $q_2(x, 0) \equiv \frac{\partial}{\partial y} z_2(x, 0) = 0$. Der Normalenvektor der Fläche S_2 in Punkten der x-Achse hat daher die Form

$$\left\{\frac{-p_2(x, 0)}{\sqrt{1 + p_2^2(x, 0)}}, 0, \frac{1}{\sqrt{1 + p_2^2(x, 0)}}\right\}.$$

Indem wir uns nun auf die Ausführungen der §§ 357–360, 404, insbes. auf das am Anfang von § 360 Gesagte, berufen, finden wir, daß die Beziehung $\lim_{x \to -0} p_2(x, 0) = +\infty$ gelten muß. Daraus schließen wir, daß die Schnittkurve der Fläche S_2 mit der Ebene $y = 0$ in das Innere des Tetraeders $BDC'\bar{C}$ eindringt. Dasselbe muß daher auch von der Fläche S_1 gelten.

Aus dieser Tatsache folgt natürlich, wenn wir das Viereck $AB\bar{C}D$ gemeinsam mit der Fläche S_1 wieder in die in Abb. 45 angegebene Lage zurückbringen, daß die Minimalfläche S_1 im Koordinatensystem der Abb. 45 über dem Viereck $ABC'D$ nicht in der Form $z = z(x, y)$ dargestellt werden kann. Damit ist die Unlösbarkeit des Problems $\mathcal{P}_h$ für alle $h > 0$ dargetan.

§ 411. Die Ungleichung des § 408 läßt sich noch verschärfen. Unter denselben Voraussetzungen über das Jordangebiet B und über die Funktion $z(x, y)$ wie in §§ 407, 408 gilt nämlich der folgende Satz (H. Jenkins and J. Serrin [3], p. 183):

Zu jedem $\varepsilon > 0$ gibt es ein $\delta = \delta(\varepsilon) > 0$ mit der folgenden Eigenschaft: Wenn wir mit β_δ denjenigen Teil des Randes ∂B bezeichnen, welcher außerhalb der offenen Kreisscheibe vom Radius δ um den Punkt p liegt, so gilt

$$\min_{\beta_\delta} z - \varepsilon \leqq z_p \leqq \max_{\beta_\delta} z + \varepsilon.$$

Eine unmittelbare Konsequenz des Satzes ist diese (H. Jenkins and J. Serrin [3], p. 185; J. Serrin [11], p. 468):

Zu jedem nicht-konvexen Jordangebiet B gibt es stetige Randwerte von beliebig kleinem absolutem Betrag, für welche das Dirichletsche Problem der Minimalflächengleichung nicht lösbar ist.

Wenn die Randwerte φ dem absoluten Betrag nach den Wert ε nicht übersteigen sollen, können wir mit $\delta = \delta(\varepsilon/2)$ nämlich folgende Wahl treffen: $\varphi = 0$ auf β_δ, $\varphi = \varepsilon$ im Punkte p und im übrigen $0 \leqq \varphi \leqq \varepsilon$. Mit diesen Randwerten ist das Dirichletsche Problem nicht lösbar.

Zum Beweise des Satzes, von dem wir etwa die rechte Ungleichung beweisen wollen, bedienen wir uns vorwegnehmend wieder der Ausführungen aus §§ 596, 597. Wir wählen p jetzt als Koordinatenursprung und die Tangente und (ins Innere von B gerichtete) Normale zu K im Punkte p als x- bzw. y-Achse. $d > 0$ sei der Durchmesser des Gebietes B. Gemäß § 597 wissen wir zunächst, daß für hinreichend kleines $\delta > 0$ in $\{x, y;\ (x, y) \in B,\ r \geqq \delta\}$ die Ungleichung

$$z(x, y) \leqq \max_{\beta_\delta} z + \delta \log \frac{d + \sqrt{d^2 - \delta^2}}{r + \sqrt{r^2 - \delta^2}} \leqq \max_{\beta_\delta} z + \\ + \delta \log\left(\frac{d}{\delta} + \sqrt{\frac{d^2}{\delta^2} - 1}\right)$$

gilt, wo $r = \sqrt{x^2 + y^2}$ zu setzen ist.

Der Kreis ∂K läßt sich in einer Umgebung von p durch die Gleichung $y = f(x) \equiv \sqrt{a^2 - x^2} - a$ darstellen. Im Durchschnitt D_δ des Äußeren von $\bar{K}$ und der Kreisscheibe vom Radius δ um p betrachten wir nun die Funktion

$$\psi(x, y) = \max_{\beta_\delta} z + \delta \log\left(\frac{d}{\delta} + \sqrt{\frac{d^2}{\delta^2} - 1}\right) + \sqrt{2a\,\delta} - \sqrt{2a\big(y - f(x)\big)}.$$

Eine einfache Rechnung ergibt

$$\mathcal{L}[\psi] \equiv (1 + \psi_y^2)\,\psi_{xx} - 2\psi_x\,\psi_y\,\psi_{xy} + (1 + \psi_x^2)\,\psi_{yy} \\ = \sqrt{\frac{a}{8}}\,\frac{1}{\sqrt{y - f(x)}^{\,3}}\,\{(a + 2(y - f(x)))\,f''(x) + 1 + f'^2(x)\}.$$

Wenn wir die Werte von $f'(x)$ und $f''(x)$ einsetzen und beachten, daß $y - f(x) > 0,\ f(x) \leqq 0,\ f''(x) \leqq 0$ in D_δ, erhalten wir

$$\mathcal{L}[\psi] \leqq -\sqrt{\frac{a}{8}}\,\frac{1}{\sqrt{y - f(x)}^{\,3}}\,f(x)\,f''(x) \leqq 0.$$

Auf dem konvexen Teil des Randes von D_δ gilt $\psi \geqq z$. Wegen

$$\frac{\partial \psi}{\partial n} = \frac{1}{a}\left(x\,\psi_x + \sqrt{a^2 - x^2}\,\psi_y\right) = -\frac{a^2}{\sqrt{2a}\,\sqrt{y - f(x)}\,\sqrt{a^2 - x^2}}$$

wird die Normalableitung der Funktion ψ auf dem konkaven Teil des Randes von D_δ, d. h. auf ∂K, gleich $-\infty$. Wir können somit den Satz des § 596 anwenden und finden insbes. im Punkte p

$$z_p \leqq \psi(0, 0) = \max_{\beta_\delta} z + \delta \log\left(\frac{d}{\delta} + \sqrt{\frac{d^2}{\delta^2} - 1}\right) + \sqrt{2a\,\delta}.$$

Für hinreichend kleines δ wird $z_p \leqq \max\limits_{\beta_\delta} z + \varepsilon$. W. z. b. w.

§ 412. Mit Hilfe der Methode der sukzessiven Approximationen läßt sich unter gewissen Regularitätsvoraussetzungen, und zwar dann ohne Rücksicht auf die Konvexität des Grundgebietes B, die Lösbarkeit des Dirichletschen Problems für die Minimalflächengleichung beweisen, vorausgesetzt, daß die Randwerte φ in einem bestimmten Sinne klein sind, d. h., daß die Jordankurve Γ der ebenen Kurve ∂B hinreichend benachbart ist. Kleinheit der Funktionswerte allein genügt allerdings nicht. Das wissen wir schon aus § 411.

Die Methode der sukzessiven Approximationen, welche ja von H. A. Schwarz im Jahre 1885 in die Analysis eingeführt, hernach insbes. von É. Picard als Hilfsmittel zur Auflösung beliebiger Gleichungen ausgebaut und nach der Jahrhundertwende schon von S. Bernstein zur Behandlung nicht-linearer elliptischer Differentialgleichungen herangezogen worden war, wurde unter Ausnützung potentialtheoretischer Tatsachen von A. Korn [1] und von C. H. Müntz [1] in den Jahren 1909–1911 speziell auf das Dirichletsche Problem der Minimalflächengleichung im Einheitskreis angewendet. Die Bedeutung der Kornschen und Müntzschen Abhandlungen liegt dabei nicht zuletzt in der der damaligen Zeit noch wenig geläufigen Herleitung scharfer potentialtheoretischer Abschätzungen.

§ 413. Die Methode der sukzessiven Approximationen sei im folgenden kurz beschrieben. Wir setzen voraus, daß das Grundgebiet B zur Klasse $C^{2,\lambda}$ gehört, d. h., daß seine Randkurve ∂B mit Hilfe zweier (periodischer) Funktionen $x = x(s)$, $y = y(s)$ der Bogenlänge dargestellt werden kann, deren zweite Ableitung λ-Hölderstetig (d. h. Hölderstetig mit dem Exponenten λ, $0 < \lambda < 1$) sind; siehe § 18. Die auf ∂B vorgeschriebene Funktion φ, aufgefaßt als Funktion $\varphi(s)$ der Bogenlänge, soll gleichfalls λ-Hölderstetige zweite Ableitungen besitzen. Etwas anders als in § 354 definieren wir die (m, λ)-Norm einer Funktion $u(x, y)$ der Klasse $C^{m,\lambda}(\bar{B})$, d. h. einer in $\bar{B}$ erklärten Funktion mit λ-Hölderstetigen m-ten Ableitungen (siehe § 315), durch

$$\|u\|_{m,\lambda}^{B} = \sum_{k=0}^{m} \sum_{l=0}^{k} \max_{(x,y)\in\bar{B}} \left| \frac{\partial^k u(x, y)}{\partial x^l \partial y^{k-l}} \right| +$$

$$+ \sum_{l=0}^{m} \sup_{\substack{(x_1,y_1),(x_2,y_2)\in\bar{B} \\ (x_1,y_1)\neq(x_2,y_2)}} \frac{\left| \dfrac{\partial^m u(x_2, y_2)}{\partial x^l \partial y^{m-l}} - \dfrac{\partial^m u(x_1, y_1)}{\partial x^l \partial y^{m-l}} \right|}{[(x_2 - x_1)^2 + (y_2 - y_1)^2]^{\lambda/2}}.$$

Analog wird die Norm $\|\psi\|_{m,\lambda}^{\partial B}$ einer auf ∂B als Funktion der Bogenlänge vorgegebenen Funktion ψ definiert.

Der Leser sei an den folgenden grundlegenden Satz der Potentialtheorie erinnert (O.D. Kellogg [2]; J. Schauder [3]; L. Lichtenstein [10]):

Das Dirichletsche Problem der Poissonschen Gleichung

$$(158) \qquad \Delta z = f(x, y) \quad \text{in} \quad B, \qquad z = \varphi \quad \text{auf} \quad \partial B,$$

bei welchem $f(x, y)$ zur Klasse $C^{0,\lambda}(\bar{B})$ und $\varphi(s)$ zur Klasse $C^{2,\lambda}(\partial B)$ gehören, besitzt eine eindeutig bestimmte Lösung $z(x, y)$ der Klasse $C^{2,\lambda}(\bar{B})$. Diese Lösung genügt einer Ungleichung

$$\|z\|_{2,\lambda}^{\bar{B}} \leqq \mathscr{C}_1 \|f\|_{0,\lambda}^{\bar{B}} + \mathscr{C}_2 \|\varphi\|_{2,\lambda}^{\partial B}. \tag{158'}$$

Dabei sind $\mathscr{C}_1$ und $\mathscr{C}_2$ zwei lediglich von λ und vom Gebiet B, aber nicht von den Funktionen f und φ abhängige Konstanten.

Nunmehr schreiben wir das Dirichletsche Problem für die Minimalflächengleichung in der folgenden Form:

$$\begin{aligned} \Delta z = -z_y^2 z_{xx} + 2 z_x z_y z_{xy} - z_x^2 z_{yy} \equiv \Phi[z] \quad \text{in} \quad B, \\ z = \varphi \quad \text{auf} \quad \partial B. \end{aligned} \tag{159}$$

Wir müssen den nicht-linearen Differentialausdruck $\Phi[z]$ näher betrachten. Für zwei Funktionen $u(x, y), v(x, y) \in C^{2,\lambda}(\bar{B})$ haben wir

$$\begin{aligned} f(x, y) \equiv \Phi[v(x, y)] - \Phi[u(x, y)] &= u_y^2 u_{xx} - v_y^2 v_{xx} + \cdots \\ &= (u_y + v_y) u_{xx} (u_y - v_y) + v_y^2 (u_{xx} - v_{xx}) + \cdots, \end{aligned}$$

so daß gewiß die grobe Abschätzung

$$\max_{B} |f(x, y)| \leqq 4(\|u\|_{2,\lambda}^{\bar{B}} + \|v\|_{2,\lambda}^{\bar{B}})^2 \|v - u\|_{2,\lambda}^{\bar{B}}$$

zutrifft. Es seien weiterhin (x_1, y_1) und (x_2, y_2) zwei verschiedene Punkte aus $\bar{B}$. Wenn wir abkürzungsweise $u(x_1 y_1) = u$, $u(x_2, y_2) = \bar{u}$ usw. setzen, dann können wir den von dem Ausdruck $u_y^2 u_{xx} - v_y^2 v_{xx}$ stammenden Bestandteil in der Differenz $f(x_2, y_2) - f(x_1, y_1)$ folgendermaßen aufspalten:

$$\begin{aligned} &\bar{u}_{xx}(\bar{u}_y + \bar{v}_y)[(\bar{u}_y - \bar{v}_y) - (u_y - v_y)] + (\bar{u}_{xx} - u_{xx})(\bar{u}_y + \bar{v}_y)(u_y - v_y) + \\ &+ u_{xx}(u_y - v_y)[(\bar{u}_y - u_y) + (\bar{v}_y - v_y)] + \bar{v}_y^2[(\bar{u}_{xx} - \bar{v}_{xx}) - (u_{xx} - v_{xx})] + \\ &+ (\bar{v}_y + v_y)(\bar{v}_y - v_y)(u_{xx} - v_{xx}). \end{aligned}$$

Wir dividieren durch $[(x_2 - x_1)^2 + (y_2 - y_1)^2]^{\lambda/2}$ und schätzen nun den Hölderquotienten der Funktion $f(x, y)$ ab. Bei Quotienten der Form

$$\frac{|u_y(x_2, y_2) - u_y(x_1, y_1)|}{[(x_2 - x_1)^2 + (y_2 - y_1)^2]^{\lambda/2}},$$

von denen wir im vorangehenden Ausdruck z. B. drei, nämlich zwei im dritten und einen im fünften Glied, zu betrachten haben, müssen wir dabei mit Sorgfalt vorgehen. Unter den Regularitätsvoraussetzungen hinsichtlich des Gebietes B gibt es gewiß eine Zahl $d_0 > 0$ mit der Eigenschaft, daß zwei Punkte $(\xi_1, \eta_1), (\xi_2, \eta_2)$ in $\bar{B}$, deren Abstand d den Wert d_0 nicht übersteigt, wenn schon nicht durch ein geradliniges Segment der Länge d, so doch durch einen in $\bar{B}$ verlaufenden Bogen γ verbunden werden können, dessen Länge nicht größer als $2d$ ist. Es wird dann

$$|u_y(\xi_2,\eta_2) - u_y(\xi_1,\eta_1)| \leqq \left|\int\limits_\gamma du_y\right| \leqq \int\limits_\gamma \sqrt{u_{xy}^2 + u_{yy}^2}\, ds \leqq 2d\sqrt{2}\, \|u\|_{2,\lambda}.$$

Der obige Hölderquotient der Funktion u_y läßt sich daher entweder durch $2d_0^{-\frac{\lambda}{2}} \|u\|_{2,\lambda}$ oder durch $2\sqrt{2}d^{1-\lambda}\, \|u\|_{2,\lambda} \leqq 2^{\frac{1}{2}+\lambda}\, |\partial B|^{1-\lambda}\, \|u\|_{2,\lambda}$ nach oben abschätzen, je nachdem ob die Entfernung $[(x_2 - x_1)^2 + (y_2 - y_1)^2]^{\frac{1}{2}}$ größer oder kleiner als d_0 ist. Dabei bedeutet $|\partial B|$ die Länge von ∂B.

Indem wir alles zusammenfassen, erhalten wir schließlich die Ungleichung

$$\|\Phi[v] - \Phi[u]\|_{0,\lambda}^B \leqq \mathscr{C}_3 (\|u\|_{2,\lambda}^B + \|v\|_{2,\lambda}^B)^2\, \|v - u\|_{2,\lambda}^B,$$

bei welcher $\mathscr{C}_3$ eine vom Gebiet B und von λ, aber nicht von den speziellen Funktionen u und v abhängige positive Konstante ist.

§ 414. Wir versuchen nun, die Lösung $z(x,y)$ unseres Randwertproblemes als Grenzfunktion einer Folge von Funktionen $z^0(x,y)$, $z^1(x,y),\ldots$ zu bestimmen, von denen jede Lösung eines linearen Problemes ist. Wir beginnen mit der Ausgangsfunktion $z^0(x,y) \equiv 0$ und bestimmen die folgenden Funktionen sukzessive als Lösungen von

$$\Delta z^n = \Phi[z^{n-1}] \quad \text{in } \bar{B}, \qquad z^n = \varphi \quad \text{auf } \partial B; \qquad n = 1, 2, \ldots.$$

Sobald wir zeigen können, daß für alle $n = 1, 2, \ldots$ die Ungleichungen

$$\|z^{n+1} - z^n\|_{2,\lambda}^B \leqq \varepsilon\, \|z^n - z^{n-1}\|_{2,\lambda}^B \tag{160}$$

gelten, wo ε eine positive Zahl kleiner als Eins ist, ist die gewünschte Konvergenz nach dem bekannten Fixpunktsatz über kontrahierende Abbildungen in einem Banachraum — hier dem Banachraum $C^{2,\lambda}(\bar{B})$ — gesichert: Gleichmäßig in $\bar{B}$ konvergieren dann die Funktionen $z^n(x,y)$ mitsamt ihren ersten und zweiten Ableitungen gegen die Lösung $z(x,y) \in C^{2,\lambda}(\bar{B})$ des Problems (159) und ihre entsprechenden Ableitungen.

Wir wollen beweisen, daß die Bedingung (160) durch hinreichend kleine Wahl von $\|\varphi\|_{2,\lambda}^{\partial B}$ tatsächlich erfüllt werden kann. Es gilt

$$\|z^1\|_{2,\lambda}^B \leqq \mathscr{C}_2\, \|\varphi\|_{2,\lambda}^{\partial B}$$

$$\|z^{n+1} - z^n\|_{2,\lambda}^B \leqq \mathscr{C}_1 \mathscr{C}_3 (\|z^n\|_{2,\lambda}^B + \|z^{n-1}\|_{2,\lambda}^B)^2\, \|z^n - z^{n-1}\|_{2,\lambda}^B \qquad (n = 1, 2, \ldots)$$

oder, indem wir abkürzend $\mathscr{C}_2\, \|\varphi\|_{2,\lambda}^{\partial B} = a$, $\mathscr{C}_1 \mathscr{C}_3 = A$ setzen und die Norm $\|\ \|_{2,\lambda}^B$ durch $\|\ \|$ bezeichnen,

$$\|z^1\| \leqq a \tag{161}$$

$$\|z^{n+1} - z^n\| \leqq A(\|z^n\| + \|z^{n-1}\|)^2\, \|z^n - z^{n-1}\|, \quad (n = 1, 2, \ldots).$$

Die Zahl ε, $0 < \varepsilon < 1$, sei gegeben. Wir wählen $\|\varphi\|_{2,\lambda}^{\partial B}$ so klein, daß die Ungleichung

$$4A\,a^2\left[1+\frac{A\,a^2}{1-\varepsilon}\right]^2 \leqq \varepsilon$$

erfüllt ist, und behaupten dann zunächst, daß für alle $n = 1, 2, \ldots$ die Ungleichungen

$$\|z^n\| \leqq a\left(1+\frac{A\,a^2}{1-\varepsilon}\right)$$

zutreffen. Der Beweis wird durch vollständige Induktion geführt. Nach (161) wird

$$\|z^1\| \leqq a$$

und

$$\|z^2\| \leqq \|z^2 - z^1\| + \|z^1\| \leqq A\,\|z^1\|^3 + \|z^1\| \leqq a(1 + A\,a^2).$$

Die Behauptung ist also für $n = 1$ und $n = 2$ richtig. Sie sei jetzt für $n = 1, 2, \ldots, m$ als erwiesen angenommen. Für $k \leqq m$ wird dann gemäß (161)

$$\|z^{k+1} - z^k\| \leqq A\left[2a\left(1+\frac{A\,a^2}{1-\varepsilon}\right)\right]^2 \|z^k - z^{k-1}\| \leqq \varepsilon\,\|z^k - z^{k-1}\|$$

und folglich

$$\begin{aligned}\|z^{m+1}\| &\leqq \|z^1\| + \sum_{k=1}^{m}\|z^{k+1} - z^k\| \leqq \|z^1\| + \\ &+ (\varepsilon^{m-1} + \varepsilon^{m-2} + \cdots + \varepsilon + 1)\,\|z^2 - z^1\| \leqq \\ &\leqq a + \frac{1}{1-\varepsilon}A\,a^3 \leqq a\left(1+\frac{A\,a^2}{1-\varepsilon}\right).\end{aligned}$$

Damit sind unsere Behauptung und zugleich die Ungleichungen (160) bewiesen.

Die Existenz einer Lösung unseres Randwertproblemes ist also sichergestellt, solange die Norm $\|\varphi\|_{2,\lambda}^{\partial B}$ der Randwerte hinreichend klein ist.

§ 415. Das Iterationsverfahren ist auch unter etwas schwächeren Voraussetzungen hinsichtlich der Berandung ∂B des Grundgebietes und hinsichtlich der Regularitätseigenschaften der gesuchten Lösung anwendbar. Man sehe dazu z. B. A. I. Koševel [1]–[3]. Wir werden auch in §§ 642–653 auf den Existenzbeweis unter reduzierten Voraussetzungen zurückkommen.

Anstatt wie in den vorangehenden Paragraphen eine einer Ebene – also einer ganz speziellen Minimalfläche – benachbarte Minimalfläche durch eine nahezu ebene Kurve zu bestimmen, läßt sich in ähnlicher Weise eine einer in nichtparametrischer Darstellung vorgelegten Minimalfläche benachbarte Minimalfläche durch eine in hinreichender Nähe der ersten Fläche liegende Randkurve gewinnen. Der Beweis durch sukzessive Approximationen verläuft ganz analog. Beim Linearisieren erhält man anstelle der Poissonschen Gleichung (158) diesmal lediglich eine allgemeinere lineare elliptische Differentialgleichung und hat dann statt der potentialtheoretischen Abschätzung (158') die entsprechenden nach J. Schauder benannten Abschätzungen für lineare elliptische Differentialgleichungen zu benutzen; siehe G. Giraud [1]; J. Schauder [6]; R. Courant and D. Hilbert [I], pp. 331–336, und die dort angegebene Literatur. Auch die Beschränkung auf einfach zusammenhängende Gebiete ist natürlich unwesentlich.

Man kann schließlich auch noch allgemeiner von einer in parametrischer Darstellung vorgelegten Minimalfläche S mit dem Ortsvektor $\mathfrak{x}(u, v)$ ausgehen. Eine Fläche S' in ihrer Nachbarschaft wird sich in der Form $\mathfrak{x} = \mathfrak{x}(u, v) + \zeta(u, v)\, \mathfrak{X}(u, v)$ darstellen lassen, wo die skalare Funktion $\zeta(u, v)$ in einem bestimmten Sinne klein ist. Eine längere Rechnung zeigt, daß die Forderung, die Fläche S' solle ebenfalls eine Minimalfläche sein, durch die Bedingung

$$\Delta\zeta - 2K\zeta = \Phi[\zeta] \tag{162}$$

ausgedrückt wird. Dabei ist Δ der zur Fläche S gehörige zweite Beltramische Differentialoperator aus (18), K ist die Gaußsche Krümmung von S, und $\Phi[\zeta]$ bezeichnet einen gewissen Ausdruck, welcher aus Gliedern von der zweiten bis fünften Ordnung in der Funktion ζ und ihren ersten und zweiten Ableitungen aufgebaut ist.

Der Differentialoperator $\Delta\zeta - 2K\zeta$ ist uns schon aus § 104 bekannt; in Formel (65) finden wir ihn auch in speziellen Koordinaten angeschrieben. Die Methode der sukzessiven Approximationen ist wiederum anwendbar, vorausgesetzt allerdings, daß die homogene Differentialgleichung $\Delta\zeta - 2K\zeta = 0$ außer der Lösung $\zeta \equiv 0$ keine andere Lösung mit verschwindenden Randwerten besitzt. Da der Koeffizient $-2K$ von ζ in (162) nicht-negativ ist, ist dieser Fall möglich und wird in der Tat dann eintreten, wenn das Minimalflächenstück zu groß ist, d. h. sobald die zweite Variation des Flächeninhaltes von S aufhört, ausschließlich positiv zu sein. Die Methode der sukzessiven Approximationen zur Lösung des Dirichletschen Problems der Differentialgleichung (162) ist dann selbst bei beliebig kleinen Randwerten i. a. nicht mehr durchführbar.

§ 416. Die Untersuchung des in § 403 formulierten Dirichletschen Problems für allgemeine Jordangebiete B und stetige (oder auch nur integrierbare) Randwerte φ führt zu reizvollen Fragestellungen. Selbst wenn eine Lösung $z(x, y) \in C^2(B) \cap C^0(\bar{B})$ existiert, so ist bislang nicht geklärt, ob es außer dieser (einzigen) nicht-parametrischen Lösung $\{z = z(x, y);\ (x, y) \in \bar{B}\}$ des Plateauschen Problems für die Randkurve $\Gamma = \{x, y, z;\ (x, y) \in \partial B,\ z = \varphi(x, y)\}$ u. U. noch weitere parametrische Lösungen des Plateauschen Problems geben kann. Obwohl wir nach § 406 aber nun i. a. keine Lösung $z(x, y)$ mit dem korrekten Randverhalten erwarten können, so lassen sich doch auf verschiedenen Wegen Lösungen der Minimalflächengleichung aufstellen, welche in wohldefinierter Weise aus den auf ∂B vorgeschriebenen Randwerten φ gewonnen werden.

Das in VII.7.2 zu besprechende Perronsche Verfahren resultiert so in zwei solchen Lösungen, nämlich einerseits dem Supremum über alle Unterfunktionen wie in § 645, andererseits aber analog auch zu dem Infimum aller Oberfunktionen. In jedem Konvexitätspunkt des Randes ∂B nehmen diese Lösungen die vorgeschriebenen Randwerte an; siehe §§ 594, 647. Bei Annäherung an die nicht-konvexen Teile von ∂B verhalten sie sich u. U. anders; ihr Gradient strebt dann i. a. nach $\pm\infty$.

So ergibt sich beispielsweise beim Problem $\mathscr{P}_h$ des § 409 eine (nach § 586 überdies eindeutige) Lösung $z(x, y)$ der Minimalflächengleichung, welche in der Abschließung des Vierecks $ABC'D$ mit Ausschluß des Punktes C' stetig ist, bei Annäherung an diesen Punkt aber alle Werte in einem Intervalle $\alpha(h) \leqq z \leqq h$ als Grenzwerte besitzt. Dabei ist $\alpha(h)$, $0 < \alpha(h) < h$, eine gewisse von h abhängige Funktion. Experimentell kann man diese Lösung erzeugen, indem man einen Drahtrahmen in die Seifenlösung taucht, der die Form des Vierseits $ABCD$ aus Abb. 45 hat, an dem aber noch im Eckpunkt C ein vertikales Drahtstück der Länge $h - \alpha(h)$ befestigt ist.

§ 417. Ein anderes naheliegendes Lösungsverfahren bedient sich der direkten Methode der Variationsrechnung. Ähnlich wie in § 638 sei $\mathfrak{A}$ die Menge derjenigen Funktionen $z(x, y) \in \mathfrak{M}^1(\bar{B})$, deren Werte auf ∂B mit denen der Funktion φ übereinstimmen. Unter recht allgemeinen Voraussetzungen, z. B. wenn B ein Lipschitzgebiet ist (siehe § 222) und wenn die Randwerte φ integrierbar und dann gemäß § 198 als Spur der Funktionen $z(x, y)$ aufzufassen sind, ist diese Menge nicht leer; siehe § 295. Es gibt dann eine Folge $\{z_n(x, y)\}$ von Funktionen aus $\mathfrak{A}$, für welche die Integrale

$$I[z_n] = \iint\limits_B \sqrt{1 + p_n^2 + q_n^2}\, dx\, dy\,, \quad p_n = \frac{\partial z_n}{\partial x}, \quad q_n = \frac{\partial z_n}{\partial y}$$

gegen die endliche untere Grenze $d = \inf\limits_{z \in \mathfrak{A}} I[z]$ konvergieren.

Man muß nun zeigen, daß eine Teilfolge $\{z_{n_i}(x, y)\}$ dieser Minimalfolge in B gegen eine Lösung $z(x, y) \in C^2(B)$ der Minimalflächengleichung (3) konvergiert und daß diese Lösung bis auf eine additive Konstante von der gewählten Ausgangsfolge unabhängig ist. Das Verhalten von $z(x, y)$ bei Annäherung an den Rand ∂B hängt wieder von dessen Konvexitätsverhalten ab.

Was passieren kann, sieht man am besten am Beispiel des Ringgebietes $B = \{x, y;\, 0 < a^2 < x^2 + y^2 < b^2\}$. Wir wollen auf der äußeren Randkomponente $\partial_2 B = \{x, y;\, x^2 + y^2 = b^2\}$ die Randwerte $\varphi = 0$ und auf der inneren Randkomponente $\partial_1 B = \{x, y;\, x^2 + y^2 = a^2\}$ die Randwerte $\varphi = h > 0$ vorschreiben. Solange h im Intervalle

$$0 \leqq h \leqq a\,\mathfrak{ArCof}\,\frac{b}{a} = a \log\left[\frac{b}{a} + \sqrt{\frac{b^2}{a^2} - 1}\right]$$

liegt, erhalten wir eine Kettenfläche als klassische Lösung des Dirichletschen Problems. Wenn dagegen $h > a\,\mathfrak{ArCof}\,\frac{b}{a}$ ist, insbes. wenn $h > 2b/3$ ist (siehe § 598), gibt es keine solche Lösung mehr. Die Funktionen $z_{n_i}(x, y)$ einer geeignet gewählten Teilfolge jeder Minimalfolge konvergieren dann vielmehr gegen ein Gebilde, welches aus einem den über $\partial_1 B$ errichteten Kreiszylinder im Kreise $\left\{x, y, z;\, x^2 + y^2 = a^2,\right.$ $\left. z = a\,\mathfrak{ArCof}\,\frac{b}{a}\right\}$ berührenden Kettenflächenstück sowie aus dem Teil $\left\{x, y, z;\, x^2 + y^2 = a^2, a\,\mathfrak{ArCof}\,\frac{b}{a} \leqq z \leqq h\right\}$ des Zylindermantels besteht. Der Beweis für diese Tatsache folgt den Ausführungen auf pp. 84 bis 86 bei J. C. C. Nitsche [29]. Die Steigung der in $B \cup \partial_2 B$ definierten Grenzfunktion $z(x, y)$ der $z_{n_i}(x, y)$ wird bei Annäherung an $\partial_1 B$ unendlich.

Es handelt sich hier also um ein Hindernisproblem wie in § 481: Den durch die Funktionen $z_n(x, y)$ definierten Flächen ist es verboten, in den Zylinder $x^2 + y^2 < a^2$ einzutreten. Die Grenzfläche ist dann nicht mehr gänzlich in nichtparametrischer Form darstellbar; sie enthält vielmehr vertikale Teile, welche bei der Flächenberechnung mitgezählt werden müssen.

Es gibt natürlich auch Jordangebiete, deren Rand keinen einzigen Konvexitätspunkt besitzt. Das in Abb. 9 wiedergegebene von der Kurve $\gamma_1 = \{x = \cos\vartheta - \frac{1}{3}\cos 3\vartheta, y = -\sin\vartheta - \frac{1}{3}\sin 3\vartheta;\, 0 \leqq \vartheta \leqq 2\pi\}$ berandete asteroiden-ähnliche Gebiet B (siehe §§ 91, 92) ist z. B. von dieser Art. Der Gradient des über B in der Form $z = z(x, y)$ darstellbaren Teils der Enneperschen Minimalfläche (48) geht bei Annäherung an γ_1 nach $\pm\infty$. Der Leser wird sich anhand dieses Gebietes wieder das eben beschriebene Phänomen vergegenwärtigen können.

§ 418. Wir beschließen diesen Abschnitt mit einigen kurzen Hinweisen auf die numerische Lösung des Dirichletschen Problems für die Minimalflächengleichung. Eine diskrete Behandlung des parametrischen Plateauschen Problems findet man bei W. L. Wilson [1].

Es gibt verschiedene Möglichkeiten, unser Problem zu diskretisieren, d. h. die Minimalflächengleichung und die vorgegebenen Randwerte durch ein System von Differenzengleichungen zu approximieren. Wohl als erster entwarf J. Douglas [1] im Jahre 1928 eine solche Approximation, die auf einer 9-Punkte-Formel beruht, und schlug ein schrittweises Verfahren zur Lösung der Differenzengleichungen vor. Die Konvergenz untersuchte Douglas nicht. Er schrieb vielmehr ([1], p. 185): „The spirit of this paper being entirely numerical, we do not concern ourselves with theoretical questions of convergence, which are besides too difficult for us to deal with. Whether convergence occurs or not is indicated practically in each particular case by the behavior of the numbers obtained in the course of the computation." S. Schechter [1] diskutierte andere Iterationsverfahren zur Lösung der nicht-linearen Gleichungen und bewies deren Konvergenz. Weitere Verfahren und sowohl theoretische Einsichten als auch numerische Experimente, insbes. hinsichtlich der Konvergenz und der praktischsten Wahl des eingeführten Relaxationsparameters, verdankt man mehreren Autoren; wir erwähnen hier W. F. Ames [I], pp. 399–411; C. G. Broyden [1]; P. Concus [1], [2]; C. W. Cryer [1]; J. E. Dennis [1]; E. G. D'Yakonov [1], [2]; D. Greenspan [1], [2], auch [I], pp. 123–124; G. T. McAllister [1]; Manfred Müller [1], [2]; J. M. Ortega and M. L. Rockoff [1]; S. Schechter [2]; R. S. Stepleman [1]; A. M. Winslow [1].

Die Konvergenz in gewissen Normen der diskreten Lösungen der Differenzengleichungen gegen die kontinuierliche Lösung des Randwertproblems bei abnehmender Maschenweite wurde in verschiedenen Fällen von G. T. McAllister [2] und insbes. von J. Frehse [1] bewiesen; man sehe weiter Manfred Müller [1], [2] und A. I. Košelev [1], [2]. Zur Untersuchung dieser Konvergenz wären weitere Diskussionen wünschenswert. Wie verhalten sich z. B. die Lösungen der Differenzengleichungen bei abnehmender Schrittweite, wenn das Randwertproblem keine Lösung besitzt?

4. Existenz instabiler Minimalflächen

4.1. Vorbemerkungen

§ 419. Den nachfolgenden Untersuchungen legen wir eine rektifizierbare Jordankurve Γ zugrunde, welche die in § 25 besprochene Eigenschaft (*) besitzt. Es sei bemerkt, daß die zu beweisenden Aussagen auch für allgemeine rektifizierbare Jordankurven zutreffen. Der Gewinn an Allgemeinheit würde sich jedoch nur mit zusätzlichen Komplikationen erkaufen lassen. Mit $\mathfrak{H} = \mathfrak{H}(\Gamma)$ bezeichnen wir die Gesamtheit der im Einheitskreis $P = \{u, v; u^2 + v^2 < 1\}$ harmonischen und in $\bar{P}$

stetigen Vektoren, welche den Rand ∂P in monotoner Weise so auf die Kurve Γ abbilden, daß drei verschiedene ein für allemal gewählte Punkte w_1, w_2, w_3 von ∂P in drei verschiedene fest gewählte Punkte $\mathfrak{y}_1, \mathfrak{y}_2, \mathfrak{y}_3$ übergeführt werden. Die durch die Vektoren aus $\mathfrak{H}$ definierten Darstellungen von Γ sind dann alle orientierungsgleich. Die Vektoren aus $\mathfrak{H}$ mit endlichem Dirichletschem Integral machen definitionsgemäß den Raum $\mathfrak{H}_\infty$ aus. Für $M < \infty$ sei schließlich $\mathfrak{H}_M$ die Menge aller Vektoren aus $\mathfrak{H}$, deren Dirichletsches Integral den Wert M nicht übersteigt. Gewisse der Mengen $\mathfrak{H}_M$ – nämlich alle $\mathfrak{H}_M$ für $M < d(\Gamma) = \inf_{\mathfrak{x}\in\mathfrak{H}} D_P[\mathfrak{x}]$, siehe § 292 – sind natürlich leer.

Mit der (von der Fréchetschen Abstandsdefinition verschiedenen) Entfernungsdefinition $\|\mathfrak{x} - \mathfrak{y}\| = \max_{(u,v)\in\overline{P}} |\mathfrak{x}(u,v) - \mathfrak{y}(u,v)|$ werden $\mathfrak{H}, \mathfrak{H}_\infty, \mathfrak{H}_M$ metrische Räume. Die Begriffe der Umgebung eines Elementes bzw. Vektors, der Konvergenz von Elementen usw. werden fortan in bezug auf diese Metrik verstanden. Nach §§ 213, 297, 298, 327 schließt man, daß jeder Raum $\mathfrak{H}_M$ abgeschlossen, vollständig und folgenkompakt ist, so daß jede unendliche Folge von Elementen aus $\mathfrak{H}_M$ eine gegen ein Element von $\mathfrak{H}_M$ konvergierende Teilfolge enthält. Nach einer bekannten Schlußweise der Funktionalanalysis folgt daraus insbes., daß jede abgeschlossene Teilmenge von $\mathfrak{H}_M$ kompakt ist, d. h., daß endlich viele Mengen einer offenen Überdeckung dieser Teilmenge zu ihrer Überdeckung bereits ausreichen.

Zu jeder positiven Zahl $M < \infty$ gibt es eine Zahl $\delta_M > 0$ mit der folgenden Eigenschaft: Wenn $\mathfrak{x}(u,v)$ ein beliebiger Vektor des Raumes $\mathfrak{H}_M$ ist, dann hat die Jordankurve Γ bezüglich der Darstellung $\{\mathfrak{x} = \mathfrak{x}(\cos\vartheta, \sin\vartheta);\ 0 \leqq \vartheta \leqq 2\pi\}$ die Eigenschaft (*) mit der Konstanten δ_M. Das folgt aus §§ 25, 297. O. B. d. A. dürfen wir $\delta_M < 2\pi/3$ annehmen.

§ 420. Das Dirichletsche Integral ist als Funktional über $\mathfrak{H}_\infty$ definiert. Wenn es keine Verwirrung stiften kann, werden wir im folgenden den Index P im Ausdruck $D_P[\mathfrak{x}]$ für das Dirichletsche Integral weglassen. Die Betrachtungen der §§ 299, 308 lehren, etwas vage ausgedrückt, daß ein Vektor $\mathfrak{x}$ aus $\mathfrak{H}_\infty$ Ortsvektor einer von Γ berandeten verallgemeinerten Minimalfläche ist, wenn er dem Dirichletschen Integral einen stationären Wert verleiht, und sonst nicht. Die geometrischen Objekte von Interesse für uns, nämlich die Lösungen des Plateauschen Problems, erscheinen also als die „kritischen Punkte" des Dirichletschen Integrals im Funktionenraum $\mathfrak{H}_\infty$.

Dieser Umstand legt es nahe, das Plateausche Problem mit der von M. Morse und von L. A. Lusternik und L. Schnirelmann entwickelten Theorie der kritischen Werte in der Variationsrechnung im Großen in

Verbindung zu bringen. Diese Theorie erschließt – oft in der Form von Ungleichungen – den Zusammenhang zwischen den topologischen Kennzeichen einer Mannigfaltigkeit und Anzahl und Art der kritischen Punkte eines gewissen auf ihr definierten Funktionals. Ihre Anwendung auf geometrische Fragestellungen, so z. B. auf die Frage nach der Existenz geodätischer Linien auf einer differenzierbaren Mannigfaltigkeit, hatte schon vor mehr als drei Jahrzehnten Triumphe gefeiert. Oft werden dabei allerdings Kenntnisse der topologischen Eigenschaften des zugrunde liegenden Raumes vorausgesetzt, welchen nur mit großen Schwierigkeiten beizukommen ist. Hinsichtlich der Literatur sehe man etwa M. Morse [I], [II], [1], [3]; L. A. Lusternik [I]; L. A. Lusternik et L. Schnirelmann [I]; H. Seifert und W. Threlfall [I]; R. Fox [1]; J. W. Milnor [I]; E. Pitcher [1].

Im Jahre 1939 gelang es M. Morse und C. Tompkins [1] und M. Shiffman [3] nahezu gleichzeitig, auch den Fall des Plateauschen Problems in den Anwendungsbereich der Theorie einzubeziehen. Die von diesen Autoren zu überkommenden Schwierigkeiten waren Folgen der Tatsache, daß das Dirichletsche Integral kein stetiges, sondern nur ein halbstetiges Funktional in dem zugrunde liegenden komplizierten Funktionenraume $\mathfrak{H}_\infty$ ist. In den nachfolgenden Jahren erweiterten sowohl Morse and Tompkins [2]–[4] als auch Shiffman [4]–[6] den Gültigkeitsbereich ihrer Methoden und behandelten insbes. auch den Fall von Minimalflächen mit mehreren vorgegebenen Randkurven. 1941 ersann R. Courant ([9], [I], pp. 223–243) eine Variante der Theorie, bei welcher man zunächst den Fall einer polygonalen Kontur behandelt und hernach zur Grenze übergeht; man sehe auch I. Marx [1].

In jüngster Zeit ist die Morsesche Theorie weitgehend verallgemeinert und in vielfacher Weise angewendet worden; man sehe hierzu etwa M. Berger and M. Berger [I]; F. E. Browder [1]; J. Eells [1]; L. È. Èl'sgol'c [I]; R. Palais [1], [2]; R. Palais and S. Smale [1]; J. T. Schwartz [1]; S. Smale [1], [2]. Neue Einsichten hinsichtlich der Lösungen des Plateauschen Problems sind trotz aller Bemühungen bislang nicht gewonnen worden. Eine Ausdehnung der Courantschen Methode auf Flächen konstanter mittlerer Krümmung mit polygonaler Berandung wurde 1970 von E. Heinz [11] gegeben.

§ 421. Bei einer Funktion von n Veränderlichen kann aus der Existenz zweier relativer Minima u. U. auf das Vorhandensein weiterer stationärer Punkte geschlossen werden. Es gilt beispielsweise der folgende Satz, für welchen sich der Leser leicht einen Beweis zurechtlegen wird (siehe auch R. Courant [I], pp. 223–226):

Die Funktion $f(x_1, \ldots, x_n)$, oder kurz $f(p)$, sei in einem Gebiet B des $(x_1, \ldots, x_n)$-Raumes stetig differenzierbar. Bei Annäherung an jeden

Randpunkt von B strebe $f(p)$ nach Unendlich. Wenn $f(p)$ in zwei Punkten strikte relative Minima besitzt, so existiert ein weiterer von p_1 und p_2 verschiedener Punkt p_0, in welchem $f(p)$ einen stationären Wert hat, wo also alle Ableitungen erster Ordnung verschwinden.

Die Abb. 48, welche die Höhenlinien einer Funktion $x_3 = f(x_1, x_2)$ wiedergibt, diene zur Veranschaulichung der Situation. Die Funktion hat in den Punkten p_1 und p_2 relative Minima und im Punkte p_0 einen stationären Wert.

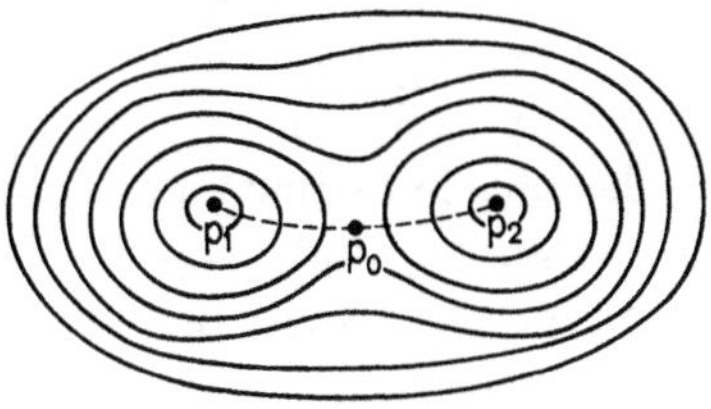

Abb. 48

Ein striktes relatives Minimum der Funktion $f(x_1, \ldots, x_n)$ liegt gewiß dann vor, wenn die quadratische Form aus ihren zweiten Ableitungen — vorausgesetzt, daß diese Ableitungen existieren — positiv definit ist. Der semi-definite Charakter ist nicht ausreichend, wie das Beispiel der Funktion $f(x, y) = 27x^4 + 72x^3 + 54(x - y)^2 - 128y$ lehrt, welche mit $x^2 + y^2$ nach Unendlich strebt. Diese Funktion besitzt lediglich in den zwei Punkten $p_1 = \left(-\frac{4}{3}, -\frac{4}{27}\right)$ und $p_2 = \left(\frac{2}{3}, \frac{50}{27}\right)$ stationäre Werte, und die quadratische Form der zweiten Ableitungen hat in diesen Punkten die Eigenwerte 0 und 216 bzw. $108(3 - \sqrt{5})$ und $108(3 + \sqrt{5})$.

Die Aussage des Satzes bleibt aber auch in dem allgemeineren Falle richtig, in welchem die Punkte p_1 und p_2 keine strikten relativen Minima der Funktion $f(p)$ sind, solange bekannt ist, daß das Maximum von $f(p)$ auf jedem die Punkte p_1 und p_2 enthaltenden Teilkontinuum von B größer als beide Werte $f(p_1)$ und $f(p_2)$ ist oder, wie wir kürzer sagen wollen, wenn die beiden Punkte p_1 und p_2 durch eine Schwelle positiver Höhe voneinander getrennt sind. Dann ist sogar die Voraussetzung, $f(p)$ solle in den Punkten p_1 und p_2 stationäre Werte haben, entbehrlich.

Hinsichtlich des eigentümlichen Verhaltens einer Funktion auf der Menge ihrer kritischen Punkte sehe man etwa H. Whitney [1], A. P. Morse [1], S. I. Pohožaev [1] und die dort angegebene Literatur, weiter auch F. Takens [1].

§ 422. Die Randwerte eines Vektors $\mathfrak{x} \in \mathfrak{H}$ hängen mit dem Ortsvektor der Jordankurve $\Gamma = \{\mathfrak{x} = \mathfrak{y}(\vartheta); 0 \leqq \vartheta \leqq 2\pi\}$ gemäß § 419 durch die Beziehung $\mathfrak{x}(\cos\vartheta, \sin\vartheta) = \mathfrak{y}(\tau(\vartheta))$ zusammen, wo $\tau(\vartheta)$ eine stetige monotone der Beziehung $\tau(2\pi) = \tau(0) \pm 2\pi$ genügende Funktion bedeutet. Wenn $\{\tau_n(\vartheta)\}$ eine gegen eine unstetige Funktion konvergierende Folge solcher Funktionen ist, so können die Dirichletschen Integrale der Vektoren $\mathfrak{x}_n \in \mathfrak{H}$ mit den Randwerten $\mathfrak{x}_n(\cos\vartheta, \sin\vartheta) = \mathfrak{y}(\tau_n(\vartheta))$ nach § 297 nicht beschränkt bleiben. In jeder Umgebung eines Vektors aus $\mathfrak{H}_\infty$ gibt es also Vektoren mit beliebig großem Dirichletschem Integral.

Vorgelegt seien zwei Vektoren $\mathfrak{x}_1$ und $\mathfrak{x}_2$ des Raumes $\mathfrak{H}_\infty$ und eine diese Elemente enthaltende abgeschlossene zusammenhängende Teilmenge $\mathfrak{T}$ von $\mathfrak{H}$. Mit $d[\mathfrak{T}; \mathfrak{x}_1, \mathfrak{x}_2]$ bezeichnen wir die obere Grenze der Werte von $D[\mathfrak{x}]$ für $\mathfrak{x} \in \mathfrak{T}$ und mit $d[\mathfrak{x}_1, \mathfrak{x}_2]$ die untere Grenze der Zahlen $d[\mathfrak{T}; \mathfrak{x}_1, \mathfrak{x}_2]$ für alle den obigen Bedingungen genügende Teilmengen $\mathfrak{T}$. Wir sagen, die beiden Elemente $\mathfrak{x}_1$ und $\mathfrak{x}_2$ von $\mathfrak{H}$ seien durch eine Schwelle der (nicht-negativen und möglicherweise unendlichen) Höhe $d[\mathfrak{x}_1, \mathfrak{x}_2] - \max(D[\mathfrak{x}_1], D[\mathfrak{x}_2])$ voneinander getrennt.

Wenn die Elemente $\mathfrak{x}_1$ und $\mathfrak{x}_2$ strikte relative Minima des Dirichletschen Integrales darstellen, dann sind sie gewiß durch eine Schwelle positiver Höhe voneinander getrennt. Während es aber praktisch außerordentlich schwierig ist festzustellen, ob ein Element aus $\mathfrak{H}_\infty$ dem Dirichletschen Integral ein striktes relatives Minimum erteilt, läßt es sich in gewissen konkreten Fällen, von denen einige weiter unten besprochen werden sollen, nachweisen, daß zwei Elemente durch eine Schwelle positiver Höhe getrennt sind.

Auf Grund der vorangehenden Bemerkungen werden wir in beträchtlicher Verallgemeinerung des in § 421 zitierten Sachverhaltes nun den folgenden Satz beweisen:

Der Raum $\mathfrak{H}$ enthalte zwei verschiedene Elemente $\mathfrak{x}_1$ und $\mathfrak{x}_2$, welche verallgemeinerte Minimalflächen definieren (und zufolge der isoperimetrischen Ungleichung ein endliches Dirichletsches Integral besitzen, d.h. zu $\mathfrak{H}_\infty$ gehören). Wenn $\mathfrak{x}_1$ und $\mathfrak{x}_2$ durch eine Schwelle positiver Höhe voneinander getrennt sind, dann existiert ein von $\mathfrak{x}_1$ und $\mathfrak{x}_2$ verschiedener Vektor in $\mathfrak{H}_\infty$, welcher Ortsvektor einer verallgemeinerten Minimalfläche ist.

Beim Beweis, welchem die §§ 424–433 gewidmet sind, folgen wir weitgehend den Ausführungen von M. Shiffman [3].

§ 423. Für jede positive Zahl $N < \infty$ sei $\mathfrak{M}_N$ die (möglicherweise leere) Menge aller Vektoren aus $\mathfrak{H}$, welche verallgemeinerte Minimalflächen definieren und deren Dirichletsches Integral gerade den Wert N hat. Jede Menge $\mathfrak{M}_N$ ist beschränkt und nach § 327 abgeschlossen. Jede Komponente einer nicht-leeren Menge $\mathfrak{M}_N$, d. h. jedes maximale zusammenhängende Teilkompaktum von $\mathfrak{M}_N$, wird als ein *Block* (auch: kritische Menge) verallgemeinerter Minimalflächen bezeichnet. Ob ein

Block immer aus genau einem Vektor besteht oder ob es Beispiele von Blöcken mit mehr als einem Element gibt, ist heute noch eine offene Frage. Ein spezielles Beispiel zu dieser Frage wurde von J.C.C. Nitsche [28] diskutiert. Man sehe weiter auch die Bemerkungen im Anhang.

Der in § 422 formulierte Satz enthält die folgende Aussage:

Wenn die Jordankurve Γ zwei Lösungen des Plateauschen Problems kleinsten Flächeninhaltes berandet, deren Ortsvektoren Elemente verschiedener Blöcke sind, dann berandet Γ mindestens noch eine weitere Lösung des Plateauschen Problems.

4.2. Existenzbeweis

§ 424. $\mathfrak{p}$ und $\mathfrak{q}$ seien zwei Elemente des Raumes $\mathfrak{H}_M$. $\delta = \delta_M$ sei die am Ende von § 419 erwähnte Zahl. Wir wollen zunächst zeigen, daß $d[\mathfrak{p}, \mathfrak{q}]$ endlich ist.

Da die Vektoren $\mathfrak{p}(\vartheta) \equiv \mathfrak{p}(\cos\vartheta, \sin\vartheta)$ und $\mathfrak{q}(\vartheta) \equiv \mathfrak{q}(\cos\vartheta, \sin\vartheta)$ orientierungsgleiche monotone Darstellungen der Kurve Γ definieren, gibt es gemäß § 22 zwei linksstetige monoton wachsende Funktionen $\tau(\vartheta)$ und $\bar{\tau}(\vartheta)$ derart, daß $\mathfrak{p}(\tau(\vartheta)) = \mathfrak{q}(\vartheta)$ und $\mathfrak{q}(\bar{\tau}(\vartheta)) = \mathfrak{p}(\vartheta)$ ist für $0 \leqq \vartheta \leqq 2\pi$. Für $0 \leqq \varepsilon \leqq 1$ definieren wir zwei Funktionen $\varphi = \psi_\varepsilon(\vartheta) = \varepsilon\,\tau(\vartheta) + (1-\varepsilon)\,\vartheta$, $\varphi = \bar{\psi}_\varepsilon(\vartheta) = (1-\varepsilon)\,\bar{\tau}(\vartheta) + \varepsilon\,\vartheta$ und ihre nach dem Vorbild des § 22 konstruierten linksstetigen Umkehrfunktionen $\vartheta = \chi_\varepsilon(\varphi)$ bzw. $\vartheta = \bar{\chi}_\varepsilon(\varphi)$. Für $0 \leqq \varepsilon < 1$ ist $\psi_\varepsilon(\vartheta)$ streng monoton zunehmend und $\chi_\varepsilon(\varphi)$ folglich stetig. Für $0 < \varepsilon \leqq 1$ ist $\bar{\psi}_\varepsilon(\vartheta)$ streng monoton wachsend und $\bar{\chi}_\varepsilon(\varphi)$ daher stetig.

Wir betrachten nun die zwei stetigen Darstellungen $\{\mathfrak{x} = \mathfrak{p}(\bar{\chi}_\varepsilon(\lambda));\ 0 \leqq \lambda \leqq 2\pi\}$ und $\{\mathfrak{x} = \mathfrak{q}(\chi_\varepsilon(\lambda));\ 0 \leqq \lambda \leqq 2\pi\}$ der Jordankurve Γ. Eine sorgfältige Diskussion der vier in § 22 vorgesehenen Fälle zeigt, daß sowohl die Vektoren $\mathfrak{p}(\bar{\chi}_\varepsilon(\lambda))$, $0 < \varepsilon \leqq 1$, als auch die Vektoren $\mathfrak{q}(\chi_\varepsilon(\lambda))$, $0 \leqq \varepsilon < 1$, die in § 419 formulierte Dreipunktebedingung erfüllen.

Für alle λ im Intervalle $0 \leqq \lambda \leqq 2\pi$ und alle ε, $0 < \varepsilon < 1$, gilt die Beziehung $\mathfrak{q}(\chi_\varepsilon(\lambda)) = \mathfrak{p}(\bar{\chi}_\varepsilon(\lambda))$. Zum Beweise sei λ_0 ein beliebiger Wert und $\lambda_1 \leqq \lambda \leqq \lambda_2$ das ihn enthaltende (möglicherweise auf einen Punkt zusammenschrumpfende) maximale Konstanzintervall der Funktion $\chi_\varepsilon(\lambda)$, wo also $\lambda_1 = \psi_\varepsilon(\vartheta_0) = \varepsilon\,\tau(\vartheta_0) + (1-\varepsilon)\,\vartheta_0$ und $\lambda_2 = \psi_\varepsilon(\vartheta_0 + 0) = \varepsilon\,\tau(\vartheta_0 + 0) + (1-\varepsilon)\,\vartheta_0$ gesetzt ist. Dann gilt $\mathfrak{q}(\chi_\varepsilon(\lambda_0)) = \mathfrak{q}(\chi_\varepsilon(\lambda_1)) = \mathfrak{q}(\vartheta_0) = \mathfrak{p}(\tau(\vartheta_0))$, und es ist $\mathfrak{p}(\varphi) = \mathfrak{p}(\tau(\vartheta_0))$ für $\tau(\vartheta_0) \leqq \varphi \leqq \tau(\vartheta_0 + 0)$. Wenn für $\mathfrak{y}(\varphi) \equiv \mathfrak{p}(\varphi)$, $\mathfrak{z}(\vartheta) \equiv \mathfrak{q}(\vartheta)$ und $\mathfrak{y} = \mathfrak{q}(\vartheta_0)$ einer der Fälle 1), 3) oder 4) aus § 22 vorliegt, finden wir $\bar{\psi}_\varepsilon(\tau(\vartheta_0)) = \varepsilon\,\tau(\vartheta_0) + (1-\varepsilon)\,\bar{\tau}(\tau(\vartheta_0)) = (1-\varepsilon)\,\vartheta_0 + \varepsilon\,\tau(\vartheta_0) = \psi_\varepsilon(\vartheta_0)$ und $\bar{\chi}_\varepsilon(\psi_\varepsilon(\vartheta_0)) = \bar{\chi}_\varepsilon(\bar{\psi}_\varepsilon(\tau(\vartheta_0))) = \tau(\vartheta_0)$. Genauso wird $\bar{\chi}_\varepsilon(\psi_\varepsilon(\vartheta_0 + 0)) = \tau(\vartheta_0 + 0)$. Wegen $\psi_\varepsilon(\vartheta_0) \leqq \lambda_0 \leqq \psi_\varepsilon(\vartheta_0 + 0)$ ergibt sich somit

$\mathfrak{p}(\bar{\chi}_\varepsilon(\lambda_0)) = \mathfrak{p}(\tau(\vartheta_0)) = q(\chi_\varepsilon(\lambda_0))$. Wenn jedoch der Fall 2) des § 22 vorliegt, dann hat die Funktion $\bar{\tau}(\varphi)$ bei $\varphi_0 = \tau(\vartheta_0)$ einen Sprung; es ist $\bar{\tau}(\varphi_0) = \vartheta_1$ und $\bar{\tau}(\varphi_0 + 0) = \vartheta_2$, wo $\vartheta_1 \leqq \vartheta \leqq \vartheta_2$ das maximale Intervall bedeutet, welches vom Vektor $\mathfrak{q}(\vartheta)$ in den Punkt $\mathfrak{y} = \mathfrak{q}(\vartheta_0)$ übergeführt wird. In diesem Falle besitzt die Funktion $\bar{\chi}_\varepsilon(\varphi)$ das Konstanzintervall $\bar{\psi}_\varepsilon(\varphi_0) = (1 - \varepsilon)\,\vartheta_1 + \varepsilon\,\varphi_0 \leqq \varphi \leqq (1 - \varepsilon)\,\vartheta_2 + \varepsilon\,\varphi_0 = \bar{\psi}_\varepsilon(\varphi_0 + 0)$, und es gilt übrigens $\lambda_1 = \lambda_2 = \lambda_0$. Wegen $\bar{\psi}_\varepsilon(\varphi_0) \leqq \psi_\varepsilon(\vartheta_0) = \varepsilon\,\varphi_0 + (1 - \varepsilon)\,\vartheta_0 \leqq \bar{\psi}_\varepsilon(\varphi_0 + 0)$ wird jetzt $\bar{\chi}_\varepsilon(\lambda_0) = \bar{\chi}_\varepsilon(\psi_\varepsilon(\vartheta_0)) = \bar{\chi}_\varepsilon(\bar{\psi}_\varepsilon(\varphi_0)) = \varphi_0 = \tau(\vartheta_0)$ und wiederum $\mathfrak{p}(\bar{\chi}_\varepsilon(\lambda_0)) = \mathfrak{p}(\tau(\vartheta_0)) = \mathfrak{q}(\chi_\varepsilon(\lambda_0))$.

Wenn $\{\varepsilon_n\}$ eine gegen eine Zahl ε im Intervalle $0 \leqq \varepsilon < 1$ konvergierende Folge ist, so gilt $\lim\limits_{\varepsilon_n \to \varepsilon} \chi_{\varepsilon_n}(\varphi) = \chi_\varepsilon(\varphi)$. Nach dem am Ende von § 21 zitierten Satze ist die Konvergenz gleichmäßig. Entsprechendes trifft im Intervalle $0 < \varepsilon \leqq 1$ für die Funktion $\bar{\chi}_\varepsilon(\varphi)$ zu.

Es sei $\mathfrak{x}_\varepsilon(u, v)$ der in P harmonische und in $\bar{P}$ stetige Vektor mit den Randwerten $\mathfrak{x}_\varepsilon(\vartheta) \equiv \mathfrak{x}_\varepsilon(\cos\vartheta, \sin\vartheta) = \mathfrak{q}(\chi_\varepsilon(\vartheta))$ für $0 \leqq \varepsilon < 1$ und $\mathfrak{x}_\varepsilon(\vartheta) \equiv \mathfrak{x}_\varepsilon(\cos\vartheta, \sin\vartheta) = \mathfrak{p}(\bar{\chi}_\varepsilon(\vartheta))$ für $0 < \varepsilon \leqq 1$. (Im Intervalle $0 < \varepsilon < 1$ sind beide Darstellungen ja identisch.) Für eine gegen eine Zahl ε im Intervalle $0 \leqq \varepsilon \leqq 1$ strebende Zahlenfolge $\{\varepsilon_n\}$ aus diesem Intervalle konvergieren die Vektoren $\mathfrak{x}_{\varepsilon_n}(\vartheta)$ gleichmäßig in $0 \leqq \vartheta \leqq 2\pi$ gegen den Vektor $\mathfrak{x}_\varepsilon(\vartheta)$, und auf Grund des Maximumprinzipes für harmonische Funktionen gilt das Gleiche von den Vektoren $\mathfrak{x}_{\varepsilon_n}(u, v)$ in ganz P. Die $\mathfrak{x}_\varepsilon$, $0 \leqq \varepsilon \leqq 1$, bilden also eine die Elemente $\mathfrak{p}$ (für $\varepsilon = 1$) und $\mathfrak{q}$ (für $\varepsilon = 0$) enthaltende zusammenhängende Teilmenge von $\mathfrak{H}$.

Wir interessieren uns für das Verhalten des Dirichletschen Integrales auf dieser Teilmenge. Nach § 312 haben wir

$$D[\mathfrak{x}_\varepsilon] = \frac{1}{4\pi} \int_0^{2\pi} \int_0^{2\pi} B(1, \vartheta - \varphi)\, d\mathfrak{x}_\varepsilon(\vartheta) \cdot d\mathfrak{x}_\varepsilon(\varphi).$$

Da die in der Beziehung $\mathfrak{x}_\varepsilon(\vartheta) = \mathfrak{q}(\chi_\varepsilon(\vartheta))$ auftretende Funktion $\chi_\varepsilon(\vartheta)$ für $0 \leqq \varepsilon < 1$ stetig ist, läßt sich für $0 \leqq \varepsilon < 1$ auch

$$\text{(163a)} \quad D[\mathfrak{x}_\varepsilon] = \frac{1}{4\pi} \int_0^{2\pi} \int_0^{2\pi} B\big(1, (1 - \varepsilon)(\vartheta - \varphi) + \varepsilon[\tau(\vartheta) - \tau(\varphi)]\big) \times d\mathfrak{q}(\vartheta) \cdot d\mathfrak{q}(\varphi)$$

schreiben. Analog gilt für $0 < \varepsilon \leqq 1$

$$\text{(163b)} \quad D[\mathfrak{x}_\varepsilon] = \frac{1}{4\pi} \int_0^{2\pi} \int_0^{2\pi} B\big(1, \varepsilon(\vartheta - \varphi) + (1 - \varepsilon)[\bar{\tau}(\vartheta) - \bar{\tau}(\varphi)]\big) \times d\mathfrak{p}(\vartheta) \cdot d\mathfrak{p}(\varphi).$$

§ **425.** *Für* $0 \leqq \varepsilon \leqq 1$ *gilt*

$$D[\mathfrak{x}_\varepsilon] < M + \frac{L^2}{2\pi} \log \frac{4}{\sin^2 \frac{\delta}{2}}.$$

Dabei bedeutet L *die Länge der Kurve* Γ. *Als Funktion von* ε *betrachtet ist* $D[\mathfrak{x}_\varepsilon]$ *im Intervalle* $0 \leqq \varepsilon \leqq 1$ *stetig, und im Intervalle* $0 < \varepsilon < 1$ *stetig differenzierbar, wobei*

$$\frac{dD[\mathfrak{x}_\varepsilon]}{d\varepsilon} = -\frac{1}{4\pi} \int_0^{2\pi} \int_0^{2\pi} \frac{\tau(\vartheta) - \vartheta - (\tau(\varphi) - \varphi)}{\tan\frac{1}{2}\{(1-\varepsilon)(\vartheta - \varphi) + \varepsilon[\tau(\vartheta) - \tau(\varphi)]\}} \times$$
$$\times\, d\mathfrak{q}(\vartheta) \cdot d\mathfrak{q}(\varphi)$$

gilt.

Beweis: Zunächst sei $0 \leqq \varepsilon \leqq \frac{1}{2}$ angenommen. Wir benutzen dann die Darstellung (163a) und haben

$$D[\mathfrak{x}_\varepsilon] = \frac{1}{4\pi} \Bigg(\iint\limits_{|\vartheta - \varphi| \geqq \delta} + \iint\limits_{|\vartheta - \varphi| < \delta} \Bigg) B\big(1, (1-\varepsilon)(\vartheta - \varphi) + \varepsilon[\tau(\vartheta) - \tau(\varphi)]\big) \times$$
$$\times\, d\mathfrak{q}(\vartheta) \cdot d\mathfrak{q}(\varphi) = I_1(\varepsilon) + I_2(\varepsilon).$$

(Wegen der Bezeichnung $|\vartheta - \varphi|$ siehe §§ 25, 311.) Für $0 \leqq \varepsilon \leqq \frac{1}{2}$ gilt

$$\tfrac{1}{4} |\vartheta - \varphi| \leqq |\tfrac{1}{2}\{(1-\varepsilon)(\vartheta - \varphi) + \varepsilon[\tau(\vartheta) - \tau(\varphi)]\}| \leqq \pi - \tfrac{1}{4} |\vartheta - \varphi|.$$

Der Integrand von $I_1(\varepsilon)$ ist gemäß

$$B\big(1, (1-\varepsilon)(\vartheta - \varphi) + \varepsilon[\tau(\vartheta) - \tau(\varphi)]\big) \leqq \log \frac{1}{\sin^2 \frac{\delta}{4}} =$$
$$= \log \frac{4\cos^2 \frac{\delta}{4}}{\sin^2 \frac{\delta}{2}} < \log \frac{4}{\sin^2 \frac{\delta}{2}}$$

beschränkt. $I_1(\varepsilon)$ ist also eine stetige Funktion von ε, und

$$|I_1(\varepsilon)| < \frac{L^2}{4\pi} \log \frac{4}{\sin^2 \frac{\delta}{2}}.$$

Im Integranden von $I_2(\varepsilon)$ finden wir für $0 < |\vartheta - \varphi| < \delta$ entsprechend

$$B\big(1, (1-\varepsilon)(\vartheta - \varphi) + \varepsilon[\tau(\vartheta) - \tau(\varphi)]\big) \leqq B(1, \vartheta - \varphi) + \log 4.$$

Auf Grund des Lebesgueschen Konvergenzsatzes folgt daraus die Stetigkeit des Integrals $I_2(\varepsilon)$. Weiterhin haben wir

$$I_2(\varepsilon) \leqq \frac{1}{4\pi} \iint\limits_{|\vartheta-\varphi|<\delta} (B(1, \vartheta - \varphi) + \log 4)\, d\mathfrak{q}(\vartheta) \cdot d\mathfrak{q}(\varphi)$$

$$\leqq \frac{1}{4\pi} \int\limits_0^{2\pi} \int\limits_0^{2\pi} B(1, \vartheta - \varphi)\, d\mathfrak{q}(\vartheta) \cdot d\mathfrak{q}(\varphi) -$$

$$- \frac{1}{4\pi} \iint\limits_{|\vartheta-\varphi|\geqq\delta} B(1, \vartheta - \varphi)\, d\mathfrak{q}(\vartheta) \cdot d\mathfrak{q}(\varphi) + \frac{L^2}{4\pi} \log 4$$

$$\leqq D[\mathfrak{q}] + \frac{L^2}{4\pi} \log \frac{1}{\sin^2 \frac{\delta}{2}} + \frac{L^2}{4\pi} \log 4 .$$

Somit wird

$$D[\mathfrak{x}_\varepsilon] < M + \frac{L^2}{2\pi} \log \frac{4}{\sin^2 \frac{\delta}{2}} .$$

Für ε im Intervall $\frac{1}{2} \leqq \varepsilon \leqq 1$ folgt dieselbe Abschätzung aus der gleichwertigen Darstellung (163b).

Nun noch zur Differenzierbarkeit. ε liege im Intervalle $a \leqq \varepsilon \leqq 1 - a$, wo $0 < a < \frac{1}{2}$. Wir schreiben wieder $D[\mathfrak{x}_\varepsilon] = I_1(\varepsilon) + I_2(\varepsilon)$. Diesmal haben wir

$$\frac{a}{2} |\vartheta - \varphi| \leqq \left| \frac{1}{2} \{(1-\varepsilon)(\vartheta - \varphi) + \varepsilon[\tau(\vartheta) - \tau(\varphi)]\} \right| \leqq \pi - \frac{a}{2} |\vartheta - \varphi| .$$

Beim ersten Integral können wir daher unter dem Integralzeichen differenzieren. Differentiation des Integranden im zweiten Integral gibt

$$\frac{d}{d\varepsilon} B(1, (1-\varepsilon)(\vartheta - \varphi) + \varepsilon[\tau(\vartheta) - \tau(\varphi)]) =$$

$$= - \frac{\tau(\vartheta) - \vartheta - (\tau(\varphi) - \varphi)}{\tan \frac{1}{2} \{(1-\varepsilon)(\vartheta - \varphi) + \varepsilon[\tau(\vartheta) - \tau(\varphi)]\}} .$$

Bei der Abschätzung dieses Ausdruckes für $0 < |\vartheta - \varphi| < \delta$ müssen wir sorgfältig vorgehen. Für die Punkte des Integrationsbereiches, für welche $0 < \vartheta - \varphi < \delta$ (und $\delta \leqq 2\pi/3$; siehe § 419) gilt, ist

$$0 < \frac{1}{2} \{(1-\varepsilon)(\vartheta - \varphi) + \varepsilon[\tau(\vartheta) - \tau(\varphi)]\} \leqq \frac{1}{2} (1-\varepsilon)(\vartheta - \varphi) +$$

$$+ \varepsilon \pi < \left(1 - \frac{a}{2}\right) \pi .$$

Wir haben nun

$$\frac{\tau(\vartheta)-\vartheta-(\tau(\varphi)-\varphi)}{\tan\frac{1}{2}\{(1-\varepsilon)(\vartheta-\varphi)+\varepsilon[\tau(\vartheta)-\tau(\varphi)]\}}$$
$$=\frac{(1-\varepsilon)(\vartheta-\varphi)+\varepsilon[\tau(\vartheta)-\tau(\varphi)]}{\tan\frac{1}{2}\{(1-\varepsilon)(\vartheta-\varphi)+\varepsilon[\tau(\vartheta)-\tau(\varphi)]\}}\times$$
$$\times\frac{\tau(\vartheta)-\vartheta-(\tau(\varphi)-\varphi)}{(1-\varepsilon)(\vartheta-\varphi)+\varepsilon[\tau(\vartheta)-\tau(\varphi)]}.$$

Der erste Faktor auf der rechten Seite ist gleichmäßig beschränkt. Aber auch der zweite Faktor ist beschränkt. Er läßt sich nämlich in der Form

$$\frac{1}{\varepsilon}-\frac{1}{\varepsilon}\,\frac{1}{(1-\varepsilon)+\varepsilon\dfrac{\tau(\vartheta)-\tau(\varphi)}{\vartheta-\varphi}}$$

schreiben. Da $\tau(\vartheta)$ eine monoton wachsende Funktion ist, folgt daraus

$$-\frac{1}{a}\leqq-\frac{1}{1-\varepsilon}=\frac{1}{\varepsilon}-\frac{1}{\varepsilon(1-\varepsilon)}\leqq$$
$$\leqq\frac{\tau(\vartheta)-\vartheta-\tau((\varphi)-\varphi)}{(1-\varepsilon)(\vartheta-\varphi)+\varepsilon[\tau(\vartheta)-\tau(\varphi)]}\leqq\frac{1}{\varepsilon}\leqq\frac{1}{a}.$$

In einem Punkte des Integrationsbereiches, wo $2\pi-\delta<\varphi-\vartheta<2\pi$ ist, setzen wir $\varphi=\bar{\varphi}+2\pi$ und erhalten neben $0<\vartheta-\bar{\varphi}<\delta$ die Beziehungen

$$\tau(\vartheta)-\vartheta-(\tau(\varphi)-\varphi)=\tau(\vartheta)-\vartheta-(\tau(\bar{\varphi})-\bar{\varphi})$$

und

$$\tfrac{1}{2}\{(1-\varepsilon)(\vartheta-\varphi)+\varepsilon[\tau(\vartheta)-\tau(\varphi)]\}=$$
$$=-\pi+\tfrac{1}{2}\{(1-\varepsilon)(\vartheta-\bar{\varphi})+\varepsilon[\tau(\vartheta)-\tau(\bar{\varphi})]\}.$$

Die Ableitung von $B(1,(1-\varepsilon)(\vartheta-\varphi)+\varepsilon[\tau(\vartheta)-\tau(\varphi)])$ nach ε ist also wiederum beschränkt. Dasselbe gilt in allen Punkten des Integrationsbereiches, in denen die Ungleichungen $-\delta<\vartheta-\varphi<0$ oder $2\pi-\delta<\vartheta-\varphi<2\pi$ erfüllt sind.

Mit Hilfe der für $0<|\vartheta-\varphi|<\delta$ gültigen Ungleichung

$$\left|\frac{\tau(\vartheta)-\vartheta-(\tau(\varphi)-\varphi)}{\tan\frac{1}{2}\{(1-\varepsilon_1)(\vartheta-\varphi)+\varepsilon_1[\tau(\vartheta)-\tau(\varphi)]\}}-\right.$$
$$\left.-\frac{\tau(\vartheta)-\vartheta-(\tau(\varphi)-\varphi)}{\tan\frac{1}{2}\{(1-\varepsilon_2)(\vartheta-\varphi)+\varepsilon_2[\tau(\vartheta)-\tau(\varphi)]\}}\right|\leqq$$
$$\leqq\tfrac{1}{2}|\varepsilon_2-\varepsilon_1|\times$$
$$\times\frac{[\tau(\vartheta)-\vartheta-(\tau(\varphi)-\varphi)]^2}{\sin\frac{1}{2}\{(1-\varepsilon_1)(\vartheta-\varphi)+\varepsilon_1[\tau(\vartheta)-\tau(\varphi)]\}\times\sin\frac{1}{2}\{(1-\varepsilon_2)(\vartheta-\varphi)+\varepsilon_2[\tau(\vartheta)-\tau(\varphi)]\}}$$
$$\leqq\frac{2}{a^2}\,\frac{\left(1-\dfrac{a}{2}\right)^2\pi^2}{\sin^2\dfrac{a\pi}{2}}\,|\varepsilon_2-\varepsilon_1|$$

schließt man nun, daß die Differentiation von $I_2(\varepsilon)$ für $a \leqq \varepsilon \leqq 1 - a$ unter dem Integralzeichen erlaubt und daß somit $\frac{d D[\mathfrak{x}_\varepsilon]}{d\varepsilon}$ dort eine stetige Funktion ist.

Damit ist unsere Behauptung bewiesen. Wir legen einen Teil dieser Behauptung noch einmal in einem Satze nieder:

Zwei beliebige Elemente $\mathfrak{x}_1$ und $\mathfrak{x}_2$ von $\mathfrak{H}_\infty$ können durch einen stetigen Weg verbunden werden, dessen Elemente für hinreichend großes N ganz im Raume $\mathfrak{H}_N$ liegen. Insbesondere ist $d[\mathfrak{x}_1, \mathfrak{x}_2]$ endlich.

§ 426. Nun, da wir wissen, daß $d[\mathfrak{p}, \mathfrak{q}]$ endlich ist, betrachten wir eine Folge $\{\mathfrak{T}_n\}$ der in § 422 beschriebenen Mengen, für welche $\lim_{n\to\infty} d[\mathfrak{T}_n; \mathfrak{p}, \mathfrak{q}] = d[\mathfrak{p}, \mathfrak{q}]$ ist. $\mathfrak{T}_0$ sei der obere Limes der Mengenfolge $\{\mathfrak{T}_n\}$, d. h. die Menge aller Häufungspunkte aller Folgen $\{\mathfrak{x}_n\}$, wo $\mathfrak{x}_n \in \mathfrak{T}_n$. Die Menge $\mathfrak{T}_0$ enthält die Elemente $\mathfrak{p}$ und $\mathfrak{q}$ und ist offensichtlich abgeschlossen und kompakt. Wir behaupten, daß $\mathfrak{T}_0$ auch zusammenhängend, also ein Kontinuum ist.

Zum Beweise dafür wollen wir einmal annehmen, $\mathfrak{T}_0$ sei die Vereinigungsmenge zweier nicht-leerer abgeschlossener Teilmengen $\mathfrak{S}'$ und $\mathfrak{S}''$ von $\mathfrak{H}$. Es sei $\eta > 0$ der Abstand dieser Mengen. Allgemein bezeichnen wir mit $\mathfrak{S}'_\varepsilon$, $\mathfrak{S}''_\varepsilon$ die Menge der Elemente von $\mathfrak{H}$, deren Abstand von $\mathfrak{S}'$ bzw. $\mathfrak{S}''$ den Wert ε nicht übersteigt. Der Vektor $\mathfrak{p}$ sei etwa in $\mathfrak{S}'$ enthalten. Es muß eine Teilfolge $\{\mathfrak{T}_{n_i}\}$ der $\mathfrak{T}_n$ geben, deren Durchschnitt mit $\mathfrak{S}''_{\eta/4}$ nicht leer ist. Jede der Mengen $\mathfrak{T}_{n_i}$ ist zusammenhängend. Ein beliebiges Element $\mathfrak{y}$ von $\mathfrak{T}_{n_i}$ kann daher mit $\mathfrak{p}$ durch eine $\eta/4$-Kette verbunden werden, d. h., es existieren endlich viele Elemente $\mathfrak{y}_k \in \mathfrak{T}_{n_i}$ $(k = 1, 2, \ldots, m)$, so daß $\|\mathfrak{y}_{k+1} - \mathfrak{y}_k\| < \eta/4$ $(k = 0, 1, \ldots, m)$ ist. Dabei haben wir $\mathfrak{y}_0 = \mathfrak{p}$, $\mathfrak{y}_{m+1} = \mathfrak{y}$ gesetzt. Daraus folgt nun, daß jede Menge $\mathfrak{T}_{n_i}$ mindestens ein Element $\mathfrak{x}_{n_i}$ außerhalb der Vereinigungsmenge $\mathfrak{S}'_{\eta/4} \cup \mathfrak{S}''_{\eta/4}$ besitzen muß, so daß die Menge $\mathfrak{T}_0$ ein nicht in $\mathfrak{S}' \cup \mathfrak{S}''$ enthaltenes Element haben müßte. Das ist nicht möglich. $\mathfrak{T}_0$ ist also, wie behauptet, zusammenhängend.

$\mathfrak{T}_0$ selbst ist eine Menge mit den in § 422 niedergelegten Eigenschaften. Aus der Unterhalbstetigkeit des Dirichletschen Integrals (siehe § 213) folgt $d[\mathfrak{T}_0; \mathfrak{p}, \mathfrak{q}] \leqq d[\mathfrak{p}, \mathfrak{q}]$. Wegen der Bedeutung von $d[\mathfrak{p}, \mathfrak{q}]$ gilt daher $d[\mathfrak{T}_0; \mathfrak{p}, \mathfrak{q}] = d[\mathfrak{p}, \mathfrak{q}]$.

Wir formulieren das Ergebnis noch einmal als Satz:

$\mathfrak{x}_1$ und $\mathfrak{x}_2$ seien zwei Elemente des Raumes $\mathfrak{H}_\infty$, welche, wie wir aus § 425 schon wissen, durch eine Schwelle endlicher Höhe voneinander getrennt sind. Es gibt ein diese Elemente enthaltendes Teilkontinuum $\mathfrak{T}_0$ des Raumes $\mathfrak{H}$ mit der Eigenschaft, daß $d[\mathfrak{T}_0; \mathfrak{x}_1, \mathfrak{x}_2] = d[\mathfrak{x}_1, \mathfrak{x}_2]$ gilt.

§ 427. *Der Vektor* $\mathfrak{q}$ *sei ein Element des Raumes* $\mathfrak{H}_\infty$, *dessen Randwerte eine topologische Darstellung der Kurve* Γ *vermitteln. Zu jeder Zahl* $\eta > 0$ *gibt es positive Zahlen* α *und* β *mit der folgenden Eigenschaft: Wenn* $\mathfrak{p}$ *ein Element von* $\mathfrak{H}_\infty$ *ist und* $\|\mathfrak{p} - \mathfrak{q}\| \leqq \alpha$ *gilt, dann zieht die Ungleichung* $D[\mathfrak{x}_\varepsilon] \geqq D[\mathfrak{q}] + \eta$, $0 < \varepsilon < 1$, *die Ungleichung* $|dD[\mathfrak{x}_\varepsilon]/d\varepsilon| \geqq \beta$ *nach sich.* ($\mathfrak{x}_\varepsilon$ sind hier die Elemente des in § 424 definierten die Vektoren $\mathfrak{p}$ und $\mathfrak{q}$ verbindenden Weges.)

Bemerkung: Bei festen $\mathfrak{q}$ und η gilt die Aussage des Satzes für jedes Zahlenpaar α', β' mit $\alpha' \leqq \alpha$, $\beta' \leqq \beta$.

Beweis: Andernfalls gäbe es für eine Zahl $\eta = \eta_0 > 0$ eine Folge $\{\mathfrak{p}^{(n)}\}$ von gegen $\mathfrak{q}$ konvergierenden Elementen aus $\mathfrak{H}_\infty$ und eine Folge $\{\varepsilon_n\}$ des Intervalles $0 < \varepsilon < 1$, so daß $D[\mathfrak{x}^{(n)}_{\varepsilon_n}] \geqq D[\mathfrak{q}] + \eta_0$ aber $\lim_{n\to\infty} [dD[\mathfrak{x}^{(n)}_\varepsilon]/d\varepsilon]_{\varepsilon=\varepsilon_n} = 0$ wäre. Wir wollen aus dieser Annahme einen Widerspruch herleiten.

Wie früher haben wir durch die Beziehung $\mathfrak{p}^{(n)}(\tau_n(\vartheta)) = \mathfrak{q}(\vartheta)$ definierte monotone Funktionen $\tau_n(\vartheta)$. Aus $\|\mathfrak{p}^{(n)} - \mathfrak{q}\| \to 0$ und aus der Tatsache, daß $\mathfrak{q}(\vartheta)$ eine topologische Abbildung von ∂P auf Γ vermittelt, schließt man ähnlich wie in § 21, daß eine Teilfolge der $\tau_n(\vartheta)$, welche wir der Einfachheit halber wieder mit $\{\tau_n(\vartheta)\}$ bezeichnen, gleichmäßig in $0 \leqq \vartheta \leqq 2\pi$ gegen die Grenzfunktion $\tau(\vartheta) = \vartheta$ konvergiert. Wir nehmen etwa an, daß alle ε_n im Intervalle $0 \leqq \varepsilon \leqq \frac{1}{2}$ liegen und lassen bei den folgenden Rechnungen den Zeiger n gelegentlich weg. Es gilt

$$D[\mathfrak{x}_\varepsilon] - D[\mathfrak{q}] = \frac{1}{4\pi}\Bigg(\iint\limits_{|\vartheta-\varphi|\geqq\delta} + \iint\limits_{|\vartheta-\varphi|<\delta}\Bigg)\times$$

$$\times \log \frac{\sin^2 \frac{1}{2}(\vartheta - \varphi)}{\sin^2 \frac{1}{2}\{(1-\varepsilon)(\vartheta - \varphi) + \varepsilon[\tau(\vartheta) - \tau(\varphi)]\}}\, d\mathfrak{q}(\vartheta)\cdot d\mathfrak{q}(\varphi) \equiv$$

$$\equiv I_1^{(n)} + I_2^{(n)}.$$

Das erste Integral ist nicht singulär. Da $\{(1 - \varepsilon_n)(\vartheta - \varphi) + \varepsilon_n[\tau_n(\vartheta) - - \tau_n(\varphi)]\}$ für $n \to \infty$ gleichmäßig gegen $\vartheta - \varphi$ konvergiert, haben wir $\lim_{n\to\infty} I_1^{(n)} = 0$. Den Kern des zweiten Integrals spalten wir auf in drei Summanden

$$\log\frac{\sin^2\frac{1}{2}(\vartheta-\varphi)}{(\vartheta-\varphi)^2} + \log\frac{1}{\cos^2\frac{1}{2}\{(1-\varepsilon)(\vartheta-\varphi) + \varepsilon[\tau(\vartheta)-\tau(\varphi)]\}} +$$

$$+ \log\frac{(\vartheta-\varphi)^2}{\tan^2\frac{1}{2}\{(1-\varepsilon)(\vartheta-\varphi) + \varepsilon[\tau(\vartheta)-\tau(\varphi)]\}}.$$

$I_2^{(n)}$ schreibt sich dann als Summe dreier Integrale $J_1^{(n)} + J_2^{(n)} + J_3^{(n)}$, von denen nur das letzte singulär ist. Für $|\vartheta - \varphi| < \delta \leqq 2\pi/3$ und hinreichend große n gilt ja $\cos^2 \frac{1}{2}\{(1-\varepsilon_n)(\vartheta-\varphi)+\varepsilon_n[\tau_n(\vartheta)-\tau_n(\varphi)]\} \geqq \cos^2 \frac{5\pi}{12}$. Wir haben also

$$J_1^{(n)} = \frac{1}{4\pi} \iint\limits_{|\vartheta-\varphi|<\delta} \log \frac{\sin^2 \frac{1}{2}(\vartheta-\varphi)}{(\vartheta-\varphi)^2}\, d\mathfrak{q}(\vartheta)\cdot d\mathfrak{q}(\varphi),$$

$$\lim_{n\to\infty} J_2^{(n)} = \frac{1}{4\pi} \iint\limits_{|\vartheta-\varphi|<\delta} \log \frac{1}{\cos^2 \frac{1}{2}(\vartheta-\varphi)}\, d\mathfrak{q}(\vartheta)\cdot d\mathfrak{q}(\varphi),$$

und wegen $\log\xi < \xi$

$$J_3^{(n)} \leqq \frac{2}{4\pi} \iint\limits_{|\vartheta-\varphi|<\delta} \frac{\vartheta-\varphi}{\tan\frac{1}{2}\{(1-\varepsilon)(\vartheta-\varphi)+\varepsilon[\tau(\vartheta)-\tau(\varphi)]\}} \times$$
$$\times\, d\mathfrak{q}(\vartheta)\cdot d\mathfrak{q}(\varphi) \equiv R^{(n)}.$$

Andererseits ist nach § 425

$$\left[\frac{dD[\mathfrak{x}_\varepsilon]}{d\varepsilon}\right]_{\varepsilon=\varepsilon_n}$$
$$= -\frac{1}{4\pi}\left(\iint\limits_{|\vartheta-\varphi|\geqq\delta} + \iint\limits_{|\vartheta-\varphi|<\delta}\right) \frac{\tau(\vartheta)-\vartheta-(\tau(\varphi)-\varphi)}{\tan\frac{1}{2}\{(1-\varepsilon)(\vartheta-\varphi)+\varepsilon[\tau(\vartheta)-\tau(\varphi)]\}} \times$$
$$\times\, d\mathfrak{q}(\vartheta)\cdot d\mathfrak{q}(\varphi) \equiv K_1^{(n)} + K_2^{(n)}.$$

Dabei können wir $K_2^{(n)}$ wieder aufspalten:

$$K_2^{(n)} = -\frac{1}{4\pi\varepsilon} \iint\limits_{|\vartheta-\varphi|<\delta} \frac{(1-\varepsilon)(\vartheta-\varphi)+\varepsilon[\tau(\vartheta)-\tau(\varphi)]}{\tan\frac{1}{2}\{(1-\varepsilon)(\vartheta-\varphi)+\varepsilon[\tau(\vartheta)-\tau(\varphi)]\}} \times$$
$$\times\, d\mathfrak{q}(\vartheta)\cdot d\mathfrak{q}(\varphi) +$$
$$+\frac{1}{4\pi\varepsilon} \iint\limits_{|\vartheta-\varphi|<\delta} \frac{\vartheta-\varphi}{\tan\frac{1}{2}\{(1-\varepsilon)(\vartheta-\varphi)+\varepsilon[\tau(\vartheta)-\tau(\varphi)]\}} \times$$
$$\times\, d\mathfrak{q}(\vartheta)\cdot d\mathfrak{q}(\varphi) = \frac{1}{\varepsilon} K_3^{(n)} + \frac{1}{2\varepsilon} R^{(n)}.$$

Es gilt $\lim\limits_{n\to\infty} K_1^{(n)} = 0$ und

$$\lim_{n\to\infty} K_3^{(n)} = -\frac{1}{4\pi} \iint\limits_{|\vartheta-\varphi|<\delta} \frac{\vartheta-\varphi}{\tan\frac{1}{2}(\vartheta-\varphi)}\, d\mathfrak{q}(\vartheta)\cdot d\mathfrak{q}(\varphi)$$

und somit

$$R^{(n)} = 2\varepsilon_n \left[\frac{dD[\mathfrak{x}_\varepsilon^{(n)}]}{d\varepsilon}\right]_{\varepsilon=\varepsilon_n} - 2\varepsilon_n K_1^{(n)} - 2K_3^{(n)}.$$

Indem wir alle Beziehungen zusammennehmen, erhalten wir

$$\limsup_{n\to\infty} (D[\mathfrak{x}_{\varepsilon_n}^{(n)}] - D[\mathfrak{q}]) \leqq$$
$$\leqq \frac{1}{4\pi} \iint\limits_{|\vartheta-\varphi|<\delta} \left\{\log \frac{\tan^2 \frac{1}{2}(\vartheta-\varphi)}{(\vartheta-\varphi)^2} + 2\,\frac{\vartheta-\varphi}{\tan\frac{1}{2}(\vartheta-\varphi)}\right\} d\mathfrak{q}(\vartheta)\cdot d\mathfrak{q}(\varphi).$$

Diese Ungleichung gilt für ale $\delta \leqq \delta_M$ (siehe § 419). Da wir δ beliebig klein nehmen können, finden wir $\limsup_{n\to\infty} D[\mathfrak{x}_{\varepsilon_n}^{(n)}] \leqq D[\mathfrak{q}]$. Da die $\mathfrak{x}_\varepsilon^{(n)}$ mit $\mathfrak{p}^{(n)}$ gleichmäßig in $0 \leqq \varepsilon \leqq 1$ gegen $\mathfrak{q}$ konvergieren, folgt aus der Unterhalbstetigkeit des Dirichletschen Integrals andererseits $\liminf_{n\to\infty} D[\mathfrak{x}_{\varepsilon_n}^{(n)}] \geqq D[\mathfrak{q}]$. Daher wird $\lim_{n\to\infty} D[\mathfrak{x}_{\varepsilon_n}^{(n)}] = D[\mathfrak{q}]$. Das ist der erwartete Widerspruch. Die zu beweisende Behauptung ist also richtig.

§ 428. *Mit $\mathfrak{q}(u,v)$, η, α, β, $\mathfrak{p}(u,v)$ und $\mathfrak{x}_\varepsilon(u,v)$ wie in* § 427 *gibt es für das als Funktion von ε betrachtete Dirichletsche Integral die folgenden zwei Möglichkeiten:*

1) *Im Falle $D[\mathfrak{p}] \leqq D[\mathfrak{q}] + \eta$ ist $D[\mathfrak{x}_\varepsilon] \leqq D[\mathfrak{q}] + \eta$ für $0 \leqq \varepsilon \leqq 1$.*

2) *Im Falle $D[\mathfrak{p}] > D[\mathfrak{q}] + \eta$ gibt es einen Wert ε_0 im Intervalle $0 < \varepsilon_0 < 1$, so daß $D[\mathfrak{x}_\varepsilon] < D[\mathfrak{q}] + \eta$ für $0 \leqq \varepsilon < \varepsilon_0$, $D[\mathfrak{x}_{\varepsilon_0}] = D[\mathfrak{q}] + \eta$ und $\frac{d}{d\varepsilon} D[\mathfrak{x}_\varepsilon] \geqq \beta$ für $\varepsilon_0 \leqq \varepsilon < 1$.*

Beweis: Gemäß § 427 müssen die Werte von $D[\mathfrak{x}_\varepsilon]$ in allen Punkten aus $0 < \varepsilon < 1$ entsprechenden Extremen kleiner als $D[\mathfrak{q}] + \eta$ sein. Daraus folgt 1). Wenn aber $D[\mathfrak{p}] \geqq D[\mathfrak{q}] + \eta$ ist, dann gibt es eine größte Zahl ε_0 im Intervalle $0 < \varepsilon_0 < 1$ mit der Eigenschaft, daß $D[\mathfrak{x}_\varepsilon] < D[\mathfrak{x}] + \eta$ für $0 \leqq \varepsilon < \varepsilon_0$ und $D[\mathfrak{x}_{\varepsilon_0}] = D[\mathfrak{q}] + \eta$. Im Intervall $\varepsilon_0 \leqq \varepsilon \leqq 1$ muß nach § 427 $D[\mathfrak{x}_\varepsilon] \geqq D[\mathfrak{q}] + \eta$ und $\frac{d}{d\varepsilon} D[\mathfrak{x}_\varepsilon] \geqq \beta$ gelten. W. z. b. w.

§ 429. *Mit $\mathfrak{q}(u,v)$, η, α und β wie in* § 427 *gibt es eine für alle $\mathfrak{p} \in \mathfrak{H}_\infty$ und $0 \leqq t \leqq 1$ definierte und stetige Deformation $\mathfrak{p} \to \mathfrak{g}(\mathfrak{p}, t)$ des Raumes $\mathfrak{H}_\infty$ in sich mit den folgenden Eigenschaften:*

1) *$\mathfrak{g}(\mathfrak{p}, 0) = \mathfrak{p}$ für jeden Vektor $\mathfrak{p} \in \mathfrak{H}_\infty$. Wir bezeichnen $\mathfrak{g}(\mathfrak{p}, 1)$ mit $\bar{\mathfrak{p}}$.*

2) *$\mathfrak{g}(\mathfrak{q}, t) = \mathfrak{q}$ für $0 \leqq t \leqq 1$; $\mathfrak{g}(\mathfrak{p}, t) = \mathfrak{p}$ für $0 \leqq t \leqq 1$, falls $\|\mathfrak{p} - \mathfrak{q}\| \geqq \alpha$.*

3) *Es sei $\|\mathfrak{p} - \mathfrak{q}\| \leqq \alpha$. Wenn $D[\mathfrak{p}] \leqq D[\mathfrak{q}] + \eta$ ist, dann gilt $D[\mathfrak{g}(\mathfrak{p}, t)] \leqq D[\mathfrak{q}] + \eta$ für $0 \leqq t \leqq 1$. Wenn $D[\mathfrak{p}] > D[\mathfrak{q}] + \eta$ ist, dann gibt es (eine von $\mathfrak{p}$ abhängige) Zahl t_0 im Intervalle $0 < t_0 \leqq 1$, so daß $D[\mathfrak{g}(\mathfrak{p}, t)]$ im Intervall $0 \leqq t \leqq t_0$ monoton abnimmt, während im Intervall $t_0 \leqq t \leqq 1$ die Ungleichung $D[\mathfrak{g}(\mathfrak{p}, t)] \leqq D[\mathfrak{q}] + \eta$ gilt.*

4) *Es sei $\|\mathfrak{p} - \mathfrak{q}\| = (1 - \gamma)\alpha$, wo $0 \leqq \gamma \leqq 1$. Dann gilt entweder $D[\bar{\mathfrak{p}}] \leqq D[\mathfrak{q}] + \eta$ oder $D[\bar{\mathfrak{p}}] \leqq D[\mathfrak{p}] - \gamma\beta$.*

Bemerkung: Die Zahlen α, β sowie die Deformation hängen vom Vektor $\mathfrak{q}$ und der Zahl η ab. Für jedes Zahlenpaar α', β' mit $\alpha' \leqq \alpha$, $\beta' \leqq \beta$ gibt es aber eine Deformation mit den obigen Eigenschaften.

Beweis: Wir wählen

$$\mathfrak{g}(\mathfrak{p}, t) = \begin{cases} \mathfrak{p} & \text{falls } \|\mathfrak{p} - \mathfrak{q}\| \geqq \alpha \\ \mathfrak{x}_{1-\gamma t} & \text{falls } \|\mathfrak{p} - \mathfrak{q}\| = (1-\gamma)\alpha, \quad 0 \leqq \gamma \leqq 1, \end{cases}$$

wo $\mathfrak{x}_\varepsilon$, $\varepsilon = 1 - \gamma t$ wie in § 424 erklärt ist. Aus der Stetigkeit von $\mathfrak{x}_\varepsilon$ folgt die Stetigkeit von $\mathfrak{g}(\mathfrak{p}, t)$ in $\mathfrak{p}$ und t. Die Abbildung $\mathfrak{g}(\mathfrak{p}, t)$ erfüllt gewiß die Bedingungen 1) und 2). 3) folgt aus § 428. Zum Beweis der Eigenschaft 4) müssen wir den Fall $D[\bar{\mathfrak{p}}] = D[\mathfrak{x}_{1-\gamma}] > D[\mathfrak{q}] + \eta$ betrachten. Das ε_0 des § 428 kann hier nicht größer als $1 - \gamma$ sein, so daß nach § 428 $\frac{d}{d\varepsilon} D[\mathfrak{x}_\varepsilon] \geqq \beta$ ist für $1 - \gamma \leqq \varepsilon < 1$. Wir finden also

$$D[\mathfrak{p}] - D[\mathfrak{x}_{1-\gamma}] = \lim_{\sigma \to 1} \int_{1-\gamma}^{\sigma} \frac{d}{d\varepsilon} D[\mathfrak{x}_\varepsilon]\, d\varepsilon \geqq \beta\gamma.$$

Damit ist alles bewiesen.

§ 430. *Der Vektor $\mathfrak{q}$ sei ein keine verallgemeinerte Minimalfläche definierendes Element $\mathfrak{H}_\infty$. Für jedes $N > D[\mathfrak{q}]$ gibt es zwei positive Zahlen α, β und eine für alle $\mathfrak{p} \in \mathfrak{H}_N$ und $0 \leqq t \leqq 1$ definierte stetige Deformation $\mathfrak{p} \to \mathfrak{g}(\mathfrak{p}, t)$ des Raumes $\mathfrak{H}_N$ in sich mit den folgenden Eigenschaften*:

1) $\mathfrak{g}(\mathfrak{p}, 0) = \mathfrak{p}$ *für jeden Vektor* $\mathfrak{p} \in \mathfrak{H}_N$. *Wir bezeichnen* $\mathfrak{g}(\mathfrak{p}, 1)$ *mit* $\bar{\mathfrak{p}}$.

2) $\mathfrak{g}(\mathfrak{p}, t) = \mathfrak{p}$ *für* $0 \leqq t \leqq 1$, *falls* $\|\mathfrak{p} - \mathfrak{q}\| \geqq \alpha$.

3) *Es sei* $\|\mathfrak{p} - \mathfrak{q}\| = (1 - \gamma)\alpha$, *wo* $0 \leqq \gamma \leqq 1$. *Dann ist* $D[\mathfrak{g}(\mathfrak{p}, t)] \leqq$ $\leqq D[\mathfrak{p}] - \beta\gamma t$ *und insbes.* $D[\bar{\mathfrak{p}}] \leqq D[\mathfrak{p}] - \beta\gamma$.

Bemerkung: Für jedes Zahlenpaar α', β' mit $\alpha' \leqq \alpha$, $\beta' \leqq \beta$ gibt es eine Deformation mit denselben Eigenschaften.

Beweis: Wir berufen uns auf die Ausführungen und Bezeichnungen der §§ 299, 308. Die Koeffizienten der Potenzreihenentwicklung der analytischen Funktion $\Phi(w) = (\mathfrak{p}_u - i\,\mathfrak{p}_v)^2$ hängen stetig von den Komponenten des Vektors $\mathfrak{p}$ ab. Dasselbe gilt dann von der in § 308 gewählten Funktion $\varphi(u, v)$. Wir wählen die positive Zahl α so klein, daß für alle $\mathfrak{p}$ mit $\|\mathfrak{p} - \mathfrak{q}\| \leqq \alpha$ genauso wie für $\mathfrak{q}$ der Koeffizient von w^l in der Potenzreihenentwicklung von Φ von Null verschieden ist und daß die Ungleichung $m(\mathfrak{p}) \leqq 2m(\mathfrak{q})$ gilt. α hängt natürlich von $\mathfrak{q}$ ab. Weiterhin bezeichnen wir mit ε_0 die kleinere der beiden Zahlen $1/4m(\mathfrak{q})$ und $1/72m^2(\mathfrak{q})\,N$. Nunmehr setzen wir

$$\mathfrak{g}(\mathfrak{p}, t) = \begin{cases} \mathfrak{p} & \text{falls } \|\mathfrak{p} - \mathfrak{q}\| \geqq \alpha \\ \mathfrak{p}^{(\gamma\varepsilon_0 t)} & \text{falls } \|\mathfrak{p} - \mathfrak{q}\| = (1-\gamma)\alpha, \quad 0 \leqq \gamma \leqq 1. \end{cases}$$

Die behaupteten Eigenschaften der Deformation $\mathfrak{g}(\mathfrak{p}, t)$ folgen dann aus §§ 299, 308 mit $\beta = \frac{1}{2}\varepsilon_0$.

§ 431. Der Raum $\mathfrak{H}_\infty$ enthalte zwei verschiedene Vektoren $\mathfrak{x}_1$ und $\mathfrak{x}_2$, welche verallgemeinerte Minimalflächen definieren. Wir nehmen an, daß $\mathfrak{x}_1$ und $\mathfrak{x}_2$ durch eine Schwelle positiver Höhe getrennt sind. Dann ist $D[\mathfrak{x}_1] < d[\mathfrak{x}_1, \mathfrak{x}_2]$, $D[\mathfrak{x}_2] < d[\mathfrak{x}_1, \mathfrak{x}_2]$ und nach § 426 $d[\mathfrak{T}_0; \mathfrak{x}_1, \mathfrak{x}_2] = d[\mathfrak{x}_1, \mathfrak{x}_2] < \infty$. Wir wollen zeigen, daß es in $\mathfrak{T}_0$ einen eine verallgemeinerte Minimalfläche definierenden Vektor $\mathfrak{z}$ mit $D[\mathfrak{z}] = d[\mathfrak{x}_1, \mathfrak{x}_2] =$ gibt.

Wir wollen einmal das Gegenteil annehmen. Jeder Vektor $\mathfrak{q}$ aus $\mathfrak{T}_0$ definierte dann entweder eine verallgemeinerte Minimalfläche mit $D[\mathfrak{q}] < d[\mathfrak{x}_1, \mathfrak{x}_2]$ oder keine verallgemeinerte Minimalfläche. Die Zahl N sei beliebig, aber größer als $d[\mathfrak{x}_1, \mathfrak{x}_2]$ gewählt. Für jeden Vektor $\mathfrak{q}$ aus $\mathfrak{T}_0$ konstruieren wir in $\mathfrak{H}_N$ eine offene α-Umgehung $U_\alpha(\mathfrak{q})$ von $\mathfrak{q}$, wo α folgendermaßen bestimmt ist: Wenn $\mathfrak{q}$ keine verallgemeinerte Minimalfläche definiert, nehmen wir das $\alpha = \alpha(\mathfrak{q})$ des Deformationssatzes aus § 430. Wenn $\mathfrak{q}$ eine verallgemeinerte Minimalfläche mit $D[\mathfrak{q}] < d[\mathfrak{x}_1, \mathfrak{x}_2]$ definiert und dann insbes. den Rand ∂P topologisch auf die Kurve Γ abbildet, wählen wir das $\alpha = \alpha(\mathfrak{q})$ des Deformationssatzes aus § 429 mit $\eta = \frac{1}{2}(d[\mathfrak{x}_1, \mathfrak{x}_2] - D[\mathfrak{q}])$. Aus Eigenschaft 4) dieses Satzes folgt dann für $\|\mathfrak{p} - \mathfrak{q}\| = (1 - \gamma)\alpha$ entweder $D[\bar{\mathfrak{p}}] \leqq \frac{1}{2}(D[\mathfrak{q}] + d[\mathfrak{x}_1, \mathfrak{x}_2])$ oder $D[\bar{\mathfrak{p}}] \leqq D[\mathfrak{p}] - \gamma\beta$. Die Umgebungen von $\mathfrak{x}_1$ und $\mathfrak{x}_2$, welche wir auf Grund der Bemerkung zum Satz aus § 429 als punktfremd annehmen dürfen, nennen wir $U_1 = U_{\alpha_1}(\mathfrak{x}_1)$ bzw. $U_2 = U_{\alpha_2}(\mathfrak{x}_2)$. Nach den Bemerkungen der §§ 429, 430 können wir die Zahlen α aller anderen Umgebungen $U_\alpha(\mathfrak{q})$ kleiner als $\alpha_1/4$ und $\alpha_2/4$ wählen.

Die Umgebungen $U_\alpha(\mathfrak{q})$ überdecken das Kontinuum $\mathfrak{T}_0$. Eine endliche Anzahl, etwa $U_3 = U_{\alpha_3}(\mathfrak{q}_3), \ldots, U_n = U_{\alpha_n}(\mathfrak{q}_n)$ reicht zur Überdeckung aller derjenigen Punkte von $\mathfrak{T}_0$ aus, deren Abstand von den Punkten $\mathfrak{x}_1$ und $\mathfrak{x}_2$ nicht kleiner als $\min(\alpha_1/2, \alpha_2/2)$ ist. Die Mengen $U_1, U_2, U_3, \ldots, U_n$ überdecken $\mathfrak{T}_0$. Es sei $\mathfrak{g}_\nu(\mathfrak{p}, t)$ die gemäß § 429 bzw. § 430 zu $\mathfrak{q}_\nu$ $(\nu = 1, 2, \ldots, n$ mit $\mathfrak{q}_1 = \mathfrak{x}_1$, $\mathfrak{q}_2 = \mathfrak{x}_2)$ gehörige Deformation des Raumes $\mathfrak{H}_N$ in sich. Mit c bezeichnen wir die größte der Zahlen $\frac{1}{2}(D[\mathfrak{q}_{\nu'}] + d[\mathfrak{x}_1, \mathfrak{x}_2])$ für alle diejenigen Elemente $\mathfrak{q}_{\nu'}$ unter den $\mathfrak{q}_\nu$, welche Minimalflächen definieren. Dann gilt gewiß $c < d[\mathfrak{x}_1, \mathfrak{x}_2]$. Unter jeder der Deformationen wird der Wert des Dirichletschen Integrals entweder überhaupt nicht oder jedenfalls nicht über den Wert c hinaus erhöht.

§ 432. T_ν sei die der Deformation $\mathfrak{g}_\nu$ von U_ν entsprechende Transformation des Raumes $\mathfrak{H}_N$ in sich. Wir führen nacheinander die Transformationen $T_1, T_2, \ldots, T_n$ aus. Die zusammengesetzte Abbildung T von $\mathfrak{H}_N$ in sich ist offensichtlich stetig. Die Menge $\mathfrak{T}_0$ geht bei dieser Abbildung in eine Menge $\mathfrak{T}_0^*$ über, welche die Punkte $\mathfrak{x}_1$ und $\mathfrak{x}_2$ enthält. Als stetiges Bild von $\mathfrak{T}_0$ ist $\mathfrak{T}_0^*$ eine abgeschlossene zusammenhängende Menge, und nach dem Vorangehenden gilt $d[\mathfrak{T}_0^*; \mathfrak{x}_1, \mathfrak{x}_2] \leqq$ $\leqq d[\mathfrak{T}_0; \mathfrak{x}_1, \mathfrak{x}_2] = d[\mathfrak{x}_1, \mathfrak{x}_2]$. Wir behaupten, daß sogar $d[\mathfrak{T}_0^*; \mathfrak{x}_1, \mathfrak{x}_2] <$ $< d[\mathfrak{x}_1, \mathfrak{x}_2]$ gelten muß, eine Ungleichung, welche natürlich einen Widerspruch zur Definition von $d[\mathfrak{x}_1, \mathfrak{x}_2]$ bedeutet.

Anderenfalls gäbe es eine Folge $\{\mathfrak{p}_i^*\}$ in $\mathfrak{T}_0^*$ mit $D[\mathfrak{p}_i^*] \to d[\mathfrak{x}_1, \mathfrak{x}_2]$. Jedes Element $\mathfrak{p}_i^*$ ist Bild (mindestens) eines Elementes $\mathfrak{p}_i$ aus $\mathfrak{T}_0$. Eine Teilfolge $\{\mathfrak{p}_j\}$ der $\mathfrak{p}_i$ konvergiert gegen ein Element $\mathfrak{p}$ von $\mathfrak{T}_0$. Es sei U_k die erste der Umgebungen $U_1, U_2, \ldots, U_n$, welche $\mathfrak{p}$ enthält. Wir setzen $\|\mathfrak{p} - \mathfrak{q}_k\| = (1-\gamma)\,\alpha_k$, wo $0 < \gamma \leqq 1$ ist. Mit $\mathfrak{p}_j'$ bezeichnen wir die Bilder der $\mathfrak{p}_j$ unter der (in der Reihenfolge von links nach rechts ausgeführten) zusammengesetzten Deformation $T_1 T_2 \ldots T_{k-1}$ (bzw. $\mathfrak{p}_j' = \mathfrak{p}_j$, falls $k = 1$). $\mathfrak{p}$ wird von dieser Transformation nicht erfaßt, und dasselbe gilt für hinreichend großes j von den $\mathfrak{p}_j$. Für hinreichend große j, etwa $j \geqq j_0$, gilt weiterhin $\|\mathfrak{p}_j' - \mathfrak{q}_k\| <$ $< \left(1 - \frac{\gamma}{2}\right)\alpha_k$. Nunmehr führen wir die Deformation T_k durch. Jedes Element $\mathfrak{p}_j'$ mit $j \geqq j_0$ geht dabei in ein Element $\mathfrak{p}_j''$ über. Wenn $\mathfrak{q}_k$ eine verallgemeinerte Minimalfläche definiert, gilt dabei $D[\mathfrak{p}_j''] \leqq c <$ $< d[\mathfrak{x}_1, \mathfrak{x}_2]$ oder $D[\mathfrak{p}_j''] \leqq D[\mathfrak{p}_j'] - \frac{1}{2}\gamma\,\beta_k \leqq d[\mathfrak{x}_1, \mathfrak{x}_2] - \frac{1}{2}\gamma\,\beta_k$. Wenn $\mathfrak{q}_k$ keine verallgemeinerte Minimalfläche definiert, gilt $D[\mathfrak{p}_j''] \leqq D[\mathfrak{p}_j'] -$ $- \frac{1}{2}\gamma\,\beta_k \leqq d[\mathfrak{x}_1, \mathfrak{x}_2] - \frac{1}{2}\gamma\,\beta_k$. Unter allen Umständen haben wir also für $j \geqq j_0$ $D[\mathfrak{p}_j''] \leqq c' = \max(c, d[\mathfrak{x}_1, \mathfrak{x}_2] - \frac{1}{2}\gamma\,\beta_k) < d[\mathfrak{x}_1, \mathfrak{x}_2]$. Die nachfolgende Deformation $T_{k+1} T_{k+2} \ldots T_n$ bildet die Elemente $\mathfrak{p}_j''$ auf die Elemente $\mathfrak{p}_j^*$ ab. Nach dem am Ende von § 431 Gesagten gilt dabei $D[\mathfrak{p}_j^*] \leqq c' < d[\mathfrak{x}_1, \mathfrak{x}_2]$. Das steht im Widerspruch zur Wahl der $\mathfrak{p}_i^*$. Es müßte also $d[\mathfrak{T}_0; \mathfrak{x}_1, \mathfrak{x}_2] < d[\mathfrak{x}_1, \mathfrak{x}_2]$ gelten.

Diese Ungleichung ist aber, wie gesagt, nicht möglich. Wie am Anfang von § 431 behauptet, gibt es also in $\mathfrak{T}_0$ einen eine verallgemeinerte Minimalfläche definierenden Vektor $\mathfrak{z}$ mit $D[\mathfrak{z}] = d[\mathfrak{x}_1, \mathfrak{x}_2]$. Damit ist auch der Satz des § 422 endlich bewiesen.

§ 433. Der eben bestimmte Vektor $\mathfrak{z}$ kann dem Dirichletschen Integral kein striktes Minimum verleihen; denn in jeder Umgebung von $\mathfrak{z}$ gibt es Vektoren $\mathfrak{x}$ aus $\mathfrak{T}_0$, für welche $D[\mathfrak{x}] \leqq d[\mathfrak{x}_1, \mathfrak{x}_2] = D[\mathfrak{z}]$ ist.

Wir können noch eine etwas allgemeinere Aussage machen. Mit $\mathfrak{M}_d(\mathfrak{T}_0)$ bezeichnen wir die Gesamtheit aller derjenigen Vektoren von $\mathfrak{T}_0$, welche verallgemeinerte Minimalflächen definieren und deren Dirichletsches Integral den Wert $d = d[\mathfrak{x}_1, \mathfrak{x}_2]$ hat. Es sei $\{\mathfrak{y}^{(n)}\}$ eine gegen einen Vektor $\mathfrak{y} \in \mathfrak{H}$ konvergierende Folge von Vektoren aus $\mathfrak{M}_d(\mathfrak{T}_0)$. Wir setzen $\Phi^{(n)}(u,v) = (\mathfrak{y}_u^{(n)} - i\,\mathfrak{y}_v^{(n)})^2$ und $\Phi(u,v) = (\mathfrak{y}_u - i\,\mathfrak{y}_v)^2$. Wie schon mehrfach festgestellt, gilt, und zwar gleichmäßig in jedem kompakten Teilbereich von P, die Beziehung $\lim_{n\to\infty} \Phi^{(n)}(u,v) = \Phi(u,v)$. Der Vektor $\mathfrak{y}$ stellt also eine verallgemeinerte Minimalfläche dar. Gemäß § 327 gilt dabei $D[\mathfrak{y}] = \lim_{n\to\infty} D[\mathfrak{y}^{(n)}] = d[\mathfrak{x}_1, \mathfrak{x}_2]$. Die Menge $\mathfrak{M}_d(\mathfrak{T}_0)$ ist also abgeschlossen.

Die Vektoren $\mathfrak{x}_1$ und $\mathfrak{x}_2$ gehören gewiß nicht zu $\mathfrak{M}_d(\mathfrak{T}_0)$. Als echte Teilmenge von $\mathfrak{T}_0$ muß $\mathfrak{M}_d(\mathfrak{T}_0)$ einen Randpunkt $\mathfrak{z}_0$ in $\mathfrak{T}_0$ haben. $\mathfrak{z}_0$ definiert eine verallgemeinerte Minimalfläche. In jeder Umgebung von $\mathfrak{z}_0$ gibt es zu $\mathfrak{T}_0$ aber nicht zu $\mathfrak{M}_d(\mathfrak{T}_0)$ gehörige Vektoren $\mathfrak{y}$, wobei $D[\mathfrak{y}] \leqq d[\mathfrak{x}_1, \mathfrak{x}_2]$. Wenn $D[\mathfrak{y}] = d[\mathfrak{x}_1, \mathfrak{x}_2]$ ist, wo dann $\mathfrak{y}$ keine verallgemeinerte Minimalfläche definieren kann, dann gibt es nach § 430 in jeder Umgebung von $\mathfrak{y}$ einen Vektor $\mathfrak{y}_0$ mit $D[\mathfrak{y}_0] < d[\mathfrak{x}_1, \mathfrak{x}_2]$. Der Flächeninhalt der von $\mathfrak{y}_0$ definierten Fläche ist nicht größer als $D[\mathfrak{y}_0]$, also kleiner als der Inhalt der von $\mathfrak{z}_0$ definierten Fläche. Mit den Bezeichnungen des § 119 können wir also zusammenfassend folgendes sagen:

Der Raum $\mathfrak{H}$ enthalte zwei verschiedene Vektoren $\mathfrak{x}_1$ und $\mathfrak{x}_2$, welche verallgemeinerte Minimalflächen definieren. Wenn $\mathfrak{x}_1$ und $\mathfrak{x}_2$ durch eine Schwelle positiver Höhe voneinander getrennt sind, dann existiert ein von $\mathfrak{x}_1$ und $\mathfrak{x}_2$ verschiedener Vektor in $\mathfrak{H}$, welcher eine instabile verallgemeinerte Minimalfläche definiert.

4.3. Beispiele

§ 434. Wir wollen die im Vorangehenden entwickelte Theorie auf einige konkrete Fälle anwenden. Unter Berufung auf die Ausführungen der §§ 390–396 betrachten wir zunächst die Jordankurve Γ_r des § 388 für $r_0 < r < \sqrt{3}$. Gemäß § 394 existieren zwei Lösungen S_1 und S_2 des Plateauschen Problems kleinsten Flächeninhaltes. Für S_1 liegt der Fall Ia vor, für S_2 der Fall Ib. Wir behaupten:

Die Ortsvektoren $\mathfrak{x}_1$ und $\mathfrak{x}_2$ dieser Flächen sind durch eine Schwelle positiver Höhe voneinander getrennt; oder, was nach §§ 422, 423, 426 *dasselbe ist, die verallgemeinerten Minimalflächen S_1 und S_2 gehören verschiedenen Blöcken an.*

Beweis: Gemäß § 426 gäbe es anderenfalls ein die Vektoren $\mathfrak{x}_1$ und $\mathfrak{x}_2$ enthaltendes Teilkontinuum $\mathfrak{T}_0$ des Raumes $\mathfrak{H} = \mathfrak{H}(\Gamma_r)$ mit der Eigenschaft, daß für alle Vektoren $\mathfrak{x}$ von $\mathfrak{T}_0$ die Gleichheit $D[\mathfrak{x}] = D[\mathfrak{x}_1] = D[\mathfrak{x}_2] = d$ zuträfe. d ist dabei der kleinste Wert des Dirichletschen Integrales für alle Vektoren aus $\mathfrak{H}$. Gemäß § 299 müßte jeder Vektor von $\mathfrak{T}_0$ also eine verallgemeinerte Minimalfläche definieren, und für jede dieser Flächen müßte zufolge § 393 entweder der Fall Ia oder der Fall Ib zutreffen. Wir bezeichnen mit $\mathfrak{T}_0^{(1)}$ und $\mathfrak{T}_0^{(2)}$ die Teilmengen aller Vektoren aus $\mathfrak{T}_0$, für welche der Fall Ia bzw. der Fall Ib vorliegt. Beide Mengen wären nicht-leer und (in der Metrik des Raumes $\mathfrak{H}$) abgeschlossen. Aus $\mathfrak{x}_n \to \mathfrak{x}$, $\mathfrak{x}_n \in \mathfrak{T}_0^{(1)}$, $\mathfrak{x} \in \mathfrak{T}_0^{(2)}$ ergäbe sich nämlich ein

Widerspruch. Im Hinblick auf den Zusammenhang von $\mathfrak{T}_0$ ist das nicht möglich.

Wir können somit den folgenden Satz aussprechen, welchen wir freilich in §§ 390–396 schon einmal mit einfacheren Hilfsmitteln bewiesen haben.

Für $r_0 < r < \sqrt{3}$ berandet die Kurve Γ_r neben den zwei verallgemeinerten Minimalflächen S_1 und S_2 vom Typ der Kreisscheibe kleinsten Flächeninhaltes noch eine weitere instabile verallgemeinerte Minimalfläche vom Typ der Kreisscheibe.

Entsprechende Betrachtungen lassen sich für die in Abb. 42 dargestellte Jordankurve anstellen.

§ 435. Bei der Kurve Γ_r des vorangehenden Paragraphen war die instabile Lösung des Plateauschen Problems zufällig explizit bekannt. Eine Jordankurve, bei welcher das nicht der Fall ist, wo sich also die entwickelte Theorie als unentbehrlich erweist, ist in Abb. 49 skizziert. Wir kennen sie schon von Abb. 4a her und werden sie hier mit Γ_ε bezeichnen. Sie ist aus vier Exemplaren des in Abb. 50 gezeichneten Bogens zusammengesetzt, deren Endpunkte in die Punkte $\mathfrak{y}_1 = (0, \varepsilon, \varepsilon)$, $\mathfrak{y}_2 = (0, -\varepsilon, \varepsilon)$, $\mathfrak{y}_3 = (0, -\varepsilon, -\varepsilon)$ und $\mathfrak{y}_4 = (0, \varepsilon, -\varepsilon)$ der Ebene $x = 0$ zu liegen kommen. Die Kurve Γ_ε war ursprünglich von J. Douglas ([9], p. 122; [10], p. 209) für andere Zwecke verwendet worden. Eine qualitativ ähnliche Kurve wurde später von M. Morse and C. Tompkins ([1], pp. 467–472) als Anwendungsbeispiel ihrer Theorie herangezogen.

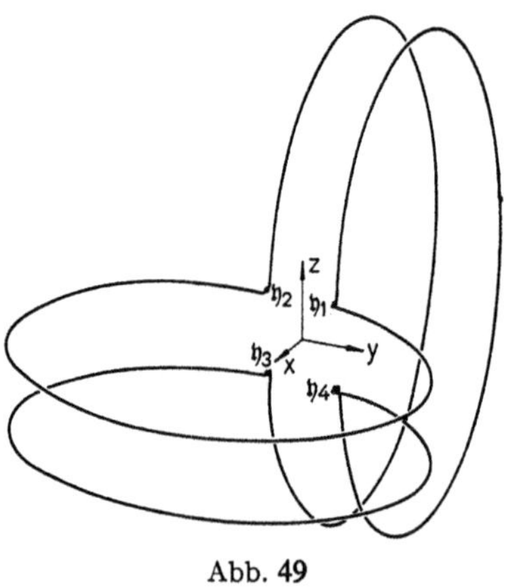

Abb. 49

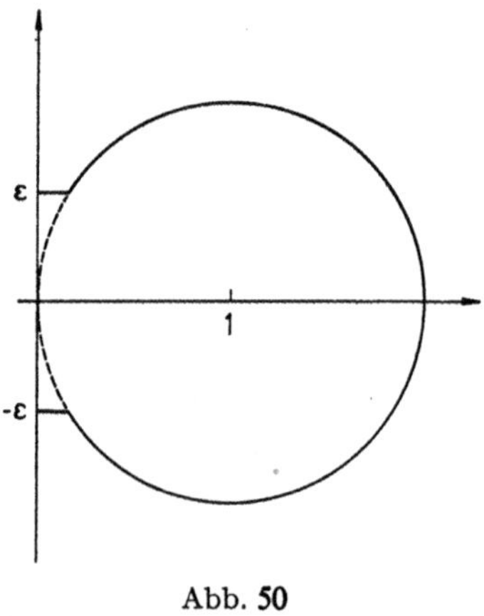

Abb. 50

Die Ausführungen der §§ 390–394 lassen sich weitgehend auf die vorliegende Situation übertragen. Die Rolle der harmonischen Funktion $z(u, v)$ aus § 390 spielt jetzt die erste Komponente $x(u, v)$ des

Ortsvektors $\mathfrak{x}(u, v)$ einer Lösung des Plateauschen Problems. Auf Grund der geradlinigen Segmente in der Kurve Γ_ε ist dieser Ortsvektor gewiß in einer vollen Umgebung der Menge $D_0 = \{u, v; (u, v) \in \bar{P}, x(u, v) = 0\}$ analytisch.

Mit L_ε bezeichnen wir die Länge des in Abb. 50 dargestellten Bogens und mit A_ε den Flächeninhalt, welchen dieser mit der vertikalen Achse einschließt. Es ist

$$L_\varepsilon = 2\pi + 2 - 2\sqrt{1 - \varepsilon^2} - 2\arcsin\varepsilon$$

$$A_\varepsilon = \pi + 2\varepsilon - \varepsilon\sqrt{1 - \varepsilon^2} - \arcsin\varepsilon > \pi.$$

Man erkennt ohne weiteres, daß Γ_ε eine Fläche Σ_ε vom Typ der Kreisscheibe berandet, welche, grob gesprochen, wie ein aufgebogener Ohrenschützer aussieht, d. h. aus einem Streifen und zwei Scheiben besteht. Sie vertritt die Fläche Σ_r aus § 393, und ihr Flächeninhalt ist $I(\Sigma_r) = 2A_\varepsilon + 2\varepsilon L_\varepsilon$.

Wie früher beweisen wir nun die folgenden Aussagen:

S sei eine Lösung des Plateauschen Problems für die Kurve Γ_ε. Es gilt stets $I(S) > 2A_\varepsilon$ und sogar $I(S) > 4A_\varepsilon$, wenn S dem Falle II zugehört. Wenn S unter allen von Γ_ε berandeten Flächen vom Typ der Kreisscheibe ein Minimum des Flächeninhaltes besitzt, so ist die Ungleichung $I(S) < I(\Sigma_\varepsilon)$ erfüllt.

Die Wurzel ε_0 der Gleichung

$$4A_\varepsilon - I(\Sigma_\varepsilon) \equiv 2(\pi - \arcsin\varepsilon)(1 - 2\varepsilon) + 2\varepsilon\sqrt{1 - \varepsilon^2} = 0$$

hat den Wert $\varepsilon_0 = 0{,}59554$. Indem wir beachten, daß die Kurve Γ_ε dieselben Symmetrieeigenschaften wie die Kurve Γ_r aus § 388 und auch die Eigenschaft (*) aus § 25 besitzt, gelangen wir nunmehr zu dem folgenden Resultat:

Für $0 < \varepsilon < \varepsilon_0$ berandet die Kurve Γ_ε mindestens drei verschiedene Lösungen des Plateauschen Problems. Zwei dieser Lösungen besitzen ein Minimum des Flächeninhaltes; die dritte ist instabil.

Eine qualitative Skizze dieser drei Lösungsflächen findet sich in den Abb. 4b, c, d.

§ 436. Ähnlich wie in § 396 bleiben hier noch einige Fragen offen. Für $\varepsilon = 1$ hat die Jordankurve Γ_ε die in Abb. 51 wiedergegebene Gestalt. Durch Parallelprojektion in Richtung der x-Achse wird sie auf die Berandung eines Quadrates der Seitenlänge 2 abgebildet. Die Zuordnung zwischen der Berandung dieses Quadrates und der Jordankurve ist monoton und mit Ausschluß der Eckpunkte sogar eineindeutig.

Nach § 401 ist eine von Γ_ε berandete Lösung des Plateauschen Problems für $\varepsilon = 1$ somit eindeutig bestimmt. Wenn die Zahl ε von kleinen Werten bis zum Wert Eins anwächst, dann gelangt sie zu einer gewissen Schwelle $\bar{\varepsilon}$, von welcher an die Kurve Γ_ε nicht mehr die Fähigkeit besitzt, mehrere Lösungen des Plateauschen Problems zu beranden. Nach dem Vorangehenden gilt gewiß $\varepsilon_0 \leqq \bar{\varepsilon} \leqq 1$. Der genaue Wert von $\bar{\varepsilon}$ ist noch nicht bekannt. (Es ist denkbar, daß $\bar{\varepsilon} = 1$ ist.)

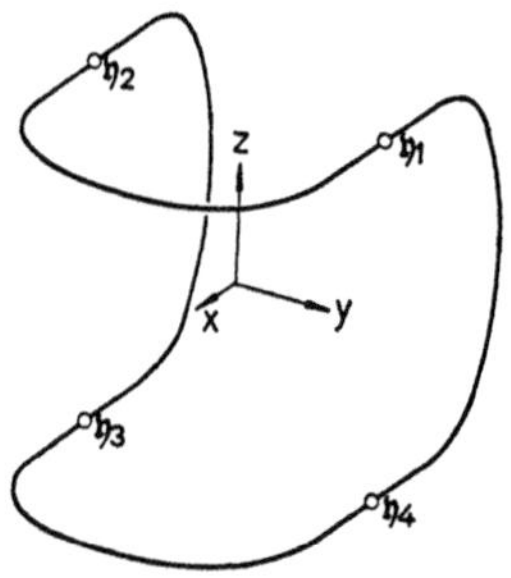

Abb. 51

5. Das Problem des kleinsten Flächeninhaltes

5.1. Minimalflächen mit gemeinsamen Punkten

§ 437. Zwei Minimalflächen S_1 und S_2 mögen einen Punkt $\mathfrak{x}_0$ im Raume gemeinsam haben, welcher inneren Punkten ihrer Parametermengen entspricht. Wenn in diesem Punkte die Normaleneinheitsvektoren der beiden Flächen nicht parallel sind, so schneiden sich die Flächen in einer Umgebung von $\mathfrak{x}_0$ in einer analytischen Kurve. Wir sprechen dann auch von einer Berührung nullter Ordnung.

Wenn die Normalenvektoren im Punkte $\mathfrak{x}_0$ parallel sind, so führen wir ein neues Koordinatensystem ein, in welchem $\mathfrak{x}_0$ zum Ursprung und die Tangentialebene der Minimalflächen im Punkte $\mathfrak{x}_0$ zur (x, y)-Ebene werden. Die Flächen S_j $(j = 1, 2)$ haben dann lokal eine Darstellung $z = z_j(x, y)$, wo die $z_j(x, y)$ Lösungen der Minimalflächengleichung sind und den Bedingungen $z_j(0, 0) = p_j(0, 0) = q_j(0, 0) = 0$ genügen. Wir haben nun zwei Fälle zu unterscheiden.

In einer Umgebung des Nullpunktes gilt entweder $z_1(x, y) \equiv z_2(x, y)$. Wir sprechen dann von einer Berührung unendlich hoher Ordnung. Oder es gilt dort $z_1(x, y) \not\equiv z_2(x, y)$. Die Differenz $z(x, y) = z_2(x, y) - z_1(x, y)$ der nach § 131 reell-analytischen Funktionen $z_1(x, y)$ und $z_2(x, y)$ läßt sich dann in der Umgebung des Nullpunktes in eine Potenzreihe $z(x, y) = \sum_{l=n}^{\infty} P^{(l)}(x, y)$ entwickeln. Dabei bedeutet $P^{(l)}(x, y)$ ein homogenes Polynom l-ten Grades in x und y, es gilt $n \geqq 2$, und $P^{(n)}(x, y)$ verschwindet nicht identisch. Wir sprechen von einer Berührung $(n-1)$-

ter Ordnung, im Falle $n - 1 = 1$ auch von einer gewöhnlichen Berührung.

Indem wir, wie das schon von C. H. Müntz ([2], pp. 62–63) und später wiederholt (z. B. von A. D. Aleksandrov [1]; W. H. Fleming [4], p. 80; L. Martinelli Panella [1], p. 185; J. Serrin [5], [12], pp. 363–364; G. Vaccaro [1], p. 155) getan worden ist, die für die Funktionen $z_j(x, y)$ angeschriebenen Minimalflächengleichungen voneinander subtrahieren und berücksichtigen, daß diese Funktionen mitsamt ihren ersten Ableitungen im Punkte $x = y = 0$ verschwinden, erhalten wir ohne Schwierigkeiten die Beziehung $P^{(n)}_{xx} + P^{(n)}_{yy} = 0$ als Bedingungsgleichung für das Glied niedrigster Ordnung in der Reihenentwicklung der Differenz $z(x, y)$. $P^{(n)}(x, y)$ ist also ein harmonisches Polynom n-ten Grades. Nach einer geeigneten Drehung des Koordinatensystems ergibt sich daher die in einer Umgebung des Nullpunktes gültige Entwicklung

$$z(r\cos\varphi, r\sin\varphi) = r^n \left\{\sin n\varphi + \sum_{l=1}^{\infty} r^l Q_l(\varphi)\right\}.$$

Die $Q_l(\varphi)$ sind dabei gewisse trigonometrische Polynome. Da die Ableitungen

$$\frac{\partial}{\partial\varphi}\left[\sin n\varphi + \sum_{l=1}^{\infty} r^l Q_l(\varphi)\right]_{\varphi=\frac{k\pi}{n}} = (-1)^k n + \sum_{l=1}^{\infty} r^l Q_l'\left(\frac{k\pi}{n}\right)$$

für hinreichend kleine r von Null verschieden sind, folgt nach geläufigen Sätzen der Eliminationstheorie, daß sich die Gleichung $z(x, y) = 0$ für kleine $r = \sqrt{x^2 + y^2}$ durch n analytische Funktionen $\varphi = \varphi_k(r)$ $(k = 0, 1, \ldots, n - 1)$ mit $\varphi_k(0) = \dfrac{k\pi}{n}$ auflösen läßt, so daß sich die Wurzeln der Gleichung $z(x, y) = 0$ qualitativ wie die Wurzeln der Gleichung $P^{(n)}(x, y) = 0$ verhalten, die wir schon in § 373 betrachtet haben. Eine Umgebung des Ursprunges wird also von n durch den Ursprung verlaufende analytische Kurven, längs derer $z(x, y)$ verschwindet, in $2n$ offene Sektoren $\sigma_1, \sigma_2, \ldots, \sigma_{2n}$ eingeteilt. In diesen Sektoren ist die Differenz $z(x, y) = z_2(x, y) - z_1(x, y)$ abwechselnd positiv und negativ. Zwei aufeinanderfolgende Kurven schneiden sich unter dem Winkel π/n.

Indem wir zu unserem ursprünglichen Koordinatensystem zurückkehren, können wir zusammenfassend sagen:

Wenn zwei Minimalflächen S_1 und S_2 einen Berührungspunkt $\mathfrak{x}_0$ der endlichen Ordnung $n - 1 \geqq 0$ haben, so schneidet die Fläche S_2 die Fläche S_1 in einer Umgebung von $\mathfrak{x}_0$ in n analytischen Kurven $\mathscr{C}_1, \mathscr{C}_2, \ldots, \mathscr{C}_n$, welche in $\mathfrak{x}_0$ von 0 und π verschiedene Winkel miteinander bilden. Diese Kurven teilen die Umgebung von $\mathfrak{x}_0$ auf S_1 in $2n$ offene Sektoren ein, in denen die Fläche S_2 abwechselnd auf der einen *und auf der anderen Seite der Fläche S_1 verläuft. Jeder von $\mathfrak{x}_0$ verschiedene Punkt der Kurven $\mathcal{C}_j$ in dieser Umgebung ist ein Berührungspunkt nullter Ordnung der Flächen S_1 und S_2.*

Als Spezialfall der vorangehenden Überlegungen ergibt sich auch der bekannte Satz der Differentialgeometrie: *Eine Minimalfläche wird von ihrer Tangentialebene bei gewöhnlicher Berührung in zwei zueinander senkrechten Kurven geschnitten.*

§ 438. $S = \{\mathfrak{x} = \mathfrak{x}(u, v);\ (u, v) \in B\}$ sei eine Minimalfläche oder eine Lösung des Plateauschen Problems, und $\hat{S} = \{\mathfrak{x} = \hat{\mathfrak{x}}(\hat{u}, \hat{v});\ (\hat{u}, \hat{v}) \in \hat{B}\}$ sei eine differentialgeometrische Fläche. Diese beiden Flächen mögen einen Punkt $\mathfrak{x}_0$ im Raume gemeinsam haben, welcher inneren Punkten ihrer Parametermengen entspricht – o. B. d. A. dürfen wir annehmen, daß es sich um die Punkte $u = v = 0$ bzw. $\hat{u} = \hat{v} = 0$ handelt. Die hinreichend kleinen Werten von u und v entsprechenden Punkte von S mögen ganz auf einer Seite von $\hat{S}$ (mit Einschluß von $\hat{S}$ selbst) liegen. Die Normalenvektoren der Flächen seien nach dieser Seite hin gerichtet. In dieser Situation behaupten wir:

Die mittlere Krümmung $\hat{H}_0$ der Fläche $\hat{S}$ im Punkte $\mathfrak{x}_0$ kann nicht positiv sein.

Beweis: In einem geeigneten Koordinatensystem mit $\mathfrak{x}_0$ als Ursprung läßt sich $\hat{S}$ lokal vermittels einer Gleichung $\hat{z} = f(\hat{x}, \hat{y}) = \varkappa_1 \hat{x}^2 + \varkappa_2 \hat{y}^2 + o(\hat{x}^2 + \hat{y}^2)$ darstellen. Entweder zufolge §§ 122, 124, 129 oder zufolge § 361 haben wir für die Fläche S lokal, d. h. für kleine $w = u + i v$, eine Darstellung

$$x = \operatorname{Re} g_1(w) \equiv \operatorname{Re}\{a_m w^m + a_{m+1} w^{m+1} + \cdots\}, \qquad a_m = a'_m + i a''_m \neq 0,\ m \geqq 1$$

$$y = \operatorname{Re} g_2(w) \equiv \operatorname{Re}\{b_n w^n + b_{n+1} w^{n+1} + \cdots\}, \qquad b_n = b'_n + i b''_n \neq 0,\ n \geqq 1$$

$$z = \operatorname{Re} g_3(w) = \operatorname{Re}\{c_p w^p + c_{p+1} w^{p+1} + \cdots\}, \qquad c_p = c'_p + i c''_p \neq 0,\ p \geqq 1.$$

Nach Voraussetzung gilt für hinreichend kleine w die Ungleichung $z \geqq f(x, y)$. Wegen (125) muß $p \geqq \min(m, n)$ sein. Wir unterscheiden drei Fälle.

I: $\min(m, n) \leqq p \leqq 2\min(m, n) - 1$. Mit $w^p = \zeta = \xi + i\eta = \varrho\, e^{i\varphi}$ ergibt sich dann für kleine ϱ die unmögliche Ungleichung $c'_p \cos\varphi - c''_p \sin\varphi \geqq o(1)$.

II: $p = 2\min(m, n)$. Gemäß (125) muß dann $m = n$ und $b_m = \pm i\, a_m$ sein. Mit $w^m = \zeta = \xi + i\eta = \varrho\, e^{i\varphi}$ ergibt sich aus $z \geqq f(x, y)$ diesmal

$$\varkappa_1 (a'_m \xi - a''_m \eta)^2 + \varkappa_2 (a''_m \xi + a'_m \eta)^2 \leqq c'_{2m}(\xi^2 - \eta^2) - 2 c'_{2m} \xi\eta + o(\varrho^2).$$

Indem wir nun erst $\xi = 0$, $\eta = \varrho$ und dann $\xi = \varrho$, $\eta = 0$ setzen und die entstehenden Ungleichungen addieren, finden wir $(\varkappa_1 + \varkappa_2) \times \times (a_m'^2 + a_m''^2) \leqq o(1)$, d. h. $2\hat{H}_0 = \varkappa_1 + \varkappa_2 \leqq 0$.

III: $p > 2\min(m, n)$. Diesmal finden wir

$$\varkappa_1(a_m' \xi - a_m'' \eta)^2 + \varkappa_2(a_m'' \xi + a_m' \eta)^2 \leqq o(\varrho^2)$$

und wiederum $2\hat{H}_0 = \varkappa_1 + \varkappa_2 \leqq 0$.

Damit ist die Behauptung bewiesen.

§ 439. Von besonderem Interesse ist der Fall, daß die Fläche $\hat{S}$ des vorangehenden Paragraphen selbst eine (reguläre) Minimalfläche ist. In einem geeignet gewählten Koordinatensystem kommt der Punkt $\mathfrak{x}_0$ in den Ursprung zu liegen, und die den Flächen gemeinsame Tangential ebene fällt mit der (x, y)-Ebene zusammen. Wir denken uns die Flächen $S = \{\mathfrak{x} = \mathfrak{x}(w);\ w \in B\}$ und $\hat{S} = \{\mathfrak{x} = \hat{\mathfrak{x}}(\zeta);\ \zeta \in \hat{B}\}$ dann je in einer Darstellung (153) vorgelegt, so daß die Ortsvektoren die Form

$$\hat{\mathfrak{x}}(\zeta) = \{\mathrm{Re}\,\zeta,\ \mathrm{Re} f_2(\zeta),\ \mathrm{Re} f_3(\zeta)\}$$

und

$$\mathfrak{x}(w) = \{\mathrm{Re}\, w^m,\ \mathrm{Re}\, g_2(w),\ \mathrm{Re}\, g_3(w)\}, \qquad m \geqq 1$$

annehmen. Dabei gelten die Potenzreihenentwicklungen

$$f_2(\zeta) = -i\zeta - i\zeta^{2p-1}(a_0 + a_1\zeta + \cdots),\quad f_3(\zeta) = \zeta^p(b_0 + b_1\zeta + \cdots$$

mit $p \geqq 2$, $b_0 \neq 0$, $a_0 = \dfrac{p^2}{2(2p-1)} b_0^2$ und

$$g_2(w) = \mp i w^m + \cdots,\qquad g_3(w) = B w^q + \cdots,\qquad q > m,\ B \neq 0.$$

Da die Veränderliche w notfalls durch ihre Konjugierte $\bar{w}$ ersetzt werden kann, dürfen wir bei $g_2(w)$ ausschließlich mit dem oberen Zeichen arbeiten. Der Fall $m = 1$, in welchem der Berührungspunkt auch für die Fläche S regulär ist, wurde schon in § 437 behandelt.

Für hinreichend kleine w sei $\zeta(w)$ derjenige Wert ζ, für welchen die Projektionen der Ortsvektoren $\mathfrak{x}(w)$ und $\hat{\mathfrak{x}}(\zeta)$ auf die (x, y)-Ebene übereinstimmen. Offensichtlich gilt $\zeta(w) = w^m + O(|w|^{m+1})$. Aus der Voraussetzung $\mathrm{Re}\, g_3(w) \geqq \mathrm{Re} f_3(\zeta(w))$ folgt daher, daß $q = mp$ und $B = b_0$ sein müssen. Aus der Bedingungsgleichung (125) schließt man dann, daß die Funktionen $g_2(w)$ und $g_3(w)$ Potenzreihenentwicklungen besitzen müssen, deren Anfangsterme wie folgt aussehen:

$$g_2(w) = -i w^m - i a_0 w^{m(2p-1)} + \cdots,\qquad g_3(w) = b_0 w^{mp} + \cdots.$$

Nunmehr steht fest, daß $\zeta(w) = w^m + O(|w|^{m(2p-1)+1})$ gilt. Wegen $\mathrm{Re}\, g_3(w) \geqq \mathrm{Re} f_3(\zeta(w))$ erhalten wir sodann wiederum weitere Informationen über die Anfangskoeffizienten in den Entwicklungen von $g_2(w)$ und $g_3(w)$, nämlich zunächst, daß $g_3(w) = b_0 w^{mp} + b_1 w^{m(p+1)} + \cdots$ sein muß, und dann unter Berufung auf (125), daß $g_2(w) = -i w^m -$

$- i\, a_0\, w^{m(2p-1)} - i\, a_1\, w^{m2p} + \cdots$ ist. Jetzt kann man die Beziehung $\zeta(w) = w^m + O(|w|^{2pm+1})$ erschließen.

Indem wir induktiv entsprechend weiterschließen, erkennen wir die Gültigkeit der Gleichheiten $g_2(w) = f_2(w^m)$ und $g_3(w) = f_3(w^m)$, so daß $\mathfrak{x}(w) = \hat{\mathfrak{x}}(w^m)$ gilt für alle Werte w mit hinreichend kleinem absolutem Betrag. Im Falle $m > 1$ handelt es sich bei der Fläche S also um einen uneigentlichen Verzweigungspunkt der Charakteristik m. In jedem Falle aber sind die Flächen S und $\hat{S}$, als Punktmengen im Raume betrachtet, identisch.

§ 440. $S = \{\mathfrak{x} = \mathfrak{x}(u, v);\ (u, v) \in \bar{P}\}$ und $\hat{S} = \{\mathfrak{x} = \hat{\mathfrak{x}}(u, v);\ (u, v) \in \bar{P}\}$ seien zwei Lösungen des Plateauschen Problems für die Jordankurven Γ bzw. $\hat{\Gamma}$.

Wenn Γ und $\hat{\Gamma}$ verschlungen sind, dann haben die Flächen S und $\hat{S}$ einen Punkt im Raum gemeinsam, welcher inneren Punkten ihrer Parameterbereiche entspricht und für beide Flächen regulär ist.

Hinsichtlich des Verschlingungsbegriffes sehe man P. Alexandroff und H. Hopf [I], pp. 409–449, 483–488. Die Jordankurven sind verschlungen, wenn $\hat{\Gamma}$ (bzw. Γ) jede von Γ (bzw. $\hat{\Gamma}$) berandete Fläche vom Typ der Kreisscheibe trifft. Zwei unverschlungene Kurven sieht man in Abb. 52a. Die Abb. 52b, c, d stellen Beispiele verschlungener Kurven dar. Während in Abb. 52c die Kurve $\hat{\Gamma}$ jede von Γ berandete Fläche vom Typ der Kreisscheibe trifft, berandet Γ ein Möbiusband, d. h. eine Fläche vom Typ $[-1, 1, 0]$, welches mit $\hat{\Gamma}$ keinen Punkt gemeinsam hat. Gleicherweise berandet die Kurve Γ in Abb. 52d eine Fläche vom Typ $(1, 1, -1]$ (Kreisscheibe mit einem Henkel oder Torus mit einem Loch), welche von $\hat{\Gamma}$ nicht getroffen wird.

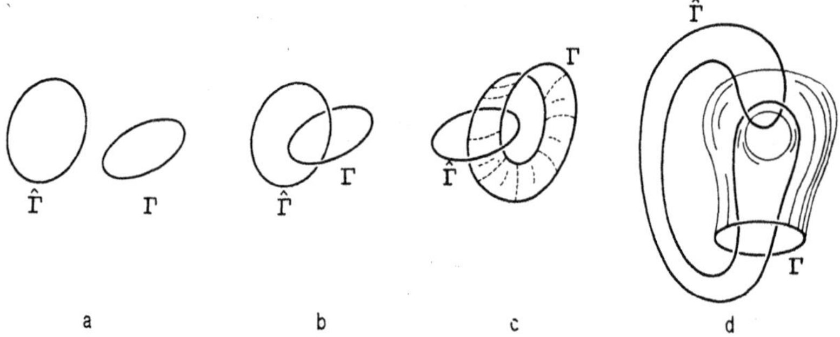

Abb. 52

Beim *Beweis* der obigen Behauptung dürfen wir o. B. d. A. annehmen, daß der Punkt $\hat{\mathfrak{x}}(0, 0)$ nicht auf Γ liegt. Die Zahlen r_1 und r_2, $0 < r_1 < r_2 < 1$, seien so gewählt, daß der dem Kreisring $R_{r_1 r_2} = \{u, v;$

$r_1^2 \leqq u^2 + v^2 \leqq r_2^2\}$ entsprechende Teil $S_{r_1 r_2} = S[R_{r_1 r_2}]$ von S keine Verzweigungspunkte enthält und daß die Kurven $\Gamma_r = \{\mathfrak{x} = \mathfrak{x}(u, v);\ u^2 + v^2 = r^2\}$ und $\hat{\Gamma}$ für $r_1 \leqq r \leqq r_2$ noch verschlungen sind. Für festes r im Intervall $r_1 \leqq r \leqq r_2$ bezeichne $\hat{\varrho}(r)$ die untere Grenze aller Zahlen ϱ mit der Eigenschaft, daß die Kurven $\hat{\Gamma}_\varrho = \{\mathfrak{x} = \hat{\mathfrak{x}}(u, v);\ u^2 + v^2 = \varrho^2\}$ für $\hat{\varrho} \leqq \varrho \leqq 1$ keinen Punkt mit Γ_r gemeinsam haben. Es gilt offensichtlich $0 \leqq \varrho_1 \leqq \hat{\varrho}(r) \leqq \varrho_2 < 1$, wo ϱ_1 und ϱ_2 zwei nur von r_1 und r_2 abhängige Zahlen sind. Auf dem Kreise $u^2 + v^2 = \hat{\varrho}^2(r)$ gibt es einen Punkt (u_r, v_r), welcher vom Vektor $\hat{\mathfrak{x}}(u, v)$ in einen Punkt von Γ_r übergeführt wird. Aus § 48 schließt man, daß jeder Punkt der Punktmenge $[S_{r_1 r_2}]$ nur endlich viele Urbilder in $R_{r_1 r_2}$ haben kann. Aus diesem Grunde muß es unter den Punkten (u_r, v_r) unendlich viele verschiedene geben. Zufolge des isolierten Charakters der Verzweigungspunkte können nicht alle diese Punkte Verzweigungspunkten von $\hat{S}$ entsprechen. Daraus folgt nun die Behauptung.

§ 441. $S = \{\mathfrak{x} = \mathfrak{x}(u, v);\ (u, v) \in \bar{P}\}$ sei eine Lösung des Plateauschen Problems. Wir sagen, die Fläche S habe eine (innere) Selbstberührung, wenn es zwei verschiedene Punkte $(u_1, v_1) \in P$ und $(u_2, v_2) \in P$ gibt, welche vom Ortsvektor $\mathfrak{x}(u, v)$ in denselben Raumpunkt übergeführt werden. Die Selbstberührung heißt regulär, wenn den Punkten (u_1, v_1) und (u_2, v_2) reguläre Punkte (d. h. keine Verzweigungspunkte) der Fläche entsprechen. Wie in § 437 definieren wir dann die Ordnung der Selbstberührung. Nach § 363 ist es klar, daß, falls die Fläche S überhaupt eine innere Selbstberührung besitzt, sie auch eine reguläre innere Selbstberührung hat. Wenn diese von endlicher Ordnung ist, so gibt es nach § 437 gewiß auch eine reguläre innere Selbstberührung nullter Ordnung oder, wie wir auch sagen wollen, eine Selbstschneidung:

Jede Lösung des Plateauschen Problems, welche eine innere Selbstberührung hat, hat auch eine reguläre innere Selbstberührung der Ordnung Null oder Unendlich.

Eine spezielle Folgerung ist diese:

Eine von einer verknoteten Jordankurve Γ berandete Lösungsfläche $S = \{\mathfrak{x} = \mathfrak{x}(u, v);\ (u, v) \in \bar{P}\}$ des Plateauschen Problems hat stets eine reguläre innere Selbstberührung der Ordnung Null oder der Ordnung Unendlich.

Beweis: Im Hinblick auf die Möglichkeit einer konformen Abbildung des Einheitskreises P auf sich selbst (die Normalitätsforderung ist hier ohne Belang) und auf die isolierte Lage der Verzweigungspunkte dürfen wir annehmen, daß der Punkt $u = v = 0$ einem regulären Punkt der Fläche entspricht. Wenn S keine innere Selbstberührung hätte, so wäre jede Kurve der stetig vom Parameter abhängigen Kurvenschar $\Gamma_r = \{\mathfrak{x} = \mathfrak{x}(r\cos\vartheta, r\sin\vartheta);\ 0 \leqq \vartheta \leqq 2\pi\}$ für $0 < r \leqq 1$ eine Jordankurve. Nach § 48 sind die Kurven Γ_r aber für hinreichend kleines r gewiß unverknotet. Das wäre ein Widerspruch.

§ 442. Es gilt vermutlich der folgende Satz:

Eine von der Jordankurve Γ berandete Lösung $S = \{\mathfrak{x} = \mathfrak{x}(u, v);\ (u, v) \in \bar{P}\}$ des Plateauschen Problems kann keine reguläre innere Selbstberührung der Ordnung Unendlich besitzen.

Wir wollen diesen Satz hier für den Fall beweisen, daß die (nichtebene) Kurve Γ auf der Berandung eines konvexen Körpers $\mathfrak{K}$ im Raume verläuft. Die Punkte $(u_1, v_1) \in P$ und $(u_2, v_2) \in P$ mögen vom Ortsvektor $\mathfrak{x}(u, v)$ in ein und denselben Raumpunkt übergeführt werden, von dem nach § 70 feststeht, daß er nicht auf Γ liegt, und die Fläche S habe dort eine reguläre Selbstberührung unendlich hoher Ordnung. Nach § 48 kann der einer Umgebung des Punktes (u_1, v_1) entsprechende Teil S_1 von S in nicht-parametrischer Form dargestellt werden, und dasselbe gilt für den einer Umgebung des Punktes (u_2, v_2) entsprechenden Teil S_2 von S. Bei der Wahl des Koordinatensystems wie in § 437 erhalten wir die Darstellungen $z = z_1(x, y)$ für S_1 und $z = z_2(x, y)$ für S_2, wobei in einer Umgebung des Ursprunges $z_1(x, y) \equiv z_2(x, y)$ gilt. Für $j = 1, 2$ wird durch die beiden ersten Komponenten $x = x(u, v)$, $y = y(u, v)$ des Ortsvektors eine umkehrbar eindeutige Abbildung einer hinreichend kleinen Kreisscheibe $x^2 + y^2 < \varepsilon^2$ auf eine von einer analytischen Jordankurve berandete Umgebung U_j des Punktes (u_j, v_j) vermittelt. Wir können ε so klein nehmen, daß die beiden Umgebungen U_1 und U_2 punktfremd und in P gelegen sind.

Wir betrachten nun die Tangentialebene $z = 0$ der Fläche S im Ursprung. Gemäß §§ 373, 437 werden beide Umgebungen U_j $(j = 1, 2)$ so in $2n \geqq 4$ Sektoren $\sigma_1^{(j)}, \sigma_2^{(j)}, \ldots, \sigma_{2n}^{(j)}$ eingeteilt, daß $z(u, v) < 0$ in $\sigma_1^{(j)}, \sigma_3^{(j)}, \ldots, \sigma_{2n-1}^{(j)}$ und $z(u, v) > 0$ in $\sigma_2^{(j)}, \sigma_4^{(j)}, \ldots, \sigma_{2n}^{(j)}$ gilt. Wir können die Numerierung dabei so einrichten, daß sich die Sektoren $\sigma_l^{(1)}$ und $\sigma_l^{(2)}$ $(l = 1, 2, \ldots, 2n)$ unter der umkehrbar eindeutigen Abbildung zwischen den Umgebungen U_j entsprechen. Wir behaupten, daß diese Sektoren jeweils der gleichen Komponente der offenen Punktmenge $Q = \{u, v;\ (u, v) \in P,\ z(u, v) \neq 0\}$ angehören und wollen zu diesem Zwecke etwa die Identität der den Sektor $\sigma_1^{(1)}$ enthaltenden Komponente $Q_1^{(1)}$ von Q und der den Sektor $\sigma_1^{(2)}$ enthaltenden Komponente $Q_1^{(2)}$ von Q nachweisen.

Nach § 373 und wegen der Stetigkeit der Funktion $z(u, v)$ muß ein zusammenhängender Teilbogen von ∂P, längs dessen $z(u, v) < 0$ ist, zur Randpunktmenge von $Q_1^{(1)}$ gehören. Es sei nun γ_1 ein mit Ausschluß seiner Endpunkte in $Q_1^{(1)}$ verlaufender Jordanbogen, welcher einen Punkt dieses Teilbogens mit dem Punkte (u_1, v_1) verbindet. Da S höchstens abzählbar viele innere Verzweigungspunkte besitzen kann, läßt es sich einrichten, daß sowohl der Bogen γ_1 als auch seine Bildkurve $\mathscr{C}$ auf S innere Verzweigungspunkte vermeidet. $\mathscr{C}$ verbindet den Ursprung des (x, y, z)-Koordinatensystems mit einem Punkt von Γ, und ein gewisser Teilbogen von $\mathscr{C}$ hat als Urbild einen im Sektor $\sigma_1^{(2)}$ der Umgebung U_2 verlaufenden Bogen mit dem Anfangspunkt (u_2, v_2). Dieser Bogen läßt sich zu einer in $Q_1^{(2)}$ verlaufenden Kurve γ_2 fortsetzen, wenn man die Kurve $\mathscr{C}$ durchläuft. Wie wir in §§ 70, 395 gesehen haben, bildet der Ortsvektor Punkte von P in das Innere von $\mathfrak{K}$ ab. (Hier kommt unsere Voraussetzung über Γ ins Spiel.) Die Kurve γ_2 muß daher zum Rande ∂P, wegen der in § 304 festgestellten topologischen Beziehung zwischen ∂P und Γ in der Tat zum Endpunkt von γ_1 führen. Daraus läßt sich die Identität der Komponenten $Q_1^{(1)}$ und $Q_1^{(2)}$ schließen.

Nach einer zu der in § 373 verwendeten ähnlichen Schlußweise ergibt sich nun aus topologischen Gründen ein Widerspruch, welcher sich nur löst, wenn die Annahme einer Selbstberührung unendlich hoher Ordnung fallengelassen wird.

Wir verweisen hier auf die Bemerkung am Ende von § 365 sowie die einschlägigen Hinweise zur Literatur im Anhang.

5.2. Zur Frage des absoluten Minimums für den Flächeninhalt

§ 443. Wie schon in § 370 erwähnt, berandet eine verknotete Jordankurve neben einer verallgemeinerten Minimalfläche vom Typ der Kreisscheibe häufig auch Flächen anderen topologischen Typs – und kleineren Flächeninhaltes –, und es sind die letzteren, welche man bei Experimenten mit Seifenhäutchen i. a. tatsächlich zu Gesicht bekommt. In den folgenden Paragraphen wollen wir diesen Zusammenhängen noch ein wenig nachgehen. Wir wollen zunächst folgendes zeigen:

Wenn eine von der Jordankurve Γ berandete Lösungsfläche S des Plateauschen Problems endlichen Flächeninhalt hat und eine innere Selbstberührung besitzt – also insbes. wenn Γ verknotet ist oder wenn S einen inneren Verzweigungspunkt aufweist –, dann gibt es eine von Γ berandete Fläche kleineren Flächeninhaltes. Diese Fläche hat i. a. einen höheren topologischen Typ (d. h. einen größeren Wert von $-\chi$) oder sie ist nichtorientierbar.

Wegen § 441 brauchen wir nur die zwei Fälle einer regulären inneren Selbstberührung nullter und unendlich hoher Ordnung zu diskutieren.

(Gemäß der Bemerkungen am Anfang von § 442 und am Ende von § 365 ist die Berücksichtigung des zweiten Falles übrigens vermutlich überflüssig.)

Wir betrachten zunächst den zweiten Fall und treffen dazu wieder die am Anfang von § 442 gemachten Vereinbarungen. Nach der Definition der Umgebungen U_1 und U_2 gehen wir von $\bar{P}$ zu einem neuen Parameterbereich $\tilde{\bar{P}}$ über, indem wir das Innere von U_1 und U_2 aus $\bar{P}$ herausnehmen und die Randkurven dieser Umgebungen durch Identifizieren entsprechender Punkte verschmelzen. Der neue Parameterbereich ist entweder vom Typ $[1, 1, -1]$ (Kreisscheibe mit einem Henkel) oder vom Typ $[-1, 1, -1]$. Abb. 53 zeigt die entsprechenden Triangulierungen. Der Vektor $\mathfrak{x}(u, v)$ bildet $\tilde{\bar{P}}$ auf eine von der Jordan-

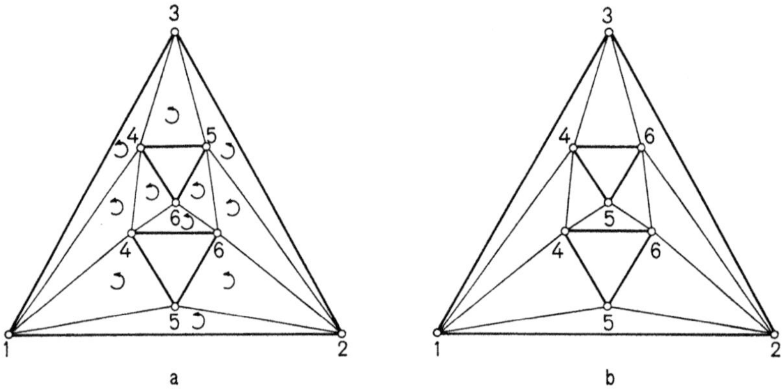

Abb. 53

kurve Γ berandete Fläche $\tilde{\bar{S}} = \{\mathfrak{x} = \mathfrak{x}(u, v);\ (u, v) \in \tilde{\bar{P}}\}$ vom Typ $[1, 1, -1]$ oder $[-1, 1, -1]$ ab. Da $\mathfrak{x}(u, v)$ in den Umgebungen U_1 und U_2 kein konstanter Vektor sein kann, gilt zufolge § 225 gewiß

$$I(\tilde{\bar{S}}) = D_{P\setminus(U_1\cup U_2)}[\mathfrak{x}] = D_P[\mathfrak{x}] - D_{U_1\cup U_2}[\mathfrak{x}] = I(S) - D_{U_1\cup U_2}[\mathfrak{x}] < I(S).$$

Damit ist unsere Behauptung im zweiten Falle bewiesen.

§ 444. Zur Betrachtung des anderen Falles seien (u_1, v_1) und (u_2, v_2) zwei verschiedene Punkte von P, welche vom Ortsvektor der Fläche S in ein und denselben Raumpunkt $\mathfrak{x}_0$ übergeführt werden; und die Fläche habe dort eine Selbstschneidung. Nach § 437 schneiden sich die wie in § 442 definierten Flächenstücke S_1 und S_2 in einer analytischen Kurve $\mathscr{C}$ durch $\mathfrak{x}_0$. Wir führen ein neues Koordinatensystem ein, in welchem der Punkt $\mathfrak{x}_0$ zum Ursprung wird und die x-Richtung mit der Richtung von $\mathscr{C}$ in $\mathfrak{x}_0$ zusammenfällt. Es läßt sich auch so einrichten, daß die Flächenstücke S_1 und S_2 in einer Umgebung des Punktes $\mathfrak{x}_0$ Darstellungen der Form $z = z_1(x, y)$ bzw. $z = z_2(x, y)$ haben, wobei neben den Gleichungen $z_1(0,0) = z_2(0,0) = p_1(0,0) = p_2(0,0) = 0$ auch die Beziehungen $0 < -q_2(0,0) = q_1(0,0) \leqq 1$ erfüllt sind. S_1 und S_2 schließen dann im Punkte $x = y = z = 0$ mit der (x, y)-Ebene entgegengesetzt gleiche Winkel ein, die dem Betrage nach größer als Null und kleiner oder gleich $\pi/4$ sind.

Für hinreichend kleines ε schneidet der Zylinder $Z = \{x, y, z; x^2 + y^2 \leqq \varepsilon^2\}$ die Flächenstücke in zwei ellipsenähnlichen Bereichen $\mathscr{E}_1$ und $\mathscr{E}_2$, welche wie in § 442 zwei (abgeschlossenen) Umgebungen U_1 und U_2 der Punkte (u_1, v_1) und (u_2, v_2) entsprechen. Der in Z verlaufende Bogen $\mathscr{C}_0$ der Kurve $\mathscr{C}$ entspricht zwei analytischen Kurven $\mathscr{C}_1, \mathscr{C}_2$ in P, welche die Umgebungen U_1 und U_2 zerlegen. Wir schlitzen den Parameterbereich längs der Kurven $\mathscr{C}_1$ und $\mathscr{C}_2$ auf und bewerkstelligen damit gleichzeitig eine Zerschneidung unserer Fläche S längs der Kurve $\mathscr{C}_0$. Jeder der beiden Bereiche $\mathscr{E}_j$ $(j = 1, 2)$ wird dabei in einen Bereich $\mathscr{E}_j^+$, welcher die (y, z)-Ebene in einer in der Halbebene $y \geqq 0$ verlaufenden Kurve schneidet, und in einen Bereich $\mathscr{E}_j^-$ zerlegt. Mit U_j^+ und U_j^- bezeichnen wir die den Bereichen $\mathscr{E}_j^+$ und $\mathscr{E}_j^-$ entsprechenden Teile der Umgebungen U_j und mit $\mathscr{C}_j^+$ und $\mathscr{C}_j^-$ die entsprechenden Ufer der Kurven $\mathscr{C}_j$.

Indem wir in dem längs der Kurven $\mathscr{C}_j$ aufgeschnittenen Parameterbereich $\bar{P}$ einerseits die Ufer $\mathscr{C}_1^+, \mathscr{C}_2^+$ und andererseits die Ufer $\mathscr{C}_1^-, \mathscr{C}_2^-$ durch Identifizieren entsprechender Punkte miteinander verschmelzen, erhalten wir einen neuen Parameterbereich $\tilde{P}$, der genauso wie in § 443 wieder vom topologischen Typ $[1, 1, -1]$ oder $[-1, 1, -1]$ ist. Der Ortsvektor $\mathfrak{x}(u, v)$ bildet $\tilde{P}$ auf eine Fläche $\tilde{S}_0$ vom Typ $[\pm 1, 1, -1]$ ab, welche aus der Fläche S durch Verheften der Bereiche $\mathscr{E}_1^+, \mathscr{E}_2^+$ und $\mathscr{E}_1^-, \mathscr{E}_2^-$ längs der Kurve $\mathscr{C}_0$ entsteht. Am Flächeninhalt wird bei dieser Modifikation nichts geändert.

Wir definieren nun aber eine neue Fläche $\tilde{S} = \{\mathfrak{x} = \tilde{\mathfrak{x}}(u, v);\ (u, v) \in \tilde{P}\}$, indem wir den Vektor $\mathfrak{x}(u, v)$ durch einen Vektor $\tilde{\mathfrak{x}}(u, v)$ vermöge der folgenden Festlegungen ersetzen: $\tilde{\mathfrak{x}}(u, v) = \mathfrak{x}(u, v)$ für $(u, v) \in P \setminus (U_1 \cup U_2)$ und

$$\tilde{x}(u, v) = \frac{\varepsilon\, x(u, v)}{\sqrt{x^2(u, v) + y^2(u, v)}}, \quad \tilde{y}(u, v) = \frac{\varepsilon\, y(u, v)}{\sqrt{x^2(u, v) + y^2(u, v)}},$$

$$\tilde{z}(u, v) = z(u, v)$$

für $(u, v) \in U_j$ $(j = 1, 2)$. Im (x, y, z)-Raume entspricht diesem Vorgehen das Ersetzen der Bereiche $\mathscr{E}_1^+ \cup \mathscr{E}_2^+$ und $\mathscr{E}_1^- \cup \mathscr{E}_2^-$ durch Teile der Oberfläche des Zylinders Z. In Abb. 54 ist das beschriebene Verfahren für den Fall zweier Ebenen skizziert.

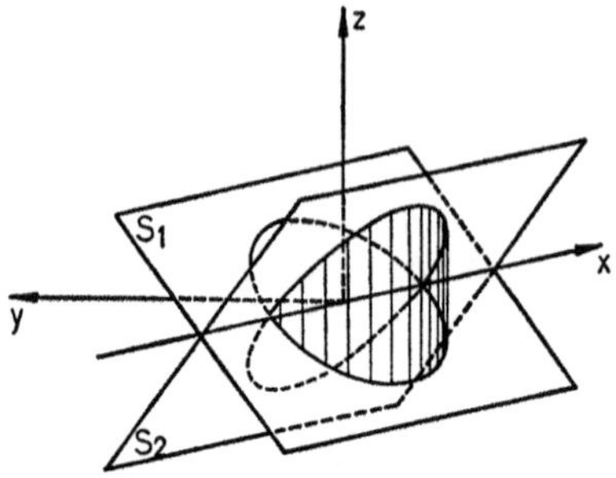

Abb. 54

Auf Grund der Beziehungen

$$|\tilde{\mathfrak{x}}_u \times \tilde{\mathfrak{x}}_v| = \frac{\varepsilon}{x^2 + y^2} |x(y_u z_v - y_v z_u) + y(z_u x_v - z_v x_u)| \leqq$$

$$\leqq \frac{\varepsilon}{\sqrt{x^2 + y^2}} \sqrt{(y_u z_v - y_v z_u)^2 + (z_u x_v - z_v x_u)^2}$$

für $(u, v) \in U_j$ und $\mathfrak{X}(u_j, v_j) = \left\{0, \pm \frac{q_1(0,0)}{\sqrt{1 + q_1^2(0,0)}}, \frac{1}{\sqrt{1 + q_1^2(0,0)}}\right\}$
überzeugt man sich leicht von der Richtigkeit der folgenden Tatsachen: Auf der Fläche S ist der den Umgebungen U_1 und U_2 entsprechende Anteil des Flächeninhaltes für kleine ε in erster Annäherung gleich dem doppelten Flächeninhalt der vom Zylinder Z aus der Tangentialebene an die Fläche S_1 herausgeschnittenen Ellipse, d. h. gleich $2\pi\varepsilon^2\sqrt{1 + q_1^2(0,0)}$. Auf der Fläche $\tilde{S}$ ist der Flächeninhalt des den Bereichen $U_1^+ \cup U_2^+$ und $U_1^- \cup U_2^-$ entsprechenden Teiles des Zylindermantels in erster Annäherung gleich $8\varepsilon^2 q_1(0,0)$.

Für $0 < q_1(0,0) \leqq 1$ gilt nun

$$\frac{8\varepsilon^2 q_1(0,0)}{2\pi\varepsilon^2\sqrt{1 + q^2(0,0)}} \leqq \frac{4}{\pi\sqrt{2}} \leqq 0{,}901 .$$

Da die Vektoren $\mathfrak{x}(u, v)$ und $\tilde{\mathfrak{x}}(u, v)$ außerhalb der Umgebungen U_j übereinstimmen, gilt folglich $I(\tilde{S}) < I(S)$. Damit ist unsere Behauptung auch im ersten Falle bewiesen.

Wir schließen hier noch die folgende Bemerkung an. Wenn sich die Schnittkurve $\mathscr{C}$ im Raume so fortsetzen läßt, daß die dadurch induzierten Fortsetzungen ihrer zwei Urbilder im Parametergebiet – und zwar in zugeordneten Punkten (das muß nämlich i. a. nicht der Fall sein) – zum Schnitt kommen, dann kann man auf die Konstruktion des § 371 zurückgreifen und erhält so eine Vergleichsfläche vom Typ der Kreisscheibe kleineren Inhaltes. Am Beispiel des Plateauschen Problems für die in Abb. 32 wiedergegebene Kontur erkennt man jedoch, daß dieses i. a. nicht möglich ist. Die Lösungsfläche wird sich dort längs einer Kurve im Raume selbst durchsetzen, deren Urbilder aus einem ganz im Inneren von P verbleibenden Bogen und einem von diesem verschiedenen zwei Randpunkte von P verbindenden Bogen besteht.

§ 445. Aus dem Vorangehenden folgt nicht, daß eine Lösung des Plateauschen Problems bei Abwesenheit innerer Selbstberührungen unter allen von derselben Jordankurve Γ berandeten und keiner Beschränkung hinsichtlich des topologischen Typs unterliegenden Flächen – oder auch nur unter allen Lösungen des Plateauschen Problems für die Kurve Γ – den kleinsten Flächeninhalt besitzen müßte. Das erkennt man schon an dem in §§ 90, 390–396 besprochenen Beispiel der Enneperschen Minimalfläche. Eine andere Illustration bieten die Verhältnisse für die in §§ 43, 435 diskutierte Kurve Γ_ε. Wie man aus Abb. 4e ersieht, berandet Γ_ε neben den drei schon besprochenen Flächen vom Typ der Kreisscheibe auch eine Fläche vom Typ $[1, 1, -1]$. Man kann sie sich, wie in Abb. 55 angedeutet, auf einer torusartigen Fläche liegend denken, und mit den Bezeichnungen des § 435 ist ihr Flächeninhalt gleich $4\varepsilon^2 + 4\varepsilon L_\varepsilon$. Für $0 < \varepsilon < \bar{\varepsilon}_0$ gilt $4\varepsilon^2 + 4\varepsilon L_\varepsilon < 2A_\varepsilon$. Dabei ist $\bar{\varepsilon}_0 = 0{,}263\ldots$ die Wurzel der Gleichung

$$A_\varepsilon - 2\varepsilon^2 - 2\varepsilon L_\varepsilon \equiv$$
$$\equiv (\pi - \arcsin\varepsilon)(1 - 4\varepsilon) - 2\varepsilon(1 + \varepsilon) + 3\varepsilon\sqrt{1 - \varepsilon^2} = 0.$$

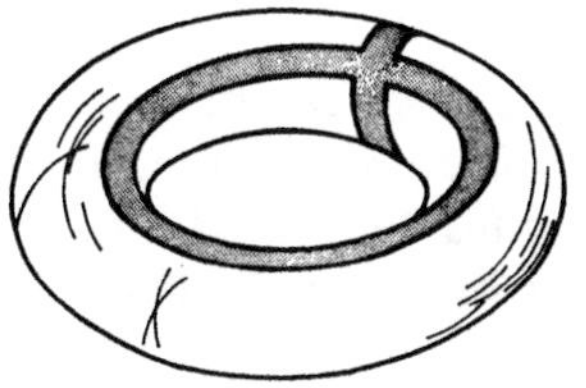

Abb. 55

Wir können also sagen:

Während der Flächeninhalt jeder Lösung des Plateauschen Problems für die Kurve Γ_ε $(0 < \varepsilon \leqq 1)$ größer als $2A_\varepsilon > 2\pi$ ist, berandet Γ_ε für $0 < \varepsilon < \bar{\varepsilon}_0 = 0{,}263$ auch eine Fläche vom Typ $[1, 1, -1]$, deren Flächeninhalt kleiner als $2A_\varepsilon$ ist und mit ε nach Null strebt.

§ 446. Nach § 302 löst die in den §§ 291–300 gewonnene Lösung S des Plateauschen Problems für die Jordankurve Γ zugleich die Aufgabe, eine von Γ berandete Fläche vom Typ der Kreisscheibe kleinsten Flächeninhaltes zu bestimmen: Wenn wir mit $J(\Gamma; 1, 1, 1)$ die untere Grenze der Inhalte aller von Γ berandeten Flächen vom Typ $[1, 1, 1]$, d. h. vom Typ der Kreisscheibe, bezeichnen, so gilt $I(S) = J(\Gamma; 1, 1, 1)$.

Wir könnten das Problem kleinsten Flächeninhaltes dadurch erheblich verallgemeinern, daß wir bei den Vergleichsflächen auf eine Vorschrift hinsichtlich des topologischen Typs verzichten. Wir würden dann also nach einer von Γ berandeten Fläche S der in § 42 beschriebenen Art suchen, für welche $I(S) = J(\Gamma)$ gilt, wo jetzt $J(\Gamma)$ die untere Grenze der Inhalte aller von Γ berandeten Flächen beliebigen (aber endlichen) topologischen Typs bedeuten soll. Eine weitere Verallgemeinerung ergäbe sich durch Zulassen von Flächen unendlichen topologischen Typs.

Wie die vorangehenden Beispiele zeigen, ist eine Lösung des Plateauschen Problems i. a. nicht zugleich eine Lösung des Problems kleinsten Flächeninhaltes in diesem allgemeinen Sinne.

W. H. Fleming [1] hat Betrachtungen der in den §§ 392, 435, 445 besprochenen Art weitergeführt und das Beispiel einer rektifizierbaren Jordankurve Γ konstruiert, für welche das Problem der Bestimmung einer Fläche kleinsten Inhaltes keine Lösung endlichen topologischen Typs besitzt. Zu jeder von dieser Kurve berandeten Fläche endlichen topologischen Typs läßt sich eine andere von Γ berandete Fläche höheren topologischen Typs mit kleinerem Flächeninhalt konstruieren.

§ 447. Nur in speziellen Fällen lassen sich genauere Aussagen über die Struktur der Lösungen des Problems kleinsten Flächeninhaltes in dem eben besprochenen allgemeinen Sinne machen. Wir wollen hier den folgenden Satz beweisen:

Wenn die Jordankurve Γ durch Orthogonalprojektion umkehrbar eindeutig auf eine ebene (nicht notwendigerweise streng) konvexe Kurve $\mathscr{C}$ abgebildet wird, dann hat das Problem kleinsten Flächeninhaltes in diesem allgemeinen Sinne eine Lösung vom Typ der Kreisscheibe in nicht-parametrischer Form.

Die Kurve $\mathscr{C}$ liege in der (x, y)-Ebene und berande dort ein Gebiet Q. $S_0 = \{z = \varphi_0(x, y);\ (x, y) \in \overline{Q}\}$ sei die nach §§ 399, 403 existierende und eindeutig bestimmte Lösung des Plateauschen Problems für die Kurve Γ. Wir wollen annehmen, daß die Aussage des Satzes falsch sei. Es gibt dann eine Zahl $\delta > 0$ und eine von Γ berandete Fläche S höheren topologischen Typs, deren Flächeninhalt die Ungleichung $I(S) < I(S_0) - \delta$ erfüllt. Ähnlich wie in §§ 33, 35, 36, 39 approximieren wir diese Fläche so durch eine Folge von Polyedern Σ_n $(n = 1, 2, \ldots)$, daß $I(\Sigma_n) < I(S) + 1/n$ gilt. Diese Polyeder seien von einfach geschlossenen Polygonen Γ_n berandet, deren Seiten nicht vertikal sind. Die umkehrbar eindeutigen Projektionen der Γ_n auf die (x, y)-Ebene sind konvexe Polygone $\mathscr{C}_n$ mit dem Inneren Q_n. Wenn $\mathscr{C}$ streng konvex ist, wollen wir die Γ_n als der Kurve Γ einbeschriebene Polygone wählen. Die $\mathscr{C}_n$ sind dann der Kurve $\mathscr{C}$ einbeschriebene streng konvexe Polygone. Andernfalls können wir es so einrichten, daß die Γ_n gegen Γ (und die $\mathscr{C}_n$ gegen $\mathscr{C}$) konvergieren, und daß die $\mathscr{C}_n$ in $\bar{Q}$ enthaltene streng konvexe Kurven sind. Für jedes $n = 1, 2, \ldots$ sei $S_n = \{z = \varphi_n(x, y); (x, y) \in \bar{Q}_n\}$ die eindeutig bestimmte Lösung des Plateauschen Problems für die Kurve Γ_n.

Da die Kurven Γ_n gegen die Kurve Γ konvergieren, strebt die Differenz $\varphi_n - \varphi_0$ auf $\mathscr{C}_n$ mit $n \to \infty$ nach Null. Zufolge des Maximumprinzipes aus § 581 gilt dasselbe in ganz $\bar{Q}_n$. Die Flächen S_n konvergieren also gegen die Fläche S_0. Auf Grund der Unterhalbstetigkeit des Flächeninhaltes läßt sich eine natürliche Zahl $n_0 > 4/\delta$ so finden, daß für alle $n > n_0$ die Ungleichung $I(S_n) > I(S_0) - \delta/4$ gilt. Für diese Werte von n haben wir dann auch $I(\Sigma_n) < I(S) + \delta/4$.

§ 448. Wir werden die Polyeder Σ_n nun gewissen inhaltsverkleinernden Abänderungen unterwerfen.

Zunächst stellen wir fest, daß der Flächeninhalt von Σ_n verkleinert werden kann, falls Σ_n nicht in der konvexen Hülle der Kurve Γ_n liegt. Es sei dann nämlich p ein Punkt von Σ_n im Äußeren dieser konvexen Hülle. Es gibt eine Ebene, welche die Kurve Γ_n und den Punkt p voneinander trennt. Wir ersetzen die den Punkt p enthaltende auf derselben Seite dieser Ebene wie p liegende Komponente von Σ_n durch ein Ebenenstück und erhalten so ein Polyeder mit kleinerem Flächeninhalt.

In der beschriebenen Weise ersetzen wir, falls notwendig, jedes der Polyeder Σ_n durch ein neues Polyeder Σ_n', welches in der konvexen Hülle des Polygons Γ_n liegt. Die Σ_n' haben keinen größeren Flächeninhalt als die entsprechenden Σ_n, werden aber natürlich i. a. nicht mehr die Fläche S approximieren. Die Dreiecke von Σ_n', welche eine Seite mit der Randkurve Γ_n gemeinsam haben, können dann nicht zur (x, y)-Ebene senkrecht stehen.

Falls notwendig, gehen wir durch geringfügiges Verschieben gewisser Eckpunkte von Σ_n' zu einem neuen Polyeder Σ_n'' über, dessen Dreiecke alle nicht zur (x, y)-Ebene senkrecht stehen. Die möglicherweise eintretende Vergrößerung des Flächeninhaltes kann dabei unter dem Werte $\delta/4$ gehalten werden. Wir haben somit immer noch die Ungleichung $I(\Sigma_n'') < I(S) + \delta/2$.

§ 449. Wir behaupten nun, daß jede vertikale (d. h. zur z-Achse parallele) Gerade, welche die (x, y)-Ebene in einem Punkte von $\bar{Q}_n$ durchstößt, das Polyeder Σ_n'' in mindestens einem Punkte (und daher in einer ungeraden Anzahl von Punkten) treffen muß.

Der Beweis dieser anschaulich ohne weiteres einleuchtenden Behauptung ergibt sich aus Tatsachen der kombinatorischen Topologie wie folgt. Der Rand Γ_n des Polyeders Σ_n'' ist bzgl. des Restklassenringes modulo 2 gewiß nullhomolog: $\Gamma_n \sim \partial\Sigma_n''(\mathrm{mod}\,2)$. Wir betrachten nun auch das Polyeder Π_n vom Typ der Kreisscheibe, welches aus dem Polygon $\bar{Q}_n$ in der (x, y)-Ebene und dem Zylinder mit vertikalen Erzeugenden zwischen $\mathscr{C}_n$ und Γ_n besteht, so daß $\Gamma_n = \partial\Pi_n$ ist. (O.B.d.A. haben wir hier vorausgesetzt, daß die Kurve Γ_n ganz oberhalb der (x, y)-Ebene verläuft.) Das Polyeder $\Sigma_n'' + \Pi_n$ ist geschlossen, d. h. ohne Rand, und es gilt $\partial(\Sigma_n'' + \Pi_n) \sim 0(\mathrm{mod}\,2)$.

Eine vertikale Gerade mit dem Fußpunkt auf $\mathscr{C}_n$ schneidet Σ_n'' genau einmal in dem über ihrem Fußpunkt liegenden Punkt von Γ_n. Angenommen, eine vertikale Gerade mit dem Fußpunkt in Q_n schnitte Σ_n'' nicht; sie schneidet Π_n aber genau in einem Punkte. Wir könnten ein hinreichend langes Segment dieser Geraden durch einen zu Σ_n'' punktfremden Streckenzug zu einem geschlossenen Polygon γ, z. B. zu einem Quadrat, ergänzen. Dieses Polygon ist gewiß der Rand eines Polyeders vom Typ der Kreisscheibe, so daß $\partial\gamma = 0$ gilt. Nach einem Satze der kombinatorischen Topology (siehe P. Alexandroff und H. Hopf [I], p. 415) haben der eindimensionale Zykel γ und der zweidimensionale Zykel $\Sigma_n'' + \Pi_n$ im dreidimensionalen Euklidischen Raum die Schnittzahl Null (mod 2). Unsere Gerade, welche Π_n in genau einem Punkte trifft, müßte also das Polyeder $\Sigma_n'' + \Pi_n$ mindestens noch einmal, und zwar in einem Punkte von Σ_n'', schneiden. Dieser Widerspruch löst sich nur, wenn wir die Richtigkeit der vorangestellten Behauptung zugestehen.

§ 450. Der polygonale Bereich $\bar{Q}_n$ läßt sich nunmehr so in endlich viele Dreiecke zerlegen, daß der über einem dieser Dreiecke liegende Teil von Σ_n'' durch endlich viele lineare Funktionen $z = z_1(x, y)$, $z = z_2(x, y), \ldots, z = z_{2m+1}(x, y)$ dargestellt werden kann, wobei $z_1 \leqq z_2 \leqq \cdots \leqq z_{2m+1}$ gilt, und wo die ganze Zahl $m \geqq 0$ für verschiedene Dreiecke der Zerlegung verschieden ausfallen kann.

Wir definieren nun eine Fläche Σ_n^0 in nicht-parametrischer Darstellung $\{z = \varphi(x, y); (x, y) \in \bar{Q}_n\}$ durch die Festsetzung

$$\varphi(x, y) = \sum_{k=1}^{2m+1} (-1)^{k+1} z_k(x, y),$$

wo die Zahl m über $\bar{Q}_n$ natürlich nicht konstant ist. Es handelt sich hier um eine Form der Steinerschen Symmetrisierung; siehe G. Pólya and G. Szegö [1], insbes. pp. 182–184, und P. R. Garabedian and M. Schiffer [1], pp. 444–445. Man überlegt sich leicht, daß $\varphi(x, y)$ eine in $\bar{Q}_n$ stetige und stückweise lineare Funktion ist. Da jede vertikale

Gerade mit dem Fußpunkt auf $\mathscr{C}_n$ nach dem Vorangehenden das Polyeder Σ_n'' genau in einem auf Γ_n gelegenen Punkte schneidet, ist die Fläche Σ_n^0 auch von der Kurve Γ_n berandet. Aus der Ungleichung

$$\sqrt{1 + \left(\sum_k p_k\right)^2 + \left(\sum_k q_k\right)^2} \leqq \sum_k \sqrt{1 + p_k^2 + q_k^2}$$

schließt man, daß $I(\Sigma_n^0) \leqq I(\Sigma_n'')$ sein muß.

§ 451. Ausgehend von den Polyedern Σ_n haben wir nunmehr eine Folge nicht-parametrisch dargestellter und von den Kurven Γ_n berandeter Polyeder Σ_n^0 gewonnen, für welche $I(\Sigma_n^0) < I(S) + \delta/2$ gilt.

Aus §§ 302, 399 wissen wir, daß die Fläche S_n unter allen von Γ_n berandeten Flächen vom Typ der Kreisscheibe den kleinsten Flächeninhalt besitzt. Es gilt also $I(S_n) \leqq I(\Sigma_n^0) < I(S) + \delta/2$. Diese Beziehung steht aber im Widerspruch zu den anderen Ungleichungen $I(S) < I(S_0) - \delta$ und $I(S_n) > I(S_0) - \delta/4$, einem Widerspruch, der sich nur löst, wenn wir die Aussage des in § 447 formulierten Satzes als richtig anerkennen.

Damit ist alles bewiesen.

Es sei hier noch bemerkt, daß der Satz des § 447 ganz allgemein für Lösungen des Plateauschen Problems in der Gestalt von integral currents (siehe § 289) kleinsten Inhaltes gilt.

§ 452. Eine heuristische Bemerkung möge diesen Abschnitt abschließen. Wir wollen einmal annehmen, die Kurve Γ sei hinreichend regulär und berande eine verallgemeinerte Minimalfläche vom Typ $[1, 1, 1-2g]$, d. h. vom Typ einer Kreisscheibe mit g aufgesetzten Henkeln, deren Ortsvektor überall hinreichend regulär ist. Wir nehmen eine etwaige Verzweigungspunkte vermeidende kanonische Zerschneidung dieser Fläche — oder genauer ihres Parameterbereiches — vor, welche in Abb. 56 für den Fall $g = 1$ angedeutet ist. Wie in § 380,

Abb. 56

wenden wir nun den Gauß-Bonnetschen Satz an. (Die durch Verzweigungspunkte notwendig gemachten Schnitte sind in Abb. 56 nicht eingezeichnet.) Wenn wir beachten, daß beim Integral $\int k_g\, ds$ außer dem über Γ zu erstreckenden Teil lediglich die von den Ecken des Integrationsweges herrührenden Beiträge übrig bleiben, so erhalten wir anstelle von (156) diesmal die Ungleichung

$$(1 - 2g) + \sum_{\alpha=1}^{a} (m_\alpha - 1) + \frac{1}{2} \sum_{\beta=1}^{b} (M_\beta - 1) + \frac{1}{2\pi} \iint\limits_S |K|\, do \leqq \frac{1}{2\pi} \varkappa(\Gamma).$$

Diese Ungleichung scheint dem Auftreten von Verzweigungspunkten bei Minimalflächen höheren topologischen Typs größeren Spielraum zu geben. Man kann ihr auch nicht ohne weiteres eine Beschränkung der negativen Eulerschen Charakteristik $-\chi = 2g - 1$ durch die Totalkrümmung $\varkappa(\Gamma)$ der Kurve Γ entnehmen.

6. Die Struktur der Flächen kleinsten Inhaltes

6.1. Fast-konforme Abbildung

§ 453. Die Einführung isothermer Parameter auf einer differentialgeometrischen Fläche ist gleichbedeutend mit ihrer konformen Abbildung, d. h. ihrer Darstellung in der Form $\{\mathfrak{x} = \mathfrak{x}(u, v);\ (u, v) \in P\}$, wobei überall in P^0 die Beziehungen $E = G$, $F = 0$ gelten. Eine Darstellung $\{\mathfrak{x} = \mathfrak{x}(u, v);\ (u, v) \in P\}$ soll allgemeiner fast-konform heißen, wenn der Vektor $\mathfrak{x}(u, v)$ zu $\mathfrak{M}(P)$ gehört und wenn fast überall in P^0 die Beziehungen $\mathfrak{x}_u^2 = \mathfrak{x}_v^2$, $\mathfrak{x}_u \cdot \mathfrak{x}_v = 0$ erfüllt sind. Die fast-konforme Abbildung einer Fläche besteht im Auffinden einer fast-konformen Darstellung für sie.

Während es keineswegs so ist, daß jede Fläche eine fast-konforme Darstellung zuließe, so gibt es doch wichtige Flächenklassen, für welche das der Fall ist. In den nachfolgenden §§ 454–457 beschäftigen wir uns mit der fast-konformen Abbildung einer Fläche vom Typ der Kreisscheibe unter gewissen speziellen Voraussetzungen, und zwar im wesentlichen unter der Annahme, daß die Komponenten des Ortsvektors sog. Lebesguemonotone Funktionen seien. Wie E. J. McShane ([3], p. 728 ff.) durch Anwendung eines von H. Lebesgue ([3], pp. 382–383) erfundenen inhaltsvermindernden Retraktionsprozesses (siehe dazu die Bemerkung in § 463) gezeigt hat, kann man in jede Jordankurve, welche überhaupt die Fähigkeit besitzt, eine Fläche vom Typ der Kreisscheibe endlichen Inhaltes zu beranden, auch eine solche Fläche einspannen, deren Inhalt nicht größer ist und deren Ortsvektor Lebesguemonotone Komponenten hat. Wenn man das erst einmal weiß, so ergibt sich als eine der Anwendungen der entwickelten Sätze eine neue Lösungsvariante des Plateauschen Problems in wenigen Schritten. Diese schon in §§ 286, 287 erwähnte Lösung, deren Studium dem Leser empfohlen sei, ist unter Nutzbarmachung gewisser Gedankengänge Lebesgues [2], [3] im Jahre 1933 von E. J. McShane [3] vorgelegt worden.

§ **454.** $f(u,v)$ sei eine in einem Jordanbereich $\bar{D}$ stetige Funktion. Die obere Grenze der beiden Zahlen

$$\max_{B} f - \max_{B^*} f, \qquad \min_{B^*} f - \min_{B} f$$

für alle in D enthaltenen offenen Mengen B mit dem Rand B^* wird mit $\mu_D(f)$ bezeichnet und heißt nach H. Lebesgue ([3], p. 385) der Monotoniedefekt der Funktion $f(u,v)$ bzgl. D. Aus dieser Definition des Monotoniedefektes folgt die für alle offenen Mengen $B \subset D$ gültige Ungleichung $\operatorname{osc}[f; B^*] \geqq \operatorname{osc}[f; \bar{B}] - 2\mu_D(f)$.

Eine Funktion mit verschwindendem Monotoniedefekt heißt in $\bar{D}$ Lebesguemonoton (H. Lebesgue [3], pp. 380, 385). Für jeden Punkt (u,v) einer in D enthaltenen offenen Menge B hat man dann die Ungleichungen $\min_{B^*} f \leqq f(u,v) \leqq \max_{B^*} f$. Für eine harmonische Funktion $f(u,v) \in C^2(D) \cap C^0(\bar{D})$, und allgemeiner für Lösungen elliptischer Differentialgleichungen, folgt der Lebesguemonotone Charakter aus dem Maximumprinzip. Mit $f(u,v)$ ist auch $f(u,v) + \text{const}$ Lebesguemonoton.

Es seien $(u,v) \leftrightarrow (u',v')$ eine topologische Abbildung von $\bar{D}$ auf einen Bereich $\bar{D}'$ in der (u',v')-Ebene und $f'(u',v') = f(u(u',v'), v(u',v'))$. Dann gilt $\mu_{D'}(f') = \mu_D(f)$.

Notwendig und hinreichend dafür, daß die in $\bar{D}$ stetige Funktion $f(u,v)$ dort Lebesguemonoton ausfalle, ist die Bedingung, es solle keine offene Menge $B \subset D$ mit der Eigenschaft geben, daß $f = \text{const}$ auf B^*, aber $f \neq \text{const}$ in B.

§ **455.** Die Fläche S heißt eine Sattelfläche, wenn sie eine Darstellung $\{\mathfrak{x} = \mathfrak{x}(u,v); (u,v) \in \bar{D}\}$ besitzt, bei welcher das Skalarprodukt $\mathfrak{a} \cdot \mathfrak{x}(u,v)$ mit jedem konstanten Vektor $\mathfrak{a}$ eine in $\bar{D}$ Lebesguemonotone Funktion ist. Diese Eigenschaft kommt der Fläche als Fréchet-Fläche zu; d. h., eine Fläche ist Sattelfläche bzgl. aller ihrer Fréchet-äquivalenten Darstellungen.

Man überlegt sich leicht, daß eine differentialgeometrische Fläche genau dann eine Sattelfläche ist, wenn ihre Gaußsche Krümmung in allen Punkten von D nicht-positiv ist. (Beim Beweise dieser Tatsache kann man sich eines Satzes von S. Bernstein [7], pp. 552–553, bedienen.)

Wenn $S = \{\mathfrak{x} = \mathfrak{x}(u,v); (u,v) \in \bar{D}\}$ eine Sattelfläche ist, so gilt für alle in D enthaltenen offenen Mengen B die Ungleichung $\max_{B} |\mathfrak{x}(u,v)| \leqq \max_{B^*} |\mathfrak{x}(u,v)|$. Andernfalls gäbe es nämlich eine offene Menge $B \subset D$ und einen Punkt $(u_0, v_0) \in B$, in welchen $|\mathfrak{x}(u_0,v_0)| > \max_{B^*} |\mathfrak{x}(u,v)|$ wäre. Wir wählen dann eine orthogonale Matrix $\mathfrak{O}$ mit konstanten

Elementen derart, daß für die Komponenten des Vektors $\tilde{\mathfrak{x}}(u,v) = \mathfrak{D}\,\mathfrak{x}(u,v)$ die Beziehungen $\tilde{x}(u_0,v_0) > 0$, $\tilde{y}(u_0,v_0) = \tilde{z}(u_0,v_0) = 0$ gelten. Wegen $\tilde{x}(u_0,v_0) = |\tilde{\mathfrak{x}}(u_0,v_0)| = |\mathfrak{x}(u_0,v_0)| > \max\limits_{B^*}|\mathfrak{x}(u,v)| = \max\limits_{B^*}|\tilde{\mathfrak{x}}(u,v)| \geqq \max\limits_{B^*}|\tilde{x}(u,v)|$ und dem Lebesguemonotonen Charakter von $x(u,v)$ ergäbe sich dann ein Widerspruch.

§ 456. *Vorgelegt sei eine auf dem Rande* ∂P *des Einheitskreises* P *gleichmäßig konvergierende Folge von Funktionen* $f^{(n)}(u,v) \in \mathfrak{M}(\bar{P})$, $(n = 1, 2, \ldots)$. *Es möge* $\lim\limits_{n\to\infty}\mu_P(f^{(n)}) = 0$ *und für alle* n $D_P[f^{(n)}] < M < \infty$ *gelten. Dann existiert eine Teilfolge* $\{f^{(n_i)}\}$ *der* $f^{(n)}$, *welche gleichmäßig in* $\bar{P}$ *gegen eine Lebesguemonotone Grenzfunktion* $f(u,v) \in \mathfrak{M}(\bar{P})$ *konvergiert.* (H. Lebesgue [3], pp. 386–388; E. J. McShane [3], p. 719.)

Beweis: $p_1, p_2, \ldots$ sei eine abzählbare in $\bar{P}$ überall dichte Punktmenge. Nach dem bekannten Diagonalverfahren wähle man eine Teilfolge der $f^{(n)}$ aus, welche in allen Punkten dieser Punktmenge konvergiert. Wir behaupten, daß diese Teilfolge, welche wir der Einfachheit halber wieder mit $\{f^{(n)}\}$ bezeichnen, die angegebenen Eigenschaften hat.

Angenommen, die Konvergenz sei in $\bar{P}$ nicht gleichmäßig. Dann gibt es ein $\varepsilon > 0$ mit der folgenden Eigenschaft: Zu jeder natürlichen Zahl n existieren zwei natürliche Zahlen j_n und k_n, $n < j_n < k_n$, und ein Punkt $q_n \in \bar{P}$, so daß $|f^{(k_n)}(q_n) - f^{(j_n)}(q_n)| > \varepsilon$ ist. Die Folge der q_n hat in $\bar{P}$ mindestens einen Häufungspunkt q. Es sei K_η der Kreis vom Radius η um diesen Punkt q. Wir wählen η dabei von vornherein kleiner als eine Zahl $\eta_0 < 1$, die so bestimmt ist, daß die Schwankung der (notwendigerweise stetigen) Grenzfunktion der $f^{(n)}$ auf ∂P in jedem von einem Kreis vom Radius η_0 aus ∂P herausgeschnittenen Bogen kleiner als $\varepsilon/36$ ist.

Für jedes $\eta < \eta_0$ und für jede natürliche Zahl n kann man also zwei natürliche Zahlen j und k, $n < j < k$, und einen Punkt $r \in K_\eta$ so finden, daß $|f^{(k)}(r) - f^{(j)}(r)| > \varepsilon$ ist. Es sei p_l ein Punkt der dichten Menge in K_η. Dann gibt es eine natürliche Zahl N so, daß für alle $s, t > N$ die Ungleichung $|f^{(t)}(p_l) - f^{(s)}(p_l)| < \varepsilon/2$ erfüllt ist. Wir wählen $n > N$ und haben dann

$$|\{f^{(k)}(p_l) - f^{(k)}(r)\} - \{f^{(j)}(p_l) - f^{(j)}(r)\}| \geqq$$
$$\geqq |f^{(k)}(r) - f^{(j)}(r)| - |f^{(k)}(p_l) - f^{(j)}(p_l)| > \varepsilon - \frac{\varepsilon}{2} = \frac{\varepsilon}{2}.$$

Daher muß mindestens eine der Differenzen $f^{(k)}(p_l) - f^{(k)}(r)$ oder $f^{(j)}(p_l) - f^{(j)}(r)$ dem absoluten Betrage nach größer als $\varepsilon/4$ sein. Es sei etwa $f^{(k)}(p_l) - f^{(k)}(r)$ diese Differenz.

Es gibt eine natürliche Zahl $N_1 \geqq N$ derart, daß $\mu_P(f^{(m)}) < \varepsilon/16$ für $m > N_1$, und daß der absolute Betrag der Differenz zwischen $f^{(m)}$ und der Grenzfunktion auf ∂P für $m > N_1$ kleiner als $\varepsilon/36$ ist. Wir wollen unser n jetzt sogar größer als N_1 wählen. Nach § 454 hat dann $f^{(k)}$ auf dem Rande des Gebietes $K_\eta \cap P$ eine Schwankung größer oder gleich $|f^{(k)}(p_l) - f^{(k)}(r)| - 2\mu_P(f^{(k)}) > \frac{\varepsilon}{4} - 2\frac{\varepsilon}{16} = \frac{\varepsilon}{8}$. Wenn der Durchschnitt $K_\eta \cap \partial P$ nicht leer ist, so hat $f^{(k)}$ wegen $|f^{(k)}(q'') - f^{(k)}(q')| \leqq |f^{(k)}(q'') - f(q'')| + |f(q'') - f(q')| + |f^{(k)}(q') - f(q')| < \frac{\varepsilon}{36} + \frac{\varepsilon}{36} + \frac{\varepsilon}{36} = \frac{\varepsilon}{12}$ dort eine Schwankung kleiner als $\varepsilon/12$. Auf dem in $\bar{P}$ liegenden Bogen von ∂K_η gibt es also gewiß zwei Punkte a und b, so daß $|f^{(k)}(b) - f^{(k)}(a)| > \frac{\varepsilon}{8} - \frac{\varepsilon}{12} = \frac{\varepsilon}{24}$ ist. Wir wenden nun den Hilfssatz aus § 233 an. Mit $\delta < \eta_0^2$ und $\eta = \delta^* < \eta_0$ ergibt sich

$$\frac{\varepsilon}{24} < |f^{(k)}(b) - f^{(k)}(a)| \leqq \int\limits_{\substack{|w-q|=\delta^* \\ |w|<1}} |df^{(k)}| \leqq \sqrt{\frac{8\pi M}{\log \frac{1}{\delta}}}.$$

Da δ aber beliebig klein gewählt werden darf, ergibt sich ein Widerspruch: Die Konvergenz der $f^{(n)}$ in $\bar{P}$ muß also gleichmäßig sein.

Die Grenzfunktion $f(u, v)$ der $f^{(n)}(u, v)$ ist daher gewiß in $\bar{P}$ stetig und Lebesguemonoton. Nach § 213 gehört sie auch zu $\mathfrak{M}(\bar{P})$.

§ 457. *Die Fläche $S = \{\mathfrak{x} = \tilde{\mathfrak{x}}(u, v); (u, v) \in \bar{P}\}$, P der Einheitskreis, erfülle die Bedingungen:*

1) *Der Flächeninhalt $I(S)$ ist endlich.*

2) *Die Randkurve Γ von S ist eine Jordankurve, und $\tilde{\mathfrak{x}}(u, v)$ bildet ∂P monoton auf Γ ab.*

3) *Die Komponenten von $\tilde{\mathfrak{x}}(u, v)$ sind in $\bar{P}$ Lebesguemonotone Funktionen.*

Dann existiert eine fast-konforme Darstellung von S, d. h. eine Darstellung $\{\mathfrak{x} = \mathfrak{x}(u, v); (u, v) \in \bar{P}\}$, bei welcher der Ortsvektor zu $\mathfrak{M}(\bar{P})$ gehört, und wo fast überall in P die Beziehungen $E = G$, $F = 0$ gelten. $\mathfrak{x}(u, v)$ bildet ∂P monoton auf Γ ab.

Dieser Satz stammt in der vorliegenden Form von E. J. McShane ([3], p. 725ff.). Wie C. B. Morrey bewies ([4], [5]; siehe auch L. Cesari [1] und [I], p. 484–486; T. Radó [III], pp. 490, 493), ist der Satz unter der allgemeineren Voraussetzung richtig, die Fläche S sei nichtausgeartet. Damit ist folgendes gemeint (siehe etwa C. B. Morrey [3], pp. 48–50). Man betrachte die Menge $\mathfrak{C}$ aller maximalen Kontinua

$g \in \bar{P}$, auf welchen der Vektor $\tilde{\mathfrak{x}}(u, v)$ konstant ist. Diese Kontinua, welche u. U. auch nur aus einem einzigen Punkte bestehen können, sind zueinander punktfremd und haben $\bar{P}$ als ihre Vereinigungsmenge. Die Fläche S heißt nun nicht-ausgeartet, wenn die in $\bar{P}$ offene Menge $\bar{P} \setminus g$ für beliebiges $g \in \mathfrak{C}$ zusammenhängend ist und wenn kein $g \in \mathfrak{C}$ den Rand ∂P als Teilmenge enthält. Es sei noch bemerkt, daß W. H. Fleming [2] den Gültigkeitsbereich des Satzes auf nicht-ausgeartete Flächen beliebigen endlichen topologischen Typs und endlichen Lebesgue-Inhaltes ausgedehnt hat.

Beweis: Wie in § 226 sei $S_n = \{\mathfrak{x} = \mathfrak{x}_n(u, v); (u, v) \in \bar{P}\}$ $(n = 1, 2, \ldots)$ eine Folge gegen S konvergierender $\mathfrak{M}(\bar{P})$-Flächen mit $I(S_n) \to I(S)$. Wir wählen drei verschiedene Punkte $\mathfrak{y}_1, \mathfrak{y}_2, \mathfrak{y}_3$ auf Γ. Da die Randkurven Γ_n der S_n gegen Γ konvergieren, können wir auf jeder Kurve Γ_n drei verschiedene Punkte $\mathfrak{y}_1^{(n)}$, $\mathfrak{y}_2^{(n)}$ und $\mathfrak{y}_3^{(n)}$ bestimmen, die mit $n \to \infty$ gegen $\mathfrak{y}_1, \mathfrak{y}_2$ bzw. $\mathfrak{y}_3$ konvergieren. Wir können auch annehmen, daß die Ortsvektoren $\mathfrak{x}_n(u, v)$ $(n = 1, 2, \ldots)$ drei verschiedene fest gewählte Punkte p_1, p_2, p_3 des Randes ∂P auf die Punkte $\mathfrak{y}_1^{(n)}, \mathfrak{y}_2^{(n)}, \mathfrak{y}_3^{(n)}$ abbilden. Die Monotoniedefekte $\mu_P(x_n)$, $\mu_P(y_n)$ und $\mu_P(z_n)$ müssen mit $n \to \infty$ nach Null gehen. Jeder Vektor $\mathfrak{x}_n(u, v)$ gehört zu $\mathfrak{M}(\bar{P})$, und nach § 226 sind die Dirichletschen Integrale $D_P[\mathfrak{x}_n]$ gleichmäßig beschränkt. Zufolge § 235 können wir daher eine monotone Darstellung $\{\mathfrak{x} = \tilde{\mathfrak{x}}(\tau(\vartheta)); 0 \leqq \vartheta \leqq 2\pi\}$ von Γ finden und eine Teilfolge der S_n, welche wir der Kürze halber wieder mit $\{S_n\}$ bezeichnen, derart aussondern, daß gleichmäßig für $0 \leqq \vartheta \leqq 2\pi$ $\lim_{n\to\infty} \mathfrak{x}_n(\vartheta) = \tilde{\mathfrak{x}}(\tau(\vartheta))$ gilt. Diese Teilfolge erfüllt die Voraussetzungen des Hilfssatzes aus § 456. Aus ihr können wir daher eine weitere Teilfolge herausziehen – wir nennen sie einfachheitshalber wiederum $\{S_n\}$ –, so daß die $\mathfrak{x}_n(u, v)$ gleichmäßig in $\bar{P}$ gegen einen Grenzvektor $\mathfrak{x}(u, v) \in \mathfrak{M}(\bar{P})$ konvergieren. Man überlegt sich leicht, daß $\{\mathfrak{x} = \mathfrak{x}(u, v), (u, v) \in \bar{P}\}$ eine Darstellung von S ist, eine Tatsache, welche S als $\mathfrak{M}(\bar{P})$-Fläche ausweist. Zufolge § 225 ist $I(S) \leqq D_P[\mathfrak{x}]$. Nach §§ 213, 226 wissen wir andererseits, daß $I(S) \leqq D_P[\mathfrak{x}] \leqq \liminf_{n\to\infty} D_P[\mathfrak{x}_n] \leqq I(S)$ ist. Daher muß $I(S) = D_P[\mathfrak{x}]$ sein, so daß gemäß § 225 fast überall in P die Beziehungen $E = G$, $F = 0$ gelten. W. z. b. w.

§ 458. *Wenn eine Jordankurve Γ eine Fläche S vom Typ der Kreisscheibe endlichen Inhalts berandet, so berandet sie auch eine $\mathfrak{M}$-Fläche $\hat{S}$ vom Typ der Kreisscheibe, deren Ortsvektor Lebesguemonotone Komponenten besitzt und für welche $I(\hat{S}) \leqq I(S)$ gilt.*

Beweis: $S = \{\mathfrak{x} = \mathfrak{x}(u, v); (u, v) \in \bar{P}\}$, P der Einheitskreis $\{u, v; u^2 + v^2 < 1\}$, sei eine von Γ berandete Fläche endlichen Inhaltes.

$S_n = \{\mathfrak{x} = \mathfrak{x}_n(u, v); (u, v) \in \bar{P}\}$ $(n = 1, 2, \ldots)$ sei eine Folge von Flächen wie im Beweis von §§ 226, 457. Mit $\mathfrak{y}_n(u, v)$ bezeichnen wir die in P harmonischen und in $\bar{P}$ stetigen Vektoren, deren Werte auf ∂P mit denen von $\mathfrak{x}_n(u, v)$ übereinstimmen. Zufolge des Dirichletschen Prinzips aus § 228 gilt $D_P[\mathfrak{y}_n] \leqq D_P[\mathfrak{x}_n]$. Als harmonische Funktionen sind die Komponenten der Vektoren $\mathfrak{y}_n(u, v)$ Lebesguemonotone Funktionen. Die Behauptung folgt nun wie in § 457.

6.2. Über die Regularität der Flächen kleinsten Inhaltes

§ 459. Die in den §§ 107, 111, 114, 115, 388, 389, 397, 435 gegebenen Beispiele zeigen, daß eine Minimalfläche nicht unbedingt den kleinsten Flächeninhalt unter allen Flächen des gleichen topologischen Typs mit demselben Rande zu haben braucht. Die Konstruktion in § 44 andererseits macht deutlich, daß eine Fläche kleinsten Inhaltes keine Minimalfläche, nicht einmal eine verallgemeinerte, sein muß. Es erhebt sich daher die folgende Frage: Gegeben sei eine $\mathfrak{M}$-Fläche $S = \{\mathfrak{x} = \mathfrak{x}(u, v); (u, v) \in \bar{P}\}$, P der Einheitskreis. Unter welchen Bedingungen ist der von einer Teilmenge $B \subset P$ definierte Teil $S[B]$ der Fläche S eine (verallgemeinerte) Minimalfläche? Wir wollen einen aus mehr als einem Punkte bestehenden Teil von S, welcher mit dem Rest von S in einem einzigen Punkte zusammenhängt, wie z. B. den in § 44 beschriebenen Dorn, einen Auswuchs nennen. Eine Fläche S mit Auswüchsen ist gewiß keine Minimalfläche. Aber man wird vermuten, daß es möglich sein sollte, alle Auswüchse von S zu entfernen und so eine von Auswüchsen freie Fläche $\hat{S}$ zu erhalten. Man könnte dann hoffen, daß, wenn S den kleinsten Inhalt unter allen Flächen mit derselben Randkurve besitzt, die Fläche $\hat{S}$ eine Minimalfläche ist. Diese Hoffnung ist in der Tat gerechtfertigt:

Wenn die Fläche S von einer Jordankurve Γ berandet ist und den kleinsten Inhalt unter allen von Γ berandeten Flächen vom Typ der Kreisscheibe besitzt, dann ist die Fläche $\hat{S}$ eine verallgemeinerte Minimalfläche. Oder mit anderen Worten: *Die allgemeinste von einer Jordankurve berandete Fläche kleinsten Flächeninhaltes ist eine verallgemeinerte Minimalfläche mit Auswüchsen.*

Die §§ 460–474 bringen die Präzisierung dieser Bemerkungen und den Beweis sowohl dieses Satzes als auch verwandter Aussagen, insbes. des grundlegenden Satzes aus § 473. Die Durchführung schließt sich eng an E. J. McShane [4] an, dem man diese interessante Theorie verdankt. McShane betrachtet allgemein Flächen endlichen Lebesgue-Inhaltes, und es findet sich in seiner Arbeit wohl noch eine offene Stelle. Seine Theorie ist hier für den Spezialfall von $\mathfrak{M}$-Flächen dargestellt, in dem sich erhebliche Vereinfachungen ergeben.

Den nachfolgenden Betrachtungen liegt eine $\mathfrak{M}$-Fläche $S = \{\mathfrak{x} = \mathfrak{x}(u, v);$ $(u, v) \in \bar{P}\}$ zugrunde, wo P der Einheitskreis der (u, v)-Ebene ist, dessen Rand ∂P vom Ortsvektor $\mathfrak{x}(u, v)$ in monotoner Weise auf die Jordankurve Γ im Raume abgebildet wird.

§ 460. Die offene zusammenhängende Punktmenge $B \subset P$ definiert einen Auswuchs auf der Fläche S, wenn der Vektor $\mathfrak{x}(u, v)$ auf dem Rande B^* von B konstant ist, ohne jedoch in B selbst identisch konstant auszufallen. Der der Menge B entsprechende Teil $S[B]$ von S heißt ein Auswuchs.

§ 461. Die Menge B braucht kein einfach zusammenhängendes Gebiet zu sein. Es gilt aber Folgendes:

Wenn die offene Menge $B \subset P$ einen Auswuchs auf S definiert, dann gibt es ein diese Menge enthaltendes einfach zusammenhängendes Gebiet B' in P, welches gleicherweise einen Auswuchs auf S definiert.

Beweis: Wir betrachten die abzählbare Menge aller einfach geschlossenen ganz in B verlaufenden Polygone $\partial\Pi_i$ $(i = 1, 2, \ldots)$, deren Eckpunkte rationale Koordinaten besitzen, und definieren eine Menge B' als die Vereinigungsmenge $\bigcup_{i=1}^{\infty} \Pi_i$, wobei Π_i das Innere von $\partial\Pi_i$ bedeutet. Diese Menge B' hat die folgenden Eigenschaften:

1) Als Vereinigungsmenge offener Mengen *ist B' offen.*

2) *B ist in B' enthalten*; denn jeder Punkt von B ist in einem in B gelegenen Quadrat mit rationalen Eckpunkten enthalten, und der Rand des letzteren ist selbst eines der Polygone $\partial\Pi_i$.

3) *B' ist zusammenhängend*: Gegeben seien zwei Punkte $p, q \in B'$, und es sei etwa $p \in \Pi_m$, $q \in \Pi_n$. Man nehme einen Punkt p' auf $\partial\Pi_m$ und einen Punkt q' auf $\partial\Pi_n$ her. p' und q' können in B und daher in B' verbunden werden. Da p mit p' in $\bar{\Pi}_m$ und folglich auch in B' verbunden werden kann und dasselbe von q und q' gilt, können p und q in B' miteinander verbunden werden.

4) *B' ist einfach zusammenhängend.* Das sieht man so: Gegeben sei eine in B' verlaufende Jordankurve ∂J. Wir haben zu zeigen, daß ihr Inneres J auch zu B' gehört. Da jeder Punkt von ∂J zu einem Π_i gehört, kann ∂J von endlich vielen Π_i überdeckt werden. Die Vereinigungsmenge dieser Π_i sei mit Π bezeichnet. Es sei ∂J_1 der äußere Rand von Π, d. h. die Gesamtheit der vom Unendlichen her erreichbaren Randpunkte von Π. ∂J_1 ist ein in B' verlaufendes einfaches Polygon mit rationalen Eckpunkten, also selbst ein $\partial\Pi_i$, etwa $\partial\Pi_k$. Da das einfach zusammenhängende Polygon Π_k einerseits die Kurve ∂J und daher auch ihr Inneres J enthält und andererseits selbst in B' enthalten ist, muß B' auch das Innere von ∂J enthalten.

5) *Der Rand B'^* von B' ist eine Teilmenge des Randes B^* von B*: Es sei p ein Randpunkt von B'. Nach 1) und 2) ist p kein Punkt von B. In jeder konvexen Umgebung U von p liegt ein Punkt p' von B', welcher seinerseits in einer Menge Π_i enthalten ist. Da p selbst nicht in Π_i liegt, trifft das Segment $\overline{pp'}$ das Polygon $\partial \Pi_i$ in einem Punkte q. Dieser Punkt gehört sowohl zu B als auch zu U. Daher ist p ein Grenzpunkt von B, d. h. $p \in B^*$.

Offensichtlich definiert das Gebiet B' einen Auswuchs auf der Fläche S. Damit ist alles bewiesen.

§ 462. Es kann durchaus eintreten, daß eine einen Auswuchs definierende offene Menge B in einer größeren solchen Menge enthalten ist. Wir bestimmen die größte derartige Menge in der folgenden Weise. Gegeben sei ein beliebiger Punkt r von B. Es sei $B_0 = B_0(r)$ die Menge aller Punkte $q \in P$ mit der Eigenschaft: q liegt in einer einen Auswuchs definierenden offenen Menge $B(q)$, welche auch den Punkt r enthält. Nach dem Vorangehenden dürfen wir annehmen, daß $B(q)$ ein einfach zusammenhängendes Gebiet ist. Wir behaupten nun:

Die Menge B_0 ist offen und definiert einen Auswuchs auf der Fläche S.

Beweis: 1) *B_0 ist offen*: Wenn ein Punkt q zu B_0 gehört, so gehört q zu einer offenen Menge $B(q)$ mit den angegebenen Eigenschaften. Dann gehört eine ganze Umgebung von q zu $B(q)$ und damit auch zu B_0.

2) $\mathfrak{x}(u, v) \equiv$ const *auf dem Rande von B_0*: Es seien p_1 und p_2 zwei Randpunkte von B_0 und U_1, U_2 zwei konvexe Umgebungen von p_1 bzw. p_2, die so klein gewählt sind, daß die Schwankung des Vektors $\mathfrak{x}(u, v)$ in $P \cap U_1$ und in $P \cap U_2$ kleiner als eine beliebig vorgegebene Zahl $\varepsilon > 0$ ausfällt. Die Umgebungen U_1 und U_2 enthalten je einen Punkt $q_i \in B(q_i)$ $(i = 1, 2)$ in P, wobei beide Mengen $B(q_i)$ den Punkt r enthalten und Auswüchse definieren. Da die Punkte p_i nicht zu den Mengen $B(q_i)$ gehören, enthalten die Umgebungen U_i auch auf den Segmenten $\overline{q_i p_i}$ liegende Randpunkte von $B(q_i)$. Es seien $\mathfrak{x}_1$ und $\mathfrak{x}_2$ die beiden konstanten Werte des Vektors $\mathfrak{x}(u, v)$ auf $B(q_1)^*$ bzw. $B(q_2)^*$. Dann muß natürlich $|\mathfrak{x}(p_i) - \mathfrak{x}_i| < \varepsilon$ gelten.

Die zwei beschränkten einfach zusammenhängenden Gebiete $B(q_1)$ und $B(q_2)$ mit nicht-leerem Durchschnitt haben entweder einen Randpunkt gemeinsam, ohne daß eines im anderen enthalten wäre, oder eines ist im anderen enthalten. Im ersten Falle gilt $\mathfrak{x}_1 = \mathfrak{x}_2$, so daß $|\mathfrak{x}(p_2) - \mathfrak{x}(p_1)| \leqq |\mathfrak{x}(p_2) - \mathfrak{x}_2| + |\mathfrak{x}(p_1) - \mathfrak{x}_1| < 2\varepsilon$. Im zweiten Falle sei etwa $B(q_1)$ in $B(q_2)$ enthalten. Dann gehört q_1 zu $B(q_2)$, und auf dem in U_1 verlaufenden Segment $\overline{q_1 p_1}$ liegt ein Randpunkt von $B(q_2)$. Somit gilt $|\mathfrak{x}(p_1) - \mathfrak{x}_2| < \varepsilon$ und daher $|\mathfrak{x}(p_1) - \mathfrak{x}(p_2)| \leqq |\mathfrak{x}(p_1) - \mathfrak{x}_2| + |\mathfrak{x}(p_2) - \mathfrak{x}_2| < 2\varepsilon$. Wegen der Willkür in der Wahl von ε ergibt sich also in jedem Falle $\mathfrak{x}(p_2) = \mathfrak{x}(p_1)$ für irgendzwei Punkte $p_1, p_2 \in B_0^*$, d. h. $\mathfrak{x}(u, v) \equiv \text{const}$ auf B_0^*. W. z. b. w.

Wegen $B \subset B_0$ ist $\mathfrak{x}(u, v)$ in B_0 nicht identisch konstant. Damit ist die vorangestellte Behauptung bewiesen.

Es ist leicht zu sehen, daß wir dieselbe Menge B_0 erhalten hätten, wenn wir einen beliebigen anderen Punkt $r' \in B$, oder sogar $r' \in B_0(r)$ als Ausgangspunkt gewählt hätten. Wenn $B' \subset P$ eine einen Auswuchs definierende offene Menge ist, welche mit $B_0(r)$ einen Punkt gemeinsam hat, so muß daher B' ganz in B_0 enthalten sein. Diese Tatsache rechtfertigt die Bezeichnung *vollständiger Auswuchs* für den von B_0 auf S definierten Auswuchs. B_0 ist ein einfach zusammenhängendes Gebiet; denn nach § 461 ist B_0 in einem einfach zusammenhängenden einen Auswuchs definierenden Gebiet B' enthalten. Aber zufolge des oben Gesagten muß $B' \subset B_0$ gelten.

Zwei Gebiete B_0 und B_1, welche zwei vollständige Auswüchse definieren, müssen punktfremd sein. Eine Fläche S kann daher höchstens abzählbar viele vollständige Auswüchse besitzen.

§ 463. Das einfach zusammenhängende Gebiet B möge einen Auswuchs auf S definieren. Es sei $\mathfrak{x}^{(1)}$ der konstante Wert des Vektors $\mathfrak{x}(u, v)$ auf B^*. Wir definieren eine neue Fläche $S^{(1)} = \{\mathfrak{x} = \mathfrak{x}^{(1)}(u, v);\ (u, v) \in \bar{P}\}$, wo $\mathfrak{x}^{(1)}(u, v) = \mathfrak{x}(u, v)$ in $\bar{P} \setminus \bar{B}$, aber $\mathfrak{x}^{(1)}(u, v) = \mathfrak{x}^{(1)}$ in $\bar{B}$. *$S^{(1)}$ wird die aus S durch Entfernen des Auswuchses $S[B]$ entstandene Fläche genannt.* Wir behaupten:

$S^{(1)}$ ist eine $\mathfrak{M}$-Fläche, und $I(S^{(1)}) = I(S) - I(S[B])$, d. h. insbes. $I(S^{(1)}) \leqq I(S)$.

Beweis: Der Beweis verläuft wie in § 196. Es ist klar, daß $\mathfrak{x}^{(1)}(u, v)$ zu $LAS(\bar{P})$ gehört. In der offenen Menge B (und übrigens zufolge § 196 fast überall in der abgeschlossenen Menge B^*) gilt $\mathfrak{x}_u^{(1)} = \mathfrak{x}_v^{(1)} = \mathfrak{o}$. In der abgeschlossenen Menge $\bar{P} \setminus B$ gilt wegen § 196 fast überall $\mathfrak{x}_u^{(1)} = \mathfrak{x}_u$, $\mathfrak{x}_v^{(1)} = \mathfrak{x}_v$. Daher ist $S^{(1)}$ eine $\mathfrak{M}$-Fläche, und wir haben $I(S) = I(S^{(1)}) + I(S[B])$. W. z. b. w.

In der Topologie nennt man nach K. Borsuk eine Teilmenge B eines topologischen Raumes A einen Retrakt von A, falls es eine stetige Abbildung f von A auf B – eine Retraktion – gibt, so daß $f(p) = p$ gilt für alle Punkte p von B. Die Operation der Entfernung eines Auswuchses definiert i. a. eine solche stetige Abbildung der Punktmenge $[S]$ auf die Teilmenge $[S^{(1)}]$. Dem topologischen Sprachgebrauch folgend könnte man die Fläche $S^{(1)}$ also auch einen (durch „Zusammenschrumpfenlassen" des Auswuchses gewonnenen)Retrakt der Fläche S nennen.

Wenn in $\bar{P}$ die Ungleichung $|\mathfrak{x}(u, v) - \mathfrak{x}_0(u, v)| \leqq \varepsilon$ erfüllt ist, wo $\mathfrak{x}_0(u, v)$ den Ortsvektor einer festen Sattelfläche $S_0 = \{\mathfrak{x} = \mathfrak{x}_0(u, v);$

$(u, v) \in \bar{P}\}$ bedeutet, so gilt in $\bar{P}$ ebenfalls $|\mathfrak{x}^{(1)}(u, v) - \mathfrak{x}_0(u, v)| \leqq \varepsilon$. Für Punkte in $\bar{P} \setminus B$ ist das klar. Für Punkte in B folgt es wegen der Konstanz der Vektoren $\mathfrak{x}(u, v)$ und $\mathfrak{x}^{(1)}(u, v)$ auf B^* bzw. $\bar{B}$ aus § 455.

§ 464. $S[B_1], S[B_2], \ldots$ sei die endliche oder unendliche Folge aller vollständigen Auswüchse der Fläche S. Wir definieren eine neue Fläche $\hat{S} = \{\mathfrak{x} = \hat{\mathfrak{x}}(u, v); (u, v) \in \bar{P}\}$, indem wir $\hat{\mathfrak{x}}(u, v) = \mathfrak{x}(u, v)$ in $\bar{P} \setminus \bigcup_i B_i$, aber $\hat{\mathfrak{x}}(u, v) = \mathfrak{x}^{(i)}$ in $\bar{B}_i$ setzen, wo $\mathfrak{x}^{(i)}$ der konstante Wert des Vektors $\mathfrak{x}(u, v)$ auf B_i^* ist. *$\hat{S}$ heißt die aus S durch Entfernung aller Auswüchse* (salopper: „Durch Haareabschneiden") *gewonnene Fläche.* Die Fläche $\hat{S}$ hat die folgenden Eigenschaften:

1) Der Vektor $\hat{\mathfrak{x}}(u, v)$ ist zu $LAS(\bar{P})$ gehörig. Genauso wie in § 463 schließt man, daß $\hat{\mathfrak{x}}_u = \hat{\mathfrak{x}}_v = \mathfrak{o}$ in $\bigcup_i B_i$ und fast überall in $\left(\bigcup_i B_i\right)^*$ und daß $\hat{\mathfrak{x}}_u = \mathfrak{x}_u$, $\hat{\mathfrak{x}}_v = \mathfrak{x}_v$ fast überall in $\bar{P} \setminus \bigcup_i B_i$. *$\hat{S}$ ist daher eine $\mathfrak{M}$-Fläche, und es gilt $I(\hat{S}) = I(S) - \sum_i I(S[B_i])$.*

2) *$\hat{S}$ hat dieselbe Randkurve wie S*; denn die Werte von $\mathfrak{x}(u, v)$ und $\hat{\mathfrak{x}}(u, v)$ stimmen auf ∂P überein.

3) *$\hat{S}$ hat keine Auswüchse.* Andernfalls hätte $\hat{S}$ auch einen vollständigen Auswuchs $\hat{S}[B_0]$. (Man beachte, daß die Mengen B_i auf $\hat{S}$ keine Auswüchse mehr definieren.) B_0 kann in keiner Menge B_i enthalten sein, da sonst $\hat{\mathfrak{x}}(u, v) \equiv \text{const}$ in B_0 gölte. Kein Punkt von B_0^* kann zu einem B_i gehören. Wenn nämlich ein Randpunkt p von B_0 in B_i läge, dann hätten B_0 und B_i auch einen inneren Punkt gemeinsam. Die zwei beschränkten einfach zusammenhängenden Gebiete B_0 und B_i mit nicht-leerem Durchschnitt hätten dann entweder einen Randpunkt gemeinsam, ohne daß eines im anderen enthalten wäre, d. h., wie wir schon wissen, ohne daß $B_i \subsetneq B_0$ gölte, oder eines enthielte das andere, d. h. $B_i \subset B_0$. Im zweiten Falle müßte p ein innerer Punkt von B_0 sein, was nicht möglich ist. Im ersten Falle gölte neben $\hat{\mathfrak{x}}(u, v) = \mathfrak{x}^{(i)}$ in B_i auch $\hat{\mathfrak{x}}(u, v) = \mathfrak{x}^{(i)}$ auf B_0^*. Wegen der Vollständigkeit des Auswuchses $\hat{S}[B_0]$ ist auch das nicht möglich.

Die Vektoren $\mathfrak{x}(u, v)$ und $\hat{\mathfrak{x}}(u, v)$ stimmen daher in B_0^* überein, und es gilt dort $\mathfrak{x}(u, v) = \hat{\mathfrak{x}}(u, v) = \text{const}$. Der Durchschnitt von B_0 und $\bigcup_i B_i$ ist entweder leer oder nicht-leer. Im ersten Falle würde B_0 auf S einen Auswuchs definieren, was nicht möglich ist. Im zweiten Falle hätte B_0 mit einer Menge B_i einen Punkt gemeinsam. Da nach dem Vorangehenden aber B_0^* und B_i punktfremd sind, müßte entweder B_0 in B_i oder B_i in B_0 enthalten sein. Im ersten Falle wäre $\hat{\mathfrak{x}}(u, v) \equiv \mathfrak{x}^{(i)}$ in B_0, und B_0 könnte keinen Auswuchs definieren. Im zweiten Falle gölte $\mathfrak{x}(u, v) = \hat{\mathfrak{x}}(u, v) = \text{const}$ auf B_0^*, und das stünde im Widerspruch zur Vollständigkeit des Auswuchses $S[B_i]$. Somit kann S tatsächlich keine Auswüchse besitzen.

Aus dem Vorangehenden kann die Folgerung gezogen werden:

Wenn die von der Jordankurve Γ berandete Fläche S unter allen von Γ berandeten Flächen vom Typ der Kreisscheibe den kleinsten Flächeninhalt besitzt, dann kann S keinen Auswuchs positiven Flächeninhaltes haben.

§ 465. Eine der grundlegenden Feststellungen der vorliegenden Untersuchung ist in der folgenden Aussage enthalten:

Die von der Jordankurve Γ berandete $\mathfrak{M}$-Fläche $S = \{\mathfrak{x} = \mathfrak{x}(u, v); (u, v) \in \bar{P}\}$, P der Einheitskreis, habe unter allen von Γ berandeten Flächen vom Typ der Kreisscheibe den kleinsten Flächeninhalt. Der einem Jordangebiet $D \subset P$ entsprechenden Teil $S[D]$ von S sei frei von Auswüchsen. Dann sind die Komponenten des Vektors $\mathfrak{x}(u, v)$ in $\bar{D}$ Lebesguemonotone Funktionen.

Die nächsten vier Paragraphen sind dem Beweis dieses Satzes gewidmet. Angenommen, die Behauptung treffe nicht zu; es sei etwa $z(u, v)$ nicht Lebesguemonoton. Nach § 454 existierte dann eine offene Teilmenge B von D derart, daß $z(u, v) = c = \text{const}$ ist auf B^* und $z(u, v) \neq c$, etwa $z(u, v) > c$, in B.

§ 466. In dieser Situation trifft nun zunächst die folgende Behauptung zu:

Es sei $B' \subset D$ das aus B genauso wie in § 461 gewonnene einfach zusammenhängende Gebiet. Es gibt eine $\mathfrak{M}$-Fläche $S' = \{\mathfrak{x} = \mathfrak{x}'(u, v); (u, v) \in \bar{P}\}$, wo $x'(u, v) = x(u, v)$, $y'(u, v) = y(u, v)$ in $\bar{P}$ und $z'(u, v) = z(u, v)$ in $\bar{P} \setminus B'$, $z'(u, v) = c$ auf B'^* und $z'(u, v) > c$ in B', so daß insbes. die Funktionen $z(u, v)$ und $z'(u, v)$ auf B'^* zusammenfallen, und wo ferner $I(S') \leqq I(S)$.

Beweis: Es seien $\partial\Pi_1, \partial\Pi_2, \ldots$ die in § 461 definierten Polygone. Auf $\partial\Pi_1$ gilt $z(u, v) > c$, also $z(u, v) \geqq m_1 > c$, wo $m_1 = \min\limits_{\partial\Pi_1} z(u, v)$ ist. Mit O_1 bezeichnen wir die offene Menge $O_1 = \Pi_1 \cap \{u, v; z(u, v) < m_1\}$. O_1 ist in Π_1 enthalten, und auf O_1^* gilt $z(u, v) = m_1$. Wir setzen

$$z_1(u, v) = \begin{cases} m_1 & \text{für} \quad (u, v) \in O_1 \\ z(u, v) & \text{für} \quad (u, v) \in \bar{P} \setminus O_1 . \end{cases}$$

In Π_1 gilt also $z_1 = [z]_{m_1}$. Zufolge § 200 ist die Funktion $z_1(u, v)$ zu $\mathfrak{M}(\bar{P})$ gehörig. Die Fläche $S_1 = \{x = x(u, v), y = y(u, v), z = z_1(u, v); (u, v) \in \bar{P}\}$ ist daher wieder eine $\mathfrak{M}$-Fläche. Da die Ableitungen $\partial z_1/\partial u$

und $\partial z_1/\partial v$ in O_1 verschwinden und nach § 196 fast überall in $\bar{P} \setminus O_1$ gleich den Ableitungen z_u bzw. z_v sind, gilt $D_P[z_1] \leqq D_P[z]$,

$$I(S) = I(S_1) + \iint\limits_{O_1} \sqrt{(y_u z_v - y_v z_u)^2 + (z_u x_v - z_v x_u)^2}\, du\, dv$$

und folglich $I(S_1) \leqq I(S)$. Es ist $z_1(u, v) \geqq m_1$ in $\bar{\Pi}_1$, $z_1(u, v) \geqq z(u, v)$ in ganz $\bar{P}$ und $z_1(u, v) \leqq \max\limits_{\bar{P}} z(u', v')$.

Wir definieren nun Funktionen $z_2(u, v), z_3(u, v), \ldots$ induktiv in der folgenden Weise: Es sei $m_i = \min\limits_{\partial \Pi_i} z_{i-1}(u, v)$ und $O_i = \Pi_i \cap \{u, v; z_{i-1}(u, v) < m_{i-1}\}$. Wir setzen

$$z_i(u, v) = \begin{cases} m_i & \text{für} \quad (u, v) \in O_i \\ z_{i-1}(u, v) & \text{für} \quad (u, v) \in \bar{P} \setminus O_i. \end{cases}$$

Die Fläche $S_i = \{x = x(u, v); y = y(u, v); z = z_i(u, v), (u, v) \in \bar{P}\}$ ist dann wieder eine $\mathfrak{M}$-Fläche, und es gilt $D_P[z_i] \leqq D_P[z_{i-1}]$ und $I(S_i) \leqq I(S_{i-1})$. Ferner ist $z_i(u, v) \geqq m_i$ für $(u, v) \in \bar{\Pi}_i$ und

$$(164) \quad z_i(u, v) \geqq z_{i-1}(u, v), \qquad z_i(u, v) \leqq \max_{\bar{P}} z(u', v') \quad \text{für} \quad (u, v) \in \bar{P}.$$

Da $\partial \Pi_i$ in B verläuft, gilt $z(u, v) > c$ auf $\partial \Pi_i$ und daher $m_i > c$ wegen der in $\bar{P}$ gültigen Ungleichung $z_1(u, v) \geqq z(u, v)$ und wegen (164).

Es ist klar, daß die Folge der Funktionen $z_i(u, v)$ in $\bar{P}$ gleichgradig stetig und in der Tat auch gleichgradig $LAS(\bar{P})$ ist (siehe § 195). Wegen (164) konvergiert die Folge der $z_i(u, v)$ in $\bar{P}$ gegen eine Grenzfunktion $z'(u, v)$. Zufolge der gleichgradigen Stetigkeit der $z_i(u, v)$ ist diese Grenzfunktion in $\bar{P}$ stetig, und die Konvergenz ist sogar gleichmäßig, so daß man nunmehr § 195 heranziehen kann, wonach $z'(u, v)$ zu $LAS(\bar{P})$ gehört.

S' sei die Fläche $S' = \{x = x(u, v), y = y(u, v), z = z'(u, v); (u, v) \in \bar{P}\}$. Auf Grund der gleichmäßigen Konvergenz der Folge $\{z_i(u, v)\}$ und wegen $D_P[z_i] \leqq D_P[z_{i-1}] \leqq \cdots \leqq D_P[z]$ folgt aus § 213, daß S' eine $\mathfrak{M}$-Fläche ist. Aus $I(S_1) \leqq I(S)$ und $I(S_i) \leqq I(S_{i-1})$ folgt wegen der Unterhalbstetigkeit des Flächeninhaltes auch $I(S') \leqq \liminf\limits_{i \to \infty} I(S_i) \leqq I(S)$. In $\bar{P} \setminus B'$ ist $z'(u, v) = z(u, v)$, und da nach § 461_5 der Rand von B' eine Teilmenge des Randes von B ist, gilt $z'(u, v) = c$ auf B'^*. Es sei ferner (u_0, v_0) ein Punkt von B' und somit in einem der Π_i, etwa Π_k, enthalten. Dann gilt $z_k(u_0, v_0) \geqq m_k > c$ und folglich $z'(u_0, v_0) > c$.

Damit ist alles bewiesen.

§ 467. Wir fahren jetzt mit dem Beweis des Satzes aus § 465 fort. Es seien B' das aus B wie in § 461 gewonnene einfach zusammenhängende Gebiet und S' eine Fläche mit den in der Aussage des § 466 niedergelegten Eigenschaften. Die Funktionen $x(u, v)$ und $y(u, v)$ können auf dem Rande von B' nicht beide konstant sein, da B' andernfalls einen Auswuchs definierte. O. B. d. A. darf angenommen werden, daß die Funktion $y(u, v)$ in zwei Punkten p_1'' und p_2'' von B'^* verschiedene Werte annimmt; es gelte etwa $y_1 = y(p_1'') < y(p_2'') = y_2$. Wir beschreiben um p_1'' und p_2'' zwei nicht überlappende Kreisscheiben K_1 und K_2, die so klein sind, daß $y(u_1, v_1) < y(u_2, v_2)$ gilt für alle Punkte $(u_1, v_1) \in K_1$, $(u_2, v_2) \in K_2$ (siehe Abb. 57). In $K_1 \cap B'$ und $K_2 \cap B'$ wählen wir zwei Punkte p_1' bzw. p_2', welche wir in B' durch einen Polygonzug verbinden. Es sei p_1 der dem Punkte p_1' nächste Punkt, in welchem das Segment $\overline{p_1' p_1''}$ den Rand von B' trifft, und p_2 sei analog bestimmt. Die Punkte p_1 und p_2 sind dann durch einen Polygonzug ∂J_1 verbunden, welcher bis auf seine Endpunkte in B' verläuft. Wir können annehmen, daß ∂J_1 sich nicht selbst schneidet. Dabei gilt $y(p_1) < < y(p_2)$.

Die Kurve ∂J_1 wird durch die Transformation

$$y = y(u, v), \quad z = z'(u, v) \tag{165}$$

auf eine Kurve $\partial J_1'$ in der (y, z)-Ebene abgebildet. Dabei liegt der Punkt $(y = \frac{1}{2}[y(p_1) + y(p_2)], z = c)$ gewiß nicht auf $\partial J_1'$; denn in jedem inneren Punkt von $\partial J_1'$ gilt $z > c$, während in den Endpunkten $y = y(p_1) < \frac{1}{2}[y(p_1) + y(p_2)]$ und $y = y(p_2) > \frac{1}{2}[y(p_1) + y(p_2)]$ gilt. Es ist daher möglich um den Punkt $(\frac{1}{2}[y(p_1) + y(p_2)], c)$ eine abgeschlossene Kreisscheibe $\bar{K}_3$ zu bestimmen, welche mit $\partial J_1'$ keinen Punkt gemeinsam hat (siehe Abb. 58). In K_3 wählen wir eine weitere abgeschlossene Kreisscheibe $\bar{K}_4$, die ganz oberhalb der Geraden $z = c$ liegt. Ihr Abstand von dieser Geraden betrage $2\varepsilon > 0$.

Wegen der Stetigkeit der Funktion $z'(u, v)$ gibt es eine Zahl $\delta > 0$ so, daß für alle Punkte (u, v), deren Abstand von B'^* kleiner als δ ist,

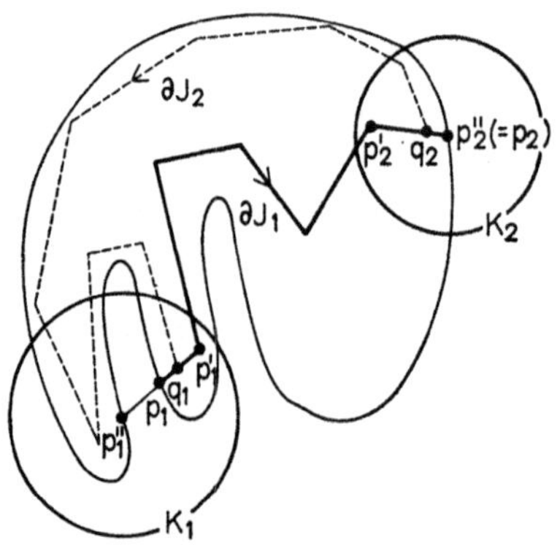

Abb. 57

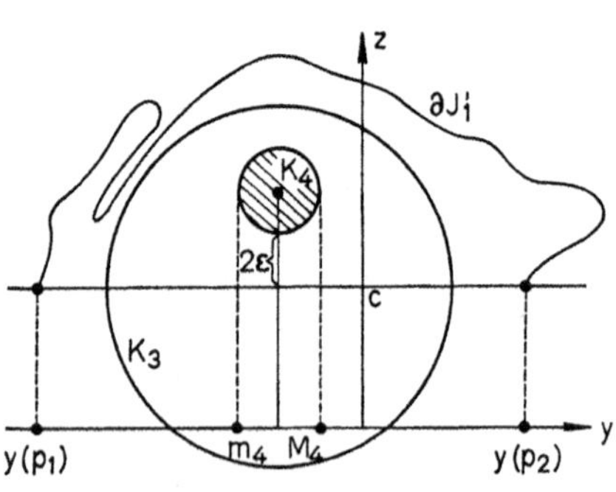

Abb. 58

die Ungleichung $z'(u, v) < c + \varepsilon$ gilt. Mit m_4 und M_4 seien das Minimum bzw. Maximum von $y(u, v)$ in $\bar{K}_4$ bezeichnet. Dann gilt natürlich $y(p_1) < m_4 < M_4 < y(p_2)$.

Wir bestimmen nun einen ganz in B' verlaufenden, sich selbst nicht schneidenden Polygonzug ∂J_2 mit den folgenden Eigenschaften:

a) Der Anfangspunkt q_2 von ∂J_2 liegt auf dem Segment $\overline{p_2 p_1'}$ von ∂J_1; der Endpunkt q_1 von ∂J_2 liegt auf dem Segment $\overline{p_1 p_1'}$ von ∂J_1.

b) Der Abstand jedes Punktes auf ∂J_2 von B'^* ist kleiner als δ.

c) ∂J_2 hat mit ∂J_1 nur die Punkte q_1 und q_2 gemeinsam.

Man überzeugt sich leicht, daß eine solche Konstruktion möglich ist; siehe Abb. 57. Wegen der Stetigkeit der Funktion $y(u, v)$ können wir dabei noch, indem wir z. B. die Zahl δ hinreichend klein vorgeben, den Punkt q_1 so nahe an p_1 und den Punkt q_2 so nahe an p_2 wählen, daß $y(q_1) < m_4 < M_4 < y(q_2)$ gilt.

Die orientierte Kurve ∂J, welche man erhält, indem man ∂J_1 von q_1 nach q_2 und dann ∂J_2 von q_2 nach q_1 durchläuft, ist ein einfach geschlossenes Polygon, dessen Inneres wir mit J bezeichnen. Es sei $\mathscr{C}$ das Bild der Kurve ∂J unter der Abbildung (165).

§ 468. *Jeder Punkt* (y, z) *von* $\bar{K}_4$ *besitzt bezüglich der Kurve* $\mathscr{C}$ *den topologischen Index* $N(y, z; \mathscr{C}) = -1$.

Beweis: $\mathfrak{r} = (y, z)$ sei ein Punkt von $\bar{K}_4$. Wenn der Punkt p entlang ∂J_1 von q_1 nach q_2 läuft, dreht sich der Strahl $\mathfrak{r}\,\hat{p}$ ($\hat{p}$ ist der Bildpunkt von p unter der Abbildung (165)) von einer Lage im zweiten oder dritten Quadranten zu einer Lage im ersten oder vierten Quadranten, ohne jemals die Richtung der negativen z-Achse anzunehmen. Wenn p dann entlang ∂J_2 von q_2 nach q_1 läuft, dann bewegt sich der Bildpunkt $\hat{p}$ dauernd unterhalb der Geraden $z = c + \varepsilon$. Daher kehrt die Halbgerade $\mathfrak{r}\,\hat{p}$ in ihre Ausgangslage zurück, ohne jemals die Richtung der positiven z-Achse anzunehmen. Daraus folgt die Behauptung.

§ 469. Aus dem Resultat des vorangehenden Paragraphen folgt gemäß § 246 die Ungleichung

$$\iint_J \left|\frac{\partial(y, z')}{\partial(u, v)}\right| du\, dv \geqq |K_4|.$$

Wir definieren nun eine neue Fläche $\tilde{S} = \{x = x(u, v), y = y(u, v), z = \tilde{z}(u, v); (u, v) \in \bar{P}\}$, bei welcher

$$\tilde{z}(u, v) = \begin{cases} c & \text{für} \quad (u, v) \in B' \\ z'(u, v) & \text{für} \quad (u, v) \in \bar{P} \setminus B' \end{cases}$$

ist. Wie schon mehrmals vorher schließen wir, daß $\tilde{S}$ eine $\mathfrak{M}$-Fläche ist.

Auf Grund der für $0 < \sigma < 1$, $a \geqq 0$, $b \geqq 0$ gültigen Ungleichung $\sqrt{1-\sigma^2}\, a + \sigma b \leqq \sqrt{a^2+b^2}$ ist aber nun

$$\iint\limits_J \sqrt{\left(\frac{\partial(x,y)}{\partial(u,v)}\right)^2 + \left(\frac{\partial(y,z')}{\partial(u,v)}\right)^2 + \left(\frac{\partial(z',x)}{\partial(u,v)}\right)^2}\, du\, dv$$

$$\geqq \sqrt{1-\sigma^2} \iint\limits_J \left|\frac{\partial(x,y)}{\partial(u,v)}\right| du\, dv + \sigma\,|K_4|$$

$$\geqq \iint\limits_J \left|\frac{\partial(x,y)}{\partial(u,v)}\right| du\, dv + \sigma \left\{|K_4| - \sigma \iint\limits_J \left|\frac{\partial(x,y)}{\partial(u,v)}\right| du\, dv\right\},$$

d. h. (bei hinreichend kleiner Wahl von σ)

$$\iint\limits_{B'} \left|\frac{\partial(x,y)}{\partial(u,v)}\right| du\, dv <$$

$$< \iint\limits_{B'} \sqrt{\left(\frac{\partial(x,y)}{\partial(u,v)}\right)^2 + \left(\frac{\partial(y,z')}{\partial(u,v)}\right)^2 + \left(\frac{\partial(z',x)}{\partial(u,v)}\right)^2}\, du\, dv.$$

Nach der mehrfach angewendeten Schlußweise folgt daraus $I(\tilde{S}) < I(S') \leqq I(S)$. Diese Ungleichung steht aber im Widerspruch zu der Voraussetzung des in § 465 formulierten Satzes, da $\tilde{S}$ dieselbe Randkurve Γ wie die Fläche S hat, welche den kleinsten Flächeninhalt aller von Γ berandeten Flächen besitzen sollte.

Dieser Widerspruch war eine Konsequenz der Annahme, die Funktion $z(u,v)$ sei nicht Lebesguemonoton in D. Diese Annahme erweist sich daher als unmöglich, und der Satz des § 465 ist damit endlich bewiesen.

§ 470. Die von der Jordankurve Γ berandete $\mathfrak{M}$-Fläche S habe unter allen von Γ berandeten Flächen vom Typ der Kreisscheibe den kleinsten Flächeninhalt. Es sei $\hat{S} = \{\mathfrak{x} = \hat{\mathfrak{x}}(u,v);\ (u,v) \in \bar{P}\}$ die aus S durch Entfernung aller Auswüchse gewonnene Fläche. Zufolge des Satzes aus § 465 sind die Komponenten des Vektors $\hat{\mathfrak{x}}(u,v)$ dann in $\bar{P}$ Lebesguemonotone Funktionen. Nach dem Satze aus § 457 gibt es daher eine fast-konforme Darstellung $\{\mathfrak{x} = \mathfrak{x}_0(u,v);\ (u,v) \in \bar{P}\}$ von $\hat{S}$, bei der fast überall in P die Beziehungen $E_0 = G_0$, $F_0 = 0$ gelten, und wo der Vektor $\mathfrak{x}_0(u,v)$ den Kreis ∂P in monotoner Weise auf die Kurve Γ abbildet.

Wir behaupten, daß der Vektor $\mathfrak{x}_0(u,v)$ in P harmonisch ist. Andernfalls sei $\mathfrak{x}_1(u,v) \in \mathfrak{M}(\bar{P})$ der in P harmonische Vektor, dessen Werte auf ∂P mit denen von $\mathfrak{x}_0(u,v)$ übereinstimmen, und $S_1 = \{\mathfrak{x} = \mathfrak{x}_1(u,v);\ (u,v) \in \bar{P}\}$ die durch diesen Vektor dargestellte Fläche. Zufolge des Dirichletschen Prinzips aus § 228 ergibt sich dann wegen $I(S_1) \leqq$

$\leqq D_P[\mathfrak{x}_1] < D_P[\mathfrak{x}_0] = I(S_0) = I(\hat{S})$ die unmögliche Ungleichung $I(S_1) < I(\hat{S})$.

Aus Stetigkeitsgründen gilt sogar $E_0 = G_0$, $F_0 = 0$ überall in P, und E_0 kann nur in isolierten Punkten verschwinden. Das bedeutet, daß $\hat{S}$ eine verallgemeinerte Minimalfläche ist. Wie in § 300 schließt man, daß der Vektor $\mathfrak{x}_0(u, v)$ sogar eine topologische Abbildung zwischen dem Kreis ∂P und der Jordankurve Γ bewirkt.

§ 471. Wir haben damit den schon in § 459 angekündigten Satz bewiesen:

Gegeben sei eine Jordankurve Γ, die mindestens eine $\mathfrak{M}$-Fläche (endlichen Inhaltes) vom Typ der Kreisscheibe berandet. Es sei S eine $\mathfrak{M}$-Fläche, welche unter allen von Γ berandeten Flächen vom Typ der Kreisscheibe — oder allgemeiner auch nur unter allen derartigen $\mathfrak{M}$-Flächen — den kleinsten Flächeninhalt besitzt, und $\hat{S}$ die aus S durch Entfernung aller Auswüchse gewonnene Fläche. $\hat{S}$ ist dann eine verallgemeinerte Minimalfläche. Mit anderen Worten: *Die Fläche S selbst ist eine verallgemeinerte Minimalfläche mit Auswüchsen (vom Flächeninhalt Null).*

Es ist klar, daß eine Fläche S, welche die Voraussetzungen dieses Satzes erfüllt und frei von Auswüchsen ist, eine verallgemeinerte Minimalfläche sein muß.

Bemerkung: Beim nochmaligen Durchgehen der Beweise erkennt man leicht, daß sowohl der in § 465 formulierte als auch der vorliegende Satz ihre Gültigkeit unter der weniger einschränkenden Voraussetzung behalten, *S solle kleinsten Flächeninhalt unter allen denjenigen $\mathfrak{M}$-Flächen vom Typ der Kreisscheibe besitzen, deren Ortsvektoren auf ∂P mit dem Ortsvektor von S übereinstimmen.*

§ 472. Eine wichtige Folgerung ist diese:

Wenn die Fläche S die Voraussetzungen des Satzes in § 471 — *in der Bemerkung am Ende dieses Paragraphen formulierten schwächeren Fassung — erfüllt, und wenn ihr Ortsvektor $\mathfrak{x}(u, v)$ ein Jordangebiet $D \subset P$ umkehrbar eindeutig auf einen Teil von S abbildet, dann ist dieser Teil $S[D]$ eine verallgemeinerte Minimalfläche.*

Beweis: Kein Punkt von D kann einem einen vollständigen Auswuchs definierenden einfach zusammenhängenden Gebiet $B \subset P$ angehören. Andernfalls gäbe es eine abgeschlossene Kreisscheibe $\bar{K} \subset \subset D \cap B$. Die Randkurve von $S[\bar{K}]$ wäre eine Jordankurve und berandete nach dem Existenzsatz der §§ 291—303 eine verallgemeinerte Minimalfläche mit der Eigenschaft, daß $I(S') \leqq I(S[K])$ wäre. Es gölte aber natürlich $I(S') > 0$, so daß im Widerspruch zu der Aussage am

Ende von § 464 $I(S[B]) > 0$ sein müßte. Wenn wir den Auswuchs $S[B]$ entfernen, ändert sich der Vektor $\mathfrak{x}(u, v)$ in D daher gar nicht. $S[D]$ ist also eine verallgemeinerte Minimalfläche.

§ 473. Die Bedingung in § 472, die Randkurve der Fläche S solle eine Jordankurve sein, kann fallengelassen werden. Es gilt in der Tat der folgende grundlegende Satz:

Die $\mathfrak{M}$-Fläche $S = \{\mathfrak{x} = \mathfrak{x}(u, v);\ (u, v) \in \bar{P}\}$, P der Einheitskreis, besitze den kleinsten Inhalt unter allen Flächen (oder allgemeiner: unter allen $\mathfrak{M}$-Flächen) vom Typ der Kreisscheibe mit derselben Randkurve $\mathscr{C}$, welche keine Jordankurve zu sein braucht. Der Ortsvektor $\mathfrak{x}(u, v)$ von S bilde ein Jordangebiet $D \subset P$ umkehrbar eindeutig auf einen Teil $S[D]$ von S ab. Dieser Teil ist eine verallgemeinerte Minimalfläche.

Beweis: Es sei $\bar{K}$ eine in D enthaltene abgeschlossene Kreisscheibe. Wir wollen zeigen, daß $S[K]$ eine verallgemeinerte Minimalfläche ist. Der Vektor $\mathfrak{x}(u, v)$ bildet ∂K auf eine Jordankurve Γ ab. $S_0 = \{\mathfrak{x} = \mathfrak{x}_0(u, v);\ (u, v) \in \bar{K}\}$ sei irgendeine $\mathfrak{M}$-Fläche, für welche $\mathfrak{x}_0(u, v) = \mathfrak{x}(u, v)$ auf ∂K. Die Fläche $S_1 = \{\mathfrak{x} = \mathfrak{x}_1(u, v);\ (u, v) \in \bar{P}\}$, wo

$$\mathfrak{x}_1(u, v) = \begin{cases} \mathfrak{x}_0(u, v) & \text{für} \quad (u, v) \in \bar{K} \\ \mathfrak{x}(u, v) & \text{für} \quad (u, v) \in \bar{P} \setminus \bar{K}, \end{cases}$$

ist nach § 201 wiederum eine $\mathfrak{M}$-Fläche. Sie hat die Randkurve Γ, und neben $I(S) \leqq I(S_1)$ gilt nach § 225 $I(S_1) = I(S_0) + I(S[P \setminus \bar{K}]) = I(S_0) + I(S) - I(S[K])$, d. h. $I(S[K]) \leqq I(S_0)$. Die Behauptung folgt dann aus § 472.

§ 474. Die topologische Voraussetzung des § 473 ist beispielsweise erfüllt, wenn der einem Jordangebiet $D \subset P$ entsprechende Teil der Fläche eine nicht-parametrische Darstellung besitzt. Da die Existenz einer nicht-parametrischen Darstellung Verzweigungspunkte ausschließt, können wir daher sagen:

Die $\mathfrak{M}$-Fläche S besitze den kleinsten Inhalt unter allen Flächen mit derselben Randkurve $\mathscr{C}$. Wenn ein einem Jordangebiet $D \subset P$ entsprechender Teil von S eine einfach bedeckte orthogonale Projektion auf eine Ebene hat, dann ist dieser Teil eine reguläre Minimalfläche.

Kapitel VI

Allgemeinere Randwertprobleme

1. Historische Vorbemerkungen und Übersicht

§ 475. Wie bereits in §§ 281, 284, 288 erwähnt wurde, ist das im vorigen Kapitel eingehend erörterte klassische Plateausche Problem wohl das grundlegendste, keinesfalls aber das einzige Randwertproblem, dessen mathematische Untersuchung geboten erscheint und übrigens durch vielfältigen experimentellen Augenschein herausgefordert wird. Schon J. D. Gergonne ([1], pp. 99–100) hatte im Jahre 1816 die Aufgabe gestellt, eine Fläche kleinsten Inhaltes zu bestimmen, welche von zwei Gegenseiten und zwei entgegengesetzt gerichteten Diagonalen eines zweiten Gegenseitenpaares eines Würfels berandet ist. Diese Aufgabe wurde nach mißlungenen Versuchen anderer (z. B. P. Tédenat [1], [2]) 1872 von H. A. Schwarz gelöst; siehe [I], pp. 92–108, 126–132 des 1. Bandes. Wir haben die Gleichung der Lösungsfläche in § 86 angetroffen, wo sich auf Abb. 8 auch ihr Bild findet. Die Fläche besitzt neben den festen Randkurven zwei freie Ränder, längs derer sie senkrecht auf den vorgegebenen Seitenflächen des Würfels aufsitzt. Dieses Senkrechtstehen ergibt sich, hinreichende Regularität der freien Ränder vorausgesetzt, aus der Transversalitätsbedingung für einen stationären Wert des Inhaltes der gesuchten Fläche.

H. A. Schwarz hat auch andere ähnliche Aufgaben behandelt; vor allem aber hat er dem Problem die folgende allgemeine Fassung gegeben ([I], p. 130 des ersten Bandes): „Gegeben ist eine zusammenhängende geschlossene Kette, deren Glieder von geradlinigen Strecken, oder von Ebenen, oder von geradlinigen Strecken und von Ebenen gebildet werden; gesucht wird ein einfach zusammenhängendes, in seinem Inneren von singulären Stellen freies Minimalflächenstück, welches von den geradlinigen und von den ebenen Gliedern der Kette begrenzt wird und die letzteren rechtwinklig trifft.“ H. Tallquist [2] – und vor ihm in einem speziellen Falle schon G. Tenius [1]; siehe § 480 – verallgemeinerten die Schwarzsche Aufgabe dahingehend, daß die Bedingung, das gesuchte Minimalflächenstück solle die Ebenen rechtwinklig schneiden, durch die Bedingung ersetzt wird, das gesuchte Minimalflächenstücke solle die einzelnen Ebenen der Kette je unter einem vorgeschriebenen konstanten Winkel treffen. Weitere Diskussionen und die Behandlung spezieller Fälle findet man z. B. bei E. R. Neovius [1]; E. Goursat [1], pp. 301–311; F. Bohnert [1]; G. Tenius [1]; H. Tallquist [2]; E. Stenius [1]; G. Darboux [I], pp. 495–497, 530–532.

Solange die vorgegebenen Randbögen geradlinige Strecken und die als Stütze dienenden Flächen Ebenen waren, konnte man hoffen, die Lösung – jedenfalls in den einfachsten Fällen – mit Hilfe der in §§ 276–281 skizzierten Methode zu gewinnen. Aufgaben mit Rotationssymmetrie, wie z. B. die von M. E. Sinclair ([1]; siehe auch G. A. Bliss [I], p. 121) betrachtete, ließen sich ebenfalls behandeln. Eine erfolgreiche Untersuchung allgemeiner Probleme war dagegen den Methoden des zwanzigsten Jahrhunderts vorbehalten und ist besonders von R. Courant ([5], [6], [10] und [I], pp. 199–233) und seiner Schule – I. F. Ritter [1], N. Davids [1], R. Courant and N. Davids [1] – in Angriff genommen worden.

Eine Verallgemeinerung des Problems in anderer Richtung, nämlich zur Bestimmung einer von einem System vorgegebener Jordankurven berandeten Minimalfläche vorgeschriebenen topologischen Typs, war von J. Douglas schon 1929 in [2] formuliert und in grundlegenden Arbeiten ([5], [6], [9], [11] und insbes. [10]) bearbeitet worden. Douglas betrachtet auch gewisse Fälle unendlichen topologischen Typs (siehe [12], [13]), und seine allgemeinste Formulierung des Problems lautet wie folgt ([13], pp. 590–591): „Given any riemannian manifold R in the most general sense of the term, i.e., any two-dimensional topological variety for which there is defined in the neighborhood of each point a local conformal representation on a circle. R may then have any finite or infinite number of boundaries, and any topological structure whatever – i.e., any finite or infinite type of connectivity. It may also have either character of orientability, i.e., one- or two-sidedness. Given also any point-set Γ in n-dimensional euclidean space which is a topological image of the total boundary C of R. Γ may consist of any finite or infinite number of Jordan curves, together with their limit points; or it may be some more general type of point set. A definite sense of description is associated with each component of Γ, carried over from C, which may be supposed oriented so that R is on the left. To determine the existence of a minimal surface M topologically equivalent to R and bounded by Γ."

Man könnte sich endlich auch für Flächen kleinsten (oder stationären) Inhaltes interessieren, bei welchen gewisse Randkurven frei beweglich sind und, abgesehen von ihrer vorgeschriebenen Länge, keinerlei Einschränkungen unterliegen. Entsprechende Experimente, in denen derartige bewegliche Randteile durch Haare oder dünne Fäden realisiert werden können, sind z. B. von C. V. Boys [I], p. 48; G. Van der Mensbrugghe [2], [3]; E. Lamarle (in G. Van der Mensbrugghe [2], pp. 272–276); J. Plateau [I], pp. 274–277 des 1. Bandes; R. Courant [7], p. 174; H. Minkowski [2], p. 584; K. L. Wolf [I], pp. 55–57 des 2. Bandes und [II], pp. 7, 8, 20, 52; A. S. C. Lawrence [I], p. 28, figure 12a, b; C. L. Stong [1] beschrieben worden. Ganz offensichtlich ist sowohl bei diesem als auch bei Problemen mit freien Rändern lediglich die Suche nach einer Fläche kleinsten oder zumindest stationären Inhaltes sinnvoll.

Indem man alles dieses in Betracht zieht, gelangt man dann zu einem allgemeinen Problem, welches in der *Bestimmung und in der Untersuchung einer von gewissen festen Kurven, gewissen beweglichen Kurven vorgegebener Länge und gewissen als Stütze dienenden Mannigfaltigkeiten berandeten verallgemeinerten Minimalfläche vorgeschriebenen topologischen Typs, bzw. einer solchen Fläche kleinsten oder stationären Inhaltes*, besteht.

Um sinnvoll zu sein, d. h. um die Existenz einer Lösung zu ermöglichen, bedarf dieses Problem natürlich noch mancher Präzisierung. Wie wir noch sehen werden, hängt die Existenz einer Lösung im Gegensatz zu der Situation beim Plateauschen Problem nämlich vom Erfülltsein verschiedener an die berandende Konfiguration zu stellenden Bedingungen ab. Andernfalls treten Entartungen auf. Die dem Existenzbeweis zugrunde liegenden Minimalfolgen konvergieren dann entweder überhaupt nicht oder höchstens gegen ausgeartete Grenzgebilde, wie etwa unzusammenhängende Flächenteile niederen topologischen Typs oder eindimensionale Strukturen. Die erste Erscheinung trifft man beispielsweise an, wenn zwei koaxiale Kreise in parallelen Ebenen zu weit voneinander entfernt sind, um noch den zweifach zusammenhängenden Teil einer Kettenfläche beranden zu können, und die einzige von diesen Kreisen berandete „Fläche“ (gemäß § 31 keine Fläche in unserem Sinne) aus zwei getrennten Kreisscheiben besteht; siehe § 515. Die zweite Erscheinung tritt z. B. bei dem Problem auf, eine einfach zusammenhängende Fläche kleinsten Inhaltes zu bestimmen, welche von einem festen rektifizierbaren Jordanbogen und einem frei beweglichen Faden genau gleicher Länge mit denselben Endpunkten berandet ist. Die Lösung schrumpft hier offensichtlich auf den Jordanbogen zusammen.

Wie wir es schon beim Plateauschen Problem erlebt und in §§ 43, 388–397, 434–435, 445–446 diskutiert haben, ist es wiederum möglich, daß ein und dieselbe Konfiguration verschiedene Minimalflächen berandet, welche sich sowohl der Erscheinung als auch dem topologischen Typ nach unterscheiden. Ein Beispiel ist in Abb. 59 angegeben, wo ein auf einer Ebene aufsitzender Jordanbogen mit dieser Ebene zusammen zwei verschiedene Flächen vom Typ [1, 1, 1] und eine Fläche vom Typ [1, 2, 0] berandet. Die Konfiguration ist der in Abb. 4

wiedergegebenen Kurve verwandt: Durch Spiegelung an der Ebene erhalten wir die dort dargestellten Verhältnisse.

Eine ähnliche Jordankurve, welche eine nicht-orientierbare Fläche höheren topologischen Typs berandet, ist in Abb. 60 dargestellt.

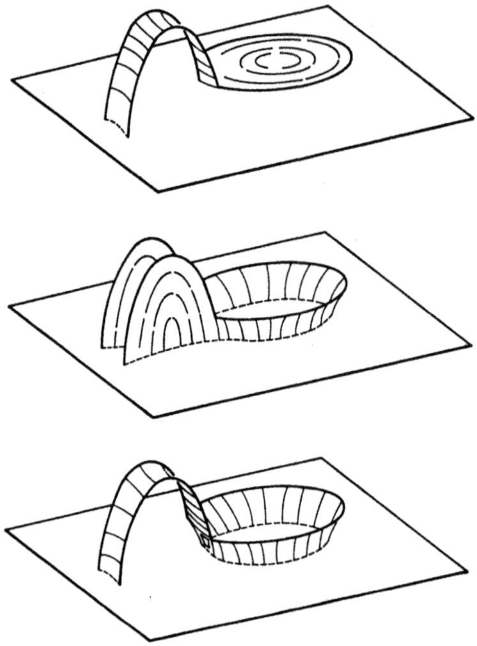

Abb. 60

Abb. 59

§ **476.** Für viele Fälle können Existenzbeweise mit den in § 289 erwähnten maßtheoretischen Methoden durchgeführt werden, welche in den letzten Jahren zur Weiterführung des Plateauschen Problems von E. De Giorgi [2]; H. Federer and W. H. Fleming [1]; W. H. Fleming [4]; E. R. Reifenberg [2]–[4]; F. J. Almgren [I], [1] u. a. entwickelt worden sind. Als Flächen fungieren dann gewissen Bedingungen genügende Punktmengen, deren Inhalt meistens ihrem zweidimensionalen Hausdorffschen Maße λ_2 gleichgesetzt wird. Da die benutzte Flächendefinition keinerlei Voraussetzung hinsichtlich des topologischen Typs benötigt – während ein Vergleich zwischen benachbarten Punktmengen durchführbar ist, entzieht sich ein Vergleich von Parameterflächen mit topologisch nicht äquivalenten Parameterbereichen unseren Methoden –, gelangt man so zu sehr allgemeinen Resultaten.

Man darf freilich nicht vergessen, daß es dann am Ende recht wünschenswert wäre, neben der Regularität, welche, zumindest im Inneren, heutzutage bewiesen werden kann, nachträglich gerade auch Auskunft über den genauen, von der berandenden Konfiguration bedingten topologischen Typ der Lösungsmannigfaltigkeit zu erhalten. Abgesehen von der in §§ 447–451 betrachteten speziellen Situation und dem in § 446 erwähnten Beispiel von W. H. Fleming scheint aber in dieser Richtung bislang fast nichts bekannt zu sein. Man sehe in diesem Zusammenhang auch noch § 452.

Unter den Fragen, welche bei der Untersuchung der tatsächlichen Eigenschaften der Lösungsfläche eine Rolle spielen, nimmt die nach der Regularität und der geometrischen Gestalt sowohl der auf vorgegebenen Mannigfaltigkeiten liegenden freien als auch der frei beweglichen Ränder einen besonders wichtigen Platz ein. Es handelt sich hier um Fragen im Sinne der §§ 313–356. Wir werden beispielsweise zeigen, daß ein in einer Ebene liegender freier Rand eine reguläre analytische Kurve sein muß.

§ 477. Die folgende heuristische Betrachtung eines Problems mit frei beweglichem Rand – es handelt sich im Grunde dann ja um ein allgemeines isoperimetrisches Problem – wird die Natur der zu erwartenden geometrischen Resultate noch besser illustrieren. Vorgelegt sei eine aus einem festen Jordanbogen Γ_1 und einer beweglichen Kurve Γ_2 fester Länge ℓ_2 (kleiner als die Länge ℓ_1 von Γ_1) mit denselben Endpunkten bestehende Konfiguration, und es sei nach einer von den Kurven dieser Konfiguration berandeten Fläche kleinsten Inhaltes gefragt. Die Fläche erscheine in einer Darstellung $S = \{\mathfrak{x} = \mathfrak{x}(u, v);\ (u, v) \in \bar{P}\}$, wobei P diesmal die Halbkreisfläche $\{u, v;\ u^2 + v^2 < 1, v > 0\}$ bedeuten möge. Wir wollen einmal annehmen, daß wir eine allen Bedingungen des § 304 genügende Lösungsfläche gefunden hätten, deren Ortsvektor die Teilbögen $\partial_1 P = \{u, v;\ u^2 + v^2 = 1, v \geqq 0\}$ und $\partial_2 P = \{u, v;\ -1 \leqq u \leqq 1, v = 0\}$ monoton auf die Kurven Γ_1 bzw. Γ_2 abbildet. Der Vektor $\mathfrak{x}(u, v)$ sei auch noch auf dem Rande $\partial_2 P$ hinreichend regulär und besitze dort keine Verzweigungspunkte. Der Inhalt unserer Fläche ist durch

$$I(S) = D_P[\mathfrak{x}] = \tfrac{1}{2} \iint_P (\mathfrak{x}_u^2 + \mathfrak{x}_v^2)\, du\, dv = \tfrac{1}{2} \oint_{\partial P} (-\mathfrak{x}_v\, du + \mathfrak{x}_u\, dv)$$

gegeben.

Wir nehmen nun einen in $\bar{P}$ hinreichend regulären Vektor $\mathfrak{z}(u, v)$ her, welcher auf $\partial_1 P$ verschwindet, und betrachten die variierte Fläche $S(\varepsilon) = \{\mathfrak{x} = \mathfrak{y}(u, v; \varepsilon);\ (u, v) \in \bar{P}\}$ mit dem Ortsvektor $\mathfrak{y}(u, v; \varepsilon) = \mathfrak{x}(u, v) + \varepsilon\, \mathfrak{z}(u, v)$. Soll diese Fläche zulässig sein, so darf die Länge der Bildkurve von $\partial_2 P$ nicht von ε abhängen. Wir gelangen so zu einem Variationsproblem mit Nebenbedingung: Der Ausdruck $I(S(\varepsilon))$ muß unter der Nebenbedingung $\int_{-1}^{+1} |\mathfrak{y}_u(u, 0; \varepsilon)|\, du = \text{const}$ für $\varepsilon = 0$ einen stationären Wert besitzen. Aus

$$I(S(\varepsilon)) = I(S) + \varepsilon \iint\limits_P (\mathfrak{x}_u \cdot \mathfrak{z}_u + \mathfrak{x}_v \cdot \mathfrak{z}_v)\, du\, dv + \varepsilon^2 [\ldots]$$

und $\mathfrak{x}_u \cdot \mathfrak{z}_u + \mathfrak{x}_v \cdot \mathfrak{z}_v = \frac{\partial}{\partial u}(\mathfrak{x}_u \cdot \mathfrak{z}) + \frac{\partial}{\partial v}(\mathfrak{x}_v \cdot \mathfrak{z})$ folgt durch partielle Integration

$$I(S(\varepsilon)) = I(S) - \varepsilon \int\limits_{-1}^{+1} \mathfrak{x}_v(u, 0) \cdot \mathfrak{z}(u, 0)\, du + \varepsilon^2 [\ldots].$$

Weiterhin gilt

$$|\mathfrak{y}_u| = |\mathfrak{x}_u| + \varepsilon \frac{\mathfrak{x}_u \cdot \mathfrak{z}_u}{|\mathfrak{x}_u|} + \cdots.$$

Nach den Regeln der Variationsrichtung (siehe z. B. O. Bolza [I], pp. 463, 671) findet man also, daß

$$\int\limits_{1-}^{+1} \left[[\mathfrak{x}_v \cdot \mathfrak{z} + \lambda \frac{\mathfrak{x}_u \cdot \mathfrak{z}_u}{|\mathfrak{x}_u|}\right]_{(u,0)} du = \int\limits_{-1}^{+1} \left[\mathfrak{x}_v - \lambda \frac{\partial}{\partial u}\left(\frac{\mathfrak{x}_u}{|\mathfrak{x}_u|}\right)\right]_{(u,0)} \cdot \mathfrak{z}(u, 0)\, du = 0$$

sein muß. Dabei ist λ ein (konstanter) Multiplikator. Aus der Willkür des Vektors $\mathfrak{z}(u, v)$ folgt die Beziehung

$$\mathfrak{x}_v(u, 0) = \lambda \frac{\partial}{\partial u}\left(\frac{\mathfrak{x}_u(u, 0)}{|\mathfrak{x}_u(u, 0)|}\right).$$

Indem wir die Bogenlänge $s(u) = \int\limits_{-1}^{u} |\mathfrak{x}_u(u, 0)|\, du$ auf Γ_2 einführen und die Differentiation bzgl. s durch einen Strich bezeichnen, wird daraus

$$\frac{1}{|\mathfrak{x}_u(u, 0)|} \mathfrak{x}_v(u, 0) = \lambda \mathfrak{x}''(u, 0).$$

Der Vektor auf der linken Seite ist ein Einheitsvektor, und die Länge des Vektors $\mathfrak{x}''$ ist bekanntlich nichts anderes als die Krümmung der Kurve Γ. Wir können also sagen (G. Van der Mensbrugghe [2], p. 318; J. C. C. Nitsche [31], [39]):

Unter den obigen Voraussetzungen über die Lösungsfläche muß die bewegliche Randkurve Γ_2 eine Kurve konstanter Raumkrümmung sein.

Experimente bestätigen diese Aussage, welche sich im ebenen Falle auf eine bekannte isoperimetrische Eigenschaft reduziert. Aus der obigen Beziehung lassen sich übrigens noch weitere Folgerungen ziehen. Da der Vektor $\mathfrak{x}''(u, 0)$ keine Komponente in Richtung der Normalen zur Lösungsfläche S besitzt, verschwindet die Normalkrümmung von Γ_2. *Unter unseren Regularitätsannahmen ist die bewegliche Kurve Γ_2 also eine Asymptotenlinie konstanter geodätischer Krümmung auf der Lösungsfläche S.*

Man erkennt hier einen direkten Zusammenhang mit dem klassischen isoperimetrischen Problem auf Flächen, welches oft auch als Problem der Kurven kürzesten Umringes bezeichnet wird und seit den Untersuchungen von F. Minding [1], [2] und J. Steiner [I], p. 165, in der Literatur ausgiebig behandelt worden ist. Die einschlägigen neueren Arbeiten findet man im Literaturverzeichnis bei J. C. C. Nitsche [31] zusammengestellt. Weiterhin sehe man I. Todhunter [I], pp. 336–339; J. K. Whittemore [1]; O. Bolza [1] und [I], pp. 668–671; A. Kneser [1], pp. 614–620; G. Darboux [II], pp. 149–153; F. Bernstein [1]; W. Blaschke [II], p. 154. Wenn Γ_1 und Γ_2 auf einer festen Fläche lägen, so müßte Γ_2 die Lage einer Kurve konstanter geodätischer Krümmung einnehmen. Bei uns ist natürlich auch die Fläche selbst nicht fest vorgegeben, sondern bei der Lösung des Problems mit zu bestimmen.

Wenn man bedenkt, daß es auf einer festen Fläche keineswegs in jedem „Landstrich" geschlossene Kurven konstanter geodätischer Krümmung gibt, so sieht man, daß bei dem von uns in § 475 formulierten allgemeinen Problem, insbes., wenn es frei bewegliche Konturen vorsieht, noch manche Frage zu lösen und mancher Vergleich aufzustellen sein werden.

Eine strenge Durchführung der vorangehenden Betrachtungen und insbes. der Beweis, daß Γ_2 tatsächlich eine differentialgeometrische Kurve der Klasse C^2, sogar eine stückweise analytische Kurve, ist, findet sich bei J. C. C. Nitsche [38], [39] und [40], p. 376.

Es sei aber nochmals ausdrücklich darauf hingewiesen, daß der Existenzbeweis, welcher eine Fläche mit den obigen Eigenschaften liefert, nur in gewissen Situationen durchführbar ist.

Als einfaches Beispiel betrachten wir dazu einen Rahmen, bei welchem die feste Kurve Γ_1 aus zwei benachbarten Seiten eines Einheitsquadrates besteht, also die Länge $\ell_1 = 2$ besitzt. Da es sich hier um ein ebenes Problem handelt, wird man sofort sagen, daß die bewegliche Kurve Γ_2 die Gestalt eines Kreisbogens annehmen muß. Eine sorgfältigere Überlegung zeigt jedoch, daß dieses nur richtig ist, solange $\ell_2 \leqq \pi/2$ gilt. Für $\pi/2 < \ell_2 < 2$ dagegen schmiegt sich die Kurve Γ_2 jeder Seite längs eines Segmentes der Länge $\left(\ell_2 - \frac{\pi}{2}\right)\Big/\left(2 - \frac{\pi}{2}\right)$ an und verläuft nur dazwischen als tangierender Kreisbogen. In den Fällen $\pi/2 < \ell_2 < 2$ versagt der herkömmliche Existenzbeweis und bedarf verschiedener Modifikationen. Wir verweisen auf die Erläuterungen bei J. C. C. Nitsche [39], pp. 506–507.

§ 478. Beim Versuch der experimentellen Realisierung einer Kettenfläche durch Seifenhäutchen, bei welchem man die aus der Seifenlösung herausgezogenen Randkreise zunächst ganz nahe beieinander hält und anschließend langsam voneinander entfernt, erhält man i. a. nicht sofort eine Kettenfläche, sondern es stellt sich zunächst ein aus drei Flächenteilen bestehendes rotationssymmetrisches Flächensystem ein, welches, wie in Abb. 61 angedeutet, aus zwei Kettenflächenstücken und einer Kreisscheibe besteht. Die drei Flächenstücke hängen längs eines zur Ebene der Randkreise parallelen Kreises zusammen und schneiden sich unter einem Winkel von 120°. Wenn man die Kreisscheibe durch Hindurchstechen zum Platzen bringt, dann springen die verbleibenden Flächenstücke in die Gestalt einer einzigen Kettenfläche über. Man kann auch versuchen, die Randkreise über die Stabilitätsgrenze des dreiflächigen Systems, welche beispielsweise im Falle, daß die Randkreise

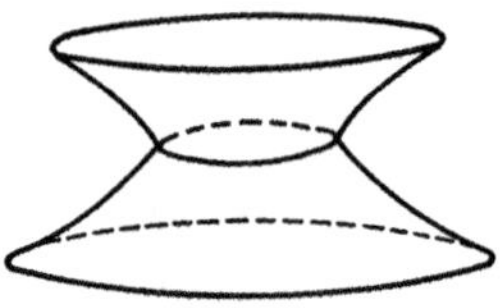

Abb. 61

koaxiale Einheitskreise in den Ebenen $z = -h/2$ und $z = h/2$ sind, beim Werte $h = \bar{h}_2 = 0{,}815648$ liegt, hinaus zu entfernen. Für $h > \bar{h}_2$ beranden die Randkreise kein solches dreiflächiges System mehr. (Die Stabilitätsgrenze für die zweifach zusammenhängende Minimalfläche liegt bei $h = h_2 = 1{,}325487$; siehe § 515.) Unter Voraussetzung seiner Rotationssymmetrie ist das dreiflächige System mit den Mitteln der Variationsrechnung von M. E. Sinclair [3] eingehend untersucht worden.

Daß sich experimentell zunächst ein dreiflächiges Lamellensystem bildet, wenn man zwei koaxiale Drahtringe vorsichtig aus einer Seifenlösung heraushebt, ist einleuchtend. Das Flächensystem entsteht ja als Grenzgebilde durch Abtropfen überschüssiger Seifenlösung aus einem die Ringe enthaltenden (zu einer Kugel homöomorphen) Flüssigkeitsvolumen. Sein Gesamtinhalt ist in der Tat kleiner als die Oberfläche eines jeden Gebietes vom Geschlechte Null, welches das Ringsystem in seinem Inneren enthält. Theoretisch werden wir zum Katenoid geführt, wenn wir bei diesem Auszehrungsvorgang als zulässige Gebiete auch solche vom Geschlecht Eins ins Auge fassen. Experimentell läßt sich die Beschränkung auf solche Gebiete erzwingen, indem man einen festen Stab aus der Seifenlösung hervorstehen läßt und die koaxialen Ringe über diesen Stab führt.

Wie wir schon in § 288 angedeutet und in den Abb. 31 und 32 skizziert haben, kann selbst eine einzelne Jordankurve u. U. eine sich kreuzende Minimalfläche (teilweise) beranden. Flächensysteme der in Abb. 61 illustrierten Art mit Kreuzungs- bzw. Verzweigungslinien können sich aber besonders bei Seifenhautexperimenten mit komplizierteren Drahtgerüsten als notwendig erweisen. Derartige Experimente sind schon von E. Lamarle [2], [3] und J. Plateau ([I], pp. 241–374 des 1. Bandes) beschrieben und besonders hinsichtlich ihrer Stabilität eingehend untersucht, später dann oftmals wieder behandelt worden; man sehe z. B. D. Brewster [1] (dort finden sich auch viele schöne Figuren); H. Minkowski [2], p. 585; C. V. Boys [I], pp. 90–91; D. W. Thompson [I], pp. 548–550; R. Courant and H. Robbins [I], pp. 387–389; K. L. Wolf [I], pp. 57–82 des 2. Bandes und [II], pp. 32–45. Unabhängig von der Gestalt des Rahmens können in stabilem Gleichgewicht niemals mehr als drei Lamellen längs einer Kurve, und zwar dann immer unter gleichen Winkeln (nämlich 120°) zusammentreffen und höchstens vier Kanten oder sechs Lamellen um einen Punkt herum aussetzen. Die vier Kanten bilden miteinander jeweils den gleichen Winkel $\alpha = 109{,}471°$ (wo $\cos\alpha = -\frac{1}{3}$). Im Kantengerüst eines regulären Tetraeders bildet sich z. B. ein aus sechs ebenen Lamellen, den sechs vom Schwerpunkt des Tetraeders aus nach den einzelnen Kanten führenden Dreiecken, bestehendes Seifenhäutchen. Im Kantengerüst eines Würfels entsteht jedesmal ein Flächensystem, welches nicht alle Symmetrien des Würfels übernimmt, sondern ein beliebiges Paar seiner Seitenflächen begünstigt; siehe Abb. 62a. Das kleine „Quadrat" in der Mitte kann jedem der drei Gegenseitenpaare parallel sein. Im Experiment kann man es durch vorsichtiges Blasen tatsächlich von einer Lage in eine andere überspringen lassen. Bei stärkerem Blasen erhält man gelegentlich als Durchgangs-

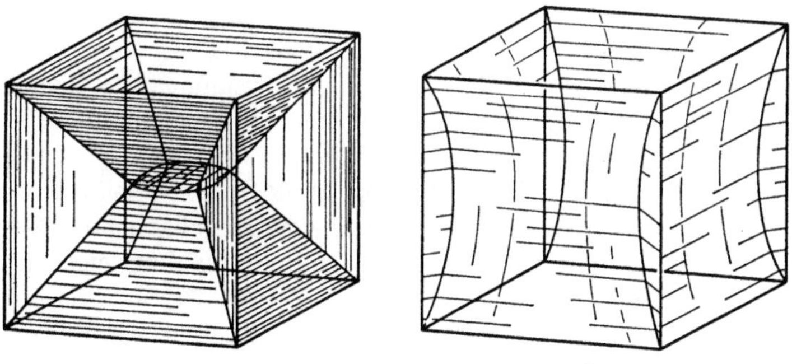

a b

Abb. 62

stadium auch ein instabiles Flächensystem, welches aus den zwölf die Kanten des Würfels mit seinem Mittelpunkt verbindenden Dreiecken besteht und sich für wenige Augenblicke hält. Die Abb. 62a ist nur als schematisch anzusehen. Genauere Angaben über die Gestalt der Konfiguration finden sich in § 839. Mit Geschick kann man andere Lamellenkörper in das Würfelgestell einbauen, welche trotzdem alle Würfelkanten als Rand besitzen; siehe z. B. K. L. Wolf [II], pp. 42–44. In Abb. 62b ist ein solches stabiles Flächensystem, dessen Gesamtinhalt kleiner als der des in Abb. 62a skizzierten Flächensystems ist, wiedergegeben. Auf die beiden Flächensysteme der Abb. 62a und 62b trifft wieder die im zweiten Abschnitt des § 478 gemachte Bemerkung zu.

Plateau beschreibt seine Experimente mit Liebe ([I], p. 319 des 1. Bandes): „Les systèmes laminaires ainsi développés dans les charpentes, ont excité l'admiration de toutes les personnes à qui je les ai fait voir: ils sont, comme je l'ai dit, d'une régularité parfaite, leurs arêtes liquides ont une finesse extrême, et leurs lames étalent après quelque temps les plus riches couleurs".

Interessanterweise kann man die eben beschriebenen Flächensysteme in der Biologie und der Zoologie als Trennungswände bei den verschiedensten Zellgeweben entdecken; vgl. D. W. Thompson [I], pp. 465–644. Auch beim Zusammenschrumpfen austrocknender Gelantine oder austrocknenden Paraffins entstehen Gebilde, welche eine große Ähnlichkeit mit unseren Flächensystemen besitzen; siehe E. Hatschek [1], [2] und D. W. Thompson [I], pp. 562–563. Versuche mit Polyedern und Zylindern aus ursprünglich wasserhaltiger Gelatine zeigen, daß die Kanten viel schneller als die Flächen austrocknen und somit einen nahezu starren Rahmen abgeben, wenn die Flächen an der Reihe sind. Letztere schrumpfen dann auf Strukturen zusammen, die den Aggregaten von Minimalflächen recht ähnlich sehen.

§ 479. Es ist ein amüsantes Gedankenspiel, die im vorigen Paragraphen angeschnittenen Fragen und Möglichkeiten einmal im eindimensionalen Falle durchzudiskutieren, wo zusammenhängende Streckengraphen mit vorgegebenen Endpunkten an die Stelle der Minimalflächensysteme durch vorgegebene Kantengerüste treten. Diese Graphen sollen stabil sein, d. h., die Gesamtlänge ihrer Strecken soll ein relatives Minimum unter den Gesamtlängen aller zusammenhängenden Graphen mit denselben Endpunkten sein. (Man könnte zum Vergleich auch unzusammenhängende Graphen zulassen.) Solche Graphen lassen sich übrigens durch vertikale Wände aus Seifenhäutchen zwischen nahe benachbarten horizontalen Glasscheiben experimentell verwirklichen; man sehe C. V. Boys [I], pp. 91–92, und R. Courant and H. Robbins [I], pp. 391–392.

Wir wollen einmal einen (inneren) Knotenpunkt betrachten, von welchem $N \geqq 2$ Strecken ausgehen. Im Falle $N = 2$ müssen die zwei Strecken natürlich entgegengesetzte Richtung besitzen. Wir behaupten nun (vgl. E. Lamarle [2], pp. 22–24; siehe weiter auch J. Steiner [I], pp. 729–731 und L. v. Schrutka [1]): *Von einem Knotenpunkt können höchstens drei Strecken ausgehen, welche sich unter gleichen Winkeln schneiden müssen, im Falle* $N = 3$ *also unter* 120°.

Zum Beweise sei 0 ein Knotenpunkt, von welchem entweder mehr als drei Strecken ausgehen oder drei Strecken, die sich nicht alle unter dem gleichen Winkel schneiden. Es gibt dann gewiß zwei solche Strecken, die in 0 einen positiven Winkel $2\alpha < 2\pi/3$ einschließen. Es seien dies etwa die Strecken $0A$ und $0B$; siehe Abb. 63. Man trage auf diesen

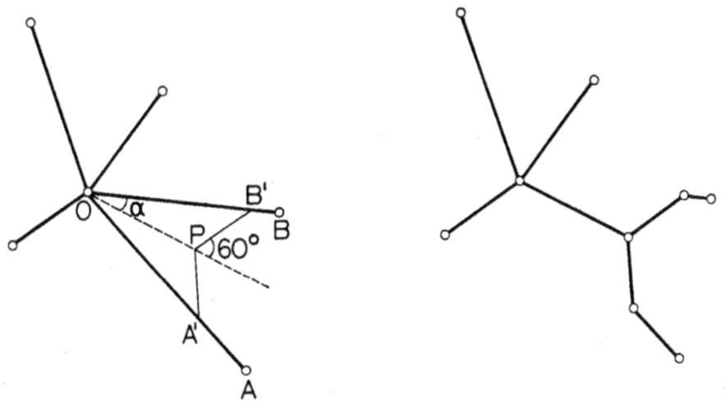

Abb. 63

Strecken von 0 aus eine kleine Entfernung $\varepsilon = |0A'| = |0B'|$ ab und bestimme den Punkt P auf der Winkelhalbierenden so, daß der Winkel $\sphericalangle(A'PB') = 120°$ wird. Eine einfache Rechnung zeigt, daß

$$|0P| + |A'P| + |B'P| = (|0A'| + |0B'|)\cos\left(\frac{\pi}{3} - \alpha\right) < |0A'| + |0B'|$$

ist. Wenn wir daher, wie in Abb. 63 angedeutet, aus dem ursprünglichen Graphen die Teile $0A'$ und $0B'$ der zwei Strecken $0A$ und $0B$ herausnehmen und durch die Strecken $0P$, $A'P$ und $B'P$ ersetzen, erhalten wir einen (da ε beliebig klein gemacht werden kann) benachbarten Graphen mit geringerer Gesamtlänge. Das würde der Stabilität des ursprünglichen Graphen widersprechen.

Drei Punkte in geeigneter Lage können einen stabilen Graphen mit einem Knotenpunkt beranden; siehe Abb. 64a. Unter Umständen ist das aber nicht möglich; siehe Abb. 64b. Die vier Eckpunkte eines Rechtecks mit den Seitenlängen ℓ und ℓ' beranden wie in den Abb. 64c, d zwei verschiedene stabile Graphen der Gesamtlängen $\ell + \sqrt{3}\ell'$ bzw. $\sqrt{3}\ell + \ell'$ mit zwei Knotenpunkten, solange das Seitenverhältnis den Ungleichungen $\frac{1}{\sqrt{3}} < \frac{l'}{l} < \sqrt{3}$ genügt. Das ist insbes. für ein Quadrat der Fall. Wenn man die Länge ℓ stetig zusammenschrumpfen läßt, so wird die in Abb. 64c skizzierte Konfiguration beim Erreichen des Wertes $\ell = \ell'/\sqrt{3}$ unmöglich. Ein stetiger Übergang in die in Abb. 64d dargestellte Konfiguration findet aber nicht statt. In Abb. 64e sieht man einen von den Eckpunkten eines regelmäßigen Fünfecks berandeten stabilen Graphen. Die Abb. 64f, g zeigen zwei stabile Graphen der Gesamtlängen $3\sqrt{3}r$ bzw. $6r$, welche von den Eckpunkten eines einem Kreis vom Radius r einbeschriebenen regelmäßigen Sechsecks berandet

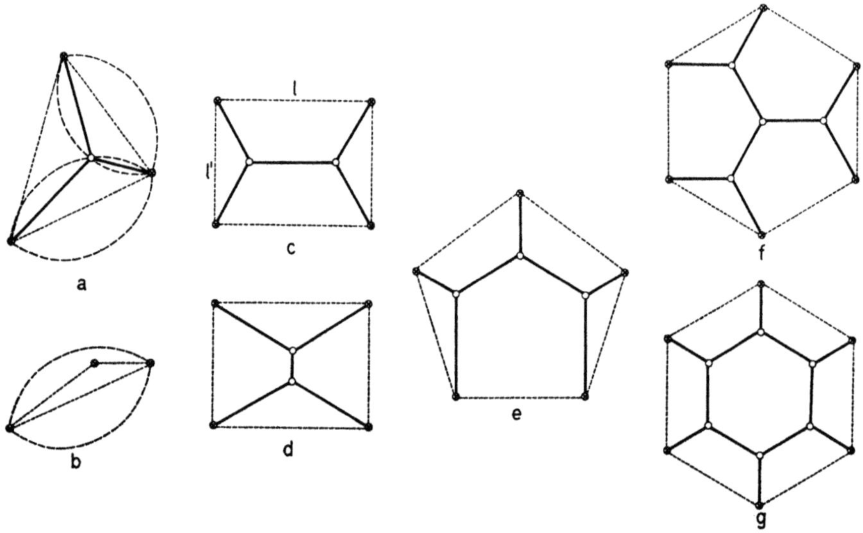

Abb. 64

sind. Der zweite Graph enthält allerdings einen geschlossenen Umlauf, welchem im zweidimensionalen Falle das Auftreten einer geschlossenen Blase entspricht. Infolge des i. a. verschiedenen Luftdruckes innerhalb und außerhalb einer Blase, werden deren Wandteile Flächen (i. a. von Null verschiedener) konstanter mittlerer Krümmung sein.

Wohlgemerkt: Wir vergleichen einen Graphen hier auch mit benachbarten Graphen verschiedenen Typs. So besitzt der aus den zwei Diagonalen eines Rechtecks mit den Seitenlängen ℓ und ℓ' bestehende Graph natürlich die Mindestlänge $2\sqrt{\ell^2 + \ell'^2}$ unter allen von den vier Eckpunkten des Rechtecks berandeten Graphen (desselben topologischen Typs) mit einem Knotenpunkt. Die Gesamtlänge $\ell + \sqrt{3}\ell'$ bzw. $\sqrt{3}\ell + \ell'$ der in den Abb. 64c, d skizzierten Graphen ist aber stets geringer und nur in den Fällen $\ell' = \sqrt{3}\ell$ bzw. $\ell = \sqrt{3}\ell'$ gleich $2\sqrt{\ell^2 + \ell'^2}$.

§ 480. Die erste mathematische Behandlung eines Problems, bei welchem „flüssige Kanten", d. h. Verzweigungslinien auftreten, wurde wohl von G. Tenius [1] gegeben. Tenius hatte bei Experimenten beobachtet, „daß wenn man ein gleichseitiges räumliches Vierseit, bei dem zwei gegenüberliegende Ecken durch die Diagonale verbunden sind, in die Glycerinseifenwasserlösung taucht, sich beim Herausziehen drei Seifenwasserlamellen an dieses Drahtgestell anheften, die sich längs einer gemeinschaftlichen Schnittkurve unter einem Winkel von 120° treffen. Die drei Lamellen werden gebildet von zwei symmetrischen Minimalflächenstücken und einem ebenen Stück, das in der durch die Diagonale gehenden Symmetrieebene des Vierseits liegt." Die Bestimmung einer Minimalfläche, welche von zwei sich schneidenden Geraden – AB und AC in Abb. 65 – begrenzt ist und mit einer gegen die Ebene dieser beiden Geraden beliebig geneigten festen Ebene $\mathcal{E}$ überall einen beliebig gegebenen konstanten Winkel γ bildet, lag also nahe. Bei einem Winkel $\gamma = 60°$ erhält man dann durch Spiegelung an der Ebene und Hinzufügen des oberen Teiles ein von den drei (hier polygonalen) Bögen Γ_1, Γ_1' und Γ_2 berandetes dreiflächiges Minimalflächensystem mit einer Verzweigungslinie. Tenius nahm die Regularität des zu bestimmenden Minimalflächenstückes und insbes. die Regularität der Verzweigungslinie von vornherein an. Gemäß § 151 ist die

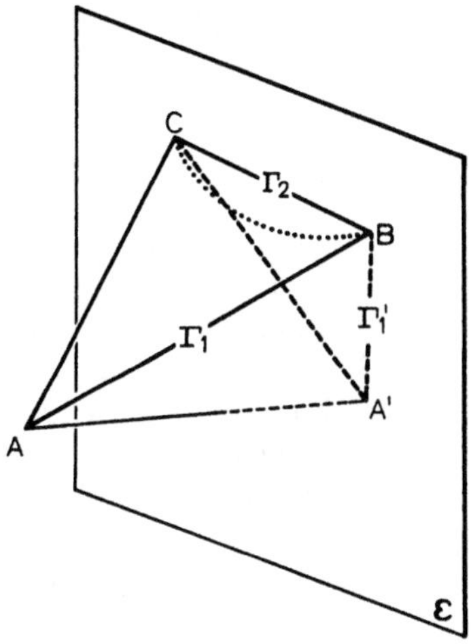

Abb. 65

letztere dann übrigens eine Krümmungslinie auf den von Γ_1 und Γ_1' berandeten Flächenteilen. Im Falle $|AB| = |AC|$ und $\sphericalangle(BAC) = \alpha < 60°$ gibt es keine Lösung des Teniusschen Problems – und damit kein dreiteiliges Minimalflächensystem durch die Bögen Γ_1, Γ_1' und Γ_2 –, wenn der Winkel β zwischen der Ebene $\mathcal{E}$ und der Ebene durch die Punkte A, B, C der Ungleichung $\sin\beta \cos\frac{\alpha}{2} > \sqrt{3}/2$ genügt.

Im eindimensionalen Falle entspricht das etwa der in Abb. 64b dargestellten Situation, wo einer der drei Randpunkte in das von den anderen zwei Randpunkten bestimmte Kreisbogenzweieck, längs dessen die Peripheriewinkel 120° betragen, zu liegen kommt. Nach Tenius bestimmte E. Stenius [1] einfach zusammenhängende Minimalflächenstücke, deren Begrenzung von zwei (sich schneidenden oder kreuzenden) Geraden und einer Ebene gebildet wird, welche von den fraglichen Minimalflächen unter einem beliebig gegebenen konstanten Winkel geschnitten wird. Die Steniussche Arbeit enthält schöne Abbildungen.

Der Existenzbeweis für ein dreiteiliges Flächensystem kleinsten Inhaltes mit einer Verzweigungslinie für den allgemeinen Fall, daß Γ_1, Γ_1' und Γ_2 drei Jordanbögen mit denselben Endpunkten sind, – vorausgesetzt, daß diese Bögen überhaupt in der Lage sind, ein solches Flächensystem zu beranden (eine Frage, bei der man sich vermutlich mit hinreichenden geometrisch-metrischen Bedingungen wird begnügen müssen) – oder gar eine Diskussion der Lösung, insbes. der Nachweis der Regularität und Rektifizierbarkeit der Verzweigungslinie und der Regularität der Flächenteile mit Einschluß dieser sowie ihrer Schnitteigenschaften, sind bis heute nicht gegeben worden. Dagegen wurde ein solcher Beweis kürzlich von A. Solomon [1] für den Fall vorgelegt, daß Γ_1, Γ_1' und Γ_2 rektifizierbare Bögen mit derselben Symmetrie wie in Abb. 65 sind, welche einer Reihe weiterer Bedingungen genügen, wobei die Symmetrie des Lösungssystems von vornherein vorausgesetzt wird.

In vielen Fällen lassen sich Existenzbeweise mit Hilfe der in §§ 289, 476 erwähnten maßtheoretischen Methoden gewinnen. Bis auf einige kurze heuristische Bemerkungen (E. R. Reifenberg [2], p. 80, example 7; F. J. Almgren [1], p. 11–13, example 4, und [I], pp. 6–7) ist eine geometrische Interpretation der Lösungsstruktur kleinsten (und erst recht stationären) Inhaltes bislang in keinem Falle durchgeführt worden.

Man sieht, daß hier ein nahezu unerforschtes Neuland vorliegt.

§ 481. Zum letzten sei hier noch auf einen neuerdings in der Literatur untersuchten Problemkreis hingewiesen, bei dem man sich mit der Bestimmung einer Fläche kleinsten Inhaltes mit vorgegebener Berandung, welche gezwungen ist, ganz auf einer Seite eines vorgegebenen Hindernisses zu verlaufen, befaßt. Es handelt sich dabei nicht nur um den Existenzbeweis, sondern besonders auch um die Beschreibung der Lösung – ihrer Regularität, ihrer „Berührungsmenge", d. h. der Punktmenge längs welcher sie sich dem Hindernis anschmiegt, usw.

Dieses Problem kann in allen Dimensionen und in parametrischer und nichtparametrischer Form gestellt werden – im einfachsten (eindimensionalen) Falle findet man es schon bei I. Todhunter [I], pp. 32–33,

51–53; A. Kneser [I], p. 178; O. Bolza [2], [I], pp. 397–398 besprochen. Eine typische nichtparametrische Aufgabe ist die folgende: Gegeben seien ein beschränktes konvexes Gebiet P in der (x, y)-Ebene und eine kompakte Teilmenge Q dieses Gebietes. Auf Q sei eine stetige, nichtnegative Funktion $f(x, y)$ definiert. Es handelt sich dann um die Bestimmung und die Beschreibung einer Fläche $\{z = z(x, y); (x, y) \in \bar{P}\}$ kleinsten Inhaltes, für welche $z(x, y) = 0$ (oder $\leqq 0$) auf ∂P und $z(x, y) \geqq f(x, y)$ auf Q gilt. Dieses Problem hat offensichtlich vielerlei praktische Anwendungen. Die folgende spaßhafte Deutung wurde von A. V. Pogorelov gegeben: Welche Form soll man einem Hut (der Lösungsfläche) mit fester Krempe (dem Rande ∂P) für einen Kopf (dem Hindernis $\{z = f(x, y); (x, y) \in Q\}$) geben, wenn man ein Minimum an Filzstoff (Flächeninhalt) dazu verwenden will? Ähnliche Problemstellungen trifft man in den verschiedensten Anwendungen an. Wir begnügen uns hier mit der Erwähnung einer von R. v. Mises ([1], p. 416) und W. Prager and H. G. Hodge ([I], chapter 3) formulierten Aufgabe aus der Plastizitätstheorie und verweisen sonst auf das Literaturverzeichnis bei J. C. C. Nitsche [29] und bei H. Brézis et M. Sibony [1].

Für Funktionen, welche das Dirichletsche Integral oder gewisse andere, u. U. auch auf nicht-lineare Eulersche Differentialgleichungen führende, Funktionale minimieren, sind derartige Probleme kürzlich von T. W. Ting [1], [2]; H. Lewy [10]; H. Lewy and G. Stampacchia [1] und H. R. Brézis et G. Stampacchia [1] untersucht worden. Für das Problem der Minimierung des Flächeninhaltes liegen bislang wenige Resultate vor. Das erste ist von J. C. C. Nitsche [27], [29] gegeben worden: Wenn das Hindernis ein (von oben betrachtet) konvexer Kurvenbogen in einer vertikalen Ebene, etwa der Ebene $y = 0$, ist, dessen Endpunkte auf der (x, y)-Ebene liegen, und wenn das Gebiet P bzgl. der x-Achse symmetrisch ist, dann existiert eine eindeutig bestimmte Lösungsfläche mit Hölderstetiger Funktion $z(x, y)$. Diese Fläche hat mit dem Hindernis genau einen zusammenhängenden echten Teilbogen gemeinsam. Die Abb. 66 möge der Illustration dieses Sachverhaltes dienen. Einige Fälle mit dreidimensionalen Hindernissen werden von Nitsche auch behandelt.

Die Frage nach der Struktur der Berührungsmenge, besonders nach den Eigenschaften ihrer Berandung, ist noch weitgehend offen. Für das Problem der Minimierung des Dirichletschen Integrals ist von H. Lewy and G. Stampacchia [1] bei einem streng konvexen analytischen Hindernis und einem streng konvexen Gebiet P bewiesen worden, daß die Projektion der Berührungsmenge auf die (x, y)-Ebene ein von einer analytischen Jordankurve berandetes Gebiet ist. Unter Annahme der Existenz einer glatten Lösung läßt sich ein Teil der Lewy-Stampacchiaschen Argumente auf den hier interessierenden Fall übertragen. Bei polyedrischen Hindernissen sieht die Berührungsmenge u. U. bizarrer aus, wie die Abb. 4 bei J. C. C. Nitsche [29] zeigt. Jedes offene Dreieck eines (von oben betrachtet) konvexen polyedrischen Hindernisses gehört aber entweder ganz oder gar nicht zur Berührungsmenge; siehe [29], p. 93.

Abb. 66

Gegenwärtig stehen die „Hindernisprobleme" im Mittelpunkt einer außerordentlich regen Forschungstätigkeit, und vielfältige Resultate sind in Kürze zu erwarten. Man sehe dazu auch die Fragen in den §§ 915, 916, 917 und die Bemerkungen im Anhang.

§ 482. Da es nicht möglich ist, allen den hier aufgezählten interessanten Fragestellungen im Rahmen dieses Buches mathematische Gerechtigkeit widerfahren zu lassen – manche befinden sich heutzutage ja auch noch ganz in ihrem Anfangsstadium –, werden wir uns mit der eingehenden Behandlung zweier Probleme begnügen müssen. Der nächste Abschnitt ist so einem grundlegenden freien Randwertproblem gewidmet. Nach einer Darstellung der Eigenschaften zweifach zusammenhängender Minimalflächen, welche übrigens auch außerhalb dieses Kapitels von Interesse und Bedeutung ist, folgt dann ein typisches Problem für Minimalflächen, die nicht mehr vom Typ der Kreisscheibe sind.

Dem Leser sei die Lektüre der zitierten Originalliteratur sehr anempfohlen. Viele der in den vorangehenden Paragraphen skizzierten Probleme gehören zu den interessantesten Aufgaben für die weitere mathematische Forschung.

2. Minimalflächen mit freiem Rand

§ 483. Gegeben seien eine Fläche $T = \{\mathfrak{x} = \mathfrak{t}(\alpha, \beta); (\alpha, \beta) \in B\}$ und ein Jordanbogen $\Gamma = \{\mathfrak{x} = \mathfrak{z}(t); 0 \leqq t \leqq 1\}$, welcher mit T lediglich seine Endpunkte gemeinsam hat, so daß der Abstand $a_T[\mathfrak{z}(t)] = \inf\limits_{(\alpha,\beta)\in B} |\mathfrak{z}(t) - \mathfrak{t}(\alpha, \beta)|$ zwischen der Fläche T und jedem anderen Punkte von Γ positiv ist. Mit $\partial_1 P$ und $\partial_2 P$ bezeichnen wir die Randbögen $\{u, v; u^2 + v^2 = 1, v > 0\}$ bzw. $\{u, v; u^2 + v^2 = 1, v < 0\}$ und mit $\overline{\partial_1 P}$, $\overline{\partial_2 P}$ deren Abschließungen. P_1 sei die Punktmenge $P_1 = P \cup \partial_1 P$, P_2 die Punktmenge $P_2 = P \cup \partial_2 P$, und $P^{(\delta)}$ sei das in Abb. 67 schraffierte Gebiet $\{u, v; u^2 + v^2 < (1 - \delta)^2\} \cup \{u, v; (1 - \delta)^2 \leqq u^2 + v^2 < 1, (u \pm 1)^2 + v^2 > \delta^2, v > 0\}$, welches von dem zwischen den Punkten $w' = (1 - \delta^2/2) + i\,\delta\sqrt{1 - \delta^2/4}$ und $w'' = -(1 - \delta^2/2) + i\,\delta\sqrt{1 - \delta^2/4}$ liegenden Teilbogen von $\partial_1 P$ und dem in Abb. 67 skizzierten Bogen β_δ berandet ist.

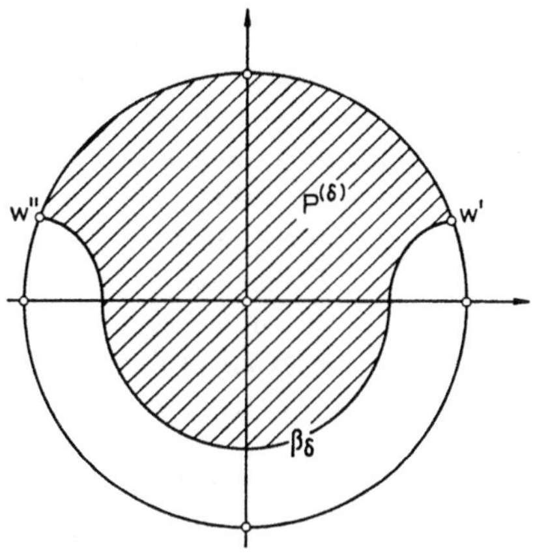

Abb. 67

Wir richten unser Augenmerk nun auf eine Fläche mit der Darstellung $S = \{\mathfrak{x} = \mathfrak{x}(u, v); (u, v) \in P_1\}$ und nennen diese von der Kette $\langle \Gamma, T\rangle$ berandet, wenn sie die nachfolgenden zwei Bedingungen erfüllt:

1) Der Ortsvektor $\mathfrak{x}(u, v)$, den wir wie früher oft auch wieder durch $\mathfrak{x}(\varrho, \vartheta)$ oder $\mathfrak{x}(w)$ bezeichnen werden, bildet den Bogen $\partial_1 P$ in monotoner Weise so auf den offenen Bogen (Γ) ab, daß $\lim\limits_{\vartheta \to +0} \mathfrak{x}(e^{i\vartheta}) = \mathfrak{z}(0)$ und $\lim\limits_{\vartheta \to \pi - 0} \mathfrak{x}(e^{i\vartheta}) = \mathfrak{z}(1)$ gilt.

2) Wenn $\{w_n\}$ irgendeine gegen einen Punkt von $\overline{\partial_2 P}$ konvergierende Punktfolge aus P_1 ist, so gilt $\lim\limits_{n\to\infty} a_T[\mathfrak{x}(w_n)] = 0$.

Für eine von der Kette $\langle\Gamma, T\rangle$ berandete Fläche gilt die Beziehung $\lim\limits_{\delta\to 0} \sup\limits_{w\in P_1\setminus P^{(\delta)}} a_T[\mathfrak{x}(w)] = 0$. Andernfalls gäbe es nämlich eine Zahl $\varepsilon > 0$, eine Nullfolge positiver Zahlen δ_n und eine Folge von Punkten $w_n \in P_1 \setminus P^{(\delta_n)}$, so daß $a_T[\mathfrak{x}(w_n)] \geqq \varepsilon$ wäre. Eine Teilfolge $\{w_{n_j}\}$ der w_n würde dann gegen einen Punkt von $\overline{\partial_2 P}$ konvergieren, wobei aber im Widerspruch zur Voraussetzung stets $a_T[\mathfrak{x}(w_{n_j})] \geqq \varepsilon > 0$ gölte.

§ 484. Wir fragen nach einer von der Kette $\langle\Gamma, T\rangle$ berandeten Fläche kleinsten Inhaltes vom Typ der Kreisscheibe. Die Durchführungen der §§ 291–304, denen wir freilich nur zu einem gewissen Grade werden folgen können, sollen uns beim Existenzbeweis als Vorbild dienen. Wir definieren die Klasse der zulässigen Vektoren $\mathfrak{x}(u, v)$ durch die folgenden Bedingungen:

1) $\mathfrak{x}(u, v) \in \mathfrak{M}(P_1)$; siehe §§ 197, 224.

2) Die Fläche $S = \{\mathfrak{x} = \mathfrak{x}(u, v); (u, v) \in P_1\}$ ist von der Kette $\langle\Gamma, T\rangle$ berandet.

3) Der Vektor $\mathfrak{x}(u, v)$ bildet den Punkt $(0, 1)$ auf einen ein für allemal gewählten Punkt von (Γ), z. B. den Punkt $\mathfrak{z}(\frac{1}{2})$, ab.

Um sicher zu sein, daß die Klasse der zulässigen Vektoren nicht leer ist, wollen wir im weiteren annehmen, daß der Bogen Γ rektifizierbar ist und daß sich die Endpunkte von Γ auf T durch eine rektifizierbare Kurve verbinden lassen. Nach § 294 gibt es dann gewiß einen zulässigen Vektor. Wie früher bezeichnen wir mit $d = d(\Gamma, T)$ die untere Grenze der Werte des Dirichletschen Integrals $D[\mathfrak{x}]$ für alle zulässigen Vektoren. Unser Variationsproblem besteht nun wieder in der Aufgabe, einen zulässigen Vektor $\mathfrak{x}(u, v)$ zu finden, für welchen $D_P[\mathfrak{x}] = d$ wird.

Aus der Bedeutung von d ergibt sich die Existenz einer Minimalfolge $\{\mathfrak{y}_n(u, v)\}$ zulässiger Vektoren, für die $\lim D_P[\mathfrak{y}_n] = d$, mit einer geeigneten positiven Zahl $M < \infty$ also insbes. auch $D_P[\mathfrak{y}_n] \leqq M$ gilt.

§ 485. Mit C. B. Morrey ([II], p. 26) hätten wir die Fläche $S = \{\mathfrak{x} = \mathfrak{x}(u, v); (u, v) \in P_1\}$ von der Kette $\langle\Gamma, T\rangle$ berandet nennen können, wenn der Ortsvektor $\mathfrak{x}(u, v) \in \mathfrak{M}(P_1)$ den Bogen $\overline{\partial_1 P}$ umkehrbar eindeutig auf den Jordanbogen Γ abbildet und wenn die gemäß § 198 für fast alle Werte von ϑ im Intervall $\pi < \vartheta < 2\pi$ existierenden Grenzwerte $\mathfrak{x}(\cos\vartheta, \sin\vartheta) = \lim\limits_{\varrho\to 1} \mathfrak{x}(\varrho\cos\vartheta, \varrho\sin\vartheta)$ auf T liegen.

Der Existenzbeweis ließe sich dann etwas einfacher als in den folgenden Paragraphen gestalten, zumal wenn bekannt ist, daß sich der Bogen Γ in geeigneter Weise von der Berandungsfläche T abhebt, und führte im Falle einer hinreichend regulären Berandungsfläche auf die hier bestimmte Lösung.

§ **486.** Ausgehend von der Folge $\{\mathfrak{y}_n(u, v)\}$ gewinnen wir durch ein jetzt zu beschreibendes Konstruktionsverfahren eine neue Folge $\{\mathfrak{x}_n(u, v)\}$ von Vektoren mit nützlichen Eigenschaften.

Zu gegebenem n sei die positive Zahl $\delta = \delta(n)$ so gewählt, daß sie den folgenden Bedingungen genügt:

1) $a_T[\mathfrak{y}_n(w)] \leqq 1/n$ für $w \in P_1 \setminus P^{(\delta)}$.

2) Der Parameterwert t aller Punkte $\mathfrak{z}(t)$ von Γ, welche Punkten auf $\partial_1 P$ außerhalb $P^{(\delta)}$ entsprechen, soll einer der beiden Ungleichungen $t \leqq 1/n$ oder $t \geqq 1 - 1/n$ genügen.

Jeder Vektor $\mathfrak{y}_n(u, v)$ ist in der Abschließung $\overline{P^n}$ des Gebietes $P^n = P^{(\delta(n))}$ stetig. Es sei $\mathfrak{y}'_n(u, v)$ der in P^n harmonische und in $\overline{P^n}$ stetige Vektor, dessen Werte auf ∂P^n mit denen des Vektors $\mathfrak{y}_n(u, v)$ übereinstimmen. Zufolge des Dirichletschen Prinzips aus §§ 228, 229 gilt $D_{P^n}[\mathfrak{y}'_n] \leqq D_{P^n}[\mathfrak{y}_n] \leqq D_P[\mathfrak{y}_n] \leqq M$. Wir bilden nun das Gebiet P^n umkehrbar eindeutig und konform so auf den Einheitskreis $\Pi = \{\xi, \eta;\ \xi^2 + \eta^2 < 1\}$ einer $\zeta = \xi + i\eta$-Ebene ab, daß die drei Punkte $w = w'$, $w = i$ und $w = w''$ bzw. in die Punkte $\zeta = 1$, $\zeta = i$ und $\xi = -1$ übergehen. Die Abbildungsfunktion ist gewiß in $\overline{P^n}$ noch stetig. Wenn wir $\mathfrak{x}_n(\xi, \eta) = \mathfrak{y}'_n(u(\xi, \eta), v(\xi, \eta))$ setzen, gilt nach § 220 $D_\Pi[\mathfrak{x}_n] = D_{P^n}[\mathfrak{y}'_n] \leqq M$. Indem wir anstelle der Veränderlichen ξ und η wieder u und v schreiben und Π durch P ersetzen, können wir sagen:

Wir sind im Besitze einer Folge $\{\mathfrak{x}_n(u, v)\}$ von Vektoren, welche in P harmonisch und in $\bar{P}$ stetig sind und für welche $D[\mathfrak{x}_n] \leqq M$ und $\lim\limits_{n\to\infty} D[\mathfrak{x}_n] = d$ gilt. Jeder Vektor $\mathfrak{x}_n(u, v)$ bildet den Bogen $\overline{\partial_1 P}$ in monotoner Weise so auf einen den Bogen $\Gamma_n = \{\mathfrak{x} = \mathfrak{z}(t);\ 1/n \leqq t \leqq$ $\leqq 1 - 1/n\}$ enthaltenden Teilbogen von Γ ab, daß der Punkt $w = i$ in den Punkt $\mathfrak{z}(\frac{1}{2})$ übergeht. Für $w \in \overline{\partial_2 P}$ gilt $a_T[\mathfrak{x}_n(w)] \leqq 1/n$.

§ **487.** *Die Vektoren $\mathfrak{x}_n(u, v)$ sind in jeder kompakten Teilmenge Q von P gleichmäßig beschränkt.*

Beweis: Die Teilmenge Q sei in der konzentrischen Kreisscheibe $P_\varrho = \{u, v;\ u^2 + v^2 < \varrho^2\}$, $0 < \varrho < 1$, enthalten. Es sei $\mathfrak{x}(u, v)$ irgendein Vektor der Folge $\{\mathfrak{x}_n(u, v)\}$. Für einen Punkt (u, v) in der Kreisscheibe P_r, $\varrho < r < 1$, gilt dann

$$\mathfrak{x}(u, v) = \mathfrak{x}\left(u, \sqrt{1 - u^2}\right) - \int_v^{\sqrt{1-u^2}} \mathfrak{x}_{v'}(u, v')\, dv'.$$

Da der Bogen Γ beschränkt ist, d. h., da es eine positive Konstante m gibt, mit welcher $\left|\mathfrak{x}\left(u, \sqrt{1 - u^2}\right)\right| \leqq m$ gilt, folgt nach Anwendung der

Schwarzschen Ungleichung

$$\mathfrak{x}^2(u, v) \leqq 2m^2 + 4 \int\limits_{-\sqrt{r^2-u^2}}^{\sqrt{1-u^2}} \mathfrak{x}^2_{v'}(u, v')\, dv'.$$

Integration ergibt

$$\int\limits_{-r}^{r} du \int\limits_{-\sqrt{r^2-u^2}}^{\sqrt{1-u^2}} dv\, \mathfrak{x}^2(u, v) \leqq 2\pi m^2 + 8 \int\limits_{-r}^{r} du \int\limits_{-\sqrt{r^2-u^2}}^{\sqrt{1-u^2}} dv\, \mathfrak{x}^2_v \leqq 2\pi m^2 + 16M.$$

Nach dem Mittelwertsatz für harmonische Funktionen haben wir in jedem Punkt $w_0 = u_0 + i\, v_0$ von Q gewiß

$$\mathfrak{x}(u_0, v_0) = \frac{1}{\pi(r-\varrho)^2} \iint\limits_{|w-w_0|<r-\varrho} \mathfrak{x}(u, v)\, du\, dv.$$

Unter Benutzung der vorangehenden Ungleichung wird daher

$$\mathfrak{x}^2(u_0, v_0) \leqq \frac{1}{\pi(r-\varrho)^2} \iint\limits_{|w-w_0|<r-\varrho} \mathfrak{x}^2(u, v)\, du\, dv$$

$$\leqq \frac{1}{(r-\varrho)^2}\left(2m^2 + \frac{16M}{\pi}\right).$$

W. z. b. w.

§ 488. Wir berufen uns nun auf den bekannten Zusatz zum Harnackschen Satz für harmonische Funktionen: Eine in einem Gebiet G gleichmäßig beschränkte Folge harmonischer Funktionen besitzt eine Teilfolge, welche gleichmäßig in jedem kompakten Teilbereich von G gegen eine in G harmonische Funktion konvergiert. Unter Anwendung des Diagonalverfahrens können wir also eine Teilfolge $\{\mathfrak{x}_{n_j}\}$ der $\mathfrak{x}_n$ auswählen, welche in jedem abgeschlossenen Teilbereich von P gleichmäßig gegen einen in P harmonischen Vektor $\mathfrak{x}(u, v)$ konvergiert.

Wie in § 297 läßt sich beweisen, daß die Randwerte der Vektoren $\mathfrak{x}_n(u, v)$, und daher erst recht der Vektoren $\mathfrak{x}_{n_j}(u, v)$, auf jedem abgeschlossenen Teilbogen von $\partial_1 P$ gleichgradig stetig sind. Wir können also aus der Teilfolge der $\mathfrak{x}_{n_j}$ eine weitere Teilfolge herausziehen, deren Vektoren gegen einen auf $\partial_1 P$ stetigen Vektor konvergieren, wobei die Konvergenz auf jedem abgeschlossenen Teilbogen von $\partial_1 P$ gleichmäßig ist. Bequemlichkeitshalber bezeichnen wir diese letzte Teilfolge wieder mit $\{\mathfrak{x}_n(u, v)\}$. Die Vektoren dieser Folge haben offensichtlich keine der im letzten Abschnitt von § 486 aufgezählten Eigenschaften eingebüßt.

§ 489. *Die Vektoren $\mathfrak{x}_n(u, v)$ konvergieren in jeder kompakten Teilmenge von P_1 gleichmäßig.*

Zum Beweis, der dem in § 456 gegebenen ähnlich ist, nehmen wir einmal an, das sei nicht der Fall. Im Hinblick auf § 488 gäbe es dann eine Zahl $\varepsilon > 0$, eine gegen einen Punkt w_0 auf $\partial_1 P$ konvergierende Folge von Punkten $w_j \in \bar{P}$, $(j = 1, 2, \ldots)$, und zwei Folgen natürlicher Zahlen $\{m_j\}$ und $\{n_j\}$ derart, daß $|\mathfrak{x}_{n_j}(w_j) - \mathfrak{x}_{m_j}(w_j)| > \varepsilon$ wäre. Die positive Zahl δ sei dann so klein gewählt, daß einerseits $\delta \leqq \leqq \exp\left(-\frac{64\pi M}{\varepsilon^2}\right)$ gilt und daß andererseits der Kreis vom Radius $\sqrt{\delta}$ um den Punkt w_0 den Rand von P in zwei Punkten von $\partial_1 P$ schneidet, welche einen Teilbogen β von $\partial_1 P$ begrenzen.

Wegen $D[\mathfrak{x}_{n_j} - \mathfrak{x}_{m_j}] \leqq 4M$ gibt es nach dem Hilfssatz aus § 233 eine Zahl δ_j^* im Intervall $\delta \leqq \delta_j^* \leqq \sqrt{\delta}$ mit der Eigenschaft, daß für jeden Punkt $\hat{w} \in \bar{P}$ auf dem Kreis vom Radius δ_j^* um w_0 die Ungleichung $|[\mathfrak{x}_{n_j}(\hat{w}) - \mathfrak{x}_{m_j}(\hat{w})] - [\mathfrak{x}_{n_j}(w') - \mathfrak{x}_{m_j}(w')]| \leqq \varepsilon/2$ zutrifft. Dabei ist w' jetzt einer der Eckpunkte des Kreiszweiecks $R'(w_0; \delta_j^*) = \{w; |w - w_0| < \delta_j^*, |w| < 1\}$.

Wir bestimmen nun weiterhin eine Zahl j_0, die so groß ist, daß für alle $j \geqq j_0$ neben der Bedingung $w_j \in \overline{R'(w_0; \delta)}$ in allen Punkten von β auch die Ungleichung $|\mathfrak{x}_{n_j}(w) - \mathfrak{x}_{m_j}(w)| \leqq \varepsilon/2$ erfüllt ist.

Die harmonischen Vektoren $\mathfrak{x}_{n_j}(w) - \mathfrak{x}_{m_j}(w)$ müssen ihren größten Betrag in $\overline{R'(w_0; \delta_j^*)}$, welcher den Wert ε übersteigt, auf dem Rande annehmen. Auf dem mit ∂P gemeinsamen Teil von $\partial R'(w_0; \delta_j^*)$ kann das Maximum offensichtlich nicht angenommen werden. In jedem anderen Randpunkt $\hat{w}$ von $R'(w_0; \delta_j^*)$ gilt aber

$$|\mathfrak{x}_{n_j}(\hat{w}) - \mathfrak{x}_{m_j}(\hat{w})| \leqq \frac{\varepsilon}{2} + |\mathfrak{x}_{n_j}(w') - \mathfrak{x}_{m_j}(w')| \leqq \varepsilon \quad \text{für} \quad j \geqq j_0.$$

Das ist ein Widerspruch, welcher sich nur löst, wenn die Behauptung als richtig angenommen wird.

§ 490. Der Grenzvektor $\mathfrak{x}(u, v)$ der Vektoren $\mathfrak{x}_n(u, v)$ ist in P harmonisch und in P_1 stetig. Für einen kompakten Teilbereich Q von P gilt nach § 213 $D_Q[\mathfrak{x}] \leqq \liminf_{n\to\infty} D_Q[\mathfrak{x}_n] \leqq \lim_{n\to\infty} D_P[\mathfrak{x}_n] = d$. Daraus schließt man auf die Ungleichung $D_P[\mathfrak{x}] \leqq d$. Wir müssen nun noch beweisen, daß der Vektor $\mathfrak{x}(u, v)$ zulässig ist. Das tun wir in zwei Schritten.

Wir behaupten zunächst, *daß der Vektor* $\mathfrak{x}(u, v)$ *den Bogen* $\partial_1 P$ *in der in* § 483 *niedergelegten Weise auf den offenen Bogen* (Γ) *abbildet.*

Beweis: Es ist klar, daß $\mathfrak{x}(u, v)$ eine monotone Abbildung des Bogens $\partial_1 P$ in den Bogen Γ liefert und daß insbes. $\mathfrak{x}(0, 1) = \mathfrak{z}(\tfrac{1}{2})$ gilt. Angenommen nun z. B., es sei $\lim_{\vartheta\to+0} \mathfrak{x}(e^{i\vartheta}) = \mathfrak{z}(\varepsilon)$ mit $\varepsilon > 0$. Zu jedem ϑ' in $0 < \vartheta' < \pi/2$ gäbe es dann eine Zahl $N = N(\vartheta')$ mit der Eigenschaft, daß für alle $n \geqq N(\vartheta')$ und alle ϑ in $\vartheta' \leqq \vartheta \leqq \pi/2$ stets $\mathfrak{x}_n(\vartheta) = \mathfrak{z}(t)$ mit $\varepsilon/2 \leqq t = t(\vartheta) \leqq \tfrac{1}{2}$ gölte. Der dem Intervalle $\varepsilon/2 \leqq \leqq t \leqq \tfrac{1}{2}$ entsprechende Teilbogen von Γ hat einen positiven Abstand η

von der Fläche R. Nach § 233, angewendet mit $\delta = |e^{i\vartheta''} - 1| = 2\sin(\vartheta''/2)$, gibt es einen von n unabhängigen positiven Winkel $\vartheta'' < \pi/3$ und eine der Beschränkung $2\sin(\vartheta''/2) \leqq 2\sin(\vartheta_n/2) \equiv \delta^* \leqq [2\sin(\vartheta''/2)]^{1/2}$ unterliegende Zahl ϑ_n, so daß $|\mathfrak{x}_n(e^{i\vartheta_n}) - \mathfrak{x}_n(e^{-i\vartheta_n})| \leqq \eta/2$ wird. Für $n > \max(N(\vartheta''), 2/\eta)$ ergibt sich dann die widersprüchliche Beziehung

$$\eta \leqq a_T[\mathfrak{x}_n(e^{i\vartheta_n})] \leqq a_T[\mathfrak{x}_n(e^{-i\vartheta_n})] + |\mathfrak{x}_n(e^{i\vartheta_n}) - \mathfrak{x}_n(e^{-i\vartheta_n})| \leqq \frac{1}{n} + \frac{\eta}{2} < \eta .$$

Damit ist die Behauptung bewiesen.

§ 491. *Für jede gegen einen Punkt von $\overline{\partial_2 P}$ konvergierende Punktfolge $\{w_j\}$ aus P_1 gilt $\lim\limits_{j\to\infty} a_T[\mathfrak{x}(w_j)] = 0$.*

Beweis: Wir brauchen offensichtlich nur Punkte w_j aus P zu betrachten. Es seien eine Zahl ε, $0 < \varepsilon < 1$ und ein Winkel ϑ_0 in $\pi \leqq \vartheta_0 \leqq 2\pi$ gegeben. Wir wählen die Zahl $\delta = \delta(\varepsilon) > 0$ so klein, daß die Ungleichungen $\delta < \varepsilon/2$ und $D_{P\setminus P_{1-2\delta}}[\mathfrak{x}] \leqq \varepsilon^4$ erfüllt sind. Dabei ist $P \setminus P_{1-2\delta}$ das Ringgebiet $\{u, v;\ (1 - 2\delta)^2 \leqq u^2 + v^2 < 1\}$; siehe § 487. Nach Fixierung von δ sei die Zahl $N = N(\varepsilon) \geqq 1/\varepsilon$ so bestimmt, daß $|\mathfrak{x}_n(w) - \mathfrak{x}(w)| \leqq \varepsilon$ für alle $w \in \partial P_{1-\delta}$ und alle $n \geqq N$. Im Punkte $w_0 = (1 - \delta)\, e^{i\vartheta_0}$ gilt wie in § 487

$$|\mathfrak{x}_u(w_0)| = \left| \frac{1}{\pi\delta^2} \iint\limits_{|w-w_0|<\delta} \mathfrak{x}_u(u, v)\, du\, dv \right| \leqq \frac{1}{\delta} \sqrt{\frac{2}{\pi} D_{P\setminus P_{1-2\delta}}[\mathfrak{x}]} \leqq \frac{\varepsilon^2 \sqrt{2}}{\delta\sqrt{\pi}} .$$

Die gleiche Abschätzung ergibt sich für $\mathfrak{x}_v(w_0)$.

Es seien ϑ_1 und $\vartheta_2 > \vartheta_1$ die Endpunkte des Intervalles $I = \left\{\vartheta;\ |\vartheta - \vartheta_0| \leqq \frac{\delta}{2\varepsilon}\sqrt{\pi},\ \pi \leqq \vartheta \leqq 2\pi\right\}$. Für jeden Wert $\vartheta \in I$ gilt wegen $|\mathfrak{x}_\vartheta| \leqq \sqrt{\mathfrak{x}_u^2 + \mathfrak{x}_v^2}$ mit $r = 1 - \delta$

$$|\mathfrak{x}(r\, e^{i\vartheta}) - \mathfrak{x}(r\, e^{i\vartheta_0})| = \left| \int\limits_{\vartheta_0}^{\vartheta} \mathfrak{x}_{\vartheta'}(r\, e^{i\vartheta'})\, d\vartheta' \right| \leqq \frac{2\varepsilon^2}{\delta\sqrt{\pi}} |\vartheta - \vartheta_0| \leqq \varepsilon .$$

Somit ergibt sich für jedes $\vartheta \in I$ und alle $n \geqq N$ die Ungleichung $|\mathfrak{x}_n(r\, e^{i\vartheta}) - \mathfrak{x}(r\, e^{i\vartheta_0})| \leqq 2\varepsilon$.

Ähnlich wie in § 233 sehen wir nun, daß für eine Zahl η in $0 < \eta < \delta$ die Beziehung

$$2M \geqq \int\limits_r^{1-\eta} d\varrho\, \varrho \int\limits_{\vartheta_1}^{\vartheta_2} d\vartheta \left[\frac{\partial}{\partial\varrho} \mathfrak{x}_n(\varrho\, e^{i\vartheta})^2\right]^2$$

$$= (\vartheta_2 - \vartheta_1) \int\limits_r^{1-\eta} \left[\frac{\partial}{\partial\varrho} \mathfrak{x}_n(\varrho\, e^{i\vartheta_n})\right]^2 \varrho\, d\varrho$$

gilt. Dabei ist ϑ_n ein von n und η abhängiger Zwischenwert im Intervall I. Wegen $\delta \leqq \varepsilon/2$ und $|\vartheta_2 - \vartheta_1| \geqq \frac{\delta}{\varepsilon}\sqrt{\pi}$ wird daher

$$|\mathfrak{x}_n((1-\eta)\,e^{i\vartheta_n}) - \mathfrak{x}_n(r\,e^{i\vartheta_n})| = \left|\int_r^{1-\eta} \frac{\partial}{\partial\varrho}\mathfrak{x}_n(\varrho\,e^{i\vartheta})\,d\varrho\right|$$

$$\leqq \left[\left(\log\frac{1}{r}\right)\int_r^{1-\eta}\left[\frac{\partial}{\partial\varrho}\mathfrak{x}_n(\varrho\,e^{i\vartheta})\right]^2\varrho\,d\varrho\right]^{1/2}$$

$$\leqq \left[\frac{2M}{\vartheta_2-\vartheta_1}\log\frac{1}{r}\right]^{1/2} \leqq \left[\frac{2M\,\varepsilon}{\delta\sqrt{\pi}}\log\frac{1}{1-\delta}\right]^{1/2}$$

$$\leqq \left[\frac{4M\,\varepsilon}{\sqrt{\pi}}\right]^{1/2} \leqq 2\sqrt{M\,\varepsilon}.$$

Wenn wir nun η in geeigneter Weise nach Null gehen lassen und die Stetigkeit des Vektors $\mathfrak{x}_n(u,v)$ in $\bar{P}$ beachten, erhalten wir ähnlich wie am Ende von § 233 einen Winkel $\vartheta_n^* \in I$ mit der Eigenschaft, daß $\left|\mathfrak{x}_n\left(e^{i\vartheta_n^*}\right) - \mathfrak{x}_n\left(r\,e^{i\vartheta_n^*}\right)\right| \leqq 2\sqrt{M\,\varepsilon}$. Gemäß § 486 gilt nun aber $a_T\left[\mathfrak{x}_n\left(e^{i\vartheta_n^*}\right)\right] \leqq 1/n$ und somit auch

$$a_T[\mathfrak{x}_n(r\,e^{i\vartheta_n^*})] \leqq a_T[\mathfrak{x}_n(e^{i\vartheta_n^*})] + |\mathfrak{x}_n(e^{i\vartheta_n^*}) - \mathfrak{x}_n(r\,e^{i\vartheta_n^*})|$$
$$\leqq \frac{1}{n} + 2\sqrt{M\,\varepsilon}.$$

Daher wird für alle $n \geqq N$

$$a_T[\mathfrak{x}(r\,e^{i\vartheta_0})] \leqq a_T[\mathfrak{x}_n(r\,e^{i\vartheta_n^*})] + |\mathfrak{x}_n(r\,e^{i\vartheta_n^*}) - \mathfrak{x}(r\,e^{i\vartheta_0})| \leqq \frac{1}{n} + 2\sqrt{M\,\varepsilon} + 2\varepsilon.$$

Aus dieser Ungleichung folgt die Behauptung.

§ 492. Damit ist der Grenzvektor $\mathfrak{x}(u,v)$ als zulässiger Vektor erkannt. Da sich die in § 490 aufgestellte Ungleichung $D_P[\mathfrak{x}] \leqq d$ nunmehr natürlich als Gleichheit $D_P[\mathfrak{x}] = d$ entpuppt, stellt $\mathfrak{x}(u,v)$ zur gleichen Zeit eine Lösung unseres Variationsproblems dar: Wir haben die in § 484 gestellte Aufgabe, eine von der Kette $\langle\Gamma, T\rangle$ berandete Fläche kleinsten Inhaltes vom Typ der Kreisscheibe zu bestimmen, gelöst.

Genauso wie in §§ 299, 300 läßt sich schließlich zeigen, daß die Lösungsfläche $S = \{\mathfrak{x} = \mathfrak{x}(u,v);\ (u,v) \in P_1\}$ eine verallgemeinerte Minimalfläche ist und daß der Ortsvektor $\mathfrak{x}(u,v)$ den Bogen $\partial_1 P$ umkehrbar eindeutig auf den Bogen (Γ) abbildet. u und v spielen wiederum die Rolle isothermer Parameter, so daß in P die Beziehungen $\mathfrak{x}_u^2 = \mathfrak{x}_v^2$ und $\mathfrak{x}_u \cdot \mathfrak{x}_v = 0$ erfüllt sind.

§ 493. Die durch den Lösungsvektor $\mathfrak{x}(u, v)$ unseres Variationsproblems definierte verallgemeinerte Minimalfläche S besitzt die der Lösung des Plateauschen Problems entsprechende, für das letztere in § 302 formulierte Eigenschaft:

Der Flächeninhalt $I(S)$ ist ein Minimum unter den Inhalten aller von der Kette $\langle\Gamma, T\rangle$ berandeten Flächen vom Typ der Kreisscheibe.

S ist also nicht nur eine Fläche kleinsten Dirichlet-Integrales, sondern gleichzeitig eine Lösung des Problems, eine von der Kette $\langle\Gamma, T\rangle$ berandete Fläche vom Typ der Kreisscheibe kleinsten Inhaltes zu bestimmen. Der Beweis verläuft ähnlich wie im Falle des Plateauschen Problems, ist aber langwieriger. Die Durchführung mit Einschluß aller Einzelheiten findet der Leser bei J. C. C. Nitsche [35], pp. 7–10, und [36], pp. 135–138.

§ 494. Obwohl der Jordanbogen Γ mit der Berandungsfläche T lediglich seine Endpunkte gemeinsam hat, so läßt es sich, selbst im Falle einer konvexen Fläche (siehe Abb. 68), i. a. nicht ausschließen, daß die Lösungsfläche S die Fläche T stellenweise durchsetzt. Falls man realistischer sein und sich T als undurchdringbar vorstellen möchte, wie es die Experimente ja eigentlich nahelegen, so würde man auf ein

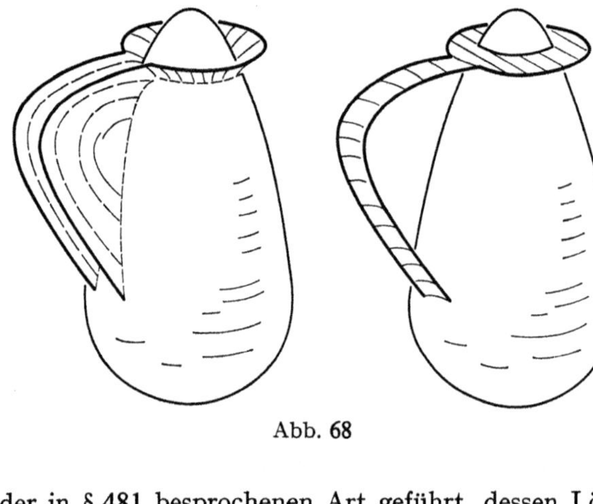

Abb. 68

Problem der in § 481 besprochenen Art geführt, dessen Lösung (minimalen Inhaltes) vom Typ der Kreisscheibe u. U. von der im vorangehenden bestimmten verschieden ist.

Wenn die Fläche T aus der Berandung eines (beschränkten oder unbeschränkten) konvexen Bereiches im (x, y, z)-Raum besteht – insbes., wenn T eine Ebene ist –, und wenn Γ ganz in diesem Bereiche (d. h. in demjenigen Teil des Raumes, von welchem aus die Fläche T

konkav erscheint) verläuft, dann allerdings liegt unsere Lösungsfläche S ebenfalls gänzlich in diesem Bereich.

Zum Beweise dieser Tatsache wollen wir einmal annehmen, ein Punkt $\mathfrak{x}_0$ von S liege außerhalb des Bereiches. $\mathscr{E}$ sei eine Ebene, welche diesen Punkt von der Fläche T trennt. O. B. d. A. dürfen wir annehmen, daß $\mathscr{E}$ die Ebene $z = 0$ ist und daß der Punkt $\mathfrak{x}_0$ im Halbraum $z > 0$ liegt, während die Fläche T im Halbraum $z < 0$ verläuft. Alle Randpunkte der offenen Menge $B = \{u, v;\ (u, v) \in P,\ z(u, v) > 0\}$ liegen dann noch in P. Nunmehr definieren wir eine neue zulässige Fläche $\bar{S} = \{\mathfrak{x} = \bar{\mathfrak{x}}(u, v);\ (u, v) \in P_1\}$ durch die Festsetzung

$$\bar{\mathfrak{x}}(u, v) = \begin{cases} \mathfrak{x}(u, v) & \text{falls} \quad (u, v) \in P_1 \setminus B \\ \{x(u, v), y(u, v), 0\} & \text{falls} \quad (u, v) \in B. \end{cases}$$

In B gilt dann $\bar{\mathfrak{x}}_u^2 + \bar{\mathfrak{x}}_v^2 \leqq \mathfrak{x}_u^2 + \mathfrak{x}_v^2$, wobei das Gleichheitszeichen nur in denjenigen Punkten zutreffen kann, in denen $z_u = z_v = 0$ gilt. Da die Ableitungen z_u und z_v in B gewiß nicht beide identisch verschwinden können, hätten wir im Widerspruch zur Minimumseigenschaft von S dann $D_B[\bar{\mathfrak{x}}] < D_B[\mathfrak{x}]$, d. h. $D_P[\bar{\mathfrak{x}}] < D_P[\mathfrak{x}]$; übrigens auch $I(\bar{S}) < I(S)$.

§ 495. Als freien Rand oder Spur der in den vorangehenden Paragraphen bestimmten verallgemeinerten Minimalfläche bezeichnen wir die Menge der auf der Fläche T gelegenen Häufungspunkte der Folgen $\{\mathfrak{x}(w_j)\}$ für alle aus P_1 heraus gegen einen Punkt von $\overline{\partial_2 P}$ konvergierende Punktfolgen.

Über die Eigenschaften des freien Randes sind bis heute nur Teilresultate bekannt. Heuristische Beispiele wie die von R. Courant in [6], pp. 95–96, und [I], pp. 220–222 gegebenen zeigen, daß die Spur i. a. recht bizarr aussehen kann, und daß insbes. die Stetigkeit der Berandungsfläche T keineswegs ausreicht, um die Stetigkeit der Spur zu garantieren.

Die Berandungsflächen in diesen Beispielen sind unbeschränkte und beschränkte „gefurchte" Flächen, ähnlich wie die in § 45 besprochenen Flächen. Es ist interessant zu bemerken, daß sie die BS-Bedingung verletzen, bei deren Erfülltsein wir in §§ 507–510 gerade die Hölder-Stetigkeit der Spur nachweisen werden.

§ 496. In diesem und den nachfolgenden §§ 497–505 betrachten wir zunächst den Fall, daß die Fläche T eine Ebene ist.

Wenn der Jordanbogen Γ in einer Halbkugel vom Radius r um einen Punkt der Ebene T verläuft, so ist auch die Fläche S in dieser Halbkugel enthalten.

Daß S ganz auf derselben Seite der Ebene wie Γ liegen muß, ist in § 494 bereits erwähnt worden. Zum Beweise für die Behauptung wählen wir nun den Mittelpunkt der Halbkugel als Ursprung unseres Koordinatensystems und definieren eine neue Fläche $\bar{S} = \{\mathfrak{x} = \bar{\mathfrak{x}}(u,v);\ (u,v) \in P_1\}$ durch die Festsetzung

$$\bar{\mathfrak{x}}(u,v) = \begin{cases} \mathfrak{x}(u,v) & \text{falls} \quad |\mathfrak{x}(u,v)| \leqq r \\ \dfrac{r}{|\mathfrak{x}(u,v)|}\,\mathfrak{x}(u,v) & \text{falls} \quad |\mathfrak{x}(u,v)| > r. \end{cases}$$

Die Fläche $\bar{S}$, welche offenbar wieder zulässig im Sinne des § 484 ist, entsteht aus S, indem wir alle aus der Halbkugel herausragenden Teile von S auf die Kugeloberfläche herunterziehen. In einer Teilmenge von P, in welcher $|\mathfrak{x}(u,v)| > r$ gilt, finden wir wegen $\mathfrak{x}_u^2 = \mathfrak{x}_v^2$, $\mathfrak{x}_u \cdot \mathfrak{x}_v = 0$ nach einer kurzen Rechnung

$$\bar{\mathfrak{x}}_u^2 + \bar{\mathfrak{x}}_v^2 = \frac{r^2}{|\mathfrak{x}|^2}\left\{(\mathfrak{x}_u^2 + \mathfrak{x}_v^2) - \frac{1}{|\mathfrak{x}|^2}\left[(\mathfrak{x}\cdot\mathfrak{x}_u)^2 + (\mathfrak{x}\cdot\mathfrak{x}_v)^2\right]\right\}$$

und übrigens auch

$$(\bar{\mathfrak{x}}_u \times \bar{\mathfrak{x}}_v)^2 = \frac{r^4}{|\mathfrak{x}|^4}\left\{(\mathfrak{x}_u \times \mathfrak{x}_v)^2 - \frac{\mathfrak{x}_u^2}{|\mathfrak{x}|^2}\left[(\mathfrak{x}\cdot\mathfrak{x}_u)^2 + (\mathfrak{x}\cdot\mathfrak{x}_v)^2\right]\right\},$$

so daß $\bar{\mathfrak{x}}_u^2 + \bar{\mathfrak{x}}_v^2 < \mathfrak{x}_u^2 + \mathfrak{x}_v^2$ und $|\bar{\mathfrak{x}}_u \times \bar{\mathfrak{x}}_v| < |\mathfrak{x}_u \times \mathfrak{x}_v|$ ist in allen Punkten, in denen $|\mathfrak{x}(u,v)| > r$, $\mathfrak{x}_u^2(u,v) > 0$ und $\mathfrak{x}(u,v) \times \mathfrak{X}(u,v) \neq 0$ gilt. Falls also die Fläche S nicht ganz in der Halbkugel verliefe, gölte

$$I(\bar{S}) \leqq D_P[\bar{\mathfrak{x}}] < D_P[\mathfrak{x}] = I(S).$$

Das wäre ein Widerspruch zur Kleinsteigenschaft der Fläche S. W. z. b. w.

Ähnlich, aber einfacher, beweist man:

Wenn der Jordanbogen Γ in einem konvexen Zylinder verläuft, dessen Erzeugenden zur Ebene T senkrecht stehen, so ist auch die Fläche S in diesem Zylinder enthalten.

§ 497. *Wenn die Fläche T eine Ebene ist, so ist der Vektor $\mathfrak{x}(u,v)$ in P mit Einschluß der Punkte von $\partial_2 P$ analytisch und kann über $\partial_2 P$ hinaus analytisch fortgesetzt werden* (R. Courant [I], pp. 218–220; I. F. Ritter [1], p. 60). Mit anderen Worten: *Der dem Bogen $\partial_2 P$ entsprechende Teil der Spur ist eine reguläre analytische Kurve. Die Minimalfläche kann, und zwar durch Spiegelung an der Ebene T, über T hinaus analytisch als Minimalfläche fortgesetzt werden. Längs der Spur hat die Minimalfläche keinen Verzweigungspunkt, und ihre Tangentialebene steht dort auf der Ebene T senkrecht. Gemäß* § 151 *ist die Spur somit eine geodätische Linie auf der Minimalfläche.*

Es ist hier selbstverständlich vorausgesetzt, daß das Ebenenstück T hinreichend ausgedehnt ist, so daß es zumindest etwa die Äquatorebene der in § 496 eingeführten Halbkugel ausmacht. Beim Beweis nehmen wir an, die Ebene sei durch die Gleichung $z = 0$ gegeben, und die Kurve Γ verlaufe im Halbraum $z > 0$. w_0 sei irgendein Punkt auf dem Bogen $\partial_2 P$. Wir wählen die Zahl $\delta > 0$ so klein, daß der Kreis vom Radius $\sqrt{\delta}$ um w_0 den Rand von P in zwei Punkten von $\partial_2 P$ trifft. Nach § 233 gibt es eine Zahl δ^* im Intervall $\delta \leqq \delta^* \leqq \sqrt{\delta}$, mit welcher die Ungleichung

$$\int\limits_{\substack{|w-w_0|=\delta^* \\ |w|<1}} |d\mathfrak{x}| \leqq \sqrt{\frac{4\pi d}{\log(1/\delta)}}$$

gilt. Die Grenzwerte des Vektors $\mathfrak{x}(u, v)$ bei Annäherung längs des Kreises $C'(w_0; \delta^*)$ vom Radius δ^* um w_0 an seine Schnittpunkte w_1 und w_2 mit ∂P existieren also.

Wir bilden den Einheitskreis P umkehrbar eindeutig und konform so auf die obere $\zeta = \xi + i\eta$-Halbebene ab, daß die Punkte w_1, w_0 und w_2 bzw. in die Punkte $\zeta = -1$, $\zeta = 0$ und $\zeta = 1$ übergehen. Für die dritte Komponente $z(\xi, \eta)$ des auf die Veränderlichen ξ und η bezogenen Ortsvektors $\mathfrak{x}$ gilt dann, und zwar nach § 483 gleichmäßig für $|\xi_n| \leqq 1$, $\lim\limits_{n\to\infty} z(\xi_n, \eta_n) = 0$ für jede gegen einen Punkt der ξ-Achse konvergierende Folge von Punkten (ξ_n, η_n). Nach dem Spiegelungsprinzip für harmonische Funktionen ist die durch die Festsetzungen $z(\xi, 0) = 0$ und $z(\xi, \eta) = -z(\zeta, -\eta)$ auf die untere Halbebene erweiterte Funktion in ganz $\Pi = \{\xi, \eta;\ \xi^2 + \eta^2 < 1\}$ harmonisch. Aus der Minimumseigenschaft des Integrales $D_P[\mathfrak{x}] = D_P[x] + D_P[y] + D_P[z]$ folgt gemäß § 230, daß die Funktionen $x(\xi, \eta)$ und $y(\xi, \eta)$, deren Verhalten auf dem Segment $I = \{\xi, \eta;\ |\xi| < 1, \eta = 0\}$ ja vom Variationsproblem her keinerlei Einschränkungen unterliegt, durch die Festsetzung $x(\xi, \eta) = x(\xi, -\eta)$, $y(\xi, \eta) = y(\xi, -\eta)$ für $\eta < 0$ in die Kreisscheibe Π fortgesetzt werden können und daß die erweiterten Funktionen in Π harmonisch sind. Natürlich gelten in ganz Π die Beziehungen $\mathfrak{x}_\xi^2 = \mathfrak{x}_\eta^2$, $\mathfrak{x}_\xi \cdot \mathfrak{x}_\eta = 0$. Damit ist die erste Behauptung bewiesen.

Da die Ableitungen x_η, y_η und z_ξ auf dem Segment I verschwinden, gilt dort $\mathfrak{x}_\xi \times \mathfrak{x}_\eta = \{y_\xi z_\eta, -x_\xi z_\eta, 0\}$. Daraus folgt die dritte Behauptung, derzufolge die Fläche S senkrecht auf die Ebene T auftrifft.

Da auf dem Segment I die Beziehung $z_\eta^2 = x_\xi^2 + y_\xi^2$ zutrifft, folgt schließlich sowohl die Regularität der Spur als auch das Nichtvorhandensein von Verzweigungspunkten längs dieser aus der nunmehr zu beweisenden Beziehung $z_\eta(\xi, 0) \neq 0$. Indem wir zu unseren alten Veränderlichen u, v zurückkehren, behaupten wir, daß in keinem Punkt von $\partial_2 P$ beide Ableitungen z_u und z_v gleichzeitig verschwinden können.

Daraus folgt dann $z_\eta(\xi, 0) \neq 0$. Wegen $z(u, v) = 0$ auf $\partial_2 P$, $z(u, v) \neq 0$ auf $\partial_1 P$ und $z \to 0$ bei Annäherung längs $\partial_1 P$ an die Punkte $(\pm 1, 0)$, muß die beschränkte harmonische Funktion $z(u, v)$ in ganz P von Null verschieden sein. Das gleichzeitige Verschwinden von z_u und z_v in einem Punkte von $\partial_2 P$ ist damit unverträglich, da in diesem Falle mindestens eine Niveaulinie $z(u, v) = 0$ in das Gebiet P eintreten müßte.

Damit ist alles bewiesen.

§ 498. Im vorliegenden Falle einer Ebene als Berandungsfläche läßt sich leicht einsehen, daß der Vektor $\mathfrak{x}(u, v)$ in ganz $\bar{P}$ stetig bleibt und daß die Spur eine rektifizierbare Kurve ist. Die Lösungsfläche läßt sich ja durch Spiegelung analytisch fortsetzen.

Wenn wir als Parametermenge einmal die Abschließung der Halbkreisscheibe $\{u, v;\, u^2 + v^2 < 1,\, v > 0\}$, deren Durchmesser dem freien Rande entsprechen soll, annehmen, so erhalten wir durch Spiegelung eine über der Einheitskreisscheibe definierte und von einer Jordankurve – der aus dem Bogen Γ und seinem Spiegelbild gebildeten Kurve – berandete Fläche. Da der Ortsvektor durch die Festsetzungen $\mathfrak{x}(1, 0) = \mathfrak{z}(0)$, $\mathfrak{x}(-1, 0) = \mathfrak{z}(1)$ zu einem auf dem gesamten Rande stetigen Vektor wird, erkennt man mit Hilfe des Phragmén-Lindelöfschen Prinzips, daß $\mathfrak{x}(u, v)$ in der abgeschlossenen Kreisscheibe stetig sein muß.

Ehe man die Länge der Spur abschätzt, kann man noch eine geeignete lineare Transformation der Parametermenge ausführen. Gemäß § 318 erkennt man dann, daß diese Länge nicht größer als die Länge $L(\Gamma)$ des Jordanbogens Γ ist:

Wenn die Fläche T eine Ebene ist, so ist der Vektor $\mathfrak{x}(u, v)$ in $\bar{P}$ stetig. Die Länge der Spur $\{\mathfrak{x} = \mathfrak{x}(u, 0);\ -1 \leqq u \leqq 1\}$ ist nicht größer als $L(\Gamma)$.

Diese Abschätzung läßt sich offensichtlich nicht verbessern.

§ 499. Der Nachweis der Rektifizierbarkeit der Spur ist meistens ein schwieriges Problem. Unter Anwendung gewisser Regularitäts- und Existenzsätze (H. Federer and W. H. Fleming [1], theorem 9.8; H. Federer [I], theorem 5.4.15) läßt sich die Rektifizierbarkeit der Spur mit maßtheoretischen Methoden in allgemeinen Fällen beweisen.

Eine andere Beweismethode wurde von H. Lewy ([9], pp. 6–8) benutzt. In den nachfolgenden §§ 500–505 wollen wir noch die Lewysche Methode, der Einfachheit halber allerdings nur am schon bekannten Beispiel einer ebenen Berandungsfläche, erläutern; verweisen aber auch auf § 920. Wir müssen dazu zunächst noch eine Annahme über die Art, in welcher sich Γ von der Fläche T abhebt, einführen.

Ohne Beschränkung der Allgemeinheit für das weitere, dürfen wir in §§ 500–505 vorübergehend annehmen, daß der Parameter t in der

Darstellung $\{\mathfrak{x} = \mathfrak{z}(t); 0 \leqq t \leqq 1\}$ des Jordanbogens Γ mit dem Ortsvektor $\mathfrak{z}(t) = \{\xi(t), \eta(t), \zeta(t)\}$ bereits die Rolle der Bogenlänge spielt.

Wir machen nunmehr die folgende Voraussetzung: Es gibt eine Zahl $\bar{t}$ im Intervalle $0 < \bar{t} \leqq \frac{1}{2}$ derart, daß die Funktionen $a_T[\mathfrak{z}(t)] = \zeta(t)$ und $a_T[\mathfrak{z}(1-t)] = \zeta(1-t)$ für $0 \leqq t \leqq \bar{t}$ streng monoton zunehmen und daß $a_T[\mathfrak{z}(t)] \geqq \bar{h} = \min(a_T[\mathfrak{z}(\bar{t})], a_T[\mathfrak{z}(1-\bar{t})])$ ist für $\bar{t} \leqq t \leqq 1 - \bar{t}$.

§ 500. Wegen § 497 und im Hinblick darauf, daß der Lösungsvektor $\mathfrak{x}(u, v) = \{x(u, v), y(u, v), z(u, v)\}$ den Bogen $\partial_1 P$ gemäß § 492 topologisch auf den offenen Bogen (Γ) abbildet, folgt nach der uns seit § 373 geläufigen Schlußweise, daß die Ableitungen z_u und z_v in keinem Punkte $(u, v) \in P_2$, in welchem $0 \leqq z(u, v) < \bar{h}$ gilt, gleichzeitig verschwinden können, so daß dort insbes. $E(u, v) = \mathfrak{x}_u^2(u, v) > 0$ gilt. Für $0 \leqq h < \bar{h}$ ist jedes der Gebiete $\{u, v; u^2 + v^2 < 1, z(u, v) > h\}$ einfach zusammenhängend, und seine Berandung besteht aus einem Teilbogen von $\partial_1 P$ und einem bis auf seine Endpunkte regulär analytischen und in P_2 verlaufenden Jordanbogen $\lambda(h)$, längs dessen $z(u, v) = h$ gilt. Das Bild von $\lambda(h)$ auf S heiße $\Lambda(h)$; seine Länge sei $\ell(h)$.

§ 501. *Die Längen $\ell(h)$ sind für $0 \leqq h < \bar{h}$ unterhalbstetig, d. h.*

$$\ell(h_0) \leqq \liminf_{h \to h_0} \ell(h).$$

Im Falle $h_0 = 0$ denken wir dabei an die in § 497 bewiesene analytische Fortsetzbarkeit der verallgemeinerten Minimalfläche S, derzufolge $\ell(-h) = \ell(h)$ gilt.

Beweis: Es sei $(u_0, v_0) \in P_2$ ein Punkt auf der Kurve $\lambda(h_0)$. Der offene Bogen $(\lambda(h_0))$, d. h., der in P_2 verlaufende Teil von $\lambda(h_0)$ ist die Lösungskurve $\{u = f(s; u_0, v_0), v = g(s; u_0, v_0); s_1(h_0) < s < s_2(h_0)\}$ des Differentialgleichungssystems

$$\frac{du}{ds} = -\frac{z_v}{\sqrt{E}\sqrt{z_u^2 + z_v^2}}, \qquad \frac{dv}{ds} = \frac{z_u}{\sqrt{E}\sqrt{z_u^2 + z_v^2}}$$

mit den Anfangswerten $u_0 = f(0; u_0, v_0)$, $v_0 = g(0; u_0, v_0)$. Der Parameter s bedeutet dabei die Bogenlänge auf $\Lambda(h_0)$, und es gilt $-\infty \leqq s_1(h_0) < 0 < s_2(h_0) \leqq \infty$ und $\ell(h_0) = s_2(h_0) - s_1(h_0)$.

In der Umgebung des Punktes (u_0, v_0) betrachten wir auch die durch diesen Punkt verlaufenden orthogonale Trajektorie $u = \varphi(h; u_0, v_0)$, $v = \psi(h; u_0, v_0)$ der Kurvenschar $\lambda(h)$, welche dem Differentialgleichungssystem

$$\frac{du}{dh} = \frac{z_u}{z_u^2 + z_v^2}, \qquad \frac{dv}{dh} = \frac{z_v}{z_u^2 + z_v^2}$$

mit den Anfangsbedingungen $u_0 = \varphi(h_0; u_0, v_0)$, $v_0 = \psi(h_0; u_0, v_0)$ genügt.

Ein dem Bogen $(\lambda(h_0))$ benachbarter Bogen $(\lambda(h))$ hat die Darstellung $\{u = f(s; u_h, v_h),\ v = g(s; u_h, v_h);\ s_1(h) < s < s_2(h)\}$, wo u_h, v_h die Anfangswerte $u_h = \varphi(h; u_0, v_0)$, $v_h = \psi(h; u_0, v_0)$ darstellen und $s_2(h) - s_1(h) = \ell(h)$ ist. Für $s_1(h) < s' < s'' < s_2(h)$ seien $\lambda(h; s', s'')$ der dem Intervalle $s' \leqq s \leqq s''$ entsprechende Teilbogen von $\lambda(h)$, $\Lambda(h; s', s'')$ sein Bild auf S und $\ell(h; s', s'')$ dessen Länge.

Da der Vektor $\mathfrak{x}(u, v)$ in einer Umgebung des Jordanbogens $\lambda(h_0; s', s'')$, $s_1(h_0) < s' < s'' < s_2(h_0)$, analytisch ist, konvergieren die Bögen $\lambda(h; s', s'')$ gegen $\lambda(h_0; s', s'')$, wenn h gegen h_0 konvergiert, so daß

$$\ell(h_0; s', s'') = \lim_{h \to h_0} \ell(h; s', s'') \leqq \liminf_{h \to h_0} \ell(h)$$

ist. Indem wir s' gegen $s_1(h_0)$ und s'' gegen $s_2(h_0)$ gehen lassen, finden wir

$$\ell(h_0) \leqq \liminf_{h \to h_0} \ell(h).$$

Das war zu beweisen.

In gleicher Weise ergibt sich

$$s_1(h_0) \geqq \limsup_{h \to h_0} s_1(h), \qquad s_2(h_0) \leqq \liminf_{h \to h_0} s_2(h).$$

§ 502. Auf Grund des eben Bewiesenen sind die Funktionen $\ell(h)$, $s_1(h)$, $s_2(h)$ im Intervalle $0 < h < \bar{h}$ meßbar. Wir bezeichnen mit $Q(h_1, h_2)$ das Gebiet $\{u, v;\ u^2 + v^2 < 1,\ h_1 < z(u, v) < h_2\}$ und behaupten nunmehr die Gültigkeit der Cavalierischen Ungleichung:

Für jedes h_0, $0 < h_0 < \bar{h}$, gilt

$$\int_0^{h_0} \ell(h)\, dh \leqq I(S[Q(0, h_0)]) = D_{Q(0,h_0)}[\mathfrak{x}] \leqq D_P[\mathfrak{x}] < \infty.$$

Zum *Beweise* approximieren wir die in $0 < h < \bar{h}$ halbstetige Funktion $s_1(h)$ durch eine absteigende Folge stetiger Funktionen $\{s_1^{(n)}(h)\}$ und die Funktion $s_2(h)$ durch eine aufsteigende Folge stetiger Funktionen $\{s_2^{(n)}(h)\}$, setzen $\ell_n(h) = s_2^{(n)}(h) - s_1^{(n)}(h)$ und betrachten den dem Gebiete $\{h, s;\ 0 < h < h_0,\ s_1^{(n)}(h) < s < s_2^{(n)}(h)\}$ entsprechenden Teil von S. Sein Inhalt ist durch

$$\int_0^{h_0} dh \int_{s_1^{(n)}}^{s_2^{(n)}} ds\, |\mathfrak{x}_h \times \mathfrak{x}_s|$$

gegeben und kleiner als $D_{Q(0,h_0)}[\mathfrak{x}]$. Es ist

$$|\mathfrak{x}_h \times \mathfrak{x}_s| = [x_s^2 z_h^2 + y_s^2 z_h^2 + (x_s y_h - x_h y_s)^2]^{1/2} \geqq z_h \sqrt{x_s^2 + y_s^2} = 1.$$

Somit wird

$$\int_0^{h_0} \ell_n(h)\,dh \leqq \int_0^{h_0} dh \int_{s_1^{(n)}(h)}^{s_2^{(n)}(h)} ds\,|\mathfrak{x}_h \times \mathfrak{x}_s| \leqq D_{Q(0,h_0)}[\mathfrak{x}]$$

und im Grenzübergang $n \to \infty$

$$\int_0^{h_0} \ell(h)\,dh = \lim_{n\to\infty} \int_0^{h_0} \ell_n(h)\,dh \leqq D_{Q(0,h_0)}[\mathfrak{x}].$$

W. z. b. w.

§ 503. Zufolge der Cavalierischen Ungleichung sind die Längen $\ell(h)$ für fast alle h im Intervalle $0 < h < \bar{h}$ endlich, und es gibt einen Wert $h = \tilde{h}$ derart, daß $\ell(\tilde{h}) \leqq \frac{1}{\bar{h}} D_P[\mathfrak{x}]$ ist.

Die durch die Punkte des Jordanbogens Γ zur Ebene T senkrechten Segmente bilden eine zylindrische Vergleichsfläche $\{x = \xi(t),\ y = \eta(t),\ z = \tau\zeta(t);\ 0 \leqq t \leqq 1,\ 0 \leqq \tau \leqq 1\}$ vom Flächeninhalt

$$\int_0^1 \zeta(t)\sqrt{\xi'^2(t) + \eta'^2(t)}\,dt = \int_0^1 \zeta(t)\sqrt{1 - \zeta'^2(t)}\,dt \leqq \frac{1}{2\pi} = \frac{1}{2\pi} L^2(\Gamma),$$

wo $L(\Gamma)$ die Länge von Γ bedeutet, deren Wert wir in § 499 als Eins angenommen hatten.

Auf Grund der Kleinsteigenschaft der Lösungsfläche S gilt also

$$\ell(\tilde{h}) \leqq \frac{1}{2\pi\bar{h}} L^2(\Gamma).$$

§ 504. Für jedes h im Intervalle $0 < h < \bar{h}$ wird die Kurve Γ von der Ebene $z = h$ in genau zwei Punkten $\mathfrak{z}(t_1)$ und $\mathfrak{z}(t_2)$ geschnitten, deren Parameterwerte $t_1 = t_1(h)$ und $t_2 = t_2(h)$ stetige Funktionen von h sind und den Ungleichungen $0 < t_1(h) < \bar{t}$, $1 - \bar{t} < t_2(h) < 1$ genügen.

Es sei h_0 ein Wert, für den $\ell(h_0)$ endlich ist, und Γ_{h_0} die Kurve der Länge $t_1(h_0) + \ell(h_0) + 1 - t_2(h_0)$, welche aus dem Anfangsstück $\{\mathfrak{x} = \mathfrak{z}(t);\ 0 \leqq t < t_1(h_0)\}$ und dem Endstück $\{\mathfrak{x} = \mathfrak{z}(t);\ t_2(h_0) < t \leqq 1\}$ von Γ und aus dem Bogen $\Lambda(h_0)$ besteht. Die durch die Punkte von Γ_{h_0} zur Ebene T normalen Segmente bilden eine Zylinderfläche Σ_{h_0}. Diese Fläche wird von der Ebene $z = h$, $0 < h < h_0$, in einer Kurve geschnitten, welche i. a. Selbstschneidungen aufweisen wird, deren Länge aber gewiß nicht größer als $L(h) = t_1(h_0) - t_1(h) + \ell(h_0) + t_2(h) - t_2(h_0)$ ist. Es gilt somit

$$I(\Sigma_{h_0}) \leqq \int_0^{h_0} L(h)\,dh.$$

Aus der Minimaleigenschaft der Lösungsfläche S folgt nunmehr $I(S[Q(0, h_0)]) \leqq I(\Sigma_{h_0})$, d. h.

$$\int_0^{h_0} \ell(h)\, dh \leqq \int_0^{h_0} L(h)\, dh.$$

Wir behaupten, daß es eine gegen Null absteigende Zahlenfolge $h_1, h_2, \ldots$ gibt, für welche $\ell(h_n) \leqq L(h_n)$ gilt.

Angenommen, das sei nicht der Fall. Dann existierte eine größte Zahl $h = h'$, $0 < h' < h_0$, derart, daß $\ell(h) > L(h)$ für $0 < h < h'$, während in jeder rechten Umgebung von h' Werte h lägen, für die $\ell(h) \leqq L(h)$ wäre. Aus der Unterhalbstetigkeit von $\ell(h)$ und der Stetigkeit von $L(h)$ folgte dann $\ell(h') \leqq L(h') < \infty$. Wegen

$$\begin{aligned}
t_1(h') - t_1(h) + \ell(h') + t_2(h) - t_2(h') \leqq \\
&\leqq t_1(h') - t_1(h) + L(h') + t_2(h) - t_2(h') \\
&\leqq t_1(h') - t_1(h) + [t_1(h_0) - t_1(h') + \ell(h_0) + t_2(h') - t_2(h_0)] + \\
&\qquad + t_2(h) - t_2(h') \\
&\leqq t_1(h_0) - t_1(h) + \ell(h_0) + t_2(h) - t_2(h_0) \\
&\leqq L(h)
\end{aligned}$$

wäre die aus dem der Menge $\{u, v;\ (u, v) \in P_1,\ z(u, v) > h'\}$ entsprechenden Teil von S und der Fläche $\Sigma_{h'}$ zusammengesetzte Fläche eine von der Kette $\langle \Gamma, T\rangle$ berandete Fläche vom Inhalt

$$D_{P \setminus Q(0,h')}[\mathfrak{x}] + I(\Sigma_{h'}) \leqq D_{P \setminus Q(0,h')}[\mathfrak{x}] + \int_0^{h'} L(h)\, dh.$$

Nach § 493 kann der Inhalt

$$I(S) = D_{P \setminus Q(0,h')}[\mathfrak{x}] + D_{Q(0,h')}[\mathfrak{x}] \geqq D_{P \setminus Q(0,h')}[\mathfrak{x}] + \int_0^{h'} \ell(h)\, dh$$

unserer Lösungsfläche S nicht größer sein, so daß

$$\int_0^{h'} \ell(h)\, dh \leqq \int_0^{h'} L(h)\, dh$$

gelten müßte. Diese Ungleichung stünde im Widerspruch zur Annahme $\ell(h) > L(h)$ für $0 < h < h'$, welche somit fallengelassen werden muß.

Die Behauptung ist bewiesen.

§ 505. Gemäß §§ 501, 503 ist nun für $h_0 = \bar{h}$

$$\begin{aligned}
\ell(0) \leqq \liminf_{n\to\infty} \ell(h_n) \leqq \liminf_{n\to\infty} L(h_n) = t_1(h_0) + \ell(h_0) + 1 - t_2(h_0) \leqq \\
\leqq L(\Gamma) + \ell(h_0) \leqq (1 + L(\Gamma)/2\pi \bar{h})\, L(\Gamma).
\end{aligned}$$

Damit ist bewiesen:

Wenn die Fläche T eine Ebene ist, und wenn der Jordanbogen Γ die in § 499 *formulierte Abhebebedingung erfüllt, dann ist der Ortsvektor* $\mathfrak{x}(u, v)$ *unserer Lösungsfläche in* $\bar{P}$ *stetig, und die Spur* $\{\mathfrak{x} = \mathfrak{x}(u, 0); -1 \leqq u \leqq 1\}$ *ist eine die Endpunkte von Γ auf T verbindende rektifizierbare Kurve, deren Länge nicht größer als* $(1 + L(\Gamma)/2\pi \bar{h})\, L(\Gamma)$ *ist.*

§ 506. Eine dem Satze des § 497 entsprechende Regularitätsaussage ist auch unter andersgearteten Voraussetzungen möglich und läßt sich sogar auf Flächen ausdehnen, deren Inhalt kein Minimum, sondern nur einen stationären Wert darstellt.

Die Berandungsfläche T sei eine Ebene, etwa wieder die Ebene $z = 0$. Die verallgemeinerte Minimalfläche S mit der isothermen Darstellung $\{\mathfrak{x} = \mathfrak{x}(w);\, w \in P_1\}$ sei im Sinne des § 483 von der Kette $\langle \Gamma, T\rangle$ berandet, aber nicht notwendigerweise eine Fläche kleinsten Inhaltes. $\gamma_0 = \{w = e^{i\vartheta};\, \vartheta_1 < \vartheta < \vartheta_2\}$ sei ein Teilbogen von $\partial_2 P$. Es sei bekannt, daß der Normalenvektor $\mathfrak{X}(w)$, welcher gemäß § 361 ja auch in allen inneren Verzweigungspunkten wohldefinierte Werte besitzt, bei radialer Annäherung an alle Punkte von γ_0 gegen Grenzvektoren $\mathfrak{X}(e^{i\vartheta}) = \lim\limits_{\varrho \to 1} \mathfrak{X}(\varrho\, e^{i\vartheta})$ konvergiert, welche mit einer durch einen festen Einheitsvektor $\mathfrak{a} = \{a_1, a_2, a_3\}$ definierten Richtung einen konstanten Winkel einschließen, so daß also $\mathfrak{a} \cdot \mathfrak{X}(e^{i\vartheta}) = c = \text{const}$ ist für alle Werte von ϑ in $\vartheta_1 < \vartheta < \vartheta_2$. Weiterhin sei $a_3^2 \neq c^2$ angenommen. Unter diesen Voraussetzungen gilt der Satz (I. H. Sabitov [1], pp. 359, 375):

Der Ortsvektor $\mathfrak{x}(w)$ ist in P und in allen Punkten von γ_0 analytisch und kann über γ_0 hinaus analytisch fortgesetzt werden. Der dem Bogen γ_0 entsprechende Teil der Spur ist ein in T verlaufender regulärer analytischer Bogen Γ_0 ohne Verzweigungspunkte. Mit anderen Worten: *Die verallgemeinerte Minimalfläche S kann über Γ_0 hinweg analytisch fortgesetzt werden und hat auf Γ_0 keine Verzweigungspunkte.*

Wegen des hier ausgeschlossenen Falles $a_3^2 = c^2$, in welchem gewisse Singularitäten auftreten können, sehe man I. H. Sabitov [1], pp. 359–361.

Wir bemerken hier noch, daß die Randbedingung $\lim\limits_{\varrho \to 1} \mathfrak{a} \cdot \mathfrak{X}(\varrho\, e^{i\vartheta}) = c$ nicht nur wie z. B. in § 480 in der Theorie der Minimalflächen auftritt, sondern auch besonders für die Kapillaritätstheorie von Bedeutung ist. In dem speziellen Falle $\mathfrak{a} = \{0, 0, 1\}$ besagt sie ja, daß der Winkel zwischen der Fläche S und der Ebene T konstant sein soll. Das ist aber gerade die Bedingung, die man gewöhnlich an den Oberflächenrand eines auf der Ebene T aufsitzenden Tropfens stellt. Für einen solchen

Tropfen ist die mittlere Krümmung seiner Oberfläche natürlich nicht Null, sondern eine lineare Funktion der Koordinate z.

Zum *Beweise* des Satzes benutzen wir die üblichen Bezeichnungen $g_1'(w) = x_u - i\,x_v$, $g_2'(w) = y_u - i\,y_v$, $g_3'(w) = z_u - i\,z_v$ (siehe § 336) und führen ähnlich wie in §§ 155, 367 die in P analytische Funktion $h(w) = \Phi^2(w) = \frac{1}{2}[g_1'(w) - i\,g_2'(w)]$ und die in P meromorphe Funktion $\omega(w) = \Psi(w)/\Phi(w) = g_3'(w)/[g_1'(w) - i\,g_2'(w)]$ ein, so daß

$$g_1'(w) = h(w)\,[1 - \omega^2(w)], \quad g_2'(w) = i\,h(w)\,[1 + \omega^2(w)],$$
$$g_3'(w) = 2h(w)\,\omega(w)$$

gilt. $\omega = \sigma + i\,\tau$ ist die in § 56 definierte Veränderliche des sphärischen Bildes unserer Fläche.

Wie in § 497 erkennt man, daß die in P harmonische Funktion $z(w)$ und die in P analytische Funktion $g_3'(w)$ über γ_0 hinweg analytisch fortgesetzt werden können.

Aus $\lim\limits_{\varrho\to 1} \mathfrak{a}\cdot\mathfrak{X}(\varrho\,e^{i\vartheta}) = c$ folgt, daß die Grenzwerte $\sigma(e^{i\vartheta}) + i\,\tau(e^{i\vartheta}) = \lim\limits_{\varrho\to 1}\omega(\varrho\,e^{i\vartheta})$ auf dem Kreise

$$\left(\sigma - \frac{a_1}{c - a_3}\right)^2 + \left(\tau - \frac{a_2}{c - a_3}\right)^2 = \frac{1 - c^2}{(c - a_3)^2}$$

liegen müssen. Wegen $a_3^2 \neq c^2$ befinden sich weder der Punkt $\omega = 0$ noch der Punkt $\omega = \infty$ auf diesem Kreise. Die meromorphe Funktion $\omega(w)$ läßt sich also nach dem Spiegelungsprinzip über γ_0 hinaus analytisch als meromorphe Funktion fortsetzen, kann aber in der Nähe von γ_0 weder Nullstellen noch Pole besitzen.

Somit läßt sich auch die Funktion $h(w) = g_3'(w)/2\omega(w)$ über γ_0 hinaus analytisch fortsetzen, und dasselbe gilt dann auch von den Funktionen $g_1'(w)$ und $g_2'(w)$.

Wie in § 497 zeigt man schließlich, daß die Fläche S auf γ_0 keinen Verzweigungspunkt haben kann. Damit ist alles bewiesen.

§ 507. Die minimalen Regularitätsforderungen an die Berandungsfläche T, bei deren Erfülltsein zumindest die Stetigkeit der Spur unserer Lösungsfläche bewiesen werden kann, sind bislang wohl noch nicht gefunden worden. In diesem und den nächsten Paragraphen wollen wir den Fall einer Fläche behandeln, welche einer BS-Bedingung genügt (siehe § 45), wo sich dann, wie wir sehen werden, die Hölderstetigkeit der Spur automatisch mit ergibt.

Für einen Winkel ϑ_0, $0 < \vartheta_0 < \pi/2$, bezeichne im folgenden $P_{(\vartheta_0)}$ den Sektor $\{w = \varrho\,e^{i\vartheta};\, 0 < \varrho < 1,\, \pi + \vartheta_0 < \vartheta < 2\pi - \vartheta_0\}$. Es gilt dann der Satz:

Wenn die Berandungsfläche T eine BS-Bedingung mit der Konstanten c erfüllt, so läßt sich der Ortsvektor unserer Lösungsfläche in jedem

Sektor $P_{(\vartheta_0)}$, $0 < \vartheta_0 < \pi/2$, *als stetiger Vektor auf die Abschließung* $\overline{P_{(\vartheta_0)}}$ *fortsetzen. Der erweiterte Vektor genügt in* $\overline{P_{(\vartheta_0)}}$ *einer Hölderbedingung mit dem Exponenten* $\beta = 2(2+c)^{-2}$.

Dieser Satz wurde von J. C. C. Nitsche [36] und (mit einem kleineren Hölderexponenten) unabhängig von K. Goldhorn und S. Hildebrandt [1] bewiesen. Insbesondere können wir sagen:

Die Spur der Lösungsfläche, d. h. das Bild des Bogens $\partial_2 P$, *ist eine stetige Kurve. Jeder abgeschlossene Teilbogen der Spur gehört zur Klasse* $C^{0,\beta}$, *wo* $\beta = 2(2+c)^{-2}$ *ist.*

Weiterhin gilt der Satz:

Wenn T *eine Fläche der Klasse* C^1 *(wie am Anfang von* § 46 *beschrieben) ist, dann gehört der Ortsvektor unserer Lösungsfläche in jedem abgeschlossenen Sektor* $\overline{P_{(\vartheta_0)}}$, $0 < \vartheta_0 < \pi/2$, *zur Klasse* $C^{0,\beta}$. *Dabei ist* β *ein beliebiger Exponent im Intervalle* $0 < \beta < \frac{1}{2}$.

Da nach § 46 jede beschränkte konvexe Fläche einer BS-Bedingung genügt, *sind diese Resultate insbes. auch für konvexe Berandungsflächen zutreffend.* In diesem Falle hatte bereits R. Courant ([10], pp. 243–244) einen Beweisversuch für die Stetigkeit der Spur unternommen. Die Courantsche Konstruktion versagt aber, wenn die Lösungsfläche S die Fläche T durchsetzt. Wie in § 494 bemerkt, wird das i. a. der Fall sein.

§ 508. Um den Beweis dieser Sätze später nicht unterbrechen zu müssen, schieben wir hier einige Bemerkungen ein, welche eine gewisse auf einer Verfeinerung des in § 294 Gesagten beruhende Verheftungsprozedur beschreiben.

Es seien ein Punkt $w_0 = e^{i\vartheta_0}$ auf ∂P und eine Zahl r im Intervalle $0 < r < 1$ vorgegeben. Wie in § 233 bedeuten wieder $R'(w_0; r)$ das Gebiet $\{w; |w| < 1, |w - w_0| < r\}$ und $C'(w_0; r)$ den Bogen $\{w; |w| < 1, |w - w_0| = r\} = \{w = w_0 + r\,e^{i\vartheta}; \vartheta_1(r) < \vartheta < \vartheta_2(r)\}$. Dabei sind $\vartheta_1 = \vartheta_1(r) = \vartheta_0 + \frac{\pi}{2} + \arcsin\frac{r}{2}$ und $\vartheta_2 = \vartheta_2(r) = \vartheta_0 + \frac{3\pi}{2} - \arcsin\frac{r}{2}$ die Argumente der vom Punkte w_0 aus gesehenen Endpunkte des Bogens $C'(w_0; r)$.

Es sei nun $\Lambda = \{\mathfrak{x} = \mathfrak{x}(\vartheta); \vartheta_1 \leqq \vartheta \leqq \vartheta_1 + 2\pi\}$ eine geschlossene rektifizierbare Kurve der Länge L, deren Ortsvektor die folgenden Voraussetzungen erfüllt: $\mathfrak{x}(\vartheta)$ ist stetig im Intervall $\vartheta_1 \leqq \vartheta \leqq \vartheta_1 + 2\pi$ und analytisch im Intervall $\vartheta_1 < \vartheta < \vartheta_2$. $\mathfrak{x}(\vartheta)$ ist nicht konstant für $\vartheta_2 \leqq \vartheta \leqq \vartheta_1 + 2\pi$, und $|\mathfrak{x}'(\vartheta)| > 0$ für $\vartheta_1 < \vartheta < \vartheta_2$.

Ähnlich wie in § 294 (dort war allerdings von einer Jordankurve die Rede) führen wir auf Λ den Parameter $\varphi = \varphi(\vartheta) = \frac{2\pi}{L}\int\limits_{\vartheta_1}^{\vartheta} |d\mathfrak{x}(\vartheta)|$ ein und gelangen gemäß §§ 15, 22 so zu der Darstellung $\Lambda = \{\mathfrak{x} = \bar{\mathfrak{x}}(\varphi);\ 0 \leqq \varphi \leqq 2\pi\}$ mit $\bar{\mathfrak{x}}(\varphi(\vartheta)) = \mathfrak{x}(\vartheta)$. $\varphi(\vartheta)$ ist eine stetige und wachsende Funktion, die im Intervalle $\vartheta_1 < \vartheta < \vartheta_2$ analytisch ist und die Ungleichung $\varphi'(\vartheta) > 0$ befriedigt. Im Hinblick auf unsere Voraussetzungen gilt $0 = \varphi(\vartheta_1) < \varphi(\vartheta_2) < \varphi(\vartheta_1 + 2\pi) = 2\pi$. Der Ortsvektor $\bar{\mathfrak{x}}(\varphi)$ genügt einer Lipschitzbedingung und $|\bar{\mathfrak{x}}'(\varphi)| = L/2\pi$ für fast alle Werte von φ.

Wir führen nunmehr die komplexe Veränderliche $\omega = \sigma\, e^{i\varphi}$ ein und bezeichnen mit $\mathfrak{y}(\omega)$ den im Einheitskreis P harmonischen und in der Abschließung $\bar{P}$ stetigen Vektor mit den Randwerten $\mathfrak{y}(e^{i\varphi}) = \bar{\mathfrak{x}}(\varphi)$. Die Fläche $\Sigma = \{\mathfrak{x} = \mathfrak{y}(\omega);\ |\omega| \leqq 1\}$ ist dann von Λ berandet. Wie in § 294 finden wir, daß

$$I(\Sigma) = \iint\limits_{|\omega|<1} |\mathfrak{y}_\sigma \times \mathfrak{y}_\varphi|\, d\sigma\, d\varphi \leqq D_P[\mathfrak{y}] \leqq \frac{L^2}{4\pi}$$

ist. Eine umkehrbar eindeutige konforme Abbildung des Einheitskreises auf sich selbst veranlaßt eine Umparametrisierung der Fläche Σ, welche diese Ungleichungen nicht beeinflußt. Wir richten diese konforme Abbildung so ein, daß der Teilbogen $\Lambda_1 = \{\mathfrak{x} = \mathfrak{x}(\vartheta);\ \vartheta_1 \leqq \vartheta \leqq \vartheta_2\}$ von Λ als Bild des Bogens $\{\omega = e^{i\varphi};\ 0 \leqq \varphi \leqq \pi\}$ erscheint, bezeichnen die neue komplexe Veränderliche einfachheitshalber aber wieder mit $\omega = \sigma\, e^{i\varphi}$ und den neuen Ortsvektor von Σ wieder mit $\mathfrak{y}(\omega)$. In der nunmehrigen Darstellung $\{\mathfrak{x} = \mathfrak{y}(e^{i\varphi});\ 0 \leqq \varphi \leqq 2\pi\}$ von Λ ist $\varphi(\vartheta)$ eine stetige, monoton wachsende und den Bedingungen $\varphi(\vartheta_1) = 0$, $\varphi(\vartheta_2) = \pi$, $\varphi(\vartheta_1 + 2\pi) = 2\pi$ genügende Funktion, die im Intervalle $\vartheta_1 < \vartheta < \vartheta_2$ analytisch ist und eine positive Ableitung besitzt.

Der Einheitskreis $|\omega| < 1$ werde durch die konforme Abbildung $\zeta = \zeta(\omega)$ umkehrbar eindeutig so auf das Kreisbogenzweieck $R'(w_0; r)$ in einer ζ-Ebene abgebildet, daß der Bogen $\{\zeta = w_0 + r\, e^{i\psi};\ \vartheta_1 \leqq \psi \leqq \vartheta_2\}$ dem Bogen $\{\omega = e^{i\varphi};\ 0 \leqq \varphi \leqq \pi\}$ entspricht. Die die Beziehung zwischen den Intervallen $\vartheta_1 \leqq \vartheta \leqq \vartheta_2$ und $\vartheta_1 \leqq \psi \leqq \vartheta_2$ herstellende Funktion $\psi(\vartheta)$ ist stetig, monoton wachsend und im Intervall $\vartheta_1 < \vartheta < \vartheta_2$ analytisch mit positiver Ableitung. Das Gleiche gilt von ihrer Umkehrfunktion.

Die Fläche Σ liegt jetzt in der Darstellung $\Sigma = \{\mathfrak{x} = \mathfrak{h}(\zeta);\ \zeta \in \overline{R'(w_0; r)}\}$ vor. Dabei ist $\mathfrak{h}(\zeta) = \mathfrak{y}(\omega(\zeta))$ gesetzt ($\omega(\zeta)$ ist die Umkehrfunktion von $\zeta(\omega)$). Insbesondere gilt $\mathfrak{h}(w_0 + r\, e^{i\psi}) = \mathfrak{x}(\vartheta(\psi))$ für $\vartheta_1 \leqq \psi \leqq \vartheta_2$.

Wir führen nun eine letzte — nicht konforme — Transformation $\zeta \to w = w(\zeta)$ von $R'(w_0; r)$ auf sich selbst aus, bei welcher jeder Punkt $\zeta = w_0 + \varrho\, e^{i\psi}$ im Sektor $\{\varrho, \vartheta; 0 \leqq \varrho \leqq r, \vartheta_1 < \psi < \vartheta_2\}$ in den Punkt $w = w_0 + \varrho\, e^{i\vartheta(\psi)}$ übergeführt wird, während jeder Punkt außerhalb dieses Sektors in sich übergeht. Wegen $\vartheta'(\psi) > 0$ ist diese Abbildung topologisch. Die Abbildungsfunktion $w(\zeta)$ ist in $\overline{R'(w_0; r)}$ stetig und in $R'(w_0; r)$ stückweise analytisch. (Die Analytizität ist lediglich beim Überschreiten der Segmente $\zeta = w_0 + \varrho\, e^{i\vartheta_1}$ und $\zeta = w_0 + \varrho\, e^{i\vartheta_2}$, $0 < \varrho < r$, verletzt.) Wir setzen $\mathfrak{z}(w) = \mathfrak{h}(\zeta(w))$ — $\zeta(w)$ ist die Umkehrfunktion von $w(\zeta)$ — und erhalten die Darstellung $\Sigma = \{\mathfrak{x} = \mathfrak{z}(w); w \in \overline{R'(w_0; r)}\}$. Für $\vartheta_1 < \vartheta < \vartheta_2$ gilt nunmehr insbes. $\mathfrak{z}(w_0 + r\, e^{i\vartheta}) = \mathfrak{h}(w_0 + r\, e^{i\psi(\vartheta)}) = \mathfrak{x}(\vartheta)$.

Obwohl das Dirichletsche Integral unter der letzten Abbildung nicht invariant ist, so gilt dies doch vom Inhalt der Fläche Σ. Wir können somit zusammenfassend feststellen (J. C. C. Nitsche [36], p. 139):

Unter den obigen Voraussetzungen hinsichtlich der Kurve $\Lambda = \{\mathfrak{x} = \mathfrak{x}(\vartheta); \vartheta_1 \leqq \vartheta \leqq \vartheta_1 + 2\pi\}$ *existiert eine von* Λ *berandete Fläche* $\Sigma = \{\mathfrak{x} = \mathfrak{z}(w); w \in \overline{R'(w_0; r)}\}$ *vom Inhalt* $I(\Sigma) \leqq L^2/4\pi$. *Der Vektor* $\mathfrak{z}(w)$ *ist in* $\overline{R'(w_0; r)}$ *stetig und in* $R'(w_0; r)$ *stückweise analytisch. Für* $\vartheta_1(r) \leqq \vartheta \leqq \vartheta_2(r)$ *gilt die Beziehung* $\mathfrak{z}(w_0 + r\, e^{i\vartheta}) = \mathfrak{x}(\vartheta)$.

§ 509. Wir setzen jetzt zur Abkürzung

$$D[\mathfrak{x}; w_0, \varrho] = D_{R'(w_0;\varrho)}[\mathfrak{x}] = \frac{1}{2} \iint\limits_{R'(w_0;\varrho)} (\mathfrak{x}_u^2 + \mathfrak{x}_v^2)\, du\, dv.$$

Im Hinblick auf § 240 ist der in § 507 formulierte Satz eine Konsequenz der folgenden Behauptung:

Vorgelegt seien eine beliebige Zahl β *im Intervalle* $0 < \beta \leqq 2(2 + c)^{-2}$ *und eine Zahl* ϑ_0 *im Intervalle* $0 < \vartheta_0 < \pi/2$. *Es gibt dann positive Zahlen* $\delta < 1$ *und* M *derart, daß die Ungleichung* $D[\mathfrak{x}; w_0, \varrho] \leqq M\, \varrho^{2\beta}$ *für alle* $w_0 \in P_{(\vartheta_0)}$ *und* $0 < \varrho < \delta$ *zutrifft.*

Diese Ungleichung entspricht in gewissem Sinne der Ungleichung des § 329. Die Konstanten M und δ hängen hier allerdings außer von β und ϑ_0 und von den Eigenschaften der Kette $\langle \Gamma, T \rangle$ auch vom Ortsvektor der Lösungsfläche S, genauer vom Werte des Dirichletschen Integrales $D_P[\mathfrak{x}]$, ab. Die letztere Abhängigkeit läßt sich freilich eliminieren. Wenn die Endpunkte $\mathfrak{z}(0)$ und $\mathfrak{z}(1)$ von Γ auf T durch eine Kurve der Länge L_0 verbunden werden können, so besitzt die aus dieser Kurve und dem Bogen Γ bestehende geschlossene Kurve die Länge $L_0 + L(\Gamma)$, berandet nach §§ 294, 508 somit eine Fläche, für welche das Dirichletsche Integral des Ortsvektors den Wert $\frac{1}{4\pi}[L_0 + L(\Gamma)]^2$

nicht übersteigt. Auf Grund der Minimumseigenschaft der Lösungsfläche gilt daher

$$D_P[\mathfrak{x}] \leqq \frac{1}{4\pi}\,[L_0 + L(\Gamma)]^2.$$

Zum Beweise der Behauptung wählen wir eine Zahl δ im Intervalle $0 < \delta < \frac{1}{2}\sin\vartheta_0$ derart, daß

$$\frac{1}{2}\iint\limits_{1-2\delta<|w|<1} (\mathfrak{x}_u^2 + \mathfrak{x}_v^2)\,du\,dv \leqq \frac{1}{\pi}\left(\frac{2+c}{2}\right)^2 \varepsilon^2$$

ist. c und ε sind dabei die in der Definition der BS-Bedingung auftretenden Konstanten. Es seien w_0 ein beliebiger Punkt in $P_{(\vartheta_0)}$, und $\hat{w}_0$ der Punkt $w_0/|w_0|$ auf ∂P.

Wenn $|w_0| \leqq 1 - \delta$ und $0 < \varrho < \delta$ ist, so haben wir nach § 232

$$D[\mathfrak{x};\, w_0,\varrho] \leqq \left(\frac{\varrho}{\delta}\right)^2 D[\mathfrak{x};\, w_0,\delta] \leqq \left(\frac{\varrho}{\delta}\right)^{2\beta} D_P[\mathfrak{x}].$$

Wir betrachten nun weiterhin den Fall $1 - \delta < |w_0| < 1$ und $1 - |w_0| \leqq \varrho \leqq \delta$. Hier gilt gewiß

$$D[\mathfrak{x};\, w_0,\varrho] \leqq D[\mathfrak{x};\, \hat{w}_0, 1 - |w_0| + \varrho] \equiv \Phi(1 - |w_0| + \varrho),$$

wo (man erinnere sich der isothermen Beziehungen)

$$\Phi(r) = \int\limits_0^r d\varrho \int\limits_{\vartheta_1(\varrho)}^{\vartheta_2(\varrho)} d\vartheta\, \varrho\, \mathfrak{x}_\varrho^2(\hat{w}_0 + \varrho\, e^{i\vartheta})$$

gesetzt ist. $\vartheta_1(\varrho)$ und $\vartheta_2(\varrho)$ sind die zum Punkt $\hat{w}_0$ gehörigen Winkel wie am Anfang von § 508.

Wegen der Endlichkeit des Dirichletschen Integrales $D_P[\mathfrak{x}]$ gelten die folgenden Aussagen für fast alle Werte von r im Intervalle $1 - |w_0| < r < 1 - |w_0| + \delta$:

1) Auf dem Bogen $\Lambda_r = \{\mathfrak{x} = \mathfrak{x}(\hat{w}_0 + r\,e^{i\vartheta});\, \vartheta_1(r) < \vartheta < \vartheta_2(r)\}$ befinden sich keine Verzweigungspunkte der Fläche S, d. h. $|\mathfrak{x}_r(\hat{w}_0 + r\,e^{i\vartheta})| > 0$ für $\vartheta_1(r) < \vartheta < \vartheta_2(r)$.

2) Die Ableitung $\Phi'(r)$ existiert und ist gleich dem Ausdruck

$$\Phi'(r) = \int\limits_{\vartheta_1(r)}^{\vartheta_2(r)} \mathfrak{x}_r^2(\hat{w}_0 + r\,e^{i\vartheta})\, r\, d\vartheta.$$

§ 510. Wir wollen nun zeigen, daß für fast alle r in $1 - |w_0| < r < 1 - |w_0| + \delta$ die Differentialungleichung

$$2\beta\,\Phi(r) \leqq r\,\Phi'(r)$$

zutrifft und betrachten zum Widerspruchsbeweis einen Wert r, welcher die am Ende des vorigen Paragraphen formulierten Eigenschaften besitzt, für den aber $r\,\Phi'(r) < 2\beta\,\Phi(r)$ ist. Für $\vartheta_1(r) < \vartheta' < \vartheta'' < \vartheta_2(r)$ ist dann

$$|\mathfrak{x}(\hat{w}_0 + r\,e^{i\vartheta''}) - \mathfrak{x}(\hat{w}_0 + r\,e^{i\vartheta'})|^2 = \left|\int\limits_{\vartheta'}^{\vartheta''} \mathfrak{x}_\vartheta(\hat{w}_0 + r\,e^{i\vartheta})\,d\vartheta\right|^2 \leqq$$

$$\leqq (\vartheta'' - \vartheta') \int\limits_{\vartheta_1(r)}^{\vartheta_2(r)} \mathfrak{x}_\vartheta^2(\hat{w}_0 + r\,e^{i\vartheta})\,d\vartheta$$

$$\leqq r(\vartheta'' - \vartheta') \int\limits_{\vartheta_1(r)}^{\vartheta_2(r)} \mathfrak{x}_r^2(\hat{w}_0 + r\,e^{i\vartheta})\,r\,d\vartheta$$

$$\leqq \pi\,r\,\Phi'(r) < 2\pi\beta\,\Phi(r) < \tfrac{1}{2}\beta(2+c)^2\,\varepsilon^2 \leqq \varepsilon^2.$$

Aus diesen Ungleichungen schließt man, daß die Grenzvektoren

$$\lim_{\vartheta\to\vartheta_1(r)+0} \mathfrak{x}(\hat{w}_0 + r\,e^{i\vartheta}) = \mathfrak{x}', \qquad \lim_{\vartheta\to\vartheta_2(r)-0} \mathfrak{x}(\hat{w}_0 + r\,e^{i\vartheta}) = \mathfrak{x}''$$

existieren und Punkte der Berandungsfläche T sind.

Mit $\ell(r)$ bezeichnen wir die Länge des Bogens Λ_r, so daß

$$\ell^2(r) = \left(\int\limits_{\vartheta_1(r)}^{\vartheta_2(r)} |\mathfrak{x}_\vartheta(\hat{w}_0 + r\,e^{i\vartheta})|\,d\vartheta\right)^2 \leqq \pi\,r\,\Phi'(r)$$

ist. Nach dem Vorangegangenen gilt dann $|\mathfrak{x}'' - \mathfrak{x}'| \leqq \ell(r) < \varepsilon$. Die Punkte $\mathfrak{x}'$ und $\mathfrak{x}''$ können also auf T durch einen etwa in der Darstellung $\{\mathfrak{x} = \mathfrak{y}_2(\vartheta);\ \vartheta_2(r) \leqq \vartheta \leqq \vartheta_1(r) + 2\pi\}$ vorgegebenen Bogen Λ_2 verbunden werden, dessen Länge kleiner als $(1 + c)\,\ell(r)$ ist, aber, selbst wenn $\mathfrak{x}'$ und $\mathfrak{x}''$ zusammenfallen, positiv angenommen werden kann. Die geschlossene Kurve $\Lambda = \{\mathfrak{x} = \mathfrak{y}(\vartheta);\ \vartheta_1(r) \leqq \vartheta \leqq \vartheta_1(r) + 2\pi\}$ mit dem Ortsvektor

$$\mathfrak{y}(\vartheta) = \begin{cases} \mathfrak{x}(\hat{w}_0 + r\,e^{i\vartheta}) & \text{für} \quad \vartheta_1(r) < \vartheta < \vartheta_2(r) \leqq \\ \mathfrak{y}_2(\vartheta) & \text{für} \quad \vartheta_2(r) \leqq \vartheta \leqq \vartheta_1(r) + 2\pi \end{cases}$$

hat dann eine Länge $L \leqq (2 + c)\,\ell(r)$ und genügt allen Voraussetzungen des § 508. Es existiert somit eine von Λ berandete Fläche $\Sigma = \{\mathfrak{x} = \mathfrak{z}(w);\ w \in \overline{R'(\hat{w}_0;\,r)}\}$ vom Flächeninhalt

$$I(\Sigma) = \iint\limits_{R'(\hat{w}_0;r)} |\mathfrak{z}_u \times \mathfrak{z}_v|\,du\,dv \leqq \frac{1}{4\pi}(2 + c)^2\,\ell^2(r)$$

$$\leqq \left(\frac{2 + c}{2}\right)^2 r\,\Phi'(r) < \frac{1}{2\beta}\,r\,\Phi'(r).$$

Dabei gilt insbesondere $\mathfrak{z}(\hat{w}_0 + r\,e^{i\vartheta}) = \mathfrak{x}(\hat{w}_0 + r\,e^{i\vartheta})$ für $\vartheta_1(r) < \vartheta < \vartheta_2(r)$.

Die Vergleichsfläche $\bar{S} = \{\mathfrak{x} = \bar{\mathfrak{x}}(w);\, w \in P_1\}$ mit dem Ortsvektor

$$\bar{\mathfrak{x}}(w) = \begin{cases} \mathfrak{x}(w) & \text{für} \quad w \in P_1 \setminus R'(\hat{w}_0; r) \\ \mathfrak{z}(w) & \text{für} \quad w \in R'(\hat{w}_0; r) \end{cases}$$

ist natürlich wieder von der Kette $\langle \Gamma, T \rangle$ berandet. Der Vektor $\mathfrak{x}(w)$ ist in P linear absolut stetig, und nach § 225 gilt

$$I(\bar{S}) = D_{P \setminus R'(\hat{w}_0; r)}[\mathfrak{x}] + I(\Sigma).$$

Da der Flächeninhalt

$$I(S) = D_{P \setminus R'(\hat{w}_0; r)}[\mathfrak{x}] + \Phi(r)$$

der Fläche S gemäß § 493 ein Minimum sein muß, schließen wir aus der Ungleichung $I(S) \leqq I(\bar{S})$ nunmehr, daß

$$\Phi(r) \leqq \frac{1}{2\beta} r\, \Phi'(r)$$

gilt. Das steht im Widerspruch zu unserer Annahme $r\, \Phi'(r) < 2\beta\, \Phi(r)$, die somit fallengelassen werden muß. Wie angekündigt trifft die Ungleichung $2\beta\, \Phi(r) \leqq r\, \Phi'(r)$ vielmehr für fast alle Werte von r im Intervalle $1 - |w_0| < r < 1 - |w_0| + \delta$ zu.

Eine Integration dieser Differentialungleichung führt wegen $1 - |w_0| \leqq \varrho < \delta$ zu

$$\Phi(1 - |w_0| + \varrho) \leqq \left(\frac{1 - |w_0| + \varrho}{1 - |w_0| + \delta}\right)^2 \Phi(1 - |w_0| + \delta) \leqq \left(\frac{2\varrho}{\delta}\right)^{2\beta} D_P[\mathfrak{x}]$$

und somit zu

$$D[\mathfrak{x}; w_0, \varrho] \leqq D[\mathfrak{x}; \hat{w}_0, 1 - |w_0| + \varrho] = \Phi(1 - |w_0| + \varrho) \leqq$$
$$\leqq \left(\frac{2\varrho}{\delta}\right)^{2\beta} D_P[\mathfrak{x}].$$

Wir haben nunmehr die Fälle $\varrho < \delta \leqq 1 - |w_0|$ und $1 - |w_0| \leqq \varrho < \delta$ behandelt. Der letzte Fall $0 < \varrho < 1 - |w_0| < \delta$ läßt sich auf die beiden vorangegangenen Fälle zurückführen, da dann

$$\begin{aligned} D[\mathfrak{x}; w_0, \varrho] &\leqq \left(\frac{\varrho}{1 - |w_0|}\right)^{2\beta} D[\mathfrak{x}; w_0, 1 - |w_0|] \\ &\leqq \left(\frac{\varrho}{1 - w_0}\right)^{2\beta} D[\mathfrak{x}; \hat{w}_0, 2(1 - |w_0|)] \\ &\leqq \left(\frac{\varrho}{1 - |w_0|}\right)^{2\beta} \left(\frac{2(1 - |w_0|)}{\delta}\right)^{2\beta} D_P[\mathfrak{x}] \\ &\leqq \left(\frac{2\varrho}{\delta}\right)^{2\beta} D_P[\mathfrak{x}] \end{aligned}$$

ist.

Indem wir $(2/\delta)^{2\beta} D_P[\mathfrak{x}] = M$ setzen, haben wir den Beweis der in § 509 aufgestellten Behauptung erbracht.

§ 511. Auch über das Verhalten der Spur in der Nähe ihrer Endpunkte lassen sich entsprechende Aussagen machen, vorausgesetzt, daß sich der Jordanbogen $\Gamma = \{\mathfrak{x} = \mathfrak{z}(t);\ 0 \leqq t \leqq 1\}$ in geeigneter Weise von der Berandungsfläche T abhebt: Γ soll sich in seinen Endpunkten nicht der Fläche T anschmiegen. Wir präzisieren das in einer von der in § 499 benutzten verschiedenen Abhebebedingung, welche ausdrückt, daß sich der Abstand $d_T[\mathfrak{z}(t)]$ eines Punktes von Γ wenigstens in der Nähe der Endpunkte $\mathfrak{z}(0)$ und $\mathfrak{z}(1)$ nach unten durch die Länge des entsprechenden Teilbogens abschätzen läßt.

Der Jordanbogen Γ genügt einer AH (= Abhebe)-Bedingung mit der Konstanten $\bar{c} > 0$, wenn es eine Zahl t_0 im Intervalle $0 < t_0 \leqq \frac{1}{2}$ derart gibt, daß

$$\int_0^t |d\mathfrak{z}| \leqq (1 + \bar{c})\, d_T[\mathfrak{z}(t)] \quad \text{für} \quad 0 < t \leqq t_0$$

$$\int_t^1 |d\mathfrak{z}| \leqq (1 + \bar{c})\, d_T[\mathfrak{z}(t)] \quad \text{für} \quad 1 - t_0 \leqq t < 1$$

gilt.

Wenn Γ eine reguläre Kurve der Klasse C^1 ist und sich von der Berandungsfläche T (die jetzt auch als reguläre Fläche der Klasse C^1 angenommen sei) unter Winkeln abhebt, die nicht kleiner als $\alpha > 0$ sind, dann genügt Γ natürlich einer AH-Bedingung mit einer Konstanten $\bar{c} = \eta + (1 - \sin\alpha)/\sin\alpha$ für jedes $\eta > 0$.

Die Berandungsfläche genüge nun also einer BS-Bedingung mit der Konstanten c, und der Jordanbogen erfülle eine AH-Bedingung mit der Konstanten $\bar{c}$. Wir können dann ähnlich wie in §§ 509, 510 verfahren. Eine zusätzliche Überlegung ist nur in denjenigen Fällen notwendig, wo ein Endpunkt des Bogens $C'(\hat{w}_0; r)$ auf die Randkomponente $\partial_1 P$ zu liegen kommt.

Es sei dies etwa der Punkt $\hat{w}_0 + r\,e^{i\vartheta_2(r)}$, so daß der Grenzvektor $\mathfrak{x}' = \lim\limits_{\vartheta \to \vartheta_1(r)+0} \mathfrak{x}(\hat{w}_0 + r\,e^{i\vartheta})$ auf T liegt, während der Vektor $\mathfrak{x}'' = \mathfrak{x}(\hat{w}_0 + r\,e^{i\vartheta_2(r)})$ einen Punkt $\mathfrak{z}(t_r)$ von Γ definiert. Wir nehmen hier an, daß bereits $1 - t_0 \leqq t_r < 1$ gilt. Der Abstand der Punkte $\mathfrak{x}'$ und $\mathfrak{z}(1)$ von T läßt sich dann folgendermaßen abschätzen:

$$\begin{aligned} |\mathfrak{x}' - \mathfrak{z}(1)| &\leqq |\mathfrak{x}' - \mathfrak{z}(t_r)| + |\mathfrak{z}(t_r) - \mathfrak{z}(1)| \\ &\leqq \ell(r) + (1 + \bar{c})\, d_T[\mathfrak{z}(t_r)] \leqq (2 + \bar{c})\, \ell(r). \end{aligned}$$

Die Punkte $\mathfrak{x}'$ und $\mathfrak{z}(1)$ können auf T durch einen Bogen verbunden werden, dessen Länge kleiner als $(1 + c)\,(2 + \bar{c})\,\ell(r)$ ist. Die aus diesem Bogen, dem auf S verlaufenden Bogen $\{\mathfrak{x} = \mathfrak{x}(\hat{w}_0 + r\,e^{i\vartheta});\ \vartheta_1(r) < \vartheta < \vartheta_2(r)\}$ und dem Teilbogen $\{\mathfrak{x} = \mathfrak{z}(t);\ t_r \leqq t \leqq 1\}$ von Γ

bestehende geschlossene Kurve hat eine Länge

$$L \leqq (1 + c)(2 + \bar{c})\,\ell(r) + \ell(r) + (1 + \bar{c})\, d_T[\mathfrak{z}(t_r)]$$
$$\leqq (2 + c)(2 + \bar{c})\,\ell(r).$$

Wir gelangen dann schließlich zu der folgenden Aussage (J. C. C. Nitsche [36], p. 134):

Wenn die Berandungsfläche einer BS-Bedingung mit der Konstanten c genügt, und wenn der Jordanbogen Γ eine AH-Bedingung mit der Konstanten $\bar{c}$ erfüllt, so ist die gesamte Spur $\{\mathfrak{x} = \mathfrak{x}(e^{i\vartheta});\ \pi \leqq \vartheta \leqq 2\pi\}$, d. h. das Bild des abgeschlossenen Bogens $\overline{\partial_2 P}$, eine Kurve der Klasse $C^{0,\gamma}$, wo $\gamma = 2(2 + c)^{-2}(2 + \bar{c})^{-2}$.

§ 512. Wir wollen die Betrachtungen der vorangehenden Paragraphen durch eine Reihe weiterer Bemerkungen, insbes. auch durch historische Hinweise, abschließen.

Wie wir gesehen haben, ist die Frage nach der Regularität der Spur eine der interessantesten Aufgaben beim freien Randwertproblem. Für eine Ebene als Berandungsfläche war die Regularität der Spur im Jahre 1940 bewiesen worden; siehe § 497. Den ersten wesentlichen Fortschritt danach verdankt man H. Lewy [9], der 1951 den Fall einer im Raume eingebetteten kompakten orientierbaren analytischen Berandungsfläche untersuchte. Unter Annahme einer Abhebebedingung wie in § 499 bewies Lewy zunächst, daß die Spur einer aus der Lösungsfläche S durch Entfernung eines Teiles vom Flächeninhalt Null entstehenden neuen Lösungsfläche S^* rektifizierbar ist. (Wie wir inzwischen erkannt haben, ist der Übergang von S zu S^* wegen der Hölderstetigkeit des Ortsvektors nicht nötig.) Darüber hinaus zeigte Lewy unter Anwendung seiner für das Plateausche Problem entwickelten Fortsetzungsmethode (§§ 330–334), daß die Spur der Fläche S^* eine analytische Kurve ist und daß S^* die Transversalitätsbedingung erfüllt, d. h. orthogonal auf der Berandungsfläche aufsitzt. Die benutzten Konstruktionen bedienen sich allerdings stillschweigend des seinerzeit nicht bewiesenen Satzes aus § 493, welcher besagt, daß die Lösungsfläche S nicht nur dem Dirichletschen Integrale, sondern auch dem Flächeninhalte ein Minimum erteilt.

Weitere Ergebnisse mußten nahezu zwanzig Jahre warten. 1967 bewies S. Hildebrandt [2] zunächst, daß es für eine Berandungsfläche der Klasse C^m, $m \geqq 2$, und einen Jordanbogen der Klasse C^1 zumindest eine Lösungsfläche gibt, deren Ortsvektor der Regularitätsklasse $C^{m-2,\gamma}(P \cup \partial_2 P)$ angehört, wo γ eine beliebige Zahl im Intervalle $0 < \gamma < 1$ ist. Da das Problem gemäß § 475 (Abb. 59) i. a. nicht eindeutig lösbar ist, wird diese Fläche u. U. von der bei unserem Existenzbeweis aufgefundenen Fläche verschieden sein. Das Verhalten einer von vornherein vorgegebenen Lösungsfläche wurde dann 1970 für den Fall einer „zulässigen" Berandungsfläche der Klasse C^m, $m \geqq 2$, von W. Jäger [1] betrachtet. Jäger bewies die Hölderstetigkeit des Lösungsvektors (eine Diskussion des Hölderexponenten findet man bei J. C. C. Nitsche [34]) und erhielt unter Berufung darauf insbes. den folgenden Satz:

Wenn T eine „zulässige" Berandungsfläche der Klasse $C^{m,\alpha}$ *ist* ($m \geqq 3$, $0 \leqq \alpha < 1$), *so läßt sich der Ortsvektor unserer Lösungsfläche S in jedem Sektor* $P_{(\vartheta_0)}$, $0 < \vartheta_0 < \pi/2$, *als stetiger Vektor auf die Abschließung* $\overline{P_{(\vartheta_0)}}$ *fortsetzen. Der erweiterte Vektor gehört in* $\overline{P_{(\vartheta_0)}}$ *zur Klasse* $C^{m,\alpha}$, *wenn* $0 < \alpha < 1$ *ist, sonst zur Klasse* $C^{m-1,\gamma}$ *für beliebiges* γ, $0 < \gamma < 1$.

Auch die Transversalitätsbedingung, die unter geringeren Voraussetzungen über T wie schon bei R. Courant ([6], pp. 93–94; [I], pp. 207–208) natürlich nur in einer schwachen Form hergeleitet werden kann, findet man in Jägers Arbeit.

Die in §§ 507–511 besprochene Situation, wo die Berandungsfläche lediglich einer *BS*-Bedingung genügt, und bei der übrigens ja die in § 493 formulierte Kleinsteigenschaft eine entscheidende Rolle spielt, wurde von J. C. C. Nitsche [33], [35], [36] und von K. Goldhorn und S. Hildebrandt [1] untersucht.

Natürlich bestehen noch mancherlei offene Probleme. Unter welchen minimalen Voraussetzungen über die Berandungsfläche T läßt sich die Rektifizierbarkeit der Spur beweisen? Gilt ähnlich wie beim Plateauschen Problem ein Kelloggscher Satz bereits für Berandungsflächen der Klasse $C^{1,\alpha}$ und $C^{2,\alpha}$?

§ 513. Bisher haben wir nur von einer Fläche S gesprochen, deren Ortsvektor dem Dirichletschen Integral ein Minimum erteilt, d. h. von einer von der Kette $\langle \Gamma, T \rangle$ berandeten Fläche kleinsten Inhaltes. Bei unseren Untersuchungen über das Randverhalten der Lösungen des Plateauschen Problems spielte es aber keine Rolle, ob die betrachtete verallgemeinerte Minimalfläche diese Kleinsteigenschaft besaß oder nicht. Die fraglichen Sätze galten für instabile Flächen genauso wie für stabile Flächen. Beim freien Randwertproblem ist in dieser Richtung bis heute nur wenig bekannt. Von besonderer Bedeutung wäre der Nachweis der Stetigkeit der Spur für eine Fläche S, deren Ortsvektor dem Dirichletschen Integral lediglich einen stationären Wert erteilt.

§ 514. Aus naheliegenden Gründen bezeichnet man das hier diskutierte Problem auch als halbfreies Randwertproblem. Es gibt andere

Situationen, wo Minimalflächen vorgeschriebenen topologischen Typs gesucht werden, bei denen der gesamte Rand oder zumindest eine gesamte Randkomponente frei sind. Zwei typische Beispiele werden derartige Situationen illustrieren.

Als erstes stellen wir die Aufgabe, eine Fläche kleinsten Inhaltes vom Typ des Kreisringes zu bestimmen, deren eine Randkomponente mit einer vorgegebenen Jordankurve zusammenfällt, während die andere Randkomponente auf einer kompakten Berandungsfläche frei aufsitzen soll.

Als zweites sei die Bestimmung einer Fläche $S = \{\mathfrak{x} = \mathfrak{x}(u, v); (u, v) \in P\}$, $P = \{u, v; u^2 + v^2 < 1\}$, kleinsten Inhaltes vom Typ der Kreisscheibe erwähnt, die ihren Rand als freien Rand auf einer kompakten Fläche, etwa einem Torus, hat. Damit beim Existenzbeweis keine ausgearteten Flächengebilde auftreten, müssen bei einem derartigen Problem i. a. gewisse Zusatzbedingungen topologischer Art gestellt werden. Man kann z. B. fordern, daß eine feste mit der Berandungsfläche verschlungene (und zu ihr punktfremde) Kurve auch mit jeder Kurve $\{\mathfrak{x} = \mathfrak{x}(r\cos\vartheta, r\sin\vartheta); 0 \leqq \vartheta \leqq 2\pi\}$ für alle hinreichend nahe bei Eins gelegenen Werte von r verschlungen sein solle. Im Falle eines Torus als Berandungsfläche wird die Lösungsfläche dann entweder das „Loch" im Torus oder sein Inneres überspannen.

Probleme dieser Art sind von R. Courant ([4]–[6] und [I], pp. 209 bis 218), N. Davids [1] und R. Courant and N. Davids [1] untersucht worden. Unsere Aussagen über die Regularitätseigenschaften der Spur, die ja auf lokalen Modifikationen beruhen, bei denen die benutzten Vergleichsflächen auch die topologischen Zusatzbedingungen nicht verletzten, übertragen sich auf die neuen Lösungsflächen.

3. Zweifach zusammenhängende Minimalflächen

3.1. Die Ausdehnung zweifach zusammenhängender Minimalflächen

§ 515. Den nachfolgenden Ausführungen liegt eine von zwei punktfremden Jordankurven Γ_1 und Γ_2 berandete Minimalfläche $S = \{\mathfrak{x} = \mathfrak{x}(u, v); (u, v) \in \bar{P}\}$ vom Typ des Kreisringes im Sinne der §§ 31, 42, 65 zugrunde. Dabei bedeutet $\bar{P}$ jetzt die Abschließung des Kreisringes $P = \{u, v; r_1^2 < u^2 + v^2 < r_2^2\}$, $0 < r_2 < r_2 < \infty$. Der Ortsvektor $\mathfrak{x}(u, v)$ gehöre der Regularitätsklasse $C^2(P) \cap C^0(\bar{P})$ an und bilde die Kreise $u^2 + v^2 = r_1^2$ und $u^2 + v^2 = r_2^2$ in monotoner Weise auf die Kurven Γ_1 und Γ_2 ab. Gemäß III.3 besitzt unsere Minimalfläche eine isotherme Darstellung $S = \{\mathfrak{x} = \mathfrak{x}(\xi, \eta); (\xi, \eta) \in \bar{\Pi}\}$ über der Abschließung eines gewissen Kreisringes $\Pi = \{\xi, \eta; \varrho_1^2 < \xi^2 + \eta^2 < \varrho_2^2\}$,

$0 < \varrho_1 < \varrho_2 < \infty$, mit den in § 192 angegebenen Eigenschaften. Der Quotient ϱ_2/ϱ_1 bestimmt den konformen Modul $\mu = \log(\varrho_2/\varrho_1)$ der Minimalfläche. Wir werden auch die komplexe Veränderliche $\zeta = \xi + i\eta = \varrho e^{i\vartheta}$ verwenden.

Die Bestimmung einer von den vorgegebenen Kurven Γ_1 und Γ_2 berandeten Minimalfläche vom Typ des Kreisringes ist ein Spezialfall des in § 475 formulierten Douglasschen Problems. Wie dort schon erwähnt wurde, hängt die Lösbarkeit dieses Problems vom Erfülltsein gewisser Bedingungen ab. Diese Tatsache läßt sich sehr gut am Beispiel einer von zwei koaxialen Kreisen in parallelen Ebenen berandeten Minimalfläche illustrieren, über das eine umfangreiche Literatur vorliegt; man sehe B. Goldschmidt [1]; L. Lindelöf et F. Moigno [I], pp. 204–214; L. Lindelöf [2]; B. Riemann [I], pp. 446–454; H. A. Schwarz [I], pp. 270–316 des 1. Bandes; I. Todhunter [II], pp. 54–67; J. Plateau [I], pp. 102–103, 132, 148–149 des 1. Bandes und pp. 234 bis 235, 280–283 des 2. Bandes; H. Hancock [1]; H. F. MacNeish [1], [2]; M. E. Sinclair [1], [2]; O. Bolza [I], Beispiel I; G. A. Bliss [I], pp. 85–121; J. C. C. Nitsche [15], [17], [25]; J. C. C. Nitsche and J. Leavitt [1]; P. M. Bailyn [1].

Es handele sich etwa um die koaxialen Einheitskreise $\Gamma_1 = \{x = \cos\vartheta, y = \sin\vartheta, z = -h/2;\ 0 \leqq \vartheta \leqq 2\pi\}$ und $\Gamma_2 = \{x = \cos\vartheta, y = \sin\vartheta, z = h/2;\ 0 \leqq \vartheta \leqq 2\pi\}$ in den Ebenen $z = -h/2$ und $z = h/2$, wo $h > 0$ ist. Für hinreichend kleine Werte von h gibt es zwei von Γ_1 und Γ_2 berandete zweifach zusammenhängende Minimalflächen, nämlich zwei Kettenflächen $S_h^{(1)}$ und $S_h^{(2)}$. (Wie wir in § 539 sehen werden, muß jede von Γ_1 und Γ_2 berandete verallgemeinerte Minimalfläche vom Typ des Kreisringes eine Kettenfläche sein, von denen es, falls sie überhaupt existieren, höchstens zwei verschiedene gibt.) $S_h^{(1)}$ sei die Kettenfläche kleineren Flächeninhaltes. Ihr Inhalt $I(S_h^{(1)})$ ist kleiner als der Flächeninhalt 2π der aus den zwei Kreisscheiben $\{x^2 + y^2 \leqq 1, z = -h/2\}$ und $\{x^2 + y^2 \leqq 1, z = h/2\}$ bestehenden unzusammenhängenden „Minimalfläche". $S_h^{(1)}$ besitzt unter allen Rotationsflächen einschließlich der durch Umdrehung des gebrochenen Streckenzuges $x = (1 - t), y = 0, z = -h/2$ für $0 \leqq t \leqq 1$; $x = y = 0, z = (t - \frac{3}{2})h$ für $1 < t < 2$; $x = t - 2, y = 0, z = h/2$ für $2 \leqq t \leqq 3$ um die z-Achse erhaltenen sog. Goldschmidtschen Fläche vom Flächeninhalt 2π das absolute Minimum des Flächeninhaltes. Goldschmidt ([1], p. 27) nahm irrtümlicherweise an, daß auch der Inhalt der anderen Kettenfläche $S_h^{(2)}$ ein (relatives) Minimum darstelle. Das ist jedoch nicht der Fall.

Man kann die Goldschmidtsche Fläche auch als zweifach zusammenhängende C^{n-1}-Fläche $\{\mathfrak{x} = \mathfrak{x}(u, v);\ (u, v) \in \bar{P}\}$ auffassen, wo P der Kreisring $\frac{1}{16} < u^2 + v^2 < 1$ ist und wo

$$\begin{cases} x = 4^n\left(\frac{1}{2} - \varrho\right)^n \cos\vartheta, & y = 4^n\left(\frac{1}{2} - \varrho\right)^n \sin\vartheta, \quad z = -\frac{h}{2} \\ & \text{für } \frac{1}{4} \leqq \varrho \leqq \frac{1}{2} \\ x = 0, & y = 0, \quad z = f(\varrho) \\ & \text{für } \frac{1}{2} \leqq \varrho \leqq \frac{3}{4} \\ x = 4^n\left(\varrho - \frac{3}{4}\right)^n \cos\vartheta, & y = 4^n\left(\varrho - \frac{3}{4}\right)^n \sin\vartheta, \quad z = \frac{h}{2} \\ & \text{für } \frac{3}{4} \leqq \varrho \leqq 1. \end{cases}$$

Dabei bedeutet $f(\varrho)$ irgendeine $(n-1)$-mal stetig differenzierbare Funktion, welche den Bedingungen $f(\varrho) = -h/2$ für $\varrho \leqq \frac{1}{2}$ und $f(\varrho) = h/2$ für $\varrho \geqq \frac{3}{4}$ genügt. Die Fläche hat einen Auswuchs (siehe § 460), welcher durch den die Randkurven von P trennenden Kreisring $\frac{1}{4} \leqq u^2 + v^2 \leqq \frac{9}{16}$ definiert wird, auf dessen Randkomponenten der Ortsvektor $\mathfrak{x}(u, v)$ (verschiedene) konstante Werte hat.

Für einen gewissen Wert $h = h_1 = 1{,}055396$ wird $I(S_h^{(1)})$ gleich 2π. Wenn h etwas größer als h_1 ist, dann liefert die Goldschmidtsche Fläche unter allen Rotationsflächen das absolute Minimum des Flächeninhaltes, aber die Kettenfläche $S_h^{(1)}$, deren Inhalt nun größer als 2π ist, immer noch ein starkes relatives Minimum. Schließlich kommt man zu einem Grenzwert $h = h_2 = 1{,}325487$. Für $h = h_2$ gibt es nur noch eine von den Kreisen Γ_1 und Γ_2 berandete Kettenfläche, d. h. $S_h^{(1)}$ und $S_h^{(2)}$ fallen zusammen. Ihr Flächeninhalt stellt nicht einmal mehr ein relatives Minimum dar. Die Punkte $(x = 1,\ y = 0,\ z = \pm h/2)$ sind dann auf der Kettenlinie, durch deren Umdrehung die fragliche Kettenfläche entsteht, konjugiert.

Da $S_h^{(1)}$ eine spezielle Fläche der Kettenflächenschar $\sqrt{x^2 + y^2} = \alpha \operatorname{\mathfrak{Cof}}(z/\alpha)$ ist, erkennt man, daß h_2 mit dem doppelten Maximum aller positiven Zahlen λ, für welche die Gleichung $\operatorname{\mathfrak{Cof}} x = x/\lambda$ noch eine Lösung besitzt, zusammenfällt, d. h. mit der inversen doppelten Steigung der durch den Ursprung eines (x, y)-Koordinatensystems verlaufenden Tangente an die Kurve $y = \operatorname{\mathfrak{Cof}} x$. Somit ist $h_2 = 2/\operatorname{\mathfrak{Sin}} p$, wo $p = 1{,}1996787$ die Wurzel der transzendenten Gleichung $p = \operatorname{\mathfrak{Cotan}} p$ bedeutet.

Für $h_1 \leqq h \leqq h_2$ wächst der Flächeninhalt der Kettenfläche $S_h^{(1)}$ vom Werte 2π zum Werte $2\pi p$.

Für $h > h_2$ gibt es überhaupt keine von Γ_1 und Γ_2 berandete verallgemeinerte Minimalfläche mehr. Die experimentell als Seifenhäutchen gewonnene Kettenfläche zerreißt in dem Augenblick, in dem der Kreisabstand den Wert h_2 übersteigt. Die ausgeartete Goldschmidtsche Fläche ist die einzige Lösung des Problems kleinsten Flächeninhaltes (sofern man sie als solche anerkennen will). In Experimenten hatte J. Plateau für $h_2/2$ den Wert $47{,}38/71{,}49 \approx 0{,}6627 \approx 2/3$ des Halbmessers der Kreise bestimmt; siehe [I], pp. 102–103, 148–149 des 1. Bandes.

Die entsprechende Frage, unter welchen Umständen eine von zwei Kreisen in parallelen Ebenen berandete zyklische Minimalfläche (siehe II.5.4) ein Minimum des Flächeninhaltes liefert, findet man bei H. A. Schwarz ([I], pp. 336–338 des 1. Bandes) diskutiert.

§ 516. Das Beispiel der Kettenfläche legt die allgemeine Vermutung nahe, daß es keine von Γ_1 und Γ_2 berandete Minimalfläche vom Typ des Kreisringes geben kann, wenn diese Kurven zu weit voneinander entfernt sind. Diese Vermutung wurde zuerst von J. C. C. Nitsche [15], [17] ausgesprochen und bestätigt.

Eine erste quantitative Abschätzung für den größtmöglichen Abstand, den die Kurven haben können, wenn sie noch eine Minimalfläche vom Typ des Kreisringes beranden sollen, kann folgendermaßen hergeleitet werden. Wir nehmen an, daß die Kurve Γ_1 in einer Kugel vom Radius R_1 um den Raumpunkt $\mathfrak{x}_1$ enthalten sei und daß die Kurve Γ_2 in einer Kugel vom Radius R_2 mit dem Mittelpunkt $\mathfrak{x}_2$ liege. Der Abstand $|\mathfrak{x}_2 - \mathfrak{x}_1|$ der Mittelpunkte dieser Kugeln werde mit d bezeichnet. Es sei $\mathfrak{z}(\varrho)$ die den Randbedingungen $\mathfrak{z}(\varrho_1) = \mathfrak{x}_1$ und $\mathfrak{z}(\varrho_2) = \mathfrak{x}_2$ genügende Lösung der Differentialgleichung $\mathfrak{z}''(\varrho) + \frac{1}{\varrho}\mathfrak{z}'(\varrho) = 0$ im Intervall $\varrho_1 \leqq \varrho \leqq \varrho_2$, d. h.

$$\mathfrak{z}(\varrho) = \frac{1}{\mu}\left[\log\varrho\,(\mathfrak{x}_2 - \mathfrak{x}_1) + \log\varrho_2\,\mathfrak{x}_1 - \log\varrho_1\,\mathfrak{x}_2\right].$$

(Man erinnere sich, daß $\mu = \log(\varrho_2/\varrho_1)$ ist.)

Wir betrachten nun die Funktion

$$F(\varrho) = \frac{1}{2\pi}\int_0^{2\pi}\left[\mathfrak{x}(\varrho e^{i\vartheta}) - \mathfrak{z}(\varrho)\right]^2 d\vartheta.$$

$F(\varrho)$ ist analytisch im Intervall $\varrho_1 < \varrho < \varrho_2$, stetig im Intervall $\varrho_1 \leqq \varrho \leqq \varrho_2$ und genügt den Ungleichungen $F(\varrho_1) \leqq R_1^2$, $F(\varrho_2) \leqq R_2^2$. Indem wir differenzieren, erhalten wir für $\varrho_1 < \varrho < \varrho_2$

$$F'(\varrho) = \frac{1}{\pi}\int_0^{2\pi}(\mathfrak{x} - \mathfrak{z})(\mathfrak{x}_\varrho - \mathfrak{z}')\,d\vartheta$$

$$F''(\varrho) = \frac{1}{\pi}\int_0^{2\pi}\left[(\mathfrak{x}_\varrho - \mathfrak{z}')^2 + (\mathfrak{x} - \mathfrak{z})(\mathfrak{x}_{\varrho\varrho} - \mathfrak{z}'')\right]d\vartheta$$

und somit

$$F''(\varrho) + \frac{1}{\varrho} F'(\varrho) = \frac{1}{\pi} \int_0^{2\pi} \Big\{ (\mathfrak{x}_\varrho - \mathfrak{z}')^2 + (\mathfrak{x} - \mathfrak{z}) \Big[\Big(\mathfrak{x}_{\varrho\varrho} + \frac{1}{\varrho} \mathfrak{x}_\varrho \Big) -$$

$$- \Big(\mathfrak{z}'' + \frac{1}{\varrho} \mathfrak{z}' \Big) \Big] \Big\} d\vartheta = \frac{1}{\pi} \int_0^{2\pi} \Big[(\mathfrak{x}_\varrho - \mathfrak{z}')^2 - \frac{1}{\varrho^2} (\mathfrak{x} - \mathfrak{z}) \, \mathfrak{x}_{\vartheta\vartheta} \Big] d\vartheta,$$

da ja $\Delta \mathfrak{x} = \mathfrak{x}_{\varrho\varrho} + \frac{1}{\varrho} \mathfrak{x}_\varrho + \frac{1}{\varrho^2} \mathfrak{x}_{\vartheta\vartheta} = \mathfrak{o}$ ist. Mit Hilfe der Umformung $(\mathfrak{x} - \mathfrak{z}) \, \mathfrak{x}_{\vartheta\vartheta} = \frac{\partial}{\partial \vartheta} [(\mathfrak{x} - \mathfrak{z}) \, \mathfrak{x}_\vartheta] - \mathfrak{x}_\vartheta^2$ und unter Berücksichtigung der Beziehung $\varrho^2 \mathfrak{x}_\varrho^2 = \mathfrak{x}_\vartheta^2$ liefert eine partielle Integration nunmehr

$$F''(\varrho) + \frac{1}{\varrho} F'(\varrho) = \frac{1}{\pi} \int_0^{2\pi} \Big[(\mathfrak{x}_\varrho - \mathfrak{z}')^2 + \frac{1}{\varrho^2} \mathfrak{x}_\vartheta^2 \Big] d\vartheta$$

$$= \frac{1}{\pi} \int_0^{2\pi} [2 \mathfrak{x}_\varrho^2 - 2 \mathfrak{x}_\varrho \mathfrak{z}' + \mathfrak{z}'^2] \, d\vartheta$$

$$\geqq \frac{1}{2\pi} \int_0^{2\pi} \mathfrak{z}'^2 \, d\vartheta = \mathfrak{z}'^2(\varrho) = \frac{d^2}{\mu^2 \varrho^2}.$$

Bei der letzten Abschätzung fand dabei die elementare Ungleichung $2 |\mathfrak{x}_\varrho \mathfrak{z}'| \leqq 2 \mathfrak{x}_\varrho^2 + \frac{1}{2} \mathfrak{z}'^2$ Anwendung.

Die Funktion $F(\varrho)$ genügt im Intervalle $\varrho_1 < \varrho < \varrho_2$ also der Differentialungleichung

$$(\varrho F'(\varrho))' \geqq \frac{A^2}{\varrho}, \qquad A = \frac{d}{\mu}.$$

Es sei ϱ_0 die Zahl $\varrho_1^{\frac{R_2}{R_1 + R_2}} \varrho_2^{\frac{R_1}{R_1 + R_2}}$ im Intervalle $\varrho_1 < \varrho_0 < \varrho_2$. Wir unterscheiden dann die Fälle $F'(\varrho_0) \geqq 0$ und $F'(\varrho_0) \leqq 0$.

Im ersten Falle ergibt sich für $\varrho_0 \leqq \varrho < \varrho_2$

$$\varrho F'(\varrho) \geqq \varrho_0 F'(\varrho_0) + A^2 \log \frac{\varrho}{\varrho_0} \geqq A^2 \log \frac{\varrho}{\varrho_0}$$

und

$$F(\varrho) \geqq F(\varrho_0) + A^2 \int_{\varrho_0}^{\varrho} \frac{1}{\sigma} \log \frac{\sigma}{\varrho_0} \, d\sigma \geqq \frac{1}{2} A^2 \Big(\log \frac{\varrho}{\varrho_0} \Big)^2.$$

Im Hinblick auf die Ungleichung $F(\varrho_2) \leqq R_2^2$ ergibt sich für $\varrho \to \varrho_2$

$$R_2^2 \geqq \frac{1}{2} A^2 \Big(\log \frac{\varrho_2}{\varrho_0} \Big)^2 = \frac{1}{2} A^2 \Big[\log \Big(\frac{\varrho_2}{\varrho_1} \Big)^{\frac{R_2}{R_1 + R_2}} \Big]^2 = \frac{d^2 R_2^2}{2 (R_1 + R_2)^2},$$

d. h. $d \leqq \sqrt{2} (R_1 + R_2)$.

Im zweiten Falle finden wir entsprechend

$$R_1^2 \geqq \frac{1}{2} A^2 \left(\log \frac{\varrho_0}{\varrho_1}\right)^2 = \frac{1}{2} A^2 \left[\log \left(\frac{\varrho_2}{\varrho_1}\right)^{\frac{R_1}{R_1+R_2}}\right]^2 = \frac{d^2 R_1^2}{2(R_1 + R_2)^2}$$

und wiederum $d \leqq \sqrt{2}(R_1 + R_2)$.

Wir haben damit den folgenden Satz erhalten:

Wenn die Kurve Γ_1 in der Kugel $|\mathfrak{x} - \mathfrak{x}_1| \leqq R_1$ liegt und die Kurve Γ_2 in der Kugel $|\mathfrak{x} - \mathfrak{x}_2| \leqq R_2$, so muß der Abstand $d = |\mathfrak{x}_2 - \mathfrak{x}_1|$ der Mittelpunkte dieser Kugeln der Ungleichung $d \leqq \sqrt{2}(R_1 + R_2)$ genügen, damit Γ_1 und Γ_2 eine Minimalfläche vom Typ des Kreisringes beranden können.

Da wir hier mit einer Fläche gearbeitet haben, welche bereits in einer Darstellung vermittels isothermer Parameter vorliegt, ist es bei diesem Satze übrigens unerheblich, ob wir von einer regulären oder einer verallgemeinerten Minimalfläche sprechen.

Während die weiter unten in §§ 556, 558 präzisierte Douglassche Bedingung ein hinreichendes Kriterium für die Existenz einer von Γ_1 und Γ_2 berandeten verallgemeinerten Minimalfläche darstellt, läßt sich der hier bewiesene Satz als ein notwendiges Kriterium für diese Existenz und somit als eine Ergänzung der Douglasschen Bedingung ansehen.

§ 517. Es gibt auch andere Möglichkeiten, die Entfernung der Kurven Γ_1 und Γ_2 abzuschätzen. Wir sagen, Γ_1 und Γ_2 seien durch eine Scheibe der Dicke $r > 0$ voneinander getrennt, wenn zwei parallele Ebenen im Abstand r existieren, so daß Γ_1 und Γ_2 nicht in das Gebiet zwischen diesen Ebenen eindringen und durch jede der Ebenen voneinander getrennt werden. Unter ausnahmsweiser Vorwegnahme einiger weiter unten benutzten Tatsachen sei hier der folgende Satz bewiesen:

Gegeben seien zwei durch eine Scheibe der Dicke r voneinander getrennte Jordankurven Γ_1 und Γ_2. Γ_1 sei in einer Kugel vom Radius R_1 enthalten, und Γ_2 liege in einer Kugel vom Radius R_2. Wenn Γ_1 und Γ_2 eine reguläre oder (in einer Darstellung vermittels isothermer Parameter vorliegende) verallgemeinerte Minimalfläche vom Typ des Kreisringes beranden, so muß $r \leqq 2\max(R_1, R_2)$ – oder genauer $r \leqq 1{,}92\max(R_1, R_2)$ – gelten.

Beweis: Wir setzen $R = \max(R_1, R_2)$ und dürfen von vornherein annehmen, daß die Mittelpunkte der Kugeln außerhalb der Scheibe liegen, da sich diese Situation andernfalls unter Verkleinerung der Halbmesser, d. h. Verbesserung der behaupteten Ungleichung, erreichen läßt. Die Verbindungslinie der Kugelmittelpunkte bilde den Winkel φ mit der Richtung normal zu den Berandungsebenen der Scheibe. Der die

Kugeln einhüllende Kreiskegel oder (falls $R_1 = R_2$ ist) Kreiszylinder schneidet diese Ebenen in zwei Ellipsen, welche ihrerseits dort bestimmt nicht ins Äußere zweier Kreise K_1 und K_2 vom Radius $R/\cos\varphi$ reichen können. Da unsere Minimalfläche nach § 70 im Inneren des Kreiskegels verläuft, ergibt sich mit Hilfe der Schlußweise der §§ 521–525, daß die Kreise K_1 und K_2 eine zweifach zusammenhängende Minimalfläche berանden müssen. Gemäß §§ 515, 526, 528 gilt daher mit $\varkappa = 1{,}325487$

$$r \leqq H\left(d; \frac{R}{\cos\varphi}, \frac{R}{\cos\varphi}\right) \leqq \frac{R}{\cos\varphi} H\left(\frac{d\cos\varphi}{R}; 1, 1\right) \leqq \frac{R}{\cos\varphi} H(0; 1, 1) = \\ = \varkappa \frac{R}{\cos\varphi}.$$

Dabei bedeutet $d = r\tan\varphi$ den uns unbekannten seitlichen Abstand der Punkte, in welchen die Verbindungslinie der Kugelmittelpunkte in die Scheibe eintritt. Im Hinblick auf §§ 96, 527 muß $d < 2R$, d. h. $\tan\varphi < 2R/r$ sein, so daß $\cos\varphi > r/\sqrt{r^2 + 4R^2}$ ausfällt. Somit wird $r^2 < \varkappa R\sqrt{r^2 + 4R^2}$. Die Auflösung dieser Ungleichung führt auf die Abschätzung

$$r < R\left[\frac{\varkappa}{2}(\varkappa + \sqrt{16 + \varkappa^2})\right]^{1/2} = 1{,}916035 R.$$

Damit ist der Beweis erbracht.

Eine ganze Reihe weiterer ähnlicher Schranken findet man in den Arbeiten von J. C. C. Nitsche [15], [17], [25]; F. J. Almgren [2]; I. A. Danelich [1], p. 935; P. M. Bailyn [1]. Danelich, der genauso wie Almgren mit maßgeometrischen Methoden arbeitet, und dessen Resultate auf allgemeinere Flächenklassen anwendbar sind, beweist z. B., daß der doppelte Durchmesser der Fläche nicht größer als die Gesamtlänge der Randkonturen sein kann.

§ 518. *Gegeben seien zwei rektifizierbare Jordankurven* $\Gamma_1 = \{\mathfrak{x} = \mathfrak{z}_1(t);\ 0 \leqq t \leqq 1\}$ *und* $\Gamma_2 = \{\mathfrak{x} = \mathfrak{z}_2(t);\ 0 \leqq t \leqq 1\}$ *der Längen* L_1 *bzw.* L_2. *Wenn* Γ_1 *und* Γ_2 *eine reguläre oder (in einer Darstellung vermittels isothermer Parameter vorliegende) verallgemeinerte Minimalfläche vom Typ des Kreisringes beranden, so muß der Abstand* $\delta(\Gamma_1, \Gamma_2) = \min\limits_{0 \leqq t_1, t_2 \leqq 1} |\mathfrak{z}_1(t_1) - \mathfrak{z}_2(t_2)|$ *der Ungleichung* $\delta(\Gamma_1, \Gamma_2) \leqq \frac{4}{5}\max(L_1, L_2)$ – *genauer* $\delta(\Gamma_1, \Gamma_2) \leqq 0{,}788\max(L_1, L_2)$ – *genügen* (J. C. C. Nitsche [22], p. 373).

Beweis: Wir nehmen etwa an, daß $L_1 \leqq L_2$, d. h. $L_2 = \max(L_1, L_2)$ sei und wählen zwei Punkte $\mathfrak{x}_1$ auf Γ_1 und $\mathfrak{x}_2$ auf Γ_2, für welche $|\mathfrak{x}_1 - \mathfrak{x}_2| = \delta = \delta(\Gamma_1, \Gamma_2)$. Aus Abb. 69 ersieht man, daß die Kurven Γ_1 und Γ_2, falls $2\delta > L_2$ ist, durch eine Scheibe der Dicke

$$r = \delta - \left[\delta - \delta\cos\frac{L_1}{2\delta}\right] - \left[\delta - \delta\cos\frac{L_2}{2\delta}\right]$$
$$= \delta\left[\cos\frac{L_1}{2\delta} + \cos\frac{L_2}{2\delta} - 1\right] \geqq \delta\left[2\cos\frac{L_2}{2\delta} - 1\right]$$

voneinander getrennt werden. Da der Radius der Umkugel einer geschlossenen Kurve der Länge L den Wert $L/4$ nicht übersteigt (siehe

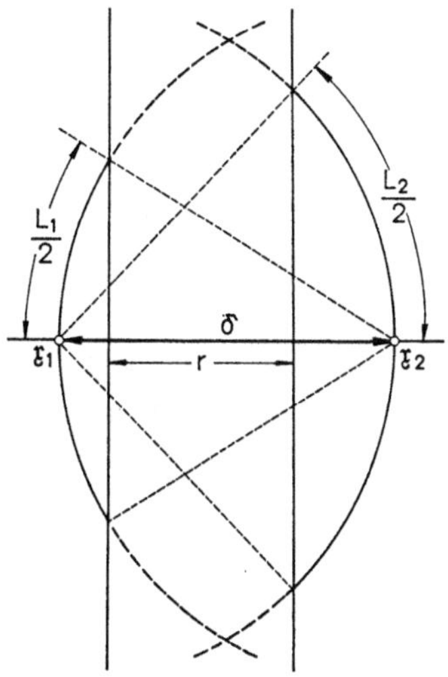

Abb. 69

B. Segre [1], H. Rutishauser et H. Samelson [1], J. C. C. Nitsche [37]), liegen Γ_1 und Γ_2 im Inneren je einer Kugel vom Radius $\frac{L^2}{4} + \varepsilon$ für jedes $\varepsilon > 0$. Nach § 517 muß daher

$$\delta\left[2\cos\frac{L_2}{2\delta} - 1\right] \leqq 1{,}916035\frac{L_2}{4}$$

oder

$$\cos\alpha \leqq \frac{1}{2} + 0{,}479009\alpha, \quad \alpha = \frac{L_2}{2\delta}$$

gelten. Die positive Wurzel α_0 der Gleichung $\cos\alpha_0 = \frac{1}{2} + 0{,}479009\alpha_0$ ist $\alpha_0 = 0{,}63484$. Es wird daher $\alpha = L_2/2\delta \geqq \alpha_0$, d. h. $\delta \leqq L_2/2\alpha_0 = 0{,}78760 L_2$. W. z. b. w.

Es sei noch bemerkt, daß wir auch den Satz des § 516 hätten anwenden können, der sich ja viel leichter als der Satz des § 517 beweisen läßt. Da Γ_1 nicht aus der Kugel $|\mathfrak{x} - \mathfrak{x}_1| \leqq L_1/2$ austritt und Γ_2 nicht aus der Kugel $|\mathfrak{x} - \mathfrak{x}_2| \leqq L_2/2$, so muß $\delta \leqq \sqrt{2}\left(\frac{L_1}{2} + \frac{L_2}{2}\right) \leqq$ $\leqq \sqrt{2}\max(L_1, L_2)$ gelten.

Da die Mittelpunkte der Umkreise von Γ_1 und Γ_2 nicht in die Scheibe eindringen können, ihre Entfernung also nicht kleiner als r sein kann, gilt auch

$$\delta\left[2\cos\frac{L_2}{2\delta} - 1\right] \leqq r \leqq \sqrt{2}\left(\frac{L_1}{4} + \frac{L_2}{4}\right) \leqq \frac{1}{\sqrt{2}} L_2$$

und somit

$$\cos\frac{L_2}{2\delta} \leqq \frac{1}{2} + \frac{1}{\sqrt{2}}\,\frac{L_2}{2\delta},$$

so daß $\delta \leqq 0{,}96\max(L_1, L_2)$ wird.

§ 519. Wir interessieren uns nun für den speziellen Fall, daß die Randkurven Γ_1 und Γ_2 unserer auf die isothermen Parameter ξ und η bezogenen verallgemeinerten Minimalfläche $S = \{\mathfrak{x} = \mathfrak{x}(\xi, \eta); (\xi, \eta) \in \bar{\Pi}\}$ in parallelen Ebenen, etwa den Ebenen $z = c_1$ und $z = c_2 > c_1$ verlaufen.

Da $z(\xi, \eta) = c_1$ für $\xi^2 + \eta^2 = \varrho_1^2$ und $z(\xi, \eta) = c_2$ für $\xi^2 + \eta^2 = \varrho_2^2$, muß $z(\xi, \eta)$ als harmonische Funktion in Π die Form

$$z(\xi, \eta) = \frac{1}{\log(\varrho_2/\varrho_1)}\left[\frac{1}{2}(c_2 - c_1)\log(\xi^2 + \eta^2) + c_1\log\varrho_2 - c_2\log\varrho_1\right]$$

haben. Die Schnittkurve S_c der Fläche S mit einer Ebene $z = c$ ist also das Bild des konzentrischen Kreises $s_c = \{\xi, \eta;\ \xi^2 + \eta^2 = \varrho_c^2\}$, wo

$$\varrho_c = \exp\left\{\frac{(c - c_1)\log\varrho_2 + (c_2 - c)\log\varrho_1}{c_2 - c_1}\right\}$$

ist.

Wegen $z_\xi^2 + z_\eta^2 > 0$ kann die Fläche S keine inneren, d. h. in der Scheibe $c_1 < z < c_2$ gelegenen, Verzweigungspunkte besitzen. Auf Grund der einfachen Gestalt von $z(\xi, \eta)$ reduzieren sich die isothermen Beziehungen $\varrho^2\,\mathfrak{x}_\varrho^2 = \mathfrak{x}_\vartheta^2$ und $\mathfrak{x}_\varrho \cdot \mathfrak{x}_\vartheta = 0$ auf

$$\varrho^2(x_\varrho^2 + y_\varrho^2) + \left(\frac{c_2 - c_1}{\mu}\right)^2 = x_\vartheta^2 + y_\vartheta^2, \qquad x_\varrho x_\vartheta + y_\varrho y_\vartheta = 0.$$

Die Länge der Schnittkurve S_c ist

$$L(S_c) = \int_0^{2\pi} |\mathfrak{x}_\vartheta(\varrho_c e^{i\vartheta})|\,d\vartheta = \varrho_c \int_0^{2\pi} |\mathfrak{x}_\varrho(\varrho_c e^{i\vartheta})|\,d\vartheta$$
$$\geqq \varrho_c \int_0^{2\pi} |z_\varrho(\varrho_c e^{i\vartheta})|\,d\vartheta = \frac{2\pi h}{\mu},$$

wo $h = c_2 - c_1$ gesetzt ist.

Aus dieser Abschätzung und aus der Stetigkeit des Ortsvektors $\mathfrak{x}(\xi, \eta)$ in $\bar{\Pi}$ schließt man, daß keine der Kurven S_c auf einen Punkt zusammenschrumpfen kann. Es gibt also eine Zahl $\delta > 0$ derart, daß der Durchmesser jeder Kurve S_c, $c_1 \leqq c \leqq c_2$, nicht kleiner als δ ist.

§ 520. Es sei nun angenommen, daß die Kurve Γ_1 in ihrer Ebene im Inneren des Kreises $K_1 = \{x, y, z;\ (x - x_1)^2 + (y - y_1)^2 = R_1^2,\ z = c_1\}$ enthalten sei und daß Γ_2 im Inneren des Kreises $K_2 = \{x, y, z;\ (x - x_2)^2 + (y - y_2)^2 = R_2^2,\ z = c_2\}$ liege. Die Größen $h = c_2 - c_1$ und $d = [(x_2 - x_1)^2 + (y_2 - y_1)^2]^{1/2}$ lassen sich dann als vertikaler bzw. seitlicher Abstand sowohl der Kreise K_1 und K_2 als auch der Kurven Γ_1 und Γ_2 auffassen.

Die in § 516 eingeführte Funktion $F(\varrho)$ hat nun sinngemäß die Gestalt

$$F(\varrho) = \frac{1}{2\pi} \int_0^{2\pi} \{[x(\varrho\, e^{i\vartheta}) - a(\varrho)]^2 + [y(\varrho\, e^{i\vartheta}) - b(\varrho)]^2\}\, d\vartheta,$$

wobei

$$a(\varrho) = \frac{1}{\mu} [(x_2 - x_1) \log\varrho + x_1 \log\varrho_2 - x_2 \log\varrho_1]$$

$$b(\varrho) = \frac{1}{\mu} [(y_2 - y_1) \log\varrho + y_1 \log\varrho_2 - y_2 \log\varrho_1].$$

Indem wir wie in § 516 vorgehen, erhalten wir diesmal die Differentialungleichung

$$(\varrho\, F'(\varrho))' \geqq \frac{1}{\varrho}\, \frac{2h^2 + d^2}{\mu^2},$$

aus der die Abschätzung $2h^2 + d^2 \leqq 2(R_1 + R_2)^2$ folgt. Wir können somit den folgenden Satz aussprechen (J. C. C. Nitsche [15]):

Wenn die Kurven Γ_1 und Γ_2 eine Minimalfläche vom Typ des Kreisringes beranden, so muß ihre Entfernung der Ungleichung

$$\sqrt{h^2 + \tfrac{1}{2}d^2} \leqq R_1 + R_2$$

genügen.

§ 521. Die in § 520 hergeleitete notwendige Bedingung ist zwar quantitativ, aber, genauso wie die Kriterien der §§ 516–518, nicht scharf. Damit ist folgendes gemeint. Die vier Größen h, d, R_1, R_2 beschreiben die quantitativen Verhältnisse der aus Γ_1 und Γ_2 bestehenden Konfiguration. Man wird nun eine universelle Funktion $H(d; R_1, R_2)$ suchen, für welche die Aussage gilt:

Die vier Größen $h > 0$, $d \geqq 0$, $R_1 > 0$, $R_2 > 0$ seien beliebig vorgegeben. Wenn $h > H(d; R_1, R_2)$ ist, dann kann keine Konfiguration zweier Jordankurven mit diesen Größen als Bestimmungszahlen eine Mini-

malfläche vom Typ des Kreisringes beranden. Wenn $h < H(d; R_1, R_2)$ ist, gibt es aber mindestens eine solche Konfiguration.

Die aus § 520 gewonnene Funktion $\sqrt{(R_1 + R_2)^2 - \frac{1}{2}d^2}$ ist nun nicht scharf. Das sieht man schon am Beispiel $d = 0$, $R_1 = R_2 = 1$, wo gemäß § 515 ja der genaue Wert $H(0; 1, 1) = h_2 = 1{,}325487$ und nicht $\sqrt{2} = 1{,}4142$ sein müßte.

Scharfe Kriterien lassen sich mit Hilfe des folgenden von J. C. C. Nitsche [23] stammenden Einschließungssatzes gewinnen, welcher zeigt, daß die Fähigkeit der Kurven Γ_1 und Γ_2, eine zweifach zusammenhängende Minimalfläche zu beranden, mit der entsprechenden Fähigkeit der Kreise K_1 und K_2 verknüpft ist.

Wenn die Kurven Γ_1 und Γ_2 eine Minimalfläche vom Typ des Kreisringes beranden, so beranden die Kreise K_1 und K_2 ebenfalls eine solche Minimalfläche.

Wie wir in §§ 535, 539 sehen werden, besteht die Gesamtheit der von zwei Kreisen in parallelen Ebenen berandeten zweifach zusammenhängenden Minimalflächen aus den in II.5.4 untersuchten zyklischen Minimalflächen. Da diese Flächen in der Form gewisser von endlich vielen Parametern abhängiger elliptischer Integrale darstellbar sind, gewähren sie eine gute quantitative Übersicht über unser Existenzproblem.

§ 522. Zum Beweise des Einschließungssatzes nehmen wir an, daß seine Aussage nicht zutreffe, und konstruieren unter dieser Voraussetzung dann eine von einem Parameter ε im Intervalle $0 < \varepsilon \leqq \varepsilon_1 = \varepsilon_1(R_1, R_2, d) = \max(R_1, R_2) + 4d[\max(R_1, R_2)]^2\,[\min(R_1, R_2)]^{-2}$ stetig abhängige Schar von differentialgeometrischen Ringflächen Σ_ε mit den folgenden Eigenschaften:

Jede Fläche Σ_ε verläuft in der Scheibe $c_1 \leqq z \leqq c_2$ des Raumes und wird von allen Ebenen $z = \text{const}$ in Kreisen geschnitten, für $0 < \varepsilon \leqq \frac{1}{2}\min(R_1, R_2)$ insbes. von einer bestimmten Ebene $z = c_\varepsilon$ in einem Kreise vom Radius ε, und von den Ebenen $z = c_1$ und $z = c_2$ in Kreisen, welche nicht in das Innere von K_1 und K_2 eindringen. Wenn ε gegen ε_1 geht, so konvergieren die Σ_ε gegen eine den von K_1 und K_2 bestimmten elliptischen Kegelstumpf oder (falls $R_1 = R_2$) Zylinder enthaltende Ringfläche. Bei nach innen gerichtetem Normalenvektor fällt die mittlere Krümmung H_ε jeder Fläche Σ_ε überall positiv aus.

Indem wir die etwas komplizierte Konstruktion der Flächenschar Σ_ε auf den nächsten Paragraphen verschieben, zeigen wir hier, wie mit ihrer Hilfe ein Widerspruch hergeleitet werden kann, aus dem dann die Richtigkeit des Einschließungssatzes fließt.

Nach § 70 liegt die von Γ_1 und Γ_2 berandete verallgemeinerte Minimalfläche S vom Typ des Kreisringes in der konvexen Hülle ihrer Randkurven, also gewiß im Innern des eben erwähnten elliptischen Kegelstumpfes und daher für hinreichend großes ε auch im Innern der Flächen Σ_ε. Nach § 519 kann die Schnittkurve von S mit der Ebene $z = c_\varepsilon$ nicht auf einen Punkt zusammenschrumpfen. Wenn man ε von nahe bei ε_1 gelegenen Werten nach Null gehen läßt, so stößt man also auf einen Wert $\varepsilon = \bar{\varepsilon} > 0$, für welchen sich die Flächen $\Sigma_{\bar\varepsilon}$ und S erstmalig in einem (in der Scheibe $c_1 < z < c_2$ befindlichen) Punkt berühren. S kann dabei nicht ins Äußere von $\Sigma_{\bar\varepsilon}$ dringen. Zufolge von §§ 438, 439 könnte die mittlere Krümmung der Fläche $\Sigma_{\bar\varepsilon}$ im Berührungspunkte dann nicht positiv sein, was im Widerspruch zu unserer Konstruktion steht.

Wie wir aus § 519 wissen, hat die Fläche S im Berührungspunkt übrigens keinen Verzweigungspunkt. Diese Tatsache ist für die Anwendbarkeit von §§ 438, 439 aber nicht erforderlich.

§ 523. Unter der Annahme, daß die Kreise K_1 und K_2 keine zweifach zusammenhängende Minimalfläche beranden können, schreiten wir nun zur Konstruktion der Flächenschar Σ_ε. Es sei etwa $0 < R_1 \leqq R_2$. Ohne die Allgemeinheit des Nachfolgenden zu beeinträchtigen, wählen wir vorübergehend ein Koordinatensystem, in welchem die Kreise K_1 und K_2 in den Ebenen $z = 0$ und $z = h > 0$ verlaufen und die Mittelpunkte $(0, 0, 0)$ bzw. $(d, 0, h)$ besitzen. In diesem und dem nächsten Paragraphen befassen wir uns zunächst mit der Konstruktion der Flächenschar für $0 < \varepsilon < R_1$.

Mit einem noch festzulegenden positiven Parameter a bezeichne $\Delta(r; a, \varepsilon)$ für $r \geqq \varepsilon$ die nicht-negative Quadratwurzel

$$\Delta(r; a, \varepsilon) = \sqrt{\left(r^2 + \frac{1}{a^2 \varepsilon^2}\right)(r^2 - \varepsilon^2)}.$$

Wir setzen

$$\lambda = \lambda(a, \varepsilon) = \frac{1}{a h}\left(\int_\varepsilon^{R_1} + \int_\varepsilon^{R_2}\right)\frac{dr}{\Delta(r; a, \varepsilon)}$$

und

$$c = c(a, \varepsilon) = \frac{1}{a\,\lambda(a, \varepsilon)}\int_\varepsilon^{R_1}\frac{dr}{\Delta(r; a, \varepsilon)} = h - \frac{1}{a\,\lambda(a, \varepsilon)}\int_\varepsilon^{R_2}\frac{dr}{\Delta(r; a, \varepsilon)}.$$

Es gilt dann $0 < c(a, \varepsilon) \leqq h/2$.

Wegen $a^2 \Delta^2(r; a, \varepsilon) \geqq (r^2 - \varepsilon^2)/\varepsilon^2$ haben wir

$$\lambda(a, \varepsilon) \leqq \frac{\varepsilon}{h}\left(\int_\varepsilon^{R_1} + \int_\varepsilon^{R_2}\right)\frac{dr}{\sqrt{r^2 - \varepsilon^2}} \leqq \frac{2\varepsilon}{h}\log\frac{R_2 + \sqrt{R_2^2 - \varepsilon^2}}{\varepsilon}.$$

so daß $\lim\limits_{\varepsilon \to 0} \lambda(a, \varepsilon) = 0$ gilt, und zwar gleichmäßig für alle $a > 0$.

Wir bestimmen nun die elliptische Funktion $R(z) = R(z; a, \varepsilon)$ durch die Beziehungen

$$\int\limits_{\varepsilon}^{R(z)} \frac{dr}{\Delta(r; a, \varepsilon)} = a\,\lambda(a, \varepsilon)\,[c(a, \varepsilon) - z] \quad \text{für} \quad 0 \leqq z \leqq c(a, \varepsilon)$$

und

$$\int\limits_{\varepsilon}^{R(z)} \frac{dr}{\Delta(r; a, \varepsilon)} = a\,\lambda(a, \varepsilon)\,[z - c(a, \varepsilon)] \quad \text{für} \quad c(a, \varepsilon) \leqq z \leqq h.$$

Die Funktion $R(z)$ genügt für alle z in $0 \leqq z \leqq h$ der Differentialgleichung $R'^2(z) = a^2 \lambda^2(a, \varepsilon)\, \Delta^2(R(z); a, \varepsilon)$ mit der Anfangsbedingung $R(c(a, \varepsilon)) = \varepsilon$. Im Intervall $0 \leqq z < c$ gilt $R'(z) < 0$, und im Intervall $c < z \leqq h$ gilt $R'(z) > 0$. Die zweite Ableitung $R''(z) = R[2a^2 R^2 + \varepsilon^{-2} - a^2 \varepsilon^2] \geqq R(a^2 \varepsilon^2 + \varepsilon^{-2})$ bleibt aber im ganzen Intervall $0 \leqq z \leqq h$ positiv.

Die Darstellung der Flächenschar setzen wir in der Form

$$\Sigma(a, \varepsilon) = \left\{ x = a \int\limits_0^t R^2(\tau)\, d\tau + R(t) \cos\vartheta,\ y = R(t) \sin\vartheta,\ z = t; \right.$$
$$\left. 0 \leqq t \leqq h,\ 0 \leqq \vartheta \leqq 2\pi \right\}$$

an. Für $t = 0$ enthält $\Sigma(a, \varepsilon)$ den Kreis K_1. Damit für $t = h$ auch der Kreis K_2 auf $\Sigma(a, \varepsilon)$ liegt, muß natürlich die Bedingung

$$f(a, \varepsilon) \equiv a \int\limits_0^h R^2(z; a, \varepsilon)\, dz = d$$

erfüllt sein. Wir werden diese Bedingung benutzen, um den Parameter a als Funktion von ε auszudrücken.

Für den Augenblick wollen wir die folgende Tatsache benutzen, deren Beweis wir auf § 524 verschieben: Die Gleichung $f(a, \varepsilon) = d$ besitzt für $0 < \varepsilon < R_1$ eine eindeutig bestimmte Lösung $a = a(\varepsilon)$, welche stetig von ε abhängt. Wegen $\varepsilon \leqq R(z) \leqq R_2$ haben wir $a\,h\,\varepsilon^2 \leqq f(a, \varepsilon) \leqq a\,h\,R_2^2$, so daß gewiß $d/h\,R_2^2 \leqq a(\varepsilon) \leqq d/h\,\varepsilon^2$ gelten muß. Mit Σ_ε werde dann die Fläche $\Sigma(a(\varepsilon), \varepsilon)$ bezeichnet. Für die mittlere Krümmung $H_\varepsilon(z, \vartheta)$ dieser Fläche ergibt sich der Ausdruck

$$H_\varepsilon(z, \vartheta) = (1 - \lambda^2)\, \frac{1 + a^2 R^4(z)}{2R(z)\,[1 + (R'(z) + a\,R^2(z) \cos\vartheta)^2]^{3/2}},$$

in welchem die Abkürzungen $\lambda = \lambda(a(\varepsilon), \varepsilon)$, $R(z) = R(z; a(\varepsilon), \varepsilon)$ und $a = a(\varepsilon)$ benutzt sind.

Im Falle $\lambda(a(\varepsilon), \varepsilon) = 1$ wäre Σ_ε im Gegensatz zu unserer Annahme eine Minimalfläche. Da nun $\lambda(a(\varepsilon), \varepsilon) < 1$ ist für hinreichend kleine ε

und für $0 < \varepsilon < R_1$ stets $\lambda(a(\varepsilon), \varepsilon) \neq 1$ gilt, und da $\lambda(a(\varepsilon), \varepsilon)$ stetig von ε abhängt, muß die Beziehung $\lambda(a(\varepsilon), \varepsilon) < 1$, d. h. $H_\varepsilon(z, \vartheta) > 0$, für alle ε im Intervalle $0 < \varepsilon \leqq R_1$ gelten.

§ 524. Wir wenden uns nun der oben zurückgestellten Diskussion der Gleichung $f(a, \varepsilon) = d$ zu. Zusätzlich zu den bereits erwähnten Ungleichungen

$$f(a, \varepsilon) < d \text{ für } a < d/h\, R_2^2 \quad \text{und} \quad f(a, \varepsilon) > d \text{ für } a > d/h\, \varepsilon^2$$

werden wir jetzt nachweisen, daß die partielle Ableitung $f_a(a, \varepsilon)$ für alle positiven Werte von a und alle ε in $0 < \varepsilon < R_1$ positiv ist. Die behauptete Existenz einer eindeutigen Lösung $a(\varepsilon)$ der Gleichung $f(a, \varepsilon) = d$ folgt aus diesen Ungleichungen.

Wegen

$$f_a(a, \varepsilon) = \int_0^h \{R^2(z; a, \varepsilon) + 2a\, R(z; a, \varepsilon)\, R_a(z; a, \varepsilon)\}\, dz$$

wird zunächst ein Ausdruck für $R_a(z; a, \varepsilon)$ benötigt. Für $c(a, \varepsilon) \leqq$ $\leqq z \leqq h$ ergibt sich durch Differentiation der Definitionsgleichung von $R(z)$

$$\frac{R_a}{\Delta(R; a, \varepsilon)} + \int_\varepsilon^R \frac{\partial}{\partial a}\left(\frac{1}{\Delta(r; a, \varepsilon)}\right) dr = z \frac{\partial}{\partial a}[a\, \lambda(a, \varepsilon)] - $$
$$- \frac{\partial}{\partial a}[a\, \lambda(a, \varepsilon)\, c(a, \varepsilon)].$$

Da nun

$$R' = a\lambda\Delta, \quad \frac{\partial}{\partial a}\left(\frac{1}{\Delta}\right) = \frac{1}{a}\, \frac{1}{1 + a^2 \varepsilon^2 r^2}\, \frac{1}{\Delta}$$

und weiterhin

$$\frac{\partial}{\partial a}[a\, \lambda(a, \varepsilon)] = \frac{1}{a\, h}\left(\int_\varepsilon^{R_1} + \int_\varepsilon^{R_2}\right) \frac{dr}{(1 + a^2 \varepsilon^2 r^2)\, \Delta(r; a, \varepsilon)}$$

$$\frac{\partial}{\partial a}[a\, \lambda(a, \varepsilon)\, c(a, \varepsilon)] = \frac{1}{a} \int_\varepsilon^{R_1} \frac{dr}{(1 + a^2 \varepsilon^2 r^2)\, \Delta(r; a, \varepsilon)}$$

ist, wird unter Benutzung verständlicher Abkürzungen

$$\frac{a\, \lambda\, R_a}{R'} = -\frac{1}{a} \int_\varepsilon^R \frac{dr}{(1 + a^2 \varepsilon^2 r^2)\, \Delta} + \frac{z}{a\, h}\left(\int_\varepsilon^{R_1} + \int_\varepsilon^{R_2}\right) \frac{dr}{(1 + a^2 \varepsilon^2 r^2)\, \Delta} - $$
$$- \frac{1}{a} \int_\varepsilon^{R_1} \frac{dr}{(1 + a^2 \varepsilon^2 r^2)\, \Delta}$$

und somit

$$2a\,R\,R_a = -\frac{2R\,R'}{a\,\lambda}\left(\int\limits_{\varepsilon}^{R_1} + \int\limits_{\varepsilon}^{R}\right)\frac{d\,r}{(1+a^2\,\varepsilon^2\,r^2)\,\Delta} +$$

$$+\frac{2z\,R\,R'}{a\,h\,\lambda}\left(\int\limits_{\varepsilon}^{R_1} + \int\limits_{\varepsilon}^{R_2}\right)\frac{d\,r}{(1+a^2\,\varepsilon^2\,r^2)\,\Delta}.$$

Nun ist aber

$$\int\limits_{c}^{h} 2R\,R'\,d\,z = [R^2(z)]_c^h = R_2^2 - \varepsilon^2,$$

$$\int\limits_{c}^{h} 2z\,R\,R'\,d\,z = [z\,R^2(z)]_c^h - \int\limits_{h}^{h} R^2\,d\,z = h\,R_2^2 - c\,\varepsilon^2 - \int\limits_{c}^{h} R^2\,d\,z$$

und

$$\int\limits_{c}^{h} 2R\,R'\left\{\int\limits_{\varepsilon}^{R}\frac{d\,r}{(1+a^2\,\varepsilon^2\,r^2)\,\Delta}\right\}d\,z =$$

$$= \left[R^2(z)\int\limits_{\varepsilon}^{R(z)}\frac{d\,r}{(1+a^2\,\varepsilon^2\,r^2)\,\Delta}\right]_{z=c}^{z=h} - \int\limits_{c}^{h}\frac{R^2\,R'\,d\,z}{(1+a^2\,\varepsilon^2\,R^2)\,\Delta(R)}$$

$$= R_2^2\int\limits_{c}^{R_2}\frac{d\,r}{(1+a^2\,\varepsilon^2\,r^2)\,\Delta} - \int\limits_{c}^{h}\frac{R^2\,R'\,d\,z}{(1+a^2\,\varepsilon^2\,R^2)\,\Delta(R)}.$$

Somit wird

$$\int\limits_{c}^{h}\{R^2 + 2a\,R\,R_a\}\,d\,z = \int\limits_{c}^{h} R^2\,d\,z - \frac{1}{a\,\lambda}(R_2^2 - \varepsilon^2)\int\limits_{\varepsilon}^{R_1}\frac{d\,r}{(1+a^2\,\varepsilon^2\,r^2)\,\Delta} -$$

$$-\frac{1}{a\,\lambda}R_2^2\int\limits_{\varepsilon}^{R_2}\frac{d\,r}{(1+a^2\,\varepsilon^2\,r^2)\,\Delta} + \frac{1}{a\,\lambda}\int\limits_{c}^{h}\frac{R^2\,R'\,d\,z}{(1+a^2\,\varepsilon^2\,R^2)\,\Delta(R)} +$$

$$+\frac{1}{a\,h\,\lambda}\left(h\,R_2^2 - c\,\varepsilon^2 - \int\limits_{c}^{h} R^2\,d\,z\right)\left(\int\limits_{\varepsilon}^{R_1} + \int\limits_{\varepsilon}^{R_2}\right)\frac{d\,r}{(1+a^2\,\varepsilon^2\,r^2)\,\Delta}.$$

Mit Hilfe der Ungleichung

$$\int\limits_{c}^{h}\frac{R^2\,R'\,d\,z}{(1+a^2\,\varepsilon^2\,R^2)\,\Delta(R)} \geqq \varepsilon^2\int\limits_{c}^{h}\frac{R'\,d\,z}{(1+a^2\,\varepsilon^2\,R^2)\,\Delta(R)}$$

$$= \varepsilon^2\int\limits_{\varepsilon}^{R_2}\frac{d\,r}{(1+a^2\,\varepsilon^2\,r^2)\,\Delta}$$

wird nunmehr

$$\int_c^h \{R^2 + 2a\,R\,R_a\}\,dz \geqq$$

$$\geqq \int_c^h R^2\,dz + \frac{1}{a\lambda}\left[\varepsilon^2\left(1 - \frac{c}{h}\right) - \frac{1}{h}\int_c^h R^2\,dz\right]\left(\int_\varepsilon^{R_1} + \int_\varepsilon^{R_2}\right)\frac{dr}{(1 + a^2\varepsilon^2 r^2)\,\Delta}.$$

Unter Berücksichtigung der Tatsache, daß $R'(z) < 0$ für $0 \leqq z < c(a, \varepsilon)$, findet man entsprechend

$$\int_0^c \{R^2 + 2a\,R\,R_a\}\,dz \geqq$$

$$\geqq \int_0^c R^2\,dz + \frac{1}{a\lambda}\left[\varepsilon^2\,\frac{c}{h} - \frac{1}{h}\int_0^c R^2\,dz\right]\left(\int_\varepsilon^{R_1} + \int_\varepsilon^{R_2}\right)\frac{dr}{(1 + a^2\varepsilon^2 r^2)\,\Delta}.$$

Die Verbindung dieser beiden Ungleichungen ergibt

$$\int_0^h \{R^2 + 2a\,R\,R_a\}\,dz \geqq$$

$$\geqq \int_0^h R^2\,dz + \frac{1}{a\lambda}\left[\varepsilon^2 - \frac{1}{h}\int_0^h R^2\,dz\right]\left(\int_\varepsilon^{R_1} + \int_\varepsilon^{R_2}\right)\frac{dr}{(1 + a^2\varepsilon^2 r^2)\,\Delta}.$$

Da nun

$$\left(\int_\varepsilon^{R_1} + \int_\varepsilon^{R_2}\right)\frac{dr}{(1 + a^2\varepsilon^2 r^2)\,\Delta} \leqq \frac{1}{1 + a^2\varepsilon^4}\left(\int_\varepsilon^{R_1} + \int_\varepsilon^{R_2}\right)\frac{dr}{\Delta} = \frac{a\,h\,\lambda}{1 + a^2\varepsilon^4}$$

ist, wird schließlich

$$f_a(a, \varepsilon) \geqq \frac{a^2\varepsilon^4}{1 + a^2\varepsilon^4}\,f(a, \varepsilon) > 0.$$

Das war zu beweisen.

§ 525. Von der Flächenschar Σ_ε, die wir nunmehr für alle ε im Intervalle $0 < \varepsilon < R_1$ bestimmt haben, benutzen wir lediglich die dem Intervalle $0 < \varepsilon \leqq \varepsilon_0 = \frac{1}{2}R_1$ zugeordneten Flächen. Es sei

$$\begin{cases} x = x_0(t, \vartheta) = a(\varepsilon_0)\displaystyle\int_0^t R^2(\tau;\, a(\varepsilon_0), \varepsilon_0)\,d\tau + R(t;\, a(\varepsilon_0), \varepsilon_0)\cos\vartheta, \\ \qquad\qquad\qquad\qquad\qquad\qquad\qquad\qquad\qquad 0 \leqq t \leqq h \\ y = y_0(t, \vartheta) = R(t;\, a(\varepsilon_0), \varepsilon_0)\sin\vartheta, \qquad\qquad 0 \leqq \vartheta \leqq 2\pi \\ z = z_0(t, \vartheta) = t, \end{cases}$$

die Darstellung der Fläche Σ_{ε_0}. Die Fortsetzung der Flächenschar Σ_ε in das Intervall $\varepsilon \geqq \varepsilon_0$ geschieht nun durch eine Ähnlichkeitstransformation der Fläche Σ_{ε_0}, d. h. durch die Definition der Flächenschar

$$\Sigma_\varepsilon = \left\{x = \frac{\varepsilon}{\varepsilon_0} x_0(t, \vartheta), y = \frac{\varepsilon}{\varepsilon_0} y_0(t, \vartheta), z = \frac{\varepsilon}{\varepsilon_0} z_0(t, \vartheta); \right.$$

$$\left. 0 \leqq t \leqq \frac{\varepsilon_0 h}{\varepsilon}, 0 \leqq \vartheta \leqq 2\pi\right\}.$$

Bei nach innen gerichtetem Normalenvektor haben die Ringflächen Σ_ε natürlich wieder überall positive mittlere Krümmung. Wir müssen uns aber noch davon überzeugen, daß die Σ_ε für hinreichend große ε den von K_1 und K_2 bestimmten elliptischen Kegelstumpf enthalten.

Die Schnittkurve von Σ_ε mit einer Ebene $z = \alpha h$, $0 \leqq \alpha \leqq 1$, ist der Kreis

$$\left\{x = \frac{\varepsilon}{\varepsilon_0} x_0\left(\frac{\alpha h \varepsilon_0}{\varepsilon}, \vartheta\right), y = \frac{\varepsilon}{\varepsilon_0} y_0\left(\frac{\alpha h \varepsilon_0}{\varepsilon}, \vartheta\right); 0 \leqq \vartheta \leqq 2\pi\right\}.$$

Der elliptische Kegel andererseits wird von der Ebene $z = \alpha h$ im Kreis

$$\{x = \alpha d + [(1-\alpha) R_1 + \alpha R_2] \cos\vartheta, y = [(1-\alpha) R_1 + \alpha R_2] \sin\vartheta;$$

$$0 \leqq \vartheta \leqq 2\pi\}$$

geschnitten. Mithin liegt der Kegelstumpf im Inneren der Ringfläche, wenn die Ungleichungen

$$\alpha d + [(1-\alpha) R_1 + \alpha R_2] \leqq \frac{\varepsilon}{\varepsilon_0} a \int_0^{\frac{\alpha h \varepsilon_0}{\varepsilon}} R^2(\tau)\, d\tau + \frac{\varepsilon}{\varepsilon_0} R\left(\frac{\alpha h \varepsilon_0}{\varepsilon}\right)$$

$$\alpha d - [(1-\alpha) R_1 + \alpha R_2] \geqq \frac{\varepsilon}{\varepsilon_0} a \int_0^{\frac{\alpha h \varepsilon_0}{\varepsilon}} R^2(\tau)\, d\tau - \frac{\varepsilon}{\varepsilon_0} R\left(\frac{\alpha h \varepsilon_0}{\varepsilon}\right)$$

und die Ungleichung

$$(1-\alpha) R_1 + \alpha R_2 \leqq \frac{\varepsilon}{\varepsilon_0} R\left(\frac{\alpha h \varepsilon_0}{a}\right),$$

welche eine Folge der beiden ersten Ungleichungen ist, erfüllt sind. Auf Grund der Beziehungen

$$\alpha a h \varepsilon_0^2 \leqq \frac{\varepsilon}{\varepsilon_0} a \int_0^{\frac{\alpha h \varepsilon_0}{\varepsilon}} R^2(\tau)\, d\tau \leqq \alpha a h R_2^2, \qquad \frac{\varepsilon}{\varepsilon_0} R\left(\frac{\alpha h \varepsilon_0}{a}\right) \geqq \varepsilon$$

ist das bestimmt der Fall, wenn

$$\varepsilon \geqq \max\{R_1, d + R_2 - a h \varepsilon_0^2, a h R_2^2 + R_2 - d\}$$

ist, oder im Hinblick auf § 523 gewiß, wenn

$$\varepsilon \geqq \varepsilon_1 = R_2 + 4d\,R_2^2/R_1^2$$

ist.

Die Flächenschar

$$\Sigma_\varepsilon = \begin{cases} \overline{\Sigma}_\varepsilon & \text{für} \quad 0 < \varepsilon \leqq \varepsilon_0 \\ \overline{\overline{\Sigma}}_\varepsilon & \text{für} \quad \varepsilon_0 < \varepsilon \leqq \varepsilon_1 \end{cases}$$

hat alle in § 522 beschriebenen Eigenschaften und kann somit, wie dort ausgeführt, zum Beweise des Einschließungssatzes benutzt werden.

§ 526. Die in § 521 angekündigte universelle Funktion $H(d; R_1, R_2)$ ist nun nichts anderes als das Supremum – für jedes vorgegebene Wertetripel $d \geqq 0$, $R_1 > 0$, $R_2 > 0$ – aller positiven Zahlen h mit der Eigenschaft, daß eine von zwei Kreisen in parallelen Ebenen mit Halbmessern R_1 und R_2, vertikalem Abstand h und vertikalem Abstand d berandete Minimalringfläche existiert.

Unglücklicherweise ist es nicht möglich, diesen Extremwert in geschlossener Form zu gewinnen. Das haben wir bereits an dem in § 515 diskutierten einfachsten Beispiel koaxialer Einheitskreise ($d = 0$, $R_1 = R_2 = 1$) erkannt, wo ja die transzendente Gleichung $\mathfrak{Cot}\, p = p$ zu lösen war.

Die Bestimmung der Funktion $H(d; R_1, R_2)$ im allgemeinen Falle, insbes. wenn $d > 0$ ist, stellt komplizierte rechentechnische Anforderungen und wurde 1969 von J. C. C. Nitsche and J. Leavitt [1] durchgeführt. Da eine Minimalfläche bei einer Ähnlichkeitstransformation des Raumes ihren Charakter nicht verliert, gilt $H(d; R_1, R_2) = R_1 H\left(\frac{d}{R_1}; 1, \frac{R_2}{R_1}\right)$. Es ist also ausreichend, die Funktion $H(d; 1, r)$ zweier Veränderlicher d und $r \leqq 1$ zu bestimmen. Die nebenstehende Tabelle gibt die Werte dieser Funktion wieder.

Die erste Zeile der Tabelle, welche den Fall koaxialer Kreise ungleichen Halbmessers ($d = 0$) betrifft, wurde schon 1870 von L. Lindelöf [2] veröffentlicht (siehe auch J. Plateau [I], p. 151 des 1. Bandes). In gänzlich impliziter Form ist die Funktion $H(d; 1, r)$ bereits von G. Juga [1] diskutiert worden.

§ 527. Die Striche in der Tabelle deuten an, daß keine Minimalringfläche existieren kann. Aus §§ 96, 535 in Verbindung mit dem Einschließungssatz folgt ja der Satz (J. C. C. Nitsche [25]):

Die Kurven Γ_1 und Γ_2 können keine Minimalfläche vom Typ des Kreisringes beranden, wenn sie durch eine vertikale Ebene voneinander getrennt werden, d. h., wenn ihre Orthogonalprojektionen (auf eine Ebene $z =$ const) punktfremd sind.

§ 528. Aus der Tabelle des § 526 lassen sich auch die Monotonieeigenschaften der Funktion $H(d; R_1, R_2)$ ablesen, welche in der Aussage zusammengefaßt werden können, daß $H(d'; R_1', R_2') \geqq H(d; R_1, R_2)$ gilt für $d' \leqq d$, $R_1' \geqq R_1$, $R_2' \geqq R_2$. Wenn d' nicht so groß ist, daß $H(d'; R_1, R_2)$ verschwindet, tritt dabei die Ungleichheit ein, falls $d' < d$ oder $R_1' > R_1$ oder $R_2' > R_2$.

Diese Monotonieeigenschaften lassen sich alle aus der Darstellung (55) ableiten. Wir beschränken uns hier darauf, die Ungleichung

$$H(d; 1, 1) \leqq \left(1 - \frac{d^2}{200}\right) H(0; 1, 1),$$

welche natürlich keineswegs scharf ist, zu beweisen.

Im Falle $R_1 = R_2 = 1$ ist die von den Kreisen K_1 und K_2 im vertikalen Abstand h und seitlichem Abstand d berandete zyklische Minimalfläche bzgl. ihres Kehlkreises symmetrisch. Aus der Darstellung (55) folgt dann, daß

$$h = 2ab \int_b^1 \frac{dt}{\Delta(t)}, \qquad d = 2 \int_b^1 \frac{t^2\, dt}{\Delta(t)}$$

gilt, wo $\Delta(t) = \sqrt{(t^2 + a^2)(t^2 - b^2)}$ ist und a, b zwei den Ungleichungen $0 < b \leqq \min(a, 1)$ genügende Parameter bedeuten.

Wegen $\Delta(t) \geqq \sqrt{a^2 + b^2}\sqrt{t^2 - b^2} \geqq a\sqrt{t^2 - b^2}$ findet man

$$h\sqrt{1 + \left(\frac{b}{a}\right)^2} \leqq 2b \int_b^1 \frac{dt}{\sqrt{t^2 - b^2}} = 2b\, \mathfrak{Ar}\mathfrak{Cof}\, \frac{1}{b} \leqq 1{,}3254\ldots$$

und

$$d \leqq \frac{2}{a} \int_b^1 \frac{t\, dt}{\sqrt{t^2 - b^2}} = \frac{2}{a}\sqrt{1 - b^2} \leqq \frac{2}{a}.$$

Die Kettenfläche $\sqrt{x^2 + y^2} = b\, \mathfrak{Cof}(z/b)$ wird von den Ebenen $z = \pm b\, \mathfrak{Ar}\mathfrak{Cof}(1/b)$ in Einheitskreisen geschnitten. Somit gilt

$$H(0; 1, 1) \geqq 2b\, \mathfrak{Ar}\mathfrak{Cof}\, \frac{1}{b} \geqq h\sqrt{1 + \left(\frac{b}{a}\right)^2}.$$

Aus den obigen Ungleichungen folgt nun

$$1 \geqq b\, \mathfrak{Cof}\left[\frac{h}{2b}\sqrt{1 + \left(\frac{b}{a}\right)^2}\right] \geqq b\, \mathfrak{Cof}\, \frac{h}{2b} \geqq b\left(1 + \frac{h^2}{8b^2}\right),$$

Tabelle der Funktion $H(d; 1, r)$

d \ r	0.1	0.2	0.3	0.4	0.5	0.6	0.7	0.8	0.9	1.0
0.0	0.32 1188	0.51 7569	0.67 1899	0.80 1137	0.91 3085	1.01 2187	1.10 1282	1.18 2318	1.25 6701	1.32 5487
0.1	0.32 0294	0.51 5986	0.66 9835	0.79 8772	0.91 0559	1.00 9604	1.09 8714	1.17 9812	1.25 4288	1.32 3183
0.2	0.31 7563	0.51 1171	0.66 3580	0.79 1624	0.90 2942	1.00 1826	1.09 0987	1.17 2279	1.24 7035	1.31 6262
0.3	0.31 2845	0.50 2916	0.65 2937	0.77 9534	0.89 0113	0.98 8763	1.07 8037	1.15 9667	1.23 4899	1.30 4687
0.4	0.30 5855	0.49 0849	0.63 7560	0.76 2224	0.87 1865	0.97 0265	1.05 9751	1.14 1892	1.21 7822	1.28 8408
0.5	0.29 6120	0.47 4379	0.61 6929	0.73 9291	0.84 7899	0.94 6114	1.03 5968	1.11 8830	1.19 5697	1.26 7337
0.6	0.28 2853	0.45 2612	0.59 0301	0.71 0177	0.81 7810	0.91 6014	1 00 6469	1.09 0314	1.16 8391	1.24 1363
0.7	0.26 4714	0.42 4206	0.55 6649	0.67 4143	0.78 1070	0 87 9583	0.97 0970	1.05 6125	1.13 5730	1.21 0341
0.8	0.23 9256	0.38 7120	0.51 4551	0.63 0210	0.73 6994	0.83 6328	0.92 9105	1.01 5982	1.09 7491	1.17 4089
0.9	0.20 1560	0.33 8165	0.46 2014	0.57 7073	0.68 4685	0.78 5610	0.88 0403	0.96 9526	1.05 3390	1.13 2373
1.0	0.14 0200	0 27 2036	0.39 6104	0 51 2919	0.62 2941	0.72 6580	0 82 4251	0.91 6294	1.00 3066	1.08 4902
1.1	—	0 17 8143	0.31 2010	0.43 5045	0.55 0062	0.65 8115	0.75 9832	0.85 5679	0.94 6052	1.03 1307
1.2	—	—	0.19 9650	0.33 8852	0.46 3440	0.57 8534	0.68 6014	0.78 6867	0.88 1738	0.97 1113
1.3	—	—	—	0.21 4268	0.35 8520	0.48 5262	0.60 1153	0.70 8730	0.80 9305	0.90 3700
1.4	—	—	—	—	0.22 5093	0.37 3717	0.50 2656	0.61 9612	0.72 7613	0.82 8240
1.5	—	—	—	—	—	0.23 3529	0.38 5892	0.51 6900	0.63 4994	0.74 3580
1.6	—	—	—	—	—	—	0.24 0334	0.39 5906	0.52 8806	0.64 8032
1.7	—	—	—	—	—	—	—	0.24 5962	0.40 4309	0.53 8927
1.8	—	—	—	—	—	—	—	—	0.25 0705	0.41 1477
1.9	—	—	—	—	—	—	—	—	—	0.25 4768
2.0	—	—	—	—	—	—	—	—	—	—

d. h.

$$b \geqq \frac{1}{2}\left(1 - \sqrt{1 - \frac{h^2}{2}}\right) \geqq \frac{h^2}{8}.$$

Somit wird $\frac{b}{a} \geqq \frac{d\,h^2}{16}$ und

$$h \leqq \left[1 + \frac{h^4\,d^2}{256}\right]^{-\frac{1}{4}} H(0;\,1,\,1).$$

Wenn man mit dem Ansatz $h = \lambda\,H(0;\,1,\,1) \equiv \lambda\,H$ in diese Ungleichung eingeht, so erhält man die Beziehung

$$q\,d^2\,\lambda^6 + \lambda^2 - 1 \leqq 0, \qquad q = \frac{H^4}{256} = 0{,}0120576.$$

Wegen $d \leqq 2$ führt eine grobe Abschätzung dann zu

$$\lambda \leqq 1 - 0{,}00527 d^2 \leqq 1 - \frac{d^2}{200}.$$

Für h darf jede Zahl kleiner als $H(d;\,1,\,1)$ eingesetzt werden. Daraus folgt die Behauptung.

§ 529. Für weitergehende Untersuchungen empfiehlt sich eine Umschreibung der Darstellungsformeln (55). Wir wollen das beim Beweise des folgenden Satzes erläutern:

Zwei Einheitskreise in parallelen Ebenen können höchstens zwei verschiedene zyklische Minimalflächen beranden.

Beweis: Der Fall koaxialer Kreise ($d = 0$), der übrigens als Fall $\alpha = \pi/2$ in unseren Formeln unten enthalten ist, ist schon in § 515 besprochen worden. Im Falle $d > 0$ führen wir in den Gln. (55) die durch $a = \tan\alpha\cos\beta$, $b = \cos\beta$ definierten Parameter α und β ein, welche in den Intervallen $\pi/4 \leqq \alpha < \pi/2$, $0 < \beta < \pi/2$ variieren. Mit der Substitution $t = \cos\beta/\cos\varphi$ wird

$$a\,b\int_b^u \frac{dt}{\Delta(t)} = \sin\alpha\cos\beta \int_0^{\arccos\left(\frac{\cos\beta}{u}\right)} \frac{d\varphi}{\Delta(\varphi;\,\alpha)}$$

$$\int_b^u \frac{t^2\,dt}{\Delta(t)} = \cos\alpha\,\cos\beta \int_0^{\arccos\left(\frac{\cos\beta}{u}\right)} \frac{d\varphi}{\cos^2\varphi\,\Delta(\varphi;\,\alpha)}.$$

Dabei ist die Abkürzung $\Delta(\varphi;\,\alpha) = \sqrt{1 - \sin^2\alpha\sin^2\varphi}$ benutzt. Für den vertikalen Abstand h und den seitlichen Abstand d einer von den Kreisen berandeten zyklischen Minimalfläche ergeben sich daher die neuen Ausdrücke

$$h = 2\sin\alpha\cos\beta\int\limits_0^\beta \frac{d\varphi}{\Delta(\varphi;\alpha)} \equiv 2f(\alpha,\beta)$$

$$d = 2\cos\alpha\cos\beta\int\limits_0^\beta \frac{d\varphi}{\cos^2\varphi\,\Delta(\varphi;\alpha)} \equiv 2g(\alpha,\beta).$$

Durch Differentiation finden wir nun

$$f_\alpha(\alpha,\beta) = -\cot\alpha\, g_\alpha(\alpha,\beta) = \cos\alpha\cos\beta\int\limits_0^\beta \frac{d\varphi}{\Delta^3(\varphi;\alpha)} > 0$$

$$f_\beta(\alpha,\beta) = -\sin\alpha\sin\beta\int\limits_0^\beta \frac{d\varphi}{\Delta(\varphi;\alpha)} + \frac{\sin\alpha\cos\beta}{\Delta(\beta;\alpha)}$$

$$g_\beta(\alpha,\beta) = -\cos\alpha\sin\beta\int\limits_0^\beta \frac{d\varphi}{\cos^2\varphi\,\Delta(\varphi;\alpha)} + \frac{\cos\alpha}{\cos\beta\,\Delta(\beta;\alpha)}$$

$$= \sin^2\alpha\cos\alpha\sin\beta\int\limits_0^\beta \frac{\sin^2\varphi}{\Delta^3(\varphi;\alpha)}\,d\varphi + \frac{\cos\alpha\cos\beta}{\Delta(\beta;\alpha)} > 0$$

$$f_{\beta\beta}(\alpha,\beta) = -f(\alpha,\beta) - \frac{\sin\alpha\sin\beta}{\Delta^3(\beta;\alpha)}(1+\cos^2\alpha - \sin^2\alpha\sin^2\beta) < 0.$$

Aus den Ausdrücken für $f, f_\beta, f_{\beta\beta}$ ersieht man, daß

$$f(\alpha,0) = f\left(\alpha,\frac{\pi}{2}\right) = 0, \quad f_\beta(\alpha,0) = \sin\alpha > 0,$$

$$f_\beta\left(\alpha,\frac{\pi}{2}\right) = -\sin\alpha\,\mathsf{K}(\sin\alpha) < 0$$

gilt und daß die Kurven $f = f(\alpha_0,\beta)$ in der (β, f)-Ebene und die Kurven $f(\alpha,\beta) = f_0$ in der (β,α)-Ebene den in den Abb. 70a, b skizzierten Verlauf haben.

Die Niveaulinien $f(\alpha,\beta) = f_0 = \text{const}$ in der (β,α)-Ebene sind konvexe Kurven. Sie können durch den Parameter β in der Form $\alpha = \alpha(\beta; f_0)$ parametrisiert werden und sind Lösungen der Differentialgleichung $\dfrac{d\alpha}{d\beta} = -\dfrac{f_\beta(\alpha,\beta)}{f_\alpha(\alpha,\beta)}$.

Längs einer solchen Niveaulinie gilt

$$\frac{d}{d\beta}g(\alpha(\beta;f_0),\beta) = \frac{1}{f_\alpha}(f_\alpha g_\beta - f_\beta g_\alpha) = g_\beta + \tan\alpha\, f_\beta$$

$$= \frac{1}{\cos\alpha}\left\{\frac{\Delta(\beta;\alpha)}{\cos\beta} - \sin\beta\int\limits_0^\beta \frac{\Delta(\varphi;\alpha)}{\cos^2\varphi}\,d\varphi\right\}.$$

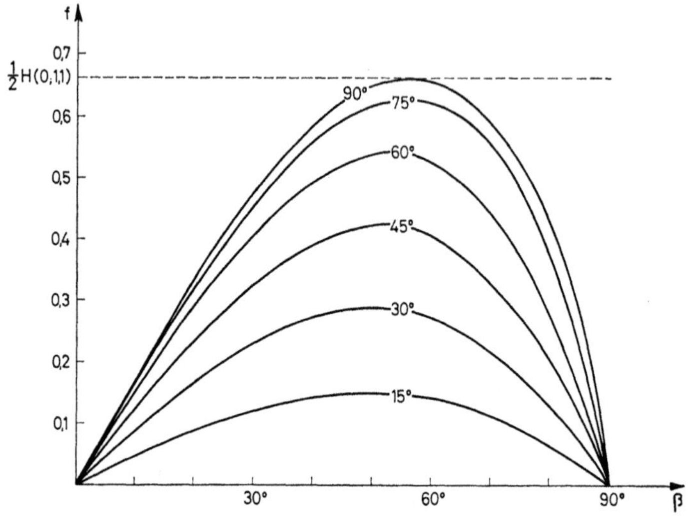

Abb. 70a. Die Kurven $f = f(\alpha_0, \beta)$ für $0 \leqq \alpha_0 \leqq \pi/2$.

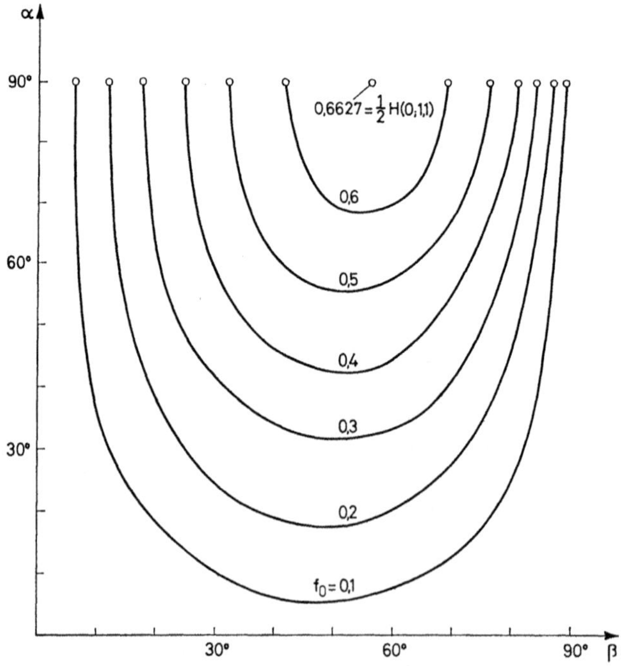

Abb. 70b. Die Kurven $f(\alpha, \beta) = f_0$ für $0 \leqq f_0 \leqq \frac{1}{2} H(0; 1, 1)$.

Nach einiger Rechnung ergibt sich weiterhin

$$\frac{\partial}{\partial\alpha}\frac{d}{d\beta}g = \frac{1}{\cos^2\alpha}f_\beta$$

$$\frac{\partial}{\partial\beta}\frac{d}{d\beta}g = -\frac{1}{\cos\alpha}\left\{\frac{\sin^2\alpha\sin\beta}{\Delta(\beta;\alpha)} + \cos\beta\int\limits_0^\beta\frac{\Delta(\varphi;\alpha)}{\cos^2\varphi}d\varphi\right\} < 0$$

und somit

$$\frac{d^2}{d\beta^2}g(\alpha(\beta;f_0),\beta) = \frac{\partial}{\partial\beta}\frac{dg}{d\beta} - \frac{f_\beta}{f_\alpha}\frac{\partial}{\partial\alpha}\frac{dg}{d\beta} < 0.$$

Längs einer Niveaulinie $f(\alpha,\beta) = \text{const}$ kann die Funktion $g(\alpha,\beta)$ also höchstens zweimal denselben Wert annehmen. Das war zu beweisen.

Wir bemerken noch folgendes: Bei vorgegebenem f_0 bezeichne man mit $\bar{g}$ den größten Wert mit der Eigenschaft, daß die Kurven $f(\alpha,\beta) = f_0$ und $g(\alpha,\beta) = \bar{g}$ noch Punkte gemeinsam haben. Es ist dann $2f_0 = H(2\bar{g};1,1)$.

§ 530. Die Funktion $H(d;R_1,R_2)$ führt zu notwendigen Kriterien im Sinne von § 521. Für konkrete Jordankurven in parallelen Ebenen wird die Existenz einer Minimalringfläche freilich i. a. bereits unmöglich werden, ehe der vertikale Abstand dieser Kurven den Wert $H(d;R_1,R_2)$ erreicht.

Der Fall koaxialer Vielecke, bei denen entsprechende Seiten parallel sind, ist in dieser Hinsicht von H. Weber, der B. Riemanns nachgelassene Manuskripte bearbeitet hat (siehe [I], pp. 446–454), und insbes. von H. A. Schwarz ([I], pp. 270–316 des 1. Bandes) behandelt worden. Für zwei solche dem Einheitskreis einbeschriebene reguläre n-Ecke bezeichnen wir mit $h_2(n)$ den der Zahl h_2 in § 515 entsprechenden Wert. Es ist dann natürlich $h_2 = \lim\limits_{n\to\infty} h_2(n)$. H. A. Schwarz bestimmte den Wert von $h_2(4)$ zu 1,0184. J. C. Kluyver [1] betrachtete auch koaxiale Rechtecke mit verschiedenen Seitenverhältnissen. Für zwei solche dem Einheitskreis einbeschriebenen Rechtecke mit dem Seitenverhältnis 1 : 3, d. h. den Seitenlängen $\frac{1}{5}\sqrt{10}$ und $\frac{3}{5}\sqrt{10}$, berechnete er für die zugehörige Größe h_2 den numerischen Wert 0,6212.

Da die hier erwähnten Untersuchungen auf der Konstruktion von Minimalflächen mit gewissen Symmetrieeigenschaften beruhen, sind sie allerdings nicht völlig schlüssig. Sie hängen vielmehr noch von der stillschweigend gemachten Annahme ab, daß zwei konvexe Polygone – oder allgemeiner, zwei konvexe Kurven – in parallelen Ebenen höchstens zwei verschiedene Minimalflächen vom Typ des Kreisringes beranden können. Diese Tatsache ist bis heute noch nicht bewiesen worden. Man sehe in diesem Zusammenhange jedoch die Aussage des § 842.

3.2. Die Sätze von Shiffman

§ 531. Wir betrachten wieder zwei Jordankurven Γ_1 und Γ_2 in den parallelen Ebenen $z = c_1$ bzw. $z = c_2 > c_1$ im Abstande $h = c_2 - c_1$ und eine von diesen Kurven berandete Minimalfläche S, welche wie in § 519 in der isothermen Darstellung $\{\mathfrak{x} = \mathfrak{x}(\zeta); \zeta \in \bar{\Pi}\}$ über der Abschließung des Kreisringes $\Pi = \{\zeta; 0 < \varrho_1 < |\zeta| < \varrho_2 < \infty\}$ vorliegt.

Gemäß § 69 ist der Winkel ψ zwischen der positiven Tangentenrichtung der in § 519 definierten Schnittkurven S_c und der positiven x-Richtung eine harmonische Funktion auf S, also eine harmonische Funktion von ξ und η in Π. ψ ist natürlich nur bis auf ganzzahlige Vielfache von 2π bestimmt. Wir können ψ aber durch Wahl eines bestimmten Zweiges in Π eindeutig definieren, indem wir etwa im Punkte $\zeta = \sqrt{\varrho_1 \varrho_2}$ den im Intervalle $[0, 2\pi)$ liegenden Wert von ψ auswählen und diesen dann stetig in den längs der ξ-Achse aufgeschnittenen Kreisring $\{\varrho, \vartheta; \varrho_1 < \varrho < \varrho_2, 0 \leqq \vartheta < 2\pi\}$ fortsetzen. Der Zuwachs $\lim\limits_{\vartheta \to 2\pi - 0} \psi(\varrho, \vartheta) - \psi(\varrho, 0)$ ist für alle ϱ im Intervalle $\varrho_1 < \varrho < \varrho_2$ dasselbe ganzzahlige Vielfache $2\pi m$ von 2π. Die Funktion $\psi(\varrho, \vartheta) - m\vartheta$ ist dann in Π eindeutig, reell-analytisch und harmonisch.

§ 532. Mit χ werde die zu ψ konjugiert harmonische Funktion bezeichnet. Die analytische Funktion $\psi + i\chi$ muß dann die Form $\psi + i\chi = (\lambda - i m)\log\zeta + f(\zeta)$ besitzen. Dabei bedeutet λ eine reelle Konstante, welche, wie sich sogleich herausstellen wird, verschwinden muß, und $f(\zeta)$ ist eine in Π eindeutige analytische Funktion, d. h. eine in $\varrho_1 < |\zeta| < \varrho_2$ konvergente Laurentreihe: $f(\zeta) = \sum\limits_{n=-\infty}^{\infty} a_n \zeta^n$.

Bequemlichkeitshalber werden wir neben der komplexen Veränderlichen ζ auch die durch $e^\gamma = \zeta$ definierte Veränderliche $\gamma = \alpha + i\beta$ benutzen. Gemäß § 519 gilt die Beziehung

$$(x_\alpha - i x_\beta)^2 + (y_\alpha - i y_\beta)^2 + \frac{h^2}{\mu^2} = 0,$$

aus welcher folgt, daß x_β und y_β niemals gleichzeitig verschwinden können, und auf Grund derer wir den Ansatz

$$x_\alpha - i x_\beta = -i\frac{h}{\mu}\cos g(\gamma), \quad y_\alpha - i y_\beta = -i\frac{h}{\mu}\sin g(\gamma)$$

machen. Dabei ist $g(\gamma) = U + iV$ eine analytische Funktion, deren Real- und Imaginärteil sich genauso wie der Winkel ψ in § 531 durch

Auflösung der Gleichungen

$$x_\alpha = -\frac{h}{\mu}\sin U\,\mathfrak{Sin}\,V, \qquad x_\beta = \frac{h}{\mu}\cos U\,\mathfrak{Cof}\,V$$

$$y_\alpha = \frac{h}{\mu}\cos U\,\mathfrak{Sin}\,V, \qquad y_\beta = \frac{h}{\mu}\sin U\,\mathfrak{Cof}\,V$$

und analytische Fortsetzung bestimmen. Wegen $x_\beta = \sqrt{x_\beta^2 + y_\beta^2}\cos\psi$, $y_\beta = \sqrt{x_\beta^2 + y_\beta^2}\sin\psi$ schließt man, daß

$$g(\gamma) = U + iV = \psi + i\chi + i\nu = (\lambda - i m)\gamma + i\nu + f(e^\gamma)$$

sein muß. ν ist dabei eine reelle Konstante, und ein ganzzahliges Vielfaches von 2π ist unterdrückt.

Da die Koordinaten x und y eindeutige Funktionen auf der Minimalfläche S sind und dasselbe daher auch von den analytischen Funktionen $x_\alpha - i x_\beta = \zeta(x_\xi - i x_\eta)$ und $y_\alpha - i y_\beta = \zeta(y_\xi - i y_\eta)$ gilt, erkennt man aus der Beziehung $g(\gamma + 2\pi i) = g(\gamma) + 2\pi m + 2\pi\lambda i$, daß $\lambda = 0$ sein muß. Indem wir noch χ durch $\chi + \nu$ (und $f(\zeta)$ durch $f(\zeta) + \nu$) ersetzen, erhalten wir schließlich

(166) $$g = \psi + i\chi = -i m\log\zeta + f(\zeta) = -i m\gamma + f(e^\gamma)$$

oder unter Benutzung der reellen Schreibweise

(166′) $$x_\alpha = -\frac{h}{\mu}\sin\psi\,\mathfrak{Sin}\chi, \qquad x_\beta = \frac{h}{\mu}\cos\psi\,\mathfrak{Cof}\chi$$

$$y_\alpha = \frac{h}{\mu}\cos\psi\,\mathfrak{Sin}\chi, \qquad y_\beta = \frac{h}{\mu}\sin\psi\,\mathfrak{Cof}\chi$$

(M. Shiffman [10], p. 78; J. C. C. Nitsche [11], p. 298, und [15], p. 663.)

Das Linienelement auf der Fläche ist dann durch

$$ds = \frac{h}{\mu}\mathfrak{Cof}\chi\,|d\gamma| = \frac{h}{\mu}\mathfrak{Cof}\chi\,\frac{|d\zeta|}{|\zeta|}$$

gegeben.

Wenn man mit der Annahme $f(\zeta) = \text{const} = a + i b$ in die Gln. (166), (166′) eingeht, so erhält man durch Integration

$$x = x_0 + \frac{h}{m\mu}\sin(a + m\beta)\,\mathfrak{Cof}(b - m\alpha)$$

$$y = y_0 - \frac{h}{m\mu}\cos(a + m\beta)\,\mathfrak{Cof}(b - m\alpha)$$

$$z = z_0 + \frac{h}{\mu}\alpha.$$

Das sind die Gleichungen eines (m-fach überdeckten) Teiles der Kettenfläche

$$\sqrt{(x - x_0)^2 + (y - y_0)^2} = \frac{h}{m\mu}\mathfrak{Cof}\left\{\frac{m\mu}{h}\left[z - \left(z_0 + \frac{hb}{m\mu}\right)\right]\right\}.$$

§ 533. Für das Weitere sei angenommen, daß die Kurven Γ_1 und Γ_2 gewisse Regularitätseigenschaften besitzen, und zwar, daß sie zumindest reguläre Jordankurven der Klasse $C^{1,\lambda}$, $0 < \lambda < 1$, sind. Nach §§ 342–344 ist der Ortsvektor $\mathfrak{x}(\zeta)$ unserer Minimalfläche dann zur Klasse $C^{1,\lambda}(\bar{\Pi})$ gehörig. (Zur Anwendung der Sätze über das Randverhalten in V.2.1 denke man sich das Ringgebiet Π durch einen radialen Schnitt in ein einfach zusammenhängendes Gebiet verwandelt.)

Da nunmehr auch auf dem Rande von S keine Verzweigungspunkte auftreten können, ist der Winkel ψ eine in der Abschließung stetige Funktion. Aus dem einfach geschlossenen Charakter der Kurven Γ_1 und Γ_2 folgt aber jetzt, daß die oben eingeführte Zahl m gleich $+1$ oder gleich -1 sein muß. Ohne Beschränkung der Allgemeinheit dürfen wir $m = 1$ annehmen. Die Funktion $\psi(\varrho, \vartheta) - \vartheta$ ist dann in $\bar{\Pi}$ eindeutig und stetig und in Π harmonisch.

§ 534. *Wenn die Kurven Γ_1 und Γ_2 konvex sind, dann müssen alle Schnittkurven S_c, $c_1 < c < c_2$, streng konvex sein* (M. Shiffman [10]).

Beweis: Die stetigen Funktionen $\psi(\varrho_j, \vartheta)$ $(j = 1, 2)$ der Veränderlichen ϑ sind dann monoton nicht abnehmend. Man approximiere sie durch Funktionen $\psi^{(n,j)}(\vartheta)$ $(n = 1, 2, \ldots)$, welche in $0 \leqq \vartheta \leqq 2\pi$ stetig differenzierbar und monoton nicht abnehmend sind und den Bedingungen

$$\psi^{(n,j)}(2\pi) = \psi^{(n,j)}(0) + 2\pi, \qquad \psi_\vartheta^{(n,j)}(2\pi) = \psi_\vartheta^{(n,j)}(0)$$

genügen. $\psi^{(n)}(\varrho, \vartheta) - \vartheta$ sei die in Π harmonische und in $\bar{\Pi}$ stetige Funktion mit den Randwerten $\psi^{(n,j)}(\vartheta) - \vartheta$. Zufolge des Maximumprinzipes für harmonische Funktionen gilt dann gleichmäßig in $\bar{\Pi}$ die Beziehung $\lim\limits_{n\to\infty}[\psi^{(n)}(\varrho, \vartheta) - \vartheta] = [\psi(\varrho, \vartheta) - \vartheta]$. Daraus schließt man, daß in Π

$$\lim_{n\to\infty} [\psi_\vartheta^{(n)}(\varrho, \vartheta) - \psi_\vartheta(\varrho, \vartheta)] = \lim_{n\to\infty} [(\psi^{(n)}(\varrho, \vartheta) - \vartheta)_\vartheta - (\psi(\varrho, \vartheta) - \vartheta)_\vartheta] = 0$$

ist, und zwar gleichmäßig in jedem kompakten Teilbereich von Π. Wegen $(\psi^{(n)}(\varrho, \vartheta) - \vartheta)_\vartheta \geqq -1$ folgt aus diesen Beziehungen die in allen Punkten von Π gültige Ungleichung $(\psi(\varrho, \vartheta) - \vartheta)_\vartheta \geqq -1$. Das Gleichheitszeichen könnte dabei (wieder auf Grund des Maximumprinzipes) nur in dem unmöglichen Falle $[\psi(\varrho, \vartheta) - \vartheta] \equiv -1$, d. h. $\psi_\vartheta(\varrho, \vartheta) \equiv 0$ gelten. Wir schließen nun, daß überall in Π die Ungleichung $\psi_\vartheta(\varrho, \vartheta) > 0$ zutrifft, so daß tatsächlich alle Kurven S_c streng konvex sind. W. z. b. w.

Shiffman ([10], pp. 83–87) bewies diesen Satz ohne die Regularitätsannahme des § 533 hinsichtlich der Kurven Γ_1 und Γ_2. Ein wichtiger Punkt ist dann der Nachweis, daß die Funktion $\psi(\varrho, \vartheta) - \vartheta$ beschränkt ist, d. h. daß die Kurven S_c für $c \to c_1$ oder $c \to c_2$ nicht mehr und mehr kleiner werdende Schleifen aufweisen können, bei deren Durchlaufen ψ immer größer werdende positive und negative Zuwüchse erhielte.

§ 535. Von M. Shiffman [10] stammt auch der bemerkenswerte Satz:

Wenn die Kurven Γ_1 und Γ_2 Kreise sind, dann müssen auch alle Schnittkurven S_c, $c_1 < c < c_2$ Kreise sein.

Wir schreiten zum Beweise dieses Satzes. Nach §§ 335, 532 ist der Ortsvektor $\mathfrak{x}(\zeta)$ unserer Minimalfläche in der Abschließung $\bar{\Pi}$ analytisch und genügt dort überall der Bedingung $\mathfrak{x}_\xi^2 = \mathfrak{x}_\eta^2 > 0$. Da die Kreise Γ_j $(j = 1, 2)$ die Gleichungen

$$x = x_j + R_j \sin\psi(\varrho_j, \vartheta), \qquad y = y_j - R_j \cos\psi(\varrho_j, \vartheta)$$

haben, erhält man im Hinblick auf § 519 die Ungleichungen $R_j\,\psi_\vartheta(\varrho_j, \vartheta) \geqq h/\mu$, so daß in ganz Π

$$\psi_\vartheta(\varrho, \vartheta) \geqq \frac{h}{\mu^2}\left\{\frac{1}{R_2}\log\frac{\varrho}{\varrho_1} + \frac{1}{R_1}\log\frac{\varrho_2}{\varrho}\right\} \geqq \frac{h}{\mu}\min\left(\frac{1}{R_1}, \frac{1}{R_2}\right)$$

gilt. Daraus folgt, daß jede Niveaulinie $\psi = \text{const}$ ein die Randkreise von Π verbindender analytischer Jordanbogen ist, welcher jeden Kreis $\{\zeta; |\zeta| = \varrho_c\}$, $\varrho_1 \leqq \varrho_c \leqq \varrho_2$, in genau einem Punkte unter einem von Null und π verschiedenen Winkel schneidet. Die Kurvenschar $\psi(\varrho, \vartheta) = \psi_0$, $0 \leqq \psi_0 < 2\pi$ überdeckt den Bereich $\bar{\Pi}$ also einfach, und die Kurve $\psi(\varrho, \vartheta) = 2\pi$ ist mit der Kurve $\psi(\varrho, \vartheta) = 0$ identisch. Die Gleichung $\vartheta = \vartheta(\varrho)$ einer Niveaulinie $\psi(\varrho, \vartheta) = \text{const}$ ergibt sich als Lösung der Differentialgleichung $d\vartheta/d\varrho = -\psi_\varrho/\psi_\vartheta$. Für die zu ψ konjugiert harmonische Funktion χ finden wir dann

$$\frac{d}{d\varrho}\chi(\varrho, \vartheta(\varrho)) = \chi_\varrho - \chi_\vartheta\frac{\psi_\varrho}{\psi_\vartheta} = -\frac{\varrho}{\psi_\vartheta}\left(\psi_\varrho^2 + \frac{1}{\varrho^2}\psi_\vartheta^2\right) < 0.$$

Die Funktion χ nimmt also längs jeder Niveaulinie $\psi = \text{const}$ monoton ab.

Aus diesen Tatsachen folgt, daß der Kreisring $\bar{\Pi}$ durch die Transformation $\sigma + i\tau = i\,e^{i(\psi + i\chi)}$ umkehrbar eindeutig auf einen den Nullpunkt der (σ, τ)-Ebene nicht enthaltenden von zwei analytischen Jordankurven berandeten Ringbereich $\bar{R}$ abgebildet wird. σ und τ sind gerade die in § 56 definierten Parameter des sphärischen Bildes unserer Minimalfläche.

Für die Krümmung k einer Schnittkurve S_c ergibt sich der Ausdruck

$$k = \frac{d\psi}{ds} = \frac{\mu}{h}\,\frac{\psi_\beta}{\operatorname{Cof}\chi} = -\frac{\mu}{h}\,\frac{\chi_\alpha}{\operatorname{Cof}\chi},$$

und für die Ableitung dk/ds findet sich

$$\frac{dk}{ds} = \frac{\mu}{h} \frac{k_\beta}{\mathfrak{Cos}\,\chi} = -\frac{\mu^2}{h^2} \frac{1}{\mathfrak{Cos}^2\chi} \{\chi_{\alpha\beta} - \chi_\alpha \chi_\beta \mathfrak{Tan}\,\chi\}.$$

§ 536. Durch eine direkte Rechnung überzeugt man sich nun, daß der Ausdruck $A = \chi_{\alpha\beta} - \chi_\alpha \chi_\beta \mathfrak{Tan}\,\chi$ die Differentialgleichung

$$A_{\alpha\alpha} + A_{\beta\beta} + \frac{2}{\mathfrak{Cos}^2\chi} (\chi_\alpha^2 + \chi_\beta^2) = 0$$

befriedigt, welche sich mit Hilfe der im vorigen Paragraphen eingeführten Veränderlichen σ und τ auf die uns aus §§ 62, 63, 110, 116 wohlbekannte Differentialgleichung

$$A_{\sigma\sigma} + A_{\tau\tau} + \frac{8}{(1 + \sigma^2 + \tau^2)^2} A = 0$$

reduziert. Wir wissen, daß die Funktion A auf dem Rande von R verschwindet. Der Shiffmansche Satz wird bewiesen sein, wenn wir zeigen können, daß A in ganz R identisch verschwindet. Dann hängt k nämlich nur von α ab, so daß die Krümmung jeder Kurve S_c konstant ist.

Da k in Π eindeutig ist, gilt

$$0 = \int_0^{2\pi} k_\beta(\alpha, \beta)\, d\beta = -\frac{\mu}{h} \int_0^{2\pi} \frac{A(\alpha, \beta)}{\mathfrak{Cos}\,\chi(\alpha, \beta)}\, d\beta.$$

Wenn die Funktion A nicht identisch verschwände, nähme sie also in Π, und somit auch in R, positive und negative Werte an. Hinsichtlich des Eigenwertproblems

$$\begin{cases} B_{\sigma\sigma} + B_{\tau\tau} + \left[\dfrac{8}{(1 + \sigma^2 + \tau^2)^2} + \dfrac{\lambda}{\sigma^2 + \tau^2}\right] B = 0 & \text{in } R \\ B = 0 & \text{auf } \partial R, \end{cases}$$

dessen Eigenwerte wir uns der Größe nach angeordnet denken: $\lambda_1 \leqq \lambda_2 \leqq \cdots$, bedeutete das, daß $\lambda_2 \leqq 0$ sein müßte.

Interessehalber sei hier die folgende Bemerkung eingeschoben. Es gilt

$$A(\alpha, \beta) = \chi_{\alpha\beta} - \chi_\alpha \chi_\beta \mathfrak{Tan}\,\chi = 2\mathfrak{Cos}\,\chi \frac{\partial^2}{\partial\alpha\,\partial\beta} \operatorname{arc\,tan} e^{\chi(\alpha,\beta)}.$$

Wenn also $A(\alpha, \beta) \equiv 0$ ist, d. h. für die zyklischen Minimalflächen, hat $\chi(\alpha, \beta)$ die spezielle Form

$$\chi(\alpha, \beta) = \log\tan[\tfrac{1}{2}(f(\alpha) + g(\beta))].$$

Durch Differentiation erkennt man, daß die Funktionen $f(\alpha)$ und $g(\beta)$ einer Veränderlichen der Differentialgleichung

$$f''(\alpha) + g''(\beta) - [f'^2(\alpha) + g'^2(\beta)] \cot[f(\alpha) + g(\beta)] = 0$$

genügen müssen.

§ 537. Es sei $R' = \{\sigma, \tau; a^2 < \sigma^2 + \tau^2 < b^2\}$ ein den Bereich $\bar{R}$ enthaltendes Ringgebiet, für welches $0 < a < 1$ und $b < \infty$ gilt. Wir betrachten das Eigenwertproblem des letzten Paragraphen nun für das Gebiet R' und nennen seine der Größe nach angeordneten Eigenwerte $\lambda_1' \leqq \lambda_2' \leqq \cdots$. Wie schon in § 108 bemerkt (man konsultiere auch die dort angegebene Literatur) gilt dann $\lambda_1' < \lambda_1, \lambda_2' < \lambda_2, \ldots$ (Wir kämen hier übrigens mit den schwächeren Ungleichungen $\lambda_1' \leqq \lambda_1, \lambda_2' \leqq \lambda_2, \ldots$ aus.)

Die Eigenwerte λ_j' können vermittels einer Separation der Variablen ermittelt werden. Indem wir in der (σ, τ)-Ebene Polarkoordinaten (r, φ) einführen, erhalten wir

$$\lambda' = \mu_m + n^2 \quad (m = 1, 2, \ldots; \; n = 0, 1, 2, \ldots).$$

μ_m sind dabei die der Größe nach angeordneten Eigenwerte des Sturm-Liouvilleschen Eigenwertproblems

$$(167) \qquad \begin{cases} f''(r) + \dfrac{1}{r} f'(r) + \left[\dfrac{8}{(1 + r^2)^2} + \dfrac{\mu}{r^2}\right] f(r) = 0, \quad a < r < b \\ \qquad\qquad f(a) = f(b) = 0. \end{cases}$$

Der Leser sei an die folgenden Tatsachen hinsichtlich eines regulären Sturm-Liouvilleschen Eigenwertproblems

$$\begin{cases} L[y] \equiv -(p(x)\, y')' + q(x)\, y = \lambda\, r(x)\, y \quad \text{in} \quad a < x < b \\ \qquad\qquad y(a) = y(b) = 0 \end{cases}$$

mit den Eigenwerten $\lambda_1 \leqq \lambda_2 \leqq \cdots$ erinnert:

1) Wenn es eine in $a \leqq x \leqq b$ nirgends verschwindende Lösung der Differentialgleichung $L[y] = \underline{\lambda}\, r(x)\, y$ gibt, so gilt $\lambda_1 > \underline{\lambda}$.

2) Wenn jede bei $x = a$ verschwindende Lösung der Differentialgleichung $L[y] = \bar{\lambda}\, r(x)\, y$ in $a < x \leqq b$ höchstens eine Nullstelle besitzt, so gilt $\lambda_2 > \bar{\lambda}$.

§ 538. Eine partikuläre Lösung der Differentialgleichung (167_1) für $\mu = -1$ ist $f(r) = 2r/(1 + r^2)$. Da diese Lösung in $a \leqq r \leqq b$ nicht verschwindet, muß demnach $\mu_1 > -1$ sein.

Für $\mu = 0$ ist die allgemeine Lösung der Differentialgleichung (167_1) durch

$$\begin{aligned} f(r) &= p_1 \frac{1 - r^2}{1 + r^2} + p_2\left(1 + \frac{1 - r^2}{1 + r^2} \log r\right) \\ &= p_1 \operatorname{\mathfrak{Tan}} \chi + p_2 (1 - \chi \operatorname{\mathfrak{Tan}} \chi) \end{aligned}$$

mit beliebigen Konstanten p_1, p_2 gegeben, wobei $a \leqq r \leqq b$ bzw. $\log\dfrac{1}{b} \equiv b_0 \leqq \chi \leqq a_0 \equiv \log\dfrac{1}{a}$ ist. Wir behaupten, daß jede bei $r = a$ verschwindende Lösung im Intervalle $a < r \leqq b$ höchstens eine weitere Nullstelle besitzt, so daß nach dem Obigen die Ungleichung $\mu_2 > 0$ gilt.

Zum Beweise gehen wir folgendermaßen vor. Für eine bei $r = a$ verschwindende solche Lösung kann wegen $0 < a < 1$ nicht $p_2 = 0$ sein. Die Nullstellen von $f(r)$ bestimmen sich aus der transzendenten Gleichung

$$\mathfrak{Cot}\,\chi = \chi - p, \quad p = \frac{p_1}{p_2}.$$

Abb. 71 zeigt, daß diese für jeden Wert von p zwei Wurzeln $\chi_1(p)$ und $\chi_2(p)$ besitzt, wobei $\chi_1(p) < 0 < \chi_2(p)$ gilt. Beide Wurzeln wachsen monoton mit p; dabei gilt $\chi_1(p) \to -\infty$, $\chi_2(p) \to 0$ für $p \to -\infty$ und

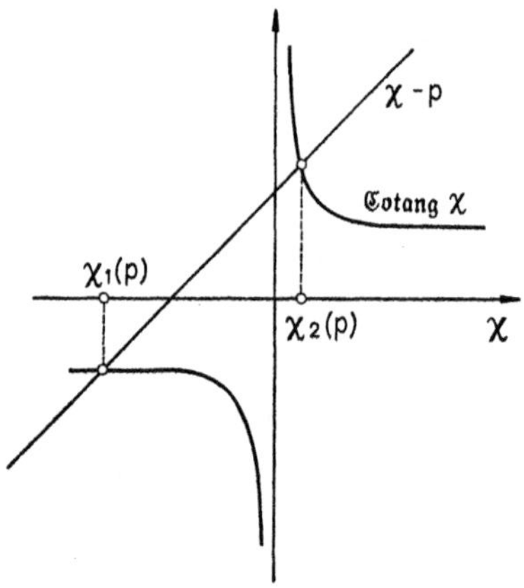

Abb. 71

$\chi_1(p) \to 0$, $\chi_2(p) \to \infty$ für $p \to \infty$. Es gibt also genau einen Wert der Konstanten p, für den $\chi_2(p) = a_0$ wird. Die zugehörige Lösung

$$f(r) = \text{const}\left\{(p + \log r)\,\frac{1 - r^2}{1 + r^2} + 1\right\}$$

kann in $a < r \leqq b$ höchstens (und zwar nur, wenn $\chi_1(p) \geqq b_0$ ist) eine weitere Nullstelle haben.

Aus den Ungleichungen $\mu_1 > -1$, $\mu_2 > 0$ folgt für die Eigenwerte λ', daß gewiß

$$\lambda_1' = \mu_1 > -1, \quad \lambda_2' = \min(\mu_1 + 1, \mu_2) > 0$$

sein muß. Daher gilt erst recht $\lambda_1 > \lambda_1' > -1$, $\lambda_2 > \lambda_2' > 0$. Gemäß § 536 ist das nur möglich, wenn die Funktion A in Π identisch verschwindet.

Damit ist der in § 535 formulierte Satz von Shiffman bewiesen.

§ 539. Mit Hilfe des Shiffmanschen Satzes können wir uns eine genaue Übersicht über die Gesamtheit der von zwei Kreisen in parallelen Ebenen berandeten Minimalflächen vom Typ des Kreisringes verschaffen. Da hier alle Schnittkurven S_c Kreise sein müssen, sind die fraglichen Minimalflächen mit den zyklischen Minimalflächen identisch, die in II.5.4 vollständig bestimmt worden sind.

Aus § 529 folgt nun beispielsweise der Satz:

Zwei Einheitskreise in parallelen Ebenen können höchstens zwei verschiedene Minimalflächen vom Typ des Kreisringes beranden.

Vermutlich gilt dieser Satz ebenfalls für zwei beliebige Kreise in parallelen Ebenen und allgemeiner für zwei konvexe Kurven in parallelen Ebenen.

Wie schon früher erwähnt, ist die Frage, unter welchen Umständen eine zyklische Minimalfläche ein absolutes oder relatives oder überhaupt kein Minimum des Flächeninhaltes realisiert, welche der in § 515 diskutierten Situation für das Katenoid entspricht, von H. A. Schwarz behandelt worden; siehe [I], pp. 336–338 des 1. Bandes.

3.3. Minimalflächen der Klasse $\mathfrak{S}$

§ 540. Anstelle einer von zwei Jordankurven berandeten Minimalfläche wie in VI.3.1 wollen wir nunmehr eine offene Minimalfläche $S = \{\mathfrak{x} = \mathfrak{x}(u, v); (u, v) \in P\}$ betrachten, wo wieder $P = \{u, v; r_1^2 < u^2 + v^2 < r_2^2\}$, $0 < r_1 < r_2 < \infty$, ist, wobei wir lediglich voraussetzen, daß S die ganze Scheibe $c_1 < z < c_2$ des Raumes in dem Sinne durchsetzt, daß $\lim z(u_n, v_n) = c_1$ gilt für jede Punktfolge (u_n, v_n) aus P, für welche $u_n^2 + v_n^2$ gegen r_1^2 geht, und $\lim z(u_n, v_n) = c_2$ für jede solche Punktfolge mit $u_n^2 + v_n^2 \to r_2^2$. Die konforme Abbildung von S läßt sich jetzt zwar nicht wie in § 515 unter Berufung auf den Satz des § 192 vollziehen, kann aber hier in gewissem Sinne explizit durchgeführt werden.

Nach § 70 ist es klar, daß die Fläche S ganz in der Scheibe $c_1 < c < c_2$ des Raumes liegt. Für einen Wert c im Intervalle $c_1 < c < c_2$ werde mit s_c die Teilmenge derjenigen Punkte (u, v) von P, in denen $z(u, v) = c$ gilt, bezeichnet. Wir wollen zunächst zeigen, daß jede solche Menge s_c eine einfach geschlossene analytische Kurve ist, also den Namen Höhenlinie verdient, und daß die Kurven s_c das Gebiet P einfach überdecken, wenn c das Intervall $c_1 < c < c_2$ durchläuft.

Es seien Q_1 und Q_2 die offenen Mengen derjenigen Punkte $(u, v) \in P$, in denen $c_1 < z(u, v) < c$ bzw. $c < z(u, v) < c_2$ gilt. Q_1 enthält bestimmt einen gewissen Kreisring $Q_1' = \{u, v; r_1^2 < u^2 + v^2 < (r_1 + \delta_1)^2\}$, und Q_2 enthält gewiß einen Kreisring $Q_2' = \{u, v; (r_2 - \delta_2)^2 < u^2 +$

$+ v^2 < r_2^2\}$. Wir behaupten, daß die Mengen Q_1 und Q_2 beide zusammenhängend sind, und beweisen das etwa für Q_1. Andernfalls bestünde Q_1 aus mehr als einer Komponente. Es sei dann $Q_1^{(1)}$ diejenige Komponente, welche Q_1' enthält, und $Q_1^{(2)}$ eine andere Komponente. Es ist klar, daß $Q_1^{(2)}$ im Kreisring $(r_1 + \delta_1)^2 < u^2 + v^2 < (r_2 - \delta_2)^2$ enthalten sein muß. Als harmonische Funktion auf der Fläche genügt $z(u, v)$ in P der elliptischen Differentialgleichung $\Delta z = 0$; siehe §§ 61, 67. Da $z(u, v)$ in $Q_1^{(2)}$ kleiner als c, in den Randpunkten von $Q_1^{(2)}$, welche alle in P liegen, aber gleich c ist, ergibt sich auf Grund des Maximumprinzipes ein Widerspruch. Die Mengen Q_1 und Q_2 sind also zusammenhängend.

Angenommen weiter, in einem Punkte $(u_0, v_0) \in P$ gölte $z_u = z_v = 0$. Wir setzen $z(u_0, v_0) = c$, wo (wieder auf Grund des Maximumprinzips) $c_1 < c < c_2$ sein wird. Die Ebene $z = c$ wäre dann Tangentialebene der Minimalfläche im Punkte $\mathfrak{x}(u_0, v_0)$. Nach § 437 zerfiele eine Umgebung des Punktes (u_0, v_0) in $2n \geqq 4$ Sektoren $\sigma_1, \sigma_2, \ldots, \sigma_{2n}$, so daß $z(u, v) < c$ in $\sigma_1, \sigma_3, \ldots, \sigma_{2n-1}$ und $z(u, v) > c$ in $\sigma_2, \sigma_4, \ldots, \sigma_{2n}$. Zwei Punkte $(u_1, v_1) \in \sigma_1$ und $(u_3, v_3) \in \sigma_3$ könnten durch einen in Q_1 verlaufenden Jordanbogen verbunden werden. σ_2 hinge daher nicht mit Q_2 zusammen. Da diese Situation unmöglich ist, können die Ableitungen z_u und z_v also nirgends in P gleichzeitig verschwinden.

Aus dem Vorangehenden folgt, daß die Höhenlinien s_c einfach geschlossene, den Nullpunkt der (u, v)-Ebene in ihrem Inneren enthaltende analytische Kurven sind, welche das Gebiet P einfach und lückenlos überdecken.

Die Bilder der Höhenlinie s_c auf der Minimalfläche sind ihre Schnittkurven S_c mit den Ebenen $z = c$. Die Kurven S_c werden i. a. keine Jordankurven sein.

§ 541. Gemäß § 73 sind die Funktionen

$$\mathfrak{a} = \mathfrak{a}(u, v) = z(u, v)$$

$$\beta = \beta(u, v) = \int\limits_{(u_0, u_0)}^{(u, v)} \frac{F z_u - E z_v}{W} du + \frac{G z_u - F z_v}{W} dv,$$

welche nichts anderes als Real- und Imaginärteil der dritten Komponente des komplexwertigen Vektors $\mathfrak{x} - i \int \mathfrak{X} \times d\mathfrak{x}$ darstellen, konjugiert harmonische Funktionen auf S. Das Integral, als dessen untere Grenze wir einen beliebigen Punkt in P wählen, ist in jedem einfach zusammenhängenden Teilgebiet von P wegunabhängig, und das Integral

$$\varkappa = \frac{1}{2\pi} \oint \frac{F z_u - E z_v}{W} du + \frac{G z_u - F z_v}{W} dv$$

hat für alle in P verlaufenden und den Punkt $u = v = 0$ in ihrem Inneren enthaltenden glatten Jordankurven denselben Wert. Da längs einer Höhenlinie s_c mit dem Parameter t die Beziehungen $du = -\lambda z_v\, dt$, $dv = \lambda z_u\, dt$ mit $\lambda \neq 0$ gelten, folgt

$$\varkappa = \frac{1}{2\pi} \oint_{s_c} \frac{\lambda}{W} (E z_v^2 - 2F z_u z_v + G z_u^2)\, dt \neq 0.$$

Indem wir nötigenfalls die Variable v durch $-v$ ersetzen, dürfen wir annehmen, daß $\varkappa$ positiv ist. Wir führen noch die komplexen Veränderlichen $\gamma = \alpha + i\beta = \frac{1}{\varkappa}(\hat{\alpha} + i\hat{\beta})$ und $e^{\gamma} = \zeta = \xi + i\eta = \varrho\, e^{i\vartheta}$ ein. Auf Grund der Beziehung

$$\frac{\partial(\hat{\alpha}, \hat{\beta})}{\partial(u, v)} = \frac{1}{W} (E z_v^2 - 2F z_u z_v + G z_u^2) > 0$$

und der bereits festgestellten Eigenschaften der Höhenlinien s_c wird durch $(u, v) \to (\xi, \eta)$ eine umkehrbar eindeutige Abbildung des Kreisringes P auf den Kreisring $\Pi = \{\xi, \eta;\ \varrho_1^2 < \xi^2 + \eta^2 < \varrho_2^2\}$ vermittelt, wobei $\varrho_j = e^{c_j/\varkappa}$ gilt. Die positive Richtung auf S_c werde durch die Richtung wachsenden ϑ festgelegt. Gemäß §§ 60, 61, 73 sind die Funktionenpaare $(\hat{\alpha}, \hat{\beta})$, (α, β) und (ξ, η) isotherme Parameter auf der Fläche. Eine einfache Rechnung zeigt, daß die Beziehungen

$$x_\alpha^2 + y_\alpha^2 + \varkappa^2 = x_\beta^2 + y_\beta^2, \qquad x_\alpha x_\beta + y_\alpha y_\beta = 0$$

erfüllt sind.

Der konforme Modul der Fläche hat den Wert $\mu = (c_2 - c_1)/\varkappa = h/\varkappa$. Wir werden diesen Modul später durch gewisse geometrische Größen abzuschätzen haben.

Damit haben wir Anschluß an die Formeln und weiteren Ausführungen der §§ 519, 531, 532 gewonnen, welche wir nun für unsere Zwecke übernehmen können.

Wie in § 519 erkennt man auch hier, daß eine gemäß der Definition des § 540 in der Scheibe $c_1 < z < c_2$ verlaufende verallgemeinerte Minimalfläche (in einer Darstellung durch isotherme Parameter) keine Verzweigungspunkte aufweisen kann.

§ 542. Neben den von einer Schar von Kreisen in parallelen Ebenen erzeugten zyklischen Minimalflächen sind alle Minimalflächen, welche eine Darstellung in Zylinderkoordinaten $\{x = r(u, v)\cos v,\ y = r(u, v)\sin v,\ z = u;\ u_1 < u < u_2,\ 0 \leqq v \leqq 2\pi\}$ besitzen, Beispiele der in den vorangehenden Abschnitten betrachteten Flächen. Bei den letzteren Flächen ist jede Schnittkurve S_c eine bzgl. des Punktes $x = y = 0$ sternförmige Kurve in der Ebene $z = c$, und die Funktion $r(u, v)$ ist eine Lösung der elliptischen Differentialgleichung

$$r(r^2 + r_v^2)\, r_{uu} - 2r\, r_u\, r_v\, r_{uv} - (1 + r_u^2)\,[r^2 + 2r_v^2 - r\, r_{vv}] + 2r_u^2 r_v^2 = 0,$$

in welcher die eckige Klammer das $(r^2 + r_v^2)^{3/2}$-fache der Krümmung der Kurven S_c bedeutet.

Wir wollen etwas allgemeiner Flächen betrachten, deren Schnittkurven S_c bzgl. eines inneren Punktes, welcher von c abhängen darf, sternförmig sind. Die folgende Definition dient zur Vereinfachung der Formulierungen:

Eine in der Scheibe $c_1 < z < c_2$, $-\infty \leqq c_1 < c_2 \leqq \infty$, des (x, y, z)-Raumes definierte Minimalfläche S vom Typ des Kreisringes heißt zur Klasse $\mathfrak{S}(c_1, c_2)$ gehörig, falls ihre Schnittkurven S_c mit jeder Ebene $z = c$ $(c_1 < c < c_2)$ sternförmig sind. Im Falle $c_1 = -h/2$, $c_2 = h/2$ sprechen wir kürzer von einer Fläche der Klasse $\mathfrak{S}(h)$.

Entsprechend bezeichnen $\mathfrak{C}(c_1, c_2)$ und $\mathfrak{C}(h)$ bzw. $\mathfrak{J}(c_1, c_2)$ und $\mathfrak{J}(h)$ die Gesamtheit der Minimalflächen, für die die Schnittkurven S_c konvexe bzw. einfach geschlossene Kurven sind.

Da eine Translation in Richtung der z-Achse für unsere Untersuchungen ohne Bedeutung ist, können wir uns bei den nachfolgenden Betrachtungen meistens auf eine Minimalfläche S der Klasse $\mathfrak{S}(h)$ beschränken. Gemäß § 541 erscheint diese Fläche in einer isothermen Darstellung $S = \{\mathfrak{x} = \mathfrak{x}(\zeta);\, \zeta \in \Pi\}$, wo Π nunmehr der Kreisring $R^{-1} < |\zeta| < R$ ist. Dabei hat R den Wert $R = e^{h/2\varkappa} = e^{\mu/2}$.

Im Falle $h = \infty$, d. h. im Falle einer Fläche der Klasse $\mathfrak{S}(\infty)$, gilt natürlich $\mu = \infty$ und $R = \infty$. Das Parametergebiet von S ist dann die gesamte ζ-Ebene mit Ausschluß der Punkte $\zeta = 0$ und $\zeta = \infty$.

§ 543. Für festes ϱ sei S_c, $c = \varkappa \log \varrho$, jetzt die Bildkurve des Kreises $|\zeta| = \varrho$. S_c ist bzgl. eines (möglicherweise von ϱ abhängigen) Punktes sternförmig. Der Winkel zwischen dem von diesem Punkte zum Flächenpunkte $\zeta = \varrho\, e^{i\vartheta}$ weisenden Strahl und der positiven x-Achse werde mit $\varphi(\varrho, \vartheta)$ bezeichnet. φ ist eine monoton wachsende Funktion von ϑ. Im Intervalle $0 \leqq \vartheta < 2\pi$ gilt aus geometrischen Gründen $\varphi(\varrho, \vartheta) \leqq \psi(\varrho, \vartheta) + 2n\pi \leqq \varphi(\varrho, \vartheta) + \pi$. Dabei ist $\psi(\varrho, \vartheta)$ der in § 531 eingeführte Winkel, und n ist diejenige ganze Zahl, für welche $\varphi(\varrho, 0) \leqq \psi(\varrho, 0) + 2n\pi \leqq \varphi(\varrho, 0) + \pi$ gilt. Daraus folgt die in $0 \leqq \vartheta', \vartheta'' < 2\pi$ gültige Ungleichung

$$\varphi(\varrho, \vartheta'') - \varphi(\varrho, \vartheta') - \pi \leqq \psi(\varrho, \vartheta'') - \psi(\varrho, \vartheta') \leqq \varphi(\varrho, \vartheta'') - \varphi(\varrho, \vartheta') + \pi.$$

Die in § 531 definierte Zahl m, welche den Zuwachs des Winkels $\psi(\varrho, \vartheta)$ ausdrückt, muß also gleich Eins sein. Für die in Π stetige Funktion $\psi(\varrho, \vartheta) - \vartheta$ ergibt sich somit die Abschätzung $|[\psi(\varrho, \vartheta'') - \vartheta''] - [\psi(\varrho, \vartheta') - \vartheta']| \leqq 3\pi$.

Der Leser sei nun an die in § 532 eingeführte analytische Funktion $f(\zeta) = \sum_{n=-\infty}^{\infty} a_n \zeta^n$ erinnert, welche wir noch in der Form $f(\zeta) = f_1(\zeta) + f_2(\zeta)$ aufspalten, wo $f_1(\zeta) = \sum_{n=-\infty}^{-1} a_n \zeta^n$ und $f_2(\zeta) = \sum_{n=0}^{\infty} a_n \zeta^n$ gesetzt ist. Mit $A(\zeta), A_l(\zeta)$ bzw. $B(\zeta), B_l(\zeta)$ seien die Real- bzw. Imaginärteile der Funktionen $f(\zeta)$ und $f_l(\zeta)$ $(l = 1, 2)$ bezeichnet und mit $V(\varrho), V_l(\varrho)$ die Variationen

$$V(\varrho) = \max_{|\zeta'|=|\zeta''|=\varrho} [A(\zeta'') - A(\zeta')], \quad V_l(\varrho) = \max_{|\zeta'|=|\zeta''|=\varrho} [A_l(\zeta'') - A_l(\zeta')].$$

Wegen $A = \psi - \vartheta$ haben wir dann die Ungleichung $V(\varrho) \leqq 3\pi$ für $R^{-1} < \varrho < R$, welche ihrerseits für die Funktion $F(\zeta) = e^{f(\zeta)}$ die Ungleichung

$$e^{-3\pi} \leqq \left|\frac{F(\zeta'')}{F(\zeta')}\right| \leqq e^{3\pi}, \qquad R^{-1} < |\zeta'| = |\zeta''| < R$$

nach sich zieht.

§ 544. Wir können nun den folgenden Satz beweisen, welcher eine Kennzeichnung der Kettenflächen beinhaltet (J. C. C. Nitsche [11], [13]):

Jede Minimalfläche der Klasse $\mathfrak{S}(\infty)$ ist eine Kettenfläche.

Beweis: Das Parametergebiet Π ist hier die zweifach punktierte ζ-Ebene $0 < |\zeta| < \infty$. Gemäß § 532 genügt es zu zeigen, daß die Funktion $f(\zeta)$ eine Konstante ist. Andernfalls hätte $F(\zeta)$ bei $\zeta = 0$ oder bei $\zeta = \infty$ eine wesentliche Singularität. Es gäbe dann zu jeder beliebigen Zahl $M > 0$ drei Punkte $\zeta_1, \zeta_2, \zeta_3$ mit $0 < |\zeta_1| < |\zeta_2| < |\zeta_3| < \infty$, in denen

$$|F(\zeta_1)| \leqq \frac{1}{M}, \qquad |F(\zeta_2)| \geqq M, \qquad |F(\zeta_3)| \leqq \frac{1}{M}$$

wäre. Daraus und aus § 543 folgte nun aber

$$|F(\zeta)| \leqq M^{-1} e^{3\pi} \quad \text{für} \quad |\zeta| = |\zeta_1| \quad \text{und für} \quad |\zeta| = |\zeta_3|,$$

$$|F(\zeta)| \geqq M e^{-3\pi} \quad \text{für} \quad |\zeta| = |\zeta_2|.$$

Indem dann z. B. $M = 2e^{3\pi}$ gesetzt wird, entstünde ein Widerspruch zum Maximumprinzip für analytische Funktionen. W. z. b. w.

Der obige Satz enthält als Sonderfall die besonders einfach zu beweisende Aussage, daß jede Minimalfläche, welche eine Darstellung in Zylinderkoordinaten wie in § 542 für alle Werte von z besitzt (d. h. $u_1 = -\infty$, $u_2 = \infty$), insbes., wenn ihre Schnittkurven mit allen Ebenen $z = \text{const}$ konvex sind, eine Kettenfläche ist (J. C. C. Nitsche [4], [10]).

§ 545. *Es sei $\zeta_0 = e^{i\vartheta_0}$ ein beliebiger Punkt auf dem Kreise $|\zeta| = 1$. Für alle ζ in $R^{-1} < |\zeta| < R$ gelten die Ungleichungen*

$$|A_1(\zeta) - A_1(\zeta_0)| \leqq 3\pi + V_2(1), \qquad |A_2(\zeta) - A_2(\zeta_0)| \leqq 3\pi + V_1(1)$$

und daher

$$|A(\zeta) - A(\zeta_0)| \leqq 6\pi + V_1(1) + V_2(1).$$

Beweis: Auf Grund des Maximumprinzipes gilt für die in $|\zeta| < R$ harmonische Funktion $A_2(\zeta)$ die Abschätzung $|A_2(\zeta'') - A_2(\zeta')| \leqq \leqq V_2(1)$ für $|\zeta'|, |\zeta''| \leqq 1$. Aus der Identität $A_1(\zeta'') - A_1(\zeta') = = A(\zeta'') - A(\zeta') - [A_2(\zeta'') - A_2(\zeta')]$ folgt unter Berücksichtigung von § 543 daher

$$|A_1(\zeta'') - A_1(\zeta')| \leqq 3\pi + V_2(1) \quad \text{für} \quad R^{-1} < |\zeta'| = |\zeta''| = \varrho \leqq 1.$$

Die Funktion $A_1(\zeta)$ nimmt auf dem Kreise $|\zeta| = \varrho \leqq 1$ ihr Maximum $M_1(\varrho)$ in einem Punkte $\zeta = \xi$ an. Für $|\zeta| = \varrho$ gilt dann

$$A_1(\zeta) = A_1(\zeta) - A_1(\xi) + A_1(\xi) \geqq M_1(\varrho) - [3\pi + V_2(1)].$$

Für die in $|\zeta| > R^{-1}$ harmonische Funktion $A_1(\zeta)$ gibt es nach dem Minimumprinzip auf dem Kreise $|\zeta| = \varrho \leqq 1$ einen Punkt ζ_1, in welchem $A_1(\zeta_1) \leqq A_1(\zeta_0)$ ist. Somit wird

$$M_1(\varrho) \leqq A_1(\zeta_1) + 3\pi + V_2(1) \leqq A_1(\zeta_0) + 3\pi + V_2(1).$$

Da $M_1(\varrho)$ eine monoton abnehmende Funktion ist, gilt diese ursprünglich im Intervalle $R^{-1} < \varrho \leqq 1$ hergeleitete Abschätzung tatsächlich für alle ϱ in $R^{-1} < \varrho < R$.

Eine analoge Schlußweise liefert die Ungleichung

$$m_1(\varrho) \equiv \min_{|\zeta|=\varrho} A_1(\zeta) \geqq A_1(\zeta_0) - 3\pi - V_2(1) \quad \text{für} \quad R^{-1} < \varrho < R.$$

Damit ist nun die erste der behaupteten Ungleichungen bewiesen. Die zweite wird genauso abgeleitet.

§ 546. Gemäß § 96 ist jede zyklische Minimalfläche S in der Darstellung (55) eine Fläche der Klasse $\mathfrak{S}(h)$, mit $h = \dfrac{2ab}{\sqrt{a^2+b^2}} \mathsf{K}\left(\dfrac{a}{\sqrt{a^2+b^2}}\right)$. Die Bildkurve des Strahles $\{u, v;\, b \leqq u < \infty,\, v = \pi\}$ auf S hat die Länge

$$\int_b^\infty \sqrt{\left(\frac{u^2}{\Delta(u)} - 1\right)^2 + \frac{a^2 b^2}{\Delta^2(u)}}\, du \leqq \left(b + \frac{1}{2}\right) \sqrt{a^2+b^2} \int_b^\infty \frac{du}{\Delta(u)} =$$

$$= \left(b + \frac{1}{2}\right) \mathsf{K}\left(\frac{a}{\sqrt{a^2+b^2}}\right) < \infty.$$

S ist also nicht vollständig im Sinne des § 54.

Man kann vermuten, daß diese Aussage verallgemeinerungsfähig ist. In der Tat läßt sich der Satz des § 544 folgendermaßen verschärfen (J. C. C. Nitsche [11]):

Wenn die Minimalfläche S der Klasse $\mathfrak{S}(c_1, c_2)$ vollständig ist, dann muß $c_1 = -\infty$, $c_2 = \infty$ gelten, und S muß eine Kettenfläche sein.

Beweis: Angenommen, die Behauptung sei falsch, und es gelte etwa $c_2 < \infty$. Durch eine Verschiebung der Fläche in z-Richtung können wir es dann immer erreichen, daß $c_2 > 0$ und $c_1 \leqq -c_2$ gilt. Wir betrachten nun das in der Scheibe $|z| < c_2 \equiv h/2$ verlaufende Stück unserer Minimalfläche. Nach § 545 ist die Funktion $A_2(\zeta)$ in $|\zeta| < R = e^{h/2\varkappa} < \infty$ harmonisch und beschränkt. Zufolge des Fatouschen Satzes der Funktionentheorie existieren also die radialen Grenzwerte $\lim\limits_{\varrho \to R-0} f_2(\varrho\, e^{i\vartheta})$ für fast alle Werte von ϑ. Da die Funktion $f_1(\zeta)$ in $|\zeta| > R^{-1}$ analytisch ist, existieren somit auch die radialen Grenzwerte $\lim\limits_{\varrho \to R-0} f(\varrho\, e^{i\vartheta})$ für fast alle Werte von ϑ.

Für einen solchen Wert $\vartheta = \vartheta_0$ betrachten wir nun die dem Segment $\{\zeta = \varrho\, e^{i\vartheta_0};\ 1 \leqq \varrho < R\}$ entsprechende halboffene Kurve auf S. Nach §§ 16, 532 ist ihre Länge gleich

$$L = \lim_{\varrho \to R-0} \int_1^{\varrho} ds = \varkappa \int_1^{R} \operatorname{Cof} \chi(\varrho, \vartheta_0) \frac{d\varrho}{\varrho} \geqq$$

$$\geqq \varkappa \log R \max_{1 \leqq \varrho \leqq R} \operatorname{Cof} \chi(\varrho, \vartheta_0) < \infty .$$

Da die Länge jedes zum Rande von S führenden Weges auf Grund unserer Vollständigkeitsannahme unendlich ausfallen muß, ist das ein Widerspruch. Die Behauptung ist also richtig. W. z. b. w.

§ 547. Die Sätze der §§ 544, 546 zeigen, daß eine Minimalfläche der Klasse $\mathfrak{S}(c_1, c_2)$ mit $-\infty < c_1 < c_2 < \infty$ nicht beiderseitig ins Unendliche oder zu einer vollständigen Fläche so fortgesetzt werden kann, daß ihre Schnittkurven S_c alle sternförmig sind; es sei denn, das Ausgangsstück ist Teil einer Kettenfläche.

Diese Aussage erinnert an den Bernsteinschen Satz des § 130, welcher besagt, daß eine für alle Werte von x und y erklärte Minimalfläche der speziellen Darstellungsform $z = z(x, y)$ eine Ebene sein muß. In dem hier betrachteten Falle weifach zusammenhängender Flächen ist es nun das Katenoid, welches die Rolle der Ebene übernimmt. Es liegt nahe zu fragen, ob es für solche Minimalflächen ein Analogon zu der in § 612 formulierten quantitativen Fassung des Bernsteinschen Satzes gibt. Zunächst erweist es sich da natürlich als notwendig, ein geeignetes Maß für die Abweichung einer Fläche der Klasse $\mathfrak{S}$ von einer Kettenfläche zu finden. Wir werden sehen, daß die Abweichung einer individuellen Kurve S_c von der kreisförmigen Gestalt, und zwar gemessen durch den Quotienten $k_{\min}/k_{\max}$ ihrer Minimal- und Maximalkrümmungen und durch ihre Länge L, zu einem brauchbaren Maße führt. Eine Minimalfläche, welche eine nicht kreisförmige Schnittkurve S_{c_0} enthält, kann nicht beiderseitig nach Unendlich so fortgesetzt werden, daß alle ihre Schnittkurven S_c sternförmig bleiben; und wie weit die Fortsetzung möglich ist, das wird durch die Abweichung der Kurve S_{c_0} von der kreisförmigen Gestalt bestimmt: Je länger die Minimalfläche, desto kreisförmiger die Kurve S_{c_0}. Es mag durchaus möglich sein, die Minimalfläche in der geforderten Weise nach einer Seite hin ins Unendliche fortzusetzen. Nach beiden Seiten geht das aber nicht. Die Abb. 72 gibt eine Illustration der allgemeinen Situation.

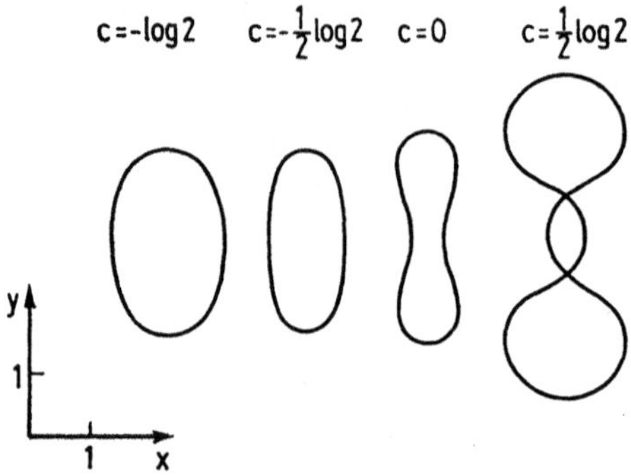

Abb. 72. Schnittkurven S_c der durch die Funktion $f(\zeta) = -i\,\zeta^2$ gemäß § 532 erzeugten Minimalfläche.

Die folgenden zwei Paragraphen, von denen der erste einen vorbereitenden Hilfssatz enthält, bringen die analytische Fassung der vorangehenden Bemerkungen.

§ 548. *In jedem Punkte* $\zeta_0 = e^{i\vartheta_0}$ *des Kreises* $|\zeta| = 1$ *gilt die Ungleichung*

$$|f'(\zeta_0)| \leqq \frac{\pi}{2}\,\mathfrak{Sin}\left(\frac{6\pi}{1-\frac{4}{\pi}\operatorname{arctan}\frac{1}{R}}\right)\frac{1}{\log R}$$

und insbes.

$$|f'(\zeta_0)| \leqq \frac{\pi}{2}\,\mathfrak{Sin}(12\pi)\,\frac{1}{\log R} \quad \text{für} \quad R \geqq \cot\frac{\pi}{8}\,.$$

Beweis: Die Schwankung der in $|\zeta| < R$ harmonischen Funktion $A_2(\zeta)$ genügt bekanntlich der Ungleichung

$$V_2(\varrho_1) \leqq \frac{4}{\pi}\operatorname{arctan}\left(\frac{\varrho_1}{\varrho_2}\right)V_2(\varrho_2) \quad \text{für} \quad \varrho_1 \leqq \varrho_2 < R$$

(siehe G. Pólya und G. Szegö [I], Aufgabe 289 auf p. 140 des 1. Bandes). Gleicherweise gilt

$$V_1(\varrho_2) \leqq \frac{4}{\pi} \arctan\left(\frac{\varrho_1}{\varrho_2}\right) V_1(\varrho_1) \quad \text{für} \quad R^{-1} < \varrho_1 \leqq \varrho_2 .$$

Da nun gewiß $V_2(\varrho) \leqq V(\varrho) + V_1(\varrho)$ und $V_1(\varrho) \leqq V(\varrho) + V_2(\varrho)$ gilt, folgt aus § 543 für $1 \leqq \varrho < R$, daß

$$\begin{aligned} V_2(1) &\leqq \frac{4}{\pi} \arctan\left(\frac{1}{\varrho}\right) V_2(\varrho) \leqq \frac{4}{\pi} \arctan\left(\frac{1}{\varrho}\right) [V(\varrho) + V_1(\varrho)] \leqq \\ &\leqq \frac{4}{\pi} \arctan\left(\frac{1}{\varrho}\right)\left[3\pi + \frac{4}{\pi} \arctan\left(\frac{1}{\varrho}\right) V_1(1)\right] \leqq \\ &\leqq \frac{4}{\pi} \arctan\left(\frac{1}{\varrho}\right)\left[3\pi + \frac{4}{\pi} \arctan\left(\frac{1}{\varrho}\right)\{3\pi + V_2(1)\}\right]. \end{aligned}$$

Indem das Glied mit $V_2(1)$ von der rechten Seite auf die linke Seite gebracht wird, ergibt sich nach einer Division und dem Grenzübergang $\varrho \to R$ die Ungleichung

$$V_2(1) \leqq 3\pi \frac{\arctan \frac{1}{R}}{\frac{\pi}{4} - \arctan \frac{1}{R}} .$$

Die gleiche Abschätzung findet man für $V_1(1)$. Nach § 545 wird also

$$|A(\zeta) - A(\zeta_0)| \leqq 6\pi + 6\pi \frac{\arctan \frac{1}{R}}{\frac{\pi}{4} - \arctan \frac{1}{R}} = \frac{6\pi}{1 - \frac{4}{\pi} \arctan \frac{1}{R}} .$$

Als Funktion der komplexen Veränderlichen γ ist $F(\zeta) = e^{f(\zeta)}$ im Streifen $|\mathrm{Re}\,\gamma| < \log R$ analytisch, und es gilt dort

$$|F(e^{i\vartheta_0})| = \exp A(e^{i\vartheta_0}),$$

$$|F(\zeta)| \leqq \exp\left\{A(e^{i\vartheta_0}) + \frac{6\pi}{1 - \frac{4}{\pi} \arctan \frac{1}{R}}\right\} \equiv N .$$

Vermittels der konformen Abbildung $\omega = (e^{i\omega'} - i)/(e^{i\omega'} + i)$, $\omega' = \pi(\gamma - i\,\vartheta_0 + \log R)/2 \log R$, bei welcher der Punkt $\omega = 0$ dem Punkte $\gamma = i\,\vartheta_0$ entspricht, verpflanzen wir nun F in das Innere des Einheitskreises. Wenn wir nun die Beziehungen

$$\frac{df}{d\zeta} = \frac{1}{F(\zeta)} \frac{dF}{d\zeta} = \frac{1}{F(\zeta)} \frac{1}{\zeta} \frac{\pi}{2 \log R} \frac{-2e^{i\omega'}}{(i + e^{i\omega'})^2} \frac{dF}{d\omega}$$

und die aus dem Schwarz-Pickschen Lemma (siehe § 608) folgende Ungleichung

$$\left|\frac{dF}{d\omega}\right|_{\omega=0} \leqq N\left(1 - \frac{|F|^2_{\omega=0}}{N^2}\right)$$

beachten, finden wir

$$|f'(e^{i\vartheta_0})| \leqq \frac{N}{|F(e^{i\vartheta_0})|}\,\frac{\pi}{4\log R}\left(1 - \frac{|F(e^{i\vartheta_0})|^2}{N^2}\right)$$

$$\leqq \frac{\pi}{2}\,\mathfrak{Sin}\left(\frac{6\pi}{1 - \frac{4}{\pi}\arctan\frac{1}{R}}\right)\frac{1}{\log R}\,.$$

Das war zu beweisen.

§ 549. *Es sei S eine Minimalfläche der Klasse $\mathfrak{S}(h)$. Mit $k_{\min}$ und $k_{\max}$ seien die (positiv genommenen) Minimal- und Maximalkrümmungen der Kurve S_0 (d. h. der Schnittkurve von S mit der Ebene $z = 0$) und mit L ihre Länge bezeichnet.*

Wenn $h/L \geqq q_0 \equiv \frac{1}{2}\mathfrak{Sin}(12\pi)$ ist, dann muß die Kurve S_0 konvex sein. Darüber hinaus gibt es eine positive Funktion $M(q)$, welche für alle $q \geqq 3q_0$ erklärt und kleiner als Eins ist und mit $q \to \infty$ monoton zu Eins anwächst, so daß

$$\frac{k_{\min}}{k_{\max}} \geqq M\left(\frac{h}{L}\right)$$

gilt. (J. C. C. Nitsche [13].)

Für die Funktion $M(q)$ kann $M(q) = e^{-\frac{\pi q_0}{q}}(q - 3q_0)/(q - q_0)$ genommen werden. Es sei aber angemerkt, daß die erhaltenen numerischen Werte für die Schranke q_0 und die Funktion $M(q)$ keineswegs die bestmöglichen sind. Entsprechende Aussagen treffen übrigens auch für die allgemeinere Klasse $\mathfrak{B}(h)$ von Minimalflächen zu, für welche die Tangentenwinkel ψ jeder Kurve S_c eine gleichmäßig durch eine Zahl b beschränkte Schwankung besitzen. Die Konstante q_0 wäre dann als $\frac{1}{2}\mathfrak{Sin}\,4(2\pi + b)$ zu nehmen.

Wie man sich leicht überlegt, folgt aus dem Satze natürlich wiederum die in § 544 bewiesene Tatsache, daß jede Fläche der Klasse $\mathfrak{S}(\infty)$ eine Kettenfläche sein muß.

Beweis: Nach § 532 sind Krümmung und Länge der Kurve S_0 durch

$$k(\vartheta) = \left|\frac{d\psi}{ds}\right| = \frac{|1 + A_\vartheta(e^{i\vartheta})|}{\varkappa\,\mathfrak{Cof}\,\chi(e^{i\vartheta})}\,, \qquad L = \varkappa\int\limits_0^{2\pi}\mathfrak{Cof}\,\chi(e^{i\vartheta})\,d\vartheta$$

gegeben. Es gilt also gewiß $L \geqq 2\pi\varkappa$ oder wegen $R = e^{h/2\varkappa}$ auch $\log R \geqq \pi h/L$. Wenn $|A_\vartheta(e^{i\vartheta})| < 1$ gilt, was nach § 548 für $h > q_0 L$ gewährleistet ist, so muß der Differentialquotient $d\psi/ds$ in allen Punkten von S_0 positiv sein. Damit ist die erste Behauptung des Satzes bewiesen.

Angenommen nun, daß $|f'(e^{i\vartheta})| \leqq \delta \leqq \frac{1}{3}$ gölte. Mit $e^{i\vartheta_1}$ und $e^{i\vartheta_2}$ seien zwei Punkte auf dem Kreise $|\zeta| = 1$ bezeichnet, in denen die Krümmung von S_0 ihren Minimal- bzw. Maximalwert erreicht. Da für zwei beliebige Punkte $e^{i\vartheta'}$ und $e^{i\vartheta''}$ auf $|\zeta| = 1$ nach § 548 die Ungleichung $|\chi(e^{i\vartheta''}) - \chi(e^{i\vartheta'})| = |B(e^{i\vartheta''}) - B(e^{i\vartheta'})| \leqq \pi\delta$ zutrifft, muß $\mathfrak{Cof}\,\chi(e^{i\vartheta_1}) \leqq e^{\pi\delta}\,\mathfrak{Cof}\,\chi(e^{i\vartheta_2})$ sein. Daher wird nun

$$k_{\min} = \frac{1 + A_\theta(e^{i\theta_1})}{\varkappa\,\mathfrak{Cof}\,\chi(e^{i\theta_1})} = \frac{1 + A_\theta(e^{i\theta_2}) + [A_\theta(e^{i\theta_1}) - A_\theta(e^{i\theta_2})]}{\varkappa\,\mathfrak{Cof}\,\chi(e^{i\theta_1})} \geqq$$

$$\geqq \frac{1 + A_\theta(e^{i\theta_2}) - 2\delta}{\varkappa\, e^{\pi\delta}\,\mathfrak{Cof}\,\chi(e^{i\theta_2})} = \frac{1 + A_\theta(e^{i\theta_2})}{\varkappa\,\mathfrak{Cof}\,\chi(e^{i\theta_2})}\, e^{-\pi\delta}\left(1 - \frac{2\delta}{1 + A_\theta(e^{i\theta_2})}\right) \geqq$$

$$\geqq k_{\max}\, e^{-\pi\delta}\left(1 - \frac{2\delta}{1-\delta}\right) = k_{\max}\, e^{-\pi\delta}\,\frac{1 - 3\delta}{1 - \delta},$$

d. h.

$$\frac{k_{\min}}{k_{\max}} \geqq e^{-\pi\delta}\,\frac{1 - 3\delta}{1 - \delta}.$$

Wegen $\log R \geqq \pi h/L$ folgt für $\pi h/L \geqq \cot\frac{\pi}{8} = \sqrt{2} + 1$ aus § 548, daß $|f'(e^{i\vartheta})| \leqq q_0\, L/h$ ist. Wenn daher der Quotient h/L größer als die Zahl $3q_0 > (\sqrt{2} + 1)/\pi$ ausfällt, so gilt in der Tat $|f'(e^{i\vartheta})| \leqq \leqq \frac{q_0}{(h/L)} \equiv \delta \leqq \frac{1}{3}$. Unter Einführung der oben definierten Funktion $M(q)$ wird daraus $k_{\min}/k_{\max} \geqq M(h/L)$.

Damit ist alles bewiesen.

3.4. Die isoperimetrische Ungleichung

§ 550. Vorgelegt sei jetzt wieder eine von zwei punktfremden Jordankurven Γ_1 und Γ_2 berandete Minimalfläche S vom Typ des Kreisringes. Wie in § 515 denken wir uns S bereits in eine isotherme Darstellung $\{\mathfrak{x} = \mathfrak{x}(\zeta); \zeta \in \bar{\Pi}\}$ gesetzt, wo $\Pi = \{\zeta; \varrho_1 < |\zeta| < \varrho_2\}$, $0 < < \varrho_1 < \varrho_2 < \infty$. Es spielt dann auch keine Rolle mehr, ob S Verzweigungspunkte besitzt oder nicht.

Für $\varrho_1 \leqq \varrho \leqq \varrho_2$ bezeichne $L(\varrho)$ die Länge der Bildkurven $\{\mathfrak{x} = \mathfrak{x}(\varrho\, e^{i\vartheta}); 0 \leqq \vartheta \leqq 2\pi\}$ konzentrischer Kreise im Parametergebiet. Dabei sei abkürzungsweise $L(\varrho_1) = L_1$ und $L(\varrho_2) = L_2$ gesetzt. Während $L(\varrho)$ für $\varrho_1 < \varrho < \varrho_2$ als Länge einer analytischen Kurve endlich ist, können die Längen L_1 oder L_2 der Randkurven von S natürlich unendlich ausfallen. Wir behaupten aber, *daß für rektifizierbare Kurven Γ_1 und Γ_2 die Ungleichung* $L(\varrho) \leqq \max(L_1, L_2)$ *gilt.* (J. C. C. Nitsche [22], p. 372.)

Der Beweis bedient sich der Schlußweise des § 316. Der Radius ϱ, $\varrho_1 < \varrho < \varrho_2$, sei gegeben. Man betrachte eine Unterteilung $0 = \vartheta_0 < < \vartheta_1 < \cdots < \vartheta_n = 2\pi$ des Intervalles $0 \leqq \vartheta \leqq 2\pi$ und führe die Funktion

$$g(\zeta) = \sum_{\nu=0}^{n-1} |\mathfrak{x}(\zeta\, e^{i\vartheta_{\nu+1}}) - \mathfrak{x}(\zeta\, e^{i\vartheta_\nu})|$$

ein. Für vorgegebenes $\varepsilon > 0$ wähle man die Unterteilung so fein, daß $g(\varrho) > L(\varrho) - \varepsilon$ gilt. Da die Funktion $g(\zeta)$ in $\bar{\Pi}$ stetig und in Π subharmonisch ist, nimmt sie ihr Maximum in einem Punkte ζ_0 des Randes $\partial\Pi$ an. Es gilt somit

$$L(\varrho) < g(\varrho) + \varepsilon \leqq g(\zeta_0) + \varepsilon \leqq \max(L_1, L_2) + \varepsilon.$$

Da ε willkürlich war, folgt die Behauptung.

§ 551. *Wenn die Kurven Γ_1 und Γ_2 rektifizierbar sind, so ist der Flächeninhalt von S endlich.* (J. C. C. Nitsche [22], p. 372.)

Beweis: Für $0 < \varepsilon < \frac{1}{2}(\varrho_2 - \varrho_1)$ setzen wir $\varrho_1' = \varrho_1 + \varepsilon$, $\varrho_2' = \varrho_2 - \varepsilon$ und bezeichnen mit Π_ε das Ringgebiet $\varrho_1' < |\zeta| < \varrho_2'$. Durch partielle Integration erhalten wir dann für den Flächeninhalt I_ε des dem Gebiet Π_ε entsprechenden Teiles von S den Ausdruck

$$I_\varepsilon = \frac{1}{2} \iint\limits_{\Pi_\varepsilon} (\mathfrak{x}_\xi^2 + \mathfrak{x}_\eta^2)\, d\xi\, d\eta$$

$$= \frac{\varrho_2'}{2} \int\limits_0^{2\pi} \mathfrak{x}(\varrho_2'\, e^{i\vartheta}) \cdot \mathfrak{x}_\varrho\, (\varrho_2' e^{i\vartheta})\, d\vartheta - \frac{\varrho_1'}{2} \int\limits_0^{2\pi} \mathfrak{x}(\varrho_1'\, e^{i\vartheta}) \cdot \mathfrak{x}_\varrho (\varrho_1'\, e^{i\vartheta})\, d\vartheta.$$

Unter Verwendung der Beziehung $\varrho\, |\mathfrak{x}_\varrho| = |\mathfrak{x}_\vartheta|$ und § 550 wird daraus nun

$$I_\varepsilon \leqq \tfrac{1}{2} \int\limits_0^{2\pi} |\mathfrak{x}(\varrho_1'\, e^{i\vartheta})|\, |\mathfrak{x}_\vartheta(\varrho_1'\, e^{i\vartheta})|\, d\vartheta + \tfrac{1}{2} \int\limits_0^{2\pi} |\mathfrak{x}(\varrho_2'\, e^{i\vartheta})|\, |\mathfrak{x}_\vartheta(\varrho_2'\, e^{i\vartheta})|\, d\vartheta$$

$$\leqq \tfrac{1}{2} L(\varrho_1') \max_{0 \leqq \vartheta \leqq 2\pi} |\mathfrak{x}(\varrho_1'\, e^{i\vartheta})| + \tfrac{1}{2} L(\varrho_2') \max_{0 \leqq \vartheta \leqq 2\pi} |\mathfrak{x}(\varrho_2'\, e^{i\vartheta})|$$

$$\leqq \tfrac{1}{2} \max(L_1, L_2) \left\{ \max_{0 \leqq \vartheta \leqq 2\pi} |\mathfrak{x}(\varrho_1'\, e^{i\vartheta})| + \max_{0 \leqq \vartheta \leqq 2\pi} |\mathfrak{x}(\varrho_2'\, e^{i\vartheta})| \right\}.$$

Da alle Punkte von S nach § 70 in der konvexen Hülle der aus Γ_1 und Γ_2 bestehenden Kurvenkonfiguration enthalten sind, ist I_ε gleichmäßig für alle ε beschränkt, der Inhalt $I(S)$ also endlich. W. z. b. w.

§ 552. Ähnlich wie in § 233 folgt aus der Endlichkeit des Flächeninhaltes $I(S)$, daß die Länge der den Segmenten $\{\zeta = \varrho\, e^{i\vartheta};\ \varrho_1 \leqq \leqq \varrho \leqq \varrho_2\}$ entsprechenden Kurven auf S für fast alle Werte von ϑ

endlich ist. Es gilt ja

$$\int_0^{2\pi}\left[\int_{\varrho_1}^{\varrho_2}|\mathfrak{x}_\varrho(\varrho\, e^{i\vartheta})|\,d\varrho\right]^2 d\vartheta \leqq \mu\, I(S).$$

Wir schneiden unsere Fläche S jetzt längs einer solchen Kurve auf und erhalten so eine Fläche vom Typ der Kreisscheibe. Die Berandung dieser ist rektifizierbar, wird allerdings i. a. keine Jordankurve sein. Für die nunmehr erfolgende Anwendung des § 321 ist das aber ohne Bedeutung. Gemäß § 321 sind die von ϑ abhängigen Vektoren $\mathfrak{x}(\varrho_j\, e^{i\vartheta})$ $(j = 1, 2)$ absolut stetig, und es gilt

$$\lim_{\substack{\varrho\to\varrho_j\\ \varrho_1<\varrho<\varrho_2}} \int_0^{2\pi} |\mathfrak{x}_\vartheta(\varrho\, e^{i\vartheta}) - \mathfrak{x}_\vartheta(\varrho_j\, e^{i\vartheta})|\,d\vartheta = 0,$$

also insbes. $L_1 = \lim\limits_{\varrho\to\varrho_1+0} L(\varrho)$ und $L_2 = \lim\limits_{\varrho\to\varrho_2-0} L(\varrho)$.

§ 553. *Die Ungleichung des* § 550 *läßt sich nun zu*

$$L(\varrho) \leqq \frac{1}{\mu}\left[L_1 \log\frac{\varrho_2}{\varrho} + L_2 \log\frac{\varrho}{\varrho_1}\right], \quad \mu = \log\frac{\varrho_2}{\varrho_1}$$

verschärfen.

Beweis: Die Länge $L(\varrho) = \int_0^{2\pi} |\mathfrak{x}_\vartheta(\varrho\, e^{i\vartheta})|\,d\vartheta$ ist eine im Intervalle $\varrho_1 \leqq \varrho \leqq \varrho_2$ stetige Funktion. Wenn über dem Kreise $|\zeta| = \varrho$ kein Verzweigungspunkt von S liegt, so gilt für $\varrho_1 < \varrho < \varrho_2$

$$L'(\varrho) = \int_0^{2\pi} \frac{\mathfrak{x}_\vartheta\cdot\mathfrak{x}_{\vartheta\varrho}}{|\mathfrak{x}_\vartheta|}\,d\vartheta.$$

Da der Integrand aber seinem absoluten Werte nach durch $|\mathfrak{x}_{\varrho\vartheta}(\varrho\, e^{i\vartheta})|$ abgeschätzt wird, so läßt sich die Ableitung $L'(\varrho)$ auch für solche Ausnahmewerte erklären, und $L'(\varrho)$ wird dann eine stetige Funktion im ganzen Intervall $\varrho_1 < \varrho < \varrho_2$.

Bis auf die erwähnten Ausnahmewerte gilt für $\varrho_1 < \varrho < \varrho_2$ weiterhin

$$L''(\varrho) = \int_0^{2\pi}\left\{\frac{(\mathfrak{x}_\vartheta\times\mathfrak{x}_{\varrho\vartheta})^2}{|\mathfrak{x}_\vartheta|^3} + \frac{\mathfrak{x}_\vartheta\cdot\mathfrak{x}_{\varrho\varrho\vartheta}}{|\mathfrak{x}_\vartheta|}\right\}d\vartheta.$$

Nun ist aber $\mathfrak{x}_{\varrho\varrho\vartheta} = -\frac{1}{\varrho}\mathfrak{x}_{\varrho\vartheta} - \frac{1}{\varrho^2}\mathfrak{x}_{\vartheta\vartheta\vartheta}$ und

$$\frac{\mathfrak{x}_\vartheta\cdot\mathfrak{x}_{\vartheta\vartheta\vartheta}}{|\mathfrak{x}_\vartheta|} = \frac{\partial}{\partial\vartheta}\left(\frac{\mathfrak{x}_\vartheta\cdot\mathfrak{x}_{\vartheta\vartheta}}{|\mathfrak{x}_\vartheta|}\right) - \frac{\mathfrak{x}_{\vartheta\vartheta}^2}{|\mathfrak{x}_\vartheta|} + \frac{(\mathfrak{x}_\vartheta\cdot\mathfrak{x}_{\vartheta\vartheta})^2}{|\mathfrak{x}_\vartheta|^3}.$$

Somit wird

$$L''(\varrho) + \frac{1}{\varrho}L'(\varrho) = \int_0^{2\pi}\frac{1}{|\mathfrak{x}_\vartheta|^3}\left\{(\mathfrak{x}_\vartheta\times\mathfrak{x}_{\varrho\vartheta})^2 + \frac{1}{\varrho^2}(\mathfrak{x}_\vartheta\times\mathfrak{x}_{\vartheta\vartheta})^2\right\}d\vartheta \geqq 0.$$

Wir fassen zusammen: Die Funktion $L(\varrho)$ ist in $\varrho_1 \leqq \varrho \leqq \varrho_2$ stetig, und ihre erste Ableitung $L'(\varrho)$ ist in $\varrho_1 < \varrho < \varrho_2$ stetig. Die zweite Ableitung $L''(\varrho)$ ist in $\varrho_1 < \varrho < \varrho_2$ mit Ausnahme abzählbar vieler Werte stetig, und es gilt $(\varrho L'(\varrho))' \geqq 0$. Daraus erschließt man die Richtigkeit der Behauptung.

Mit der geläufigen Bezeichnung $\mathfrak{x}_\xi^2 = \mathfrak{x}_\eta^2 = E$ gilt übrigens

$$(\mathfrak{x}_\vartheta \times \mathfrak{x}_{\varrho\vartheta})^2 + \frac{1}{\varrho^2}(\mathfrak{x}_\vartheta \times \mathfrak{x}_{\vartheta\vartheta})^2 = \frac{\varrho^2}{4}[-4\varrho^2 E^3 K + (2E + \varrho E_\varrho)^2 + E_\vartheta^2],$$

so daß bis auf höchstens abzählbar viele Werte von ϱ die scharfe Ungleichung $(\varrho L'(\varrho))' > 0$ zutrifft.

§ 554. Nach diesen Vorbereitungen können wir die folgende Ungleichung vom isoperimetrischen Typ beweisen. Sie stammt (mit der Konstanten 1/4 anstatt 1/6) von J. C. C. Nitsche [22].

Wenn die Kurven Γ_1 und Γ_2 rektifizierbar sind, dann ist der Flächeninhalt von S endlich, und es gilt $I(S) < \frac{1}{6}(L_1 + L_2)^2$.

Beweis: Es sei etwa $L_1 \geqq L_2$. Mit $\mathfrak{x}_1 = \mathfrak{x}(\varrho_1 e^{i\vartheta_1})$ und $\mathfrak{x}_2 = \mathfrak{x}(\varrho_2 e^{i\vartheta_2})$ bezeichnen wir zwei Punkte auf Γ_1 bzw. Γ_2, für welche

$$|\mathfrak{x}_2 - \mathfrak{x}_1| = \delta(\Gamma_1, \Gamma_2) = \min_{0 \leqq \vartheta', \vartheta'' \leqq 2\pi} |\mathfrak{x}(\varrho_2 e^{i\vartheta''}) - \mathfrak{x}(\varrho_1 e^{i\vartheta'})|$$

ist. Das Koordinatensystem sei so gewählt, daß der Punkt $\mathfrak{x}_1$ in seinen Ursprung zu liegen kommt.

Auf Γ_1 führen wir wie schon früher in §§ 294, 323 die Bogenlänge $s(\vartheta) = \int\limits_{\vartheta_1}^{\vartheta} |\mathfrak{x}_\varphi(\varrho_1 e^{i\varphi})|\, d\varphi$ ein, bezeichnen mit $\vartheta(s)$ ihre Umkehrfunktion und setzen $\mathfrak{y}(s) = \mathfrak{x}(\varrho_1 e^{i\vartheta(s)})$. Dann wird

$$\int\limits_0^{2\pi} |\mathfrak{x}(\varrho_1 e^{i\vartheta})|\, |\mathfrak{x}_\vartheta(\varrho_1 e^{i\vartheta})|\, d\vartheta = \int\limits_0^{L_1} |\mathfrak{y}(s)|\, ds \leqq \frac{1}{4} L_1^2.$$

Entsprechend finden wir

$$\begin{aligned}\int\limits_0^{2\pi} |\mathfrak{x}(\varrho_2 e^{i\vartheta})|\, |\mathfrak{x}_\vartheta(\varrho_2 e^{i\vartheta})|\, d\vartheta &\leqq \int\limits_0^{2\pi} \{|\mathfrak{x}(\varrho_2 e^{i\vartheta}) - \mathfrak{x}_2| + |\mathfrak{x}_2|\}\, |\mathfrak{x}_\vartheta(\varrho_2 e^{i\vartheta})|\, d\vartheta \\ &\leqq \tfrac{1}{4} L_2^2 + L_2\, \delta(\Gamma_1, \Gamma_2).\end{aligned}$$

Aus § 518, 551, 552 folgt nun

$$\begin{aligned} I(S) &\leqq \tfrac{1}{2}\int\limits_0^{2\pi} |\mathfrak{x}(\varrho_1 e^{i\vartheta})|\, |\mathfrak{x}_\vartheta(\varrho_1 e^{i\vartheta})|\, d\vartheta + \tfrac{1}{2}\int\limits_0^{2\pi} |\mathfrak{x}(\varrho_2 e^{i\vartheta})|\, |\mathfrak{x}_\vartheta(\varrho_2 e^{i\vartheta})|\, d\vartheta \\ &\leqq \tfrac{1}{8} L_1^2 + \tfrac{1}{8} L_2^2 + \tfrac{1}{2} L_2 \cdot 0{,}7876\, L_1 \\ &\leqq 0{,}161\,(L_1 + L_2)^2 \\ &\leqq \tfrac{1}{6}(L_1 + L_2)^2. \end{aligned}$$

§ 555. Die numerische Konstante 1/6 in der Ungleichung des § 554 ist natürlich nicht scharf und noch weit von der genauen Konstanten entfernt, welche zweifellos den Wert $1/4\pi$ hat, obgleich das bis heute noch nicht bewiesen worden ist. Eine andere Abschätzung ist in § 824 erläutert.

Als Beispiel wollen wir hier noch das in der Scheibe $c_1 \leqq z \leqq c_2 = c_1 + h$ verlaufende Stück S der Kettenfläche $\sqrt{x^2 + y^2} = a \operatorname{Cof}(z/a)$ betrachten. S ist von zwei Kreisen der Gesamtlänge

$$L_1 + L_2 = 2\pi a \left[\operatorname{Cof} \frac{c_1}{a} + \operatorname{Cof} \frac{c_2}{a}\right]$$

berandet und hat den Flächeninhalt

$$I(S) = \pi a^2 \left[\frac{h}{a} + \frac{1}{2} \operatorname{Sin} \frac{2c_2}{a} - \frac{1}{2} \operatorname{Sin} \frac{2c_1}{a}\right].$$

Nach einer Umformung wird dann

$$\frac{4\pi I(S)}{(L_1 + L_2)^2} = 1 - \frac{1}{\operatorname{Cof}\left(\frac{h}{2a}\right)} \left\{e^{-\frac{h}{2a}} + \frac{\operatorname{Sin}\left(\frac{h}{a}\right) - \frac{h}{a}}{4 \operatorname{Cof}\left(\frac{h}{2a}\right) \operatorname{Cof}^2\left(\frac{c_1 + c_2}{2a}\right)}\right\},$$

d. h. $I(S) < \frac{1}{4\pi}(L_1 + L_2)^2$.

Daß die Gleichheit bei der isoperimetrischen Ungleichung im Falle mehrfach zusammenhängender Flächen nicht eintreten kann, ist im Hinblick auf die Situation bei ebenen Gebieten nicht überraschend. Unter allen zweifach zusammenhängenden Gebieten, deren Randkurven eine vorgeschriebene Gesamtlänge haben, besitzt ja die punktierte Kreisscheibe den größten Flächeninhalt. Letztere ist aber ein ausgeartetes Ringgebiet. Bei einem zweifach zusammenhängenden ebenen Gebiet gilt die schärfere Ungleichung $L_1^2 + L_2^2 \geqq 4\pi I(S)$ oder, anders ausgedrückt, $(L_1 + L_2)^2 - 4\pi I(S) \geqq 2L_1 L_2$. Für das obige Beispiel der Kettenfläche finden wir entsprechend $(L_1 + L_2)^2 - 4\pi I(S) \geqq \varkappa L_1 L_2$. Dabei ist die Konstante $\varkappa$ das Infimum für $-\infty < x = \frac{c}{a} < \infty, 0 < y = \frac{h}{2a} < \infty$ der Funktion

$$\frac{4e^{-y} \operatorname{Cof} y \operatorname{Cof}^2(x + y) + \operatorname{Sin} 2y - 2y}{\operatorname{Cof}^2 x + \operatorname{Cof}^2(x + y) - 1}.$$

Ihr numerischer Wert ist $\varkappa = 1{,}6006\ldots.$ Vermutlich gilt eine entsprechende Ungleichung auch für den Fall allgemeiner zweifach zusammenhängender Minimalflächen; siehe §§ 937, 938.

Ungleichungen der in § 554 bewiesenen Art für Flächen höheren Typs, z. T. in allgemeineren Fassungen, findet man bei I. A. Danelich [1]; V. K. Ionin [1]; F. J. Almgren [1], p. 8–11, [2]; Ju. D. Burago [1]; Ju. D. Burago und S. Z. Šefel' [1].

4. *Das Douglassche Problem im Falle zweier Randkurven*

§ 556. Sowohl Beispiele wie das in Abb. 4 gegebene und die in V.5.2 besprochenen als auch Experimente mit Seifenhäutchen legen die Vermutung nahe, daß eine Jordankurve Γ u. U. Minimalflächen verschiedener topologischer Struktur beranden kann. Solche komplizierteren Flächen stellen sich in der Tat dann ein, wenn ihr Flächeninhalt kleiner als der von in Γ eingespannten Flächen vom Typ der Kreisscheibe ausfällt. Wenn man statt einer Randkurve ein aus mehreren Konturen bestehendes Kurvensystem nimmt, so kann man mehrfach zusammenhängende Minimalflächen und überhaupt eine größere Vielfalt von Flächenformen erhalten.

Im Hinblick auf diese Möglichkeiten hat J. Douglas in den Jahren 1929 bis 1939 eine Reihe entsprechender mathematischer Probleme formuliert, über die wir in § 475 berichtet haben, und welche das Plateausche Problem an Allgemeinheit und Schwierigkeit bei weitem übertreffen.

Wie schon mehrfach erwähnt, hängt die Lösbarkeit des Douglasschen Problems von dem Erfülltsein gewisser Bedingungen ab. Douglas [5], [12] hat eine hinreichende Bedingung für die Lösbarkeit seines Problems formuliert, welche man anschaulich so aussprechen kann: Die untere Grenze der Flächeninhalte aller von der Menge Γ (siehe § 475) berandeten Flächen des vorgeschriebenen topologischen Typs soll kleiner als die untere Grenze der Flächeninhalte aller von Γ berandeten Flächen niedrigeren topologischen Typs sein. Dabei wird einer solchen Fläche niedrigerer topologischer Typ zugesprochen, wenn sie entweder eine größere als die vorgeschriebene Eulersche Charakteristik besitzt (siehe § 42) oder in mehrere nicht zusammenhängende, von komplementären Teilmengen von Γ berandete Flächen ausartet, wobei die Summe deren Eulerschen Charakteristiken den vorgegebenen Wert nicht unterschreitet. Andere Versionen der Douglasschen hinreichenden Bedingung findet man bei R. Courant [I], chapter IV, und bei M. Shiffman [1], [2]; man sehe weiter C. B. Morrey [9] und [II], p. 375.

Anhand des in § 515 besprochenen Beispieles erkennt man freilich schon, daß die Douglassche Bedingung keineswegs eine notwendige sein kann. Sie ist vielmehr auf den Beweis der Existenz einer Lösungsfläche absolut kleinsten Inhaltes zugeschnitten und kann zur Auffindung anderer Lösungsflächen nicht nutzbar gemacht werden.

§ 557. In den nachfolgenden Paragraphen soll der Fall zweier Randkurven behandelt werden. Gegeben seien zwei punktfremde Jordankurven Γ_1 und Γ_2 im Raume. Wir stellen uns die Aufgabe, eine von Γ_1 und Γ_2 berandete (möglicherweise verallgemeinerte) Minimalfläche vom Typ des Kreisringes zu bestimmen und wenden uns sogleich dem Existenzbeweise zu.

Wie in § 292 werden wir versuchen, die fragliche Minimalfläche als Lösung eines Variationsproblems zu gewinnen. Unsere Behandlung des Plateauschen Problems leistete gleichzeitig die fast-konforme Abbildung der Lösungsfläche auf die Einheitskreisscheibe. Es ist zu erwarten, daß die Dinge hier ähnlich liegen. Da der konforme Modul des zweifach zusammenhängenden Parametergebietes der Fläche S, welcher bei konformer Abbildung ja invariant ist, uns anfangs nicht bekannt ist, können wir jetzt das Parametergebiet nicht von vornherein festlegen. Wir werden es vielmehr in der Klasse der Ringgebiete $r^2 < u^2 + v^2 < 1$ suchen, deren innerer Radius $r > 0$ im Verlaufe des Lösungsvorganges mitbestimmt werden muß.

Ein Vektor $\mathfrak{x}(u, v)$ wird zulässig genannt, wenn er die nachfolgenden zwei Bedingungen erfüllt:

1) $\mathfrak{x}(u, v) \in \mathfrak{M}(\bar{R})$, wobei $R = R_{\mathfrak{x}}$ ein Kreisring $0 < r^2 < u^2 + v^2 < 1$ ist, dessen innerer Radius $r = r_{\mathfrak{x}}$ von Vektor zu Vektor verschiedene Werte haben kann.

2) $\mathfrak{x}(u, v)$ bildet den Kreis $u^2 + v^2 = r^2$ monoton auf Γ_1 und den Kreis $u^2 + v^2 = 1$ monoton auf Γ_2 ab. (Wir werden keine Orientierung vorschreiben.)

Mit $d = d(\Gamma_1, \Gamma_2)$ bezeichnen wir die untere Grenze der Werte des Dirichletschen Integrals $D_{R_{\mathfrak{x}}}[\mathfrak{x}]$ für alle zulässigen Vektoren. Wir stellen nun das folgende *Variationsproblem*:

Einen zulässigen Vektor $\mathfrak{x}$ (mit zulässigem Parametergebiet, d. h. $0 < r_{\mathfrak{x}} < 1$) zu finden, für welchen $D_{R_{\mathfrak{x}}}[\mathfrak{x}] = d$ gilt.

Wie in § 296 nehmen wir zunächst wieder an, daß $d < \infty$ ist; d. h. wir machen die Voraussetzung, es solle mindestens einen zulässigen Vektor geben. Diese Voraussetzung ist gewiß erfüllt, wenn die Kurven Γ_1 und Γ_2 rektifizierbar sind.

§ 558. Mit R. Courant ([I], p. 145) nennen wir eine Folge $\{\mathfrak{x}_n(u, v)\}$ zulässiger Vektoren kohäsiv, wenn folgendes gilt: Es existiert eine von n unabhängige Zahl $\alpha > 0$ mit der Eigenschaft, daß jede auf der Fläche $S_n = \{\mathfrak{x} = \mathfrak{x}_n(u, v); (u, v) \in \bar{R}_{\mathfrak{x}_n}\}$ liegende geschlossene Kurve, deren Durchmesser den Wert α nicht übersteigt, auf S_n stetig auf einen Punkt zusammengezogen werden kann. Mit anderen Worten: Das Bild jeder Jordankurve in $\bar{R}_{\mathfrak{x}_n}$, deren Inneres den Punkt $u = v = 0$ enthält (und die sich somit in $\bar{R}_{\mathfrak{x}_n}$ nicht auf einen Punkt zusammenziehen läßt), solle einen Durchmesser größer als α haben.

Wir sagen, daß unser Variationsproblem die Kohäsionsbedingung befriedige, falls es eine kohäsive Minimalfolge zulässiger Vektoren gibt. Anschaulich gesprochen drückt das Nichterfülltsein der Kohäsionsbedingung die Tatsache aus, daß die Flächen S_n einer jeden Minimalfolge mit wachsendem n engere und engere Taillen bekommen und im Grenzfall zur Ausartung streben.

§ 559. Unter der Voraussetzung, daß die Kohäsionsbedingung erfüllt sei, gehen wir nun daran, die Lösbarkeit unseres Variationsproblems zu beweisen. Der erste Existenzbeweis wurde von J. Douglas [5] im Jahre 1931 erbracht. Wir folgen hier zunächst im wesentlichen der Darstellung R. Courants ([6] und [I], pp. 145–149). Eine andere Variante der Beweismethode stammt von M. Shiffman [1].

Wir gehen also von einer kohäsiven Minimalfolge zulässiger Vektoren $\{\mathfrak{x}_n\}$ aus. Eine geeignete Teilfolge dieser – wir bezeichnen sie der Einfachheit halber wieder mit $\{\mathfrak{x}_n\}$ – hat die Eigenschaft, daß die zugehörigen Radien $r_n = r_{\mathfrak{x}_n}$ gegen eine Zahl r konvergieren. Wir müssen zunächst zeigen, daß $0 < r < 1$ gilt.

Angenommen, es sei $r = 1$. Es gibt dann gewiß einen Vektor $\mathfrak{x}_n$, für den $D_{R_{\mathfrak{x}_n}}[\mathfrak{x}_n] < d + 1$ und gleichzeitig $r_n > 1 - 2\exp\left\{-\dfrac{8\pi(d+1)}{a^2}\right\}$ gilt. Dabei bedeutet $a > 0$ hier den Abstand der beiden Kurven Γ_1 und Γ_2. Wir wenden nun den Hilfssatz aus § 233 mit $w_0 = (1 + r_n)/2$, $\delta = (1 - r_n)/2$ an. Der Kreis vom Radius δ^* um w_0 schneidet die beiden Ränder von $R_{\mathfrak{x}_n}$. Die Länge des Bildes eines seiner beiden in $R_{\mathfrak{x}_n}$ verlaufenden Bögen auf S_n ist nach § 233 nicht größer als $\sqrt{\dfrac{8\pi(1+d)}{\log(1/\delta)}} < a$. Das wäre ein Widerspruch; r muß also kleiner als Eins sein.

Angenommen, es sei $r = 0$. Wir wählen dann einen Vektor $\mathfrak{x}_n$, für den $D_{R_{\mathfrak{x}_n}}[\mathfrak{x}_n] < d + 1$ und gleichzeitig $r_n < \delta/2$ gilt, wobei die Zahl δ kleiner als $\exp\left\{-\dfrac{8\pi(1+d)}{\alpha^2}\right\}$ gewählt ist. Nach § 233 verläuft der Kreis $|w| = \delta^*$ in $R_{\mathfrak{x}_n}$, und sein auf S liegendes Bild hat einen Durchmesser kleiner als α, was im Widerspruch zur Kohäsionsbedingung steht.

Damit sind die Ungleichungen $0 < r < 1$ bewiesen.

§ 560. *Die Randwerte* $\mathfrak{x}_n^{(1)}(\vartheta) = \mathfrak{x}_n(r_n\cos\vartheta, r_n\sin\vartheta)$ *und* $\mathfrak{x}_n^{(2)}(\vartheta) = \mathfrak{x}_n(\cos\vartheta, \sin\vartheta)$ *der Vektoren* $\mathfrak{x}_n$ *sind gleichgradig stetig.*

Beweis: Es gibt eine Zahl $M < \infty$ und zwei Zahlen $r^{(1)}$ und $r^{(2)}$, wo $0 < r^{(1)} < r^{(2)} < 1$, so daß für alle $n = 1, 2, \ldots$ die Ungleichungen

$D_{R_{\mathfrak{x}_n}}[\mathfrak{x}_n] < M$ und $r^{(1)} \leqq r_n \leqq r^{(2)}$ erfüllt sind. Der Beweis lehnt sich nun an die Schlußweise des § 297 an. Wir führen ihn etwa für $\mathfrak{x}_n^{(2)}(\vartheta)$. Gegeben sei eine Zahl ε im Intervalle $0 < \varepsilon < \alpha/2$. Wir wählen die Zahl $\delta = \delta(\varepsilon)$ so klein, daß $\delta < (1 - r^{(2)})^2$ und gleichzeitig $\eta_2\left(2\sqrt{\pi M/\log(1/\delta)}\right) < \varepsilon$ gilt. Dabei ist η_2 die in § 23 für die Jordankurve Γ_2 definierte Funktion. Es seien $w_0 = e^{i\vartheta_0}$ irgendein Punkt auf $|w| = 1$ und δ^* die im Hilfssatze des § 233 auftretende Zahl. Der Kreis vom Radius δ^* um w_0, welcher wegen $\sqrt{\delta} < 1 - r^{(2)}$ den inneren Rand des Gebietes $R_{\mathfrak{x}_n}$ nicht trifft, schneidet den Einheitskreis in zwei Punkten $w_1 = e^{i\vartheta_1}$ und $w_2 = e^{i\vartheta_2}$. Ihre Bildpunkte auf Γ_2 seien $\mathfrak{y}_1$ und $\mathfrak{y}_2$. Die Lage dieser Punkte, sowie der Wert von δ^*, hängen natürlich von n ab. Es gilt aber immer $\delta \leqq \delta^* \leqq \sqrt{\delta}$. Nach § 233 ist der geradlinige Abstand $|\mathfrak{y}_2 - \mathfrak{y}_1|$ nicht größer als $2\sqrt{\pi M/\log(1/\delta)}$. Die Punkte w_1 und w_2 bestimmen einen kürzeren Bogen γ_1 und einen längeren Bogen γ_2 auf $|w| = 1$. γ_1 enthält den Punkt w_0 in seinem Inneren. Wir behaupten, daß der kürzere der beiden von $\mathfrak{y}_1$ und $\mathfrak{y}_2$ aus Γ_2 ausgeschnittenen Bögen $\Gamma_2(\mathfrak{y}_1, \mathfrak{y}_2)$ (im Sinne von § 23) das Bild von γ_1 sein muß. Zufolge der Bedeutung von η_2 hätte das Bild von γ_2 andernfalls einen Durchmesser $< \varepsilon$. Das Bild der aus γ_2 und dem in $|w| \leqq 1$ verlaufenden Teile des Kreises $|w - w_0| = \delta^*$ bestehenden geschlossenen Kurve könnte auf der vom Vektor $\mathfrak{x}_n$ dargestellten Fläche S_n nicht stetig auf einen Punkt zusammengezogen werden. Ihr Durchmesser wäre wegen $2\sqrt{\pi M/\log(1/\delta)} \leqq \eta_2(2\sqrt{\pi M/\log(1/\delta)}) < \varepsilon$ nach § 233 aber kleiner als $2\varepsilon < \alpha$. Das steht im Widerspruch zur Kohäsionsbedingung.

Es seien nun $w = e^{i\vartheta'}$ und $w'' = e^{i\vartheta''}$ zwei den Bedingungen $|w' - w_0| \leqq \delta$ und $|w'' - w_0| \leqq \delta$ genügende Randpunkte. Ihre Bilder liegen auf dem Bogen $\Gamma_2(\mathfrak{y}_1, \mathfrak{y}_2)$. Es ist daher

$$|\mathfrak{x}_n^{(2)}(\vartheta'') - \mathfrak{x}_n^{(2)}(\vartheta')| \leqq \eta_2(|\mathfrak{x}_n^{(2)}(\vartheta_2) - \mathfrak{x}_n^{(2)}(\vartheta_1)|) < \varepsilon.$$

Diese Ungleichung drückt die zu beweisende gleichgradige Stetigkeit aus.

§ 561. Der Existenzbeweis kann nun ähnlich wie in §§ 296, 298 zu Ende geführt werden. Wir ersetzen die Vektoren $\mathfrak{x}_n(u, v)$ durch die in $R_{\mathfrak{x}_n}$ harmonischen Vektoren mit denselben Randwerten, welche wir aus Bequemlichkeitsgründen wieder $\mathfrak{x}_n(u, v)$ nennen. Die Lösbarkeit des Dirichletschen Problems der Potentialgleichung für ein Ringgebiet darf hier natürlich als wohlbekannt vorausgesetzt werden. Wegen der gleichgradigen Stetigkeit existiert eine Teilfolge $\{\mathfrak{x}_{n_k}\}$ derart, daß $\mathfrak{x}_{n_k}^{(1)}(\vartheta)$ und $\mathfrak{x}_{n_k}^{(2)}(\vartheta)$ gleichmäßig in $0 \leqq \vartheta \leqq 2\pi$ gegen stetige Vektoren $\mathfrak{x}^{(1)}(\vartheta)$ bzw. $\mathfrak{x}^{(2)}(\vartheta)$ konvergieren. $\mathfrak{x}^{(1)}(\vartheta)$ und $\mathfrak{x}^{(2)}(\vartheta)$ bilden die Kreise $|w| = r$ und $|w| = 1$ monoton auf die Jordankurven Γ_1 und Γ_2 ab. Der in $r < |w| < 1$

harmonische und in $r \leqq |w| \leqq 1$ stetige Vektor $\mathfrak{x}(u, v)$ mit den Randwerten $\mathfrak{x}^{(1)}(\vartheta)$ und $\mathfrak{x}^{(2)}(\vartheta)$ ist der Grenzwert der Folge $\{\mathfrak{x}_{n_k}(u, v)\}$. Dabei ist die Konvergenz in jedem Ringbereich $R_\varepsilon = \{w; r + \varepsilon \leqq \leqq |w| \leqq 1\}$, $0 < \varepsilon < 1 - r$, gleichmäßig. Auf Grund von §§ 213, 214 gilt für jedes solches ε nun $D_{R_\varepsilon}[\mathfrak{x}] \leqq \liminf_{k\to\infty} D_{R_\varepsilon}[\mathfrak{x}_{n_k}] \leqq d$ und somit auch $D_{R_{\mathfrak{x}}}[\mathfrak{x}] = \lim_{\varepsilon\to 0} D_{R_\varepsilon}[\mathfrak{x}] \leqq d$, wegen der Bedeutung von d also $D_{R_{\mathfrak{x}}}[\mathfrak{x}] = d$. Der Vektor $\mathfrak{x}(u, v)$ ist folglich eine Lösung unseres Variationsproblems.

§ 562. Wir müssen nunmehr zeigen, daß der Lösungsvektor $\mathfrak{x}(u, v)$ des Variationsproblems eine verallgemeinerte Minimalfläche $S = \{\mathfrak{x} = \mathfrak{x}(u, v); (u, v) \in \bar{R}\}$ über der Abschließung des Kreisringes $R = \{u, v; r^2 < u^2 + v^2 < 1\}$ definiert.

Zum Nachweis dieser Behauptung bedienen wir uns derselben Methode wie in § 299, obwohl, wie wir gleich sehen werden, der Beweis diesmal etwas langwieriger ausfällt. Wie dort erhalten wir die Variationsgleichung

$$V_1[\mathfrak{x}; \varphi] = \iint_R \{(E - G)(v\,\varphi_u + u\,\varphi_v) - 2F(u\,\varphi_u - v\,\varphi_v)\}\,du\,dv = 0.$$

Die damals der Erfüllung der Dreipunktebedingung dienende elementare konforme Abbildung fällt hier weg. Durch partielle Integration ergibt sich

$$\lim_{\varepsilon\to 0}\left\{\oint_{\varrho=1-\varepsilon} \varphi(u, v)\,\mathrm{Im}[w^2\,\Phi(w)]\,d\vartheta - \oint_{\varrho=r+\varepsilon} \varphi(u, v)\,\mathrm{Im}[w^2\,\Phi(w)]\,d\vartheta\right\} = 0.$$

Wir setzen $\Phi(w) = \sum_{k=-\infty}^{\infty} (a_k + i\,b_k)\,w^k$ und wählen zunächst eine Funktion $\varphi(u, v)$, welche in einer Umgebung des inneren Kreises $|w| = r$ verschwindet. Dann wird

$$\lim_{\varrho\to 1} \int_0^{2\pi} \varphi(\varrho\cos\vartheta, \varrho\sin\vartheta)\left\{b_{-2} + \sum_{k=1}^{\infty} [(\varrho^k\,b_{k-2} + \varrho^{-k}\,b_{-k-2})\cos k\,\vartheta + \right.$$
$$\left. + (\varrho^k\,a_{k-2} - \varrho^{-k}\,a_{-k-2})\sin k\,\vartheta]\right\}d\vartheta = 0.$$

Wie in § 299 folgt daher

$$b_{-2} = 0,\ b_{k-2} + b_{-k-2} = 0 \quad \text{und} \quad a_{k-2} - a_{-k-2} = 0 \quad \text{für } k = 1, 2, \ldots$$

Indem wir mit dem inneren Kreise in ähnlicher Weise verfahren, erhalten wir weiterhin

$$b_{-2} = 0, \quad r^k\,b_{k-2} + r^{-k}\,b_{-k-2} = 0 \quad \text{und} \quad r^k\,a_{k-2} - r^{-k}\,a_{-k-2} = 0$$
$$\text{für} \quad k = 1, 2, \ldots$$

Aus diesen Beziehungen folgt, daß alle Koeffizienten a_k, b_k mit Ausnahme von a_{-2} verschwinden müssen, so daß $\Phi(w)$ die Form $\Phi(w) = a_{-2}\, w^{-2}$ haben muß.

Zum Beweise der nun noch ausstehenden Gleichung $a_{-2} = 0$ betrachten wir eine andere Transformation der unabhängigen Veränderlichen:

$$\alpha = \alpha(u, v) = u + \varepsilon\, \varphi(u, v), \qquad \beta = \beta(u, v) = v + \varepsilon\, \psi(u, v).$$

Die Funktionen $\varphi(u, v)$ und $\psi(u, v)$ sollen dabei in $\bar{R}$ zweimal stetig differenzierbar sein und den Bedingungen $\varphi = \psi = 0$ auf $u^2 + v^2 = 1$ und $\varphi = u$, $\psi = v$ auf $u^2 + v^2 = r^2$ genügen. Für $|\varepsilon| < 1/2m$, wo $m = \max\limits_{(u,v)\in\bar{R}} \sqrt{\varphi_u^2 + \varphi_v^2 + \psi_u^2 + \psi_v^2}$ ist, definieren die Funktionen $\alpha(u, v)$, $\beta(u, v)$ gewiß eine umkehrbar eindeutige Abbildung des Kreisringes $\bar{R}$ auf den Kreisring $\bar{R}_\varepsilon = \{\alpha, \beta;\, (r + \varepsilon)^2 \leqq \alpha^2 + \beta^2 \leqq 1\}$, und der Vektor $\hat{\mathfrak{x}}(\alpha, \beta) = \mathfrak{x}(u(\alpha, \beta), v(\alpha, \beta))$ ist ein zulässiger Vektor mit $R_{\hat{\mathfrak{x}}} = R_\varepsilon$. Wie in § 299 ergibt sich

$$D_{R_\varepsilon}[\hat{\mathfrak{x}}] = \frac{1}{2} \iint\limits_{R_\varepsilon} (\hat{\mathfrak{x}}_\alpha^2 + \hat{\mathfrak{x}}_\beta^2)\, d\alpha\, d\beta$$

$$= \frac{1}{2} \iint\limits_{R} \{E(\alpha_v^2 + \beta_v^2) - 2F(\alpha_u \alpha_v + \beta_u \beta_v) + G(\alpha_u^2 + \beta_u^2)\} \frac{du\, dv}{\dfrac{\partial(\alpha, \beta)}{\partial(u, v)}}$$

$$= D_R[\mathfrak{x}] + \varepsilon V_1[\mathfrak{x}; \varphi, \psi] + \frac{\varepsilon^2}{2} R_2,$$

wo diesmal

$$V_1[\mathfrak{x}; \varphi, \psi] = -\tfrac{1}{2} \iint\limits_{R} \{(E - G)(\varphi_u - \psi_v) + 2F(\varphi_v + \psi_u)\}\, du\, dv$$

ist, und wo für R_2 eine zu der in § 299 gegebenen analoge Abschätzung gilt – wie eine Rechnung lehrt, nämlich $|R_2| \leqq 125 m^2 D_R[\mathfrak{x}]$ für alle $|\varepsilon| < 1/2m$. Wiederum muß $V_1[\mathfrak{x}; \varphi, \psi]$ verschwinden. Partielle Integration unter Berücksichtigung der Werte von $\varphi(u, v)$ und $\psi(u, v)$ auf $u^2 + v^2 = r^2$ ergibt

$$0 = V_1[\mathfrak{x}; \varphi, \psi] = \tfrac{1}{2} \oint\limits_{|w|=r} \operatorname{Re}\{w^2\, \Phi(w)\}\, d\vartheta = \pi\, a_{-2}.$$

Damit ist die Beziehung $\Phi(w) = 0$ bewiesen.

§ 563. Ähnlich wie in §§ 300, 302 beweist man schließlich, daß der Vektor $\mathfrak{x}(u, v)$ die Kreise $u^2 + v^2 = r^2$ und $u^2 + v^2 = 1$ in topologischer Weise auf die Kurven Γ_1 bzw. Γ_2 abbildet und daß die verallgemeinerte Minimalfläche $S = \{\mathfrak{x} = \mathfrak{x}(u, v);\ (u, v) \in \bar{R}\}$ unter allen von Γ_1 und Γ_2 berandeten Flächen vom Typ der Kreisscheibe den kleinsten Flächeninhalt besitzt.

§ 564. Der Ortsvektor $\mathfrak{x}(u, v)$ der im Vorangehenden bestimmten Lösung S des Douglasschen Problems hat die folgenden Eigenschaften:

1) $\mathfrak{x}(u, v)$ ist harmonisch in R und stetig in $\bar{R}$, wo R einen Kreisring $0 < r^2 < u^2 + v^2 < 1$ in der (u, v)-Ebene bedeutet. Die Zahl $\log 1/r$ heißt der konforme Modul der Fläche S.

2) In R sind die Gleichungen $E(u, v) = G(u, v)$, $F(u, v) = 0$ erfüllt, wobei $E(u, v)$ höchstens in isolierten Punkten verschwindet.

3) $\mathfrak{x}(u, v)$ bildet die Kreise $u^2 + v^2 = r^2$ und $u^2 + v^2 = 1$ topologisch auf die Jordankurven Γ_1 bzw. Γ_2 ab.

§ 565. Die Kohäsionsbedingung des § 558 ist in konkreten Fällen schwer verifizierbar. Eine anschaulichere, allerdings auch nur hinreichende, Bedingung ist die schon in § 556 erwähnte Bedingung von J. Douglas, deren Bedeutung wir in diesem und den folgenden Paragraphen auseinandersetzen wollen.

Zu diesem Zwecke betrachten wir neben der in § 557 definierten Klasse zulässiger Vektoren, welche wir jetzt mit $\mathfrak{Z}$ bezeichnen wollen, noch die beiden Klassen $\mathfrak{Z}_j$ $(j = 1, 2)$ der Vektoren $\mathfrak{x}(u, v) \in \mathfrak{M}(\bar{P})$, $P = \{u, v;\ u^2 + v^2 < 1\}$, welche den Rand ∂P monoton auf die Kurven Γ_1 bzw. Γ_2 abbilden. Wir setzen $d_j = d(\Gamma_j) = \inf_{\mathfrak{x} \in \mathfrak{Z}_j} D_P[\mathfrak{x}]$. Dann gilt der folgende Satz:

Wenn d_1 und d_2 endlich sind, so ist auch $d = d(\Gamma_1, \Gamma_2)$ endlich, und es gilt $d \leqq d_1 + d_2$.

Da für den Inhalt der durch einen Vektor $\mathfrak{x} \in \mathfrak{Z}$ dargestellten Fläche $S = \{\mathfrak{x} = \mathfrak{x}(u, v);\ (u, v) \in \bar{R}_{\mathfrak{x}}\}$ vom Typ des Kreisringes die Ungleichung $I(S) \leqq D_{R_{\mathfrak{x}}}[\mathfrak{x}]$ gilt, und da, wie wir wissen, d_j das Minimum der Inhalte aller von Γ_j berandeten Flächen vom Typ der Kreisscheibe bedeutet, so können wir auch sagen: Die untere Grenze der Inhalte aller von Γ_1 und Γ_2 berandeten Flächen vom Typ des Kreisringes ist nie größer als die Summe der unteren Grenzen der Inhalte aller von Γ_1 und von Γ_2 berandeten Flächen vom Typ der Kreisscheibe. Das ist anschaulich von vornherein klar, da man zwei Flächen vom Typ der Kreisscheibe ähnlich wie bei der Goldschmidtschen Fläche in § 515 durch einen Auswuchs zu einer Fläche vom Typ des Kreisringes verbinden kann.

Wir schreiten nun zum analytischen Beweis der Ungleichung $d \leqq d_1 + d_2$. Wenn mindestens eine der unteren Grenzen d_1, d_2 unendlich ist, ist nichts zu beweisen. Es sei daher $d_1, d_2 < \infty$. Gegeben sei eine Zahl $\varepsilon > 0$. Wir wählen zwei Vektoren $\mathfrak{x}_j \in \mathfrak{Z}_j$ $(j = 1, 2)$ derart, daß $D_P[\mathfrak{x}_j] < d_j + \varepsilon$ wird. Dann läßt sich ein $\delta > 0$ so finden, daß die Vektoren $\mathfrak{y}_j = g^{(\delta)}\mathfrak{x}_j$ bzgl. des Punktes $u = v = 0$ die im Hilfssatz des § 237 angegebenen Eigenschaften haben. Den Vektor $\mathfrak{y}_2$ spiegeln wir am Kreise $u^2 + v^2 = \delta^4$, d. h., wir setzen $\mathfrak{z}_2(u, v) = = \mathfrak{y}\left(\frac{u\,\delta^4}{u^2+v^2}, \frac{-v\,\delta^4}{u^2+v^2}\right)$. Gemäß §§ 218, 219 gehört $\mathfrak{z}_2(u, v)$ zu $\mathfrak{M}(\bar{P}')$, wo $P' = \{u, v;\ \delta^8 < u^2 + v^2 < \delta^4\}$, und wegen § 220 gilt $D_{P'}[\mathfrak{z}_2] = = D_P[\mathfrak{y}_2]$. Der im Kreisringe $R_\delta = \{u, v;\ \delta^8 < u^2 + v^2 < 1\}$ erklärte Vektor

$$\mathfrak{z}(u, v) = \begin{cases} \mathfrak{z}_2(u, v) & \text{für } \delta^4 \leqq |w| \leqq \delta^2 \\ \mathfrak{y}_1(u, v) & \text{für } \delta^2 \leqq |w| \leqq 1, \end{cases}$$

welcher auch beim Überschreiten des Kreises $|w| = \delta^2$, wo er sich auf den Nullvektor reduziert, stetig bleibt, gehört nun zur Klasse $\mathfrak{Z}$. Daher ist gewiß

$$\begin{aligned} d \leqq D_{R_\delta}[\mathfrak{z}] &= D_{P'}[\mathfrak{z}_2] + D_P[\mathfrak{y}_1] = D_P[\mathfrak{y}_2] + D_P[\mathfrak{y}_1] \\ &\leqq (d_2 + \varepsilon) + \varepsilon + (d_1 + \varepsilon) + \varepsilon, \end{aligned}$$

d. h. $d \leqq d_1 + d_2 + 4\varepsilon$. Da ε willkürlich ist, folgt die Behauptung.

§ 566. Die Bedingung von J. Douglas verlangt nun, daß die Ungleichung $d < d_1 + d_2$ erfüllt sein soll. Wir behaupten also: *Unser Variationsproblem aus* § 557 *ist lösbar, falls* $d < d_1 + d_2$ *gilt*, d. h. falls es eine von Γ_1 und Γ_2 berandete Fläche vom Typ des Kreisringes gibt, deren Inhalt kleiner ist als die Summe der Inhalte der von Γ_1 und von Γ_2 berandeten Flächen kleinsten Inhaltes vom Typ der Kreisscheibe.

Beweis: Angenommen, die Douglassche Bedingung sei erfüllt, nicht aber die Kohäsionsbedingung. Dann existiert eine Folge $\{\mathfrak{x}_n\}$ zulässiger Vektoren mit zugehörigen Definitionsgebieten $R_n = R_{\mathfrak{x}_n} = \{u, v;\ r_n^2 < u^2 + v^2 < 1\}$ derart, daß $\lim D_{R_n}[\mathfrak{x}_n] = d$ ist und daß die Flächen $S_n = \{\mathfrak{x} = \mathfrak{x}_n(u, v);\ (u, v) \in \bar{R}_n\}$ in dem in § 558 beschriebenen Sinne entarten. Es gibt daher eine Folge $\{j_n\}$ von Jordankurven, deren jede in $\bar{R}_n$ verläuft und den Nullpunkt der (u, v)-Ebene in ihrem Innern enthält, mit der Eigenschaft, daß die Durchmesser der Bilder J_n von j_n auf S_n gegen Null konvergieren. Wir können eine Teilfolge der $\mathfrak{x}_n$, welche wir einfachheitshalber wieder mit $\{\mathfrak{x}_n\}$ bezeichnen wollen, so auswählen, daß die zugehörigen Kurven J_n entweder auf einen Punkt im Endlichen zusammenschrumpfen oder ständig kleiner werdend ins Unendliche rücken.

Wir nehmen zunächst an, es handle sich um einen Punkt im Endlichen, etwa den Nullpunkt. Für $\eta_n = \max\limits_{(u,v)\in j_n} |\mathfrak{x}_n(u, v)|$ gilt dann

$\lim\limits_{n\to\infty}\eta_n = 0$. Es seien $\mathfrak{y}_n = h^{(\delta_n)}(|\mathfrak{x}_n(u,v)|)\,\mathfrak{x}_n(u,v)$, $\delta_n = \sqrt{2\eta_n}$, die vermöge einer δ_n-Kneipung (siehe § 238) aus $\mathfrak{x}_n(u,v)$ hervorgehenden Vektoren. Gemäß § 239 gilt dann $D_{R_n}[\mathfrak{y}_n] \leqq D_{R_n}[\mathfrak{x}_n] + \varepsilon_n$, wobei $\lim\limits_{n\to\infty}\varepsilon_n = 0$ ist. Jeder Vektor $\mathfrak{y}_n(u,v)$ bildet den Kreis $u^2 + v^2 = r_n^2$ auf eine Kurve $\Gamma_1^{(n)}$ und den Kreis $u^2 + v^2 = 1$ auf eine Kurve $\Gamma_2^{(n)}$ ab. Falls der Nullpunkt nicht auf Γ_1 liegt, ist $\Gamma_1^{(n)}$ für hinreichend große n mit Γ_1 identisch. Im allgemeinen können wir aber jedenfalls sagen, daß $\Gamma_1^{(n)}$ gegen Γ_1 konvergiert. Wenn der Nullpunkt auf Γ_1 liegt, haben wir nämlich

$$|\mathfrak{y}_n(u,v) - \mathfrak{x}_n(u,v)| \begin{cases} = 0 & \text{wo} \quad |\mathfrak{x}_n(u,v)| \geqq \delta_n \\ \leqq \delta_n & \text{wo} \quad \delta_n^2 < |\mathfrak{x}_n(u,v)| < \delta_n \\ \leqq \delta_n^2 & \text{wo} \quad |\mathfrak{x}_n(u,v)| \leqq \delta_n^2, \end{cases}$$

so daß dann für alle Punkte (u,v) auf dem Kreise $u^2 + v^2 = r_n^2$ gewiß die Ungleichung $|\mathfrak{y}_n(u,v) - \mathfrak{x}_n(u,v)| \leqq \delta_n$ zutrifft. Genauso läßt sich einsehen, daß die Kurven $\Gamma_2^{(n)}$ gegen Γ_2 konvergieren. Es gilt offensichtlich $\liminf\limits_{n\to\infty} D_{R_n}[\mathfrak{y}_n] \leqq \liminf\limits_{n\to\infty} D_{R_n}[\mathfrak{x}_n]$.

$\mathfrak{y}_n(u,v)$ verschwindet auf j_n. Mit I_n bzw. A_n bezeichnen wir das Innere bzw. das Äußere der Jordankurve j_n und setzen

$$\mathfrak{y}_n' = \begin{cases} \mathfrak{y}_n & \text{in} \quad I_n \frown \bar{R}_n \\ \mathfrak{o} & \text{in} \quad \bar{A}_n \end{cases}, \quad \mathfrak{y}_n'' \equiv \mathfrak{z}_n' = \begin{cases} \mathfrak{y}_n & \text{in} \quad A_n \frown \bar{R}_n \\ \mathfrak{o} & \text{in} \quad \bar{I}_n \end{cases}.$$

Den Vektor $\mathfrak{y}_n'$ spiegeln wir noch am Kreise $|w| = \sqrt{r_n}$, d. h., wir setzen $\mathfrak{z}_n'(u,v) = \mathfrak{y}_n'\left(\frac{u\,r_n}{u^2+v^2}, \frac{-v\,r_n}{u^2+v^2}\right)$ für $r_n^2 \leqq u^2 + v^2 \leqq 1$, weiter $\mathfrak{z}_n'(u,v) = \mathfrak{o}$ für $u^2 + v^2 \leqq r_n^2$. Die Vektoren $\mathfrak{z}_n'(u,v)$ und $\mathfrak{z}_n''(u,v)$ sind in $\bar{P} = \{u, v;\, u^2 + v^2 \leqq 1\}$ erklärt und zu $\mathfrak{M}(\bar{P})$ gehörig, und es gilt $D_P[\mathfrak{z}_n'] + D_P[\mathfrak{z}_n''] = D_{R_n}[\mathfrak{y}_n]$. $\mathfrak{z}_n'$ bildet den Kreis $u^2 + v^2 = 1$ auf $\Gamma_1^{(n)}$ ab, und $\mathfrak{z}_n''$ bildet diesen Kreis auf $\Gamma_2^{(n)}$ ab. Von § 301 her wissen wir aber, daß $d_1 \leqq \liminf\limits_{n\to\infty} D_P[\mathfrak{z}_n']$ und $d_2 \leqq \liminf\limits_{n\to\infty} D_P[\mathfrak{z}_n'']$ ist, so daß

$$d_1 + d_2 \leqq \liminf_{n\to\infty}\{D_P[\mathfrak{z}_n'] + D_P[\mathfrak{z}_n'']\} \leqq \liminf_{n\to\infty} D_{R_n}[\mathfrak{y}_n] \leqq$$
$$\leqq \liminf_{n\to\infty} D_{R_n}[\mathfrak{x}_n] = d.$$

Das steht im Widerspruch zu der eingangs postulierten hinreichenden Bedingung von Douglas.

Der Fall, daß die Kurven J_n zusammenschrumpfend ins Unendliche rücken, kann analog behandelt werden mit der Vereinfachung, daß die Kurven $\Gamma_1^{(n)}$ und $\Gamma_2^{(n)}$ dann für hinreichend große n mit den Kurven Γ_1 bzw. Γ_2 identisch sind.

Damit ist unsere Behauptung vollständig bewiesen.

§ 567. Für den Fall, daß die Kurven Γ_1 und Γ_2 keine Fläche endlichen Inhalts beranden, ist eine verallgemeinerte Fassung der Douglasschen hinreichenden Bedingung möglich. Man approximiere Γ_1 und Γ_2 durch Kurven $\Gamma_1^{(n)}$ bzw. $\Gamma_2^{(n)}$ mit endlichen Werten von $d(\Gamma_1^{(n)})$ und $d(\Gamma_2^{(n)})$, z. B. durch rektifizierbare Kurven, und setze $e(\Gamma_1^{(n)}, \Gamma_2^{(n)}) = d(\Gamma_1^{(n)}) + d(\Gamma_2^{(n)}) - d(\Gamma_1^{(n)}, \Gamma_2^{(n)})$. Nun definiere man die Zahl $e(\Gamma_1, \Gamma_2) = \sup\left\{\limsup_{n\to\infty} e(\Gamma_1^{(n)}, \Gamma_2^{(n)})\right\}$, wobei das Supremum über alle möglichen Folgen $\{\Gamma_1^{(n)}, \Gamma_2^{(n)}\}$ zu nehmen ist.

Es läßt sich dann beweisen, daß eine von Γ_1 und Γ_2 berandete verallgemeinerte Minimalfläche vom Typ des Kreisringes gewiß dann existiert, wenn $e(\Gamma_1, \Gamma_2) > 0$ ist; siehe J. Douglas [5], pp. 321, 355ff. Der Ortsvektor dieser Fläche hat wiederum die in § 564 aufgezählten Eigenschaften. Auch die in den §§ 568–571 zu beweisenden konkreten Sätze lassen sich entsprechend verallgemeinern.

§ 568. Es ist einleuchtend, daß die Douglassche Bedingung erfüllt ist, falls Γ_1 und Γ_2 rektifizierbar und Randkurven eines hinreichend niedrigen Zylinders sind; denn die Mantelfläche dieses Zylinders wird dann klein sein. Wie wir in § 570 näher ausführen werden, ist die Bedingung ebenfalls erfüllt, wenn Γ_1 und Γ_2 in ein und derselben Ebene verlaufen, wobei Γ_1 im Innern von Γ_2 enthalten ist.

Ein interessanteres von J. Douglas gefundenes Resultat, welches in den nachfolgenden zwei Paragraphen bewiesen werden soll, kann grob so ausgesprochen werden: Die Douglassche Bedingung ist erfüllt, wenn sich die beiden von Γ_1 und von Γ_2 berandeten Minimalflächen vom Typ der Kreisscheibe kleinsten Inhalts schneiden. Dieses ist beispielsweise dann der Fall, wenn die Kurven Γ_1 und Γ_2 verschlungen sind.

Man kann sich das anschaulich gut vorstellen. Die Kurven seien etwa zwei verschlungene zueinander senkrechte Kreise wie in Abb. 73a. Wir schneiden die von Γ_1 und Γ_2 berandeten Kreisscheiben längs der gemeinsamen Schnittlinie auf und heften die Ufer wie in der Triangulierung der Abb. 73b angegeben wechselseitig zusammen. Indem wir die neu gewonnene Fläche, welche, wie aus Abb. 73c hervorgeht, nunmehr vom Typ des Kreisringes ist, ein wenig deformieren, erhalten wir eine Fläche kleineren Inhaltes ohne Selbstschneidungen, welche in Abb. 74 dargestellt ist. Douglas behauptete irrtümlich, diese Fläche habe Selbstschneidungen; siehe [5], p. 322.

§ 569. Die beiden Jordankurven Γ_1 und Γ_2 seien rektifizierbar, er es gelte zumindest $d(\Gamma_1) < \infty$ und $d(\Gamma_2) < \infty$.
od $S = \{\mathfrak{x} = \mathfrak{x}(u, v); u^2 + v^2 \leqq 1\}$ und $\bar{S} = \{\mathfrak{x} = \bar{\mathfrak{x}}(u, v); u^2 + v^2 \leqq 1\}$ seien zwei Lösungen des Plateauschen Problems mit kleinstem Flächen-

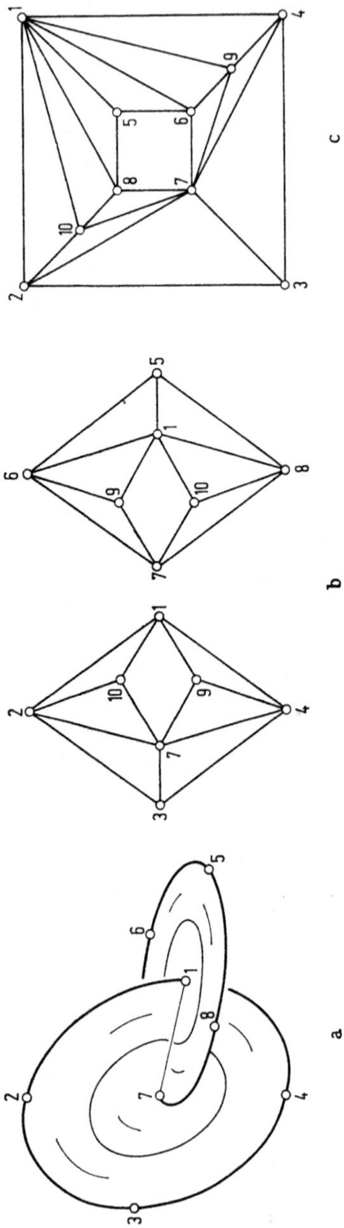

Abb. 73

inhalt für Γ_1 bzw. Γ_2. Dann gilt der Satz (J. Douglas [5], p. 351):

Die Douglassche Bedingung ist erfüllt, wenn die beiden verallgemeinerten Minimalflächen S und $\bar{S}$ einen für beide regulären inneren Punkt gemeinsam haben.

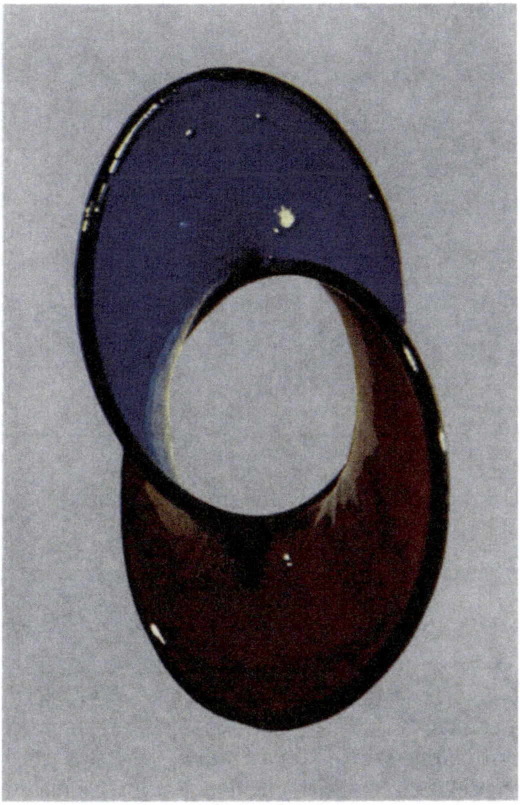

Abb. 74

Beweis: Unter Benutzung von Polarkoordinaten (ϱ, ϑ) schreiben wir

$$\mathfrak{x}(\varrho, \vartheta) = \tfrac{1}{2}\mathfrak{a}_0 + \sum_{n=1}^{\infty} \varrho^n (\mathfrak{a}_n \cos n\vartheta + \mathfrak{b}_n \sin n\vartheta)$$

$$\bar{\mathfrak{x}}(\varrho, \vartheta) = \tfrac{1}{2}\bar{\mathfrak{a}}_0 + \sum_{n=1}^{\infty} \varrho^n (\bar{\mathfrak{a}}_n \cos n\vartheta + \bar{\mathfrak{b}}_n \sin n\vartheta).$$

Es seien r eine Zahl im Intervall $0 < r < 1$ und R der Kreisring $\{u, v; r^2 < u^2 + v^2 < 1\}$. Wir bezeichnen mit $\mathfrak{z}(\varrho, \vartheta)$ den in R harmonischen und in $\bar{R}$ stetigen Vektor mit den Randwerten $\mathfrak{z}(1, \vartheta) =$

$= \mathfrak{x}(1, \vartheta)$, $\mathfrak{z}(r, \vartheta) = \bar{\mathfrak{x}}(1, \vartheta)$. Für die Koeffizienten der Entwicklung

$$\mathfrak{z}(\varrho, \vartheta) = \mathfrak{p} \log \varrho + \tfrac{1}{2}\mathfrak{A}_0 + \sum_{n=1}^{\infty} \{(\mathfrak{A}_n \varrho^n + \mathfrak{A}_{-n} \varrho^{-n}) \cos n\vartheta + \\ + (\mathfrak{B}_n \varrho^n - \mathfrak{B}_{-n} \varrho^{-n}) \sin n\vartheta\}$$

finden wir leicht die Werte $\mathfrak{A}_0 = \mathfrak{a}_0$, $\mathfrak{A}_0 + 2\mathfrak{p} \log r = \bar{\mathfrak{a}}_0$ und für $n \geqq 1$

$$\mathfrak{A}_n = (1 - r^{2n})^{-1} (\mathfrak{a}_n - \bar{\mathfrak{a}}_n r^n), \qquad \mathfrak{A}_{-n} = -r^n (1 - r^{2n})^{-1} (\mathfrak{a}_n r^n - \bar{\mathfrak{a}}_n),$$
$$\mathfrak{B}_n = (1 - r^{2n})^{-1} (\mathfrak{b}_n - \bar{\mathfrak{b}}_n r^n), \qquad \mathfrak{B}_{-n} = r^n (1 - r^{2n})^{-1} (\mathfrak{b}_n r^n - \bar{\mathfrak{b}}_n).$$

Daher wird

$$D_R[\mathfrak{z}] = -\pi \mathfrak{p}^2 \log r + \frac{\pi}{2} \sum_{n=1}^{\infty} n\{(\mathfrak{A}_n^2 - \mathfrak{A}_{-n}^2) + (\mathfrak{B}_n^2 - \mathfrak{B}_{-n}^2) - \\ - (\mathfrak{A}_n^2 r^{2n} - \mathfrak{A}_{-n}^2 r^{-2n}) - (\mathfrak{B}_n^2 r^{2n} - \mathfrak{B}_{-n}^2 r^{-2n})\} = -\pi \mathfrak{p}^2 \log r + \\ + \frac{\pi}{2} \sum_{n=1}^{\infty} n \frac{(1 + r^{2n})(\mathfrak{a}_n^2 + \mathfrak{b}_n^2 + \bar{\mathfrak{a}}_n^2 + \bar{\mathfrak{b}}_n^2) - 4r^n(\mathfrak{a}_n \cdot \bar{\mathfrak{a}}_n + \mathfrak{b}_n \cdot \bar{\mathfrak{b}}_n)}{1 - r^{2n}} \\ = D[\mathfrak{x}] + D[\bar{\mathfrak{x}}] - \pi \mathfrak{p}^2 \log r + \\ + \pi \sum_{n=1}^{\infty} n \frac{r^{2n}(\mathfrak{a}_n^2 + \mathfrak{b}_n^2 + \bar{\mathfrak{a}}_n^2 + \bar{\mathfrak{b}}_n^2) - 2r^n(\mathfrak{a}_n \cdot \bar{a}_n + \mathfrak{b}_n \cdot \bar{\mathfrak{b}}_n)}{1 - r^{2n}}.$$

Es ist klar, daß die unendliche Reihe auf der rechten Seite konvergiert. Für kleine r gilt

$$D_R[\mathfrak{z}] = D[\mathfrak{x}] + D[\bar{\mathfrak{x}}] + \pi \mathfrak{p}^2 \log \frac{1}{r} - 2\pi(\mathfrak{a}_1 \cdot \bar{\mathfrak{a}}_1 + \mathfrak{b}_1 \cdot \bar{\mathfrak{b}}_1) r + \cdots$$

und wegen $D[\mathfrak{x}] = d_1$, $D[\bar{\mathfrak{x}}] = d_2$, $D_R[\mathfrak{z}] \geqq d$

$$d \leqq d_1 + d_2 + \pi \mathfrak{p}^2 \log \frac{1}{r} - 2\pi(\mathfrak{a}_1 \cdot \bar{\mathfrak{a}}_1 + \mathfrak{b}_1 \cdot \bar{\mathfrak{b}}_1) r + \cdots.$$

Ohne Änderung der Werte von d_1 und d_2 läßt sich der Kreis $|w| \leqq 1$ sowohl für den Vektor $\mathfrak{x}$ als auch für den Vektor $\bar{\mathfrak{x}}$ einer linearen Transformation unterwerfen. Dadurch können ein beliebiger Punkt in den Nullpunkt und eine beliebige Richtung dort in die Richtung der positiven u-Achse übergeführt werden.

Auf der Fläche S entspricht dem Punkt $u = v = 0$ der Raumpunkt $\mathfrak{x} = \frac{1}{2}\mathfrak{a}_0$ und der Richtung der positiven u-Achse dort die Richtung des Vektors $\mathfrak{a}_1$. Wenn der Punkt $u = v = 0$ ein regulärer Punkt der Fläche ist, gilt $\mathfrak{a}_1 \neq \mathfrak{o}$. Die Richtung des Vektors $\mathfrak{b}_1$ entspricht dann der positiven v-Richtung im Punkte $u = v = 0$. $\mathfrak{a}_1$ und $\mathfrak{b}_1$ sind zueinander senkrecht. Ähnliches gilt für die Fläche $\bar{S}$.

Angenommen, die beiden Minimalflächen S und $\bar{S}$ hätten einen inneren Punkt $\mathfrak{x}_0$ gemeinsam, der auf beiden regulär ist. Wir können annehmen, daß dieser Punkt für beide Flächen dem Nullpunkt $u = v = 0$

entspricht. Dann gilt $\mathfrak{a}_0 = \bar{\mathfrak{a}}_0$, d. h. $\mathfrak{p} = \mathfrak{o}$. Wenn sich die Tangentialebene von S und $\bar{S}$ in $\mathfrak{x}_0$ schneiden, können wir annehmen, daß der positiven u-Richtung in $u = v = 0$ auf beiden Flächen dieselbe Richtung in der Schnittgeraden entspricht. Dann gilt $\mathfrak{a}_1 \cdot \bar{\mathfrak{a}}_1 > 0$. Sollten beide Tangentialebenen zusammenfallen, dann richten wir es so ein, daß der positiven u-Richtung in $u = v = 0$ auf beiden Flächen dieselbe Richtung im Raume entspricht. Dann gilt wieder $\mathfrak{a}_1 \cdot \bar{\mathfrak{a}}_1 > 0$. Wir können es, falls notwendig durch eine Spiegelung des Parametergebietes der Fläche $\bar{S}$ an der u-Achse, auch erreichen, daß $\mathfrak{b}_1 \cdot \bar{\mathfrak{b}}_1 > 0$ ausfällt. Für kleine r ergibt sich dann die Entwicklung

$$d \leqq d_1 + d_2 - 2\pi(\mathfrak{a}_1 \cdot \bar{\mathfrak{a}}_1 + \mathfrak{b}_1 \cdot \bar{\mathfrak{b}}_1)\, r + \cdots,$$

wobei $\mathfrak{a}_1 \cdot \bar{\mathfrak{a}}_1 + \mathfrak{b}_1 \cdot \bar{\mathfrak{b}}_1 > 0$ ist. Wenn wir schließlich bedenken, daß r beliebig gewählt werden kann, so erkennen wir, daß in der Tat $d < d_1 + d_2$ sein muß. W. z. b. w.

§ 570. Als Anwendung des eben bewiesenen Satzes wollen wir jetzt zeigen, daß die Douglassche Bedingung erfüllt ist, falls Γ_1 und Γ_2 zwei in ein und derselben Ebene gelegene Jordankurven sind, von denen eine, etwa Γ_2, die andere, Γ_1, in ihrem Inneren enthält.

In § 306 haben wir gesehen, daß $d(\Gamma_j)$ $(j = 1, 2)$ mit dem inneren Inhalt der Jordankurve Γ_j übereinstimmt. Daher sind $d(\Gamma_1)$ und $d(\Gamma_2)$ und nach § 565 folglich auch $d(\Gamma_1, \Gamma_2)$ endlich. Die beiden Minimalflächen S und $\bar{S}$ sind hier nichts anderes als die von Γ_1 bzw. Γ_2 berandeten ebenen Bereiche und haben somit jeden im Inneren von Γ_1 liegenden Punkt gemeinsam, so daß der Satz des § 569 anwendbar ist. Ähnlich wie die Lösung des Plateauschen Problems gemäß § 306 den Riemannschen Abbildungssatz in der Theorie der konformen Abbildung als Spezialfall enthält, führt also die Lösung des Douglasschen Problems zu dem bekannten Abbildungssatz für Ringgebiete, und zwar wiederum sogleich zu seiner Ergänzung hinsichtlich des Randverhaltens der Abbildungsfunktion:

Jedes von zwei Jordankurven berandete zweifach zusammenhängende Gebiet in der (x, y)-Ebene kann umkehrbar eindeutig und konform auf das Innere eines Kreisringes in der (u, v)-Ebene abgebildet werden. Die Abbildungsfunktion und ihre Umkehrfunktion sind dabei noch in den Abschließungen ihrer Definitionsgebiete stetig und stellen eine umkehrbar eindeutige Abbildung deren Randkurven aufeinander her.

Man sehe diesbezüglich W. F. Osgood and E. H. Taylor [1]; P. Koebe [1]; L. Lichtenstein [5], pp. 365–377; G. M. Golusin [I], pp. 173–178.

§ 571. Die verallgemeinerten Minimalflächen S und $\bar{S}$ haben auch gewiß dann einen für beide regulären Punkt gemeinsam, wenn die beiden Kurven Γ_1 und Γ_2 verschlungen sind. Das folgt aus § 440. Wir können somit den Satz aussprechen (J. Douglas [5]):

Wenn die rektifizierbaren Jordankurven Γ_1 und Γ_2 verschlungen sind, so ist die Douglassche Bedingung erfüllt, d. h., es existiert eine von Γ_1 und Γ_2 berandete verallgemeinerte Minimalfläche vom Typ des Kreisringes. Ihr Flächeninhalt ist kleiner als die Summe der Flächeninhalte zweier von Γ_1 und von Γ_2 berandeten Flächen kleinsten Inhaltes vom Typ der Kreisscheibe.

§ 572. Hinsichtlich des Randverhaltens einer verallgemeinerten Minimalfläche S mit den in § 564 zusammengefaßten Eigenschaften – ob sie nun ein Minimum des Flächeninhaltes besitzt oder nicht – treten keine neuen Erscheinungen auf. Wie schon in § 552 kann S durch Aufschneiden des Parametergebietes längs irgendeiner Strecke $\{\zeta = \varrho\, e^{i\vartheta};\ \varrho_1 < \varrho < \varrho_2\}$ in eine Fläche vom Typ der Kreisscheibe verwandelt werden. Die Berandung dieser wird zwar i. a. keine Jordankurve mehr sein, ist aber für fast alle Werte von ϑ rektifizierbar, wenn die Randkurven Γ_1 und Γ_2 rektifizierbar sind. Im Hinblick auf die Bemerkung in § 334 lassen sich die Untersuchungen aus V.2.1 daher auf die gegenwärtige Situation übertragen.

§ 573. Selbst abgesehen davon, daß das Douglassche Problem i. a. auch dann eine Lösung besitzt, wenn die hinreichenden Bedingungen aus §§ 558, 566, 567 nicht mehr erfüllt sind, kann nicht erwartet werden, daß die Lösung eindeutig ist.

Im Falle koaxialer Einheitskreise $\{x = \cos\vartheta,\ y = \sin\vartheta,\ z = \pm h/2;\ 0 \leqq \vartheta \leqq 2\pi\}$ in den Ebenen $z = -h/2$ und $z = h/2$ als Randkurven gibt es beispielsweise für jedes h in $0 < h < h_2 = 1{,}325\ldots$ neben der Kettenfläche $S_h^{(1)}$ relativ kleinsten Inhaltes mit der Gleichung $\sqrt{x^2 + y^2} = \alpha_1 \operatorname{Cof}(z/\alpha_1)$ noch eine zweite Kettenfläche $S_h^{(2)}$ mit der Gleichung $\sqrt{x^2 + y^2} = \alpha_2 \operatorname{Cof}(z/\alpha_2)$, welche ebenfalls eine – jedoch instabile – Lösung des Douglasschen Problems darstellt. Das ist uns aus § 515 bekannt und liegt einfach daran, daß die die Randbedingungen enthaltende transzendente Gleichung $1 = \alpha \operatorname{Cof}(h/2\alpha)$ für $0 < h < h_2$ zwei verschiedene Lösungen α_1 und α_2 besitzt.

Im allgemeinen Falle ist der Nachweis weiterer – i. a. instabiler – Lösungen des Douglasschen Problems außerordentlich schwierig und bislang nur mit Hilfe der Morseschen Theorie, die sich bei mehreren Randkurven allerdings komplizierter als beim Plateauschen Problem (siehe V.4) gestaltet, gelungen. In den Jahren 1940 bis 1942 haben sowohl Morse and Tompkins [4] als auch Shiffman [4] ihre scharfsinnigen Untersuchungen über diesen Gegenstand verbreitet. Während Morse und Tompkins das Douglassche Problem für zwei Randkurven behandeln, betrachtet Shiffman auch den Fall mehrerer Konturen. Aussagen konkreten geometrischen Inhaltes findet man besonders in der Arbeit von Morse und Tompkins.

Es muß hier genügen, ein typisches Beispiel wiederzugeben. Wir nehmen an, daß die Jordankurven Γ_1 und Γ_2 rektifizierbar sind, eine BS-Bedingung wie in § 24 erfüllen, und daß Γ_1 und Γ_2 eine Minimalfläche $S = \{\mathfrak{x} = \mathfrak{x}(u, v); (u, v) \in \bar{R}\}$ vom Typ des Kreisringes beranden derart, daß der Ortsvektor $\mathfrak{x}$ Element eines Blockes $\mathfrak{M}_N$ im Sinne von § 423 ist, welcher ein striktes Minimum des Dirichletschen Integrals darstellt, so daß also $D_R[\mathfrak{y}] > N$ gilt für alle Vektoren $\mathfrak{y}$ in einer Umgebung von $\mathfrak{M}_N$. Wenn die Kurven Γ_1 und Γ_2 durch eine Ebene voneinander getrennt sind und wenn jede eine konvexe Projektion auf eine geeignete Ebene besitzt, dann existiert eine von Γ_1 und Γ_2 berandete instabile Lösung des Douglasschen Problems.

Die Aussage dieses Satzes enthält den Fall koaxialer Einheitskreise in den Ebenen $z = -h/2$ und $z = h/2$ und garantiert hier die Existenz der Kettenfläche $S_h^{(2)}$, solange von der Kettenfläche $S_h^{(1)}$ bewiesen werden kann, daß sie ein striktes relatives Minimum des Flächeninhaltes verwirklicht. Das ist für $0 < h < h_1 = 1{,}055\ldots$ der Fall.

Der Existenzbeweis einer Lösungsfläche des Douglasschen Problems für den Fall, daß die hinreichenden Bedingungen nicht erfüllt sind – in unserem Falle also der Existenzbeweis der Fläche $S_h^{(1)}$ für $h_1 \leqq h < < h_2$ –, gelingt bis heute nicht einmal mit Hilfe der Morseschen Theorie.

Es ist übrigens bemerkenswert, daß seit den Arbeiten von Morse und Tompkins bis zum heutigen Tage in der Literatur keine weiteren Untersuchungen über die Anwendung der Morseschen Theorie auf Minimalflächen vorgenommen worden sind.

Die Minimalflächengleichung

1. Vorbemerkungen

§ 574. Für eine in nichtparametrischer Darstellung $z = z(x, y)$ vorgelegte Minimalfläche ist die Funktion $z(x, y)$ gemäß §§ 1, 52 eine Lösung der Minimalflächengleichung (3):

$$\mathscr{L}[z] \equiv (1 + z_y^2)\, z_{xx} - 2 z_x z_y z_{xy} + (1 + z_x^2)\, z_{yy} = 0 .$$

Diese quasi-lineare Differentialgleichung ist elliptisch, allerdings nicht gleichmäßig elliptisch.

Das Verhalten harmonischer Funktionen ist in der Regel typisch für das der Lösungen linearer elliptischer Differentialgleichungen. Diese Vormundschaft der harmonischen Funktionen hört aber auf, wenn man nicht-lineare Differentialgleichungen ins Auge faßt. Eine der überraschendsten Aussagen, welche den gewaltigen Unterschied beleuchtet, der zwischen den Eigenschaften harmonischer Funktionen und denen von Lösungen hinreichend nicht-linearer elliptischer Differentialgleichungen besteht, ist in dem Bernsteinschen Satze des § 130 enthalten. In diesem Kapitel werden wir weitere Unterschiede kennenlernen. Sie alle haben ihren Ursprung in der starken Nicht-Linearität der Minimalflächengleichung.

§ 575. Wenn man sein Augenmerk auf die Untersuchung spezieller Eigenschaften der Lösungen quasi-linearer Differentialgleichungen richtet, so kann man regelrecht Maße der Nicht-Linearität definieren, d. h. Bedingungen, welche bei ihrem Erfülltsein die erwarteten Erscheinungen garantieren. Dieses Programm ist von vielen Autoren hinsichtlich der verschiedensten Fragestellungen durchgeführt worden: Lösbarkeit des Dirichletschen Problems, Möglichkeit isolierter Singularitäten, Existenz nicht-linearer ganzer Lösungen, Gültigkeit gewisser A-priori-Abschätzungen usw. Man sehe etwa S. Bernstein [5]; L. Bers [6], [7]; R. Finn [2]–[9]; D. Gilbarg [1]; E. Hopf [9]; H. Jenkins [1]–[3]; H. Jenkins and J. Serrin [1], [2]; O. A. Ladyzhenskaya and N. N. Ural'tseva [I], [2], [3]; J. Leray [2]; J. C. C. Nitsche [20]; J. C. C. Nitsche und J. A. Nitsche [1], [2]; J. Serrin [6], [11]; N. S. Trudinger [1], [2].

Die erste derartige Diskussion geht auf eine Untersuchung von S. Bernstein ([5], insbes. pp. 455–469) aus dem Jahre 1912 zurück, welche sich mit den quasi-linearen Differentialgleichungen der Form

$$(168)\qquad a(x,y;p,q)\,r + 2b(x,y;p,q)\,s + c(x,y;p,q)\,t = 0;$$
$$a > 0,\ ac - b^2 > 0$$

befaßt. Wie in § 52 sind hier die üblichen Abkürzungen p, q, r, s, t für $z_x, z_y, z_{xx}, z_{xy}, z_{yy}$ benutzt. Bernsteins Betrachtungen wurden 1939 von J. Leray ([2], insbes. pp. 281–283) verallgemeinert und sind in den letzten Jahren von O. A. Ladyzhenskaya, N. N. Ural'tseva, I. Ya. Bakel'man, J. Serrin u. a. weitergeführt worden.

Wir sagen, eine Funktion $F(\xi,\eta)$ habe ein bestimmtes Wachstum, wenn ξ und η nach Unendlich gehen, und zwar ein Wachstum der Ordnung α – kurz $F(\xi,\eta) \sim (\xi^2+\eta^2)^{\alpha/2}$ –, wenn es zwei Konstanten m, ϱ_0 $(1 \leqq m < \infty, \varrho_0 > 0)$ und einen Exponenten α gibt, so daß für $\xi^2 + \eta^2 \geqq \varrho_0^2$ die Ungleichungen

$$\frac{1}{m}(\xi^2+\eta^2)^{\alpha/2} \leqq F(\xi,\eta) \leqq m(\xi^2+\eta^2)^{\alpha/2}$$

gelten. Unter gewissen Regularitätsvoraussetzungen und unter der Annahme, daß die beiden Formen

$$F_1 = F_1(x,y;p,q) \equiv a p^2 + 2b p q + c q^2$$
$$F_2 = F_2(x,y;p,q) \equiv (a+c)(p^2+q^2)$$

gleichmäßig für alle Punkte (x, y) des Definitionsbereiches ein bestimmtes Wachstum der Ordnungen μ_1 bzw. μ_2 haben, wenn p und q nach Unendlich gehen, bezeichnet Bernstein die Differenz $\mu = \mu_2 - \mu_1$ als Genre der Differentialgleichung (168). Aus $F_2 - F_1 = a q^2 - 2b p q + c p^2 \geqq 0$ folgt allgemein $\mu_2 \geqq \mu_1$, d. h. $\mu \geqq 0$. Für die Minimalflächengleichung wird $F_1 = p^2 + q^2$ und $F_2 = (p^2+q^2)(2+p^2+q^2)$, so daß hier $\mu = 2$ ist. Lineare und gleichmäßig elliptische Differentialgleichungen sind vom Genre Null.

Die Untersuchungen Bernsteins über die Lösbarkeit des Dirichletschen Problems zeigen, daß sich Differentialgleichungen, deren Genre den Wert Eins nicht übersteigt, ähnlich wie lineare Differentialgleichungen verhalten, während Differentialgleichungen, deren Genre größer als Eins ist, andere Erscheinungen aufweisen. Besonders interessant sind die Differentialgleichungen vom Genre Zwei, deren Hauptvertreter die Minimalflächengleichung ist.

§ 576. Im Jahre 1954 definierte R. Finn ([3], siehe auch [4], [5], [7], [8]) eine Klasse von quasi-linearen Differentialgleichungen, welche er im Hinblick auf ihre enge Verwandtschaft zur Minimalflächengleichung Differentialgleichungen vom Typ der Minimalflächengleichung nannte. Eine Differentialgleichung gehört zu dieser Klasse, wenn es eine Konstante M $(1 \leqq M < \infty)$ derart gibt, daß die Ungleichung

$$F_3 = F_3(x,y;p,q) \equiv a(1+p^2) + 2b p q + c(1+q^2) \leqq 2MW\sqrt{ac-b^2}$$

in allen Punkten (x, y) des Definitionsbereiches und für alle p, q erfüllt ist. Dabei ist wie üblich $W = \sqrt{1 + p^2 + q^2}$ gesetzt.

Die Metriken $ds_1^2 = (1 + p^2)\,d\xi^2 + 2p\,q\,d\xi\,d\eta + (1 + q^2)\,d\eta^2$ und $ds_2^2 = c\,d\xi^2 - 2b\,d\xi\,d\eta + a\,d\eta^2$ stehen dann in einer quasi-konformen Beziehung, d. h., die Dilation $D = \left(\frac{d\,s_2}{d\,s_1}\right)_{\max} : \left(\frac{d\,s_2}{d\,s_1}\right)_{\min}$ der Abbildung zwischen den beiden Riemannschen Mannigfaltigkeiten mit diesen Metriken (siehe § 218), für die man ähnlich wie bei der Bestimmung der Hauptkrümmungen in der Flächentheorie (siehe W. Blaschke [II], pp. 91–92) die Bedingungsgleichung

$$D + \frac{1}{D} = \frac{F_3}{W\sqrt{a\,c - b^2}} \leqq 2M$$

ermittelt, ist wegen $D \leqq M + \sqrt{M^2 - 1}$ beschränkt.

Man erkennt leicht, daß die Minimalflächengleichung der Klasse angehört. Sie ist die einzige Gleichung, für welche $M = 1$ genommen werden kann, so daß die quasi-konforme Beziehung zu einer konformen wird.

Jede Gleichung vom Typ der Minimalflächengleichung ist vom Genre Zwei (J. C. C. Nitsche [20], pp. 903–904). Das Umgekehrte ist dagegen nicht der Fall.

§ 577. Das Variationsproblem $\delta \iint \sqrt{\bar{X}^2 + \bar{Y}^2 + \bar{Z}^2}\,du\,dv = 0$, bei dem $\bar{X}(u, v)$, $\bar{Y}(u, v)$ und $\bar{Z}(u, v)$ wie in § 288 Abkürzungen für die Komponenten des Vektorproduktes $\mathfrak{x}_u \times \mathfrak{x}_v$ bedeuten, führt auf Minimalflächen, welche, wenn sie eine nichtparametrische Darstellung $z = z(x, y)$ zulassen, auch als Extremalen des nicht-parametrischen Variationsproblems $\delta \iint \sqrt{1 + p^2 + q^2}\,dx\,dy = 0$ erscheinen. Es sei allgemeiner $\delta \iint F(\bar{X}, \bar{Y}, \bar{Z})\,du\,dv = 0$ ein reguläres Variationsproblem, dessen Integrand eine positive und positiv homogene Funktion der Klasse C^2 ist. Eine der nichtparametrischen Darstellung $z = z(x, y)$ zugängliche Extremale dieses Problems läßt sich ebenfalls als Extremale eines zugehörigen nichtparametrischen Variationsproblems $\delta \iint f(p, q)\,dx\,dy = 0$ auffassen. Die Euler-Lagrangesche Differentialgleichung des letzteren ist eine quasi-lineare elliptische Differentialgleichung der Form (168). Diese Zusammenhänge sind von A. Haar [4], [5]; T. Radó; E. J. Mickle [1]; G. Thomsen [2], pp. 53–56; H. Jenkins [1]; S. F. Morozov [2] untersucht worden. Man kann einem Variationsproblem $\delta \iint f(p, q)\,dx\,dy = 0$ andere Variationsprobleme so zuordnen, daß die Extremalen dieser Probleme in demselben Verhältnis wie assoziierte Minimalflächen (siehe III.2.7) zueinander stehen.

Die Euler-Lagrangesche Gleichung eines nicht-parametrischen Variationsproblems, welches sich in der angegebenen Weise aus einem Variationsproblem herleitet, dessen Indikatrix – die geschlossene Fläche mit der Gleichung $F(\bar{X}, \bar{Y}, \bar{Z}) = 1$ im $(\bar{X}, \bar{Y}, \bar{Z})$-Raum – überall eine positive Gaußsche Krümmung besitzt, ist vom Typ der Minimalflächengleichung (H. Jenkins [1]). Gleichungen (168) dieser Herkunft sind dann von H. Jenkins [1] und H. Jenkins and J. Serrin [1] betrachtet worden.

§ 578. Die wenigen vorangehenden Bemerkungen und die dabei zitierten Untersuchungen genügen, um die Minimalflächengleichung als Hauptvertreter einer besonders wichtigen Klasse nicht-linearer Differentialgleichungen mit ganz eigenen Zügen herauszustellen. Ihre Bedeutung für die Gasdynamik ist bereits in § 10 erwähnt worden.

Das vorliegende Kapitel ist nun einer Diskussion der Minimalflächengleichung gewidmet, im selben Geiste etwa, in dem die Funktionentheorie als Ausfluß der Cauchy-Riemannschen Differentialgleichungen angesehen werden kann. Dem ungeübten Blick mögen die zu beweisenden Tatsachen als Übertragungen von Sätzen aus dem Bereich der linearen elliptischen Differentialgleichungen erscheinen. In Wirklichkeit besteht fast jedesmal ein gewaltiger Unterschied, worauf man sein besonderes Augenmerk richten möge.

2. Das Maximumprinzip und seine Folgerungen

§ 579. Viele der nachfolgenden Rechnungen stützen sich auf das Maximumprinzip und beruhen auf dem Vergleich einer vorgelegten Lösung der Minimalflächengleichung mit speziellen Lösungen, etwa der Scherkschen Fläche oder der Kettenfläche, deren Werte oder Normalableitungen bei Annäherung an gewisse Randpunkte ihres Definitionsgebietes nach Unendlich streben. Diese Hilfsfunktionen selbst brauchen an sich keine Lösungen der Minimalflächengleichung zu sein. Es ist ausreichend, mit geeigneten superminimalen Funktionen zu arbeiten, d. h. mit Funktionen $\Phi(x, y)$, welche anstatt der Gleichung $\mathscr{L}[\Phi] = 0$ lediglich der Ungleichung $\mathscr{L}[\Phi] \leqq 0$ genügen, wie z. B. die in $x^2 + y^2 > a^2$ definierte Funktion $\Phi(x, y) = -\frac{a}{\sqrt{2}} \log(x^2 + y^2 - a^2)$, für welche man $\mathscr{L}[\Phi] = -2\sqrt{2}a^5(x^2 + y^2 - a^2)^{-3}$ berechnet. Es besteht also i. a. eine große Freiheit in der Wahl brauchbarer Vergleichsfunktionen. Diese Freiheit ist besonders bei der Untersuchung allgemeinerer nichtlinearer Differentialgleichungen, mit denen wir uns hier freilich nicht weiter befassen, von maßgeblicher Bedeutung.

Wir schreiben abkürzend wieder

$$\mathscr{L}[z] \equiv (1 + z_y^2)\, z_{xx} - 2 z_x\, z_y\, z_{xy} + (1 + z_x^2)\, z_{yy}$$

und

$$\mathscr{L}'[z] \equiv \frac{\partial}{\partial x}\left(\frac{z_x}{W}\right) + \frac{\partial}{\partial y}\left(\frac{z_y}{W}\right) = \frac{1}{W^3}\mathscr{L}[z].$$

Dabei ist wie immer $W = \sqrt{1 + z_x^2 + z_y^2}$.

§ 580. Der Leser sei an das bekannte von E. Hopf stammende Maximumprinzip für die Lösungen elliptischer Differentialgleichungen erinnert (siehe E. Hopf [1]; R. Courant and D. Hilbert [I], vol. 2, pp. 326ff.):

Es sei $\mathscr{M}[u] \equiv a(x,y)\,u_{xx} + 2b(x,y)\,u_{xy} + c(x,y)\,u_{yy} + d(x,y)\,u_x + e(x,y)\,u_y$ ein linearer partieller Differentialausdruck zweiter Ordnung von elliptischem Typus. Die Koeffizienten $a, \ldots, e$ seien in einem Gebiet P der (x,y)-Ebene stetig, und die quadratische Form $a\,\xi^2 + 2b\,\xi\,\eta + c\,\eta^2$ sei dort überall positiv definit.

Die Funktion $u(x,y)$ sei in P zweimal stetig differenzierbar und genüge dort der Ungleichung $\mathscr{M}[u] \geqq 0$. Wenn es in P einen Punkt (x_0, y_0) mit der Eigenschaft gibt, daß überall in P $u(x,y) \leqq u(x_0, y_0)$ gilt, so ist $u(x,y) \equiv u(x_0, y_0)$ in P. Dasselbe trifft zu, wenn $\mathscr{M}[u] \leqq 0$ und $u(x,y) \geqq u(x_0, y_0)$ in P.

Eine unmittelbare Folgerung ist der Satz:

Die Funktion $u(x,y)$ sei in einem beschränkten Gebiet P zweimal stetig differenzierbar und genüge dort der Ungleichung $\mathscr{M}[u] \geqq 0$. Bei Annäherung an jeden Randpunkt von P gelte $\limsup u(x,y) \leqq M$. Dann ist $u(x,y) \leqq M$ überall in P. Wenn dabei in einem Punkte das Gleichheitszeichen gilt, dann ist $u(x,y) \equiv M$.

§ 581. *Die Funktionen $z_1(x,y)$ und $z_2(x,y)$ seien in einem beschränkten Gebiet P zweimal stetig differenzierbar. z_1 sei in P subminimal, d. h., es gelte $\mathscr{L}[z_1] \geqq 0$; z_2 sei in P superminimal, d. h., es gelte $\mathscr{L}[z_2] \leqq 0$. Bei Annäherung an jeden Randpunkt von P sei $\limsup [z_1(x,y) - z_2(x,y)] \leqq M$. Dann ist $z_1(x,y) - z_2(x,y) \leqq M$ in allen Punkten von P. Wenn dabei in einem Punkte das Gleichheitszeichen gilt, dann ist $z_1(x,y) - z_2(x,y) \equiv M$.*

Beweis: Die Differenz $\mathscr{L}[z_1] - \mathscr{L}[z_2]$ kann als ein gewisser, auf die Differenz $z(x,y) = z_1(x,y) - z_2(x,y)$ angewendeter, linearer elliptischer Differentialausdruck $\mathscr{M}[z]$ geschrieben werden, dessen Koeffizienten freilich von den Funktionen z_1 und z_2 abhängen:

$$\mathscr{L}[z_1] - \mathscr{L}[z_2] = a\,z_{xx} + 2b\,z_{xy} + c\,z_{yy} + d\,z_x + e\,z_y \equiv \mathscr{M}[z],$$

$$a = 1 + q_1^2, \quad b = -p_1\,q_1, \quad c = 1 + p_1^2,$$

$$d = (p_1 + p_2)\,t_2 - 2q_2\,s_2, \quad e = (q_1 + q_2)\,r_2 - 2p_1\,s_2.$$

Wegen $\mathscr{M}[z] \geqq 0$ folgt die Behauptung daher aus § 580.

§ 582. Man überlegt sich leicht, daß das Maximumprinzip des vorangehenden Paragraphen auch ohne die Differenzierbarkeitsvoraussetzungen richtig ist. Subminimale und superminimale Funktionen sind dabei gemäß § 643 zu verstehen.

Die Funktionen $z_1(x, y)$ *und* $z_2(x, y)$ *seien in einem beschränkten Gebiet* P *stetig und dort sub- bzw. superminimal. Bei Annäherung an jeden Randpunkt von* P *gelte* $\limsup[z_1(x, y) - z_2(x, y)] \leqq M$. *Dann ist* $z_1(x, y) - z_2(x, y) \leqq M$ *in allen Punkten von* P. *Wenn dabei in einem Punkte das Gleichheitszeichen gilt, dann ist* $z_1(x, y) - z_2(x, y) \equiv M$.

§ 583. Das nichtparametrische Gegenstück des Satzes aus § 314 ist in der folgenden Aussage enthalten:

Der offene Teilbogen β *auf dem Rande des Jordangebietes* P *sei geradlinig. Die Funktion* $z(x, y) \in C^2(P)$ *sei eine Lösung der Minimalflächengleichung in* P, *und bei Annäherung an jeden Punkt von* β *gelte* $\lim z(x, y) = c = \text{const}$. *Dann ist* $z(x, y)$ *in* P *mit Einschluß der Strecke* β *reell-analytisch und kann über* β *hinaus als Lösung der Minimalflächengleichung analytisch fortgesetzt werden.*

Beweis: Das Koordinatensystem sei so gewählt, daß die Strecke β auf die x-Achse zu liegen kommt. $(x_0, 0)$ sei ein Punkt von β, und die Abschließung der Halbkreisscheibe $B^+ = \{x, y;\ (x - x_0)^2 + y^2 < r^2,\ y > 0\}$ gehöre noch zu $P \cup \beta$. Mit B sei die Kreisscheibe $\{x, y;\ (x - x_0^2) + y^2 < r^2\}$ bezeichnet. Es sei $\bar{z}(x, y)$ die nach § 399 existierende und eindeutig bestimmte Lösung der Minimalflächengleichung in B, deren Werte auf dem Rande ∂B für $y > 0$ mit denen von $z(x, y)$, für $y < 0$ mit denen von $2c - z(x, -y)$ und für $y = 0$ mit c übereinstimmen. Aus der Eindeutigkeit folgt $\bar{z}(x, 0) = c$ für $|x - x_0| \leqq r$. Bei Annäherung aus B^+ heraus an jeden Punkt von ∂B^+ gilt somit $\lim[\bar{z}(x, y) - z(x, y)] = 0$. Nach § 581 folgt daraus die Identität $z(x, y) \equiv \bar{z}(x, y)$ in ganz B^+, so daß $\bar{z}(x, y)$ die analytische Fortsetzung von $z(x, y)$ ist.

§ 584. *Der Rand des Jordangebietes* P *enthalte eine offene Strecke* β. *Die Funktion* $z(x, y) \in C^2(P) \cap C^0(P \cup \beta)$ *sei eine Lösung der Minimalflächengleichung in* P. *Auf* β *gelte* $z = c = \text{const}$; *in allen Punkten von* P *sei aber* $z < c$. *Wenn* $\partial/\partial n$ *die Differentiation in Richtung der äußeren Normalen bezeichnet, so gilt in allen Punkten von* β *die Ungleichung* $\partial z/\partial n > 0$.

Beweis: Angenommen, in einem Punkte (x_0, y_0) von β sei $\partial z/\partial n = 0$. Nach § 583 ist $z(x, y)$ in einer vollen Umgebung dieses Punktes analytisch, so daß $z_x(x_0, y_0) = z_y(x_0, y_0) = 0$ wäre. Gemäß § 437 müßte daher eine von (x_0, y_0) ausgehende Kurve, längs derer $z(x, y) = c$ gelten würde, ins Innere von P eintreten. Das widerspräche den Voraussetzungen. W. z. b. w.

Es sei bemerkt, daß die Aussage des Satzes auch aus einem Maximumprinzip von E. Hopf [7] folgt.

§ 585. *P sei ein beschränktes Gebiet, dessen Rand von endlich vielen stückweise glatten Jordankurven gebildet wird. Die Funktionen $z_1(x, y)$, $z_2(x, y) \in C^2(P) \cap C^0(\bar{P})$ seien Lösungen der Minimalflächengleichung. Q sei eine kompakte Teilmenge von P, und $m(Q)$ sei das Maximum der Wurzeln $W_j = \sqrt{1 + p_j^2 + q_j^2}$, $(j = 1, 2)$, in Q. Dann gilt*

$$D_Q[z_2 - z_1] = \tfrac{1}{2} \iint_Q [(p_2 - p_1)^2 + (q_2 - q_1)^2]\,dx\,dy \leqq m^3(Q) \int_{\partial P} |z_2 - z_1|\,ds.$$

Beweis: Eine partielle Integration ergibt

$$\iint_P \left[(p_2 - p_1)\left(\frac{p_2}{W_2} - \frac{p_1}{W_1}\right) + (q_2 - q_1)\left(\frac{q_2}{W_2} - \frac{q_1}{W_1}\right)\right] dx\,dy =$$

$$= \int_{\partial P} (z_2 - z_1)\left[-\left(\frac{q_2}{W_2} - \frac{q_1}{W_1}\right)\right] dx + \left(\frac{p_2}{W_2} - \frac{p_1}{W_1}\right) dy\Big].$$

Das Randintegral läßt sich durch $2 \int_{\partial P} |z_2 - z_1|\,ds$ abschätzen. Wenn man $p = p_1 + t(p_2 - p_1)$, $q = q_1 + t(q_2 - q_1)$ und $W = \sqrt{1 + p^2 + q^2}$ setzt und den Mittelwertsatz der Differentialrechnung auf die Funktion

$$f(t) = (p_2 - p_1)\left(\frac{p}{W} - \frac{p_1}{W_1}\right) + (q_2 - q_1)\left(\frac{q}{W} - \frac{q_1}{W_1}\right)$$

anwendet, so sieht man, daß der Integrand des Doppelintegrals dem Ausdruck $f(1) = f(1) - f(0) = f'(t)$ gleicht. Dabei ist $t = t(x, y)$ ein Zwischenwert im Intervall $0 < t < 1$. Aus $\frac{d^2}{dt^2} W^2 = 2[(p_2 - p_1)^2 + (q_2 - q_1)^2] \geqq 0$ folgt $W \leqq \max(W_1, W_2)$. Somit wird

$$f'(t) = \frac{1}{W^3}[(1 + q^2)(p_2 - p_1)^2 - 2pq(p_2 - p_1)(q_2 - q_1) + (1 + p^2)(q_2 - q_1)^2]$$

$$\geqq \frac{1}{W^3}[(p_2 - p_1)^2 + (q_2 - q_1)^2]$$

$$\geqq [\max(W_1, W_2)]^{-3}[(p_2 - p_1)^2 + (q_2 - q_1)^2].$$

Der Integrand des Doppelintegrals ist also insbes. nicht-negativ. Die Behauptung ist nunmehr eine direkte Folgerung.

§ 586. Das Maximumprinzip des § 580 läßt sich erheblich verallgemeinern.

Allgemeines Maximumprinzip: Es seien P ein Gebiet in der (x, y)-Ebene und A eine kompakte Menge verschwindenden linearen Hausdorffschen Maßes (siehe §§ 248, 250). *Die Funktionen $z_1(x, y)$ und $z_2(x, y)$ seien in $P \setminus A$ zweimal stetig differenzierbar; z_1 sei in $P \setminus A$ subminimal, z_2 sei in $P \setminus A$ superminimal. Bei Annäherung an jeden nicht in A liegenden Randpunkt von P gelte* $\limsup[z_1(x, y) - z_2(x, y)] \leqq M$. *Dann ist $z_1(x, y) - z_2(x, y) \leqq M$ in allen Punkten von $P \setminus A$. Wenn dabei in einem Punkte das Gleichheitszeichen gilt, dann ist $z_1(x, y) - z_2(x, y) \equiv \equiv M$.*

Es sei ausdrücklich darauf hingewiesen, daß das Gebiet P nicht beschränkt zu sein braucht und daß die Ausnahmemenge A sich bis zum Rande von P hin erstrecken und insbes. auch ganz aus Randpunkten von P bestehen darf. Im Falle eines unbeschränkten Gebietes soll die Voraussetzung $\limsup[z_1(x, y) - z_2(x, y)] \leqq M$ auch für alle in P gegen Unendlich konvergierende Punktfolgen zutreffen. (Mit dieser Vereinbarung lassen sich übrigens auch die Aussagen der §§ 581, 582 auf unbeschränkte Gebiete übertragen.)

Dieses allgemeine Maximumprinzip wurde 1965 unabhängig voneinander von E. De Giorgi e G. Stampacchia [1] (für kompakte Ausnahmemengen im Innern von P) und von J. C. C. Nitsche [16] (für allgemeine kompakte Ausnahmemengen) bewiesen. Eine vereinfachte Variante des Beweises haben wir schon in § 164 kennengelernt.

Beweis: Im Falle $M = \infty$ ist nichts zu beweisen. Es sei also $M < \infty$. Wir wählen zwei Zahlen M_1 und M_2, $M < M_1 < M_2 < \infty$. Q sei eine beliebige, keinen Punkt der Menge A enthaltende, kompakte Teilmenge von P. Da die offene Menge $P \setminus A$ gemäß § 257 zusammenhängend ist, können wir uns Q als Teil einer größeren kompakten Menge $Q' \subset P \setminus A$ denken, wobei Q' einen Punkt (x_0, y_0) in solcher Nähe eines nicht zu A gehörigen Randpunktes von P besitzt, daß in diesem Punkte $z_1(x_0, y_0) - z_2(x_0, y_0) < M_1$ gilt.

Die positive Zahl ε sei so klein gewählt, daß das Gebiet $A''(\varepsilon)$ aus § 263 keinen Punkt von Q' enthält. Wir können auch ein von achsenparallelen Segmenten berandetes Teilgebiet $R(\varepsilon)$ von P so finden, daß Q' in $R(\varepsilon)$ enthalten ist und daß auf allen nicht in $A(\varepsilon)$ gelegenen Randpunkten von $R(\varepsilon)$ die Ungleichungen $z_1(x, y) - z_2(x, y) < (M + M_1)/2$ bzw. $z_1(x, y) - z_2(x, y) < M_1 - 1$ erfüllt sind, je nachdem, ob $M > -\infty$ oder $M = -\infty$ ist.

Wir führen die Abschnittsfunktion

$$z(x, y) = [z_1(x, y)]_{z_2(x,y)+M_1}^{z_2(x,y)+M_2}$$

ein (siehe §§ 164, 199) und setzen vorübergehend noch $\eta(x, y) = 1 - \psi^{(\varepsilon)}(x, y)$, wo $\psi^{(\varepsilon)}(x, y)$ die in § 263 konstruierte Funktion ist. Nunmehr schätzen wir das Integral

$$I = \iint\limits_{Q'} \left[(p - p_2)\left(\frac{p}{W} - \frac{p_2}{W}\right) + (q - q_2)\left(\frac{q}{W} - \frac{q_2}{W}\right)\right] dx\, dy$$

ab. Nach § 585 ist der Integrand nicht-negativ. Da überall $0 \leqq \eta(x,y) \leqq 1$ ist und $\eta(x, y) = 1$ in Q', und da nach § 196 in fast allen Punkten von $R(\varepsilon) \setminus A(\varepsilon)$ entweder $p = p_1$, $q = q_1$ oder $p = p_2$, $q = q_2$ gilt, finden wir

$$I \leqq \iint\limits_{R(\varepsilon)\setminus A(\varepsilon)} \left[(p - p_2)\left(\frac{p_1}{W_1} - \frac{p_2}{W_2}\right) + (q - q_2)\left(\frac{q_1}{W_1} - \frac{q_2}{W_2}\right)\right] \eta(x,y)\, dx\, dy.$$

Auf dem stückweise glatten Rand des Integrationsgebietes verschwindet nun entweder die Funktion $\eta(x, y)$ oder die Funktion $z(x, y) - z_2(x, y) - M_1$. Partielle Integration ergibt daher

$$I \leqq - \iint\limits_{R(\varepsilon)\setminus(A\varepsilon)} (z - z_2 - M_1)\left[\eta_x\left(\frac{p_1}{W_1} - \frac{p_2}{W_2}\right) + \eta_y\left(\frac{q_1}{W_1} - \frac{q_2}{W_2}\right)\right] dx\, dy -$$

$$- \iint\limits_{R(\varepsilon)\setminus A(\varepsilon)} (z - z_2 - M_1)\,(\mathscr{L}'[z_1] - \mathscr{L}'[z_2])\,\eta(x, y)\, dx\, dy.$$

Wegen der Voraussetzungen über die Funktionen $z_1(x, y)$ und $z_2(x, y)$ und wegen $0 \leqq z - z_2 - M_1 \leqq M_2 - M_1$ ist das zweite Integral positiv. Wir können daher weiter abschätzen

$$I \leqq 2(M_2 - M_1) \iint\limits_{R(\varepsilon)\setminus A(\varepsilon)} (|\eta_x| + |\eta_y|)\, dx\, dy$$

$$\leqq 2(M_2 - M_1) \iint (|\psi_x^{(\varepsilon)}| + |\psi_y^{(\varepsilon)}|)\, dx\, dy.$$

Wir lassen jetzt ε nach Null gehen und schließen dann gemäß § 263, daß $I = 0$ sein muß, so daß fast überall in Q' die Gleichungen $p = p_2$, $q = q_2$ gelten. Überall in Q' ist dann $z(x, y) - z_2(x, y) = c =$ const. Da im Punkte (x_0, y_0) nun $z_1(x_0, y_0) - z_2(x_0, y_0) < M_1$ ist und folglich $z(x_0, y_0) = z_2(x_0, y_0) + M_1$ gilt, ergibt sich der Wert der Konstanten zu $c = M_1$.

Damit haben wir die überall in Q gültige Beziehung $z(x, y) = z_2(x, y) + M_1$ bewiesen, welche mit der Ungleichung $z_1(x, y) - z_2(x, y) \leqq M_1$ gleichbedeutend ist. Die Behauptung des allgemeinen Maximumprinzips folgt aus der Willkür in der Wahl der Zahl M_1 und der Menge Q.

§ 587. Von den vielen Sonderfällen des allgemeinen Maximumprinzips seien die folgenden zwei ganz speziellen Aussagen angeführt:

$z(x, y)$ sei eine zweimal stetig differenzierbare Lösung der Minimalflächengleichung in der punktierten Kreisscheibe $\dot{P} = \{x, y;\, 0 < x^2 + y^2 < 1\}$. Bei Annäherung an jeden Punkt des äußeren Randes von $\dot{P}$ sei $\liminf z(x, y) \geqq m$, $\limsup z(x, y) \leqq M$. *Dann gilt $m \leqq z(x, y) \leqq M$ überall in $\dot{P}$.*

$z(x, y)$ sei eine zweimal stetig differenzierbare Lösung der Minimalflächengleichung in der Kreisscheibe $P = \{x, y;\, x^2 + y^2 < 1\}$. Bei Annäherung an jeden Randpunkt von P mit Ausnahme des Punktes $(1, 0)$ *sei* $\liminf z(x, y) \geqq m$, $\limsup z(x, y) \leqq M$. *Dann gilt $m \leqq z(x, y) \leqq M$ überall in P.*

Beide Sätze sind ohne zusätzliche einschränkende Voraussetzungen hinsichtlich des Wachstums in der Nähe des Ausnahmepunktes (Beschränktheit der Funktion oder gewisser ihrer Normen) für harmonische Funktionen und für die Lösungen linearer elliptischer Differentialgleichungen nicht richtig, wie die Beispiele der harmonischen Funktionen $z(x,y) = \log(x^2 + y^2)$ bzw. $z(x,y) = [1 - x^2 - y^2]/[(1 - x)^2 + y^2]$ zeigen. Der erste Satz hat immer ein ganz besonderes Interesse beansprucht und ist in der Literatur im Laufe der Jahre mit vielen verschiedenen Methoden bewiesen und auf allgemeinere Differentialgleichungen ausgedehnt worden; man sehe L. Bers [3], [7]; R. Finn [2], [6], [9]; J. C. C. Nitsche [6], [16]; J. C. C. und J. A. Nitsche [2]; H. Jenkins [3]. Der zweite Satz läßt sich als ein Gegenstück zum Phragmén-Lindelöfschen Theorem der Funktionentheorie (siehe E. Phragmén et E. Lindelöf [1]) ansehen und wurde von J. C. C. und J. A. Nitsche [2] bewiesen.

Für den Fall einer ganz auf dem Gebietsrand gelegenen Ausnahmemenge kann man das allgemeine Maximumprinzip als Gegenstück eines für beschränkte harmonische Funktionen von R. Nevanlinna ([I], p. 140) bewiesenen Maximumprinzips auffassen.

§ 588. Am Beispiel linearer Mengen wollen wir jetzt zeigen, daß das allgemeine Maximumprinzip nicht mehr gilt, wenn die Ausnahmemenge A zu umfangreich ausfällt.

Es seien P das Quadrat $\{x, y;\, |x| < 1, |y| < 1\}$, D sein Durchmesser $\{x, y;\, |x| < 1, y = 0\}$ und P^+, P^- die Rechtecke $\{x, y;\, |x| < 1, 0 < y < 1\}$ bzw. $\{x, y;\, |x| < 1, -1 < y < 0\}$. A sei eine auf $\bar{D}$ liegende abgeschlossene Punktmenge und B ihre (relativ zu ∂P^+ offene) Komplementärmenge auf ∂P^+. Wir fassen A zunächst als Randpunktmenge des oberen Rechtecks P^+ auf. Nach § 253 ist das lineare Maß $\lambda_1(A)$ mit dem linearen Lebesgueschen Maße $m_1(A)$ identisch. Mit $\mathfrak{A}^+$ wird die Gesamtheit der in P^+ zweimal stetig differenzierbaren

Lösungen $z(x, y)$ der Minimalflächengleichung bezeichnet, für welche bei Annäherung aus P^+ heraus an jeden Punkt von B die Ungleichung $\limsup z(x, y) \leqq 0$ gilt. Für jeden Punkt (x, y) aus P^+ sei schließlich

$$z^+(x, y) = \sup_{z \in \mathfrak{A}^+} z(x, y)$$

gesetzt.

Aus § 586 wissen wir, daß bei verschwindendem linearen Maße von A überall in P^+ die Ungleichung $z^+(x, y) \leqq 0$ erfüllt ist. In dem hier betrachteten Falle, wo die gesamte Ausnahmemenge auf dem Durchmesser $\bar{D}$ konzentriert ist, folgt aus § 599 die Endlichkeit der Funktion $z^+(x, y)$. Es gilt aber nun der Satz (J. C. C. Nitsche [21]):

Wenn $\lambda_1(A) > 0$ ist, so gilt in jedem Punkte von P^+ die Ungleichung $z^+(x, y) > 0$. Mit anderen Worten: *Das allgemeine Maximumprinzip trifft nicht zu, wenn die Ausnahmemenge nicht-verschwindendes lineares Maß besitzt.*

§ 589. Zum Beweise dieses Satzes, den wir aus Gründen des systematischen Zusammenhanges schon hier bringen, müssen wir einige erst später in diesem Kapitel bewiesene Tatsachen vorwegnehmen. Wir wählen eine Folge $O_1, O_2, \ldots$ aus je endlich vielen offenen Teilintervallen von ∂P^+ bestehender offener Teilmengen von ∂P^+, von denen jede sowohl A als auch die Abschließung der nachfolgenden enthält, derart, daß $\lim\limits_{\nu\to\infty} m_1(O_\nu) = m_1(A)$ gilt, und setzen $B_\nu = \partial P^+ \setminus \bar{O}_\nu$. Die Funktion $z_\nu(x, y) \in C^2(P^+) \cap C^0(P^+ \cup B_\nu \cup O_\nu)$ sei die nach § 654 existierende und eindeutig bestimmte Lösung der Minimalflächengleichung in P^+, welche auf B_ν den Wert Null und auf O_ν den Wert Eins annimmt. Nach § 583 ist $z_\nu(x, y)$ auf jedem zu O_ν oder zu B_ν gehörigen abgeschlossenen Teilintervall einer (offenen) Seite von P^+ analytisch und läßt sich durch Spiegelung über dieses Intervall hinaus als Lösung der Minimalflächengleichung analytisch fortsetzen. Bei Annäherung an die Randpunkte von O_ν bleibt $z_\nu(x, y)$ beschränkt.

Eine partielle Integration, bei welcher man die Randpunkte der Menge O_ν zunächst auf kleinen Kreisen umgeht, deren Halbmesser man hernach nach Null gehen läßt, ergibt

$$0 = \iint\limits_{P^+} \mathscr{L}'[z_\nu]\, dx\, dy = \int\limits_{\partial P^+} \frac{p_\nu\, dy - q_\nu\, dx}{W_\nu} = \int\limits_{B_\nu^{(0)} \cup O_\nu^{(0)}} \frac{\dfrac{\partial z_\nu}{\partial n}}{\sqrt{1 + \left(\dfrac{\partial z_\nu}{\partial n}\right)^2}}\, ds.$$

$B_\nu^{(0)}$, $O_\nu^{(0)}$ und später $A^{(0)}$, $B^{(0)}$ stehen dabei für die um die vier Eckpunkte des Rechtecks P^+ verminderten Randpunktmengen B_ν bzw.

O_ν bzw. A bzw. B. Es werde noch

$$a_\nu = \int\limits_{A^{(0)}} \frac{\dfrac{\partial z_\nu}{\partial n}}{\sqrt{1+\left(\dfrac{\partial z_\nu}{\partial n}\right)^2}}\, ds$$

gesetzt. Da nach § 586 überall in P^+ $0 < z_\nu(x, y) < 1$ gilt, folgt aus § 584 in allen Punkten von $O_\nu^{(0)}$ die Ungleichung $\partial z_\nu/\partial n > 0$. Wegen $\lambda_1(A) > 0$ ist infolgedessen $a_\nu > 0$. Nach dem allgemeinen Maximumprinzip wissen wir weiterhin, daß die $z_\nu(x, y)$ in P^+ eine monoton abnehmende Folge positiver Lösungen der Minimalflächengleichung bilden. Daraus folgen erstens die Beziehungen $0 < a_1 \leqq a_2 \leqq a_3 \leqq \cdots$, wobei $0 < a = \lim\limits_{\nu\to\infty} a_\nu \leqq 2$, und wegen § 631 zweitens, daß die Funktionen $z_\nu(x, y)$ mitsamt ihren Ableitungen in P^+ gegen eine Lösung $z(x, y)$ der Minimalflächengleichung und ihre entsprechenden Ableitungen konvergieren. Die Konvergenz ist in jeder kompakten Teilmenge von P^+ gleichmäßig. Aus den in P^+ gültigen Ungleichungen $0 \leqq z(x, y) \leqq z_\nu(x, y)$ können wir schließen, daß die Lösung $z(x, y)$ in $P^+ \cup B$ stetig ist und auf B den Wert Null annimmt.

Es sei nun (x_0, y_0) ein fester Punkt von P^+. Wir wollen zeigen, daß $z(x_0, y_0) > 0$ ist und werden zu diesem Zwecke die Annahme $z(x_0, y_0) = 0$ zu einem Widerspruche führen.

Unter dieser Annahme muß $\lim\limits_{\nu\to\infty} z_\nu(x_0, y_0) = 0$ gelten. Zufolge der Harnackschen Ungleichung aus § 617 und wegen der gleichmäßigen Beschränktheit der $z_\nu(x, y)$ gibt es dann zu jeder Wahl der positiven Zahlen ε und $\delta < \frac{1}{2}$ eine natürliche Zahl N mit der Eigenschaft, daß für alle $\nu \geqq N$ in $P_\delta^+ = \{x, y;\, |x| < 1 - \delta,\, \delta < y < 1 - \delta\}$ die Ungleichung $z_\nu(x, y) \leqq \varepsilon$ besteht.

Wir betrachten einen Punkt (x_1, y_1) aus $B^{(0)}$. Dieser Punkt sei etwa auf der rechten vertikalen Seite von P^+ gelegen, so daß $x_1 = 1$, $0 < y_1 < 1$, gilt. Nach dem Obigen gibt es dann eine natürliche Zahl N_1 und eine positive Zahl $h < \frac{1}{2}$ derart, daß alle Funktionen $z_\nu(x, y)$ nach ihrer analytischen Fortsetzung im Rechteck $\{x, y;\, |x - x_1| < 2,\, |y - y_1| < h\}$ als zweimal stetig differenzierbare Lösungen der Minimalflächengleichung erklärt sind und der Ungleichung $|z_\nu(x, y)| < 1$ genügen. Im Quadrat $R = \{x, y;\, |x - 1| < h/2,\, |y - y_1| < h/2\}$ gilt dann gemäß § 615 überall

$$W_\nu = \sqrt{1 + p_\nu^2 + q_\nu^2} \leqq e^{\pi/h}.$$

Indem wir die beiden vorangehenden Bemerkungen kombinieren, schließen wir, daß die Funktionen $z_\nu(x, y)$ für $\nu \to \infty$ gleichmäßig in $\bar{R}$, und erst recht in $P^+ \cap \bar{R}$, gegen Null konvergieren. Nach § 616 folgt daraus $\lim\limits_{\nu\to\infty} p_\nu(1, y) = 0$ für $|y - y_1| < h/8$.

Damit ist die für alle Punkte von $B^{(0)}$ gültige Beziehung $\lim\limits_{\nu\to\infty} \frac{\partial z_\nu}{\partial n} = 0$ bewiesen.

ε sei jetzt eine beliebig vorgegebene positive Zahl. Wir wählen die Zahl N so groß, daß für alle $\nu \geqq N$ die Ungleichungen $a_\nu \geqq a/2$ und $m_1(O_\nu \setminus A) < \varepsilon$ gelten. Für diese Werte folgt aus der Integralformel

$$0 = \int\limits_{B_\nu^{(0)} \cup O_\nu^{(0)}} \frac{\frac{\partial z_\nu}{\partial n}}{\sqrt{1 + \left(\frac{\partial z_\nu}{\partial n}\right)^2}} ds$$

$$= \int\limits_{B_N^{(0)}} + \int\limits_{B_\nu^{(0)} \setminus B_N^{(0)}} + \int\limits_{O_\nu^{(0)} \setminus A^{(0)}} + \int\limits_{A^{(0)}} \frac{\frac{\partial z_\nu}{\partial n}}{\sqrt{1 + \left(\frac{\partial z_\nu}{\partial n}\right)^2}} ds$$

$$\equiv I_\nu^{(1)} + I_\nu^{(2)} + I_\nu^{(3)} + I_\nu^{(4)}.$$

Wir haben nun

$$\lim_{\nu\to\infty} I_\nu^{(1)} = 0, \quad |I_\nu^{(2)}| < \varepsilon, \quad |I_\nu^{(3)}| < \varepsilon, \quad I_\nu^{(4)} = a_\nu \geqq \frac{a}{2}.$$

Für $\varepsilon \leqq a/4$ ergibt sich ein Widerspruch. Wir müssen also die Annahme $z(x_0, y_0) = 0$ fallen lassen; wie behauptet ist vielmehr $z(x_0, y_0) > 0$. Da natürlich $z^+(x_0, y_0) \geqq z(x_0, y_0)$ gilt, haben wir damit unseren Satz bewiesen.

§ 590. Ein entsprechendes Gegenbeispiel läßt sich nun auch leicht für den Fall linearer innerer Ausnahmemengen konstruieren. Wir benutzen dazu die Bezeichnungen der zwei vorangehenden Paragraphen.

Die Funktion

$$\bar{z}(x, y) = \begin{cases} z(x, y) & \text{für} \quad (x, y) \in \overline{P^+} \setminus A \\ -z(x, -y) & \text{für} \quad (x, y) \in \overline{P^-} \setminus A \end{cases}$$

gehört zur Regularitätsklasse $C^2(P \setminus A) \cap C^0(\bar{P} \setminus A)$ und ist in $P \setminus A$ eine Lösung der Minimalflächengleichung. Auf $\partial P \setminus A$, d. h. in allen Randpunkten von P mit Ausnahme höchstens zweier Punkte, verschwindet $\bar{z}(x, y)$. In $P \setminus A$ ist $\bar{z}(x, y)$ aber nicht identisch Null.

Wenn A eine beliebige kompakte Ausnahmemenge positiven linearen Maßes auf dem Durchmesser D des Quadrates P ist, so trifft das allgemeine Maximumprinzip nicht zu (J. C. C. Nitsche [24]).

Bis heute liegt allerdings noch kein Beweis dafür vor, daß die Gültigkeit des allgemeinen Maximumprinzips bei einer beliebig vorgegebenen kompakten Ausnahmemenge nicht-verschwindenden linearen Maßes erlischt. Man sehe zu dieser Frage aber die Bemerkungen in § 593 und in §§ 941, 942.

§ 591. In der (x, y)-Ebene seien ein Gebiet P und eine kompakte Menge A gelegen. Die Funktion $z(x, y) \in C^2(P \setminus A)$ sei in $P \setminus A$ eine Lösung der Minimalflächengleichung. Die Ausnahme- oder Singularitätenmenge A heißt *hebbar*, wenn sich, und zwar in eindeutiger Weise, der Funktion $z(x, y)$ in allen zu P gehörigen Punkten von A solche Werte zuschreiben lassen, daß die erweiterte Funktion eine in ganz P zweimal stetig differenzierbare Lösung der Minimalflächengleichung ist.

Es sei bemerkt, daß sich die Ausnahmemenge bis zum Rande von P erstrecken kann und daß keinerlei Voraussetzungen über das Verhalten von $z(x, y)$ in der Nähe der Menge A gemacht werden. Aus diesem Grunde steht die folgende Aussage wiederum in krassem Gegensatz zu der bei linearen elliptischen Differentialgleichungen vorherrschenden Situation.

Jede kompakte Ausnahmemenge verschwindenden linearen Maßes ist hebbar.

Genauso wie das allgemeine Maximumprinzip enthält dieser Satz, der gleichzeitig und unabhängig voneinander von E. De Giorgi e G. Stampacchia [1] (für kompakte Ausnahmemengen im Inneren von P) und von J. C. C. Nitsche [16] (für allgemeine kompakte Ausnahmemengen) und später von J. Serrin [8] für allgemeinere Differentialgleichungen bewiesen wurde, viele Spezialfälle. Insbes. gilt:

Jede isolierte Singularität einer Lösung der Minimalflächengleichung im Inneren des Definitionsgebietes ist hebbar.

Dieser Satz wurde im Jahre 1951 zur großen Überraschung der Zeitgenossen zuerst von L. Bers [3] aufgestellt und ist seitdem vielmals wiederbewiesen und auf allgemeinere Differentialgleichungen ausgedehnt worden; man sehe L. Bers [7], [8]; R. Finn [2], [6], [9]; J. C. C. Nitsche [6].

§ 592. Zum Beweise des Satzes betrachten wir einen beliebigen Punkt (x_0, y_0) im Durchschnitt $A \cap P$. Gemäß § 258 existiert ein diesen Punkt im Inneren enthaltendes konvexes Gebiet B in P, dessen Rand ∂B ganz in $P \setminus A$ verläuft, wo die Funktion $z(x, y)$ ja definiert ist. $\bar{z}(x, y) \in C^2(B) \cap C^0(\bar{B})$ sei die nach § 399 existierende und eindeutig bestimmte Lösung der Minimalflächengleichung in B, deren

Werte auf ∂B mit denen von $z(x, y)$ übereinstimmen. Nach dem allgemeinen Maximumprinzip sind die beiden Lösungen $z(x, y)$ und $\bar{z}(x, y)$ in allen Punkten von $\bar{B} \setminus A$ identisch. Im Punkte (x_0, y_0) und in der Tat in allen zu A gehörigen Punkten von B legen wir der Funktion $z(x, y)$ nunmehr die Werte der Funktion $\bar{z}(x, y)$ bei. Die so erweiterte Funktion ist eine zweimal stetig differenzierbare Lösung der Minimalflächengleichung in B.

Die angegebene Konstruktion führt zu einer eindeutigen Erweiterung der Lösung auf ganz P. Das folgt wiederum aus dem allgemeinen Maximumprinzip.

§ 593. Die Frage, ob das Verschwinden des linearen Maßes der Ausnahmemenge i. a. für die Hebbarkeit der Unstetigkeit der in $P \setminus A$ definierten Lösungen $z(x, y)$ notwendig ist, läßt sich bejahen. Das in den §§ 588, 589, 590 besprochene Beispiel zeigt ja folgendes:

Eine beliebige kompakte lineare Menge positiven linearen Maßes kann nicht für alle Lösungen der Minimalflächengleichung hebbar sein.

Der Beweis des möglicherweise richtigen Satzes, daß jede kompakte Menge A nicht-verschwindenden linearen Maßes nicht für alle Lösungen der Minimalflächengleichung hebbar sein kann, steht allerdings bislang noch aus. Es ist natürlich denkbar, daß die mögliche Singularitätenmenge einer Lösung der Minimalflächengleichung spezielle Regularitätseigenschaften besitzt, also etwa doch nur ausschließlich auf geraden Linien liegen kann o. ä. Man sehe dazu § 941.

Im Falle harmonischer Funktionen, wo man freilich wie gesagt zusätzliche Wachstumsvoraussetzungen machen muß und wo dann die Mächtigkeit einer hebbaren Menge von diesen Voraussetzungen abhängt, ist die entsprechende Frage durch Arbeiten von G. Bouligand [1], p. 104; P. J. Myrberg [1], L. Carleson ([I], pp. 88–98) u. a. vollständig geklärt. Hinsichtlich allgemeinerer elliptischer Differentialgleichungen sehe man u. a. auch J. Serrin [6], [7]; Ju. G. Rešetnjak [4].

§ 594. Es seien B ein Jordangebiet und β ein zusammenhängender Teilbogen seines Randes ∂B. β heißt konvex, wenn alle Sehnen hinreichend benachbarter Punkte von β in $\bar{B}$ liegen, und konkav, wenn alle Sehnen hinreichend benachbarter Punkte von β im Äußeren von B liegen. Ein geradliniger Randbogen ist konvex, aber auch konkav.

Ein Randpunkt (x_0, y_0) heißt Konvexitätspunkt, wenn eine offene Kreisscheibe K um diesen Punkt derart existiert, daß diejenige Komponente von $B \cap K$, welche (x_0, y_0) als Randpunkt besitzt, konvex ist. Es gibt dann einen den Punkt (x_0, y_0) im Inneren enthaltenden konvexen Teilbogen von ∂B.

§ 595. Mit Hilfe der Schlußweise des § 408 oder durch Vergleich mit einer geeignet gewählten Lösung der Minimalflächengleichung folgt aus dem allgemeinen Maximumprinzip auch der Satz:

Der Punkt (x_0, y_0) *sei ein Konvexitätspunkt auf dem Rande des Jordangebietes B. Die Funktion* $z(x, y) \in C^2(B)$ *sei subminimal (bzw. superminimal) in B. Bei Annäherung an jeden von* (x_0, y_0) *verschiedenen Randpunkt von B in einer Umgebung von* (x_0, y_0) *sei* $\limsup z(x, y) \leqq M$ *(bzw.* $\liminf z(x, y) \geqq m$*). Unabhängig von dem Verhalten der Funktion* $z(x, y)$ *in anderen Teilen von B gilt dann* $\limsup z(x, y) \leqq M$ *(bzw.* $\liminf z(x, y) \geqq m$*) auch bei Annäherung an den Punkt* (x_0, y_0).

Wie das Beispiel des in §§ 409, 410 besprochenen Problems $\mathscr{P}_h$ zeigt, ist diese Aussage für einen Randpunkt, welcher kein Konvexitätspunkt ist, i. a. nicht richtig.

§ 596. Wir kommen jetzt zu einem anderslautenden Maximumprinzip, bei welchem eine subminimale Funktion z mit einer speziellen superminimalen Funktion Φ verglichen wird, deren Gradient bei Annäherung an einen Teilbogen am Rande des Grundgebietes unendlich wird. Die Bedeutung dieses Maximumprinzips liegt darin, daß unter Benutzung einer geeigneten Vergleichsfunktion Φ die Werte einer subminimalen Funktion im gesamten Grundgebiet bereits durch ihre Werte auf einem Teil des Randes abgeschätzt werden können.

Das Jordangebiet B sei, wie in Abb. 75 skizziert, von einem glatten streng konkaven Jordanbogen β *und einem weiteren Jordanbogen* γ *berandet. Die Funktion* $\Phi(x, y) \in C^2(B) \cap C^0(\bar{B})$ *genüge in B der Ungleichung* $\mathscr{L}[\Phi] \leqq 0$, *und in allen inneren Punkten des Bogens* β *sei die ins Innere von B gerichtete Normalableitung* $\dfrac{\partial \Phi}{\partial n} = \limsup \dfrac{\Delta \Phi}{\Delta n} = -\infty$.

Es sei $z(x, y) \in C^2(B) \cap C^0(\bar{B})$ *eine in B subminimale Funktion. Wenn auf dem Bogen* γ *dann* $z \leqq \Phi$ *ist, so gilt überall in B die Ungleichung* $z(x, y) \leqq \Phi(x, y)$.

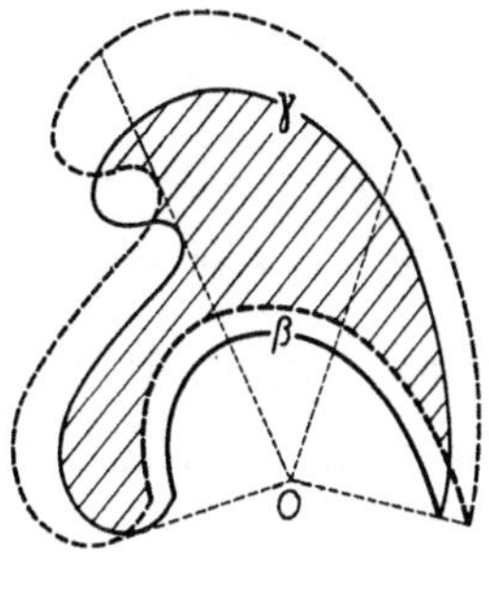

Abb. 75

Spezielle Versionen dieses Maximumprinzips findet man u. a. bei S. Bernstein ([4], p. 243, und [5], pp. 465–469), J. Leray ([2], p. 260), R. Finn ([9], pp. 139–141), H. Jenkins and J. Serrin ([3], p. 182), J. Serrin [11], p. 459). Wir haben es bereits in den §§ 408, 409, 411 bei der Untersuchung der Lösbarkeit des Dirichletschen Problems angewendet.

Aus dem Beweis wird ersichtlich, daß das Maximumprinzip auch dann noch gültig bleibt, wenn B lediglich als beschränktes Gebiet vorausgesetzt wird, welches z. T. vom Bogen β berandet ist, sofern die restlichen Randpunkte von jedem kompakten Teilbogen von β einen positiven Abstand besitzen.

Beweis: Wir wählen einen Punkt O im Inneren der konvexen Hülle des Bogens β als Ursprung des Koordinatensystems. Es sei $N = \max_B |\Phi(x, y)|$.

Wenn $z \leqq \Phi$ nicht nur auf γ, sondern auch in allen Punkten von β gilt, so folgt die Behauptung schon aus § 581. Wir betrachten daher jetzt den Fall, daß $\max_\beta [z - \Phi] = m > 0$ ist. Es gibt dann einen inneren Punkt $(\bar{x}, \bar{y})$ des Bogens β, in welchem $z(\bar{x}, \bar{y}) = m + \Phi(\bar{x}, \bar{y})$ ist. Die Zahl $\bar{\delta}$ sei so klein gewählt, daß alle Punkte $(\bar{x}_\delta, \bar{y}_\delta) \equiv ((1 + \delta)\bar{x}, (1 + \delta)\bar{y})$ für $0 < \delta \leqq \bar{\delta}$ in B enthalten sind. Für $\delta \leqq \bar{\delta}$ seien B_δ das aus B durch Streckung um den Faktor $1 + \delta$ bzgl. O entstehende Gebiet und $B'_\delta = B \cap B_\delta$ (das schraffierte Gebiet in Abb. 75). Ein Teil des Randes von B'_δ besteht aus den Bildern von Teilbögen von β. Die den Bildpunkt $(\bar{x}_\delta, \bar{y}_\delta)$ von $(\bar{x}, \bar{y})$ unter der Streckung enthaltende Komponente dieses Randteiles von B'_δ heiße β_δ.

Nunmehr sei eine positive Zahl $\varepsilon \leqq m/8$ beliebig vorgegeben. Es ist dann möglich, die Zahl $\delta \leqq \min(\bar{\delta}, \varepsilon/N)$ so zu wählen, daß in allen nicht zu β_δ gehörigen Randpunkten von B'_δ die Ungleichung $z(x, y) - \Phi(x, y) < \varepsilon$ erfüllt ist und daß überall in B'_δ auch $\left| z(x, y) - z\left(\frac{x}{1+\delta}, \frac{y}{1+\delta}\right)\right| < \varepsilon$ und $|\Phi(x, y) - \Phi_\delta(x, y)| < \varepsilon$ gilt. Dabei ist $\Phi_\delta(x, y) = (1 + \delta)\, \Phi\left(\frac{x}{1+\delta}, \frac{y}{1+\delta}\right)$. $\Phi_\delta(x, y)$ ist wiederum eine superminimale Funktion. Wir setzen nun $\Psi_\delta(x, y) = 2\varepsilon + \Phi_\delta(x, y)$. Auf allen nicht in β_δ enthaltenen Randpunkten von B'_δ gilt dann $z(x, y) - \Psi_\delta(x, y) \leqq 0$. Im Punkte $(\bar{x}_\delta, \bar{y}_\delta)$ dagegen wird

$$z(\bar{x}_\delta, \bar{y}_\delta) - \Psi(\bar{x}_\delta, \bar{y}_\delta) = z(\bar{x}_\delta, \bar{y}_\delta) - z(\bar{x}, \bar{y}) + z(\bar{x}, \bar{y}) - \Phi(\bar{x}, \bar{y}) -$$
$$- \delta\Phi(\bar{x}, \bar{y}) - 2\varepsilon \geqq -\varepsilon + m - \delta N - 2\varepsilon \geqq m - 4\varepsilon \geqq \frac{m}{2}.$$

Es seien $m_0 = \max_{\beta_\delta}[z(x, y) - \Psi_\delta(x, y)] \geqq m/2 > 0$ und (x_0, y_0) ein innerer Punkt des Bogens β_δ, in welchem $z(x_0, y_0) - \Psi_\delta(x_0, y_0) = m_0$ gilt.

Für die subminimale Funktion $z_1(x, y) = z(x, y) - m_0$ und die superminimale Funktion $z_2(x, y) = \Psi_\delta(x, y)$, welche nun ja auf der ganzen Berandung von B'_δ der Beziehung $z_1 - z_2 \leqq 0$ genügen, folgt wiederum aus § 581 die in allen Punkten von $\overline{B'_\delta}$ gültige Ungleichung $z_1(x, y) - z_2(x, y) \leqq 0$, wobei insbes. $z_1(x_0, y_0) - z_2(x_0, y_0) = 0$ ist. Die Funktion $z_1(x, y)$ ist in einer vollen Umgebung des Punktes (x_0, y_0) zweimal stetig differenzierbar. Ihre ins Innere von B'_δ gerichtete Normalabteilung $\left.\frac{\partial z_1}{\partial n}\right|_{(x_0, y_0)}$ ist daher endlich. Wegen $\left.\frac{\partial z_2}{\partial n}\right|_{(x_0, y_0)} = -\infty$ haben wir aber $\left.\frac{\partial (z_1 - z_2)}{\partial n}\right|_{(x_0, y_0)} = \infty$. Dieses steht im Widerspruch zu der eben festgestellten Tatsache, daß $z_1(x, y) - z_2(x, y) \leqq 0$ in $\overline{B'_\delta}$ und $z_1(x_0, y_0) - z_2(x_0, y_0) = 0$. Der Widerspruch entsprang der Annahme $\max\limits_{\beta}[z - \Phi] > 0$, welche also fallengelassen werden muß. W. z. b. w.

§ 597. Der Beweis des vorangehenden Paragraphen läßt sich leicht auf allgemeinere Problemstellungen übertragen, z. B. auf den Fall, wo B eine von Teilbögen $\beta_1, \beta_2, \ldots$ eines glatten konkaven Bogens β und von weiteren Jordanbögen $\gamma_1, \gamma_2, \ldots$ berandete offene Menge ist. Wir wollen noch eine konkrete Situation betrachten.

Vorgelegt sei ein beschränktes Gebiet B in der (x, y)-Ebene. Wir wählen zwei konzentrische Kreise mit den Radien a und b $(0 < a < b < \infty)$ um einen beliebigen Punkt (x_0, y_0) und setzen $r = \sqrt{(x - x_0)^2 + (y - y_0)^2}$. B soll ganz in der größeren Kreisscheibe $r < b$, aber nicht völlig in der kleineren Kreisscheibe $r \leqq a$ enthalten sein. B_a sei der im Kreisring $a < r < b$ liegende Teil von B. β_a sei der im Kreisring $a < r \leqq b$ verlaufende Teil des Randes β von B und β'_a sein (möglicherweise leeres) Komplement bzgl. β. Wir betrachten die in $r \geqq 0$ definierte Hilfsfunktion

$$\Phi(r) \equiv \Phi(x, y; a, b) = a\,\mathfrak{Ar}\mathfrak{Cof}\frac{b}{a} - a\,\mathfrak{Ar}\mathfrak{Cof}\frac{r}{a} = a \log\frac{b + \sqrt{b^2 - a^2}}{r + \sqrt{r^2 - a^2}},$$

d. h. die untere Hälfte derjenigen Kettenfläche mit vertikaler Achse durch den Punkt (x_0, y_0), deren Taille über dem Kreis $r = a$ liegt und welche über dem Kreis $r = b$ den Wert Null annimmt. Φ ist eine Lösung der Minimalflächengleichung. Es gilt dann der Satz (R. Finn [9], pp. 140–141), welchen wir bereits in § 408 benutzt haben:

Die Funktion $z(x, y) \in C^2(B)$ *sei eine Lösung der Minimalflächengleichung in* B. *Bei Annäherung aus* B *heraus an jeden Punkt von* β_a *gelte* $\limsup z(x, y) \leqq M$ (*bzw.* $\liminf z(x, y) \geqq m$). *Unabhängig von dem Verhalten der Funktion* $z(x, y)$ *bei Annäherung an* β'_a *gilt dann in ganz* B_a *die Ungleichung* $z(x, y) \leqq M + \Phi(x, y; a, b)$ (*bzw.* $z(x, y) \geqq \geqq m - \Phi(x, y; a, b)$).

§ 598. Wegen $\max\limits_{1 \leqq \xi < \infty} \frac{1}{\xi} \log\left(\xi + \sqrt{\xi^2 - 1}\right) = 0{,}6627 < 2/3$ schließt man aus § 597 auf den folgenden Satz:

Das Gebiet P sei in einer Kreisscheibe vom Radius b enthalten. Q sei eine kompakte Teilmenge von P. Die Funktion $z(x, y)$ *sei eine zweimal stetig differenzierbare Lösung der Minimalflächengleichung in* $P \setminus Q$. *Bei Annäherung an jeden Randpunkt von P sei* $-\infty < m_1 \leqq \liminf z(x, y) \leqq \leqq \limsup z(x, y) \leqq m_2 < \infty$. *Dann gibt es einen Randpunkt von Q und eine gegen diesen konvergierende Punktfolge* (x_n, y_n) *aus* $P \setminus Q$, *so daß die Ungleichungen* $m_1 - \frac{2b}{3} \leqq \liminf z(x_n, y_n) \leqq \limsup z(x_n, y_n) \leqq \leqq m_2 + \frac{2b}{3}$ *gelten.*

Daraus folgt insbes., *daß keine in der Umgebung einer kompakten Menge definierte Lösung der Minimalflächengleichung bei Annäherung an alle Randpunkte dieser Menge unendliche* ($\pm\infty$) *Grenzwerte haben kann.*

Eine ähnliche Anwendung ist der folgende Satz (J. C. C. Nitsche [18], p. 209):

Das Gebiet P sei in einer Kreisscheibe vom Radius b enthalten. Q sei eine kompakte Teilmenge von P. Die Funktion $z(x, y)$ *sei eine zweimal stetig differenzierbare Lösung der Minimalflächengleichung in* $P \setminus Q$. *Bei Annäherung an jeden Randpunkt von P gelte* $\limsup z(x, y) \leqq m$, *und bei Annäherung an jeden Randpunkt von Q sei* $\liminf z(x, y) \geqq M$. *Dann muß* $M - m \leqq 2b/3$ *sein.*

§ 599. *P sei ein beschränktes Gebiet vom Durchmesser d in der* (x, y)-*Ebene und* P^* *seine Randpunktmenge.* P_1^* *sei eine Teilmenge von* P^*, P_2^* *die zu* P_1^* *komplementäre Teilmenge von* P^* *und Q die abgeschlossene konvexe Hülle von* P_1^*. *Die (in Abb.* 76) *schraffierte Menge* $P \setminus Q$ *sei nicht leer.* $z(x, y)$ *sei eine subminimale Funktion in P (im Sinne von* § 579 *oder* § 643). *Bei Annäherung an jeden Punkt von* P_2^* *gelte* $\limsup z(x, y) \leqq M$.

Es gibt dann eine von der speziellen Funktion $z(x, y)$ *und insbes. ihrem Verhalten bei Annäherung an* P_1^* *unabhängige Zahl* $N = N(d, \delta) > 0$ *mit der folgenden Eigenschaft: Für jeden Punkt* (x_0, y_0) *in* $P \setminus Q$, *dessen Abstand von Q nicht kleiner ist als* $\delta > 0$, *gilt* $z(x_0, y_0) \leqq M + N$. *Dabei kann* $N = -\frac{2\sqrt{2}d}{\pi} \log \sin\left(\frac{\pi\delta}{2\sqrt{2}d}\right)$ *gewählt werden.*

Ebenso gilt $z(x_0, y_0) \geqq m - N$ *für jede superminimale Funktion* $z(x, y)$, *welche bei Annäherung an jeden Punkt von* P_2^* *der Beziehung* $\liminf z(x, y) \geqq m$ *genügt.*

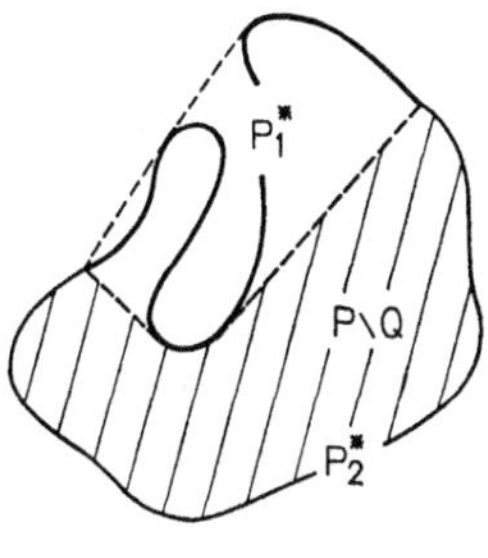

Abb. 76

Wenn P ein konvexes Gebiet ist und P_1^* ein zusammenhängender Teilbogen seines Randes, dann ist das Gebiet $P \setminus Q$ natürlich mit der konvexen Hülle des Randbogens P_2^* identisch. Dieser auf H. Jenkins and J. Serrin ([1], p. 206; siehe auch R. Finn [7], pp. 371, 372) zurückgehende Satz beleuchtet wieder den Unterschied zwischen der Minimalflächengleichung und linearen elliptischen Differentialgleichungen. Man betrachte etwa das Dirichletsche Problem. Wie H. Beckert [1] gezeigt hat, liegt bei linearen elliptischen Differentialgleichungen die folgende Situation vor. Durch geeignetes Abändern der Werte auf einem vorgegebenen noch so kleinen Teilbogen des Randes läßt sich die Lösung in allen Punkten des Grundgebietes über jede Schranke hinausheben. Bei der Minimalflächengleichung haben die Randwerte auf dem Bogen P_1^* keinerlei Einfluß auf die Schranke der Lösung in den Punkten des Gebietes $P \setminus Q$.

Beweis: Es sei ℓ eine Stützgerade zu Q im Abstand $\delta_0 \geqq \delta$ von (x_0, y_0). Wir konstruieren ein den Punkt (x_0, y_0) im Innern enthaltendes rechtwinklig gleichschenkliges Dreieck Δ, dessen Hypothenuse aus einem Segment von ℓ besteht und dessen Schenkel keinen Punkt von $\overline{P \setminus Q}$ treffen. Es läßt sich stets so einrichten, daß die Höhe dieses Dreiecks gerade $h = d\sqrt{2}$ beträgt. In einem geeigneten Koordinatensystem ist Δ von den Geraden $y = \pm x$ und $x = h$, deren letztere mit ℓ zusammenfällt, berandet. Wir nehmen nun die Scherksche Minimalfläche

$$\Phi(x, y) = \frac{2h}{\pi} \left\{\log \cos \frac{\pi y}{2h} - \log \cos \frac{\pi x}{2h}\right\}$$

her. Bei Annäherung an jeden Randpunkt von $\Delta \cap P$ gilt dann konstruktionsgemäß $\limsup [z - \Phi] \leqq M$. Gemäß §§ 581, 586 folgt daraus überall in $\Delta \cap P$ die Ungleichung $z(x, y) - \Phi(x, y) \leqq M$. Im Punkte

(x_0, y_0) wird insbes. $z(x_0, y_0) \leqq M + \Phi(x_0, y_0) \leqq M - \frac{2h}{\pi} \log \sin \frac{\pi \delta}{2h} =$
$= M + N$.

Die zweite Behauptung wird analog bewiesen.

Es sei noch darauf hingewiesen, daß der Satz richtig bleibt, wenn lediglich vorausgesetzt wird, daß bei Annäherung an jeden Punkt von P_2^* mit Ausnahme der Punkte in einer Menge verschwindenden linearen Hausdorffschen Maßes $\limsup z(x, y) \leqq M$ gelte.

§ 600. *Es seien B ein Jordangebiet, β_1 ein zusammenhängender offener Teilbogen seines Randes ∂B und β_2 der zu β_1 komplementäre Teilbogen von ∂B. Die Funktion $z(x, y) \in C^2(B)$ sei eine Lösung der Minimalflächengleichung in B. Wenn bei Annäherung aus B heraus an jeden Punkt von β_1 $\lim z(x, y) = \infty$ (oder $\lim z(x, y) = -\infty$) gilt, so muß β_1 geradlinig sein.* (R. Finn [9], pp. 148–150.)

Wenn das Gebiet B konvex ist, so ist diese Aussage eine unmittelbare Folge aus § 599; man sehe dann auch H. Jenkins and J. Serrin [2], pp. 321, 329. Die uns schon aus § 4 bekannten Funktionen

$$z(x, y) = \log \cos y - \log \cos x \quad \text{in} \quad \{x, y;\, 0 < y < x < \pi/2\}$$

und

$$z(x, y) = \mathfrak{Ar}\mathfrak{Sin}\left(\frac{\sin x}{\mathfrak{Sin}\, y}\right) \quad \text{in} \quad \{x, y;\, 0 < x < \pi,\, 0 < y < y_0\}$$

sind Beispiele von Lösungen der Minimalflächengleichung in konvexen Gebieten, welche bei Annäherung an einen geradlinigen Teil auf dem Rande nach Unendlich gehen.

Wir schreiten jetzt zu einem kurzen Beweis im allgemeinen Falle. β_1 sei das topologische Bild des Intervalls $|t| < 1$. Wir müssen beweisen, daß jeder abgeschlossene Teilbogen von β_1 geradlinig sein muß. γ sei ein dem Intervalle $|t| \leqq \tau < 1$ entsprechender nicht geradliniger Teilbogen von β_1. Die Zahl $\varepsilon > 0$ sei so klein gewählt, daß die Verbindungsstrecken der Endpunkte jedes einem Intervalle $t_1 \leqq t \leqq t_2$ (wo $-\tau \leqq t_1 < t_2 \leqq \tau$ und $|t_2 - t_1| \leqq \varepsilon$) entsprechenden Teilbogens γ' von γ mit dem Bogen β_2 keinen Punkt gemeinsam haben. Ohne das jedesmal ausdrücklich zu bemerken, betrachten wir im folgenden nur solche Teilbögen $\gamma' = \widehat{p_1 p_2}$ und die Verbindungsstrecken $\overline{p_1 p_2}$ ihrer Endpunkte p_1 und p_2. Wir unterscheiden zwei Fälle.

1. *Fall*: Es gibt eine Sehne $\overline{p_1 p_2}$, welche Punkte mit B gemeinsam hat. Dann gibt es auch einen Teilbogen $\widehat{p_1' p_2'}$ von β_1, der zusammen mit der Verbindungsstrecke $\overline{p_1' p_2'}$ ein Jordanteilgebiet von B berandet. Gemäß § 599 müßte dann im Widerspruch zu den Tatsachen in diesem ganzen Teilgebiet $z(x, y) = \infty$ [bzw. $z(x, y) = -\infty$] sein.

Der 1. Fall kann also nicht eintreten; der Bogen γ muß vielmehr konkav im Sinne des § 594 sein.

2. *Fall*: Alle Sehnen $\overline{p_1 p_2}$ verlaufen im Äußeren von B. Unter der Annahme, daß γ nicht geradlinig ist, gibt es dann einen Teilbogen $\gamma' = \widehat{p_1 p_2}$, welcher bis auf seine Endpunkte ganz auf einer Seite der Geraden durch p_1 und p_2 verläuft und zusammen mit der Sehne $\overline{p_1 p_2}$ ein konvexes Jordangebiet berandet. Wir machen die Gerade zur x-Achse. Der Bogen γ' verlaufe in der Halbebene $y \geqq 0$, und sein höchster Punkt habe die Ordinate $h > 0$. γ'' sei der im Streifen $h/2 \leqq \leqq y \leqq h$ liegende Teilbogen von γ'. Die Zahl δ, $0 < \delta < h/2$, sei so klein gewählt, daß das Komplement von γ bzgl. ∂B nicht in die δ-Umgebung von γ'' eindringt. Indem wir nun ausschließlich in dieser Umgebung arbeiten, sehen wir ganz ähnlich wie in § 407, daß auf γ'' ein Punkt p liegt, in welchem es einen ∂B von innen berührenden Kreis negativer Krümmung gibt, wie es in Abb. 44 angedeutet ist. Die Radien der Kreise K und K_1 in Abb. 44 seien a bzw. a_1. K_ε sei der zu K konzentrische Kreis vom Radius $a + \varepsilon$. Weiterhin sei M das Maximum von $|z(x, y)|$ auf dem außerhalb von K verlaufenden Randteil von K_1. Nach § 597 gilt dann für $0 < \varepsilon < a_1$ auf $\partial K_\varepsilon \cap K_1$ die Ungleichung

$$|z| \leqq M + (a + \varepsilon) \log\left(\frac{a + a_1}{a + \varepsilon} + \sqrt{\left(\frac{a + a_1}{a + \varepsilon}\right)^2 - 1}\right).$$

Es gibt dann eine aus B heraus gegen p konvergierende Punktfolge, auf welcher $|\limsup z(x, y)|$ und $|\liminf z(x, y)|$ den Wert

$$M + (a + a_1) \log\left(\frac{a + a_1}{a} + \sqrt{\left(\frac{a + a_1}{a}\right)^2 - 1}\right)$$

nicht überschreiten können. Dieses steht wieder im Gegensatz zu den Voraussetzungen. Der 2. Fall kann somit auch nicht eintreten. Die Behauptung ist bewiesen.

§ 601. *Der Rand des Jordangebietes B bestehe aus einem offenen konvexen Bogen β_1 und einem Jordanbogen β_2. $d_1 = d_1(x, y)$ und $d_2 = d_2(x, y)$ seien die Abstände eines Punktes (x, y) aus B von den Bögen β_1 bzw. β_2, und $\{\cos\alpha, \sin\alpha\}$ sei der von diesem Punkte nach einem (für $d_1 < d_2$ inneren) Punkte von β_1, dessen Abstand von (x, y) gerade $d_1(x, y)$ beträgt, gerichtete Einheitsvektor. $\frac{\partial}{\partial s} = -\sin\alpha \frac{\partial}{\partial x} + \cos\alpha \frac{\partial}{\partial y}$ und $\frac{\partial}{\partial n} = \cos\alpha \frac{\partial}{\partial x} + \sin\alpha \frac{\partial}{\partial y}$ bedeuten die Richtungsdifferentiationen parallel bzw. orthogonal zu β_1. Die Funktion $z(x, y) \in \in C^2(B)$ sei eine Lösung der Minimalflächengleichung in B. Bei Annäherung an jeden Punkt von β_1 gelte $\liminf z(x, y) \geqq M$ (bzw.*

$\limsup z(x, y) \leqq m$). *Für jeden Punkt* $(x, y) \in B$, *in welchem* $12 d_1(x, y) \leqq d_2(x, y)$ *und* $z(x, y) \leqq M - d_2(x, y)$ (*bzw.* $z(x,y) \geqq$ $\geqq m + d_2(x, y)$) *ist, gelten dann die Ungleichungen*

$$1 - 3\frac{d_1^2}{d_2^2} \leqq \frac{1}{W}\frac{\partial z}{\partial n} < 1, \left|\frac{1}{W}\frac{\partial z}{\partial s}\right| \leqq 3\frac{d_1}{d_2}$$

$$\left(\text{bzw. } 1 - 3\frac{d_1^2}{d_2^2} \leqq -\frac{1}{W}\frac{\partial z}{\partial n} < 1, \left|\frac{1}{W}\frac{\partial z}{\partial s}\right| \leqq 3\frac{d_1}{d_2}\right).$$

Die Bedingung $z(x, y) \leqq M - d_2(x, y)$ (*bzw.* $z(x, y) \geqq m + d_2(x, y)$) *ist insbes. in der Nähe von* β_1 *erfüllt, wenn bei Annäherung an jeden Punkt von* β_1 $\lim z(x, y) = \infty$ (*bzw.* $\lim z(x, y) = -\infty$) *gilt, wo dann* β_1 *gemäß* § 600 *natürlich geradlinig sein muß*. (H. Jenkins and J. Serrin [2], pp. 325–326; J. C. C. Nitsche [18], pp. 212–213.)

Beweis: (x_0, y_0) sei ein solcher Punkt. Wir machen ihn zum Ursprung eines neuen Koordinatensystems, in welchem der Vektor $\{\cos\alpha, \sin\alpha\}$ in den Vektor $\{1, 0\}$ übergeht. Die abzuschätzenden Funktionen sind dann $z_x/W = p/W$ und $z_y/W = q/W$. P sei der Durchschnitt der offenen Kreisscheibe vom Radius $d_2 = d_2(x_0, y_0)$ um den neuen Ursprung mit B. Auf der Fläche $\{z = z(x, y); (x, y) \in P\}$ besitzt voraussetzungsgemäß jeder Randpunkt vom Punkt $(x_0, y_0, z(x_0, y_0))$ mindestens den Abstand d_2. Mit Hilfe der Funktionen $\xi(x, y)$ und $\eta(x, y)$ aus § 122 bilden wir das konvexe Gebiet P auf ein Gebiet Π in der (ξ, η)-Ebene ab. Auf Grund unserer Voraussetzungen folgt aus § 127, daß der Kreis $\xi^2 + \eta^2 < d_2^2$ in Π enthalten ist. Wir wissen, daß die Koordinaten x, y, z harmonische Funktionen auf unserer Minimalfläche und daher in Π harmonische Funktionen der isothermen Parameter ξ und η sind. Insbes. ist die Funktion $u(\xi, \eta) = d_1(x_0, y_0) -$ $- x(\xi, \eta)$ wegen der Konvexität des Bogens β_1 in $\xi^2 + \eta^2 < d_2^2$ harmonisch und positiv, wobei $u(0, 0) = d_1(x_0, y_0) = d_1$ gilt. Aus der Harnackschen Ungleichung für harmonische Funktionen folgt daher $u_\xi^2(0, 0) + u_\eta^2(0, 0) \leqq 4 d_1^2/d_2^2$. Andrerseits ist gemäß § 126 auch $u_\xi^2 + u_\eta^2 = x_\xi^2 + x_\eta^2 = (1 + q^2)/(1 + W)^2$. Indem wir vorübergehend $\varkappa = 2 d_1/d_2$ setzen, erkennen wir, daß

$$\frac{1}{1 + W} \leqq \frac{\sqrt{1 + q^2}}{1 + W} \leqq \varkappa \quad \text{und} \quad \frac{W}{1 + W} = 1 - \frac{1}{1 + W} \geqq 1 - \varkappa$$

und für $12 d_1 \leqq d_2$, d. h. $\varkappa \leqq 1/6$, somit

$$\frac{p^2}{W^2} = 1 - \frac{1 + q^2}{W^2} = 1 - \frac{1 + q^2}{(1 + W)^2}\,\frac{(1 + W)^2}{W^2} \geqq$$

$$\geqq 1 - \frac{\varkappa^2}{(1 - \varkappa)^2} \geqq \left(1 - \frac{3}{4}\varkappa^2\right)^2$$

und

$$\left|\frac{q}{W}\right| \leqq \frac{\sqrt{1+q^2}}{1+W}\,\frac{1+W}{W} \leqq \frac{\varkappa}{1-\varkappa} \leqq \frac{6}{5}\varkappa$$

gilt. Da $p(x, 0)$ auf der positiven Achse in B keine Nullstelle mehr haben kann, muß $p(x_0, y_0) > 0$ bzw. $p(x_0, y_0) < 0$ sein, je nachdem, ob $M - z(x_0, y_0) \geqq d_2(x_0, y_0) > 0$ oder $m - z(x_0, y_0) \leqq -d_2(x_0, y_0) <$ < 0 ist. Damit ist alles bewiesen.

§ 602. *Der Rand ∂B eines Jordangebietes B sei durch $2n \geqq 2$ der Reihe nach angeordnete Punkte $p_j = (x_j, y_j)$ $(j = 1, 2, \ldots, 2n)$ in $2n$ offene Teilbögen $\partial B_1, \partial B_2, \ldots, \partial B_{2n}$ eingeteilt. A sei eine kompakte Teilmenge von ∂B verschwindenden linearen Maßes. Die Funktionen $z_1(x, y)$ und $z_2(x, y)$ seien in B zweimal stetig differenzierbare (und nach § 131 sogar analytische) Lösungen der Minimalflächengleichung. Bei Annäherung an jeden nicht in A gelegenen Punkt der Bögen ∂B_1, $\partial B_3, \ldots, \partial B_{2n-1}$ gelte* $\limsup [z_1(x, y) - z_2(x, y)] < 0$, *und bei Annäherung an jeden nicht in A gelegenen Punkt der Bögen $\partial B_2, \partial B_4, \ldots, \partial B_{2n}$ gelte* $\liminf [z_1(x, y) - z_2(x, y)] > 0$. *In einem Punkte $p_0 = (x_0, y_0)$ von B mögen die Werte der Funktionen z_1 und z_2 und aller ihrer Ableitungen einschließlich derjenigen k-ter Ordnung $(k \geqq 0)$ übereinstimmen. Dann gilt $k \leqq n - 1$.* (J. C. C. Nitsche [18], p. 216.)

Beweis: Gemäß § 437 zerfällt eine Umgebung des Punktes p_0 in $2m \geqq 2(k + 1)$ offene Sektoren $\sigma_1, \sigma_2, \ldots, \sigma_{2m}$, in welchen abwechselnd $z_1(x, y) < z_2(x, y)$ und $z_1(x, y) > z_2(x, y)$ gilt. Es sei Q^- die Teilmenge derjenigen Punkte aus B, in denen $z_1(x, y) < z_2(x, y)$ gilt. Jede Komponente von Q^- kann mit höchstens einem der Sektoren $\sigma_1, \sigma_3, \ldots, \sigma_{2m-1}$ Punkte gemeinsam haben, weil sonst aus topologischen Gründen ähnlich wie in § 373 alle Randpunkte einer Komponente der Menge $Q^+ = \{x, y; (x, y) \in B, z_1(x, y) > z_2(x, y)\}$ in B liegen müßten, was wegen $z_1(x, y) \not\equiv z_2(x, y)$ dem Maximumprinzip widerspräche. Für $i = 1, 2, \ldots, n$ sind alle Punkte eines zu A punktfremden offenen Teilbogens von ∂B_{2i-1} Randpunkte ein und derselben Komponente von Q^-. Dabei können zwei verschiedene solche Teilbögen desselben Bogens ∂B_{2i-1} nicht auf den Rändern zweier Komponenten von Q^- liegen, welche mit zwei verschiedenen der Sektoren $\sigma_1, \sigma_3, \ldots, \sigma_{2m-1}$ Punkte gemeinsam haben, weil es sonst eine Komponente von Q^+ gäbe, deren Randpunkte entweder in B lägen oder mit Punkten von A zusammenfielen, was diesmal mit dem allgemeinen Maximumprinzip aus § 586 nicht vereinbar ist. Wir bezeichnen mit $Q_1, Q_3, \ldots, Q_{2j-1}$ $(j \leqq n)$ diejenigen Komponenten von Q^-, welche Punkte mit einem der Sektoren $\sigma_1, \sigma_3, \ldots, \sigma_{2m-1}$ gemeinsam haben und zu deren Rand ein zu A punktfremder offener Teilbogen eines der Bögen $\partial B_1, \partial B_3, \ldots, \partial B_{2n-1}$ gehört. Für $k \geqq n$ gäbe es gewiß einen Sektor σ_{2l-1}, welcher zu einer von $Q_1, Q_3, \ldots, Q_{2j-1}$ verschiedenen Komponente Q_0 von Q^- gehörte. Mit der möglichen Ausnahme der Punkte $p_1, p_2, \ldots, p_{2n}$ und der Punkte in A lägen alle Randpunkte von Q_0 in B. Dieses widerspräche wegen $z_1(x, y) \not\equiv z_2(x, y)$ wiederum dem allgemeinen Maximumprinzip aus § 586. Die Annahme $k \geqq n$ muß also fallengelassen werden. W. z. b. w.

3. Analytizität schwacher Lösungen

§ 603. In der Theorie der partiellen Differentialgleichungen arbeitet man häufig mit sog. schwachen oder verallgemeinerten Lösungen einer Differentialgleichung. Wir wollen dieses Konzept am Beispiel der Minimalflächengleichung erläutern.

Es sei $z(x, y)$ eine in einem Gebiet P der (x, y)-Ebene zweimal stetig differenzierbare Lösung der Minimalflächengleichung. Wenn $\varphi(x, y)$ eine beliebige Funktion der Klasse $C_0^\infty(P)$, d. h. eine unendlich oft differenzierbare Funktion mit kompaktem Träger in P, ist, so ergibt sich durch partielle Integration

$$0 = \iint_P \varphi \mathcal{L}'[z]\, dx\, dy = -\iint_P \frac{z_x \varphi_x + z_y \varphi_y}{\sqrt{1 + z_x^2 + z_y^2}}\, dx\, dy.$$

Ein Randintegral tritt dabei offensichtlich nicht auf.

Das rechte Integral ist nun bereits sinnvoll, wenn die Ableitungen z_x und z_y lediglich meßbar sind. Im Hinblick auf den in § 227 beschriebenen Zusammenhang zwischen dem Flächeninhalt der Fläche $z = z(x, y)$ und seiner Integraldefinition wollen wir uns hier aber lieber auf die etwas spezielleren Funktionen der Klasse $\mathfrak{M}^1(P)$ beschränken.

Eine Funktion $z(x, y) \in \mathfrak{M}^1(P)$ wird nun als schwache Lösung der Minimalflächengleichung in P bezeichnet, wenn die Beziehung

$$\iint_P \frac{z_x \varphi_x + z_y \varphi_y}{\sqrt{1 + z_x^2 + z_y^2}}\, dx\, dy = 0$$

für alle Funktionen $\varphi(x, y) \in C_0^\infty(P)$ zutrifft.

Jede in P zweimal stetig differenzierbare Lösung der Minimalflächengleichung ist dort eo ipso eine schwache Lösung.

Das Integral in der obigen Definition ist nichts anderes als die schon in § 98 auftretende erste Variation des Flächeninhaltes. Eine Funktion

$z(x, y) \in \mathfrak{M}^1(\bar{P})$, welche dem Integral $\iint\limits_P \sqrt{1 + z_x^2 + z_y^2}\, dx\, dy$ unter allen Funktionen der Klasse $\mathfrak{M}^1(\bar{P})$ mit denselben Randwerten den kleinsten Wert erteilt, ist also gewiß eine schwache Lösung der Minimalflächengleichung.

§ 604. K sei eine mit ihrer Abschließung $\bar{K}$ in P enthaltene Kreisscheibe vom Radius r. Die Funktion $f(x, y) \in \mathfrak{M}^1(\bar{K})$ habe auf dem Rande ∂K die Werte Null. $z(x, y)$ sei eine schwache Lösung der Minimalflächengleichung in P. Wir behaupten, daß die Beziehung

$$\iint\limits_K \frac{z_x f_x + z_y f_y}{\sqrt{1 + z_x^2 + z_y^2}}\, dx\, dy = 0$$

gilt.

Zum Beweise führen wir die Funktion

$$g(x, y) = \begin{cases} f(x, y) & \text{für} \quad (x, y) \in \bar{K} \\ 0 & \text{für} \quad (x, y) \in P \setminus \bar{K}, \end{cases}$$

welche nach §§ 197, 201 zu $\mathfrak{M}^1(P)$ gehört, ein. Wir betrachten weiterhin die nach der Vorschrift des § 205 mit Hilfe einer unendlich oft differenzierbaren Funktion geglätteten Funktionen $g^{(n)}(x, y)$. K_n sei die zu K konzentrische Kreisscheibe vom Halbmesser $r + \sqrt{2}/n$. Die natürliche Zahl N sei so gewählt, daß $\bar{K}_n$ für $n \geqq N$ in P enthalten ist. Für $n \geqq N$ verschwinden die Funktionen $g^{(n)}(x, y)$ außerhalb $\bar{K}_n$ und sind in P unendlich oft differenzierbar, können also selbst als Testfunktionen $\varphi(x, y)$ fungieren. Zufolge §§ 197, 201 gilt

$$\lim_{n \to \infty} \iint\limits_{K_N} (|g_x^{(n)} - g_x| + |g_y^{(n)} - g_y|)\, dx\, dy = 0.$$

Somit wird

$$0 = \iint\limits_{K_N} \frac{z_x g_x^{(n)} + z_y g_y^{(n)}}{\sqrt{1 + z_x^2 + z_y^2}}\, dx\, dy = \iint\limits_{K_N} \frac{z_x g_x + z_y g_y}{\sqrt{1 + z_x^2 + z_y^2}}\, dx\, dy +$$

$$+ \iint\limits_{K_N} \frac{z_x (g_x^{(n)} - g_x) + z_y (g_y^{(n)} - g_y)}{\sqrt{1 + z_x^2 + z_y^2}}\, dx\, dy.$$

Wenn wir hier n nach Unendlich gehen lassen und noch berücksichtigen, daß $g_x = f_x$, $g_y = f_y$ fast überall in $\bar{K}$ und $g_x = g_y = 0$ in $K_N \setminus K$ ist, ergibt sich die Behauptung.

§ 605. *Jede schwache Lösung der Minimalflächengleichung in P ist dort reell-analytisch.*

Beweis: Es seien K eine mit ihrer Abschließung $\bar{K}$ in P enthaltene Kreisscheibe und $\bar{z}(x, y) \in C^2(K) \cap C^0(\bar{K})$ die nach § 399 existierende Lösung der Minimalflächengleichung, deren Werte auf ∂K mit denen der Funktion $z(x, y)$ übereinstimmen. Wir schreiben $z_x = p$, $z_y = q$, $\sqrt{1 + z_x^2 + z_y^2} = W$ und definieren die Größen $\bar{p}, \bar{q}, \bar{W}$ entsprechend. Nach §§ 603, 604 gilt dann

$$\iint_K \frac{p(p-\bar{p}) + q(q-\bar{q})}{W} dx\, dy = \iint_K \frac{\bar{p}\,(p-\bar{p}) + \bar{q}\,(q-\bar{q})}{\bar{W}} dx\, dy = 0$$

und somit auch

$$\iint_K \left[\left(\frac{p}{W} - \frac{\bar{p}}{\bar{W}}\right)(p-\bar{p}) + \left(\frac{q}{W} - \frac{\bar{q}}{\bar{W}}\right)(q-\bar{q})\right] dx\, dy = 0.$$

Wie wir in § 585 gesehen haben, ist der Integrand in allen Punkten von K, in welchen die Ableitungen p und q existieren, nicht-negativ und verschwindet nur, wenn $p = \bar{p}$ und $q = \bar{q}$ gilt. Folglich müssen fast überall in K die Gleichheiten $p = \bar{p}$, $q = \bar{q}$ zutreffen. Ähnlich wie in § 202 schließt man daraus auf die Konstanz der Differenz $z(x, y) - \bar{z}(x, y)$ in K. Da die Funktionen z und $\bar{z}$ aber auf ∂K übereinstimmen, muß $z(x, y) \equiv \bar{z}(x, y)$ sein. Nach § 131 ist $\bar{z}(x, y)$ in K reell-analytisch. Wegen der Willkür in der Wahl von K ergibt sich die Behauptung.

Es sei noch bemerkt, daß die Voraussetzung, die schwache Lösung solle zu $\mathfrak{M}^1(P)$ gehören, für den Satz wesentlich ist. Um das mit einem Beispiel zu erläutern, betrachten wir eine im Intervalle $0 < x < 1$ definierte nicht-konstante stetige monotone Funktion $f(x)$, deren Ableitung $f'(x)$ in fast allen Punkten dieses Intervalles existiert und den Wert Null hat (siehe C. Carathéodory [I], insbes. p. 579). $f(x)$ kann natürlich nicht absolut stetig sein. Die Funktion $z(x, y) = f(x)$ ist dann im Quadrat $P = \{x, y;\ 0 < x < 1,\ 0 < y < 1\}$ fast überall differenzierbar und genügt trivialerweise der Integralbedingung des § 603. $z(x, y)$ ist aber keine Lösung der Minimalflächengleichung.

Das vorstehende Beispiel zeigt, daß anschaulich richtige Sätze unsinnig werden, wenn man die Grundbegriffe in unvernünftiger Weise verallgemeinert. Man wird hier an die Frage erinnert, welche D. Hilbert in der 19. Aufgabe seiner berühmten Mathematischen Probleme aus dem Jahre 1900 formuliert hat (D. Hilbert [I], p. 321): „... ob jede Lagrangesche partielle Differentialgleichung eines regulären Variationsproblems [mit analytischem Integranden] die Eigenschaft hat, daß sie nur analytische Integrale zuläßt ...“.

§ 606. Im Hinblick auf verschiedene Anwendungen ist es wünschenswert, für den Regularitätssatz des § 605 einen Beweis vorzulegen, welcher sich nicht auf die Lösbarkeit des Dirichletschen Problems stützt. Man muß dann die tiefliegende Regularitätstheorie für schwache Lösungen elliptischer Differentialgleichungen heranziehen, welche man (mit ausgiebigen Literaturhinweisen) etwa bei C. B. Morrey ([II], pp. 126–208) und bei O. A. Ladyzhenskaya and N. N. Ural'tseva ([I], pp. 244–337) entwickelt findet. Die allgemeine Aussage des § 605 ist mit diesen Beweismethoden aber wohl nicht erreichbar.

Für schwache Lösungen, welche zusätzlich einer Lipschitzbedingung genügen, kann man mit E. De Giorgi e G. Stampacchia ([1], p. 357) folgendermaßen vorgehen. Es sei $z(x, y)$ eine schwache Lösung der Minimalflächengleichung, und für zwei beliebige Punkte (x_1, y_1) und (x_2, y_2) in P gelte stets $|z(x_2 y_2) - z(x_1, y_1)| \leqq M\sqrt{(x_2 - x_1)^2 + (y_2 - y_1)^2}$. Es sei $h(t)$ eine für $0 \leqq t < \infty$ unendlich oft differenzierbare Funktion, welche den Bedingungen $0 \leqq h(t) \leqq 1$, $h'(t) \geqq 0$ und $h(t) = 0$ für $0 \leqq t \leqq 2M$, $h(t) = 1$ für $3M \leqq t < \infty$ genügt. Wir setzen dann

$$f(p, q) = \sqrt{1 + p^2 + q^2} + c\,h\left(\sqrt{p^2 + q^2}\right)(p^2 + q^2).$$

Da die Eigenwerte der quadratischen Form $f_{pp}\,\xi^2 + 2f_{pq}\,\xi\,\eta + f_{qq}\,\eta^2$ zwischen den Schranken

$$\lambda_1(p, q) = \frac{1}{\sqrt{1 + t^2}} + c\{2h(t) + t\,h'(t)\}$$

und

$$\lambda_2(p, q) = \frac{1}{\sqrt{1 + t^2}^3} + c\{2h(t) + 4t\,h'(t) + t^2\,h''(t)\}$$

liegen, wo $t = \sqrt{p^2 + q^2}$ ist, überzeugt man sich, daß sich die Konstante c so wählen läßt, daß für alle p, q

$$m_1(\xi^2 + \eta^2) \leqq f_{pp}(p, q)\,\xi^2 + 2f_{pq}(p, q)\,\xi\,\eta + f_{qq}(p, q)\,\eta^2 \leqq m_2(\xi^2 + \eta^2)$$

gilt, wobei $0 < m_1 < m_2 < \infty$.

In allen Punkten, in denen die Ableitungen z_x und z_y existieren, ist natürlich $f(z_x, z_y) = \sqrt{1 + z_x^2 + z_y^2}$. Die schwache Lösung der Minimalflächengleichung ist also zugleich schwache Lösung der aus dem Variationsproblem $\delta\iint f(p, q)\,dx\,dy = 0$ entspringenden Euler-Lagrangeschen Differentialgleichung $\frac{\partial}{\partial x} f_p(z_x, z_y) + \frac{\partial}{\partial y} f_q(z_x, z_y) = 0$, d. h., für alle Funktionen $\varphi(x, y) \in C_0^\infty(P)$ gilt

$$\iint [f_p(z_x, z_y)\,\varphi_x + f_q(z_x, z_y)\,\varphi_y]\,dx\,dy = 0.$$

Da die Differentialgleichung gleichmäßig elliptisch ist, kann man die Regularitätstheorie – präziser, einen Satz von E. De Giorgi [1] – anwenden und findet die Analytizität von $z(x, y)$.

4. A-priori-Abschätzungen

§ 607. Die Bedeutung von A-priori-Abschätzungen als wesentliches Hilfsmittel bei der Lösung partieller Differentialgleichungen wurde zuerst von S. Bernstein herausgestellt. Seither bildet die Herleitung von solchen Abschätzungen eine der grundlegenden Aufgaben in der Theorie partieller Differentialgleichungen. Die ersten konkreten A-priori-Abschätzungen für die Minimalflächengleichung stammen von C. H. Müntz ([2], pp. 60–62) und sind später von E. Heinz [1] und von vielen weiteren Autoren, insbes. R. Finn [3], [7]; R. Finn and R. Osserman [1]; E. Hopf [6]; H. Jenkins [1], [2]; H. Jenkins and J. Serrin [1], [2]; J. C. C. Nitsche [3], [7]; R. Osserman [4], [5]; J. Serrin [5], [10], sowohl expliziter gestaltet als auch verallgemeinert und verfeinert worden.

Die nachfolgenden §§ 608–624 enthalten die Herleitung der wichtigsten A-priori-Abschätzungen für die Minimalflächengleichung. Die genauen numerischen Werte der in diesen Abschätzungen auftretenden universellen Konstanten sind heute nur zum Teil bekannt.

§ 608. *Die Funktion $z(x, y)$ sei eine zweimal stetig differenzierbare Lösung der Minimalflächengleichung in der Kreisscheibe $x^2 + y^2 < R^2$. Dann gilt*

$$r_0^2 + 2s_0^2 + t_0^2 \leqq \frac{16}{R^2} W_0^4.$$

Wie in §§ 52, 575, 576 ist dabei wieder $r_0 = r(0, 0) = z_{xx}(0, 0)$ usw. gesetzt.

Beweis: Differentiation der aus (72) folgenden Beziehung $p - i q = 2\Omega/(1 - |\Omega|^2)$ ergibt

$$r - i s = \frac{2}{(1 - |\Omega|^2)^2} (\Omega_x + \Omega^2 \bar{\Omega}_x),$$

$$s - i t = \frac{2}{(1 - |\Omega|^2)^2} (\Omega_y + \Omega^2 \bar{\Omega}_y).$$

Dabei ist $\Omega_x = \Omega' \zeta_x$, $\Omega_y = \Omega' \zeta_y$ und nach §§ 122, 124

$$\zeta_x = \left(1 + \frac{1 + p^2}{W}\right) + i \frac{p q}{W} = \frac{2(1 + \bar{\Omega}^2)}{1 - |\Omega|^4},$$

$$\zeta_y = \frac{p q}{W} + i \left(1 + \frac{1 + q^2}{W}\right) = \frac{2i(1 - \bar{\Omega}^2)}{1 - |\Omega|^4}$$

und daher

$$|\zeta_x|^2 + |\zeta_y|^2 = 8 \frac{1 + |\Omega|^4}{(1 - |\Omega|^4)^2}.$$

Der Leser sei nun an das Schwarz-Picksche Lemma der Funktionentheorie erinnert, demzufolge die Ableitung einer in der Kreisscheibe

$|\zeta| < \varrho$ analytischen Funktion $h(\zeta)$, deren Betrag kleiner als m ist, in jedem Punkte ζ_0 der Ungleichung

$$|h'(\zeta_0)| \leqq \frac{m\,\varrho}{\varrho^2 - |\zeta_0|^2}\left(1 - \frac{|h(\zeta_0)|^2}{m^2}\right)$$

genügt, aus welcher insbes.

$$|h'(0)| \leqq \frac{m}{\varrho}\left(1 - \frac{|h(0)|}{m^2}\right)$$

folgt. Nach §§ 124, 128 ergibt sich aus diesem Lemma die Abschätzung

$$|\Omega'(0)| \leqq \frac{f(a)}{R}(1 - a^2), \qquad a = |\Omega(0)|,$$

wo $f(a)$ die in § 127 definierte Funktion ist.

Nunmehr wird

$$r_0^2 + 2s_0^2 + t_0^2 \leqq \frac{4}{(1-a^2)^4}(1+a^2)^2\, 8\,\frac{1+a^4}{(1-a^4)^2}\,\frac{f^2(a)}{R^2}(1-a^2)^2$$

$$\leqq \frac{32}{R^2}\left(\frac{1+a^2}{1-a^2}\right)^4 \frac{1+a^4}{(1+a^2)^4} f^2(a) \leqq \frac{32}{R^2} W_0^4\, F(a).$$

Dabei ist $F(a) = \dfrac{1+a^4}{(1+a^2)^4} f^2(a)$. Wegen des monotonen Verlaufes der beiden Faktoren gilt in jedem Intervall $0 \leqq a' \leqq a \leqq a'' < 1$ stets

$$F(a) \leqq \frac{1+a'^4}{(1+a'^2)^4} f^2(a'').$$

Mit Hilfe der in § 127 angegebenen Werte ergeben sich die folgenden Schranken:

$F(a) \leqq 0{,}4998$ für $0 \leqq a \leqq 0{,}15$
$F(a) \leqq 0{,}4964$ für $0{,}15 \leqq a \leqq 0{,}25$
$F(a) \leqq 0{,}4840$ für $0{,}25 \leqq a \leqq 0{,}40$
$F(a) \leqq 0{,}3724$ für $0{,}40 \leqq a \leqq 0{,}50$
$F(a) \leqq 0{,}4353$ für $0{,}50 \leqq a < 1$.

Somit ist bestimmt $F(a) < \frac{1}{2}$ für $0 \leqq a < 1$. Daraus folgt die Behauptung.

§ 609. Die dritten und höheren Ableitungen können ähnlich behandelt werden. Wir haben z. B.

$$z_{xxx} - i\, z_{xxy} = 4(1 - |\Omega|^2)^{-3}\,(2\Omega\,|\Omega_x|^2 + \bar{\Omega}\,\Omega_x^2 + \Omega^3\,\bar{\Omega}_x^2) +$$
$$+ 2(1 - |\Omega|^2)^{-2}\,(\Omega_{xx} + \Omega^2\,\bar{\Omega}_{xx}).$$

Dabei ist $\Omega_{xx} = \Omega''\,\zeta_x^2 + \Omega'\zeta_{xx}$ und

$$\zeta_{xx} = 4(1 - |\Omega|^4)^{-2}\,[\bar{\Omega}\,\bar{\Omega}_x(1 + \Omega^2) + \bar{\Omega}^2\,\Omega\,\Omega_x(1 + \bar{\Omega}^2)].$$

Eine Abschätzung für $|\Omega''(0)|$ kann wieder aus dem Schwarz-Pickschen Lemma erschlossen werden: In $|\zeta| < \varrho/2$ gilt $|h'(\zeta)| \leqq 4m/3\varrho$ und folglich $|h''(0)| \leqq 8m/3\varrho^2$. Somit finden wir $|\Omega''(0)| \leqq 8f^2(a)/3R^2$.

Jede dritte Ableitung $\partial^3 z$ genügt daher einer Abschätzung

$$|\partial^3 z(0,0)| \leqq \frac{64}{R^2} W_0^4.$$

Wir führen die Einzelheiten nicht mehr aus.

§ 610. Die Zahl 16 ist nicht der beste, d. h. kleinste, numerische Wert c_1, mit dem die Abschätzung des § 608 in der Form $r_0^2 + 2s_0^2 + t_0^2 \leqq \frac{c_1}{R^2} W_0$ gültig ist. Dieser ist vielmehr gemäß

$$c_1^{(0)} = \sup\{R^2 W_0^{-4}(r_0^2 + 2s_0^2 + t_0^2)\}$$

definiert, wobei das Supremum über alle in $x^2 + y^2 < R^2$ existierenden Minimalflächen zu erstrecken ist.

Die universelle Konstante $c_1^{(0)}$ ist nicht bekannt. Vermutlich gilt $c_1^{(0)} = \pi^2$.

§ 611. Wir wollen die A-priori-Abschätzungen für die zweiten Ableitungen nun noch mit Hilfe einer zweiten Methode herleiten, die auf einer Idee von R. Finn and R. Osserman [1] beruht und den Satz des § 602 benutzt.

Durch eine geeignete Drehung des Koordinatensystems und, falls notwendig, Spiegelung an einer Koordinatenachse läßt es sich erreichen, daß die Beziehungen $p_0 \geqq 0$, $q_0 \geqq 0$, $r_0 \geqq 0$, $s_0 = 0$, $t_0 = -r_0(1 + q_0^2)/(1 + p_0^2) \leqq 0$ erfüllt sind. Man überzeugt sich leicht, daß der Ausdruck $r^2 + 2s^2 + t^2$ unter diesen Transformationen invariant ist.

Wir setzen nun $\alpha(h) = h \arctan p_0$, $\beta(h) = h \arctan q_0$ und betrachten die über dem Quadrat $Q_h = \{x, y;\, |x + \alpha(h)| < \pi h/2,\, |y - \beta(h)| < \pi h/2\}$ definierte Scherksche Minimalfläche

$$z = \Phi(x, y; h) = h\left\{\log\cos\left(\frac{y - \beta(h)}{h}\right) - \log\cos\left(\frac{x + \alpha(h)}{h}\right)\right\}.$$

Diese Fläche ist so gewählt, daß $\Phi_x(0, 0; h) = p_0$ und $\Phi_y(0, 0; h) = q_0$ gilt. Das Quadrat Q_h ist in der Kreisscheibe $x^2 + y^2 < R^2$ enthalten, solange

$$h \leqq h_0 \equiv \frac{2R}{\pi}\left[\left(1 + \frac{2}{\pi}\arctan p_0\right)^2 + \left(1 + \frac{2}{\pi}\arctan q_0\right)^2\right]^{-\frac{1}{2}}$$

ist, enthält aber selbst den Koordinatenursprung.

Für Q_h liegt nun die Situation des § 602 vor, wobei $n = 2$ zu nehmen ist. Im Punkte $x = y = 0$ können also nicht alle zweiten Ableitungen der Funktionen $z(x, y)$ und $\Phi(x, y; h)$ übereinstimmen.

Daraus folgt nun aber, daß

$$r_0 \leqq \Phi_{xx}(0,0;h_0) = \frac{1}{h_0}(1+p_0^2)$$

$$-t_0 = \frac{1+q_0^2}{1+p_0^2} r_0 \leqq -\Phi_{yy}(0,0;h_0) = \frac{1}{h_0}(1+q_0^2) =$$

$$= \frac{1+q_0^2}{1+p_0^2}\Phi_{xx}(0,0;h_0)$$

sein muß. Da $\Phi_{xx}(0,0;h)$ mit abnehmendem h zunimmt, gäbe es andernfalls eine Zahl h_1 im Intervall $0 < h_1 < h_0$, so daß $\Phi_{xx}(0,0;h_1) = r_0$, $\Phi_{yy}(0,0;h_1) = t_0$ und natürlich $\Phi_{xy}(0,0;h_1) = 0 = s_0$ wäre. Nach dem eben Gesagten ist dieses aber nicht möglich.

Es wird also

$$r_0^2 + 2s_0^2 + t_0^2 \leqq \Phi_{xx}^2(0,0;h_0) + \Phi_{yy}(0,0;h_0)$$

$$\leqq \frac{1}{h_0^2}[(1+p_0^2)^2 + (1+q_0^2)^2]$$

$$\leqq \frac{W_0^4}{R^2} F(p_0, q_0).$$

Dabei ist

$$F(p_0,q_0) = \frac{\pi^2}{4}\,\frac{(1+p_0^2)^2+(1+q_0^2)^2}{W_0^4} \times$$

$$\times \left[\left(1+\frac{2}{\pi}\operatorname{arc\,tan} p_0\right)^2 + \left(1+\frac{2}{\pi}\operatorname{arc\,tan} q_0\right)^2\right]$$

gesetzt. Eine Diskussion der Funktion $F(p,q)$ zeigt, daß $\sup\limits_{p,q} F(p,q) = 2\pi^2$ gilt. Wir erhalten daher diesmal die Abschätzung

$$r_0^2 + 2s_0^2 + t_0^2 \leqq \frac{2\pi^2}{R^2} W_0^4.$$

§ 612. *$z = z(x,y)$ sei eine über der Kreisscheibe $x^2 + y^2 < R^2$ definierte Minimalfläche. Für den Wert $K_0 = K(0,0)$ ihrer Gaußschen Krümmung im Ursprung gilt die Abschätzung*

$$|K_0| < \frac{c_2}{W_0^2 R^2},$$

wo $c_2 = \max\limits_{0 \leqq a \leqq 1}\left(\frac{4f(a)}{1+a^2}\right)^2 = 7{,}70145\ldots$

Beweis: Aus (72), (74) und § 608 folgt

$$|K_0| = |\Omega'(0)|^2\left(1+\frac{1}{W_0}\right)^4 \leqq \frac{1}{R^2}\left(\frac{1-a^2}{1+a^2}\right)^2\left(\frac{4f(a)}{1+a^2}\right)^2 \leqq$$

$$\leqq \frac{1}{W_0^2R^2}\left(\frac{4f(a)}{1+a^2}\right)^2.$$

Der beste Wert $c_2^{(0)} = \sup\{R^2 W_0^2 K_0\}$ der universellen Konstanten in dieser Abschätzung ist heute noch unbekannt. Vermutlich gilt $c_2^{(0)} = \pi^2/2$.

Die erste Ungleichung dieser Art, nämlich

$$|K_0| \leqq \frac{4\pi^3}{3} \frac{1}{R^2},$$

findet sich in der Arbeit [1] von E. Heinz aus dem Jahre 1952. Sie wurde dann von E. Hopf [6] verschärft und von J. C. C. Nitsche [3], [7], [8], R. Osserman [5], [7] und R. Finn and R. Osserman [1] weiter verbessert.

Man kann sie auch als eine quantitative Version des Bernsteinschen Satzes aus § 130 auffassen. Wenn die Minimalfläche $z = z(x, y)$ über der gesamten (x, y)-Ebene definiert ist, so darf man ja R beliebig groß nehmen. Die Gaußsche Krümmung verschwindet also in allen Punkten, und die Minimalfläche muß eine Ebene sein.

§ 613. Indem man wieder die Scherksche Minimalfläche $z = \Phi(x, y; h)$ des § 611, deren Gaußsche Krümmung im Ursprung sich zu

$$-\frac{1}{h^2} \frac{(1 + p_0^2)(1 + q_0^2)}{(1 + p_0^2 + q_0^2)^2}$$

berechnet, zum Vergleich heranzieht, so erhält man diesmal

$$|K_0| \leqq \frac{1}{R^2} \frac{\pi^2}{4} \frac{(1 + p_0)^2 (1 + q_0)^2}{W_0^4} \times$$
$$\times \left[\left(1 + \frac{2}{\pi} \operatorname{arctan} p_0\right)^2 + \left(1 + \frac{2}{\pi} \operatorname{arctan} q_0\right)^2\right].$$

Diese Ungleichung stammt von R. Finn und R. Osserman [1]. Sie enthält den Spezialfall:

$z = z(x, y)$ sei eine über der Kreisscheibe $x^2 + y^2 < R^2$ definierte Minimalfläche, und es sei $z_x(0, 0) = z_y(0, 0) = 0$. Dann gilt

$$|K_0| \leqq \frac{\pi^2}{2} \frac{1}{R^2}.$$

Die Konstante $\pi^2/2$ ist hier bestmöglich. Wie wir in § 658 sehen werden, gibt es nämlich zu jeder Zahl $\varepsilon > 0$ eine über der Kreisscheibe $x^2 + y^2 < R^2$ definierte Lösung der Minimalflächengleichung, für welche $z_x(0, 0) = z_y(0, 0) = 0$ ist und $|K_0| \geqq \left(\frac{\pi^2}{2} - \varepsilon\right) \frac{1}{R^2}$ gilt.

§ 614. *Die Funktion $z(x, y)$ sei eine zweimal stetig differenzierbare positive Lösung der Minimalflächengleichung in der Kreisscheibe $x^2 + y^2 < R^2$. Dann gilt*

$$W_0 \leqq e^{\frac{\pi z_0}{2R}}$$

(J. Serrin [10]).

Beweis: Die Annahme $p_0 \geqq 0$, $q_0 = 0$ bedeutet keine Beschränkung der Allgemeinheit. Für $0 < \xi < R$ und $a = a(\xi) = \frac{\pi}{2} \frac{1}{\sqrt{R^2 - \xi^2}}$ betrachten wir die im Halbstreifen $\{x, y; x < \xi, |y| < \pi/2a\}$ definierte Funktion

$$\Phi(x, y; \xi) = \frac{1}{a} \operatorname{Ar\mathfrak{Sin}}\left(\frac{\cos a y}{\mathfrak{Sin}\, a(\xi - x)}\right) - \frac{1}{a} \operatorname{Ar\mathfrak{Sin}}\left(\frac{1}{\mathfrak{Sin}\, a(\xi + R)}\right),$$

welche nach § 4 eine Lösung der Minimalflächengleichung ist. Es gilt $\Phi(-R, 0; \xi) = 0$. Die Kurve mit der Gleichung $\Phi(x, y; \xi) = 0$ oder, was dasselbe ist,

$$x = \xi - \frac{1}{a} \operatorname{Ar\mathfrak{Sin}}[\cos a y\, \mathfrak{Sin}\, a(\xi + R)],$$

verläuft also durch den Punkt $(x, y) = (-R, 0)$. Ihre Krümmung $\varkappa(y)$ berechnet sich zu $\varkappa(y) = a\, \mathfrak{Tan}[a(\xi + R)] \cos a y$. Wegen

$$\varkappa(0) = a\, \mathfrak{Tan}[a(\xi + R)] = \frac{\pi}{2} \frac{1}{\sqrt{R^2 - \xi^2}} \mathfrak{Tan}\left(\frac{\pi}{2} \sqrt{\frac{R + \xi}{R - \xi}}\right) >$$

$$> \frac{\pi}{2R} \mathfrak{Tan} \frac{\pi}{2} > \frac{1{,}44}{R}$$

und wegen der Tatsache, daß $\varkappa(y)$ mit wachsendem $|y|$ monoton abnimmt, ist das Gebiet $B_\xi = \{x, y; \Phi(x, y; \xi) > 0\}$ für jedes ξ in $x^2 + y^2 < R^2$ enthalten und von der konvexen Kurve $P_1 P_2 P_3$ sowie dem vertikalen Segment $P_1 P_3$ berandet; siehe Abb. 77.

Mit $\xi = R\, \mathfrak{Tan}\, \eta$ wird

$$\Phi(0, 0; R\, \mathfrak{Tan}\, \eta) = \frac{2R}{\pi} \frac{1}{\mathfrak{Cof}\, \eta} \left\{\log \mathfrak{Tan}\left(\frac{\pi}{4} e^\eta\right) - \log \mathfrak{Tan}\left(\frac{\pi}{4} \mathfrak{Sin}\, \eta\right)\right\} > 0.$$

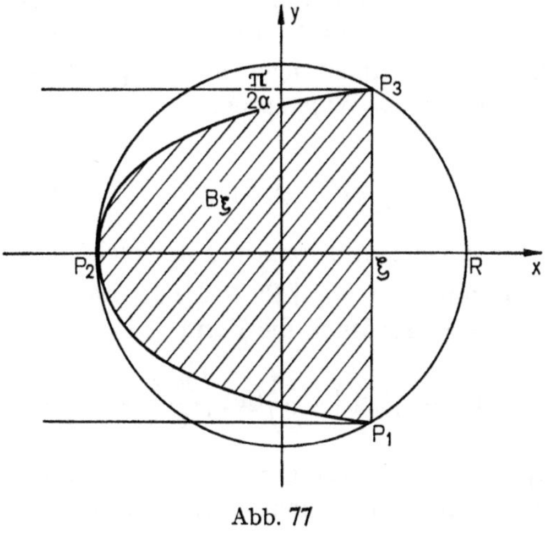

Abb. 77

Wegen

$$\frac{d}{d\eta}(\Phi(0,0;R\,\mathfrak{Tan}\,\eta)\,\mathfrak{Cos}\,\eta) = \mathfrak{Cos}\,\eta\,\frac{d}{d\eta}\,\Phi(0,0;R\,\mathfrak{Tan}\,\eta) +$$

$$+\,\mathfrak{Sin}\,\eta\,\Phi(0,0;R\,\mathfrak{Tan}\,\eta) =$$

$$= \frac{R\,e^{\eta}}{\mathfrak{Sin}\left(\frac{\pi}{2}e^{\eta}\right)} - \mathfrak{Cot}\,\eta\,\frac{\mathfrak{Sin}\,\eta}{\mathfrak{Sin}\left(\frac{\pi}{2}\,\mathfrak{Sin}\,\eta\right)} \leqq$$

$$\leqq R\left\{\frac{e^{\eta}}{\mathfrak{Sin}\left(\frac{\pi}{2}e^{\eta}\right)} - \frac{\mathfrak{Sin}\,\eta}{\mathfrak{Sin}\left(\frac{\pi}{2}\,\mathfrak{Sin}\,\eta\right)}\right\} < 0$$

nimmt der Wert $\Phi(0,0;\xi)$ monoton von 0 nach ∞ zu, wenn ξ von R nach Null geht.

Wir wählen nun denjenigen auf Grund der monotonen Abhängigkeit der Größe $\Phi(0,0;\xi)$ von ξ eindeutig bestimmten Parameterwert $\xi = \xi_0$, für welchen $\Phi(0,0;\xi_0) = z_0 = z(0,0)$ gilt und behaupten, daß dann $p_0 \leqq \Phi_x(0,0;\xi_0)$ sein muß.

Da auch $\Phi_x(0,0;\xi) = \dfrac{1}{\mathfrak{Sin}(a\,\xi)} = \dfrac{1}{\mathfrak{Sin}\left(\frac{\pi}{2}\,\mathfrak{Sin}\,\eta\right)}$ monoton von 0 nach ∞ geht, wenn ξ von R nach 0 abnimmt, gäbe es im Falle $p_0 > > \Phi_x(0,0;\xi_0)$ nämlich einen Parameterwert $\xi = \xi_1$ im Intervalle $0 < \xi_1 < \xi_0$, für welchen $\Phi_x(0,0;\xi_1) = p_0$ und natürlich $\Phi(0,0;\xi_1) > > z_0$ wäre. Die Lösung der Minimalflächengleichung $\Psi(x,y) = = \Phi(x,y;\xi_1) + z_0 - \Phi(0,0;\xi_1)$ wäre auf dem gekrümmten Teil $P_1P_2P_3$ des Randes von B_{ξ_1} negativ und ginge bei Annäherung an den vertikalen Teil P_1P_3 des Randes von B_{ξ_1} nach Unendlich. Wenn wir nun den Satz des § 602 auf die Differenz $\Psi(x,y) - z(x,y)$, welche ja mitsamt ihren ersten Ableitungen im Nullpunkt verschwände, anwenden, so ergäbe sich ein Widerspruch.

Wir haben also

$$W_0\,e^{-\frac{\pi z_0}{2R}} \leqq \sqrt{1+\Phi_x^2(0,0;\xi_0)}\,e^{-\frac{\pi\Phi(0,0;\xi_0)}{2R}}$$

und müssen nunmehr den Ausdruck auf der rechten Seite abschätzen. Mit dem neuen Parameter $t = \xi/\sqrt{R^2-\xi^2}$, der im Intervall $0 < t < \infty$ variiert, nimmt dieser Ausdruck die Form

$$F(t) = \mathfrak{Cot}\left(\frac{\pi t}{2}\right)\left[\mathfrak{Tan}\left(\frac{\pi t}{4}\right)\mathfrak{Cot}\left(\frac{\pi}{4}\left(t+\sqrt{1+t^2}\right)\right)\right]^{\frac{1}{\sqrt{1+t^2}}}$$

an. Der analytische Nachweis der für alle t gültigen Ungleichung $F(t) \leqq 1$ (Serrin selbst beruft sich dabei eigentlich nur auf den Computer-tabulierten Kurvenverlauf) ist mühselig. Wir gehen folgendermaßen vor. Zunächst bemerken wir die leicht verifizierbaren Abschätzungen:

1) Für $t \geqq 0{,}8$ gilt

$$\mathfrak{Tan}\left(\frac{\pi t}{4}\right)\mathfrak{Cot}\left(\frac{\pi t}{2}\right) < 1 - e^{-\frac{\pi t}{2}}, \quad \mathfrak{Cot}\left(\frac{\pi t}{2}\right) < 1 + 2{,}2 e^{-\pi t},$$

$$t e^{-\frac{\pi t}{2}} < 0{,}23.$$

2) Für $0 \leqq t \leqq 0{,}8$ gilt

$$1 - e^{-\frac{\pi t}{2}} \geqq 0{,}89\, t, \quad \tfrac{1}{2} t^2 e^{-\frac{\pi t}{2}} < 0{,}1.$$

Es sind nun zwei Fälle zu unterscheiden.

Fall 1: $t \geqq 0{,}8$. Dann ist $\dfrac{1}{\sqrt{1+t^2}} \geqq \dfrac{4}{\sqrt{41}}\dfrac{1}{t} > \dfrac{0{,}62}{t}$ und $t + \sqrt{1+t^2} \geqq 2t$. Somit wird

$$\left[\mathfrak{Tan}\left(\frac{\pi t}{4}\right)\mathfrak{Cot}\left(\frac{\pi}{4}\left(t + \sqrt{1+t^2}\right)\right)\right]^{\frac{1}{\sqrt{1+t^2}}} \leqq \left[\mathfrak{Tan}\left(\frac{\pi t}{4}\right)\mathfrak{Cot}\left(\frac{\pi t}{2}\right)\right]^{\frac{0{,}62}{t}}$$

$$\leqq \left(1 - e^{-\frac{\pi t}{2}}\right)^{\frac{0{,}62}{t}} \leqq 1 - \frac{0{,}62}{t} e^{-\frac{\pi t}{2}}$$

und

$$F(t) \leqq (1 + 2{,}2 e^{-\pi t})\left(1 - \frac{0{,}62}{t} e^{-\frac{\pi t}{2}}\right) \leqq$$

$$\leqq 1 - \frac{1}{t} e^{-\frac{\pi t}{2}}\left(0{,}62 - 2{,}2 t e^{-\frac{\pi t}{2}}\right) \leqq$$

$$\leqq 1 - \frac{0{,}11}{t} e^{-\frac{\pi t}{2}} < 1.$$

Fall 2: $0 \leqq t \leqq 0{,}8$. Hier schreiben wir

$$F(t) = \left[\mathfrak{Cot}\left(\frac{\pi t}{2}\right)\mathfrak{Tan}\left(\frac{\pi t}{4}\right)\mathfrak{Cot}\left(\frac{\pi}{4}\left(t + \sqrt{1+t^2}\right)\right)\right] \times$$

$$\times \left[\mathfrak{Cot}\left(\frac{\pi t}{4}\right)\mathfrak{Tan}\left(\frac{\pi}{4}\left(t + \sqrt{1+t^2}\right)\right)\right]^{1 - \frac{1}{\sqrt{1+t^2}}} \equiv f(t)\, g(t).$$

Mit den Abkürzungen $s = \mathfrak{Tan}\left(\dfrac{\pi t}{4}\right)$ und $\sigma = \mathfrak{Tan}\dfrac{\pi}{4} = 0{,}6558$ wird wegen $1 + \sqrt{1+t^2} \geqq 1 + t$

$$f(t) \leqq \frac{1}{2}(1 + s^2)\frac{1 + \sigma s}{\sigma + s} < 0{,}77 \quad \text{in} \quad 0 \leqq s \leqq \mathfrak{Tan}\left(\frac{\pi}{5}\right) = 0{,}5569.$$

Zufolge $1 - \frac{1}{\sqrt{1+t^2}} \leqq \frac{1}{2} t^2$ haben wir weiterhin

$$g(t) \leqq \left[\mathfrak{Cot}\left(\frac{\pi t}{4}\right)\right]^{\frac{1}{2}t^2} = \left(1 + e^{-\frac{\pi t}{2}}\right)^{\frac{1}{2}t^2} \left(1 - e^{-\frac{\pi t}{2}}\right)^{-\frac{1}{2}t^2} \leqq$$

$$\leqq (0{,}89\, t)^{-\frac{1}{2}t^2} \left(1 + e^{\frac{\pi t}{2}}\right)^{\frac{1}{2}t^2}.$$

Auf Grund der allgemeinen Ungleichung $(\lambda t)^{-\frac{1}{2}t^2} \leqq e^{1/4e\lambda^2}$ ist $(0{,}89t)^{-\frac{1}{2}t^2} \leqq$ $\leqq e^{0{,}12} < 1{,}13$. Damit wird weiter

$$g(t) \leqq 1{,}13 \left(1 + \frac{t^2}{2} e^{-\frac{\pi t}{2}}\right) < 1{,}13 \times 1{,}1 < 1{,}25.$$

Wir erhalten wiederum

$$F(t) = f(t)\, g(t) \leqq 0{,}77 \times 1{,}25 = 0{,}9625 < 1.$$

Damit ist die Ungleichung $F(t) \leqq 1$ und folglich die Behauptung dieses Paragraphen völlig bewiesen.

Eine entsprechende Ungleichung für positive Lösungen $z = z(x_1, \ldots, x_n)$ der Minimalflächengleichung in n Veränderlichen wurde kürzlich von E. Bombieri, E. De Giorgi e M. Miranda [1] gegeben; man sehe auch E. Bombieri [1]. Verallgemeinerungen auf eine größere Klasse nicht gleichmäßig elliptischer Differentialgleichungen stammen von O. A. Ladyzhenskaya and N. N. Ural'tseva [3].

§ 615. *Die Funktion $z(x, y)$ sei eine zweimal stetig differenzierbare Lösung der Minimalflächengleichung in der Kreisscheibe $x^2 + y^2 < R^2$, und es sei dort $|z(x, y)| < M$. Dann gilt*

$$W_0 \leqq e^{\frac{\pi M}{2R}}.$$

Beweis: $\bar{z}(x, y) = -(\operatorname{sign} z_0)\, z(x, y) + M$ ist eine positive Lösung der Minimalflächengleichung. Nach § 614 ist daher

$$W_0 = \overline{W}_0 \leqq e^{\frac{\pi \bar{z}_0}{2R}} = e^{\frac{\pi}{2R}(-|z_0| + M)} \leqq e^{\frac{\pi M}{2R}}.$$

§ 616. *Die Funktion $z(x, y)$ sei eine zweimal stetig differenzierbare positive Lösung der Minimalflächengleichung in der Kreisscheibe $x^2 +$ $+ y^2 < R^2$. Falls $z_0 = z(0, 0) < R/4$ ist, gilt*

$$\sqrt{p_0^2 + q_0^2} \leqq \frac{4}{R} z_0.$$

Beweis: Nach § 128 enthält das Bild der Kreisscheibe $x^2 + y^2 < R^2$ unter der Abbildung (71) gewiß die Kreisscheibe $|\zeta| < \varrho = R/f(a)$, $a = |\Omega(0)|$. Die Funktion $e^{-\omega_3(\zeta)/R}$, wo $\omega_3(\zeta)$ aus (70_3) stammt, ist in der letzteren Kreisscheibe analytisch und dem Betrag nach kleiner als Eins. Zufolge des Schwarz-Pickschen Lemmas (siehe § 608) gilt daher mit $\mu = z_0/R$

$$\frac{1}{R} e^{-\mu} |\omega_3'(0)| \leqq \frac{f(a)}{R} (1 - e^{-2\mu}),$$

d. h., wegen $|\omega_3'(0)| = |\Omega(0)| = a$ auch $a \leqq 2f(a) \operatorname{Sin} \mu$. Da $\operatorname{Sin}\frac{1}{4} =$ $= 0{,}2526$ ist, folgt aus dieser Ungleichung durch Vergleich mit den in § 127 tabulierten Werten der Funktion $f(a)$ gewiß $a \leqq 0{,}4$. Für $0 \leqq \mu \leqq \frac{1}{4}$ ist $\operatorname{Sin}\mu \leqq 1{,}011\mu$. Mit $f(0{,}4) = 0{,}7838$ wird daher $a \leqq 1{,}585\mu$. Die Behauptung folgt nun aus der Beziehung $\sqrt{p_0^2 + q_0^2} =$ $= 2a/(1 - a^2)$.

§ 617. Aus §§ 614, 616 folgt, daß eine in der Einheitskreisscheibe $x^2 + y^2 < 1$ positive Lösung $z(x, y)$ der Minimalflächengleichung der Ungleichung $\sqrt{p_0^2 + q_0^2} \leqq h(z_0)$ genügt, wo $h(\mu)$ die für alle $\mu \geqq 0$ stetige und monoton wachsende Funktion

$$h(\mu) = \begin{cases} 4e^{\frac{\pi}{8}}\mu & 0 \leqq \mu \leqq \frac{1}{4} \\ e^{\frac{\pi}{2}\mu} & \frac{1}{4} \leqq \mu < \infty \end{cases}$$

ist.

Wir betrachten die Funktion $z(x, y)$ jetzt auf einem festen Ursprungsstrahl $\{x = r\cos\alpha,\ y = r\sin\alpha;\ 0 \leqq r < 1\}$ und schreiben abkürzungsweise $\varphi(r) = z(r\cos\alpha, r\sin\alpha)$. Nach dem Obigen gilt

$$-h\left(\frac{\varphi(r)}{1 - r}\right) \leqq \frac{d\varphi}{dr} \leqq h\left(\frac{\varphi(r)}{1 - r}\right).$$

Für festes μ seien die Funktionen $H_1(t; \mu)$ und $H_2(t; \mu)$ als Lösungen der Differentialgleichungen

$$\frac{dH_1}{dt} = -h\left(\frac{H_1}{1 - t}\right), \quad \frac{dH_2}{dt} = h\left(\frac{H_2}{1 - t}\right).$$

mit den Anfangswerten $H_1(0; \mu) = H_2(0; \mu) = \mu$ bestimmt. Nach einer in der Theorie der der gewöhnlichen Differentialgleichungen geläufigen Schlußweise gilt dann $H_1(r; z_0) \leqq \varphi(r) \leqq H_2(r; z_0)$.

Wir betrachten zunächst die Differentialgleichung für H_2. Mit Hilfe der Substitution $H_2(t; \mu) = (1 - t)\,u(t)$ lassen sich die Variablen trennen, und man findet $u(t)$ aus der impliziten Gleichung

$$\int_{\mu}^{u} \frac{dv}{h(v) + v} = \log \frac{1}{1 - t}.$$

Das Integral ist für $u \to \infty$ konvergent, so daß $u(t)$ nur in einem Intervalle $0 \leqq t < \varrho(\mu) < 1$ definiert ist, wo

$$\varrho(\mu) = 1 - \exp\left\{-\int\limits_{\mu}^{\infty} \frac{dv}{h(v) + v}\right\}.$$

$\varrho(\mu)$ ist eine monoton abnehmende Funktion von μ. Da das Integral im Exponenten für $\mu \to 0$ divergiert, gilt $\lim\limits_{\mu \to 0} \varrho(\mu) = 1$, $\lim\limits_{\mu \to \infty} \varrho(\mu) = 0$.

In ähnlicher Weise erhalten wir die Funktion $H_1(t; \mu)$ aus

$$\int\limits_{u}^{\mu} \frac{dv}{h(v) - v} = \log \frac{1}{1 - t}, \qquad H_1(t; \mu) = (1 - t)\, u(t).$$

$u(t)$ ist diesmal für alle t in $0 \leqq t < 1$ erklärt, und es gilt $\lim\limits_{t \to 1} u(t) = 0$.

Indem wir vermittels einer Ähnlichkeitstransformation zur Kreisscheibe $x^2 + y^2 < R^2$ zurückkehren, erhalten wir die Harnacksche Ungleichung (H. Jenkins and J. Serrin [1], pp. 203–205):

Die Funktion $z(x, y)$ sei eine zweimal stetig differenzierbare positive Lösung der Minimalflächengleichung über der Kreisscheibe $x^2 + y^2 < R^2$, und es gelte $z_0 = z(0, 0) = m$. Es gibt zwei Funktionen $H_1(t; \mu)$ und $H_2(t; \mu)$, so daß

$$R H_1\left(\frac{r}{R}; \frac{m}{R}\right) \leqq z(x, y) \leqq R H_2\left(\frac{r}{R}; \frac{m}{R}\right), \qquad r = \sqrt{x^2 + y^2}$$

gilt. Die Funktionen H_1 und H_2 haben dabei die folgenden Eigenschaften:

Für jedes $\mu > 0$ ist $H_1(t; \mu)$ eine in $0 \leqq t \leqq 1$ stetige monoton abnehmende Funktion, und es gilt $H_1(0; \mu) = \mu$, $H_1(1; \mu) = 0$.

Für jedes $\mu > 0$ ist $H_2(t; \mu)$ eine in einem Intervalle $0 \leqq t < \varrho(\mu) < 1$ stetige monoton zunehmende Funktion, und es gilt $H_2(0; \mu) = \mu$, $\lim\limits_{t \to \varrho(\mu)} H_2(t; \mu) = \infty$ und, gleichmäßig in jedem Intervall $0 \leqq t \leqq t_0 < 1$, $\lim\limits_{\mu \to 0} H_2(t; \mu) = 0$.

Dabei ist $\varrho(\mu)$ eine in $0 < \mu < \infty$ stetige monoton abnehmende Funktion, und es gilt $\lim\limits_{\mu \to 0} \varrho(\mu) = 1$, $\lim\limits_{\mu \to \infty} \varrho(\mu) = 0$.

Abb. 78 diene der Erläuterung der Harnackschen Ungleichung. Die Werte der Lösung müssen in dem schraffierten Gebiet liegen. Für $R\,\varrho(z_0/R) \leqq r < R$ ist $z(x, y)$ zwar nach unten, aber nicht nach oben beschränkt. Diese Tatsache steht wiederum in scharfem Gegensatz zu der Situation bei (positiven) harmonischen Funktionen, bei denen ja aus der Beschränktheit des Wertes z_0 die beiderseitige Beschränktheit in jeder kompakten Teilmenge der Kreisscheibe $x^2 + y^2 < R^2$ folgt.

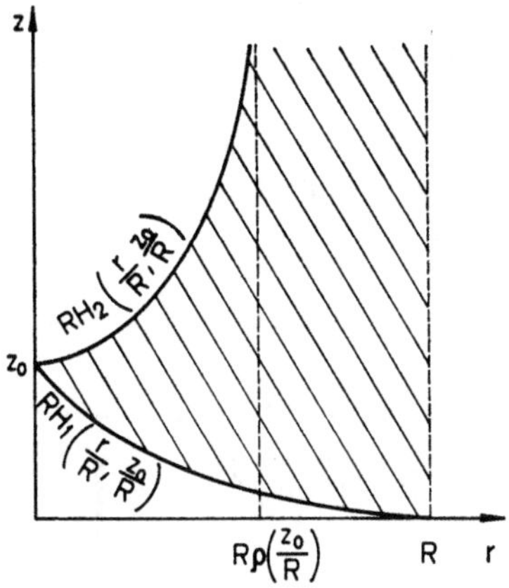

Abb. 78

§ 618. Eine Verschärfung der Ungleichung aus § 616 ist im folgenden Satze enthalten (J. Serrin [5], p. 382):

Die Funktion $z(x, y)$ sei eine zweimal stetig differenzierbare positive Lösung der Minimalflächengleichung über der Kreisscheibe $x^2 + y^2 < R^2$. Zu jeder Zahl $\varepsilon > 0$ gibt es dann eine Zahl $\delta = \delta(\varepsilon) > 0$, so daß

$$\sqrt{p_0^2 + q_0^2} \leqq \frac{2+\varepsilon}{R} z_0 \quad \text{für} \quad z_0 \leqq R\,\delta(\varepsilon).$$

Beweis: Nach §§ 616, 617 gibt es zu jeder Wahl der Zahlen r und m $(0 < r < R,\ 0 < m < 2)$ eine Zahl δ derart, daß in der Kreisscheibe $x^2 + y^2 \leqq r^2$ die Ungleichung $p^2 + q^2 \leqq m^2$ gilt, falls $z_0 \leqq \delta R$ ist. Nach § 128 enthält das Bild der Kreisscheibe $x^2 + y^2 \leqq r^2$ unter der Abbildung (71) gewiß die Kreisscheibe $|\zeta| \leqq 2r\left(1 - \frac{m^2}{4}\right)$. Ähnlich wie in § 616 folgt aus dem Schwarz-Pickschen Lemma jetzt die Ungleichung

$$a \leqq \frac{\mathfrak{Sin}\, z_0}{r\left(1 - \frac{m^2}{4}\right)}.$$

Die Behauptung ergibt sich aus der Beziehung $\sqrt{p_0^2 + q_0^2} = 2a/(1 - a^2)$ wegen der Willkür von r und m.

§ 619. *Die über der Kreisscheibe $P_R = \{x, y;\ x^2 + y^2 < R^2\}$ definierte Minimalfläche $S = \{z = z(x, y);\ (x, y) \in P_R\}$ besitze einen endlichen Flächeninhalt $I(S)$. Dann gilt*

$$W_0 \leqq \frac{16 I(S)}{\pi R^2} e^{\frac{8\pi I(S)}{R^2}}.$$

(R. Finn [1] und [3], p. 408, sowie eine Korrektur von [3] in [8].)

Beweis: Der über der Kreisscheibe $\bar{P}_r$, $0 < r < R$, liegende Teil der Fläche S vom Flächeninhalt $I_r = I(S[P_r])$ kann gemäß § 129 konform so auf den Einheitskreis $|\gamma| \leqq 1$ einer komplexen $\gamma = \alpha + i\beta$-Ebene abgebildet werden, daß die Nullpunkte $x = y = 0$ und $\alpha = \beta = 0$ einander entsprechen. Die Abbildung $(x, y) \leftrightarrow (\alpha, \beta)$ ist dabei eineindeutig, und es gilt offensichtlich

$$\tfrac{1}{2} \iint\limits_{|\gamma|<1} (x_\alpha^2 + x_\beta^2 + y_\alpha^2 + y_\beta^2)\, d\alpha\, d\beta \leqq I_r.$$

Nach § 236 geht ein Punkt γ mit $|\gamma| = 1 - \delta$, $0 < \delta < \exp\left(-\frac{\pi I_r}{r^2}\right)$, in einen Punkt (x, y) mit $\sqrt{x^2 + y^2} \geqq r - \sqrt{\frac{\pi I_r}{\log \frac{1}{\delta}}}$ über. Die Kreisscheibe $|\gamma| \leqq 1 - \delta$ entspricht also einem Bereiche, welcher die Kreisscheibe $x^2 + y^2 \leqq \varrho^2$ enthält, wo $\varrho = r - \sqrt{\frac{\pi I_r}{\log \frac{1}{\delta}}}$ ist. Mit $\delta = \exp\left(-\frac{4\pi I_r}{r^2}\right)$ wird $\varrho = \frac{r}{2}$.

Wir fassen nun die Funktion $\Omega^2(\zeta)$ als analytische Funktion der komplexen Veränderlichen γ auf. Nach einem funktionentheoretischen Satz, den wir im nächsten Paragraphen beweisen werden, gilt in $|\gamma| \leqq 1 - \delta = \eta$ die Ungleichung

$$|\Omega|^2 \geqq \max\left(0, \frac{M - \varkappa}{1 - M\varkappa}\right).$$

Dabei ist $\varkappa = \dfrac{2\eta}{1 + \eta^2}$ und $M = \max\limits_{|\gamma| \leqq \eta} |\Omega|^2 < 1$ gesetzt.

Wir nehmen nun zunächst an, daß $M > \varkappa$ ist. In $x^2 + y^2 \leqq \varrho^2$ gilt dann gewiß

$$W = \frac{1 + |\Omega|^2}{1 - |\Omega|^2} \geqq \frac{(1 - \varkappa)(1 + M)}{(1 + \varkappa)(1 - M)}$$

und

$$I_\varrho = \iint\limits_{x^2 + y^2 < \varrho^2} W\, dx\, dy \geqq \pi \varrho^2 \frac{1 - \varkappa}{1 + \varkappa} \, \frac{1 + M}{1 - M}.$$

In $x^2 + y^2 \leqq \varrho^2$ gilt aber weiter

$$W = \frac{1 + |\Omega|^2}{1 - |\Omega|^2} \leqq \frac{1 + M}{1 - M} \leqq \frac{1 + \varkappa}{1 - \varkappa} \, \frac{I_\varrho}{\pi \varrho^2} = \left(\frac{2 - \delta}{\delta}\right)^2 \frac{I_\varrho}{\pi \varrho^2}$$

und, da $\varrho = r/2$ und $I_\varrho < I_r < I(S)$,

$$W \leqq \frac{16 I(S)}{\pi r^2 \delta^2} = \frac{16 I(S)}{\pi r^2} e^{\frac{8\pi I(S)}{r^2}}.$$

Im Falle $M \leqq \varkappa$ gilt in $x^2 + y^2 \leqq \varrho^2$ wegen $I(S) \geqq \pi r^2$ sogar mehr, nämlich

$$W = \frac{1 + |\Omega|^2}{1 - |\Omega|^2} \leqq \frac{1 + \varkappa}{1 - \varkappa} = \left(\frac{2 - \delta}{\delta}\right)^2 \leqq \frac{4}{\delta^2} \leqq \frac{4I(S)}{\pi r^2} e^{\frac{8\pi I(S)}{r^2}}.$$

Die Behauptung folgt für $r \to R$.

§ 620. Der im vorangehenden Paragraphen benutzte funktionentheoretische Hilfssatz besagt folgendes:

Die Funktion $w = f(z)$ sei in $|z| < 1$ analytisch, und es sei dort $|f(z)| < 1$. Für $0 \leqq \varrho < 1$ werde $M_\varrho = \max\limits_{|z| \leqq \varrho} |f(z)|$ gesetzt. Dann gilt

$$|f(z)| \geqq \max\left(0, \frac{(1 + \varrho^2) M_\varrho - 2\varrho}{1 + \varrho^2 - 2\varrho M_\varrho}\right) \text{ für alle } |z| \leqq \varrho.$$

Beweis: O. B. d. A. darf angenommen werden, das Maximum $M_\varrho = M$ werde für $z = \varrho$ angenommen, und $f(z)$ sei dort reell. Wir setzen

$$\zeta = \frac{z - \varrho}{1 - \varrho z}, \qquad \omega = \frac{w - M}{1 - M w}$$

und betrachten ω als Funktion von ζ. Wegen $\omega(0) = 0$ und $|\omega(\zeta)| < 1$ in $|\zeta| < 1$ gilt $|\omega(\zeta)| \leqq |\zeta|$. Der in $|z| < 1$ verlaufende Kreis $\left|\frac{z - \varrho}{1 - \varrho z}\right| = \frac{2\varrho}{1 + \varrho^2}$ ist symmetrisch bzgl. der x-Achse und schneidet diese Achse in den Punkten $z = -\varrho$ und $z = \varrho \frac{3 + \varrho^2}{1 + 3\varrho^2} > \varrho$. Die Kreisscheibe $|z| \leqq \varrho$ ist also in dem Bildgebiet der Kreisscheibe $|\zeta| \leqq \frac{2\varrho}{1 + \varrho^2}$ enthalten. Daher gilt für $|z| < \varrho$

$$\left|\frac{f(z) - M}{1 - M f(z)}\right| = \left|\frac{w - M}{1 - M w}\right| \leqq \frac{2\varrho}{1 + \varrho^2} \equiv \varkappa.$$

Der Kreis $\left|\frac{w - M}{1 - M w}\right| = \varkappa$ ist symmetrisch bzgl. der u-Achse und schneidet diese Achse in den zwei Punkten $w = \frac{M - \varkappa}{1 - M\varkappa}$ und $w = \frac{M + \varkappa}{1 + M\varkappa}$, von denen die zweite Zahl größer ist. Wenn also $M - \varkappa > 0$ ist, so gilt in $|z| \leqq \varrho$ gewiß $|w| \geqq \frac{M - \varkappa}{1 - M\varkappa}$. W. z. b. w.

§ 621. *Es sei P ein beschränktes konvexes Gebiet in der (x, y)-Ebene. P_d sei die Teilmenge aller Punkte von P, deren Abstand von ∂P größer als $d > 0$ ist. Die Funktion $z(x, y) \in C^2(P) \cap C^0(\bar{P})$ sei eine Lösung der Minimalflächengleichung in P, und es gelte $\int\limits_{\partial P} |z|\, ds \leqq M$. Es gibt dann eine lediglich von M, d und vom Gebiete P abhängige, aber von der* *speziellen Lösung $z(x,y)$ unabhängige, Konstante $\mathscr{C} = \mathscr{C}(M, d, P)$, so daß in allen Punkten von P_d, $d > 0$, die Ungleichungen*

$$|\partial z|, |\partial^2 z|, |\partial^3 z| \leqq \mathscr{C}(M, d, P)$$

erfüllt sind.

Wie in § 354 bedeutet dabei das Symbol ∂^k irgendeine k-te Ableitung.

Beweis: Nach § 98 läßt sich der Flächeninhalt der Minimalfläche $S = \{z = z(x,y);\ (x,y) \in \bar{P}\}$ durch die L^1-Norm der Randwerte gemäß

$$I(S) \leqq |P| + \int_{\partial P} |z|\, ds$$

abschätzen. Die Behauptung folgt dann aus §§ 608, 609, 619.

§ 622. Auch die Werte der Lösung $z(x,y)$ selbst lassen sich im Innern des Definitionsgebietes durch die L^1-Norm ihrer Randwerte abschätzen. Wir betrachten zunächst den Fall, daß P eine Kreisscheibe ist.

Die Funktion $z(x,y) \in C^2(P) \cap C^0(\bar{P})$ sei eine Lösung der Minimalflächengleichung in der Kreisscheibe $P = \{x, y;\ x^2 + y^2 < R^2\}$. Auf dem Kreise $x^2 + y^2 = \frac{1}{4}R^2$ gibt es dann einen Punkt (x_0, y_0), in welchem

$$|z(x_0, y_0)| \leqq 2R + \frac{3}{\pi R} \int_{\partial P} |z|\, ds$$

ist.

Beweis: Es sei $\frac{1}{2\pi R} \int_{\partial P} |z|\, ds = M$. Wir führen Polarkoordinaten (ϱ, ϑ) ein und schreiben kurz $z = z(\varrho, \vartheta)$. Nach § 98 ist

$$\frac{R}{2} \int_0^{2\pi} d\vartheta \int_{R/2}^{R} d\varrho\, |z_\varrho(\varrho, \vartheta)| \leqq \iint_P \sqrt{1 + z_\varrho^2 + \frac{1}{\varrho^2} z_\vartheta^2}\, \varrho\, d\varrho\, d\vartheta \leqq \pi R^2 + \\ + \int_{\partial P} |z|\, ds = \pi R(R + 2M).$$

Für fast alle Werte von ϑ gilt daher

$$\left| z(R, \vartheta) - z\left(\frac{R}{2}, \vartheta\right) \right| \leqq \int_{R/2}^{R} |z_\varrho(\varrho, \vartheta)|\, d\varrho < \infty.$$

Das Maß der Menge der ϑ-Werte im Intervall $0 \leqq \vartheta \leqq 2\pi$, wo $|z(R, \vartheta)| > kM$, $k > 1$, ist, kann nicht größer als $2\pi/k$ sein. Folglich gilt $|z(R, \vartheta)| \leqq kM$ auf einer ϑ-Menge, deren Maß mindestens $2\pi(1 - (1/k))$ ist.

Angenommen, es sei $|z(R/2, \vartheta)| \geqq N$ für alle ϑ. Falls $N \geqq kM$ ist, findet man dann durch Integration über die letzte Menge

$$2\pi\left(1-\frac{1}{k}\right)(N-kM) \leqq \int_0^{2\pi} d\vartheta \int_{R/2}^{R} d\varrho\, |z_\varrho(\varrho, \vartheta)| \leqq 2\pi(R+2M),$$

d. h.

$$\left(1-\frac{1}{k}\right)(N-kM) \leqq R+2M$$

oder

$$N \leqq kM + \frac{R+2M}{1-\frac{1}{k}} = \frac{k}{k-1}(M+R+kM).$$

Auf dem Kreise $x^2+y^2 \leqq R^2/4$ gibt es also gewiß einen Punkt (x_0, y_0), in welchem

$$|z(x_0, y_0)| \leqq \frac{k}{k-1}(M+R+kM)$$

gilt. Für $k = 1 + \sqrt{2+\frac{R}{M}}$ ist aber

$$\frac{k}{k-1}(M+R+kM) = M\,k^2 \leqq 2R+6M.$$

Damit ist alles bewiesen.

§ 623. In analoger Weise kann man bei einem konvexen Definitionsgebiet P vorgehen. Die Polardarstellung des Randes ∂P bzgl. des Inkreismittelpunktes vom Radius ϱ_0 sei $\varrho = \varrho(\vartheta)$. Wir führen dann die gemäß $x = \lambda\,\varrho(\vartheta)\cos\vartheta$, $y = \lambda\,\varrho(\vartheta)\sin\vartheta$ definierten Koordinaten (λ, ϑ) ein. Eine der vorangegangenen parallele Rechnung führt dann zu dem folgenden Ergebnis:

Es sei P ein beschränktes konvexes Gebiet in der (x, y)-Ebene. Die Funktion $z(x, y) \in C^2(P) \cap C^0(\bar{P})$ sei eine Lösung der Minimalflächengleichung in P. Es gibt dann einen Punkt (x_0, y_0) in P, in welchem

$$|z(x_0, y_0)| \leqq \frac{1}{\pi\,\varrho_0}\left(2|P| + 3\int_{\partial P} |z|\, ds\right)$$

gilt. $|P|$ ist der Flächeninhalt des Gebietes P und ϱ_0 sein Inkreisradius.

Der Punkt (x_0, y_0) liegt auf dem Kreise $\{x = \frac{1}{2}\varrho(\vartheta)\cos\vartheta,$ $y = \frac{1}{2}\varrho(\vartheta)\sin\vartheta;\ 0 \leqq \vartheta \leqq 2\pi\}$, ist also gewiß im Bereiche $\bar{P}_d$ mit $d = \varrho_0/2$ enthalten.

§ 624. Die Methode der §§ 622, 623 ist schließlich auch noch auf ein Jordangebiet P mit rektifizierbarer Berandung ∂P anwendungsfähig. Sie beruht ja darauf, daß sich das Gebiet P durch eine Schar von Kurven $\partial P_\lambda = \{x = x(\lambda, \vartheta), y = y(\lambda, \vartheta); 0 \leqq \vartheta \leqq 2\pi\}, 0 \leqq \lambda < 1$, überdecken läßt, welche für $0 < \lambda < 1$ glatt sind und die Eigenschaft haben, daß $\lim\limits_{\lambda \to 1} \int\limits_{\partial P_\lambda} |z|\, ds = \int\limits_{\partial P} |z|\, ds$ gilt.

Wenn $x + iy = \omega(\zeta)$ die analytische Funktion bezeichnet, welche die umkehrbar eindeutige konforme Abbildung der Einheitskreisscheibe in der komplexen ζ-Ebene auf das Gebiet P herstellt, so bieten sich z. B. Bildkurven der konzentrischen Kreise $|\zeta| = \lambda$ als geeignete Kurven ∂P_λ an. Das folgt daraus, daß die in $|\zeta| < 1$ analytische Funktion $\omega(\zeta)$ in $|\zeta| \leqq 1$ stetig und auf $|\zeta| = 1$ absolut stetig ist und daß die Ableitung $\omega'(\zeta)$ der Hardyschen Klasse H_1 angehört; siehe §§ 27, 321 und P. L. Duren [I], p. 44.

Unter Berücksichtigung der bereits gewonnenen Abschätzung für die ersten und höheren Ableitungen läßt sich die Aussage des § 621 nunmehr folgendermaßen ergänzen (J. C. C. Nitsche [18], p. 228):

Es sei P ein Jordangebiet in der (x, y)-Ebene mit rektifizierbarer Berandung. Die Funktion $z(x, y) \in C^2(P) \cap C^0(\bar{P})$ sei eine Lösung der Minimalflächengleichung in P, und es gelte $\int\limits_{\partial P} |z|\, ds \leqq M$. Es gibt dann eine lediglich von M, k, d und vom Gebiete P abhängige, aber von der speziellen Lösung unabhängige, Konstante $\mathscr{C} = \mathscr{C}(M, k, d, P)$, so daß in allen Punkten von P_d, $d > 0$, die Ungleichungen

$$|z|, |\partial z|, |\partial^2 z|, \ldots, |\partial^k z| \leqq \mathscr{C}(M, k, d, P)$$

erfüllt sind.

5. Die konjugierte Funktion

§ 625. Im Hinblick auf spätere Anwendungen erweist es sich als nützlich, hier eine genauere Untersuchung der in § 121 definierten konjugierten Funktionen einzuschieben.

In einem beschränkten konvexen Gebiet P sei eine Lösung $z(x, y) \in C^2(P)$ der Minimalflächengleichung gegeben. Die zu $z(x, y)$ konjugierte Funktion $z^*(x, y)$ ist gemäß § 121 eine in P reell-analytische und in $\bar{P}$ noch einer Lipschitzbedingung genügende Funktion. Die Lipschitzkonstante ist Eins.

Für jede rektifizierbare Jordankurve $\mathscr{C}$ in $\bar{P}$ gilt $\int\limits_{\mathscr{C}} dz^* = 0$. Für jede in $\bar{P}$ verlaufende rektifizierbare Kurve β der Länge $|\beta|$ haben wir $\left|\int\limits_\beta dz^*\right| \leqq |\beta|$ und, falls ein Teilbogen von β innerhalb von P liegt, sogar $\left|\int\limits_\beta dz^*\right| < |\beta|$.

Die Funktion $z(x, y)$ *sei noch auf einem zusammenhängenden Teilbogen* β *des Randes* ∂P *stetig. Dann gilt* $\left|\int\limits_\beta dz^*\right| < |\beta|$. (H. Jenkins and J. Serrin [2], pp. 327–328.)

Beweis: Da es genügt, die Behauptung für einen offenen Teilbogen von β zu beweisen, dürfen wir o. B. d. A. annehmen, daß $z(x, y)$ in $\bar{P}$ stetig ist. Es sei β' der zu β komplementäre offene Teilbogen von ∂P. Für eine beliebige Konstante a bezeichnen wir mit $\bar{z}(x, y)$ die nach § 654 weiter unten existierende Lösung des Dirichletschen Problems, welche auf β die Randwerte $z + a$ und auf β' die Randwerte z annimmt.

Durch eine partielle Integration, bei welcher man anfangs die Endpunkte der Bögen β, β' durch kleine Kreise ausspart, erhält man ähnlich wie in § 585 die Beziehung

$$\iint\limits_P \left[(\bar{p} - p)\left(\frac{\bar{p}}{\bar{W}} - \frac{p}{W}\right) + (\bar{q} - q)\left(\frac{\bar{q}}{\bar{W}} - \frac{q}{W}\right)\right] dx\,dy =$$

$$= \int\limits_{\partial P} (\bar{z} - z)\, d(\bar{z}^* - z^*) = a \int\limits_\beta d(\bar{z}^* - z^*)\,.$$

Nach § 585 ist der Integrand des Doppelintegrals nicht-negativ und nicht identisch Null. Für $a = +1$ bzw. $a = -1$ ergibt sich daher $\int\limits_\beta dz^* < \int\limits_\beta d\bar{z}^* \leqq |\beta|$ bzw. $\int\limits_\beta dz^* > \int\limits_\beta d\bar{z}^* \geqq -|\beta|$. W. z. b. w.

§ 626. Auf die folgende Eigenschaft der konjugierten Funktion haben wir anhand der Scherkschen Fläche schon in § 121 hingewiesen.

Es sei β *ein orientierter Teilbogen der Länge* $|\beta|$ *des im Gegenuhrzeigersinne orientierten Randes* ∂P. *Bei Annäherung aus* P *heraus an jeden Punkt von* β *gelte* $\lim z(x, y) = \infty$ (*bzw.* $\lim z(x, y) = -\infty$), *so daß* β *nach* § 600 *natürlich geradlinig sein muß. Dann gilt* $\int\limits_\beta dz^* = |\beta|$ $\Big($*bzw.* $\int\limits_\beta dz^* = -|\beta|\Big)$. (H. Jenkins and J. Serrin [2], p. 328; J. C. C. Nitsche [18], pp. 213–214.)

Beweis: Wir wollen die erste Beziehung beweisen und dürfen dazu das Koordinatensystem so wählen, daß das Gebiet P in der oberen Halbebene liegt und daß der Bogen β das Segment $-a < x < a$ auf der x-Achse ist, so daß $|\beta| = 2a > 0$ gilt. β' sei der zu β komplementäre Teilbogen von ∂P.

Ähnlich wie in § 601 bezeichnen wir mit $d(x, y)$ und $d'(x, y)$ die Abstände eines Punktes (x, y) aus P von den Bögen β bzw. β'. Für positive ε, δ seien $\beta_{\varepsilon,\delta}$ das Segment $-a + \varepsilon \leqq x \leqq a - \varepsilon$ auf der Geraden $y = \delta$ und $R_{\varepsilon,\delta}$ das Rechteck $\{x, y;\ -a + \varepsilon < x < a - \varepsilon,\ 0 < y < \delta\}$. Für ein vorgegebenes ε, $0 < \varepsilon < a$, läßt sich die positive

Zahl δ_0 so klein wählen, daß für alle Punkte (x, y) aus R_{ε,δ_0} die Ungleichung $12 d(x, y) \leqq d'(x, y)$ zutrifft. In R_{ε,δ_0} gilt dann auch $d'(x, y) \geqq c$, wo c eine von ε und δ_0 abhängige positive Zahl bedeutet.

Nach § 601 gilt daher für alle δ, $0 < \delta \leqq \delta_0$

$$\int\limits_{\beta_{\varepsilon,\delta}} dz^* = \int\limits_{-a+\varepsilon}^{a-\varepsilon} z_x^*(x, \delta)\, dx = -\int\limits_{-a+\varepsilon}^{a-\varepsilon} \frac{q(x, \delta)}{W(x, \delta)}\, dx \geqq \int\limits_{-a+\varepsilon}^{a-\varepsilon} \left(1 - 3\frac{d^2(x, \delta)}{d'^2(x, \delta)}\right) dx$$

$$\geqq \int\limits_{-a+\varepsilon}^{a-\varepsilon} \left(1 - 3\frac{\delta^2}{c^2}\right) dx = 2(a - \varepsilon)\left(1 - 3\frac{\delta^2}{c^2}\right).$$

Indem wir die Lipschitzstetigkeit von $z^*(x, y)$ beachten, erhalten wir im Grenzübergang $\delta \to 0$ die Beziehung $\int\limits_{\beta_{\varepsilon,0}} dz^* \geqq 2(a - \varepsilon)$. Da nach §§ 121, 625 ja $\left|\int\limits_{\beta} dz^*\right| \leqq |\beta|$ gilt, folgt die behauptete Ungleichung, wenn wir nunmehr ε nach Null gehen lassen.

§ 627. Nach § 601 ist auch die folgende etwas allgemeinere Aussage möglich (H. Jenkins and J. Serrin [2], p. 328):

Es sei β ein orientierter Teilbogen der Länge $|\beta|$ des im Gegenuhrzeigersinne orientierten Randes ∂P. Die Funktionen $z_n(x, y) \in C^2(P) \cap C^0(P \cup \beta)$, $(n = 1, 2, \ldots)$, seien Lösungen der Minimalflächengleichung in P. In jeder kompakten Teilmenge von P sei die Folge $\{z_n(x, y)\}$ gleichmäßig beschränkt, und auf jeder kompakten Teilmenge von β divergiere sie gleichmäßig nach Unendlich. Dann gilt $\lim\limits_{n\to\infty} \int\limits_{\beta} dz_n^* = |\beta|$. Wenn die Folge dagegen in jeder kompakten Teilmenge von P gleichmäßig nach Unendlich divergiert und auf jeder kompakten Teilmenge von β gleichmäßig beschränkt bleibt, so ist $\lim\limits_{n\to\infty} \int\limits_{\beta} dz_n^* = -|\beta|$.

Nach § 599 muß der Teilbogen β übrigens geradlinig sein.

§ 628. Auch der folgende Satz läßt sich ganz analog beweisen:

Es sei β ein orientierter offener Teilbogen des im Gegenuhrzeigersinne orientierten Randes ∂P. Es gebe eine aufsteigende Folge aus je endlich vielen Teilbögen von β bestehender kompakter Teilmengen β_n, $(n = 1, 2, \ldots)$, von β, deren Gesamtlänge gegen die Länge $|\beta|$ des Bogens β konvergiert. Die Funktionen $z_n(x, y) \in C^2(P) \cap C^0(P \cup \beta_n)$ seien Lösungen der Minimalflächengleichung in P. In jeder Teilmenge β_n sei die Funktionenfolge $z_n(x, y), z_{n+1}(x, y), \ldots$ gleichmäßig beschränkt. Wenn die Funktionenfolge $\{z_n(x, y)\}$ in jeder kompakten Teilmenge von P gleichmäßig nach Unendlich divergiert, so gilt $\lim\limits_{n\to\infty} \int\limits_{\beta} dz_n^* = -|\beta|$.

6. Kompaktheitssätze

§ **629.** *Die Lösungen $z_n(x, y) \in C^2(P)$, $(n = 1, 2, \ldots)$, der Minimalflächengleichung im Gebiet P mögen dort gleichmäßig beschränkt sein. Dann existiert eine Teilfolge $\{z_{n_i}(x, y)\}$, deren Funktionen mitsamt ihren ersten und zweiten Ableitungen gegen eine Lösung $z(x, y) \in C^2(P)$ der Minimalflächengleichung in P konvergieren. Die Konvergenz ist dabei in jeder kompakten Teilmenge von P gleichmäßig.*

Auf Grund der A-priori-Abschätzungen sind die Funktionen $z_n(x, y)$ ja mitsamt ihren ersten und zweiten Ableitungen in jeder kompakten Teilmenge von P gleichmäßig beschränkt und gleichgradig stetig. Allgemeiner gilt der Satz:

Die Lösungen $z_n(x, y) \in C^2(P)$, $(n = 1, 2, \ldots)$, der Minimalflächengleichung mögen in jeder kompakten Teilmenge des Gebietes P gleichmäßig beschränkt sein. Dann existiert eine Teilfolge $\{z_{n_i}(x, y)\}$, deren Funktionen mitsamt ihren ersten und zweiten Ableitungen gegen eine Lösung $z(x, y) \in C^2(P)$ der Minimalflächengleichung in P konvergieren. Die Konvergenz ist in jeder kompakten Teilmenge von P gleichmäßig.

§ **630.** *Die Lösungen $z_n(x, y) \in C^2(P)$, $(n = 1, 2, \ldots)$, der Minimalflächengleichung mögen im Gebiet P gegen eine dort stetige Funktion $z(x, y)$ konvergieren, und die Konvergenz sei dabei in jeder kompakten Teilmenge von P gleichmäßig. Dann ist $z(x, y)$ selbst zweimal stetig differenzierbar und Lösung der Minimalflächengleichung in P, und die ersten und zweiten Ableitungen der $z_n(x, y)$ konvergieren in P gegen die entsprechenden Ableitungen von $z(x, y)$, wobei die Konvergenz wiederum in jeder kompakten Teilmenge von P gleichmäßig ist.*

Jede mitsamt ihren ersten und zweiten Ableitungen konvergente Teilfolge wie in § 629 muß diesmal gegen dieselbe Funktion und ihre Ableitungen konvergieren.

§ **631.** *Vorgelegt sei eine monoton aufsteigende Folge $z_n(x, y) \in C^2(P)$, $(n = 1, 2, \ldots)$, von Lösungen der Minimalflächengleichung in einem Gebiet P. Zu jedem Punkte (x, y) in P gebe es eine Konstante $M = M(x, y)$ derart, daß $z_n(x, y) \leqq M$ gilt für alle n. Dann konvergieren die Funktionen $z_n(x, y)$ mitsamt ihren ersten und zweiten Ableitungen gegen eine Lösung $z(x, y) \in C^2(P)$ der Minimalflächengleichung in P, und die Konvergenz ist in jeder kompakten Teilmenge von P gleichmäßig.*

Beweis: Q sei eine beliebige kompakte Teilmenge von P. Wir wählen zwei Gebiete P_1, P_2 derart, daß $Q \subset P_1$, $\bar{P}_1 \subset P_2$, $\bar{P}_2 \subset P$. Aus der auf die Lösungen $z_n(x, y) - \min\limits_{\bar{P}_2} z_1(x, y)$ angewendeten Harnackschen Ungleichung folgt mit Hilfe des Heine-Borelschen Satzes, daß die Funktionen $z_n(x,y)$ in $\bar{P}_1$ gleichmäßig beschränkt sein müssen. Daraus ergibt sich nun nach § 614 die gleichmäßige Beschränktheit der ersten Ableitungen dieser Funktionen in jeder kompakten Teilmenge von P_1. Die Grenzfunktion $z(x,y)$ der $z_n(x,y)$ muß somit in Q stetig sein. Auf Grund des Dinischen Satzes folgt daraus die gleichmäßige Konvergenz der Folge $\{z_n(x,y)\}$ in Q. Der behauptete Satz ergibt sich nun nach § 630.

§ 632. *In einem beschränkten konvexen Gebiet P sei eine monoton aufsteigende Folge von Lösungen $z_n(x,y) \in C^2(P)$, $(n = 1, 2, \ldots)$, der Minimalflächengleichung gegeben. Es sei V die Teilmenge derjenigen Punkte (x,y) von P, in welchen alle $z_n(x,y)$ beschränkt sind, für die es also eine von n unabhängige Konstante $M(x,y) < \infty$ derart gibt, daß $z_n(x,y) \leqq M(x,y)$ ist für alle n.*

Die Menge V ist entweder leer, oder sie ist eine offene Menge, und jede ihrer Komponenten ist ein von geradlinigen Sehnen des Randes ∂P ohne gemeinsame Punkte und von Teilbögen von ∂P berandetes konvexes Gebiet.

In V, und zwar gleichmäßig in jeder kompakten Teilmenge von V, konvergieren die Funktionen $z_n(x,y)$ mitsamt ihren ersten und zweiten Ableitungen gegen eine Lösung $z(x,y) \in C^2(V)$ der Minimalflächengleichung. (H. Jenkins and J. Serrin [1], pp. 209–211; siehe auch R. Finn [7], p. 368, und H. Jenkins and J. Serrin [2], pp. 329–330.)

Beweis: Falls die Menge V nicht leer ist, ist sie nach § 617 eine offene Menge. Es sei dann V_0 eine ihrer Komponenten. Wir behaupten, daß V_0 konvex sein muß. Zwei Punkte in V_0 können durch einen in V_0 verlaufenden Polygonzug verbunden werden. Die Konvexität von V_0 folgt nun durch endlich oftmalige Anwendung der folgenden Bemerkung, vermittels derer sich der Polygonzug durch eine Strecke ersetzen läßt: Wenn zwei (abgeschlossene) Seiten $\overline{ab}$ und $\overline{bc}$ eines nichtausgearteten Dreiecks (a,b,c) zu V_0 gehören, so gilt dasselbe von der dritten Seite $\overline{ac}$. Nach § 617 gehören nämlich die geringfügig über a und c hinaus verlängerten Strecken $\overline{a'b}$ und $\overline{bc'}$ auch noch zu V_0, so daß die Behauptung aus § 599 folgt.

Zufolge § 631 konvergieren die Funktionen $z_n(x,y)$ in V_0 mitsamt ihren ersten und zweiten Ableitungen gegen eine Lösung $z(x,y) \in C^2(V_0)$ der Minimalflächengleichung. Bei Annäherung aus V_0 heraus an jeden in P gelegenen Randpunkt von V_0 muß $z(x,y)$ nach Unendlich gehen, da sich im Hinblick auf $z_n(x,y) \leqq z(x,y)$ andernfalls ein Widerspruch zur Harnackschen Ungleichung ergäbe. Als konvexes Gebiet ist V_0 von einer Jordankurve berandet, so daß der in P verlaufende Teil des Randes von V_0 nach § 600 geradlinig sein muß. Dieser Teil des Randes besteht also aus Sehnen von ∂P. Wegen §§ 599, 600 können zwei solche Sehnen keine gemeinsamen Punkte, auch nicht gemeinsame Endpunkte besitzen. Wenn V_0 nicht mit P zusammenfällt, so muß sein Rand also aus Teilbögen von ∂P und aus Sehnen von ∂P bestehen.

Damit ist alles bewiesen.

§ 633. Die Konvergenzmenge V und ihre Komplementärmenge, die Divergenzmenge $\tilde{V} = P \setminus V$, haben ganz spezielle Eigenschaften. Wir wollen den Fall betrachten, daß weder V noch $\tilde{V}$ leere Mengen sind. Es sei dann β eine innere, d. h., eine bis auf ihre Endpunkte a_1 und a_2 in P verlaufende, Sehne des Randes ∂P, welche auf dem Rande der Komponente V_1 von V liege. Um etwas Konkretes vor Augen zu haben, denken wir uns β auf der y-Achse gelegen und mit der Orientierung dieser Achse versehen, so daß die Menge V_1 in die Halbebene $x < 0$ zu liegen kommt. Es ist klar, daß keine andere auf dem Rande von V liegende innere Sehne von ∂P in P mit β gemeinsame Punkte haben kann. Genauer gilt folgendes:

Es gibt eine positive Zahl d derart, daß der in P liegende Teil des Streifens $-d < x < 0$ ganz zu V und der in P liegende Teil des Streifens $0 \leqq x \leqq d$ ganz zu $\tilde{V}$ gehört.

Beweis: Die Aussage hinsichtlich des Streifens $-d < x < 0$ folgt aus § 632. Wenn die Aussage hinsichtlich des Streifens $0 \leqq x \leqq d$ nicht richtig wäre, so müßte es zu jeder Zahl $\varepsilon > 0$ zur Rechten von β (und möglicherweise mit β zusammenfallend) eine innere Sehne β' mit den Endpunkten a_1', a_2' geben, welche zum Rande einer rechts von ihr liegenden Komponente V_2 von V gehört, wobei die Länge einer der beiden Strecken $\overline{a_1 a_1'}$ oder $\overline{a_2 a_2'}$ kleiner als ε ist. Wir betrachten nun das möglicherweise in ein Dreieck oder in die zweimal durchlaufene Strecke β entartete Viereck $a_1 a_2 a_2' a_1'$. Gemäß § 625 ist

$$\int_{\overline{a_1 a_2}} d z_n^* + \int_{\overline{a_2 a_2'}} d z_n^* + \int_{\overline{a_2' a_1'}} d z_n^* + \int_{\overline{a_1' a_1}} d z_n^* = 0$$

und

$$\left| \int_{\overline{a_1' a_1}} d z_n^* \right| \leqq \left| \overline{a_1 a_1'} \right|, \quad \left| \int_{\overline{a_2 a_2'}} d z_n^* \right| \leqq \left| \overline{a_2 a_2'} \right|.$$

Nach § 627 gilt andererseits

$$\lim_{n \to \infty} \int_{\overline{a_1 a_2}} d z_n^* = \left| \overline{a_1 a_2} \right|, \quad \lim_{n \to \infty} \int_{\overline{a_2' a_1'}} d z_n^* = \left| \overline{a_1' a_2'} \right|.$$

Wenn nun etwa $|\overline{a_1 a_1'}| < \varepsilon$ ist, so erhalten wir die Ungleichung $|\overline{a_1 a_2}| +$

$+ |\overline{a'_1 a'_2}| \leqq \varepsilon + |\overline{a_2 a'_2}|$, welche für hinreichend kleines ε offensichtlich nicht richtig sein kann. W. z. b. w.

Wir haben hiermit insbes. folgendes bewiesen:

Die innere Sehne β von ∂P liege auf dem Rande einer Komponente der Menge V. Wenn a ein Endpunkt von β ist, so gibt es einen den Punkt a im Inneren enthaltenden Teilbogen $\widehat{a_1 a_2}$ von ∂P derart, daß der Teilbogen $\widehat{a_1 a}$ zum Rande von V und der Teilbogen $\widehat{a a_2}$ zum Rande von $\tilde{V}$ gehört.

§ 634. Wenn Genaueres über das Randverhalten der Funktionen $z_n(x, y)$ bekannt ist, lassen sich weitergehende Aussagen beweisen.

Die in § 632 *auftretenden Funktionen $z_n(x, y)$ seien im Gebiet P mit Einschluß eines zusammenhängenden offenen Teilbogens $\partial_1 P$ seines Randes stetig. Die innere Sehne β liege auf dem Rande der Konvergenzmenge V. Wenn die Funktionen $z_n(x, y)$ auf jeder kompakten Teilmenge von $\partial_1 P$ entweder gleichmäßig beschränkt bleiben oder gleichmäßig nach Unendlich gehen, so können die Endpunkte von β nicht auf $\partial_1 P$ liegen.* (H. Jenkins and J. Serrin [2], pp. 330–331.)

Beweis: Wenn $\partial_1 P$ nicht geradlinig ist, so folgt die Behauptung unmittelbar aus § 599. Wir nehmen daher an, daß $\partial_1 P$ geradlinig sei und daß ein Endpunkt a von β auf $\partial_1 P$ liege, und betrachten zunächst den Fall, wo die $z_n(x, y)$ auf $\partial_1 P$ nach Unendlich gehen. Es sei b ein weiterer Punkt von β und c ein Punkt von $\partial_1 P$, der so gewählt ist, daß die Strecke $\overline{bc}$ bis auf ihre Endpunkte in V verläuft. Ein solcher Punkt c existiert nach § 633 gewiß. Nach § 625 gilt

$$\int_{\overline{ab}} dz_n^* + \int_{\overline{bc}} dz_n^* + \int_{\overline{ca}} dz_n^* = 0.$$

Zufolge § 627 ist andererseits

$$\lim_{n\to\infty} \int_{\overline{ab}} dz_n^* = \pm |\overline{a\,b}|, \quad \lim_{n\to\infty} \int_{\overline{ca}} dz_n^* = \pm |\overline{c\,a}|,$$

wobei das obere Vorzeichen zu wählen ist, wenn das Dreieck (a, b, c) positiv orientiert ist, und andernfalls das negative Vorzeichen. Wegen $\left|\int_{\overline{bc}} dz_n^*\right| \leqq |\overline{bc}|$ ergibt sich nun ein Widerspruch zur Dreiecksungleichung.

Der Fall, wo die Funktionen $z_n(x, y)$ auf jeder kompakten Teilmenge von $\partial_1 P$ gleichmäßig beschränkt bleiben, läßt sich analog behandeln, wenn man den Punkt c jetzt so wählt, daß die Strecke $\overline{bc}$ bis auf den Endpunkt c in $\tilde{V}$ verläuft.

7. *Das Dirichletsche Problem und seine Verallgemeinerungen*

7.1. Der Haarsche Existenzbeweis

§ 635. Die Funktion $z(x, y) \in C^2(P) \cap C^0(\bar{P})$ sei Lösung der Minimalflächengleichung in einem Jordangebiet P. Ihre Werte über dem Rande ∂P definieren die Randkurve $\Gamma = \{z = z(x, y); (x, y) \in \partial P\}$ der Minimalfläche $S = \{z = z(x, y); (x, y) \in \bar{P}\}$.

Die Kurve Γ wird von der Tangentialebene $z = \bar{z}(x, y) = z_0 + (x - x_0)\, z_x(x_0, y_0) + (y - y_0)\, z_y(x_0, y_0)$ der Minimalfläche S über einem beliebigen inneren Punkte (x_0, y_0) von P in mindestens vier und, falls (x_0, y_0) einen Nabelpunkt von S definiert, in mindestens sechs verschiedenen Punkten geschnitten.

Im Hinblick auf § 437 und auf das Maximumprinzip des § 581 beweist man das genauso wie den Satz des § 373. (Der Fall $z(x, y) \equiv \equiv \bar{z}(x, y)$ ist ja trivial.) Für die Aussage hinsichtlich der Nabelpunkte berücksichtige man noch § 125.

Dieser Satz, der übrigens auch für die Lösungen anderer elliptischer Differentialgleichungen zweiter Ordnung gültig ist, geht bereits auf eine Bemerkung von S. Bernstein ([4], pp. 235–236) aus dem Jahre 1910 zurück.

§ 636. Man sagt, daß die Kurve Γ eine Dreipunktebedingung mit der positiven Konstanten Δ erfülle, wenn die Steilheit $\sqrt{a^2 + b^2}$ jeder Ebene $z = a\,x + b\,y + c$, welche mit Γ mindestens drei verschiedene Punkte gemeinsam hat, nicht größer als Δ ausfällt.

Für das Erfülltsein einer Dreipunktebedingung ist offensichtlich die strenge Konvexität des Grundgebietes P notwendig. Wenn der Rand ∂P unter Benutzung seiner Bogenlänge s in der Form $\{x = \xi(s), y = \eta(s); 0 \leqq s \leqq L\}$ vorgelegt ist, so besitzt die Kurve Γ eine Darstellung $\{x = \xi(s), y = \eta(s), z = \zeta(s); 0 \leqq s \leqq L\}$. J. Schauder ([5], pp. 626 bis 628; siehe auch A. Haar [3], p. 135) hat gezeigt, daß die Kurve Γ gewiß dann einer Dreipunktebedingung genügt, wenn die Funktionen $\xi(s), \eta(s), \zeta(s)$ zweimal stetig differenzierbar sind und wenn die Krümmung $\xi'(s)\,\eta''(s) - \xi''(s)\,\eta'(s)$ des Randes ∂P positiv ist. Einer Lipschitzbedingung mit der Konstanten Δ muß die Funktion $\zeta(s)$ natürlich ganz gewiß genügen.

Aus § 635 ergibt sich dann die Folgerung:

Die Funktion $z(x, y) \in C^2(P) \cap C^0(\bar{P})$ sei eine Lösung der Minimalflächengleichung in dem streng konvexen Grundgebiet P der (x, y)-Ebene. Wenn die Randkurve $\Gamma = \{z = z(x, y); (x, y) \in \partial P\}$ einer Dreipunktebedingung mit der Konstanten Δ genügt, so gilt in jedem inneren Punkte (x, y) von P die Abschätzung $\sqrt{z_x^2(x, y) + z_y^2(x, y)} \leqq \Delta$.

Wie A. Haar bemerkte ([3], pp. 140–141; [5], p. 21), hat dieser Satz interessanterweise eine viel allgemeinere Gültigkeit. T. Radó ([4], pp. 230–243) und später J. v. Neumann [1] bewiesen nämlich die folgende Aussage:

Die Funktion $z(x, y)$ sei in der Abschließung des streng konvexen Gebiets P stetig und Lebesguemonoton (siehe § 454). Wenn die Kurve $\Gamma = \{z = z(x, y);\ (x, y) \in \partial P\}$ eine Dreipunktebedingung mit der Konstanten Δ erfüllt, so genügt die Funktion $z(x, y)$ in $\bar{P}$ einer Lipschitzbedingung mit der Konstanten Δ, d. h., für zwei beliebige Punkte (x_1, y_1) und (x_2, y_2) von P gilt die Abschätzung

$$|z(x_2, y_2) - z(x_1, y_1)| \leqq \Delta \sqrt{(x_2 - x_1)^2 + (y_2 - y_1)^2}.$$

§ 637. Der zweite Satz des vorangehenden Paragraphen, welcher im Grunde topologischer Natur ist, hat vor einigen Jahrzehnten eine bedeutsame Rolle bei der Lösung des Dirichletschen Problems gespielt. In einem Spezialfalle taucht er bereits in einer Bemerkung Hilberts ([I], p. 13) auf; für Polyederflächen wurde er von H. Lebesgue ([2], p. 349) bewiesen, für stetig gekrümmte Flächen benutzte ihn S. Bernstein ([4], pp. 235–236). Er war entscheidend für den von A. Haar [3] entwickelten allgemeinen Existenzbeweis für die Lösungen regulärer Variationsprobleme der Form $\iint F(z_x, z_y)\, dx\, dy = \min$. Bei der Behandlung quasilinearer elliptischer Differentialgleichungen wurde er von J. Schauder [5] herangezogen.

Der Haarsche Existenzbeweis, dessen vereinfachte Darstellung man auch bei T. Radó ([9] und [I], pp. 49–68) findet, besagt folgendes:

Das Gebiet P sei streng konvex, und die Kurve $\Gamma = \{x = \xi(s),\ y = \eta(s),\ z = \zeta(s);\ 0 \leqq s \leqq L\}$ genüge einer Dreipunktebedingung mit der Konstanten Δ. Die über ∂P definierte Funktion ζ, welche die vorgeschriebenen Randwerte der gesuchten Lösung darstellt, ist dann gewiß Lipschitzstetig. *Unter allen Funktionen $z(x, y)$ der Regularitätsklasse $C^{0,1}(\bar{P})$ (siehe § 315), die auf ∂P mit ζ übereinstimmen, existiert eine Funktion, welche dem Integral $\iint\limits_P \sqrt{1 + z_x^2 + z_y^2}\, dx\, dy$ ein Minimum erteilt. Diese Funktion ist eindeutig bestimmt. Sie ist in P analytisch, genügt dort der Minimalflächengleichung und befriedigt in $\bar{P}$ eine Lipschitzbedingung mit der Konstanten Δ.*

§ 638. Die Grundgedanken des Haarschen Existenzbeweises lassen sich kurz skizzieren. Für beliebiges $L \geqq \Delta$ sei $\mathfrak{A}_L$ die Gesamtheit der in $\bar{P}$ stetigen Funktionen, welche dort einer Lipschitzbedingung mit der Konstanten L genügen und welche die vorgeschriebenen Randwerte annehmen. Da die von einem festen Punkt von Γ aus zu den anderen

Punkten hin gezogenen Sehnen eine über $\bar{P}$ definierte Kegelfläche der Klasse $\mathfrak{A}_\Delta$ definieren, ist keine der Klassen $\mathfrak{A}_L$ leer.

Da die Funktionen aus $\mathfrak{A}_L$ gemäß §§ 194, 197 zu $\mathfrak{M}^\infty$ gehören, ist das Integral $I[z] = \iint\limits_P \sqrt{1 + p^2 + q^2}\, dx\, dy$ sinnvoll – wir haben dabei wie immer $p = z_x$, $q = z_y$ gesetzt –, und nach § 227 gilt für den Inhalt der Fläche $S = \{z = z(x,y);\ (x,y) \in \bar{P}\}$ die Beziehung $I(S) = I[z]$.

Wenn $d_L = \inf\limits_{z \in \mathfrak{A}_L} I[z]$ gesetzt wird, so gibt es eine Folge $\{z_n(x,y)\}$ von Funktionen in $\mathfrak{A}_L$ derart, daß die Werte $I[z_n]$ gegen d_L konvergieren. Diese Funktionenfolge ist gleichmäßig beschränkt und gleichgradig stetig. Es existiert also eine gleichmäßig in $\bar{P}$ gegen eine ebenfalls in $\mathfrak{A}_L$ liegende Grenzfunktion $z_L(x,y)$ konvergierende Teilfolge. Wegen der Unterhalbstetigkeit des Flächeninhaltes ist $I[z_L] = d_L$.

Diese Grenzfunktion muß nun Lebesguemonoton sein. Im Hinblick auf § 454 könnte man andernfalls nämlich durch „Abschneiden" wie in § 463 eine zu $\mathfrak{A}_L$ gehörende Fläche kleineren Inhaltes gewinnen; und das ist nicht möglich. Aus dem zweiten Satze des § 636 folgt nunmehr, daß die Funktion $z_L(x,y)$ in Wirklichkeit zu $\mathfrak{A}_\Delta$ gehört. Wegen der Monotonieeigenschaft der unteren Grenzen d_L gilt also $d_L = d_\Delta$ für alle $L \geqq \Delta$.

Es seien $z_1(x,y) = z_{L_1}(x,y)$ und $z_2(x,y) = z_{L_2}(x,y)$ zwei zu den Werten L_1 bzw. $L_2 \geqq L_1$ gehörende Extremalfunktionen. Die Funktion $z(x,y;t) = t\,z_1(x,y) + (1-t)\,z_2(x,y)$ liegt dann in $\mathfrak{A}_{L_2}$ (genauer in $\mathfrak{A}_{tL_1+(1-t)L_2}$). Mit Hilfe der Entwicklungen des § 98 erkennt man, daß die Funktion $F(t) = I[z(x,y;t)]$ im Intervalle $0 \leqq t \leqq 1$ stetig differenzierbar ist, wobei mit den Abkürzungen $p(t) = z_x(x,y;t)$, $q(t) = z_y(x,y;t)$, $W(t) = \sqrt{1 + p^2(t) + q^2(t)}$

$$F'(t) = \iint\limits_P \left[\frac{p(t)}{W(t)}(p_1 - p_2) + \frac{q(t)}{W(t)}(q_1 - q_2)\right] dx\, dy$$

gilt, und daß $F'(t_2) \geqq F'(t_1)$ ist für $t_2 > t_1$. Das Gleichheitszeichen kann dabei nur im Falle $z_1(x,y) \equiv z_2(x,y)$ zutreffen.

Da $z(x,y;t)$ zu $\mathfrak{A}_{L_2}$ gehört, muß natürlich $F'(0) \geqq 0$ gelten. Wegen $F(0) = F(1) = d_\Delta$ schließt man dann aber weiter, daß die Funktionen $z_1(x,y)$ und $z_2(x,y)$ sogar übereinstimmen müssen. Mit $z(x,y)$ werde die allen Klassen $\mathfrak{A}_L$ gemeinsame und in allen diesen Klassen eindeutige Extremalfunktion bezeichnet.

Es sei nun $\bar{z}(x,y) \in C^{0,1}(\bar{P})$ eine beliebige Funktion mit den vorgeschriebenen Randwerten. Für ein geeignetes L liegt $\bar{z}$ in $\mathfrak{A}_L$. Es gilt daher $I[\bar{z}] \geqq I[z_L] = I[z]$. Das Gleichheitszeichen kann dabei nur im Falle der Identität $\bar{z}(x,y) \equiv z(x,y)$ zutreffen.

Damit ist der erste Teil des Haarschen Satzes bewiesen. Es sei hier noch bemerkt, daß die Methode, die Lösung eines Variationsproblems als Grenzwert einer Funktionenfolge herauszustellen, deren einzelne Glieder selbst Extremalfunktionen eines zugehörigen Variationsproblems unter Beschränkung ihrer Ableitungen oder ihrer Lipschitzkonstanten sind, in der Literatur in den verschiedensten Versionen benutzt worden ist; man sehe etwa H. Lewy [1], P. Hartman and G. Stampacchia [1], J. C. C. Nitsche [29].

§ 639. Wenn $\varphi(x, y)$ eine beliebige Funktion des Raumes $C_0^\infty(P)$ ist, so gehört die Funktion $\bar{z}(x, y) = z(x, y) + \varepsilon\,\varphi(x, y)$ zu $C^{0,1}(\bar{P})$ und besitzt dieselben Randwerte wie $z(x, y)$. Wegen $I[\bar{z}] \geqq I[z]$ folgt dann

$$\frac{\partial}{\partial\varepsilon} I[\bar{z}]\Big|_{\varepsilon=0} = \iint\limits_P \frac{z_x\,\varphi_x + z_y\,\varphi_y}{\sqrt{1 + z_x^2 + z_y^2}}\,dx\,dy.$$

Die Lösung $z(x, y)$ des Variationsproblems ist also eine schwache Lösung der Minimalflächengleichung im Sinne des § 603. Nach §§ 605, 606 ist $z(x, y)$ daher in P analytisch und dort eine Lösung der Minimalflächengleichung.

Es wäre natürlich ein Zirkelschluß, wenn man hier die Aussage des § 605 auf ihren die Lösbarkeit des Dirichletschen Problems benutzenden Beweis stützen wollte. Da unsere Lösung Lipschitzstetig ist, können wir uns vielmehr auf die in § 606 gemachten Bemerkungen berufen.

Für den vorliegenden Fall hat aber schon A. Haar eine viel direktere Methode für den Regularitätsbeweis ersonnen. Sie beruht darauf, daß die Lösung $z(x, y)$ noch zwei weitere Beziehungen erfüllt, welche man z. B. wie T. Radó [3] durch Variation der unabhängigen Veränderlichen gewinnen kann.

Es sei $\varphi(x, y)$ eine beliebige Funktion des Raumes $C_0^\infty(P)$. Durch die Funktionen $x = u + \varepsilon\,\varphi(u, v)$, $y = v$ wird für jedes hinreichend kleine ε, und zwar für $|\varepsilon| < (\max|\varphi_u(u, v)|)^{-1}$, eine umkehrbar eindeutige Abbildung des Bereiches $\bar{P}$ auf sich selbst definiert. Ihre Umkehrung sei durch $u = u(x, y; \varepsilon)$, $v = v(x, y; \varepsilon)$ gegeben. In $\{x = u + \varepsilon\,\varphi(u, v), y = v, z = z(u, v); (u, v) \in \bar{P}\}$ liegt dann eine Schar von zulässigen Flächen vor, die sich auch in nichtparametrischer Form $\{z = z(u(x, y; \varepsilon), v(x, y; \varepsilon)) \equiv \bar{z}(x, y; \varepsilon); (x, y) \in \bar{P}\}$ darstellen lassen. Man findet die Beziehungen

$$\bar{z}_x = \frac{z_u}{1 + \varepsilon\,\varphi_u}, \qquad \bar{z}_y = z_v - \frac{\varepsilon\,\varphi_v\,z_u}{1 + \varepsilon\,\varphi_u}.$$

Die Funktionen $\bar{z}(x, y; \varepsilon)$ sind Lipschitzstetig und besitzen dieselben

Randwerte wie $z(x, y)$. Somit hat der von ε abhängige Integralwert

$$I[\bar{z}(x, y; \varepsilon)] = \iint_P \sqrt{1 + \bar{z}_x^2 + \bar{z}_y^2}\, dx\, dy$$

$$= \iint_P \sqrt{1 + \left(\frac{z_u}{1 + \varepsilon \varphi_u}\right)^2 + \left(z_v - \frac{\varepsilon \varphi_v z_u}{1 + \varepsilon \varphi_u}\right)^2} (1 + \varepsilon \varphi_u)\, du\, dv$$

für $\varepsilon = 0$ das lokale Minimum $I[z]$. Daraus folgt das Verschwinden der Ableitung $\frac{\partial}{\partial \varepsilon} I[\bar{z}(x, y; \varepsilon)]$ für $\varepsilon = 0$. Indem wir von den Veränderlichen (u, v) zu (x, y) zurückwechseln, erhalten wir

$$\iint_P \frac{(1 + z_y^2)\varphi_x - z_x z_y \varphi_y}{\sqrt{1 + z_x^2 + z_y^2}}\, dx\, dy = 0.$$

In ähnlicher Weise ergibt sich die Beziehung

$$\iint_P \frac{z_x z_y \varphi_x - (1 + z_x^2)\varphi_y}{\sqrt{1 + z_x^2 + z_y^2}}\, dx\, dy = 0.$$

§ 640. Wenn wir mit $(u(x, y), v(x, y))$ kurz eines der meßbaren und beschränkten Funktionenpaare $\left(\frac{p}{W}, \frac{q}{W}\right), \left(\frac{1 + q^2}{W}, -\frac{pq}{W}\right), \left(\frac{pq}{W}, -\frac{1 + p^2}{W}\right)$ bezeichnen, so nehmen die drei Integralbeziehungen des vorangehenden Paragraphen alle die Form

$$\iint_P (u \varphi_x + v \varphi_y)\, dx\, dy = 0 \quad \text{für alle } \varphi(x, y) \in C_0^\infty(P)$$

an. In dieser Situation gilt nun das wichtige Haarsche Lemma, welches man als eine Verallgemeinerung des Du Bois-Reymondschen Lemmas der Variationsrechnung auffassen kann (A. Haar [1], [3], pp. 146–155, [5], pp. 3–5; L. Lichtenstein [9]; J. Schauder [2]; T. Radó [I], pp. 53 bis 58; C. B. Morrey [I], pp. 66–74):

Es existiert eine Funktion $\lambda(x, y) \in C^{0,1}(P)$ derart, daß fast überall in P die Beziehungen $u = \lambda_y$, $v = -\lambda_x$ zutreffen.

Der Einfachheit halber beschränken wir uns beim Beweis auf den Fall, wo die Funktionen $u(x, y)$ und $v(x, y)$ in P stetig sind. Die Funktion $\lambda(x, y)$ wird sich dann als stetig differenzierbar erweisen.

Wir werden zeigen, daß $\oint_{\mathscr{C}} (u\, dy - v\, dx) = 0$ ist längs jeder in P verlaufenden geschlossenen rektifizierbaren Kurve $\mathscr{C}$. Da

$$\oint_{\mathscr{C}} (u\, dy - v\, dx) = \lim_{n \to \infty} \oint_{\mathscr{C}_n} (u\, dy - v\, dx),$$

wo $\mathscr{C}_n$ gewisse in P verlaufende geschlossene Polygonzüge mit achsenparallelen Seiten bedeuten, und da

$$\oint_{\mathscr{C}_n} (u\,dy - v\,dx) = \sum_{m=1}^{M} \oint_{\partial R_{n,m}} (u\,dy - v\,dx)$$

ist, wo $R_{n,m}$ gewisse Rechtecke sind, genügt es, die Behauptung für ein in P gelegenes Rechteck $R = \{x, y;\, x_1 \leqq x \leqq x_2,\, y_1 \leqq y \leqq y_2\}$ zu beweisen. Die Testfunktionen $\varphi(x, y)$ werden in der speziellen Form $\varphi(x, y) = a(x)\, b(y)$ angesetzt. $a(x)$ und $b(x)$ sind dabei beliebige Funktionen aus $C_0^\infty(x_1, x_2)$ bzw. $C_0^\infty(y_1, y_2)$.

Nach Voraussetzung gilt

$$\int_{x_1}^{x_2}\int_{y_1}^{y_2} [u\,a'\,b + v\,a\,b']\,dx\,dy = 0.$$

Partielle Integration ergibt

$$\int_{y_1}^{y_2} u\,a'\,b\,dy = -\int_{y_1}^{y_2}\left[a'(x)\,b'(y)\int_{y_1}^{y} u(x,\eta)\,d\eta\right]dy.$$

Daher wird

$$\int_{y_1}^{y_2}\left\{\int_{x_1}^{x_1}\left[a(x)\,v(x,y) - a'(x)\int_{y_1}^{y} u(x,\eta)\,d\eta\right]dx\right\} b'(y)\,dy = 0.$$

Nach dem Fundamentallemma der Variationsrechnung folgt daraus, daß der Wert des Integrals

$$\int_{x_1}^{x_2}\left[a(x)\,v(x,y) - a'(x)\int_{y_1}^{y} u(x,\eta)\,d\eta\right]dx,$$

welches durch partielle Integration zu

$$-\int_{x_1}^{x_2}\left[\int_{x_1}^{x} v(\xi,y)\,d\xi + \int_{y_1}^{y} u(x,\eta)\,d\eta\right] a'(x)\,dx$$

umgeformt werden kann, nicht von y abhängt. Somit wird

$$\int_{x_1}^{x_2}\left[\int_{x_1}^{x} (v(\xi,y_2) - v(\xi,y_1))\,d\xi + \int_{y_1}^{y_2} u(x,\eta)\,d\eta\right] a'(x)\,dx = 0$$

für alle $a(x) \in C_0^\infty(x_1, x_2)$. Erneute Anwendung des Fundamentallemmas der Variationsrechnung führt zu

$$\int_{x_1}^{x} [v(\xi,y_2) - v(\xi,y_1)]\,d\xi + \int_{y_1}^{y_2} u(x,\eta)\,d\eta = \text{const}$$

und somit, wie behauptet, zu

$$\int_{x_1}^{x_2} [v(\xi,y_2) - v(\xi,y_1)]\,d\xi + \int_{y_1}^{y_2} [u(x_2,\eta) - u(x_1,\eta)]\,d\eta \equiv$$

$$\equiv \int_{\partial R} u\,dy - v\,dx = 0.$$

§ 641. Nach dem Vorangehenden existieren drei Funktionen $\lambda^{(J)}(x, y) \in C^{0,1}(P)$ derart, daß fast überall in P die Beziehungen

$$\lambda_x^{(1)} = \frac{1+p^2}{W}, \quad \lambda_y^{(1)} = \frac{p\,q}{W}; \quad \lambda_x^{(2)} = \frac{p\,q}{W}, \quad \lambda_y^{(2)} = \frac{1+q^2}{W};$$

$$\lambda_x^{(3)} = -\frac{q}{W}, \quad \lambda_y^{(3)} = \frac{p}{W}$$

zutreffen.

Der Analytizitätsbeweis läßt sich direkt auf die Ausführungen der §§ 120, 122, 124, 131 zurückführen, wenn diese Funktionen in P stetig differenzierbar sind. Wir führen dann wieder die Funktionen $\xi = \xi(x, y) = x + \lambda^{(1)}(x, y)$ und $\eta = \eta(x, y) = y + \lambda^{(2)}(x, y)$ ein und verifizieren direkt, daß die Funktionen $x + i\,\lambda^{(2)}(x, y)$, $y - i\,\lambda^{(1)}(x, y)$, $z + i\,\lambda^{(3)}(x, y)$ analytische Funktionen der komplexen Veränderlichen $\xi + i\,\eta$ sind. Wir gelangen dann zu dem von T. Radó [1], [3] stammenden speziellen Satz:

Wenn die Funktion $z(x, y) \in C^0(\bar{P}) \cap C^1(P)$ dem Integral $I[z]$ unter allen Funktionen mit denselben Regularitätseigenschaften und denselben Randwerten ein Minimum erteilt, so ist sie in P reell-analytisch.

Die Behandlung des hier vorliegenden Falles einer Lipschitzstetigen Extremalfunktion verläuft ganz analog, ist nur langwieriger; man sehe A. Haar [3], pp. 155–158.

7.2. Die Perronsche Methode und ihre Anwendungen

§ 642. Die Haarsche Methode liefert eine Lösung des Dirichletschen Problems für den Fall eines streng konvexen Grundgebietes unter der Annahme, daß die Randkurve Γ eine Dreipunktebedingung erfüllt. Das Dirichletsche Problem für die Minimalflächengleichung ist natürlich schon in §§ 285, 399–417 eingehend erörtert worden. Insbes. haben wir bereits in § 399 seine eindeutige Lösbarkeit für konvexe Gebiete bei stetigen Randwerten bewiesen. Von den verschiedenen Möglichkeiten des Existenzbeweises für allgemeinere Gebiete erweist sich ein von O. Perron zur Behandlung des Randwertproblems der Potentialgleichung im Jahre 1923 erfundenes Verfahren als besonders geeignet; siehe O. Perron [1], auch R. Courant and D. Hilbert [I], pp. 306–312 des 2. Bandes, und J. C. C. Nitsche [18], pp. 201, 255–256; H. Jenkins and J. Serrin [2], pp. 339–340.

Seine Anwendbarkeit auf unsere nicht-lineare Differentialgleichung $\mathscr{L}[z] = 0$ setzt zunächst voraus, daß, wie es hier der Fall ist, die Lösbarkeit des Dirichletschen Problems für einen Kreis bei stetigen Randwerten bekannt ist, und es bedient sich sowohl der Verallgemeinerung der Begriffe konvexer und konkaver Funktionen einer Veränderlichen auf höhere Dimensionen als auch der Begriffe subharmonischer und superharmonischer Funktionen auf „subminimale" und „superminimale" Funktionen. In der Tat besitzt die Perronsche Methode ein, allerdings nahezu triviales, Analogon im eindimensionalen Falle, in welchem sich die Minimalflächengleichung auf die Differentialgleichung $y''(x) = 0$ reduziert: Die den Randbedingungen $y(x_1) = y_1$, $y(x_2) = y_2$ genügende Lösung dieser Differentialgleichung im Intervall $x_1 < x < x_2$, d. h. das die Punkte (x_1, y_1) und (x_2, y_2) verbindende geradlinige Segment, kann man ja als die obere Grenze aller im Intervall $x_1 < x < x_2$ definierten und die Ungleichungen $v(x_1) \leqq y_1$, $v(x_2) \leqq y_2$ befriedigenden konvexen Funktionen $v(x)$, oder auch als die untere Grenze aller im Intervalle $x_1 < x < x_2$ definierten und die Ungleichungen $w(x_1) \geqq y_1$, $w(x_2) \geqq y_2$ befriedigenden konkaven Funktionen $w(x)$ kennzeichnen.

In den folgenden Paragraphen soll die Perronsche Methode entwickelt und auf einige konkrete Fälle angewendet werden.

§ 643. Es seien $u(x, y)$ eine in einem Gebiet P erklärte stetige Funktion und K eine mit ihrer Abschließung $\bar{K}$ in P enthaltene offene Kreisscheibe. Wir bezeichnen mit $\mathcal{M}_K[u]$ die eindeutig bestimmte in P stetige Funktion, welche außerhalb K mit u und innerhalb K mit der zweimal stetig differenzierbaren Lösung der Minimalflächengleichung, die auf ∂K die gleichen Werte wie u hat, übereinstimmt.

Die Funktion $u(x, y) \in C^0(P)$ heißt in P subminimal (bzw. superminimal), wenn sie für jede Kreisscheibe K wie oben der Ungleichung $u \leqq \mathcal{M}_K[u]$ (bzw. $u \geqq \mathcal{M}_K[u]$) genügt.

Eine Funktion $u(x, y) \in C^2(P)$ ist genau dann subminimal (bzw. superminimal), wenn sie in P der Ungleichung $\mathcal{L}[z] \geqq 0$ (bzw. $\mathcal{L}[z] \leqq 0$) genügt. Das folgt aus dem Maximumprinzip des § 581. Unter Berufung auf dieses Maximumprinzip überzeugt man sich ohne Mühe von der Richtigkeit der folgenden Aussagen für subminimale Funktionen. (Superminimale Funktionen haben ganz entsprechende Eigenschaften.)

1) Wenn u in P subminimal ist, dann ist $-u$ in P superminimal.

2) Eine nicht-konstante, in P subminimale Funktion kann in P kein Maximum annehmen.

3) Mit $u_1, u_2, \ldots, u_m$ ist auch $u = \max(u_1, u_2, \ldots, u_m)$ in P subminimal.

4) Es sei K_0 eine mit ihrer Abschließung in P enthaltene Kreisscheibe. Mit u ist dann auch $\mathcal{M}_{K_0}[u]$ in P subminimal.

§ 644. Wir wenden uns nun dem Dirichletschen Problem der Bestimmung einer Lösung der Minimalflächengleichung in einem Jordangebiet P mit vorgegebenen stetigen Randwerten φ zu. Die Größe

$2h = \max_{\partial P} \varphi - \min_{\partial P} \varphi$ bezeichne die Schwankung $\operatorname{osc}[\varphi; \partial P]$ von φ auf dem Rande von P. Da die Lösungsverhältnisse durch Verschieben sowohl der Randwerte als auch der erwarteten Lösung um denselben konstanten Betrag in z-Richtung nicht beeinflußt werden, wollen wir es so einrichten, daß $\max_{\partial P} \varphi = -\min_{\partial P} \varphi = h \geqq 0$ gilt.

Eine in $\bar{P}$ stetige und in P subminimale Funktion $v(x, y)$, für welche in allen Punkten von ∂P die Ungleichung $v \leqq \varphi$ zutrifft, heißt eine *Unterfunktion* unseres Problems. Entsprechend wird eine in $\bar{P}$ stetige und in P superminimale Funktion $w(x, y)$, für welche $w \geqq \varphi$ gilt auf ∂P, eine *Oberfunktion* genannt.

Die Menge $\mathfrak{U}$ der Unterfunktionen ist nicht leer; sie enthält ja gewiß die Funktion $v = -h$. Die Menge $\mathfrak{O}$ der Oberfunktionen enthält gewiß die Funktion $w = h$. Die in § 643 für subminimale Funktionen formulierten Aussagen 2), 3), 4) treffen natürlich auch für Unterfunktionen zu, und Oberfunktionen haben entsprechende Eigenschaften. Zufolge des Maximumprinzips ist es weiterhin klar, daß zwischen jeder beliebigen Unterfunktion $v(x, y)$ und jeder beliebigen Oberfunktion $w(x, y)$ überall in $\bar{P}$ die Beziehung $v \leqq w$ statthat. Insbes. sind alle Unterfunktionen durch die Zahl h nach oben und alle Oberfunktionen durch die Zahl $-h$ nach unten beschränkt.

Die Lösung $z(x, y)$ des Dirichletschen Problems, welche ja, falls sie existiert, die Doppelrolle einer Unter- und einer Oberfunktion spielt, müßte zwischen allen Unterfunktionen und allen Oberfunktionen liegen, d.h. den Ungleichungen $v \leqq z \leqq w$ genügen. Speziell müßte $z(x, y)$ größer oder gleich der oberen Grenze der Werte aller Unterfunktionen im Punkte (x, y) sein. Die Perronsche Methode besteht nun gerade darin, eine Funktion $z(x, y)$ als obere Grenze der Werte $v(x, y)$ aller Unterfunktionen zu definieren und zu beweisen, daß die so bestimmte Funktion, welche auf Grund der gleichmäßigen Beschränktheit aller Unterfunktionen gewiß existiert, eine in P zweimal stetig differenzierbare Lösung der Minimalflächengleichung ist und, jedenfalls in gewissen Fällen, das gewünschte Randverhalten besitzt.

§ 645. Wir beweisen zunächst:

Die in $\bar{P}$ definierte Funktion $z(x, y) = \sup_{v \in \mathfrak{U}} v(x, y)$ ist eine in P zweimal stetig differenzierbare Lösung der Minimalflächengleichung.

Beweis: Es genügt, die Behauptung im Innern einer beliebigen mit ihrer Abschließung zu P gehörigen Kreisscheibe K nachzuweisen. Wir wählen eine weitere Kreisscheibe K' so, daß $\bar{K} \subset K'$ und $\overline{K'} \subset P$ gilt. $d > 0$ sei der Abstand zwischen $\partial K'$ und $\bar{K}$. Einfachheitshalber werden wir im folgenden Punkte (x, y) durch Buchstaben $p, q, \ldots$ kennzeichnen und für $z(x, y)$ abkürzend $z(p), \ldots$ schreiben. $|p - q|$ bedeute den Abstand der Punkte p und q.

Nunmehr sei eine Zahl $\varepsilon > 0$ vorgegeben. Zu jedem Punkt p_0 von $\overline{K'}$ gibt es dann eine Unterfunktion $v = v(p; p_0)$, für welche $z(p_0) - \varepsilon \leqq v(p_0; p_0) \leqq z(p_0)$ in p_0 gilt. Auf Grund der Bedeutung der Funktion $z(p)$ als obere Grenze gelten dieselben Ungleichungen erst recht für die Unterfunktionen $v_1(p; p_0) = \max(-h, v(p; p_0)) \geqq v(p; p_0)$ und $v_2(p; p_0) = \mathscr{M}_{K'}[v_1] \geqq v_1(p; p_0)$. v_2 ist in K' eine zweimal stetig differenzierbare Lösung der Minimalflächengleichung; ihr Betrag ist nicht größer als h. Gemäß § 615 gibt es daher eine von ε, h und d, aber nicht vom Punkte $p_0 \in \overline{K}$, abhängige positive Zahl $\delta < d/2$, so daß $|v_2(q; p_0) - v_2(p; p_0)| < \varepsilon$ ist für alle Punkte $p, q \in \overline{K}$ mit $|p - q| < \delta$. Somit wird nun $z(q) \geqq v_2(q; p) \geqq v_2(p, p) - \varepsilon \geqq z(p) - 2\varepsilon$ und $z(p) \geqq v_2(p; q) \geqq v_2(q; q) - \varepsilon \geqq z(q) - 2\varepsilon$ und deshalb $|z(p) - z(q)| \leqq 2\varepsilon$. Die Funktion $z(p)$ ist also in $\overline{K}$ stetig.

Im Durchschnitt von $\overline{K}$ mit der offenen Kreisscheibe vom Radius δ um jeden Punkt $p_0 \in \overline{K}$ gilt weiterhin dann auch $z(p) - 4\varepsilon \leqq v_2(p; p_0) \leqq z(p)$. Wir wählen endlich viele Punkte $p_0^1, p_0^2, \ldots, p_0^m$ mit der Eigenschaft, daß die zugehörigen Kreisscheiben $|p - p_0^j| < \delta$ ganz $\overline{K}$ überdecken, und setzen $v_3(p) = \max(v_2(p; p_0^1), \ldots, v_2(p; p_0^m))$ und $v_4(p) = \mathscr{M}_{K'}[v_3]$. Die Ungleichungen $z(p) - 4\varepsilon \leqq v_4(p) \leqq z(p)$ gelten dann für alle Punkte $p \in \overline{K}$. Wenn wir bedenken, daß ε beliebig war, sehen wir, daß die Funktion $z(p)$ in $\overline{K}$ gleichmäßig durch zweimal stetig differenzierbare Lösungen der Minimalflächengleichung approximiert werden kann. Zufolge § 630 ist $z(p)$ daher selbst eine in K zweimal stetig differenzierbare Lösung der Minimalflächengleichung. W. z. b. w.

§ 646. Beim Randwertproblem der Potentialgleichung untersucht man das Randverhalten der soeben bestimmten Perronschen Lösung mit Hilfe sog. Perronscher Schranken (engl. barriers). Während aber die Existenz solcher Schranken im Falle der Potentialgleichung lediglich von der lokalen Struktur des Gebietsrandes und überhaupt nicht von den vorgegebenen Randwerten abhängt, ist die Situation für die Minimalflächengleichung, selbst bei einem doch noch recht regulären Gebiet, wie es ein Jordangebiet ist, i. a. verwickelter.

Am einfachsten liegen die Dinge in der Umgebung eines Randpunktes q, in welchem eine „echte Perronsche Schranke" existiert. Darunter verstehen wir folgendes: Zu jedem Zahlenpaar $M \geqq 0$, $\delta > 0$ solle es eine in der offenen Kreisscheibe vom Radius δ um q enthaltene Umgebung Q des Punktes q und eine Funktion $\Phi(x, y) = \Phi(x, y; M, \delta) \in C^2(P \cap Q) \cap C^0(\overline{P \cap Q})$ mit den folgenden Eigenschaften geben:

1) $\mathscr{L}[\Phi] \leqq 0$ in $P \cap Q$, d. h., Φ ist superminimal;

2) $\Phi \geqq 0$ in $\overline{P \cap Q}$, $\Phi \geqq M$ in allen in P gelegenen Randpunkten von Q;

3) $\Phi = 0$ im Punkte q.

Es gilt nämlich der Satz:

Die in $\bar{P}$ definierte Perronsche Lösung z des § 645 ist in jedem Randpunkt q, in welchem eine echte Perronsche Schranke existiert, stetig; und es gilt dort $z(q) = \varphi(q)$.

Beweis: Zu beliebig gegebenem ε wählen wir ein $\delta > 0$ so, daß $|\varphi(p) - \varphi(q)| < \varepsilon$ gilt für $p \in \partial P$, $|p - q| < \delta$. In $\overline{P \cap Q}$ definieren wir die Funktion $w_0(p) = \varphi(q) + \varepsilon + \Phi(x, y; h - \varphi(q), \delta)$. Es sei $\mu \geqq h + \varepsilon$ die untere Grenze der Werte von w_0 auf den in P gelegenen Randpunkten von Q. Die Funktion

$$w(p) = \begin{cases} \min(\mu, w_0(p)) & \text{in } \overline{P \cap Q} \\ \mu & \text{in } \bar{P} \setminus \overline{P \cap Q} \end{cases}$$

ist dann in $\bar{P}$ stetig, und in allen Randpunkten von P gilt $w(p) \geqq \varphi(p)$. Da die Funktion $w(p)$ auch, wie man leicht einsieht, in P superminimal ist, stellt sie eine Oberfunktion dar. Gemäß §§ 644, 645 gilt somit die Ungleichung $z \leqq w$ in allen Punkten von P. Wegen der Eigenschaften von Φ und der Willkür in der Wahl von ε schließt man nun, daß $\limsup\limits_{p \to q, p \in \bar{P}} z(p) \leqq \varphi(q)$ sein muß. Eine entsprechende Schlußweise mit Hilfe der Funktion $w_0(p) = \varphi(q) - \varepsilon - \Phi(x, y; h + \varphi(q), \delta)$ liefert die Ungleichung $\liminf\limits_{p \to q, p \in \bar{P}} z(p) \geqq \varphi(q)$. Die Behauptung folgt aus diesen beiden Ungleichungen.

§ 647. Wir wollen zeigen, daß in jedem Konvexitätspunkt (siehe § 594) des Randes von P eine echte Perronsche Schranke existiert. Mit anderen Worten:

Die Perronsche Lösung ist in jedem Konvexitätspunkt des Randes ∂P stetig und nimmt dort die vorgegebenen Randwerte an.

Beweis: Da wir aus § 399 wissen, daß das Dirichletsche Problem für konvexe Gebiete unbeschränkt lösbar ist, könnten wir eine echte Perronsche Schranke einfach als Lösung eines geeigneten Randwertproblems in der in § 594 herausgestellten Komponente des Durchschnittes $K \cap P$ gewinnen. Aber auch ohne Berufung auf die Lösbarkeit des Dirichletschen Problems für konvexe Gebiete lassen sich brauchbare Schranken explizit anschreiben. Wir erwähnen die folgende:

Wir wählen den Punkt q als Punkt $(a, 0)$ in einem Koordinatensystem, dessen x-Achse senkrecht zu einer Stützgerade der genannten

Komponente im Punkte q verläuft, und dessen Ursprung im Innern dieser Komponente liegt; siehe Abb. 79. Dabei ist a durch die Beziehungen $\cos(\pi a/2\delta') = \exp(-\pi(M+1)/2\delta')$, $0 < a < \delta'$, festgelegt, bei welchen die Zahl $\delta' < \delta/\sqrt{2}$ hinreichend klein zu nehmen ist (aber bei genügend kleinem δ nicht mehr vom Punkte q oder vom Gebiete P beeinflußt wird). Die Funktion

$$\Phi(x, y; M, \delta) = M + 1 + \frac{2\delta'}{\pi}\left\{\log\cos\frac{\pi x}{2\delta'} - \log\cos\frac{\pi y}{2\delta'}\right\},$$

welche ja eine Lösung der Minimalflächengleichung ist, besitzt im Dreieck $Q = \{x, y; 0 < x < \delta', 0 < |y| < x\}$ alle gewünschten Eigenschaften.

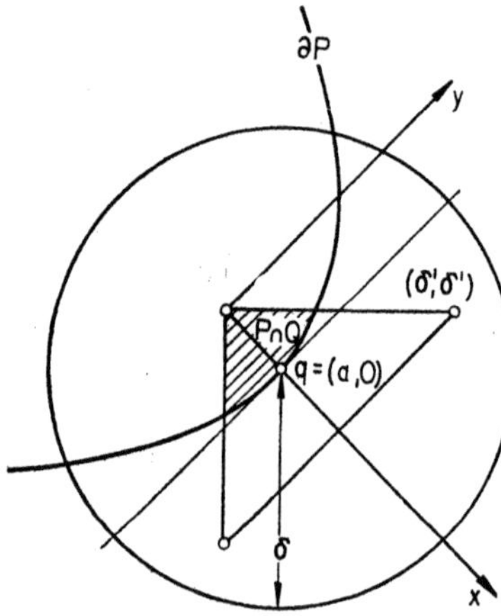

Abb. 79

§ 648. Aus dem vorangehenden Paragraphen geht hervor, daß die Annahme der Randwerte durch die Perronsche Lösung in jedem Konvexitätspunkt des Randes gänzlich ohne über die Stetigkeit hinausgehende Regularitätsvoraussetzungen gewährleistet ist. Bei den nichtkonvexen Teilen des Randes kommt man jedoch weder ohne Regularitätsannahmen hinsichtlich des Gebietsrandes ∂P aus – darauf deutet bereits das in § 410 besprochene Problem $\mathscr{P}_h$ hin –, noch ist, wie das Beispiel des § 411 zeigt, die bloße Kleinheit der Randwerte φ ohne weitergehende Voraussetzungen ausreichend.

Die Lösbarkeit des Dirichletschen Problems in einem allgemeinen Jordangebiet hängt vielmehr von dem Erfülltsein gewisser Regularitätsannahmen und von Größenbeschränkungen ab. Die in den §§ 412 bis 414 erläuterte Methode der sukzessiven Approximationen legte eine Randkurve der Regularitätsklasse $C^{2,\lambda}$ und die Kleinheit der $(2, \lambda)$-Norm der Randwerte zugrunde. In den folgenden Paragraphen wollen wir die Lösbarkeit des Dirichletschen Problems in einer viel allgemeineren Situation – $C^{1,1}$-Natur des Randes ∂P, Kleinheit der $(1, 1)$-Norm der Randwerte φ – beweisen. Die optimalen Bedingungen für die Lösbarkeit des Dirichletschen Problems, insbes. die Antwort auf die Frage, ob die Kleinheit der Randfunktion φ und ihrer ersten Ableitung dazu ausreichen, sind bis heute wohl nicht bekannt.

Wir machen die folgenden Voraussetzungen:

1) Die Randkurve ∂P von P habe die Länge L und sei durch zwei auf die Bogenlänge s bezogene Funktionen $x = \xi(s)$, $y = \eta(s)$ der Periode L darstellbar. Die Funktionen $\xi(s)$ und $\eta(s)$ seien dabei stetig differenzierbar, und ihre Ableitungen mögen einer Lipschitzbedingung mit der Konstanten $k > 0$ genügen. In dieser Situation ist folgendes klar: Wenn wir in einem beliebigen Randpunkt q die Tangente von ∂P als x-Achse und die innere Normale als y-Achse wählen, so läßt sich der im Streifen $|x| \leqq 1/2k$ verlaufende und den Punkt q enthaltende zusammenhängende Teilbogen von ∂P gewiß in der Form $y = f(x)$ darstellen.

Es gebe eine Konstante $a > 0$ derart, daß der über dem Intervalle $|x| \leqq x_0 = \min\left(\frac{1}{2k}, \frac{a}{2}\right)$ definierte Teil dieses Bogens nicht in das Innere der Kreisscheibe K vom Radius a um den Punkt $(0, -a)$ eintritt; siehe Abb. 80. Wie man sich leicht überzeugt, hat ein Kreis vom Radius $a = 1/2k$ natürlich diese Eigenschaft. In vielen Fällen läßt sich

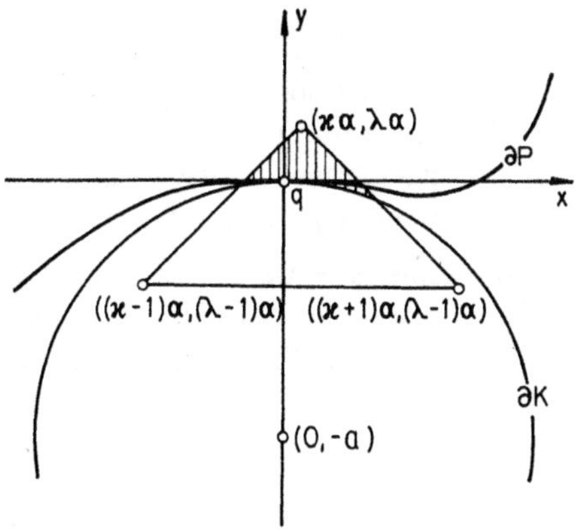

Abb. 80

der Wert von a aber größer als $1/2k$ wählen; im Falle eines konvexen Grundgebietes sogar beliebig groß.

Die Konstanten L und k sind gewiß durch die Ungleichung $kL \geqq 4$ miteinander verknüpft.

Die vorangehenden Voraussetzungen sind insbes. dann erfüllt, wenn der Rand ∂P eine reguläre Kurve der Klasse C^2 ist, deren Krümmung dem absoluten Werte nach nirgends die Schranke k übersteigt. In diesem Falle kann man dann zumindest $a = 1/k$ wählen, und es gilt $k\,L \geqq 2\pi$.

2) Die auf dem Rande vorgegebene Funktion φ, aufgefaßt als Funktion der Bogenlänge, sei stetig differenzierbar, und ihre Ableitung genüge einer Lipschitzbedingung mit der Konstanten $m > 0$. Wir nehmen wieder an, daß $h = \max_{\partial P} \varphi = -\min_{\partial P} \varphi \geqq 0$ gilt. In allen Punkten von ∂P ist gewiß $|\varphi'(s)| \leqq m\,L/2$. Im Intervalle $|x| \leqq x_0$ kann $\varphi(s)$ als Funktion $\psi(x) = \varphi(s(x))$ von x angesehen werden, wobei die Funktion $\psi(x)$ den Ungleichungen $|\psi'(x)| \leqq m\,L$ (genauer $|\psi'(x)| \leqq 0{,}6m\,L$) und $|\psi'(x_2) - \psi'(x_1)| \leqq 2m(1 + k\,L)\,|x_2 - x_1|$ genügt, so daß für fast alle Werte von x in $|x| \leqq x_0$ die Ungleichung $|\psi''(x)| \leqq 2m(1 + k\,L)$ zutrifft.

§ 649. Wir werden nun den Satz beweisen:

Es gibt eine von den vier Argumenten m, a, k, L abhängige positive Funktion $F(m; a, k, L)$ mit der Eigenschaft, daß das Dirichletsche Problem unter den Voraussetzungen des § 648 lösbar ist, falls die Schwankung $2h = \operatorname{osc}[\varphi; \partial P]$ der Funktion φ auf ∂P bei vorgegebenem Werte von $m = \sup\limits_{0<|s_2-s_1|<L} \dfrac{|\varphi'(s_2) - \varphi'(s_1)|}{|s_2 - s_1|}$ der Bedingung $2h < F(m; a, k, L)$ genügt.

Dabei gilt $\lim\limits_{m\to\infty} F(m; a, k, L) = 0$ und $\lim\limits_{a\to\infty} F(m; a, k, L) = \infty$. (Letzteres steht im Einklang mit der Tatsache, daß das Dirichletsche Problem für konvexe Gebiete unbegrenzt lösbar ist.)

Die Größen a, k, L hängen nur vom Gebiete P ab. Für feste a, k, L gibt es, wie wir sehen werden, zwei positive Zahlen m_0 und M, so daß $F(m; a, k, L) \geqq M$ ist für $m \leqq m_0$. Somit gilt insbes. auch der Satz:

Wenn der Rand des Gebietes P zur Klasse $C^{1,1}$ gehört, so gibt es eine Konstante $N > 0$ derart, daß das Dirichletsche Problem der Minimalflächengleichung im Gebiete P für Randwerte φ der Klasse $C^{1,1}(\partial P)$ eine eindeutige Lösung besitzt, falls $\|\varphi\|_{1,1}^{\partial P} \leqq N$ gilt. Die Norm $\|\varphi\|_{1,1}^{\partial P}$ ist in § 413 erklärt.

§ 650. Wir beweisen die Behauptung, indem wir in einem beliebigen Randpunkt q des Gebietes P eine geeignete Schranke konstruieren, deren wesentliche Merkmale nur von m, a, k und L, nicht aber von der Lage des Punktes q abhängen. Zu diesem Zwecke betrachten wir in dem in § 648 ausgezeichneten Koordinatensystem mit q als Ursprung die in dem rechtwinklig gleichschenkligen Dreieck Δ mit den Eckpunkten $(\varkappa\,\alpha, \lambda\,\alpha)$, $((\varkappa - 1)\,\alpha, (\lambda - 1)\,\alpha)$ und $((\varkappa + 1)\,\alpha, (\lambda - 1)\,\alpha)$ definierte

Lösung der Minimalflächengleichung

$$\Phi(x, y) = \Phi(x, y; \alpha, \varkappa, \lambda, \bar{h}) = 2\bar{h} + \varphi(q) + \frac{2\alpha}{\pi} \log\cos\frac{\pi(\lambda\alpha - y)}{2\alpha} - \\ - \frac{2\alpha}{\pi} \log\cos\frac{\pi(x - \varkappa\alpha)}{2\alpha};$$

siehe Abb. 80. Dabei sind α, $\varkappa$, λ und $\bar{h}$ vier im folgenden geeignet zu bestimmende Zahlen, welche den Ungleichungen $0 < \alpha < \alpha_0 = = \min\left(\frac{x_0}{2}, \frac{a}{8}\right)$, $0 \leqq \varkappa < \lambda < 1$, $\bar{h} > 0$ genügen müssen.

Wegen $0 \leqq \varkappa < \lambda < 1$ liegt der Punkt q im Innern von Δ. Wir setzen $\beta = \alpha/a$ und $\lambda = \lambda(\beta) = 1 - 8\beta$. Aus $(\varkappa + 1)^2 + 64\beta^2 < 4$ folgt dann $(\varkappa + 1)^2\alpha^2 + [(\lambda - 1)\alpha + a]^2 < a^2$, so daß die gesamte Hypothenuse von Δ in der Kreisscheibe K verläuft.

Der den Punkt q enthaltende und in Δ verlaufende Teilbogen $\partial_q K$ von ∂K hat die Gleichung $y = g(x) = \sqrt{a^2 - x^2} - a$, und im Intervalle $|x| \leqq x_0$ gilt gewiß $|g'(x)| \leqq \frac{2}{\sqrt{3}a}|x|$, $|g''(x)| \leqq \frac{8}{3\sqrt{3}a}$. Indem wir o. B. d. A. $\psi'(0) \leqq 0$ annehmen, wählen wir weiterhin die Zahl $\varkappa$ so, daß $\tan\frac{\pi\varkappa}{2} = -\psi'(0)$ ist. Es gilt bestimmt $0 \leqq \varkappa \leqq \varkappa_0 = 2/\pi \times \times \operatorname{arc\,tan}(mL)$. Dann wird $\frac{d}{dx}\Phi(x, g(x))\Big|_{x=0} = \Phi_x(0, 0) = -\tan\frac{\pi\varkappa}{2} = = \psi'(0)$. Wir wollen weiterhin

$$\bar{h} = \bar{h}(\alpha, \varkappa) = \frac{\alpha}{\pi}\left\{\log\cos\frac{\pi\varkappa}{2} - \log\cos\frac{\pi\lambda(\alpha/a)}{2}\right\}$$

setzen, so daß $\Phi(0, 0) = \psi(0) = \varphi(q)$ wird.

Differentiation ergibt

$$\frac{d^2}{dx^2}\Phi(x, g(x)) = \frac{\pi}{2\alpha}\left\{1 + \tan^2\left(\frac{\pi(x - \varkappa\alpha)}{2\alpha}\right) - \right.$$

$$\left. - g'^2(x)\left[1 + \tan^2\left(\frac{\pi(\lambda\alpha - g(x))}{2\alpha}\right)\right] + \frac{2\alpha}{\pi} g''(x)\tan\left(\frac{\pi(\lambda\alpha - g(x))}{2\alpha}\right)\right\}.$$

Wegen $|\lambda\alpha - g(x)| \leqq \frac{1}{2}(\lambda + 1)\alpha$ wird für $|x| < 2\alpha$

$$\frac{d^2}{dx^2}\Phi(x, g(x)) \geqq \frac{\pi}{2\alpha}\left\{1 - \frac{16}{3}\beta^2\left[1 + \tan^2\left(\frac{\pi(\lambda + 1)}{4}\right)\right] - \right.$$

$$\left. - \frac{16}{3\sqrt{3}\pi}\beta\tan\left(\frac{\pi(\lambda + 1)}{4}\right)\right\}.$$

Für $0 < \beta < 1/8$ ist gewiß $\cos\frac{\pi(\lambda + 1)}{4} = \cos\left(\frac{\pi}{2} - 2\pi\beta\right) = \sin 2\pi\beta \geqq \geqq 4\sqrt{2}\beta$. Somit gilt für alle x im Intervalle $|x| \leqq 2\alpha$

$$\frac{d^2}{dx^2}\Phi(x, g(x)) \geqq \frac{\pi}{2\alpha}\left\{1 - \frac{16}{3}\,\frac{3}{64} - \frac{16}{3\sqrt{3}\pi}\,\frac{1}{4\sqrt{2}}\right\} > \frac{1}{2\alpha}.$$

Wir bestimmen α_1 gemäß $1/2\alpha_1 = 2m(1 + k\,L)$. Insgesamt gelten dann die folgenden Ungleichungen:

$\Phi(x, f(x)) \geqq \Phi(x, g(x))$ in allen Punkten $(x, f(x))$ des den Punkt q enthaltenden und in Δ verlaufenden Teilbogens $\partial_q P$ von ∂P.

$$\Phi(0,0) = \psi(0), \quad \frac{d}{dx}\Phi(x, g(x))\Big|_{x=0} = \psi'(0).$$

$$\frac{d^2}{dx^2}\Phi(x, g(x)) > \frac{1}{2\alpha} \geqq 2m(1 + k\,L) \geqq |\psi''(x)| \text{ für fast alle } x \text{ im Intervalle } |x| \leqq \min(2\alpha_0, 2\alpha_1).$$

Wenn also $0 < \alpha \leqq \min(\alpha_0, \alpha_1)$ ist, so folgt daraus die in allen Punkten des Teilbogens $\partial_q P$ gültige Ungleichung $\Phi(x, f(x)) \geqq \psi(x)$.

Falls die Bedingung $h \leqq \bar{h}(\alpha, \varkappa)$ erfüllt ist, gilt auf den in P liegenden Randpunkten von Δ andererseits $\Phi(x, y) = 2\bar{h}(\alpha, \varkappa) + \varphi(q) \geqq \geqq h = \max\limits_{\partial P}\varphi$.

Für $0 < \dfrac{\alpha}{a} < \beta_1 = \dfrac{1}{8}(1 - \varkappa_0)$ gilt auch gewiß $0 \leqq \varkappa < \lambda\left(\dfrac{\alpha}{a}\right) < 1$ für $0 \leqq \varkappa \leqq \varkappa_0$.

§ 651. Wir beschränken α nun durch die Festsetzung

$$0 < \alpha \leqq \alpha_2 = \alpha_2(m; a, k, L) = \min(\alpha_0, \alpha_1, \beta_1 a) = \\ = \min\left(\frac{1}{4k}, \frac{1}{4m(1 + kL)}, \frac{a}{8}\left[1 - \frac{2}{\pi}\arctan m\,L\right]\right).$$

Wenn die Beziehung $h \leqq \bar{h}(\alpha, \varkappa)$ erfüllt ist, so können wir unsere Funktion $\Phi(x, y; \alpha, \varkappa, \lambda(\alpha/a), \bar{h}(\alpha, \varkappa))$ in derselben Weise wie in § 646 zu einer Oberfunktion ergänzen und finden wiederum, daß für die Perronsche Lösung $\lim\limits_{p \to q, p \in \bar{P}} z(p) = \varphi(q)$ gilt.

Neben $\cos\dfrac{\pi\varkappa_0}{2} = \cos(\arctan m\,L) = (1 + m^2L^2)^{-\frac{1}{2}}$ haben wir für $0 < \alpha < \alpha_2$ auch $\dfrac{\pi}{2}\lambda\left(\dfrac{\alpha}{a}\right) = \dfrac{\pi}{2}\left(1 - 8\dfrac{\alpha}{a}\right) > \arctan m\,L$, so daß der Quotient $\cos\left(\dfrac{\pi\varkappa_0}{2}\right)\Big/\cos\left(\dfrac{\pi}{2}\lambda\left(\dfrac{\alpha}{a}\right)\right)$ größer als Eins ist und für $\alpha \to 0$ gegen Unendlich geht. Im Intervall $0 < \alpha \leqq \alpha_2$ gibt es folglich einen Wert $\bar{\alpha} = \bar{\alpha}(m; a, k, L)$, für welchen die Funktion

$$\frac{2\alpha}{\pi}\left\{\log\cos\left(\frac{\pi\varkappa_0}{2}\right) - \log\cos\left(\frac{\pi}{2}\lambda\left(\frac{\alpha}{a}\right)\right)\right\}$$

ein positives Maximum $F(m; a, k, L)$ besitzt. Es gilt dann $2\bar{h}(\bar{\alpha}, \varkappa) \geqq \geqq F(m; a, k, L)$. Die Bedingung $h \leqq \bar{h}(\bar{\alpha}, \varkappa)$ ist gewiß erfüllt, wenn $2h \leqq F(m; a, k, L)$ gilt.

Damit ist der Satz des § 649 bewiesen. Eine ähnliche Aussage, allerdings sowohl weniger explizit als auch unter weitergehenden Regularitätsvoraussetzungen, findet man bei H. Jenkins and J. Serrin [3], insbes. pp. 185–186.

Die Abhängigkeit der Funktion $F(m;\,a,k,L)$ von m und a läßt sich leicht überprüfen. Wenn m nach Unendlich geht, geht α_2, und damit auch $\bar{\alpha}$, nach Null. Somit geht dann $F(m;\,a,k,L)$ auch nach Null. Für hinreichend großes a hängt α_2 andrerseits nicht mehr von a ab, und es ist $\lim\limits_{a\to\infty}\lambda(\alpha/a) = 1$ gleichmäßig für $0 < \alpha < \alpha_2$. Daher gilt $\lim\limits_{a\to\infty} F(m;\,a,k,L) = \infty$. Auch die letzte der in § 649 angegebenen Eigenschaften der Funktion $F(m;\,a,k,L)$ ist unschwer einzusehen.

Wir bemerken noch, daß die Kreisscheibe um q vom Radius

$$\begin{aligned} r(m;\,a,k,L) &= \min\left\{\frac{1}{\sqrt{2}}\left[\lambda\left(\frac{\bar{\alpha}}{a}\right) - \varkappa\right]\bar{\alpha},\left[1-\lambda\left(\frac{\bar{\alpha}}{a}\right)\right]\bar{\alpha}\right\} \\ &\geqq \min\left\{\frac{8\bar{\alpha}^2}{a},\ \frac{\sqrt{2}\bar{\alpha}}{\pi}\arctan\left(\frac{0{,}4mL}{1+0{,}6m^2L^2}\right)\right\} \end{aligned}$$

in Δ enthalten ist. $r(m;\,a,k,L)$ ist dabei von der speziellen Lage von q unabhängig. Es läßt sich daher die Normalableitung der Vergleichsfunktion $\Phi(x,y)$ gleichmäßig für alle Randpunkte abschätzen und somit auch eine Abschätzung für die Normalableitung der Perronschen Lösung gewinnen. Wie man in der Theorie der partiellen Differentialgleichungen beweist, hat die Lösung des Dirichletschen Problems in allen Punkten von $\bar{P}$ über die bloße Stetigkeit, von der wir hier gesprochen haben, hinausgehende Eigenschaften.

§ 652. Wenn wir die Lipschitzkonstante m von vornherein durch $m \leqq 1/2L$ beschränken, so gilt wegen $a \geqq 1/2k$ und $kL \geqq 4$ gewiß $1 - \frac{2}{\pi}\arctan mL > \frac{2}{3}$ und $\frac{1}{4m(1+kL)} \geqq \frac{1}{3k}$. Das Intervall $0 < \alpha \leqq 1/24k$ ist also gewiß im Intervall $0 < \alpha < \alpha_2$ enthalten. Für $\alpha = \frac{1}{48k}$ wird dann $\frac{\alpha}{a} \leqq \frac{1}{24}$, $\lambda\left(\frac{\alpha}{a}\right) \geqq \frac{2}{3}$ und $\cos\left(\frac{\pi}{2}\lambda\left(\frac{\alpha}{a}\right)\right) \leqq \frac{1}{2}$, so daß

$$2\bar{h}(\alpha,\varkappa) \geqq \frac{1}{24\pi k}\log\frac{2}{\sqrt{1+m^2L^2}} \geqq \frac{1}{48\pi k}\log\frac{16}{5} > \frac{3}{400k}$$

wird. Es gilt daher die konkrete Aussage:

Unter den Voraussetzungen des § 648 *ist das Dirichletsche Problem eindeutig lösbar, wenn die Ungleichungen*

$$2h = \operatorname{osc}[\varphi;\,\partial P] \leqq \frac{3}{400k}, \qquad m = \sup_{0<|s_2-s_1|<L}\frac{|\varphi'(s_2)-\varphi'(s_1)|}{|s_2-s_1|} \leqq \frac{1}{2L}$$

erfüllt sind.

§ 653. Geometrisch gesehen stellt die in den vorangehenden Paragraphen diskutierte Lösung des Dirichletschen Problems eine einer Ebene benachbarte Minimalfläche dar. Genauso wie in § 415 können wir die Fragestellung natürlich dahingehend verallgemeinern, daß wir nach einer einer allgemeineren Minimalfläche benachbarten Minimalfläche fragen. Die Lösbarkeit dieses Problems hängt von ganz entsprechenden Regularitäts- und Kleinheitsvoraussetzungen ab.

7.3. Das Dirichletsche Problem bei lückenhaften Randwerten

§ 654. Es ist bemerkenswert, daß das Dirichletsche Problem für die Minimalflächengleichung selbst dann eine eindeutig bestimmte Lösung besitzt, wenn die Randwerte in gewissen Punkten unbestimmt gelassen werden.

Vorgelegt sei wieder ein (nicht notwendigerweise streng) konvexes Gebiet P in der (x, y)-Ebene. Auf seinem Rande ∂P mit der Bogenlänge s sei eine abgeschlossene Menge A verschwindenden (hinsichtlich s genommenen) Lebesgueschen Maßes oder, was nach § 253 auf dasselbe hinausläuft, verschwindenden linearen Maßes gegeben. Das Komplement der Menge A bzgl. ∂P heiße B. Auf B sei eine stetige beschränkte Funktion φ vorgegeben: $|\varphi| \leqq M < \infty$.

Es gilt dann der Satz (J. C. C. Nitsche [16]):

Es existiert eine eindeutig bestimmte Lösung $z(x, y) \in C^2(P) \cap C^0(P \cup B)$ der Minimalflächengleichung in P, deren Werte auf B mit den von φ übereinstimmen.

§ 655. Die behauptete Eindeutigkeit folgt bereits aus dem allgemeinen Maximumprinzip des § 586. Das Verschwinden des linearen Maßes der Ausnahmemenge A ist dabei wesentlich. Wenn dieses Maß positiv ausfällt, so liegt in der Tat keine Eindeutigkeit mehr vor. Eine diese Situation illustrierende Untersuchung findet sich bei J. C. C. Nitsche [21], [24]; siehe §§ 588, 589.

§ 656. Indem wir uns dem Existenzbeweis zuwenden, denken wir uns den Rand ∂P wie in § 636 mit Hilfe zweier periodischer Funktionen $\xi(s), \eta(s)$ in der Form $\{x = \xi(s), y = \eta(s); 0 \leqq s \leqq L\}$ dargestellt. Die vorgeschriebenen Randwerte können dann durch eine in allen Punkten von B stetige und beschränkte Funktion erklärt werden.

Für eine kleine positive Zahl ε sei die Menge A durch endlich viele offene zusammenhängende Teilbögen des Randes, deren Gesamtlänge den Wert ε nicht übersteigt, überdeckt. Es läßt sich dabei so einrichten, daß auch noch die Abschließungen dieser Teilbögen gegenseitig punktfremd sind. Die Vereinigungsmenge der Teilbögen heiße $A(\varepsilon)$. Die Komplementärmenge von $A(\varepsilon)$ bzgl. ∂P sei $B(\varepsilon)$.

Wir wählen nun eine Funktion $\varphi(s;\varepsilon)$, welche auf ganz ∂P stetig und beschränkt ist: $|\varphi(s;\varepsilon)| \leqq M$, und welche in allen Punkten von $B(\varepsilon)$ mit $\varphi(s)$ übereinstimmt. Wenn das Intervall $s_1 < s < s_2$ einen der Teilbögen von $A(\varepsilon)$ definiert, so brauchen wir dazu in diesem Intervalle nur die lineare Interpolation

$$\varphi(s;\varepsilon) = \frac{1}{s_2 - s_1}\left([s_2\,\varphi(s_1) - s_1\,\varphi(s_2)] + [\varphi(s_2) - \varphi(s_1)]\,s\right)$$

zu nehmen.

Für $n = 1, 2, \ldots$ bezeichnen wir mit $z_n(x, y) \in C^2(P) \cap C^0(\bar{P})$ die Lösungen der Minimalflächengleichung in P mit den Randwerten $\varphi(s; 1/n)$. Auf Grund des gewöhnlichen Maximumprinzips aus § 581 sind die Funktionen $z_n(x, y)$ in P gleichmäßig beschränkt: $|z_n(x, y)| \leqq$ $\leqq M$. Nach § 629 folgt aus dieser Tatsache die Existenz einer Teilfolge $\{z_{n_i}(x, y)\}$, deren Funktionen mitsamt ihren ersten und zweiten Ableitungen gegen eine Lösung $z(x, y) \in C^2(P)$ der Minimalflächengleichung in P konvergieren. Die Konvergenz ist dabei in jedem kompakten Teilbereich von P gleichmäßig.

§ 657. Wir müssen nun zeigen, daß die gefundene Lösung $z(x, y)$ das geforderte Randverhalten besitzt. Zu diesem Zwecke werden wir sie mit zwei Hilfsfunktionen vergleichen. Es sei $(\bar{x}, \bar{y}) = (\xi(\bar{s}), \eta(\bar{s}))$ ein beliebiger Punkt von B. Wir wählen eine positive Zahl ε so klein, daß der dem Intervalle $|s - \bar{s}| \leqq 3\varepsilon$ entsprechende Teilbogen von ∂P noch ganz zu B gehört. Es ist dann ein leichtes, zwei auf ∂P stetige Funktionen $\varphi^-(s)$ und $\varphi^+(s)$ zu konstruieren, welche für $|s - \bar{s}| \leqq \varepsilon$ mit $\varphi(s)$ übereinstimmen, in $|s - \bar{s}| \leqq 2\varepsilon$ den Ungleichungen $\varphi^-(s) \leqq$ $\leqq \varphi(s) \leqq \varphi^+(s)$ genügen und in den restlichen Punkten von ∂P die Werte $\varphi^-(s) = -M$ bzw. $\varphi^+(s) = M$ annehmen. Für $\varphi^+(s)$ bietet sich beispielsweise die folgende Funktion an:

$$\varphi^+(s) = \begin{cases} \varphi(s) - \dfrac{s - \bar{s} + \varepsilon}{\varepsilon}[M - \varphi(s)], & \bar{s} - 2\varepsilon \leqq s \leqq \bar{s} - \varepsilon \\ \varphi(s), & \bar{s} - \varepsilon \leqq s \leqq \bar{s} + \varepsilon \\ \varphi(s) + \dfrac{s - \bar{s} - \varepsilon}{\varepsilon}[M - \varphi(s)], & \bar{s} + \varepsilon \leqq s \leqq \bar{s} + 2\varepsilon \\ M & \text{sonst.} \end{cases}$$

Gleichmäßig für $n > 1/\varepsilon$ und alle s gilt dann $\varphi^-(s) \leqq \varphi(s; 1/n) \leqq$ $\leqq \varphi^+(s)$. Mit $z^-(x, y)$ und $z^+(x, y)$ bezeichnen wir die Lösungen des Dirichletschen Problems mit den stetigen Randwerten $\varphi^-(s)$ bzw. $\varphi^+(s)$. Zufolge des Maximumprinzips gelten dann für alle $n > 1/\varepsilon$ in P die Ungleichungen $z^-(x, y) \leqq z_n(x, y) \leqq z^+(x, y)$ und somit auch $z^-(x, y) \leqq z(x, y) \leqq z^+(x, y)$. Da nun beide Funktionen $z^-(x, y)$ und

$z^+(x, y)$ bei Annäherung an den Punkt $(\bar{x}, \bar{y})$ gegen den Wert $\varphi(\bar{s})$ konvergieren, muß dasselbe für $z(x, y)$ gelten. Das war zu zeigen.

Über das Verhalten der Lösung $z(x, y)$ bei Annäherung an die Randpunkte in A ist damit keine Aussage gemacht. Nach § 586 steht aber fest, daß $z(x, y)$ dabei beschränkt bleibt.

§ 658. Als Anwendungsbeispiel wollen wir mit R. Finn and R. Osserman ([1], pp. 360–362) das folgende Problem im Einheitskreis $P = \{x, y; x^2 + y^2 < 1\}$ betrachten. Es seien $\partial_j P$, $(j = 1, 2, 3, 4)$, die Teilbögen $\{x = \cos\vartheta, y = \sin\vartheta; (2j - 3)\pi/4 < \vartheta < (2j - 1)\pi/4\}$ des Randes ∂P. Für $n = 1, 2, \ldots$ bezeichnen wir mit $z_n(x, y)$ die Lösung der Minimalflächengleichung in P, welche auf den Bögen $\partial_1 P$ und $\partial_3 P$ den Wert n und auf den Bögen $\partial_2 P$ und $\partial_4 P$ den Wert $-n$ annimmt. Aus der Eindeutigkeit folgen die Symmetrieeigenschaften der Lösungen, die besagen, daß $z(x, x) = z(x, -x) = 0$ gilt. Wenn wir nun n nach Unendlich gehen lassen, so brauchen wir unser Augenmerk daher nur auf einen Sektor, etwa $P_1 = \{x, y; x^2 + y^2 < 1, x > 0, |y| < x\}$, zu richten. Da die $z_n(x, y)$ nach § 586 in P_1 eine aufsteigende Funktionenfolge bilden und gemäß § 599 im Dreieck $P_1^+ = \{x, y; 0 < |y| < x < 1/\sqrt{2}\}$ beschränkt bleiben, während sie im Abschnitt $P_1^- = \{x, y; x^2 + y^2 < 1, 1/\sqrt{2} < x < 1\}$ nach Unendlich gehen, folgt aus § 631, daß sie in P_1^+ gegen eine Lösung $z(x, y)$ der Minimalflächengleichung konvergieren. Im Hinblick auf die Harnacksche Ungleichung muß $z(x, y)$ bei Annäherung an die vertikale Gerade $x = 1/\sqrt{2}$ nach Unendlich gehen.

Indem man auch die anderen Sektoren betrachtet, erkennt man leicht, daß die Funktionen $z_n(x, y)$ im Quadrat $P_0 = \{x, y; |x| < 1/\sqrt{2}, |y| < 1/\sqrt{2}\}$, und zwar gleichmäßig in jeder kompakten Teilmenge dieses Quadrates, gegen eine Lösung $z(x, y)$ der Minimalflächengleichung konvergieren. Diese Lösung geht nach $+\infty$ bei Annäherung an die vertikalen Seiten von P_0 und nach $-\infty$ bei Annäherung an die waagrechten Seiten. Nach § 164 muß sie also mit der Scherkschen Minimalfläche

$$\frac{\sqrt{2}}{\pi}\left\{\log\cos\frac{\pi y}{\sqrt{2}} - \log\cos\frac{\pi x}{\sqrt{2}}\right\}$$

übereinstimmen. Die Gaußsche Krümmung $K(x, y)$ dieser Fläche hat im Ursprung den Wert $K(0, 0) = \pi^2/2$. Nach § 631 erfüllen die Gaußschen Krümmungen $K_n(x, y)$ der Minimalflächen $\{z = z_n(x, y); (x, y) \in P\}$ für $n \to \infty$ daher die Grenzbeziehungen $K_n(0, 0) \to K(0, 0) = \pi^2/2$.

§ 659. Wir kommen nun zu dem in § 654 formulierten Randwertproblem zurück, wollen jetzt aber nicht mehr die Beschränktheit der auf der offenen Randpunktmenge B vorgegebenen stetigen Funktion voraussetzen. Es ist das Ziel der nächsten Paragraphen zu zeigen, *daß auch dann noch eine eindeutig bestimmte Lösung* $z(x, y) \in C^2(P) \cap C^0(P \cup B)$ *der Minimalflächengleichung in* P *existiert, deren Werte auf* B *mit denen von* φ *übereinstimmen.*

§ 660. Die Eindeutigkeit folgt wiederum aus dem allgemeinen Maximumprinzip des § 586.

Zum Existenzbeweis setzen wir zunächst voraus, daß die Funktion φ nach unten beschränkt sei. Für $n = 1, 2, \ldots$ sei φ_n die Abschnittsfunktion $\min(\varphi, n)$. Mit $z_n(x, y) \in C^2(P) \cap C^0(P \cup B)$ bezeichnen wir die Lösung der Minimalflächengleichung in P, welche auf B die Werte φ_n annimmt. Zufolge § 654 ist die Existenz und Eindeutigkeit dieser Lösung sichergestellt. Die $z_n(x, y)$ bilden eine monoton aufsteigende Funktionenfolge, so daß die Aussagen der §§ 632, 633 und 634 anwendbar werden. Wir unterscheiden nun mehrere Fälle.

1) Die Konvergenzmenge V ist leer. Es seien dann $\beta_1, \beta_2, \ldots, \beta_m$ endlich viele abgeschlossene und punktfremde Teilbögen von B und $\alpha_1, \alpha_2, \ldots, \alpha_m$ die Komplementärbögen bzgl. ∂P. Nach §§ 625, 627 gilt

$$\int_{\partial P} dz_n^* = 0, \quad \left|\int_{\alpha_j} dz_n^*\right| \leqq |\alpha_j|, \quad \lim_{n\to\infty} \int_{\beta_j} dz_n^* = -|\beta_j|$$

und somit $\sum|\beta_j| \leqq \sum|\alpha_j|$. Da aber die Gesamtlänge $\sum|\beta_j|$ in beliebiger Nähe der Länge des Randes ∂P gewählt werden kann und da die Gesamtlänge $\sum|\alpha_j|$ beliebig klein gemacht werden kann, ergibt sich ein Widerspruch, aus dem hervorgeht, daß der erste Fall nicht eintreten kann.

2) Weder die Konvergenzmenge V noch die Divergenzmenge $\tilde{V}$ sind leer. Dann gibt es eine innere Sehne β von ∂P, welche auf dem Rande der Menge V liegt. Nach § 634 müssen die Endpunkte a_1 und a_2 dieser Sehne der Ausnahmemenge A angehören. Es sei β' eine zu β parallele innere Sehne von ∂P, die bis auf ihre Endpunkte a_1' und a_2' ganz zur Menge $\tilde{V}$ gehört. (Gemäß § 633 gibt es eine solche Sehne.) Auf den in P liegenden Teil des Streifens zwischen β und β' wenden wir nun die Aussagen der §§ 625, 627, 628 an. Neben

$$\int_{a_1 a_2 a_2' a_1'} dz_n^* = 0, \quad \left|\int_{\overline{a_2' a_1'}} dz_n^*\right| \leqq |\overline{a_1' a_2'}|$$

finden wir dann die Limesrelationen

$$\lim_{n\to\infty} \int_{\overline{a_1 a_2}} dz_n^* = \mp|\overline{a_1 a_2}|, \quad \lim_{n\to\infty} \int_{\widehat{a_2 a_2'}} dz_n^* = \mp|\widehat{a_2 a_2'}|, \quad \lim_{n\to\infty} \int_{\widehat{a_2' a_1}} dz_n^* =$$
$$= \mp|\widehat{a_1' a_1}|.$$

Dabei gilt das obere Zeichen, wenn die Punkte a_1, a_2, a_2', a_1' in dieser Reihenfolge positiv orientiert sind, andernfalls das untere Zeichen. Die Ungleichung $|\overline{a_1 a_2}| + |\widehat{a_1 a_1'}| + |\widehat{a_2 a_2'}| \leqq |\overline{a_1' a_2'}|$ ist aber nicht möglich, so daß auch der zweite Fall auszuschließen ist.

Die Divergenzmenge ist somit leer, und die Funktionen $z_n(x, y)$ konvergieren in ganz P, und zwar gleichmäßig in jeder kompakten Teilmenge, gegen eine Lösung $z(x, y)$ der Minimalflächengleichung.

§ 661. Um das gewünschte Randverhalten der Lösung $z(x, y)$ beweisen zu können, müssen wir zunächst zeigen, daß jeder Punkt der Menge B eine Umgebung Q derart besitzt, daß die Funktionen $z_n(x, y)$ in $P \cap Q$ gleichmäßig beschränkt sind.

Wenn ein den fraglichen Punkt enthaltender Teilbogen von ∂P nicht geradlinig ist, so ist das eine direkte Konsequenz des § 599. Wenn der Teilbogen geradlinig ist, denken wir ihn uns so auf der x-Achse gelegen, daß der betrachtete Punkt in den Ursprung fällt und daß das Gebiet P in der Halbebene $y > 0$ liegt. Für hinreichend kleines $\varepsilon > 0$ gehören dann das Intervall $|x| \leqq 2\varepsilon$ der x-Achse noch zu B und das Rechteck $R = \{x, y;\ |x| \leqq 2\varepsilon,\ 0 < y \leqq 2\varepsilon\}$ noch zu P. Die Funktion

$$\Phi(x, y) = \frac{4\varepsilon}{\pi}\left\{\log\cos\frac{\pi(y-\varepsilon)}{4\varepsilon} - \log\cos\frac{\pi x}{4\varepsilon} + \frac{1}{2}\log 2\right\}$$

ist in R positiv, verschwindet im Nullpunkt und geht bei Annäherung an die vertikalen Seiten von R nach Unendlich. Die obere waagrechte Seite von R bildet eine kompakte Teilmenge von P, so daß dort alle $z_n(x, y)$ gleichmäßig beschränkt sind. Auf der unteren waagrechten Seite von R sind alle $z_n(x, y)$ für hinreichend großes n gleich der stetigen Funktion φ. Nach dem allgemeinen Maximumprinzip gibt es also gewiß eine von n unabhängige Konstante $M > 0$ derart, daß in ganz R die Ungleichung $|z_n(x, y)| \leqq \Phi(x, y) + M$ zutrifft. Im Quadrat $R' = \{x, y;\ |x| < \varepsilon,\ 0 < y < 2\varepsilon\}$ gilt dann $|z_n(x, y)| \leqq \frac{4\varepsilon}{\pi}\log 2 + M$.

Nachdem somit die gleichmäßige Beschränktheit der $z_n(x, y)$ in der Umgebung jedes Punktes der Menge B sichergestellt ist, beweist man genauso wie in §§ 646, 647, daß die Lösung $z(x, y)$ mit Einschluß der Randpunktmenge B stetig ist und daß sie dort die vorgeschriebenen Randwerte φ annimmt.

§ 662. Die Behandlung des allgemeinen Problems, bei dem die Funktion φ auf der offenen Menge B lediglich als stetig vorausgesetzt wird, läßt sich nun ohne Mühe zu Ende führen.

Für $n = 1, 2, \ldots$ sei jetzt φ_n die Abschnittsfunktion $\max(\varphi, -n)$. Mit $z_n(x, y) \in C^2(P) \cap C^0(P \cup B)$ bezeichnen wir die Lösung der Minimalflächengleichung in P, welche auf B die Werte φ_n annimmt. Die $z_n(x, y)$ bilden diesmal eine monoton absteigende Funktionenfolge. Genauso wie vorher erkennt man, daß die Divergenzmenge leer sein muß, so daß die Funktionen $z_n(x, y)$ in P, und zwar gleichmäßig in jeder kompakten Teilmenge von P, gegen eine Lösung $z(x, y)$ der Minimalflächengleichung konvergieren. Daß diese Lösung in P mit Einschluß der Randpunktmenge B stetig ist und daß sie in den Punkten der letzteren die Werte der Funktion φ annimmt, folgt wie in § 661.

7.4. Das Dirichletsche Problem bei unendlichen Randwerten

§ 663. In den Abschn. II.5.1, II.5.2, III.2.4 haben wir vielfach Minimalflächen $\{z = z(x, y); (x, y) \in P\}$ angetroffen – die Scherksche Fläche ist ein typisches Beispiel –, bei denen die Funktion $z(x, y)$ bei Annäherung an einen Teil des Randes ∂P gegen Unendlich geht. Man kann diese Flächen als Lösungen eines in geeigneter Weise verallgemeinerten Dirichletschen Problems auffassen. Wir wollen hier eine systematischere Darstellung dieser Zusammenhänge, die kürzlich von R. Finn [7], pp. 368–370, J. C. C. Nitsche [18], pp. 212–215, insbes. aber von H. Jenkins and J. Serrin [2] behandelt worden sind, geben und folgen dabei weitgehend den Untersuchungen dieser Autoren.

Nach § 600 ist es klar, daß diejenigen Randbögen des Definitionsgebietes, auf denen die gesuchte Lösung $\pm\infty$ werden soll, geradlinig sein müssen.

Auf dem Rande ∂P eines beschränkten konvexen Gebietes P seien endlich viele offene Strecken $A_1, A_2, \ldots, A_{i_0}$ und endlich viele offene Strecken $B_1, B_2, \ldots, B_{j_0}$ so gelegen, daß weder zwei verschiedene Strecken A_i noch zwei verschiedene Strecken B_j einen gemeinsamen Endpunkt besitzen. Der komplementäre Teil von ∂P besteht aus den Endpunkten dieser Strecken und aus endlich vielen offenen zusammenhängenden Bögen $C_1, C_2, \ldots, C_{k_0}$. Auf diesen Bögen sei eine stetige Funktion φ vorgegeben. *Das Problem besteht in der Bestimmung einer Lösung $z(x, y) \in C^2(P) \cap C^0(P \cup C_1 \cup \cdots \cup C_{k_0})$ der Minimalflächengleichung in P, deren Werte auf den Bögen C_k mit denen der Funktion φ übereinstimmen, welche aber bei Annäherung an jeden Punkt einer Strecke A_i nach $+\infty$ und bei Annäherung an jeden Punkt einer Strecke B_j nach $-\infty$ geht.* Eine der Mengen $\{A_i\}$, $\{B_j\}$ oder $\{C_k\}$ kann dabei auch leer sein.

§ 664. Der Nachweis der Eindeutigkeit kann wiederum mit der Beweismethode für das allgemeine Maximumprinzip des § 586, diesmal unter Berücksichtigung der Abschätzungen des § 601, geführt werden. Wir haben den Beweis für einen nahezu identischen Fall bereits in § 164 ausgeführt und brauchen ihn deshalb hier nicht zu wiederholen. Man zeigt zunächst, daß das über jede kompakte Teilmenge von P genommene Dirichletsche Integral der Differenz zweier Lösungen Null sein muß. Daraus folgt dann, daß sich diese beiden Lösungen höchstens um eine additive Konstante unterscheiden können und daher in dem Falle, wo die Menge der Bögen C_k nicht leer ist, identisch sein müssen.

§ 665. Die Existenz einer Lösung hängt nun aber vom Erfülltsein gewisser Bedingungen ab. Um das einzusehen, wollen wir einmal — sofern die Konfiguration dies zuläßt — ein einfach geschlossenes (nicht ausgeartetes) Polygon $\mathscr{P}$ betrachten, dessen Eckpunkte der Menge der Eckpunkte der Strecken A_i und B_j entnommen sind. Dieses Polygon besteht aus einigen der Strecken A_i, einigen der Strecken B_j und aus gewissen Sehnen β_l des Randes ∂P, welche u. U. selbst mit Teilen von ∂P zusammenfallen können. Mit $A_{i'}$ und $B_{j'}$ bezeichnen wir die an $\mathscr{P}$ beteiligten Strecken und mit $\ell_A(\mathscr{P}) = \sum |A_{i'}|$ bzw. $\ell_B(\mathscr{P}) = \sum |B_{j'}|$ ihre Gesamtlänge. Der Umfang $\sum |A_{i'}| + \sum |B_{j'}| + \sum |\beta_l|$ werde $\ell_C(\mathscr{P})$ genannt.

Zufolge von § 625 gilt nun

$$\int_{\cup A_{i'}} dz^* + \int_{\cup B_{j'}} dz^* + \int_{\cup \beta_l} dz^* = 0.$$

Nach § 626 ist weiterhin

$$\int_{\cup A_{i'}} dz^* = \sum |A_{i'}|, \quad \int_{\cup B_{j'}} dz^* = -\sum |B_{j'}|.$$

Solange der Rand ∂B mindestens einen Bogen C_k enthält, ist unter den Strecken β_l gewiß zumindest eine Strecke $\beta_{\bar{l}}$ enthalten, längs derer gemäß § 625 $\left|\int_{\beta_{\bar{l}}} dz^*\right| < |\beta_{\bar{l}}|$ gilt. Dann ergibt sich $\sum |A_{i'}| < \sum |B_{j'}| + \sum |\beta_l|$ oder $2\ell_A(\mathscr{P}) < \ell_C(\mathscr{P})$ und genauso $2\ell_B(\mathscr{P}) < \ell_C(\mathscr{P})$.

Nur in einem Falle kann es vorkommen, daß das Polygon $\mathscr{P}$ keine Strecke β_l enthält: Wenn die Menge der Bögen C_k leer ist, wenn also auf ∂P lediglich Strecken A_i und B_j miteinander abwechseln, und wenn dann noch $\mathscr{P}$ mit dem Gesamtrande von P übereinstimmt. In diesem Falle erhalten wir die Beziehung $\ell_A(\mathscr{P}) = \ell_B(\mathscr{P})$.

§ 666. Zusammenfassend können wir die folgenden notwendigen Bedingungen feststellen.

1) Wenn die Konfiguration kein einfach geschlossenes Polygon $\mathscr{P}$ wie in § 665 zuläßt, d. h. wenn die Endpunkte der Strecken A_i und B_j alle auf einer Geraden liegen, dann ergibt sich keine Bedingung.

2) Wenn die Menge der Bögen C_k nicht leer ist, so muß für jedes solche Polygon $\mathscr{P}$ sowohl $2\ell_A(\mathscr{P}) < \ell_C(\mathscr{P})$ als auch $2\ell_B(\mathscr{P}) < \ell_C(\mathscr{P})$ gelten.

3) Wenn die Menge der Bögen C_k leer ist, so gelten dieselben Ungleichungen mit der folgenden Modifikation: Im Falle, daß $\mathcal{P}$ mit Rand ∂P übereinstimmt, sind sie durch $\ell_A(\mathcal{P}) = \ell_B(\mathcal{P})$ zu ersetzen.

Es ist unser Ziel zu zeigen, daß diese Bedingungen nicht nur notwendig, sondern auch hinreichend sind. Es gilt nämlich der Satz von H. Jenkins and J. Serrin [2] (wo man die Bedingungen 2) und 3) findet):

Wenn die notwendigen Bedingungen erfüllt sind, so existiert eine eindeutig bestimmte Lösung unseres Randwertproblems. (Im Falle, daß die Menge der Bögen C_k leer ist, ist die Lösung bis auf eine additive Konstante eindeutig bestimmt.)

In manchen Fällen läßt sich von vornherein erkennen, daß die Bedingungen erfüllt sind. Wenn der Rand ∂P lediglich eine Strecke A und einen Bogen C oder lediglich eine Strecke B und einen Bogen C enthält, so läßt sich kein Jordanpolygon $\mathcal{P}$ bilden, und Bedingung 1) ist erfüllt. Wenn der Rand ∂P je eine Strecke A und eine Strecke B enthält, so läßt sich entweder kein Jordanpolygon $\mathcal{P}$ bilden oder Bedingung 2) ist notwendigerweise erfüllt.

Das Problem ist stets eindeutig lösbar, wenn der Rand ∂P höchstens je eine Strecke A und eine Strecke B enthält.

Der Fall, daß der Rand ∂P ein aus zwei Strecken A_1, A_2 und zwei Strecken B_1, B_2, welche miteinander abwechseln, gebildetes Vierseit ist, ist bereits in III.2.4 eingehend untersucht worden. Notwendig und hinreichend für die Existenz einer Lösung ist dann die Bedingung $|A_1| + |A_2| = |B_1| + |B_2|$.

§ 667. Die Bedingungen des § 666 muten auf den ersten Blick überraschend an, lassen sich aber leicht heuristisch verständlich machen. Wir wollen sie etwa am Fall eines Rechtecks erläutern, bei dem auf zwei Gegenseiten A_1 und A_2 der Längen a der Wert Unendlich und auf den anderen Gegenseiten C_1 und C_2 der Längen c der Wert Null vorgeschrieben ist. Wir denken uns zunächst auf den Seiten C_1 und C_2 den Wert $z = 0$ und auf den Seiten A_1 und A_2 den Wert $z = n$ vorgegeben, wobei wir eine Funktion $z_n(x, y)$ erhalten, und versuchen nun, die Lösung unseres Problems durch einen Grenzübergang $n \to \infty$ zu gewinnen. Angenommen, die Punkte der Minimalfläche $z_n(x, y)$ würden mit wachsendem n nach oben gezogen. Der Inhalt der Fläche wäre dann, ganz grob gesprochen, etwa gleich $a\,c + 2c\,n$. Wenn die Punkte der Minimalfläche $z_n(x, y)$ mit größer werdenden n nicht nach oben gezogen würden, wäre der Inhalt der Fläche andererseits etwa gleich $a\,c + 2a\,n$. Da die Minimalfläche das absolute Minimum des Flächeninhaltes verwirklicht, wird also wegen $2\ell_A < \ell_C$, d. h. $a < c$, der zweite

Fall eintreten: Die Werte von $z_n(x, y)$ bleiben bei wachsendem n beschränkt, und unsere Lösung ergibt sich im Grenzübergang $n \to \infty$.

Man kann dieses Unten-bleiben oder Nach-oben-gezogen-werden, das ja also von der Dimensionierung der Berandung abhängt, auch experimentell schön verfolgen, indem man ein Seifenhäutchen in einen Drahtrahmen der in Abb. 81 skizzierten Gestalt einspannt. (Die Grundfläche soll ein Quadrat sein.) Wenn man die Dimensionierung durch geringfügiges Zusammendrücken des unteren oder oberen Gegenseitenpaares etwas ändert, so springt das Seifenhäutchen hin und her. Dieses Phänomen wird auch flip-flap genannt.

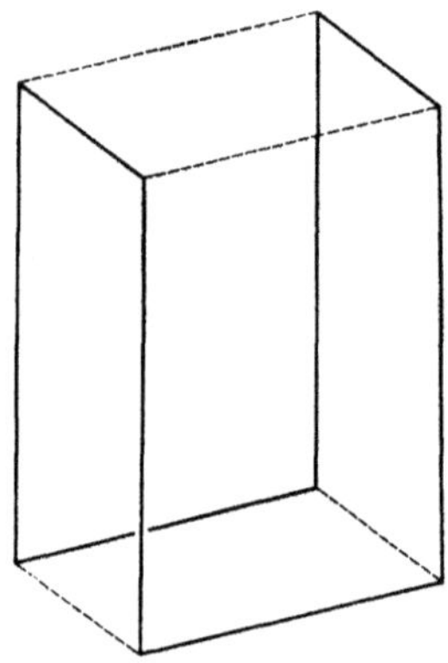

Abb. 81

§ 668. Als ersten Schritt des Existenzbeweises betrachten wir nunmehr den Fall, daß die Menge der Strecken B_j leer ist und daß die Funktion φ auf den Bögen C_k nach unten beschränkt ist.

Für $n = 1, 2, \ldots$ sei $z_n(x, y)$ die zufolge § 654 existierende und in $\bar{P}$ bis auf die Endpunkte der Strecken A_i stetige Lösung der Minimalflächengleichung in P, welche auf den Strecken A_i den Wert n und auf den Bögen C_k die Werte $\min(\varphi, n)$ annimmt. Aus § 586 geht hervor, daß die $z_n(x, y)$ eine monoton aufsteigende Funktionenfolge bilden, so daß die Aussagen der §§ 632, 633, 634 in Kraft treten. Wie in § 660 unterscheiden wir nun mehrere Fälle.

1) Die Konvergenzmenge V ist leer. Nach §§ 625, 627 gilt dann

$$\int\limits_{\partial P} dz_n^* = 0, \quad \left|\int\limits_{A_i} dz_n^*\right| \leqq |A_i|, \quad \lim_{n\to\infty} \int\limits_{C_k} dz_n^* = -|C_k|.$$

Wenn wir dann den Gesamtrand ∂P als Jordanpolygon $\mathscr{P}$ wählen, so folgt $\sum |C_k| \leqq \sum |A_i|$, d. h. $2\ell_A(\mathscr{P}) \geqq \ell_C(\mathscr{P})$. Da diese Ungleichung unserer Voraussetzung widerspricht, kann die Konvergenzmenge nicht leer sein.

2) Weder die Konvergenzmenge V noch die Divergenzmenge $\check{V}$ sind leer. Gemäß § 634 müssen die Endpunkte aller inneren Sehnen von ∂P, welche auf dem Rande der Konvergenzmenge liegen, mit Endpunkten der Strecken A_i übereinstimmen. Überdies gehört nach § 599 die konvexe Hülle jedes nicht geradlinigen Bogens C_k zu V. Jede Komponente der Divergenzmenge ist also von einem einfach geschlossenen Polygon $\mathscr{P}$ berandet, dessen Eckpunkte mit Eckpunkten der Strecken A_i übereinstimmen. $A_{i'}$ seien die an $\mathscr{P}$ beteiligten Strecken. Bei geeigneter Orientierung von $\mathscr{P}$ ergibt sich nach §§ 625, 627

$$\int_{\mathscr{P}} dz_n^* = 0, \quad \Big|\int_{\cup A_{i'}} dz_n^*\Big| \leqq \ell_A(\mathscr{P}), \quad \lim_{n\to\infty} \int_{\mathscr{P}\setminus\cup A_{i'}} dz_n^* = -[\ell_C(\mathscr{P}) - \ell_A(\mathscr{P})],$$

so daß im Widerspruch zu unseren Voraussetzungen wieder $\ell_C(\mathscr{P}) - \ell_A(\mathscr{P}) \leqq \ell_A(\mathscr{P})$ sein müßte. Auch der zweite Fall kann also nicht eintreten.

Die Divergenzmenge ist somit leer, und die Funktionen $z_n(x, y)$ konvergieren in ganz P, und zwar gleichmäßig in jeder kompakten Teilmenge, gegen eine Lösung $z(x, y)$ der Minimalflächengleichung.

Aus der Konstruktion der Funktionen $z_n(x, y)$ folgt unmittelbar, daß die Lösung $z(x, y)$ bei Annäherung an die Strecken A_i nach Unendlich geht. Das gewünschte Verhalten auf den Bögen C_k beweist man genauso wie in § 661.

§ 669. Durch die vorangehenden Betrachtungen ist der Fall, daß die Menge der Strecken B_j leer ist und daß die Funktion φ auf den Bögen C_k nach unten beschränkt ist, erledigt. Dasselbe gilt natürlich ebenso für den Fall, daß die Menge der Strecken A_i leer ist und daß die Funktion φ auf den Bögen C_k nach oben beschränkt ist.

Wir schreiten nun zum Existenzbeweis für den allgemeinen Fall und nehmen dabei zunächst an, daß die Menge der Bögen C_k nicht leer sei.

$z^+(x, y)$ sei die Lösung der Minimalflächengleichung in P, welche bei Annäherung an die Strecken A_i nach Unendlich geht und welche auf den Strecken B_j den Wert Null und auf den Bögen C_k die Werte $\max(\varphi, 0)$ annimmt. Nach dem Vorangehenden in Verbindung mit § 654 ist die Existenz und Eindeutigkeit dieser Lösung sichergestellt. Entsprechend bezeichnen wir mit $z^-(x, y)$ die Lösung der Minimalflächengleichung in P, welche bei Annäherung an die Strecken B_j nach $-\infty$ geht und welche auf den Strecken A_i den Wert Null und auf den Bögen C_k die Werte $\min(\varphi, 0)$ besitzt.

Auf den Bögen C_k betrachten wir nun die gemäß § 199 definierte Abschnittsfunktion $\varphi_n = [\varphi]_{-n}^{+n}$. Für $n = 1, 2, \ldots$ sei dann $z_n(x, y)$ die Lösung der Minimalflächengleichung in P, die auf den Strecken A_i den Wert n, auf den Strecken B_j den Wert $-n$ und auf den Bögen C_k die

Werte φ_n annimmt. Jede Funktion $z_n(x, y)$ ist in $\bar{P}$ mit Ausschluß der Endpunkte der Strecken A_i und B_j stetig. Nach dem allgemeinen Maximumprinzip gilt $z^-(x, y) \leqq z_n(x, y) \leqq z^+(x, y)$ in allen Punkten von P, so daß die Funktionenfolge $z_n(x, y)$ in jeder kompakten Teilmenge von P gleichmäßig beschränkt ist. Zufolge § 629 existiert daher eine Teilfolge der Funktionen $z_n(x, y)$, welche in P, und zwar gleichmäßig in jeder kompakten Teilmenge von P, gegen eine Lösung $z(x, y)$ der Minimalflächengleichung konvergiert.

Wie in §§ 646, 647, 661 beweist man, daß diese Lösung in P Einschluß der Bögen C_k stetig ist und daß sie auf den Bögen C_k die vorgeschriebenen Randwerte φ annimmt.

§ 670. Zum Nachweis des gewünschten Randverhaltens auf den Strecken A_i und B_j denken wir uns eine Strecke A_i genauso gelegen wie den in § 661 betrachteten Teilbogen. Dann folgt zunächst genauso wie in § 661, daß alle Funktionen $z_n(x, y)$ im Quadrat R' durch eine von n unabhängige Konstante M nach unten beschränkt sind. Für $m = 1, 2, \ldots$ sei nun $\bar{z}_m(x, y)$ die Lösung der Minimalflächengleichung in R', welche auf der unteren waagrechten Seite von R' den Wert m und auf den anderen drei Seiten den Wert M annimmt. Falls n größer als m ist, gilt nach dem allgemeinen Maximumprinzip in R' die Ungleichung $z_n(x, y) \geqq \bar{z}_m(x, y)$ und somit $z(x, y) \geqq \bar{z}_m(x, y)$. Daraus schließt man nun aber, daß $z(x, y)$ bei Annäherung an den auf A_i gelegenen Punkt $(0, 0)$ nach Unendlich gehen muß. Das Randverhalten bei Annäherung an die Strecken B_j läßt sich entsprechend beweisen.

Damit haben wir die eindeutige Lösbarkeit des in § 663 formulierten Problems für den Fall, daß die Menge der Bögen C_k nicht leer ist, in voller Allgemeinheit bewiesen.

§ 671. Wir müssen uns schließlich noch mit dem Fall beschäftigen, wo die Menge der Bögen C_k leer ist, wo also auf dem Gebietsrande ∂P lediglich die gleiche Anzahl von Strecken A_i, $(i = 1, 2, \ldots, i_0)$, und B_j, $(j = 1, 2, \ldots, i_0)$, abwechselnd aufeinander folgen.

Hier betrachten wir zunächst die Lösungen $\bar{z}_n(x, y)$, $(n = 1, 2, \ldots)$, der Minimalflächengleichung in P, welche auf den Strecken A_i den Wert n und auf den Strecken B_j den Wert Null annehmen. Für $0 < c < n$ bezeichnen wir mit $Q^+(c, n)$ und $Q^-(c, n)$ die offenen Mengen $\{x, y;\, (x, y) \in P, \bar{z}_n(x, y) > c\}$ bzw. $\{x, y;\, (x, y) \in P, \bar{z}_n(x, y) < c\}$. Es seien $Q_i^+(c, n)$ diejenige Komponente von $Q^+(c, n)$, auf deren Rande die Strecke A_i liegt, und $Q_j^-(c, n)$ diejenige Komponente $Q^-(c, n)$, welche die Strecke B_j als Randteil besitzt. Mit Hilfe des allgemeinen Maximumprinzips erkennt man ähnlich wie in § 373, daß es außer den Komponenten Q_i^+ keine weiteren Komponenten der Menge Q^+ und außer den Komponenten Q_j^- keine weiteren Komponenten der Menge Q^- gibt.

Nicht alle der Q_i^+ oder Q_j^- brauchen übrigens voneinander verschieden zu sein. In hinreichender Nähe des Wertes Null gibt es aber eine Zahl c_1 derart, daß die Komponenten $Q_j^-(c, n)$ für $0 < c \leqq c_1$ mitsamt ihren Abschließungen paarweise verschieden sind. Das folgt daraus, daß die Lösung $\bar{z}_n(x, y)$ in jeder kompakten Teilmenge von P größer als Null und kleiner als n ist. Für diese c-Werte ist die Menge $Q^+(c, n)$ dann natürlich einfach zusammenhängend. Ebenso gibt es in hinreichender Nähe des Wertes n eine Zahl c_2 derart, daß die Komponenten $Q_i^+(c, n)$ für $c_2 \leqq c < n$ mitsamt ihren Abschließungen paarweise verschieden sind, so daß die Menge $Q^-(c, n)$ einfach zusammenhängend ist.

Mit μ_n bezeichnen wir die untere Grenze der Werte c, für welche die Komponenten $Q_i^+(c, n)$ mitsamt ihren Abschließungen paarweise verschieden sind. Die $Q_i^+(\mu_n, n)$ sind dann auch noch paarweise verschieden. Es gibt aber mindestens ein Indexpaar i_1, i_2 derart, daß die Abschließungen von $Q_{i_1}^+(\mu_n, n)$ und $Q_{i_2}^+(\mu_n, n)$ einen nichtleeren Durchschnitt besitzen. Daraus folgt dann, daß zu jeder Komponente $Q_{j_1}^-(\mu_n, n)$ eine zu dieser punktfremde Komponente $Q_{j_2}^-(\mu_n, n)$ existiert.

Für $i = 1, 2, \ldots, i_0$ sei nun $z_i^+(x, y)$ die Lösung der Minimalflächengleichung in P, welche bei Annäherung an die Strecke A_i nach Unendlich geht und auf dem übrigen Teil des Randes ∂P den Wert Null besitzt. Weiterhin sei $z_i^-(x, y)$ die Lösung der Minimalflächengleichung in P, welche bei Annäherung an die Strecken $B_1, \ldots, B_{i-1}, B_{i+1}, \ldots, B_{i_0}$ nach $-\infty$ geht und auf dem übrigen Teil des Randes gleich Null ist. Auf Grund der Bedingungen 3) des § 666 ist die Existenz dieser Lösungen nach dem Vorangehenden sichergestellt. In jedem Punkte (x, y) von P werde schließlich $z^+(x, y) = \max_i (z_i^+(x, y))$ und $z^-(x, y) = \min_i (z_i^-(x, y))$ gesetzt.

Wir definieren jetzt die Funktion $\bar{z}_n(x, y) = z_n(x, y) - \mu_n$ und behaupten, daß in allen Punkten von P die Ungleichung $z^-(x, y) \leqq \leqq z_n(x, y) \leqq z^+(x, y)$ gilt. Zum Beweise dafür betrachten wir zwei Fälle.

Wenn $z_n(x_0, y_0) > 0$ ist, so liegt der Punkt (x_0, y_0) in einer Komponente $Q_i^+(\mu_n, n)$. Durch Anwendung des allgemeinen Maximumprinzips auf die Funktionen z_n und z_i^+ in dieser Komponente folgt dann $z_n(x_0, y_0) \leqq z_i^+(x_0, y_0) \leqq z^+(x_0, y_0)$.

Wenn $z_n(x_0, y_0) < 0$ ist, so gehört der Punkt (x_0, y_0) zu einer Komponente $Q_j^-(\mu_n, n)$. Nach dem Obigen gibt es eine zu dieser punktfremde Komponente $Q_{j'}^-(\mu_n, n)$. Indem wir dann das allgemeine Maximumprinzip in $Q_j^-(\mu_n, n)$ auf die Funktionen z_n und $z_{j'}^-$ anwenden, finden wir diesmal $z_n(x_0, y_0) \geqq z_{j'}^-(x_0, y_0) \geqq z^-(x_0, y_0)$.

Damit ist die Behauptung bewiesen. Die Funktionenfolge $z_n(x, y)$ ist also in jeder kompakten Teilmenge von P gleichmäßig beschränkt. Nach § 629 existiert daher eine Teilfolge $\{z_{n'}(x, y)\}$, welche in P, und zwar gleichmäßig in jeder kompakten Teilmenge von P, gegen eine Lösung $z(x, y)$ der Minimalflächengleichung konvergiert.

§ 672. Es handelt sich nunmehr noch um den Nachweis des gewünschten Randverhaltens.

Wir behaupten zunächst, daß die Konstanten $\mu_{n'}$, die ja alle positiv sind, nach Unendlich gehen müssen. Andernfalls ließe sich aus der Teilfolge $\{z_{n'}(x, y)\}$ eine weitere Teilfolge $\{z_{n''}(x, y)\}$ derart herausziehen, daß die zugehörigen Konstanten $\mu_{n''}$ einen endlichen Grenzwert μ besäßen. Die Randwerte der Funktionen $z_{n''}(x, y)$ würden dann auf jeder kompakten Teilmenge der Strecken B_j gleichmäßig gegen den Wert $-\mu$ konvergieren und auf jeder kompakten Teilmenge der Strecken A_i gleichmäßig nach Unendlich divergieren. Wie in §§ 661, 670 folgte daraus, daß die Lösung $z(x, y)$ bei Annäherung an die Strecken A_i nach Unendlich ginge und auf den Strecken B_j, auf denen sie noch stetig wäre, den Wert $-\mu$ annähme. Zufolge §§ 625, 626 gölte dann

$$\int_{\partial P} dz^* = 0, \quad \int_{\cup A_i} dz^* = \sum |A_i|, \quad \left|\int_{\cup B_j} dz^*\right| < \sum |B_j|,$$

was im Widerspruch zu der grundlegenden Voraussetzung $\ell_A(\partial P) = \ell_B(\partial P)$ steht. Damit ist die Behauptung bewiesen: Die Zahlen $\mu_{n'}$ gehen mit n' nach Unendlich.

Ganz entsprechend sieht man ein, daß auch die Zahlen $n' - \mu_{n'}$ nach Unendlich gehen.

Die Randwerte der Funktionen $z_{n'}(x, y)$, nämlich $n' - \mu_{n'}$ auf den Strecken A_i und $-\mu_{n'}$ auf den Strecken B_j, gehen also nach $+\infty$ bzw. $-\infty$. Mit der Schlußweise des § 670 folgt daraus, daß die Lösung $z(x, y)$ bei Annäherung an die Strecken A_i nach $+\infty$ und bei Annäherung an die Strecken B_j nach $-\infty$ geht.

Kapitel VIII

Vollständige Minimalflächen

§ 673. Der Beweis des Bernsteinschen Satzes aus § 130, demzufolge eine über der ganzen (x, y)-Ebene P definierte Minimalfläche $S = \{z = z(x, y); (x, y) \in P\}$ eine Ebene sein muß, läßt sich in zwei Schritte aufgliedern. Die Fläche ist offensichtlich im Sinne des § 54 vollständig. Wie in § 129 bewiesen, hat diese Tatsache zur Folge, daß S von konform parabolischem Typ sein muß. Nunmehr erinnere man sich, daß die in § 124 definierte Funktion Ω auf S analytisch und beschränkt ist. Mit anderen Worten: Das sphärische Bild der Fläche S liegt ganz in einer Halbkugel. (Unter dem sphärischen Bild verstehen wir wie in §§ 56, 147 immer die Bildpunktmenge auf der Einheitskugel unter der Abbildung durch den Normalvektor.) Die gewünschte Aussage ergibt sich nun als Anwendung des Liouvilleschen Satzes der Funktionentheorie.

Die Tatsache, daß S in nicht-parametrischer Darstellung vorliegt, ist von sekundärer Bedeutung. Als Hauptingredienzien des Bernsteinschen Satzes erkennt man vielmehr

1) die Vollständigkeit der Minimalfläche S;
2) den konform parabolischen Typ von S;
3) die Beschränkheit des sphärischen Bildes.

So betrachtet ist der Bernsteinsche Satz ein Beispiel für die Wechselwirkung zwischen den global metrisch-geometrischen, den konformen und den topologischen Eigenschaften vollständiger Minimalflächen.

In den nachfolgenden Paragraphen sollen diese Zusammenhänge weiter untersucht werden.

§ 674. Die betrachteten Minimalflächen sind natürlich stets offene Flächen. Wir wollen sie i. a. auch immer als orientierbar annehmen. Wenn eine Fläche nicht orientierbar ist, so können wir sie übrigens, wie in § 53 bemerkt, durch eine zweiblättrige orientierbare Überlagerungsfläche ersetzen und die nachfolgenden Überlegungen auf diese anwenden. Die sphärischen Bilder beider Flächen sind identisch. Beim Übergang zur Überlagerungsfläche geht die Vollständigkeit nicht verloren, und die Gesamtkrümmung verdoppelt sich lediglich. Aus den in §§ 124, 125 niedergelegten Beziehungen ersieht man ohne weiteres, daß die Abbildung einer nicht ebenen Minimalfläche S auf ihr sphärisches Bild in jedem von einem Napelpunkte verschiedenen Punkte lokal eineindeutig und in jedem Nabelpunkte ein-mehrdeutig ist. Nach § 125 liegen die Nabelpunkte auf S isoliert.

Das sphärische Bild einer nicht-ebenen vollständigen Minimalfläche ist also gewiß eine offene zusammenhängende Punktmenge auf der Einheitskugel. Ihr Komplement, d. h. die Gesamtheit der vom sphärischen Bilde ausgelassenen Punkte, ist entweder leer oder eine abgeschlossene Menge auf der Einheitskugel.

§ 675. *Eine vollständige Minimalfläche S, deren sphärisches Bild die ganze Umgebung eines Punktes (d. h. eine sphärische Umgebung auf der Einheitskugel) ausläßt, ist eine Ebene.* Mit anderen Worten: *Eine vollständige nicht-ebene Minimalfläche hat als sphärisches Bild eine überall dichte Punktmenge auf der Einheitskugel.* (R. Osserman [4]; [8], p. 71.)

Beweis: Wenn die Minimalfläche S nicht einfach zusammenhängend ist, so betrachten wir wie in § 147 ihre einfach zusammenhängende universelle Überlagerungsfläche $\hat{S}$ und denken uns diese in der Weierstraßschen Darstellung (94) vorgelegt. Die Fläche $\hat{S}$ ist ebenfalls vollständig, und ihr sphärisches Bild ist dasselbe. O. B. d. A. dürfen wir annehmen, daß die ausgelassene Umgebung eine Umgebung des Nordpoles sei. Nach § 155 gilt im Normalgebiet Π von $\hat{S}$ dann $\Phi(\gamma) \neq 0$ sowie $|\Psi(\gamma)/\Phi(\gamma)| \leqq m < \infty$. Für das Linienelement ds von $\hat{S}$ folgt daraus

$$ds = \left(|\Phi(\gamma)|^2 + |\Psi(\gamma)|^2\right) |d\gamma| \leqq (1 + m^2) \, |\Phi(\gamma)|^2 \, |d\gamma| .$$

Wenn λ ein vom Punkte $\gamma = 0$ zum Rande von Π führender Weg in der γ-Ebene ist, so gilt für die Länge ℓ seines Bildweges Λ auf $\hat{S}$

$$\ell = \int_{\Lambda} ds \leqq (1 + m^2) \int_{\lambda} |\Phi(\gamma)|^2 \, |d\gamma| .$$

Wenn Π der Einheitskreis wäre, so folgte aus § 139 für einen gewissen derartigen Weg die der Vollständigkeit unserer Fläche widersprechende Ungleichung $\ell \leqq (1 + m^2) \, |\Phi(0)|^2$. Das Normalgebiet Π ist also mit der komplexen γ-Ebene identisch. Die Behauptung folgt nun, indem man den Liouvilleschen Satz auf die beschränkte Funktion $\Psi(\gamma)/\Phi(\gamma)$ anwendet und die am Schlusse von § 155 gemachte Bemerkung berücksichtigt. W. z. b. w.

Der entsprechende Satz für (zweidimensionale) Minimalflächen im n-dimensionalen Raum wurde von S. S. Chern [3] formuliert und bewiesen.

§ 676. Genauso wie in § 612 läßt sich eine quantitative Aussage herleiten, welche den Satz des vorangehenden Paragraphen enthält.

Die Normalen in allen Punkten einer offenen einfach zusammenhängenden Minimalfläche S mögen mit einer festen Richtung einen Winkel größer als α einschließen, wo $0 < \alpha < \pi$. Es seien p ein Punkt von S, d sein Abstand vom Rande von S (siehe § 54) und β der Winkel zwischen der Normalen zu S in p und der festen Richtung. Für die Gaußsche Krümmung im Punkte p gilt dann die Abschätzung

$$|K(p)| \leqq \frac{1}{d^2} k(\alpha, \beta),$$

wo

$$k(\alpha, \beta) = \frac{16}{\sin^2\alpha} \frac{\sin^4\left(\frac{\beta}{2}\right)}{\sin^4\left(\frac{\alpha}{2}\right)} \sin^2\left(\frac{\alpha+\beta}{2}\right) \sin^2\left(\frac{\alpha-\beta}{2}\right)$$

ist.

Derartige Abschätzungen sind zuerst von R. Osserman in [6], [7] hergeleitet und in [3] auch auf eine etwas allgemeinere Flächenklasse ausgedehnt worden. Für Minimalflächen im n-dimensionalen Raum finden sich entsprechende Abschätzungen bei S. S. Chern [3], pp. 195 bis 197.

Beweis: O. B. d. A. kann angenommen werden, daß die feste Richtung die der positiven z-Achse sei. Die Fläche S liege in der Weierstraßschen Darstellung (94) vor, wobei, was sich einrichten läßt, der Punkt p dem Punkt $\gamma = 0$ entspricht. In allen Punkten von S gilt dann $|\omega(\gamma)| = |\Psi(\gamma)/\Phi(\gamma)| < m = \operatorname{cotan}\frac{\alpha}{2}$. Falls S eben ist, braucht nichts bewiesen zu werden. Andernfalls muß das Normalgebiet Π von S gewiß das Innere des Einheitskreises sein. Nach dem Schwarz-Pickschen Lemma (siehe § 608) gilt dann $|\omega'(0)| \leqq m(1 - m^{-2}|\omega(0)|^2)$ und nach § 155 daher

$$|K(p)| = \frac{4|\omega'(0)|^2}{|\Phi(0)|^4(1+|\omega(0)|^2)^4} \leqq \frac{4m^2\left(1 - \frac{|\omega(0)|^2}{m^2}\right)^2}{|\Phi(0)|^4(1+|\omega(0)|^2)^4}.$$

Genauso wie in § 675 findet man aber $d \leqq (1+m^2)\,|\Phi(0)|^2$, d. h. $|\Phi(0)|^{-2} \leqq (1+m^2)/d$. Wenn man diese Ungleichung und die Beziehung $|\omega(0)| = \operatorname{cotan}\frac{\beta}{2}$ einsetzt und vereinfacht, erhält man die behauptete Abschätzung. W. z. b. w.

Im Falle einer Minimalfläche mit nichtparametrischer Darstellung $\{z = z(x, y);\ (x, y) \in P\}$ können wir $\alpha = \pi/2$ und $\beta > \pi/2$, d. h. $m = 1$

und $|\omega(0)| = \cot\text{an}\,\frac{\beta}{2} = \sqrt{(W_0 - 1)/(W_0 + 1)} < 1$, nehmen, so daß sich die obige Abschätzung auf

$$|K(p)| \leqq \frac{16}{d^2}\cos^2\beta\,\sin^4\left(\frac{\beta}{2}\right) = \frac{4}{d^2 W_0^2}\left(1 + \frac{1}{W_0^2}\right)^2 \leqq \frac{16}{d^2 W_0^2}$$

reduziert. Die Konstante 16 in dieser Ungleichung ist nicht ganz so gut wie die in § 612 gegebene Konstante c_2. Die allgemeine Abschätzung kann aber vermittels einer der in §§ 127, 612 verwendeten ähnlichen Methode verschärft werden.

Der für gegebene Winkel α, β kleinste numerische Wert der Funktion $k(\alpha, \beta)$, d. h. die universelle Funktion $k^{(0)}(\alpha, \beta) = \sup\{d^2 K(p)\}$ für alle die Voraussetzungen erfüllenden Minimalflächen, ist bis heute unbekannt.

§ 677. Die Aussage des § 675 legt die Frage nahe, wie dünn die Komplementärmenge des sphärischen Bildes einer vollständigen Minimalfläche S angenommen werden darf, wenn man immer noch schließen möchte, daß S eine Ebene sein muß. Eine erschöpfende Antwort auf diese Frage liegt bis heute noch nicht vor. Es gilt aber der folgende allgemeine Satz, den man einer Bemerkung von L. V. Ahlfors (siehe R. Osserman [8], p. 76) verdankt, und der natürlich den Satz des § 675 als Spezialfall enthält:

Die von dem sphärischen Bild einer nicht-ebenen vollständigen Minimalfläche ausgelassene Punktmenge hat verschwindende logarithmische Kapazität.

Beweis: Wenn das sphärische Bild von S die gesamte Einheitskugel bedeckt, ist nichts zu beweisen. Andernfalls richten wir es durch eine Drehung, die nichts am Sachverhalt ändert, so ein, daß die ausgelassene Menge den Nordpol enthält. Wie beim Beweis in § 675 betrachten wir die universelle Überlagerungsfläche $\hat{S}$ und denken uns diese wieder in der Weierstraßschen Darstellung (94) vorgelegt. Im Normalgebiet Π von $\hat{S}$ gilt dann $\Phi(\gamma) \neq 0$ und $\Psi(\gamma)/\Phi(\gamma) \neq \infty$. Wenn Π die ganze γ-Ebene ist, so wäre dort $\omega(\gamma) = \Psi(\gamma)/\Phi(\gamma)$ eine ganze Funktion und könnte nach dem Picardschen Satze der Funktionentheorie zusätzlich zum Werte $\omega = \infty$ höchstens einen weiteren Wert auslassen. Die Ausnahmemenge hätte also gewiß die Kapazität Null.

Wenn das Normalgebiet Π der Einheitskreis ist, und wenn die logarithmische Kapazität der vom sphärischen Bilde ausgelassenen Menge nicht Null wäre, so gäbe es nach § 273 im Bildgebiet von Π unter der Abbildung $\omega = \omega(\gamma)$ eine harmonische Majorante $h(\omega)$ der Funktion $\log(1 + |\omega|^2)$. Die harmonische Funktion $h(\omega(\gamma))$ sei der Realteil der in Π analytischen Funktion $g(\gamma)$. Für einen gewissen vom Punkte $\gamma = 0$ zum Rande von Π führenden Weg λ in der γ-Ebene und die Länge ℓ seines Bildweges Λ auf $\hat{S}$ gölte gemäß § 139 wegen des Nichtverschwindens von $\Phi(\gamma)$ dann

$$\ell = \int_{\Lambda} ds = \int_{\lambda} \{|\Phi(\gamma)|^2 + |\Psi(\gamma)|^2\} |d\gamma| \leqq$$

$$\leqq \int_{\lambda} |\Phi(\gamma)|^2 |e^{g(\gamma)}| |d\gamma| \leqq |\Phi(0)|^2 |e^{g(0)}| < \infty .$$

Das widerspräche der Vollständigkeit der Fläche $\hat{S}$. Auch wenn das Normalgebiet Π der Einheitskreis ist, muß die Kapazität der Ausnahmemenge also verschwinden. W. z. b. w.

Während der vorstehende Beweis dem von R. Osserman in [I], p. 71 gegebenen nachgebildet ist, berief sich der ursprünglich vorgelegte Beweis (siehe R. Osserman [8], p. 76; auch J. C. C. Nitsche [18], p. 251) auf Sätze von O. Frostman ([2], p. 101) und R. Nevanlinna ([I], p. 190) über meromorphe Funktionen beschränkter Charakteristik.

§ 678. Die durch wiederholte Spiegelungen erhaltene vollständige Riemann-Schwarzsche Minimalfläche aus § 279 ist das Beispiel einer Minimalfläche, deren Normalen jede Richtung annehmen. Das sphärische Bild der Enneperschen Minimalfläche (48) aus § 88 läßt genau einen Punkt aus. Die Normalen der Kettenfläche S_2 aus § 40 und die Normalen der Wendelfläche $\{x = u \cos v, y = u \sin v, z = v; u^2 + v^2 < \infty\}$ lassen genau zwei Richtungen aus. Beim sphärischen Bild jeder der in III.2.4 betrachteten verallgemeinerten Scherkschen Flächen bleiben genau vier Punkte unbedeckt. Weitere Beispiele mit drei und vier ausgelassenen Punkten findet man bei R. Osserman ([8], p. 75 und p. 72) und T. Klotz and L. Sario ([1], p. 42).

Allgemein gilt der von K. Voss in [2], p. 317 aufgestellte Satz:

Auf der Riemannschen Zahlenkugel sei eine aus $k \leqq 4$ verschiedenen Punkten bestehende Menge gegeben. Es gibt eine vollständige Minimalfläche, deren sphärisches Bild genau diese Punkte ausläßt.

Der nachfolgende Beweis (J. C. C. Nitsche [18], pp. 248–249; R. Osserman [I], p. 72) wird erkennen lassen, warum die Zahl k, jedenfalls bei der hier benutzten Konstruktion, nicht größer als Vier genommen werden kann.

Beweis: Für $k = 0$ hat die Riemann-Schwarzsche Minimalfläche die gewünschten Eigenschaften. Wenn $k \geqq 1$ ist, dürfen wir im Hinblick auf die Möglichkeit einer Drehung des Koordinatensystems annehmen, daß einer der vorgegebenen Punkte in den Nordpol der Zahlenkugel fällt. Es seien dann weiter, falls $k \geqq 2$ ist, ω_j, $(j = 2, \ldots, k)$, die durch stereographische Projektion erhaltenen Bildpunkte der übrigen vorgegebenen Ausnahmepunkte in der komplexen ω-Ebene. Ähnlich wie in § 166 bezeichne $\mathfrak{R}$ die in den Punkten $\omega_1 = \infty$, ω_j punktierte volle komplexe Zahlenebene und $\hat{\mathfrak{R}}$ ihre über dieser Zahlenebene ausgebreitete universelle Überlagerungsfläche. Wie in § 269 bemerkt, ist letztere für $k = 1, 2$ vom parabolischen Typ und für $k = 3, 4$ vom hyperbolischen Typ. Durch $\omega = \hat{\omega}(\gamma)$ werde die γ-Ebene (in den Fällen $k = 1, 2$) bzw. der Einheitskreis $|\gamma| < 1$ (in den Fällen $k = 3, 4$) umkehrbar eindeutig und konform auf $\hat{\mathfrak{R}}$ abgebildet. $\tilde{\omega}$ sei die Projektionsabbildung von $\hat{\mathfrak{R}}$ auf $\mathfrak{R}$. Die zusammengesetzte Abbildung $\omega = \omega_0(\gamma) = \tilde{\omega}(\hat{\omega}(\gamma))$ ist dann lokal eineindeutig, und es gilt $\omega_0'(\gamma) \neq 0$. Wir definieren nun eine Funktion $R(\omega)$ wie folgt. Wenn $k = 1$ ist, setzen wir $R(\omega) = 1$. Wenn $k > 1$ ist, setzen wir

$$R(\omega) = \prod_{j=2}^{k} (\omega - \omega_j)^{-p_j},$$

wobei die Exponenten p_j den Bedingungen $p_j \geqq 1$ und $\sum_{j=2}^{k} p_j \leqq 3$ genügen müssen. In den Fällen $k = 2, 3$ bieten sich offensichtlich verschiedene Möglichkeiten an. Mit Hilfe der Funktion $R(\omega)$ definieren wir nach dem Vorbild der Darstellung (95) eine Minimalfläche S durch die Gleichungen

$$\begin{aligned} x &= \operatorname{Re}\int_0^\gamma (1 - \omega_0^2(\gamma))\, R(\omega_0(\gamma))\, \omega_0'(\gamma)\, d\gamma \\ y &= \operatorname{Re}\int_0^\gamma i(1 + \omega_0^2(\gamma))\, R(\omega_0(\gamma))\, \omega_0'(\gamma)\, d\gamma, \qquad \gamma \in \Pi. \\ z &= \operatorname{Re}\int_0^\gamma 2\omega_0(\gamma)\, R(\omega_0(\gamma))\, \omega_0'(\gamma)\, d\gamma \end{aligned}$$

Π ist hier die endliche γ-Ebene oder der Einheitskreis $|\gamma| < 1$, je nachdem ob $k = 1, 2$ oder $k = 3, 4$ gilt. Es ist klar, daß das sphärische Bild von S genau die Punkte ω_1, ω_j ausläßt.

Ein Weg λ_0 in Π definiert einen Weg $\hat{\lambda}$ auf $\hat{\mathfrak{R}}$, dessen Spurweg λ in $\mathfrak{R}$ und den Bildweg Λ auf S. Das Längenelement von Λ ist nach § 156 durch

$$ds = (1 + |\omega_0(\gamma)|^2)\, |R(\omega_0(\gamma))|\, |\omega_0'(\gamma)|\, |d\gamma| = (1 + |\omega|^2)\, |R(\omega)|\, |d\omega|$$

gegeben, wobei der zweite Ausdruck längs des Weges λ zu nehmen ist. Wenn λ_0 zum Rande von Π führt, so führt der Spurweg λ entweder zu einem der Punkte $\omega_1 = \infty$, ω_j oder er hat unendliche Länge bezüglich der Euklidischen Metrik in der ω-Ebene. In jedem Falle gilt

$$\int_\Lambda ds = \int (1 + |\omega|^2)\, |R(\omega)|\, |d\omega| = \infty .$$

Die Fläche S ist also vollständig und besitzt damit alle gewünschten Eigenschaften.

§ 679. Wie schon angekündigt, erkennen wir, daß die Vollständigkeit der Fläche S nur gewährleistet ist, solange die Funktion $R(\omega)$ nicht mehr als drei Faktoren hat. Andernfalls gölte für einen geeigneten zum Punkte $\omega = \infty$ führenden Weg λ

$$\int_\lambda (1 + |\omega|^2)\,|R(\omega)|\,|d\omega| < \infty .$$

Die konstruierte Fläche S wird i. a. natürlich nicht (im Sinne von § 40) echt einfach zusammenhängend sein. Wenn es schwächere unverzweigte unbegrenzte Überlagerungsflächen der punktierten Ebene $\mathfrak{R}$ gibt, auf denen die Koordinaten von S bereits eindeutig sind, dann besitzt S in Wirklichkeit einen höheren Zusammenhang. Wir haben diese Frage bereits in §§ 166, 167 besprochen.

Für $k = 1$, wo $R(\omega) = 1$ zu nehmen ist, erhalten wir bei der Konstruktion des vorangehenden Paragraphen gemäß § 157 natürlich die Ennepersche Minimalfläche. Bei dieser besteht ein eineindeutiger Zusammenhang zwischen den Punkten der Einheitskugel und den Punkten der endlichen ω-Ebene.

Für $1 < k < 4$ gibt es aber mehrere Möglichkeiten für die Wahl der Funktion $R(\omega)$ und damit mehrere Minimalflächen, auf welche die Aussagen des vorangehenden Satzes zutreffen. Im Falle $k = 2$ und bei der speziellen Punktewahl $\omega_1 = \infty, \omega_2 = 0$ kann man z. B. $R(\omega) = \omega^{-1}$ oder $R(\omega) = \omega^{-2}$ oder $R(\omega) = \omega^{-3}$ wählen. Nach § 157 führt die zweite Wahl auf die Kettenfläche, und nur bei dieser Wahl ergibt sich eine eineindeutige Beziehung zwischen den Punkten der Einheitskugel und den Punkten der bei $\omega_1 = \infty$ und $\omega_2 = 0$ punktierten Zahlenebene $\mathfrak{R}$. Bei den anderen beiden Wahlen sind die Koordinaten der Fläche S in $\mathfrak{R}$ nicht eindeutige Funktionen.

§ 680. In der Tat gilt der von K. Voss ([2], p. 316) aufgestellte und später unabhängig auch von R. Osserman ([12], p. 573) bewiesene Satz:

Es gibt (bis auf eine Bewegung und eine Ähnlichkeit) nur zwei vollständige Minimalflächen mit eineindeutiger sphärischer Abbildung: Die Ennepersche Minimalfläche und die Kettenfläche.

Beweis: Das sphärische Bild einer solchen Minimalfläche S muß mindestens einen Punkt der Riemannschen Zahlenkugel auslassen, da die Koordinaten von S als harmonische Funktionen sonst Konstante sein müßten. In einem geeigneten Koordinatensystem liegt also mindestens der Nordpol der Einheitskugel nicht im sphärischen Bilde von S. Andererseits kann S natürlich keine Ebene sein.

Wir denken uns das sphärische Bild der Fläche S in der ω-Ebene gelegen ($\omega = \sigma + i\tau$, siehe § 56). Es ist dort ein gewisses Gebiet B.

Wegen der Eineindeutigkeit der Zuordnung folgt aus § 674, daß S nabelpunktfrei ist. Gemäß § 68 sind σ und τ isotherme Parameter auf S.

Zunächst wollen wir zeigen, daß S über B in der Form (95) dargestellt werden kann. Die Koordinaten x, y, z von S sind die (eindeutigen) Realteile dreier in B analytischer Funktionen $f_1(\omega)$, $f_2(\omega)$ bzw. $f_3(\omega)$, welche den Bedingungen

$$\sum_{j=1}^{3} f_j'^2(\omega) = 0, \quad \sum_{j=1}^{3} |f_j'(\omega)|^2 > 0$$

genügen. Eine Nullstelle der Funktion $f_1' - i f_2' = (x_\sigma - y_\tau) - i(x_\tau + y_\sigma)$ ist daher zugleich eine Nullstelle der Funktion $f_3' = z_\sigma - i z_\tau$. Aus der Beziehung

$$(1 + |\omega|^2)(\mathfrak{x}_\sigma \times \mathfrak{x}_\tau) = |\mathfrak{x}_\sigma|^2 \{2\sigma, 2\tau, \sigma^2 + \tau^2 - 1\}$$

schließt man nun, daß die Funktion $f_1' - i f_2'$ in B nicht verschwinden kann. Ähnlich wie in § 155 setzen wir

$$\Phi(\omega) = \sqrt{\tfrac{1}{2}(f_1'(\omega) - i f_2'(\omega))}, \quad \Psi(\omega) = \sqrt{-\tfrac{1}{2}(f_1'(\omega) + i f_2'(\omega))}$$

und erhalten dann für S die Darstellung (94). Wegen $\Phi(\omega) \neq 0$ und $\Psi(\omega)/\Phi(\omega) = \omega$ nimmt diese aber, wenn wir $R(\omega) = \Phi^2(\omega)$ wählen, die Form der Darstellung (95) an.

Aus §§ 271, 677 schließen wir, daß die Komponenten der zu B komplementären Menge einpunktig sein müssen. Wegen $K < 0$ und wegen der Eineindeutigkeit der sphärischen Abbildung gilt nach § 57 gewiß $\iint |K|\, do \leqq 4\pi$. Nach dem zweiten in § 55 zitierten Satze muß S daher von endlichem Zusammenhange sein. Die zu B komplementäre Menge kann außer dem Punkte $\omega = \infty$ somit nur noch endlich viele weitere Punkte enthalten. Aus der Vollständigkeit der Fläche folgt vermittels § 142, daß die Funktion $R(\omega)$ in diesen Punkten Pole haben muß. Damit auch der Bildweg jedes zum Punkte $\omega = \infty$ führenden Weges auf S unendliche Länge habe, muß $R(\omega)$ die Form $R(\omega) = 1/P(\omega)$ besitzen, wo $P(\omega)$ ein Polynom von höchstens drittem Grade ist.

Alle drei in der Darstellung (95) auftretenden Integrale müssen nun aber in B eindeutige Realteile haben. Eine Diskussion der auftretenden Fälle zeigt, daß aus diesem Grunde nur die beiden Möglichkeiten $P(\omega) = c$ und $P(\omega) = k\,\omega^2$ in Frage kommen, wo c eine komplexe Konstante und k eine reelle Konstante bedeuten. Nach §§ 157, 180 entspricht der ersten Möglichkeit die Ennepersche Minimalfläche und der zweiten Möglichkeit die Kettenfläche. W. z. b. w.

Die vorstehende Demonstration folgt der von K. Voss gegebenen Beweisskizze. Voss beruft sich allerdings auf den Satz von Cohn-Vossen (den ersten in § 55 zitierten Satz). Die Aussage dieses Satzes setzt aber den endlichen Zusammenhang der Fläche S voraus, und gerade diese

Tatsache muß ja erst bewiesen werden. Wir ziehen zu diesem Zwecke den Huberschen Satz (den zweiten in § 55 zitierten Satz) heran. Nun ist der Nachweis des Huberschen Satzes alles andere als einfach, und wir haben ihn daher in § 55 auch nicht gebracht. Aus diesem Grunde ist der vorstehende Beweis (ebenso wie andere Beweisvarianten) unbefriedigend. Wie schon bei J. C. C. Nitsche ([18], Problem 43 auf p. 260) bemerkt, wäre es wünschenswert, für den Fall von Minimalflächen, insbes. für schlichte Gebiete mit einpunktigen Randkomponenten, einen möglichst kurzen Beweis des Huberschen Satzes zu geben. Bei anderen Anwendungen (R. Osserman [11], Zeilen 19–20 auf p. 354) dürfte angenommen werden, daß die nicht-positive Gaußsche Krümmung einen kompakten Träger besitzt. Man sehe hierzu § 874.

§ 681. Von T. Klotz and L. Sario [1] sind vollständige Minimalflächen $S = \{T; P\}$ konstruiert worden, deren Parameterfläche P einen vorgeschriebenen Zusammenhang und vorgeschriebenes Geschlecht besitzt. Klotz und Sario bestimmen zunächst eine dreifach zusammenhängende Minimalfläche der Gesamtkrümmung -16π. Durch Aufschneiden, Übereinanderlegen entsprechender Exemplare und kreuzweises Verheften werden dann die gewünschten Minimalflächen erzeugt. Die echten topologischen Eigenschaften dieser Flächen sind allerdings unbekannt. Explizite Beispiele wären sehr wünschenswert.

Unter Anwendung allgemeiner Sätze aus der Wertverteilungslehre (L. Sario [1], [2]) untersuchen T. Klotz and L. Sario [2] auch das sphärische Bild dieser und anderer Minimalflächen. Es stellt sich heraus, daß der Normalenvektor umso öfter in die Nähe einer Richtung kommt, je seltener diese Richtung selbst bei der sphärischen Abbildung angenommen wird. Bei der Kettenfläche beispielsweise wird das Auslassen zweier Richtungen dadurch wettgemacht, daß die Normalen in einem großen Teil der Fläche diesen Richtungen nahekommen.

§ 682. Auch die Aussagen der §§ 143, 144 lassen sich, zumindest qualitativ, verallgemeinern.

Die Minimalfläche S sei lokal vollständig, d. h. alle zu einer isolierten Randkomponente führenden Wege auf S mögen unendliche Länge haben. Entweder konvergiert dann der Normalenvektor längs aller solchen Wege gegen ein und denselben festen Grenzvektor oder das sphärische Bild jeder Umgebung der Randkomponente läßt höchstens eine Punktmenge verschwindender logarithmischer Kapazität aus. (R. Osserman [10], p. 396.)

Beweis: In einer vorgegebenen Umgebung der Randkomponente läßt sich S nach §§ 132, 147 in der Form (94) darstellen, wo Π jetzt ein Kreisring $0 < \varrho_1 < |\gamma| < \varrho_2 \leqq \infty$ in der γ-Ebene ist, derart, daß die isolierte Randkomponente von S der Randkomponente $|\gamma| = \varrho_2$ entspricht.

Wir betrachten den Fall, daß das sphärische Bild dieser Umgebung eine Menge nicht-verschwindender Kapazität ausläßt und dürfen dann wieder annehmen, daß der Nordpol der Einheitskugel zu den Ausnahmepunkten gehört. Die Funktion $\Phi(\gamma)$ hat daher in Π keine Nullstelle.

Nach § 273 gibt es im Bildgebiet von Π unter der Abbildung $\omega = \omega(\gamma) = \Psi(\gamma)/\Phi(\gamma)$ eine harmonische Majorante $h(\omega)$ der Funktion $\log(1 + |\omega|^2)$. Die harmonische Funktion $h(\omega(\gamma))$ sei der Realteil der in Π analytischen Funktion $g(\gamma)$. Wenn diese Funktion nicht eindeutig ist, so unterscheiden sich ihre Zweige lediglich um ganzzahlige Vielfache einer rein imaginären Konstanten $i\varkappa$. Die ganze Zahl n sei so gewählt, daß $2\pi n/\varkappa \geqq 1$ ist. Die Funktion

$$g_1(\gamma) = \begin{cases} e^{g(\gamma)}, & \varkappa = 0 \\ e^{\frac{2\pi n}{\varkappa} g(\gamma)}, & \varkappa \neq 0 \end{cases}$$

ist dann in Π eindeutig, und es gilt $|g_1(\gamma)| = e^{h_1(\omega(\gamma))}$, wobei

$$h_1(\omega) = \begin{cases} h(\omega), & \varkappa = 0 \\ \dfrac{2\pi n}{\varkappa} h(\omega), & \varkappa \neq 0 \end{cases}$$

ebenfalls eine Majorante der Funktion $\log(1 + |\omega|^2)$ ist.

Nach § 155 gilt für das Linienelement unserer Minimalfläche

$$ds = \left(|\Phi(\gamma)|^2 + |\Psi(\gamma)|^2\right)|d\gamma| = \left(1 + |\omega(\gamma)|^2\right)|\Phi(\gamma)|^2\,|d\gamma| \leqq$$
$$\leqq |g_1(\gamma)\,\Phi^2(\gamma)|\,|d\gamma|.$$

Aus § 141 folgt nun, daß ϱ_2 nicht endlich sein kann. Zufolge des Picardschen Satzes der Funktionentheorie kann die in $\varrho_1 < |\gamma| < \infty$ analytische Funktion $\omega(\gamma)$ bei $\gamma = \infty$ keine wesentliche Singularität aufweisen. $\omega(\gamma)$ hat also einen (endlichen oder unendlichen) Grenzwert, wenn γ nach Unendlich geht. W. z. b. w.

Bei einer in nichtparametrischer Darstellung vorliegenden Minimalfläche befindet sich das sphärische Bild ganz in einer Halbkugel, und wir erhalten so wiederum den qualitativen Teil des Satzes von L. Bers aus § 144.

§ 683. Sowohl die vorangehenden als auch die folgenden Ausführungen zeigen, wie geeignete Annahmen über die sphärische Abbildung und über die Gesamtkrümmung – implizit auch über den topologischen Typ – einer offenen vollständigen Minimalfläche S den Schluß möglich machen, S müsse eine Ebene sein.

Es wäre gewiß interessant, andere geometrische Eigenschaften zu finden, welche diesselbe Folgerung zulassen.

Man könnte in diesem Zusammenhang beispielsweise die Forderung stellen, die Fläche $S = \{T; P\}$ solle im Raume eingebettet sein, d. h., die Abbildung T der Parametermenge P solle global eineindeutig sein. Die Wendefläche, die Kettenfläche, die Scherksche Fläche sowie die von E. R. Neovius in [1] bestimmte Fläche unendlichen Geschlechts sind aber alle derartige Minimalflächen. Eine schöne Photographie der Neoviusschen Fläche findet sich auf Tafel 4 der zitierten Arbeit.

Eine andere Frage ist, ob es außer der Ebene noch offene vollständige Minimalflächen gibt, welche – eingebettet oder nicht – ganz in einem Halbraum oder ganz in einer Scheibe des Raumes verlaufen. Diese Frage ist bislang noch nicht entschieden. In höheren Dimensionen gibt es derartige Minimalflächen. Die der Kettenfläche im R^4 entsprechende Fläche

$$\sqrt{x_1^2 + x_2^2 + x_3^2} = E(x_4),$$

wo $e = E(t)$ die Umkehrfunktion des zweiwertigen Integrals

$$t = \int_1^e \frac{dr}{\sqrt{r^4 - 1}}$$

bedeutet, ist ein Beispiel. Man sehe dazu die Bemerkungen in §§ 959, 960.

§ 684. Bis heute ist es noch nicht gelungen, Beispiele nicht-ebener vollständiger Minimalflächen zu finden, für welche die Ausnahmemenge des sphärischen Bildes aus mehr als vier Punkten – geschweige denn aus einer vorgegebenen Menge verschwindender logarithmischer Kapazität – besteht.

Näheren Aufschluß über die sphärische Abbildung einer nicht-ebenen vollständigen Minimalfläche S erhält man, wenn man zusätzliche Voraussetzungen über die Totalkrümmung von S macht.

Wir beweisen zunächst eine Aussage funktionentheoretischen Inhalts:

Die zweifach zusammenhängende Minimalfläche S liege in der Darstellung (94) *vor, wobei Π jetzt die punktierte Kreisscheibe* $0 < |\gamma| < 1$ *bedeute. Wenn die in Π meromorphe Funktion* $\omega(\gamma) = \Psi(\gamma)/\Phi(\gamma)$ *bei* $\gamma = 0$ *eine wesentliche Singularität hat, so kann die Gesamtkrümmung*

$$\iint_S K\,do = -4 \iint_\Pi \frac{|\Phi\Psi' - \Phi'\Psi|^2}{(|\Phi|^2 + |\Psi|^2)^2}\,d\alpha\,d\beta$$

$$= -4 \iint_\Pi \left[\frac{|\omega'(\gamma)|}{1 + |\omega(\gamma)|^2}\right]^2 d\alpha\,d\beta$$

der Fläche nicht endlich sein.

Wenn die Gesamtkrümmung endlich ist, so läßt sich $\omega(\gamma)$ *also zu einer in der Kreisscheibe* $|\gamma| < 1$ *meromorphen Funktion fortsetzen.*

Beweis: $\omega(\gamma)$ habe bei $\gamma = 0$ eine wesentliche Singularität. Nach dem Picardschen Satze der Funktionentheorie nimmt $\omega(\gamma)$ dann in jeder in Π gelegenen Umgebung des Punktes $\gamma = 0$ jeden Wert mit Ausnahme höchstens zweier Werte unendlich oft an. Wir werden zeigen, daß, was nach § 57 von vornherein einleuchtend ist, die Gesamtkrümmung unendlich ausfallen muß.

Zu diesem Zwecke betrachten wir die Riemannsche Zahlenkugel und entfernen aus ihr, falls ein oder zwei Ausnahmepunkte des sphärischen Bildes existieren sollten, offene sphärische Umgebungen dieser Punkte vom Gesamtinhalt $\leqq \varepsilon$. Die verbleibende abgeschlossene Menge vom Flächeninhalt $\geqq 4\pi - \varepsilon$ werde mit Z_0 bezeichnet.

Wie man sich überlegt, gibt es eine Zahl ϱ_1, $0 < \varrho_1 < 1$, derart, daß das sphärische Bild des dem Kreisring $\varrho_1 < |\gamma| < 1$ entsprechenden Teils von S keinen Punkt von Z_0 ausläßt. Wie in § 674 bemerkt wurde, ist die sphärische Abbildung der Fläche S nur in den Nabelpunkten nicht lokal eineindeutig. Nach § 57 folgt für die Gesamtkrümmung des fraglichen Flächenteils gewiß die Ungleichung

$$\iint\limits_{\varrho_1 < |\gamma| < 1} \left[\frac{|\omega'(\gamma)|}{1 + |\omega(\gamma)|^2}\right]^2 d\alpha\, d\beta \geqq 4\pi - \varepsilon.$$

Nunmehr betrachten wir nur noch die punktierte Kreisscheibe $0 < |\gamma| < \varrho_1$ und stellen wiederum fest, daß es eine Zahl ϱ_2, $0 < \varrho_2 < \varrho_1$, geben muß, so daß das sphärische Bild des dem Kreisringe $\varrho_2 < |\gamma| < \varrho_1$ entsprechenden Teiles von S keinen Punkt von Z_0 ausläßt. Die Gesamtkrümmung dieses Flächenteiles kann dann wiederum nicht kleiner als $4\pi - \varepsilon$ sein.

Indem wir in der gleichen Weise weiterschließen, erkennen wir die Richtigkeit der Behauptung.

§ 685. Wie im vorangehenden Paragraphen liege die zweifach zusammenhängende Minimalfläche S in der Darstellung (94) vor, wo Π wieder die punktierte Kreisscheibe $0 < |\gamma| < 1$ bedeute. Die Gesamtkrümmung von S sei endlich. Dann läßt sich die in Π meromorphe Funktion $\omega(\gamma) = \Psi(\gamma)/\Phi(\gamma)$ zu einer in der Kreisscheibe $|\gamma| < 1$ meromorphen Funktion fortsetzen, d. h. bei aus Π heraus erfolgender Annäherung an den Punkt $\gamma = 0$ besitzt $\omega(\gamma)$ einen (endlichen oder unendlichen) Grenzwert. Wir wählen das Koordinatensystem so, daß dieser Grenzwert ω_0 weder Null noch Unendlich ist.

Die Zahl ϱ_0, $0 < \varrho_0 < 1$, sei so gewählt, daß im Kreisring $0 < |\gamma| < \varrho_0$ bereits $\frac{1}{2}|\omega_0| < |\omega(\gamma)| < 2|\omega_0|$ gilt. Für die Länge des auf S liegenden Bildweges Λ eines in diesem Kreisring zum Punkte $\gamma = 0$ führenden

Weges λ gilt nach § 155

$$\int_\lambda ds = \int_\lambda (|\Phi(\gamma)|^2 + |\Psi(\gamma)|^2)\,|d\gamma|$$
$$= \frac{1}{2}\int_\lambda \left(|\omega(\gamma)| + \frac{1}{|\omega(\gamma)|}\right)|\varphi_3(\gamma)|\,|d\gamma| \leqq k_0 \int_\lambda |\varphi_3(\gamma)|\,|d\gamma|,$$

wo k_0 eine von $|\omega_0|$ abhängige positive Konstante ist. Wie in § 145 beziehen wir uns hier auch auf die in Π eindeutigen und analytischen Funktionen

$$\varphi_1(\gamma) = x_\alpha - i\,x_\beta = \Phi^2 - \Psi^2, \qquad \varphi_2(\gamma) = y_\alpha - i\,y_\beta = i(\Phi^2 + \Psi^2),$$
$$\varphi_3(\gamma) = z_\alpha - i\,z_\beta = 2\Phi\Psi.$$

Wir wollen nun annehmen, daß die Fläche S bezüglich der dem Punkte $\gamma = 0$ entsprechenden Randkomponente vollständig ist. Nach § 142 muß die Funktion $\varphi_3(\gamma)$ dann bei $\gamma = 0$ einen Pol besitzen. Die Ordnung dieses Poles muß mindestens Zwei sein. Wenn in der Umgebung von $\gamma = 0$ nämlich eine Entwicklung $\varphi_3(\gamma) = c_{-1}\gamma^{-1} + c_0 + c_1\gamma + \cdots$ vorläge, so gölten für die Funktionen $\varphi_1(\gamma)$, $\varphi_2(\gamma)$, $\varphi_3(\gamma)$ die folgenden Entwicklungen

$$\varphi_1(\gamma) = \frac{1}{2}\left(\frac{1}{\omega_0} - \omega_0\right)c_{-1}\frac{1}{\gamma} + \cdots$$
$$\varphi_2(\gamma) = \frac{i}{2}\left(\frac{1}{\omega_0} + \omega_0\right)c_{-1}\frac{1}{\gamma} + \cdots$$
$$\varphi_3(\gamma) = \qquad c_{-1}\frac{1}{\gamma} + \cdots.$$

Wegen der Eindeutigkeit des Ortsvektors von S, d. h. wegen der Eindeutigkeit der Integrale $\mathrm{Re}\int \varphi_k(\gamma)\,d\gamma$ in Π, müßten die Ausdrücke

$$c_{-1},\quad \left(\omega_0 - \frac{1}{\omega_0}\right)c_{-1},\quad i\left(\omega_0 + \frac{1}{\omega_0}\right)c_{-1}$$

alle reell sein, was, wie man leicht sieht, nicht möglich ist.

Aus den Beziehungen $2\varphi_3 = (\varphi_1 - i\,\varphi_2)\,\omega = -(\varphi_1 + i\,\varphi_2)/\omega$ und $|\varphi_1 - i\,\varphi_2| + |\varphi_1 + i\,\varphi_2| > 0$ folgt, daß $\varphi_3(\gamma)$ in jedem Punkte von Π eine Nullstelle der Ordnung ν hat, wo die meromorphe Funktion $\omega(\gamma)$ entweder eine Nullstelle oder einen Pol der Ordnung ν hat.

§ 686. Nach diesen Vorbereitungen betrachten wir eine offene orientierbare vollständige Minimalfläche $S = \{T; P\}$ endlicher Gesamtkrümmung. Wie in §§ 132, 147 fassen wir S oder, was dasselbe ist, die mit der konformen Struktur ausgestattete Parameterfläche P, als

Riemannsche Fläche auf. Nach den beiden letzten in § 55 zitierten Sätzen ist P von endlichem Zusammenhang und von konform parabolischem Typ. Wie wir in § 274 gesehen haben, gibt es eine kompakte unberandete Riemannsche Fläche $\tilde{P}$, aus welcher P durch Weglassen endlich vieler Punkte $p_1, p_2, \ldots, p_r$ entsteht. Gemäß § 684 läßt sich die in P meromorphe Funktion ω zu einer auf $\tilde{P}$ meromorphen Funktion $\tilde{\omega}$ fortsetzen.

Wenn $\tilde{\omega}$ konstant ist, so gilt natürlich $K \equiv 0$. Unsere Minimalfläche ist dann eine Ebene, ihre Gesamtkrümmung Null. Andernfalls nimmt $\tilde{\omega}$ nach einem Satze der Funktionentheorie (siehe z. B. H. Behnke und F. Sommer [I], pp. 428–429) auf $\tilde{P}$ jeden komplexen Wert mit Ausnahme der Werte an den höchstens endlich vielen Verzweigungsstellen von $\tilde{\omega}$, wo die Vielfachheit einzubeziehen ist, gleich oft, etwa m-mal, an. Wie in § 684 folgt dann aus §§ 57, 674, daß die Gesamtkrümmung den Wert $-4\pi m$ hat.

Es gilt also der Satz (R. Osserman [10], p. 400 und [11], p. 358):

Die Gesamtkrümmung der offenen orientierbaren vollständigen Minimalfläche S sei endlich. Dann existiert eine nicht-negative ganze Zahl m so, daß jeder Punkt der Einheitskugel mit Ausnahme von endlich vielen Punkten genau m-mal als Bild bei der sphärischen Abbildung auftritt. Für die Gesamtkrümmung gilt dann

$$\iint_S K\,do = -4\pi m.$$

§ 687. Wir haben den voranstehenden Satz nur für orientierbare Flächen formuliert. Im Hinblick auf das in § 674 Gesagte erkennt man aber ohne weiteres, *daß die Gesamtkrümmung einer offenen nicht-orientierbaren vollständigen Minimalfläche, falls sie endlich ist, den Wert $-2\pi m$ haben muß.* Dabei ist m eine natürliche Zahl.

§ 688. *Die offene vollständige Minimalfläche $S = \{T; P\}$ sei vom endlichen topologischen Typ $\mathfrak{T}[S] = [1, r, \chi]$. Für ihre Gesamtkrümmung gilt dann die Ungleichung*

$$\iint_S K\,do \leqq 2\pi(\chi - r).$$

(R. Osserman [11], p. 358.)

Wie schon in § 55 angekündigt, stellt dieses Resultat eine Verschärfung der Cohn-Vossenschen Ungleichung dar.

Beweis: Wenn die Gesamtkrümmung den Wert $-\infty$ hat, ist nichts zu beweisen. Andernfalls wissen wir wiederum, daß S von endlichem Zusammenhang und von konform parabolischem Typ ist. Wie in § 686 sei $\tilde{P}$ die kompakte unberandete Riemannsche Fläche, aus welcher dann durch Weglassen der Punkte $p_1, \ldots, p_r$ die Parameterfläche P

entsteht. Wir wählen das Koordinatensystem so, daß die auf $\tilde{\tilde{P}}$ meromorphe Funktion $\tilde{\omega}$ in diesen Punkten weder Null noch Unendlich wird.

Auf P betrachten wir nun das Differential $\delta = \varphi_3(\gamma)\, d\gamma$. Aus der Bedeutung $\varphi_3(\gamma) = 2\frac{dz}{d\gamma}$ von φ_3 folgt, daß δ invariant definiert ist. Bei einer konformen Parametertransformation $\gamma = \gamma(\gamma^*)$ findet man ja

$$\varphi_3^*(\gamma^*) = 2\frac{dz}{d\gamma^*} = 2\frac{dz}{d\gamma}\frac{d\gamma}{d\gamma^*}, \qquad d\gamma = \frac{d\gamma}{d\gamma^*}d\gamma^*,$$

so daß in der Tat $\varphi_3^*(\gamma^*)\, d\gamma^* = \varphi_3(\gamma)\, d\gamma$ ist. Nach §§ 684, 685 läßt sich δ zu einem meromorphen Differential $\tilde{\delta}$ auf $\tilde{\tilde{P}}$ erweitern. An den Stellen p_k (und nur dort) hat $\tilde{\delta}$ Pole mindestens zweiter Ordnung. In den Punkten, in denen die meromorphe Funktion $\tilde{\omega}$ einen Pol oder eine Nullstelle hat — im Hinblick auf die Wahl des Koordinatensystems handelt es sich um Punkte von P —, besitzt $\tilde{\delta}$ eine Nullstelle gleicher Ordnung. Da nun $\tilde{\omega}$ den Wert Null und den Wert Unendlich (mit ihren Vielfachheiten gezählt) jeweils m-mal annimmt, folgen für die Gesamtanzahlen N bzw. P der mit ihrer Vielfachheit gezählten Nullstellen bzw. Polstellen von $\tilde{\delta}$ die Beziehungen $N = 2m$ und $P \geqq 2r$.

Zwischen der Gesamtanzahl der Nullstellen und Polstellen eines meromorphen Differentials auf einer kompakten Riemannschen Fläche vom Geschlecht g besteht die Riemannsche Relation $N - P = 2g - 2$ (siehe z. B. H. Behnke und F. Sommer [I], p. 526). Daher muß $2m - 2r \geqq 2g - 2$ sein. Nach dem am Ende von § 42 Gesagten haben P und $\tilde{\tilde{P}}$ das gleiche Geschlecht. Für P gilt aber $\chi = 2 - 2g - r$. Somit wird

$$\iint_S K\, do = -4\pi m \leqq 2\pi(2 - 2g - 2r) \leqq 2\pi(\chi - r).$$

W. z. b. w.

§ 689. In den letzten Paragraphen haben wir einige der wichtigsten Ergebnisse über vollständige Minimalflächen dargestellt. In seinen Arbeiten [10], [11] hat R. Osserman eine Reihe weiterer Sätze aufgestellt, welche sich ebenfalls mit Hilfe der im Vorangehenden entwickelten funktionentheoretischen Methode beweisen lassen. Wir führen als Beispiele die folgenden Sätze an (S bedeutet dabei stets eine offene vollständige Minimalfläche), verweisen den Leser aber auch noch auf die Darstellungen bei R. Osserman [I], pp. 63—90; K. Leichtweiß [2]; J. C. C. Nitsche [18], pp. 245—253.

1) *Wenn die Gesamtkrümmung von S unendlich ist, dann tritt jeder Punkt der Zahlenkugel — höchstens mit Ausnahme der Punkte einer Menge verschwindender logarithmischer Kapazität — bei der sphärischen Abbildung unendlich oft als Bild auf.*

2) *Wenn die Gesamtkrümmung von S endlich ist, und wenn das sphärische Bild von S mehr als drei Punkte ausläßt, so ist S eine Ebene.*

3) *Wenn die Fläche S endliche Gesamtkrümmung besitzt, und wenn ihr sphärisches Bild drei Punkte ausläßt, so ist ihr Geschlecht g positiv, und für ihre Gesamtkrümmung gilt*

$$\iint_S K\,do \leqq -12\pi.$$

4) *Wenn die Gesamtkrümmung von S den Wert -4π hat, so ist S (bis auf eine Bewegung und eine Ähnlichkeit) entweder die Ennepersche Fläche oder eine Kettenfläche.*

5) *Wenn S nicht-orientierbar ist, so gilt*

$$\iint_S K\,do \leqq -4\pi.$$

Eine Reihe offener Fragen sind verblieben. Wir haben einige dieser Fragen in Kapitel IX.2 zusammengestellt.

Schließlich sei bemerkt, daß S. S. Chern and R. Osserman [1] manche der vorstehenden Sätze auf vollständige Minimalflächen im n-dimensionalen Raume übertragen haben.

Kapitel IX

Lehrsätze und Aufgaben

§ 690. Das vorliegende Kapitel besteht aus zwei Teilen. Der erste Teil enthält eine Zusammenstellung von Bemerkungen, Lehrsätzen und Ergänzungen, welche aus Platzgründen nicht in den fortlaufenden Text des Buches aufgenommen werden konnten. Der Leser wird ausgiebige Hinweise zur Literatur finden. Beweise sind aber oft nur angedeutet oder ganz unterdrückt worden. Die Bemerkungen sind in ihrer Reihenfolge der Stoffanordnung des Haupttextes lose angepaßt und dem bisherigen Gebrauche folgend wiederum durchparagraphiert. Der zweite Teil des Kapitels bringt als Anreiz für den Leser eine Auswahl heute ungelöster Probleme und als lohnend erscheinender Aufgabenstellungen. Obwohl zwischen den einzelnen Aufgaben oft Zusammenhänge bestehen, wie z. B. zwischen § 887 und § 898 oder § 946 und § 948, so ist dieses nicht immer ausdrücklich festgestellt. Abgesehen davon, daß die Aufgaben ähnlich wie die Ergänzungen angeordnet erscheinen, sind auch Rückverweisungen auf den Haupttext spärlich gehalten. Fragestellungen aus Gebieten, in welchen sich die Forschung zur Zeit der Manuskriptniederschrift in regem Fluß befand, sind i. a. beiseite gelassen worden. So findet man hier beispielsweise lediglich vier Aufgaben (§§ 889, 890, 924, 929) über das Nichtauftreten von Verzweigungspunkten, drei Aufgaben (§§ 911, 912, 913) über Aggregate von Minimalflächen und drei Aufgaben (§§ 915, 916, 917) über Hindernisprobleme, obwohl es sich gerade bei diesen Gebieten auch jetzt noch um nahezu unaufgeschlossenes Neuland handelt.

1. Hinweise und Lehrsätze

§ 691. In [2], pp. 143–147, beschreibt J. D. Gergonne die Umstände, welche seine Aufmerksamkeit auf die Minimalflächen lenkten und ihn, wie in §§ 4, 475 erwähnt, veranlaßten, eine Reihe von Aufgaben zu formulieren. Ein berühmter Mathematiker („... un géomètre très-distingué, auteur d'ouvrages estimés, et attaché, comme professeur, à l'une de nos principales écoles ...") hatte ihm gegenüber Zweifel an der Korrektheit der in der Variationsrechnung benutzten Methoden geäußert.

Gergonne bat ihn, seine Bedenken in einem wissenschaftlichen Manuskript niederzulegen, welches dann in den Annales mathématiques pures et appliquées veröffentlicht werden sollte. Der Artikel wurde aber, aus welchen Gründen auch immer, nie zur Publikation eingereicht. Einer der vorgebrachten Einwände beruhte auf einem Gedankenexperiment. Man ziehe auf der vorgegebenen Minimumsfläche, von der angenommen sei, daß sie den auferlegten Randbedingungen zufolge keine Ebene sein könne, eine ebene geschlossene Kurve, entferne das von dieser Kurve berandete Flächenstück und ersetze es durch ein ebenes Gebiet mit derselben Begrenzung. Dann erhält man eine Fläche, deren Inhalt kleiner als der Inhalt der Ausgangsfläche ist, welche vorgab, die Minimumsfläche zu sein. Daraus scheint zu folgen, daß es außer der Ebene keine Minimumsfläche geben kann und daß das Problem der Bestimmung einer Fläche kleinsten Inhaltes bei gegebener Berandung immer dann unsachgemäß ist, wenn die Randbedingungen eine Ebene als Lösung nicht zulassen. Zur Widerlegung braucht Gergonne lediglich festzustellen, daß das vorgebrachte Argument gerade der Beweis für die Aussage ist, auf einer Minimalfläche könne keine geschlossene ebene Kurve verlaufen (gemeint ist natürlich, keine Kurve mit einfach zusammenhängendem ganz auf der Fläche liegendem Inneren). Aus dieser Bemerkung folgt dann auch, daß die Hauptkrümmungen in jedem Flächenpunkt entgegengesetztes Vorzeichen haben müssen.

§ 692. In [5] und in einer Fußnote zu seiner großen Arbeit ([7], p. 221) besteht O. Bonnet darauf, daß seinen Resultaten über die Minimalflächen die Priorität vor denen E. Catalans [2], [3] zukomme: „... Je crois devoir faire observer que j'avais donné tous ces résultats, dès 1853 dans le tome XXXVII de Comptes rendus, page 531. Du reste M. Catalan a bien voulu reconnaître, dans une note placée en tête de son Mémoire, mes droits à la priorité." In [5] hatte Catalan erwidert: „Je croirais manquer de respect à l'Académie si je l'entretenais plus longtemps des attaques et des insinuations de M. O. Bonnet." Später ([6], p. 129) gibt er allerdings zu, daß Bonnet schon vor ihm gewisse Gleichungen im Zusammenhang mit der Integration der Minimalflächengleichung aufgestellt habe: „... mais je n'en ai fait aucun usage, et d'ailleurs je les avais entièrement oubliées au moment où je présentais mon Mémoire à l'Académie."

Bonnet war übrigens auch mit Serret in einen Prioritätsstreit verwickelt; siehe O. Bonnet [1], [2] und J. A. Serret [2].

§ 693. Die Oberflächenspannung in einer Flüssigkeitshaut hängt von der Zusammensetzung der Flüssigkeit ab. Für destilliertes Wasser ist sie etwa dreimal so groß wie für eine Seifenlösung. (C. V. Boys [I], p. 47; für genauere Angaben sehe man die in § 6 zitierten Bücher.)

§ 694. Die natürlichen Schwingungen einer Membran sind von L. Bergmann [1] durch Spiegelung von Lichtstrahlen an akustisch erregten Seifenhäutchen sichtbar gemacht worden. In der Bergmannschen Arbeit finden sich schöne Bilder, an denen man u. a. den interessanten Verlauf der Knotenlinien studieren kann.

§ 695. Wenn in einem Seifenhäutchen ein kleines Loch entsteht, so greift die Oberflächenspannung normal zu seiner Berandung längs seines Umfanges an. Die entstehenden Kräfte sind daher zu der Größe des Loches, d. h. zur Länge seines Umfanges, proportional, und die Zerreißgeschwindigkeit ist konstant – etwa 45 cm/sec. (A. S. C. Lawrence [I], p. 28.) Man sehe auch J. Plateau [I], pp. 317–318 des 2. Bandes; K. L. Wolf [II], p. 26.

§ 696. Die in § 6 erwähnten Möglichkeiten zur Herstellung großer dauerhafter Seifenhäute haben die Frage nach weiteren Zweckbestimmungen ausgelöst, welche nun nichts mehr mit Mathematik zu tun haben. In der Kinderzeitschrift Weekly Reader (Vol. 11, Issue 1, 1970, p. 2) findet man nach einer Beschreibung der Grosseschen Experimente die Feststellung: „Now Dr. Grosse has another goal. He would like to find good uses for his bubbles. In what ways do you think they could be used?" Und in der Züricher Zeitung Die Weltwoche (30. Juli 1971, p. 45) konnte man unter der Überschrift „Der Professor und die Seifenblasen" u. a. folgendes lesen: „Doch nicht nur friedlich-wissenschaftlich, sondern auch Ruhe erhaltend will der Forscher Grosse seine Blasen verstanden wissen. Anläßlich eines Kongresses amerikanischer Polizeibeamter in Miami erläuterte er einen Vorschlag, wonach Polizisten in Zukunft mit Hilfe dieser technischen Neuheit schmerzlos und wirksamer als mit Tränengas und Wasserwerfern gegen randalierende Demonstranten vorgehen könnten. Aus Behältern, die mühelos auf dem Rücken getragen würden, könnten die Hüter der Ordnung innert Minutenfrist riesige, zwei Meter hohe Dämme aus farbigen Seifenkugeln vor den heranrückenden Demonstranten auftürmen. Zwar könnten die Demonstranten durch kräftige Fingerstöße einige der seifigen Plastikblasen zum Platzen bringen. Aber schon nach wenigen Versuchen würden die Hände durch die glitschige Lauge schlüpfrig, und die verbleibenden Blasen entwichen dann dem Fingerstoß. Dieser Vorschlag ist bislang praktisch noch nicht verwirklicht worden. Unterdessen aber experimentiert Dr. Grosse unverdrossen weiter. Eine seiner jüngsten Schöpfungen scheint einen neuen Größen-Weltrekord zu halten: diese Seifenblase ist so groß wie eine Haustüre."

§ 697. Eine vom Louvre freundlicherweise hergestellte Photographie der in § 6 erwähnten etruskischen Vase (CA 17: petite oenochoé attique à figures rouges) befindet sich im Besitz des Verfassers. Zwei Bilder Murillos sind bei C. B. Curtiss [1], p. 280 erwähnt. Die Wiedergabe eines der Gemälde von Chardin findet man auf der Tafel IX, Painting, im 17. Band der Encyclopaedia Britannica, 1966. W. Hamiltons Zeichnung ist in der Zeitschrift The Connoisseur 72 (1925), p. 237 abgebildet. C. Spitzwegs „Der Alchimist" befindet sich in der Staatsgalerie Stuttgart. Ein Bild des Gemäldes von Manet befindet sich im Buch von G. Jedlicka [I] gegenüber p. 87. Rüdiger Lasts Bild besitzt der Verfasser.

§ 698. Die durch die Koeffizienten der zweiten Grundform in natürlicher Weise definierte analytische Funktion auf einer Minimalfläche — falls die Fläche in isothermer Darstellung vorliegt, handelt es sich um die Funktion $(L - N) - 2iM$, siehe §§ 52, 156 — ist ein zweidimensionales Analogon zu dem elektromagnetischen Felde in der allgemeinen Relativitätstheorie (G. J. Rainich [1]).

§ 699. Im Zusammenhange mit seinen Arbeiten über die direkten Methoden der Variationsrechnung und insbes. über die Bedeutung der Halbstetigkeit berichtet H. Lebesgue eine amüsante Anektode ([4], pp. 308—309), welche ein bezeichnendes Licht auf die Ausführungen des § 35 wirft; siehe Abb. 82: „Alle meine Arbeiten hängen mit einem Schülerscherz zusammen. Auf dem Gymnasium von Beauvais bewiesen wir, daß in einem Dreieck eine Seite gleich der Summe der beiden anderen Seiten ist, wie folgt. Vorgelegt sei ein Dreieck ABC. Wenn A_1, B_1, C_1 die Seitenmittelpunkte bezeichnen, so gilt $BA + AC = BC_1 + C_1A_1 + A_1B_1 + B_1C$. Mit jedem der beiden Dreiecke

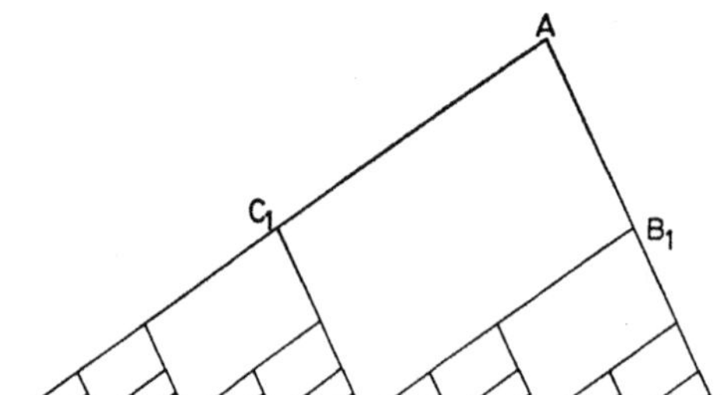

Abb. 82

BC_1A_1 und A_1B_1C verfahre man nun wie mit dem Dreieck ABC. Man erhält dann einen aus acht Segmenten bestehenden Streckenzug der Länge $BA + AC$. In dieser Weise fortfahrend gewinnt man eine Folge zickzackförmiger Streckenzüge, die immer weniger von der

Strecke BC abweichen, deren Länge aber stets gleich der Summe der beiden anderen Seiten des Ausgangsdreiecks ist. Die Schüler von Beauvais schlossen daraus, daß die Strecke BC, die geometrische Grenze unserer gezackten Streckenzüge, als Länge die Summe $BA + CA$ der beiden anderen Seiten habe. Meine Mitschüler sahen darin weiter nichts als einen Scherz. Auf mich wirkte die Argumentation außerordentlich verwirrend; denn ich konnte keinerlei Unterschied zwischen ihr und den Beweisen im Zusammenhang mit Inhalten, Zylinder-, Kegel- und Kugelflächen oder der Länge eines Umfanges erkennen."

§ 700. Einer der wesentlichen Punkte bei der Lebesgueschen Inhaltsdefinition ist der Verzicht darauf, die Fläche durch ihr einbeschriebene Polyeder zu definieren und der damit verbundene Verlust, den Wert des Flächeninhaltes als eindeutigen Grenzwert zu gewinnen. Wenn man auf einer Approximation durch einbeschriebene Polyeder besteht, so ergeben sich Schwierigkeiten. Man sehe dazu u. a. T. Radó ([III], pp. 545–550, 560–561); L. Cesari ([I], pp. 73–74); H. Rademacher [1]; W. H. Young [1]; S. Kempisty [1]; A. Mambriani [1]; H. P. Mulholland [1], [2]; A. S. Besicovitch [4]. L. V. Toralballa [1], [2], [3] ist es gelungen, ein wohldefiniertes Verfahren zu entwickeln, nach welchem der Fläche S einbeschriebene Polyeder ausgewählt werden, deren Flächeninhalte in jedem Falle gegen den Inhalt von S konvergieren, unabhängig davon, ob dieser endlich oder unendlich ist.

§ 701. Wenn das Skalarprodukt $f(u, v) = \mathfrak{a} \cdot \mathfrak{x}(u, v)$ des Ortsvektors $\mathfrak{x}(u, v)$ einer differentialgeometrischen Fläche S und eines konstanten Einheitsvektors $\mathfrak{a}$ eine harmonische Funktion auf S ist, so ist S entweder eine Minimalfläche oder eine lokal zylindrische Fläche mit zum Vektor $\mathfrak{a}$ paralellen Erzeugenden. (R. Ossermann [5], pp. 235–236; siehe auch L. Jonker [1].)

§ 702. Eine differentialgeometrische Fläche negativer Gaußscher Krümmung ist dann und nur dann eine Minimalfläche, wenn in jedem ihrer Punkte die zwei Asymptotenlinien zueinander senkrecht sind.

§ 703. Im dreidimensionalen Euklidischen Raum gibt es weder komplexe noch reelle Minimalflächen mit konstanter nicht-verschwindender Gaußscher Krümmung. (M. Pinl [1].)

§ 704. Aus den Gln. (10) und (19) erkennt man die Richtigkeit der folgenden Behauptung: Notwendig und hinreichend dafür, daß eine einer nichtparametrischen Darstellung, etwa in der Form $z = f(x, y)$, fähige differentialgeometrische Fläche S eine Minimalfläche ist, ist die Harmonizität der Funktion $f(x, y)$ auf S. (R. Osserman [5], p. 235.)

§ 705. Die differentialgeometrische Fläche S liege in isothermer Darstellung vor. Aus (13′) folgt, daß der komplexwertige Ausdruck $(L - N) - 2iM$ nicht nur dann eine analytische Funktion auf S darstellt, wenn S eine Minimalfläche ist, sondern auch, wenn S eine Fläche konstanter mittlerer Krümmung ist.

§ 706. Die Komponenten des Vektors $\mathfrak{x}(w)$ seien in $P = \{w = u + iv;\ |w| < 1\}$ dreimal stetig differenzierbar. Notwendig und hinreichend dafür, daß $\{\mathfrak{x} = \mathfrak{x}(w);\ w \in P\}$ die Darstellung einer verallgemeinerten Minimalfläche mit Hilfe der isothermen Parameter u und v ist, ist die Gültigkeit der Beziehung

$$\left|\iint\limits_{|w-\omega| \leqq r} (w - \omega)\, \mathfrak{x}(w)\, du\, dv\right| = o(r^4)$$

für alle $\omega \in P$, $r < 1 - |\omega|$. (M. O. Reade [1]; ein ähnlich lautender Satz findet sich bei M. O. Reade and E. F. Beckenbach [1].)

§ 707. Eine Minimalfläche wird von jeder Schar paralleler Ebenen in einer isothermen Kurvenschar (§§ 60, 69) geschnitten. (E. Beltrami [3], p. 444.)

§ 708. Eine differentialgeometrische Fläche S werde von mehr als vier Scharen paralleler Ebenen, welche alle zu einer festen Geraden parallel sind, in isothermen Kurvenscharen geschnitten. Dann ist S entweder eine Minimalfläche oder eine Kugel und wird folglich von jeder Schar paralleler Ebenen in einer isothermen Kurvenschar geschnitten. (E. Kasner and J. De Cicco [1].)

§ 709. Die Minimalfläche $S = \{\mathfrak{x} = \mathfrak{x}(u, v);\ u^2 + v^2 < r^2\}$ sei in isothermer Darstellung vorgelegt, so daß $\mathfrak{x}_u^2 = \mathfrak{x}_v^2$, $\mathfrak{x}_u \cdot \mathfrak{x}_v = 0$ ist. Dann gilt $I(S) \geqq \pi r^2 E_0$, wo

$$E_0 = \mathfrak{x}_u^2(0, 0) = \lim_{\varrho \to 0} \frac{1}{\pi \varrho^2} I(S[P_\varrho]), \qquad P_\varrho = \{u, v;\ u^2 + v^2 < \varrho^2\}$$

gesetzt ist. Gleichheit tritt genau dann ein, wenn S eine Kreisscheibe ist, deren Mittelpunkt dem Punkte $u = v = 0$ entspricht. (E. F. Beckenbach [1].)

§ 710. $\varkappa$ und σ seien Krümmung bzw. Windung einer differentialgeometrischen Raumkurve. Wenn die Kurve auf einer Minimalfläche verläuft und auf ihr eine geodätische Linie ist, so gilt in jedem ihrer Punkte die Beziehung $\varkappa^2 + \sigma^2 + K = 0$. K ist die Gaußsche Krümmung der Minimalfläche. (A. Enneper [1], p. 100.)

§ 711. In jedem Punkt einer Flächenkurve sei φ der Winkel zwischen der Kurvenrichtung und der zu ihr konjugierten Richtung. Es

gilt
$$\tan\varphi = \frac{W(L\,du^2 + 2M\,du\,dv + N\,dv^2)}{\begin{vmatrix} E\,du + F\,dv & F\,du + G\,dv \\ L\,du + M\,dv & M\,du + N\,dv \end{vmatrix}} = \frac{\sigma_g}{\varkappa_n},$$
wo $\varkappa_n$ die Normalkrümmung und σ_g die geodätische Windung der Kurve bedeuten. Die Forderung φ = const führt auf eine Differentialgleichung für diejenigen Flächenkurven, längs welcher der Quotient $\sigma_g/\varkappa_n$ konstant ist, die sog. geodätischen Schraubenlinien auf der Fläche. Durch jeden Flächenpunkt verlaufen i. a. zwei zum Winkel φ gehörige geodätische Schraubenlinien. Auf einer Minimalfläche sind diese immer zueinander orthogonal. (A. Myller [1].)

§ 712. In Verallgemeinerung der Situation bei Regelflächen kann man auch einer auf einer Fläche verlaufenden einparametrischen Kurvenschar eine Kehllinie zuordnen. Es ist dies der (möglicherweise ausgeartete) geometrische Ort derjenigen Flächenpunkte, in welchen die geodätische Krümmung der orthogonalen Trajektorien der Kurvenschar verschwindet. V. Rangachariar [1] hat die Kehllinie der Asymptotenlinien auf Minimalflächen untersucht. Nur die Wendelfläche hat die Eigenschaft, daß die Kehllinie einer Asymptotenlinienschar selbst eine Asymptotenlinie (der anderen Schar) ist.

§ 713. Läßt sich das Quadrat des Bogenelementes einer differentialgeometrischen Fläche auf die Liouvillesche Form
$$ds^2 = [A(u) + B(v)]\,(du^2 + dv^2)$$
bringen, so sagt man, daß die Kurven u = const, v = const ein Liouvillesches Kurvensystem auf der Fläche bilden. Die auf Rotationsflächen abwickelbaren reellen Minimalflächen sind die einzigen reellen Minimalflächen, auf welchen ein reelles Liouvillesches Kurvensystem existiert. Die Ebene ist die einzige reelle Minimalfläche, auf der mehr als ein reelles Liouvillesches Kurvensystem existiert. (W. Alt [1].)

§ 714. Der Zusammenhang zwischen der Gesamtheit aller Minimalflächen und der Gesamtheit aller Liouvillescher Flächen mit dem Linienelement $ds^2 = (\alpha^{\frac{2}{3}} + \beta^{\frac{2}{3}})\,(d\alpha^2 + d\beta^2)$ ist von J. Weingarten [4] aufgezeigt und untersucht worden.

§ 715. Bezieht man mehrere Flächen S_n, $(n = 1, 2, \ldots, N)$, mit den Ortsvektoren $\mathfrak{x}_n$ so aufeinander, daß in entsprechenden Punkten die Normalen der Flächen parallel sind, so nennt man die Fläche S mit dem Ortsvektor $\mathfrak{x} = \sum\limits_{n=1}^{N} a_n\,\mathfrak{x}_n$, a_n = const, die aus den gegebenen zusammengesetzte Fläche. Ihre Normale ist parallel der Normalenrichtung in den entsprechenden Punkten der Flächen S_n. Jede aus lauter

Minimalflächen zusammengesetzte Fläche ist wieder Minimalfläche. (H. A. Schwarz [I], p. 174 des 1. Bandes; siehe auch H. W. Richmond [1].)

§ 716. Wen S eine (reelle oder komplexe) Minimalfläche mit dem Ortsvektor $\mathfrak{x}$ und dem Normalenvektor $\mathfrak{X}$ ist, so ist auch die Fläche $\tilde{S}$ mit dem Ortsvektor

$$\tilde{\mathfrak{x}} = \mathfrak{x} + \{(i \int \mathfrak{X} \times d\mathfrak{x} - \mathfrak{x}) \cdot \mathfrak{a}\} \mathfrak{a}$$

($\mathfrak{a}$ ein beliebiger konstanter Einheitsvektor) eine Minimalfläche. Man gelangt von $\tilde{S}$ zu S genauso wie von S zu $\tilde{S}$. (P. Vincensini [3].)

§ 717. Jedem Punkt $\mathfrak{x}^{(0)} = (u_0, v_0)$ einer Fläche $S = \{\mathfrak{x} = \mathfrak{x}(u, v);$ $(u, v) \in P\}$ seien mit Hilfe zweier Funktionen $h(u, v)$ und $\vartheta(u, v)$ zwei windschiefe zueinander senkrechte Geraden

$$\ell = \{\mathfrak{x} = \mathfrak{x}^{(0)} + h^{(0)} \mathfrak{X}^{(0)} + \lambda[\cos\vartheta^{(0)} \mathfrak{x}_u^{(0)} + \sin\vartheta^{(0)} \mathfrak{x}_v^{(0)}];\ -\infty < \lambda < \infty\}$$

und

$$\ell' = \{\mathfrak{x} = \mathfrak{x}^{(0)} - h^{(0)} \mathfrak{X}^{(0)} + \lambda[-\sin\vartheta^{(0)} \mathfrak{x}_u^{(0)} + \cos\vartheta^{(0)} \mathfrak{x}_v^{(0)}];\ -\infty < \lambda < \infty\}$$

zugeordnet, welche die Flächennormale in Punkten, die zur Tangentialebene symmetrisch liegen, senkrecht schneiden. (Ohne Beschränkung der Allgemeinheit ist hier angenommen, daß die Fläche S in isothermer Darstellung vorliegt.) Die Geraden ℓ und ℓ' erzeugen je ein Strahlensystem. Wenn die Flächennormale jeden Strahl gerade in seinem Mittelpunkt, d. h. in der Mitte seiner Brennstrecke, trifft, so ist S eine Minimalfläche, und umgekehrt. (F. Backes [1].)

§ 718. In der Ebene schneiden bekanntlich zwei orthogonale Trajektorien einer einparametrischen Geradenschar auf allen Geraden Segmente gleicher Länge aus. Im dreidimensionalen Euklidischen Raum gilt eine analoge Aussage. Wenn man eine einparametrische Schar von Minimalflächen und ihre orthogonalen Trajektorien betrachtet, so schneidet jede Kraftröhre auf allen Flächen der Schar Stücke gleichen Inhaltes aus. Das folgt aus § 109 und aus der Formel (59) des § 101. (E. Lamarle [I], p. 576; H. A. Schwarz [I], p. 229 des 1. Bandes; M. Fouché [1].)

§ 719. Man setze $f(x, y) = 1 + \dfrac{y^2}{x^2} - \dfrac{x^2}{4}$ und $g(x, y) =$ $= \sqrt{f^2(x, y) + y^2}$. Die Fläche mit der Gleichung

$$\operatorname{Cof}\left[2z - \frac{y}{x}\sqrt{2f(x, y) + 2g(x, y)} + x\sqrt{2g(x, y) - 2f(x, y)}\right] =$$
$$= g(x, y) + \frac{y^2}{x^2} + \frac{x^2}{4}$$

ist dann eine Minimalfläche. (H. F. Scherk [1], pp. 192–193.)

§ 720. Man setze $f(x, y) = 4\sin^2\frac{x}{2} + y^2\cos x$ und $g(x, y) = \sqrt{f^2(x, y) + y^4\sin^2 x}$. Die Fläche mit der Gleichung

$$\mathfrak{Cof}\left[z + \frac{\sqrt{\frac{1}{2}f(x, y) + \frac{1}{2}g(x, y)}}{\sin\frac{x}{2}}\right] = \frac{4\sin^2\frac{x}{2} + g(x, y)}{y^2}$$

ist dann eine Minimalfläche. (H. F. Scherk [1], pp. 194–195.)

§ 721. Die Bestimmung der Minimalflächen der Gestalt

$$x = u\cos v\, e^{\sin v}$$
$$y = u\sin v\, e^{\sin v}$$
$$z = f(u)$$

und eine Diskussion ihrer Minimumseigenschaften findet man bei W. Ortlepp [1].

§ 722. Wenn man, wie wir das z. B. in §§ 174, 175 getan haben, eine Minimalfläche in der nabelpunktfreien Umgebung eines ihrer Punkte auf ihre Krümmungslinienparameter bezieht (wie wir aus § 172 wissen, sind diese durch Quadraturen bestimmbar), so gilt zunächst $F = M = 0$. Aus den Gln. (11) und (13) folgt weiter $L = -N = \text{const}$, bei geeigneter Parameterwahl also $L = -N = 1$, und $K = -E^{-2}$. Die ersten beiden Grundformen I und II der Minimalfläche nehmen in der fraglichen Umgebung also die vorteilhafte Gestalt

$$I = \frac{1}{\sqrt{-K}}(du^2 + dv^2), \qquad II = du^2 - dv^2$$

an. Genauso lassen sich in der nabelpunktfreien Umgebung eines Punktes auf einer Fläche konstanter mittlerer Krümmung Krümmungslinienparameter so einführen, daß die ersten beiden Grundformen in der Gestalt

$$I = \frac{1}{\sqrt{H^2 - K}}(du^2 + dv^2),$$
$$II = \left(\frac{H}{\sqrt{H^2 - K}} + 1\right)du^2 + \left(\frac{H}{\sqrt{H^2 - K}} - 1\right)dv^2$$

erscheinen. Beide Darstellungen sind bei lokalen Untersuchungen von Flächen in der Differentialgeometrie seit Jahrzehnten ausgiebig benutzt worden.

§ 723. Aus § 722 erkennt man die Richtigkeit des folgenden Satzes von G. Ricci-Curbastro ([1], p. 467; siehe auch L. Bianchi [I], pp. 381 bis 382): Es sei ds^2 das Bogenelement einer Minimalfläche und K ihre (als nicht-verschwindend vorausgesetzte) Gaußsche Krümmung. Die Gaußsche Krümmung der quadratischen Differentialform mit dem Bogenelement $d\sigma^2 = \sqrt{-K}\, ds^2$ ist dann Null. Gemäß (11), (18) gilt also $\Delta \log(-K) = 4K$. Umgekehrt sei eine Fläche S mit dem Bogenelement ds^2 und der Gaußschen Krümmung $K < 0$ vorgelegt, für welche das Krümmungsmaß der Differentialform $d\sigma^2 = \sqrt{-K}\, ds^2$ verschwindet. Dann ist S auf eine Minimalfläche abwickelbar. Allgemeiner drückt die Differentialgleichung $\Delta \log(H^2 - K) = 4K$ die notwendige und hinreichende Bedingung dafür aus, daß eine Fläche zu einer Fläche konstanter mittlerer Krümmung H isometrisch ist. (L. Raffy [1].) Mit anderen Worten: Wenn ds^2 das Bogenelement einer Fläche konstanter mittlerer Krümmung H ist, so ist die Gaußsche Krümmung der quadratischen Differentialform $d\sigma^2 = \sqrt{H^2 - K}\, ds^2$ Null. Diese Tatsachen sind in der Literatur wiederholt neu bewiesen und angewendet worden; man sehe u. a. G. Sansone [1]; M. Pinl [2], [4]; K. M. Belov [1]; J. A. Wolf [1]; T. Klotz and R. Osserman [1].

§ 724. Das Problem der Bestimmung aller Flächen, die sich auf das Umdrehungsparaboloid abwickeln lassen, ist gleichwertig mit der Aufgabe, zwei Minimalflächen S und S_1 zu bestimmen, welche sich als Brennflächen eines Strahlensystems mit Erhaltung der Asymptotenlinien und der Minimalkurven entsprechen. (A. Thybaut [1]; B. Gambier [1], [2]; A. Delgleize [2].) Die durch die Systemstrahlen vermittelte Abbildung der Fläche S auf die Fläche S_1 hat die folgende Eigenschaft: Die zu S und S_1 adjungierten Minimalflächen $\bar{S}$ bzw. $\bar{S}_1$ sind die Brennflächen einer Schar von Kugeln, deren Mittelpunkte auf einer zu einem Umdrehungsparaboloid isometrischen Fläche liegen. Verallgemeinerungen dieser Abbildung stammen von L. Bianchi [2]; G. Darboux [1]; L. P. Eisenhart [1], [2]. Man sehe weiter A. Delgleize [1], [3] und P. Vincensini [2].

§ 725. Die Brennflächen der nabelpunktfreien Minimalflächen bilden die Klasse der auf die Rotationsfläche einer Kettenlinienevolute abwickelbaren Flächen. (J. Weingarten [1], p. 393.)

§ 726. Wenn eine windschiefe Regelfläche auf eine Minimalfläche abwickelbar ist, so wird sie von den Binormalen einer Raumkurve konstanter Windung erzeugt, und die Minimalfläche muß eine Wendelfläche sein. (L. Bianchi [I], p. 382.)

§ 727. Alle Minimalflächen, welche außer der Identität Isometrien in sich besitzen, sind von L. Sinigallia [1] bestimmt worden.

§ 728. Man schneide aus einer Kettenfläche durch zwei zu ihrer Achse senkrechte Ebenen ein Stück aus. Der Flächeninhalt dieses Stückes ist gleich der Hälfte des Flächeninhaltes eines Kreiszylinders, dessen Durchmesser mit dem Durchmesser der Kettenfläche an ihrer engsten Stelle übereinstimmt und dessen Höhe das von den Normalen an die Kettenfläche in ihren Schnittkreisen mit den Ebenen auf der Achse bestimmte Stück ist. (L. Lindelöf [1], p. 363; J. Plateau [I], p. 147 des 1. Bandes.)

§ 729. Man projiziere jeden Punkt einer Rotationsfläche in Richtung der zur Rotationsachse senkrechten Geraden auf einen Kreiszylinder mit derselben Achse. Nur für die Kettenfläche gibt es einen – und zwar den die Kettenfläche im Kehlkreise berührenden – Zylinder mit der Eigenschaft, daß der Winkel, unter dem jede beliebige Kurve auf der Fläche eine Meridiankurve dieser Fläche schneidet, ebenso groß ist wie der Winkel, unter dem sich die Projektionen dieser beiden Kurven schneiden. (F. Weiss [1].)

§ 730. Die Wendelflächen sind die einzigen windschiefen Regelflächen, deren Asymptotenlinien alle eine konstante Windung besitzen. (P. Tortorici [1].)

§ 731. Im Zusammenhange mit dem Catalanschen Satz des § 79 sei noch der folgende Satz erwähnt: Die einzigen windschiefen Regelflächen, welche zugleich Weingartensche Flächen sind, sind allgemeine Schraubenflächen. (E. Beltrami [2], U. Dini [1].)

§ 732. Unter Benutzung von Polarkoordinaten $u = \varrho\cos\vartheta$, $v = \varrho\sin\vartheta$ nimmt das Linienelement der Enneperschen Minimalfläche (48) aus § 88 die Gestalt $ds^2 = (1 + \varrho^2)^2\, d\varrho^2 + \varrho^2\, d\vartheta^2 = E(\varrho)\, d\varrho^2 + G(\varrho)\, d\vartheta^2$ an. Die Fläche ist also zu einer Rotationsfläche isometrisch. Alle auf die Ennepersche Minimalfläche abwickelbaren Rotationsflächen haben nach A. Demoulin [2] die Darstellung

$$\begin{aligned} x &= k\,\varrho(1 + \varrho^2)\cos(\vartheta/k) \\ y &= k\,\varrho(1 + \varrho^2)\sin(\vartheta/k) \\ z &= \int \sqrt{(1 - 9k^2)\,\varrho^4 + (2 - 6k^2)\,\varrho^2 + 1 - k^2}\, d\varrho. \end{aligned}$$

Dabei ist k eine beliebige Konstante. Das elliptische Integral läßt sich in den Fällen $k = \pm 1/3$, $k = \pm 1$ durch elementare Funktionen ausdrücken. Wenn $k = \pm 1/3$ ist, findet man

$$z = \frac{1}{\sqrt{3}}\left\{\varrho\sqrt{\varrho^2 + \frac{2}{3}} + \frac{2}{3}\log\left[\varrho + \sqrt{\varrho^2 + \frac{2}{3}}\right]\right\} + \text{const.}$$

In den Fällen $k = \pm 1$ ist die Fläche imaginär. Da aber sowohl $x^2 + y^2$ als auch z algebraische Funktionen von ϱ sind, handelt es sich dann um eine algebraische Fläche. Demoulin bestimmt auch die geodätischen Linien auf der Enneperschen Minimalfläche und drückt ihre Gleichungen durch elliptische Funktionen aus.

§ 733. Minimalspiralflächen sind von S. Lie ([I], insbes. pp. 262 bis 265 des 2. Bandes), G. Darboux ([I], pp. 359–360), P. Stäckel ([2], pp. 12–20), J. K. Whittemore [3], W. Wunderlich [3] diskutiert worden. In der letztgenannten Arbeit finden sich schöne Abbildungen. Nach Lie enthält eine Minimalspiralfläche eine ebene logarithmische Spirale als geodätische Linie oder Krümmungslinie. Nach Darboux erhält man die Minimalspiralflächen in der Darstellung (95) mit $R(\omega) = \varkappa\, e^{i\alpha} \omega^{-2+\mu i}$, wobei μ eine reelle Konstante bedeutet. Allgemeines über Spiralflächen findet man z. B. noch bei K. Peterson ([I], pp. 75–80), M. Lévy [1], S. Lie ([II], pp. 243, 260, 261), G. Darboux ([I], pp. 146–150), L. Raffy [2], R. v. Lilienthal ([3], pp. 287–289) und W. Wunderlich [1]. Für auf Spiralflächen abwickelbare Minimalflächen hat die Funktion $R(\omega)$ die Form $R(\omega) = \varkappa\, e^{i\alpha}\, \omega^{\lambda-2+\mu i}$ mit reellen Konstanten λ und μ. Im Falle $\mu = 0$ ist die Minimalfläche auf eine Rotationsfläche abwickelbar; siehe § 75.

§ 734. Für $k > \frac{1}{2}$ seien $s = P(\varphi; k)$ und $t = Q(\psi; k)$ die Umkehrfunktionen der Integrale

$$\varphi = \int\limits_0^s \frac{d\sigma}{\sqrt{k^2 + \sigma^2 + \sigma^4}}, \qquad \psi = \int\limits_0^t \frac{d\tau}{\sqrt{1 + (2k^2 - 1)\,\tau^2 + k^4 \tau^4}}.$$

Dann ist $k^2\, Q(z; k) = P(x; k)\, P(y; k)$ die Gleichung einer Minimalfläche. Im Grenzfalle $k = \frac{1}{2}$ lassen sich die Integrale auswerten; man findet $P\left(\varphi; \frac{1}{2}\right) = \frac{1}{\sqrt{2}} \tan \frac{\varphi}{\sqrt{2}}$ und $Q\left(\psi; \frac{1}{2}\right) = 2\,\mathfrak{Tan}\,\frac{\psi}{2}$ und erhält dann die Gleichung der Scherkschen Minimalfläche (26′) mit $a = 2$, $\alpha = \pi/4$.

§ 735. T. H. Gronwall [1] hat die Gesamtheit der reellen einparametrischen Minimalflächenscharen ermittelt, welche einem dreifachen Orthogonalsystem angehören. Es handelt sich um eine Schar von Ebenen und um eine Schar von Kettenflächen mit gemeinsamer Rotationsachse. Im ersten Falle erhält man ein Orthogonalsystem, indem man in einer Ebene ein beliebiges orthogonales Kurvensystem nimmt und die Ebene dann an einer Torse – auch ausgeartete Fälle kommen hier in Betracht – entlangrollen läßt; siehe G. Darboux [III], pp. 26 bis 35; E. Salkowski [1], p. 566.

§ 736. Die von einer Schar (veränderlicher) Schraubenlinien erzeugten Minimalflächen wurden von E. Barré [1] bestimmt.

§ 737. Die einzigen von kongruenten Kreisen wie in § 94 erzeugten Minimalflächen sind die ebenen Flächen. (W. O. Vogel [1], p. 63.)

§ 738. Wenn eine Minimalfläche eine Schar reeller Ellipsen enthält, so müssen die Ellipsen Kreise sein und in parallelen Ebenen liegen. (H. M. J. Relander [1], p. 20.)

§ 739. Außer der Ebene gibt es keine von einer einparametrischen Schar reeller nicht-zerfallender Hyperbeln erzeugte Minimalfläche. (M. Peche [2]; siehe auch H. A. Schwarz [1].)

§ 740. Die von Enneper bestimmte Minimalfläche (90) ist die allgemeinste nicht-ebene Minimalfläche, welche eine Schar reeller Parabeln enthält. (M. Peche [1].)

§ 741. Wenn eine Minimalfläche von einer einparametrischen Schar von Kegeln zweiten Grades umhüllt wird, so sind diese Kegel konzyklisch; siehe § 97. (H. A. Schwarz [I], p. 204 des 1. Bandes.)

§ 742. Die Bestimmung von (nabelpunktfreien) Minimalflächen durch einen Kreis wurde von X. Stouff [1] behandelt. Der Kreis liege in der Ebene $z = 0$ und habe den Halbmesser r. Wenn man von den Darstellungsformeln (95) ausgeht und $\int^{\omega} \omega\, R(\omega)\, d\omega = \zeta$, $\omega = \varphi^2(\zeta)$ setzt, so handelt es sich um die Auffindung einer analytischen Funktion $\varphi(\zeta)$ der komplexen Veränderlichen $\zeta = \xi + i\eta$, welche für $\xi = 0$ der Bedingungsgleichung

$$\operatorname{Re}\frac{\varphi'}{\varphi} = \frac{1}{2r}\,(|\varphi|^2 + |\varphi|^{-2})$$

genügt. Die zugehörige Minimalfläche erhält man dann mit Hilfe der Gleichungen

$$x = \operatorname{Re}\int^{\zeta} [\varphi^{-2}(\zeta) - \varphi^2(\zeta)]\, d\zeta$$

$$y = \operatorname{Re}\int^{\zeta} i[\varphi^{-2}(\zeta) + \varphi^2(\zeta)]\, d\zeta$$

$$z = \operatorname{Re} 2\zeta = 2\xi.$$

Für $\varphi(\zeta) = e^{\zeta/r}$ ergibt sich die Kettenfläche $\sqrt{x^2 + y^2} = r\,\mathfrak{Cof}\,(z/r)$. Bei den in II.5.4 besprochenen zyklischen Flächen, welche natürlich hierher gehören, ist die Bedingungsgleichung für $\varphi(\zeta)$ auf Grund des Additionstheorems für elliptische Funktionen erfüllt. Ein weiteres Beispiel wird durch die Funktion

$$\varphi(\zeta) = a\,\frac{\zeta - b}{\zeta - c}\,e^{\lambda\zeta}$$

geliefert, wo

$$a = \left[\lambda r \pm \sqrt{(\lambda r)^2 - 1}\right] e^{i\alpha}, \qquad b = -2r\,|a|^2(|a|^8 - 1)^{-1} + i\,\delta,$$
$$c = -2r\,|a|^6(|a|^8 - 1)^{-1} + i\,\delta$$

zu setzen ist. Dabei sind α, δ und λ, $|\lambda| > 1/r$, beliebige reelle Zahlen. Für $\xi = \xi_0 = r\,|a|^2(1 - |a|^4)^{-1}$ ist $|\varphi(\zeta)| = |a|\,e^{\lambda\xi} = \text{const}$. Die zugehörige Minimalfläche wird also von der Ebene $z = 2\xi_0$ unter konstantem Winkel geschnitten. Die Schnittkurve ist eine Krümmungslinie der Fläche.

Zu der Fragestellung sehe man noch A. Ribaucour [1], pp. 199–204.

§ 743. Alle Minimalflächen, welche zugleich Affinminimalflächen sind, wurden von G. Thomsen [1] bestimmt; siehe auch P. Franck [1]–[4]; W. Süss [1]. Sie werden dadurch gekennzeichnet, daß die sphärischen Bilder ihrer Asymptotenlinien ein doppeltes isothermes Kreissystem bilden. Die zu ihnen konjugierten Flächen sind die in §§ 172–175 bestimmten Minimalflächen mit ebenen Krümmungslinien. Die Schraubenfläche und die (sich nach § 180 selbst konjugierte) Ennepersche Fläche sind Beispiele von Minimalflächen, die gleichzeitig Affinminimalflächen sind. Die Zentraflächen der Enneperschen Minimalfläche sind ebenfalls Affinminimalflächen (P. Franck [2]). Allgemeiner gilt der Satz: Die Zentraflächen aller Minimalflächen sind (sofern sie nicht ausgeartet sind) Affinminimalflächen. (P. Franck [4], p. 39; G. Darboux [II], pp. 370–374.)

§ 744. Der Flächeninhalt einer nicht-ebenen Minimalfläche $S = \{\mathfrak{x} = \mathfrak{x}(u, v);\ (u, v) \in P\}$ ist größer als der ihrer Parallelflächen. Für die Fläche $S_t = \{\mathfrak{x} = \mathfrak{x}(u, v) + t\,\mathfrak{X}(u, v);\ (u, v) \in P\}$ gilt ja, solange $|t| \leqq \sup\limits_{(u,v)\in P} \dfrac{1}{\sqrt{-K}}$ ist,

$$I(S_t) = \iint\limits_P (1 - t^2\,|K|)\,W\,du\,dv < \iint\limits_P W\,du\,dv = I(S).$$

J. Steiner, von dem dieser Satz stammt, drückt diesen Sachverhalt folgendermaßen aus ([I], p. 176): „Jede kleinste Fläche hat die Eigenschaft, daß sie unter allen mit ihr parallelen Flächen B ein Maximum ist, und daß von diesen Flächen (B) je zwei, welche gleichweit von jener abstehen (auf entgegengesetzten Seiten) gleich groß sind.“

§ 745. Analogien für Minimalflächen zur Auffindung konjugierter Punkte auf den Extremalen eindimensionaler Variationsprobleme wurden von A. R. Forsyth [1] diskutiert.

§ 746. Die Sätze der §§ 105 und 106 sind von J. W. Lawson [1] auf $(n-1)$-dimensionale Minimalhyperflächen im n-dimensionalen Euklidischen Raume verallgemeinert worden.

§ 747. Jede Berührungstransformation, welche alle (komplexen) Minimalflächen in ebensolche Flächen überführt, ist eine Ebenentransformation. (H. Lebesgue [1]; siehe auch S. Lie [I], p. 3 des 3. Bandes und pp. 660–662 der Anmerkungen zum 1. Band.)

§ 748. $S = \{\mathfrak{x} = \mathfrak{x}(u, v);\ (u, v) \in P\}$ sei eine auf isotherme Parameter bezogene, über dem Einheitskreis $P = \{u, v;\ u^2 + v^2 < 1\}$ definierte verallgemeinerte Minimalfläche. Q sei die Teilmenge derjenigen Punkte von P, denen Verzweigungspunkte von S entsprechen. In allen Punkten von $P \setminus Q$, in welchen $|\mathfrak{x}(u, v)| < 1$ gilt, genügt die Funktion $f(u, v) = -\log[1 - \mathfrak{x}^2(u, v)]$ der Differentialgleichung

$$\Delta f = 4[1 - (\mathfrak{x} \cdot \mathfrak{X})^2] \frac{\mathfrak{x}_u^2}{(1 - \mathfrak{x}^2)^2}.$$

Wenn $\limsup\limits_{u^2+v^2 \to 1} |\mathfrak{x}(u, v)| \leqq 1$ und $\sup\limits_{P \setminus Q} |\mathfrak{x} \cdot \mathfrak{X}| \leqq c < 1$ ist, so gilt für jede in P verlaufende rektifizierbare Kurve γ und ihr Bild Γ auf S die Ungleichung

$$\int\limits_{\Gamma} \frac{|d\mathfrak{x}|}{1 - \mathfrak{x}^2} \leqq \frac{1}{\sqrt{1 - c^2}} \int\limits_{\gamma} \frac{|dw|}{1 - |w|^2}, \quad w = u + i\,v.$$

(A. Dinghas [3].) Im Hinblick auf die Feststellungen in § 361 erkennt man übrigens, daß die Beschränkung auf die Menge $P \setminus Q$ unnötig ist.

§ 749. Die Minimalfläche $S = \{z = z(x, y);\ (x, y) \in P\}$ sei umkehrbar eindeutig und konform auf den Einheitskreis $|\gamma| < 1$ in der komplexen γ-Ebene abgebildet. Die (stets nicht-positive) Gesamtkrümmung des der Kreisscheibe $|\gamma| \leqq \frac{1}{2}$ entsprechenden Teiles von S ist dann größer als -4π. (R. Osserman [5], p. 237.)

§ 750. Im Zusammenhang mit dem Bernsteinschen Satze des § 130 spielt das Variationsproblem

$$A_n[y] \equiv \int_0^1 x^n [y(x)]^n \sqrt{1 + [y'(x)]^2}\, dx = \min$$

eine Rolle. n ist dabei eine nicht-negative ganze Zahl. Die zulässigen Vergleichsfunktionen $y(x)$ sollen im Intervall $0 \leqq x \leqq 1$ absolut stetig sein und die Randbedingung $y(1) = 1$ erfüllen. Man beweise, daß die Funktion $y(x) = x$ für $n \geqq 3$ das absolute Minimum $\sqrt{2}/(2n+1)$ des Funktionals A_n in der Klasse der zulässigen Funktionen verwirklicht, daß dieses aber für $n = 0, 1, 2$ nicht der Fall ist.

§ 751. Gemäß § 673 läßt sich der Beweis des in § 130 formulierten Bernsteinschen Satzes aus zwei Schritten zusammensetzen:

1) Die Minimalfläche ist vollständig und nach § 129 vom konform parabolischen Typ (siehe §§ 132, 268).

2) Das sphärische Bild ist ganz in einer Halbkugel enthalten. Die gewünschte Aussage folgt somit aus dem Liouvilleschen Satz.

Man kann fragen, ob es überhaupt Flächen $S = \{z = f(x, y); -\infty < x, y < \infty\}$ vom konform hyperbolischen Typ gibt. Beispiele solcher Flächen sind von R. Osserman ([1], [2], pp. 232–236), H. Huber [1] und J. A. Jenkins [1] angegeben worden. Rotationsflächen gehören nicht hierzu. Wie H. Huber [2] gezeigt hat, sind auch alle Flächen S, bei welchen die Funktion $f(x, y)$ ein Polynom ist, parabolisch. Wenn $f(x, y)$ ein Polynom n-ten Grades ist, so gilt in der Tat $\iint\limits_S |K|\, do \leqq 2\pi(n-1)^2$. (R. Osserman [9], pp. 215–216.) In den Fällen $n = 1, 2$ hat dabei übrigens die Gleichheit statt, sonst immer die Ungleichheit. Wegen $0 \leqq \iint\limits_S K^- do \leqq \iint\limits_S |K|\, do$ ist die Parabolizität eine Folgerung des in § 55 zitierten Satzes von Blanc-Fiala. Für die Gesamtkrümmung selbst ergibt sich die Ungleichung $\left|\iint\limits_S K\, do\right| \leqq 2\pi(n-1)$. Bei allen harmonischen Polynomen gilt dabei das Gleichheitszeichen.

§ 752. Vorgelegt sei eine vollständige Fläche S in nicht-parametrischer Darstellung $\{z = f(x, y); (x, y) \in B\}$ über einem Gebiet B in der (x, y)-Ebene; siehe § 54. Die Funktion $f(x, y)$ sei in B harmonisch, und die sphärische Abbildung der Fläche auf die Einheitskugel sei als eineindeutig vorausgesetzt. Wenn B ein zweifach zusammenhängendes Gebiet ist, so muß dieses die punktierte Ebene $0 < (x-a)^2 + (y-b)^2 < \infty$ sein, und die Funktion $f(x, y)$ hat dann die Form $f(x, y) = A \log[(x-a)^2 + (y-b)^2] + Bx + Cy + D$, $A \neq 0$. Wenn B die ganze (x, y)-Ebene ist, so ist S ein hyperbolisches Paraboloid. (A. L. Verner [1].)

§ 753. Die folgende Aussage kann als eine Verallgemeinerung des Bernsteinschen Satzes aus § 130 auf Flächen konstanter mittlerer Krümmung angesehen werden: Die Funktion $z(x, y)$ sei eine Lösung der Differentialungleichung

$$\mathcal{L}'[z] \equiv \frac{\partial}{\partial x}\left(\frac{z_x}{W}\right) + \frac{\partial}{\partial y}\left(\frac{z_y}{W}\right) = 2f(x, y) \geqq 2H > 0$$

in der Kreisscheibe $x^2 + y^2 < H^{-2}$; siehe § 579. Dann gilt $f(x, y) \equiv H$ in dieser Kreisscheibe und $z(x, y) = \text{const} - \sqrt{H^{-2} - x^2 - y^2}$. Gleicherweise muß $f(x, y) \equiv -H$ und $z(x, y) = \text{const} + \sqrt{H^{-2} - x^2 - y^2}$ sein, wenn in der Kreisscheibe $x^2 + y^2 < H^{-2}$ die Ungleichung $\mathcal{L}'[z] = 2f(x, y) \leqq -2H < 0$ gilt. (R. Finn [9], p. 158.) Man beachte in diesem Zusammenhang auch noch die Untersuchungen von N. V. Efimov [1], [2]; E. Heinz [2]; S. S. Chern [2]; H. Flanders [2], [3].

§ 754. Die Funktion $z = z(x, y)$ sei eine Lösung der Minimalflächengleichung in einem einfach zusammenhängenden Gebiet P. Auf Grund der Wegunabhängigkeit der in (71) auftretenden Integrale existieren zwei Funktionen $\psi(x, y)$ und $\chi(x, y)$ derart, daß in P die Beziehungen

$$\frac{1 + p^2}{W} = \psi_x, \quad \frac{p\,q}{W} = \psi_y, \quad \frac{p\,q}{W} = \chi_x, \quad \frac{1 + q^2}{W} = \chi_y$$

erfüllt sind. Wegen $\psi_y = \chi_x$ gibt es in P eine weitere Funktion $\varphi(x, y)$, so daß $\psi = \varphi_x$ und $\chi = \varphi_y$ und daher

$$\varphi_{xx} = \frac{1 + p^2}{W}, \qquad \varphi_{xy} = \frac{p\,q}{W}, \qquad \varphi_{yy} = \frac{1 + q^2}{W}$$

gilt. Diese Funktion ist also eine Lösung der Monge-Ampèreschen Differentialgleichung

$$\varphi_{xx}\,\varphi_{yy} - \varphi_{xy}^2 = 1.$$

K. Jörgens [1], [2] bewies, daß jede in der ganzen (x, y)-Ebene definierte zweimal stetig differenzierbare Lösung dieser Differentialgleichung ein quadratisches Polynom sein muß. Ein elementarer Beweis dieses Satzes wurde von J. C. C. Nitsche [2] gegeben. Dieser Satz, welcher offensichtlich den Bernsteinschen Satz aus § 130 nach sich zieht, ist von E. Calabi [1] und H. Flanders [1] in verschiedener Weise auf höhere Dimensionszahlen verallgemeinert worden.

§ 755. Die Lösung $z = z(x, y)$ der Differentialgleichung $z_{xx}\,z_{yy} - z_{xy}^2 = 1$ sei in $r^2 < x^2 + y^2 < \infty$ eindeutig und zweimal stetig differenzierbar. Dann gilt für $x^2 + y^2 \to \infty$ die asymptotische Darstellung

$$z(x, y) = \tfrac{1}{2}Q(x, y) + A\,x + B\,y + C\log|Q(x, y)| + 0(1)$$

mit $Q(x, y) = a\,x^2 + 2b\,x\,y + c\,y^2$, $a\,c - b^2 = 1$. (K. Jörgens [2], p. 342.)

§ 756. Jeder Finslerschen Geometrie, bei welcher das Krümmungsmaß konstant ist und die Extremalen durch lineare Gleichungen darstellbar sind, entspricht eine Lösung der Differentialgleichung $\varphi_{xx}\varphi_{yy} - \varphi_{xy}^2 = 1$. (P. Funk [1], [2].) Über die Geometrien in der Ebene, bei welchen die Extremalen durch lineare Gleichungen charakterisiert sind, sehe man allgemein noch D. Hilbert [I], pp. 302–304; G. Hamel [1], pp. 235–244; L. La Paz [1], pp. 515–519; P. Funk [I], pp. 580, 666.

§ 757. Es gibt keine umkehrbar eindeutige harmonische Abbildung $x = x(\alpha, \beta)$, $y = y(\alpha, \beta)$ des Einheitskreises $\alpha^2 + \beta^2 < 1$ auf die ganze (x, y)-Ebene. (T. Radó [1] im Falle $x(\alpha, \beta) = \alpha$ und L. Bers [3], Lemma 3.3, im allgemeinen Falle; weiter K. Jörgens [1], p. 132, und J. C. C. Nitsche [5].)

§ 758. Mit $\mathfrak{H}(\varrho, r)$ bezeichnen wir die Klasse der umkehrbar eindeutigen harmonischen Abbildungen $x = x(\alpha, \beta)$, $y = y(\alpha, \beta)$ des Kreisringes $0 \leqq \varrho^2 < \alpha^2 + \beta^2 < 1$ auf den Kreisring $0 \leqq r^2 < x^2 + y^2 < 1$. Die Formeln

$$x = \frac{1}{1-\varrho^2}\left[(1 - r\varrho) + \frac{\varrho(r-\varrho)}{\alpha^2+\beta^2}\right]\alpha,$$
$$y = \frac{1}{1-\varrho^2}\left[(1 - r\varrho) + \frac{\varrho(r-\varrho)}{\alpha^2+\beta^2}\right]\beta$$

definieren spezielle Abbildungen dieser Klasse. Bei ihnen gehen konzentrische Kreise in ebensolche Kreise über. Dabei wächst die Quadratsumme $x^2 + y^2$ als Funktion von $\alpha^2 + \beta^2$ aber nur monoton, solange $r \leqq 2\varrho/(1 + \varrho^2)$ ist. Es gibt nun eine den Bedingungen $R(0) = 0$, $R(\varrho) < 1$ genügende universelle Funktion $R(\varrho)$ derart, daß für gegebenes ϱ, $0 \leqq \varrho < 1$, alle Klassen $\mathfrak{H}(\varrho, r)$ mit $R(\varrho) < r < 1$ leer sind, während das für $0 \leqq r \leqq R(\varrho)$ nicht der Fall ist. (J. C. C. Nitsche [12].)

§ 759. Eine ganze analytische Funktion $f(\zeta)$ ist genau dann ein Polynom, wenn eine positive Zahl k derart existiert, daß das Integral

$$\int_\lambda |f(\zeta)|^{-k} |d\zeta|$$

für alle nach Unendlich führenden lokal rektifizierbaren Wege λ unendlich ausfällt. (A. Huber [4], pp. 52–53.)

§ 760. Es sei $z(x, y)$ eine im Kreisring $\{x, y; 0 \leqq r_1^2 < x^2 + y^2 < \infty\}$ zweimal stetig differenzierbare Lösung der Minimalflächengleichung. Die in § 144 angegebene asymptotische Darstellung läßt sich noch präzisieren. Mit den Bezeichnungen des § 144 und mit den Identifikationen

$$A = \frac{2b'}{1 - |b_0|^2}, \quad B = -\frac{2b''}{1 - |b_0|^2}, \quad C = \frac{1}{2}\,\frac{1 + |b_0|^2}{1 - |b_0|^2}\, b_1 c_0$$

finden wir

$$\varrho^2 = u^2 + v^2 = \frac{1}{(1 - |b_0|^2)^2}\left\{(x^2 + y^2) - \frac{4}{(1 + |b_0|^2)^2}(b'' x + b' y)^2\right\} +$$
$$+ O(r \log r) = \frac{1}{4}\left[1 + \frac{1}{\sqrt{1 + A^2 + B^2}}\right]^2 \times$$
$$\times \{(1 + A^2)\, x^2 + 2A\, B\, x\, y + (1 + B^2)\, y^2\} + O(r \log r).$$

Die positiv definite quadratische Form $Q(x, y) = (1 + A^2)\, x^2 + + 2A\, B\, x\, y + (1 + B^2)\, y^2$ genügt den Ungleichungen

$$x^2 + y^2 \leqq Q(x, y) \leqq (1 + A^2 + B^2)\,(x^2 + y^2).$$

Die Lösung $z(x, y)$ besitzt also die asymptotische Entwicklung

$$z(x, y) = A\, x + B\, y + C \log[(1 + A^2)\, x^2 + 2A\, B\, x\, y + (1 + B^2)\, y^2] +$$
$$+ D + \Phi(x, y),$$

wo $\Phi(x, y)$ für $r^2 = x^2 + y^2 \to \infty$ gewiß von der Größenordnung $O(r^{-1} \log r)$ ist. Durch eine kurze Rechnung bestätigt man die Beziehung

$$\frac{b_1 c_0}{(1 - |b_0|^2)^2}\,\frac{\overline{w} + b_0^2 w}{\varrho^2} = C\,\frac{Q_x(x, y) - i Q_y(x, y)}{Q(x, y)} + O(r^{-2} \log r).$$

Ein Vergleich zeigt nun, daß die Ableitungen Φ_x und Φ_y von der Größenordnung $O(r^{-2} \log r)$ sind.

Zusammenfassend können wir den folgenden Satz aussprechen, der eine Verschärfung des ersten Satzes aus § 144 darstellt:

Es sei $z(x, y)$ eine im Kreisring $\{x, y;\, 0 \leqq r_1^2 < x^2 + y^2 < \infty\}$ zweimal stetig differenzierbare Lösung der Minimalflächengleichung. Für $r^2 = x^2 + y^2 \to \infty$ besteht dann die asymptotische Entwicklung

$$z(x, y) = A\, x + B\, y + C \log[(1 + A^2)\, x^2 + 2A\, B\, x\, y + (1 + B^2)\, y^2] +$$
$$+ D + \Phi(x, y).$$

Dabei gilt $\Phi(x, y) = O(r^{-1} \log r)$, $\Phi_x(x, y) = O(r^{-2} \log r)$, $\Phi_y(x, y) = = O(r^{-2} \log r)$.

Die Bestimmung weiterer expliziter Glieder in der asymptotischen Entwicklung und die Aufstellung eines schärferen Restgliedes sei dem Leser überlassen.

Für die Kettenfläche $z = \mathfrak{ArCos}\, r$ ergibt sich beispielsweise

$$z(x, y) = \frac{1}{2} \log(x^2 + y^2) + \log 2 - \frac{1}{4}(x^2 + y^2)^{-2} -$$
$$- \frac{3}{32}(x^2 + y^2)^{-4} + \cdots.$$

Hier ist also $A = B = 0$, $C = \frac{1}{2}$, $D = \log 2$.

§ 761. Es sei $\varphi(x, y)$ eine Lösung der Minimalflächengleichung mit den folgenden Eigenschaften:

1) Längs jedes Weges in der endlichen z-Ebene, $z = x + i y$, welcher eine endliche Anzahl von Ausnahmepunkten $z_1, \ldots, z_k$ vermeidet, kann $\varphi(x, y)$ analytisch fortgesetzt werden.

2) Diese Fortsetzung führt nur zu einer endlichen Anzahl von Bestimmungen des Gradienten $w = \varphi_x - i \varphi_y$.

Eine den Bedingungen 1) und 2) genügende Lösung der Potentialgleichung ist der Realteil eines Abelschen Integrals (d. h. des Integrals einer algebraischen Funktion), sofern

3) der Gradient w längs aller zu dem Punkt $z = \infty$ oder zu einem der Ausnahmepunkte z_j führenden Wegen endliche oder unendliche Grenzwerte besitzt.

Da die letzte Bedingung für Lösungen der Minimalflächengleichung aus den beiden anderen Bedingungen folgt (siehe L. Bers [3] und auch §§ 130, 144, 591), nennt L. Bers eine der Darstellung $\varphi = \varphi(x, y)$ fähige Minimalfläche des (x, y, φ)-Raumes mit den in 1) und 2) niedergelegten Eigenschaften eine Abelsche Minimalfläche.

Abelsche Minimalflächen sind von L. Bers in [4] eingehend untersucht worden. Es zeigt sich u. a., daß jede von einer nicht-linearen Funktion $\varphi(x, y)$ erzeugte Abelsche Minimalfläche in einem bestimmten Zusammenhang mit einer gewissen algebraischen Kurve steht.

§ 762. Eine allgemeine Methode zur Bestimmung aller Minimalflächen durch eine vorgeschriebene ebene Kurve wurde von G. Mathet ([2], pp. 332–334) besprochen und am Beispiel einer Ellipse erläutert.

§ 763. Wenn eine Minimalfläche einen Kegel oder Zylinder zweiten Grades längs eines Kreisschnittes berührt, so enthält sie eine einparametrische Schar von Kreisen in parallelen Ebenen. (H. A. Schwarz [I], p. 200 des 1. Bandes; weiter auch E. Blutel [1], pp. 203–204.)

§ 764. Wenn eine Minimalfläche von einem parabolischen Zylinder längs einer Parabel berührt wird, so enthält sie eine Schar von Parabeln und wird längs jeder Parabel der Schar von einem parabolischen Zylinder berührt. (H. M. J. Relander [1], p. 59.)

§ 765. Die Minimalflächen, welche eine Kugel längs einer Kurve konstanter Windung berühren bzw. längs einer Kurve konstanter Krümmung senkrecht schneiden, wurden von E. Cosserat [1] und G. Tzitzeica [1] bestimmt.

Die Minimalfläche S_0 mit dem Ortsvektor $\mathfrak{x}(u, v)$ schneide die Einheitskugel längs einer Kurve $\mathscr{C}$ unter dem konstanten Winkel α. $\mathscr{C}$ muß dann eine Krümmungslinie von S_0 sein. Mit s werde die Bogenlänge auf $\mathscr{C}$ bezeichnet. Für (Raum-) Krümmung $\varkappa_0$ und Windung σ_0 der Kurve $\mathscr{C}_0$ mit dem Ortsvektor $\mathfrak{x}_0(s) = \int\limits_{s_0}^{s} \mathfrak{X} \times d\mathfrak{x}$ gilt dann

$$(*) \qquad \varkappa_0 \sin\alpha + \sigma_0 \cos\alpha = 1.$$

$\mathscr{C}_0$ ist also eine Bertrand-Kurve.

Umgekehrt gibt es zu jeder Bertrand-Kurve $\mathscr{C}_0$, für welche (*) erfüllt ist, eine Minimalfläche S_0, die die Einheitskugel längs einer Kurve $\mathscr{C}$ unter dem konstanten Winkel α schneidet. $\mathscr{C}$ ist die Binormalenindikatrix der zu $\mathscr{C}_0$ assoziierten Bertrand-Kurve. Es sei weiterhin $\mathscr{C}_\vartheta$ diejenige Bertrand-Kurve, welche Bogenlänge und Hauptnormale mit $\mathscr{C}_0$ gemeinsam hat und deren Tangentenvektor mit dem von $\mathscr{C}_0$ den Winkel ϑ einschließt. Dann existiert eine Minimalfläche S_ϑ, welche die Einheitskugel längs der Kurve $\mathscr{C}$ unter dem konstanten Winkel $\alpha - \vartheta$ schneidet. (V. Cruceanu [1].) Für $\alpha = 0, \pi/2$ bzw. $\vartheta = \alpha, \alpha - \pi/2$ kommt man auf die Resultate von E. Cosserat [1] und G. Tzitzeica [1] zurück.

§ 766. In den §§ 151, 152, 154 wurde eine Methode zur Bestimmung einer Minimalfläche, welche eine vorgegebene ebene Kurve als geodätische Linie enthält, erläutert und für die Fälle einer Zykloide und einer Neilschen Parabel im einzelnen ausgeführt. In der Literatur sind viele andere Beispiele behandelt worden, und zwar für die folgenden Kurven: Kreis, Kegelschnitte, Evoluten der Kegelschnitte, Lemniskate, Epi- und Hyperzykloide, Ribaucoursche Kurve (siehe R. v. Lilienthal [3], p. 321, Fußnote 233), sphärische Ellipse. Wir erwähnen die Autoren L. Henneberg [1], [2]; A. Herzog [1]; L. Kiepert [1], pp. 347–348; O. v. Lichtenfels [1]; B. A. Niewenglowski [2]; A. Ribaucour [1], pp. 140–152; H. W. Richmond [3], pp. 238–239; C. Schilling [1]; H. A. Schwarz [I], pp. 182, 199 des 1. Bandes; H. Tallquist [3].

§ 767. Wenn eine Minimalfläche eine ebene geodätische Linie enthält, so ist deren Ebene eine Symmetrieebene der Fläche. (E. Goursat [1], p. 299; H. A. Schwarz [I], p. 130 des 1. Bandes.)

§ 768. Wenn eine Minimalfläche die Evolute einer Ellipse (d. h. eine Astroide) als geodätische Linie besitzt, so ist auch die Evolute einer Hyperbel als geodätische Linie auf ihr gelegen. (L. Henneberg [1], [2]; A. Herzog [1].)

§ 769. Die Gleichungen der Minimalfläche, welche die in der Ebene $z = 0$ gelegene Lemniskate $(x^2 + y^2)^2 = 2(x^2 - y^2)$ als ebene geodätische Linie enthält, sind

$$x = \sqrt{2}\,\mathrm{Re}\left\{\cos\frac{w}{3}\sqrt{\cos\frac{2w}{3}}\right\}$$

$$y = \sqrt{2}\,\mathrm{Re}\left\{\sin\frac{w}{3}\sqrt{\cos\frac{2w}{3}}\right\}$$

$$z = -\frac{\sqrt{2}}{3}\,\mathrm{Re}\left\{i\int_0^w \frac{d\zeta}{\sqrt{\cos\frac{2\zeta}{3}}}\right\}.$$

(O. v. Lichtenfels [1].) Die Fläche ist durch elliptische Integrale darstellbar. Sie ist transzendent und weist in Richtung der z-Achse Periodizität auf. Kongruente Punkte stehen voneinander um ein Vielfaches der Periode

$$\omega = 2\int_0^1 \frac{d\sigma}{\sqrt{(1-\sigma^2)(1-\frac{1}{2}\sigma^2)}}$$

ab. Alle Ebenen $z = n\,\omega$ ($n = 0, \pm 1, \pm 2, \ldots$) sind Symmetrieebenen. Jede schneidet die Minimalfläche in einer Lemniskate. Die adjungierte Fläche ist zur ursprünglichen Fläche kongruent.

§ 770. Zwei Minimalflächen, von denen die eine eine Zykloide, die andere eine Parabel als geodätische Linie enthalten soll, sind bis auf Lage und Größe identisch. (A. Herzog [1].)

§ 771. Die Gewinnung von Minimalflächen aus einer Schar konfokaler Quadriken wurde schon von A. Ribaucour ([1], pp. 195–214) diskutiert. Beispielsweise besitzt die einparametrische Schar konfokaler Paraboloide

$$\frac{x^2}{a+\lambda} - \frac{y^2}{a-\lambda} - 2z - \lambda = 0$$

mit dem Scharparameter λ eine Einhüllende, deren Rückkehrkante eine algebraische Minimalkurve 6. Grades ist. Die Sehnenmittelpunkte dieser Kurve erzeugen die Hennebergsche Minimaldoppelfläche des § 154 (nach Vertauschen von y mit $-y$ und Anbringen des Streckungsfaktors $3a/8$). (J. Lebel [1].)

§ 772. Neben den auf Monge, Legendre, Weierstrass, Enneper, Riemann zurückgehenden Darstellungsgleichungen (83), (84), (94)–(97) sind äquivalente Darstellungen reeller Minimalflächen mit Hilfe einer analytischen Funktion von vielen Mathematikern angegeben worden.

Bei E. Beltrami ([3], p. 447) stehen die Formeln

$$x = \mathrm{Re}\{f'(w)\sin w + f''(w)\cos w\}$$
$$y = \mathrm{Re}\{f'(w)\cos w - f''(w)\sin w\}$$
$$z = \mathrm{Re}\{i\, f(w) + i\, f''(w)\}.$$

In K. Petersons Buch ([I], p. 67) findet man

$$x = \mathrm{Re}\left\{e^{i\nu}\int f(\ell)\,\mathfrak{Cof}\,\ell\, d\ell\right\}$$
$$y = \mathrm{Re}\left\{i\, e^{i\nu}\int f(\ell)\,\mathfrak{Sin}\,\ell\, d\ell\right\}$$
$$z = \mathrm{Re}\left\{i\, e^{i\nu}\int f(\ell)\, d\ell\right\}.$$

Weitere Literaturhinweise schließen A. Weiler [1]; J. Weingarten [2]; L. Kiepert [1]; S. Puicherle [1]; A. Ribaucour [1], p. 131; P. Paci [1], p. 452; F. C. Clapier [1], p. 254, und R. v. Lilienthal [3], pp. 310–315 ein. Eine weitere Herleitung der Weierstrassschen Formeln findet man bei W. Merten [1].

§ 773. Die Minimalfläche S mit den Gleichungen

$$x = \beta - \mathfrak{Sin}\,\beta\cos\alpha, \qquad y = \mathfrak{Sin}\,\beta\sin\alpha, \qquad z = 4\,\mathfrak{Cof}\,\frac{\beta}{2}\cos\frac{\alpha}{2},$$

welche man aus der Darstellung (95) mit der Funktion $R(\omega) = \omega^{-1} - \omega^{-3}$ erhält, indem man $\omega = e^{-i\gamma/2}$ setzt, ist von W. Thienemann [1] eingehend untersucht worden. Sie ist zur Catalanschen Fläche (88) des § 152 adjungiert, also mit dieser isometrisch. Da S transzendent ist, aber jede Kurve $\beta = \text{const}$ eine algebraische Kurve 4. Grades darstellt, gehört S zur Klasse der in § 788 erwähnten Minimalflächen. Durch jede der Kurven $\beta = \text{const}$ geht ein Büschel von Flächen 2. Grades. Zu diesem Büschel gehören insbes.

die Kugel $\left(x - \beta + 2\,\mathfrak{Cot}\,\frac{\beta}{2}\right)^2 + y^2 + z^2 = \left(\mathfrak{Sin}\,\beta + 2\,\mathfrak{Cot}\,\frac{\beta}{2}\right)^2$,

der Rotationszylinder $(x - \beta)^2 + y^2 = \mathfrak{Sin}^2\beta$,

der parabolische Zylinder $z^2 + 4x\,\mathfrak{Cot}\,\frac{\beta}{2} = 4\beta\,\mathfrak{Cot}\,\frac{\beta}{2} + 4\,\mathfrak{Cof}\,\beta + 4$,

der Rotationskegel $(x - \beta - \mathfrak{Sin}\,\beta)^2 + y^2 = \mathfrak{Sin}^2\frac{\beta}{2}\,z^2$.

Der Rotationskegel berührt S längs der zugehörigen Flächenkurve $\beta = \text{const}$.

§ 774. Die Minimalfläche S liege in der Darstellung (95) vermittels der analytischen Funktion $R(\omega)$ vor. In einem gegenüber dem (x, y, z)-Koordinatensystem gedrehten (x_1, y_1, z_1)-Koordinatensystem besitzt S eine entsprechende Darstellung mit Hilfe einer analytischen Funktion $R_1(\omega_1)$ der komplexen Veränderlichen ω_1. Dabei ist ω_1 durch diejenige lineare Transformation $\omega_1 = (a\,\omega - \bar{b})/(b\,\omega + \bar{a})$ definiert, welche der durch die Drehung des Koordinatensystems induzierten Kugeldrehung entspricht, und es gilt

$$R_1(\omega_1) = R(\omega)\left(\frac{d\omega}{d\omega_1}\right)^2.$$

(E. Goursat [2], p. 142.)

§ 775. In einem geeigneten Koordinatensystem lassen sich die zyklischen Flächen der §§ 94–97 in der Form (95) darstellen, wo

$$R(\omega) = \frac{a}{\omega\sqrt{\omega^3 + 2b\,\omega^2 - \omega}}$$

zu setzen ist. a und b sind dabei reelle Konstanten. (H. A. Schwarz [I], pp. 186–187 des 1. Bandes.)

§ 776. Wenn eine Minimalfläche eine Schar reeller Parabeln enthält, so muß die gemäß § 156 zu ihr gehörende Funktion $R(\omega)$ rational sein. (M. Peche [1].)

§ 777. Enthält eine Minimalfläche eine Schar reeller algebraischer Kurven, so ist die gemäß § 156 zu ihr gehörende Funktion $R(\omega)$ algebraisch. (H. A. Schwarz [I], pp. 205–220 und p. 330 des 1. Bandes.)

§ 778. Alle algebraischen Minimalflächen fünfter Klasse sind einander ähnlich. (C. Schilling [1], p. 31.)

§ 779. Die einzige reelle Minimalfläche der Ordnung 12 hat bis auf eine Bewegung und Streckung die Form

$$x = \frac{1}{3}u^3 - u\,v^2 + \frac{u}{u^2 + v^2}$$

$$y = \frac{1}{3}v^3 - u^2\,v - \frac{v}{u^2 + v^2}$$

$$z = 2u.$$

Die zu ihr assoziierten Flächen sind (bis auf eine Streckung und eine Bewegung) mit ihr identisch. (H. W. Richmond [2], p. 74.)

§ 780. Enthält eine Minimalfläche eine ebene geodätische Linie, so ist die Fläche algebraisch, wenn die Kurve die Evolute einer algebraischen Kurve ist, sonst nicht. (L. Henneberg [3], [4]; S. Lie [I], p. 331 des 1. Bandes; A. Ribaucour [1], p. 57.)

§ 781. Enthält eine Minimalfläche eine ebene Krümmungslinie, so ist die Fläche algebraisch, wenn die Kurve die Evolute einer algebraischen Kurve ist, sonst nicht. (S. Lie [I], p. 332 des 1. Bandes; A. Ribaucour [1], p. 113.)

§ 782. Wenn eine Minimalfläche eine Zylinderfläche längs einer nicht-ebenen geodätischen Linie berührt, so ist die Minimalfläche gleichzeitig mit der Kurve algebraisch. (S. Lie [I], p. 333 des 1. Bandes.)

§ 783. Die Minimalfläche, welche das hyperbolische Paraboloid $2z = a(x^2 - y^2)$ längs seiner Schnittkurve mit dem Zylinder $x^2 + y^2 = 1$ berührt, ist algebraisch. (H. A. Schwarz [I], p. 182 des 1. Bandes.)

§ 784. Die reellen Minimaldoppelflächen, für welche in der Darstellung (95) die Funktion $R(\omega) = k(\omega^{-1} - \omega)^m (\omega^{-1} + \omega)^n \omega^{-2}$ einzusetzen ist, wobei n eine ungerade Zahl sein muß, wurden von J. Vivanti [1] diskutiert. Für $m = n = -k = 1$ ergibt sich die von L. Henneberg [1], [2], A. Herzog [1] und C. Schilling [1] untersuchte Fläche (92) des § 154.

§ 785. Eine notwendige und hinreichende Bedingung dafür, daß eine reelle Minimalfläche, welche zwei zueinander senkrechte Geraden oder Teile solcher Geraden enthält, eine Doppelfläche ist, besteht darin, daß die Minimalfläche auch eine Gerade oder einen Teil dieser Geraden orthogonal zu den beiden Geraden enthält. Die Wendelfläche, die Scherksche Minimalfläche und die Hennebergsche Minimalfläche sind Beispiele für diese Aussage. (J. K. Whittemore [5], p. 223.)

§ 786. Eine notwendige und hinreichende Bedingung dafür, daß eine reelle Minimalfläche, welche zwei nicht geradlinige geodätische Linien in zwei zueinander senkrechten Ebenen enthält, eine Doppelfläche ist, besteht darin, daß sie auch eine Gerade oder einen Teil einer Geraden parallel zur Schnittgerade der Ebenen enthält. (J. K. Whittemore [5], p. 223.)

§ 787. S sei eine reelle Minimaldoppelfläche. Außer S selbst, der zu ihr symmetrischen Fläche ($\lambda = \pi$ in § 176) und der zu ihr adjungierten Flächen ($\lambda = \pm\pi/2$ in § 176) kann keine andere der zu S assoziierten Minimalflächen eine Gerade oder einen Teil einer Geraden enthalten. (J. K. Whittemore [5], p. 224.)

§ 788. H. A. Schwarz ([I], pp. 205–220 des 1. Bandes) hat die transzendenten Minimalflächen, welche eine Schar algebraischer Kurven enthalten, untersucht. Wendelfläche, Kettenfläche, die zyklischen

Flächen aus II.5.4, die Catalansche Fläche (88) aus § 152 und die Ennepersche Fläche (90) aus § 153 gehören alle hierher. Man sehe weiter R. v. Lilienthal ([1], insbes. pp. 248–250; [2]), E. Götting [1], W. Thienemann [1], A. Ribaucour ([1], pp. 155–156), C. F. Geiser [2].

§ 789. Die Bestimmung der Minimalflächen, für welche das sphärische Bild ihrer Krümmungslinien ein vorgegebenes orthogonales Kurvensystem auf der Einheitskugel, insbes. gleich dem sphärischen Bild der Krümmungslinien einer Quadrik $x^2/a + y^2/b + z^2/c = 1$, ist, wurde u. a. von A. Ribaucour ([1], pp. 87–92) und F. C. Clapier ([1], pp. 269 bis 276) durchgeführt.

§ 790. Alle Minimalflächen, für welche bei der sphärischen Abbildung einer Schar ebener Flächenkurven die Meridiane der Einheitskugel entsprechen, sind von A. Enneper [5] und später nochmals von J. Rebstein [1] bestimmt worden. Es handelt sich um Kettenfläche, Wendelfläche, die Scherksche Minimalfläche (26) aus § 81 und die Ennepersche Fläche (90) aus § 153.

§ 791. Die Minimalflächen mit einem System sphärischer Krümmungslinien wurden von H. Dobriner [1] untersucht; man sehe auch A. Enneper [2].

§ 792. Die Bestimmung der Minimalflächen, für welche die sphärischen Bilder der einen Asymptotenlinienschar spezielle sphärische Kegelschnitte darstellen, wurde von C. Botto [1] durchgeführt.

§ 793. Jede analytische Bertrand-Kurve ist Asymptotenlinie einer Minimalfläche, welche sich ohne Quadraturen bestimmen läßt. Die ihr auf der adjungierten Minimalfläche entsprechende Kurve ist eine sphärische Krümmungslinie der letzteren. (G. Darboux [I], p. 488.)

§ 794. Wenn zwei Flächen S und S' isometrisch so aufeinander abgebildet werden können, daß entsprechende Linienelemente einen konstanten Winkel miteinander bilden, so müssen diese Flächen Minimalflächen sein, und S' ist einer zu S assoziierten (im Falle eines rechten Winkels, adjungierten) Minimalfläche kongruent. (G. Mathet [1], [2]; G. Darboux [I], pp. 386–388.)

§ 795. Läßt sich eine Fläche, während einer ihrer Punkte festgehalten wird, so verbiegen, daß alle ihre Punkte Ellipsen beschreiben, so muß die Fläche eine Minimalfläche sein, und die bei dem Biegungsvorgang auftretenden Flächen sind zu ihr assoziiert. (G. Darboux [I], p. 389.)

§ 796. Läßt sich eine Fläche, während einer ihrer Punkte festgehalten wird, so verbiegen, daß alle ihre Punkte Bahnen beschreiben, die in den Ebenen durch diesen Punkt liegen, so muß die Fläche eine Minimalfläche sein, und die bei dem Biegungsvorgang auftretenden Flächen sind zu ihr assoziiert. (P. Stäckel [1].)

§ 797. Wenn zwei Biegungsflächen so verwandt sind, daß jeder geodätischen Linie der einen eine Kurve der anderen entspricht, welche als Krümmung bzw. Windung die Windung bzw. Krümmung des Originales besitzt, so sind die beiden Flächen adjungierte Minimalflächen. (L. Bianchi [1], R. Ritter [1].)

§ 798. Wenn man die Minimalkurven, welche eine in der Form (95) dargestellte Minimalfläche S gemäß § 148 erzeugen, einer imaginären Drehung unterwirft, so erhält man eine „abgeleitete" Minimalfläche S_1 mit der Darstellung

$$x = x_1 = \operatorname{Re} \int^{\omega} \left(k - \frac{1}{k}\omega^2\right) R(\omega)\, d\omega$$

$$y = y_1 = \operatorname{Re} \int^{\omega} i\left(k + \frac{1}{k}\omega^2\right) R(\omega)\, d\omega$$

$$z = z_1 = \operatorname{Re} \int^{\omega} 2\omega\, R(\omega)\, d\omega,$$

wobei k eine reelle Konstante ist. Die Eigenschaften dieser Minimalfläche sowie ihr Zusammenhang mit der ursprünglichen Fläche sind von E. Goursat [2] eingehend untersucht worden. Jede Krümmungslinie geht in eine Krümmungslinie über, jede Asymptotenlinie in eine Asymptotenlinie. Jeder ebenen Krümmungslinie von S entspricht eine ebene Krümmungslinie von S_1. Jede Asymptotenlinie, welche zugleich eine Schraubenlinie ist, wird in eine ebensolche Asymptotenlinie übergeführt. Wenn sich der Parameter k ändert (während die Koordinaten x, y, z und x_0, y_0, z_0 der Minimalfläche S und ihrer adjungierten S_0 fest bleiben; siehe § 176), so beschreibt der Punkt (x_1, y_1, z_1) einen Zweig einer Hyperbel.

§ 799. Es sei S mit den Koordinaten x, y, z eine in der Form (95) dargestellte Minimalfläche und S_0 mit den Koordinaten x_0, y_0, z_0 die zu ihr adjungierte Minimalfläche. Die Koordinaten x_1, y_1, z_1 der abgeleiteten Minimalfläche S_1 aus § 798 erscheinen dann in der Gestalt

$$x_1 = \frac{1 + k^2}{2k} x + \frac{1 - k^2}{2k} y_0$$

$$y_1 = \frac{1 + k^2}{2k} y + \frac{k^2 - 1}{2k} x_0$$

$$z_1 = z.$$

Man kann nun auch die Frage nach den allgemeinsten Funktionen $f = f(x, y, z; x_0, y_0, z_0)$, $g = g(x, y, z; x_0, y_0, z_0)$, $h = h(x, y, z; x_0, y_0, z_0)$ von sechs Veränderlichen stellen, welche die Eigenschaft haben, daß die Fläche S_1 mit den Koordinaten

$$\begin{aligned} x_1 &= f(x, y, z; x_0, y_0, z_0) \\ y_1 &= g(x, y, z; x_0, y_0, z_0) \\ z_1 &= h(x, y, z; x_0, y_0, z_0) \end{aligned}$$

wiederum eine Minimalfläche ist. Diese Frage ist von E. Goursat [3] behandelt worden.

§ 800. Summe und Produkt zweier in einem Gebiete B zur Klasse PL gehörigen Funktionen gehören ebenfalls zu $PL(B)$. (T. Radó [II], p. 9.)

§ 801. Eine in einem Gebiete B stetige nicht-negative Funktion $p(\alpha, \beta)$ gehört zur Klasse $PL(B)$ dann und nur dann, wenn für jeden Punkt $(\alpha_0, \beta_0) \in B$ und jede Zahl ϱ mit der Eigenschaft, daß die Kreisscheibe $(\alpha - \alpha_0)^2 + (\beta - \beta_0)^2 \leqq \varrho^2$ in B enthalten ist, die Ungleichung

$$\frac{1}{\pi \varrho^2} \iint\limits_{\xi^2+\eta^2 \leqq \varrho^2} [p(\alpha_0 + \xi, \beta_0 + \eta)]^2 \, d\xi \, d\eta \leqq \left[\frac{1}{2\pi} \int\limits_0^{2\pi} p(\alpha_0 + \varrho \cos\vartheta, \beta_0 + \varrho \sin\vartheta) \, d\vartheta\right]^2$$

gilt. (E. F. Beckenbach [6].)

§ 802. Die in $B = \{\alpha, \beta; \alpha^2 + \beta^2 < 1\}$ definierte Funktion $p(\alpha, \beta)$ sei dort zur Klasse PL gehörig. Es sei E die Teilmenge des Intervalles $0 \leqq \vartheta \leqq 2\pi$, für welche $\lim\limits_{r \to 1} p(r \cos\vartheta, r \sin\vartheta) = 0$. Wenn das (lineare) Maß von E positiv ist, so gilt $p(\alpha, \beta) \equiv 0$ in B. (A. F. Monna [2], S. Lozinsky [1], M. O. Reade [2].)

§ 803. Es sei $\mathfrak{x}(\alpha, \beta)$ der Ortsvektor einer auf isotherme Parameter bezogenen Minimalfläche $S = \{\mathfrak{x} = \mathfrak{x}(\alpha, \beta); (\alpha, \beta) \in B\}$. Die Funktion $E(\alpha, \beta) = \mathfrak{x}_\alpha^2$ gehört dann zur Klasse $PL(B)$. (E. F. Beckenbach and T. Radó [1], p. 653.)

§ 804. Die in einem Gebiet B stetig differenzierbaren Komponenten eines Vektors $\mathfrak{x}(\alpha, \beta)$ bilden dann und nur dann ein Tripel konjugiert harmonischer Funktionen (siehe § 183), wenn die Funktion $p(\alpha, \beta) = |\mathfrak{x}(\alpha, \beta) - \mathfrak{a}|$ für jeden konstanten Vektor $\mathfrak{a}$ zur Klasse $PL(B)$ gehört. (E. F. Beckenbach and T. Radó [1], p. 654.)

§ 805. $S = \{\mathfrak{x} = \mathfrak{x}(u, v);\ (u, v) \in P\}$ sei eine Minimalfläche in isothermer Darstellung, so daß also in allen inneren Punkten von P $\mathfrak{x}_u^2 = \mathfrak{x}_v^2$, $\mathfrak{x}_u \cdot \mathfrak{x}_v = 0$ gilt. $R \subset P$ sei eine Punktmenge mit einem im Inneren von P gelegenen Häufungspunkt. Der Ortsvektor $\mathfrak{x}(u, v)$ kann nicht in allen Punkten von R demselben konstanten Vektor gleich sein. (E. F. Beckenbach and J. W. Hahn [1], p. 700.)

§ 806. $S = \{\mathfrak{x} = \mathfrak{x}(u, v);\ u^2 + v^2 \leqq 1\}$ sei eine Minimalfläche in isothermer Darstellung, so daß $\mathfrak{x}_u^2 = \mathfrak{x}_v^2$, $\mathfrak{x}_u \cdot \mathfrak{x}_v = 0$ ist, und es gelte $E_0 = \mathfrak{x}_u^2(0, 0) \geqq 1$. Es gibt eine universelle Konstante B mit der folgenden Eigenschaft: Auf S existiert eine (offene) geodätische Kreisscheibe vom Radius $\geqq B$, welche das topologische Bild eines Teilgebietes der Kreisscheibe $u^2 + v^2 < 1$ ist. (E. F. Beckenbach [3].)

§ 807. Die Funktionen $x(u, v)$ und $y(u, v)$ seien in einem Gebiete Q der (u, v)-Ebene zweimal stetig differenzierbar, und es gelte dort mit einer Konstanten $k \neq 0$

$$x_u^2 + y_u^2 + k^2 = x_v^2 + y_v^2, \qquad x_u x_v + y_u y_v = 0.$$

Wenn die Funktionaldeterminante $x_u y_v - x_v y_u$ in Q nicht identisch verschwindet, d. h., wenn x und y in Q nicht Funktionen von v allein sind, dann sind $x(u, v)$ und $y(u, v)$ in Q harmonische Funktionen, und $\mathfrak{x}(u, v) = \{x = x(u, v), y = y(u, v), z = k u\}$ ist der Ortsvektor einer über Q definierten Minimalfläche. (M. Shiffman [10], p. 89.)

Ist diese Aussage auch richtig, wenn $x(u, v)$ und $y(u, v)$ in Q lediglich als stetig differenzierbar vorausgesetzt werden?

§ 808. Die Komponenten des Ortsvektors der Minimalfläche $S = \{\mathfrak{x} = \mathfrak{x}(u, v);\ (u, v) \in B\}$ mögen im Gebiet B ein Tripel konjugiert harmonischer Funktionen bilden; siehe § 183. Die Fläche heißt meromorph über B, falls die Komponenten in B höchstens Pole besitzen. Wenn B die ganze endliche w-Ebene ist, $w = u + i v$, wird S kurz als meromorph bezeichnet. Eine Verallgemeinerung der Nevanlinnaschen Theorie der meromorphen Funktionen und die Anpassung und Weiterbildung der grundlegenden Begriffe dieser Theorie wurden von E. F. Beckenbach [10], E. F. Beckenbach and G. A. Hutchison [1], E. F. Beckenbach and T. A. Cootz [1], H. J. W. Ziegler [1] entwickelt.

§ 809. Wir betrachten zwei Flächen $S_1 = \{z = z_1(x, y);\ (x, y) \in \bar{Q}\}$ und $S_2 = \{z = z_2(x, y);\ (x, y) \in \bar{Q}\}$ über dem Quadrat $\bar{Q} = \{x, y;\ 0 \leqq x, y \leqq 1\}$. S sei die Fläche $\left\{z = \dfrac{z_1(x, y) + z_2(x, y)}{2};\ (x, y) \in \bar{Q}\right\}$. Wenn z_1, z_2 zu $\mathfrak{M}^1(\bar{Q})$ gehören, d. h. wenn $I(S_1) = \iint\limits_Q \sqrt{1 + p_1^2 + q_1^2}\ \times$

$\times\, dx\, dy < \infty$ und $I(S_2) = \iint\limits_Q \sqrt{1 + p_2^2 + q_2^2}\, dx\, dy < \infty$ ist, dann gilt entweder $I(S) < \frac{1}{2}[I(S_1) + I(S_2)]$ oder $z_2(x, y) - z_1(x, y) \equiv \text{const.}$ (E. J. McShane [1], p. 127; J. Steiner [I], p. 298.)

§ 810. Vorgelegt seien die Fläche $S = \{z = z(x, y); (x, y) \in \bar{Q}\}$ endlichen Inhaltes $I(S)$ über dem Quadrat $\bar{Q} = \{x, y; 0 \leqq x, y \leqq 1\}$ und die Flächenfolge $S_n = \{z = z_n(x, y); (x, y) \in \bar{Q}\}$, $(n = 1, 2, \ldots)$. Die Folge der Funktionen $z_n(x, y)$ möge gleichmäßig in Q gegen $z(x, y)$ konvergieren. Eine notwendige Bedingung für die Grenzbeziehung $\lim\limits_{n\to\infty} I(S_n) = I(S)$ besteht dann darin, daß $\sqrt{(p - p_n)^2 + (q - q_n)^2}$ dem Maße nach gegen Null konvergiert. (E. J. McShane [1], p. 130.)

§ 811. Auf dem Rande ∂Q des Quadrates $Q = \{x, y; 0 < x, y < 1\}$ sei eine stetige Funktion ζ definiert, und I_0 bezeichne die (nach § 295 endliche) untere Grenze aller Flächen $\{z = z(x, y); (x, y) \in \bar{Q}\}$ mit den Randwerten $z = \zeta$. Es gibt nur eine Fläche $S_0 = \{z = z_0(x, y); (x, y) \in \bar{Q}\}$ mit den Randwerten $z_0 = \zeta$, für welche

$$I(S_0) = \iint\limits_Q \sqrt{1 + p_0^2 + q_0^2}\, dx\, dy = I_0$$

gilt. (E. J. McShane [1], p. 132.)

§ 812. Der Ortsvektor der über der Abschließung des Einheitskreises $P = \{w; |w| < 1\}$ definierten Fläche $S = \{\mathfrak{x} = \mathfrak{x}(w); w \in \bar{P}\}$ gehöre zu $\mathfrak{M}(\bar{P})$ und bilde zwei punktfremde Teilbögen $\partial_j P$ des Randes ∂P je in eine Kugel $|\mathfrak{x} - \mathfrak{x}_j| \leqq R$ ab, $(j = 1, 2)$, wobei die Ungleichung $|\mathfrak{x}_1 - \mathfrak{x}_2| \geqq 2(1 + \sqrt{2})\, R$ erfüllt sei. Es gibt dann zwei Flächen $S_j = \{\mathfrak{x} = \mathfrak{x}_j(w); w \in \bar{P}\}$, $\mathfrak{x}_j(w) \in \mathfrak{M}(\bar{P})$, derart, daß der Vektor $\mathfrak{x}_1(w)$ (bzw. $\mathfrak{x}_2(w)$) auf dem Bogen $\partial_1 P$ (bzw. $\partial_2 P$) mit dem Vektor $\mathfrak{x}(w)$ übereinstimmt und auf dem Bogen $\partial_2 P$ (bzw. $\partial_1 P$) konstant ist. Weiterhin gilt $D[\mathfrak{x}_1] + D[\mathfrak{x}_2] < D[\mathfrak{x}]$. (M. Kruskal [1], pp. 308–309.)

§ 813. $\mathscr{C}_1$ und $\mathscr{C}_2$ seien zwei geschlossene Kurven in der (x, y)-Ebene, deren Länge den Wert M nicht übersteigt. Dann gilt die Ungleichung

$$\left| \iint\limits_{-\infty}^{\infty} \{N(x, y; \mathscr{C}_1) - N(x, y; \mathscr{C}_2)\}\, dx\, dy \right| \leqq 2M\, \|\mathscr{C}_1, \mathscr{C}_2\|.$$

$N(x, y; \mathscr{C}_j)$ ist der topologische Index der Kurve $\mathscr{C}_j$ bzgl. des Punktes (x, y) (siehe § 241), und $\|\mathscr{C}_1, \mathscr{C}_2\|$ bedeutet den Fréchetschen Abstand der beiden Kurven (s. § 12). (E. Silverman [1], p. 314.)

§ 814. Die Funktionen $x(u, v)$ und $y(u, v)$ seien in der Abschließung $\bar{B}$ der Einheitskreisscheibe $B = \{u, v; u^2 + v^2 < 1\}$ stetig differenzierbar. Es sei (x_0, y_0) ein nicht auf der Bildkurve $\mathscr{C}$ des Randes ∂B unter der Abbildung $x = x(u, v)$, $y = y(u, v)$ gelegener Punkt, der nur endlich viele Urbilder besitzt, und in jedem dieser Urbilder gelte $J(u, v) = \partial(x, y)/\partial(u, v) \neq 0$. Wenn $J(u, v)$ in p dieser Punkte positiv und in n dieser Punkte negativ ist, so gilt $p - n = N(x_0, y_0; \mathscr{C})$. $N(x_0, y_0; \mathscr{C})$ ist dabei der topologische Index der Kurve $\mathscr{C}$ bzgl. des Punktes (x_0, y_0). (R. Osserman [9], p. 216.)

§ 815. Die in Abb. 32 skizzierte Minimalfläche, die sich der geschlossenen Randkurve nur teilweise anschmiegt und eine Verzweigungslinie besitzt, ist experimentell leicht zu gewinnen. Der Erfolg des Experimentes beruht aber darauf, daß, wie am Ende von § 288 erwähnt, selbst der dünnste Draht als Kanalfläche aufgefaßt werden muß, so daß das Seifenhäutchen genau gesehen die Lösung eines freien Randwertproblems verwirklicht. Für die vorgegebene Kontur als mathematische Kurve ist die dargestellte (bis zum Rande hin stetige) Flächenkonfiguration als Lösung eines Minimumproblems nicht möglich. Das ist im Hinblick auf den Satz des § 859 heuristisch einleuchtend und kann nach einer Bemerkung F. J. Almgrens auch mit maßtheoretischen Methoden bewiesen werden. Der Charakter der Singularitäten des Flächensystems in den Durchstoßpunkten der Randkurve widerspricht der Darstellung 32.

§ 816. Die in §§ 286, 287, 453 erwähnte McShanesche Lösungsmethode des Plateauschen Problems $\iint \sqrt{\bar{X}^2 + \bar{Y}^2 + \bar{Z}^2}\, du\, dv = \min$ bedient sich des Darstellungssatzes aus § 457, welcher es gestattet, das Problem auf ein nichtparametrisches – die Minimierung des Dirichletschen Integrales – zu reduzieren. Mit Hilfe des Darstellungssatzes wird gezeigt, daß die das Dirichletsche Integral minimierende Lösung auch dem parametrischen Integral ein Minimum erteilt. Die von Sigalov, Danskin, Cesari und Morrey behandelten allgemeineren Variationsintegrale $\iint F(x, y, z, \bar{X}, \bar{Y}, \bar{Z})\, du\, dv$ (siehe § 288) können als Integraldefinition eines in geeigneter Weise verallgemeinerten Inhaltsbegriffes aufgefaßt werden. Wie E. Silverman [1] zeigte, läßt sich diesen Integralen unter gewissen Voraussetzungen ein Integral vom Typ des Dirichletschen Integrales zuordnen, so daß wiederum ein Darstellungssatz bewiesen und die McShanesche Lösungsmethode angewendet werden können.

§ 817. Die Gleichung der Riemann-Schwarzschen Minimalfläche aus V.1.1 wurde von G. Hettner [1] in die Form $\vartheta(\xi, \eta, \zeta) = 0$ gesetzt, wo ξ, η, ζ gewisse nicht-symmetrische Verbindungen der rechtwinkligen kartesischen Koordinaten x, y, z der Fläche bedeuten und unter ϑ die hyperelliptische Funktion des Gebildes achten Grades $\sqrt{1 - 14\omega^4 + \omega^8}$ zu verstehen ist. Eine vollkommen symmetrische Darstellung gab Hettner in [2] an.

§ 818. Wenn ein einfach zusammenhängender Teil S_0 einer vollständigen Minimalfläche S von einem einfach geschlossenen Polygon Γ berandet ist, so kann man sich die Fläche S durch analytische Fortsetzung des Stückes S_0, d. h. durch Spiegelung von S_0 an den Seiten des Polygons und Fortsetzung dieses Verfahrens bzgl. der durch Spiegeln neu gewonnenen Seiten, entstanden denken. S setzt sich daher aus lauter zu S_0 kongruenten Stücken zusammen. Die Fläche S heißt *periodisch*, wenn jede kompakte Punktmenge des Raumes nur mit endlich vielen dieser Stücke Punkte gemeinsam hat.

Wie A. Schoenflies [1] 1891 mit Hilfe eines Satzes über Bewegungsgruppen bewies, gibt es im Falle, daß Γ ein windschiefes Vierseit ist, genau sechs verschiedene periodische Minimalflächen. (H. A. Schwarz hatte 1883 irrtümlicherweise behauptet, es gebe genau fünf solche Flächen; siehe [I], pp. 221–222 des 1. Bandes.) Alle besitzen die Symmetrie des Oktaeders. In [2] stellte A. Schoenflies die Flächen mit Hilfe von ϑ-Funktionen in einer übersichtlichen Form dar, durch welche die Symmetrie in Erscheinung tritt. Zwei dieser periodischen Flächen sind die von Schwarz ([I], insbes. pp. 1–125, 136–147 des 1. Bandes) eingehend untersuchte in V.1.1 betrachtete Fläche und ihre adjungierte. Eine dritte hat E. R. Neovius [1] betrachtet. Sie besitzt keine Selbstschneidungen. Bei Schwarz und Neovius finden sich auch ausgezeichnete Abbildungen dieser Flächen. Alle sechs periodischen Minimalflächen sind von B. Steßmann [1] diskutiert worden. Die in den Flächen enthaltenen geraden Linien sind zu den Symmetrieachsen eines Würfels parallel. Man sehe weiter noch K. Weierstrass ([I], pp. 241 bis 248). O. Nicoletti [1] wendete die Schoenfliessche Methode auf den Fall an, wo das Flächenstück S_0 nicht von einem Vierseit, sondern von einer aus vier Elementen (Geraden und Ebenen) bestehenden Kette wie in § 475 berandet ist. Er bestimmte u. a. die Zahl derjenigen periodischen Minimalflächen, welche die Seitenflächen eines Tetraeders rechtwinklig durchsetzen und bewies, daß die fraglichen Flächen auf die Schoenfliesschen abwickelbar sind. Auch allgemeinere Fälle wurden von Nicoletti betrachtet. Man sehe weiter noch F. Marty [1] und die Diskussion periodischer Minimalflächen bei G. Tenius [1] und E. Stenius [1]; schließlich auch M. Wernick [1], welcher periodische Minimalflächen S mit allgemeinen geschlossenen oder offenen (ins Unendliche reichende Strahlen als Randelemente enthaltenden) Polygonen Γ untersucht hat.

In der Wernickschen Arbeit findet sich auch ein Brief, den H. A. Schwarz im Jahre 1875 an Weierstrass geschrieben hat. Es heißt da auszugsweise: „... Die Minimalfläche, von welcher ein Stück eine von einem geradlinigen Polygon begrenzte kleine Fläche ist, hat nur ganz ausnahmsweise die Eigenschaft, daß ihre analytische Gleichung in die Form $F(x, y, z)$ gesetzt werden kann, wo F eine eindeutige Funktion der unbeschränkt veränderlichen Argumente ist. Es geschah auf Ihre Anregung, daß ich mir die Frage vorlegte, wie muß ein geradliniges Polygon beschaffen sein, damit die durch dasselbe bestimmte Minimalfläche nebst ihren analytischen Fortsetzungen durch eine Gleichung der angegebenen Form dargestellt werden könne. Diese Frage kann ich zwar noch nicht vollständig allgemein beantworten, aber ich glaube der Antwort doch ziemlich nahe gekommen zu sein. Mit voller Strenge kann ich beweisen, daß die Winkel in den Ecken des Polygons keine anderen sein können, als rationale Teile von π mit den Nennern 2, 3, 4, 5, 6. Ich vermute aber, daß der Nenner 5 nicht vorkommen kann ..."

§ 819. Eine Menge K von Vektoren $\mathfrak{x}(u, v) \in \mathfrak{M}(P)$, P die Einheitskreisscheibe in der (u, v)-Ebene, heißt konvex, wenn mit zwei Vektoren $\mathfrak{x}(u, v)$ und $\mathfrak{y}(u, v)$ auch alle Vektoren $(1 - t)\,\mathfrak{x}(u, v) + t\,\mathfrak{y}(u, v)$, $0 \leqq t \leqq 1$, zu K gehören. Wenn ein Vektor $\mathfrak{x}(u, v)$ einer konvexen Menge dem Dirichletschen Integral in dieser Menge ein Minimum erteilt, so ist er bis auf einen additiven konstanten Vektor eindeutig bestimmt. (M. Shiffman [6], p. 549.) Die Gesamtheit aller Vektoren $\mathfrak{x}(u, v) \in \mathfrak{M}(P)$ mit (fast überall auf dem Rande ∂P) vorgeschriebener Spur (siehe § 198) ist das Beispiel einer konvexen Menge. In dieser Menge gibt es genau einen das Dirichletsche Integral minimierenden Vektor.

§ 820. Zur Behandlung des Plateauschen Problems mit Methoden der Funktionalanalysis sehe man P. Lévy [1], J. Sebag [1], R. Caccioppoli [3].

§ 821. Nicht-lineare Randwertprobleme der Funktionentheorie und ihre Anwendung auf Minimalflächen in der Weierstrassschen Darstellung (95) sind von G. Bouligand [2], [3] diskutiert worden.

§ 822. $\mathfrak{x}(\alpha, \beta)$ sei in $B = \{\alpha, \beta; \alpha^2 + \beta^2 < 1\}$ definiert und dort Ortsvektor einer auf isotherme Parameter bezogenen Minimalfläche. E sei die Teilmenge des Intervalles $0 \leqq \vartheta \leqq 2\pi$, für welche $\lim\limits_{r \to 1} |\mathfrak{x}(r \cos\vartheta, r \sin\vartheta) - \mathfrak{a}| = 0$ gilt, wo $\mathfrak{a}$ ein konstanter Vektor ist. Wenn das (lineare) Maß von E positiv ist, so gilt $\mathfrak{x}(\alpha, \beta) \equiv \mathfrak{a}$ in B. (M. O. Reade [2].)

§ 823. Wie W. Blaschke bemerkt hat (siehe T. Carleman [1], p. 160), liegt der springende Punkt bei der isoperimetrischen Ungleichung des § 323 darin, daß die Abschätzung $4\pi I(S) \leqq L^2(\Gamma)$ für alle von der Jordankurve Γ berandeten verallgemeinerten Minimalflächen vom Typ der Kreisscheibe – auch die instabilen – zutrifft. Für eine Lösung S des Plateauschen Problems kleinsten Inhaltes läßt sich der Beweis einfacher so führen: Von einem festen Punkte der Kurve Γ ziehe man Strahlen nach ihren anderen Punkten. Der so entstehende Kegel läßt sich in die Ebene abrollen, wobei Γ in eine geschlossene Kurve gleicher Länge übergeht. Zufolge der isoperimetrischen Ungleichung in der Ebene genügt der Flächeninhalt dieses Kegels der fraglichen Ungleichung. Dasselbe gilt dann auch von der Fläche S, da der Kegel natürlich eine zulässige Vergleichsfläche darstellt.

§ 824. Die Minimalfläche $S = \{\mathfrak{x} = \mathfrak{x}(\zeta);\ 0 < \varrho_1 \leqq |\zeta| \leqq \varrho_2 < \infty\}$ vom Typ des Kreisringes sei von den zwei punktfremden Jordankurven Γ_1 und Γ_2 der Längen L_1 bzw. L_2 berandet. Eine Abschätzung des Flächeninhaltes $I(S)$ läßt sich etwas anders als in § 554 auch mit der Methode des § 323 gewinnen. Wir führen die Parameter

$$\sigma_j = \sigma_j(\vartheta) = \frac{2\pi}{L_j} \int_0^{\vartheta} |\mathfrak{x}_\vartheta(\varrho_j e^{i\vartheta})|\, d\vartheta \quad (j = 1, 2)$$

ein, bezeichnen mit $\vartheta_j(\sigma)$ die Umkehrfunktionen der Funktionen $\sigma_j(\vartheta)$ und setzen $\mathfrak{y}_j(\sigma) = \mathfrak{x}(\varrho_j, \vartheta_j(\sigma))$. Für fast alle Werte von σ gilt dann $|\mathfrak{y}_j'(\sigma)| = L_j/2\pi$. Weiterhin seien $\{\mathfrak{a}_n^{(j)}, \mathfrak{b}_n^{(j)}\}$ die Fourierkoeffizienten der Vektoren $\mathfrak{y}_j(\sigma)$. Aus der Flächeninhaltsformel des § 554 folgt ähnlich wie in § 323 nunmehr die Ungleichung

$$(L_1 + L_2)^2 - 4\pi I(S) \geqq 2L_1 L_2 +$$
$$+ \pi^2 \sum_{j=1}^{2} \sum_{n=1}^{\infty} (n^2 - 1)\,[(\mathfrak{a}_n^{(j)})^2 + (\mathfrak{b}_n^{(j)})^2] - \frac{\pi^2}{2}[(\mathfrak{a}_0^{(1)})^2 + (\mathfrak{a}_0^{(2)})^2].$$

Wir wählen das Koordinatensystem so, daß $\mathfrak{a}_0^{(1)} = \mathfrak{o}$ wird. Der Vektor $\frac{1}{2}\mathfrak{a}_0^{(2)}$ ist dann Ortsvektor eines Punktes in der konvexen Hülle der Kurve Γ_2. Gemäß § 843 gilt also $|\mathfrak{a}_0^{(2)}| \leqq \frac{1+\sqrt{2}}{2}(L_1 + L_2)$ und somit $\left[1 + \frac{\pi^2}{8}(3 + \sqrt{2})\right](L_1 + L_2)^2 - 4\pi I(S) > 0$ oder $I(S) < \frac{1}{1{,}53} \times$ $\times\,(L_1 + L_2)^2$. Durch sorgfältige Berücksichtigung der hier vernachlässigten Glieder läßt sich diese Abschätzung noch verbessern.

§ 825. S sei eine von einer Jordankurve Γ berandete verallgemeinerte Minimalfläche vom Typ der Kreisscheibe. Jede Tangentialebene der Fläche S in einem ihrer inneren Punkte schneidet die Randkurve Γ in mindestens vier verschiedenen Punkten.

§ 826. Man betrachte die Minimalfläche

$$x = \operatorname{Re}\left\{w^2 - \frac{1}{2} w^4\right\}, \quad y = \operatorname{Re}\left\{-i\, w^2 - \frac{i}{2} w^4\right\}, \quad z = \operatorname{Re} \frac{4}{3} w^3.$$

Wenn die beiden verschiedenen Punkte w_1 und w_2 aus der Kreisscheibe $|w| < 1$ auf denselben Punkt im Raume abgebildet werden, so muß $w_1 = -w_2 = \varrho \exp\left(\frac{2l+1}{6} \pi i\right)$ gelten, wo $0 < \varrho < 1$ ist und l eine der Zahlen $0, 1, \ldots, 5$ bedeutet.

§ 827. Eine verallgemeinerte Minimalfläche beliebigen topologischen Typs in isothermer Darstellung kann in keinem Punkte einen Verzweigungspunkt besitzen, durch welchen eine Ebene geht, die die Berandung nicht schneidet.

§ 828. Die Totalkrümmung $\varkappa(\Gamma_r)$ (siehe § 26) der Kurve Γ_r aus § 388 ist

$$\varkappa(\Gamma_r) = 4 \frac{\sqrt{1 + 10r^2 + 9r^4}}{1 + r^2} \mathsf{E}\left(\frac{2r}{\sqrt{1 + 10r^2 + 9r^4}}\right).$$

Dabei ist $\mathsf{E}(\varkappa) = \int\limits_0^{\pi/2} \sqrt{1 - k^2 \sin^2 \vartheta}\, d\vartheta$ das vollständige elliptische Integral zweiter Gattung. Für $r = 1/\sqrt{3}$ wird $\varkappa(\Gamma_r) = 4\sqrt{3}\,\mathsf{E}(\frac{1}{2}) = 10{,}167 < 4\pi$; für $r = 1$ wird $\varkappa(\Gamma_r) = 4\sqrt{5}\,\mathsf{E}(1/\sqrt{5}) = 13{,}369 > 4\pi$. Die Gleichheit $\varkappa(\Gamma_r) = 4\pi$ ergibt sich für $r = 0{,}882$.

§ 829. Die Totalkrümmung $\varkappa(\Gamma(\alpha))$ (siehe § 26) der Berandung $\Gamma(\alpha)$ des Wendelflächenstückes $\{x = u \cos v,\ y = u \sin v,\ z = v;\ |u| \leqq r(\alpha),\ |v| \leqq \pi\alpha\}$, wo $r(\alpha)$ die in § 111 definierte Funktion bedeutet, berechnet sich zu

$$\varkappa(\Gamma(\alpha)) = 2\pi \left\{1 + \frac{2\alpha\, r(\alpha)}{\sqrt{1 + r^2(\alpha)}}\right\}.$$

Für $\alpha > \frac{1}{2}$ haben wir $\varkappa(\Gamma(\alpha)) > 4\pi$, und es gilt $\lim\limits_{\alpha \to \frac{1}{2}} \varkappa(\Gamma(\alpha)) = 4\pi$.

§ 830. Es sei $S = \{\mathfrak{x} = \mathfrak{x}(w);\ |w| \leqq 1\}$ eine von einer regulären Jordankurve der Klasse $C^{1,1}$ berandete Lösung des Plateauschen Problems. Wenn die Ableitungen $\mathfrak{x}_u$ und $\mathfrak{x}_v$ in einem Randpunkt $w_0 = e^{i\vartheta_0}$ verschwinden, so gilt in der in $|w| \leqq 1$ enthaltenen Umgebung von w_0 die asymptotische Entwicklung

$$\mathfrak{x}_u - i\,\mathfrak{x}_v = \{a, b, c\}\,(w - w_0)^{2p} + O(|w - w_0|^{2p+1}\,|\log|w - w_0||).$$

Dabei sind die Komponenten des Vektors $\{a, b, c\}$ drei den Bedingungen $a^2 + b^2 + c^2 = 0$, $|a| + |b| + |c| > 0$ genügende komplexe Konstanten, und p ist eine natürliche Zahl. (J. C. C. Nitsche [30], pp. 329 bis 332 und [39], p. 509; weiter auch E. Heinz und F. Tomi [1], p. 383; E. Heinz [10], p. 103.)

§ 831. Aus der asymptotischen Darstellung des § 830 in Verbindung mit den Ausführungen der §§ 373, 383, 384 folgt der Satz: Es sei Γ eine reguläre Jordankurve der Klasse $C^{1,1}$. Wenn es eine Gerade ℓ im Raume mit der Eigenschaft gibt, daß jede Ebene durch ℓ die Kurve Γ in höchstens zwei verschiedenen Punkten schneidet, dann kann eine von Γ berandete Lösungsfläche des Plateauschen Problems weder in ihrem Inneren noch auf ihrem Rande einen Verzweigungspunkt besitzen. Die Voraussetzung dieses Kriteriums ist erfüllt, wenn die Kurve Γ durch Parallel- oder Zentralprojektion eineindeutig auf eine sternförmige Kurve in einer Ebene abgebildet wird.

§ 832. Die – bislang noch nicht gesicherte, aber zweifellos richtige – Tatsache, daß eine Lösung des Plateauschen Problems kleinsten Flächeninhaltes keinen inneren Verzweigungspunkt besitzen kann (siehe §§ 365, 371, 372), ist an die Dimension gebunden. Das folgt aus Untersuchungen H. Federers ([6], pp. 60–62; [I], pp. 652–653). Als Beispiel betrachte man die verallgemeinerte Minimalfläche $S = \{x_j = \operatorname{Re} g_j(w);\ w \in \bar{P}\}$ im vierdimensionalen (x_1, x_2, x_3, x_4)-Raum mit den Funktionen $g_1(w) = w^2$, $g_2(w) = -i\,w^2$, $g_3(w) = w^3$, $g_4(w) = -i\,w^3$. Wie immer bedeutet $\bar{P}$ dabei die Abschließung der Einheitskreisscheibe $P = \{w;\ |w| < 1\}$. Die der Bedingung (125) entsprechende Beziehung $\sum_{j=1}^{4} g_j'^2(w) = 0$ ist hier erfüllt. Man erkennt auch ohne weiteres, daß das Bild des Randes ∂P eine Jordankurve Γ im vierdimensionalen Raum ist. H. Federer zeigte, daß der Inhalt der Fläche S ein striktes absolutes Minimum unter den Inhalten aller von Γ berandeten Flächen vom Typ der Kreisscheibe ist. Trotzdem besitzt S einen inneren Verzweigungspunkt, nämlich den dem Punkte $w = 0$ entsprechenden Punkt.

§ 833. Die Beispiele der §§ 388–397 widerlegen die folgende Aussage von F. C. Clapier ([2], p. 362): „Parmi toutes les surfaces qui passent par un contour donnée celle dont l'aire est minima est une surface minima; autrement dit: toutes les surfaces minima [im Sinne des § 65] qui passent par un même contour ont la même aire."

§ 834. Vorgelegt seien zwei punktfremde rektifizierbare Jordankurven Γ_1 und Γ_2 und zwei von ihnen berandete Lösungsflächen S_1 bzw. S_2 des Plateauschen Problems. Indem wir aus Γ_1 und Γ_2 je einen Bogen entfernen und die dabei entstehenden Endpunkte durch eine „Brücke" verbinden, welche aus zwei nahezu parallelen Kurven beschränkter Länge, deren Abstand eine positive Zahl ε nicht übersteigt, besteht, erhalten wir eine neue Kontur Γ; siehe Abb. 83. Man wird vermuten, daß Γ eine aus drei Teilen $S^{(0)}$, $S^{(1)}$ und $S^{(2)}$ bestehende Lösung des Plateauschen Problems berandet. Wenn ε nach Null geht, dann konvergieren die Flächenteile $S^{(1)}$ und $S^{(2)}$ dabei, und zwar auch dem Flächeninhalte nach, gegen S_1 bzw. S_2, während der Flächeninhalt von $S^{(0)}$ nach Null strebt.

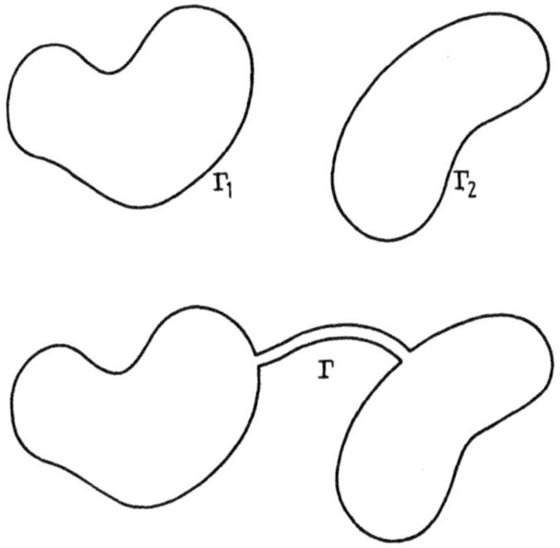

Abb. 83

Dieser *Brückensatz* wurde auf Grund heuristischer Betrachtungen in ähnlicher Weise von P. Lévy ([5], p. 19ff.) und von R. Courant ([I], p. 121) ausgesprochen. Sein Nachweis steht noch aus. Selbst für den Brückensatz in der engeren Form, wo zusätzlich vorausgesetzt wird, daß die Ortsvektoren der Flächen S_1 und S_2 dem Dirichletschen Integrale je ein relatives Minimum verleihen, ist kein Beweis bekannt. Eine modifizierte Version des engeren Brückensatzes, bei welcher die Kurven Γ_1 und Γ_2 durch zwei von ε abhängige Scharen benachbarter Kurven zu ersetzen sind, wurde von M. Kruskal [1] formuliert und unter gewissen Voraussetzungen bewiesen und von S. F. Morozov [1] auf andere Variationsprobleme ausgedehnt. Solange man mit der Existenz von echten Blöcken rechnen muß (siehe § 423, 906, 907) müßte man sich vermutlich damit begnügen zu beweisen, daß die Ortsvektoren der Flächen $S^{(1)}$ und $S^{(2)}$ gegen die von den Ortsvektoren der Flächen S_1 bzw. S_2 definierten Blöcke konvergieren.

§ 835. Der Brückensatz wurde sowohl von P. Lévy ([5], p. 28ff.) als auch von R. Courant ([I], pp. 121–122) zur Konstruktion von Jordankurven benutzt, welche mehrere verallgemeinerte Minimalflächen vom Typ der Kreisscheibe beranden. Indem man nämlich von zwei Jordankurven Γ_1 und Γ_2 ausgeht, zu denen je zwei verschiedene Lösungen des Plateauschen Problems existieren, z. B. von zwei nebeneinander liegenden Exemplaren einer solchen Kurve, so wird man durch geeignete Kombinationen zu vier verschiedenen von der Kurve Γ berandeten Lösungen des Plateauschen Problems geführt. Wenn man sich sicherheitshalber nur auf den engeren Brückensatz beziehen will, so müßte man allerdings von Lösungsflächen ausgehen, deren Ortsvektor dem Dirichletschen Integral relative Minima erteilt. In den bekanntgewordenen Beispielen, wo es sich bei den fraglichen Flächen um absolute Minima handelt (siehe V.2.3), ist der Flächeninhalt beider stets gleich. Die von der kombinierten Jordankurve Γ berandeten verallgemeinerten Minimalflächen besitzen dann vermutlich auch alle denselben Flächeninhalt. Der Existenzbeweis von vier Lösungsflächen verschiedenen Inhaltes setzt die Kenntnis von Konturen, welche zwei relative Minima verschiedenen Inhaltes zulassen, voraus. Beispiele dieser Art liegen bislang nicht vor; siehe § 905.

§ 836. Die Gedankenexperimente lassen sich weitertreiben. Vorgegeben sei eine Jordankurve, zu welcher zwei Lösungen des Plateauschen Problems mit den Flächeninhalten A und $B > A$ existieren. In der jetzt zu beschreibenden Konfiguration spielt diese Kurve die Rolle der ersten Kurve Γ_1. Neben dieser plazieren wir im Abstande d eine ähnliche, aber $1/\sqrt{2}$-mal so große Kurve Γ_2. Im Abstand $d/\sqrt{2}$ von dieser wiederum wird eine zu Γ_2 ähnliche, aber $1/\sqrt{2}$-mal so große Kurve Γ_3 angebracht. So fortfahrend erhalten wir eine Folge ähnlicher Kurven, die gegen einen Punkt im Abstand $d\sqrt{2}/(\sqrt{2}-1)$ von Γ_1 konvergieren. Die k-te Kurve Γ_k berandet zwei Minimalflächen, deren Inhalt den Wert $2^{1-k}A$ oder $2^{1-k}B$, d. h. einen der beiden Werte $2^{1-k}[A + \varepsilon(B - A)]$, hat, wo die Zahl ε entweder Null oder Eins ist. Wenn man alle Kombinationen in Betracht zieht, so erkennt man, daß die Konfiguration der Kurven $\Gamma_1, \Gamma_2, \ldots$ überabzählbar viele unzusammenhängende Minimalflächen (keine Flächen im Sinne unserer Definition; siehe § 31) berandet. Der Inhalt jeder solchen Fläche ist dabei durch die Wahl einer dyadischen Zahl $\zeta = (\varepsilon_1, \varepsilon_2, \ldots)$ charakterisiert und gleich

$$\sum_{k=1}^{\infty} 2^{1-k}[A + \varepsilon_k(B - A)] = 2A + 2(B - A)\sum_{k=1}^{\infty} \varepsilon_k\, 2^{-k} = 2A + 2(B - A)\zeta.$$

Die fraglichen Inhalte nehmen also alle Werte im Intervall $[2A, 2B]$ an. Um zu Flächen im Sinne unserer Definition zu gelangen, werden die Kurven $\Gamma_1, \Gamma_2, \ldots$ nun wie in Abb. 84 angedeutet durch Brücken abnehmender Größe zu einer rektifizierbaren Jordankurve Γ verbunden. Wenn man unterstellt, daß der Brückensatz selbst für unendlich viele Kurven zutrifft, so hätte man das Beispiel einer rektifizierbaren Jordankurve gefunden, die überabzählbar viele Lösungen des Plateauschen Problems berandet; siehe P. Lévy ([5], p. 29), R. Courant ([I], pp. 121–122), J. C. C. Nitsche ([28], pp. 396–398). Aus der isoperimetrischen Ungleichung des § 323 folgte die gleichmäßige Beschränktheit des Dirichletschen Integrales der Ortsvektoren dieser Flächen.

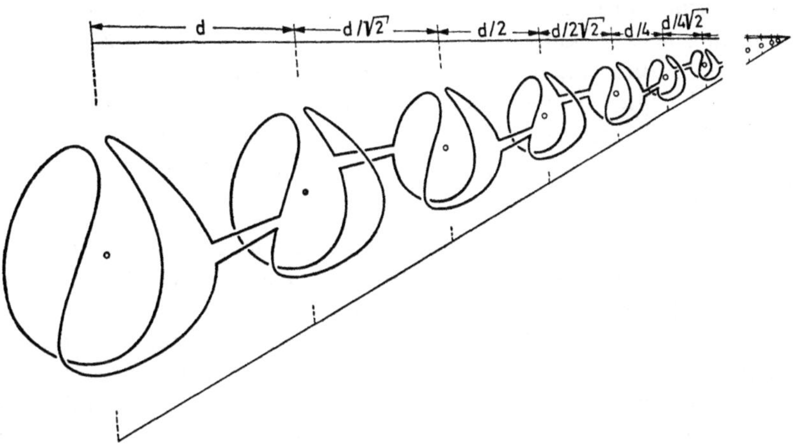

Abb. 84

Nach § 419 existierte somit eine konvergente Teilfolge, deren Grenzfläche selbst eine Lösung des Plateauschen Problems für die Kontur Γ wäre. Diese Lösung läge offensichtlich nicht isoliert im Sinne der Abstandsdefinition des § 419. Wäre man von einer Jordankurve Γ_1 mit zwei Lösungen gleichen Inhaltes ausgegangen, so hätte man vermutlich eine rektifizierbare Kontur gewonnen, welche überabzählbar viele verschiedene Minimalflächen gleichen Inhaltes beranden könnte.

Es muß betont werden, daß alle diese Überlegungen bislang rein heuristischer Natur sind und sich zumindest teilweise vielleicht als nicht stichhaltig erweisen werden.

§ 837. Ein Gebiet V des dreidimensionalen Euklidischen Raumes heißt H-konvex, wenn es in jedem seiner Randpunkte lokal eine stützende Minimalfläche besitzt. Genauer: V heißt H-konvex, wenn jeder seiner Randpunkte p die folgende Eigenschaft hat. Bei geeigneter Wahl des Koordinatensystems mit p als Ursprung gibt es eine Kugel $K = \{x, y, z;\, x^2 + y^2 + z^2 < r^2\}$ und eine Minimalfläche $S = \{z = z(x, y);\, x^2 + y^2 \leqq r^2\}$ durch p (d. h. $z(0, 0) = 0$) derart, daß der Durchschnitt $V \cap K$ ganz auf einer Seite von S (einschließlich S selbst) liegt. Zu dieser Definition sehe man das am Ende von § 406 Gesagte. Wenn die Berandung eines H-konvexen Gebietes eine differentialgeometrische Fläche ist, so muß ihre mittlere Krümmung (bei nach dem Gebietsinneren hin gerichtetem Normalenvektor) in jedem Punkte nicht-negativ sein. Das folgt aus § 438.

§ 838. Die Jordankurve Γ sei in einem sternförmigen H-konvexen Gebiet V enthalten (siehe § 837). Jede von Γ berandete Lösung S des Plateauschen Problems liegt dann auch in V. Andernfalls könnte man nämlich eine Streckung des Gebietes V (nicht der Fläche S) vornehmen, bis S zum ersten Male in der Abschließung des gestreckten Gebietes V' liegt. In einem gewissen Randpunkt von V' berührte die Fläche S die dort stützende Minimalfläche, ohne sie zu durchdringen. Eine geeignete Anwendung der Aussage von § 439 führte dann auf einen Widerspruch.

§ 839. Experimente zeigen, daß acht der dreizehn Minimalflächen des stabilen Flächensystems, welches sich im Kantengerüst eines Würfels einstellt (siehe § 478), anders als in Abb. 62a schematisch dargestellt, geringfügig von einer Ebene abweichen und daß die Verzweigungslinien nicht ganz geradlinig sind. Plateau ([I], p. 318 des 1. Bandes) hatte versehentlich behauptet, daß alle zwölf von den Kanten des Würfels ausgehenden Minimalflächen „légèrement courbées" seien. In der Mitte des Flächensystems befindet sich ein ebenes krummliniges Viereck mit vier kongruenten gekrümmten Seiten, die je einen Winkel von 109° 28′ einschließen. Die vier ebenen Minimalflächen durch die Kanten des Würfels sind gleichschenklige krummlinige Dreiecke in den Ebenen durch gegenüberliegende Kantenpaare. Ihr Spitzenwinkel ist 109° 28′, die beiden anderen Winkel betragen je 54° 44′. Die Konfiguration ist von Sir W. Thomson [1] auch im Zusammenhang mit dem Problem der Unterteilung des Raumes durch Flächen minimalen Gesamtinhaltes besprochen worden.

§ 840. Im Zusammenhang mit der in § 515 beschriebenen Situation für eine von zwei koaxialen Kreisen berandete Kettenfläche macht J. J. Stoker ([1], p. 267) die folgenden Bemerkungen: „Such an elastic surface is everywhere under tension, and as the end circles are pulled further apart, the tension increases. Earlier, much has been said about the instability of elastic solids; these instabilities in all cases were created because of the fact that high compressive stresses were developed. I venture to say that if one asked people in the field whether an elastic solid could ever become unstable with increases in a certain load such that the increases are coupled with always increasing tensile stresses everywhere, that they would be inclined to declare such a thing impossible. However, the case just cited of the minimal surface is a counterexample; it is well known that the soap film, if it is stretched too much, eventually becomes unstable and snaps over into two films covering the two end circles. On the other hand, at the moment of instability the film has the form generated by a smooth catenary, the stresses are not large (they are in fact everywhere constant), and there seems to be no obvious reason from the point of view of mechanics which would account for the loss of stability. The fact is that the type of instability exhibited in this case is of a different character from that in all previous cases discussed in this lecture. The transition from an unstable equilibrium position to a stable one does not take place in a continuous fashion; rather, there is a discontinuous jump from one to the other which could be followed only by treating the problem dynamically." Weitere Bemerkungen zur Frage der Stabilität des Katenoids findet man bei J. Plateau [I], pp. 234–235, 280–283 des 2. Bandes, und in J. C. Maxwells Artikel „Capillary Action" in der 11. Auflage (Band 5, pp. 256 bis 275) der Encyclopaedia Britannica, weiter auch bei W. Howe [1]; M. A. Erle, R. D. Gillette and D. C. Dyson [1]; R. D. Gillette and D. C. Dyson [1].

§ 841. Eine Version zur Bestimmung einer Rotationsfläche kleinsten Inhaltes unter Benützung optimaler Regelungstheorie und in Gegenwart von Beschränkungen für Regelung und Zustand, allerdings ohne eine Diskussion der Konstantenbestimmung beim Randwertproblem, wurde von R. Aggarwal [1] gegeben. Unter gewissen Bedingungen erscheint die Goldschmidtsche Lösung natürlich als eine optimale Lösung.

§ 842. S sei eine von zwei konvexen Kurven Γ_1 und Γ_2 in den parallelen Ebenen $z = c_1$ und $z = c_2$ berandete Minimalfläche vom Typ des Kreisringes. Wenn die Kurven Γ_1 und Γ_2 bzgl. der Ebene $y = 0$ symmetrisch sind, dann ist diese Ebene auch eine Symmetrieebene der Minimalfläche S. (M. Shiffman [10], pp. 87–88.)

§ 843. Da eine geschlossene Raumkurve der Länge L stets in einer Kugel vom Halbmesser $L/4$ Platz findet (siehe die Literaturangaben in § 518), fließt aus § 516 auch der folgende Satz: Eine Minimalfläche vom Typ des Kreisringes sei von den zwei punktfremden Jordankurven Γ_1 und Γ_2 der Längen L_1 bzw. L_2 berandet. Der Abstand zweier beliebiger Punkte, von denen einer in der konvexen Hülle der Kurve Γ_1 und der andere in der konvexen Hülle der Kurve Γ_2 liegt, kann dann den Wert $\frac{1+\sqrt{2}}{4}(L_1 + L_2)$ nicht übersteigen.

§ 844. H. Tallquist [2] bestimmt die Gleichungen der zweifach zusammenhängenden Minimalfläche, deren eine Randkomponente ein dem Einheitskreis einbeschriebenes reguläres n-Eck in der Ebene $z = h > 0$ ist, und welche die Ebene $z = 0$ unter einem konstanten Winkel ω schneidet. Er verwendet dabei die Annahme, daß die Symmetrieebenen des Polygons auch Symmetrieebenen der gesuchten Minimalfläche sind. Ähnlich wie in §§ 515, 530 werde der Maximalwert der Höhen h, für welche das Problem lösbar ist, mit $h_2(n, \omega)$ bezeichnet. Tallquist berechnet die numerischen Werte $h_2(3, \pi/3) = 0{,}23308$ und $h_2(4, \pi/3) = 0{,}31202$ und beschreibt Experimente, welche diese Werte bestätigen.

§ 845. Die differentialgeometrische Fläche S sei von endlich vielen rektifizierbaren Kurven der Gesamtlänge L berandet, und es gelte $\iint\limits_S |H|\, do = M < \infty$. Dann ist der Flächeninhalt von S endlich und genügt der Abschätzung

$$4I(S) \leqq \left(L + \frac{2}{\pi} M\right)\left(L + \frac{4}{\pi} M\right);$$

im Falle einer Minimalfläche also $4I(S) \leqq L^2$, im Falle einer geschlossenen Fläche $I(S) \leqq \frac{2}{\pi^2} M^2$. (I. A. Danelich [1].)

§ 846. In [6] betrachtet M. Shiffman Variationsintegrale $I(\mathfrak{x}) = \iint F(\mathfrak{X}, \mathfrak{Y}, \mathfrak{Z})\, du\, dv$ (siehe § 288) mit einem Integranden der Form $F(\mathfrak{X}, \mathfrak{Y}, \mathfrak{Z}) = f(\mathfrak{X}, \mathfrak{Y}, \mathfrak{Z}) + \sqrt{\mathfrak{X}^2 + \mathfrak{Y}^2 + \mathfrak{Z}^2}$ unter gewissen natürlichen Voraussetzungen über die Funktion $f(\mathfrak{X}, \mathfrak{Y}, \mathfrak{Z})$ und der (unnatürlichen) Bedingung, daß das Maximum von $f(\mathfrak{X}, \mathfrak{Y}, \mathfrak{Z})$ auf der Kugel $\mathfrak{X}^2 + \mathfrak{Y}^2 + \mathfrak{Z}^2 = 1$ kleiner als Eins sein soll. Es gelingt ihm, einen dem in § 423 zitierten Satze analogen Satz zu beweisen: Wenn eine rektifizierbare Jordankurve Γ zwei Extremalflächen berandet, deren Ortsvektoren dem Integral I ein striktes relatives Minimum erteilen, so existiert auch eine von Γ berandete instabile Extremalfläche.

§ 847. I. H. Sabitov ([1], siehe auch § 506) beschäftigt sich mit der Bestimmung einer den folgenden Bedingungen genügenden verallgemeinerten Minimalfläche $S = \{\mathfrak{x} = \mathfrak{x}(u, v);\ (u, v) \in \bar{P}\}$ vom Typ des Kreisringes:

1) Der Ortsvektor $\mathfrak{x}(u, v)$ gehört zur Regularitätsklasse $C^2(P) \cap C^0(\bar{P})$, und der Normalenvektor $\mathfrak{X}(u, v)$ ist in $\bar{P}$ noch stetig oder besitzt zumindest radiale Grenzwerte. Dabei bedeutet $\bar{P}$ die Abschließung eines Kreisringes $P = \{u, v;\ r^2 < u^2 + v^2 < 1\}$, dessen innerer Radius $r > 0$ von vornherein nicht bekannt ist.

2) In P sind die Bedingungen $\Delta \mathfrak{x} = \mathfrak{o}$, $\mathfrak{x}_u^2 = \mathfrak{x}_v^2$, $\mathfrak{x}_u \cdot \mathfrak{x}_v = 0$ erfüllt.

3) Die Kreise $u^2 + v^2 = r^2$ und $u^2 + v^2 = 1$ werden vom Vektor $\mathfrak{x}(u, v)$ umkehrbar eindeutig auf – bei der Lösung des Problems mitzubestimmende – ebene Jordankurven Γ_1 bzw. Γ_2 abgebildet. Γ_1 liege in der Ebene $\mathscr{E}_1$, Γ_2 liege in der Ebene $\mathscr{E}_2$.

4) Auf den Kurven Γ_j bildet der Normalenvektor $\mathfrak{X}(u, v)$ mit durch zwei konstante Einheitsvektoren $\mathfrak{a}_j$ definierten Richtungen vorgeschriebene Winkel α_j, wo $|\alpha_j| \leqq \pi$ ist.

Die Ebenen $\mathscr{E}_j$ seien zunächst als parallel mit dem gemeinsamen Normaleneinheitsvektor $\mathfrak{n}$ angenommen, und die Orientierung der Vektoren $\mathfrak{a}_j$ sei so gewählt, daß $\mathfrak{n} \cdot \mathfrak{a}_j \geqq 0$ ausfällt. Notwendig und hinreichend für die Existenz einer Fläche mit den angegebenen Eigenschaften ist dann das Erfülltsein der Bedingungen $\mathfrak{a}_1 = \mathfrak{a}_2$ und $|\cos\alpha_j| < \mathfrak{n} \cdot \mathfrak{a}_j$, $\alpha_1 \neq \alpha_2$ für $j = 1, 2$. Die Fläche ist durch die Richtungen $\mathfrak{a}_j$ und die Winkel α_j bis auf Drehungen um mit $\mathfrak{n}$ parallele Richtungen und Verschiebungen längs der Ebenen $\mathscr{E}_j$ eindeutig bestimmt. Im Falle $\mathfrak{a}_1 = \mathfrak{a}_2 = \mathfrak{n}$ ergibt sich insbes. eine Kettenfläche.

Wenn die Ebenen $\mathscr{E}_1$ und $\mathscr{E}_2$ nicht zueinander parallel sind und wenn jede Kurve Γ_j ganz in einer der durch die Schnittgerade definierten Halbebenen von $\mathscr{E}_j$ liegt, dann existiert keine Fläche mit den angegebenen Eigenschaften.

§ 848. Vorgelegt sei eine vollständige Minimalfläche

$$S = \{x = f(z, s), y = g(z, s);\ -\infty \leqq c_1 < z < c_2 \leqq \infty,\ -\infty < s < \infty\}$$

mit zweimal stetig differenzierbaren Funktionen f und g, wobei s die Bogenlänge der Höhenlinien $z = \text{const}$ bedeutet und die durch $s = 0$ definierte Kurve $\{x = f(z, 0), y = g(z, 0);\ c_1 < z < c_2\}$ eine Orthogonaltrajektorie dieser Höhenlinien ist. Die Fläche S genüge den folgenden Voraussetzungen:

1) Die Höhenlinien $z = d_1$ und $z = d_2$ $(c_1 < d_1 < d_2 < c_2)$ sind Geraden.

2) Für den Normaleneinheitsvektor $\mathfrak{X}(z, s)$ von S gilt $\lim\limits_{s \to -\infty} \mathfrak{X}(z, s) = \{0, 0, 1\}$, $\lim\limits_{s \to \infty} \mathfrak{X}(z, s) = \{0, 0, -1\}$ gleichmäßig in Bezug auf alle z in $d_1 \leqq z \leqq d_2$.

Dann gilt $c_1 = -\infty$, $c_2 = \infty$, und S ist eine (rechtsdrehende) Wendelfläche mit einer zur z-Achse parallelen Achse, d. h., S besitzt die Parameterdarstellung

$$\{x = a + (s + d)\cos(kz + c), y = b + (s + d)\sin(kz + c);$$
$$-\infty < z < \infty,\ -\infty < s < \infty\}.$$

Dabei sind a, b, c, d beliebige und k eine positive Konstante. (K. Leichtweiß [1].)

§ 849. Die vollständige Minimalfläche S des § 848 erfülle anstelle der Voraussetzungen 1) und 2) die folgenden Voraussetzungen:

1′) Die Gaußsche Krümmung $K(z,s)$ von S genügt für jedes $s_0 > 0$ der Ungleichung $\sup\limits_{\substack{c_1<z<c_2 \\ |s|\leq s_0}} K(z,s) < 0$.

2′) Für den Normaleneinheitsvektor $\mathfrak{X}(z,s)$ von S gilt $\lim\limits_{s\to-\infty} \mathfrak{X}(z,s) = \{0,0,1\}$, $\lim\limits_{s\to\infty} \mathfrak{X}(z,s) = \{0,0,-1\}$ gleichmäßig in Bezug auf alle z in $c_1 < z < c_2$.

Dann trifft wiederum die Folgerung des § 848 zu. (K. Leichtweiß [1].)

§ 850. Bisher war es nicht gelungen zu entscheiden, ob (unter der Annahme $c_1 = -\infty$, $c_2 = \infty$) die Voraussetzung 1) in § 848 bzw. die Voraussetzung 1′) in § 849 für die Gültigkeit der Aussagen dieser Paragraphen notwendig ist; siehe K. Leichtweiß [1], pp. 50–52. Diese Frage führt auf ein funktionentheoretisches Problem: Muß eine ganze Funktion $g(z)$ der komplexen Veränderlichen $z = x + iy$, welche gleichmäßig für alle Werte von y den Bedingungen $\lim\limits_{x\to-\infty} \operatorname{Re} g(x+iy) = -\infty$, $\lim\limits_{x\to\infty} \operatorname{Re} g(x+iy) = \infty$ genügt, eine lineare Funktion der Form $g(z) = kz + a$, ($k > 0$, a beliebig), sein? Wir wollen hier nun durch ein Beispiel zeigen, daß dies nicht der Fall ist. Das Beispiel stammt von M. Essén, der sich seinerseits gewisser Konstruktionen von I. S. Aršon und M. A. Pak [1] bedient.

Es sei $C(h)$ der in Abb. 85 skizzierte Weg in der ζ-Ebene, $\zeta = \xi + i\eta$. Für $z = x + iy$ setze man

$$f(z) = \frac{1}{2\pi i} \int\limits_{C(y+1)} \frac{\exp\{e^{-i\zeta}\}}{\zeta - z}\, d\zeta.$$

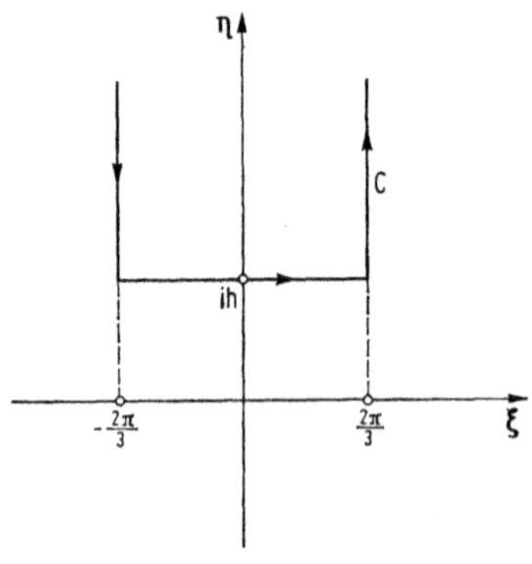

Abb. 85

Auf den senkrechten Teilen des Integrationsweges gilt $\exp\{e^{-i\zeta}\} = = \exp\left\{e^{\eta}\cos\frac{2\pi}{3}\right\} = \exp\left\{-\frac{1}{2}e^{\eta}\right\}$. Das Integral ist also absolut konvergent. Solange $|x| > 2\pi/3$ ist, kann es auch über den Weg $C(0)$ erstreckt werden. Für $|x| \geqq 4\pi/3$ gilt $|\zeta - z| \geqq |x|/2$ auf diesem Wege und daher, und zwar gleichmäßig für alle y, $|f(z)| \leqq 2/|x|$. Die Funktion $f(z)$ geht also mit $x \to \pm\infty$ gleichmäßig nach Null. Für $y > 0$ finden wir

$$f(iy) = \frac{1}{2\pi i}\int\limits_{C(0)} \frac{\exp\{e^{-i\zeta}\}}{\zeta - iy}\,d\zeta - \frac{1}{2\pi i}\oint\limits_{|\zeta - iy| = \varepsilon} \frac{\exp\{e^{-i\zeta}\}}{\zeta - iy}\,d\zeta$$

$$= \frac{1}{2\pi i}\int\limits_{C(0)} \frac{\exp\{e^{-i\zeta}\}}{\zeta - iy}\,d\zeta + i\,e^{y}\,e^{e^{y}}.$$

Für $y > 2\pi/3$ läßt sich der absolute Betrag des ersten Integrals leicht durch die Schranke $1/2$ abschätzen. Die Funktion $f(z)$ ist also weder identisch Null noch eine lineare Funktion.

Nunmehr erkennen wir, daß die Funktion $g(z) = z + f(z)$ als Gegenbeispiel geeignet ist.

§ 851. In Polarkoordinaten r, φ nimmt der Operator $\mathscr{L}$ der Minimalflächengleichung (siehe § 574) die Form

$$\mathscr{L}[z] = \frac{1}{r^2}\left\{(r^2 + z_\varphi^2)\,z_{rr} - 2z_r z_\varphi z_{r\varphi} + (1 + z_r^2)\,z_{\varphi\varphi} + \left[r(1 + z_r^2) + \frac{2}{r}z_\varphi^2\right]z_r\right\}$$

an. Für eine nur von r abhängige Funktion z wird

$$\mathscr{L}[z] = z_{rr} + \frac{1}{r}(1 + z_r^2)\,z_r.$$

§ 852. Die Funktion $z(x, y)$ sei in der Kreisscheibe $x^2 + y^2 < R^2$ zweimal stetig differenzierbar. Für $0 < r < R$ gilt dann

$$\frac{d}{dr}\left(\frac{1}{r}\int\limits_0^{2\pi}\left[\frac{\partial z(r\cos\varphi, r\sin\varphi)}{\partial\varphi}\right]^2 d\varphi\right)$$

$$= \int\limits_0^{2\pi}\left[\frac{\partial z(r\cos\varphi, r\sin\varphi)}{\partial r}\right]^2 d\varphi + 2\iint\limits_{x^2+y^2 \leqq r^2} (z_{xy}^2 - z_{xx}\,z_{yy})\,dx\,dy.$$

(S. Bernstein [3], p. 96; E. Heinz [2], p. 452.)

§ 853. Das allgemeinste Variationsproblem $\delta\iint f(x, y, z, p, q)\,dx\,dy = 0$, dessen Extremalen Minimalflächen sind, hat einen Integranden der Form $f = \sqrt{1 + p^2 + q^2} + \frac{\partial a}{\partial x} + \frac{\partial b}{\partial y}$, wo a und b beliebige Funktionen von

x, y, z sind. (L. La Paz [2].) La Paz bestimmt auch das allgemeinste Variationsproblem $\delta \iint f(x, y, z, p, q, r, s, t)\, dx\, dy = 0$, dessen Euler-Lagrangesche Differentialgleichung mit der Minimalflächengleichung äquivalent ist. Man sehe dazu noch J. Kürschak [1], L. Koenigsberger [1], L. La Paz [1].

§ 854. Ein Variationsproblem $\delta \iint f(p, q)\, dx\, dy = 0$ heißt regulär, wenn die Funktion $f(p, q)$ geeignete Regularitätsvoraussetzungen erfüllt und den Ungleichungen $f > 0$, $f_{pp} > 0$, $f_{qq} > 0$, $f_{pp} f_{qq} - f_{pq}^2 > 0$ genügt. Die Integranden in (71) sind für den Spezialfall $f(p, q) = \sqrt{1 + p^2 + q^2}$ nichts anderes als die von T. Radó [3] entdeckten Ausdrücke

$$(f - q f_q)\, dx + q f_p\, dy, \qquad p f_q\, dx + (f - p f_p)\, dy,$$

welche für jede C^2-Lösung der Euler-Lagrangeschen Differentialgleichung und auch schon für jede C^1-Lösung der zugehörigen Haarschen Variationsgleichungen (siehe §§ 639, 640) vollständige Differentiale sind. Dasselbe gilt von der dritten Differentialform $f_q\, dx - f_p\, dy$. Unter geeigneten Voraussetzungen ist die zu (71) analoge Abbildung $(x, y) \to (\xi, \eta)$ wieder entfernungsvergrößernd. Für einen nur von der Kombination $v = \sqrt{p^2 + q^2}$ abhängigen Variationsintegranden, bei welchem dann die Regularität durch die Ungleichungen $f' > 0$, $f'' > 0$ gewährleistet wird, ist das insbes. der Fall, wenn $f - v f' > 0$ ausfällt. Die hier angedeuteten Analogien können erheblich weiter getrieben werden. Es besteht auch ein Zusammenhang mit einer Differentialgleichung der Form $\varphi_{xx} \varphi_{yy} - \varphi_{xy}^2 = g(\varphi_{xx} + \varphi_{yy})$. Man sehe dazu die Bemerkungen und Literaturhinweise bei J. C. C. Nitsche [18], pp. 200, 217–218, 223.

§ 855. Gegeben sei die Minimalfläche $S = \{z = z(x, y);\ (x, y) \in P\}$. Man setze

$$U = \frac{1}{W}[p z + (1 + q^2) x - p q y], \qquad V = \frac{1}{W}[q z - p q x + (1 + p^2) y].$$

Dann gilt $U_x + V_y = 2W$. Unter geeigneten Regularitätsvoraussetzungen kann der Flächeninhalt von S also durch das Randintegral

$$I(S) = \tfrac{1}{2} \int_{\partial P} (U\, dy - V\, dx)$$

gegeben werden. (J. H. Jellett [1]; siehe auch H. A. Schwarz [I], pp. 328 bis 329 des 1. Bandes.)

§ 856. Die zweimal stetig differenzierbare Funktion $z(x, y)$ sei eine Lösung der Minimalflächengleichung in einem Gebiete D. Der Ausdruck $u(x, y) = x z_x(x, y) + y z_y(x, y)$ nimmt in D weder ein Maximum noch ein Minimum an.

§ 857. Eine nicht-konstante Lösung der Minimalflächengleichung mit beschränkten ersten Ableitungen kann in der Spitze eines stumpfen Winkels kein lokales Minimum besitzen. (J. K. Oddson [1], p. 670.)

§ 858. Die Funktionen $\varphi(x)$ und $\psi(x)$ seien im Intervalle $0 \leqq x \leqq 1$ stetig differenzierbar. Das Gebiet D entstehe aus dem Einheitskreis $\{x, y;\, x^2 + y^2 < 1\}$ durch Herausnahme der Punkte der Kurve $\{y = \varphi(x);\, 0 \leqq x < 1\}$. Die Funktion $z(x, y) \in C^2(D) \cap C^0(\bar{D})$ sei eine Lösung der Minimalflächengleichung in D, und es gelte $z(x, \varphi(x)) = \psi(x)$ für $0 \leqq x \leqq 1$. Wenn dann $z(0, 0) = \max_{\bar{D}} z(x, y)$ gilt, so muß $z(x, y)$ konstant sein. (D. Kinderlehrer [1], p. 840; für den Spezialfall $\varphi(x) = a\,x$, $\psi(x) = b$ siehe auch J. C. C. Nitsche [29], pp. 109–110.)

§ 859. Es seien P der Einheitskreis in der (x, y)-Ebene und σ das Segment $-1 < a \leqq x \leqq b < 1$ auf der x-Achse. Es gibt keine in $\bar{P}$ stetige und in $P \setminus \sigma$ zweimal stetig differenzierbare Lösung der Minimalflächengleichung, deren Werte auf dem Rande ∂P gleich Null und auf σ gleich $h > 0$ sind. In den Punkten $(a, 0)$ und $(b, 0)$ muß vielmehr eine Unstetigkeit auftreten. (J. C. C. Nitsche [29], pp. 109–110.)

§ 860. Es sei D ein in der Halbebene $y > 0$ liegendes unbeschränktes Gebiet der (x, y)-Ebene. Für eine Funktion $z(x, y) \in C^2(D)$ gelte $\mathscr{L}[z] \equiv (1 + z_y^2)\, z_{xx} - 2 z_x\, z_y\, z_{xy} + (1 + z_x^2)\, z_{yy} \geqq 0$ in D und $\limsup z(x, y) \leqq 0$ bei Annäherung an jeden im Endlichen gelegenen Randpunkt von D. Wir setzen $m(r) = \sup z(x, y)$ für $x^2 + y^2 = r^2$, $(x, y) \in D$. Falls dann

$$\limsup_{r \to \infty} \frac{m(r)}{r} \leqq 0$$

ist, so gilt $z(x, y) \leqq 0$ überall in D. Grob gesprochen: Entweder es gilt $z(x, y) \leqq 0$ in ganz D, oder $m(r)$ wächst zumindest linear mit r. (J. O. Herzog [1].)

§ 861. Durch Vergleich mit einer geeigneten Lösungsschar $\varphi(x, y;\, k\,x_1, k\,y_1, k\,x_2, k\,y_2)$ der Minimalflächengleichung wie in § 866 beweist man das folgende Maximumprinzip: Das (beschränkte oder unbeschränkte) Gebiet P in der (x, y)-Ebene sei in einem Winkelraum mit einem Öffnungswinkel $\beta < \pi$ gelegen. A sei eine kompakte Menge verschwindenden linearen Hausdorffschen Maßes. Die Funktion $z(x, y)$ sei eine zweimal stetig differenzierbare Lösung der Minimalflächengleichung in $P \setminus A$. Bei Annäherung an jeden im Endlichen und nicht in A befindlichen Randpunkt von P gelte $\limsup z(x, y) \leqq M$ (bzw. $\liminf z(x, y) \geqq m$). Dann hat die Ungleichung $z(x, y) \leqq M$ (bzw. $z(x, y) \geqq m$) in ganz $P \setminus A$ Gültigkeit. (J. C. C. Nitsche [18], p. 256.)

§ 862. Wie in § 606 bemerkt, ist die in VII.3 bewiesene Regularität schwacher Lösungen der Minimalflächengleichung ein Spezialfall in der Regularitätstheorie für die Lösungen elliptischer Differentialgleichungen. Daß die Elliptizität hier wesentlich ist, zeigen u. a. von J. Hadamard [2] (siehe auch E. K. Haviland [1]) stammende Beispiele von Variationsproblemen $\delta \iint F(x, y, z, z_x, z_y)\, dx\, dy = 0$, etwa mit dem Integranden $F = z_x^2 - z_y^2$, wo eine C^1-Funktion $z(x, y)$ der ersten Variation den Wert Null gibt, ohne zur Klasse C^2 zu gehören oder der Eulerschen Differentialgleichung des Problems zu genügen.

§ 863. Eine geometrische Untersuchung, Kennzeichnung und induktive Konstruktion der Kalotten einer Minimalfläche, welche auf der lokalen Betrachtung der Potenzreihenentwicklung einer Lösung der Minimalflächengleichung beruht, findet sich bei G. Vaccaro [1] und bei L. Martinelli Panella [1]. In § 89 haben wir beispielsweise die Gleichung einer Kalotte achter Ordnung der Enneperschen Fläche angeschrieben.

§ 864. Die ersten von E. Heinz [1] und von E. Hopf [8] stammenden Beweise der Ungleichung $|K_0| \leqq c W_0^{-2}$ für die Gaußsche Krümmung einer im Einheitskreis definierten Lösung $z(x, y)$ der Minimalflächengleichung (siehe §§ 612, 613) bedienten sich der in § 138 erwähnten Eigenschaften harmonischer Abbildungen. Wenn wir uns die Minimalfläche $S = \{z = z(x, y);\ x^2 + y^2 < 1\}$ wie in § 129 konform auf den Einheitskreis $|\gamma| < 1$ abgebildet denken, so folgt aus §§ 124, 129, 138, daß

$$K = -|\Omega'(\zeta)|^2 (1 + W^{-1})^4 = -|d\Omega/d\gamma|^2 (1 + W^{-1})^2 (1 + W^{-2})\, \Phi^{-1}(\alpha, \beta)$$

gilt. Auf Grund des Schwarz-Pickschen Lemmas (siehe § 608) ist nun $|d\Omega/d\gamma|_0 \leqq 1 - |\Omega(0)|^2 = 2/(1 + W_0)$. Aus § 138 entnehmen wir weiterhin die Ungleichung $\Phi(0, 0) \geqq \mu_1^{(0)}$. Somit wird

$$|K_0| \leqq \frac{4}{\mu_1^{(0)}} \frac{1 + W_0^2}{W_0^4} \leqq \frac{8}{\mu_1^{(0)}} \frac{1}{W_0^2}.$$

Selbst wenn man den noch nicht sichergestellten Wert $\mu_1^{(0)} = 27/2\pi^2$ einsetzt (siehe §§ 138, 876), erhält man allerdings nur den Wert $16\pi^2/27$ für die numerische Konstante c, während der beste Wert $c_2^{(0)}$ vermutlich gleich $\pi^2/2$ beträgt; siehe §§ 612, 946.

§ 865. Wir bezeichnen mit $c_3^{(0)}(m)$ die obere Grenze des Ausdruckes $W(0, 0) \exp(-\pi m/2)$ für alle in der Kreisscheibe $x^2 + y^2 < 1$ zweimal stetig differenzierbaren und der Bedingung $z(0, 0) = m > 0$ genügenden positiven Lösungen $z(x, y)$ der Minimalflächengleichung.

Zusätzlich zu der in § 614 bewiesenen Ungleichung $c_3^{(0)}(m) \leqq 1$ gilt

$$\limsup_{m\to\infty} c_3^{(0)}(m) \leqq \frac{1}{2}\operatorname{Cot}\frac{\pi}{4} = 0{,}7625.$$

(J. Serrin [10], p. 154.)

§ 866. Wir bezeichnen mit $\varphi(x, y; x_1, y_1, x_2, y_2)$ die gemäß VII.7.4 im Dreieck mit den Eckpunkten $O = (0, 0)$, $P_1 = (x_1, y_1)$ und $P_2 = (x_2, y_2)$ eindeutig existierende Lösung der Minimalflächengleichung, welche auf den Seiten OP_1 und OP_2 den Wert Null und auf der Seite P_1P_2 den Wert Unendlich annimmt. Es gilt $k\,\varphi(x/k, y/k, x_1, y_1, x_2, y_2) = \varphi(x, y; k\,x_1, k\,y_1, k\,x_2, k\,y_2)$. Unter geeigneter Benutzung der Aussage am Ende des § 360 beweist man die Richtigkeit der Beziehung

$$\lim_{k\to\infty} \varphi(x, y; k\,x_1, k\,y_1, k\,x_2, k\,y_2) = 0$$

für jeden Punkt (x, y) im Inneren des von den Ursprungsstrahlen durch die Punkte P_1 und P_2 gebildeten Winkelraumes.

§ 867. Mit Hilfe der Gln. (44) aus § 83 läßt sich diejenige im Rechteck $R = \{x, y;\ 0 < x < a, |y| < b\}$ definierte Lösung $z = z(x, y)$ der Minimalflächengleichung bestimmen, welche bei Annäherung an die linke vertikale Seite von R nach Unendlich und bei Annäherung an die anderen drei Seiten nach Null geht. Die fragliche Lösung ist

$$z = \frac{2b}{\pi}\operatorname{Ar}\operatorname{Sin}\left[\frac{\cos\left(\frac{\pi y}{2b}\right)}{P\left(\frac{\pi x}{2b\sqrt{1-k^2}}\,;\,k\right)}\right].$$

Dabei ist k die eindeutige Wurzel der Gleichung $\xi(k) \equiv \sqrt{1-k^2}\,\times \times\,\mathsf{K}\left(\sqrt{1-k^2}\right) = a/2b$. Wenn R ein Quadrat ist, d. h. für $a = 2b$, handelt es sich insbes. um die Wurzel der Gleichung $\xi(k) = \pi$. Der numerische Wert dieser Wurzel ist $k = 0{,}167\ldots$

§ 868. Der Rand ∂P des Jordangebietes P in der (x, y)-Ebene sei eine hinreichend reguläre Kurve, etwa eine reguläre Kurve der Klasse C^3. Die Funktion $z(x, y) \in C^2(P) \cap C^0(\bar{P})$ sei in P die Lösung einer linearen gleichmäßig elliptischen Differentialgleichung zweiter Ordnung mit hinreichend regulären Koeffizienten und besitze die Randwerte φ. Aus den bekannten Schauderschen A-priori-Abschätzungen schließt man dann, daß $z(x, y)$ zur Klasse $C^{m,\alpha}(\bar{P})$ gehört, wenn φ der Klasse $C^{m,\alpha}(\partial P)$ angehört $(0 \leqq m \leqq 2,\ 0 < \alpha < 1)$. Für die Lösungen der Minimalflächengleichung ist die entsprechende Aussage nicht einmal bei einem streng konvexen Grundgebiet zutreffend. Als Illustration für diese Tatsache betrachten wir die Lösung $z(x,y) = \log\left[\sqrt{(x-2)^2+y^2} + \sqrt{(x-2)^2+y^2-1}\right]$ der Minimalflächengleichung in der Abschließung der Einheitskreisscheibe $P = \{x, y;\, x^2+y^2 < 1\}$. Aus der für kleine ϑ gültigen Beziehung $\frac{d}{d\vartheta} z(\cos\vartheta, \sin\vartheta) = \sqrt{2}\,\mathrm{sgn}(\vartheta) + O(\vartheta^2)$ folgt, daß die Randwerte φ unserer Funktion $z(x,y)$ zur Klasse $C^{0,1}(\partial P)$ gehören. Für zwei beliebige Punkte (x_1, y_1) und (x_2, y_2) im Außenbereich $(x-2)^2+y^2 \geqq 1$ gilt andererseits $|z(x_1,y_1) - z(x_2,y_2)| \leqq \leqq \sqrt{2}\sqrt[4]{(x_1-x_2)^2+(y_1-y_2)^2}$, wobei für $\varepsilon > 0$ insbes. $z(1-\varepsilon, 0) - z(1,0) = \sqrt{2}\varepsilon^{1/2} + O(\varepsilon^{3/2})$ ist. Die Funktion $z(x,y)$ liegt also in der Regularitätsklasse $C^{0,\frac{1}{2}}(\bar{P})$, und $\frac{1}{2}$ ist hier der bestmögliche Hölderexponent.

§ 869. Einfache, unmittelbare Folgerungen aus der Greenschen Formel hinsichtlich Eindeutigkeit und Nicht-Existenz der Lösungen gewisser Randwertprobleme für die Minimalflächengleichung finden sich bei S. A. Levin [1]. Aus der Beziehung

$$\int_{\partial P} \frac{1}{g(z)} \frac{z_n}{W} ds = \iint_P \frac{g'(z)}{g^2(z)} \frac{p^2+q^2}{W} dx\, dy,$$

in welcher z_n die Ableitung von z in Richtung der inneren Normalen bedeutet und s die Bogenlänge des Randes ∂P ist, folgt z. B. die Aussage: Es gibt keine Lösung $z(x,y) \in C^2(P) \cap C^0(\bar{P})$ der Minimalflächengleichung in P, die der Randbedingung $z_n/W = h(s)\, g(z)$ genügt, wenn $g(z) \neq 0$, $g'(z) \geqq 0$ (bzw. $\leqq 0$) und $\int_{\partial P} h(s)\, ds < 0$ (bzw. > 0) gilt. Die Bedingung $g(z(x,y)) \neq 0$ in $\bar{P}$ ist hier wesentlich, wie das Beispiel $P = \{x, y;\, x^2+y^2 < 1\}$, $g(z) = z$, $h(s) = -(1+a^2+b^2)^{-1/2}$ zeigt, wo die Lösung $z = ax + by$ existiert. Man sehe weiter J. M. Cushing and D. R. Dunninger [1].

§ 870. In der Einheitskreisscheibe $P = \{x, y;\, x^2+y^2 < 1\}$ bestimme man eine analytische Jordankurve γ mit der folgenden Eigenschaft: In dem von γ und ∂P berandeten zweifach zusammenhängendem Gebiet soll eine Lösung $z(x,y)$ der Minimalflächengleichung existieren, welche auf ∂P den Wert Null und auf γ einen vorgeschriebenen positiven Wert a annimmt, und deren Gradient dem absoluten Betrage $\sqrt{z_x^2 + z_y^2}$ nach bei Annäherung an γ nach Unendlich geht. Für $a > h_2/2 = 0{,}6627$ (siehe § 515) ist das Problem unlösbar; für $a = h_2/2$ existiert eine Lösung, und für $a < h_2/2$ existieren zwei Lösungen. Die fraglichen Kurven γ sind Kreise $x^2+y^2 = \alpha^2$, und die zugehörigen Minimalflächen Kettenflächenstücke der Gestalt

$$z = \alpha \log \frac{1 + \sqrt{1 - \alpha^2}}{r + \sqrt{r^2 - \alpha^2}}$$

über dem Kreisring $\alpha \leqq r = \sqrt{x^2 + y^2} \leqq 1$. Andere Lösungen gibt es nicht. Jede zugehörige Lösungsfläche könnte nämlich durch Spiegelung an der Ebene $z = a$ zu einer von zwei koaxialen Einheitskreisen berandeten Minimalfläche vom Typ des Kreisringes ergänzt werden. Gemäß §§ 529, 535 muß γ also eine zu ∂P konzentrische Kreislinie sein.

§ 871. Bei den in § 10 erwähnten Randwertproblemen für die Minimalflächengleichung – es handelt sich um das Dirichletsche und Neumannsche Außenproblem, aber auch allgemeinere gemischte Probleme können ins Auge gefaßt werden – waren sowohl die Auswahl der Randbedingungen und die zusätzlichen Forderungen an die Lösung als auch die Voraussetzungen über die Gestalt des Grundgebietes durch strömungstechnische Analogien diktiert. Ohne Rücksicht auf solche Überlegungen wollen wir hier kurz auf das Dirichletsche Problem eingehen.

Vorgelegt seien eine rektifizierbare Jordankurve $\mathscr{C}$ in der (x, y)-Ebene und eine auf $\mathscr{C}$ stetige Funktion φ. Gesucht wird eine im Äußeren von $\mathscr{C}$ zweimal stetig differenzierbare Lösung der Minimalflächengleichung, welche auf $\mathscr{C}$ noch stetig ist und dort mit der Funktion φ übereinstimmt. Gemäß § 760 hat jede Lösung eine asymptotische Entwicklung $z(x, y) = z^{(s)}(x, y) + D + \Phi(x, y)$. Dabei bedeutet $z^{(s)}$ den singulären Anteil

$$z^{(s)}(x, y) = A\,x + B\,y + C\,\log[(1 + A^2)\,x^2 + 2A\,B\,x\,y + (1 + B^2)\,y^2].$$

Als Bedingung für die Lösung im Unendlichen schreiben wir nun noch die Werte der Koeffizienten A, B, C dieses singulären Anteils vor.

Unter diesen Bedingungen ist die Lösung, falls sie existiert, eindeutig bestimmt. Das erkennt man unter Zuhilfenahme der Schlußweise des § 585. Für eine beliebige kompakte Menge Q im Definitionsgebiet sei $m(Q)$ das Maximum der Wurzeln $W_j = \sqrt{1 + p_j^2 + q_j^2}$, $(j = 1, 2)$, für zwei Lösungen $z_1(x, y)$ und $z_2(x, y)$. Wir bezeichnen mit $\mathscr{C}_\varepsilon$ eine äußere Parallelkurve von $\mathscr{C}$ im Abstand ε und mit K_ε den Kreis $x^2 + y^2 = \varepsilon^{-2}$. Für hinreichend kleines ε liegt Q in dem von $\mathscr{C}_\varepsilon$ und K_ε berandeten zweifach zusammenhängenden Gebiet, und es gilt

$$\frac{1}{m(Q)} D[z_2 - z_1] \leqq \int\limits_{\mathscr{C}_\varepsilon} + \int\limits_{K_\varepsilon} |z_2 - z_1| \times$$

$$\times \left| -\left(\frac{q_2}{W_2} - \frac{q_1}{W_1}\right) dx + \left(\frac{p_2}{W_2} - \frac{p_1}{W_1}\right) dy \right| \equiv I_\varepsilon^{(1)} + I_\varepsilon^{(2)}.$$

Wegen $I_\varepsilon^{(1)} \leqq 2 \int_{\mathscr{C}_\varepsilon} |z_2 - z_1|\, ds$ geht $I_\varepsilon^{(1)}$ mit ε nach Null. Gemäß § 760 gelten weiterhin für $r^2 = x^2 + y^2 \to \infty$ die asymptotischen Beziehungen $p_2 - p_1 = O(r^{-2} \log r)$ und $q_2 - q_1 = O(r^{-2} \log r)$, so daß das Integral $I_\varepsilon^{(2)}$ selbst von der Größenordnung $O\left(\varepsilon \log \frac{1}{\varepsilon}\right)$ ist. Im Grenzübergang $\varepsilon \to 0$ folgt also $D_Q[z_2 - z_1] = 0$ und, da die Menge Q beliebig war und die Lösungen z_1 und z_2 auf $\mathscr{C}$ übereinstimmen, somit $z_1(x, y) \equiv z_2(x, y)$. Für den Spezialfall beschränkter Lösungen, d. h. $A = B = C = 0$, findet man einen Eindeutigkeitsbeweis bei R. Osserman [I], p. 113. Das Beispiel der Ebene $z_1 = 0$ und der Kettenfläche $z_2 = \mathfrak{Ar}\mathfrak{Cof}\, r$, welche auf dem Einheitskreis beide den Wert Null haben, zeigt, daß es für die Eindeutigkeit nicht ausreicht, die Grenzwerte $p_\infty = \lim\limits_{x^2+y^2 \to \infty} z_x(x, y)$ und $q_\infty = \lim\limits_{x^2+y^2 \to \infty} z_y(x, y)$ vorzuschreiben. Diese bestimmen zwar die Koeffizienten A und B des singulären Teils, nicht aber den Koeffizienten C.

Die Frage der Existenz – in Abhängigkeit von der Kurve $\mathscr{C}$ und von den Randwerten φ – ist bislang wohl noch nicht zufriedenstellend gelöst. Für hinreichend kleine Randwerte und für Lösungen in der Nachbarschaft bekannter Lösungen führen klassische Methoden zum Ziel. Der allgemeine Fall liegt schwieriger. Y. W. Chen zeigte beispielsweise in [3], pp. 137–138, daß für eine polygonale Kurve $\mathscr{C}$ i. a. keine Lösung existiert. Ähnlich wie bei der Nicht-Existenz einer Lösung für das Problem $\mathscr{P}_h$ der §§ 409, 410 liegt das daran, daß die Lösung eines zugehörigen parametrischen Problems keine umkehrbar eindeutige Projektion auf die (x, y)-Ebene zuläßt. Für das Äußere des Einheitskreises gibt es im Falle $A = B = C = 0$ auch Beispiele beliebig regulärer Randwerte φ, für welche das Dirichletsche Problem unlösbar ist; siehe R. Osserman [I], pp. 114–116. Eine Diskussion von Außenproblemen für Unterschallströmungen findet sich bei M. Schiffer [1], insbes. pp. 102–121, und bei R. Finn and D. Gilbarg [1].

§ 872. Wenn die Gaußsche Krümmung einer vollständigen differentialgeometrischen Fläche S konstanter mittlerer Krümmung keinen Zeichenwechsel besitzt, so ist S entweder eine Kugel, eine Minimalfläche oder ein Kreiszylinder. (T. Klotz and R. Osserman [1].)

§ 873. Es sei $g(u, v) \equiv g(w)$ eine reellwertige im Gebiete $D = \{w;\ 1 < |w| < \infty\}$ zweimal stetig differenzierbare Funktion mit den Eigenschaften

$$\iint_D |\Delta g|\, du\, dv < \infty \quad \text{und} \quad \int_\lambda e^{g(w)}\, |dw| = \infty$$

für jeden zum Punkt $w = \infty$ führenden Weg λ. Dann gilt

$$g(w) = \frac{1}{2\pi} \iint_D \log\left|1 - \frac{w}{\zeta}\right| \Delta g(\zeta)\, d\xi\, d\eta + c \log|w| + h(w),$$

wo c eine Konstante und $h(w)$ eine im Unendlichen harmonische Funktion bezeichnen. (A. Huber [6]; siehe auch R. Finn [10].) Wenn man bei einer Fläche $S = \{\mathfrak{x} = \mathfrak{x}(u, v);\ (u, v) \in D\}$ in isothermer Darstellung $E(u, v) = \mathfrak{x}_u^2 = e^{2g(u,v)}$ setzt, so erkennt man, daß $\iint_D |\Delta g|\, du\, dv = \iint_S |K|\, do$ ist und daß $\int_\lambda e^{g(w)}\, |dw|$ die Länge $\int_\lambda ds$ des Weges λ bedeutet. Die zweite Voraussetzung besagt also, daß die Fläche S im Unendlichen vollständig sein soll (siehe § 682).

2. *Aufgaben*

§ 874. Der Hubersche Beweis des in § 55 zitierten zweiten Satzes ist unvermeidlicherweise recht kompliziert. Wir benötigen diesen Satz nur in gewissen Spezialfällen (z. B. in § 680), insbes. nämlich, wenn

a) S eine Minimalfläche ist;

b) S eine Minimalfläche ist, deren Gaußsche Krümmung einen kompakten Träger besitzt;

c) S eine Minimalfläche ist und ihre Parametermenge ein schlichtes Gebiet mit einpunktigen Randkomponenten ist.

Es wäre wünschenswert, für diese Fälle möglichst kurze direkte Beweise zu entwickeln.

§ 875. Nach § 64 gilt für jeden Punkt p einer offenen Minimalfläche die Beziehung $\sigma_p(r) = 2\pi + o(r)$ und übrigens auch $\sigma_p(r) = 2\pi + o(r^4)$. Im Falle einer Ebene ist natürlich $\sigma_p(r) \equiv 2\pi$. Man bestimme die Klasse aller Minimalflächen, für welche es zu jedem inneren Punkte p eine Zahl $\bar{r} = \bar{r}(p)$ derart gibt, daß $\sigma_p(r) = 2\pi$ ist für $0 < r \leqq \bar{r}$.

§ 876. Für harmonische Abbildungen der Klasse $\mathfrak{H}$ bestimme man die universelle Konstante $\mu_1^{(0)}$; siehe § 138. Vermutlich gilt $\mu_1^{(0)} = 27/2\pi^2 = 1{,}367$.

§ 877. Für harmonische Abbildungen der Klasse $\mathfrak{H}$ bestimme man die universelle Konstante $\mu_2^{(0)}$; siehe § 138.

§ 878. Man bestimme die in § 758 definierte universelle Funktion $R(\varrho)$. Vermutlich gilt $R(\varrho) = 2\varrho/(1 + \varrho^2)$.

§ 879. Man charakterisiere alle harmonischen Abbildungen der Klasse $\mathfrak{H}(\varrho, r)$; siehe § 758. Gehen bei diesen Abbildungen – für beliebiges r, $0 \leqq r \leqq R(\varrho)$, oder zumindest für $r = 0$ – konzentrische Kreise in ebensolche Kreise über, d. h. sind die in § 758 angeschriebenen speziellen harmonischen Abbildungen, welche im Falle $r = 0$ die Gestalt

$$x = \frac{1}{1-\varrho^2}\left[1 - \frac{\varrho^2}{\alpha^2+\beta^2}\right]\alpha, \quad y = \frac{1}{1-\varrho^2}\left[1 - \frac{\varrho^2}{\alpha^2+\beta^2}\right]\beta$$

annehmen, die einzigen Abbildungen der gesuchten Art?

§ 880. Gestatten außer den Flächen (27) (für welche $\alpha_1 = 0$, $\alpha_2 = \pi/2$, $\alpha_3 = \pi$, $\alpha_4 = 3\pi/2$) und (26) $\left(\text{für welche } \alpha_1 = \frac{\pi}{2} - \alpha,\ \alpha_2 = \frac{\pi}{2} + \alpha,\ \alpha_3 = \frac{3\pi}{2} - \alpha,\ \alpha_4 = \frac{3\pi}{2} + \alpha\right)$ auch andere der in III.2.4 behandelten verallgemeinerten Scherkschen Flächen eine explizite Darstellung in der Form $z = z(x, y)$?

§ 881. Man bestimme den konformen Typ der in § 167 definierten Riemannschen Fläche $\mathfrak{R}_0$.

§ 882. Periodische Minimalflächen, welche durch fortgesetzte Spiegelungen an den Seiten von Dreiecken, Vierecken oder vierelementigen Ketten entstehen, sind in der Literatur eingehend diskutiert und klassifiziert worden; siehe §§ 279, 818. Eine entsprechende Untersuchung von periodischen Minimalflächen mit Fundamentalbereichen, welche von Fünfecken, allgemeineren räumlichen Vielecken oder gar von krummlinigen Vielecken berandet sind, scheint nie vollständig ausgeführt worden zu sein. (Man sehe aber M. Wernick [1].)

§ 883. Wenn zwei von einer Jordankurve berandete Lösungen S_1 und S_2 des Plateauschen Problems verschiedene Fréchetflächen sind, so sind die Punktmengen $[S_1]$ und $[S_2]$ (siehe § 31) nicht identisch.

§ 884. Die Jordankurve Γ besitze vorgeschriebene Regularitätseigenschaften und berande eine Lösung $S = \{\mathfrak{x} = \mathfrak{x}(u, v);\ (u, v) \in \bar{P}\}$ des Plateauschen Problems. Es sei $\{\Gamma_n\}$ eine in gewissem Sinne gegen Γ konvergierende Folge von Jordankurven, welche den gleichen oder weitergehenden Regularitätsvoraussetzungen genügen. Ist es möglich, Lösungen $S_n = \{\mathfrak{x} = \mathfrak{x}_n(u, v);\ (u, v) \in \bar{P}\}$ des Plateauschen Problems für die Kurven Γ_n so zu finden, daß die Ortsvektoren $\mathfrak{x}_n(u, v)$ in $\bar{P}$ in einem festzulegenden Sinne gegen den Ortsvektor $\mathfrak{x}(u, v)$ konvergieren?

§ 885. Die Jordankurve Γ sei bzgl. einer Ebene symmetrisch. Hat jede von Γ berandete Lösung des Plateauschen Problems, oder zumindest jede Lösung kleinsten Flächeninhaltes, dieselbe Symmetrie? Existiert überhaupt eine symmetrische Lösungsfläche?

§ 886. Führt die in V.1.4 beschriebene Abstiegsmethode stets zu einer Lösung des Plateauschen Problems, für welche das Dirichletsche Integral ein absolutes Minimum darstellt, oder kann man mit ihrer Hilfe auch Lösungen, für die das Dirichletsche Integral ein relatives (aber nicht absolutes) Minimum ist, und vielleicht sogar instabile Lösungen gewinnen?

§ 887. Zwei Jordankurven Γ_1 und Γ_2 mögen auf dem über einer Jordankurve in der (x, y)-Ebene errichteten Zylinder verlaufen. Liegt jede von Γ_1 berandete Lösungsfläche S_1 des Plateauschen Problems ganz unterhalb jeder von Γ_2 berandeten Lösungsfläche S_2 des Plateauschen Problems, wenn Γ_1 ganz unterhalb Γ_2 verläuft? Mit anderen Worten: Können S_1 und S_2 gemeinsame Punkte haben, wenn Γ_1 und Γ_2 punktfremd sind?

§ 888. Gemäß § 377 kann die Gesamtkrümmung $\iint\limits_S K\,do$ einer von einer nicht-ebenen Jordankurve Γ berandeten Lösungsfläche S des Plateauschen Problems nicht Null sein. Man verschärfe die Formeln (155) und (156), indem man diese Gesamtkrümmung durch geometrische Größen abschätzt, welche die Abweichung der Kurve Γ von der ebenen Gestalt charakterisieren, etwa ihre Gesamtwindung oder den Inkugelhalbmesser ihrer konvexen Hülle o. ä.

§ 889. Wie in §§ 365, 372 erwähnt wurde, werden strenge Beweise für das Nichtauftreten von inneren (eigentlichen und uneigentlichen) Verzweigungspunkten bei den Lösungen des Plateauschen Problems kleinsten Inhaltes ohne Zweifel bald veröffentlicht werden. Da alle bisher bekanntgewordenen Beweisansätze als recht kompliziert erscheinen, wäre es wünschenswert, neue möglichst kurze und übersichtliche Beweise zu entwickeln.

§ 890. Die Jordankurve Γ erfülle gewisse Regularitätsvoraussetzungen; sie genüge etwa einer der folgenden Bedingungen:

a) Γ ist eine reguläre analytische Kurve.
b) Γ ist eine reguläre Kurve der Klasse $C^{m,\alpha}$ $(m \geqq 1, 0 < \alpha < 1)$.
c) Γ ist ein räumliches Polygon.

Ist es wahr, daß jede von Γ berandete Lösungsfläche des Plateauschen Problems kleinsten Inhaltes auf ihrem Rande keinen Verzweigungspunkt besitzen kann?

§ 891. Berandet die Kurve Γ_r aus § 388 für $r = 1$ genau eine Lösung des Plateauschen Problems?

§ 892. Für die Kurven Γ_r aus § 388 bestimme man die in § 396 definierten Grenzen r_1 und r_2. (Vermutlich gilt $r_1 = r_2$.) Wieviele verschiedene Lösungen des Plateauschen Problems kann Γ_r in den Fällen $r = r_1$ und $r = r_2$ beranden? Weiterhin untersuche man den Verzweigungsvorgang, wenn r die Werte r_1 und r_2 überschreitet.

§ 893. Für das in der Abb. 42 des § 397 dargestellte räumliche Achteck Γ_δ bestimme man die untere Grenze δ_1 der Zahlen δ, für welche das Plateausche Problem für Γ_δ eindeutig lösbar ist. (Wegen der Einzelheiten sehe man J. C. C. Nitsche [26], pp. 9–11.)

§ 894. Für die Jordankurve Γ_ε aus §§ 435, 436 bestimme man die obere Grenze $\bar{\varepsilon}$ der Zahlen ε, für welche Γ_ε mehr als eine Lösung des Plateauschen Problems beranden kann.

§ 895. Man diskutiere Beispiele von Jordankurven, welche mehr als eine vorgegebene Anzahl, insbes. mehr als drei verschiedene Lösungen des Plateauschen Problems beranden. (Literaturhinweise finden sich in § 397.)

§ 896. Gemäß § 400 berandet jedes Vierseit eine einzige Lösung des Plateauschen Problems. Andererseits ist in der Abb. 42 des § 397 ein Achtseit wiedergegeben, für welches das Plateausche Problem nicht eindeutig lösbar ist. Man bestimme die kleinste natürliche Zahl m mit der Eigenschaft, daß es ein Jordanpolygon mit m Seiten gibt, zu welchem mindestens zwei verschiedene Lösungen des Plateauschen Problems existieren.

§ 897. Kann eine Jordankurve Γ, deren Totalkrümmung $\varkappa(\Gamma)$ (siehe § 26) kleiner als 4π – oder vielleicht kleiner als eine noch aufzufindende andere Konstante – ist, mehr als eine Lösung des Plateauschen Problems beranden?

§ 898. Die Jordankurve Γ besitze eine umkehrbar eindeutige Orthogonalprojektion auf eine Ebene, etwa auf die (x, y)-Ebene, und berande eine der nicht-parametrischen Darstellung $\{z = z(x, y);\ (x, y) \in \bar{B}\}$ fähige Lösung S des Plateauschen Problems.

a) Hat S unter allen von Γ berandeten Lösungen des Plateauschen Problems den kleinsten Flächeninhalt?

b) Kann Γ überhaupt weitere Lösungen des Plateauschen Problems beranden?

§ 899. Man beantworte die Fragen des § 898 für eine Jordankurve mit eineindeutiger Zentralprojektion auf eine Ebene.

§ 900. Die Sätze der §§ 399, 400, 402 enthalten die einzigen bekannten Eindeutigkeitsaussagen für das Plateausche Problem. Gibt es andere an die Kurve Γ zu stellende Bedingungen (die Totalkrümmung ist in § 897 erwähnt), unter welchen die Einzigkeit einer Lösung des Plateauschen Problems bewiesen werden kann?

§ 901. Man suche nach dem Beispiel einer Jordankurve, welche zwei verschiedene verallgemeinerte Minimalflächen vom Typ der Kreisscheibe berandet, die aber beide durch explizit angebbare Gleichungen darstellbar sind.

§ 902. Für das Problem $\mathscr{P}_h$ aus § 409 bestimme man entweder die am Ende von § 416 definierte Funktion $\alpha(h)$ oder gebe man zumindest von h abhängige Schranken für diese Funktion an.

§ 903. Man gebe einen nichtparametrischen Beweis für die in §§ 409, 410 demonstrierte Nichtlösbarkeit des Problems $\mathscr{P}_h$, d. h. einen Beweis, der sich nicht auf die Lösung des zugehörigen parametrischen Problems und deren Eindeutigkeit stützt. Ein solcher Beweis ließe sich vermutlich auf allgemeinere Differentialgleichungen ausdehnen.

§ 904. Die Berandung eines Gebietes V im dreidimensionalen Raum sei eine differentialgeometrische Fläche, deren mittlere Krümmung (bei nach dem Gebietsinneren hin gerichtetem Normalenvektor) in jedem Punkte nicht-negativ ist. Dann ist V H-konvex im Sinne von § 837.

§ 905. Man gebe das Beispiel einer rektifizierbaren Jordankurve, welche zwei Lösungen des Plateauschen Problems verschiedenen Flächeninhaltes berandet, deren Ortsvektoren aber beide dem Dirichletschen Integral (im Sinne der üblichen Abstandsdefinition des § 419) ein relatives Minimum erteilen.

§ 906. Gibt es echte Blöcke von Minimalflächen im Sinne der §§ 419, 423, oder besteht jeder Block stets aus einem Element?

§ 907. Es sei Γ eine gewissen Voraussetzungen genügende rektifizierbare Jordankurve. Ist jede von Γ berandete Lösung des Plateauschen Problems im Sinne der Abstandsdefinition des § 419 isoliert; d. h. gibt es zu jeder Lösung $S_0 = \{\mathfrak{x} = \mathfrak{x}_0(u, v);\ (u, v) \in \bar{P}\}$ des Plateauschen Problems eine Zahl $\varepsilon_0 > 0$ derart, daß für jede weitere Lösung $S = \{\mathfrak{x} = \mathfrak{x}(u, v);\ (u, v) \in \bar{P}\}$ die Ungleichung $\|\mathfrak{x} - \mathfrak{x}_0\| > \varepsilon_0$ zutrifft?

Ist zumindest jedes Element der in § 423 definierten Mengen $\mathfrak{M}_N$ (in diesen Mengen) isoliert? (Dann gäbe es keine echten Blöcke; siehe §§ 423, 906.) Ist zumindest jede Lösung des Plateauschen Problems, deren Ortsvektor dem Dirichletschen Integral ein absolutes oder ein relatives Minimum erteilt, isoliert? Ist zumindest jede von Randverzweigungspunkten freie Lösung des Plateauschen Problems isoliert?

Die folgenden Voraussetzungen über die Kurve Γ kommen in Betracht:

a) Γ ist eine reguläre analytische Kurve.

b) Γ ist eine reguläre analytische Kurve, und aus unabhängigen (geometrischen o. ä.) Überlegungen ist bekannt, daß keine von Γ berandete Lösung des Plateauschen Problems einen Randverzweigungspunkt besitzen kann.

c) Γ ist eine reguläre Kurve der Klasse $C^{m,\alpha}$, (m geeignet, $0 < \alpha < 1$).

d) Γ ist eine reguläre Kurve der Klasse $C^{m,\alpha}$ (m geeignet, $0 < \alpha < 1$), und aus unabhängigen Gründen steht fest, daß keine von Γ berandete Lösung des Plateauschen Problems einen Randverzweigungspunkt besitzen kann.

e) Γ ist ein räumliches Polygon.

f) Γ ist eine Kurve wie in a, c oder e, und die Totalkrümmung $\varkappa(\Gamma)$ ist kleiner als 4π.

g) Γ ist rektifizierbar.

Man setze sich mit den heuristischen Überlegungen des § 836 auseinander und vergleiche auch das in § 118 erwähnte Resultat von J. C. C. Nitsche [28].

§ 908. Die rektifizierbare Jordankurve Γ genüge einer der in § 907 aufgestellten Bedingungen a) bis g). Es sei $\mathfrak{Z}$ eine Zusammenhangskomponente der Teilmenge $\mathfrak{M}$ von $\mathfrak{H}(\Gamma)$ aller derjenigen Vektoren, welche Minimalflächen definieren; siehe §§ 419, 423. Ist $\mathfrak{Z}$ eine Menge $\mathfrak{M}_N$, d. h., besitzt das Dirichletsche Integral für alle Vektoren von $\mathfrak{Z}$ denselben Wert?

§ 909. Die rektifizierbare Jordankurve Γ genüge einer der in § 907 aufgestellten Bedingungen a) bis g), und es sei bekannt, daß jede Lösung des Plateauschen Problems für Γ isoliert liegt. Gemäß § 323, 419 kann Γ dann nur endlich viele Lösungen des Plateauschen Problems beranden. Man schätze die Anzahl der möglichen Lösungen durch die geometrischen Eigenschaften der Kurve Γ ab.

§ 910. Die Jordankurve Γ verlaufe auf einer Kugelfläche oder allgemeiner auf der Berandung eines (beschränkten oder unbeschränkten) konvexen Gebietes. Ist es wahr, daß

a) jede von Γ berandete Lösungsfläche des Plateauschen Problems kleinsten Inhaltes,

b) jede von Γ berandete Lösungsfläche des Plateauschen Problems ohne Selbstschneidungen im Raume eingebettet liegt?

§ 911. Vorgegeben seien drei rektifizierbare Jordanbögen Γ_1, Γ_2 und Γ_3, welche lediglich ihre Endpunkte A und B gemeinsam haben. Unter welchen allgemeinen geometrischen Bedingungen an die Konfiguration dieser Kurven existiert ein von Γ_1, Γ_2 und Γ_3 berandetes dreiteiliges Flächensystem kleinsten Gesamtinhaltes mit einer Verzweigungslinie, welche die Punkte A und B verbindet, wie das im einzelnen in § 480 diskutiert wurde? In welchen Fällen hat die Verzweigungslinie mit den Jordanbögen nur die Endpunkte A und B gemeinsam?

§ 912. Die drei Jordanbögen aus § 911 mögen ein dreiteiliges Flächensystem kleinsten Gesamtinhaltes mit einer die Punkte A und B verbindenden Verzweigungslinie beranden. Man beweise:

a) Die Verzweigungslinie ist bis auf ihre Endpunkte regulär analytisch.

b) Die Länge der Verzweigungslinie ist endlich. (Vermutlich ist diese Länge kleiner als die Summe der Längen der Bögen Γ_1, Γ_2 und Γ_3.)

c) Das Lösungssystem besteht aus drei Minimalflächen. Jede dieser Flächen ist mit Einschluß der Verzweigungslinie analytisch und besitzt auf dieser keinen Verzweigungspunkt. Je zwei der Flächen schneiden sich unter einem Winkel von 120°.

§ 913. Die Konfiguration der drei Jordanbögen aus § 911 habe die am Ende von § 480 erwähnte Symmetrie: Γ_1 liege in der (x, y)-Ebene, und Γ_2 und Γ_3 seien bzgl. dieser Ebene symmetrisch. Muß ein von dieser Kontur berandetes dreiteiliges Flächensystem kleinsten Gesamtinhaltes ebenfalls bzgl. der (x, y)-Ebene symmetrisch sein?

§ 914. In allen Teilbögen, längs welcher der bewegliche Rand Γ_2 der Lösungsfläche S des in § 477 behandelten Problems sich dem festen Rande Γ_1 nicht anschmiegt, ist der bewegliche Rand eine differentialgeometrische Kurve, d. h. eine durch ihre Bogenlänge parametrisierte reguläre Kurve der Klasse C^2. Man beweise, daß S auf Γ_2 keinen Verzweigungspunkt besitzt. Daraus folgt dann (J. C. C. Nitsche [40], p. 376), daß Γ_2 eine reguläre analytische Kurve ist.

§ 915. Man betrachte das in § 481 formulierte Problem für ein (von oben betrachtet) konvexes polyedrisches Hindernis und beweise, daß die Berührungsmenge zusammenhängend ist. Ist auch der offene Kern der Berührungsmenge zusammenhängend, so daß diese Menge dann von einem Jordanpolygon berandet wäre?

§ 916. Man betrachte das in § 481 erwähnte Problem in der folgenden Fassung. Über einem konvexen Gebiet der (x, y)-Ebene, dessen Rand die x-Achse in zwei Punkten mit den Abszissen x_1 und $x_2 > x_1$ schneidet, sei als Hindernis ein Kurvenbogen mit der Gleichung $z = f(x)$ gegeben, wo $f(x)$ eine in $x_1 \leqq x \leqq x_2$ reell-analytische Funktion ist, welche in gewissen Intervallen $x_1 \leqq x \leqq x_1'$ und $x_2' \leqq x \leqq x_2$, $x_1' < x_2'$, negativ ausfällt, aber in $x_1' \leqq x \leqq x_2'$ auch positive Werte annimmt. Dann beweise man, daß die Projektion der Berührungsmenge aus endlich vielen Intervallen und isolierten Punkten der x-Achse besteht. Für den Fall einer Funktion, die das Dirichletsche Integral anstatt des Flächeninhaltes minimiert, wurde diese Tatsache von H. Lewy [13], [14] bewiesen.

§ 917. Es wäre wünschenswert, das in § 481 diskutierte Problem dahingehend zu verallgemeinern, daß die Werte der gesuchten Fläche $z = z(x, y)$ über gewissen Teilbögen des Randes ∂P nicht vorgeschrieben werden und daß die Menge Q, über welcher das Hindernis definiert ist, auch Punkte oder Teilbögen von ∂P enthalten darf.

§ 918. Lassen sich spezielle Konfigurationen $\langle \Gamma, T \rangle$ angeben, für welche das in VI.2 behandelte freie Randwertproblem eindeutig lösbar ist?

§ 919. Für das in VI.2 behandelte freie Randwertproblem gebe man minimale Bedingungen an die Regularität der Kette $\langle \Gamma, T \rangle$ und, falls notwendig, an die Abhebeeigenschaften des Bogens Γ von der Berandungsfläche T an, bei deren Erfülltsein die Rektifizierbarkeit der Spur der Lösungsfläche bewiesen werden kann.

§ 920. Für das in VI.2 behandelte freie Randwertproblem gebe man unter geeigneten Regularitätsannahmen über den Bogen Γ und die Fläche T eine Abschätzung für die Länge der Spur der Lösungsfläche durch die Länge von Γ und die Eigenschaften von T. Man versuche insbes., die in §§ 499–505 erläuterte Methode zu verallgemeinern, indem man die Größe $l(h)$ als lineares Hausdorffsches Maß der geeignet zu definierenden Schnittpunktmenge $\lambda(h)$ auffaßt und wiederum die Cavalierische Ungleichung des § 502 beweist. Ein der geometrischen Maßtheorie mächtiger Leser wird keine Schwierigkeiten haben, das im einzelnen durchzuführen.

§ 921. Für das in VI.2 behandelte freie Randwertproblem besteht bei den Aussagen über das Randverhalten (siehe §§ 507–512) noch eine Lücke. Insbesondere sind die Fälle, in denen die Berandungsfläche T zur Klasse $C^{1,\alpha}$ oder $C^{2,\alpha}$ gehört, noch nicht erledigt. In diesen Fällen sollte auch gezeigt werden, daß die Lösungsfläche die Fläche T orthogonal schneidet.

§ 922. In den §§ 507–512 wurde das Randverhalten der Lösungsflächen des in VI.2 behandelten freien Randwertproblems diskutiert. Man stelle entsprechende Sätze auf für Flächen, die von der Kette $\langle \Gamma, T\rangle$ berandet sind, deren Ortsvektor aber dem Dirichletschen Integral kein absolutes Minimum, sondern lediglich einen stationären Wert erteilt.

§ 923. Es sei S eine Lösungsfläche des in VI.2 behandelten freien Randwertproblems oder allgemeiner eine von der Kette $\langle \Gamma, T\rangle$ berandete Fläche, deren Ortsvektor dem Dirichletschen Integral einen stationären Wert verleiht. Läßt sich, falls notwendig, unter Vorwegnahme von geeigneten Regularitätsaussagen, eine der Ungleichung (156) aus § 380 entsprechende Abschätzung für die Anzahl der Verzweigungspunkte von S durch die geometrischen Eigenschaften der berandenden Konfiguration angeben?

§ 924. Man beweise, daß eine Lösungsfläche (kleinsten Inhaltes) des in VI.2 behandelten freien Randwertproblems in ihrem Inneren und (unter geeigneten Regularitätsvoraussetzungen über die Konfiguration $\langle \Gamma, T\rangle$ auch) auf ihrem Rande keinen Verzweigungspunkt besitzen kann. Für innere Verzweigungspunkte sind dabei die in §§ 365, 371, 442 erläuterten Methoden anwendbar, welche allerdings zur Zeit noch Vollständigkeit vermissen lassen.

§ 925. Gilt die folgende Verallgemeinerung des Einschließungssatzes aus § 521: Γ_1 und Γ_2 seien zwei Jordankurven in parallelen Ebenen $\mathcal{E}_1$ bzw. $\mathcal{E}_2$. Γ_1 sei im Inneren einer konvexen Kurve $\mathcal{C}_1$ in $\mathcal{E}_1$ enthalten, und Γ_2 liege im Inneren einer konvexen Kurve $\mathcal{C}_2$ in $\mathcal{E}_2$. Wenn Γ_1 und Γ_2 eine verallgemeinerte Minimalfläche vom Typ des Kreisringes beranden, so beranden die Kurven $\mathcal{C}_1$ und $\mathcal{C}_2$ ebenfalls eine solche Minimalfläche.

§ 926. Die in § 531 auftretende Umlaufszahl m hat einen der Werte ± 1, wenn die die verallgemeinerte Minimalfläche berandenden Jordankurven Γ_1 und Γ_2 hinreichend regulär (§ 533) oder konvex (M. Shiffman [10], pp. 83–87) sind. Gilt dasselbe bereits für Jordankurven oder zumindest für rektifizierbare Jordankurven?

§ 927. Zwei punktfremde Jordankurven können höchstens eine (reguläre oder in einer Darstellung vermittels isothermer Parameter vorliegende verallgemeinerte) Minimalfläche vom Typ des Kreisringes mit vorgegebenem konformen Modul beranden.

§ 928. In Verallgemeinerung des Satzes aus § 539 beweise man die folgende Aussage: Zwei konvexe Kurven in parallelen Ebenen können höchstens zwei verschiedene verallgemeinerte Minimalflächen vom Typ des Kreisringes beranden.

§ 929. Kann eine von zwei punktfremden Jordankurven berandete verallgemeinerte Minimalfläche vom Typ des Kreisringes in ihrem Inneren einen uneigentlichen Verzweigungspunkt enthalten?

§ 930. Die Quadrate Γ_1 mit den Eckpunkten $(\pm 1, 0, -h/2)$, $(0, \pm 1, -h/2)$ und Γ_2 mit den Eckpunkten $(\pm\cos\alpha, \pm\sin\alpha, h/2)$ mögen eine Minimalfläche vom Typ des Kreisringes beranden. Man bestimme den der Zahl h_2 in § 515 entsprechenden Wert $h_2(4, \alpha)$ als Funktion der Verdrillung α. Gemäß § 530 ist $h_2(4, 0) = 1{,}0184$.

§ 931. Die Aussage des § 535 ist eine Konsequenz des folgenden potentialtheoretischen Satzes: Es seien λ, R_1, R_2 drei positive Konstanten. Die Funktion $\xi = \xi(\varrho, \vartheta)$ sei im Kreisring $0 < r_1 \leqq \varrho \leqq \leqq r_2 < \infty$ harmonisch und genüge den Bedingungen

$$\xi_\varrho(r_j, \vartheta) = \frac{\lambda r_j}{R_j} \operatorname{Cof} \xi(r_j, \vartheta), \qquad \int_0^{2\pi} \operatorname{Cof} \xi(r_j, \vartheta)\, d\vartheta = \frac{2\pi R_j}{\lambda}$$

für $j = 1, 2$. Dann hängt der Quotient $\xi_\varrho / \operatorname{Cof} \xi$ nicht von ϑ ab. Läßt sich dieser Satz ohne Rückgriff auf die Sturm-Liouvillesche Theorie beweisen?

§ 932. Gilt ein zu den Sätzen der §§ 534 und 535 entsprechender Satz für andere Kurven Γ_1, Γ_2 mit speziellen Eigenschaften, z. B. für sternförmige Kurven o. ä.?

§ 933. Für eine Minimalfläche S der Klasse $\mathfrak{S}(h)$ (siehe § 542) gebe man eine zur Abschätzung $k_{\min}/k_{\max} \geqq M(h/L)$ des § 549 analoge Abschätzung, in welcher aber der Abstand d der Kurve S_0 vom Rande von S an die Stelle der Höhe h tritt.

§ 934. Ist jede Minimalfläche der Klasse $\mathfrak{Z}(\infty)$ (siehe § 542) eine Kettenfläche?

§ 935. Trifft die folgende Aussage zu: Wenn die Minimalfläche S der Klasse $\mathfrak{J}(c_1, c_2)$ (siehe § 542) vollständig ist, so muß $c_1 = -\infty$, $c_2 = \infty$ gelten, und S muß eine Kettenfläche sein.

§ 936. Gilt eine zur Abschätzung des Satzes aus § 549 analoge Abschätzung für Flächen der Klasse $\mathfrak{J}(h)$ (siehe § 542)?

§ 937. Es sei S eine von zwei punktfremden Jordankurven Γ_1 und Γ_2 berandete (reguläre oder in einer Darstellung vermittels isothermer Parameter vorliegende verallgemeinerte) Minimalfläche vom Typ des Kreisringes. Wenn die Kurven Γ_1 und Γ_2 rektifizierbar sind und die Längen L_1 bzw. L_2 besitzen, so ist der Flächeninhalt von S endlich, und es gilt $4\pi I(S) < (L_1 + L_2)^2$. Man beweise eine Ungleichung der Form $(L_1 + L_2)^2 - 4\pi I(S) \geqq \varkappa L_1 L_2$ und bestimme den optimalen (d. h. größtmöglichen) Wert der Konstanten $\varkappa$; siehe § 555.

§ 938. Es sei S eine von endlich vielen punktfremden Jordankurven $\Gamma_1, \ldots, \Gamma_m$ berandete (reguläre oder in einer Darstellung vermittels isothermer Parameter vorliegende verallgemeinerte) Minimalfläche vorgegebenen topologischen Typs. Wenn die Kurven Γ_j rektifizierbar sind und die Längen L_j besitzen, so ist der Flächeninhalt von S endlich, und es gilt $4\pi I(S) < (L_1 + \cdots + L_m)^2$. Gilt eine verschärfte Ungleichung wie die in §§ 555, 937 vermutete?

§ 939. Bei der Besprechung der Minimalflächen, welche von einer Jordankurve mit umkehrbar eindeutiger Zentralprojektion auf eine ebene konvexe Kurve berandet sind, tritt das Variationsproblem

$$\delta \iint e^{2z} \sqrt{p^2 + q^2 + (1 + xp + yq)^2}\, dx\, dy = 0$$

auf; siehe § 402. Im Gegensatz zu dem eingehend untersuchten Variationsproblem

$$\delta \iint \sqrt{1 + p^2 + q^2}\, dx\, dy = 0$$

sind sowohl dieses Variationsproblem als auch seine Euler-Lagrangesche Differentialgleichung kaum behandelt worden.

§ 940. Die Funktion $z(x, y)$ sei eine zweimal stetig differenzierbare Lösung der Minimalflächengleichung in der Einheitskreisscheibe $P = \{x, y;\, x^2 + y^2 < 1\}$. Einfache Beispiele – z. B. wenn $z(x, y)$ die Lösung eines geeigneten Problems aus VII.7.4 in einem regelmäßigen $2n$-Eck mit P als Inkreis ist – zeigen, daß $z(x, y)$ für $x^2 + y^2 \to 1$ in endlich vielen Punkten von ∂P einen radialen Grenzwert $\pm\infty$ haben kann. Welches sind die umfangreichsten Teilmengen des Randes ∂P, in welchen die radialen Grenzwerte unendlich sein können (offene

Mengen sind nach § 600 ausgeschlossen) oder allgemeiner u. U. nicht zu existieren brauchen? Gilt ein dem Fatouschen Satze der Funktionentheorie entsprechender Satz für allgemeine bzw. für beschränkte Lösungen?

§ 941. Es sei A eine beliebig vorgegebene kompakte Menge nichtverschwindenden linearen Hausdorffschen Maßes in der (x, y)-Ebene. Existiert eine in einer Umgebung von A (nicht aber in den Punkten von A selbst) zweimal stetig differenzierbare Lösung $z(x, y)$ der Minimalflächengleichung, für welche die Menge A nicht hebbar ist; siehe § 591? Läßt sich diese Frage vielleicht nur für gewisse, etwa auf geraden Linien liegende oder anderweitig reguläre Mengen A bejahend beantworten? Mit anderen Worten: Welche Eigenschaften haben die möglichen Sigularitätenmengen für die Lösungen der Minimalflächengleichung?

§ 942. Es sei A eine beliebig vorgegebene kompakte Menge nichtverschwindenden linearen Hausdorffschen Maßes in der Abschließung des Einheitskreises $P = \{x, y;\, x^2 + y^2 < 1\}$. Gilt das allgemeine Maximumprinzip des § 586 dann nicht mehr? Mit anderen Worten: Kann man in $P \setminus A$ zwei dort zweimal stetig differenzierbare Lösungen $z_1(x, y)$ und $z_2(x, y)$ der Minimalflächengleichung finden, für welche bei Annäherung an jeden nicht in A gelegenen Randpunkt von P $\limsup [z_2(x, y) - z_1(x, y)] \leqq M$ gilt, während in einem Punkte (x_0, y_0) von $P \setminus A$ doch $[z_2(x_0, y_0) - z_1(x_0, y_0)] > M$ ist? Man berücksichtige wieder das am Ende von § 941 Gesagte.

§ 943. Es seien P ein beschränktes konvexes Gebiet in der (x, y)-Ebene und P_d die Teilmenge aller Punkte von P, deren Abstand vom Rande ∂P größer als $d > 0$ ist. Gibt es eine lediglich von d und von den Eigenschaften des Gebietes P abhängige Konstante $\mathscr{C} = \mathscr{C}(P, d)$ derart, daß für zwei beliebige Lösungen $z_j(x, y)$ $C^2(P) \cap C^0(\bar{P})$, $(j = 1, 2)$, der Minimalflächengleichung in jedem Punkt (x, y) aus P_d die Abschätzung

$$|z_2(x, y) - z_1(x, y)| \leqq \mathscr{C} \int_{\partial P} |z_2 - z_1|\, ds$$

zutrifft?

§ 944. Man gebe einen nichtparametrischen Beweis für die Aussage des § 859, d. h. einen Beweis, der sich nicht auf die Betrachtung der Lösung eines zugehörigen parametrischen Problems stützt. Ein solcher Beweis ließe sich vermutlich auf allgemeinere Differentialgleichungen ausdehnen.

§ 945. Man bestimme die in § 610 definierte universelle Konstante $c_1^{(0)}$. Vermutlich gilt $c_1^{(0)} = \pi^2$.

§ 946. Man bestimme die in § 612 definierte universelle Konstante $c_2^{(0)}$. Vermutlich gilt $c_2^{(0)} = \pi^2/2$.

§ 947. Wir bezeichnen mit $c_2^{(0)}(m)$ die obere Grenze des Ausdruckes $m^2 |K(0,0)|$ für alle in der Kreisscheibe $x^2 + y^2 < 1$ zweimal stetig differenzierbaren und der Bedingung $W(0,0) = m \geqq 1$ genügenden Lösungen $z(x, y)$ der Minimalflächengleichung. Man bestimme diese universelle Funktion $c_2^{(0)}(m)$ und insbes. den Wert $\limsup_{m\to\infty} c_2^{(0)}(m)$. Vgl. hierzu die Ausführungen in §§ 612, 613, 658, 864.

§ 948. Das dem Einheitskreise einbeschriebene Viereck $P_1P_2P_3P_4$ genüge der Bedingung (102) des § 162 und enthalte den Ursprung in seinem Inneren. Es seien $z(x, y)$ die in diesem Viereck zweimal stetig differenzierbare Lösung der Minimalflächengleichung, welche bei Annäherung an die Seiten P_2P_3 und P_4P_1 nach $+\infty$ und bei Annäherung an die Seiten P_1P_2 und P_3P_4 nach $-\infty$ geht, und $K(x, y)$ die Gaußsche Krümmung der Minimalfläche $z = z(x, y)$. Man beweise die Ungleichung

$$[1 + z_x^2(0,0) + z_y^2(0,0)]\,|K(0,0)| \leqq \frac{\pi^2}{2}.$$

§ 949. Es sei $z_m(x, y)$ die nach § 654 eindeutig bestimmte Lösung der Minimalflächengleichung, welche in der Kreisscheibe $P = \{x, y; x^2 + y^2 < 1\}$ zweimal stetig differenzierbar und in ihrer Abschließung $\bar{P}$ mit Ausschluß der Punkte $(0, \pm 1)$ stetig ist und auf den Randbögen $\partial_1 P = \{x, y; x > 0, x^2 + y^2 = 1\}$ und $\partial_2 P = \{x, y; x < 0, x^2 + y^2 = 1\}$ die Werte m bzw. $-m$ annimmt. Man bestimme den Wert $W_m(0,0) = \sqrt{1 + p_m^2(0,0) + q_m^2(0,0)}$ als Funktion von m, zumindest insbes. eine asymptotische Entwicklung $W_m(0) = \gamma_m e^{\pi m/2} + \cdots$ für $m \to \infty$. (Man sehe hierzu §§ 865, 950 und die Bemerkungen bei R. Finn [7] und J. B. Keller [1].)

§ 950. Man bestimme die in § 865 definierte universelle Funktion $c_3^{(0)}(m)$ und insbes. den Wert $\limsup_{m\to\infty} c_3^{(0)}(m)$.

§ 951. Auf dem als hinreichend glatt vorausgesetzten Rande ∂B eines Jordangebietes B in der (x, y)-Ebene sei eine zweimal stetig differenzierbare Funktion φ vorgegeben. Gemäß § 649 ist das zugehörige Dirichletsche Problem für die Minimalflächengleichung lösbar, wenn die Norm $\|\varphi\|_{1,1}^{\partial B}$ hinreichend klein ist. Kann man bereits aus der hinreichenden Kleinheit der Norm $\|\varphi\|_1^{\partial B}$ oder, wenn das nicht der Fall sein sollte, aus der hinreichenden Kleinheit einer Norm $\|\varphi\|_{1,\lambda}^{\partial B}$, $0 < \lambda < 1$, auf die Lösbarkeit des Dirichletschen Problems schließen? (Nach § 411 ist die Kleinheit der Norm $\|\varphi\|_0^{\partial B}$ dafür nicht ausreichend.)

§ 952. Der Rand des konvexen Gebietes B sei eine reguläre Kurve der Klasse C^3. Auf ∂B sei eine Funktion $\varphi \in C^{0,\alpha}(\partial B)$ vorgegeben, $0 < \alpha \leqq 1$. Die Funktion $z(x, y) \in C^2(B) \cap C^0(\bar{B})$ sei die Lösung der Minimalflächengleichung in B mit den Randwerten φ. Für gegebenen Exponenten α bestimme man den bestmöglichen Exponenten β derart, daß $z(x, y)$ für beliebiges $\varphi \in C^{0,\alpha}(\partial B)$ zu $C^{0,\beta}(\bar{B})$ gehört. (Man sehe dazu die Bemerkungen in § 868, aus denen folgt, daß β unter keinen Umständen größer als $\frac{1}{2}$ sein kann.) Verschlechtert sich der Wert von β, wenn man B lediglich als Jordangebiet mit regulärer C^3-Berandung voraussetzt?

§ 953. Der als hinreichend regulär vorausgesetzte Rand ∂B eines Jordangebietes B in der (x, y)-Ebene werde durch zwei seiner Punkte in einen abgeschlossenen konvexen Teilbogen $\partial_1 B$ und einen offenen konkaven Teilbogen $\partial_2 B$ zerlegt; siehe § 594. Mit J. C. C. Nitsche ([18], p. 250) bezeichnen wir als Bernsteinsche Lösung für das Gebiet B die im Hinblick auf § 596 eindeutig bestimmte Lösung $\Phi(x, y) \in \in C^2(B) \cap C^0(\bar{B})$ der Minimalflächengleichung in B, welche auf $\partial_1 B$ den Wert Null und auf $\partial_2 B$ die Normalableitung (im Sinne von § 596) $-\infty$ besitzt. Man beweise die Existenz der Bernsteinschen Lösung. Der Zusammenhang mit den Bemerkungen in § 417 ist beachtenswert.

§ 954. Das Gebiet B habe die in § 953 niedergelegten Eigenschaften. Ähnlich wie in § 643 bezeichne $\mathfrak{U}$ die Menge aller in $\bar{B}$ stetigen und in B subminimalen Funktionen $v(x, y)$, deren Werte in allen Punkten von $\partial_1 B$ nicht-positiv sind, auf $\partial_2 B$ aber keiner expliziten Beschränkung unterliegen. Ist die in $\bar{B}$ definierte Funktion $z(x, y) = \sup_{v \in \mathfrak{U}} v(x, y)$ die Bernsteinsche Lösung für das Gebiet B; siehe § 953?

§ 955. Eine Behandlung des Dirichletschen Problems für die Minimalflächengleichung in unbeschränkten Gebieten wäre wünschenswert. Man sehe hierzu §§ 860, 861.

§ 956. Während das Dirichletsche Problem für die Minimalflächengleichung und seine Verallgemeinerungen in der Literatur ausgiebig untersucht worden sind, liegt hinsichtlich des Neumannschen Problems (siehe § 11) und des Problems mit schiefen Ableitungen bislang anscheinend kein einziges Resultat von Belang vor. Zu untersuchen wären die Eindeutigkeit, Existenz und Nichtexistenz sowie die Regularität von Lösungen in Abhängigkeit von der Gestalt und der Regularität des Grundgebietes und von den Eigenschaften der Randwerte. Gewisse Klassen quasi-linearer Differentialgleichungen, welchen die Minimalflächengleichung jedoch *nicht* angehört, sind von R. Fiorenza ([1], [2]),

O. A. Ladyzhenskaya and N. N. Ural'tseva ([I], pp. 465–481) u. a. behandelt worden. Man beachte ferner aber die Hinweise im Anhang auf neue Untersuchungen von R. Temam und von J. Spruck.

§ 957. Wie in § 871 bemerkt worden ist, liegen bei den verschiedenen Außenproblemen für die Minimalflächengleichung noch viele ungelöste Probleme vor. Mehr noch als die Eindeutigkeitsbeweise verdient die Frage sowohl nach der Existenz als auch nach der Nichtexistenz von Lösungen Beachtung. Sie wird beeinflußt von der Gestalt und der Regularität der Kurve $\mathscr{C}$, von den Eigenschaften und der Größe der auf dieser Kurve vorgegebenen Randwerte sowie auch von den Eigenschaften und der Größe der verschiedenen im Unendlichen zu stellenden Bedingungen. Viele spezielle Aufgaben bieten sich an, beispielsweise das Dirichletsche Problem für beschränkte Lösungen, das Dirichletsche Problem im Außengebiet einer konvexen Kurve für Lösungen mit verschwindenden Randwerten bei vorgeschriebenem singulären Anteil der Form $A x + B y$ in Abhängigkeit von der Größe $\sqrt{A^2 + B^2}$ dieses Anteiles (bricht die Lösung zusammen, wenn $\sqrt{A^2 + B^2}$ eine bestimmte Schwelle überschreitet?), verschiedene Versionen des Neumannschen Problems usw.

§ 958. Das Problem des § 870 erinnert an ein freies Randwertproblem für harmonische Funktionen, welches u. a. von A. Beurling [1] und I. I. Daniljuk [1], [2] (siehe auch K. O. Friedrichs [1]) behandelt worden ist. In einem Jordangebiet B bestimme man eine Jordankurve γ mit der folgenden Eigenschaft: In dem von γ und ∂B berandeten zweifach zusammenhängenden Gebiet soll eine harmonische Funktion $z(x, y)$ existieren, die auf ∂B den Wert Null und auf γ einen vorgeschriebenen positiven Wert a annimmt, und für die der absolute Betrag $\sqrt{z_x^2 + z_y^2}$ des Gradienten auf γ mit einer in ganz B vorgegebenen posiriven Funktion $f(x, y)$ übereinstimmt.

Eine Behandlung des entsprechenden Problems für die Lösungen der Minimalflächengleichung unter geeigneten Regularitätsvoraussetzungen und passenden Annahmen hinsichtlich der Konstanten a und der Funktion $f(x, y)$ wäre von Interesse.

§ 959. Kann eine nicht-ebene vollständige Minimalfläche ganz in einer Scheibe des Raumes verlaufen? (Vgl. die Bemerkungen in § 683.)

§ 960. Kann eine nicht-ebene vollständige Minimalfläche ganz in einem Halbraum verlaufen? (Vgl. die Bemerkungen in § 683.) Unter der einschneidenden zusätzlichen Voraussetzung, daß jeder beliebige kompakte Teil von S unter allen Flächen mit derselben Berandung den kleinsten Flächeninhalt besitzen solle, bewiesen M. Miranda [6], p. 33, und auch E. Bombieri and E. Giusti [1], p. 42, daß S eine Ebene sein muß.

§ 961. Gibt es außer den Ebenen andere einfach zusammenhängende vollständige Minimalflächen, welche ohne Selbstschneidungen im Raume eingebettet liegen?

§ 962. Gibt es offene vollständige Minimalflächen (mit beliebiger bzw. mit endlicher Gesamtkrümmung), deren sphärisches Bild mehr als vier Punkte ausläßt?

§ 963. Gibt es eine offene vollständige Minimalfläche (mit beliebiger bzw. mit endlicher Gesamtkrümmung), deren sphärisches Bild genau eine vorgegebene endliche Punktmenge auf der Zahlenkugel ausläßt?

§ 964. Gibt es eine offene vollständige Minimalfläche (mit beliebiger bzw. mit endlicher Gesamtkrümmung), deren sphärisches Bild genau eine vorgegebene unendliche Punktmenge verschwindender logarithmischer Kapazität ausläßt?

§ 965. Gibt es eine offene vollständige Minimalfläche mit endlicher Gesamtkrümmung, deren sphärisches Bild genau drei Punkte ausläßt? Das sphärische Bild einer Kettenfläche mit der Gesamtkrümmung 4π läßt genau zwei Punkte aus. Um mehr als drei Punkte kann es sich bei einer nicht-ebenen Minimalfläche nach § 689 nicht handeln.

§ 966. Gibt es eine offene nicht-orientierbare vollständige Minimalfläche mit endlicher Gesamtkrümmung?

§ 967. Die Existenz vollständiger Minimalflächen vorgegebenen Zusammenhanges und Geschlechts wurde von T. Klotz and L. Sario [1] bewiesen; siehe § 681. Aussagen über die echten topologischen Eigenschaften (§ 40) dieser Flächen und insbes. die Angabe expliziter Beispiele wären wünschenswert.

§ 968. Man diskutiere die sphärische Abbildung von Minimalflächen im Lichte der in § 681 zitierten Untersuchung [2], insbes. p. 216, von T. Klotz and L. Sario.

Hinweise zur neuesten Literatur

Die Forschungstätigkeit auf dem Gebiet der Minimalflächen und den mit ihnen zusammenhängenden Fragen hat in jüngster Zeit ein rapides Tempo angenommen. Seit der Niederschrift des Manuskriptes für dieses Buch hat eine Reihe von Entwicklungen stattgefunden, welche nicht mehr im Text berücksichtigt werden konnten. Es handelt sich dabei zum großen Teil um Resultate, die auf einer der vielen mathematischen Tagungen oder in der Form der heute so üblichen vervielfältigten Vordrucke (preprints) bekanntgemacht worden sind. Diejenigen dieser Resultate, von denen der Verfasser Kenntnis erhielt, und mit deren Veröffentlichung vor Drucklegung gerechnet werden kann, sind noch im Literaturverzeichnis aufgenommen worden und sollen auf den folgenden Seiten stichwortartig besprochen werden. Wie zu erwarten, befassen sich die zu erwähnenden Untersuchungen natürlich auch mit einigen der in IX.2 (§§ 874–968) zusammengestellten Aufgaben. Zum Zeitpunkt des Korrekturlesens für den Anhang (6. Juni 1974) haben die folgenden Probleme eine mehr oder weniger vollständige Behandlung erfahren: § 884 (F. Tomi); § 885 (H. C. Wente; H. B. Lawson); § 889 (H. W. Alt; R. D. Gulliver; R. D. Gulliver, R. Osserman and H. L. Royden); § 890a (R. D. Gulliver and F. D. Lesley); § 897 (J. C. C. Nitsche); § 902 (P. Concus); §§ 907, 908 (R. Böhme; F. Tomi); § 912a, c (J. E. Taylor); § 937 (R. Osserman and M. Schiffer); §§ 946, 948 (J. C. C. Nitsche); § 952 (E. Giusti; L. M. Simon); § 956 (R. Temam; J. Spruck); § 962 (F. Gackstatter).

Im Rahmen einer ausführlichen Darstellung der Geschichte der Differentialgeometrie von Gauß bis Riemann behandelt K. Reich ([1], pp. 313–326) die Entwicklung der Theorie der Minimalflächen in den vier Jahrzehnten von 1828–1868.

Plateaus Lebensgang und den Einfluß seiner experimentellen und theoretischen Untersuchungen auf die mathematische Forschung findet man bei J. C. C. Nitsche [42] beschrieben.

Ein neuer Beweis des in § 8 erwähnten Satzes von G. Hamel wurde von A. W. Marris [1] und A. W. Marris and J. F. Shiau [1] vorgelegt.

T. F. Banchoff und C. M. Strauss haben Filme hergestellt, auf welchen computer-berechnete Modelle in dreidimensionaler Sicht dargestellt sind; siehe Notices Amer. Math. Soc. **19**, no. 1 (1972), p. A 731 und **20**, no. 1 (1973) p. A 165. Deformationen, wie die in § 58 besprochene und in Abb. 5 skizzierte Verbiegung der Kettenfläche in die Wendelfläche und den in § 180 erwähnten Übergang der Enneperschen Minimalfläche in die zu ihr assoziierten (und zu ihr kongruenten) Flächen lassen sich so besonders anschaulich verfolgen.

Der Zusammenhang zwischen Strahlensystemen und Minimalflächen ist Gegenstand einer Untersuchung von L. Vanhecke [1].

Eine neue Untersuchung der von G. Thomsen bestimmten Minimalflächen, die zugleich Affinminimalflächen sind (siehe § 743), und der mit ihnen zusammenhängenden in §§ 88–93, 172–175 behandelten Flächen wird von H. Schaal [1], [2], [3] vorgelegt.

Für eine Fläche in nicht-parametrischer Darstellung $S = \{z = f(x, y);\ 0 \leqq x, y \leqq 1\}$ zeigt M. E. Price [1] unter gewissen Annahmen über die Funktion $f(x, y)$, daß die Inhalte der Flächen $S_{mn} = \{z = B_{mn}(x, y);\ 0 \leqq x, y \leqq 1\}$, wo

$$B_{mn}(x, y) = \sum_{\mu=1}^{m} \sum_{\nu=1}^{n} \binom{m}{\mu} \binom{n}{\nu} f\left(\frac{\mu}{m}, \frac{\nu}{n}\right) x^{\mu} (1 - x)^{m-\mu} y^{\nu} (1 - y)^{n-\nu}$$

die zur Funktion $f(x, y)$ gehörigen Bernsteinschen Approximationspolynome bedeuten, gegen den Lebesgueschen Inhalt von S konvergieren.

Für eine Minimalfläche S_0 wie in § 100 haben J. L. Barbosa and M. do Carmo [1] bewiesen, daß $I_2(S_0) > 0$, d. h. $\lambda_{\min}(P_0) > 0$ (siehe § 108), gilt, wenn der Flächeninhalt des sphärischen Bildes von S_0 kleiner als 2π ist. Diese Bedingung ist insbes. erfüllt, wenn der absolute Wert der Gesamtkrümmung von S_0 kleiner als 2π ausfällt.

Der Bernsteinsche Satz des § 130 wurde von E. Bombieri and E. Giusti ([1], pp. 43–44) in der folgenden Weise verallgemeinert: Die Funktion $z(x_1, \ldots, x_n)$ sei eine für alle Werte von $x_1, \ldots, x_n$ zweimal stetig differenzierbare Lösung der Differentialgleichung (76), und alle partiellen Ableitungen z_{x_i} *bis auf höchstens sieben* seien gleichmäßig beschränkt. (Diese Voraussetzung kommt natürlich nur im Falle $n \geqq 8$ zum Tragen.) Dann ist $z(x_1, \ldots, x_n)$ eine lineare Funktion.

E. F. Beckenbach, F. H. Eng and R. E. Tafel [1] führen die Untersuchung meromorpher Minimalflächen in dem in § 808 angedeuteten Sinne weiter. Auch F. Gackstatter [1] wendete die Methoden der Wertverteilungslehre auf die Untersuchung von Minimalflächen an.

Zufolge eines neuen Eindeutigkeitssatzes von J. C. C. Nitsche [43] kann eine reguläre analytische Jordankurve Γ der Totalkrümmung $\varkappa(\Gamma) \leqq 4\pi$ nur eine Lösung des Plateauschen Problems beranden. Beispiele von geeignet (z. B. mit Hilfe von §§ 111, 829) konstruierten Kurven zeigen, daß die Schranke 4π scharf ist. Gemäß § 828 lassen sich daher die in § 396 gegebenen Schranken $1/\sqrt{3} \leqq r_1 \leqq 1$ zu $0{,}882 \leqq \leqq r_1 \leqq 1$ verbessern.

Die in § 136 zitierten Untersuchungen H. Lewys wurden von M. Naser [1] auf den vierdimensionalen Fall ausgedehnt.

Das Randverhalten der Lösungen des Plateauschen Problems wird von S. E. Warschawski [3], F. D. Lesley [1] und T. Geveci [1] behandelt. Lesley beweist insbes. den Satz des § 315 für $m \geqq 2$, wenn die Hölderbedingung durch eine Dinibedingung ersetzt wird. Warschawski erfaßt auch den Fall $m = 1$ und zeigt weiterhin, daß der Vektor $\mathfrak{G}'(w)$ (siehe § 321) für alle $p > 0$ zur Hardyschen Klasse H_p gehört, wenn Γ eine reguläre Kurve der Klasse C^1 ist. Geveci diskutiert eine entsprechende lokale Situation.

In einem neuen Manuskript (Mai 1974) mit dem Titel „A perturbation theorem for minimal surfaces" beweist F. Tomi einen Störungssatz für $C^{3,\alpha}(\bar{P})$-Lösungen $S = \{\mathfrak{x} = \mathfrak{x}(u, v);\ (u, v) \in \bar{P}\}$ des Plateauschen Problems: Falls S ein striktes relatives Minimum des Flächeninhaltes realisiert, so gibt es zu jedem $\varepsilon > 0$ ein $\delta > 0$ derart, daß jede der Bedingung $\|\mathfrak{z}(\vartheta) - \mathfrak{x}(\cos\vartheta, \sin\vartheta)\|_{3,\alpha}^{\partial P} < \delta$ genügende Jordankurve $\{\mathfrak{x} = \mathfrak{z}(\vartheta);\ 0 \leqq \vartheta \leqq 2\pi\}$ der Klasse $C^{3,\alpha}$ (siehe § 18) eine Lösung $\bar{S} = \{\mathfrak{x} = \bar{\mathfrak{x}}(u, v);\ (u, v) \in \bar{P}\}$ des Plateauschen Problems berandet, deren Ortsvektor die Ungleichung $\|\bar{\mathfrak{x}} - \mathfrak{x}\|_{2,\alpha}^{\bar{P}} < \varepsilon$ befriedigt. (Wegen der verwendeten Normen vgl. § 413.) Ein ähnlicher Satz, bei dem die Voraussetzungen an das Dirichletsche Integral anstelle des Flächeninhaltes gestellt werden, stammt schon von S. Hildebrandt ([1], Lema 4.1).

Der Jörgens-Calabische Satz (siehe § 754) wurde von A. V. Pogorelov [1] auf alle Dimensionszahlen ausgedehnt.

E. Giusti [4] untersucht die Regularität der Lösungen des Dirichletschen Problems für die Minimalflächengleichung in konvexen Gebieten. Für ein streng konvexes Gebiet beweist er insbes., daß — mit den Bezeichnungen des § 952 — aus der Voraussetzung $\varphi \in C^{0,\alpha}(\partial B)$ stets die Folgerung $z \in C^{0,\frac{\alpha}{2}}(\bar{B})$ gezogen werden kann. Die Hölderstetigkeit der Lösungen in Abhängigkeit von den Eigenschaften der Randwerte wurde auch von L. M. Simon [1] diskutiert.

Eine allgemeine Methode zur Gewinnung verallgemeinerter Lösungen des Dirichletschen Problems und eine Diskussion der tatsächlichen Regularitätseigenschaften und des Randverhaltens dieser Lösungen wird von R. Temam [1] entwickelt. Temams Vorgehen ist mit dem in § 417 skizzierten verwandt, stützt sich darüber hinaus aber auf ein interessantes neues Dualitätsprinzip. Eine systematische Darstellung findet man bei I. Ekeland et R. Temam [I], insbes. pp. 112–147. Direkte Variationsmethoden benutzt auch E. Santi [1]. Er minimiert das Funktional

$$\iint_B \sqrt{1 + z_x^2 + z_y^2}\, dx\, dy + \int_{\partial B} |z - \varphi|\, ds$$

in einem geeigneten Funktionenraum. Die Lösungen sind nicht immer – beispielsweise nicht in dem am Ende von § 417 beschriebenen Jordangebiet – eindeutig. Sie nehmen auch die vorgeschriebenen Randwerte nicht immer an. Ihre Regularität im Inneren folgt aus einem von U. Massari [1] aufgestellten allgemeinen Regularitätssatz. Bei den Temamschen und Santischen Untersuchungen besteht auch ein bislang nicht vollständig geklärter Zusammenhang mit den in §§ 953, 954 angeschnittenen Fragen. Auch eine Bemerkung von L. M. Sibner and R. J. Sibner [1] geht in die gleiche Richtung. Es sei B ein Jordangebiet mit hinreichend glatter Berandung ∂B. Auf ∂B sei eine Funktion $\varphi \in C^{2,\alpha}(\partial B)$ vorgegeben, $0 < \alpha < 1$. Gemäß §§ 413, 414 existiert für hinreichend kleine Werte des Parameters t eine eindeutig bestimmte Lösung $z = z_t(x, y) \in C^{2,\alpha}(\bar{B})$ der Minimalflächengleichung in B mit den Randwerten $t\varphi$. Für nicht-konstantes φ gibt es eine Grenze $t_0 > 0$ derart, daß die Lösung $z_t(x, y)$ für $|t| < t_0$ existiert, daß aber das (auf dem Gebietsrande angenommene) Maximum $\sqrt{p_t^2 + q_t^2}$ des Gradienten nach Unendlich geht, wenn t gegen t_0 konvergiert. Die Temamsche Methode wurde neuerdings von A. Lichnewsky [1], [2] weiterentwickelt.

Das Dirichletsche Problem für schwache Lösungen der Minimalflächengleichung in nicht-konvexen Gebieten wurde auch von V. Souček [1] behandelt. Der Zusammenhang zwischen der uneingeschränkten Lösbarkeit des Dirichletschen Problems und der Existenz einer Bernsteinschen Lösung (siehe § 953) wird von M. Giaquinta e J. Souček [1] untersucht.

Für das L-förmige Sechseck $ABCDEF$ in der (x, y)-Ebene mit den Eckpunkten $A = (0, 0)$, $B = (1, 0)$, $C = (1, \frac{1}{2})$, $D = (\frac{1}{2}, \frac{1}{2})$, $E = (\frac{1}{2}, 1)$, $F = (0, 1)$ entspricht dem Problem $\mathscr{P}_h$ des § 409 das Dirichletsche Problem mit den Randwerten $\varphi = 0$ auf den Seiten AB, BC, EF, FA und $\varphi = 2h(1 - x)$ auf der Seite CD sowie $\varphi = 2h(1 - y)$ auf der Seite DE. Dieses Problem ist von P. Concus [3] für verschiedene Werte von h numerisch näherungsweise gelöst worden. Für die der einspringen den Ecke D ähnlich wie in §§ 416, 902 zugeordnete Größe $\alpha(h)$ findet Concus die folgenden Werte: $\alpha(h)/h = 0{,}88$ für $h = 0{,}1$ und $\alpha(h)/h = 0{,}29$ für $h = 1{,}0$. Die numerische Lösung der Minimalflächengleichung sowie die Approximation der verallgemeinerten Lösung des Dirichletschen Problems für diese Gleichung ist Gegenstand einer Untersuchung von C. Jouron [1]. Jouron betrachtet auch das Problem $\mathscr{P}_h$.

Hinsichtlich des Dirichletschen Problems in n Dimensionen sei noch eine Untersuchung von N. S. Trudinger [4] erwähnt, welche die am Ende von § 406 zitierten Veröffentlichungen verallgemeinert.

Das Nichtauftreten von (inneren) Verzweigungspunkten in den Lösungen des Plateauschen Problems kleinsten Inhaltes wird in Arbeiten von H. W. Alt [1], [2]; R. D. Gulliver [1]; R. D. Gulliver, R. Osserman, and H. L. Royden [1] behandelt. Diese Arbeiten bringen ein lange offenstehendes Problem zu einem bemerkenswerten und befriedigendem Abschluß. Während eigentliche Verzweigungspunkte in anderen Fällen vorhanden sein können, sind uneigentliche Verzweigungspunkte auf allen Lösungsflächen des Plateauschen Problems, auch auf den instabilen, unmöglich. Wohl nur die letztgenannte Arbeit beweist den Satz in dieser Allgemeinheit. Wie R. D. Gulliver and F. D. Lesley [1] zeigen, haben die Lösungen des Plateauschen Problems auch keine Randverzweigungspunkte, vorausgesetzt, daß die Randkontur eine reguläre analytische Kurve ist.

Die Frage, ob eine gewissen Symmetriebedingungen genügende Kontur eine Fläche kleinsten Inhaltes mit desselben Symmetrieeigenschaften berandet, wird von H. B. Lawson [1] und von H. C. Wente [2] behandelt.

Für den von der Kurve

$$\Gamma_r = \Big\{x = r\cos\vartheta - \frac{r^3}{3}\cos 3\vartheta,\quad y = -r\sin\vartheta - \frac{r^3}{3}\sin 3\vartheta,\ z = r^2\cos 2\vartheta;\ 0 \leqq \vartheta \leqq 2\pi\Big\}$$

berandeten Teil der Enneperschen Minimalfläche ergibt sich für die erste Variation $\Psi^{(1)} \equiv \mathfrak{x}_\varrho^{(1)} \cdot \mathfrak{x}_\vartheta^{(0)} + \mathfrak{x}_\varrho^{(0)} \cdot \mathfrak{x}_\vartheta^{(1)}$ (J. C. C. Nitsche [28], p. 402) mit den Bezeichnungen des § 118 und den Abkürzungen $c_n = \cos n\,\vartheta$, $s_n = \sin n\,\vartheta$ der Ausdruck

$$\Psi^{(1)}(1,\vartheta;\lambda) = r^2(r^2+1)\Big\{a_2 c_2 - \frac{r^2-1}{r^2+1} b_2 s_2 + \sum_{n=3}^{\infty}[(r^2+1)n - (3r^2+1)](a_n c_n + b_n s_n)\Big\},$$

welcher sich für $r = 1$ auf die Formel (8) bei J. C. C. Nitsche [28] reduziert; siehe J. C. C. Nitsche [44]. Unter zusätzlicher Berücksichtigung der Normalitätsforderung des § 292 und mit Hilfe der Abschätzungen bei J. C. C. Nitsche [28] folgt daraus der Satz, daß der von Γ_r berandete Teil der Enneperschen Minimalfläche auch für $r > 1$ eine isolierte Lösung des Plateauschen Problems ist (J. C. C. Nitsche [44]). Der Verzweigungsprozeß, bei welchem sich von der Enneperschen Fläche zwei weitere Lösungen des Plateauschen Problems abspalten, wenn r zunehmend den Wert Eins durchschreitet, wird von J. C. C. Nitsche in einer demnächst unter dem Titel „Non-uniqueness for Plateau's problem – a bifurcation process“ erscheinenden Veröffentlichung untersucht. Die Funktion $\lambda(\vartheta)$, welche für die Ennepersche Fläche selbst Null ist, hat für die beiden anderen Lösungsflächen für nahe bei Eins gelegene Werte von r eine Entwicklung

$$\lambda(\vartheta) = \pm\frac{4}{\sqrt{7}}\sqrt{r^2-1}\,\sin 2\vartheta + \frac{9}{7}(r^2-1)\sin 4\vartheta + O\big(\sqrt{r^2-1}^{\,3}\big).$$

Für eine reguläre Jordankurve Γ der Klasse C^∞ zeigen R. Böhme und F. Tomi [1], daß der Wertebereich des Dirichletschen Integrales für alle Ortsvektoren der von Γ berandeten Lösungsflächen des Plateauschen Problems eine kompakte (Lebesgue-) Nullmenge ist. Falls Γ darüber hinaus reell-analytisch ist, beweist R. Böhme [1] sogar die Endlichkeit dieses Wertebereichs, d. h. das Auftreten einer höchstens endlichen Anzahl von Blöcken. In einer neuen Arbeit [4] beweist F. Tomi schließlich das bemerkenswerte Resultat, daß eine reguläre analytische Jordankurve (sowie eine reguläre $C^{4,\lambda}$-Jordankurve der Totalkrümmung $< 4\pi$; siehe § 377) nur endlich viele Lösungen des Plateauschen Problems kleinsten Flächeninhaltes beranden kann.

Die regste Aktivität in jüngster Zeit hat sich gewiß in Verbindung mit dem Hindernisproblem des § 481 und seinen Verallgemeinerungen entfaltet. Weitreichende Ergebnisse über Existenz, Eindeutigkeit und Regularität von inhaltsminimierenden Lösungsflächen bei verschiedenartigen Hindernissen, über die Beschaffenheit der Berührungsmenge und über die Gültigkeit von A-priori-Abschätzungen sind zu verzeichnen. Beispielsweise besteht die Berandung der Berührungsmenge aus einer regulären analytischen Jordankurve, wenn das Hindernis, welches durch eine in $\bar{P}$ erklärte und auf ∂P negative Funktion $z = \psi(x, y)$ definiert wird, eine analytische und streng (von oben her betrachtet) konvexe Fläche ist. (D. Kinderlehrer [6].) Da eine detaillierte Beschreibung der bislang erzielten Resultate zu weit führen würde, beschränken wir uns hier auf die folgenden Literaturhinweise; S. Hildebrandt and H. Kaul [1]; M. Giaquinta e L. Pepe [1]; E. Giusti [2], [3]; D. Kinderlehrer [3]–[6]; H. Lewy and G. Stampacchia [2]; M. Miranda [6]; F. Tomi [1]–[3]; G. Stampacchia and A. Vignoli [1]; G. Vergara Caffarelli [1], [2]; S. Mazzone [1], [2]; S. Hildebrandt [8], [9]; C. Gerhardt [1]; B. A. Ton [1]; E. De Giorgi [5]. Wie Beispiele zeigen (J. C. C. Nitsche [29], pp. 86–87), wird die Lösungsfläche selbst bei einem beliebig glatten Hindernis bestenfalls zur Regularitätsklasse $C^{1,1}$ gehören. Für ein $C^{1,1}$-Hindernis führen die gängigen Existenzbeweise zu einer Lösungsfläche der Klasse $C^{1,\alpha}$. C. Gerhardt [2] zeigt, daß diese Lösungsfläche in der Umgebung des Hindernisses in Wirklichkeit selbst in der Klasse $C^{1,1}$ liegt. Ein weiterer Beweis dieser Tatsache stammt von H. R. Brézis and D. Kinderlehrer [1].

Eine systematische Darstellung der z. T. in § 289 erwähnten, von E. De Giorgi und seinen Schülern entwickelten maßtheoretischen Methoden sowie deren Anwendung auf Hindernisprobleme findet sich bei E. De Giorgi, F. Colombini e L. C. Piccinini [I].

Der Existenzbeweis für das in § 477 besprochene Problem mit einem beweglichen Rand wird von H. W. Alt [3] vorgelegt. Wie am Ende von § 477 angedeutet und bei J. C. C. Nitsche [39], pp. 506–507, erläutert, besteht die „Lösungsfläche" i. a. aus abzählbar vielen unzusammenhängenden Flächenteilen. Jeder Flächenteil ist von einem Teilbogen des festen Randes Γ_1 und von einem Teilbogen des beweglichen Randes Γ_2 begrenzt. Längs der zu den letzteren Teilbögen komplementären Punktmengen schmiegt sich der bewegliche Rand an den festen Rand an.

S. Hildebrandt [5], S. Hildebrandt and W. Jäger [1] und F. P. Harth [1] setzen die Diskussion freier Randwertprobleme fort. Hildebrandt [6] entwickelt auch eine den Ausführungen der §§ 507–511 nahe verwandte einheitliche Methode zum Nachweis für die Hölderstetigkeit der Lösungen einer ganzen Klasse von Randwertproblemen.

Die isoperimetrische Ungleichung für Minimalflächen und für Flächen konstanter und variabler mittlerer Krümmung ist Gegenstand zweier Veröffentlichungen von H. Kaul [1], [2] und einer Arbeit von W. K. Allard [2]; siehe auch E. Bombieri and E. Giusti [1], p. 31. In [2] beweist Kaul die Ungleichung $I(S) < c(L_1 + L_2)^2$ mit $c = 0{,}172\ldots$ Die in der Sprache der geometrischen Maßtheorie abgefaßte Allardsche Arbeit ist systematisch angelegt und enthält auch eine Darstellung und Weiterführung mancher Resultate von F. J. Almgren [1], [5]. In einem neuen Manuskript (März 1974) mit dem Titel „Doubly-connected minimal surfaces" nehmen R. Osserman und M. Schiffer die in VI.3.1 und VI.3.4 behandelten Fragen wieder auf. Sie verschärfen die Ungleichung $(\varrho L'(\varrho))' \geqq 0$ des § 553 zu $(\varrho L'(\varrho))' \geqq L(\varrho)$ und beweisen die isoperimetrische Ungleichung in der Form $(L_1 + L_2)^2 - 4\pi I(S) \geqq$ $\geqq \varkappa L_1 L_2$ mit $\varkappa = 2(1 - \log 2) = 0{,}6137\ldots$ Wenn die Kurven Γ_1 und Γ_2 durch keine Ebene voneinander getrennt werden können, gilt sogar $L_1^2 + L_2^2 \geqq 4\pi I(S)$. Ein weiterer Satz lautet wie folgt: Die drei Größen $L_1 > 0$, $L_2 > 0$ und $r > 0$ seien beliebig vorgegeben. Eine notwendige und hinreichende Bedingung dafür, daß eine Minimalfläche vom Typ des Kreisringes existiert, welche von zwei durch eine Scheibe der Dicke r getrennte Jordankurven Γ_1 und Γ_2 der Längen L_1 bzw. L_2 berandet ist, besteht in der Forderung, es solle eine Kettenfläche mit diesen Bestimmungszahlen geben. Mit unseren Bezeichnungen (siehe §§ 521, 526) läßt sich diese notwendige und hinreichende Bedingung unter der Annahme $L_1 \leqq L_2$ in der Form $2\pi r \leqq$ $\leqq L_2 H\left(0; 1, \frac{L_1}{L_2}\right)$ ausdrücken.

Auf einer in isothermer Darstellung vorliegenden verallgemeinerten Minimalfläche $S = \{\mathfrak{x} = \mathfrak{x}(u, v);\ (u, v) \in \bar{B}\}$ ist die Funktion $f(u, v) =$ $= x^2(u, v) + y^2(u, v) - z^2(u, v)$ subharmonisch und nimmt somit ihr Maximum auf dem Rande ∂B an. Es ist dann nicht möglich, daß ein Teil des Randes von S im Kegel $\{x, y, z;\ 0 < \sqrt{x^2 + y^2} < z\}$ und der komplementäre Teil – beide als nicht leer vorausgesetzt – im Kegel

$\{x, y, z; 0 < \sqrt{x^2 + y^2} < -z\}$ liegt. Diese Tatsache benutzt S. Hildebrandt [7], um Abschätzungen der in VI.3.1 besprochenen Art, insbes. den Satz am Ende von § 516, abzuleiten. In der schon erwähnten Untersuchung von Osserman und Schiffer wird mit Hilfe der Beweismethode des § 522 gezeigt, daß der Hildebrandtsche Kegel $\{x, y, z; x^2 + y^2 < z^2\}$ durch den weiter geöffneten Kegel $\{x, y, z; x^2 + y^2 < < a^2 z^2\}$ ersetzt werden kann. Dabei gilt $a = \mathfrak{Sin}\, p = 1{,}50887\ldots$, und $p = 1{,}19967\ldots$ ist die Lösung der uns von § 515 her bekannten transzendendenten Gleichung $p = \mathfrak{Cot}\, p$. Wir bemerken hier noch, daß sich die Konstante $\sqrt{2}$ in der Aussage des § 516 dann zu $\sqrt{1 + a^2}/a = \mathfrak{Cot}\, p = p = 1{,}19967\ldots$ verbessern läßt. Wie aus § 515 hervorgeht, ist der Satz aus § 516 mit dieser Konstanten scharf.

Einige Beispiele von Minimalflächensystemen wie in §§ 478, 480 bespricht A. Solomon [2]. Das Problem der Bestimmung eines Flächensystems kleinsten Gesamtinhaltes für das in §§ 480, 911, 912, 913 diskutierte Randgestell wird von J. E. Taylor [1] mit maßtheoretischen Methoden behandelt. Dem Auftreten einer Verzweigungslinie, längs derer drei Flächenteile zusammenstoßen, wird dabei durch Heranziehen von „integral currents modulo 3" Rechnung getragen. Taylor beweist die Existenz eines Lösungsaggregates in der Form einer „varifold", weiterhin die Regularität der einzelnen Flächenteile und die Analytizität der Verzweigungslinie.

R. Ossermann [16] dehnt den in § 591 formulierten Satz über die Hebbarkeit isolierter Punktsingularitäten auf den Fall zweidimensionaler nicht-parametrischer Minimalflächen im R^n aus: Wenn $n - 1$ Komponenten des Ortsvektors der Minimalfläche $\{x_1 = u, x_2 = v, x_3 = f_3(u, v), \ldots, x_n = f_n(u, v); 0 < u^2 + v^2 < 1\}$ bei Annäherung an den Punkt $u = v = 0$ einen endlichen Grenzwert besitzen, so gilt dasselbe auch für die letzte Komponente, und die Singularität im Nullpunkt ist hebbar.

Die Analytizität schwacher Lösungen $z = z(x_1, \ldots, x_n)$ der Minimalflächengleichung (siehe VII.3) in n Veränderlichen im Sobolevraum W_1^1 (grob gesprochen: im Raum $\mathfrak{M}^1$ ohne Stetigkeitsannahmen) beweist N. S. Trudinger [3] wie in § 605 unter Berufung auf die eindeutige Lösbarkeit des Dirichletschen Problems. Trudinger [5], [6] hat auch einen neuen elementaren Beweis der wichtigen Gradientenabschätzung von E. Bombieri, E. De Giorgi e M. Miranda [1] (siehe § 614) für positive Lösungen $z = z(x_1, \ldots, x_n)$ der Minimalflächengleichung gefunden. Weitere Untersuchungen in dieser Richtung stammen von E. Heinz [12], E. Bombieri and E. Giusti ([1], p. 45, und [2]) und von L. M. Simon; siehe eine zu erscheinende Arbeit mit dem Titel „Interior gradient estimates for non-uniformly elliptic equations".

Für eine in der Kreisscheibe $x^2 + y^2 < R^2$ zweimal stetig differenzierbare Lösung $z(x,y)$ der Minimalflächengleichung, welche einer der beiden Bedingungen $z(x,-y) = z(x,y)$ oder $z(x,-y) = -z(x,y)$ genügt, beweist J. C. C. Nitsche [41] die Ungleichung des § 612 in der Form

$$|K_0| \leqq \frac{\pi^2}{2} \frac{1}{R^2 W_0^2}.$$

Unter Kleinheitsvoraussetzungen über die ersten Ableitungen und Beschränktheitsvoraussetzungen über die zweiten Ableitungen beweist J. J. Roseman [1] Aussagen über das asymptotische Verhalten einer Lösung der Minimalflächengleichung in einem Halbstreifen. Bei Zuhilfenahme einer Fortsetzung der Lösung durch Spiegelung (§ 583), des Maximumprinzips aus § 861 und der A-priori-Abschätzung aus § 616 und durch Vergleich mit der Fläche (40) lassen sich freilich viel bessere Aussagen gewinnen; beispielsweise die folgende: Die Funktion $z(x,y)$ sei eine zweimal stetig differenzierbare Lösung der Minimalflächengleichung im Halbstreifen $S = \{x, y; x > 0, |y| < 1\}$ und noch stetig auf den im Endlichen gelegenen Randpunkten dieses Streifens. Für $x \geqq 0$ sei $z(x,-1) = z(x,1) = 0$ (keine Voraussetzung auf dem vertikalen Randsegment von S). Dann gilt in allen Punkten von S die Ungleichung $|z(x,y)| \leqq \log \mathfrak{Cot}(x/2)$. Insbes. ist $|z(x,y)| \leqq 2{,}32 \cdot e^{-x}$ für $x \geqq 1, |y| \leqq 1$.

Das in VII.7.4 behandelte Randwertproblem für die Minimalflächengleichung wurde von J. Spruck [1] sinngemäß auf die Differentialgleichung $\mathscr{L}'[z] = 2H \equiv \text{const}$ übertragen. Spruck gibt dabei u. a. ([1], p. 7) auch einen neuen Beweis des Satzes aus § 600.

Das Neumannsche Problem der Minimalflächengleichung mit der homogenen Randbedingung $\partial z/\partial n = 0$ wurde von R. Temam [2] behandelt. Für die verwandte Differentialgleichung $\mathscr{L}'[z] = z$ (siehe § 579) unter der in der Kapillaritätstheorie wichtigen Randbedingung $\partial z/\partial n = W \cos\gamma$ bewies J. Spruck in einer neuen Arbeit mit dem Titel „On the existence of a capillary surface with prescribed contact angle" Existenz- und Eindeutigkeitssätze. Dem Kapillaritätsproblem ist auch eine Untersuchung von N. N. Ural'tseva [1] gewidmet.

In einer demnächst zu erscheinenden Veröffentlichung mit dem Titel „Über abelsche Minimalflächen" untersucht F. Gackstatter die Ausnahmerichtungen der Normalenvektoren einer vollständigen Minimalfläche. Neben der Diskussion von Beispielen beweist er insbes. den Satz, daß das sphärische Bild der speziellen Klasse der sog. Abelschen Minimalflächen höchstens vier Punkte auslassen kann; siehe § 962. Überlegungen aus dem Ideenkreis des Satzes von Riemann-Roch wendet Gackstatter in einer nächstens zu erscheinenden Arbeit „Ein Umkehrproblem in der Theorie der Minimalflächen" an.

Literaturverzeichnis

Die am Schluß der Zitate in Klammern stehenden Seitenhinweise beziehen sich auf das vorliegende Buch.

Adam, N. K.: [I] The physics and chemistry of surfaces. 3rd ed., Oxford Univ Press, London, **1941**. (S. 6)

[1] The molecular mechanism of capillary phenomena. Nature **115** (1925), 512–513. (S. 6)

Adamson, A. W.: [I] Physical chemistry of surfaces. 2nd ed., Interscience, New York, 1967. (S. 6)

Aggarwal, R.: [1] Minimum area of revolution as a state constrained optimal control problem. Internat. J. Non-Linear Mech. **5** (1970), 581–587. (S. 673)

Agmon, S.: [I] Lectures on elliptic boundary value problems. D. van Nostrand Co. Inc., Princeton, New Jersey, 1965. (S. 102, 176)

Agostinelli, C.: [1] Risoluzione per un campo circolare o sferico di un problema più generale di quello di Dirichlet. Atti Reale Accad. Sci. Torino, Cl. Sci. Fis. Mat. Natur. **72** (1936–37), 317–328. (S. 106)

Ahlfors, L. V.: [1] Untersuchungen zur Theorie der konformen Abbildung und der ganzen Funktionen. Acta Soc. Scient. Fenn., N. S. A **1**, Nr. 9 (1930), 1–40. (S. 45)

[2] Zur Bestimmung des Typus einer Riemannschen Fläche. Comment. Math. Helv. **3** (1931), 173–177. (S. 45)

[3] Über die Anwendung differentialgeometrischer Methoden zur Untersuchung von Überlagerungsflächen. Acta Soc. Sci. Fenn. N. S. A **2**, Nr. 6 (1937), 1–17. (S. 346)

[4] Conformality with respect to Riemannian metrics. Ann. Acad. Sci. Fenn. A I **206** (1955), 1–22. (S. 49)

Ahlfors, L. V., and L. Bers: [1] Riemann's mapping theorem for variable metrics. Ann. of Math. (2) **72** (1960), 385–404. (S. 49)

Ahlfors, L. V., and L. Sario: [I] Riemann surfaces. Princeton Univ. Press, Princeton, New Jersey, 1960. (S. 169, 236, 238)

Aleksandrov, A. D.: [1] Uniqueness theorems for surfaces in the large I, II. Amer. Math. Soc. Transl. (2) **21** (1962), 341–388. (S. 399)

Aleksandrov, A. D., und V. V. Strel'cov: [1] Das isoperimetrische Problem und eine Abschätzung für die Länge einer Kurve auf einer Fläche. Trudy Mat. Inst. Steklov **76** (1965), 67–80 [Russisch]. Engl. Übersetzung in Proc. Steklov Inst. Math. **76** (1967), 81–99. (S. 290)

Alexandroff, P., und H. Hopf: [I] Topologie. Springer, Berlin, 1935. (S. 402)

Allard, W. K.: [1] On boundary regularity for Plateau's problem. Bull. Amer. Math. Soc. **75** (1969), 522—523. (S. 257)

[2] On the first variation of a varifold. Ann. of Math. (2) **95** (1972), 417—491. (S. 707)

Almgren, F. J.: [I] Plateau's problem. An invitation to varifold geometry. W. A. Benjamin, New York-Amsterdam, 1966. (S. 256, 434, 444)

[1] The theory of varifolds. A variational calculus in the large for the k-dimensional area integrand. Vervielfältigt. Princeton Univ., 1965. (S. 256, 434, 444, 520, 707)

[2] Three theorems on manifolds with bounded mean curvature. Bull. Amer. Math. Soc. **71** (1965), 755—756. (S. 480, 520)

[3] Some interior regularity theorems for minimal surfaces and an extension of Bernstein's theorem. Ann. of Math. (2) **84** (1966), 277—292. (S. 118, 257)

[4] Existence and regularity of solutions to elliptic calculus of variations problems among surfaces of varying topological type and singularity structure. Bull. Amer. Math. Soc. **73** (1967), 576—580. (S. 257)

[5] Existence and regularity almost everywhere of solutions to elliptic variational problems among surfaces of varying topological type and singularity structure. Ann. of Math. (2) **87** (1968), 321—391. (S. 257, 707)

Alt, H. W. [1] Verzweigungspunkte von H-Flächen. I. Math. Z. **127** (1972), 333 bis 362. (S. 704)

[2] Verzweigungspunkte von H-Flächen. II. Math. Ann. **201** (1973), 33—55. (S. 704)

[3] Die Existenz einer Minimalfläche mit freiem Rand vorgeschriebener Länge. Arch. Rat. Mech. Anal. **51** (1973), 304—320. (S. 706)

Alt, W.: [1] Über die Minimalflächen vom Liouvilleschen Typus. Deutsche Math. **5** (1941), 513—521. (S. 639)

Ames, W. F.: [I] Nonlinear partial differential equations in engineering. Academic Press, New York-London, 1965. (S. 378)

Andersson, B.: [1] On an inequality concerning the integrals of moduli of regular analytic functions. Arkiv Mat. **1** (1951), 367—373. (S. 288)

Aronszajn, N., and K. T. Smith: [1] Functional spaces and functional completion. Ann. Inst. Fourier **6** (1956), 125—185. (S. 196)

Aronszajn, N., R. Adams, and K. T. Smith: [1] Theory of Bessel potentials. Part II. Ann. Inst. Fourier **17** (1967), 1—135. (S. 176)

Aršon, I. S., und M. A. Pak: [1] Beispiel einer harmonischen Funktion, die im Äußeren eines Rotationskörpers beschränkt ist und im Inneren anwächst. Dokl. Akad. Nauk SSSR **177** (1967), 11—13 [Russisch]. Engl. Übersetzung in Soviet Math. Dokl. **8** (1967), 1339—1341. (S. 676)

Babuška, I., and R. Výborný: [1] Continuous dependence of eigenvalues on the domain. Czechosl. Math. J. **15 (90)** (1965), 169—178. (S. 97)

Backes, F.: [1] Sur uns propriété caractéristique des surfaces minima. Bull. Cl. Sci. Acad. Roy. Belg. (5) **17** (1931), 683—691. (S. 640)

Baiada, E.: [1] L'area delle superficie armoniche quale funzione delle rappresentazioni del contorno. Riv. Mat. Univ. Parma **2** (1951), 315—330. (S. 294)

Bailyn, P. M.: [1] Doubly-connected minimal surfaces. Transact. Amer. Math. Soc. **128** (1967), 206—220. (S. 475, 480)

Bakel'man, I. Ya.: [1] Geometrische Probleme bei quasilinearen elliptischen Gleichungen. Uspekhi Mat. Nauk **25,** No. 3 (1970), 49—112 [Russisch]. Engl. Übersetzung in Russ. Math. Surveys **25**, No. 3 (1970), 45—109. (S. 251)

Bakker, G.: [I] Kapillarität und Oberflächenspannung. Handbuch der Experimentalphysik, Band 6, Akad. Verlagsges., Leipzig, 1928. (S. 6)

Banach, S.: [1] Sur les lignes rectifiables et les surfaces dont l'aire est finie. Fundamenta Math. **7** (1925), 225—236. (S. 225)

Barbosa, J. L., and M. do Carmo: [1] Stable minimal surfaces. Bull. Amer. Math. Soc. **80** (1974), 581—583. (S. 702)

Barré, E.: [1] Sur les surfaces minima engendrées par une hélice circulaire. C. R. Acad. Sci. Paris **153** (1911), 1057—1059, 1461. (S. 645)

Beckenbach, E. F.: [1] The area and boundary of minimal surfaces. Ann. of Math. (2) **33** (1932), 658—664. (S. 290, 638)

[2] Minimal surfaces of uniplanar derivation. Amer. J. Math. **54** (1932), 718—728. (S. 169)

[3] Bloch's theorem for minimal surfaces. Bull. Amer. Math. Soc. **39** (1933), 450—456. (S. 169, 661)

[4] Remarks on the problem of Plateau. Duke Math. J. **3** (1937), 676—681. (S. 269)

[5] On a theorem of Fejér and Riesz. J. London Math. Soc. **13** (1938), 82—86. (S. 288)

[6] Functions having subharmonic logarithms. Duke Math. J. **8** (1941), 393—400. (S. 660)

[7] The analytic prolongation of a minimal surface. Duke Math. J. **9** (1942), 109—111. (S. 282)

[8] Painlevé's theorem and the analytic prolongation of minimal surfaces. Ann. of Math. (2) **46** (1945), 667—673. (S. 282)

[9] Inequalities in the differential geometry of surfaces. Inequalities, hrsgeg. von O. Shisha, Academic Press, New York-London 1967, 17—35. (S. 169, 290)

[10] An introduction to the theory of meromorphic minimal surfaces. Proc. Symp. P. Math. **11,** Amer. Math. Soc., 1968, 36—65. (S. 661)

Beckenbach, E. F., and T. A. Cootz: [1] The second fundamental theorem for meromorphic minimal surfaces. Bull. Amer. Math. Soc. **76** (1970), 711—716. (S. 661)

Beckenbach, E. F., F. H. Eng, and R. E. Tafel: [1] Global properties of rational and logarithmico-rational minimal surfaces. Pacific. J. Math. **50** (1974), 335—381. (S. 702)

Beckenbach, E. F., and J. W. Hahn: [1] Triples of conjugate harmonic functions and minimal surfaces. Duke Math. J. **2** (1936), 698—704. (S. 661)

Beckenbach, E. F., and G. A. Hutchison: [1] Meromorphic minimal surfaces. Pacific J. Math. **28** (1969), 17—47. (S. 661)

Beckenbach, E. F., and T. Radó: [1] Subharmonic functions and minimal surfaces. Transact. Amer. Math. Soc. **35** (1933), 648—661. (S. 169, 175, 290, 660)

[2] Subharmonic functions and surfaces of negative curvature. Transact. Amer. Math. Soc. **35** (1933), 662—664. (S. 290)

Beckert, H.: [1] Eine bemerkenswerte Eigenschaft der Lösungen des Dirichletschen Problems bei linearen elliptischen Differentialgleichungen. Math. Ann. **139** (1962), 379—394. (S. 555)

Behnke, H., und F. Sommer: [I] Theorie der analytischen Funktionen einer komplexen Veränderlichen. Springer, Berlin-Göttingen-Heidelberg, 1955. (S. 630, 631)

Belov, K. M.: [1] Über Flächen konstanter mittlerer Krümmung. Sibirsk. Mat. Zh. **5** (1964), 746—749 [Russisch]. (S. 642)

Beltrami, E.: [1] Sulla flessione delle superficie rigate. Annali di. Mat. p. appl. (1) **7** (1865), 105—138. (S. 62)

[2] Risoluzione di un problema relativo alla teoria delle superficie gobbe. Annali di Mat. p. appl. (1) **7** (1865), 139—150. (S. 62, 643)

[3] Sulle proprietà generali delle superficie d'area minima. Mem. Accad. Sci. Ist. Bologna (2) **7** (1867), 411—481. (S. 4, 50, 638, 655)

[4] Zur Theorie des Krümmungsmaasses. Math. Ann. **1** (1869), 575—582. (S. 50)

[5] Sull' equilibrio delle superficie flessibili ed inestendibili. Mem. Accad. Sci. Ist. Bologna (4) **3** (1882), 217—265. (S. 8)

Berg, P.: [1] On univalent mappings by solutions of linear elliptic partial differential equations. Transact. Amer. Math. Soc. **84** (1957), 310—318. (S. 126)

Berger, M., and M. Berger: [I] Perspectives in nonlinearity. An introduction to nonlinear analysis. W. A. Benjamin, New York-Amsterdam, 1968. (S. 380)

Bergmann, L.: [1] Experiments with vibrating soap membranes. J. Acoust. Soc. Amer. **28** (1956), 1043—1047. (S. 635)

Bernstein, F.: [1] Über die isoperimetrische Eigenschaft des Kreises auf der Kugeloberfläche und in der Ebene. Math. Ann. **60** (1905), 117—136. (S. 437)

Bernstein, S.: [1] Sur la nature analytique des solutions des équations aux dérivées partielles du second ordre. Math. Ann. **59** (1904), 20—76. (S. 119)

[2] Sur la généralisation du problème de Dirichlet. I. Math. Ann. **62** (1906), 253—271. (S. 251)

[3] Sur la généralisation du problème de Dirichlet. II. Math. Ann. **69** (1910), 82—136. (S. 251, 677)

[4] Sur les surfaces définies au moyen de leur courbure moyenne ou totale. Ann. Sci. Éc. Norm. Sup. (3) **27** (1910), 233—256. (S. 251, 552, 587, 588)

[5] Sur les équations du calcul des variations. Ann. Sci. Éc. Norm. Sup. (3) **29** (1912), 431—485. (S. 251, 363, 536, 552)

[6] Sur l'intégration des équations aux dérivées partielles du type elliptique. Math. Ann. **95** (1926), 585—594. (S. 251)

[7] Über ein geometrisches Theorem und seine Anwendung auf die partiellen Differentialgleichungen vom elliptischen Typus. Math. Z. **26** (1927), 551—558. [Übersetzung von „Sur un théorème de géometrie et ses applications aux équations dérivées partielles du type elliptique", Comm. Soc. Mathém. Kharkov **15** (1915—17), 38—45.] (S. 117, 251, 415)

[8] Sur l'intégration des équations aux dérivées partielles du type elliptique. II. Note. Math. Ann. **96** (1926), 633—647. (S. 251)

[9] Démonstration du théorème de M. Hilbert sur la nature analytique des solutions des équations du type elliptique sans l'emploi des series normales. Math. Z. **28** (1928), 330—348. (S. 119)

Bers, L.: [I] Mathematical aspects of subsonic and transonic gas dynamics. John Wiley & Sons, New York, 1958. (S. 12)

[1] An existence theorem in two-dimensional gas dynamics. Proc. Symp. Appl. Math. **1** (1949), 41—46. (S. 11)

[2] Boundary value problems for minimal surfaces with singularities at infinity. Transact. Amer. Math. Soc. **70** (1951), 465—491. (S. 11)

[3] Isolated singularities of minimal surfaces. Ann. of Math. (2) **53** (1951), 364—386. (S. 117, 124, 131, 133, 545, 549, 650, 652)

[4] Abelian minimal surfaces. J. d'Anal. Math. **1** (1951), 43—48. (S. 652)

[5] Univalent solutions of linear elliptic systems. Comm. P. Appl. Math. **6** (1953), 513—526. (S. 49)

[6] Non-linear elliptic equations without non-linear entire solutions. J. Rat. Mech. Anal. **3** (1954), 767—787. (S. 117, 536)

[7] Function-theoretical properties of solutions of partial differential equations of elliptic type. Annals of Math. Studies No. 33, Princeton Univ. Press, Princeton, New Jersey, 1954, 69—94. (S. 536, 545, 549)

[8] Existence and uniqueness of a subsonic flow past a given profile. Comm. P. Appl. Math. **7** (1954), 441—504. (S. 12, 549)

Bers, L., and L. Nirenberg: [1] On a representation theorem for linear elliptic systems with discontinuous coefficients and its applications. Convegno Internaz. Equazioni Lineari alle Derivati Parziali, Edizioni Cremonese, Rome, 1955, 111—140. (S. 49)

Berthoud, H.: [1] Les petites chroniques de la science. Année 1866. (S. 8)

Besicovitch, A. S.: [1] On the fundamental geometrical properties of linearly measurable plane sets of points. Math. Ann. **98** (1927), 422—464. (S. 225)

[2] On the fundamental geometrical properties of linearly measurable plane sets of points (II). Math. Ann. **115** (1938), 296—329. (S. 225)

[3] On the fundamental geometrical properties of linearly measurable plane sets of points (III). Math. Ann. **116** (1939), 349—357. (S. 225)

[4] On the definition of the area of a surface by means of inscribed polyhedra. J. London Math. Soc. **19** (1944), 138—141. (S. 637)

[5] On the definition and value of the area of a surface. Quarterly J. Math. **16** (1945), 86—102. (S. 200)

[6] On surfaces of minimum area. Proc. Cambridge Philos. Soc. **44** (1948), 313—334. (S. 253)

[7] Parametric surfaces I. Compactness. Proc. Cambridge Philos. Soc. **45** (1949), 5—13. (S. 253)

[8] Parametric surfaces II. Lower semi-continuity of the area. Proc. Cambridge Philos. Soc. **45** (1949), 14—23. (S. 31, 253)

[9] Parametric surfaces (III): On surfaces of minimum area. J. London Math. Soc. **23** (1948), 241—246. (S. 253)

[10] Parametric surfaces (IV). The integral formula for the area. Quart. J. Math., Oxford Ser. **20** (1949), 1—7. (S. 32)

[11] Parametric surfaces. Bull. Amer. Math. Soc. **56** (1950), 288—296. (S. 33)

[12] Parametric surfaces. III, 1. Surfaces of minimum area. Konink. Nederl. Akad. Wetensch. Proc. Ser. A **57** (1954), 169—175. (S. 253)

Beurling, A.: [1] On free-boundary problems for the Laplace equation. Seminars on analytic functions. Vol. 1. Princeton, N. J., 1957, 248—263. (S. 699)

Bianchi, L.: [I] Vorlesungen über Differentialgeometrie. Teubner Verlag, Leipzig, 1899. (S. 4, 8, 57, 58, 641, 642)

[1] Sopra una proprietà caratteristica delle superficie ad area minima. Giorn. di Mat. **22** (1884), 374—377. (S. 659)

[2] Ricerche sulle superficie isoterme e sulla deformazione delle quadriche. Annali di Mat. p. appl. (3) **11** (1905), 93—157. (S. 642)

Bieberbach, L.: [1] Über die konforme Kreisabbildung nahezu kreisförmiger Bereiche. Sitz.-Ber. Preuss. Akad. Wiss., Math.-Phys. Kl. 1924, 181—188. (S. 285)

Birkhoff, G.: [1] Singular points of ordinary linear differential equation. Transact. Amer. Math. Soc. **10** (1909), 436—470. (S. 250)

[2] General theory of linear difference equations. Transact. Amer. Math. Soc. **12** (1911), 243—284. (S. 250)

Björling, E. G.: [1] In integrationem aequationis derivatarum partialum superficiei, cujus in puncto unoquoque principales ambo radii curvedinis aequales sunt signoque contrario. Arch. Math. Phys. (1) **4** (1844), 290—315. (S. 62, 136)

Blanc, C., et F. Fiala: [1] Le type d'une surface et sa courbure totale. Comment. Math. Helv. **14** (1941—42), 230—233. (S. 45)

Blank, J.: [1] Surfaces minima comme surfaces de translation. Comm. Inst. Sci. Math. Méc. Univ. Kharkoff (4) **16** (1940), 45—61 [Russisch; Französische Zusammenfassung]. (S. 60)

Blaschke, W.: [I] Kreis und Kugel. Veit & Co., Leipzig, 1916. (S. 51, 58)

[II] Vorlesungen über Differentialgeometrie I. 4. Aufl., Springer, Berlin, 1945. (S. 8, 51, 53, 56, 437, 538)

[III] Vorlesungen über Differentialgeometrie III. Springer, Berlin, 1929. (S. 49)

[IV] Geometrie der Gewebe. Springer, Berlin, 1938. (S. 60)

[1] Reziproke Kräftepläne zu den Spannungen in einer biegsamen Haut. Proc. Fifth Internat. Congr. Math. Cambridge. Vol. 2, Cambridge Univ. Press, 1913, 291—294. (S. 8, 56)

[2] Über affine Geometrie. XXV: Raumkurven und Schiebflächen. Ber. Sächs. Akad. Wissensch. Leipzig, Math.-Phys. Kl. **71** (1919), 20—28. (S. 60)

Blaschke, W., und H. Reichardt: [I] Einführung in die Differentialgeometrie. 2. Aufl., Springer-Verlag, Berlin-Göttingen-Heidelberg, 1960. (S. 3)

Bliss, G. A.: [I] Calculus of variations. Open Court Publ. Co., La Salle, Illinois, 1925. (S. 7, 96, 432, 475)

[II] The calculus of variations. Multiple integrals. Vorlesungsaufzeichnungen, Univ. of Chicago, 1939. (S. 90)

Blutel, E.: [1] Recherches sur les surfaces qui sont en même temps lieux de coniques et enveloppes de cones. Ann. Sci. Éc. Norm. Sup (3) **7** (1890), 153—216. (S. 652)

Böhm, W.: [1] Die Konstruktion der Minimalfläche von Enneper. Arch. d. Math. **12** (1961), 238—240. (S. 81)

Böhme, R.: [1] Die Zusammenhangskomponenten der Lösungen analytischer Plateauprobleme. Math. Z. **133** (1973), 31—40. (S. 706)

Böhme, R., und F. Tomi: [1] Zur lokalen Struktur der Lösungsmenge des Plateauproblems. Math. Z. **133** (1973), 1—30. (S. 706)

Boettger, R.: [1] Leichte Anfertigung einer Flüssigkeit zur Erzeugung der Plateau'schen Gleichgewichtsfiguren ohne Schwere. Jahresber. Physik. Verein Frankfurt a. M. (1868—1869), 10—11; auch Annalen d. Phys. u. Chemie (5) **140** (1870), p. 660. (S. 8)

Bohnert, F.: [1] Bestimmung einer speciellen periodischen Minimalfläche, auf welcher unendlich viele gerade Linien und unendlich viele ebene geodätische Linien liegen. Dissertation, Univ. Göttingen, 1888. (S. 248, 432)

Bol, G.: [1] Isoperimetrische Ungleichungen für Bereiche auf Flächen. Jahresber. D. M. V. **51** (1941), 219—257. (S. 290)

Bolza, O.: [I] Vorlesungen über Variationsrechnung. B. G. Teubner, Leipzig-Berlin, 1909. (S. 89, 96, 436, 437, 445, 475)

[1] Über das isoperimetrische Problem auf einer gegebenen Fläche. Math. Ann. **57** (1903), 48—52. (S. 437)
[2] Über Variationsprobleme mit Ungleichungen als Nebenbedingungen. Schwarz-Festschrift, Springer, Berlin, 1914, 1—18. (S. 445)

Bombieri, E.: [1] Nuovi risultati sulle ipersuperfici minimali non parametriche. Rend. Sem. Mat. Fis. Milano **38** (1968), 1—12. (S. 572)

Bombieri, E., E. De Giorgi, and E. Giusti: [1] Minimal cones and the Bernstein theorem. Inventiones math. **7** (1969), 243—269. (S. 118)

Bombieri, E., E. De Giorgi e M. Miranda: [1] Una maggiorazione a priori relativa alle ipersuperfici minimali non parametriche. Arch. Rat. Mech. Anal. **32** (1969), 255—267. (S. 572, 708)

Bombieri, E., and E. Giusti: [1] Harnack inequality for elliptic differential equations on minimal surfaces. Inventiones math. **15** (1972), 24—46. (S. 700, 702, 707, 708)
[2] Local estimates for the gradient of non-parametric surfaces of prescribed mean curvature. Comm. P. Appl. Math. **26** (1973), 381—394. (S. 708)

Bonnet, O.: [1] Deuxième note sur les surfaces à lignes de courbure sphériques. C. R. Acad. Sci. Paris **36** (1853), 389—391. (S. 164, 634)
[2] Troisième note sur les surfaces à lignes de courbure planes et sphériques. C. R. Acad. Sci. Paris **36** (1853), 585—587. (S. 164, 634)
[3] Note sur la théorie générale des surfaces. C. R. Acad. Sci. Paris **37** (1853), 529—532. (S. 161, 248)
[4] Sur la détermination des fonctions arbitraires qui entrent dans l'équation intégrale des surfaces à aire minima. C. R. Acad. Sci. Paris **40** (1865), 1107 à 1110. (S. 137)
[5] Observations sur les surfaces minima. C. R. Acad. Sci. Paris **41** (1855), 1057 à 1058. (S. 164, 634)
[6] Nouvelles remarques sur les surfaces à aire minima. C. R. Acad. Sci. Paris **42** (1856), 532—535. (S. 137)
[7] Mémoire sur l'emploi d'un nouveau système de variables dans l'étude des surfaces courbes. J. Mathém. p. appl. (2) **5** (1860), 153—266. (S. 61, 63, 137, 161, 164, 634)
[8] Sur la surface réglée minima. Bull. Sci. Math. (2) **9** (1885), 14—15. (S. 62)

Bononcini, V. E.: [1] Sugli integrali regolari del calcolo delle variazioni per superficie in forma parametrica. Riv. Mat. Univ. Parma **3** (1952), 131—151. (S. 254)
[2] Un teorema di continuità per integrali su superficie chiuse. Riv. Mat. Univ. Parma **4** (1953), 299—311. (S. 294)

Borda, J. C.: [1] Éclaircissement sur les méthodes de trouver les courbes qui jouissent de quelque propriété du maximum ou du minimum. Mém. Acad. Roy. Sci. Paris (1770), 551—563 [verlesen 1767]. (S. 2)

Borsuk, K.: [1] Sur la courbure totale des courbes fermées. Ann. Soc. Polon. Math. **20** (1948), 251—265. (S. 21)

Botto, C.: [1] Sopra una superficie d'area minima collegata ad un fascio di particolari coniche sferiche. Giorn. di Mat. **74** (1936), 105—125. (S. 658)

Bouligand, G.: [1] Sur le problème de Dirichlet. Ann. Soc. Polon. Math. **4** (1925), 59—112. (S. 550)
[2] Sur quelques problèmes fonctionnels non lineaires. C. R. Acad. Sci. Paris **241** (1955), 1537—1539. (S. 665)
[3] Surfaces minima et opérateurs linéaires associés. C. R. Acad. Sci. Paris **241** (1955), 1676—1678. (S. 665)

Bour, E.: [1] Théorie de la déformation des surfaces. J. Éc. Polytech. **22**, cah. 39 (1862), 1—148. (S. 57)

Boyarskii, B. V.: [1] Verallgemeinerte Lösungen von Differentialgleichungssystemen erster Ordnung vom elliptischen Typ mit unstetigen Koeffizienten. Mat. Sbornik **43** (85) (1957), 451—503 [Russisch]. (S. 49)

Boys, C. V.: [I] Soap bubbles: Their colours and the forces which mold them. Dover, New York, 1959. (7, 432, 439, 440, 634)

Brelot, M.: [1] Sur la structure des ensembles de capacité nulle. C. R. Acad. Sci. Paris **192** (1931), 206—208. (S. 227)

Brewster, D.: [1] On the figures of equilibrium in liquid films. Transact. Royal Soc. Edinburgh **24** (1867), 505—513. (S. 439)

Brézis, H. R., and D. Kinderlehrer: [1] The smoothness of solutions to nonlinear variational inequalities. Indiana Univ. Math. J. **23** (1974), 831—844. (S. 706)

Brézis, H. R., et M. Sibony: [1] Equivalence de deux inéquations variationelles et applications. Arch. Rat. Mech. Anal. **41** (1971), 254—265. (S. 445)

Brézis, H. R., et G. Stampacchia: [1] Sur la régularité de la solution d'inéquations elliptiques. Bull. Soc. Mathém. France **96** (1968), 153—180. (S. 445)

Bromwich, T. J. I'A.: [1] A note on minimal surfaces. Proc. London Math. Soc. **30** (1899), 276—281. (S. 51)

Browder, F. E.: [1] Infinite dimensional manifolds and nonlinear elliptic eigenvalue problems. Ann. of Math. (2) (1965), 459—477. (S. 380)

Broyden, C. G.: [1] A class of methods for solving nonlinear simultaneous equations. Math. of Comput. **19** (1965), 577—593. (S. 378)

Burago, Ju. D.: [1] Ungleichungen vom isoperimetrischen Typ in der Theorie der Flächen beschränkter äußerer Krümmung. Zap. Naučn. Sem. Leningrad. Otdel. Mat. Inst. Steklov. **10** (1968), 1—203 [Russisch]. Engl. Übersetzung in Sem. in Math., Steklov Math. Inst. Leningrad **10** (1970), IV + 94pp. (S. 520)

Burago, Ju. D., und S. Z. Šefel': [1] Irreguläre Flächen beschränkter äußerer Krümmung und Ungleichungen vom isoperimetrischen Typ. Dokl. Akad. Nauk. SSSR (N. S.) **182** (1968), 997—999. [Russisch]. Engl. Übersetzung in Soviet Math. Doklady **9** (1968), 1225—1228. (S. 520)

Burago, Ju. D., und V. A. Zalgaller: [1] Isoperimetrische Probleme für Gebiete auf einer Fläche beschränkter Breite. Trudy Mat. Inst. Steklov **76** (1965), 81—87 [Russisch]. Engl. Übersetzung in Proc. Steklov Inst. Mat. **76** (1967), 100—108. (S. 290)

Busemann, H.: [I] Convex surfaces. Interscience, New York, 1958. (S. 39, 290)

Caccioppoli, R.: [1] Sulle equazioni ellittiche a derivate parziali con due variabili indipendenti e sui problemi regolari del calcolo delle variazioni. Rend. Accad. Naz. Lincei, Cl. Fis. Mat. Nat. (6) **22** (1935), 305—310, 376—379. (S. 119, 251)

[2] Sulla rappresentazione conforme delle superficie. Rend. Accad. Naz. Lincei, Cl. Fis. Mat. Nat. (6) **23** (1936), 287—292. (S. 49)

[3] Sulle corrispondenze funzionali inverse diramate: teoria generale e applicazioni ad alcune equazioni funzionali non lineari e al problema di Plateau. Rend. Accad. Naz. Lincei, Cl. Fis. Mat. Nat. (6) **24** (1936), 258—263, 416—421. (S. 251, 665)

Calabi, E.: [1] Improper affine hyperspheres of convex type and a generalization of a theorem by K. Jörgens. Michigan Math. J. **5** (1958), 105—126. (S. 117, 649)

Calkin, J. W.: [1] Functions of several variables and absolute continuity. I. Duke Math. J. **6** (1940), 170—186. (S. 176)

Calugaréano, G.: [1] Sur les surfaces minima applicables sur des surfaces de révolution. Mathematica **15** (1938), 53—55. (S. 57)

Cantor, M.: [I] Vorlesungen über Geschichte der Mathematik. Band IV. B. G. Teubner, Leipzig, 1908. (S. 4)

Carathédory, C.: [I] Vorlesungen über reelle Funktionen. 2. Aufl., B. G. Teubner, Leipzig-Berlin, 1927. (S. 220, 562)

[II] Conformal representation. 2nd ed., Cambridge Univ. Press, Cambridge, 1963. (S. 28)

[1] Über die gegenseitige Beziehung der Ränder bei der konformen Abbildung des Inneren einer Jordankurve auf einen Kreis. Math. Ann. **73** (1913), 305—320. (S. 274)

[2] Über die Begrenzung einfach zusammenhängender Gebiete. Math. Ann. **73** (1913), 323—370. (S. 274)

[3] Über das lineare Maß von Punktmengen — eine Verallgemeinerung des Längenbegriffes. Nachr. Königl. Ges. d. Wissensch. Göttingen, Math. Phys. Kl. (1914), 404—426. (S. 219, 220)

Carleman, T.: [1] Zur Theorie der Minimalflächen. Math. Z. **9** (1921), 154—160. (S. 290, 666)

Carleson, L.: [I] Selected problems on exceptional sets. Van Nostrand Co., Princeton, N. J., 1967. (S. 220, 238, 550)

Carlson, F.: [1] Quelques inégalités concernant les fonctions analytiques. Arkiv Mat. Astr. Fys. **29** B, (1943) No. 11, 1—6. (S. 288)

Carvallo, E.: [1] Sur les surfaces minima. Bull. Sci. Math. (2) **18** (1894), 12—18. (S. 57, 91)

Catalan, E.: [1] Sur les surfaces réglées dont l'aire est un minimum. J. Mathém. p. appl. (1) **7** (1842), 203—211. (S. 61)

[2] Note sur une surface dont les rayons de courbure, en chaque point, sont égaux et de signes contraires. C. R. Acad. Sci. Paris **41** (1855), 35—38. (S. 634)

[3] Note sur deux surfaces qui ont, en chaque point, leurs rayons de courbure égaux et de signes contraires. C. R. Acad. Sci. Paris **41** (1855), 274—276. (S. 634)

[4] Mémoire sur les surfaces dont les rayons de courbure, en chaque point, sont égaux et de signes contraires. C. R. Acad. Sci. Paris **41** (1855), 1019—1023. (S. 139)

[5] Réclamation de M. E. Catalan au sujet d'une note de M. O. Bonnet. C. R. Acad. Sci. Paris **41** (1855), 1155. (S. 634)

[6] Mémoire sur les surfaces dont les rayons de courbure, en chaque point, sont égaux et de signes contraires. J. Éc. Polytech. **21** (1858), 129—168. (S. 139, 634)

Cayley, A.: [1] On a special surface of minimum area. Quart. J. P. Appl. Math. **14** (1877), 190—196. (S. 69)

[2] Note sur les surfaces minima et le théorème de Joachimsthal. C. R. Acad. Sci. Paris **106** (1888), 995—997. (S. 62)

Cesari, L.: [I] Surface area. Princeton Univ. Press, Princeton, N. J., 1956. (S. 32, 198, 417, 637)

[1] Criteri di uguale continuità ed applicazioni alla quadratura delle superficie. Ann. Scuola Norm. Sup. Pisa (2) **12** (1943), 61—84. (S. 417)

[2] An existence theorem of calculus of variations for integrals on parametric surfaces. Amer. J. Math. **74** (1952), 265—295. (S. 254)

[3] Surface area. Studies in global geometry and analysis, S. S. Chern Editor, Math. Assoc. of America, 1967, 123—146. (S. 32)

Chen, Y. W.: [1] Branch points, poles, and planar points of minimal surfaces in R^3. Ann. of Math. (2) **49** (1948), 790—806. (S. 328, 335)

[2] Existence of minimal surfaces with a pole at infinity and condition of transversality on the surface of a cylinder. Transact. Amer. Math. Soc. **65** (1949), 331—347. (S. 11)

[3] Discontinuity and representations of minimal surface solutions. Proc. Conf. on Diff. Eq., Univ. of Maryland, College Park, Md., 1956, 115—138. (S. 11, 684)

Chern, S. S.: [1] An elementary proof of the existence of isothermal parameters on a surface. Proc. Amer. Math. Soc. **6** (1955), 771—782. (S. 49)

[2] On the curvatures of a piece of hypersurface in Euclidean space. Abh. Math. Sem. Univ. Hamburg **29** (1965), 77—91. (S. 649)

[3] Minimal surfaces in an Euclidean space of N dimensions. Differential and combinatorial topology, Princeton Univ. Press, Princeton, 1965, 187—198. (S. 117, 618, 619)

[4] Curves and surfaces in Euclidean space. Studies in global geometry and analysis, S. S. Chern Editor, Math. Assoc. of America, 1967, 16—56. (S. 21)

[5] Simple proofs of two theorems on minimal surfaces. L'Enseignement Math. **15** (1969), 53—61. (S. 117)

Chern, S. S., P. Hartman, and A. Wintner: [1] On isothermic coordinates. Comment. Math. Helv. **28** (1954), 301—309. (S. 49)

Chern, S. S., and R. Osserman: [1] Complete minimal surfaces in Euclidean n-space. J. d'Anal. Math. **19** (1967), 15—34. (S. 118, 632)

Choquet, G.: [1] Theory of capacities. Ann. Inst. Fourier **5** (1953—54), 131—295. (S. 220)

Christoffel, E. B.: [1] Ueber einige allgemeine Eigenschaften der Minimumsflächen. J. r. angew. Math. **67** (1867), 218—228. (S. 48)

Cimmino, G.: [1] Sulla curvature media delle superficie. Rend. Circ. Mat. Palermo (1) **56** (1932), 281—288. (S. 51)

Cisa de Gresy, T.: [1] Considerations sur l'équilibre des surfaces flexibles et inextensibles. Mem. Reale Accad. Sci. Torino (1) **23** (1818), 259—294. (S. 8)

Clapier, F. C.: [1] Sur les surfaces minima ou élassoïdes. J. Mathém. p. appl. (8) **1** (1918), 247—308. (S. 59, 655, 658)

[2] Sur la détermination des surfaces minima. Nouv. Ann. Math. (4) **19** (1919), 169—176. (S. 668)

Cohn-Vossen, S.: [1] Kürzeste Wege und Totalkrümmung auf Flächen. Compositio Math. **2** (1935), 69—133. (S. 45)

Concus, P.: [1] Numerical solution of the minimal surface equation. Math. of Comput. **21** (1967), 340—350. (S. 378)

[2] Numerical solution of the minimal surface equation by block nonlinear successive overrelaxation. Information Processing, North-Holland Publ. Co., Amsterdam, 1969, 153—158. (S. 378)

[3] Numerical study of the discrete minimal surface equation in a nonconvex domain. Report LBL-2033, Lawrence Berkeley Laboratory, 1973. (S. 704)

Cosserat, E.: [1] Sur les courbes algébriques à torsion constante et sur les surfaces minima algébriques inscrites dans une sphère. C. R. Acad. Sci. Paris **120** (1895), 1252—1254. (S. 652, 653)

Courant, R.: [I] Dirichlet's principle, conformal mapping, and minimal surfaces. Interscience, New York, 1950. (S. 7, 177, 202, 253, 256, 258, 267, 275, 290, 294, 357, 380, 432, 455, 456, 473, 474, 520, 521, 522, 669, 671)

[1] Über die Eigenwerte bei den Differentialgleichungen der Mathematischen Physik. Math. Z. **7** (1920) 1—57. (S. 97)

[2] On the problem of Plateau. Proc. Nat. Acad. Sci. USA **22** (1936), 367—372. (S. 252)

[3] On the theory of conformal mapping. Proc. Nat. Acad. Sci. USA **22** (1936), 373—375. (S. 252)

[4] Plateau's problem and Dirichlet's principle. Ann. of Math. (2) **38** (1937), 679—724. (S. 252, 474)

[5] The existence of a minimal surface of least area bounded by prescribed Jordan arcs and prescribed surfaces. Proc. Nat. Acad. Sci. USA **24** (1938), 97—101. (S. 253, 432)

[6] The existence of minimal surfaces of given topological structure under prescribed boundary conditions. Acta Math. **72** (1940), 51—98. (S. 253, 432, 455, 473, 474, 522)

[7] Soap film experiments with minimal surfaces. Amer. Math. Monthly **47** (1940), 167—174. (S. 7, 8, 433)

[8] On a generalized form of Plateau's problem. Transact. Amer. Math. Soc. **50** (1941), 40—47. (S. 253, 275, 336)

[9] Critical points and unstable minimal surfaces. Proc. Nat. Acad. Sci. USA **27** (1941), 51—57. (S. 258, 380)

[10] On Plateau's problem with free boundaries. Proc. Nat. Acad. Sci. U. S. A. **31** (1945), 242—246. (S. 253, 432, 465)

Courant, R., and N. Davids: [1] Minimal surfaces spanning closed manifolds. Proc. Nat. Acad. Sci. USA **26** (1940), 194—199. (S. 253, 256, 275, 432, 474)

Courant, R., and D. Hilbert: [I] Methods of mathematical physics. Interscience, New York; Vol. I: 1953, Vol. II: 1962. (S. 49, 97, 375, 540, 593)

Courant, R., and H. Robbins: [I] What is mathematics? 2nd ed., Oxford Univ. Press, London, 1943. (S. 7, 439, 440)

Crowell, R. H., and R. H. Fox: [I] Introduction to knot theory. Blaisdell Publ. Co., New York-Toronto-London, 1963. (S. 335)

Cruceanu, V.: [1] Sur la relation entre les surfaces minima qui coupent une sphère sous un angle constant et les courbes de Bertrand. An. Şti. Univ. „Al. I. Cuza" Iaşi, Secţ. I. (N. S.) **2** (1956), 151—156 [Rumänisch]. (S. 653)

Cryer, C. W.: [1] Solution of a quasi-linear elliptic equation. J. Assoc. Comput. Mach. **14** (1967), 363—375. (S. 378)

Curtiss, C. B.: [1] Velasquez and Murillo. Sampson Low, London — J. W. Bouton, New York, 1883. (S. 636)

Cushing, J. M., and D. R. Dunninger: [1] Uniqueness theorems under nonlinear boundary conditions for some quasi-linear equations. J. Math. Anal. Appl. **34** (1971), 114—127. (S. 682)

Damköhler, W.: [1] Struktur der geschlossenen rektifizierbaren Kurven. J. r. angew. Math. **177** (1937), 37—54. (S. 17)

Danelich, I. A.: [1] Eine Abschätzung für den Inhalt einer Fläche beschränkter absoluter mittlerer Gesamtkrümmung durch ihre absolute mittlere Gesamtkrümmung und die Summe der Längen ihrer Randkurven. Sibirsk. Mat. Zh. **7** (1966), 1199—1203 [Russisch]. Engl. Übersetzung in Siberian Math. J. **7** (1966), 951—955. (S. 480, 520, 674)

Daniljuk, I. I.: [1] Ein Existenzsatz für ein gewisses nichtlineares Problem mit freiem Rand. Ukrain. Math Zh. **20** (1968), 25—33 [Russisch]. (S. 699)

[2] Eine gewisse Klasse nichtlinearer Probleme mit freiem Rand. Math. Phys. No. 7, Naukova Dumka, Kiev, 1970, 65—85 [Russisch]. (S. 699)

Danskin, J. M.: [1] On the existence of minimizing surfaces in parametric double integral problems of the calculus of variations. Riv. Mat. Univ. Parma **3** (1952), 43—63. (S. 254)

Darboux, G.: [I] Leçons sur la théorie générale des surfaces et les applications géometriques du calcul infinitésimal. 1re partie, 2me éd., Gauthier-Villars, Paris, 1914. (S. 4, 53, 57, 60, 61, 63, 76, 80, 159, 248, 250, 432, 644, 658)

[II] Leçons sur la théorie générale des surfaces et les applications géometriques du calcul infinitesimal. 3me partie, Gauthier-Villars, Paris, 1894. (S. 437, 646)

[III] Leçons sur les systèmes orthogonaux et les coordonnées curvilignes. 2me éd., Gauthier-Villars, Paris, 1910. (S. 644)

[1] Sur les surfaces isothermiques. Ann. Sci. Éc. Norm. Sup. (3) **16** (1899), 491 à 508. (S. 642)

[2] Sur les surfaces minima engendrées par un cercle variable. C. R. Acad. Sci. Paris **156** (1913), 928—933, 971—977. (S. 81)

Davids, N.: [1] Minimal surfaces spanning closed manifolds and having prescribed topological position. Amer. J. Math. **64** (1942), 348—362. (S. 253, 256, 275, 432, 474)

Dechert, W.: [1] Über isotrope Strahlensysteme und Minimalflächen. Dissertation, Münster, 1923. (S. 59)

DeGiorgi, E.: [1] Sulla differenziabilità e l'analiticità delle estremali degli integrali multipli regolari. Mem. Accad. Sci. Torino (3) **3** (1957), 25—43. (S. 257, 563)

[2] Frontiere orientate di misura minima. Seminario Mat. Scuola Norm. Sup. Pisa 1961, 1—56. (S. 251, 256, 257, 434)

[3] Una extensione del teorema di Bernstein. Ann. Scuola Norm. Sup. Pisa **19** (1965), 79—85. (S. 118)

[4] Un esempio estremali discontinue per un problema variazionale di tipo ellittico. Boll. Un. Mat. Ital. (4) **1** (1968), 135—137. (S. 257)

[5] Problemi di superfici minime con ostacoli: forma non cartesiana. Boll. Un. Mat. Ital. (4) **8** (1973), suppl. fasc. 2, 80—88. (S. 706)

DeGiorgi, E., F. Colombini e L. C. Piccinini: [I] Frontiere orientate di misura minima e questioni collegate. Pubbl. Cl. Sci. Scuola Norm. Sup. Pisa, 1972. (S. 706)

DeGiorgi, E., e G. Stampacchia: [1] Sulle singolarità eliminabili delle ipersuperficie minimali. Rend. Accad. Naz. Lincei **38** (1965), 352—357. (S. 543, 549, 563)

de la Vallée Poussin, C.: [I] Les nouvelles méthodes de la théorie du potential et le problème généralisé de Dirichlet. Herman & Cie. Paris, 1937. (S. 220, 238)

Delgleize, A.: [1] Sur les transformations des surfaces minima. Bull. Soc. Roy. Sci. Liége **2** (1933), 199—202. (S. 642)

[2] Recherches sur les surfaces minima et les congruences. Mém. Soc. Roy. Sci. Liége (3) **19** (1934), 1—68. (S. 59, 642)

[3] Sur les transformations de Ribaucour. C. R. Acad. Sci. Paris **203** (1936), 1216—1217. (S. 59, 642)

Demoulin, A.: [1] Sur les surfaces minima applicables sur des surfaces de révolution ou des surfaces spirales. Bull. Sci. Math. (2) **21** (1897), 244—252. (S. 57, 59)

[2] Sur la surface minima d'Enneper. Bull. Acad. Roy. Belg., Cl. Sci. (5) **7** (1921), 293—309. (S. 643)

Dennis, J. E.: [1] On the convergence of Broyden's method for nonlinear systems of equations. Math. of Comput. **25** (1971), 559—567. (S. 378)

Deny, J., et J. L. Lions: [1] Les espaces du type de Beppo Levi. Ann. Inst. Fourier **5** (1953—54), 305—370. (S. 220)

de Vries, H. L.: [1] A remark concerning a lemma of Heinz on harmonic mappings. J. Math. Mech. **11** (1962), 469—471. (S. 125)

[2] Über Koeffizientenprobleme bei Eilinien und über die Heinzsche Konstante. Math. Z. **112** (1969), 101—106. (S. 125)

Dinghas, A.: [1] Zum isoperimetrischen Problem in Räumen konstanter Krümmung. Math. Z. **47** (1942), 677—737. (S. 290)

[2] Über Minimalabbildungen von Gebieten der komplexen Ebene in einen Hilbert-Raum. Jahresber. D. M. V. **67** (1964), 43—48. (S. 290)

[3] Über einen allgemeinen Verzerrungssatz für beschränkte Minimalflächen. Jahresber. D. M. V. **69** (1967), 152—160. (S. 647)

Dini, U.: [1] Sulle superficie gobbe nelle quali uno dei due raggi di curvatura principale è una funzione dell' altro. Annali di Mat. p. appl. (1) **7** (1865), 205—210. (S. 62, 643)

Dobriner, H.: [1] Die Minimalflächen mit einem System sphärischer Krümmungslinien. Acta Math. **10** (1887), 145—152. (S. 658)

Donnay, G., and D. L. Pawson: [1] X-ray diffraction studies of echinoderm plates. Science **166** (1969), 1147—1150. (S. 246)

Douglas, J.: [1] A method of numerical solution of the problem of Plateau. Ann. of Math. (2) **29** (1928), 180—188. (S. 378)

[2] A general formulation of the problem of Plateau. Bull. Amer. Math. Soc. **36** (1930), 50. (S. 432)

[3] Solution of the problem of Plateau. Transact. Amer. Math. Soc. **33** (1931), 263 to 321. (S. 252, 269, 274, 279)

[4] The mapping theorem of Koebe and the problem of Plateau. J. Math. Phys., Massachusetts Inst. of Tech., **10** (1930—1931), 106—130. (S. 252)

[5] The problem of Plateau for two contours. J. Math. Phys., Massachusetts Inst. of Tech., **10** (1930—1931), 315—359. (S. 252, 432, 520, 529, 531, 534)

[6] One sided minimal surfaces with a given boundary. Transact. Amer. Math. Soc. **34** (1932), 731—756. (S. 432)

[7] The problem of Plateau. Bull. Amer. Math. Soc. **39** (1933), 227—251. (S. 252)

[8] A Jordan space curve which bounds no finite simply connected area. Proc. Nat. Acad. Sci. USA **19** (1933), 269—271. (S. 261)

[9] Minimal surfaces of general topological structure with any finite number of assigned boundaries. J. Math. and Phys. **15** (1936), 105—123. (S. 252, 396, 432)

[10] Minimal surfaces of higher topological structure. Ann. of Math. (2) **40** (1939), 205—298. (S. 252, 432)

[11] The higher topological form of the problem of Plateau. Ann. Scuola Norm. Sup. Pisa (2) **8** (1939), 195—218. (S. 252, 432)

[12] Green's function and the problem of Plateau. Amer. J. Math. **61** (1939), 545—589. (S. 432, 520)

[13] The most general form of the problem of Plateau. Amer. J. Math. **61** (1939), 590—608. (S. 252, 432)

Douglas, J., and P. Franklin: [1] A step-polygon of a denumerable infinity of sides which bounds no finite area. Proc. Nat. Acad. Sci. USA **19** (1933), 188 to 191. (S. 261)

du Plessis, N.: [1] Half-space analogue of the Fejér-Riesz theorem. J. London Math. Soc. **30** (1955), 296–301. (S. 288)

Duren, P. L.: [I] Theory of H^p spaces. Academic Press, New York-London, 1970. (S. 288, 303, 580)

d'Yakonov, E. G.: [1] On certain iterative methods for solving nonlinear difference equations. Lecture Notes in Math., Springer, Berlin-Heidelberg-New York, 1969, 7–22. (S. 378)

[2] On the solution of some elliptic difference equations. J. Inst. Math. Appl. **7** (1971), 1–20. (S. 378)

Eells, J.: [1] A setting for global analysis. Bull. Amer. Math. Soc. **72** (1966), 751–807. (S. 380)

Efimov, N. V.: [1] Untersuchung einer vollständigen Fläche negativer Krümmung. Dokl. Akad. Nauk. SSSR (N. S.) **93** (1953), 393–395 [Russisch]. (S. 649)

[2] Untersuchung der eindeutigen Projektion einer Fläche negativer Krümmung. Dokl. Akad. Nauk. SSSR (N. S.) **93** (1953), 609–611 [Russisch]. (S. 649)

Eisenhart, L. P.: [1] Transformations of minimal surfaces. Annali di Mat. p. appl. (3) **13** (1907) 249–262. (S. 642)

[2] Surfaces with isothermal representation of their lines of curvature and their transformations. Transact. Amer. Math. Soc. **9** (1908), 149–177. (S. 642)

Ekeland, I., et R. Temam: [I] Analyse convexe et problèmes variationnels. Dunod-Gauthiers-Villars, Paris-Bruxelles-Montréal, 1974. (S. 703)

Èl'sgol'c, L. È.: [I] Qualitative methods in mathematical analysis. Übersetzung aus dem Russischen. Amer. Math. Soc., Providence, 1964. (S. 380)

Enneper, A.: [1] Analytisch-geometrische Untersuchungen. Z. Math. u. Phys. **9** (1864), 96–125. (S. 76, 143, 144, 164, 638)

[2] Analytisch-geometrische Untersuchungen. Nachr. Königl. Ges. Wissensch. Göttingen (1868), 258–277, 421–443. (S. 658)

[3] Die cyklischen Flächen. Z. Math. u. Phys. **14** (1869), 393–421. (S. 81)

[4] Untersuchungen über die Flächen mit planen und sphärischen Krümmungslinien. Abh. Königl. Ges. Wissensch. Göttingen **23** (1878), 95pp.; **24** (1880), 140 pp. (S. 57)

[5] Ueber Flächen mit besonderen Meridiankurven. Abh. Königl. Ges. Wissensch. Göttingen **29** (1882), 41–50. (S. 139, 658)

[6] Beiträge zur Theorie der Flächen mit besonderer Rücksicht auf die Minimalflächen. Nachr. Königl. Ges. Wissensch. Göttingen (1882), 34–47, 89–120. (S. 161)

Erle, M. A., R. D. Gillette and D. C. Dyson: [1] Stability of interfaces of revolution with constant surface tension. The case of the catenoid. Chem. Eng. J. **1** (1970), 97–109. (S. 673)

Estermann, T.: [1] Über Carathéodorys und Minkowskis Verallgemeinerung des Längenbegriffs. Abh. Math. Sem. Hamburg. Univ. **4** (1926), 73–116. (S. 219)

Euler, L.: [I] Methodus inveniendi lineas curvas maximi minimive proprietate gaudeates sive solutio problematis isoperimetrici latissimo sensu accepti. Opera Omnia (1) **24**, Füssli, Turici, 1952; Deutsche Übersetzung der Kapitel 1, 2, 5, 6 in Ostwald's Klassiker der exakten Wissenschaften, Nr. 46, W. Engelmann, Leipzig, 1894, 21–132. (S. 3)

Fainberg, M.: [1] Bestimmung einer Minimalfläche, deren Begrenzung aus zwei in parallelen Ebenen gelegenen geradlinigen Winkeln besteht. Dissertation, Straßburg, 1912. (S. 248)

Falci, M.: [1] Nota circa un particolare problema sulle superficie minime. Giorn. di Mat. **34** (1896), 89—97. (S. 63)

Fary, I.: [1] Sur la courbure totale d'une courbe gauche faisant un noeud. Bull. Soc. Math. France **77** (1949), 128—138. (S. 21)

Federer, H.: [I] Geometric measure theory. Springer-Verlag, New York, 1969. (S. 200, 235, 256, 257, 458, 668)

[1] Surface area, II. Transact. Amer. Math. Soc. **55** (1944), 44—76. (S. 200)

[2] The (ϕ, k) rectifiable subsets of n space. Transact. Amer. Math. Soc. **62** (1947), 114—192. (S. 225)

[3] Measure and area. Bull. Amer. Math. Soc. **58** (1952), 306—378. (S. 31, 200, 225)

[4] Curvature measures. Transact. Amer. Math. Soc. **93** (1959), 418—491. (S. 235)

[5] The area of a nonparametric surface. Proc. Amer. Math. Soc. **11** (1960), 436—439. (S. 229, 230)

[6] Some theorems on integral currents. Transact. Amer. Math. Soc. **117** (1965), 43—67. (S. 668)

[7] The singular sets of area minimizing rectifiable currents with codimension one and of area minimizing flat chains modulo two with arbitrary codimension. Bull. Amer. Math. Soc. **76** (1970), 767—771. (S. 118)

Federer, H., and W. H. Fleming: [1] Normal and integral currents. Ann. of Math. (2) **72** (1960), 478—520. (S. 256, 257, 434, 458)

Fejér, L., und F. Riesz: [1] Über einige funktionstheoretische Ungleichungen. Math. Z. **11** (1921), 305—314. (S. 287)

Fenchel, W.: [1] Über Krümmung und Windung geschlossener Raumkurven. Math. Ann. **101** (1929), 238—252. (S. 21)

[2] On the differential geometry of closed space curves. Bull. Amer. Math. Soc. **57** (1951), 44—54. (S. 21)

Ferrand, J.: [1] Étude de la correspondence entre frontières dans la représentation conforme. Bull. Soc. Math. France **70** (1942), 143—174. (S. 297)

Fiala, F.: [1] Le problème des isoperimètres sur les surfaces ouvertes à courbure positive. Comment. Math. Helv. **13** (1940—41), 293—346. (S. 290)

Fichera, G.: [I] Linear elliptic differential systems and eigenvalue problems. Springer-Verlag, Berlin-Heidelberg-New York, 1965. (S. 97, 102, 177)

Finn, R.: [1] A property of minimal surfaces. Proc. Nat. Acad. Sci. USA **39** (1953), 197—201. (S. 575)

[2] Isolated singularities of solutions of non-linear partial differential equations. Transact. Amer. Math. Soc. **75** (1953), 385—404. (S. 536, 545, 549)

[3] On equations of minimal surface type. Ann. of Math. (2) **60** (1954), 397—416. (S. 251, 536, 537, 564, 575)

[4] On a problem of type, with application to elliptic partial differential equations. J. Rat. Mech. Anal. **3** (1954), 789—799. (S. 117, 536, 537)

[5] Growth properties of solutions of non-linear elliptic equations. Comm. P. Appl. Math. **9** (1956), 415—423. (S. 117, 536, 537)

[6] On partial differential equations (whose solutions admit no isolated singularities). Scripta Math. **26** (1961), 107—115. (S. 536, 545, 549)

[7] New estimates for equations of minimal surface type. Arch. Rat. Mech. Anal. **14** (1963), 337—375. (S. 251, 536, 537, 555, 564, 584, 609, 697)

[8] Remarks on my paper „On equations of minimal surface type". Ann. of Math. (2) **80** (1964), 158—159. (S. 536, 537, 575)

[9] Remarks relevant to minimal surfaces, and to surfaces of prescribed mean curvature. J. d'Anal. Math. **14** (1965), 139—160. (S. 363, 364, 536, 545, 549, 552, 553, 556, 649)

[10] On a class of conformal metrics, with application to differential geometry in the large. Comment. Math. Helv. **40** (1965), 1—30. (S. 45, 129, 685)

Finn, R., and D. Gilbarg: [1] Asymptotic behavior and uniqueness of plane subsonic flows. Comm. P. Appl. Math. **10** (1957), 23—63. (S. 12, 684)

[2] Three-dimensional subsonic flows, and asymptotic estimates for elliptic partial differential equations. Acta Math. **98** (1957), 265—296. (S. 12)

Finn, R., and R. Osserman: [1] On the Gauss curvature of non-parametric minimal surfaces. J. d'Anal. Math. **12** (1964), 351—364. (S. 564, 566, 568, 606)

Finsterwalder, S.: [1] Mechanische Beziehungen bei der Flächendeformation. Jahresber. D. M. V. **6** (1899), 43—90. (S. 9)

Fiorenza, R.: [1] Sui problemi di derivata obliqua per le equazioni ellittiche. Rich. Mat. Napoli **8** (1959), 83—110. (S. 698)

[2] Sui problemi di derivata obliqua per le equazioni ellitiche quasi lineari. Rich. Mat. Napoli **15** (1966), 74—108. (S. 698)

Flanders, H.: [1] On certain functions with positive definite Hessian. Ann. of Math. (2) **71** (1960), 153—156. (S. 117, 649)

[2] Remark on mean curvature. J. London Math. Soc. **41** (1966), 364—366. (S. 649)

[3] Non-parametric hypersurfaces with bounded curvatures. J. Diff. Geom. **2** (1968), 265—277. (S. 649)

[4] Remarks on Almgren's interior regularity theorems. Illinois J. Math. **13** (1969), 707—716. (S. 118)

Fleming, W. H.: [1] An example in the problem of least area. Proc. Amer. Math. Soc. **7** (1956), 1063—1074. (S. 256, 410)

[2] Nondegenerate surfaces of finite topological type. Transact. Amer. Math. Soc. **90** (1959), 323—335. (S. 418)

[3] Functions whose partial derivatives are measures. Illinois J. Math. **4** (1960), 452—478. (S. 200, 220, 232)

[4] On the oriented Plateau problem. Rend. Circ. Mat. Palermo (2) **11** (1961), 69—90. (S. 90, 117, 118, 251, 257, 399, 434)

[5] Flat chains over a finite coefficient group. Transact. Amer. Math. Soc. **121** (1966), 160—186. (S. 256)

Fomenko, A. T.: [1] Existenz und Regularität fast überall minimaler Kompakta mit vorgeschriebenen Homologieeigenschaften. Dokl. Akad. Nauk. SSSR **187** (1969), 747—749 [Russisch]. Engl. Übersetzung in Soviet Math. Doklady **10** (1969), 947—950. (S. 257)

[2] Die Homologieeigenschaften minimaler Kompakta beim mehrdimensionalen Plateauschen Problem. Dokl. Akad. Nauk. SSSR **192** (1970), 38—41 [Russisch]. Engl. Übersetzung in Soviet Math. Doklady **11** (1970), 587—590. (S. 257)

[3] Das mehrdimensionale Plateausche Problem und singuläre Punkte minimaler Kompakta. Dokl. Akad. Nauk. SSSR **192** (1970), 293—296 [Russisch]. Engl. Übersetzung in Soviet Math. Doklady **11** (1970), 639—642. (S. 257)

[4] Das mehrdimensionale Plateausche Problem in den außerordentlichen Homologie- und Kohomologietheorien. Dokl. Akad. Nauk. SSSR **200** (1971), 797—800 [Russisch]. Engl. Übersetzung in Soviet Math. Doklady **12** (1971), 1508—1512. (S. 257)

[5] Minimale Kompakta in Riemannschen Mannigfaltigkeiten und die Reifenbergsche Vermutung. Izv. Akad. Nauk. SSSR, Ser. Mat. **36** (1972), **1049** bis 1079 [Russisch]. Engl. Übersetzung in Math. of the USSR — Izvestija **6** (1972), 1037—1066. (S. 257)

[6] Das mehrdimensionale Plateausche Problem in Riemannschen Mannigfaltigkeiten. Mat. Sbornik **89** (131) (1972), 475—519 [Russisch]. Engl. Übersetzung in Math. of the USSR — Sbornik **18** (1972), 487—527. (S. 257)

Forsyth, A. R.: [1] The range of minimal surfaces providing a minimum area. Annali di Mat. p. appl. (3) **21** (1913), 121—142. (S. 647)

Fouché, M.: [1] Sur les lignes géodesiques et les surfaces minima. Nouv. Ann. Math. (4) **11** (1911), 153—159. (S. 640)

Foulk, C. W.: [1] A theory of liquid film formation. Industr. Eng. Chem. **21** (1929), 815—817. (S. 6)

Fox, R.: [1] On the Lusternik-Schnirelmann category. Ann. of Math. (2) **42** (1941), 333—370. (S. 380)

Franck, P.: [1] Über paraboloidische Flächen. Jahresber. D. M. V. **23** (1914), 49—53. (S. 646)

[2] Über die paraboloidischen Flächen. 2. Mitteilung. Jahresber. D. M. V. **23** (1914), 343—352; **29** (1920), 240. (S. 646)

[3] Die paraboloidischen Flächen und ihre Lieschen Paraboloide. Jahresber. D. M. V. **29** (1920), 75—93. (S. 646)

[4] Über paraboloidische Flächen. 4. Mitteilung. Die Minimalflächen und ihre Zentraflächen. Jahresber. D. M. V. **33** (1925), 33—44. (S. 646)

Frankl', F. I., und M. V. Keldysh: [1] Die äußere Neumann'sche Aufgabe für nichtlineare elliptische Differentialgleichungen mit Anwendung auf die Theorie der Flügel im kompressiblen Gas. Izv. Akad. Nauk. SSSR (7) **4** (1934), 561—607 [Russisch]. (S. 12)

Frazer, H.: [1] Some inequalities concerning the integral of positive subharmonic functions along curves of certain types. J. London Math. Soc. **6** (1931), 113—117. (S. 288)

[2] On the moduli of regular functions. Proc. London Math. Soc. (2) **36** (1932), 532—546. (S. 288)

[3] On regular functions. J. London Math. Soc. **9** (1934), 90—94. (S. 288)

Fréchet, M.: [I] Les espaces abstraits. Gauthier-Villars, Paris, 1928. (S. 13, 26)

[1] Sur la distance de deux surfaces. Ann. Soc. Polon. Math. **3** (1924), 4—19. (S. 13, 26)

[2] Sur l'aire des surfaces polyedrales. Ann. Soc. Polon. Math. **3** (1924), 1—3. (S. 30)

[3] Determination des surfaces minima du type $a(x) + b(y) = c(z)$. Rend. Circ. Mat. Palermo (2) **5** (1956), 238—259; **6** (1957), 5—32. (S. 64)

Frehse, J.: [1] Existenz und Konvergenz von Lösungen nichtlinearer elliptischer Differenzgleichungen unter Dirichletrandbedingungen. Math. Z. **109** (1969), 311—343. (S. 378)

Freilich, G.: [1] On the measure of cartesian product sets. Transact. Amer. Math. Soc. **69** (1950), 232—275. (S. 225)

Friedman, A.: [I] Generalized functions and partial differential equations. Prentice Hall, Englewood Cliffs, N. J., 1963. (S. 177)

Friedrichs, K. O.: [1] Über ein Minimumproblem für Potentialströmungen mit freiem Rande. Math. Ann. **109** (1934), 60—82. (S. 699)

[2] On the identity of weak and strong extensions of differential operators. Transact. Amer. Math. Soc. **55** (1944), 132—151. (S. 177, 185)

[3] On the differentiability of solutions of linear elliptic equations. Comm. P. Appl. Math. **6** (1953), 299—326. (S. 177)

Frobenius, G.: [1] Ueber Potentialfunktionen, deren Hesse'sche Determinante verschwindet. Nachr. Königl. Ges. Wiss. Göttingen 1891, 323—338. (S. 10)

Frostman, O.: [1] Über den Kapazitätsbegriff und einen Satz von R. Nevanlinna. Meddel. Lunds Univ. Mat. Sem. **1** (1934), 1—14. (S. 238)

[2] Potential d'équilibre et capacité des ensembles avec quelques applications à la théorie des fonctions. Medd. Lunds Univ. Mat. Sem. **3** (1935), 1—118. (S. 220, 238, 621)

Funk, P.: [I] Variationsrechnung und ihre Anwendung in Physik und Technik. Springer-Verlag, Heidelberg, 1962. (S. 56, 650)

[1] Über zweidimensionale Finslersche Räume, insbesondere über solche mit geradlinigen Extremalen und positiver konstanter Krümmung. Math. Z. **40** (1935), 86—93. (S. 650)

[2] Eine Kennzeichnung der zweidimensionalen elliptischen Geometrie. Sitz.-Ber. Math.-Naturw. Kl., Österr. Akad. Wiss. **172** (1963), 251—269. (S. 650)

Gabriel, R. M.: [1] Some results concerning the integrals of moduli of regular functions along curves of certain types. Proc. London Math. Soc. (2) **28** (1928), 121—127. (S. 288)

[2] Some further results concerning the integrals of moduli of regular functions along curves of certain types. Proc. Cambridge Phil. Soc. **25** (1929), 139—144. (S. 288)

[3] Concerning integrals of moduli of regular functions along convex curves. Proc. London Math. Soc. (2) **39** (1934), 216—231. (S. 288)

[4] Some inequalities concerning subharmonic functions. J. London Math. Soc. **24** (1949), 154—160. (S. 288)

[5] An inequality concerning three-dimensional subharmonic functions. J. London Math. Soc. **24** (1949), 309—312. (S. 288)

[6] Some inequalities concerning integrals of two-dimensional and three-dimensional subharmonic functions. J. London Math. Soc. **24** (1949), 313—316. (S. 288)

[7] An inequality concerning integrals of 3-dimensional harmonic functions. J. London Math. Soc. **31** (1956), 79—82. (S. 288)

Gackstatter, F.: [1] Methoden der Wertverteilungslehre bei Minimalflächen im R^3. Rend. Circ. Mat. Palermo (2) **20** (1971), 277—291. (S. 702)

Gagliardo, E.: [1] Caratterizzazioni delle tracce sulla frontiera relative ad alcune classi di funzioni in n variabili. Rend. Sem. Mat. Univ. Padova **27** (1957), 284—305. (S. 262, 264)

Gambier, B.: [1] Surfaces applicables sur le paraboloïde de révolution. Bull. Soc. Math. France **49** (1921), 150—205. (S. 57, 642)

[2] Déformation du paraboloïde de revolution: Cubique de M. Lyon et congruences de M. Thybaut. Bull. Soc. Math. France **50** (1922), 153—219. (S. 59, 642)

[3] Surfaces admettant plusieurs réseaux de translation. Réseaux coniques. Ann. Sci. Éc. Norm. Sup. (3) **55** (1938), 83—118. (S. 61)

Garabedian, P. R., and M. Schiffer: [1] On a double integral variational problem. Canadian J. Math. **6** (1964), 441—446. (S. 120, 412)

Garnier, R.: [1] Solution du problème de Riemann pour les systèmes différentiels linéaires du second ordre. Ann. Sci. Éc. Norm. Sup. (3) **43** (1926), 177—307. (S. 250)

[2] Le problème de Plateau. Ann. Sci. Éc. Norm. Sup (3) **45** (1928), 53—144. (S. 250)

[3] Sur un théorème der Schwarz. Comment. Math. Helv. **25** (1951), 140—172. (S. 247)

[4] Sur le problème de Plateau pour un quadrilatère variable qui peut acquérir un point double. Annali di Mat. p. appl. (4) **58** (1962), 1—34. (S. 248)

[5] Sur le problème de de Plateau pour les quadrilatères gauches ayant un sommet a l'infini. J. Mathém. p. appl. (9) **41** (1962), 241—271. (S. 248)

Gauss, C. F.: [I] Werke. Hrsgeg. v. d. Königl. Ges. d. Wissensch. Göttingen, 1877. (S. 49, 91)

Geiser, C. F.: [1] Notiz über die algebraischen Minimalflächen. Math. Ann. **3** (1871), 530—534. (S. 53, 159)

[2] Zur Erzeugung von Minimalflächen durch Schaaren von Kurven vorgeschriebener Art. Sitz. Ber. Königl. Preuss. Akad. Wiss. Berlin, Phys.-Math. Cl. (1904), 677—686. (S. 53, 61, 62, 81, 159, 658)

Gergonne, J. D.: [1] Questions proposées. Ann. Mathém. p. appl. **7** (1816), 68, 99—100, 156. (S. 4, 240, 431)

[2] Questions résolues. Ann. Mathém. p. appl. **7** (1816), 143—147. (S. 633)

Gerhardt, C.: [1] Hypersurfaces of prescribed mean curvature over obstacles Math. Z. **133** (1973), 169—185. (S. 706)

[2] Regularity of solutions of nonlinear variational inequalities. Arch. Rat. Mech. Anal. **52** (1973), 389—393. (S. 706)

Germain, P.: [1] Fluides compressibles: Étude directe du cas simplifié de Chaplygin. C. R. Acad. Sci. Paris **223** (1946), 532—534. (S. 11)

Gernez, D.: [1] Sur les propriétés des lames minces élastiques. J. Phys. théor. appl. **1** (1872), 324—326. (S. 8)

Geveci, T.: [1] On differentiability of minimal surfaces at a boundary point. Proc. Amer. Math. Soc. **28** (1971), 213—218. (S. 703)

Gevrey, M.: [1] Sur la nature analytique des solutions des équations aux dérivées partielles. Ann. Sci. Éc. Norm. Sup (3) **35** (1918), 127—190. (S. 119)

[2] Démonstration du théorème de Picard-Bernstein par la méthode des contours successifs; prolongement analytique. Bull. Sci. Math. **50** (1926), 113—128. (S. 119)

[3] Nature analytique et prolongement des solutions des équations non linéaires du type elliptique et parabolique. C. R. Acad. Sci. Paris **182** (1926), 754—756. (S. 119)

Giaquinta, M., e L. Pepe: [1] Esistenza e regolarità per il problema dell'area minima con ostacolo in n variabili. Ann. Scuola Norm. Sup. Pisa **25** (1971), 481—507. (S. 706)

Giaquinta, M., e J. Souček: [1] Esistenza per il problema dell'area e controesempio di Bernstein. Boll. Un. Mat. Ital. (4) **9** (1974), 807—817. (S. 704)

Gilbarg, D.: [1] Some local properties of elliptic equations. Proc. Symp. P. Math. **4**, Amer. Math. Soc., Providence, R. I., 1961, 127—141. (S. 536)

[2] Boundary value problems for nonlinear elliptic equations in n variables. Nonlinear Problems, Univ. of Wisconsin Press, 1963, 151—159. (S. 251)

Gillette, R. D., and D. C. Dyson: [1] Stability of fluid interfaces of revolution between equal solid circular plates. Chem. Eng. J. **2** (1971), 44—54. (S. 673)

Gillis, J.: [1] On linearly measurable plane sets of points. C. R. Soc. Sci. Lett. Varsovie **28** (1936), 49—70. (S. 225)
[2] Note on the projection of irregular linearly measurable plane sets of points. Fundamenta Math. **26** (1936), 229—233. (S. 225)

Giraud, G.: [1] Sur le problème de Dirichlet généralisé; équations non linéaires à m variables. Ann. Sci. Éc. Norm. Sup (3) **43** (1926), 1—128. (S. 119, 251, 375)
[2] Sur différentes questions relatives aux équations du type elliptique. Ann. Sci. Éc. Norm. Sup. (3) **47** (1930), 197—266. (S. 119, 251)
[3] Problèmes de valeurs à la frontière relatifs à certaines données discontinues. Bull. Soc. Math. France **61** (1933), 1—54. (S. 251)

Giusti, E.: [1] Sulla regolarità parziale delle soluzioni di sistemi ellittici quasilineari di ordine arbitrario. Ann. Scuola Norm. Sup. Pisa (3) **23** (1969), 115—141. (S. 257)
[2] Superficie minime cartesiane con ostacoli discontinui. Arch. Rat. Mech. Anal. **40** (1971), 251—267. (S. 706)
[3] Nonparametric minimal surfaces with discontinuous and thin obstacles. Arch. Rat. Mech. Anal. **49** (1972), 41—56. (S. 706)
[4] Boundary behavior of non-parametric minimal surfaces. Indiana Univ. Math. J. **22** (1972), 435—444. (S. 703)

Giusti, E., e M. Miranda: [1] Sulla regolarità delle soluzioni deboli di una classe di sistemi ellittici quasi-lineari. Arch. Rat. Mech. Anal. **31** (1968), 173—184. (S. 257)
[2] Un esempio di soluzioni discontinue per un problema di minimo relativo ad un integrale regolare del calcolo delle variazioni. Boll. Un. Mat. Ital. (4) **1** (1968), 219—226. (S. 257)

Glaser, R.: [1] Über die Minimalflächen. Dissertation, Tübingen, 1891. (S. 159)

Götting, E.: [1] Bestimmung einer speciellen Gruppe nicht-algebraischer Minimalflächen, welche eine Schar von reellen algebraischen Curven enthalten. Dissertation, Göttingen, 1887. (S. 658)

Goffman, C.: [1] Lower-semi-continuity and area functionals. I. The nonparametric case. Rend. Circ. Mat. Palermo (2) **2** (1953), 203—235. (S. 200)
[2] Non-parametric surfaces given by linearly continuous functions. Acta Math. **103** (1960), 269—291. (S. 201)

Goffman, C., and J. Serrin: [1] Sublinear functions of measures and variational integrals. Duke Math. J. **31** (1964), 159—178. (S. 200)

Goffmann, C., and W. P. Ziemer: [1] Higher dimensional mappings for which the area formula holds. Ann. of Math. (2) **92** (1970), 482—488. (S. 198)

Goldhorn, K., und S. Hildebrandt: [1] Zum Randverhalten der Lösungen zweidimensionaler Variationsprobleme mit freien Randbedingungen. Math. Z. **118** (1970), 241—253. (S. 465, 473)

Goldschmidt, B.: [1] Determinatio superficiei minimae rotatione curvae data duo puncta jungentis circa datum axem ortae. Göttingen, 1831, 32pp. (S. 475)

Golusin, G. M.: [I] Geometrische Funktionstheorie. VEB Deutscher Verlag der Wissensch., Berlin, 1957. (S. 22, 274, 283, 303, 533)

Gould, S. H.: [I] Variational methods in eigenvalue problems. Univ. of Toronto Press, Toronto, 1957. (S. 97)

Goursat, E.: [1] Étude des surfaces qui admettent tous les plans de symétrie d'un polyèdre régulier. Ann. Sci. Éc. Norm. Sup (3) **4** (1887), 159—200, 241—312, 317—340. (S. 137, 159, 432, 653)

[2] Sur un mode de transformation des surfaces minima. Acta Math. **11** (1887—88), 135—186. (S. 656, 659)
[3] Sur un mode de transformation des surfaces minima. Second mémoire. Acta Math. **11** (1887—88), 257—264. (S. 660)

Graf, H., und H. Thomas: [1] Zur Frage des Gleichgewichts von Vierecksnetzen aus verknoteten und gespannten Fäden. II. Math. Z. **51** (1947—49), 166—196. (S. 9, 60)

Graustein, W. C.: [1] Harmonic minimal surfaces. Transact. Amer. Math. Soc. **47** (1940), 173—206. (S. 10)

Greenspan, D.: [I] Introductory numerical analysis of elliptic boundary value problems. Harper & Row, New York, 1965. (S. 378)
[1] On approximating extremals of functionals, I. The method and examples for boundary value problems. Bull. Int. Comp. Centre **4** (1965), 99—120. (S. 378)
[2] On approximating extremals of functionals, II. Theory and generalizations related to boundary value problems for nonlinear differential equations. Int. J. Eng. Sci. **5** (1967), 571—588. (S. 378)

Gronwall, T. H.: [1] Determination of all triply orthogonal systems containing a family of minimal surfaces. Ann. of Math. (2) **17** (1915), 76—100. (S. 644)

Groß, W.: [1] Über das Flächenmaß von Punktmengen. Monatsh. Math. Phys. **29** (1918), 145—176. (S. 225)
[2] Über das lineare Maß von Punktmengen. Monatsh. Math. Phys. **29** (1918), 177—193. (S. 219, 225)

Grosse, A. V.: [1] Effect of temperature on the life of soap bubbles, and their solidification at low temperature. Science **153** (1966), 894—895. (S. 8)
[2] Soap bubbles: Two years old and sixty centimeters in diameter. Science **164** (1969), 291—293. (S. 8)
[3] Plastic bubbles and how to blow them. Chemistry **43** (1970), No. 10, 24—27; No. 11, 25—27. (S. 8)

Gulliver, R. D.: [1] Regularity of minimizing surfaces of prescribed mean curvature. Ann. of Math. (2) **97** (1973), 275—305. (S. 704)

Gulliver, R. D., and F. D. Lesley: [1] On boundary branch points of minimizing surfaces. Arch. Rat. Mech. Anal. **52** (1973), 20—25. (S. 705)

Gulliver, R. D., R. Osserman, and H. L. Royden: [1] A theory of branched immersions of surfaces. Amer. J. Math. **95** (1973), 750—812. (S. 704)

Gustin, W.: [1] Boxing inequalities. J. Math. Mech. **9** (1960), 229—239. (S. 230)

Gyemant, A.: [1] Kapillarität. Handbuch der Physik, Bd. 7, Springer, Berlin, 1927, 343—410. (S. 6)

Haack, W.: [I] Differentialgeometrie. Teil II. Wolfenbütteler Verlagsanstalt, Wolfenbüttel-Hannover, 1948. (S. 58)

Haag, J.: [1] Note sur les surfaces minima applicable sur une surface de révolution. Bull. Sci. Math. (2) **30** (1906), 75—94. (S. 57)
[2] Note sur les surfaces (B) algébriques. Bull. Sci. Math. (2) **30** (1906), 293—296. (S. 57, 159)

Haar, A.: [1] Über die Variation der Doppelintegrale. J. r. angew. Math. **149** (1919), 1—18. (S. 591)
[2] Über reguläre Variationsprobleme. Acta Litt. Sci. Univ. Szeged **3** (1927), 224—234. (S. 89, 119)
[3] Über das Plateausche Problem. Math. Ann. **97** (1927), 124—158. (S. 119, 251, 587, 588, 591, 593)

[4] Über adjungierte Variationsprobleme und adjungierte Extremalflächen. Math. Ann. **100** (1928), 481—502. (S. 538)
[5] Zur Variationsrechnung. Abh. Math. Sem. Hamburg. Univ. **8** (1931), 1—27. (S. 90, 119, 251, 538, 588, 591)

Hadamard, J.: [I] Le problème de Cauchy et les équations aux dérivées partielles linéaires hyperboliques. Hermann et Cie, Paris, 1932. (S. 119)
[1] Sur certaines surfaces minima. Bull. Sci. Math. (2) **26** (1902), 357—361. (S. 159)
[2] Sur la variation des intégrales doubles. C. R. Acad. Sci. Paris **144** (1907), 1092—1093. (S. 680)

Hahn, H.: [I] Theorie der reellen Funktionen. Erster Band. Springer, Berlin, 1921. (S. 222)

Hamel, G.: [1] Über Geometrien, in denen die Geraden die Kürzesten sind. Math. Ann. **57** (1903), 231—264. (S. 650)
[2] Potentialströmungen mit konstanter Geschwindigkeit. (Abhandlungen zur Hydromechanik VI). Sitz. Ber. Preuss. Akad. Wiss. Berlin, Phys.-Math. Kl. (1937), 5—20. (S. 10)

Hancock, H.: [1] On the number of catenaries that may be drawn through two fixed points. Ann. of Math. (1) **10** (1895—1896), 159—174. (S. 475)
[2] On minimal surfaces. The Math. Review **1** (1896—97), 81—86, 127—140. (S. 4)

Hardy, G. H., and J. E. Littlewood: [1] Some properties of fractional integrals, II. Math. Z. **34** (1932), 403—439. (S. 303)

Harth, F. P.: [1] Minimalflächen mit freiem Rand in Riemannschen Mannigfaltigkeiten. Manuskr. Math. **7** (1972), 35—54. (S. 707)

Hartman, P.: [1] On unsmooth two-dimensional Riemannian metrics. Amer. J. Math. **74** (1952), 215—226. (S. 49)

Hartman, P., and G. Stampacchia: [1] On some non-linear elliptic differential-functional equations. Acta Math. **115** (1966), 271—310. (S. 251, 590)

Hartman, P., and A. Wintner: [1] On the existence of Riemannian manifolds which cannot carry non-constant analytic or harmonic functions in the small. Amer. J. Math. **75** (1953), 260—276. (S. 49)
[2] On the local behavior of solutions of non-parabolic partial differential equations. Amer. J. Math. **75** (1953), 449—476. (S. 97, 346)
[3] On uniform Dini conditions in the theory of linear partial differential equations of elliptic type. Amer. J. Math. **77** (1955), 329—354. (S. 49)

Hatschek, E.: [1] Die Deformation elastischer Gelkörper beim Trocknen. Kolloid Z. **35** (1924), 67—76. (S. 440)
[2] The shrinkage of gelatin. Nature **114** (1924), 643—644. (S. 440)

Hausdorff, F.: [1] Dimension und äußeres Maß. Math. Ann. **79** (1919), 157—179. (S. 30, 219, 220)

Haviland, E. K.: [1] A note on the extremal surfaces in the calculus of variations. Math. Z. **38** (1934), 465—467. (S. 680)

Heinz, E.: [1] Über die Lösungen der Minimalflächengleichung. Nachr. Akad. Wiss. Göttingen, Math.-Phys. Kl. II (1952), 51—56. (S. 117, 125, 564, 568, 680)
[2] Über Flächen mit eineindeutiger Projektion auf eine Ebene, deren Krümmungen durch Ungleichungen eingeschränkt sind. Math. Ann. **129** (1955), 451—454. (S. 649, 677)

[3] Über gewisse elliptische Systeme von Differentialgleichungen zweiter Ordnung mit Anwendung auf die Monge-Ampèresche Gleichung. Math. Ann. **131** (1956), 411–428. (S. 126)

[4] On certain nonlinear elliptic differential equations and univalent mappings. J. d'Anal. Math. **5** (1956–57), 197–272. (S. 126, 312)

[5] On one-to-one harmonic mappings. Pacific J. Math. **9** (1959), 101–105. (S. 125)

[6] Über das Nichtverschwinden der Funktionaldeterminante bei einer Klasse eineindeutiger Abbildungen. Math. Z. **105** (1968), 87–89. (S. 126)

[7] Zur Abschätzung der Funktionaldeterminante bei einer Klasse topologischer Abbildungen. Nachr. Akad. Wiss. Göttingen, Math.-Phys. Kl. (1968), 183 bis 197. (S. 126)

[8] Ein Regularitätssatz für Flächen beschränkter mittlerer Krümmung. Nachr. Akad. Wiss. Göttingen, Math.-Phys. Kl. (1969), 107–118. (S. 284)

[9] An inequality of isoperimetric type for surfaces of constant mean curvature. Arch. Rat. Mech. Anal. **33** (1969), 155–168. (S. 290)

[10] Über das Randverhalten quasilinearer elliptischer Systeme mit isothermen Parametern. Math. Z. **113** (1970), 99–105. (S. 284, 346, 668)

[11] Unstable surfaces of constant mean curvature. Arch. Rat. Mech. Anal. **38** (1970), 256–267. (S. 258, 294, 380)

[12] Interior gradient estimates for surfaces $z = f(x, y)$ with prescribed mean curvature. J. Diff. Geom. **5** (1971), 149–157. (S. 708)

Heinz, E., and S. Hildebrandt: [1] On the number of branch points of surfaces of bounded mean curvature. J. Diff. Geom. **4** (1970), 227–235. (S. 346)

[2] Some remarks on minimal surfaces in Riemannian manifolds. Comm. P. Appl. Math. **23** (1970), 371–377. (S. 253)

Heinz, E., und F. Tomi: [1] Zu einem Satz von Hildebrandt über das Randverhalten von Mineralflächen. Math. Z. **111** (1969), 372–386. (S. 284, 312, 346, 668)

Hellinger, E., und O. Toeplitz: [1] Integralgleichungen und Gleichungen mit unendlich vielen Unbekannten. Enc. d. Math. Wissensch. 2.3.2, B. G. Teubner, Leipzig, 1923–27, 1335–1597. (S. 97)

Henneberg, L.: [1] Über solche Minimalflächen, welche eine vorgeschriebene ebene Kurve zur geodätischen Linie haben. Dissertation, Zürich, 1875. (S. 140, 166, 653, 657)

[2] Über diejenige Minimalfläche, welche die Neil'sche Parabel zur ebenen geodätischen Linie hat. Vierteljahresschr. Naturforsch. Ges. Zürich **21** (1876), 66–70. (S. 140, 166, 653, 657)

[3] Über die Evoluten der ebenen algebraischen Kurven. Vierteljahresschr. Naturforsch. Ges. Zürich **21** (1876), 71–72. (S. 157, 656)

[4] Bestimmung der niedrigsten Classenzahl der algebraischen Minimalflächen. Annali di Mat. p. appl. (2) **9** (1878), 54–57. (S. 53, 157, 159, 656)

Herzog, A.: [1] Bestimmung einiger speziellen Minimalflächen. Vierteljahresschr. Naturforsch. Ges. Zürich **20** (1875), 217–254. (S. 140, 166, 653, 654, 657)

Herzog, J. O.: [1] Phragmén-Lindelöf theorems for second order quasi-linear elliptic partial differential equations. Proc. Amer. Math. Soc. **15** (1964), 721–728. (S. 679)

Hestenes, M. R.: [1] Sufficient conditions for multiple integral problems in the calculus of variations. Amer. J. Math. **70** (1948), 239–276. (S. 90)

Hettner, G.: [1] Die Gleichung der Schwarzschen Minimalfläche in ihrem Zusammenhange mit den hyperelliptischen Thetafunktionen. J. r. angew. Math. **138** (1910), 54—76. (S. 663)
[2] Über die Schwarzsche Minimalfläche. Schwarz-Festschrift, Springer, Berlin, 1914, 84—97. (S. 664)

Hilbert, D.: [I] Gesammelte Abhandlungen. 3. Band. Springer, Berlin, 1935. (S. 89, 119, 562, 588, 650)

Hildebrandt, S.: [1] Über das Randverhalten von Minimalflächen. Math. Ann. **165** (1966), 1—18. (S. 284, 703)
[2] Über Minimalflächen mit freiem Rand. Math. Z. **95** (1967), 1—19. (S. 472)
[3] Über Flächen konstanter mittlerer Krümmung. Math. Z. **112** (1969), 107—144. (S. 284)
[4] Boundary behavior of minimal surfaces. Arch. Rat. Mech. Anal. **35** (1969), 47—82. (S. 284)
[5] Randwertprobleme für Flächen mit vorgeschriebener mittlerer Krümmung und Anwendungen auf die Kapillaritätstheorie. II. Freie Ränder. Arch. Rat. Mech. Anal. **39** (1970), 275—293. (S. 707)
[6] Ein einfacher Beweis für die Regularität der Lösungen gewisser zweidimensionaler Variationsprobleme unter freien Randbedingungen. Math. Ann. **194** (1971), 316—331. (S. 707)
[7] Maximum principles for minimal surfaces and for surfaces of continuous mean curvature. Math. Z. **128** (1972), 253—269. (S. 708)
[8] Interior $C^{1+\alpha}$-regularity of solutions of two-dimensional variational problems with obstacles. Math. Z. **131** (1973), 233—240. (S. 706)
[9] On the regularity of solutions two-dimensional variational problems with obstructions. Comm. P. App. Math. **25** (1972), 479—496. (S. 706)

Hildebrandt, S., and W. Jäger: [1] On the regularity of surfaces with prescribed mean curvature at a free boundary. Math. Z. **118** (1970), 289—308. (S. 707)

Hildebrandt, S., and H. Kaul: [1] Two-dimensional variational problems with obstructions, and Plateau's problem for H-surfaces in a Riemann manifold. Comm. P. Appl. Math. **25** (1972), 187—223. (S. 706)

Hlavatý, V.: [I] Differentielle Liniengeometrie. P. Noordhoff N. V., Groningen, 1945. (S. 58)

Hopf, E.: [1] Elementare Bemerkungen über die Lösungen partieller Differentialgleichungen zweiter Ordnung vom elliptischen Typus. Sitz. Ber. Preuss. Akad. Wissensch. Berlin, Math.-Phys. Kl. **19** (1927), 147—152. (S. 540)
[2] Bemerkungen zu einem Satze von S. Bernstein aus der Theorie der elliptischen Math. Z. **29** (1929), 744—745. (S. 117)
[3] Zum analytischen Charakter der Lösungen regulärer zweidimensionaler Variationsprobleme. Math. Z. **30** (1929), 404—413. (S. 119)
[4] Kleine Bemerkung zur Theorie der elliptischen Differentialgleichungen. J. r. angew. Math. **165** (1931), 50—51. (S. 117)
[5] Über den funktionalen, insbesondere den analytischen Charakter der Lösungen elliptischer Differentialgleichungen zweiter Ordnung. Math. Z. **34** (1932), 194—233. (S. 119)
[6] On S. Bernstein's theorem on surfaces $z(x, y)$ of non-positive curvature. Proc. Amer. Math. Soc. **1** (1950), 80—85. (S. 117, 564, 568)
[7] A remark on linear elliptic differential equations of second order. Proc. Amer. Math. Soc. **3** (1952), 791—793. (S. 323, 331, 542)
[8] On an inequality for minimal surfaces $z = z(x, y)$. J. Rat. Mech. Anal. **2** (1953), 519—522; 801—802. (S. 117, 680)

[9] On non-linear partial differential equations. Symp. Part. Diff. Eq., Berkeley 1955, Univ. of Kansas Press, Lawrence, Kansas, 1957, 1—31. (S. 117, 536)

Hopf, H.: [1] Differentialgeometrie und topologische Gestalt. Jahresber. D. M. V. **41** (1932), 209—229. (S. 44)

[2] Sulla geometria globale delle superficie. Rend. Sem. Mat. Fis. Milano **23** (1953), 48—63. (S. 44)

Hopf, H., und W. Rinow: [1] Über den Begriff der vollständigen differentialgeometrischen Fläche. Comment. Math. Helv. **3** (1931), 209—225. (S. 44)

Hörmander, L.: [I] Linear partial differential operators. Springer-Verlag, Berlin-Göttingen-Heidelberg, 1963. (S. 177)

Hörmander, L., et J. L. Lions: [1] Sur la completion par rapport à une intégrale de Dirichlet. Math. Scand. **4** (1956), 259—270. (S. 220)

Horn, R. A.: [1] On Fenchel's theorem. Amer. Math. Monthly **78** (1971), 380—381. (S. 21)

Howard, L. N.: [1] Constant speed flows. Dissertation, Princeton, 1953. (S. 10)

Howe, W.: [1] Die Rotations-Flächen, welche bei vorgeschriebener Flächengröße ein möglichst großes oder kleines Volumen enthalten. Dissertation, Berlin, 1887. (S. 673)

Hsiung, C. C.: [1] Isoperimetric inequalities for two-dimensional Riemannian manifolds with boundary. Ann. of Math. (2) **73** (1961), 213—220. (S. 290)

Huber, A.: [1] On the isoperimetric inequality on surfaces of variable Gaussian curvature. Ann. of Math. (2) **60** (1954), 237—247. (S. 290)

[2] On an inequality of Fejér and Riesz. Ann. of Math. **63** (1956), 572—587. (S. 288)

[3] Zur isoperimetrischen Ungleichung auf gekrümmten Flächen. Acta Math. **97** (1957), 95—101. (S. 290)

[4] On subharmonic functions and differential geometry in the large. Comment. Math. Helv. **32** (1957), 13—72. (S. 45, 126, 129, 650)

[5] Zum potentialtheoretischen Aspekt der Alexandrowschen Flächentheorie. Comment. Math. Helv. **34** (1960), 99—126. (S. 49)

[6] Vollständige konforme Metriken und isolierte Singularitäten subharmonischer Funktionen. Comment. Math. Helv. **41** (1967), 105—136. (S. 685)

Huber, H.: [1] Riemannsche Flächen von hyperbolischem Typus im euklidischen Raum. Math. Ann. **139** (1959—60), 140—146. (S. 648)

[2] Über den konformen Typus von Flächen im euklidischen Raum. Math. Ann. **146** (1962), 180—188. (S. 648)

Hurwitz, A., und R. Courant: [I] Vorlesungen über allgemeine Funktionentheorie und elliptische Funktionen. 4. Aufl., Springer-Verlag, Berlin-Göttingen-Heidelberg-New York, 1964. (S. 49, 274)

Ionin, V. K.: [1] Die isoperimetrische und gewisse andere Ungleichungen für eine Mannigfaltigkeit beschränkter Krümmung. Sibirsk. Mat. Zh. **10** (1969), 329—342 [Russisch]. Engl. Übersetzung in Siberian Math. J. **10** (1969), 233—243. (S. 290, 520)

Jäger, W.: [1] Behavior of minimal surfaces with free boundaries. Comm. P. Appl. Math. **23** (1970), 803—818. (S. 473)

Jahnke, E., and F. Emde: [I] Tables of functions with formulae and curves. 4th ed., Dover Publ., New York, 1945. (S. 69)

Jedlicka, G.: [I] Edouard Manet. E. Rentsch, Zürich, 1941. (S.636)

Jellett, J. H.: [1] Sur la surface dont la courbure moyenne est constante. J. Mathém. p. appl. **18** (1853), 163—167. (S. 678)

[2] On the properties of inextensible surfaces. Transact. Royal Irish Acad. **22** (1855), 343—377. (S. 8)

Jenkins, H.: [1] On two-dimensional variational problems in parametric form. Arch. Rat. Mech. Anal. **8** (1961), 181—206. (S. 117, 536, 538, 539, 564)

[2] On quasi-linear elliptic equations which arise from variational problems. J. Math. Mech. **10** (1961), 705—728. (S. 536, 564)

[3] Super-solutions for quasi-linear elliptic equations. Arch. Rat. Mech. Anal. **16** (1964), 402—410. (S. 536, 545)

Jenkins, H., and J. Serrin: [1] Variational problems of minimal surface type. I. Arch. Rat. Mech. Anal. **12** (1963), 185—212. (S. 536, 539, 555, 564, 574, 580)

[2] Variational problems of minimal surface type. II. Boundary value problems for the minimal surface equation. Arch. Rat. Mech. Anal. **21** (1966), 321—342. (S. 251, 536, 556, 558, 564, 581, 582, 584, 586, 593, 609, 611)

[3] The Dirichlet problem for the minimal surface equation in higher dimensions. J. r. angew. Math. **229** (1968), 170—187. (S. 251, 363, 364, 369, 552, 603)

[4] Variational problems of minimal surface type. III. The Dirichlet problem with infinite data. Arch. Rat. Mech. Anal. **29** (1968), 304—322. (S. 251)

Jenkins, J. A.: [1] On hyperbolic surfaces in three-dimensional euclidean space. Michigan Math. J. **8** (1961), 1—5. (S. 648)

John, F.: [1] Estimates for the derivatives of the stresses in a thin shell and interior shell equations. Comm. P. Appl. Math. **18** (1965), 235—267. (S. 284)

Jonas, H.: [1] Die Scherksche Minimalfläche als Gegenstand einer anschaulichen geometrischen Deutung des Additionstheorems für das elliptische Integral 1. Gattung. Math. Nachr. **8** (1952), 41—52. (S. 60)

[2] Zur Theorie der W-Kongruenzen mit ebener Mittelfläche. Math. Nachr. **9** (1953), 1—21. (S. 59, 80)

Jonker, L.: [1] A theorem on minimal surfaces. J. Diff. Geom. **3** (1969), 351—360. (S. 637)

Jörgens, K.: [1] Über die Lösungen der Differentialgleichung $rt - s^2 = 1$. Math. Ann. **127** (1954), 130—134. (S. 117, 649, 650)

[2] Harmonische Abbildungen und die Differentialgleichung $rt - s^2 = 1$. Math. Ann. **129** (1955), 330—344. (S. 126, 649)

Jouron, C.: [1] Resolution numérique du problème des surfaces minima. Arch. Rat. Mech. Anal., erscheint demnächst. (S. 704)

Juga, G.: [1] Über die Constantenbestimmung bei einer cyklischen Minimalfläche. Math. Ann. **52** (1899), 167—170. (S. 491)

Karush, W.: [1] A semi-strong minimum for a multiple integral problem in the calculus of variations. Transact. Amer. Math. Soc. **63** (1948), 439—451. (S. 90)

Kasner, E., and J. de Cicco: [1] A new characteristic property of minimal surfaces. Bull. Amer. Math. Soc. **51** (1945), 692—699. (S. 55, 638)

Kaul, H.: [1] Isoperimetrische Ungleichung und Gauß-Bonnet-Formel für H-Flächen in Riemannschen Mannigfaltigkeiten. Arch. Rat. Mech. Anal. **45** (1972), 194—221. (S. 707)

[2] Remarks on the isoperimetric inequality for multiply-connected H-surfaces. Math. Z. **128** (1972), 271—276. (S. 707)

Keller, J. B.: [1] The steepest minimal surface over the unit circle. Arch. Rat. Mech. Anal. **14** (1963), 372—374. (S. 697)

Kellogg, O. D.: [1] Harmonic functions and Green's integral. Transact. Amer. Math. Soc. **13** (1912), 109—132. (S. 283)

[2] On the derivatives of harmonic functions on the boundary. Transact. Amer. Math. Soc. **33** (1931), 486—510. (S. 283, 371)

Kempisty, S.: [1] Sur la méthode triangulaire du calcul de l'aire d'une surface courbe. Bull. Soc. Math. France **64** (1936), 119—132. (S. 637)

Kerékjártó, B. v.: [I] Vorlesungen über Topologie I. Flächentopologie. Springer, Berlin, 1923. (S. 36)

Kerner, M.: [1] Drei Beiträge zum Flächenproblem der Variationsrechnung. Monatsh. Math. Phys. **46** (1938), 209—231. (S. 90, 99)

Kiepert, L.: [1] Ueber Minimalflächen. J. r. angew. Math. **81** (1876), 337—348. (S. 653, 655)

Kinderlehrer, D.: [1] Minimal surfaces whose boundaries contain spikes. J. Math. Mech. **19** (1970), 829—853. (S. 679)

[2] The boundary regularity of minimal surfaces. Ann. Scuola Norm. Sup. Pisa **23** (1969), 711—744. (S. 284)

[3] The coincidence set of solutions of certain variational inequalities. Arch. Rat. Mech. Anal. **40** (1971), 231—250. (S. 706)

[4] The regularity of minimal surfaces defined over slit domains. Pacific J. Math. **37** (1971), 109—117. (S. 706)

[5] Variational inequalities with lower dimensional obstacles. Israel J. Math. **10** (1971), 339—348. (S. 706)

[6] How a minimal surface leaves an obstacle. Acta Math. **130** (1973), 221—242. (S. 706)

Kline, J. R.: [1] What is the Jordan curve theorem? Amer. Math. Monthly **49** (1942), 281—286. (S. 31)

Klotz, T., and R. Osserman: [1] Complete surfaces in E^3 with constant mean curvature. Comment. Math. Helv. **41** (1966—67), 313—318. (S. 642, 684)

Klotz, T., and L. Sario: [1] Existence of complete minimal surfaces of arbitrary connectivity and genus. Proc. Nat. Acad. Sci. USA **54** (1965), 42—44. (S. 621, 625, 700)

[2] Gaussian mapping of arbitrary minimal surfaces. J. d'Anal. Math. **17** (1966), 209—217. (S. 625, 700)

Kluyver, J. C.: [1] Over een minimaaloppervlak van tweevoudigen samenhang. Verh. Kon. Akad. Wetensch. Amsterdam **3,** No. 9 (1896), 1—42. (S. 248, 497)

Kneser, A.: [I] Lehrbuch der Variationsrechnung. 2. Aufl., Vieweg & Sohn, Braunschweig, 1925. (S. 90, 445)

[1] Variationsrechnung. Enc. d. Math. Wissensch. 2.1.1., B. G. Teubner, Leipzig, 1899—1916 (abgeschl. 1900), 571—625. (S. 437)

Kneser, H.: [1] Lösung der Aufgabe 41. Jahresber. D. M. V. **35** (1926), 123—124 (kursiv). (S. 357)

Kobb, G.: [1] Sur les maxima et les minima des intégrales doubles. Acta Mat. **16** (1892—93), 65—140. (S. 90, 99)

Koebe, P.: [1] Abhandlungen zur Theorie der konformen Abbildung. I. Die Kreisabbildung des allgemeinen einfach und zweifach zusammenhängenden schlichten Bereichs und die Ränderzuordnung bei konformer Abbildung. J. r. angew. Math. **145** (1915), 177—223. (S. 274)

Koenigsberger, L.: [1] Über die aus der Variation der mehrfachen Integrale entspringenden partiellen Differentialgleichungen der allgemeinen Mechanik. Sitz. Ber. Preuss. Akad. Wiss. Berlin (1905), 250—278. (S. 678)

Kommerell, K.: [1] Strahlensysteme und Minimalflächen. Math. Ann. **70** (1911), 143—160. (S. 59)

Korn, A.: [1] Über Minimalflächen, deren Randkurven wenig von ebenen Kurven abweichen. Abh. König. Preuß. Akad. Wiss. Berlin, Phys.-Math. Cl. II (1909), 1—37. (S. 251, 371)

[2] Zwei Anwendungen der Methode der sukzessiven Annäherungen. Schwarz-Festschrift, Springer, Berlin, 1914, 215—229. (S. 49)

Košelev, A. I.: [1] Die Newtonsche Methode und verallgemeinerte Lösungen nichtlinearer Gleichungen vom elliptischen Typ. Dokl. Akad. Nauk. SSSR (N. S.) **91** (1953), 1263—1266 [Russisch]. (S. 251, 374, 378)

[2] Zur Konvergenz der Methode der sukzessiven Approximationen für quasilineare elliptische Gleichungen. Dokl. Akad. Nauk. SSSR (N. S.) **142** (1962), 1007—1010 [Russisch]. Engl. Übersetzung in Soviet Math. Dokl. **3** (1962), 219—222. (S. 251, 374, 378)

[3] Ausgeartete quasilineare elliptische Gleichungen und Systeme. Dokl. Akad. Nauk. SSSR **172** (1967), 275—278 [Russisch]. Engl. Übersetzung in Soviet Math. Dokl. **8** (1967), 79—82. (S. 251, 374)

Krickeberg, K.: [1] Distributionen, Funktionen beschränkter Variation und Lebesguescher Inhalt nichtparametrischer Flächen. Annali di Mat. p. appl. (4) **44** (1957), 105—133. (S. 200)

Kruskal, M.: [1] The bridge theorem for minimal surfaces. Comm. P. Appl. Math. **7** (1954), 297—316. (S. 253, 357, 662, 669)

Kuehner, A. L.: [1] New tough films and bubbles. J. Chem. Educ. **25** (1948), 211—212. (S. 8)

[2] Long-lived soap bubbles. The use of sodium 9,10-dibromostearate solutions. J. Chem. Educ. **35** (1958), 337—338. (S. 8)

Kummer, E. E.: [1] Allgemeine Theorie der geradlinigen Strahlensysteme. J. r. angew. Math. **57** (1860), 189—230. (S. 58)

Kummer, R.: [1] Die Flächen mit unendlichvielen Erzeugungen durch Translation von Kurven. Dissertation, Leipzig, 1894. (S. 60)

Kürschak, J.: [1] Eine Ergänzung zur Abhandlung von Herrn La Paz über Variationsprobleme, für welche die Extremalflächen Minimalflächen sind. Acta. Litt. Sci. Univ. Szeged **5** (1930—32), 246. (S. 678)

Ladyzhenskaya, O. A., and N. N. Ural'tseva: [I] Linear and quasilinear equations. Academic Press, New York-London, 1968. (S. 251, 536, 563, 699)

[1] On the smothness of weak solutions of quasilinear equations in several variables and of variational problems. Comm. P. Appl. Math. **14** (1961), 481—495. (S. 251, 284)

[2] Quasilineare elliptische Gleichungen und Variationsprobleme mit mehreren unabhängigen Veränderlichen. Uspehi Mat. Nauk. **16** (1961), 19—90 [Russisch]. Engl. Übersetzung in Russian Math. Surveys **16,** No. 1 (1961), 17—91. (S. 251, 536)

[3] Local estimates for gradients of solutions of non-uniformly elliptic and parabolic equations. Comm. P. Appl. Math. **23** (1970), 677—703. (S. 536, 572)

Lagrange, J. L.: [I] Méchanique analytique. 3me éd., Mallet-Bachelier, Paris 1853. (S. 8

[1] Essai d'une nouvelle méthode pour déterminer les maxima et les minima des formules intégrales indéfinies. Miscellanea Taurinensia **2** (1760—61), 173—195; Œuvres de Lagrange Bd. I, Gauthier-Villars, Paris, 1867, 335—362; Deutsche Übersetzung in Ostwald's Klassiker der exakten Wissenschaften, Nr. 47, W. Engelmann, Leipzig, 1894, 3—30. (S. 1)

Lamarle, E.: [I] Exposé géométrique du calcul différentiel et intégral. 3me partie. Mém. cour. publ. par l'Acad. Roy. Belg. **15** (1863). (S. 640)

[1] Note sur une classe particulière de surfaces à aire minima. J. Mathém. p. appl. (2) **4** (1859), 241—252. (S. 63)

[2] Sur la stabilité des systèmes liquides en lames minces. Mém. Acad. Roy. Belg. **35** (1865), 1—104. (S. 8, 439, 440)

[3] Sur la stabilité des systèmes liquides en lames minces. Mém. Acad. Roy. Belg. **36** (1866), 1—165. (S. 439)

Langenbach, A.: [1] Variationsmethoden in der nichtlinearen Elastizitäts- und Plastizitätstheorie. Wissensch. Z. Humboldt-Univ. Berlin, Math.-Nat. Reihe **9** (1959—60), 145—164. (S. 12)

La Paz, L.: [1] An inverse problem of the calculus of variations for multiple integrals. Transact. Amer. Math. Soc. **32** (1930), 509—519. (S. 650, 678)

[2] Variation problems of which the extremals are minimal surfaces. Acta Litt. Sci. Univ. Szeged **5** (1930—32), 199—207. (S. 678)

Lavrent'ev, M.: [1] Sur une classe de représentations continues. Mat. Sbornik **42** (1935), 407—423. (S. 49)

Lawrence, A. S. C.: [I] Soap films. Bell & Sons, London, 1929. (S. 7, 433, 635)

Lawson, H. B.: [1] The equivariant Plateau problem and interior regularity. Transact. Amer. Math. Soc. **173** (1972), 231—249. (S. 705)

Lawson, J. W.: [1] A sufficiency theorem for the Plateau problem. Transact. Amer. Math. Soc. **64** (1948), 192—204. (S. 647)

Lebel, J.: [1] Paraboloïdes homofocaux et surface minima de Henneberg. Quadriques homofocales et surfaces minima doubles correspondantes. Bull. Sci. Math. (2) **63** (1939), 173—181. (S. 654)

Lebesgue, H.: [1] Sur les transformations de contact des surfaces minima. Bull. Sci. Math. (2) **26** (1902), 106—112. (S. 647)

[2] Intégrale, longeur, aire. Annali di Mat. p. appl. (3) **7** (1902), 231—359. (S. 30, 414, 588)

[3] Sur le problème de Dirichlet. Rend. Circ. Mat. Palermo **24** (1907), 371—402. (S. 177, 252, 414, 415, 416)

[4] En marge du calcul des variations. L'Enseignement Math. (2) **9** (1963), 209 à 326. (S. 636)

Lecornu, L.: [1] Sur l'équilibre des surfaces flexibles et inextensibles. J. Éc. Polytechn. **29** (1880), 1—109. (S. 8)

Legendre, A.: [1] Mémoire sur l'intégration de quelques équations aux différences partielles. Mém. Acad. Roy. Sci. Paris (1789), 309—351 [verlesen 1787]. (S. 4, 134, 147)

Leichtweiß, K.: [1] Zur Charakterisierung der Wendelflächen unter den vollständigen Minimalflächen. Abh. Math. Sem. Univ. Hamburg **30** (1967), 36—53. (S. 675, 676)

[2] Minimalflächen im Großen. Überblicke Math. **2** (1969), 1—50. (S. 76, 631)

Lelong-Ferrand, J.: [I] Représentation conforme et transformations à intégrale de Dirichlet bornée. Gauthier-Villars, Paris, 1955. (S. 177, 297)

Leray, J.: [1] Majoration des derivées secondes des solutions d'un problème de Dirichlet. J. Mathém. p. appl. (9) **17** (1938), 89—104. (S. 251)
[2] Discussion d'un problème de Dirichlet. J. Mathém. p. appl. (9) **18** (1939), 249—284. (S. 251, 363, 536, 537, 552)

Leray, J., et J. Schauder: [1] Topologie et équations fonctionnelles. Ann. Sci. Éc. Norm. Sup. (3) **51** (1934), 45—78. (S. 251)

Lesley, F. D.: [1] Differentiability of minimal surfaces on the boundary. Pacific J. Math. **37** (1971), 123—140. (S. 703)

Levi, E. E.: [1] Sulle equazioni lineari totalmente ellittiche alle derivate parziali. Rend. Circ. Mat. Palermo **24** (1907), 275—317. (S. 49, 119)

Levin, S. A.: [1] On some nonlinear boundary problems for the equation of minimal surfaces. J. Math. Mech. **18** (1968), 125—136. (S. 682)

Lévy, M.: [1] Sur le développement des surfaces dont l'élément linéaire est exprimable par une fonction homogène. C. R. Acad. Sci. Paris **87** (1878), 788—791. (S. 644)

Lévy, P.: [1] Sur l'intégration des équations aux dérivées fonctionelles partielles. Rend. Circ. Mat. Palermo **37** (1914), 113—168. (S. 665)
[2] Problème de Dirichlet et surfaces minima dans l'espace de Hilbert. C. R. Acad. Sci. Paris **223** (1946), 772—773. (S. 364)
[3] Surfaces minima et corps convexes moyenne. C. R. Acad. Sci. Paris **223** (1946), 881—883. (S. 364)
[4] Exemples de contours pour lesquels le problème de Plateau a 3 ou $2p+1$ solutions. C. R. Acad. Sci. Paris **224** (1947), 325—327. (S. 357)
[5] Le problème de Plateau. Mathematica **23** (1947—48), 1—45. (S. 357, 364, 669, 671)

Lewy, H.: [I] Aspects of the Calculus of Variations. (Notes by J. W. Green after lectures by Hans Lewy.) Univ. of Calif. Press, Berkeley, Calif, **1939**. (S. 253)
[1] Über die Methode der Differenzengleichungen zur Lösung von Variations- und Randwertproblemen. Math. Ann. **98** (1928), 107—127. (S. 590)
[2] Neuer Beweis des analytischen Charakters der Lösungen elliptischer Differentialgleichungen. Math. Ann. **101** (1929), 609—619; **107** (1929), 804. (S. 119)
[3] A priori limitations for solutions of Monge-Ampère equations. Transact. Amer. Soc. **37** (1935), 417—434. (S. 119)
[4] On the nonvanishing of the Jacobian in certain one-to-one mappings. Bull. Amer. Math. Soc. **42** (1936), 689—692. (S. 123)
[5] A priori limitations for Monge-Ampère equations. II. Transact. Amer. Math. Soc. **41** (1937), 365—374. (S. 119)
[6] A property of spherical harmonics. Amer. J. Math. **60** (1938), 555—560. (S. 124)
[7] A note on harmonic functions and a hydrodynamical application. Proc. Amer. Math. Soc. **3** (1951), 111—113. (S. 283)
[8] On the boundary behavior of minimal surfaces. Proc. Nat. Acad. Sci. USA **37**, (1951), 103—110. (S. 283, 288, 300)
[9] On minimal surfaces with partially free boundary. Comm. P. Appl. Math. **4** (1951), 1—13. (S. 458, 472)
[10] On a variational problem with inequalities on the boundary. J. Math. Mech. **17** (1968), 861—884. (S. 445)
[11] On the non-vanishing of the jacobian of a homeomorphism by harmonic gradients. Ann. of Math. (2) **88** (1968), 518—529. (S. 10, 124)
[12] About the Hessian of a spherical harmonic. Amer. J. Math. **91** (1969), 505 to 507. (S. 124)

[13] On a refinement of Evans' law in potential theory. Rend. Accad. Naz. Lincei, Cl. Fis. Mat. Nat. (8) **48** (1970), 1—9. (S. 692)

[14] On the coincidence set in variational inequalities. J. Diff. Geom. **6** (1972), 497—501. (S. 692)

Lewy, H., and G. Stampacchia: [1] On the regularity of the solution of a variational inequality. Comm. P. Appl. Math. **22** (1969), 153—188. (S. 445)

[2] On existence and smoothness of solutions of some non-coercive variational inequalities. Arch. Rat. Mech. Anal. **41** (1971), 241—253. (S. 706)

Lichnewsky, A.: [1] Sur le comportement au bord des solutions géneralisées du problème des surfaces minima. J. Mathém. p. appl., erscheint demnächst. (S. 704)

[2] Principe du maximum local et solutions géneralisées de problèmes du type hypersurfaces minima. Bull. Soc. Math. France, erscheint demnächst. (S. 704)

Lichtenfels, O. v.: [1] Notiz über eine transcendente Minimalfläche. Sitz. Ber. Kaiserl. Akad. Wiss. Wien 2. Abt., Math.-Naturwiss. Cl., **94** (1887), 41—54. (S. 653, 654)

Lichtenstein, L.: [1] Zur Theorie der linearen partiellen Differentialgleichungen des elliptischen Typs. Math. Ann. **67** (1909), 559—575. (S. 283)

[2] Beweis des Satzes, daß jedes hinreichend kleine, im wesentlichen stetig gekrümmte, singularitätenfreie Flächenstück auf einen Teil einer Ebene zusammenhängend und in den kleinsten Teilen ähnlich abgebildet wird. Abh. Königl. Preuss. Akad. Wissensch., Math.-Phys. Kl. (1911), Anhang, Abh. VI, 1—49. (S. 49)

[3] Über den analytischen Charakter der Lösungen regulärer zweidimensionaler Variationsprobleme. Bull. Acad. Sci. Cracovie, Cl. Sci. Math. Nat. A (1912), 915—941. (S. 49)

[4] Zur Theorie der konformen Abbildung. Konforme Abbildung nicht-analytischer singularitätenfreier Flächenstücke auf ebene Gebiete. Bull. Acad. Sci. Cracovie, Cl. Sci. Math. Nat. A (1916), 192—217. (S. 49)

[5] Neuere Entwicklung der Potentialtheorie. Konforme Abbildung. Enc. d. Math. Wissensch. 2.3.1, B. G. Teubner, Leipzig, 1909—21 (abgeschlossen 1918), 177—377. (S. 28, 49, 274, 283, 533)

[6] Untersuchungen über zweidimensionale reguläre Variationsprobleme. I. Monatsh. Math. Phys. **28** (1917), 3—51. (S. 90, 97, 251)

[7] Untersuchungen über zweidimensionale reguläre Variationsprobleme. II. Math. Z. **5** (1919), 26—51. (S. 90, 97, 251)

[8] Neuere Entwicklung der Theorie partieller Differentialgleichungen zweiter Ordnung vom elliptischen Typus. Enc. d. Math. Wissensch. 2.3.2, B. G. Teubner, Leipzig, 1923—27 (abgeschlossen 1924), 1277—1334. (S. 49, 97, 119, 251)

[9] Bemerkungen über das Prinzip der virtuellen Verrückungen in der Hydrodynamik inkompressibler Flüssigkeiten. Ann. Soc. Polon. Math. **3** (1924), 20—28. (S. 591)

[10] Über einige Hilfssätze der Potentialtheorie. IV. Sitz. Ber. Sächs. Akad. d. Wissensch. Leipzig, Math.-Phys. Kl. **82** (1930), 265—344. (S. 371)

Lie, S.: [I] Gesammelte Abhandlungen. B. G. Teubner, Leipzig und H. Aschehoug & Co., Oslo; 1. Band und Anmerkungen zum 1. Band: 1934; 1. Teil des 2. Bandes: 1935; 2. Teil des 2. Bandes und Anmerkungen zum 2. Bande: 1937; 3. Band: 1922; 7. Band: 1960.
(S. 53, 59, 60, 62, 136, 146, 156, 158, 159, 644, 647, 656, 657)

[II] Vorlesungen über Differentialgleichungen mit bekannten infinitesimalen Transformationen. Bearbeitet und hrsgeg. von G. Scheffers, B. G. Teubner, Leipzig, 1891. (S. 644)

Liebmann, H.: [1] Elementarer Beweis des Fenchelschen Satzes über die Krümmung geschlossener Raumkurven. Sitz. Ber. Preuss. Akad. Wiss. Berlin, Phys.-Math. Kl. (1929), 292—293. (S. 21)

Lilienthal, R. v.: [1] Ueber zwei Schaaren sphärischer Curven, deren Koordinaten elliptische Funktionen sind. J. r. angew. Math. **93** (1882), 237—250. (S. 658)

[2] Ueber Minimalflächen, welche durch elliptische Integrale darstellbar sind. J. r. angew. Math. **99** (1886), 179—194. (S. 658)

[3] Besondere Flächen. Enc. d. Math. Wissensch. 3.3.5, B. G. Teubner, Leipzig, 1902—27 (abgeschlossen 1903), 269—353. (S. 4, 644, 653, 655)

[4] Über Minimaldoppelflächen. Jahresber. D. M. V. **17** (1908), 277—291. (S. 146, 159)

Lindelöf, L.: [1] Théorie des surfaces de révolution à courbure moyenne constante. Acta Soc. Sci. Fenn. **7** (1863), 345—372. (S. 643)

[2] Sur les limites entre lesquelles le caténoïde est une surface minima. Acta Soc. Sci. Fenn. **9** (1871), 353—360; auch Math. Ann. **2** (1870), 160—166. (S. 96, 475, 491)

Lindelöf, L., et F. Moigno: [I] Leçons de calcul de variations. Mallet-Bachelier, Paris, 1861. (S. 96, 475)

Lipkin, L. J.: [1] A free boundary problem for parametric integrals of the calculus of variations. Rend. Circ. Mat. Palermo (2) **17** (1968), 33—67. (S. 256)

Littman, W.: [1] Polar sets and removable singularities of partial differential equations. Arkiv för Mat. **7** (1967), 1—9. (S. 220)

Lonseth, A.: [1] The problem of Plateau in hyperbolic space. Amer. J. Math. **64** (1942), 229—259. (S. 253)

Lozinsky, S.: [1] Über subharmonische Funktionen und ihre Anwendung auf die Flächentheorie. Bull. Acad. Sci. URSS Sér. Math. **8** (1944), 175—194 [Russisch; Engl. Zusammenfassung auf pp. 190—194]. (S. 288, 290, 660)

Lusternik, L. A.: [I] The topology of the calculus of variations in the large. [Übersetzung aus dem Russischen], American Math. Soc., Providence, 1966. (S. 380)

Lusternik, L. A., et L. Schnirelmann: [I] Méthodes topologiques dans les problèmes variationnels. Actualités Sci. Indust. No. 188, Hermann, Paris, 1934. (S. 380)

MacLane, G. R.: [1] On asymptotic values. Notices Amer. Math. Soc. **10** (1963), 482—483. (S. 129)

MacNeish, H. F.: [1] On the determination of a catenary with given directrix and passing through two given points. Ann. of Math. (2) **7** (1905—1906), 65—71. (S. 475)

[2] Concerning the discontinuous solution in the problem of the minimum surface of revolution. Ann. of Math. (2) **7** (1905—1906), 72—80. (S. 475)

Mambriani, A.: [1] Sul problema di Geöcze. Ann. Scuola Norm. Sup. Pisa (2) **13** (1948), 1—17. (S. 637)

Marris, A. W.: [1] Hamel's theorem. Arch. Rat. Mech. Anal. **51** (1973), 85—105. (S. 701)

Marris, A. W., and J. F. Shiau: [1] Hamel's theorem: The three polynomial integrals. Rend. Circ. Mat. Palermo, erscheint demnächst. (S. 701)

Marstrand, J. M.: [1] Some fundamental geometrical properties of plane sets of fractional dimension. Proc. London Math. Soc. (3) **4** (1954), 257—302. (S. 225)

Martinelli Panella, L.: [1] Sulle calotte d'area minima. Riv. Mat. Univ. Parma (2) **9** (1968), 181—194. (S. 399, 680)

Martio, O.: [1] On harmonic quasiconformal mappings. Ann. Acad. Sci. Fenn. Ser. A I No. 425 (1968), 1—10. (S. 126)

Marty, F.: [1] Sur la détermination des surfaces minima périodiques. C. R. Acad. Sci. Paris **193** (1931), 1148—1149. (S. 664)

Marx, I.: [1] On the classification of unstable minimal surfaces with polygonal boundaries. Comm. P. Appl. Math. **8** (1955), 235—244. (S. 258, 380)

Massari, U.: [1] Esistenza e regolarità delle ipersuperfici di curvatura media assegnata in R^n. Arch. Rat. Mech. Anal. **55** (1974), 357—382. (S. 704)

Mathet, G.: [1] Solution d'un problème de géometrie. J. Mathém. p. appl. (2) **8** (1863), 313—322. (S. 658)

[2] Étude sur un certain mode de génération des surfaces d'étendue minimum. J. Mathém. p. appl. (2) **8** (1863), 323—334. (S. 652, 658)

Mazurkiewicz, S., et S. Saks: [1] Sur les projections d'un ensemble fermé. Fundamenta Math. **8** (1926), 109—113. (S. 225)

Mazzone, S.: [1] Existence and regularity of the solution of certain non linear variational inequalities with an obstacle. Arch. Rat. Mech. Anal., erscheint demnächst. (S. 706)

[2] Un probleme di disequazioni variazionali per superficie di curvature media assegnata. Boll. Un. Mat. Ital. (4) **7** (1973), 318—329. (S. 706)

McAllister, G. T.: [1] Some nonlinear elliptic partial differential equations and difference equations. J. Soc. Ind. Appl. Math. **12** (1964), 772—777. (S. 378)

[2] Quasilinear uniformly elliptic partial differential equations and difference equations. SIAM J. Numer. Anal. **3** (1966), 13—33. (S. 378)

McShane, E. J.: [1] On a certain inequality of Steiner. Ann. of Math. (2) **33** (1932), 125—138. (S. 88, 89, 662)

[2] Integrals over surfaces in parametric form. Ann. of Math. (2) **34** (1933), 815 to 838. (S. 32, 198)

[3] Parametrization of saddle surfaces with applications to the problem of Plateau. Transact. Amer. Math. Soc. **35** (1933), 716—733. (S. 252, 414, 416, 417)

[4] On the analytic nature of surfaces of least area. Ann. of Math. (2) **35** (1934), 456—473. (S. 419)

[5] Existence theorems for double integral problems of the calculus of variations. Transact. Amer. Math. Soc. **38** (1935), 549—563. (S. 254)

Mengoni, O.: [1] Die konforme Abbildung gewisser Polyeder auf die Kugel. Monatsh. Math. Phys. **44** (1936), 159—185. (S. 28)

Merten, W.: [1] Bemerkung zur Integration der Gleichung der Minimalflächen. Jahresber. D. M. V. **39** (1930), 117—120. (S. 655)

Meusnier, J. B. M. C.: [1] Mémoire sur la courbure des surfaces. Mém. Mathém. Phys. Acad. Sci. Paris, prés. par div. Savans **10** (1785), 477—510 [verlesen 1776]. (S. 3)

Meyers, N. G.: [1] A theory of capacities for potentials of functions in Lebesgue classes. Math. Scand. **26** (1970), 255—292. (S. 220)

Meyers, N. G., and J. B. Serrin: [1] $H = W$. Proc. Nat. Acad. Sci. USA **51** (1964), 1055—1056. (S. 191)

Mickle, E. J.: [1] Associated double integral variation problems. Duke Math. J. **9** (1942), 208—227. (S. 538)

[2] A remark on a theorem of Serge Bernstein. Proc. Amer. Math. Soc. **1** (1950), 86—89. (S. 117)

Mickle, E. J., and T. Radó: [1] On a theorem of Besicovitch in surface area theory. Riv. Mat. Univ. Parma **2** (1951), 19—45. (S. 201)

Milnor, J.: [I] Morse theory. Ann. of Math. Studies 51, Princeton Univ. Press, Princeton, 1963. (S. 258, 380)

[1] On the total curvature of knots. Ann. of Math. (2) **52** (1950), 248—257. (S. 21)

[2] On manifolds homeomorphic to the 7-sphere. Ann. of Math. (2) **64** (1956), 399—405. (S. 119)

[3] Differentiable structures on spheres. Amer. J. Math. **81** (1959), 962—972. (S. 119)

Minding, F.: [1] Über die Curven des kürzesten Perimeters auf krummen Flächen. In Folge der Aufgabe 6, Band 3. Heft 1, S. 99. J. r. angew. Math. **5** (1830), 297—304. (S. 437)

[2] Zur Theorie der Curven kürzesten Umringes, bei gegebenem Flächeninhalt, auf krummen Flächen. J. r. angew. Math. **86** (1879), 279—289. (S. 437)

Minkowski, H.: [1] Ueber die Begriffe Länge, Oberfläche und Volumen. Jahresber. D. M. V. **9** (1901), 115—121. (S. 219)

[2] Kapillarität. Enc. d. math. Wissensch. 5.1.9, B. G. Teubner, Leipzig, 1903 bis 1921 (abgeschl. 1906), 558—613. (S. 6, 433, 439)

Miranda, C.: [I] Partial differential equations of elliptic type. 2nd ed., Springer-Verlag, New York-Heidelberg-Berlin, 1970. (S. 102, 251)

[1] Condizioni sufficienti per il minimo degli integrali doppi. Memorie Reale Accad. d'Italia **5** (1934), 159—172. (S. 90)

Miranda, M.: [1] Superfici cartesiane generalizzate ed insiemi di perimetro localmente finito sui prodotti cartesiani. Ann. Scuola Norm. Sup. Pisa (3) **18** (1964), 515—542. (S. 251)

[2] Un teorema di esistenza e unicità per il problema dell'area minima in n variabili. Ann. Scuola Norm. Sup. Pisa (3) **19** (1965), 233—249. (S. 90, 251)

[3] Sul minimo dell' integrale del gradiente di una funzione. Ann. Scuola Norm. Sup. Pisa (3) **19** (1965), 626—665. (S. 90, 251, 257)

[4] Analiticità delle superfici di area minima in R^4. Rend. Accad. Naz. Lincei, Cl. Sci. Fis. Mat. Nat. (8) **38** (1965), 632—638. (S. 257)

[5] Una maggiorazione integrale per le curvature delle ipersuperfici minimali. Rend. Sem. Mat. Univ. Padova **38** (1967), 91—107. (S. 118)

[6] Frontiere minimali con ostacoli. Ann. Univ. Ferrara, Sci. Mat. N. S. **16** (1971), 29—37. (S. 700, 706)

Mises, R. v.: [1] Three remarks on the theory of the ideal plastic body. Reissner Anniv. Vol., Edwards, Ann Arbor, Michigan, 1949, 415—419. (S. 445)

Monge, G.: [I] Application de l'analyse a la géométrie. 5me éd., Bachelier, Paris, 1850. (S. 4, 134)

[1] Mémoire sur le calcul intégral des équations aux différences partielles. Mém. Acad. Roy. Sci. Paris (1787), 118—192 [verlesen 1784]. (S. 4, 134)

Monna, A. F.: [1] Sur quelques propriétés d'une classe de surfaces minima. Proc. Nederl. Akad. Wetensch. Ser. A, **45** (1942), 681—686. (S. 169, 286)

[2] Sur une classe de fonctions sous-harmoniques et des triples de fonctions harmoniques conjuguées. Proc. Nederl. Akad. Wetensch. Ser. A, **45** (1942), 687—689. (S. 169, 660)

Morozov, S. F.: [1] Verallgemeinerung eines Satzes von R. Courant. Izv. Vysš. Učebn. Zaved. Matematika **4** (17) (1960), 133—144 [Russisch]. (S. 669)

[2] Die Differentialeigenschaften der verallgemeinerten Lösungen zweidimensionaler Variationsprobleme. Izv. Vysš. Učebn. Zaved. Matematika **11** (102) (1970), 87–96 [Russisch]. (S. 251, 538)

Morrey, C. B.: [I] Multiple integral problems in the calculus of variations and related topics. Univ. of Calif. Press, Berkeley-Los Angeles, 1943. (S. 39, 120, 177, 591)

[II] Multiple integrals in the calculus of variations. Springer, New York, 1966. (S. 102, 120, 177, 196, 253, 254, 257, 284, 448, 520, 563)

[1] A class of representations of manifolds. Part I. Amer. J. Math. **55** (1933), 683–707. (S. 32, 177, 198)

[2] A dass of representations of manifoldsi Part II. Amer. J. Math. **56** (1934), 275–293. (S. 32, 177, 198)

[3] The topology of (path) surfaces. Americ. J. Math. **57** (1935), 17–50. (S. 417)

[4] An analytic characterization of surfaces of finite Lebesgue area. I. Amer. J. Math. **57** (1935), 692–702. (S. 198, 417)

[5] An analytic characterization of surfaces of finite Lebesgue area. II. Amer. J. Math. **58** (1936), 313–332. (S. 32, 198, 417)

[6] On the solutions of quasi-linear elliptic partial differential equations. Transact. Amer. Math. Soc. **43** (1938), 126–166. (S. 49, 120, 177, 297)

[7] Existence and differentiability theorems for the solutions of variational problems for multiple integrals. Bull. Amer. Math. Soc. **46** (1940), 439–458. (S. 120, 177)

[8] Functions of several variables and absolute continuity. II. Duke Math. J. **6** (1940), 187–215. (S. 177)

[9] The problem of Plateau on a Riemannian manifold. Ann. of Math. (2) **49** (1948), 807–851. (S. 253, 520)

[10] The parametric variational problem for double integrals. Comm. P. Appl. Math. **14** (1961), 569–575. (S. 254)

[11] The higher-dimensional Plateau problem on a Riemann manifold. Proc. Nat. Acad. Sci. USA **54** (1965), 1029–1035. (S. 257)

[12] Partial regularity results for nonlinear elliptic systems. J. Mat. Mech. **17** (1968), 649–670. (S. 257)

[13] Differentiability theorems for weak solutions of nonlinear elliptic differential equations. Bull. Amer. Math. Soc. **75** (1969), 684–705. (S. 257)

Morse, A. P.: [1] The behavior of a function on its critical set. Ann. of Math. (2) **40** (1939), 62–70. (S. 381)

[2] A theory of covering and differentiation. Transact. Amer. Math. Soc. **55** (1944), 205–235. (S. 228)

Morse, A. P., and J. F. Randolph: [1] Gillespie measure. Duke Math. J. **6** (1940), 408–419. (S. 220, 225)

[2] The ϕ rectifiable subsets of the plane. Transact. Amer. Math. Soc. **55** (1944), 236–305. (S. 225)

Morse, M.: [I] The calculus of variations in the large. Americ. Math. Soc. Coll. Publ. **18**, Providence, 1934. (S. 258, 380)

[II] Functional topology and abstract variational theory. Mém. Sci. Mathém. Vol. 92, Gauthier-Villars, Paris, 1939. (S. 380)

[1] Functional topology and abstract variational theory. Ann. of Math. (2) **38** (1937), 386–449. (S. 258, 380)

[2] The first variation in minimal surface theory. Duke Math. J. **6** (1940), 263–289. (S. 267)

[3] Analysis in the large. Recent advances in variational theory in the large. Proc. Internat. Congr. Math. Cambridge 1950, Amer. Math. Soc., Providence, R. I., 1952, Vol. 2, 143–156. (S. 380)

Morse, M., and C. Tompkins: [1] The existence of minimal surfaces of general critical types. Ann. of Math. (2) **40** (1939), 443—472; (2) **42** (1941), 331. (S. 258, 380, 396)

[2] The continuity of the area of harmonic surfaces as a function of the boundary representation. Amer. J. Math. **63** (1941), 825—838. (S. 258, 290, 294, 380)

[3] Minimal surfaces of non-minimum type by a new mode of approximation. Ann. of Math. (2) **42** (1941), 62—72. (S. 258, 380)

[4] Unstable minimal surfaces of higher topological structure. Duke Math. J. **8** (1941), 350—375. (S. 258, 380, 534)

Moser, J.: [1] A new proof of DeGiorgi's theorem concerning the regularity problem for elliptic differential equations. Comm. P. Appl. Math. **13** (1960), 457—468. (S. 257)

Müller, Manfred: [1] Das Differenzenverfahren für gewisse quasilineare elliptische Differentialgleichungen. I. Math. Nachr. **46** (1970), 341—361. (S. 378)

[2] Das Differenzenverfahren für gewisse quasilineare elliptische Differentialgleichungen. II. Math. Nachr. **49** (1971), 215—236. (S. 378)

Müller, Max: [1] Über die Oberfläche von Flächenstücken. Sitz. Ber. Akad. Wiss. Heidelberg, Math.-Naturw. Kl., (1926), No. 3, 1—20. (S. 57, 91)

Müntz, C. H.: [1] Zum Randwertproblem der partiellen Differentialgleichung der Minimalflächen. J. r. angew. Math. **139** (1911), 52—79. (S. 251, 371)

[2] Die Lösung des Plateauschen Problems über konvexen Bereichen. Math. Ann. **94** (1925), 53—96. (S. 49, 120, 251, 399, 564)

[3] Zum Plateauschen Problem. Erwiderung auf die vorstehende Note des Herrn Radó. Math. Ann. **96** (1927), 597—600. (S. 251)

Mulholland, H. P.: [1] Solution of Geöcze's problem for a continuous surface $z = f(x, y)$. Proc. London Math. Soc. (2) **51** (1950), 285—293. (S. 637)

[2] On Geöcze's problem for non-parametric surfaces. Transact. Amer. Math. Soc. **68** (1950), 330—336. (S. 637)

Myller, A.: [1] Courbure normale et torsion géodésique. C. R. Acad. Sci. Paris **183** (1926), 515—516. (S. 639)

Myrberg, P. J.: [1] Über die Existenz der Greenschen Funktionen auf einer gegebenen Riemannschen Fläche. Acta Math. **61** (1933), 39—79. (S. 550)

Mysels, K. J., K. Shinoda, and S. Frankel: [I] Soap films. Studies of their thinning and a bibliography. Pergamon Press, New York-London-Paris-Los Angeles, 1959. (S. 7)

Naser, M.: [1] Verallgemeinerung eines Satzes von Lewy über harmonische Abbildungen. Mat. Zametki **13** (1973), 189—194 [Russisch]. Engl. Übersetzung in Math. Notes, Acad. Sci. USSR **13** (1973), 113—115. (S. 703)

Neovius, E. R.: [1] Bestimmung zweier speziellen periodischen Minimalflächen, auf welchen unendlich viele gerade Linien und unendlich viele ebene geodätische Linien liegen. J. C. Frenckell & Sohn, Helsingfors, 1883. (S. 248, 335, 432, 627, 664)

[2] Untersuchung einiger Singularitäten, welche im Innern und auf der Begrenzung von Minimalflächenstücken auftreten können, deren Begrenzung von geradlinigen Strecken gebildet wird. Acta Soc. Sci. Fenn. **16** (1888), 529—553. (S. 248, 255)

[3] Ueber Minimalflächenstücke, deren Begrenzung von drei geradlinigen Theilen gebildet wird. I. Acta. Soc. Sci. Fenn. **16** (1888), 573—601. (S. 248, 249)

[4] Ueber Minimalflächenstücke, deren Begrenzung von drei geradlinigen Theilen gebildet wird. II. Acta Soc. Sci. Fenn. **19** (1893), No. 4, 1—37. (S. 248)

[5] Analytische Bestimmung einiger ins Unendliche reichender Minimalflächenstücke, deren Begrenzung gebildet wird von drei geraden Linien, von welchen zwei sich schneiden, während die dritte der Ebene der beiden ersten parallel ist. Schwarz-Festschrift, Springer, Berlin, 1914, 313—339. (S. 248)
[6] Analytische Bestimmung einiger von Riemann nicht in Betracht gezogenen Minimalflächenstücke, deren Begrenzung von drei geradlinigen Teilen gebildet wird. Buchdruckerei A.-G. Sana, Helsinki, 1920. (S. 248)

Neuber, H.: [I] Kerbspannungslehre. 2. Aufl., Springer, Berlin-Göttingen-Heidelberg, 1958. (S. 12)

Neumann, J. v.: [1] Über einen Hilfssatz der Variationsrechnung. Abh. Math. Sem. Hamburg. Univ. **8** (1931), 28—31. (S. 588)

Nevanlinna, R.: [I] Eindeutige analytische Funktionen. 2. Aufl., Springer, Berlin-Göttingen-Heidelberg, 1953. (S. 220, 238, 289, 545, 621)

Nicoletti, O.: [1] Sopra un case speciale del problema di Plateau. Ann. Scuola Norm. Sup. Pisa **7** (1895), IV + 77pp. (S. 664)

Niewenglowski, B. A.: [1] Exposition de la methode de Riemann pour la détermination des surfaces minima de contour donnée. Ann. Sci. Éc. Norm. Sup. (2) **9** (1880), 227—301. (S. 248)
[2] Solution de la question d'analyse proposée au concours d'agrégation des sciences mathématiques en 1888. Nouv. Ann. Math. (3) **7** (1888), 391—400. (S. 653)

Nirenberg, L.: [1] On nonlinear elliptic partial differential equations and Hölder continuity. Comm. P. Appl. Math. **6** (1953), 103—156. (S. 120, 251)
[2] On elliptic partial differential equations. Ann. Scuola Norm. Sup. Pisa (3) **13** (1959), 115—162. (S. 205)

Nissen, H. U.: [1] Crystal orientation and plate structure in echinoid skeletal units. Science **166** (1969), 1150—1152. (S. 247)

Nitsche, J. C. C.: [1] Untersuchungen über die linearen Randwertprobleme linearer und quasilinearer elliptischer Differentialgleichungssysteme. Math. Nachr. **14** (1955), 75—127, 157—182. (S. 49)
[2] Elementary proof of Bernstein's theorem on minimal surfaces. Ann. of Math. (2) **66** (1957), 543—544. (S. 117, 649)
[3] Über eine mit der Minimalflächengleichung zusammenhängende analytische Funktion und den Bernsteinschen Satz. Arch. d. Math. **7** (1956), 417—419. (S. 49, 111, 117, 564, 568)
[4] A uniqueness theorem of Bernstein's type for minimal surfaces in cylindrical coordinates. J. Math. Mech. **6** (1957), 859—864. (S. 509)
[5] On harmonic mappings. Proc. Amer. Math. Soc. **9** (1958), 268—271. (S. 125, 650)
[6] Zu einem Satze von L. Bers über die Lösungen der Minimalflächengleichung. Arch. d. Math. **9** (1958), 427—429. (S. 545, 549)
[7] On an estimate for the curvature of minimal surfaces $z = z(x, y)$. J. Math. Mech. **7** (1958), 767—769. (S. 117, 564, 568)
[8] A remark on Enneper's minimal surface. Amer. Math. Monthly **66** (1959), 295—297. (S. 568)
[9] On the constant of E. Heinz. Rend. Circ. Mat. Palermo (2) **8** (1959), 178—181. (S. 125)
[10] Ein Eindeutigkeitssatz für zweifach zusammenhängende Minimalflächen. M. Z. **74** (1960), 289—292. (S. 509)
[11] A characterization of the catenoid. J. Math. Mech. **11** (1962), 293—302. (S. 499, 509, 511)

[12] On the module of doubly-connected regions under harmonic mappings. Amer. Math. Monthly **69** (1962), 781—782. (S. 126, 650)

[13] Über die Ausdehnung gewisser zweifach zusammenhängender Minimalflächen. Math. Ann. **149** (1963), 144—149. (S. 509, 514)

[14] Zum Heinzschen Lemma über harmonische Abbildungen. Arch. d. Math. **14** (1963), 407—410. (S. 125)

[15] A necessary criterion for the existence of certain minimal surfaces. J. Math. Mech. **13** (1964), 659—666. (S. 475, 477, 480, 483, 499)

[16] Über ein verallgemeinertes Dirichletsches Problem für die Minimalflächengleichung und hebbare Unstetigkeiten ihrer Lösungen. Math. Ann. **158** (1965), 203—214. (S. 220, 251, 543, 545, 549, 604)

[17] A supplement to the condition of J. Douglas. Rend. Circ. Mat. Palermo (2) **13** (1964), 192—198. (S. 475, 477, 480)

[18] On new results in the theory of minimal surfaces. Bull. Amer. Math. Soc. **71** (1965), 195—270. (Russ. Übersetzung in Matematika **11** (1967), 37—100.) (S. 128, 250, 251, 346, 364, 554, 558, 559, 580, 581, 593, 609, 621, 625, 631, 678, 679, 698)

[19] On the non-solvability of Dirichlet's problem for the minimal surface equation. J. Math. Mech. **14** (1965), 779—788. (S. 251, 363, 368)

[20] On differential equations of mode 2. Proc. Amer. Math. Soc. **16** (1965), 902 to 908. (S. 536, 538)

[21] Zum allgemeinen Maximumprinzip. Math. Z. **92** (1966), 70—74. (S. 546, 604)

[22] The isoperimetric inequality for multiply-connected minimal surfaces. Bull. Amer. Math. Soc. **71** (1965), 750—752; Math. Ann. **160** (1965), 370—375. (S. 480, 515, 516, 518)

[23] Ein Einschließungssatz für Minimalflächen. Math. Ann. **165** (1966), 71—75. (S. 484)

[24] The general maximum principle and removable singularities — a counterexample. Arch. Rat. Mech. Anal. **22** (1966), 22—23. (S. 548, 604)

[25] Note on the non-existence of minimal surfaces. Proc. Amer. Math. Soc. **19** (1968), 1303—1305. (S. 475, 480, 491)

[26] Contours bounding at least three solutions of Plateau's problem. Arch. Rat. Mech. Anal. **30** (1968), 1—11. (S. 105, 350, 688)

[27] A variational problem with inequalities as boundary conditions. Bull. Amer. Math. Soc. **75** (1969), 450—452. (S. 445)

[28] Concerning the isolated character of solutions of Plateau's problem. M. Z. **109** (1969), 393—411. (S. 109, 357, 383, 671, 690, 705)

[29] Variational problems with inequalities as boundary conditions, or, How to fashion a cheap hat for Giacometti's brother. Arch. Rat. Mech. Anal. **35** (1969), 83—113. (S. 377, 445, 446, 590, 679, 706)

[30] The boundary behavior of minimal surfaces. Kellogg's theorem and branch points on the boundary. Inventiones math. **8** (1969), 313—333. (S. 284, 303, 311, 312, 346, 668)

[31] An isoperimetric property of surfaces with moveable boundaries. Amer. Math. Monthly **77** (1970), 359—362. (S. 436, 437)

[32] Concerning my paper on the boundary behavior of minimal surfaces. Inventiones math. **9** (1970), 270. (S. 284)

[33] Surfaces of least area with partially free boundary on a manifold satisfying the chord-arc condition. Bull. Amer. Math. Soc. **76** (1970), 1240—1245. (S. 473)

[34] The behavior of minimal surfaces with free boundaries. Rend. Circ. Mat. Palermo (2) **18** (1969), 215—224. (S. 473)

[35] Minimal surfaces with partially free boundary. Ann. Acad. Sci. Fenn. A I **483** (1971), 1–21. (S. 454, 473)

[36] Minimal surfaces with partially free boundary. Least area property and Hölder continuity for boundaries satisfying a chord-arc condition. Arch. Rat. Mech. Anal. **39** (1970), 131–145. (S. 454, 465, 473)

[37] The smallest sphere containing a rectifiable curve. Amer. Math. Monthly **78** (1971), 881–882. (S. 481)

[38] Minimal surfaces with movable boundaries. Bull. Amer. Math. Soc. **77** (1971), 746–751. (S. 437)

[39] The regularity of minimal surfaces on the movable parts of their boundaries. Indiana Univ. Math. J. **21** (1971), 505–513. (S. 436, 437, 668, 706)

[40] On the boundary regularity of surfaces of least area in euclidean space. Continuum Mechanics and Related Problems of Analysis, Nauka, Moscow, 1972, 375–377. (S. 437, 691)

[41] On the inequality of E. Heinz and E. Hopf. Applicable Anal. **3** (1973), 47–56. (S. 709)

[42] Plateau's problems and their modern ramifications. Amer. Math. Monthly **81** (1974), 945–968. (S. 701)

[43] A new uniqueness theorem for minimal surfaces. Arch. Rat. Mech. Anal. **52** (1973), 319–329. (S. 99, 702)

[44] Local uniqueness for Plateau's problem. Symposia Matematica, Ist. di Alta Mat., Roma (1973), erscheint demnächst. (S. 705)

Nitsche, J. C. C., and J. Leavitt: [1] Numerical estimates for minimal surfaces. Math. Ann. **180** (1969), 170–174. (S. 475, 491)

Nitsche, J. C. C., und J. A. Nitsche: [1] Ein Kriterium für die Existenz nichtlinearer ganzer Lösungen elliptischer Differentialgleichungen. Arch. d. Math. **10** (1959), 294–297. (S. 536)

[2] Über reguläre Variationsprobleme. Rend. Circ. Mat. Palermo (2) **8** (1959), 346–353. (S. 536, 545)

[3] Error estimates for the numerical solution of elliptic differential equations. Arch. Rat. Mech. Anal. **5** (1960), 293–306. (S. 205)

Nöbeling, G.: [1] Über die Länge der Euklidischen Kontinuen. I. Jahresber. D. M. V. **52** (1942), 132–160. (S. 220)

[2] Über die Länge der Euklidischen Kontinuen. III. Monatsh. Math. Phys. **50** (1942–43), 282–287. (S. 220, 225)

[3] Eine Bemerkung über die Länge einer stetigen Kurve. Sitz. Ber. Bayer. Akad. d. Wissensch., Math.-Phys. Kl. (1949), 41–45. (S. 223)

Nomizu, K., and B. Smith: [1] On the Gauss mapping for hyperspheres of constant mean curvature in the sphere. Comment. Math. Helv. **44** (1969), 484–490. (S. 118)

Oddson, J. K.: [1] On the boundary point principle for elliptic equations in the plane. Bull. Amer. Math. Soc. **74** (1968), 666–670. (S. 679)

Ortega, J. M., and M. L. Rockoff: [1] Non-linear difference equations and Gauss-Seidel type iterative methods. SIAM J. Numer. Anal. **3** (1966), 497–513. (S. 378)

Ortlepp, W.: [1] Eine Abwandlung des Problems der Minimal-Rotationsfläche. Dissetation, Dresden, 1935. (S. 641)

Osgood, W. F.: [I] Lehrbuch der Funktionentheorie. 5. Aufl., B. G. Teubner, Leipzig-Berlin, 1928. (S. 274)

[1] A Jordan curve of positive area. Transact. Amer. Math. Soc. **4** (1903), 137 to 143. (S. 31)

[2] On the transformation of the boundary in the case of conformal mapping. Bull. Amer. Math. Soc. **9** (1903), 233–235. (S. 274)

Osgood, W. F., and E. H. Taylor: [1] Conformal transformations on the boundaries of their regions of definition. Transact. Amer. Math. Soc. **14** (1913), 277–298. (S. 274, 533)

Osserman, R.: [I] A survey of minimal surfaces. Van Nostrand, New York, 1969. (S. 129, 621, 631, 684)

[1] A hyperbolic surface in 3-space. Proc. Amer. Math. Soc. **7** (1956), 54–58. (S. 648)

[2] Riemann surfaces of class A. Transact. Amer. Math. Soc. **82** (1956), 217–241. (S. 648)

[3] An extension of certain results in function theory to a class of surfaces. Proc. Nat. Acad. Sci. USA **45** (1959), 1031–1035. (S. 619)

[4] Proof of a conjecture of Nirenberg. Comm. P. Appl. Math. **12** (1959), 229–232. (S. 117, 564, 618)

[5] Remarks on minimal surfaces. Comm. P. Appl. Math. **12** (1959), 233–239. (S. 564, 568, 637, 647)

[6] An analogue of the Heinz-Hopf inequality. J. Math. Mech. **8** (1959), 383–385. (S. 117, 619)

[7] On the Gauss curvature of minimal surfaces. Transact. Amer. Math. Soc. **96** (1960), 115–128. (S. 114, 117, 568, 619)

[8] Minimal surfaces in the large. Comment. Math. Helv. **35** (1961), 65–76. (S. 126, 618, 620, 621)

[9] Some geometric properties of polynomial surfaces. Comment. Math. Helv. **37** (1962–63), 214–220. (S. 648, 663)

[10] On complete minimal surfaces. Arch. Rat. Mech. Anal. **13** (1963), 392–404. (S. 45, 128, 625, 630, 631)

[11] Global properties of minimal surfaces in E^3 and E^n. Ann. of Math. (2) **80** (1964), 340–364. (S. 118, 238, 625, 630, 631)

[12] Global properties of classical minimal surfaces. Duke Math. J. **32** (1965), 567–573. (S. 155, 623)

[13] Le théorème de Bernstein pour des systèmes. C. R. Acad. Sci. Paris Ser. A **262** (1966), 571–574. (S. 118)

[14] Some properties of solutions to the minimal surface system for arbitrary codimension. Proc. P. Appl. Math. **15,** Amer. Math. Soc. 1970, 283–291. (S. 118)

[15] A proof of the regularity everywhere of the classical solution to Plateau's problem. Ann. of Math. (2) **91** (1970), 550–569. (S. 330, 333, 336, 339)

[16] On Bers' theorem on isolated singularities. Indiana Univ. Math. J. **23** (1973), 337–342. (S. 708)

Paci, P.: [1] Sopra le superficie di area minima. Atti Accad. Sci. Torino **29** (1893–94), 446–461. (S. 655)

Padula, F.: [1] Intorno a due superficie di cui i raggi di curvatura sono uguali e diretti in parti opposte. Rend. Accad. Sci. Napoli, N. S. **1** (1852), 76–82. (S. 4)

Painlevé, P.: [1] Sur la théorie de la représentation conforme. C. R. Acad. Sci. Paris **112** (1891), 653–657. (S. 283)

Palais, R.: [1] Morse theory on Hilbert manifolds. Topology **2** (1963), 299–340. (S. 380)

[2] Lusternik-Schnirelman theory in Banach manifolds. Topology **5** (1966), 115–132. (S. 380)

Palais, R., and S. Smale: [1] A generalized Morse theory. Bull. Amer. Math. Soc. **70** (1964), 165—172. (S. 380)

Peano, G.: [1] Sulla definizione dell' area d'una superficie. Rend. Accad. Naz. Lincei, Cl. Fis. Mat. Nat. (4) **6** (1890), 54—57. (S. 29)

Peche, M.: [1] Analytische Bestimmung aller Minimalflächen, welche eine Schar reeller Parabeln enthalten. Dissertation, Göttingen, 1891. (S. 645, 656)
[2] Welche Minimalflächen sind Träger einer Schar reeller Hyperbeln? Wissensch. Beilage zum Programm d. Oberrealschule Breslau, 1903. (S. 645)

Perron, O.: [1] Eine neue Behandlung der Randwertaufgabe für $\Delta u = 0$. Math. Z. **18** (1923), 42—54. (S. 593)

Peterson, K.: [I] Über Curven und Flächen. A. Lang, Moskau; F. Wagner, Leipzig; 1868. (S. 644, 655)

Phragmén, E., et E. Lindelöf: [1] Sur une extension d'un principe classique de l'analyse et sur quelques propriétés des fonctions monogènes dans le voisinage d'un point singulier. Acta Math. **31** (1908), 381—406. (S. 545)

Picard, E.: [I] Traité d'analyse. t. 2, 2me éd., Gauthier-Villars, Paris, 1905. (S. 49)
[1] Sur la détermination des intégrales de certaines équations aux dérivées partielles du second ordre. J. Éc. Polytechn. **60** (1890), 89—105. (S. 120)
[2] Sur une classe étendue d'équations linéaires aux dérivées partielles dont toutes les intégrales sont analytiques. C. R. Acad. Sci. Paris **121** (1895), 12—14. (S. 120)
[3] Sur les équations linéaires aux dérivées partielles et la généralisation du problème de Dirichlet. Acta. Math. **25** (1902), 121—137. (S. 120)

Pinl, M.: [1] Über einen Satz von L. Berwald und die Gaußsche Krümmung der Minimalflächen. Monatsh. Math. Phys. **55** (1951), 188—199. (S. 637)
[2] Über einen Satz von G. Ricci-Curbastro und die Gaußsche Krümmung der Minimalflächen. Arch. d. Math. **4** (1953), 369—373. (S. 642)
[3] Minimalflächen und isotrope Kurven im Riemannschen Raum. An. Şti. Univ. „Al. I. Cuza" Iaşi Sect. I a Mat. (N. S.) **11** B (1965), 473—480. (S. 53)
[4] Über einen Satz von G. Ricci-Curbastro und die Gaußsche Krümmung der Minimalflächen. III. Arch. d. Math. **23** (1972), 643—649. (S. 642)

Pitcher, E.: [1] Inequalities of critical point theory. Bull. Amer. Math. Soc. **64** (1958), 1—30. (S. 380)

Plateau, J.: [I] Statique expérimentale et théorique des liquides soumis aux seules forces moléculaires. 2 Bände, Gauthier-Villars, Paris, 1873.
(S. 4, 6, 7, 8, 433, 439, 440, 475, 477, 491, 635, 643, 672, 673)

Pogorelov, A. V.: [1] On the improper convex affine hypersheres. Geometriae dedic. **1** (1972), 33—46. (S. 703)

Pohožaev, S. I.: [1] Die Menge der kritischen Werte eines Funktionals. Mat. Sbornik **75** (117) (1968), 106—111 [Russisch]. Engl. Übersetzung in Math. USSR Sbornik **4** (1968), 93—97. (S. 381)

Poincaré, H.: [1] Remarques diverses sur les fonctions abéliennes. J. Mathém. p. appl. (5) **1** (1895), 219—314. (S. 60)
[2] Sur les surfaces de translation et les fonctions abéliennes. Bull. Soc. Math. France **29** (1901), 61—86. (S. 60)

Poisson, S. D.: [1] Mémoire sur les surfaces élastiques. Mém. Cl. Sci. Mathém. Phys. Inst. de France, 1812, 2me p., 167—225. (S. 8)
[2] Note sur le surface dont l'aire est un minimum entre des limites données. J. r. angew. Math. **8** (1832), 361—362. (S. 251)

Pólya, G., und G. Szegö: [I] Aufgaben und Lehrsätze aus der Analysis. 2. Aufl., 2 Bände, Springer, Berlin-Göttingen-Heidelberg, 1954. (S. 18)

[1] Isoperimetric inequalities in mathematical physics. Princeton Univ. Press, Princeton, N. J., 1951. (S. 412)

[2] Über den transfiniten Durchmesser (Kapazitätskonstante) von ebenen und räumlichen Punktmengen. J. r. angew. Math. **165** (1931), 4—49. (S. 238)

Porter, A. W.: [1] Surface tension. Encyklopaedia Britannica, Vol. 21, 1966, 595—604. (S. 6)

Prager, W., and H. G. Hodge, Jr.: [I] Theory of perfectly plastic solids. Wiley, New York, 1951. (S. 445)

Price, M. E.: [1] Area of Bernstein-type polynomials. Proc. Amer. Math. Soc. **42** (1974), 222—227. (S. 702)

Puicherle, S.: [1] Nota sulle superficie d'area minima. Giorn. di Mat. **14** (1876), 75—82. (S. 655)

Rademacher, H.: [1] Über partielle und totale Differenzierbarkeit von Funktionen mehrerer Variablen. II. Math. Ann. **81** (1920), 52—63. (S. 637)

Radó, T.: [I] On the problem of Plateau. Ergebn. d. Math. u. ihrer Grenzgebiete, Springer-Verlag, Berlin, 1933. (S. 357, 359, 588, 591)

[II] Subharmonic functions. Ergebn. d. Math. u. ihrer Grenzgebiete, Springer-Verlag, Berlin, 1937. (S. 169)

[III] Length and area. Amer. Math. Soc. Colloq. Publ. Vol. 30, Amer. Math. Soc., Providence, R. I., 1948. (S. 31, 88, 198, 417, 637)

[1] Über den analytischen Charakter der Minimalflächen. Math. Z. **24** (1926), 321—327. (S. 49, 120, 593, 650)

[2] Aufgabe 41. Jahresber. D. M. V. **35** (1926), 49 (kursiv). (S. 357)

[3] Bemerkung über die Differentialgleichungen zweidimensionaler Variationsprobleme. Acta Litt. Sci. Univ. Szeged **2** (1924—26), 147—156. (S. 120, 590, 593, 678)

[4] Geometrische Betrachtungen über zweidimensionale reguläre Variationsprobleme. Acta Litt. Sci. Univ. Szeged **2** (1924—26), 228—253. (S. 588)

[5] Das Hilbertsche Theorem über den analytischen Charakter der Lösungen der partiellen Differentialgleichungen zweiter Ordnung. Math. Z. **25** (1926), 514—589. (S. 120)

[6] Zu einem Satze von S. Bernstein über Minimalflächen in Grossen. Math. Z. **26** (1927), 559—565. (S. 117)

[7] Bemerkung zur Arbeit von Herrn Ch. H. Müntz über das Plateausche Problem. Math. Ann. **96** (1927), 587—596. (S. 251)

[8] Sur l'aire des surfaces courbes. Acta Litt. Sci. Univ. Szeged **3** (1927), 131—169. (S. 32, 88, 200)

[9] Über zweidimensionale reguläre Variationsprobleme der Form $\iint F(p, q) \times \times dx\, dy =$ Minimum. Math. Ann. **101** (1929), 620—632. (S. 251, 588)

[10] On Plateau's problem. Ann. of Math. (2) **31** (1930), 457—469. (S. 252, 285)

[11] The problem of the least area and the problem of Plateau. Math. Z. **32** (1930), 763—796. (S. 251, 252, 339, 347, 359)

[12] On the functional of Mr. Douglas. Ann. of Math. (2) **32** (1931), 785—803. (S. 252)

[13] Contributions to the theory of minimal surfaces. Acta Litt. Scient. Univ. Szeged **6** (1932), 1—20. (S. 247, 251, 359, 360, 363)

[14] An iterative process in the problem of Plateau. Transact. Amer. Math. Soc. **35** (1933), 869—887. (S. 258)

Radó, T., and P. V. Reichelderfer: [I] Continuous transformations in analysis. Springer, Berlin-Göttingen-Heidelberg, 1955. (S. 177)

Raffy, L.: [1] Sur une transformation de formules de Codazzi et sur les caractères spécifiques des surfaces applicables sur les surfaces à courbure moyenne constante. Bull. Soc. Math. France **20** (1892), 47—49. (S. 642)

[2] Sur la déformation des surfaces spirales. Ann. Sci. Éc. Norm. Sup (3) **9** (1892), 145—166. (S. 644)

Rainich, G. J.: [1] Über die analytische Funktion auf einer Minimalfläche. Math. Ann. **101** (1929), 386—393. (S. 636)

Rangachariar, V.: [1] Minimal surfaces with reference to the line of striction of the asymptotic lines. J. Indian Math. Soc. N. S. **1** (1934—35), 203—208. (S. 639)

Reade, M. O.: [1] A characterization of minimal surfaces in isothermic representation. Proc. Amer. Math. Soc. **2** (1951), 47—54. (S. 638)

[2] Analogue of a theorem of F. and M. Riesz for minimal surfaces. J. Math. Soc. Japan **8** (1956), 177—179. (S. 660, 665)

Reade, M. O., and E. F. Beckenbach: [1] Generalizations to space of the Cauchy and Morera theorems. Transact. Amer. Math. Soc. **49** (1941), 354—377. (S. 638)

Rebstein, J.: [1] Bestimmung aller reellen Minimalflächen, die eine Schaar ebener Curven enthalten, denen auf der Gauss'schen Kugel die Meridiane entsprechen. Dissertation, Berlin, 1895. (S. 658)

Redheffer, R. M.: [1] On pairs of harmonic functions. Proc. Amer. Math. Soc. **8** (1957), 450—457. (S. 126)

Reich, K.: [1] Die Geschichte der Differentialgeometrie von Gauß bis Riemann (1828—1868). Arch. Hist. Exact Sci. **11** (1973), 273—382. (S. 701)

Reid, W. T.: [1] The isoperimetric inequality and associated boundary problems. J. Math. Mech. **8** (1959), 897—905. (S. 290)

Reidemeister, K.: [I] Knotentheorie. Springer, Berlin 1932. (S. 335)

[1] Die Differentialgleichungen der Schiebflächen. Abh. Math. Sem. Hamburg. Univ. **1** (1922), 127—138. (S. 60)

Reifenberg, E. R.: [1] Parametric surfaces I. Area. Proc. Cambridge Philos. Soc. **47** (1951), 687—698. (S. 31)

[2] Solution of the Plateau problem for m-dimensional surfaces of varying topological type. Acta Math. **104** (1960), 1—92. (S. 256, 257, 434, 444)

[3] An epiperimetric inequality related to the analyticity of minimal surfaces. Ann. of Math. (2) **80** (1964), 1—14. (S. 257, 434)

[4] On the analyticity of minimal surfaces. Ann. of Math. (2) **80** (1964), 15—21. (S. 257, 434)

Reimann, H. M.: [1] On the absolute continuity of a surface representation. Comment. Math. Helvet. **46** (1971), 44—47. (S. 31)

Relander, H. M. J.: [1] Bestimmung der Minimalflächen, welche eine Schaar reeller Curven zweiten Grades enthalten. J. C. Frenckell & Sohn, Helsingfors, 1888. (S. 645, 652)

Rešetnjak, Ju. G.: [1] Isotherme Koordinaten auf Mannigfaltigkeiten beschränkter Krümmung. Dokl. Akad. Nauk SSSR **94** (1954), 631—633 [Russisch]. (S. 49)

[2] Isotherme Koordinaten auf Mannigfaltigkeiten beschränkter Krümmung, I, II. Sibirsk. Mat. Zh. **1** (1960), 88—116, 248—276 [Russisch]. (S. 49)

[3] Isotherme Koordinaten auf Flächen beschränkter mittlerer Gesamtkrümmung. Dokl. Akad. Nauk. SSSR **174** (1967), 1024—1025 [Russisch]. Engl. Übersetzung in Soviet Math. Dokl. **8** (1967), 715—717. (S. 49)

[4] Die Menge der singulären Punkte von Lösungen gewisser nichtlinearer elliptischer Gleichungen. Sibirsk. Mat. Zh. **9** (1968), 354—367 [Russisch]. Engl. Übersetzung in Siberian Math. J. **9** (1968), 271—280. (S. 550)

[5] Verallgemeinerte Ableitungen und Differenzierbarkeit fast überall. Mat. Sbornik (N. S.) **75** (117) (1968), 323—334 [Russisch]. Engl. Übersetzung in Math. of the USSR, Sbornik **4** (1968), 293—302. (S. 177)

[6] Der Kapazitätsbegriff in der Theorie der Funktionen mit verallgemeinerten Ableitungen. Sibirsk. Mat. Zh. **10** (1969), 1109—1138 [Russisch]. Engl. Übersetzung in Siberian Math. J. **10** (1969), 818—842. (S. 220)

Reuter, G. E. H.: [1] An inequality for integrals of subharmonic functions over convex surfaces. J. London Math. Soc. **23** (1948), 56—58. (S. 288)

Ribaucour, A.: [1] Étude des élassoïdes ou surfaces a courbure moyenne nulle. Mém. Cour. et Mém. Sav. Étr. Acad. Roy. Sci. Belg. Bruxelles, **44** (1882), VI + 236pp. (S. 4, 53, 57, 58, 159, 646, 653, 654, 655, 656, 658)

Ricci-Curbastro, G.: [1] Sulla teoria intrinseca delle superficie ed in ispecie di quelle di secondo grado. Atti R. Ist. Ven. di Lett. ed Arti (7) **6** (1894—95), 445—488. (S. 641)

Richmond, H. W.: [1] On minimal surfaces. Transact. Cambridge Phil. Soc. **18** (1900), 324—332. (S. 159, 640)

[2] On the simplest algebraic minimal curves, and the derived real minimal surfaces. Transact. Cambridge Phil. Soc. **19** (1904), 69—82. (S. 159, 656)

[3] On minimal surfaces. J. London Math. Soc. **19** (1944), 229—241. (S. 51, 653)

Riemann, B.: [I] Gesammelte Mathematische Werke. 2. Aufl., B. G. Teubner, Leipzig, 1892. (S. 81, 143, 240, 248, 475, 497)

Riemann, B., und K. Hattendorff (Bearbeiter): [1] Über die Fläche vom kleinsten Inhalt bei gegebener Begrenzung. Abh. Königl. Ges. d. Wissensch. Göttingen, Mathem. Kl. **13** (1868), 3—52. (S. 4)

Riesz, F.: [1] Über die Randwerte einer analytischen Funktion. Math. Z. **18** (1923), 87—95. (S. 22, 289)

[2] Sur les valeurs moyennes des fonctions. J. London Math. Soc. **5** (1930), 120 to 121. (S. 170)

[3] Eine Ungleichung für harmonische Funktionen. Monatsh. Math. Phys. **43** (1936), 401—406. (S. 288)

Riesz, F., und M. Riesz: [1] Über die Randwerte analytischer Funktionen. 4. Congr. Scand. Math. Stockholm (1916), 27—44. (S. 289)

Riesz, M.: [1] Remarque sur les fonctions holomorphes. Acta Sci. Mat. Szeged **12**, Pars A, (1950), 53—56. (S. 288)

Ritter, I. F.: [1] Solution of Schwarz' problem concerning minimal surfaces. Univ. Nac. Tucumán Rev. Ser. A **1** (1940), 40—62. (S. 253, 432, 456)

Ritter, R.: [1] Kehlpunktabstand und Drall von Strahlenkongruenzen, insbesondere der Normalenkongruenzen der assoziierten Minimalflächen. Jahresber. D. M. V. **46** (1936), 71—92. (S. 59, 659)

Roberts, M.: [1] Sur les surfaces dont les rayons de courbure sont égaux, mais dirigés en sense opposés. J. Mathém. p. appl. (1) **11** (1846), 300—312. (S. 62, 161)

[2] Discussion analytique de deux surfaces particulières qui jouissent de la propriété d'avoir pour chacun de leurs points les deux rayons de courbure égaux et de signes contraires. J. Mathém. p. appl. (1) **15** (1850), 323—331. (S. 4)

Rochowski, M.: [1] On the total curvature of a closed curve. Ann. Soc. Polon. Math. **21** (1969), 239—244. (S. 21)

Roşca, R.: [1] Sur les surfaces de Lie-Ribaucour. Rev. Roumaine Math. P. Appl. **11** (1966), 623—636. (S. 53)

Roseman, J. J.: [1] The rate of decay of a minimal surface defined over a semi-infinite strip. J. Math. Anal. Appl. **46** (1974), 545—554. (S. 709)

Rossinski, S.: [1] Sur un cas de déformation des congruences isotropes et sur une transformation des surfaces minima qui *s'y* rattache. Rend. Circ. Mat. Palermo **59** (1935), 82—96. (S. 59)

Royden, H. L.: [1] On a class of null-bounded Riemann surfaces. Comment. Math. Helv. **34** (1960), 52—66. (S. 239)

Rozet, O.: [1] Sur une surface dont la transformée de Lie est la surface minima d'Enneper. Bull. Soc. Sci. Liége **17** (1948), 208—209. (S. 81)

Ruh, E. A.: [1] Asymptotic behavior of non-parametric minimal hypersurfaces. J. Diff. Geom. **4** (1970), 509—513. (S. 118)

Rutishauser, H., et H. Samelson: [1] Sur le rayon d'une sphere dont la surface contient une courbe fermée. C. R. Acad. Sci. Paris **227** (1948), 755—757. (S. 21, 481)

Sabitov, I. H.: [1] Minimalflächen mit gewissen Randbedingungen. Mat. Sbornik (N. S.) **76** (118) (1968), 368—389 [Russisch]. Engl. Übersetzung in Mathematics of the USSR, Sbornik **5** (1968), 357—377. (S. 463, 674)

Sachs, H.: [1] Über eine Klasse isoperimetrischer Probleme. Wiss. Z. Univ. Halle, Math. Naturw. Reihe **8** (1958—59), 121—126, 127—134. (S. 125)

Saks, S.: [I] Theory of the integral. 2nd rev. ed., Hafner Publ. Co., New York, 1937. (S. 200, 221)

[1] Remarque sur la mesure linéaire des ensembles plans. Fundamenta Math. **9** (1927), 16—24. (S. 225)

Salkowski, E.: [1] Dreifach orthogonale Flächensysteme. Enc. d. Math. Wissensch. 3.3.9, B. G. Teubner, Leipzig, 1902—27 (abgeschlossen 1920), 541—606. (S. 644)

Sansone, G.: [1] Superficie applicabili sopra una superficie a curvature media costante. Nuova dimostrazione del teorema del «Ricci». Rend. Accad. Naz. Lincei, Cl. Fis. Mat. Nat. (6) **10** (1929), 553—556. (S. 642)

Santi, E.: [1] Sul problema al contorno per l'equazione delle superfici di area minima su domini limitati qualunque. Ann. Univ. Ferrara, Sci. Mat. N. S. **17** (1971), 13—26. (S. 703)

Sario, L.: [1] Islands and peninsulas on arbitrary Riemann surfaces. Transact. Amer. Math. Soc. **106** (1963), 521—533. (S. 625)

[2] Value distribution under analytic mappings of arbitrary Riemann surfaces. Acta Math. **109** (1963), 1—10. (S. 625)

Sario, L., and M. Nakai: [I] Classification theory of Riemann surfaces. Springer, Berlin-Heidelberg-New York, 1970. (S. 238)

Sasaki, S.: [1] On the total curvature of a closed curve. Japan. J. Math. **29** (1959), 118—125. (346)

Schaal, H.: [1] Die Affinminimalflächen von G. Thomsen. Arch. d. Math. **24** (1973), 208—217. (S. 702)

[2] Die Ennepersche Minimalfläche als Grenzfall der Minimalfläche von G. Thomsen. Arch. d. Math. **24** (1973), 320—322. (S. 702)

[3] Neue Erzeugung der Minimalflächen von G. Thomsen. Monatsh. Math. **77** (1973), 433—461. (S. 702)

Schauder, J.: [1] The theory of surface measure. Fundamenta Math. **8** (1926), 1—48. (S. 225)

[2] Über die Umkehrung eines Satzes aus der Variationsrechnung. Acta Litt. Sci. Univ. Szeged **4** (1928—29), 38—50. (S. 591)

[3] Potentialtheoretische Untersuchungen I. Math. Z. **33** (1931), 602—640. (S. 371)

[4] Über den Zusammenhang zwischen der Eindeutigkeit und Lösbarkeit partieller Differentialgleichungen zweiter Ordnung vom elliptischen Typus. Math. Ann. **106** (1932), 661—721. (S. 251)

[5] Über das Dirichletsche Problem im Großen für nichtlineare elliptische Differentialgleichungen. Math. Z. **37** (1933), 623—634, 768. (S. 251, 587, 588)

[6] Numerische Abschätzungen in elliptischen linearen Differentialgleichungen. Studia Math. **5** (1934), 34—42. (S. 251, 375)

Schechter, S.: [1] Iteration methods for nonlinear problems. Transact. Amer. Math. Soc. **104** (1962), 179—189. (S. 378)

[2] Relaxation methods for convex problems. SIAM J. Numer. Anal. **5** (1968), 601—612. (S. 378)

Scheffers, G.: [I] Einführung in die Theorie der Flächen. 3. Aufl., Walter de Gruyter & Co., Berlin-Leipzig, 1922. (S. 4, 8, 47)

[1] Das Abel'sche Theorem und das Lie'sche Theorem über Translationsflächen. Acta Math. **28** (1904), 65—91. (S. 60)

[2] Bestimmung aller Kurven, durch deren Translation Minimalflächen entstehen. Nachr. Königl. Ges. Wissensch. Göttingen, Math.-Phys. Kl. (1905), 472—477. (S. 60)

[3] Bemerkung zur vorstehenden Abhandlung des Herrn K. Reidemeister. Abh. Math. Sem. Hamburg. Univ. **1** (1922), 138—139. (S. 60, 136)

Scherk, H. F.: [1] Bemerkungen über die kleinste Fläche innerhalb gegebener Grenzen. J. r. angew. Math. **13** (1835), 185—208. (S. 4, 63, 64, 640, 641)

Schiffer, M.: [1] Analytical theory of subsonic and supersonic flows. Handbuch der Physik, Bd. 9, Springer, Berlin-Göttingen-Heidelberg, 1960, 1—161. (S. 12, 133, 684)

Schilling, C.: [1] Die Minimalflächen fünfter Klasse mit dem Stereoscop-Bild eines Modells derselben. Dissertation, Göttingen, 1880. (S. 140, 159, 653, 656, 657)

Schmidt, E.: [1] Ueber die die Definition des Begriffes der Länge krummer Linien. Math. Ann. **55** (1901), 163—176. (S. 14)

[2] Über eine neue Methode zur Behandlung einer Klasse isoperimetrischer Aufgaben im Großen. Math. Z. **47** (1942), 489—642. (S. 290)

Schneider, R.: [1] A note on branch points of minimal surfaces. Proc. Amer. Math. Soc. **17** (1966), 1254—1257. (S. 341, 343)

Schoenflies, A.: [1] Sur les surfaces minima limitées par quatre arêtes d'un quadrilatère gauche. C. R. Acad. Sci. Paris **112** (1891), 478—480. (S. 248, 664)

[2] Sur les equations de deux surfaces minima périodiques possedant la symétrie de l'octaédre. C. R. Acad. Sci. Paris **112** (1891), 515—518. (S. 248, 664)

Schondorff, A.: [1] Über die Minimalfläche, die von einem doppelt-gleichschenkligen räumlichen Viereck begrenzt wird. W. Fr. Kaestner, Göttingen, 1868. (S. 241, 248)

Schrutka, L. v.: [1] Beweis des Satzes, daß die Entfernungen eines Punktes von drei gegebenen Punkten die kleinste Summe aufweisen, wenn sie miteinander gleiche Winkel bilden. Schwarz-Festschrift, Springer, Berlin, 1914, 390—391. (S. 440)

Schwartz, J. T.: [1] Generalizing the Lusternik-Schnirelman theory of critical points. Comm. P. Appl. Math. **17** (1964), 307—315. (S. 380)

Schwarz, H. A.: [I] Gesammelte Mathematische Abhandlungen. 2 Bände, Springer, Berlin, 1890. (S. 4, 7, 28, 29, 56, 57, 69, 71, 72, 81, 86, 90, 94, 95, 96, 97, 99, 100, 101, 103, 106, 137, 140, 164, 240, 245, 247, 248, 431, 475, 477, 497, 505, 640, 645, 652, 653, 656, 657, 664, 678)

[1] Bestimmung aller derjenigen Minimalflächen, welche eine Schaar reeller Curven zweiten Grades enthalten. Sitz. Ber. Preuss. Akad. d. Wiss. Berlin, Phys.-Math. Cl. (1903), 39. (S. 645)

Scorza Dragoni, G.: [1] A proposito di un teorema di Caccioppoli sulla rappresentazione conforme delle superficie. Rend. Accad. Naz. Lincei, Cl. Fis. Mat. Nat. (6) **23** (1936), 557—565. (S. 49)

Sebag, J.: [1] Sur l'équation aux dérivées fonctionelles partielles relative à l'aire d'une surface minima limitée à une courbe gauche et sur la recherche de ses solutions homogènes. Ann. Fac. Sci. Toulouse, Sci. Math. Phys. (3) **20** (1928), 129—236. (S. 665)

Šefel,' S. Z.: [1] Sattelflächen, die von einer rektifizierbaren Kurve berandet sind. Dokl. Akad. Nauk. SSSR **162** (1965), 294—296 [Russisch]. Engl. Übersetzung in Soviet Math. **6** (1965), 684—687. (S. 290)

Segre, B.: [1] Sui circoli geodetici di una superficie a curvature totale costante, che contengono nell'interno una linea assegnata. Boll. Unione Mat. Ital. **13** (1934), 279—283. (S. 21, 481)

[2] Questioni di realtà sulle forme armoniche e sulle loro hessiane. Rend. Accad. Naz. Lincei, Cl. Sci. Fis. Mat. Natur. (8) **15** (1953), 237—242, 339—344. (S. 124)

Seifert, H., und W. Threlfall: [I] Variationsrechnung im Großen. B. G. Teubner, Leipzig-Berlin, 1938. (S. 258, 380)

Sen, B. M.: [1] On double surfaces. Proc. London Math. Soc. (2) **20** (1922), 417 to 434. (S. 146)

Serret, J. A.: [1] Note sur la surface réglée dont les rayons de courbure principaux sont égaux et dirigés en sense contraires. J. Mathém. p. appl. (1) **11** (1846), 451—457. (S. 62)

[2] Observations sur deux notes de M. Bonnet, relatives aux surfaces dont toutes les lignes de courbure sont planes ou sphériques. C. R. Acad. Sci. Paris **36** (1853), 432—436. (S. 634)

[3] Sur la moindre surface comprise entre des lignes droites données, non situées dans la même plan. C. R. Acad. Sci. Paris **40** (1855), 1078—1082. (S. 248)

Serrin, J.: [1] On a fundamental theorem of the calculus of variations. Acta Math. **102** (1959), 1—22. (S. 90)

[2] A new definition of the integral for non-parametric problems in the calculus of variations. Acta Math. **102** (1959), 23—32. (S. 200)

[3] On the area of curved surfaces. Amer. Math. Monthly **68** (1961), 435—440. (S. 200)

[4] On the definition and properties of certain variational integrals. Transact. Amer. Math. Soc. **101** (1961), 139—167. (S. 200)

[5] A priori estimates for solutions of the minimal surface equation. Arch. Rat. Mech. Anal. **14** (1963), 376—383. (S. 399, 564, 575)

[6] Local behavior of solutions of quasi-linear equations. Acta Math. **111** (1964), 247—302. (S. 220, 536, 550)

[7] Isolated singularities of solutions of quasi-linear equations. Acta Math. **113** (1965), 219—240. (S. 220, 550)

[8] Removable singularities of solutions of elliptic differential equations. II. Arch. Rat. Mech. Anal. **20** (1965), 163—169. (S. 549)

[9] The Dirichlet problem for quasi-linear elliptic equations with many independent variables. Proc. Nat. Acad. Sci. USA **58** (1967), 1829—1835. (S. 251)

[10] Addendum to „A priori estimates for solutions of the minimal surface equation". Arch. Rat. Mech. Anal. **28** (1968), 149—154. (S. 564, 568, 681)

[11] The problem of Dirichlet for quasilinear elliptic differential equations with many independent variables. Phil. Transact. Roy. Soc. London Ser. A **264** (1969), 413—496. (S. 251, 363, 364, 369, 536, 552)

[12] The Dirichlet problem for surfaces of constant mean curvature. Proc. London Math. Soc. **21** (1970), 361—384. (S. 399)

Shibata, K.: [1] On the existence of a harmonic mapping. Osaka Math. J. **15** (1963), 173—211. (S. 126)

Shiffman, M.: [1] The Plateau problem for minimal surfaces which are relative minima. Ann. of Math. (2) **39** (1938), 309—315. (253, 520, 522)

[2] The Plateau problem for minimal surfaces of arbitrary topological structure. Amer. J. Math. **61** (1939), 853—882. (S. 253, 520)

[3] The Plateau problem for non-relative minima. Ann. of Math. (2) **40** (1939), 834—854. (S. 258, 280, 380)

[4] Unstable minimal surfaces with several boundaries. Ann. of Math. (2) **43** (1942), 197—222. (S. 258, 380, 534)

[5] Unstable minimal surfaces with any rectifiable boundary. Proc. Nat. Acad. Sci. USA **28** (1942), 103—108. (S. 258, 294, 380)

[6] Instability for double integral problems in the calculus of variations. Ann. of Math. (2) **45** (1944), 543—576. (S. 258, 290, 380, 665, 674)

[7] Differentiability and analyticity of solutions of double integral variational problems. Ann. of Math. (2) **48** (1947), 274—284. (S. 120)

[8] On the isoperimetric inequality for saddle surfaces with singularities. Studies and essays presented to R. Courant. Interscience, New York, 1948, 383—394. (S. 290)

[9] On the existence of subsonic flows of a compressible fluid. J. Rat. Mech. Anal. **1** (1952), 605—652. (S. 12)

[10] On surfaces of stationary area bounded by two circles, or convex curves, in parallel planes. Ann. of Math. (2) **63** (1956), 77—90. (S. 499, 500, 501, 661, 673, 693)

Sibner, L. M., and R. J. Sibner: [1] Non linear Hodge theory: Applications. Proceedings of the Summer College on Global Analysis, Trieste (1972), erscheint demnächst. (S. 704)

Sigalov, A. G.: [1] Zweidimensionale Probleme der Variationsrechnung. Uspehi Mathem. Nauk. (N. S.) **6** (1951), 16—101 [Russisch]. Engl. Übersetzung in Amer. Math. Soc. Transl. (1) **6** (1962), 27—146. (S. 251, 254)

[2] Zweidimensionale Probleme der Variationsrechnung in nicht-parametrischer Form, in parametrische Form transformiert. Mat. Sbornik (N. S.) **34** (76) (1954), 385—406 [Russisch]. Engl. Übersetzung in Amer. Math. Soc. Transl. (2) **10** (1958), 319—339. (S. 251)

[3] Variationsprobleme mit zulässigen Flächen beliebigen topologischen Typs Uspehi Matem. Nauk. (N. S.) **12** (1957), 53—98 [Russisch]. Engl. Übersetzung in Amer. Math. Soc. Transl. (2) **14** (1960), 59—106. (S. 251, 256)

[4] Berichtigung des Artikels ,,Variationsprobleme mit zulässigen Flächen beliebigen topologischen Typs". Uspehi Matem. Nauk (N. S.) **15** (1960), 261 [Russisch]. (S. 251, 256)

Silverman, E.: [1] A problem of least area. Pacific J. Math. **14** (1964), 308—331. (S. 662, 663)

Simon, L. M.: [1] Global estimates of Hölder continuity for a class of divergence form equations. Arch. Rat. Mech. Anal., erscheint demnächst. (S. 703)

Simon, O. E.: [1] Über die Flächen, deren Hauptkrümmungsradien in jedem Punkt gleiche, aber entgegengesetzte Werthe haben. Arch. Math. Phys. **27** (1856), 322—326. (S. 62)

Simons, J.: [1] Minimal cones, Plateau's problem, and the Bernstein conjecture. Proc. Nat. Acad. Sci. USA **58** (1967), 410—411. (S. 118, 257)

[2] Minimal varieties in Riemannian manifolds. Ann. of Math. (2) **88** (1968), 62—105. (S. 118)

Sinclair, M. E.: [1] On the minimum surface of revolution in the case of one variable end point. Ann. of Math. (2) **8** (1906—1907), 177—188. (S. 7, 432, 475)

[2] The absolute minimum in the problem of the surface of revolution of minimum area. Ann. of Math. (2) **9** (1907—1908), 151—155. (S. 475)

[3] Concerning a compound discontinuous solution in the problem of the surface of revolution of minimum area. Ann. of Math. (2) **10** (1908—1909), 55—80. (S. 438)

Sinigallia, L.: [1] Sulle superficie ad area minima applicabili su se stesse. Giorn. di Mat. **36** (1898), 177—182; **37** (1899), 171—187. (S. 642)

Smale, S.: [1] Morse inequalities for a dynamical system. Bull. Amer. Math. Soc. **66** (1960), 43—49. (S. 380)

[2] Morse theory and a non-linear generalization of the Dirichlet problem. Ann. of Math. (2) **80** (1964), 382—396. (S. 380)

Sobolev, S. L.: [I] Applications of functional analysis in mathematical physics. Amer. Math. Soc., Providence, R. I., 1963. (S. 177)

[1] Über einen Satz der Funktionalanalysis. Mat. Sbornik (N. S.) **4** (1938), 471—494 [Russisch]. (S. 177)

Solomon, A.: [1] Systems of minimal surfaces. Comm. P. Appl. Math. **20** (1967), 521—547. (S. 444)

[2] Some symmetric systems of minimal surfaces. Israel J. Math. **8** (1970), 65—74. (S. 708)

Souček, V.: [1] The nonexistence of a weak solution of Dirichlet's problem for the functional of minimal surface on nonconvex domains. Comment. Math. Univ. Carolinae **12** (1971), 723—736. (S. 704)

Spruck, J.: [1] Infinite boundary value problems for surfaces of constant mean curvature. Arch. Rat. Mech. Anal. **49** (1972), 1—31. (S. 709)

Stäckel, P.: [1] Über bedingte Biegungen krummer Flächen. Jahresber. D. M. V. **1** (1892), 70. (S. 659)

[2] Beiträge zur Flächentheorie. V. Eine Eigenschaft der Schraubenflächen. Ber. Königl. Sächs. Ges. Wissensch. Leipzig, Math.-Phys. Kl. **50** (1898), 3—20. (S. 63, 644)

[3] Bestimmung aller Kurven, durch deren Translation Minimalflächen entstehen. Nachr. Königl. Ges. Wissensch. Göttingen, Math.-Phys. Kl. (1905), 343—357. (S. 60)

[4] Die kinematische Erzeugung von Minimalflächen. Transact. Amer. Math. Soc. **7** (1906), 293—313. (S. 60)

Stampacchia, G.: [1] Problemi al contorno ellittici, con dati discontinui dotati di soluzioni hölderiana. Annali di Mat. p. appl. (4) **51** (1960), 1—38. (S. 251)

[2] On some regular multiple integral problems in the calculus of variations. Comm. P. Appl. Math. **16** (1963), 383—421. (S. 251)

Stampacchia, G., and A. Vignoli: [1] A remark on variational inequalities for a second order non linear differential operator with non Lipschitz obstacles. Boll. Un. Mat. Ital. (4) **5** (1972), 123—131. (S. 706)

Steiner, J.: [I] Gesammelte Werke. Zweiter Band. G. Reimer, Berlin, 1882. (S. 89, 437, 440, 646, 662)

Steinhaus, H.: [I] Mathematical Snapshots. New ed., Oxford Univ. Press, New York, 1960. (S. 7)

Stenius, E.: [1] Ueber Minimalflächenstücke, deren Begrenzung von zwei Geraden und einer Fläche gebildet wird. Druckerei d. Finn. Litt.-Ges., Helsingfors, 1892. (S. 8, 248, 432, 444, 664)

Stephanidis, N. K.: [1] Über eine Klasse von Strahlensystemen. Math. Z. **73** (1960), 121—126. (S. 59)

Stepleman, R. S.: [1] Finite-dimensional analogues of variational problems in the plane. SIAM J. Numer. Anal. **8** (1971), 11—23. (S. 378)

Steßmann, B.: [1] Periodische Minimalflächen. Math. Z. **38** (1934), 417—442. (S. 248, 335, 664)

Stoker, J. J.: [1] Some observations on continuum mechanics with emphasis on elasticity. Bull. Amer. Math. Soc. **68** (1962), 239—278. (S. 8, 672)

Stong, C. L.: [1] How to blow soap bubbles that last for months or even years. Scientific American **220**, No. 5 (1969), 128—132. (S. 7, 8, 433)

Stouff, X.: [1] Sur une classe de surfaces minima. Ann. Fac. Sci. Toulouse, Sci. Math.-Phys., **6** (1892), A 1—12. (S. 645)

Strubecker, K.: [I] Differentialgeometrie III. Sammlung Göschen Bd. 1180/1180a, W. de Gruyter, Berlin, 1959. (S. 53)

[1] Differentialgeometrie des isotropen Raumes. III. Flächentheorie. Math. Z. **48** (1942—43), 369—427. (S. 53)

[2] Eine neue Erzeugung der Minimalfläche von Enneper. Annali di Mat. p. appl. (4) **55** (1961), 297—305. (S. 81)

Stübler, E.: [1] Untersuchungen über spezielle Minimalflächen. Math. Ann. **75** (1914), 148—176. (S. 57)

Study, E.: [1] Minimalkurven und Serret'sche Flächen. Amer. J. Math. **32** (1910), 264—278. (S. 53)

[2] Über einige imaginäre Minimalflächen. Ber. Königl. Sächs. Ges. Wissensch. Leipzig, Math.-Phys. Kl. **63** (1911), 14—26. (S. 53, 62)

Sturm, R.: [1] Rein geometrische Untersuchungen über algebraische Minimalflächen. J. r. angew. Math. **105** (1889), 101—126. (S. 53, 159)

Süss, W.: [1] Über Affinminimalflächen, die gleichzeitig Minimalflächen sind. Math. Z. **42** (1937), 697—699. (S. 646)

Szenthe, J.: [1] On the total curvature of closed curves in Riemannian manifolds. Publ. Math. Debrecen **15** (1968), 99—105. (S. 21)

Szeptycki, P.: [1] On the identity of Morrey-Calkin and Schauder-Sobolev spaces. Studia Math. **15** (1956), 123—128. (S. 177)

Takasu, T.: [1] Differentialgeometrie, X. Zur Isoperimetrie in der konformen Ebene. Japan. J. Math. **10** (1933), 23—32. (S. 290)

[2] Laguerre-geometrische Verallgemeinerung eines Satzes von Carleman. Sitz. Ber. Preuss. Akad. Wiss., Math.-Phys. Kl., (1939), 1—14. (S. 290)

[3] Über die Carlemansche Isoperimetrie auf den Minimalflächen. Japan. J. Math. **15** (1939), 125—128. (S. 290)

Takens, F.: [1] Isolated critical points of C^∞ and C^ω functions. Proc. Kon. Nederl. Akad. Wet. Ser. A, **70** (1967), 238—243. (S. 381)

Tallquist, H.: [1] Construktion eines Modelles einer speciellen Minimalfläche. Öfvers. Finsk. Vetensk.-Soc. Förh. **31** (1888—89), 32—51. (S. 140)

[2] Bestimmung einiger Minimalflächen, deren Begrenzung gegeben ist. J. C. Frenkell & Sohn, Helsingfors, 1890. (S. 7, 248, 431, 432, 674)

[3] Bestimmung der Minimalflächen, welche eine gegebene ebene oder sphärische Curve als Krümmungskurve enthalten. Acta. Soc. Sci. Fenn. **17** (1891), 473 bis 489. (S. 653)

Taylor, J. E.: [1] Regularity of the singular sets of two-dimensional area-minimizing flat chains modulo 3 in R^3. Inventiones math. **22** (1973), 119—159. (S. 708)

Tedenat, P.: [1] Solution du problème proposé à la page 99 de ce volume. Ann. Mathém. p. appl. **7** (1816), 148—155. (S. 431)

[2] Réflexions nouvelles sur la question traitée à la page 143 de ce volume. Ann. Mathém. p. appl. **7** (1816), 283—287. (S. 431)

Teichmüller, O.: [1] Untersuchungen über konforme und quasikonforme Abbildungen. Deutsche Math. **3** (1938), 621—678. (S. 49)

Temam, R.: [1] Solutions généralisées de certaines équations dy type hypersurfaces minima. Arch. Rat. Mech. Anal. **44** (1971), 121—156. (S. 703)

[2] Existence et unicité de solutions pour des problèmes de Neumann coercifs dans des espaces non réflexifs. C. R. Acad. Sci. Paris, Sér. A-B **273** (1971), A 609—A 611. (S. 709)

Tenius, G.: [1] Bestimmung einer speziellen Minimalfläche. Dissertation, Marburg, 1888, (S. 248, 431, 432, 442, 664)

Thienemann, W.: [1] Ueber eine transcendente Minimalfläche, welche eine Schar algebraischer Raumcurven vierten Grades enthält. Dissertation, Giessen, 1890. (S. 655, 658)

Thompson, D. W.: [I] On growth and form. New ed., Univ. Press, Cambridge, 1942. (S. 7, 439, 440)

Thompson, J. E.: [1] Studies of the behavior of the mapping function on the boundary in conformal mapping. Dissertation, Univ. of Minnesota, 1951. (S. 297)

Thomsen, G.: [1] Über affine Geometrie XXXIX. Über Affinminimalflächen, die gleichzeitig Minimalflächen sind. Abh. Math. Sem. Hamburg. Univ. **2** (1923), 71—73. (S. 646)

[2] Grundlagen der konformen Flächentheorie. Abh. Math. Sem. Hamburg. Univ. **3** (1924), 31—56. (S. 538)

Thomson, Sir W.: [1] On the division of space with minimum partitional area. Acta Math. **11** (1887—88), 121—134. (S. 672)

Thybaut, A.: [1] Sur la déformation du paraboloide et sur quelques problèmes qui *s'y* rattachent. Ann. Sci. Éc. Norm. Sup. (3) **14** (1887), 45—98. (S. 57, 59, 642)

Ting, T. W.: [1] Elastic-plastic torsion of a square bar. Transact. Amer. Math. Soc. **123** (1966), 369—401. (S. 445)
[2] Elastic plastic torsion problem II. Arch. Rat. Mech. Anal. **25** (1967), 342—366. (S. 445)

Todhunter, I.: [I] A history of the calculus of variations during the nineteenth century. Neudruck der ersten Auflage von 1861 mit dem Titel: A history of the progress of the progress of the calculus of variations during the nineteenth century. Chelsea Publishing Co., New York. (S. 5, 437, 444)
[II] Researches in the calculus of variations, principally on the theory of discontinuous solutions. MacMillan & Co., London-Cambridge, 1871. (S. 475)

Tomi, F.: [1] Ein teilweise freies Randwertproblem für Flächen vorgeschriebener mittlerer Krümmung. Math. Z. **115** (1970), 104—112. (S. 706)
[2] Minimal surfaces and surfaces of prescribed mean curvature spanned over obstacles. Math. Ann. **190** (1971), 248—264. (S. 706)
[3] Variationsprobleme vom Dirichlet-Typ mit einer Ungleichung als Nebenbedingung. Math. Z. **128** (1972), 43—74. (S. 706)
[4] On the local uniqueness of the problem of least area. Arch. Rat. Mech. Anal. **52** (1973), 312—318. (S. 706)

Ton, B. A.: [1] On strongly nonlinear elliptic variational inequalities. Pacific J. Math. **48** (1973), 279—291. (S. 706)

Tonelli, L.: [I] Opere Scelte. 4 Bände, Ed. Cremonese, Roma, 1960—1963. (S. 15, 32, 200, 251, 252)

Toponogow, W. A.: [1] Eine isoperimetrische Ungleichung für Flächen, deren Gaußsche Krümmung nach oben beschränkt ist. Sibirsk. Math. Zh. **10** (1967), 144—157 [Russisch]. Engl. Übersetzung in Siberian Math. J. **10** (1969), 104—113. (S. 290)

Toralballa, L. V.: [1] A geometric theory of surface area. Part I: Non-parametric surfaces. Monatsh. Math. **74** (1970), 462—476. (S. 637)
[2] A geometric theory of surface area. Part II: Triangulable parametric surfaces. Monatsh. Math. **76** (1972), 66—77; **77** (1973), 156—157. (S. 637)
[3] A geometric theory of surface area. Part III: Non-triangulable parametric surfaces, Monatsh. Math. **77** (1973), 363—365. (S. 637)

Tortorici, P.: [1] Nuovi studi sulle superficie rigate. Annali di Mat. p. appl. (3) **27** (1918), 125—148. (S. 643)

Triscari, D.: [1] Sulle singolarità delle frontiere orientate di misura minima. Ann. Scuola Norm. Sup. Pisa **17** (1963), 349—371. (S. 257)

Trudinger, N. S.: [1] Some existence theorems for quasi-linear non-uniformly elliptic equations in divergence form. J. Math. Mech. **18** (1969), 909—919. (S. 364, 536)
[2] Lipschitz continuous solutions of elliptic equations of the form $\mathcal{A}(Du)\,D^2u = 0$. Math. Z. **109** (1969), 211—216. (S. 364, 536)
[3] On the analyticity of generalized minimal surfaces. Bull. Austral. Math. Soc. **5** (1971), 315—320. (S. 708)
[4] The boundary gradient estimate for quasilinear elliptic and parabolic differential equations. Indiana Univ. Math. J. **21** (1972), 657—670. (S. 704)
[5] A new proof of the interior gradient bound for the minimal surface equation in *n* dimensions. Proc. Nat. Acad. Sci. USA **69** (1972), 821—823. (S. 708)

[6] Gradient estimates and mean curvature. Math. Z. **131** (1973), 165—175. (S. 708)

Tschaplygin, S. A.: [1] Über Gasströmungen. Sci. Mem. Imp. Univ. Mowcow Math. Phys. Sect. **21** (1902), 1—121 [Russisch]. (S. 11)

Tsuji, M.: [I] Potential theory in modern function theory. Maruzen Co., Tokyo, 1959. (S. 220, 238, 283)

[1] On a theorem of F. and M. Riesz. Proc. Imp. Acad. Tokyo **18** (1942), 172—175. (S. 288)

Tzitzeica, G.: [1] Sulle superficie minime ortogonali ad una sfera. Le Matem. p. appl. **2** (1902), 186—188. (S. 652, 653)

Ullman, J. L., and C. J. Titus: [1] An integral inequality with applications to harmonic mappings. Michigan Math. J. **10** (1963), 181—192. (S. 126)

Ural'tseva, N. N.: [1] Die Lösbarkeit des Kapillaritätsproblems. Vestnik Leningrad. Univ. **4** (1973), No. 19, 54—64, 152 [Russisch]. (S. 709)

Vaccaro, G.: [1] Sulle superficie d'area minima. Riv. Mat. Univ. Parma (2) **3** (1962), 139—168. (S. 399, 680)

Van der Mensbrugghe, G.: [1] Discussion et réalisation expérimentale d'une surface particulière à courbure moyenne nulle. Bull. Acad. Roy. Sci. Bruxelles (2) **21** (1866), 552—566. (S. 7)

[2] Sur la tension des lames liquides. Bull. Acad. Roy. Sci. Bruxelles (2) **22** (1866), 270—276, 308—328. (S. 432, 436)

[3] Sur la tension des lames liquides. 2me note. Bull. Acad. Roy. Sci. Bruxelles (2) **23** (1867), 448—465. (S. 432)

[4] Joseph-Antoine-Ferdinand Plateau. Nachruf. Annuaire Acad. Roy. Sci. Bruxelles **51** (1885), 389—473. (S. 7)

Vanhecke, L.: [1] ω-Kongruenzen von Vincensini und Verallgemeinerungen der Kongruenzen mit einer Minimalfläche als Mittelhüllfläche. Monatsh. Math. **76** (1972), 154—167. (S. 702)

Vekua, I. N.: [I] Generalized analytic functions. Addison Wesley Publ. Co. Inc., Reading, Mass., 1962. (S. 49)

[1] Das Problem der Zurückführung von Differentialformen elliptischen Typs auf die kanonische Form und das verallgemeinerte Cauchy-Riemannsche System. Dokl. Akad. Nauk. USSR **100** (1955), 197—200 [Russisch]. (S. 49)

Vergara Caffarelli, G. V.: [1] Variational inequalities for two surfaces of constant mean curvature. Arch. Rat. Mech. Ann., erscheint demnächst. (S. 706)

[2] Disequazioni variazionali per due superfici di curvatura media costante. Rend. Accad. Naz. Lincei, Cl. Fis. Mat. Nat. (8) **54** (1973), 22—24. (S. 706)

Verner, A. L.: [1] Vollständige harmonische Flächen mit eineindeutiger sphärischer Darstellung. Ukrain. Geometr. Sb. Vyp. **8** (1970), 22—26 [Russisch]. (S. 648)

Vincensini, P.: [1] Congruences isotropes et surfaces minima. C. R. Acad. Sci. Paris **193** (1931), 689—690. (S. 59)

[2] Sur une genéralisation d'un problème de déformation de L. Bianchi. Convegno Intern. di Geom. Diff., Ediz. Cremonese, Roma (1954), 302—311. (S. 642)

[3] Sur une transformation de surfaces minima. C. R. Acad. Sci. Paris **241** (1955), 153—154. (S. 640)

Vivanti, J.: [1] Ueber Minimalflächen. Z. Math. Phys. **33** (1888), 137—153. (S. 657)

Vogel, W. O.: [1] Flächen, die von einer einparametrigen Schar kongruenter Kreise erzeugt werden. Monatsh. Math. **66** (1962), 61—78. (S. 645)

Voss, K.: [1] Eine Bemerkung über die Totalkrümmung geschlossener Raumkurven. Arch. d. Math. **6** (1955), 259—263. (S. 21)

[2] Über vollständige Minimalflächen. L'Enseignement Math. **10** (1964), 316—317. (S. 129, 621, 623)

Wallin, H.: [1] A connection between α-capacity and L^p-classes of differentiable functions. Arkiv för Mat. **5** (1964), 331—341. (S. 220)

Wantzel, P. L.: [1] Sur la surface dont l'aire est un minimum pour certains cas particulièrs. Bull. Soc. Philomat. Paris (5) **8** (1843), 26. (S. 62)

Warschawski, S. E.: [1] On differentiability at the boundary in conformal mapping. Proc. Amer. Math. Soc. **12** (1961), 614—620. (S. 297)

[2] On the Hölder continuity at the boundary in conformal maps. J. Math. Mech. **18** (1968), 423—427. (S. 297)

[3] Boundary derivatives of minimal surfaces. Arch. Rat. Mech. Anal. **38** (1970), 241—256. (S. 703)

Weierstraß, K.: [I] Mathematische Werke. 3. Band, Mayer & Müller, Berlin, 1903. (S. 143, 144, 146, 156, 157, 248, 250, 664)

Weiler, A.: [1] Die allgemeine Gleichung der Minimumsflächen. Arch. Math. Phys. **38** (1862), 356—359. (S. 655)

Weingarten, J.: [1] Ueber eine Klasse aufeinander abwickelbarer Flächen. J. r. angew. Math. **59** (1861), 382—393. (S. 642)

[2] Ueber die Oberflächen, für welche einer der beiden Hauptkrümmungshalbmesser eine Funktion des anderen ist. J. r. angew. Math. **62** (1863), 160—173. (S. 655)

[3] Ueber die Theorie der auf einander abwickelbaren Oberflächen. Festschrift d. Königl. Techn. Hochschule Berlin, 1884, gedruckt in der Reichsdruckerei, 1—43. (S. 51)

[4] Eine neue Klasse auf einander abwickelbarer Flächen. Nachr. Königl. Ges. d. Wissensch. Univ. Göttingen (1887), 28—31. (S. 639)

[5] Ueber die durch eine Gleichung der Form $\mathfrak{X} + \mathfrak{Y} + \mathfrak{Z} = 0$ darstellbaren Minimalflächen. Nachr. Königl. Ges. d. Wissensch. Univ. Göttingen (1887), 272 bis 275. (S. 64)

[6] Ueber particuläre Integrale der Differentialgleichung $\frac{\partial^2 V}{\partial x^2} + \frac{\partial^2 V}{\partial y^2} + \frac{\partial^2 V}{\partial z^2} = 0$ und eine mit der Theorie der Minimalflächen zusammenhängende Gattung von Flüssigkeitsbewegungen. Nachr. Königl. Ges. d. Wissensch. Univ. Göttingen (1890), 313—335. (S. 9, 59, 106)

Weiss, F.: [1] Die geodätischen Linien auf dem Catenoid. Programmabh. Realschule Gr.-Lichterfelde 1902. (S. 643)

Wellstein, J.: [1] Flächen isotroper Drehungen und Schraubungen. J. r. angew. Math. **155** (1926), 149—163. (S. 159)

Wente, H. C.: [1] An existence theorem for surfaces of constant mean curvature. J. Math. Anal. Appl. **26** (1969), 318—344. (S. 294)

[2] The Plateau problem for symmetric surfaces. Arch. Rat. Mech. Anal., erscheint demnächst. (S. 705)

Wernick, M.: [1] Über Minimalflächen im Großen. Schr. math. Sem. u. Inst. angew. Math. Univ. Berlin **2** (1934), 35—64. (S. 664)

Weyl, H.: [I] Die Idee der Riemannschen Fläche. 3. Aufl., B. G. Teubner, Stuttgart, 1955. (S. 43)

[1] Über die Abhängigkeit der Eigenschwingungen einer Membran von deren Begrenzung. J. r. angew. Math. **141** (1912), 1—11. (S. 97)

Whitney, H.: [1] A function not constant on a connected set of critical points. Duke Math. J. **1** (1935), 514—517. (381)

Whittemore, J. K.: [1] The isoperimetrical problem on any surface. Ann. of Mat. (2) **2** (1900—1901), 175—178. (S. 437)
[2] Minimal surfaces applicable to surfaces of revolution. Ann. of Math. (2) **19** (1917—1918), 1—20. (S. 57)
[3] Spiral minimal surfaces. Transact. Amer. Math. Soc. **19** (1918), 315—330. (S. 644)
[4] Associate minimal surfaces. Amer. J. Math. **40** (1918), 87—96. (S. 166)
[5] Minimal surfaces containing straight lines. Ann. of Math. (2) **22** (1921), 217 to 225. (S. 146, 657)

Widder, D. V.: [1] An inequality related to one of Hilbert's. J. London Math. Soc. **4** (1929), 194—198. (S. 288)

Wiegner, G.: [1] Über eine besondere Klasse von Translationsflächen. Archiv for Math. Naturvidensk. **16** (1893), 325—406. (S. 60)

Wilson, W. L.: [1] On discrete Dirichlet and Plateau problems. Numer. Math. **3** (1961), 359—373. (S. 377)

Winslow, A. M.: [1] Numerical solution of the quasilinear Poisson equation in a nonuniform triangle mesh. J. Comput. Physics **1** (1967), 149—172. (S. 378)

Wintner, A.: [1] On isometric surfaces. Amer. J. Math. **74** (1952), 198—214. (S. 49)
[2] On the local role of the theory of the logarithmic potential in differential geometry. Amer. J. Math. **75** (1953), 679—690. (S. 49)
[3] Remarks on binary Riemannian metrics. Rend. Circ. Mat. Palermo (2) **5** (1956), 59—72. (S. 49)

Wirtinger, W.: [1] Lie's Transformationsmannigfaltigkeiten und Abel'sche Integrale. Monatsh. Math. Phys. **46** (1938), 384—431. (S.61)

Wolf, J.: [1] Sur la représentation conforme des bandes. Compositio Math. **1** (1935), 217—222. (S. 177)

Wolf, J. A.: [1] Surfaces of constant mean curvature. Proc. Amer. Math. Soc. **17** (1966), 1103—1111. (S. 642)

Wolf, K. L.: [I] Physik und Chemie der Grenzflächen. Springer, Berlin-Göttingen-Heidelberg; 1. Bd. 1957, 2. Bd. 1959. (S. 6, 7, 433, 439)
[II] Tropfen, Blasen und Lamellen. Springer, Berlin-Heidelberg-New York, 1968. (S. 6, 7, 8, 433, 439, 440, 635)

Wunderlich, W.: [1] Darstellende Geometrie der Spiralflächen. Monatsh. Math. Physik **46** (1938), 248—265. (S. 644)
[2] Beitrag zur Kenntnis der Minimalschraubflächen. Compositio Math. **10** (1952), 297—311. (S. 63)
[3] Beitrag zur Kenntnis der Minimalspiralflächen. Univ. Roma, Ist. Naz. Alta Mat., Rend. Mat. Appl. (5) **14** (1954), 1—15. (S. 644)

Yanushauskas, A.: [1] Über harmonische Abbildungen dreidimensionaler Gebiete. Sibirskii Mat. Zh. **11** (1970), 909—925 [Russisch]. Engl. Übersetzung in Siberian Math. J. **11** (1970), 684—696. (S. 126)

Young, L. C.: [1] On the isoperimetric ratio for a harmonic surface. Proc. London Math. Soc. (2) **49** (1947), 396—408. (S. 290)
[2] Surfaces parametriques generalisées. Bull. Soc. Math. France **79** (1951), 59—84. (S. 256)
[3] On generalized surfaces of finite topological type. Amer. Math. Soc. Mem. No. 17 (1955). (S. 256)

[4] Some new methods in two-dimensional variational problems with special reference to minimal surfaces. Comm. P. Appl. Math. **9** (1956), 625—632. (S. 256)

[5] Partial area. I. Rivista Mat. Univ. Parma **10** (1959), 103—113. (S. 235)

[6] Contours on generalized and extremal varieties. J. Math. Mech. **11** (1962), 615—646. (S. 256)

Young, W. H.: [1] On the triangulation method of defining the area of a surface. Proc. London Math. Soc. (2) **19** (1921), 117—152. (S. 637)

Youngs, J. W. T.: [1] The topological theory of Fréchet surfaces. Ann. of Math. (2) **45** (1944), 753—785. (S. 26)

[2] On surfaces of class K_1. Bull. Amer. Math. Soc. **51** (1945), 669—673. (S. 32)

[3] The representation problem for Fréchet surfaces. Amer. Math. Soc. Mem. No. 8. (1951). (S. 26)

Ziegler, H. J. W.: [1] Über das Anwachsen der Totalkrümmung der Flächen, die von Systemen meromorpher Funktionen erzeugt sind, mit Anwendung auf allgemeinere Minimalflächen. Dissertation, Würzburg, 1970. (S. 661)

Ziemer, W. P.: [1] Integral currents mod 2. Transact. Amer. Math. Soc. **105** (1962), 496—524. (S. 256)

[2] Some lower bounds for Lebesgue area. Pacific J. Math. (2) **19** (1966), 381—390. (S. 200)

[3] The area and variation of linearly continuous functions. Proc. Amer. Math. Soc. **20** (1969), 81—87. (S. 200)

Zillig, J.: [1] Über die infinitesimale Deformation von Minimalflächen. Dissertation, Würzburg, 1908. (S. 58)

Zwirner, G.: [1] Sull' equazione a derivate parziali delle superficie minime. Rend. Sem. Mat. Univ. Padova **4** (1933), 140—154. (S. 251)

Namen- und Sachverzeichnis

(Das Verzeichnis enthält nur diejenigen Eigennamen, auf welche nicht bereits im Literaturverzeichnis im Zusammenhang mit den dort zitierten Arbeiten hingewiesen ist.)

Abbildung, harmonische 123ff., 650, 685f.
—, isometrische (längentreue), von Flächen 46f.
—, konforme, von Flächen 47ff.
—, mit beschränktem Dirichlet-Integral 205ff.
—, von Flächen 46
Abel, N. H. 60
Abelsche Minimalfläche 652, 709
abgeleitete Minimalfläche 659f.
Abhebebedingung 471
Abschnittsfunktion 181
Abstand, eines Punktes vom Rande einer Fläche 44
—, von Flächen 26
—, von Kurven 13
Abstiegsmethode 275ff., 687
abstrakte Fläche 35
adjungierte Minimalfläche 164ff.
Affensattel 245
Affinminimalfläche 646
AH-Bedingung (siehe Abhebebedingung)
Ahlfors, L. V. 252, 620
algebraische Minimalfläche 156ff.
allgemeines Maximumprinzip 543f., 679, 696
Almgren, F. J. 663
Alt, H. W. 701
Ampère, A. M. 4
analytische Fortsetzung, einer Lösung der Minimalflächengleichung 541
—, einer Minimalfläche 282, 300, 302, 323, 334f., 456, 463
analytische Funktion, auf einer Fläche 50
—, auf einer Minimalfläche 55f., 636, 638
Analytizität, der Lösungen der Minimalflächengleichung 119
—, schwacher Lösungen der Minimalflächengleichung 560ff., 593
Approximation einer Fläche durch Polyeder 27
A-priori-Abschätzungen 564ff.
—, der Ableitungen durch L^1-Norm der Randwerte 577ff.
—, der dritten und höheren Ableitungen 565f.
—, der ersten Ableitungen beschränkter Lösungen 572, 708
—, der ersten Ableitungen durch den Flächeninhalt 575ff.
—, der ersten Ableitungen positiver Lösungen 568ff., 575, 708
—, der Gaußschen Krümmung 567f.
—, der zweiten Ableitungen 564f.
assoziierte Minimalfläche 8, 57, 164ff. 538
Asymptotenlinienparameter 42
Asymptotisches Verhalten der Lösungen der Minimalflächengleichung 130ff., 650f.
Atlas einer abstrakten Fläche 35
Ausdehnung zweifach zusammenhängender Minimalflächen 474ff.
Außenproblem 683f., 699
Auswuchs 38, 419f.
—, Entfernen eines 422f.
—, vollständiger 422

Bakel'man, I. Ya. 537
Banach, S. 299
Banchoff, T. F. 701
barrier (siehe Perronsche Schranke)
Beltrami, E. 4
Beltramisches Differentialgleichungssystem 49
Bernstein, S. 11, 363, 371, 537, 564, 647, 698
Bernsteinsche Lösung 698, 704
Bernsteinscher Satz 117ff., 511, 536, 617, 647ff., 702
Bers, L. 11, 626, 652
Berührung von Minimalflächen 398ff.
—, gewöhnliche 399f.
—, $(n-1)$-ter Ordnung 398
—, nullter Ordnung 398
—, unendlich hoher Ordnung 398
Berührungsmenge 444ff.
Besicovitch, A. S. 30, 32, 254
B-Fläche 57
Bianchi, L. 4
Biegefläche 47
Björlingsches Problem 136f.
Blaschke, W. 666
Block von Minimalflächen 382f., 395, 535, 669, 689f.
Böhme, R. 701
Bogenlänge 14
Bogen-Sehnen-Bedingung, für eine Fläche 38, 464
—, für eine Jordankurve 20
Bonnet, O. 4, 634
Borsuk, K. 422
Brückensatz 669, 671
BS-Bedingung (siehe Bogen-Sehnen-Bedingung)
Burkhill, J. C. 30
Busemann, H. 30

Caccioppoli, R. 30
Calabi, E. 703
Calkin, J. W. 176
Cantorsche Menge 238
Carathéodory, C. 30, 220, 252, 254, 274
Catalan, E. 4, 62
Catalansche Minimalfläche 137ff., 145, 157, 655, 658
Cavalierische Ungleichung 460f., 692
Cesari, L. 30, 663
Charakteristik eines Verzweigungspunktes 330
Chardin, J. B. S. 636
Chen, Y. W. 11
Cohn-Vossen, S. 624, 630
Concus, P. 701
Courant, R. 177, 253, 256

Danskin, J. M. 663
Darboux, G. 4, 80, 241, 247, 250
Darstellungsformeln einer Minimalfläche 133ff., 281, 336, 645
—, integrallose, von Legendre 146
—, integrallose, von Weierstraß 146
—, von Enneper 141ff., 144
—, von Legendre 135
—, von Monge 134f.
—, von Weierstraß 141ff., 144
Davids, N. 256
de Geöcze, Z. 30
DeGiorgi, E. 11, 30, 706
differentialgeometrische Fläche 39f.
—, verallgemeinerte 250
Differentialgleichung vom Typ der Minimalflächengleichung 537, 539
Differentialoperator, einer quadratischen Differentialform 50f.
—, erster Beltramischer 93
—, zweiter Beltramischer 50, 93
Dilatation, einer Abbildung 192f., 538
—, einer konformen Abbildung 194
direkte Methode der Variationsrechnung 251f., 376f., 636
Dirichletsches Integral 179
Dirichletsches Prinzip 202
Dirichletsches Problem für die Minimalflächengleichung 251, 359f., 362ff., 372, 587ff.
—, bei lückenhaften Randwerten 604ff.
—, bei unendlichen Randwerten 609ff. (siehe auch nichtparametrische Plateausches Problem)
Divergenzmenge 585
Doppelfläche 146, 657
Douglas, J. 2, 251ff., 277, 520, 529
Douglassche hinreichende Bedingung 479, 520, 527ff., 531, 533f.
Douglasscher Approximationssatz 251, 269
Douglassches Funktional 252, 277ff.
Douglassches Problem 432, 475, 520ff., 534
Dreipunktebedingung 587
dritte Grundform 42, 51

Dualitätsprinzip 703
Durchlaufungslänge 223

echte topologische Eigenschaft einer Fläche 34f.
Eigenschaft (*) einer Jordankurve 20, 279, 378
Eigenwert, kleinster 96
—, Einfachheit des kleinsten 102
Eindeutigkeit beim Plateauschen Problem 348ff., 359
Einschließungssatz 484ff.
elliptischer Typ, einer Minimalfläche 120
—, einer Riemannschen Fläche 235
Engel, F. 159
Enneper, A. 4, 72, 140, 645, 654
Ennepersche Minimalfläche 45, 57, 75ff., 104f., 139f., 145, 156, 159, 162, 164, 167, 328, 349, 353, 377, 409, 621, 623f., 632, 643, 646, 658, 680, 702, 705
—, als algebraische Fläche 77f., 156
—, Erzeugungsweisen 76, 80f.
—, Gleichung in Ebenenkoordinaten 78
—, isolierter Charakter 109, 705
Entfernen eines Auswuchses 422f.
erste Grundform 41f.
erste Variation des Flächeninhaltes 91f.
Essén, M. 676
Euler, L. 1
Euler-Lagrangesche Differentialgleichung 1, 538
Eulersche Charakteristik einer Fläche 36
Evans, G. C. 176
Exotische Sphäre 119
Experimente mit Seifenhäutchen 6ff., 255, 257, 275, 436ff., 446, 454, 520, 612, 635

Fary, I. 346
fast-konforme Abbildung 414ff.
fast-konforme Darstellung einer Fläche 414, 417
Favard, J. 220
Federer, H. 30, 32
Feld von Minimalflächen 90, 94, 98ff.
—, verallgemeinertes 99
Feldeinbettung 90, 94, 98ff.
Fenchel, W. 346
Finn, R. 11, 364
Fixpunktsatz 299, 373
Fläche 25ff., 35
Fläche, abstrakte 35
—, Approximation durch Polyeder 27
—, Beispiel einer keiner BS-Bedingung genügenden 38f.
—, Darstellung durch Asymptotenlinienparameter 42
—, Darstellung durch isotherme Parameter 42
—, Darstellung durch Krümmungslinienparameter 42
—, Darstellung in Ebenenkoordinaten 51
—, der Klasse $\mathfrak{M}$ 197ff.
—, der Klasse $\mathfrak{M}^p$ 198
—, der Klasse $\mathfrak{M}^{p,q}$ 198
—, differentialgeometrische 39ff.
—, echte topologische Eigenschaften 34f.
—, Eulersche Charakteristik 36
—, gefurchte 38f., 455
—, Geschlecht 36
—, kleinsten Inhaltes, Struktur 414ff.
—, kompakte 43
—, nicht-ausgeartete 417f.
—, nichtparametrische Darstellung 26
—, offene 25, 35
—, orientierbare 35f.
—, topologische Eigenschaften 34f.
—, topologischer Typ 36f.
—, verallgemeinerte differentialgeometrische 250
—, vollständige 44
—, vom Typ der Kreisscheibe 36f., 255
—, vom Typ des Kreisringes 36f.
—, vom Typ des Möbiusbandes 37, 255
—, von endlichem topologischen Typ 36
—, Zusammenhangszahl 37
Flächeninhalt 29ff., 637
—, einer Fläche der Klasse $\mathfrak{M}$ 198ff.
—, elementarer, eines Polyeders 27
—, Invarianz gegenüber Verschiebungen und Drehungen 33
—, klassische Formel der Differentialgeometrie 32
—, Variation des, 86ff.
Fleming, W. H. 30, 435
flip-flap 612
flüssige Kante 442
Fréchet, M. 30, 69
Fréchet-äquivalente Abbildung 13, 26
Fréchetscher Abstand, von Flächen 26

Fréchetscher Abstand, von Kurven 13
freier Rand 247, 431, 435, 447ff., 692f.
freies Randwertproblem 446ff., 692f.
Friedrichs, K. O. 176
Funktion, analytische, auf einer Fläche 50
—, analytische, auf einer Minimalfläche 55f., 636, 638
—, auf einer Fläche 50
—, der Klasse $C^{m,\alpha}$ 283
—, der Klasse *LAS* 177
—, der Klasse $\mathfrak{M}$ 177ff.
—, der Klasse $\mathfrak{M}^p$ 179f.
—, der Klasse $\mathfrak{M}^{p,q}$ 180
—, harmonische, auf einer Fläche 50
—, harmonische, auf einer Minimalfläche 54, 637
—, im schwachen Sinne differenzierbare 180
—, im starken Sinne differenzierbare 180
—, im verallgemeinerten Sinne differenzierbare 180
—, Lebesguemonotone 415
—, linear absolut stetige 177
—, mit kompaktem Träger 184, 231
—, Schwankung einer, 206
—, Spur einer, 181
—, subharmonische 168f., 235f.

Gackstatter, F. 701, 709
Garnier, R. 251
Gauß-Bonnetscher Satz 345f., 413
Gaußsche Krümmung 41f., 113, 143f., 567f., 619
gefurchte Fläche 38f., 455
Geisersche Minimalfläche 61
Genre einer quasi-linearen Differentialgleichung 537
geodätische Schraubenlinien 639
Gergonne, J. D. 634
Gesamtkrümmung, einer Fläche 44f.
—, einer Minimalfläche 343ff.
Geschichte der Minimalflächen 1ff., 134, 142ff., 159, 240ff., 247ff., 430ff., 472f., 633f., 701
Geschlecht einer Fläche 36f.
geschlossene Kurve 16
Gilbarg, D. 11
Giusti, E. 701
Glätten einer Funktion 184
Goffman, C. 30
Goldschmidtsche Fläche 475ff.
Greensche Funktion 236f.
Groß, W. 220
Grosse, A. V. 635
Grundform einer differentialgeometrischen Fläche 41ff.
—, dritte 42, 51
—, erste 41f.
—, zweite 41f.
Gulliver, R. D. 701

Haar, A. 11, 590, 678
Haarscher Existenzbeweis 587ff.
Haarsches Lemma 591
halbfreies Randwertproblem 447ff., 473
Halbstetigkeit, der Länge 15, 636
—, des Flächeninhaltes 31, 198
Hamel, G. 701
Hamilton, W. 636
Hardy, G. H. 289
Hardysche Klasse H_p 289, 580, 703
harmonische Abbildung 123ff., 650, 685f.
harmonische Funktion auf einer Fläche 50
harmonische Funktion auf einer Minimalfläche 54, 637
harmonische Majorante 238
harmonische Minimalfläche 9, 701
Harnacksche Ungleichung 574f.
Hauptkrümmungen einer differentialgeometrischen Fläche 41
Hausdorff, F. 220
Hausdorffsches Maß 30, 219ff., 434
hebbare Singularität 549
Hebbarkeit, isolierter Singularitäten 549
—, kompakter Ausnahmemengen 549, 696
Heinz, E. 11, 177, 284, 311
Helmholtz, H. L. F. v. 53
Henneberg, L. 156f.
Hennebergsche Minimalfläche 140ff., 156, 159, 655, 657
—, als algebraische Minimalfläche 156
—, Gleichung in Ebenenkoordinaten 141, 145f.
—, zu ihr adjungierte Minimalfläche 166f.
Herzog, J. O. 11
Hilbert, D. 562
Hildebrandt, S. 284, 312
Hindernisproblem 377, 444ff., 691f., 706

H-Konvexität 364, 671f., 689
Hopf, E. 11, 540
Hopf, H. 44
Huber, A. 625, 685
hyperbolischer Typ, einer Minimalfläche 120
—, einer Riemannschen Fläche 235ff.

Index, topologischer, einer geschlossenen Kurve 214ff.
Infinitesimale Flächenverbiegung 58
Inhalt (siehe Flächeninhalt)
Instabile Minimalfläche 109, 258, 378ff., 396, 534
—, Existenz einer 383ff., 395
integral current 255f., 413
—, modulo 3, 708
isolierte Minimalfläche 689
isoperimetrisches Problem 435, 437
isoperimetrische Ungleichung 290ff., 666
—, für zweifach zusammenhängende Minimalflächen 515ff., 518, 695, 707
isotherme Kurvenschar 49
—, auf einer Minimalfläche 55, 638
isotherme Parameter 48ff., 119f., 414
isothermes Kurvennetz 49
isotrope Kurve 136
Iterationsverfahren (siehe sukzessive Approximationen)

Janzen, O. 220
Jenkins, H. 11
Jordanbogen 13
Jordankurve 17ff.
—, Approximation durch analytische Jordankurven 22
—, Approximation durch Polygone 21f.
—, mit der Eigenschaft (*) 20, 279
—, orientierte 17
—, verknotete 21, 346, 405
—, welche keine Fläche endlichen Inhaltes berandet 259ff.
Jordankurven, durch eine Scheibe getrennte 479, 481
—, unverschlungene 402
—, verschlungene 402, 529, 534
Jordansche Länge 14
Jörgens, K. 703

Kalotte einer Minimalfläche 680
Kanalfläche 256, 663
Kapazität, logarithmische 220
—, verschwindende logarithmische 220, 226ff., 235ff.
Karte einer abstrakten Fläche 35
Katenoid (siehe Kettenfläche)
Kehllinie einer Kurvenschar 639
Kelloggscher Satz, für konforme Abbildungen 283
—, für Minimalflächen 283, 311, 473
Kettenfläche 3f., 34, 45, 47, 61, 63, 66, 83, 95f., 145, 157, 162, 164, 377, 437f., 475ff., 505, 509, 519, 534, 621, 623ff., 632, 644, 651, 657f., 672, 675, 684, 700, 702, 707
Kleeblattschlinge 335
Klein, F. 53
Kneipung 210f., 528
Knoten 21, 335, 346
Koebe, P. 169
Kohäsionsbedingung 522, 526f.
kohäsive Vektorfolge 521
Kolmogoroff, A. 220
konforme Abbildung, einer Fläche 48, 414
—, eines Polyeders 28f.
—, offener nichtparametrischer Minimalflächen 110ff.
—, offener parametrischer Minimalflächen 133ff.
—, von Minimalflächen 110ff.
—, von Minimalflächen, die von Jordankurven berandet sind 168ff.
—, von Minimalflächen im Großen 120ff.
—, von Minimalflächen im Kleinen 110ff.
konformer Modul einer Minimalfläche 507
konformer Typ einer Minimalfläche 120
—, elliptischer 120
—, hyperbolischer 120
—, parabolischer 120
konformer Typ einer Riemannschen Fläche 235
—, elliptischer 235
—, hyperbolischer 235ff.
—, parabolischer 235ff.
konjugierte Funktion 111, 580ff.
Konvergenz von Polyedern gegen eine Fläche 27
Konvergenzmenge 585
Konvexitätspunkt 550
konzyklische Kegelschar 86, 645

Korn, A. 11
kritische Menge von Minimalflächen 382
Krümmungslinienparameter 42, 161, 642
Kurve 13ff.
—, analytische 16
—, der Klassen C^m, $C^{m,\alpha}$ usw. 16
—, differentialgeometrische 16
—, divergente 43, 126ff.
—, einfach geschlossene 17
—, einfache 13
—, geschlossene 16
—, glatte 16
—, halboffene 15
—, isotrope 136
—, orientierte 14, 16
—, reguläre 16
—, rektifizierbare 14f.
—, zum Rande führende 43, 126ff.

Lacroix, S. F. 4
Ladyzhenskaya, O. A. 537
Lagrange, J. L. 1ff.
Lamarle, E. 432
Länge einer Kurve 14
Länge-Inhalt-Prinzip 45, 297
Last, R. 636
Lawson, H. B. 701
Lebesgue, H. 30, 38, 637
Lebesgue-Inhalt einer Fläche 30ff.
Lebesguemonotone Funktion 415
Lebesgue-Punkt einer Funktion 187
Legendre, A. 654
Lelong-Ferrand, J. 177
Leray, J. 11
Lesley, F. D. 701
Levi, B. 176
Lewy, H. 283, 703
Lichtenstein, L. 11
Lie, S. 4, 60f., 156
Liesche Minimalfläche 62
Lindelöf, E. 169
Lindelöfsche Konstruktion konjugierter Punkte auf der Kettenlinie 96
lineare Meßbarkeit 221
Liouvillesche Fläche 639
Liouvillesches Kurvensystem 639
Lipschitzgebiet 196, 264, 376
lokal vollständige Minimalfläche 625
Lusternik, L. A. 379

Maak, W. 220
Manet, E. 636
Maß 219ff.
—, α-dimensionales 220
—, äußeres Hausdorffsches 220
—, äußeres lineares 219ff.
—, Carathéodorysches 219ff.
—, gewogenes 31, 223
—, Hausdorffsches 30f., 219ff., 434
—, lineares 219ff.
—, lineares, eines Jordanbogens 222
—, logarithmisches 220
—, verschwindendes lineares 221, 226
Maximumprinzip 539ff.
—, allgemeines 543f., 679, 696
—, für die Lösungen der Minimalflächengleichung 540ff.
—, für die Lösungen elliptischer Differentialgleichungen 539f.
—, für subharmonische Funktionen 168
—, Grenze der Gültigkeit des allgemeinen 545ff.
—, Sonderfälle des allgemeinen 554f.
Maxwell, J. C. 8, 673
McShane, E. J. 30, 176f., 254, 663
Mehrdeutigkeit beim Plateauschen Problem 348ff.
Menger, K. 220
meromorphe Minimalfläche 661
Meßbarkeit, lineare 221
Meusnier, J. B. M. C. 3
Mickle, E. J. 11
Milnor, J. W. 346
Minimaldoppelfläche 146, 657
Minimalfläche 3, 53ff.
—, Abelsche 652, 709
—, abgeleitete 659f.
—, adjungierte 164ff.
—, algebraische 156
—, als elastische Membran 9, 672
—, als Flüssigkeitshaut 6
—, als kritischer Punkt des Dirichletschen Integrals 379
—, als Mittenhüllfläche eines isotropen Strahlensystems 58
—, als Schiebfläche 53, 59f., 136
—, analytische Fortsetzung 282, 300, 302, 323, 334f., 456, 463
—, assoziierte 8, 57, 164ff., 538
—, auf eine Rotationsfläche abwickelbare 57, 59, 639, 645

Minimalfläche, aus Minimalflächen zusammengesetzte 639
—, der Form $f(x) + g(y) + h(z) = 0$ 64ff., 248
—, der Klasse 𝔅 514
—, der Klasse ℭ 508
—, der Klasse ℑ 508, 694f.
—, der Klasse 𝔖 505ff., 694
—, durch einen analytischen Streifen 136f.
—, Flächeninhalt 57
—, harmonische 9, 701
—, in Darstellung vermittels Zylinderkoordinaten 507
—, instabile 109, 258, 378ff., 383ff., 395f., 534
—, isolierte 689
—, kinematische Erzeugungsweisen 9
—, konforme Abbildung 110ff., 120ff., 133ff., 168ff.
—, kritische 109
—, liniengeometrische Deutung 58f., 702
—, lokal vollständige 625
—, meromorphe 661
—, mit beweglichem Rand 435, 691, 706f.
—, mit ebenen Krümmungslinien 160ff., 646
—, mit freiem Rand 247, 431, 435, 447ff., 692f.
—, mit genau einem inneren Verzweigungspunkt 329
—, mit Neilscher Parabel als geodätische Linie 140f.
—, mit vorgegebener Kurve als geodätische Linie 653
—, mit Zykloide als geodätische Linie 138f.
—, periodische 8, 246, 664f., 686
—, physikalische Charakterisierungen 8f.
—, physikalische Realisierungen 6ff., 255f., 438, 446, 612, 635
—, Randverhalten 281ff.
—, Realisierung durch Seifenhäutchen 6ff., 255ff., 438, 446, 612, 635
—, reguläre 53
—, transzendente 158
—, verallgemeinerte 250
—, vollständige 617ff.
—, von Catalan 137ff., 145, 157, 655, 658
Minimalfläche, von Enneper 45, 57, 75ff., 104f., 139f., 145, 156, 159, 162, 164, 167, 328, 349, 353, 377, 409, 621, 623f., 632, 645, 646, 658, 680, 702, 705
—, von Geiser 61
—, von Henneberg 140ff., 156, 159, 655, 657
—, von Lie 62
—, von Scherk 4, 59f., 63, 66, 112, 123, 145, 155, 248, 609, 621, 657f.
—, von Schwarz und Riemann 145, 240ff., 348, 367, 621, 663f., 686
—, Zusammenhang mit Potentialfunktionen 9f.
—, zweifach zusammenhängende 474ff., 491, 505
—, zyklische 81ff., 484, 492, 494, 510, 645, 656f.
Minimalflächen, Aggregate von 8, 438ff., 691, 708
—, Berührung von 398ff.
—, Experimente mit 6ff., 255, 257, 275, 436ff., 446, 454, 520, 612, 635
—, Feld von 90, 94, 98ff.
—, Geschichte der 1ff., 134, 142ff., 159, 240ff., 247ff., 430ff., 472f., 633f., 701
—, im Kantengerüst eines Tetraeders 439
—, im Kantengerüst eines Würfels 438
—, mit gemeinsamen Punkten 398ff.
—, Systeme von 8, 438ff., 691, 708
—, verallgemeinertes Feld von 99
Minimalflächengleichung 2, 11, 537f
—, Differentialgleichung vom Typ der 537, 539
—, in der nicht-linearen Elastizitätstheorie 12
—, strömungstechnische Deutung 12
Minimalflächensysteme 8, 438ff., 691, 708
Minimalkurve 136
Minimalschraubenfläche 4, 63
Minimalspiralfläche 644
Minimum des Flächeninhaltes 1, 94ff.
—, relatives 94ff.
—, schwaches 94ff.
Minkowski, H. 51, 220
Miranda, M. 11
mittlere Konvexität 364
mittlere Krümmung 3, 5, 41ff., 51ff.

Modul der linearen absoluten Stetigkeit 178
mollifier 185
Monge, G. 654
Monotoniedefekt 415
Morrey, C. B. 30, 176f., 205, 663
Morse, M. 258, 379
Morsesche Theorie 380, 534
M-Strahlensystem 59
Müntz, C. H. 11
Murillo, B. E. 636

Nabelpunkt 41
—, auf einer Minimalfläche 54, 114
—, Nichtauftreten auf einer Minimalfläche 348, 362
Neovius, E. R. 4, 627
Neumannsches Problem 12, 698, 709
Nevanlinna, F. 169
Nevanlinna, R. 169
nicht-ausgeartete Fläche 417f.
Nicht-Linearität, Maße der 536
nichtparametrisches Plateausches Problem (siehe Plateausches Problem, nichtparametrisches)
Nitsche, A. J. 11
Nitsche, J. C. C. 11, 346, 701, 705
Niveaumenge einer Funktion 233
Normalgebiet, einer Minimalfläche 120
—, einer Riemannschen Fläche 235ff.

Oberflächenspannung 6, 634
Oberfunktion 595
offene Fläche 25, 35
Ordnung, der Berührung von Minimalflächen 398
—, der Selbstberührung einer Minimalfläche 403
orientierbare Fläche 35f.
Orientierbarkeitscharakter 36
orientierte Jordankurve 17
— Kurve 14
osc (Schwankung) 206
Osgood, W. F. 254, 274
Osserman, R. 11, 364, 701, 707f.

parabolischer Typ, einer Minimalfläche 120
—, einer Riemannschen Fläche 235ff.
Parameterfläche 25ff., 256
Parameterkurve 13
Parametermenge einer Fläche 25
Parametertransformation 40
—, zulässige 40
Peano, G. 29
periodische Minimalfläche 8, 246, 664f., 686
Perron, O. 593
Perronsche Lösung 596
Perronsche Methode 376, 593ff.
Perronsche Schranke (barrier) 596
—, echte 596
Phragmén-Lindelöfsches Theorem 545
Picard, É. 371
Picardscher Satz 626, 628
Plateau, J. 3, 6f.
Plateausches Problem 6, 240ff.
—, Eigenschaften der Lösungen 281ff.
—, Ein- und Mehrdeutigkeit 348ff., 359ff.
—, Existenzbeweis 258ff.
—, Geschichte des 247ff.
—, nichtparametrisches 251, 359f., 362ff., 372, 587ff.
—, —, bei lückenhaften Randwerten 604ff.
—, —, bei unendlichen Randwerten 609ff.
—, —, unlösbares 364ff., 369f.
—, numerische Lösung 376ff.
—, orientiertes 257
—, verallgemeinertes 274f.
Pogorelov, A. V. 445
Polyeder 26ff.
Problem kleinsten Flächeninhaltes 268, 410
Problem $\mathscr{P}_h$ 366f., 376, 704
—, Unlösbarkeit des 368ff.

Radó, T. 2, 11, 30, 251f., 538
Rand, einer Fläche 25
—, einer Minimalfläche 25, 433
—, —, beweglicher 432, 435
—, —, freier 247, 431, 435, 455
Ränderzuordnung bei der konformen Abbildung 254, 274, 533
Randverhalten der Lösungen des Plateauschen Problems 281ff.
—, in der Nähe einer Ecke der Randkurve 323ff.
—, Methode von Heinz 311f.
—, Methode von Hildebrandt 312ff.
—, Methode von Lewy 297ff.
—, Methode von Nitsche 302ff.

Reichelderfer, P. V. 30
Reifenberg, E. R. 30
Retrakt 422
Retraktion 422
Ribaucour, A. 4
Riemann, B. 4, 53, 241, 247, 654
Riemannscher Abbildungssatz 254, 274
Riemannsche Fläche 120
Riemannsche Mannigfaltigkeit 43f.
Rinow, W. 44
Royden, H. L. 701

Santi, E. 704
Sattelfläche 254, 415
Sasaki, S. 343
Satz von Bernstein 117ff., 511, 536, 617, 647ff., 702
— von Bers 549, 626
— von Blanc-Fiala 45, 648
— von Catalan 61f., 643
— von Fenchel 21, 343
— von Hamel 10, 701
— von Huber 45, 685
— von Lewy 283, 300
— von Shiffman 498ff.
Schauder, J. 11, 375
Scherksche Minimalfläche 4, 59f., 63, 66, 112, 123, 145, 155, 248, 609, 621, 657f.
Schiebfläche 53, 59f., 136
Schiffer, M. 701, 707f.
Schnirelmann, L. 379
Schoenflies, A. 4
Schraubenfläche, allgemeine 3, 58, 62f., 145
Schwache Lösung 102
—, der Minimalflächengleichung 560
Schwankung einer Funktion usw. 206
Schwarz, H. A. 4, 29, 69, 241, 247, 371, 665
Schwarzsche Kette 247, 431, 664
Schwarz-Picksches Lemma 564, 573, 575
Schwarz-Riemannsche Minimalfläche 145, 240ff., 348, 367, 621, 663f., 686
Schwelle 382, 388, 393, 395
—, positiver Höhe 381f.
Selbstberührung 403
—, innere 403, 405
—, reguläre 403
Selbstschneidung 255, 403, 405
Serret, J. A. 4, 634
Serrin, J. 11, 537, 570
Shiffman, M. 498, 504f.
Shiffmansches Funktional 277ff.
Sigalov, A. G. 30, 663
Silverman, E. 30
Simon, L. M. 701, 708
Sobolev, S. L. 176, 205
Sobolevsche Räume 176
Sphärische Abbildung 45f.
sphärisches Bild 46
—, einer vollständigen Minimalfläche 617ff., 700
Spitzweg, C. 636
Spruck, J. 699, 701, 709
Spur, einer Funktion 181, 376
—, einer Minimalfläche 455ff.
—, —, Länge der 458ff., 692
—, —, Regularität der 472, 693
—, —, Stetigkeit der 464ff.
Stampacchia, G. 11
Steinhaus, H. 220
Stetigkeitsmodul 20, 293
Strauss, C. M. 701
Streckengraph, minimaler 440ff.
Struktur einer Fläche kleinsten Inhaltes 414ff.
Sturm-Liouvillesches Eigenwertproblem 503
Stützfunktion 51
subharmonische Funktion 168f., 235f.
subminimale Funktion 540, 594
sukzessive Approximation 370ff.
Systeme von Minimalflächen 8, 438ff., 691, 708

Taylor, J. E. 701
Teilbogen, kürzerer und längerer, einer Jordankurve 19
Temam, R. 699, 701, 704
Tenius, G. 443f.
Thomsen, G. 702
Tomi, F. 284, 701, 703
Tonelli, L. 11, 30, 176f., 253
topologische Eigenschaften einer Fläche 34f.
topologischer Index einer geschlossenen Kurve 214ff.
topologischer Typ einer Fläche 36f., 520
—, niedrigerer 520
Torusknoten 335
Totalkrümmung, einer Fläche (siehe Gesamtkrümmung)
—, einer Jordankurve 21, 343, 346

Totalkrümmung, einer verknoteten Jordankurve 21, 346
—, der Kurven $\Gamma(\alpha)$ 667
—, der Kurven Γ_r 667
Transversalitätsbedingung 431, 472f.
transzendente Minimalfläche 158
Tripel konjugiert harmonischer Funktionen 272, 300, 661
Tschaplygin-Gas 11
Tschaplygin-Strömung 11

Überlagerungsfläche, der Scherkschen Minimalfläche 155
—, der verallgemeinerten Scherkschen Minimalflächen 155
—, universelle, einer Minimalfläche 135
—, zweiblättrige orientierbare 43
unberandete Fläche 25, 35
Ungleichung von Cohn-Vossen 44f., 630
Ungleichungen vom isoperimetrischen Typ 515ff., 518
Uniformisierungstheorem 235
universelle Überlagerungsfläche einer Minimalfläche 135
Unterfunktion 595
Unterhalbstetigkeit, der Länge 15, 636
—, der Norm ||| ||| 188
—, der unteren Grenze d 267
—, des Flächeninhaltes 31, 198
Ural'tseva, N. N. 537

Variation der unabhängigen Veränderlichen 265, 525, 590
Variation, des Dirichletschen Integrales 107ff.
—, —, erste 266
—, —, zweite 266f.
—, des Flächeninhaltes 86ff.
—, —, dritte 93
—, —, erste 91f.
—, —, vierte 94
—, —, Zusammenhang mit einem Eigenwertproblem 96ff.
—, —, zweite 91ff., 96ff., 375
Variationsgleichung 266, 524
Variationsrechnung im Großen 379
varifold 256
verallgemeinerte differentialgeometrische Fläche 250
verallgemeinerte Minimalfläche 250
verallgemeinerte Scherksche Minimalfläche 147ff., 621
verallgemeinertes Feld von Minimalflächen 99
Verbogenheit, einer Jordankurve 21
—, eines Knotens 21
Verheftungsprozedur 465ff.
verschlungene Jordankurven 402, 534
Verzweigungslinie 442f.
Verzweigungspunkt 249, 254f., 326ff., 500, 693
—, Charakteristik 330
—, eigentlicher 330
—, Nichtauftreten 343, 348, 704
—, Nichtauftreten am Rande 705
—, Nichtauftreten eines eigentlichen 336f., 339, 704
—, Nichtauftreten eines uneigentlichen 330, 704
—, uneigentlicher 330, 402, 694
vollständige Fläche 44
vollständige Minimalfläche 617ff.
vollständiger Auswuchs 422
Vollständigkeit 44
Voss, K. 624

Weber, H. 497
Weg, endlicher Länge 126ff.
—, zum Rande führender 43, 128
Weierstraß, K. 4, 53, 72, 156, 241, 247, 250, 654f., 665
Weingarten, J. 4, 69
Weingartensche Formeln 42
Wendelfläche 3f., 10, 47, 61ff., 66, 100ff., 145, 621, 639, 642f., 657f., 702
Wente, H. C. 701
Wernick, M. 665
Wiener, N. 349
Wolf, J. 177

Young, L. C. 30, 177
Young, W. H. 30, 220
Youngs, J. W. T. 30

zulässige Parametertransformation 40
Zusammenhangszahl einer Fläche 37
zweite Grundform 41f.
zweite Variation des Flächeninhaltes 86ff., 91ff., 96ff., 110ff.
—, Zusammenhang mit einem Eigenwertproblem 96ff.
Zwirner, G. 11
zyklische Minimalfläche 81ff., 484, 492, 494, 510, 645, 656f.

Die Grundlehren der mathematischen Wissenschaften in Einzeldarstellungen mit besonderer Berücksichtigung der Anwendungsgebiete

Eine Auswahl

---

171. Singer: Best Approximation in Normed Linear Spaces by Elements of Linear Subspaces. Cloth DM 74,—
172. Bühlmann: Mathematical Methods in Risk Theory. Cloth DM 52,—
173. Maeda/Maeda: Theory of Symmetric Lattices. Cloth DM 53,—
174. Stiefel/Scheifele: Linear and Regular Celestial Mechanics. Perturbed Two-body Motion—Numerical Methods—Canonical Theory. Cloth DM 75,—
175. Larsen: An Introduction to the Theory of Multipliers. Cloth DM 84,—
176. Grauert/Remmert: Analytische Stellenalgebren. Geb. DM 64,—
177. Flügge: Practical Quantum Mechanics I. Cloth DM 70,—
178. Flügge: Practical Quantum Mechanics II. Cloth DM 60,—
179. Giraud: Cohomologie non abélienne. Relié DM 109,—
180. Landkof: Foundations of Modern Potential Theory. Cloth DM 88,—
181. Lions/Magenes: Non-Homogeneous Boundary Value Problems and Applications I. Cloth DM 78,—
182. Lions/Magenes: Non-Homogeneous Boundary Value Problems and Applications II. Cloth DM 58,—
183. Lions/Magenes: Non-Homogeneous Boundary Value Problems and Applications III. Cloth DM 78,—
184. Rosenblatt: Markov Processes. Structure and Asymptotic Behavior. Cloth DM 68,—
185. Rubinowicz: Sommerfeldsche Polynommethode. Geb. DM 62,—
186. Handbook for Automatic Computation. Vol. 2. Wilkinson/Reinsch: Linear Algebra. Cloth DM 78,—
187. Siegel/Moser: Lectures on Celestial Mechanics. Cloth DM 78,—
188. Warner: Harmonic Analysis on Semi-Simple Lie Groups I. Cloth DM 98,—
189. Warner: Harmonic Analysis on Semi-Simple Lie Groups II. Cloth DM 98,—
190. Faith: Algebra: Rings, Modules, and Categories I. Cloth DM 54,—
192. Mal'cev: Algebraic Systems. Cloth DM 88,—
193. Pólya/Szegö: Problems and Theorems in Analysis I. Cloth DM 98,—
194. Igusa: Theta Functions. Cloth DM 64,—
195. Berberian: Baer*-Rings. Cloth DM 76,—
196. Athreya/Ney: Branching Processes. Cloth DM 76,—
197. Benz: Vorlesungen über Geometrie der Algebren. Geb. DM 88,—
198. Gaal: Linear Analysis and Representation Theory. Cloth DM 124,—
200. Dold: Lectures on Algebraic Topology. Cloth DM 68,—
201. Beck: Continuous Flows in the Plane. Cloth DM 114,—
202. Schmetterer: Introduction to Mathematical Statistics. Cloth DM 124,—
203. Schoeneberg: Elliptic Modular Functions. Cloth DM 68,—
204. Popov: Hyperstability of Control Systems. Cloth DM 75,—
205. Nikol'skii: Approximation of Functions of Several Variables and Imbedding Theorems. Cloth DM 108,—
206. André: Homologie des algèbres commutatives. Relié DM 98,—
207. Donoghue: Monotone Matrix Functions and Analytic Continuation. Cloth DM 48,—
208. Lacey: The Isometric Theory of Classical Banach Spaces. Cloth DM 78,—
209. Ringel: Map Color Theorem. Cloth DM 54,—
210. Gihman/Skorohod: The Theory of Stochastic Processes 1. Cloth DM 129,—
211. Comfort/Negrepontis: The Theory of Ultrafilters. Cloth DM 98,—
212. Switzer: Algebraic Topology. Cloth DM 122,—
213. Shafarevich: Basic Algebraic Geometry. Cloth DM 98,—
214. van der Waerden: Group Theory and Quantum Mechanics. Cloth DM 56,—

Preisänderungen vorbehalten

GPSR Compliance

The European Union's (EU) General Product Safety Regulation (GPSR) is a set of rules that requires consumer products to be safe and our obligations to ensure this.

If you have any concerns about our products, you can contact us on ProductSafety@springernature.com

In case Publisher is established outside the EU, the EU authorized representative is:

Springer Nature Customer Service Center GmbH
Europaplatz 3
69115 Heidelberg, Germany

Batch number: 10682269

Printed by Printforce, the Netherlands